实施绿色照明
保护生态环境
周光召

中国科学技术协会名誉主席、中国科学院院士　周光召

為中國照明工程年鑑 題

依靠科技進步

振興照明行業

己丑夏

陳士能

全国人民代表大会原常务委员、 中国轻工业联合会名誉会长、 中国照明学会名誉理事长 陈士能

发展绿色照明
创造优美环境

步正发

二〇〇九年七月

全国政协委员、中国轻工业联合会会长
步正发

编好照明工程年鉴
贡献照明工程事业

王锦燧
二〇〇九年九月

燈照人寰添異彩
光輝大地耀神州

甘子光敬題

中国照明工程年鉴（2009）

主办：中国照明学会

协办：广州市雅江光电设备有限公司

碧谱照明设计（上海）有限公司

品能光电技术（上海）有限公司

宁波燎原灯具公司

主　　编　甘子光

执行主编　高　飞

副 主 编　肖辉乾　邴树奎　章海骢

机 械 工 业 出 版 社

本年鉴是在总结已出版发行的《中国照明工程年鉴（2007）》和《中国照明工程年鉴（2008）》的经验基础上，编辑出版的。内容包括综述篇、基础篇、照明工程篇、半导体照明篇、地区发展篇、国际资料篇、附录。其中，汇集了与照明工程相关的重要文献和典型照明工程案例，并对奥运照明工程和半导体照明加以重点论述。

本年鉴可供相关政府职能机构、市政建设部门、各类相关建筑企事业单位和检测认证机构以及相关高等院校、研究院所和照明工程技术人员参考。

图书在版编目（CIP）数据

中国照明工程年鉴．2009/甘子光主编．—北京：机械工业出版社，2010.1

ISBN 978-7-111-28719-3

Ⅰ.中… Ⅱ.甘… Ⅲ.照明设计—中国—2009—年鉴 Ⅳ.TU113.6-54

中国版本图书馆 CIP 数据核字（2010）第 015672 号

机械工业出版社（北京市百万庄大街 22 号 邮政编码 100037）

策划编辑：吉 玲 责任编辑：吉 玲

版式设计：霍永明 责任校对：唐海燕

封面设计：姚 毅 责任印制：王书来

北京天时彩色印刷有限公司

2010 年 2 月第 1 版第 1 次印刷

210mm×297mm ·37.25 印张·5 插页·1564 千字

标准书号：ISBN 978-7-111-28719-3

定价：288.00 元

凡购本书，如有缺页、倒页、脱页，由本社发行部调换

电话服务 网络服务

社服务中心：（010）88361066 门户网：http://www.cmpbook.com

销 售 一 部：（010）68326294

销 售 二 部：（010）88379649 教材网：http://www.cmpedu.com

读者服务部：（010）68993821 封面无防伪标均为盗版

中国照明学会简介

中国照明学会（China Illuminating Engineering Society，CIES）成立于1987年6月1日，是中国科学技术协会所属全国性一级学会。学会于成立当年，即以中国国家照明委员会（China National Commission on Illumination）的名义加入国际照明委员会（CIE），是国际照明委员会中代表中国的惟一组织。

中国照明学会拥有一批国内照明领域的专家、学者，主要从事照明技术的科研、教学、设计、生产、开发以及推广应用工作。学会的宗旨是：组织和团结广大照明科技工作者及会员，积极开展学术交流活动；关心和维护照明科技工作者及会员的合法权益，为繁荣和发展我国照明事业，加速实现我国社会主义现代化建设做出贡献。其主要任务是，在照明领域开展学术交流、技术咨询、技术培训，编缉出版照明科学技术书刊、普及照明科技知识，促进国内外照明领域的学术交流活动和加强科技工作者之间的联系，并通过科技项目评估论证和举办照明科技博览会，积极为企业服务。

经国家科技奖励工作办公室正式批准，中国照明学会从2006年开始进行“中照照明奖”的评选工作。中照照明奖现设：①中照照明科技创新奖；②中照照明工程设计奖；③中照照明教育与学术贡献奖。该奖项旨在奖励国内外照明领域中，在科学研究、技术创新、科技及设计成果推广应用、实现高新技术产业比、照明工程和照明教育方面做出杰出贡献的个人和组织。

经国家劳动和社会保障部批准，中国照明学会从2008年开始，进行照明设计师、照明行业特有工种从业人员职业资格认证和职业培训的工作，对经过培训，考试合格的人员颁发国家认可的执业证书。

中国照明学会现有普通会员8 526名，团体会员693个，门户网站为中国照明网，以加强信息交流。《照明工程学报》、《中国照明工程年鉴》为其主办的刊物和书籍，面向全国发行。

中国照明学会设有7个工作委员会和13个专业委员会，即组织工作委员会；学术工作委员会；国际交流工作委员会；编缉工作委员会；科普工作委员会；咨询工作委员会；教育培训工作委员会，以及视觉和颜色专业委员会；计量测试专业委员会；室内照明专业委员会；交通运输照明和光信号专业委员会；室外照明专业委员会；光生物和光化学专业委员会；电光源专业委员会；灯具专业委员会；舞台、电影、电视照明专业委员会；图像技术专业委员会和霓虹专业技术委员会；新能源照明专业委员会和半导体照明应用技术专业委员会。

中国照明学会成立之后，经过20多年的艰苦奋斗和探索，坚持民主办会的原则，调整和健全了组织机构，完善了规章制度，建立了精干、高效、团结的常设办事机构，充分发挥学会集体领导和学会群体的作用，按照自主活动、自我发展、自我约束的改革思路，牢牢抓住机遇，在竞争中求生存、求发展，积极开展学会业务范围内的各项活动，使学会工作步入良性循环的轨道。由于多年来对我国照明科技事业做出了卓越成就的贡献，学会曾经两次被中国科协授予“先进学会”及第六届中国科协先进学会“会员工作奖”荣誉称号。

编委会

鸣谢：

天津市华彩电子科技工程有限公司

飞利浦（中国）投资有限公司

杭州远方光电信息有限公司

北京星光影视设备科技股份有限公司

序　　言

《中国照明工程年鉴（2009）》又和读者见面了，它主要是对2008年我国照明工程建设事业发展的纪实。

2008年是我国照明工程建设事业辉煌发展的一年，我国成功举办了第29届奥林匹克运动会。为适应2008年第29届奥运会需要，新建或扩建及临时搭建体育场馆共37项。照明领域及其相关领域的科技工作者及其领导组织者，认真贯彻“绿色奥运、科技奥运、人文奥运”三大理念，在奥运场馆及其环境和配套工程的照明工程设计、施工和验收，以及奥运会、残奥会的开幕式、闭幕式的灯光艺术照明等方面，都做出了卓越的贡献，取得了辉煌的成绩。

为表彰奥运照明工程建设的成就，“2009中照照明奖”特别设置了奥运场馆照明工程设计奖，其中国家体育场（鸟巢）场地照明工程及国家体育场（鸟巢）夜景照明工程两项同时获特等奖。北京老山自行车馆场地照明工程获一等奖。

本年鉴共分七篇，其主要内容包括：**综述篇**，主要汇集了2008年中国照明技术、中国照明电器工业以及半导体照明发展的基本状况和发展趋势；**基础篇**，主要汇集2008年颁布的有关法规、政策、标准、规范等；**照明工程篇**，主要为2008年重要照明工程项目纪实，包括室外照明工程、室内照明工程以及照明工程的配电和智能控制技术等；**半导体照明篇**，主要包括LED和OLED的应用照明技术、相关标准、技术规范、检测技术、驱动控制技术等；**地区发展篇**，主要为2008年四个直辖市照明工程建设总体发展概况纪实；**国际资料篇**，重点收录国际组织（CIE、IEC、联合国、欧盟等）和各国有关照明工程等方面的文献资料；**附录**，主要汇集照明工程领域的相关企业、会员信息。

由于《年鉴》内容广、篇幅大，挂一漏万在所难免，敬请读者指正。一期比一期做得更好，应该是我们共同的愿望。愿我们共同努力，为照明事业的发展做出新贡献。

《中国照明工程年鉴（2009）》
编委会主任　甘子光

编 辑 说 明

《中国照明工程年鉴（2009）》在中国照明学会的专家、学者和企业家的关心、支持和共同努力下，终于又和广大读者见面了。它是2008年中国照明工程建设事业的纪实，是了解2008年中国照明工程发展状况的具有重要参考价值的工具书。

2008年是中国照明工程建设事业辉煌发展的一年，在第29届奥运会上实施的照明工程符合我国申办奥运时提出的“绿色奥运、科技奥运、人文奥运”三大理念，得到国内、外的一致好评和赞誉。此外，2008年我国在室内、外照明工程和照明技术创新方面硕果累累，也取得了突出的成绩，所有这些成果，都极具参考和借鉴价值。

由于时间匆促，可能还有部分优秀成果未被汇聚在本年鉴中，今后，我们将继续努力，把年鉴做得一期比一期更好。

《中国照明工程年鉴（2009）》

执行主编　高飞

目　　录

第四篇 半导体照明篇

第五篇 地区发展篇

第六篇 国际资料篇

第七篇　附录

第一篇　综述篇

照明科技事业为我国经济社会发展做出积极贡献

王锦燧
（中国照明学会）

1. 引言

2008年是我国发展进程中不平凡的一年。一年来，我们经历了史上罕见的重大挑战和考验。面临严峻形势，中国照明企事业单位和照明科技工作者与全国人民一道在党中央领导下，同心同德，以各种形式支援南方部分地区严重低温雨雪冰冻灾害和四川汶川特大地震灾害，并为成功举办北京奥运会、残奥会，完成神舟七号载人航天飞行任务做出了重大贡献。尽管受国际金融危机影响，在许多产业增长速度普遍下滑的情况下，2008年我国照明电器工业销售总额达2300亿元，照明电器产品的出口额达160亿美元，分别比2007年增长15%和23%。我国照明科技事业围绕国家经济社会的发展和科学技术的进步也取得了很大成绩，本文就2008年我国照明科技领域中的几项重大事件及其对我国经济社会发展的贡献做简单回顾。

2. 实施绿色照明、推广照明节能技术得到全社会关注

当前，全球气候变暖使世界范围内自然灾害频频发生，并对人类造成越来越严重的损害。因此，能源和环境成为我国可持续发展的重大课题。为把我国建设成为资源节约型、环境友好型的社会主义社会，我国政府在“十一五”规划中提出了单位国内生产总值能耗降低20%左右，主要污染物排放总量减少10%的约束性指标。照明用电是电力资源的重要组成部分，照明节能具有重大意义。中国照明学会于1996年开始积极配合原国家经贸委开展中国绿色照明工程并且取得了显著的社会和经济效益。为了进一步促进高效照明电器产品的推广应用，中国照明学会于2008年10月在北京召开了以“绿色照明与照明节能”为主题的“绿色照明与照明节能科技研讨会”。

我们高兴地看到这次研讨会征集的论文中，不仅涉及高效节能光源和灯具的最新研究成果，而且还从工程和控制的角度探索照明节能的有关问题。会议还就照明政策、标准等进行深入的讨论。

这次会议还着重介绍了我国绿色照明工程近期的进展情况，其中包括我国政府于2007年12月出台的高效照明产品推广财政补贴政策，这一财政补贴以政府采购形式用于支持采用高效照明产品替代在用的白炽灯和低效照明产品。目前，第一批高效照明产品推广工作，从2008年4月开始启动进展顺利，共有13家照明企业实际完成了提供6 200万只高效照明产品的任务。“十一五”期间，通过政府财政补贴方式计划推广1.5亿只高效照明产品，据统计可累计节电290亿千瓦时。这项工作的开展，不仅提高了公众对使用高效照明产品的意义的认识，而且对实现我国绿色照明工程的可持续发展做出积极贡献。

一年来，我国照明产品的能效标识工作也取得了很大进展，自镇流荧光灯和高压钠灯两类照明产品于2008年正式列入我国第三批实行能效标识产品的目录，这是我国第一次对照明产品方面实施能效标识管理制度。这一制度的实施对提升照明产品技术水平，加强市场监管具有重大意义。目前，在联合国开发计划署（UNDP）和全球环境基金（GEF）的支持下，我国政府正准备开展“逐步淘汰白炽灯，加快推广节能灯”的项目，并根据我国的实际情况，制定切实可行的措施加以实施，我们相信在照明领域中实现节能减排将会取得更大的进展。

3. 我国照明事业为北京奥运会的成功举办做出积极贡献

2008年，中国人民翻开了奥运发展史上不平凡的一页。北京奥运会的成功举办，不仅使世人流连忘返，而且也实现了中国人民的百年梦想。奥运工程的建设中，我国照明企事业单位和照明科技工作者凭借他们的聪明才智和拼搏奉献精神，认真贯彻“绿色奥运、科技奥运、人文奥运”三大理念，在奥运工程照明设计与施工中，运用了当今照明科技的高新技术，展示了照明产品的企业品牌，创造了历届奥运会之最。

优秀的体育场馆和高质量的专业体育照明是使运动员发挥最佳竞技水平、使观众融入最大的观赛热情、使全球电视观众得到最佳收视效果的保证。我国照明企事业单位和照明科技工作者为此付出了智慧、心血和汗水，在他们从事的照明设计与施工中，严格执行了北京奥组委（BOB）对奥运体育照明规定的要求，而这些要求是历届奥运会中最为严格的。

（1）高新技术照明在北京奥运会、残奥会开闭幕式中得到充分应用

奥运会开闭幕式是整个奥运会的重要组成部分，2008年北京奥运会、残奥会开闭幕式是历届奥运会、残奥会新技术应用规模最大、范围最广、系统最复杂、高科技支持作用最为明显的一次。其中包括在多层次、立体空间的广场多媒体舞台系统中超大规模LED影像系统的运用，它与演员表演的紧密配合，产生了令人震撼的艺术效果。尤其要提到的是开幕式表演中，画轴LED及其显示屏幕与机械系统的有机结合，实现了画轴长卷的精彩创意理念。同样，地下升降平台系统照明及表面安装的LED屏幕成功完成了活字模、地球升起等项目的表演。照明系统灯光技术的创新应用是这次奥运会、残奥会开

闭幕式取得成功的重要因素。开闭幕式上使用的近3000台电脑投光控制灯和140台大功率数码投影设备，首次把灯光数码投影系统和地面LED影像系统融为一体，创造出美轮美奂的灯光艺术意境，并且解决了在14m高，周长为500m的完整环幕图像的设计，使奥运会火炬点燃的情景让世人难忘。

北京奥运会不仅展示了我国当代灯光艺术和照明技术的国际化水平，而且也是对我国影视舞台灯光行业在科技进步方面的一次提升。我们相信，北京奥运会开闭幕式上光与影的美妙结合已在奥运历史上留下难以磨灭的记忆，而且将会促进中国影视舞台灯光事业更快地发展。

（2）体育场馆的专业照明设计充分保证了奥运照明标准的要求

北京奥运会是奥运历史上对奥运体育照明要求最为严格的一届。由于北京奥运会是奥运史上第一次全部采用高清信号转播的运动会，所以BOB对奥运照明照度水平要求比往届更高，奥运比赛照明的摄像机数量也增多，奥运照明要求的区域增大，照明均匀度、照度比要求比往届有很大提高。同时还提出了照度梯度的数值指标，对特殊区域照明、照明光源选择、观众席照明以及照明眩光等也提出了新的要求。尽管这些要求，对照明设计人员来说都是新的课题，但是我国照明科技工作者克服了种种困难，通过体育照明的前期设计和后期深化设计以及现场安装调试，经过与BOB等组织的协调及比赛期间的现场维护，及不同比赛项目间的照明切换，我国的照明技术经受住了考验。我们可以骄傲地说，我国照明科技工作者实现的照明方案是最佳的，北京奥运会的体育照明是无与伦比的，而且不少场馆的照明设备和照明效果代表了当前国际的最高水平。

4. 我国半导体照明技术与应用取得重大进展

2008年在半导体照明技术与应用的发展中是具有特殊历史意义的年度。在这一年中，我国“十一五”半导体照明工程重大项目（即863重大项目）的实施进展顺利。以奥运LED示范工程为代表的LED规模化系统集成技术的实施，促进LED产品集成创新与示范应用，显示了节能环保的效果。以创新为主线，围绕LED技术与应用开展的多个专业领域的学术交流活动，不仅追踪了国际上LED专业技术的进展，同时有力地促进了我国LED技术与应用的发展。2008年中国照明学会先后举办了“绿色照明与照明节能科技研讨会”，与国家半导体照明工程研发及产业联盟等单位共同举办的“第五届中国（深圳）国际半导体科技论坛”，与台湾地区照明灯具输出业同业公会共同举办的“海峡两岸第十五届照明科技与营销研讨会”等学术活动中展示的LED方面的科技成果与应用案例，有力地见证了我国半导体照明技术与应用的发展状况。

数据表明，虽然受国际金融危机的影响，但我国半导体应用产品产值2008年达450亿元，与2007年相比增长50%。我国LED照明产品种类与规模已处国际前列，尤其在显示、指示、小尺寸背光、信号、装饰照明等领域在国际上已处于领先地位。目前LED新型应用产品和市场不断出现。随着大功率白光LED光效的提高和性能稳定LED已向普通照明领域转变，尤其是用于室内照明的LED筒灯和射灯的研发与应用进展迅速，人们普遍认为LED应用于普通照明具有广阔前景。

2008年8月，恰逢举世瞩目的第29届奥运会在北京举行，LED照明技术不仅为这次奥运会增添了光彩，也为我国LED技术和应用、产品开发提供了千载难逢的平台。奥运会开幕式上，由LED组成的奥运五环旗，由8 000多块LED彩砖组成的巨大显示屏，长达147m、宽22m的全彩LED画轴，以及由48万颗LED组成的鸟巢外立面灯光造型等技术应用，开创了奥运历史上大规模使用LED照明技术的先例，充分展现出我国照明科技工作者在高科技与文化和艺术方面完美的结合，同时也显示了LED在节能环保方面的优越性。

2008年半导体照明技术在国内农业、医疗、航空以及矿山、军用等特殊照明领域方面的应用，也取得了很大进展。尤其是由国内封装的1W功率型LED在道路照明上的试点和推广，道路照明这一功能性照明的重要领域能否以LED路灯替代成为当前LED应用的热点。应该说，当前我国正在加快建设资源节约型社会，为缓解我国用电需求加速增长与电力供应紧张的矛盾，促进经济社会又快又好地发展，节省道路照明用电具有很大的潜力，特别是LED照明技术在道路照明上的应用，为照明节能开辟了现实可行的途径。随着道路照明白光化的发展，LED已逐渐应用于道路照明，而且在世界一些国家中开始建立小范围示范工程。我国不少地方在节能浪潮的推动下，把推广LED路灯作为实施绿色照明的一项重要措施，同时也作为扩大内需促进经济平稳较快发展的途径。因此，目前全国制造LED路灯的企业已达上百家，并建设了数百条LED大功率路灯照明的示范工程。广东省于2008年底在东莞市举行了LED推广示范的启动仪式，计划两年内在广东十个城市和地区全面实施LED路灯的产业化示范推广工作。

一年来，LED照明能否在功能性道路照明领域中得到推广引起国内照明界的广泛关注。有的学者认为，随着当前大功率LED芯片的研发成功，功率型单颗LED光效已满足道路照明的要求，LED灯具配光试验已经成功，其节能效果明显，并且LED路灯还可弥补传统路灯的不足，其功率连续可调，控制照度标准的优势明显，我国应该抢先开发和推广LED路灯。但也有学者认为，以目前LED所能达到的光效，用LED灯具输出的全部能效利用的光通量计算出的灯具能效并不高于传统光源制作成的灯具。为此，其节能效果不如传统光源。他们认为，提供光效更高和性能更好的LED产品是解决LED路灯应用的瓶颈和关键所在，同时还要注重性价比的分析和精心研究其驱动电路、散热技术和光学设计。因此，LED路灯用于道路主干道上需进行小范围的示范应用，当其产品更加成熟时，可以考虑在一定范围内推广应用。随着LED照明技术研究的不断深入，大功率白光LED光效的不断提高，LED路灯制造成本的大幅度降低，LED在道路照明中的应用具有良好的前景。

回顾2008年，我国科技事业发展与进步的同时，我国照明科技事业也随着国家经济社会的发展取得可喜的成绩，在我国经济社会发展中发挥了应有的作用。我们相信，我国的照明科技事业在新的一年中将会取得更大的发展和进步。

参考文献

［1］绿色照明与照明节能科技研讨会论文集［C］.2008，10.
［2］中国照明学会海峡两岸第十五届照明科技与营销研讨会专题报告暨论文集［C］.2008，11.
［3］吴玲．中国半导体照明产业发展年鉴（2008－2009）［M］．北京：机械工业出版社，2009.
［4］中国演艺设备技术协会．演艺设备与科技—奥运特刊，2008.

照明电器行业的现状与发展趋势

陈燕生
（中国照明电器协会）

1. 照明电器行业的现状

我国照明电器行业近十几年来一直保持快速、持续、稳定的发展态势。2008年全行业的销售额为2300亿元，同比增长15%。出口额为162亿美元，同比增长22.7%，扣除汇率变化因素，增幅仍超过10%。

目前全国照明电器生产企业超过1万家，主要集中在东南沿海的广东、福建、浙江、上海、江苏等省市。我国照明电器生产企业已经能够生产各类照明电器产品，并且产品的质量在大幅提高。

（1）最近十年来全行业销售额持续快速增长

最近十年来照明电器行业销售额如图1所示。

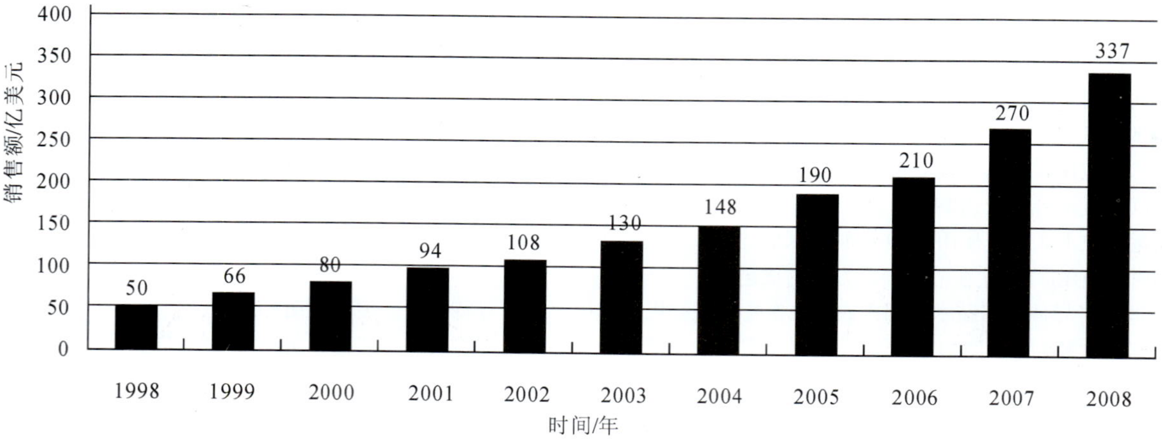

图1 最近十年照明电器行业销售额

（2）企业发展

生产企业规模逐步扩大，形成了一批国内有一定知名度的电光源和灯具生产企业。企业的自主研究开发能力有了大幅度提高，相当一部分企业建立了企业研发中心和相应的实验室，有规模和实力的企业开始重视企业品牌建设，有些企业已开始用自主品牌出口，这些均是值得鼓励和提倡的。我们希望中国照明电器行业能形成一支有实力有品牌的企业，这有助于企业的重组和行业的整合。

（3）产品结构

电光源产品的结构十几年来发生了巨大的变化，白炽灯与荧光灯之比由8:1变为1:1.2。荧光灯的总产量已超过了白炽灯。在HID灯方面，高压钠灯和金属卤化物灯得到快速发展，高压汞灯已出现产量下降的趋势，另外LED作为照明光源开始进入普通照明领域。

2008年全国普通照明用白炽灯产量43.4亿只。全国荧光灯产量51.9亿只，其中直管荧光灯16.1亿只，环型荧光灯1.4亿只，CFL 32.4亿只，单端荧光灯2亿只。2008年全国生产HID灯1.45亿只，其中高压汞灯6276万只，高压钠灯3880万只，金属卤化物灯4366万只。

在灯具方面，室内灯具中家居和酒店用装饰类灯具依然经久不衰，在款式上则向古典和现代两种风格发展。水晶灯市场呈现上升趋势，吸顶灯具仍受到普通消费者的欢迎。面向办公楼、医院、学校等的室内照明灯具侧重节能，大量采用T8、T5荧光灯灯具，筒灯则与CFL相配套。商业照明灯具近年来发展较快，与小功率金卤灯或陶瓷金卤灯配套的灯具正在逐步替代传统的卤钨灯灯具，在专卖店尤为突出。在室外灯具方面，路灯仍以高压钠灯为主，并出现了少量金卤灯和LED灯具。国内市场庭院灯和草坪灯用量近年来呈现增长趋势，反映出国内对环境美化亮化的需求在增长。投光灯出现衰退迹象，原因是泛光照明正在被LED的装饰效果所替代。在特殊场合照明用灯具方面，近年来国内企业也有长足的进步，如应急照明灯具、防爆灯具、体育场馆用灯具、便携式手提灯具等。

（4）高效照明产品财政补贴项目

2008年，财政部和国家发改委组织实施高效照明产品财政补贴项目。通过采用公开招标方式有13家企业中标，全年推广紧凑型荧光灯、T5和T8三基色荧光灯6200万只，中央财政补贴2.8亿元。推广高效照明产品有利于提高全社会节能减排意识，改善城乡居民照明条件，对推动实现“十一五”节能减排目标具有重要意义。

2009年，中央财政安排6亿元资金推广高效照明产品1.2亿只，为2008年的2倍。采取这一措施既扩大了消费需求，推动节能减排，又促进了企业发展，惠及城乡居民。

2009年推广的产品中增加了高压钠灯，同时对紧凑型荧光灯的汞含量提出新的要求，要求小于5mg。2009年共有23家企业通过招标方式中标，将在全国范围开展推广工作。

（5）产品进出口情况

我国的照明电器产品出口到全世界170多个国家和地区，2008年在全球金融危机的背景下，中国的照明电器产品出口达到162亿美元。图2所示为近十年来中国照明电器产品出口额的增长情况。

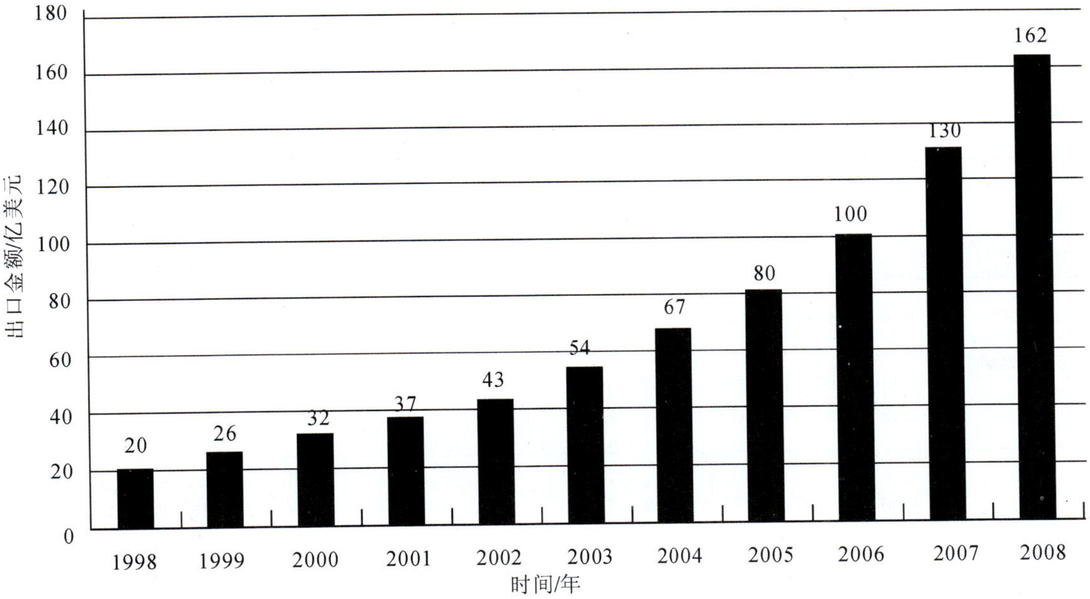

图2 近十年来中国照明电器产品出口额的增长情况

在出口额162亿美元中，电光源为46亿美元，占全部出口额的28.4%，主要为：普通照明用白炽灯29.3亿只；荧光灯30.3亿只，其中CFL21.2亿只，HID灯9410万只。

各类镇流器出口额9.6亿美元，占全部出口额的5.9%，其中出口电子镇流器23230万只，电感镇流器9670万只。

各类灯具出口额为106.2亿美元，占全部出口额的65.5%。这些灯具产品包括室内灯具、室外灯具、圣诞灯、汽车灯具、手提灯具以及灯具配件等。

2008年照明电器产品进口额为22.8亿美元，进口产品中电光源为16.2亿美元，占全部进口额的71%，主要为HID灯及HID灯电弧管。

2. 照明电器行业发展趋势

（1）高效节能是主要趋势

在全球应对气候变化和能源紧缺的大背景下，作为照明行业发展高效节能产品仍然是大趋势。

自2007年开始的逐步淘汰白炽灯活动已遍布五大洲，首先发起的澳大利亚将于2010年全面禁止销售普通照明用白炽灯；欧盟宣布将于2012年淘汰白炽灯；日本、韩国、加拿大、巴西、阿根廷、美国等分别在2011～2014年要逐步淘汰白炽灯。我国于2009年将启动由GEF资助的“逐步淘汰白炽灯加快推广节能灯”项目，计划至2012年完成该项目，届时将推出中国逐步淘汰白炽灯的路线图。

与此同时，以欧盟为代表的发达国家对照明产品的能效水平提出了更高的要求。例如，2008 年 9 月 26 日，欧盟在 EUP 指令第二次会议上发布了《关于不带集成式镇流器的荧光灯、高强度气体放电灯以及能使此类灯起作用的镇流器和灯具的生态设计要求实施草案》。草案中对灯的光效、显色指数、光通维持率等指标提出了一系列要求。仅光效一项，与我国目前的相关能效限定值和能效评价值相比，普遍高出一截。此外，对卤钨灯的光效，欧盟也提出了新的要求。这一方面对我国相关出口企业提出了新的要求，另一方面也说明，这是一个国际上的趋势。我国的照明企业要积极开展工作，紧跟国际上这一趋势，把我们的产品性能提升到一个新的水平。

表 1 和表 2 分别列出了 T5 和 T8 灯的额定最低光效值和高压钠灯和金属卤化物灯第二阶段光效要求，所谓第二阶段是指法规生效三年后，即 2011 年后的要求。

表 1　T5 和 T8 灯的额定最低光效能值

T8（φ26mm）		T5（φ16mm）		
标称瓦数/W	额定光效/（lm/W）100h 的初始值	标称瓦数/W		额定光效/（lm/W）100h 的初始值
15	63	高效	14	86
18	75		21	90
25	76		28	93
30	80		35	94
36	93	高输出	24	73
38	87		39	79
58	90		49	88
70	89		54	82
			80	77

表 2　高压钠灯和金属卤化物灯第二阶段光效要求

灯类型	透明灯的额定光效/（lm/W）	不透明灯的额定光效/（lm/W）
高压钠灯（$Ra \leqslant 60$）	≥60（W≤45）；≥80（45＜W≤55） ≥90（55＜W≤75）；≥100（75＜W≤105） ≥110（105＜W≤155）；≥125（155＜W≤255） ≥135（255＜W≤605）	≥60（W≤45）；≥70（45＜W≤55） ≥90（55＜W≤75）；≥95（75＜W≤105） ≥105（105＜W≤155）；≥115（155＜W≤255） ≥130（255＜W≤605）
金属卤化物灯、高压钠灯（$Ra > 60$）	≥60（W≤55）；≥75（55＜W≤75） ≥80（75＜W≤105）；≥80（105＜W≤155） ≥80（155＜W≤255）；≥85（255＜W≤405）	≥60（W≤55）；≥75（55＜W≤75） ≥75（75＜W≤105）；≥75（105＜W≤155） ≥75（155＜W≤255）；≥75（255＜W≤405）

注：表中金属卤化灯需符合 $Ra \leqslant 80$ 的条件。其中，Ra 指灯的显示指数；W 为灯的标称瓦数，单位为 W。

（2）减少污染，保护环境

照明产品在生产和使用过程中的环保问题日益引起人们的普遍关注。其中最引人注目的是汞对环境的污染和危害。联合国环境规划署（UNEP）自 2000 年以来历届理事会汞污染问题均为主要议题之一。我国是汞的生产、使用和排放大国，照明产品中的气体放电灯是含汞产品。随着我国电光源产业的迅速发展，汞的用量不断增长。近年来，国际社会对照明产品中的汞含量提出限制要求，引起我国气体放电灯企业，特别是荧光灯企业的高度重视，目前我国荧光灯的产量已超过 50 亿只，大约有 1/3 的产品通过采用固态汞替代液态汞可以满足欧盟 ROHS 指令的要求。因此我们还要做大量的工作鼓励企业采用固态汞替代液态汞，一方面减少灯的注汞量，减少废弃灯对环境的污染，同时也减少了在生产过程中汞蒸汽的排放，保护了生产环境和工人健康。

2008 年 8 月 29 日全国人大通过了《中华人民共和国循环促进法》，2009 年 2 月 25 日国务院总理温家宝签署了第 551 号国务院令，颁布了《废弃电器电子产品回收处理条例》，而在几年以前欧盟就颁布了 WEEE 指令，因此将含汞废弃灯进行回收处理工作已提到我们的工作日程上。我们也非常高兴地看到，国内部分企业引进了国外先进的废弃灯管回收处理设备，对企业内的废弃灯管进行处理。这是一项面向全社会的工作，需要社会各方面积极努力，为保护环境做出贡献。

照明行业除汞污染外，也要重视紫外线辐射对人体的伤害，以及光污染对环境的影响。总之，在我们生产照明产品的同时，要十分关注由此而引起的对环境的影响以及对人身体健康的影响。

（3）关于固态照明

进入21世纪以来，固态照明（SSL）得到快速的发展，LED照明的优势在于色彩丰富，单芯片LED接近点光源，具有设计灵活，易于数字控制，寿命长，光效不断提高，工作电压低等优点。

固态照明可以分为广义的固态照明和狭义的固态照明，广义的固态照明包括高亮度LED，用于手机、笔记本电脑等的背光源、显示屏、各种汽车灯、信号灯，指示灯等；而狭义的固态照明指建筑照明、轮廓照明、家居照明、商业照明、工业照明、户外照明等。

2008年全球传统光源市场规模约212亿美元，LED照明领域的产值为5.1亿美元，渗透率仅2.4%。

纵观全球固态照明的发展状况，在各类照明展览会上LED照明产品的展示逐年增多，但在实际应用中仍然很少。发达国家政府均对固态照明表示给予支持，但主要是支持研究开发，以及标准检测；对生产企业和用户并未给予更多资助，而主要靠市场。在发达国家中政府推动力度较大的是美国，主要是美国能源部（DOE）。DOE积极支持标准制订工作，组织美国相关标准机构进行协调，同时组织检测机构对LED照明产品进行测试，并与传统照明产品进行比较，从2006年底至2008年共进行了六轮测试，美国的做法值得中国借鉴。

中国固态照明近几年来掀起一股热潮，这股热潮目前有愈演愈烈之势。

笔者认为：固态照明有望成为下一代照明技术的主流，发展前景可观，但在现阶段固态照明只是刚进入了普通照明领域，LED照明发展仍有很长一段路要走。目前还缺乏标准和完善的评价体系，因此在普通照明领域的应用以试点和示范为好，现阶段不宜大规模推广，否则易造成资源的浪费。各级政府和相关企业面对目前形势应该冷静对待，要遵循客观规律，使这一新兴产业得以健康的发展。

加快发展我国半导体照明新兴产业
——半导体照明产业发展调研报告

吴　玲

（国家半导体照明工程协调领导小组办公室）

半导体照明亦称固态照明，是指用全固态发光器件作为光源的照明，主要包含发光二极管（Light Emitting Diode，LED）和有机物发光二极管（Organic Light Emitting Diode，OLED），具有高效、节能、环保、寿命长、易维护等显著特点，正在成为照明史上继白炽灯、荧光灯和高强度放电（High Intensity Discharge，HID）灯之后的又一场照明光源的革命。半导体照明以其技术的先进性和产品应用的广泛性，被公认为是21世纪最具发展前景的高新技术领域之一。

1. 半导体照明是世界产业界的一次革命

（1）半导体照明是世界产业界正在发生的革命

LED是由半导体材料形成的P型层和N型层，通过电子与空穴复合产生自发辐射光。从理论上来说，白光LED的发光效率可达到300lm/W（流明/瓦）左右、寿命可达10万小时。自20世纪60年代初首只镓砷磷红光LED诞生以来，人类一直致力于半导体照明光源技术的实现，经过40多年的努力，LED光效从0.1lm/W提高了1000倍，特别是1994年日本日亚（Nichia）化学公司成功开发出氮化镓（GaN）基蓝光LED，并以蓝光激发黄色荧光粉实现了半导体白光照明。LED光效的提升和单位器件成本的下降基本遵循海茨法则，即每10年价格下降到原来的1/10，性能提高20倍（见图1）。目前功率型白光LED产品光效已经超过110lm/W（研发已达到161lm/W，白炽灯15lm/W，紧凑型荧光灯70lm/W）。

1）半导体照明有着巨大的市场和发展潜力。近10年来全球半导体照明产业每年增长率连续保持在20%以上。随着LED光效的提高以及成本的降低，半导体照明应用逐步向高功率化、高效率化发展。从最初的指示灯、信号灯、单色显示屏、小尺寸背光以及手电筒、玩具、汽车装饰照明、景观照明等特殊照明应用，开始进入电脑、电视等中大尺寸液晶背光、全彩显示屏及汽车前大灯等领域，特别是道路、隧道、室内照明等通用照明市场正在启动，医疗、农业、军事、航空等新应用也开始出现。全球未来5年有可能形成1000亿美元以上的半导体照明应用市场。

2）半导体照明有着巨大的技术创新空间与科技进步能力。虽然半导体照明在指示、显示、小尺寸背光以及特种照明应用领域已经成熟，但是从发光理论、材料体系、器件结构和应用范围来看，仍处于初期发展阶段，表现出前沿科学的研究与应用技术的开发，同步发展的特殊现象，即光效提高1000倍的技术发展过程中不断出现新的应用。另外，半导体照明产业链较长，上游包括衬底材料、外延生长和芯片制备，具有技术与投资密集型的特点；中游封装以及下游应用具有劳动密集型的特点。半导体照明还有驱动控制、硅胶、支架精细加工及装备等配套产业，而且多学科交叉融合的特点明显，还有很大的科技进步空间。

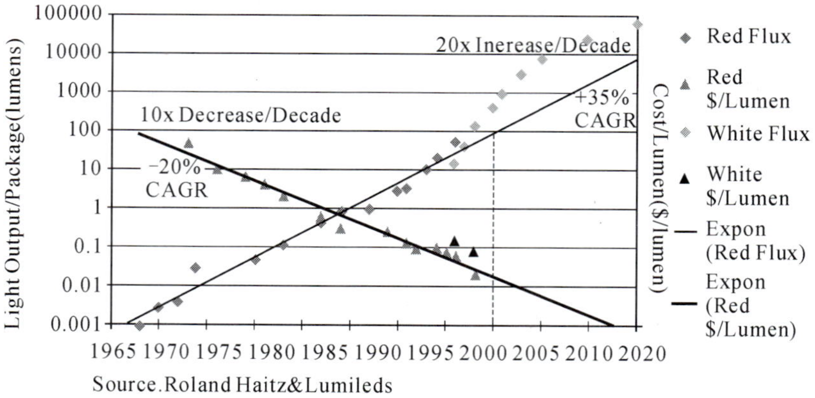

图1　海茨法则（每10年价格下降到原来的1/10，性能提高20倍）

3）半导体照明节能效果显著。交通信号灯、景观照明等特殊照明领域的节能效果达到80%以上，支干道路灯等市政照明的节能效果达到40%以上。美国能源部桑地亚国家实验室2007年7月21日向《自然》（Nature）杂志提交的论文中指出，照明占全球能源消耗的8.9%，占电力消耗的19%，而对GDP的贡献率仅是0.63%。如果采用半导体照明技术，有望使2050年的照明用电保持在2005年的水平（占能源消耗的8%，电力消耗的20%），但对GDP的贡献率上升到1.63%。据我国专家预测，到2015年，如果半导体照明进入30%的照明市场，节电将达1400亿千瓦时，相当于近两个三峡电站的年发电总量，而且每年单位GDP能耗可降低一个百分点。

（2）半导体照明是21世纪的战略性产业

半导体照明不仅提升传统照明工业，而且能带动相关产业的发展，如信息、显示、汽车、消费类电子、装备、原材料、太阳能光伏（低压直流，真正实现新能源与新光源的结合）等；更为重要的是，半导体照明的核心是宽禁带半导体材料，被认为是第三代半导体技术的突破口，对光电子技术诸如光存储、光传输、光传感、激光器和其他功率器件发展，以及新一代信息技术的发展具有极其重要的战略意义。专家说，宽禁带半导体材料将在21世纪这100年中都是持续创新的重要领域。目前全球范围内研发空前活跃，技术进步速度远远超过预期，世界行业巨头都在全力抢占这一战略性新兴产业的制高点。

1）发达国家对半导体照明产业的发展给予高度重视。面对这一具有巨大创新空间的新兴产业，很多发达国家都将半导体照明产业列为战略性高技术产业，在政策上给予了大力扶持。目前，发达国家照明用电占其总用电量的20%以上，节电潜力相当可观，因此受到各国政府的高度重视，各国纷纷制定半导体照明发展计划。如美国“国家半导体照明研究计划”（2000~2010年投资研发费为5亿美元）、日本“21世纪光计划”、欧盟“彩虹计划”、韩国“GaN半导体开发计划”，我国台湾地区也于2002年9月启动了“新世纪照明光源开发计划”。世界许多国家发布了白炽灯的禁、限令。为加速节能光源的推广工作，2008年12月8日，欧盟通过了逐步淘汰大功率白炽灯的决定：100W以上的普通照明白炽灯自2009年9月起退出市场；40W以上的普通照明白炽灯将于2010年初退出市场；2012年后所有普通照明白炽灯将由节能灯替代，不再销售白炽灯；到2016年卤钨灯也将禁止销售。美国、加拿大、欧洲和澳大利亚也都以一定期限的“白炽灯禁令”，或者废除普通照明白炽灯和卤钨灯的形式来响应照明变革。2009年2月，美国前总统克林顿的基金会开始在洛杉矶示范推广1.5万盏LED路灯。

2）全球产业蓬勃发展，已经形成激烈的竞争格局。世界三大照明巨头Philips（飞利浦）、Osram（欧司朗）、GE（通用电气）与半导体公司强势介入，从2000年前后纷纷成立半导体照明公司，目前世界LED主要厂商已经形成各自的技术特色和优势。美国、日本利用其在新产品和新技术领域中的创新优势，在高附加值的全彩显示、背光源、大功率照明方面具备竞争优势。欧洲企业则利用其在应用技术领域的开发和善于吸收最新技术的转化优势，在车灯开发、白光照明等方面居于领先。韩国、我国台湾地区LED产业发展迅速，虽然产品品质与日本、欧美地区还有一定差距，但大规模、低成本制造具有较强的优势，应用则瞄准手机背光、笔记本与液晶电视背光等领域。目前全球产业发展正在呈现美、日、德三足鼎立，韩国、我国大陆与台湾地区奋起直追的竞争格局。

3）专利与标准已成为全球竞争的焦点。国际上申请的半导体照明相关专利以美、日、德等半导体照明研发强国为主，3个国家申请的专利总量占到了国际相关专利总量的70%，掌握国际上最先进的高亮度LED外延生长和芯片制备技术。各国技术有不同特点，但都利用各自原创核心专利，采取横向（同时进入多个国家）和纵向（不断完善设计，进行后续申请）扩展方式，在世界范围内布置了严密的专利网，如仅与GaN（氮化镓）相关的专利就有4000多项。从专利诉讼的情况来看，国际巨头们正在拼命地抢地盘，扩大自己的势力范围和市场份额，因此出现了到处授权、而授权的企业又被其他巨头（尽管各大家已相互授权）诉讼的热闹局面。从发展趋势看，近年来各家已在积极进入应用领域，应用成为专利申请的热点，包括控制、驱动、光学设计等多个方面。在中国大陆申请的应用专利上升很快，特别是国内机构半导体照明的专利申请数量占全国专利申请的比例由2005年的20%以下，提高到2006年的50%、2007年的70%，这一现象引起了国际上极大的关注，说明近年来我国在半导体照明应用领域发展很快。此外，美国、日本等国政府，以及国际照明委员会（CIE）和国际电工委员会（IEC）等国际标准化组织都在积极开展半导体照明标准的研究与制定工作，以加快节能产品的推广应用，如美国的能源之星（Energy Star）固态照明灯具标准已于2008年9月底生效。

2. 中国半导体照明产业经过不懈努力，已有一定基础，具备了快速发展的条件

为抢占新兴产业的先机，提高新一代半导体材料与技术的国际竞争力，科技部、原信产部、中科院、教育部、原建设部、轻工业联合会等单位联合成立了国家半导体照明工程协调领导小组，2003年10月紧急启动了“半导体照明工程”攻关项目，以近期解决特殊照明市场急需的产业化关键技术，中远期培育白光普通照明产业为目标，以应用促发展，推动形成有核心竞争力的中国半导体照明产业。

2006年8月，根据《国家中长期科学和技术发展规划纲要（2006～2020年）》工业节能优先主题中“研究开发高效节能、长寿命的半导体照明产品”的部署和“十一五”科技发展规划，国家启动了“十一五”863计划新材料领域“半导体照明工程”重大项目，安排经费3.5亿元，对半导体照明核心技术的突破和产业化关键技术的攻关等进行了全产业链部署，并明确了“十一五”的战略目标：通过自主创新，突破白光照明部分核心专利，解决半导体照明市场急需的产业化关键技术，建立完善的技术创新体系与特色产业集群，完善半导体照明产业链，形成我国具有国际竞争力的半导体照明新兴产业。其主要任务如图2所示。

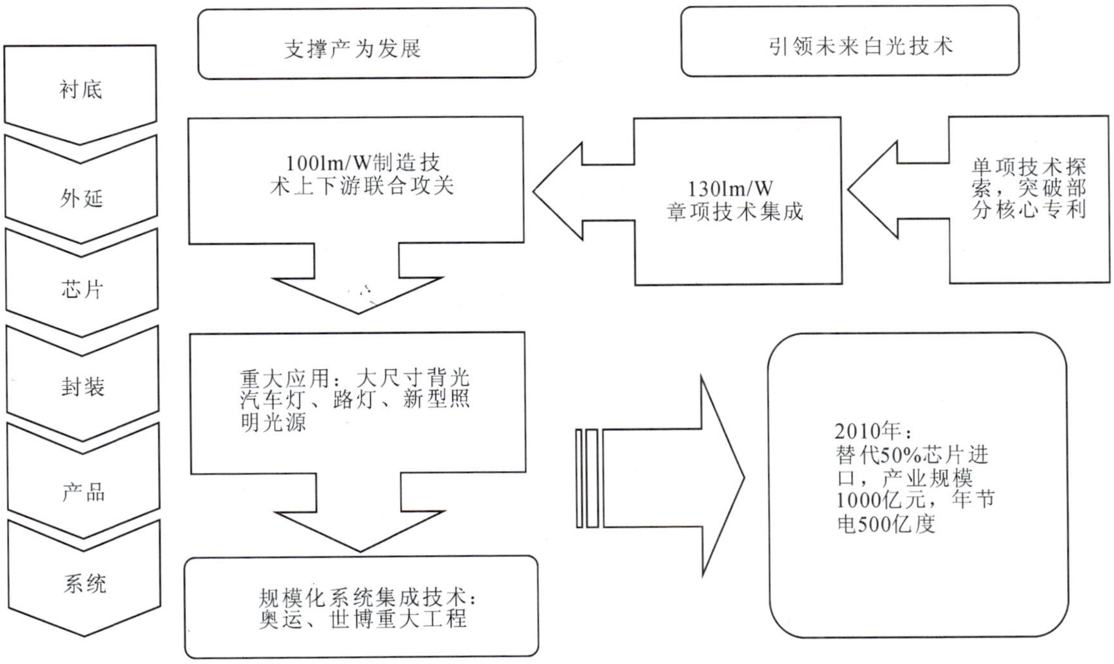

图2　“十一五”半导体照明研发布局

（1）技术创新不断取得突破，初步建立比较完整的技术创新体系

通过国家半导体照明工程和“十一五”863重大项目以及电子专项基金等计划的实施，我国在LED外延材料、芯片制造、器件封装、荧光粉等方面均已掌握自主知识产权的单元技术，且部分核心技术具有原创性，初步形成了从上游材料、芯片制备，中游器件封装及下游集成应用的比较完整的研发与产业体系，在一定程度上为我国LED产业做大做强奠定了基础。

1）基础研究方面有了可喜的苗头。在探索性、前沿性材料生长和器件研究方面，非极性氮化镓LED、深紫外LED的外延生长技术达到国际先进水平；在国际上首次研制出类太阳光全谱白光LED器件。

2）产业化关键技术取得较大突破。功率型芯片从无到有，光效已经超过80lm/W，国产芯片替代进口比例逐年增长，截至目前已达到49%（见图3）。功率型白光LED封装接近国际先进水平（采用国外芯片封装光效达到110lm/W），已成为全球重要的LED封装基地，具有自主知识产权的功率型硅衬底LED芯片封装后光效超过60lm/W。

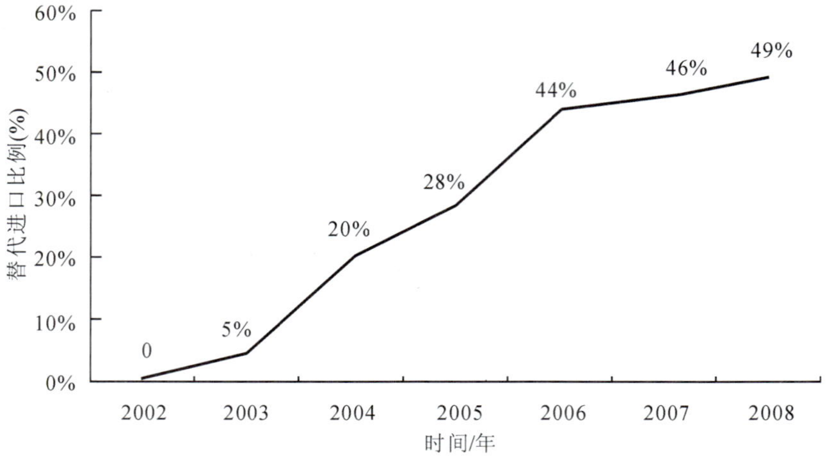

图3　我国 LED 芯片国产化趋势

（数据来源：国家半导体照明工程研发及产业联盟）

3）公共技术平台初具雏形，正在探索创新的体制、机制。初步建成了采用产业化设备，可开展产业化技术开发的“柔性”工艺平台，该平台建立了理事会领导下的主任负责制，并正在探索与联盟产业研发基金互动、企业化运作的管理模式。

（2）产业初具规模，基本形成完整的产业链，部分地区形成了产业集群

随着半导体照明技术的进步，我国开发了指示、信号与显示，背光，照明三大类数百种照明产品。目前国内较为成熟的应用领域包括指示灯、交通信号灯、大屏幕显示，手机等小尺寸数码产品背光源，手电筒、矿工灯、舞台灯、太阳能 LED 草坪灯、微型投影机光源、建筑景观等特殊照明应用。我国已成为全球 LED 全彩显示屏、太阳能 LED、景观照明等应用产品最大的生产和出口国。2008 年 7 月海信首款 42 英寸 LED 背光液晶电视正式上市，预示着占世界产量接近 40% 的中国消费类电子产品已开始使用 LED 技术。此外，通用照明的发展比预测提前了两年，已有十几个城市实施了半导体照明应用与路灯改造试验工程。

到 2008 年底，我国共有 LED 企业 3000 余家。其中，上中游的外延及芯片生产商有 25 家左右，中游封装企业约有1000 家，下游应用产品生产企业 2000 家。民营和合资企业占到企业总数的 75%。

上游外延、芯片，中游封装，下游应用各环节均已进入量产阶段，2008 年国内行业总产值近 700 亿元，其中芯片产值 19 亿元，芯片国产化率达到 49%，已成为全球第三大 GaN 芯片生产基地；封装产值达到 185 亿元，成为全球重要的封装生产基地；应用产品产值 450 亿元，年增长率接近 50%。随着国内半导体照明技术日渐成熟和产业规模迅速扩大，台湾地区及国外企业开始大量向我国大陆转移，我国大陆地区已经成为半导体照明产业发展最快、潜力最大的地区。预计 2010 年，我国半导体照明产业产值将超过 1000 亿元，如背光市场启动，2015 年有望达到 5000 亿元。

目前我国已初步形成珠三角、长三角、北方地区、江西及福建地区四大半导体照明产业聚集区域，每一区域都初步形成了比较完整的产业链，全国 85% 以上的 LED 企业分布在这些地区。科技部在厦门、上海、大连、南昌、深圳、扬州和石家庄批准建立了 7 个产业化基地。另外，重庆、宁波、杭州、南京、广州、武汉、西安、济南城市也在积极推进半导体照明产业的发展。

（3）规模化系统集成与重大应用成效显著

以奥运示范工程为代表的规模化系统集成技术的实施，促进了半导体照明产品集成创新与示范应用，显示了节能、环保的效果，提高了国际社会的认知度。

2008 年 8 月，北京奥运会开幕式及场馆（见图 4）采用的 LED 景观照明、全彩显示屏等产品，开创了奥运历史上大规模使用 LED 照明技术的先例。节能、环保、寿命长的 LED 成为支撑绿色奥运、科技奥运的重要力量。据测算，仅水立方 5 万平方米的 LED 景观照明，与荧光灯相比，全年可节电 74.5 万千瓦时，节能 70% 以上。

功率型 LED 已开始在支干道路、隧道、停车场、加油站等通用照明领域应用，节电 40% 左右，采购与运行综合成本约 3 年，与传统光源持平，这使以功率型 LED 进行市政照明示范成为可能。

国家半导体照明工程研发和产业联盟以及相关学会、协会在促进产学研合作，提高技术创新的效率与水平等方面发挥了重要的作用。自 2004 年成立以来，联盟通过建立产业研发基金、组织奥运重大示范工程、举办创新大赛、建立专利池、标准化协调推进等工作，推动了重大项目的实施，促进了产业化环境的完善。12 项国家标准和 7 项行业标准正在审批过程中，应对美国“337 调查”专利诉讼工作也取得阶段性进展。联盟还积极利用两个市场、两种资源，推动国际合作，已成功组织召开五届半导体照明国际论坛暨展览，累计参会人数达 3000 人次。参加美国固态照明系统与技术联盟（ASSIST），

以每季度参与国际成员相关会议为契机，协调推进国际标准化工作。作为世界银行集团/国际金融公司（IFC－WB）"照亮非洲"项目在中国的惟一协办机构，与加纳能源部签署了从应用示范、标准检测到推广应用的合作备忘录，有效组织了企业在加纳的相关活动，意向合同3亿元。

图4　北京奥运场馆——"鸟巢"和"水立方"

3. 当前我国半导体照明技术创新与产业发展依然面临严峻的挑战

虽然国家半导体照明工程总体进展顺利，但是我们应该清楚地看到，在国内半导体照明技术创新与产业快速发展的同时，国外的发展进程也明显加快。与国际相比，我国在半导体照明技术与产业上尚存在一定差距，还面临着许多急需解决的问题。

（1）产业化的核心技术与专利缺乏，研发投入不足，研究力量分散，缺少产业化的国家公共研发平台

我国外延材料的核心技术研究仍处于弱势，生产外延材料的MOCVD（金属有机物化学气相沉积设备）核心装备也高度依赖进口，无法支撑外延核心技术、工艺和方法的持续创新，并且制造成本高。半导体照明外延材料的研发，不仅在设备与原料上投入很高，而且是"人与机器结合"不断摸索的艰苦工作。与国外相比，我国研究投入明显不足，研究力量又分散，研究工作也缺乏连续性，再加上设备、技术、信息不能有效共享等问题，造成核心关键技术的研发没有形成合力，缺少能够有效地对单项技术集成和促进工艺上、工程上成熟的产业化支撑平台，无法形成自主创新资源的合理配置和集中投入。

（2）产业链发展不均衡，企业规模偏小、创新能力弱，高端市场被国际公司占据

我国LED产业虽然先后实现了自主生产器件、芯片和外延片，但自产的LED外延、芯片仍以中、低档为主，产业化规模偏小，80%以上的高亮功率型LED芯片、器件还是依赖进口。由于技术进步速度加快，大规模应用市场正在形成，所以急需上、中游规模化生产能力的扩大和产品性能的提高（可靠性、稳定性）。目前虽然民间资本介入较快，风险投资、上市公司以及国有企业，如彩虹、同方、浪潮等纷纷介入，但与国外相比，企业规模较小，形不成竞争优势和品牌，并且技术创新能力与承担风险能力都远远不够，因此高端外延、芯片市场仍然被国际几大巨头垄断。

（3）标准与检测体系不完善，缺乏权威检测平台

由于半导体照明技术进步快，涉及行业多，处在多学科交叉的产业边缘地带，以及在检测设备、检测方法的研发等方面没有足够的投入，导致半导体照明的标准与检测体系尚未形成，也没有针对半导体照明产品的权威检测平台。特别值得注意的是，许多地方政府为应对金融危机，从扩大内需、提升产业结构，到寻求新的经济增长点的角度与节能环保的压力下，纷纷高度关注半导体照明产业，出现上游一哄而上，下游无序发展的状况。由于LED产品的技术差异性极大，又没有专业权威、统一的测试机构与认证标准，加之地方政府示范心切，且又急于发展地方的企业，导致产品质量良莠不齐，严重影响消费者的信心。这些问题将会严重影响产业的健康发展。

（4）缺乏针对光电产业发展的政策

美国、日本、欧盟等采取了一系列措施来促进半导体照明的应用和推广，在技术研发、产品推广、进出口等方面采取了系列税收、金融等优惠措施。例如，日本出台改善与提高能源使用的促进税法，明确规定企业或机构使用LED照明装置取代白炽照明装置，可获得投资额130%超额折旧，或者投资额7%的税率减免。欧盟2006年7月开始实施ROHS法案（《在电子电气设备中禁止使用某些有害物质指令》），限制含汞荧光灯的使用。美国2006年将半导体照明纳入能源之星（Energy Star）计划。与国际相比，我国尚没有相关的产业促进政策出台或没有实施细则，缺乏支持产业发展的相应措施。特别是核心装备和关键原材料高度依赖进口，过高的进口关税及增值税，严重影响了国内上游外延芯片企业制造成本的降低和规模的扩大。

4. 抓住历史机遇，加快发展我国半导体照明新兴产业

在面临严峻挑战的同时，我国半导体照明产业也迎来了发展机遇。我国是传统照明工业的生产与消费大国，全球50%

消费类电子产品的制造、汽车工业的发展，特别是城市化进程的加快，都给半导体照明带来了巨大的市场和发展机遇。在各级政府的推动下，我国半导体照明技术进步很快，已经形成了比较完整的产业链，具备了较好的研发能力与产业基础。虽然始于2008年下半年的金融风暴对太阳能LED、装饰类照明等产品的出口产生了一定的负面影响，但是，全行业的发展仍然显示出逆势上扬的独特趋势，这表明了LED是创新驱动的产业。另外，LED又是技术与劳动双密集型产业，与微电子等高科技产业相比投资风险低，因此，在中国工业发展现阶段，有极强的生存与发展能力。如果我们加快技术创新步伐，加大成果的推广应用力度，就能够为扩内需、保增长、调结构、上水平做出切实的贡献。

（1）我国半导体照明市场前景明朗，发展潜力巨大，有充足的市场推动力

我国是世界照明电器生产、出口大国。2007年销售额2000亿元，出口130亿美元，约占全球市场的12%。我国每年白炽灯销量达到20亿只，中小城市居民白炽灯的使用比例大约在50%以上，农村使用白炽灯的比例更大。有机构预测，未来五年内国内节能照明产业的年均增长率将达到27%。我国13亿人口“人机界面”的信息显示市场、消费类电子产品市场，以及快速发展的汽车工业，均为LED产业的发展创造了良好的市场空间。随着经济发展和人民生活水平的提高、我国城市化进程的加快，特别是面对金融危机，我国扩大内需、加大基础建设投入，更一步增加了照明的需求，节能潜力也将会进一步增大。

（2）半导体照明技术还远未成熟，创新空间巨大，我国的研发体系已经建立，具有通过自主创新赶超世界先进水平的机会

半导体照明核心的GaN材料被认为是一个世纪都在发展的材料，还有很大的发展潜力，目前白光LED达到的最好指标（161lm/W）与专家们预测的指标300lm/W存在很大差距，产业远未进入到成熟期，仍有很大的创新空间和赶超机会。我国的研发环境正在不断完善，初步建立了研发与产业联盟、公共研发平台、产业研发基金，已有较好的技术创新基础，在“半导体照明工程”重大项目的支持下，有赶超国际先进水平的机会。

（3）我国具备半导体照明产业配套原材料等优势，民间资本投资活跃

我国具有丰富的有色金属资源，镓、铟储量丰富（占世界储量的80%），为半导体照明产业的发展提供了非常稳固的原材料基础。而且，半导体照明产业还具有投资门槛低、投资风险小等特点，能够增加就业，是为数不多的适合民间资本介入的高科技产业，也因此受到了创投、各类基金及资本市场的重视。

（4）半导体照明是实现节能减排目标、产业结构提升、拉动内需的重要手段，得到了各级政府的重视

半导体照明作为新一代革命性照明技术，凭借其节能环保的优势得到了各级政府的大力支持，国家和各省、市纷纷出台大力扶持半导体照明产业发展的政策。半导体照明的应用已经与节能减排、环境保护等国家战略目标紧密联系在一起，推进半导体照明产业发展已经成为国家意志，特别是在我国针对全球金融危机实施的产业振兴计划中，半导体照明也被作为提升传统产业、培育新兴产业的重点领域之一，这为半导体照明产业的发展提供了极好的机会。

5. 加快发展我国半导体照明产业的政策建议

根据国际技术、产业发展现状和趋势，结合我国产业发展现状与目前存在的问题，建议半导体照明产业发展应考虑采取以下对策措施：

（1）继续加大研究支持的力度，围绕半导体照明不同环节，开展有针对性的研发支持，切实提升我国半导体照明产业的自主创新水平

半导体照明技术的研发与产业化是一个系统工程，针对不同层面与不同环节的技术攻关，应采取极具针对性的方式来组织管理，特别是针对产业化的共性技术，要考虑体制机制上的创新，要在形成合力、适度竞争的原则下考虑部署，避免低水平重复。对于半导体照明跨学科、跨领域、跨部门的学科交叉、融合，以及产业化技术应用目标非常明确的特点，应该逐步形成具有可合作性、可转移性、利益可共享性的高效合作开发平台，以及具有法律合同规范和奖惩机制的技术转移和利益共享的企业化管理模式。

建议进一步持续支持MOCVD核心装备和关键原材料的国产化。在全球范围内整合工艺、设备、用户等各方资源，加强引进消化吸收再创新，以支撑外延核心技术、工艺方法的持续创新，实现装备的国产化目标。

以GaN为代表的第三代半导体材料是整个世纪都在发展中的技术，需要紧紧跟踪GaN材料与器件的研究，扎扎实实地开展工作，实现核心技术突破，取得核心专利，支撑半导体照明产业的可持续发展。因此，应该在基础科学研究环节，加大探索性的基础研究的长周期、持续性投入，营造创新的环境与氛围。

（2）以应用促发展，稳步提升产业化水平，推动应用技术集成创新，扩大产业规模

以应用促发展，激发企业技术创新的动力，引导企业加大研发和扩大产业规模的投入。建议结合我国“十大行业振兴规划”的实施，配合拉动内需工作，以“先试点、后示范、再推广”的方式启动LED应用示范工作，稳步推动半导体照明产品在城市功能性照明中的应用。围绕节能产品开发与示范应用，组织联合攻关，通过制定产品检测方法与流程，公开产品性能信息（目录）等手段，确保节能应用产品的示范带动与集成创新效应。不断完善通过下游应用带动上游创新的良性互动机制，使国内企业在高端市场形成品牌与规模。建立信息服务平台，加强节能效果的宣传和科普工作，提高公众的照明节能意识。探索节能减排的长效机制。通过政府资金引导，建立业主与生产企业、金融机构，以及专业节能服务公司

间的联系，支持组建与合同能源管理模式相匹配的专项基金。

（3）抓紧开展LED照明产品标准、检测和认证工作，完善标准与检测体系，推动专利与标准战略，加强产业战略研究工作

制定LED照明产品性能和测试标准，引导企业生产高能效产品；开展我国与有关国家和地区在制定LED标准方面的交流和互认；建立和完善LED照明产品检测平台。尽快启动节能效果显著产品的标准制定，建立标准体系与权威的测试平台，探索通过设立技术标准实现技术突围的标准领先创新模式。

为准确把握技术发展方向，支撑产业健康发展，需要实事求是地进行技术经济评估与战略研究，需要深入了解中国的科研实力，并长期积累工业的基础数据，需要长期持续地进行市场调研与产业分析，并通过网络、杂志、论坛等方式促进行业间的深入沟通和广泛交流。加大专利分析工作，建立国家专利战略与专利池。研究产业发展战略，为机关决策部门提供支撑。

（4）完善产业发展环境，制定针对光电子产业的相关政策

制定针对节能、环保产品的产业促进政策与可实施的细则，将半导体照明产品列入国家高新技术产品出口目录、节能产品目录和政府采购目录，享受国家相应的优惠政策。减免上游关键原材料、装备进口关税，参照微电子行业的“十八号”文件减免增值税。

（5）从国家战略需求出发，进一步做好统筹协调，加强半导体照明产业基地与创新集群建设，引导产业合理布局，规避区域重复建设与不良竞争

半导体照明技术和产业覆盖了从基础研究、应用基础研究、产业化关键技术到应用系统集成技术的研究，具有非常典型的多学科交叉、融合的特点，需要从国家层面整体部署、分类管理、集中资源、联合攻关。加强各部门之间的统筹协调。强化项目实施与能力建设的有机衔接，引导地方发展与国家目标的有机衔接。

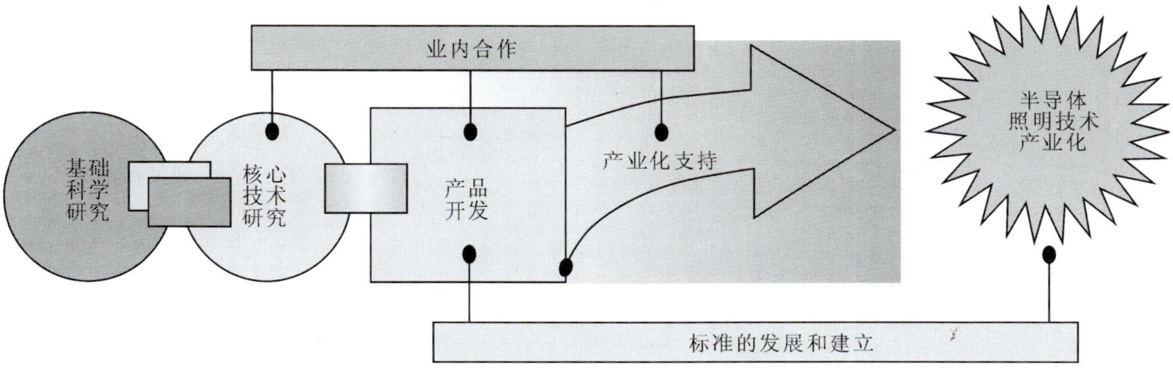

图 5

半导体照明产业以其巨大的市场潜力和节能空间，正成为各地方拓展经济增长点推进节能减排工作的有力抓手。但在各地方纷纷加大发展区域半导体照明产业的同时，也出现了缺乏科学决策而盲目上马，低水平重复建设的情况。建议积极重视并科学引导地方参与的热情与投入，通过加强宏观、中观、微观战略研究与整体规划等工作，引导地方以市场为导向，注重科学规划与错位发展，鼓励有基础、有优势的企业及科研机构参与国家计划，引导区域的特色产业的形成，加强企业之间联系，不断提高产业集中度。

中国
照明
工程
年鉴
(2009)

第二篇　基础篇

高效照明产品推广财政补贴资金管理暂行办法

财建［2007］1027 号

第一章　总　则

第一条　根据《国务院关于加强节能工作的决定》（国发［2006］28 号）和《国务院关于印发节能减排综合性工作方案的通知》（国发［2007］15 号），国家安排专项资金，支持高效照明产品的推广使用。为加强高效照明产品推广财政补贴资金（以下简称财政补贴资金）管理，提高资金使用效益，特制定本办法。

第二条　财政补贴资金用于支持采用高效照明产品替代在用的白炽灯和其他低效照明产品，主要包括高效照明产品补贴资金和推广工作经费。

第三条　补贴资金采取间接补贴方式，由财政补贴给中标企业，再由中标企业按中标协议供货价格减去财政补贴资金后的价格销售给终端用户，最终受益人是大宗用户和城乡居民。

第四条　财政补贴资金由中央财政预算安排，实行公开、透明管理办法，接受社会监督。

第二章　补贴产品和受益对象

第五条　财政补贴的高效照明产品主要是普通照明用自镇流荧光灯、三基色双端直管荧光灯（T8、T5 型）和金属卤化物灯、高压钠灯等电光源产品，半导体（LED）照明产品，以及必要的配套镇流器。

第六条　财政补贴的受益对象包括大宗用户和城乡居民用户。大宗用户是指工矿企业、写字楼、医院、学校、宾馆、商厦、车站、机场、码头、道路等采用照明产品集中的场所，采用合同能源管理推广高效照明产品的节能服务公司可视为大宗用户；居民用户是指以社区或行政村为购买单位的用户。

第三章　中标企业及产品要求

第七条　高效照明产品推广企业及协议供货价格通过招标产生。国家实行统一招标，并根据招标结果，公示中标企业、高效照明产品及其中标协议供货价格。

第八条　中标企业提供的高效照明产品必须达到照明产品国家能效标准的节能评价值，其规格、型号必须通过国家节能产品认证。

第九条　中标企业应当具有完善的售后服务体系，履行约定的质量承诺（大宗用户不少于 1 年、城乡居民用户不少于 2 年）。

第十条　中标企业应在产品外包装和本体上印制“政府补贴、绿照工程”字样。

第十一条　中标企业必须按照中标协议供货价格减去财政补贴资金后的价格销售中标产品。

第四章　补贴标准

第十二条　大宗用户每只高效照明产品，中央财政按中标协议供货价格的 30% 给予补贴；城乡居民用户每只高效照明产品，中央财政按中标协议供货价格的 50% 给予补贴。

第五章　资金申报与拨付

第十三条　国家发展改革委、财政部根据国家高效照明产品年度推广任务、人口分布、城乡发展水平及白炽灯使用情况等因素，联合下达年度高效照明产品推广任务，并提供中标企业名单、产品目录及其协议供货价格。

第十四条　省级节能主管部门会同财政部门根据国家发展改革委、财政部下达的高效照明产品年度推广任务，结合本地实际情况，制定具体实施方案，明确所需产品的名称、型号、数量、厂家及推广地区等，联合报国家发展改革委、财政部备案，并组织协调中标企业落实推广任务。

第十五条　中标企业根据高效照明产品推广计划、高效照明产品实际安装数量、中标协议供货价格、补贴标准，提出财政补贴资金申请报告，经高效照明产品推广所在地财政部门和节能主管部门审核后，报省级财政部门和节能主管部门。

第十六条　省级财政部门会同节能主管部门对企业资金申请报告进行审核，分别于每年 4 月 30 日和 8 月 31 日前报财政部、国家发展改革委。

第十七条　财政部会同国家发展改革委对高效照明产品推广情况和实际安装数量进行抽查。

第十八条　财政部根据抽查情况下达财政补贴资金预算，抄送国家发展改革委。

第十九条　财政部视情况安排一定的推广工作经费，支持基层节能部门、居委会或村委会开展与推广相关的需求统计、宣传资料、组织联络等工作。

第二十条　各级财政部门要按照财政国库管理制度等有关规定，将财政补贴资金及时拨付给有关单位和中标企业。

第六章　资金监督管理

第二十一条　企业对财政补贴资金申请报告的真实性负责。对弄虚作假，骗取财政补贴资金的企业，财政将追缴扣回补贴资金，并由国家发展改革委取消企业的供货资格，同时向社会公布。

第二十二条　财政补贴资金必须专款专用，任何单位不得以任何理由、任何形式截留、挪用。对违反规定的，按照《财政违法行为处罚处分条例》（国务院令第427号）等有关规定，依法追究有关单位和人员的责任。

第七章　附　则

第二十三条　本办法由财政部会同国家发展改革委负责解释。

第二十四条　本办法自印发之日起实施。

关于印发《工程设计资质标准》的通知

建市［2007］86号

各省、自治区建设厅，直辖市建委、北京市规委，国务院有关部门建设司，新疆生产建设兵团建设局，总后基建营房部工程局，国资委管理的有关企业，有关行业协会：

根据《建设工程勘察设计管理条例》和《建设工程勘察设计资质管理规定》，我部制定了《工程设计资质标准》，现印发给你们，请遵照执行。原《关于颁发工程勘察资质分级标准和工程设计资质分级标准的通知》（建设［2001］22号）中“工程设计资质分级标准”同时废止。其他有关规定与本标准不符的，以本标准为准。执行中有何问题，请与我部建筑市场管理司联系。

建设部

二○○七年三月二十九日

照明工程设计专项资质标准

一、总　则

（一）本标准所称照明工程包括：道路、街道的功能照明；住宅区的功能照明；室外公共空间功能照明；构筑物、建筑物的景观照明；公园、公共绿地、住宅区的景观照明；风景区、名胜古迹的景观照明；照明智能化集中监控管理系统；照明供配电系统工程。

（二）照明工程设计专项资质设甲、乙两个级别。

二、标　准

（一）甲级

1. 资历和信誉

（1）具有独立企业法人资格。

（2）社会信誉良好，注册资本不少于人民币300万元。

（3）单位年度照明工程设计工作量累计合同额2000万元以上，且至少完成过照明工程设计项目中的4项。

2. 技术条件

（1）专业配备齐全、合理，主要专业技术人员专业和数量符合所申请专项资质标准中“主要专业技术人员配备表”的规定。

（2）企业主要技术负责人或总工程师应具有大学本科以上学历，6年以上照明工程设计经历，并主持完成质量合格的大型照明工程的设计不少于6项，具备相关专业高级技术职称。

（3）在主要专业技术人员配备表规定的人员中，非注册人员作为专业技术负责人主持过中型以上照明工程设计项目不少于4项，具备中级以上专业技术职称。

3. 技术装备及管理水平

（1）具备独立进行照明专项指标（照度、亮度、结构强度等）的测试仪器和计算设备。

（2）有固定的工作场所。

（3）有健全的管理机构和综合管理能力，有完善的质量保证体系，技术、运营、人事、财务、档案等管理制度健全。

（二）乙级

1. 资历和信誉

（1）具有独立企业法人资格。

（2）社会信誉良好，注册资本不少于人民币100万元。

2. 技术条件

（1）专业配备齐全、合理，主要专业技术人员专业和数量符合所申请专项资质标准中“主要专业技术人员配备表”的规定。

（2）企业主要技术负责人或总工程师应具有大学本科以上学历，5年以上照明工程设计经理，并主持完成质量合格的大型照明工程的设计不少于5项，具备相关专业高级技术职称。

（3）在主要专业技术人员配备表规定的人员中，非注册人员作为专业技术负责人主持过中型以上照明设计项目不少于3项，具备中级以上专业技术职称。

3. 技术装备及管理水平

（1）具备独立进行照明专项指标（照度、亮度、结构强度等）的测试仪器和计算设备。

（2）有固定的工作场所。

（3）有完善的质量保证体系，技术、经营、人事、财务、档案等管理制度健全。

三、承担业务范围

（一）甲级

承担照明工程设计项目的类型和规模不受限制。

（二）乙级

可承担中型以下规模的照明工程专项设计。

四、附　则

（一）本标准由建设部负责解释。

附表1　照明工程专项设计主要专业技术人员配备表

附表2　照明工程专项设计规模划分表

附表1

照明工程专项设计主要专业技术人员配备表

工程设计资质	设计类型与等级	注册专业 / 专业设置	（1）照明工程	（2）建筑	（3）电气	（4）概预算	（5）结构	（6）其他	总计
专项资质	照明工程	甲级	4	1	3	1	1	2	12
		乙级	3	1	2	1	1	1	9

注：1. 专业设置中，照明工程的相近专业包括供电照明、建筑设备（电）、公用设备（动力）、电气（工程）自动化等相近专业；

2. 专业设置中，其他专业包括光学、环境艺术、计算机、美学、电光源等相关专业。

附表2

照明工程专项设计规模划分表

序号	工程等级	工程规模	工 程 范 围
1	大型	投资额 >400 万元	1. 道路、街道的功能照明工程
			2. 住宅区的功能照明工程
			3. 室外公共空间功能照明工程
			4. 构筑物、建筑物的景观照明工程
			5. 室外公共空间、公园、公共绿地、住宅区的景观照明工程
			6. 历史名胜古迹的景观照明工程
			7. 风景名胜区（滨江、滨海、滨河、山体、丘陵）的功能和景观照明
			8. 照明智能化集中监控管理系统工程
			9. 照明供配电系统工程
2	中型	投资额 ≤400 万元	1. 道路、街道的功能照明工程
			2. 住宅区的功能照明工程
			3. 室外公共空间功能照明工程
			4. 构筑物、建筑物的景观照明工程
			5. 室外公共空间、公园、公共绿地、住宅区的景观照明工程
			6. 历史名胜古迹的景观照明工程
			7. 风景名胜区（滨江、滨海、滨河、山体、丘陵）的功能和景观照明
			8. 照明智能化集中监控管理系统工程
			9. 照明供配电系统工程

财政部关于印发《太阳能光电建筑应用财政补助资金管理暂行办法》的通知

中华人民共和国住房和城乡建设部

（www. mohurd. gov. cn）2009 年 03 月 26 日

各省、自治区、直辖市、计划单列市财政厅（局），新疆生产建设兵团财务局：

为贯彻实施《可再生能源法》，落实国务院节能减排战略部署，加快太阳能光电技术在城乡建筑领域的应用，我们制定了《太阳能光电建筑应用财政补助资金管理暂行办法》。现予印发，请遵照执行。

附件：太阳能光电建筑应用财政补助资金管理暂行办法

中华人民共和国财政部

二〇〇九年三月二十三日

附件：

太阳能光电建筑应用财政补助资金管理暂行办法

第一条　根据国务院《关于印发节能减排综合性工作方案的通知》（国发［2007］15 号）及《财政部 建设部关于印发 <可再生能源建筑应用专项资金管理暂行办法> 的通知》（财建［2006］460 号）精神，中央财政从可再生能源专项资金中安排部分资金，支持太阳能光电在城乡建筑领域应用的示范推广。为加强太阳能光电建筑应用财政补助资金（以下简称补助资金）的管理，提高资金使用效益，特制定本办法。

第二条　补助资金使用范围

（一）城市光电建筑一体化应用，农村及偏远地区建筑光电利用等给予定额补助。

（二）太阳能光电产品建筑安装技术标准规程的编制。

（三）太阳能光电建筑应用共性关键技术的集成与推广。

第三条　补助资金支持项目应满足以下条件：

（一）单项工程应用太阳能光电产品装机容量应不小于 50kWp；

（二）应用的太阳能光电产品发电效率应达到先进水平，其中单晶硅光电产品效率应超过 16%，多晶硅光电产品效率应超过 14%，非晶硅光电产品效率应超过 6%；

（三）优先支持太阳能光伏组件应与建筑物实现构件化、一体化项目；

（四）优先支持并网式太阳能光电建筑应用项目；

（五）优先支持学校、医院、政府机关等公共建筑应用光电项目。

第四条　鼓励地方出台与落实有关支持光电发展的扶持政策。满足以下条件的地区，其项目将优先获得支持。

（一）落实上网电价分摊政策；

（二）实施财政补贴等其他经济激励政策；

（三）制定出台相关技术标准、规程及工法、图集；

第五条　本通知印发之日前已完成的项目不予支持。

第六条　2009 年补助标准原则上定为 20 元/Wp，具体标准将根据与建筑结合程度、光电产品技术先进程度等因素分类确定。以后年度补助标准将根据产业发展状况予以适当调整。

第七条　申请补助资金的单位应为太阳能光电应用项目业主单位或太阳能光电产品生产企业，申请补助资金单位应提供以下材料：

（一）项目立项审批文件（复印件）；

（二）太阳能光电建筑应用技术方案；

（三）太阳能光电产品生产企业与建筑项目等业主单位签署的中标协议；

（四）其他需要提供的材料。

第八条　申请补助资金单位的申请材料按照属地原则，经当地财政、建设部门审核后，报省级财政、建设部门。

第九条　省级财政、建设部门对申请补助资金单位的申请材料进行汇总和核查，并于每年的 4 月 30 日、8 月 30 日前联合上报财政部、住房和城乡建设部（附表）。

第十条　财政部会同住房城乡建设部对各地上报的资金申请材料进行审查与评估，确定示范项目及补助资金的额度。

第十一条　财政部将项目补贴总额预算的 70% 下达到省级财政部门。省级财政部门在收到补助资金后，会同建设部门及时将资金落实到具体项目。

第十二条　示范项目完成后，财政部根据示范项目验收评估报告，达到预期效果的，通过地方财政部门将项目剩余补助资金拨付给项目承担单位。

第十三条　补助资金支付管理按照财政国库管理制度有关规定执行。

第十四条　各级财政、建设部门要切实加强补助资金的管理，确保补助资金专款专用。对弄虚作假、冒领、截留、挪用补助资金的，一经查实，按国家有关规定执行。

第十五条　本办法由财政部、住房和城乡建设部负责解释。

第十六条　本办法自印发之日起执行。

附表：太阳能光电技术建筑应用财政补助资金申请汇总表（略）

视觉环境评价方法

Amethod of evaluating the Visual environment

(GB/T12454—2008 代替 GB/T12454—1990)

目 次

注：本标准截取内容系标准起草者提供，仅供参考。标准全文请参阅国家正式出版物。

前　言

本标准代替 GB/T12454—1990《视觉环境评价方法》，本标准与 GB/T12454—1990 相比主要变化如下：

——增加了评价项目确定方法；

——增加了评价项目权值确定方法；

——评分等级修正为五级；

——修正了视觉环境指数与视觉环境质量的对应关系。

本标准的附录 A、B、C 为规范性附录，附录 D 为资料性附录。

本标准由全国人类工效学标准化技术委员会提出。

本标准由全国人类工效学标准化技术委员会归口。

本标准起草单位：中国建筑科学研究院、中国标准化研究院。

本标准主要起草人：张耀根　张　欣　王书晓　冉令华。

本标准所替代标准历次版本发布情况为：

标准 GB/T12454—1990 于 1990 年 7 月首次发布，本标准为第一次修订。

视觉环境评价方法

1　范围

本标准规定了室内视觉环境质量评价的基本方法。

本标准适用于以阅读、书写或类似活动为主要作业的室内工作场所的视觉环境评价。

2　规范性引用文件

下列文件中的条款通过本标准的引用而成为本标准的条款。凡是注日期的引用文件，其随后所有的修改单（不包括勘误的内容）或修订版均不适用于本标准，然而，鼓励根据本标准达成协议的各方研究是否可使用这些文件的最新版本。凡是不注日期的引用文件，其最新版本适用于本标准。

JGJ/T119《建筑照明术语标准》

3　术语和定义

JGJ/T119 中确立的以及下列术语和定义适用于本标准。

3.1

视觉环境 visual environment

通过视觉，在人们所处的环境中，对空间和各种物体的认识，用大脑的反映程度所描画的外界环境。

3.2

视觉环境指数 rating of Visual environment

综合考虑视觉环境对人的工作效率与视觉舒适等因素的影响，采用评价问卷方式进行评价、统计，确定的用以指示视觉环境质量的指数。

4　评价方法

4.1　总则

本标准采用评价问卷方式，对视觉环境中多项影响人的工作效率与视觉舒适的因素进行评分，计算视觉环境指数，标示视觉环境质量。

4.2　评价项目

4.2.1　评价项目应由专家小组参考附录 A，并依据工作场所的实际情况投票确定，最终入选项目其得票率不应低于 50%。(见附录 B 表 B.1)

4.2.2　专家小组应由建筑室内视觉环境设计与研究方面的专业人士组成，成员不应少于 5 人。

4.2.3　应根据工作场所的功能要求及评价时间选择评价项目的内容与数量。

4.3　评分等级

本标准针对评价项目偏离满意状态的程度设置 5 个评分等级：优，良，一般，较差，差。

4.4　评价项目的权值

4.4.1　评价项目的权值表征该项目对视觉环境质量的影响程度，其值宜由按 4.2.2 条要求组建的专家小组确定（项目权值确定方法见附录 B.2）。

4.4.2　不同场所的同一评价项目权值可为不同值。

4.5　评价问卷

评价问卷涉及视觉环境中影响人的工作效率与舒适性的各项因素，评价人员根据现场观察与判断（各项目的评价等级见附录 C 表 C.1）。

4.6　评分系统

依据问卷结果和各个评价项目的权值，计算各评价项目的得分和视觉环境指数（见附录 C）。

4.7　评价结果

评价结果包括各个评价项目的单项评分和视觉环境指数，各项评分及视觉环境指数越小，视觉环境存在的问题越大，视觉环境质量越差。视觉环境指数与质量等级对应关系见表 1。

表 1　视觉环境指数与质量等级对应关系

视觉环境指数 S	$90 < S \leqslant 100$	$70 < S \leqslant 90$	$50 < S \leqslant 70$	$30 < S \leqslant 50$	$20 \leqslant S \leqslant 30$
质量等级	优	良	一般	较差	差

5 评价步骤

5.1 确定评价项目

根据4.2的要求，建立专家组，并参考附录A的内容，结合被评价建筑的特点确定评价项目。

5.2 确定评价项目的权值

根据4.4的要求，确定各评价项目的权值。

5.3 建立评价小组

从评价现场的实际用户中随机选出10人以上组成用户评价小组，由从事视觉环境设计或研究的有关专业人员3人以上组成专业评价小组。两个小组采用同样的评价方法独立执行现场评价任务。

5.4 进行现场评价

5.4.1 评价小组的每个成员使用评价问卷（见附录C表C.1）对评价现场的视觉状况独立进行观察与判断，根据各评价项目的实际状态给出评分。

5.4.2 进行现场评价的同时应建立评价现场情况记录。

5.4.3 在进行现场评价的同时还应记录以下内容：评价场所及用途，评价日期及时间，评价人，评价时的天气条件及照明条件，现场外观特征或现场照明，以及相关视觉环境参数测量结果。

5.5 计分和统计

分别统计每个评价小组评价人员的投票分布，利用评分系统（见附录B的表B.2）计算各个项目评分及视觉环境指数。用户评价小组的评价结果与专业评价小组的评价结果分别作为基本数据与参考数据提供有关决策工作使用。

采光测量方法

Method of daylightingmeasurements

(GB/T5699—2008

代替 GB/T5699－1985，GB/T13378—1992)

目　次

注：本标准截取内容系标准起草者提供，仅供参考。标准全文请参阅国家正式出版物。

前　言

本标准代替 GB/T5699—1985《采光测量方法》和 GB/T13378—1992《晴天采光测量方法》。

本标准与 GB/T5699—1985 和 GB/T13378—1992 相比主要变化如下：

——将原《晴天采光测量方法》作为资料性附录；

——在第 5 章中增加了照度计和亮度计的量程要求，并提高了测量精度的要求；

——在第 5 章中增加了光谱辐射计的要求；

——在第 6 章中将原有工作面高度由 1m 改为 0.8m；

——在第 8 章中增加了采用亮度计和标准白板测量漫反射比的方法；

——在第 8 章中增加了材料颜色参数测量的内容；

——删除了太阳光直射照度测量的内容。

本标准的附录 A 和附录 B 为资料性附录。

本标准由全国人类工效学标准化技术委员会提出。

本标准由全国人类工效学标准化技术委员会归口。

本标准起草单位：中国建筑科学研究院、中国标准化研究院、中国南玻集团股份有限公司、浙大三色仪器有限公司。

本标准主要起草人：林若慈、张欣、罗涛、赵跃进、许武毅、冉令华、牟同升、刘太杰、张滨。

本标准所替代标准历次版本发布情况为：

GB/T5699—1985 于 1985 年 12 月首次发布，GB/T13378—1992 于 1992 年 2 月首次发布，本次为第一次修订。

采光测量方法

1　范围

本标准规定了采光测量的仪器，采光系数、照度、亮度及材料光学参数的测量方法。本标准适用于各类建筑的采光测量。

2　规范性引用文件

下列文件中的条款通过本标准的引用而成为本标准的条款。凡是注日期的引用文件，其随后所有的修改单（不包括勘误的内容）或修订版均不适用于本标准，然而，鼓励根据本标准达成协议的各方研究是否可使用这些文件的最新版本。凡是不注日期的引用文件，其最新版本适用于本标准。

GB/T5697 人类工效学照明术语

GB/T5702 光源显色性评价方法

GB/T11942 彩色建筑材料色度测量方法

GB/T50033 建筑采光设计标准

JJG 211 亮度计

JJG 245 光照度计

ISO 15469：2004/CIE S 011：2003 天空亮度分布——CIE 标准天空

JGJ/T 119 建筑照明术语标准

3　术语和定义

GB/T5697、JGJ/T 119 规定的及下列术语和定义适用于本标准。

3.1

（光）照度　illuminance

E

表面上一点处的光照度是入射在包含该点的面元上的光通量（$d\Phi$）除以该面元面积（dA）之商，单位为勒克斯（lx）。

$$E=\frac{d\Phi}{dA}$$

3.2

（光）亮度　luminance

L

由公式 $L=d\Phi/(dA\cdot\cos\theta\cdot d\omega)$ 定义的量，单位为坎德拉每平方米（cd/m^2）。

式中　$d\Phi$——由指定点的光束元在包含指定方向的立体角 $d\omega$ 内传播的光通量，单位为流明（lm）；

dA——包括给定点的光束截面积，单位为平方米（m^2）；

θ——光束截面法线与光束方向间的夹角，单位为度（°）；

$d\omega$——指定方向的立体角。

3.3

反射比　reflectance

ρ

在入射光线的光谱组成、偏振状态和几何分布指定条件下，反射的光通量与入射光通量之比。

3.4

透射比　transmittance

τ

在入射光线的光谱组成、偏振状态和几何分布指定条件下，透射的光通量与入射光通量之比。

3.5

显色指数　colour rendering index

R

光源显色性的度量。用被测光源下物体颜色和参考标准光源下物体颜色的相符合程度来表示。

3.6

CIE 一般显色指数　CIE　general colour rendering index

R_a

光源对 CIE 规定的八种标准颜色样品特殊显色指数的平均值，通称显色指数。

3.7

采光系数　daylight factor

DF

在室内给定平面上的一点，由直接或间接地接收来自假定和已知天空亮度分布的天空漫射光而产生的照度与同一时刻该天空半球在室外无遮挡水平面上产生的天空漫射光照度之比。

3.8

采光均匀度　uniformity ratio of daylighting

假定工作面上的采光系数的最低值与平均值之比。

3.9

（色刺激的）三刺激值　tristimulusValues（of a colour stimulus）

在给定的三色系统中，与所考虑刺激达到色匹配所需要的三参比色刺激量。在 CIE 标准色度系统中，用符号 X、Y、Z 和 X_{10}、Y_{10}、Z_{10}表示三刺激值。

3.10

色品坐标　chromaticity coordinates

每个三刺激值与其总和之比。在 X、Y、Z 色度系统中，由三刺激值可算出色品坐标 x、y、z。

3.11

色品　chromaticity

用 CIE 标准色度系统所表示的颜色性质，由色品坐标定义的色刺激性质。

4　一般要求

4.1　测量目的

为确定维护和改善采光的措施，以保障视觉工作要求和节省能源，应进行采光测量。

a）检验采光设施与建筑采光设计标准 GB/T50033 的符合情况。

b）检验采光设施与设计方案的符合情况。

c）进行采光设施采光效果的比较。

d）测量采光设施随时间和环境变化的情况。

4.2　测量条件

4.2.1　应在建筑使用情况下进行采光测量。

4.2.2　采光测量所用的检测仪器应在检定的有效期内。

4.2.3　操作人员应熟悉检测仪器的操作，并严格按照操作规程进行测量。

4.2.4　操作人员应着深色衣服，并远离接收器，以防止对接收器产生遮挡和反射。

4.2.5　测量室内照度时，应熄灭人工照明。

5　测量仪器

5.1　［光］照度计

5.1.1　用于采光测量的照度计的接收器（探头）宜为硅光电池。

5.1.2　采光测量所使用的照度计（指针式或数字式）精度要求不宜低于一级。

5.1.3　照度计的量程应满足 0.1 ～10^5lx。

5.1.4　照度计的检定应按 JJG 245—2005 进行。

5.2　［光］亮度计

5.2.1　采光测量应采用光电式亮度计和其他符合精度要求的亮度计。

5.2.2　亮度测量所使用的亮度计精度要求不宜低于一级。

5.2.3　亮度计的量程应满足 0.1～10^5cd/m^2。

5.2.4　亮度计的检定应按 JJG 211—2005 进行。

5.3　光谱辐射计

5.3.1　材料颜色参数现场检测仪器应采用光谱辐射计。

5.3.2　用于现场测量的光谱辐射计应满足以下规定：

a）波长范围：380～780nm，测光重复性应在 1% 以内；

b）波长精度：≤　±2.0nm；

c）光谱带宽：≤　8nm；

d）光谱测量间隔：≤ 5nm；

e）仪器可直接测量物体的三刺激值和色品坐标；

f）对 A 光源的颜色精度：±0.0015 x ，±0.0015 y 。

6　采光系数测量

6.1　测量要求

6.1.1　采光系数测量的天空条件应选择 ISO 15469：2004/CIE S 011：2003 标准规定的 CIE 标准全阴天。晴天条件下的采光测量可参考附录 B。

全阴天天空亮度分布应满足式（1）的要求：

$$L_\theta = \frac{1 + 2\sin\theta}{3} L_Z \tag{1}$$

式中　L_θ ——天空某点的亮度，单位为坎德拉每平方米（cd/m^2）；

θ ——天空某点的高度角，单位为度（°）；

L_Z ——天顶亮度，单位为坎德拉每平方米（cd/m^2）。

6.1.2　照度测量应选在一天内照度相对稳定的时间内进行，一般选取当地时间上午 10 时至下午 2 时。

6.1.3　室外照度与室内照度的测量应同时进行。

6.1.4　测量时接收器应水平放置，或平放在实际工作面上。

6.1.5　使用光电式照度计时，测量前应使接收器曝光 2min 后，方可开始测量。

6.2　室外照度测量

6.2.1　室外测点布置

测量室外照度应选择周围无遮挡的空地或建筑物的屋顶。接收器应置于与周围建筑物或其他遮挡物的距离大于遮挡物高度的 6 倍处，即 l 与 h 之比大于 6，如图 1 所示。

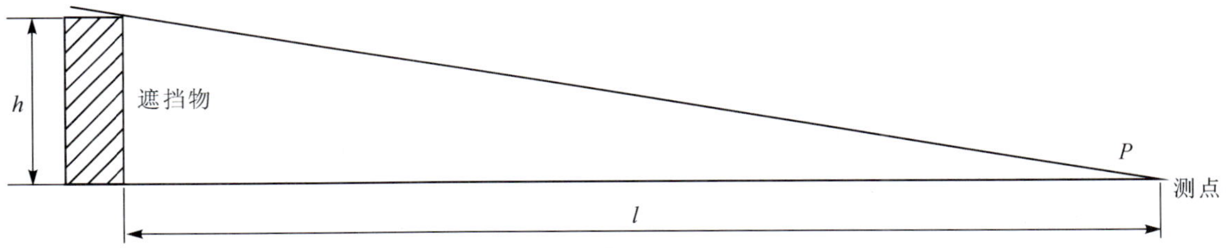

图 1　建筑物遮挡示意图

6.2.2　室外照度应测量室外水平面全天空扩散（漫射）光照度。

6.3　室内照度测量

室内测点布置应满足下列要求：

a）测量室内照度时，应取距地面 0.8m 高的水平面为假定工作面；通道可取地面或距地 0.15m 的水平面，也可根据实际情况选定其他工作面。

b）测点位置应根据采光口的布置选取。对于侧面采光，测点位于建筑物典型剖面和假定工作面相交的位置，应选两个以上的典型横剖面（Ⅰ、Ⅱ）。顶部采光时，可增测两个以上典型纵剖面（Ⅲ、Ⅳ），如图 2 所示。

c）根据需要也可选室内代表区域或整个室内等间距布点进行测量，将测量区域划分成矩形网格，网格宜为正方形，应在矩形网格中心点测量照度，如图 3 所示。

d）测点间距可取 2～4m，对于小面积的房间可取 0.5～1m 间距。

e）测点离墙或柱的距离应为 0.5～1m。单侧采光时应在距内墙 1m 处设一测点，双侧采光时应在横剖面中间设一测点。走廊、通道、楼梯处的测点，在长度方向的中心线上可按 1m～2m 的间隔布置。

6.4　采光系数和采光均匀度的计算

室内某点的采光系数可按式（2）计算：

$$C_i = \frac{E_i}{E_o} \times 100\% \tag{2}$$

式中　C_i ——该点的采光系数，用百分比表示；

E_i ——室内该点的照度，单位为勒克斯（lx）；

E_o ——与该点同时测量的室外漫射光照度，单位为勒克斯（lx）。

采光系数平均值可按式（3）计算：

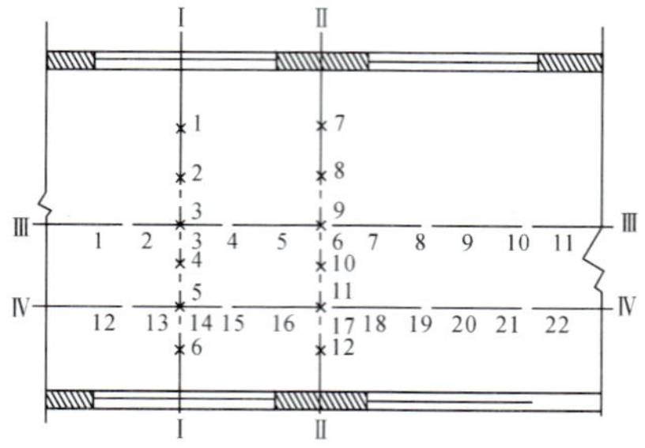

图 2　典型剖面布点图（Ⅰ—Ⅳ剖面）

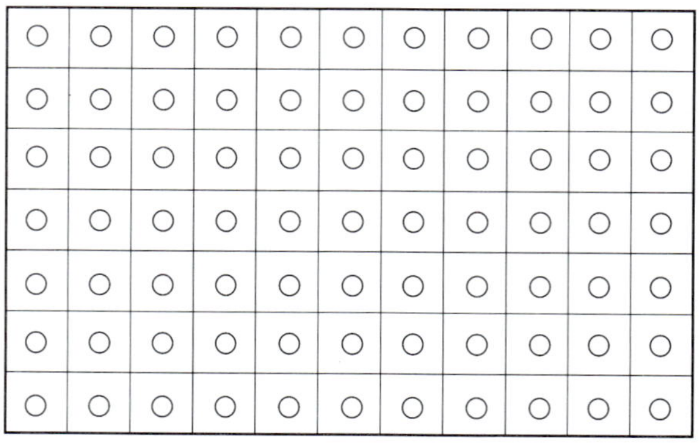

图 3　等间距布点图

$$C_{ave} = \frac{1}{MN}\sum C_i \tag{3}$$

式中　C_{ave}——采光系数平均值，用百分比表示；

C_i——在第 i 个测点上的采光系数，用百分比表示；

M——纵向测点数；

N——横向测点数。

采光均匀度为 C_{min} 与 C_{ave} 之比，可按式（4）计算：

$$U = \frac{C_{min}}{C_{ave}} \tag{4}$$

式中　C_{min}——采光系数最低值，用百分比表示；

C_{ave}——采光系数平均值，用百分比表示；

U——采光均匀度。

7　亮度测量

7.1　测量内容

亮度测量包括对工作对象和周围背景亮度的测量，应分别测量室内各表面（窗、墙、顶棚、地面、室内设施和工作面）的亮度，并记录工作对象的表面特征、入射光的方向及观察者的相对位置。

7.2　测量要求

7.2.1　在测量采光系数时可进行亮度测量，必要时可在窗面出现高亮度时进行测量。

7.2.2　测量时应选择典型的评价位置，一般可选择室内人员主要的停留位置、工作区域等，测量对象应选择室内人员的主要视看对象。

7.2.3　亮度计的放置高度一般应以观察者的高度为准，通常站姿时为 1.5m，坐姿时为 1.2m，特殊场合，应按实际情况确定。

7.3　窗亮度测量

7.3.1　测量位置

a）测量位置可选择视觉作业最频繁的位置。

b）测量位置也可根据采光口的位置确定。对于侧面采光，测量位置可沿窗中轴线向内墙方向均匀布置，测量位置不宜少于 3 个。当侧面采光口为多个时，窗间墙的中轴线上也应布置测量位置，测量位置不宜少于 3 个。

c）单侧采光时应在窗（及窗间墙）中轴线上距窗对面内墙 1m 处设一测量位置。

7.3.2　测量方法

a）测量窗亮度时，应对透过窗的天空、遮挡物、地面和窗框等分别进行测量，并估算它们所占的窗面积比。

b）当透过窗所看到的各部分面积大时，应选择多点测量求其平均值。

c）窗的平均亮度可通过天空、遮挡物和地面的亮度加权平均计算得到。

7.4　室内各表面亮度测量

7.4.1　测量位置可选择视觉作业最频繁的位置。

7.4.2　应选择人眼经常注视的表面测量亮度。

7.4.3　亮度测量点应在各表面上均匀选取，被测面的平均亮度为各测点亮度的算术平均值。

8　材料光学参数测量

8.1　测量内容

a）室内墙面、顶棚、地面等饰面材料和主要设备的反射比；

b）采光材料透射比；

c）材料的颜色特性参数。

8.2　反射比的测量

8.2.1　用亮度计和标准白板测量漫反射面反射比

选择漫反射表面不受直接光影响的区域，将标准白板紧贴在该区域的某一位置，使用亮度计测量白板的亮度 L_W，然后移走白板，再使用亮度计测量同一位置的被测表面的亮度 L。

可按式（5）求出反射比：

$$\rho = \rho_W \frac{L}{L_W} \tag{5}$$

式中　ρ_W——标准白板的反射比；

L——被测表面的亮度，单位为坎德拉每平方米（cd/m^2）；

L_W——标准白板的亮度，单位为坎德拉每平方米（cd/m^2）。

8.2.2　用照度计测量室内表面反射比

选择不受直接光影响的被测表面位置（例如，被测位置不宜选择在狭的窗间墙、近窗的侧墙等处），将照度计接收器紧贴被测表面的某一位置，测其入射照度 E_R，然后将接收器感光面对准同一被测表面的原来位置，逐渐平移离开，待照度稳定后，读取反射照度 E_f，测量示意图如图4所示。

可按式（6）求得反射比：

$$\rho = \frac{E_f}{E_R} \tag{6}$$

式中　E_f——反射照度，单位为勒克斯（lx）；

E_R——入射照度，单位为勒克斯（lx）。

8.2.3　用照度计和亮度计测量漫反射面反射比

选择漫反射表面不受直接光影响的区域，将照度计接收器紧贴在该区域的某一位置，测其照度 E，然后再使用亮度计测量同一位置的亮度 L。

可按式（7）求得反射比：

$$\rho = \frac{\pi L}{E} \tag{7}$$

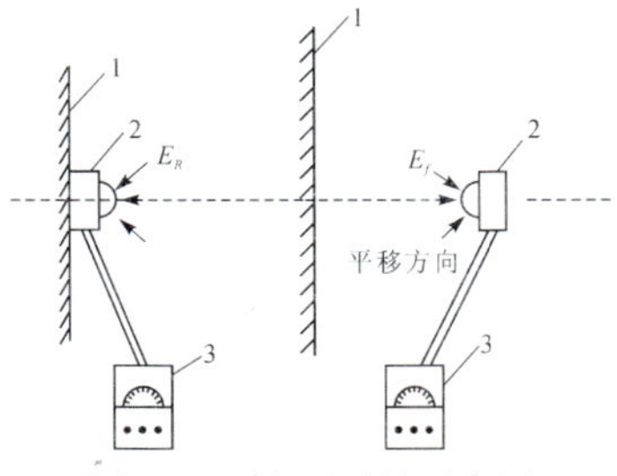

图4　反射比测量示意图

1—被测表面；2—接收器；3—照度计

式中　L——被测表面的亮度，单位为坎德拉每平方米（cd/m^2）；

E——被测表面的照度，单位为勒克斯（lx）。

8.2.4 每个被测表面一般选取 3 ~5 个测点，然后求其算术平均值，作为该被测面的反射比。

8.2.5 材料反射比也可用便携式反射比计测量。

8.3 透射比的测量

8.3.1 用照度计测量采光材料的透射比

在天空扩散光的情况下，将照度计的接收器分别贴在被测窗透光材料的内、外两面，两测点应在同一轴心上。分别读取内、外两测点的照度值，如图 5 所示。

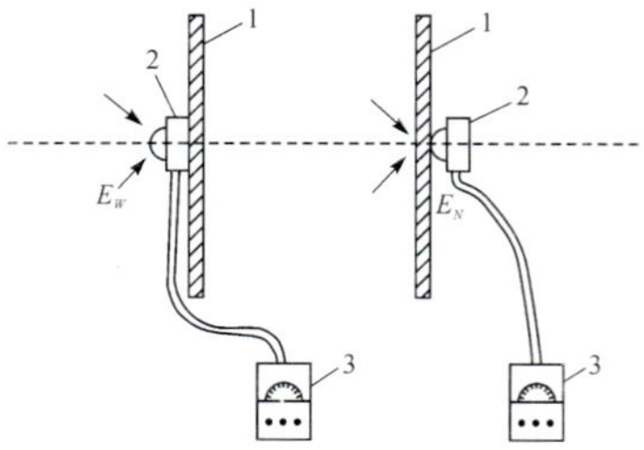

图 5 透射比测量示意图

1—被测透光材料；2—接收器；3—照度计

可按式（8）求出透射比 τ：

$$\tau = \frac{E_N}{E_W} \tag{8}$$

式中 E_N——内测点的照度，单位为勒克斯（lx）；

E_W——外测点的照度，单位为勒克斯（lx）。

8.3.2 测量透射比时，可选取 3 ~5 块具有代表性位置的窗透光材料作试件。

8.3.3 每块透光材料可选一个测点或多个测点，取各测点的透射比的算术平均值作为采光材料的透射比。

8.3.4 材料的反射比或透射比可在实验室用分光光度计精密测量。

8.4 材料颜色参数的测量

8.4.1 材料色度的测量

a）室内墙面、顶棚、地面等饰面材料和主要设备表面的颜色特性可用色品坐标表示，色品坐标可用光谱辐射计测量。

b）每个被测表面一般可选取 3 ~5 个测量点。

c）应利用光谱辐射计分别测量各点的色品坐标，取其算术平均值作为被测表面的色品坐标。

d）测量方法参照 GB/T11942 相关规定。

8.4.2 透明材料颜色透视性能的测量

透明材料的颜色透视性能可用标准照明体 D65 透过材料后的一般显色指数表示。

a）透明材料的颜色透视性能可用光谱辐射计测量。

b）测量方法可参照 8.3.1，分别读取内、外两测点的光谱辐射度，得到材料的光谱透射比。

c）颜色透视性能的计算可参照 GB/T5702—2003。

9 测量结果

9.1 基本情况

资料整理中应记录以下各项（见附录 A 表 A.1）：

a）测量场所名称；

b）测量场所的平面图、剖面图以及方位（包括采光口）；

c）采光口面积和窗地面积比；

d）被测房间的维护情况和污染程度；

e）测量时的天气状况；

f）测量地点周围建筑物和树木的遮挡情况；

g）仪器型号和编号、校正和检定日期；

h）采光效果评价；

i）测量日期、起止时间和测量人。

9.2 全阴天采光测量

9.2.1 全阴天采光测量结果应包括以下各项（见附录 A 的表 A.2）：

a）测量场所名称；

b）测量时的天空状况；

c）测量高度和测点布置；

d）照度计型号和编号；

e）室内外照度和采光系数测量结果；

f）测量日期、起止时间和测量人。

9.2.2　采光系数最低值应取典型剖面和假定工作面或地面交线上测点数值中的最低值。遇有明显的设备遮挡时，可取相邻无遮挡测点上的采光系数值。

9.2.3　采光系数的平均值应取典型剖面与假定工作面交线上各测点的算术平均值。

9.2.4　绘制典型剖面的采光系数曲线图。根据测点位置应分别画在横剖面或纵剖面图上。纵坐标为采光系数值，横向为各点的位置，将各对应点采光系数值连成光滑曲线即可得出采光系数曲线图。

9.2.5　绘制等采光系数图。在被测建筑的平面上标出窗口位置，并画出等系数曲线图。

9.3　亮度测量

9.3.1　亮度测量结果应包括以下各项（见附录A的表A.3）：

a）测量场所名称；

b）测量时的天空状况；

c）测量位置及测点布置示意图；

d）亮度计型号和编号；

e）各表面及窗亮度测量结果；

f）测量日期、起止时间和测量人。

9.3.2　绘制室内亮度分布图时，各表面亮度可直接标在室内的透视图上，也可标在拍摄的照片上，亮度比应是工作对象或窗的亮度与周围背景的亮度之比。

9.4　材料光学参数测量

材料光学参数测量结果应包括以下各项（见附录A的表A.4）：

a）测量场所名称；

b）仪器的型号和编号；

c）材料反射比和透射比测量结果；

d）材料颜色参数测量结果；

e）测量日期、起止时间和测量人。

建筑照明术语标准

Standard for Terminology of Architectural Lighting

(JGJ/T 119—2008)

目　次

前　言

根据建设部建标［2005］84号文关于《2005年工程建设标准规范制订、修订计划（第一批）的通知》要求，修订组对国内外相关照明术语标准文献资料进行了深入调查和分析研究，认真总结其实践经验，并在广泛征求意见的基础上进行修订的。

本标准主要内容是：总则、辐射和光、视觉和颜色、照明技术、电光源及其附件、灯具及其附件、建筑采光和日照、材料的光学特性和照明测量等。

标准新增一般术语、夜景照明、道路照明、采光方式等方面的内容，对一些内容做了局部的删减或修改。

本标准由建设部负责管理，由中国建筑科学研究院负责具体技术内容的解释（地址：北京市车公庄大街19号；中国建筑科学研究院建筑物理研究所；邮编：100044）。

本标准主编单位：中国建筑科学研究院

本标准参编单位：中国航空工业规划设计研究院
欧司朗（中国）照明有限公司
佛山电器照明股份有限公司
广州市九佛电器有限公司

本标准主要起草人：赵建平、张绍纲、李景色、任元会、肖辉乾、刘剑平、钟信才、钟学周。

1 总 则

1.0.1 为合理地统一建筑照明术语及其定义，实现专业术语规范化，促进建筑照明技术的发展，利于国内外交流，制定本标准。

1.0.2 本标准适用于工业与民用建筑照明、城市照明、室外场地照明及有关领域。

1.0.3 本标准包括建筑的人工照明（简称照明）和天然采光（简称采光）。

1.0.4 建筑照明术语及其定义除应符合本标准的规定外，尚应符合国家现行有关标准的规定。

2 辐射和光、视觉和颜色

2.1 辐射和光

2.1.1 电磁辐射 electromagnetic radiation

能量以电磁波或光子形式的发射、传输的过程或电磁波或光子本身。简称“辐射”。

2.1.2 光学辐射 optical radiation

波长位于向 X 射线过渡区（$\lambda \approx 1$nm）和向无线电波过渡区（$\lambda \approx 1$mm）之间的电磁辐射。简称“光辐射”。

2.1.3 可见辐射 Visible radiation

能直接引起视感觉的光学辐射。通常将波长范围限定在 380 ~ 780nm 之间。

2.1.4 红外辐射 infrared radiation

波长大于可见辐射波长的光学辐射。通常将波长范围在 780nm ~ 1mm 之间的红外辐射细分为：

IR – A	780 ~ 1400nm
IR – B	1.4 ~ 3 μm
IR – C	3 μm ~ 1mm

2.1.5 紫外辐射 ultraviolet radiation

波长小于可见辐射波长的光学辐射。通常将波长在 100 ~ 400nm 之间的紫外辐射细分为：

UV – A	315 ~ 400nm
UV – B	280 ~ 315nm
UV – C	100 ~ 280nm

2.1.6 光 light

（1）被感知的光（perceived light），它是人的视觉系统特有的所有知觉或感觉的普遍和基本的属性；（2）光刺激（light stimulus），进入人眼睛并引起光感觉的可见辐射。

2.1.7 单色辐射 monochromatic radiation

具有单一频率的辐射。实际上，频率范围甚小的辐射即可看成单色辐射。也可用空气中或真空中光的波长来表征单色辐射。

2.1.8 光谱 spectrum

组成辐射的单色成分按波长或频率顺序排列或说明。在光谱学中分为线状光谱、连续光谱和同时显示这两种特征的光谱。

2.1.9 （光）谱线 spectral line

光谱中表现为线状的成分，它相应于在两个能级之间跃迁时发射或吸收的单色辐射。

2.1.10 光谱（密）集度（光谱分布）spectral concentration（spectral distribution）

在波长 λ 处，包含 λ 的波长区元 $d\lambda$ 内的辐射量或光度量 $dX(\lambda)$ 除以该区元之商，即

$$X_\lambda = \frac{dX(\lambda)}{d\lambda} \tag{2.1.10}$$

该量的符号为 X_λ，单位为 X/m。

2.1.11 相对光谱分布 relative spectral distribution

辐射量或光度量 $X(\lambda)$ 的光谱分布 $X_\lambda(\lambda)$ 与某一选定参考值 R 之比。R 可以是该光谱分布的平均值、最大值或任意选定的值。

$$S(\lambda) = \frac{X_\lambda(\lambda)}{R} \tag{2.1.11}$$

该量的符号为 $S(\lambda)$，单位为 1。

2.1.12 辐（射）通量（辐射功率） radiant flux（radiant power）

以辐射的形式发射、传输或接收的功率。该量的符号为 Φ_e、Φ 或者 P，单位为瓦（W）。

2.1.13 光谱光（视）效率 spectral luminous efficiency

波长为λ_m与λ的两束辐射，在特定光度条件下产生相等光感觉时，该两束辐射通量之比，使其比值最大值等于1时的λ_m分别为555nm（明视觉）或507nm（暗视觉）。符号为$V(\lambda)$（用于明视觉）和$V'(\lambda)$（用于暗视觉）。

$$V(\lambda)=K(\lambda)/K_m \tag{2.1.13-1}$$

$$V'(\lambda)=K'(\lambda)K'_m \tag{2.1.13-2}$$

式中　$K_m=683\text{lm/W}$（$\lambda_m=555\text{nm}$）

$K'_m=1700\ \text{lm/W}$（$\lambda'_m=507\text{nm}$）

2.1.14　CIE标准光度观察者　CIE standard photometric observer

相对光谱响应度曲线符合明视觉的$V(\lambda)$函数或者暗视觉的$V'(\lambda)$函数的理想观察者,并且遵从光通量定义中所含的相加律。

2.1.15　光通量 luminous flux

根据辐射对CIE标准光度观察者的作用，从辐射通量Φ_e导出的光度量。该量的符号为Φ，单位为1m（流明）。

对于明视觉

$$\Phi=K_m\int_0^\infty \frac{d\Phi_e(\lambda)}{d\lambda}V(\lambda)d\lambda \tag{2.1.15}$$

式中　$d\Phi_e(\lambda)/d\lambda$——辐射通量的光谱分布；

$V(\lambda)$——光谱光(视)效率；

K_m——辐射的最大光谱光（视）效能。

2.1.16　辐射的光（视）效能（最大光谱光（视）效能）　luminous efficacy of radiation（maximumValue of spectral efficacy of radiation）

光通量Φ除以相应的辐射通量Φ_e之商,即

$$K=\frac{\Phi}{\Phi_e} \tag{2.1.16}$$

该量的符号为K，单位为lm/W。

对于单色辐射，明视觉条件下$K(\lambda)$的最大值用K_m表示：

$K_m=683\text{lm/W}$（$\lambda_m=555\text{nm}$）

暗视条件下：$K'_m=1\ 700\ \text{lm/W}$（$\lambda'_m=507\text{nm}$）

2.1.17　发光强度 luminous intensity

光源在指定方向上的发光强度是该光源在该方向的立体角元$d\Omega$内传输的光通量$d\Phi$，除以该立体角元之商，即单位立体角的光通量，即

$$I=\frac{d\Phi}{d\Omega} \tag{2.1.17}$$

该量的符号为I，单位为cd（坎德拉）。

2.1.18　（光）亮度　luminance

由公式$L=d\Phi/(dA\cos\theta d\omega)$定义的量。

式中　$d\Phi$——由指定点的光束元在包含指定方向的立体角$d\omega$内传播的光通量；

dA——包括给定点的光束截面积；

θ——光束截面法线与光束方向间的夹角。

该量的符号为L,单位为cd/m^2(坎德拉每平方米)。

2.1.19　（光）照度 illuminance

表面上一点处的光照度是入射在包含该点的面元上的光通量$d\Phi$除以该面元面积dA之商,即

$$E=\frac{d\Phi}{dA} \tag{2.1.19}$$

该量的符号为E,单位为lx(勒克斯)。

2.1.20　（光）出射度 luminous exitance

表面上一点处的出射度是射出在包含该点的面元上的光通量$d\Phi$除以该面元面积dA之商,即

$$M=\frac{d\Phi}{dA} \tag{2.1.20}$$

该量的符号为M，单位为lm/m^2。

2.1.21　坎德拉 candela

发光强度的国际单位制（SI）单位。坎德拉是发出频率为540×10^{12}Hz辐射的光源在指定方向的发光强度，光源在该

方向的辐射强度为（1/683）W/sr。该单位的符号为 cd，1cd = lm/sr。

2.1.22 流明 lumen

光通量的国际单位制（SI）单位。发光强度为 1cd 的各向均匀发光的点光源在单位立体角（球面度）内发出的光通量。其等效定义是频率为 540×10^{12}Hz，辐射通量为（1/683）W 的单色辐射束的光通量，该单位的符号为 lm。

2.1.23 勒克斯 lx

（光）照度的国际单位制（SI）单位。1 lm 的光通量均匀分布在 $1m^2$ 的表面上所产生的照度。该单位的符号为 lx，1lx = 1 lm/m^2。

2.2 视觉

2.2.1 视觉 vision

由进入人眼的辐射所产生的光感觉而获得的对外界的认识。

2.2.2 明视觉 photopicVision

正常人眼适应高于几个坎德拉每平方米以上的光亮度水平时的视觉。这时，视网膜上的锥状细胞是起主要作用的感受器。

2.2.3 暗视觉 scotopicVision

正常人眼适应低于百分之几坎德拉每平方米以下的光亮度水平时的视觉。这时，视网膜上的柱状细胞是起主要作用的感受器。

2.2.4 中间视觉 mesopicVision

介于明视觉和暗视觉之间的视觉。这时，视网膜上的锥状细胞和柱状细胞同时起作用。

2.2.5 适应 adaptation

视觉系统的状态由于先前或当前受到刺激而引起的调节过程，该刺激可能有不同的光亮度、光谱分布和视张角。

2.2.6 明适应 light adaptation

视觉系统适应高于几个坎德拉每平方米刺激亮度的变化过程及终极状态。

2.2.7 暗适应 dark adaptation

视觉系统适应低于百分之几坎德拉每平方米刺激亮度的变化过程及终极状态。

2.2.8 视野 visual field

当头和眼睛位置不动时，人眼能察觉到空间的范围。用立体角表示。

2.2.9 视角 visual angle

识别对象对人眼所形成的张角，通常以弧度单位来度量。

2.2.10 视觉敏锐度；视力 Visual acuity；visual resolution

（1）定性的：清晰观看分离角很小的细部的能力。

（2）定量的：观察者刚可感知分离的两相邻物体（点或线或其他特定刺激）以弧分为单位的视角的倒数。

2.2.11 亮度对比 luminance contrast

视野中识别对象和背景的亮度差与背景亮度之比，即

$$C = \frac{L_o - L_b}{L_b} \text{ 或 } C = \frac{\Delta L}{L_b} \quad (2.2.11)$$

式中 C——亮度对比；

L_0——识别对象亮度；

L_b——识别对象的背景亮度；

ΔL——识别对象与背景的亮度差。

当 $L_o > L_b$ 时为正对比，当 $L_o < L_b$ 时为负对比。

2.2.12 可见度 visibility

表征人眼辨认物体存在或形状的难易程度。用实际亮度对比高于阈限亮度对比的倍数来表示。在室外应用时，也可以人眼恰可感知一个对象存在的距离来表示。

2.2.13 视觉作业 visual task

在工作和活动中，对呈现在背景前的细部和目标的观察过程。

2.2.14 视觉功效 visual performance

人借助视觉器官完成一定视觉工作的能力和效率。以完成视觉作业的速度和精确度评价的视觉能力。

2.2.15 闪烁 flicker

因亮度或光谱分布随时间波动的光刺激引起的不稳定的视觉现象。

2.2.16 频闪效应 strobscopic effect

在以一定频率变化的光照射下，使人们观察到的物体运动显现出不同于其实际运动的现象。

2.2.17　眩光 glare

由于视野中的亮度分布或亮度范围的不适宜，或存在极端的亮度对比，以致引起不舒适感觉或降低观察细部或目标能力的视觉现象。

2.2.18　直接眩光 direct glare

由处于视野中，特别是在靠近视线方向存在的发光体所产生的眩光。

2.2.19　反射眩光 glare by reflection

由视野中的反射所引起的眩光，特别是在靠近视线方向看见反射像所产生的眩光。

2.2.20　不舒适眩光 discomfort glare

产生不舒适感觉，但并不一定降低视觉对象的可见度的眩光。

2.2.21　失能眩光 disability glare

降低视觉对象的可见度，但并不一定产生不舒适感觉的眩光。

2.2.22　光幕反射 veiling reflection

出现在被观察物体上的镜面反射，使对比度降低到部分或全部看不清物体的细部。

2.2.23　光幕亮度 veiling luminance

由视野内光源所产生的重叠在视网膜像上的亮度，它降低视觉对象与背景的亮度对比度，导致降低视觉功效和可见度。

2.2.24　视亮度 brightness

人眼知觉一个区域所发出光的多少的视觉属性。

2.2.25　统一眩光值（UGR）unified glare rating

它是度量室内视觉环境中的照明装置发出的光对人眼睛引起不舒适感而导致的主观反应的心理参量，其值可按 CIE 统一眩光值公式计算，即

$$UGR = 8\lg\frac{0.25}{L_b}\sum\frac{L_\alpha^2\omega}{P^2} \qquad (2.2.25)$$

式中　L_b——背景亮度，单位为 cd/m²；

L_α——每个灯具在观察者方向的亮度，单位为 cd/m²；

ω——每个灯具发光部分对观察者眼睛所形成的立体角，单位为 sr；

P——每个单独灯具的位置指数。

2.2.26　眩光值（GR）glare rating

它是度量室外体育场地和其他室外场地照明装置对人眼睛引起可见度降低和不舒适感觉而导致的主观反应的心理参量，其值可按 CIE 眩光值公式计算，即

$$GR = 27 + 24\lg\left(\frac{l_{v1}}{l_{ve}^{0.9}}\right) \qquad (2.2.26)$$

式中　l_{v1}——由灯具发出的光直接射向眼睛所产生的光幕亮度，单位为 cd/m²；

l_{ve}——由环境引起直接入射到眼睛的光所产生的光幕亮度，单位为 cd/m²。

2.2.27　上射光输出比（ULOR）upward light output ratio

当灯具安装在规定的设计位置时，灯具发射到水平面以上的光通量与灯具中全部光源发出的总光通量之比。

2.2.28　下射光输出比（DLOR）downward light output ratio

当灯具安装在规定的设计位置时，灯具发射到水平面以下的光通量与灯具中全部光源发出的总光通量之比。

2.2.29　溢散光 spill light（spray light）

照明装置发出的光线中照射到被照目标范围外的那部分光线。

2.2.30　干扰光 obtrusive light

由于光的数量、方向或光谱特性，在特定场合中引起人的不舒适、分散注意力或视觉能力下降的溢散光。

2.2.31　光污染 light pollution

指干扰光或过量的光辐射（含可见光、紫外光和红外光辐射）对人和生态环境造成的负面影响的总称。

2.2.32　天空辉光 sky glow

大气中各种成分（气体分子、气溶胶和颗粒物质）引起天空光的散射、辐射、反射（可见和非可见），它成为在天文观测星体时看到的夜空变亮的现象。

2.3　颜色

2.3.1 颜色（色）colour（color）

（1）感知意义：包括彩色和无彩色及其任意组合的视知觉属性。该属性可以用诸如黄、橙、棕、红、粉红、绿、蓝、紫等区分彩色的名词来描述，或用诸如白、灰、黑等说明无彩色名词来描述，还可用明或亮和暗等词来修饰，也可用上述各种词的组合词来描述。

（2）心理物理意义：用例如三刺激值定义的可计算值对色刺激所做的定量描述。

2.3.2 色刺激 colour stimulus

进入人眼并产生颜色（包括彩色和无彩色）感觉的可见辐射。

2.3.3 三色系统 trichromatic system

基于三种适当选择的参比色刺激相加混合来匹配色，并用三刺激值来表征色刺激的系统。

2.3.4 （色刺激的）三刺激值 tristimulusValues（of a colour stimulus）

在给定的三色系统中，与所考虑刺激达到色匹配所需要的三参比色刺激量。在 CIE 标准色度系统中，用符号 X、Y、Z 和 X_{10}、Y_{10}、Z_{10} 表示三刺激值。

2.3.5 色感觉 colour sensation

眼睛接受色刺激后产生的视觉。

2.3.6 色适应 chromatic adaptation

在明适应状态下，视觉系统对视野颜色的适应过程或适应状态。

2.3.7 物体色 object colour

被感知为某一物体所具有的颜色。

2.3.8 表面色 surface colour

被感知为某一漫反射或发射光的表面所具有的颜色。

2.3.9 发光色 luminous colour

被感知为某一发光区域（如光源）或镜面反射光区域所具有的颜色。

2.3.10 （感知的）无彩色 achromatic（perceived）colour

在感知意义上是指所感知的颜色无色调，通常用白、灰、黑来描述或对透明物体用消色和中性来描述。

2.3.11 （感知的）有彩色 chromatic（perceived）colour

指所感知的颜色具有的色调。

2.3.12 色调 hue

根据所观察区域呈现的感知色与红、绿、黄、蓝的一种或两种组合的相似程度来判定的视觉属性，亦称“色相”。

2.3.13 饱和度 saturation

用以估价纯彩色在整个视觉中的成分的视觉属性。

2.3.14 彩度 chroma

用距离等明度无彩色点的视知觉特性来表示物体表面颜色的浓淡，并给予分度。

2.3.15 相关色的明度 lightness of a related colour

（1）物体表面相对明暗的特性。

（2）在同样条件下，以白板作为基准，对物体表面的视知觉特性给予的分度。简称“明度”。

2.3.16 色对比 colour contrast

同时或相继观察视野中相邻两部分颜色差异的主观评价。

2.3.17 色品坐标 chromaticity coordinates

每个三刺激值与其总和之比。在 X、Y、Z 色度系统中，由三刺激值可算出色品坐标 x、y、z。

2.3.18 色品 chromaticity

用 CIE 标准色度系统所表示的颜色性质。由色品坐标定义的色刺激性质。

2.3.19 色品图 chromaticity diagram

表示颜色色品坐标的平面图。

2.3.20 普朗克轨迹 planckian locus

色品图上表示不同温度时普朗克辐射体（黑体）光色色品的点在色品图上形成的轨迹。

2.3.21 色温 colour temperature

当光源的色品与某一温度下黑体的色品相同时，该黑体的绝对温度为此光源的色温度，亦称“色度”。该量的符号为 T_c，单位为 K。

2.3.22 相关色温度 correlated colour temperature

当光源的色品点不在黑体轨迹上，且光源的色品与某一温度下的黑体的色品最接近时，该黑体的绝对温度为此光源的相关色温度。该量的符号为 T_{cp}，单位为 K。

2.3.23　色表（色貌）colour appearance

与色刺激和材料质地有关的颜色的主观感知特性。

2.3.24　冷色表 cold colour appearance

色温大于 5 300K 的光源的色表。

2.3.25　暖色表 warm colour appearance

色温小于 3 300K 的光源的色表。

2.3.26　中间色表 intermediate colour appearance

介于冷色表和暖色表之间的光源的色表。

2.3.27　显色性 colour rendering

与参考标准光源相比较，光源显现物体颜色的特性。

2.3.28　显色指数 colour rendering index

光源显色性的度量。以被测光源下物体颜色和参考标准光源下物体颜色的相符合程度来表示。该量的符号为 R。

2.3.29　特殊显色指数 special colour rendering index

光源对国际照明委员会（CIE）某一选定的标准颜色样品的显色指数。该量的符号为 R_i。

2.3.30　一般显色指数 general colour rendering index

光源对国际照明委员会（CIE）规定的 8 种标准颜色样品特殊显色指数的平均值。通称显色指数，该量的符号为 R_a。

3　照明技术

3.1　一般术语

3.1.1　照明 lighting，illumination

光照射到场景、物体及其环境使其可以被看见的过程。

3.1.2　视觉环境　visual environment

通过视觉，在人们所处的环境中，对空间和各种物体的认识，用大脑的反映程度所描画的外界环境。

3.1.3　光环境 luminous environment

从生理和心理效果来评价的视觉环境。

3.1.4　绿色照明 green lights

节约能源、保护环境，有益于提高人们生产、工作、学习效率和生活质量，保护身心健康的照明。

3.1.5　夜间景观 landscape in night，nightscape

在夜间，通过自然光和灯光塑造景观，简称夜景。

3.1.6　夜景照明 nightscape lighting

泛指除体育场场地、建筑工地、道路照明和室外安全等功能性照明以外，所有室外活动空间或景物夜间的照明，亦称“景观照明”（landscape lighting）。

3.1.7　（亮或暗）环境区域（bright or dark）environment zones

为限制光污染，根据环境亮度状况和活动的内容，对相应地区所作的划分。

3.2　照明评价指标

3.2.1　平均照度 average illuminance

规定表面上各点的照度平均值。

3.2.2　平均亮度 average luminance

规定表面上各点的亮度平均值。

3.2.3　最小照度 minimum illuminance

规定表面上的照度最小值。

3.2.4　最大照度 maximum illuminance

规定表面上的照度最大值。

3.2.5　法向照度 normal illuminance

垂直于光的入射方向的平面上的照度值。

3.2.6　水平照度 horizontal illuminance

水平面上的照度。

3.2.7　垂直照度 vertical illuminance

垂直面上的照度。

3.2.8　维持平均照度 maintained average illuminance

照明装置必须进行维护时，在规定表面上的平均照度值。

3.2.9　初始平均照度 initial average illuminance

照明装置新装时在规定表面上的平均照度。初始平均照度由规定的维持平均照度值除以维护系数值求出。

3.2.10　照度均匀度 uniformity ratio of illuminance

通常指规定表面上的最小照度与平均照度之比。有时也用最小照度与最大照度之比。

3.2.11　平均柱面照度 average cylindrical illuminance

光源在给定的空间一点上一个假想的很小圆柱面上产生的平均照度。圆柱体轴线通常是竖直的。该量的符号为 E_c 。

3.2.12　平均半柱面照度 average semi－cylindrical illuminance

光源在给定的空间一点上一个假想的很小半个圆柱面上产生的平均照度。圆柱体轴线通常是竖直的。该量的符号为 E_{sc}。

3.2.13　平均球面照度 average spherical illuminance；标量照度 scalar illuminance

光源在给定的空间一点上一个假想的很小球整个表面上产生的平均照度。该量的符号为 E_s 。

3.2.14　照度矢量 illuminanceVector

用于描述在空间一点上的光的方向特性，它的量值为一个通过该点的表面正反两侧的最大照度差值，由高照度向低照度的矢量方向为正。该量的符号为 E 。

3.2.15　照度比 illuminance ratio

某一表面上的照度与参考面上一般照明的平均照度之比。

3.2.16　照明功率密度（LPD）lighting power density

单位面积上的照明安装功率（包括光源、镇流器或变压器等），单位为瓦特每平方米（W/m^2）。

3.2.17　路面平均亮度　average road surface luminance

在路面上预先设定的点上测得的或计算得到的各点亮度的平均值。该量的符号为 L_{av}。

3.2.18　路面亮度总均匀度　overall uniformity of road surface luminance

路面上最小亮度与平均亮度比值。该量的符号为 U_o 。

3.2.19　路面亮度纵向均匀度　longitudinal uniformity of road surface luminance

同一条车道中心线上最小亮度与最大亮度的比值。该量的符号为 U_L 。

3.2.20　路面平均照度　average road surface illuminance

在路面预先设定的点上测得的或计算得到的各点照度的平均值。该量的符号为 E_{av}。

3.2.21　路面照度均匀度 uniformity of road surface illuminance

路面上最小照度与平均照度的比值。该量的符号为 U_E 。

3.2.22　路面维持平均（亮度）照度　maintained average luminance（illuminance）of road surface

即路面平均亮度（照度）维持值，它是在计入光源计划更换时光通量的衰减以及灯具因污染造成效率下降等因素（即维护系数）后设计计算时所采用的平均亮度（照度）值。

3.2.23　阈值增量　threshold increment

失能眩光的度量。表示为存在眩光源时，为了达到同样看清物体的目的，在物体及背景之间的对比所需增加的百分比。该量的符号为 TI 。

3.2.24　（道路照明）环境比 surround ratio（of road lighting）

车行道外边5m宽的带状区域内的平均水平照度与相邻的5m宽的车行道上平均水平照度之比。该量的符号为 SR 。

3.3　照明方式和种类

3.3.1　一般照明 general lighting

为照亮整个场所而设置的均匀照明。

3.3.2　局部照明 local lighting

特定视觉工作用的、为照亮某个局部而设置的照明。

3.3.3　分区一般照明 localised lighting

对某一特定区域，设计成不同的照度来照亮该区域的一般照明。

3.3.4　混合照明 mixed lighting

由一般照明与局部照明组成的照明。

3.3.5　常设辅助人工照明 permanent supplementary artificial lighting

当天然光不足和不适宜时，为补充室内天然光而日常固定使用的人工照明。

3.3.6　正常照明 normal lighting

在正常情况下使用的室内外照明。

3.3.7　应急照明 emergency lighting

因正常照明的电源失效而启用的照明。

3.3.8　疏散照明 escape lighting

作为应急照明的一部分，用于确保疏散通道被有效地辨认和使用的照明。

3.3.9　安全照明 safety lighting

作为应急照明的一部分，用于确保处于潜在危险之中的人员安全的照明。

3.3.10　备用照明 stand - by lighting

作为应急照明的一部分，用于确保正常活动继续进行的照明。

3.3.11　值班照明 on - duty lighting

非工作时间，为值班所设置的照明。

3.3.12　警卫照明 security lighting

在夜间为改善对人员、财产、建筑物、材料和设备的保卫，用于警戒而安装的照明。

3.3.13　障碍照明 obstracle lighting

为保障航空飞行安全，在高大建筑物和构筑物上安装的障碍标志灯。

3.3.14　直接照明 direct lighting

由灯具发射的光通量的90% ~100%部分，直接投射到假定工作面上的照明。

3.3.15　半直接照明 semi - direct lighting

由灯具发射的光通量的60% ~90%部分，直接投射到假定工作面上的照明。

3.3.16　一般漫射照明 general diffused lighting

由灯具发射的光通量的40% ~60%部分，直接投射到假定工作面上的照明。

3.3.17　半间接照明 semi - indirect lighting

由灯具发射的光通量的10% ~40%部分，直接投射到假定工作面上的照明。

3.3.18　间接照明 indirect lighting

由灯具发射的光通量的10%以下部分，直接投射到假定工作面上的照明。

3.3.19　定向照明 directional lighting

光主要从某一特定方向投射到工作面或目标上的照明。

3.3.20　漫射照明 diffused lighting

光无显著特定方向投射到工作面或目标上的照明。

3.3.21　泛光照明 flood lighting

通常由投光灯来照射某一情景或目标，使其照度比其周围照度明显高的照明。

3.3.22　重点照明 accent lighting

为提高指定区域或目标的照度，使其比周围区域亮的照明。

3.3.23　聚光照明 spot lighting

使用光束角小的灯具，使一限定面积或物体的照度明显高于周围环境的照明。

3.3.24　发光顶棚照明 luminous ceiling lighting

光源隐蔽在顶棚内，使顶棚成发光面的照明方式。

3.3.25　常规道路照明 conventional road lighting

将灯具安装在高度通常为15m以下的灯杆上，按一定间距有规律地连续设置在道路的一侧、两侧或中央分车带上的照明。

3.3.26　高杆照明 highmast lighting

一组灯具安装在高度为20m（含20m）以上的灯杆上进行大面积照明的方式。

3.3.27　半高杆照明 semi - highmast lighting

一组灯具安装在高度为15 ~20m（不含20m）的灯杆上进行照明的一种方式，亦称“中杆照明”。

3.3.28　检修照明 inspection lighting

为检修工作而设置的照明。

3.3.29　栏杆照明 parapet lighting

把灯具直接安装在栏杆上对地面进行照明的一种照明方式。

3.3.30　轮廓照明 contour lighting

利用灯光直接勾画建筑物和构筑物等被照对象的轮廓的照明方式。

3.3.31　内透光照明 lighting from interior lights

利用室内光线向室外透射的夜景照明方式。

3.3.32　剪影照明 silhouette lighting

指利用灯光将景物和它的背景分开，一般是将背景照亮，使景物保持黑暗，从而在背景上形成轮廓清晰的影像的照明方式，也称“背光照明”。

3.3.33　动态照明 dynamic lighting

通过照明装置的光输出的控制形成场景明、暗或色彩等变化的照明方式。

3.4　照明设计计算

3.4.1　光强分布 distribution of luminous intensity

用曲线或表格表示光源或灯具在空间各方向上的发光强度值，亦称“配光”。

3.4.2　对称光强分布 symmetrical luminous intensity distribution

有对称轴线或至少有一个对称面时的光强分布。

3.4.3　旋转对称光强分布 rotationally symmetrical luminous intensity distribution 平面上极坐标的光强分布曲线绕轴旋转所得的光强分布。

3.4.4　总光通量 total luminous flux

光源在 4π 球面立体角内的光通量总和。

3.4.5　下射光通量 downward luminous flux

光源或灯具在水平面以下的 2π 立体角内的总光通量。

3.4.6　上射光通量 upward luminous flux

光源或灯具在水平面以上的 2π 立体角内的总光通量。

3.4.7　直接光通量 direct luminous flux

表面上直接得到来自照明装置的光通量。

3.4.8　间接光通量 indirect luminous flux

表面上由其他表面反射之后所得到的光通量。

3.4.9　参考平面 reference surface

测量或规定照度的平面。

3.4.10　工作面 working plane

在其表面上进行工作的平面。

3.4.11　灯具计算高度 calculating height of luminaire

灯具的光中心到工作面的距离。

3.4.12　利用系数 utilization factor

投射到参考平面上的光通量与照明装置中的光源的光通量之比。

3.4.13　室空间比 room cavity ratio

表征房间几何形状的数值，其计算公式为

$$RCR = 5h(a+b)/ab \tag{3.4.13}$$

式中　RCR——室空间比；

a——房间宽度；

a——房间长度；

h——灯具计算高度。

3.4.14　室形指数 room index

表征房间几何形状的数值，其计算公式为

$$R_i = ab/h(a+b) \tag{3.4.14}$$

式中　R_i——室形指数；

a——房间宽度；

b——房间长度；

h——灯具计算高度。

3.4.15　维护系数 maintenance factor

照明装置在使用一定周期后，在规定表面上的平均照度或平均亮度与该装置在相同条件下新装时在规定表面上所得到的平均照度或平均亮度之比。

3.4.16　点光源 point light source

发光体的最大尺寸与它至被照面的距离相比较非常小的光源。

3.4.17　线光源 line light source

一个连续的带状发光体的总长度数倍于其到照度计算点之间距离的光源。

3.4.18　面光源 area（surface）light source

发光体宽度与长度均大于发光面至受照面之间距离的光源。

3.4.19　（光源或灯具的）光中心 light center（of a light source or luminaire）

测定和计算时，将光源或灯具作为原点用的光点。

3.4.20　灯具间距 spacing of luminaire

相邻灯具的中心线间的距离。

3.4.21　灯具安装高度 mounting height of luminaire

灯具底部至地面的距离。

3.4.22　灯具距高比 spacing height ratio of luminaire

灯具的间距与灯具计算高度之比。

3.4.23　灯具最大允许距高比 maximum permissable spacing height ratio of luminaire 保证所需的照度均匀度时的灯具间距与灯具计算高度比的最大允许值。

3.4.24　利用系数法 method of utilization factor；流明法 lumenmethod

使用利用系数计算平均照度的计算方法。

3.4.25　逐点法 pointmethod

使用灯具的光度数据，逐一算出各点直射光照度的计算方法。

3.4.26　等光强曲线 iso - luminous intensity curve

在以光源的光中心为球心的假想球面上，将发光强度相等的那些方向所对应的点连接成的曲线，或该曲线的平面投影。

3.4.27　等照度曲线 iso - illuminance curve

连接一个面上等照度点的一组曲线。

3.4.28　等亮度曲线 iso - luminance curve

连接一个面上等亮度点的一组曲线。

3.4.29　仰角 tilt（inclination）

灯具出光口平面自水平面向上倾斜的角度。

3.4.30　悬挑长度 overhang

灯具的光中心至邻近一侧路缘石的水平距离。

3.4.31　灯臂长度 bracket projection

从灯杆的垂直中心线至灯臂插入灯具那一点之间的水平距离。

3.4.32　路面的有效宽度 effective road width of road surface

用于道路照明设计的路面理论宽度。它与道路的实际宽度、灯具的悬挑长度和灯具的布置方式等有关。该量的符号为 W_{eff}。

3.4.33　（道路照明）亮度系数 luminance coefficient（of road lighting）

路面上某一点的亮度（L）和该点的水平照度(E）之比。该量的符号为 q。

3.4.34　（道路照明）简化亮度系数 reduced luminance coefficient（of road lighting）

为便于计算路面亮度而导出的一个系数。该量的符号为 r。

3.4.35　（道路照明）平均亮度系数 average luminance coefficient（of road lighting）

亮度系数按立体角的计权平均值。该量的符号为 Q_0。

4　电光源及其附件

4.1　电光源

4.1.1　电光源 electric light source

将电能转换成光学辐射能的器件。

4.1.2　白炽（电）灯 incandescent（electric）lamp

用通电的方法，将灯丝元件加热到白炽态而发光的光源。

4.1.3　钨丝灯 tungsten filament lamp

发光元件为钨丝的白炽灯。

4.1.4　真空灯 vacuum lamp
发光元件在真空玻壳中工作的白炽灯。
4.1.5　充气灯 gas - filled lamp
发光元件在充有惰性气体的玻壳中工作的白炽灯。
4.1.6　普通照明白炽灯 general lighting incandescent lamp
作为一般照明用的白炽灯。其玻壳可以是透明的，也可以是磨砂的、乳白的或内涂白的。
4.1.7　磨砂灯泡 frosted lamp
玻壳为磨砂玻璃的白炽灯。
4.1.8　涂白灯泡 white coating lamp
玻壳涂敷白色涂料的白炽灯。
4.1.9　乳白灯泡 opal lamp
玻壳为乳白玻璃的白炽灯。
4.1.10　反射型灯泡 reflector lamp
在玻壳内装有专门反光器，或在具有适当形状的玻壳内表面部分覆以反射型薄膜，使之具有定向发光性能的灯。
4.1.11　封闭型光束灯泡 sealed beam lamp
一种压制成型的玻壳能严格控制光束发散方向的灯。
4.1.12　聚光灯泡 prefocus lamp
发光体在灯内位置被精确定位，起聚光作用的灯。
4.1.13　装饰灯泡 decorative lamp
玻壳制成不同形状或不同颜色，起装饰作用的灯。
4.1.14　管形白炽灯 tubular incandescent lamp
灯丝沿管轴方向安装的白炽灯。
4.1.15　卤钨灯 tungsten halogen lamp
充有卤族元素或卤素化合物的钨丝灯。
4.1.16　低压卤钨灯 low - voltage tungsten halogen lamp
用低电压供电的卤钨灯。
4.1.17　放电灯 discharge lamp
直接或间接由气体、金属蒸气或其混合物放电而发光的灯。
4.1.18　高强度气体放电灯（HID 灯）high intensity discharge lamp
借助高压气体放电产生稳定的电弧，其放电管壁的负荷超过 $3W/cm^2$ 的气体放电灯。
4.1.19　高压汞（蒸气）灯 high pressuremercury（vapour）lamp
直接或间接由分压超过 100kPa 的汞蒸气放电而发光的 HID 灯。
4.1.20　荧光高压汞（蒸气）灯 fluorescent high pressuremercury（vapour）lamp
外玻壳内壁涂有荧光物质的高压汞灯。
4.1.21　自镇流汞灯 blended lamp；self - ballastedmercury lamp
在玻壳内装有串联连接的汞灯放电管和白炽灯丝的灯。
4.1.22　高压钠（蒸气）灯 high pressure sodium（vapour）lamp
由分压为 10kPa 数量级的钠蒸气放电而发光的 HID 灯。
4.1.23　低压钠（蒸气）灯 low pressure sodium（vapour）lamp
由分压为 0.7 ~ 1.5Pa 的钠蒸气放电而发光的放电灯。
4.1.24　金属卤化物灯 metal halide lamp
由金属蒸气、金属卤化物和其分解物的混合气体放电而发光的放电灯。
4.1.25　氙灯 xenon lamp
由氙气放电而发光的放电灯。
4.1.26　霓虹灯 neon tubing lamp
利用惰性气体辉光放电正柱区发光和放电正柱区紫外辐射激发荧光粉涂层发光的低气压放电灯。
4.1.27　荧光灯 fluorescent lamp
由汞蒸气放电产生的紫外辐射激发荧光粉涂层而发光的低压放电灯。
4.1.28　冷阴极荧光灯 cold cathode fluorescent lamp
由辉光放电的正柱区产生光的放电灯。

4.1.29　热阴极荧光灯 hot cathode fluorescent lamp

由弧光放电的正柱区产生光的放电灯。

4.1.30　预热启动式荧光灯 preheat start fluorescent lamp

用预先加热阴极的方法使灯启动的荧光灯。

4.1.31　快速启动式荧光灯 quick start fluorescent lamp

利用灯的构造和附属装置，使灯一接通电源就能很快启动的荧光灯。

4.1.32　瞬时启动式荧光灯 instant - start fluorescent lamp

不需预热阴极而能直接启动的热阴极荧光灯。

4.1.33　三基色荧光灯 three - band fluorescent lamp

由蓝、绿、红谱带区域发光的三种稀土荧光粉制成的荧光灯。

4.1.34　直管形荧光灯 straight tubular fluorescent lamp

玻壳为细长形管状的荧光灯。又称双端荧光灯。

4.1.35　环形荧光灯 circular fluorescent lamp

管形玻壳制成圆环形的荧光灯。

4.1.36　紧凑型荧光灯 compact fluorescent lamp

将放电管弯曲或拼结成一定形状，以缩小放电管线形长度的荧光灯。包括自镇流荧光灯和单端荧光灯。

4.1.37　自镇流荧光灯 self - ballasted fluorescent lamp

镇流器和灯管成为一体的紧凑型荧光灯。

4.1.38　单端荧光灯 singht - capped fluorescent lamp

不带镇流器、引线在一端的紧凑型荧光灯。

4.1.39　无极感应灯 induction lamp

不用电极利用气体放电管内建立高频或微波电磁场，使管内气体放电产生紫外辐射激发玻壳内荧光粉层发光或自身发光的气体放电灯。

4.1.40　弧光灯 arc lamp

由电弧放电和/或由电极产生光的放电灯。

4.1.41　黑光灯 black light lamp

用来发射 A 波段紫外辐射、可见光甚少的灯。通常为汞蒸气放电灯。

4.1.42　场致发光光源 electroluminescent source

由场致发光而产生光的光源

4.1.43　红外灯 infrared lamp

产生红外辐射的灯。

4.1.44　紫外灯 ultraviolet lamp

产生紫外辐射的灯。用于光生物学、光化学和生物医学等。

4.1.45　杀菌灯 bactericidal lamp，germicidal lamp

产生 C 波段紫外辐射，用于杀菌的低压汞蒸气灯。

4.1.46　发光二极管（LED）light emiting diode

由电致固体发光的一种半导体器件。

4.2　附　件

4.2.1　灯头 cap（base）

将光源固定在灯座上，使灯与电源相连接的灯的部件。灯头及相应灯座，通常用一个字母及其后的数字来命名，字母表示灯头形式，数字表示灯头的尺寸（通常指直径）的毫米数。

4.2.2　螺口式灯头 screw cap（screw base）

用圆螺纹与灯座进行连接的灯头，用“E＊＊”标志。

4.2.3　卡口式灯头 bayonet cap（bayonet base）

用插销与灯座进行连接的灯头，用“B＊＊”标志。

4.2.4　插脚式灯头 pin cap（pin base）

用插脚与灯座进行连接的灯头，用“G＊＊”（对双插脚与多插脚灯头）或“F＊＊”（对单插脚灯头）标志。

4.2.5　灯座 lampholder

保持灯的位置固定，使灯与电源相连接的器件。

4.2.6　防潮灯座 moisture - proof lampholder

供潮湿环境和户外使用的灯座。这种灯座在使用时其性能不受雨水和潮湿气候的影响。

4.2.7 启动器 starter

为电极提供所需的预热，并且与镇流器串联使施加在灯的电压产生脉冲的装置，通常用于预热启动式荧光灯。

4.2.8 触发器 ignitor

其自身或与其他部件配套产生启动放电灯所需的电压脉冲，但对电极不提供预热的装置。

4.2.9 镇流器 ballast

连接于电源和一支或几支放电灯之间，主要用于将灯电流限制到规定值。

注：镇流器也可以装有转换电源电压校正功率因数的装置，其自身或与启动装置配套为启动灯提供所需的条件。

4.2.10 电子镇流器 electronic ballast

由电子器件和稳定性元件组成，给放电灯供电的镇流器。

4.2.11 调光器 dimmer

为改变照明装置中光源的光通量而安装在电路中的装置。

4.3 光源特性参数

4.3.1 （灯的）额定值 rating（of a lamp）

在设计所规定的条件下灯的参数值。

4.3.2 额定光通量 rated luminous flux

由制造商给定的某一型号灯在规定条件下的初始光通量值。单位为 lm。

4.3.3 额定功率 rated power

由制造商给定的某一型号灯在规定条件下的功率值。单位为 W。

4.3.4 （灯的）线路功率 circuit power（of a lamp）

气体放电灯的功率与其镇流器消耗功率之和。单位为 W。

4.3.5 （灯的）寿命 life（of a lamp）

灯工作到失效时或根据标准规定认为其已失效时的累计点燃时间。单位为 h。

4.3.6 平均寿命 average life

在规定条件下，同批寿命试验灯所测得寿命的算术平均值。单位为 h。

4.3.7 （灯的）光通量维持率 luminous fluxmaintenance factor（of a lamp）

灯在规定的条件下，按给定时间点燃后的光通量与其初始光通量之比。

4.3.8 （灯的）发光效能 luminous efficacy（of a lamp）

灯的光通量除以灯消耗电功率之商。简称光源的光效。单位为 lm/W（流明每瓦特）。

4.3.9 （放电灯的）启动电压 startingVoltage（of a discharge lamp）

灯启动放电需要的电极间的电压。单位为 V。

4.3.10 （放电灯的）灯电压 lampVoltage（of a discharge lamp）

在稳定的工作条件下，灯电极之间的电压（在交流时为有效值）。单位为 V。

4.3.11 额定电压 ratedVoltage

灯泡（管）的设计电压。单位为 V。

4.3.12 启动电流 starting current

灯启动时的电流。单位为 A。

4.3.13 （弧光放电灯的）启动时间 starting time（of an arc discharge lamp）

弧光放电灯达到规定的稳定弧光放电所需的时间。放电灯要在特定的条件下工作，启动时间应在线路接通电源时进行测量。单位为 min。

4.3.14 （灯电流的）波峰比 crest factor（of lamp current）

正常工作时灯电流峰值与有效值之比。

4.3.15 再启动时间 re－starting time

气体放电灯稳定工作后断开电源，从再次接通电源开关到灯重新开始正常工作所需的时间。单位为 min。

4.3.16 灯电流 lamp current

灯稳定工作时，通过灯的电流。单位为 A。

4.3.17 （灯的）额定电流 rated current（of a lamp）

由制造商给定的某一型号灯在规定条件下的电流值。单位为 A。

4.3.18 镇流器的流明系数 ballast lumen factor

基准灯和待测镇流器配套工作时发出的光通量，与同一只灯和其基准镇流器配套工作时发出的光通量之比。

4.3.19 线路功率因数 power factor of a circuit

镇流器和与之配套的光源整体消耗之有功功率与电源提供的视在功率之比。

4.3.20 镇流器能效因数（BEF）ballast efficacy factor

镇流器流明系数与线路功率的比值。

5 灯具及其附件

5.1 灯具

5.1.1 灯具 luminaire

能透光、分配和改变光源光分布的器具，包括除光源外所有用于固定和保护光源所需的全部零、部件，以及与电源连接所必需的线路附件。

5.1.2 对称配光型（非对称配光型）灯具 symmetrical（asymmetrical）luminaire

具有对称（非对称）光强分布的灯具。对称性可以是轴对称或平面对称。

5.1.3 直接型灯具 direct luminaire

向下半球发射出90%~100%直接光通量的灯具。

5.1.4 半直接型灯具 semi－direct luminaire

向下半球发射出60%~90%直接光通量的灯具。

5.1.5 漫射型灯具 diffused luminaire

向下半球发射出40%~60%直接光通量的灯具。

5.1.6 半间接型灯具 semi－indirect luminaire

向下半球发射出10%~40%直接光通量的灯具。

5.1.7 间接型灯具 indirect luminaire

向下半球发射出10%以下的直接光通量的灯具。

5.1.8 广照型灯具 wide angle luminaire

使光分布在比较大的立体角内的灯具。

5.1.9 中照型灯具 middle angle luminaire

使光分布在中等立体角内的灯具。

5.1.10 深照型灯具 narrow angle luminaire

使光分布在较小立体角内的灯具。

5.1.11 普通灯具 ordinary luminaire

不具备特殊防护功能的灯具。

5.1.12 防护型灯具 protected luminaire

具有特殊防尘、防潮和防水功能的灯具。

表示防护等级的代号通常由特征字母“IP”和两个特征数字组成，即IP××，前一个数字表示防尘等级，后一个数字表示防潮和防水的等级。

5.1.13 防尘灯具 dust－proof luminaire

不能完全防止灰尘进入，但进入量不妨碍正常使用的灯具。

5.1.14 尘密型灯具 dust－tight luminaire

灰尘不能进入的灯具。

5.1.15 防水灯具 water－proof luminaire

在构造上具有防止水浸入功能的灯具。

5.1.16 水密型灯具 water－tight luminaire

一定条件下能防止水进入的灯具。

5.1.17 水下灯具 underwater luminaire

能在一定压力下的水中长期使用的灯具。

5.1.18 防爆灯具 luminaire for explosive atmosphere

用于有爆炸危险场所，具有符合防爆规范要求的灯具。

5.1.19 隔爆型灯具 flame－proof luminaire

能承受灯具内部爆炸性气体混合物的爆炸压力，并能阻止内部的爆炸向灯具外罩周围爆炸性混合物传播的灯具。

5.1.20 增安型灯具 increased safety luminaire

在正常运行条件下，不能产生火花或可能点燃爆炸性混合物的高温的灯具结构上，采取措施提高安全度，以避免在正常条件下或认可的不正常的条件下出现上述现象的灯具。

5.1.21 可调式灯具 adjustable luminaire

利用适当装置使灯具的主要部件可转动或移动的灯具。

5.1.22 可移式灯具 portable luminaire

在接上电源后，可轻易地由一处移至另一处的灯具。

5.1.23 悬吊式灯具 pendant luminaire

用吊绳、吊链、吊管等悬吊在顶棚上或墙支架上的灯具。

5.1.24 升降悬吊式灯具 rise and fall pendant luminaire

利用滑轮、平衡锤等可以调节高度的悬吊式灯具。

5.1.25 嵌入式灯具 recessed luminaire

完全或部分地嵌入安装表面内的灯具。

5.1.26 吸顶灯具 ceiling luminaire，surfacemounted luminaire

直接安装在顶棚表面上的灯具。

5.1.27 下射式灯具 downlight luminaire

通常向下直射的小型聚光灯具。

5.1.28 壁灯 wall luminaire

直接固定在墙上或柱子上的灯具。

5.1.29 落地灯 floor lamp

装在高支柱上并立于地面上的可移式灯具。

5.1.30 台灯 table lamp

放在桌子上或其他家具上的可移式灯具。

5.1.31 手提灯 hand lamp

带手柄的便携式灯具。

5.1.32 投光灯 projector

利用反射器和折射器在限定的立体角内获得高光强的灯具。

5.1.33 探照灯 searchlight

通常具有直径大于0.2m的出光口并产生近似平行光束的高光强投光灯。

5.1.34 泛光灯 floodlight

光束发散角（光束宽度）大于10°的投光灯，通常可转动并指向任意方向。

5.1.35 聚光灯（射灯） spotlight

通常具有直径小于0.2m的出光口并形成一般不大于0.35rad（20°）发散角的集中光束的投光灯。

5.1.36 应急灯 emergency luminaire

应急照明用的灯具的总称。

5.1.37 疏散标志灯 escape sign luminaire

灯罩上有疏散标志的应急照明灯具，包括出口标志灯或指向标志灯。

5.1.38 出口标志灯 exit sign luminaire

直接装在出口上方或附近指示出口位置的标志灯。

5.1.39 指向标志灯 direction sign luminaire

装在疏散通道上指示出口方向的标志灯。

5.1.40 道路照明灯具 luminaire for road lighting

常规道路照明所采用的灯具，按其配光分成截光型、半截光型和非截光型灯具。

5.1.41 截光型灯具 full cut - off luminaire

灯具最大光强方向与灯具向下垂直轴夹角在0°~65°之间，90°和80°方向上的光强最大允许值分别为10 cd/1 000 lm和30 cd/1 000 lm，且不论光源光通量的大小，其在90°方向上的光强最大值不得超过1000cd。

5.1.42 半截光型灯具 semi - cut - off luminaire

灯具最大光强方向与灯具向下垂直轴夹角在0°~75°之间，90°和80°方向上的光强最大允许值分别为50 cd/1 000 lm和100 cd/1 000 lm，且不论光源光通量的大小，其在90°方向上的光强最大值不得超过1000cd。

5.1.43 非截光型灯具 non - cut - off luminaire

灯具最大光强方向不受限制，其在90°方向上的光强最大值不得超过1000cd。

5.1.44 Ⅰ类灯具 class Ⅰ luminaire

灯具的防触电保护不仅依靠基本绝缘，而且还包括附加的安全措施，即把易触及的导电部件连接到设施的固定线路中的保护接地导体上，使易触及的导电部件在万一基本绝缘失效时不致带电。

5.1.45　Ⅱ类灯具 class Ⅱ luminaire

灯具的防触电保护不仅依靠基本绝缘，而且具有附加安全措施，如双重绝缘或加强绝缘，但没有保护接地的措施或依赖安装条件。

5.1.46　Ⅲ类灯具 class Ⅲ luminaire

灯具的防触电保护依靠电源电压为安全特低电压，并且不会产生高于安全特低压（SELV）电压的灯具。

5.1.47　导轨灯 track - mounted luminaire

将灯具嵌入导轨，可在导轨上移动、变换位置和调节投光角度，以实现对目标的重点照明。常用在博展馆以及高档商品架、展示厨窗等场所。

5.1.48　墙面布光灯（洗墙灯）wall washer，wall washing

通常被安装在距墙面有一定距离（通常大于300mm）处对墙面进行均匀照明的灯具。

5.1.49　矮柱灯 bollard

光源安装在很矮（通常不超过1m）的灯柱、灯墩、灯台的上端，通常用于公园、花园、绿地、人行道等场所的照明。

5.1.50 埋地灯　recessed ground（floor）luminaire

完全或部分嵌入地表面的灯具。

5.2　附件

5.2.1　折射器 refractor

利用折射现象来改变光源发出的光通量的空间分布的装置。

5.2.2　反射器 reflector

利用反射现象来改变光源发出的光通量的空间分布的装置。

5.2.3　遮光格栅 louvre，lourver

由半透明或不透明组件构成的遮光体，组件的几何尺寸和布置应使在给定的角度内看不见灯光。

5.2.4　保护玻璃 protective glass

用于防止粉尘、液体和气体进入灯具而影响灯具正常使用的玻璃。

5.2.5　灯具保护网 luminaire guard

防止光源和灯具受撞击或坠落而装在灯具上的网状部件。

5.3　灯具特性参数

5.3.1　截光 cut - off

为遮挡人眼直接看到高亮度的发光体，以减少眩目作用的技术。

5.3.2　截光角 cut - off angle

灯具垂直轴与刚好看不见高亮度的发光体的视线之间的夹角。

5.3.3　遮光角 shielding angle

截光角的余角。

5.3.4　光束角 beam angle

在给定平面上，以极坐标表示的发光强度曲线的两矢径间所夹的角度，该矢径的发光强度值通常等于10%或50%的发光强度的最大值。

5.3.5　灯具效率 luminaire efficiency

在相同的使用条件下，灯具发出的总光通量与灯具内所有光源发出的总光通量之比。

6　建筑采光和日照

6.1　光气候

6.1.1　光气候 light climate

由直射日光、天空（漫射）光和地面反射光形成的天然光状况。

6.1.2　日辐射 solar radiation

来自太阳的电磁辐射。

6.1.3　直接日辐射 direct solar radiation

经大气层的选择性衰减后，以平行光束的方式到达地球表面的日辐射部分。

6.1.4　天空漫射辐射 diffuse sky radiation

由于大气分子、移动的尘粒子、云的粒子和其他粒子散射结果到达地球表面上的日辐射部分。

6.1.5　总日辐射 global solar radiation

由直接日辐射和天空漫射、辐射组成的辐射。

6.1.6　阳光；直射日光 sunlight

直接日辐射的可见部分。

6.1.7　天空（漫射）光 skylight

天空漫射辐射的可见部分。

6.1.8　昼光 daylight

总日辐射的可见部分。

6.1.9　反射（总）日辐射 reflected（global）solar radiation

由地球表面和任意受到辐射的表面所反射的总日辐射。

6.1.10　总昼光照度 global daylight illuminance

昼光在地球水平面上所产生的照度。

6.1.11　CIE 标准全阴天空 CIE standard overcast sky

天空相对亮度分布满足式 6.1.11 条件的完全被云所遮盖的天空。

$$\frac{L_{oc}(\gamma)}{L_{zoc}}=\frac{1+2\sin\gamma}{3} \qquad (6.1.11)$$

式中　γ——天空某点在地平面上的高度角，单位为 rad；

$L_{oc}(\gamma)$——天空某点在全阴天空下的亮度，单位为 cd/m^2；

L_{zoc}——全阴天空的天顶亮度，单位为 cd/m^2。

6.1.12　CIE 标准全晴天空 CIE standard clear sky

天空相对亮度分布满足式 6.1.12 条件的无云天空。

$$\frac{L_{cl}(\gamma_s,\gamma,\zeta)}{L_{zcl}(\gamma_s)}=\frac{f(\zeta)\cdot F(\gamma)}{f\left(\frac{\pi}{2}-\gamma_s\cdot F\frac{\pi}{2}\right)} \qquad (6.1.12)$$

式中　γ——天空某点在地平面上的高度角，单位为 rad；

γ_s——太阳在地平面上的高度角，单位为 rad；

$f(\zeta)$——晴天郊区大气的相对漫射指标；

$F(\gamma)$——大气透明度函数；

ζ——天空某点与太阳之间的夹角，单位为 rad；

L_{cl}——天空某点晴天天空下的亮度，单位为 cd/m^2；

L_{zcl}——晴天天空的天顶亮度，cd/m^2。

6.1.13　CIE 标准一般天空 CIE standard general sky

它包括 CIE 标准全晴天空与 CIE 标准全阴天空，以及两者之间从晴天到阴天的共 15 种类型的天空亮度分布。

6.1.14　天顶亮度 zenith luminance

用来表示 CIE 标准全阴天空、CIE 标准全晴天空及 CIE 标准一般天空等的天空亮度分布的参数。

6.1.15　室外临界照度 exterior critical illuminance

全部利用天然光进行照明时的室外最低照度。

6.1.16　总云量 total cloud amount

覆盖有云彩的天空部分所张的立体角总和与整个天空 2π 立体角之比。

6.2　采光方式

6.2.1　侧面采光 side daylighting

利用侧窗（含低侧窗和高侧窗）采光的方式，亦称“侧窗采光”。

6.2.2　顶部采光 top daylighting

利用屋顶设置的天窗（含矩形天窗、锯齿形天窗、平天窗、横向天窗、三角形天窗、井式天窗或采光罩天窗等）的采光方式，亦称“天窗采光”。

6.2.3　混合采光 mixed daylighting

同时利用侧窗和天窗的采光方式。

6.2.4　镜面反射采光 specular reflection daylighting

利用平面或曲面镜作反射面，将阳光或天空光经一次或多次反射，将光线传送到室内需要照明部位的采光方式。

6.2.5　反射光束采光 reflective beam daylighting

利用侧窗或天窗部位高反射比的反光板或反光百页，将阳光或天空光的光束反射到建筑深处，或离窗远的部位的采光方式。

6.2.6　导光管采光 hollow light guide daylighting

利用导光管（含反射式和棱镜式导光管）将采光器采集的光线（一般指阳光光线）传送到建筑室内需要照明部位的采光方式。

6.2.7　导光纤维采光 optical fiber daylighting

利用导光纤维（含石英玻璃导光纤维和塑料导光纤维）将采光器采集的光线（一般指阳光光线）传送到建筑室内需要照明部位的采光方式。

6.2.8　定日镜采光器 heliostat daylighting device

能跟踪太阳运动并采集阳光的采光设备。

6.2.9　自动调光采光 automatic dimming daylighting（智能采光 intelligent daylighting）

在建筑室内的顶棚或墙面的适当位置安装光传感器，监控室内照度，根据室内照度变化自动调整天然采光量的采光方式。

6.3　采光计算

6.3.1　窗洞口 daylight opening

建筑外墙或屋顶能使天然光进入室内，并不装玻璃窗的开口。

6.3.2　采光系数 daylight factor

在室内给定平面上的一点上，由直接或间接地接收来自假定和已知天空亮度分布的天空漫射光而产生的照度与同一时刻该天空半球在室外无遮挡水平面上产生的天空漫射光照度之比。

6.3.3　采光系数的天空光分量 sky component of daylight factor

在室内给定平面上的一点上，直接接受来自假定和已知天空亮度分布的天空漫射光照度与该天空半球在室外无遮挡水平面上产生的天空漫射光照度之比。

6.3.4　采光系数的室外反射光分量 externally reflected component of daylight factor

在室内给定平面上的一点上，在假定和已知天空亮度分布的直接和间接照射下，直接接受来自室外反射面反射光产生的照度与该天空半球在室外无遮挡水平面上产生的天空漫射光照度之比。

6.3.5　采光系数的室内反射光分量 internally reflected component of daylight factor

在室内给定平面上的一点上，在假定和已知天空亮度分布的直接和间接照射下，直接接受来自室内反射面反射光产生的照度与该天空半球在室外无遮挡水平面上产生的天空漫射光照度之比。

6.3.6　天空遮挡物 obstruction

在建筑物外的直接遮挡可看见部分天空的物体。

6.3.7　窗地面积比 ratio of glazing to floor area

窗洞口面积与室内地面面积之比。

6.3.8　采光均匀度 uniformity of daylighting

假定工作面上的采光系数的最低值与平均值之比。

6.3.9　光气候系数 daylight climate coefficient

根据光气候特点，按年平均总照度值确定的分区系数。

6.3.10　窗洞口采光系数 daylight factor of daylight opening

不考虑各种参数的影响，由采光计算图表直接查出的未安装窗时的窗洞口的采光系数。

6.3.11　采光的总透射比 total transmittance of daylighting

考虑采光材料透光性能以及窗结构挡光、窗玻璃污染、室内构件挡光对采光综合影响的系数。用符号 K_τ 表示。按式6.3.11计算：

$$K_\tau = \tau\tau_c\tau_w\tau_j \tag{6.3.11}$$

式中　τ——采光材料的透射比；

τ_c——窗结构的挡光折减系数；

τ_w——窗玻璃的污染系数；

τ_j——室内构件挡光折减系数。

6.3.12　室内反射光增量系数 increment coefficient due to interior reflected light

采光计算时，考虑室内各表面的反射光使室内采光系数增加的系数。

6.3.13　室外建筑挡光折减系数 light loss coefficient due to obstruction of exterior building

采光计算时，考虑室外对面建筑物遮挡影响使室内采光系数降低的系数。

6.3.14　高跨比修正系数 correction coefficient of height - span ratio

顶部采光计算时，考虑由于天窗类型、窗高和跨宽的不同对室内采光系数影响的系数。

6.3.15　晴天方向系数 orientation coefficient of clear day

采光系数计算时，考虑因晴天时不同纬度地区和不同朝向的窗使室内采光系数增加的系数。

6.3.16　窗宽修正系数 correction coefficient of window width

侧面采光计算时，考虑不同窗宽对室内采光系数影响的系数。

6.4　建筑日照

6.4.1　日照 sunshine

太阳光直接照射到物体表面的现象。

6.4.2　太阳高度角 altitude

太阳光线与地平面的夹角。

6.4.3　太阳方位角 azimuth

在地平面上观察，经过太阳位置及天顶的圈称为方位圈，它与地面正南的夹角。

6.4.4　冬至日 winter solstice

赤纬为23°27′的日子。冬至日一般为12月22日。

6.4.5　大寒日 great cold

赤纬为20°00′的日子。大寒日一般为1月21日。

6.4.6　建筑日照 sunshine on building

太阳光直接照射到建筑地段、建筑物围护结构表面和房间内部的状况。

6.4.7　日照时数 sunshine duration

在一定的时间段内（时、日、月、年），投射到与太阳光线垂直平面上的直接日辐射量超过200W/m^2的累计时间。

6.4.8　可照时数 possible sunshine duration

在一定的时间段内，太阳光照射在某一特定地点的建筑物上的累计时间。

6.4.9　相对日照时数（日照率）relative sunshine duration

在同一时间段内，日照时数与可照时数之比。

6.4.10　日照间距 sunshine spacing

两平行建筑间的相对的两墙面之间，由前栋建筑物计算高度、太阳高度角和后栋建筑物墙面法线与太阳方位所夹的角确定的距离。

6.4.11　最小日照间距 minimum sunshine spacing

为保证得到规定的日照时数，前后两栋建筑物间的最小间距。

6.4.12　日照间距系数 coefficient of sunshine spacing

日照间距与前栋建筑物计算高度之比值。

7　材料的光学特性和照明测量

7.1　材料的光学特性

7.1.1　反射 reflection

光线在不改变单色成分的频率时被表面或介质折回的过程。

7.1.2　透射 transmission

光线在不改变单色成分的频率时穿过介质的过程。

7.1.3　折射 refraction

光线通过非光学均匀介质时，由于光线的传播速度变化而引起传播方向变化的过程。

7.1.4　漫射（散射）diffusion（scattering）

光线束在不改变其单色成分的频率时，被表面或介质分散在许多方向的空间分布过程。

7.1.5　规则反射（镜面反射）regular reflection（specular reflection）

在无漫射的情形下，按照几何光学的定律进行的反射。

7.1.6　规则透射（直接透射）regular transmission（direct transmission）

在无漫射的情形下，按照几何光学的定律进行的透射。

7.1.7　漫反射 diffuse reflection

在宏观尺度上不存在规则反射时，由反射造成的弥散过程。

7.1.8　漫透射 diffuse transmission

在宏观尺度上不存在规则透射时，由透射造成的弥散过程。

7.1.9　混合反射 mixed reflection

规则反射和漫反射兼有的反射。

7.1.10　混合透射 mixed transmission

规则透射和漫透射兼有的透射。

7.1.11　各向同性漫反射 isotropic diffuse reflection

被反射的光线在反射半球的各个方向上产生相同的光亮度的漫反射。

7.1.12　各向同性漫透射 isotropic diffuse transmission

透过的光线在透射半球的各个方向上产生相同的光亮度的漫透射。

7.1.13　漫射体 diffuser

主要靠漫射现象改变光线的空间分布的器件。

7.1.14　理想漫反射体 perfect reflecting diffuser

反射比等于 1 的各向同性漫射体。

7.1.15　理想漫透射体 perfect transmitting diffuser

透射比等于 1 的各向同性透射体。

7.1.16　朗伯（余弦）定律 lambert's (cosine) law

一个面元的光亮度在其表面上半球空间的所有方向相等时，则有

$$I_\theta = I_n \cos\theta \tag{7.1.16}$$

式中　I_θ——面元在 θ 角方向的发光强度；

I_n——面元在其法线方向的发光强度。

7.1.17　朗伯面 lambertian surface

光辐射空间分布符合朗伯定律的理想表面。

对于朗伯面有 $M = \pi L$，其中，M 是光出射度；L 是光亮度。

7.1.18　反射比 reflectance

在入射光线的光谱组成、偏振状态和几何分布指定条件下，反射的光通量与入射光通量之比。符号为 ρ，单位为 1。

7.1.19　透射比 transmittance

在入射辐射的光谱组成、偏振状态和几何分布指定条件下，透射的光通量与入射光通量之比。符号为 τ，单位为 1。

7.1.20　规则反射比 regular reflectance

（总）反射光通量中的规则反射成分与入射光通量之比，符号为 ρ_r，单位为 1。

7.1.21　规则透射比 regular transmittance

（总）透射光通量中的规则透射成分与入射光通量之比，符号为 τ_r，单位为 1。

7.1.22　漫反射比 diffuse reflectance

（总）反射光通量中的漫反射成分与入射光通量之比，符号为 ρ_d，单位为 1。ρ_r 和 ρ_d 之值取决于所用仪器和测量技术，且有 $\rho = \rho_r + \rho_d$。

7.1.23　漫透射比 diffuse transmittance

（总）透射光通量中的漫透射成分与入射光通量之比，符号为 τ_d，单位为 1。τ_r 和 τ_d 之值取决于所用仪器和测量技术，且有 $\tau = \tau_r + \tau_d$。

7.1.24　逆反射 retroreflection

反射光线沿靠近入射光的反方向返回的反射，当入射光的方向在较大范围内变化时，仍能保持这种性质。

7.1.25　逆反射器 retroreflector

显示逆反射的表面或器件。

7.1.26　逆反射比 retroreflectance

入射和反射条件限制在很狭窄的范围内，反射光通量和入射光通量之比。

7.1.27　光泽 gloss

表面的外观模式，由于表面的方向选择性，感觉到物体的反射亮光好像重叠在该表面上。

7.2　照明测量

7.2.1　光度测量 photometry

按约定的光谱光（视）效率函数 $V(\lambda)$ 和 $V'(\lambda)$ 评价光辐射量的测量技术。

7.2.2　色度测量 colorimetry

建立在一组协议上有关颜色的测量技术。

7.2.3　照度计 illuminancemeter

测量（光）照度的仪器。

7.2.4　亮度计 luminancemeter

测量（光）亮度的仪器。

7.2.5　测光导轨（光度测量装置）photometric bench

简称光轨，由直线导轨、测距标尺、滑车、光度计台、灯架和光阑等组成。主要用于按照距离平方反比法则测量发光强度和校准光度计的装置。

7.2.6　分布光度计（变角光度计）goniophotometer

测量光源、灯具、介质或表面的光的空间分布特性的光度计。

7.2.7　积分球 integrating sphere

作为辐射计、光度计或光谱光度计的部件使用的中空球，其内表面覆以在使用光谱区几乎没有光谱选择性的漫反射材料。

7.2.8　球形光度计 integrating（sphere）photometer

配有积分球的光度计，主要用于相对法（比较法）测量光源的总光通量。

7.2.9　反射计 reflectometer

有关反射量的测量仪器。

7.2.10　光泽度计 glossmeter

测量光泽表面的光度性质的仪器。

7.2.11　光谱光度计；分光光度计 spectrophotometer

在相同波长上，测量同一辐射量的两个值之比的仪器。

7.2.12　色度计 colorimeter

测量色刺激的三刺激值和色度坐标等色度量的仪器。

7.2.13　色卡 colour chip

表示颜色的标准样品卡。

7.2.14　色（谱）集 colour atlas

按照一定规则排列和识别的色样图集。

7.2.15　光电探测器 photoelectric detector

利用辐射与物质的相互作用，吸收光子并把光子从平衡状态释放出来产生电势、电流或其他电参数变化的探测器。

7.2.16　光电池 photocell

吸收光辐射而产生电动势的光电探测器件。

7.2.17　光谱失配修正因数（色修正）spectralmismatch correction factor（colour correction）

当待测辐射的相对光谱功率分布与标准辐射体的相对光谱功率分布不同时，用于与物理光度计的读数相乘的因数。

7.2.18　余弦修正 cosine correction

为校正光度计的探测器的角度响应特性不符合余弦特性，利用余弦修正器对光度计的探测器进行的修正。

附录 A　汉语拼音术语条目索引

汉语拼音术语条目　汉语术语条目　页次

A

B

C

chuangdongkou caiguangxishu ………… 窗洞口采光系数
chuangkuan xiuzhengxishu ………… 窗宽修正系数
chufaqi ………… 触发器
chuizhi zhaodu ………… 垂直照度
chukou biaozhideng ………… 出口标志灯
chushi pingjun zhaodu ………… 初始平均照度
CIE yiban xiansezhishu ………… CIE 一般显色指数
CIE teshuxiansezhishu ………… CIE 特殊显色指数
CIE biaozhun guangdu guanchazhe ………… CIE 标准光度观察者
CIE biaozhun quanqing tiankong ………… CIE 标准全晴天空
CIE biaozhun quanyin tiankong ………… CIE 标准全阴天空
CIE biaozhun yiban tiankong ………… CIE 标准一般天空

D

(dengde) edingdianliu ………… （灯的）额定电流
(dengde) edingzhi ………… （灯的）额定值
(dengde) faguang xiaoneng ………… （灯的）发光效能
(dengde) guangtongliang weichilü ………… （灯的）光通量维持率
(dengde) shouming ………… （灯的）寿命
(dengde) xianlu gonglu ………… （灯的）线路功率
dianci fushe ………… 电磁辐射
dahanri ………… 大寒日
dansefushe ………… 单色辐射
danduan yingguangdeng ………… 单端荧光灯
daoguang qianwei caiguang ………… 导光纤维采光
daoguangguan caiguang ………… 导光管采光
daoguideng ………… 导轨灯
daoluzhaoming dengju ………… 道路照明灯具
(deng dianliu de) bofengbi ………… （灯电流的）波峰比
dengbi changdu ………… 灯臂长度
dengdianliu ………… 灯电流
(fangdiandengde) dengdianya ………… （放电灯的）灯电压
dengguangqiang quxian ………… 等光强曲线
dengju anzhuanggaodu ………… 灯具安装高度
dengju baohuwang ………… 灯具保护网
dengju jianju ………… 灯具间距
dengju jisuangaodu ………… 灯具计算高度
dengju jugaobi ………… 灯具距高比
dengju xiaolu ………… 灯具效率
dengju zuida yunxu jugaobi ………… 灯具最大允许距高比
dengju ………… 灯具
dengliangdu quxian ………… 等亮度曲线
dengtou ………… 灯头
dengzhaodu quxian ………… 等照度曲线
dengzuo ………… 灯座
dianguangyuan ………… 电光源
dianguangyuan ………… 点光源
dianzi zhenliuqi ………… 电子镇流器
dingbucaiguang ………… 顶部采光
dingrijingcaiguangqi ………… 定日镜采光器

dingxiang zhaoming …… 定向照明
diya luwudeng …… 低压卤钨灯
diya na（zhengqi）deng …… 低压钠（蒸气）灯
dongtaizhaoming …… 动态照明
dongzhiri …… 冬至日
duicheng guangqiangfenbu …… 对称光强分布
duicheng peiguangxing（feiduicheng peiguangxing）dengju …… 对称配光型（非对称配光型）灯具

E

eding dianya …… 额定电压
eding gonglü …… 额定功率
eding guangtongliang …… 额定光通量
erlei dengju …… Ⅱ类灯具

F

faguang erjiguan …… 发光二极管
faguangdingpeng zhaoming …… 发光顶棚照明
faguangqiangdu …… 发光强度
faguangse …… 发光色
fangbaodengju …… 防爆灯具
fangchaodengzuo …… 防潮灯座
fangchendengju …… 防尘灯具
fangdiandeng …… 放电灯
（fangdiandengde）qidongdianya …… （放电灯的）启动电压
fanghuxing dengju …… 防护型灯具
fangshui dengju …… 防水灯具
fanguangdeng …… 泛光灯
fanguangzhaoming …… 泛光照明
fanshe …… 反射
fanshe guangshu caiguang …… 反射光束采光
fanshe xuanguang …… 反射眩光
fanshe（zong）rifushe …… 反射（总）日辐射
fanshebi …… 反射比
fansheji …… 反射计
fansheqi …… 反射器
fanshexing dengpao …… 反射型灯泡
faxiang zhaodu …… 法向照度
feijieguangxing dengju …… 非截光型灯具
fenbu guangduji；bianjiao guangduji …… 分布光度计；变角光度计
fengbixing guangshudengpao …… 封闭型光束灯泡
fenqu yibanzhaoming …… 分区一般照明
fushe de guang（shi）xiaoneng；zuida guangpu guang（shi）xiaoneng …… 辐射的光（视）效能；最大光谱光（视）效能
fu（she）tongliang；fushe gonglü …… 辐（射）通量；辐射功率

G

（ganzhi de）wucaise …… （感知的）无彩色
（ganzhi de）youcaise …… （感知的）有彩色
（guangyuan huo dengju de）guangzhongxin …… （光源或灯具的）光中心
（guang）chushedu …… （光）出射度

H

hunhefanshe …… 混合反射
hunhetoushe …… 混合透射
hunhezhaoming …… 混合照明

J

jianhua liangdu xishu …… 简化亮度系数
jianjie guangtongliang …… 间接光通量
jianjie zhaoming …… 间接照明
jianjiexing dengju …… 间接型灯具
jianxiu zhaoming …… 检修照明
jianying zhaoming …… 剪影照明
jianzhu rizhao …… 建筑日照
jieguang …… 截光
jieguangjiao …… 截光角
jieguangxing dengju …… 截光型灯具
jifenqiu …… 积分球
jincouxing yingguangdeng …… 紧凑型荧光灯
jingmian fanshe caiguang …… 镜面反射采光
jingwei zhaoming …… 警卫照明
jinshuluhuawudeng …… 金属卤化物灯
jubu zhaoming …… 局部照明
juguang dengpao …… 聚光灯泡
juguangdeng，shedeng …… 聚光灯，射灯
juguang zhaoming …… 聚光照明

K

kandela …… 坎德拉
kakoushi dengtou …… 卡口式灯头
kejiandu …… 可见度
kejianfushe …… 可见辐射
ketiaoshi dengju …… 可调式灯具
keyishi dengju …… 可移式灯具
kezhaoshishu（mouyi teding didian）…… 可照时数（某一特定地点）
kuaisu qidongshi yingguangdeng …… 快速启动式荧光灯

L

langan zhaoming …… 栏杆照明
langbo（yuxian）dinglü …… 朗伯（余弦）定律
langbomian …… 朗伯面
lekesi …… 勒克斯
lengsebiao …… 冷色表
lengyinji yingguangdeng …… 冷阴极荧光灯
liangdu xishu …… 亮度系数
liangduduibi …… 亮度对比
liangduji …… 亮度计
（lianghuoan）huanjing quyu …… （亮或暗）环境区域
liuming …… 流明
lixiangmanfansheti …… 理想漫反射体
lixiangmantousheti …… 理想漫透射体
liyongxishu …… 利用系数

liyongxishufa，liumingfa …… 利用系数法，流明法
luodideng …… 落地灯
lumian de youxiaokuandu …… 路面的有效宽度
lumian liangdu zongxiang junyundu …… 路面亮度纵向均匀度
lumian pingjun liangdu …… 路面平均亮度
lumina pingjun zhaodu …… 路面平均照度
lumian weichi pingjun liangdu（zhaodu）…… 路面维持平均亮度（照度）
lumian zhaodu junyundu …… 路面照度均匀度
lumian liangdu zongjunyundu …… 路面亮度总均匀度
lunkuo zhaoming …… 轮廓照明
luokoushi dengtou …… 螺口式灯头
lüse zhaoming …… 绿色照明
luwudeng …… 卤钨灯

M

maidideng …… 埋地灯
manfanshe …… 漫反射
manfanshebi …… 漫反射比
manshe；sanshe …… 漫射；散射
manshe zhaoming …… 漫射照明
mansheti …… 漫射体
manshexing dengju …… 漫射型灯具
mantoushe …… 漫透射
mantoushebi …… 漫透射比
mianguangyuan …… 面光源
mingshijue …… 明视觉
mingshiying …… 明适应
moshadengpao …… 磨砂灯泡

N

neitouguang zhaoming …… 内透光照明
nifanshe …… 逆反射
nifanshebi …… 逆反射比
nifansheqi …… 逆反射器
nihongdeng …… 霓虹灯
nuansebiao …… 暖色表

P

pingjun banzhumian zhaodu …… 平均半柱面照度
pingjun liangdu …… 平均亮度
pingjun liangdu xishu …… 平均亮度系数
pingjun qiumian zhaodu，biaoliang zhaodu …… 平均球面照度，标量照度
pingjun shouming …… 平均寿命
pingjun zhaodu …… 平均照度
pingjun zhumian zhaodu …… 平均柱面照度
pinshanxiaoying …… 频闪效应
pulangke guiji …… 普朗克轨迹
putong dengju …… 普通灯具
putong zhaoming baichideng …… 普通照明白炽灯

Q

qianrushi dengju …… 嵌入式灯具
qiangmian buguangdeng（xiqiangdeng）…… 墙面布光灯（洗墙灯）
qidong dianliu …… 启动电流
qidongqi …… 启动器
qingtian fangxiangxishu …… 晴天方向系数
qiuxing guangduji …… 球形光度计

R

reyinji yingguangdeng …… 热阴极荧光灯
rifushe …… 日辐射
rizhao …… 日照
rizhaojianju xishu …… 日照间距系数
rizhaojianju …… 日照间距
rizhaolü，xiangdui rizhaoshijian …… 日照率，相对日照时间
rizhaoshishu …… 日照时数
rubaidengpao …… 乳白灯泡

S

（secijide）sancijizhi …… （色刺激的）三刺激值
sanjise yingguangdeng …… 三基色荧光灯
sanlei dengju …… Ⅲ类灯具
sanse xitong …… 三色系统
se（pu）ji …… 色（谱）集
sebiao（semao）…… 色表（色貌）
seciji …… 色刺激
sediao，sexiang …… 色调，色相
sedu celiang …… 色度测量
seduibi …… 色对比
seduji …… 色度计
seganjue …… 色感觉
seka …… 色卡
sepin …… 色品
sepin zuobiao …… 色品坐标
sepintu …… 色品图
seshiying …… 色适应
sewen …… 色温
shajundeng …… 杀菌灯
shangshe guang shuchubi …… 上射光输出比
shangshe guangtongliang …… 上射光通量
shanshuo …… 闪烁
shengjiang xuandiaoshi dengju …… 升降悬吊式灯具
shenzhaoxing dengju …… 深照型灯具
shijiao …… 视角
shijue …… 视觉
shijuegongxiao …… 视觉功效
shijuehuanjing …… 视觉环境
shijueminruidu；shili …… 视觉敏锐度；视力
shijuezuoye …… 视觉作业

shikongjianbi …… 室空间比
shiliangdu …… 视亮度
shinei fansheguang zengliangxishu …… 内反射光增量系数
shineng xuanguang …… 失能眩光
shiwai jianzhu dangguang zhejianxishu …… 室外建筑挡光折减系数
shiwai linjiezhaodu …… 室外临界照度
shixingzishu …… 室形指数
shiye …… 视野
shiying …… 适应
shouutideng …… 手提灯
shuimixing dengju …… 水密型灯具
shuiping zhaodu …… 水平照度
shuixiadengju …… 水下灯具
shunshi qidongshi yingguangdeng …… 瞬时启动式荧光灯
shusan zhaoming …… 疏散照明
shusanbiaozhideng …… 疏散标志灯

T

taideng …… 台灯
taiyang gaodujiao …… 太阳高度角
taiyang fangweijiao …… 太阳方位角
tanzhaodeng …… 探照灯
tianding liangdu …… 天顶亮度
tiankong huiguang …… 天空辉光
tiankongmanshe fushe …… 天空漫射辐射
tiankong zhedangwu …… 天空遮挡物
tiankong（manshe）guang …… 天空（漫射）光
tiaoguangqi …… 调光器
tongyi xuanguangzhi …… 统一眩光值
touguangdeng …… 投光灯
toushe …… 透射
toushebi …… 透射比
tubaidengpao …… 涂白灯泡

W

weichi pingjun zhaodu …… 维持平均照度
weihuxishu …… 维护系数
wujiganyingdeng …… 无极感应灯
wusideng …… 钨丝灯
wutise …… 物体色

X

xiangguansedemingdu …… 相关色的明度
xiandeng …… 氙灯
xiangdui guangpufenbu …… 相对光谱分布
xiangguan sewendu …… 相关色温度
xianguangyuan …… 线光源
xianlu gonglüyinshu …… 线路功率因数
xiansexing …… 显色性
xiansezhishu …… 显色指数

xiashe guangtongliang …… 下射光通量
xiashe guangshuchubi …… 下射光输出比
xiasheshi dengju …… 下射式灯具
xiding dengju …… 吸顶灯具
xuandiaoshi dengju …… 悬吊式灯具
xuanguang …… 眩光
xuanguangzhi …… 眩光值
xuantiao changdu …… 悬挑长度
xuanzhuan duicheng guangqiangfenbu …… 旋转对称光强分布

Y

yangguang，zhisheriguang …… 阳光，直射日光
yangjiao …… 仰角
yanse（se）…… 颜色（色）
yejianjingguan …… 夜间景观
yejing zhaoming …… 夜景照明
yibanmanshe zhaoming …… 一般漫射照明
yiban zhaoming …… 一般照明
yilei dengju …… Ⅰ类灯具
yingguang gaoya gong（zhengqi）deng …… 荧光高压汞（蒸气）灯
yingguangdeng …… 荧光灯
yingji zhaoming …… 应急照明
yingjideng …… 应急灯
yisanguang …… 溢散光
yure qidongshi yingguangdeng …… 预热启动式荧光灯
yuxianxiuzheng …… 余弦修正
yuzhizengliang …… 阈值增量

Z

zaiqidongshijian …… 再启动时间
zenganxing dengju …… 增安型灯具
zhangai zhaoming …… 障碍照明
zhaodu junyundu …… 照度均匀度
zhaodubi …… 照度比
zhaoduji …… 照度计
zhaodushiliang …… 照度矢量
zhaoming …… 照明
zhaoming gonglümidu …… 照明功率密度
zheguang geshan …… 遮光格栅
zhengchang zhaoming …… 正常照明
zhenkongdeng …… 真空灯
zhenliuqi …… 镇流器
zhenliuqi de liumingxishu …… 镇流器的流明系数
zhenliuqi nengxiaoyinshu …… 镇流器能效因数
zheshe …… 折射
zheguangjiao …… 遮光角
zhesheqi …… 折射器
zhiban zhaoming …… 值班照明
zhiguanxing yingguangdeng …… 直管形荧光灯
zhijie guangtongliang …… 直接光通量

zhijie rifushe …… 直接日辐射
zhijie xuanguang …… 直接眩光
zhijie zhaoming …… 直接照明
zhijiexing dengju …… 直接型灯具
zhixiangbiaozhideng …… 指向标志灯
zhongdian zhaoming …… 重点照明
zhongjiansebiao …… 中间色表
zhongjianshijue …… 中间视觉
zhongzhaoxing dengju …… 中照型灯具
zhouguang …… 昼光
zhuangshidengpao …… 装饰灯泡
zhudianfa …… 逐点法
zidong tiaoguang caiguang；zhineng caiguang …… 自动调光采光；智能采光
ziwaifushe …… 紫外辐射
ziwaideng …… 紫外灯
zizhenliu gongdeng …… 自镇流汞灯
zizhenliu yingguangdeng …… 自镇流荧光灯
zongguangtongliang …… 总光通量
zongrifushe …… 总日辐射
zongyunliang …… 总云量
zongzhouguang zhaodu …… 总昼光照度
zuida zhaodu …… 最大照度
zuixiao rizhaojianju …… 最小日照间距
zuixiao zhaodu …… 最小照度

附录 B 英文术语条目索引

英文术语条目 汉语术语条目 页次

A

B

C

chromaticity …… 色品
chromaticity coordinates …… 色品坐标
chromaticity diagram …… 色品图
CIE standard clear sky …… CIE 标准全晴天空（32）
CIE standard general sky …… CIE 标准一般天空（32）
CIE standard overcast sky …… CIE 标准全阴天空
CIE standard photometric observer …… CIE 标准光度观察者
circuit power (of a lamp) …… （灯的）线路功率
circular fluorescent lamp …… 环形荧光灯
class Ⅰ luminaire …… Ⅰ类灯具
class Ⅱ luminaire …… Ⅱ类灯具
class Ⅲ luminaire …… Ⅲ类灯具
crest factor (of lamp current) …… （灯电流的）波峰比
coefficient of sunshine spacing …… 日照间距系数
cold cathode fluorescent lamp …… 冷阴极荧光灯
cold colour appearance …… 冷色表
colorimeter …… 色度计
colorimetry …… 色度测量
colour appearance …… 色表（色貌）
colour atlas …… 色（谱）集
colour chip …… 色卡
colour contrast …… 色对比
colour rendering …… 显色性
colour rendering index …… 显色指数
colour sensation …… 色感觉
colour stimulus …… 色刺激
colour temperature …… 色温
colour (color) …… 颜色（色）
compact fluorescent lamp …… 紧凑型荧光灯
contour lighting …… 轮廓照明
conventional road lighting …… 常规道路照明
correction coefficient of height – span ratio …… 高跨比修正系数
correction coefficient of window width …… 窗宽修正系数
correlated colour temperature …… 相关色温度
cosine correction …… 余弦修正
cut – off …… 截光
cut – off angle …… 截光角

D

dark adaptation …… 暗适应
daylight …… 昼光
daylight climate coefficient …… 光气候系数
daylight factor …… 采光系数
daylight factor of daylight opening …… 窗洞口采光系数
daylight opening …… 窗洞口
decorative lamp …… 装饰灯泡
diffuse reflectance …… 漫反射比
diffuse reflection …… 漫反射
diffuse sky radiation …… 天空漫射辐射
diffuse transmission …… 漫透射

diffuse transmittance …… 漫透射比
diffused lighting …… 漫射照明
diffused luminaire …… 漫射型灯具
diffuser …… 漫射体
diffusion（scattering） …… 漫射（散射）
dimmer …… 调光器
direct glare …… 直接眩光
direct lighting …… 直接照明
direct luminaire …… 直接型灯具
direct luminous flux …… 直接光通量
direct solar radiation …… 直接日辐射
direction sign luminaire …… 指向标志灯
directional lighting …… 定向照明
disability glare …… 失能眩光
discharge lamp …… 放电灯
discomfort glare …… 不舒适眩光
distribution of luminous intensity …… 光强分布
downlight luminaire …… 下射式灯具
downward light output ratio（DLOR） …… 下射光输出比
downward luminous flux …… 下射光通量
dust – proof luminaire …… 防尘灯具
dust – tight luminaire …… 尘密型灯具
dynamic lighting …… 动态照明

E

effective road width of road surface …… 路面的有效宽度
electric light source …… 电光源
electroluminescent source …… 场致发光光源
electromagnetic radiation …… 电磁辐射
electronic ballast …… 电子镇流器
emergency lighting …… 应急照明
emergency luminaire …… 应急灯
escape lighting …… 疏散照明
escape sign luminaire …… 疏散标志灯
exit sign luminaire …… 出口标志灯
exterior critical illuminance …… 室外临界照度
externally reflected component of daylight factor …… 采光系数的室外反射光分量

F

flame – proof luminaire …… 隔爆型灯具
flicker …… 闪烁
floodlight …… 泛光灯
flood lighting …… 泛光照明
floor lamp …… 落地灯
fluorescent high pressuremercury（vapour） lamp …… 荧光高压汞（蒸气）灯
fluorescent lamp …… 荧光灯
frosted lamp …… 磨砂灯泡
full cut – off luminaire …… 截光型灯具

G

gas – filledlamp ………………………………………………… 充气灯
general colour rendering index ………………………………… 一般显色指数
general diffused lighting ………………………………………… 一般漫射照明
general lighting incandescent lamp ……………………………… 普通照明白炽灯
general lighting …………………………………………………… 一般照明
glare ……………………………………………………………… 眩光
glare by reflection ………………………………………………… 反射眩光
glare rating（GR）………………………………………………… 眩光值
global daylight illuminance ……………………………………… 总昼光照度
global solar radiation …………………………………………… 总日辐射
gloss ……………………………………………………………… 光泽
glossmeter ………………………………………………………… 光泽度计
goniophotometer ………………………………………………… 分布光度计（变角光度计）
great cold ………………………………………………………… 大寒日
green lights ………………………………………………………… 绿色照明

H

hand lamp ………………………………………………………… 手提灯
heliostat daylighting device ……………………………………… 定日镜采光器
high intensity discharge lamp …………………………………… 高强度气体放电灯（HID 灯）
highmast lighting ………………………………………………… 高杆照明
high pressuremercury（vapour）lamp …………………………… 高压汞（蒸气）灯
high pressure sodium（vapour）lamp …………………………… 高压钠（蒸气）灯
hollow light guide daylighting …………………………………… 导光管采光
horizontal illuminance …………………………………………… 水平照度
hot cathode fluorescent lamp …………………………………… 热阴极荧光灯
hue ………………………………………………………………… 色调；色相

I

ignitor ……………………………………………………………… 触发器
illuminance ………………………………………………………… （光）照度
illuminancemeter ………………………………………………… 照度计
illuminance ratio ………………………………………………… 照度比
illuminanceVector ………………………………………………… 照度矢量
incandescent（electric）lamp …………………………………… 白炽（电）灯
increased safety luminaire ……………………………………… 增安型灯具
increment coefficient due to interior reflected light …………… 室内反射光增量系数
indirect lighting …………………………………………………… 间接照明
indirect luminaire ………………………………………………… 间接型灯具
indirect luminous flux …………………………………………… 间接光通量
induction lamp …………………………………………………… 无极感应灯
infrared lamp ……………………………………………………… 红外灯
infrared radiation ………………………………………………… 红外辐射
initial average illuminance ……………………………………… 初始平均照度
inspection lighting ………………………………………………… 检修照明
instant – start fluorescent lamp ………………………………… 瞬时启动式荧光灯
integrating sphere ………………………………………………… 积分球
integrating（sphere）photometer ………………………………… 球形光度计

intermediate colour appearance …… 中间色表
internally reflected component of daylight factor …… 采光系数的室内反射光分量
iso – illuminance curve …… 等照度曲线
iso – luminance curve …… 等亮度曲线
iso – luminousintensity curve …… 等光强曲线
isotropic diffuse reflection …… 各向同性漫反射
isotropic diffuse transmission …… 各向同性漫透射

L

lambert's (cosine) law …… 朗伯（余弦）定律
lambertian surface …… 朗伯面
lamp current …… 灯电流
lampVoltage (of discharge lamp) …… （放电灯的）灯电压
lampholder …… 灯座
landscape in night, nightscape …… 夜间景观
life (of a lamp) …… （灯的）寿命
light …… 光
light adaptation …… 明适应
light center (of a light source or luminaire) …… （光源或灯具的）光中心
light climate …… 光气候
light emiting diode (LED) …… 发光二极管
light loss coefficient due to obstruction of exterior building …… 室外建筑挡光折减系数
light pollution …… 光污染
lighting, illumination …… 照明
lighting from interior lights …… 内透光照明
lighting power density (LPD) …… 照明功率密度
lightness of a related colour …… 相关色的明度（10）
line light source …… 线光源
local lighting …… 局部照明
localised lighting …… 分区一般照明
longitudinal uniformity of road surface luminance …… 路面亮度纵向均匀度
louvre, lourver …… 遮光格栅
low pressure sodium (vapour) lamp …… 低压钠（蒸气）灯
low – voltage tungsten halogen lamp …… 低压卤钨灯
lumen …… 流明
luminaire …… 灯具
luminaire efficiency …… 灯具效率
luminaire for explosive atmosphere …… 防爆灯具
luminaire for road lighting …… 道路照明灯具
luminaire guard …… 灯具保护网
luminance …… （光）亮度
luminance coefficient (of road lighting) …… （道路照明）亮度系
luminance contrast …… 亮度对比
luminancemeter …… 亮度计
luminous ceiling lighting …… 发光顶棚照明
luminous colour …… 发光色
luminous efficacy of radiation, maximumValue of spectral efficacy of radiation …… 辐射的光（视）效能；最大光谱光（视）效能
luminous efficacy (of a lamp) …… （灯的）发光效能
luminous exitance …… （光）出射度

luminous environment …… 光环境
luminous flux …… 光通量
luminous fluxmaintenance factor（of a lamp） ……（灯的）光通量维持
luminous intensity …… 发光强度
lx …… 勒克斯

M

maintained average illuminance …… 维持平均照度
maintained average luminance（illuminance）of road surface …… 路面维持平均（照度）亮度
maintenance factor …… 维护系数
maximum illuminance …… 最大照度
maximum permissable spacing height ratio of luminaire …… 灯具最大允许距高比
mesopicVision …… 中间视觉
metal halide lamp …… 金属卤化物灯
method of utilization factor，lumenmethod …… 利用系数法；流明法
middle angle luminaire …… 中照型灯具
minimum illuminance …… 最小照度
minimum sunshine spacing …… 最小日照间距
mixed daylighting …… 混合采光
mixed lighting …… 混合照明
mixed reflection …… 混合反射
mixed transmission …… 混合透射
moisture – proof lampholder …… 防潮灯座
monochromatic radiation …… 单色辐射
mounting height of luminaire …… 灯具安装高度

N

narrow angle luminaire …… 深照型灯具
neon tubing lamp …… 霓虹灯
nightscape lighting …… 夜景照明
non – cut – off luminaire …… 非截光型灯具
normal illuminance …… 法向照度
normal lighting …… 正常照明

O

object colour …… 物体色
obstracle lighting …… 障碍照明
obstruction …… 天空遮挡物
obtrusive light …… 干扰光
on – duty lighting …… 值班照明
opal lamp …… 乳白灯泡
optical fiber daylighting …… 导光纤维采光
optical radiation …… 光学辐射
ordinary luminaire …… 普通灯具
orientation coefficient of clear sky …… 晴天方向系数
overall uniformity of road surface luminance …… 路面亮度总均匀
overhang …… 悬挑长度

P

parapet lighting …… 栏杆照明

pendant luminaire ······ 悬吊式灯具
perfect reflecting diffuser ······ 理想漫反射体
perfect transmitting diffuser ······ 理想漫透射体
permanent supplementary artificial lighting ······ 常设辅助人工照明
photocell ······ 光电池
photometric bench ······ 测光导轨（光度测量装置）
photoelectric detector ······ 光电探测器
photometry ······ 光度测量
photopicVision ······ 明视觉
pin cap（pincase） ······ 插脚式灯头
planckian locus ······ 普朗克轨迹
point light source ······ 点光源
pointmethod ······ 逐点法
portable luminaire ······ 可移式灯具
possible sunshine duration ······ 可照时数
power factor of a circuit ······ 线路功率因素
prefocus lamp ······ 聚光灯泡
preheat start fluorescent lamp ······ 预热启动式荧光灯
projector ······ 投光灯
protected luminaire ······ 防护型灯具
protective glass ······ 保护玻璃

Q

quick start fluorescent lamp ······ 快速启动式荧光灯

R

radiant flux（radiant power） ······ 辐（射）通量（辐射功率）
rated current（of a lamp） ······ （灯的）额定电流
rated luminous flux ······ 额定光通量
rated power ······ 额定功率
ratedVoltage ······ 额定电压
rating（of a lamp） ······ （灯的）额定值
ratio of glazing to floor area ······ 窗地面积比
recessed ground（floor）luminaire ······ 埋地灯
recessed luminaire ······ 嵌入式灯具
reduced luminance coefficient（of road lighting） ······ （道路照明）简化亮度系
reference surface ······ 参考平面
reflectance ······ 反射比
reflected（global）solar radiation ······ 反射（总）日辐射
reflection ······ 反射
reflective beam daylighting ······ 反射光束采光
reflectometer ······ 反射计
reflector ······ 反射器
reflector lamp ······ 反射型灯泡
refraction ······ 折射
refractor ······ 折射器
regular reflectance ······ 规则反射比
regular reflection（specular reflection） ······ 规则反射（镜面反射）
regular transmission（direct transmission） ······ 规则透射（直接透射）
regular transmittance ······ 规则透射比

relative spectral distribution …… 相对光谱分布
relative sunshine duration …… 相对日照时数（日照率）
re – starting time …… 再启动时间
retroreflectance …… 逆反射比
retroreflection …… 逆反射
retroreflector …… 逆反射器
rise and fall pendant luminaire …… 升降悬吊式灯具
room cavity ratio …… 室空间比
room index …… 室形指数
rotationally symmetrical luminous intensity distribution …… 旋转对称光强分布

S

safety lighting …… 安全照明
saturation …… 饱和度
scotopicVision …… 暗视觉
screw cap（screw base） …… 螺口式灯头
sealed beam lamp …… 封闭型光束灯泡
searchlight …… 探照灯
security lighting …… 警卫照明
self – ballasted fluorescent lamp …… 自镇流荧光灯
semi – cut – off luminaire …… 半截光型灯具
semi – direct lighting …… 半直接照明
semi – direct luminaire …… 半直接型灯具
semi – highmast lighting …… 半高杆照明
semi – indirect lighting …… 半间接照明
semi – indirect luminaire …… 半间接型灯具
shielding angle …… 遮光角
side daylighting …… 侧面采光
silhouette lighting …… 剪影照明
singht – capped fluorescent lamp …… 单端荧光灯
sky component of daylight factor …… 采光系数的天空光分量
sky glow …… 天空辉光
skylight …… 天空（漫射）光
solar radiation …… 日辐射
spacing of luminaire …… 灯具间距
spacingg height ratio of luminaire …… 灯具距高比
special colour rendering index …… 特殊显色指数
spectral concentration（spectral distribution） …… 光谱（密）集度（光谱分布）
spectral line …… （光）谱线
spectral luminous efficiency …… 光谱光（视）效率
spectralmismatch correction factor（colour correction） …… 光谱失配修正系数（色修正）
spectrophotometer …… 光谱光度计；分光光度计
spectrum …… 光谱
specular reflection daylighting …… 镜面反射采光
spill light（spray light） …… 溢散光
spot lighting …… 聚光照明
spotlight …… 聚光灯（射灯）
stand – by lighting …… 备用照明
starter …… 启动器
starting current …… 启动电流

starting time (of an arc discharge lamp) …… (弧光放电灯的) 启动时间
startingVoltage (of a discharge lamp) …… (放电灯的) 启动电压
straight tubular fluorescent lamp …… 直管形荧光灯
strobscopic effect …… 频闪效应
sunlight …… 阳光；直射日光
sunshine …… 日照
sunshine duration …… 日照时数
sunshine on building …… 建筑日照
sunshine spacing …… 日照间距
surface colour …… 表面色
surround ratio (of road lighting) …… (道路照明) 环境比
symmetrical (asymmetrical) luminaire …… 对称配光型 (非对称配光型) 灯具
symmetrical luminous intensity distribution …… 对称光强分布

T

table lamp …… 台灯
three – band fluorescent lamp …… 三基色荧光灯
threshold increment …… 阈值增量
tilt (inclination) …… 仰角
top daylighting …… 顶部采光
total cloud amount …… 总云量
total luminous flux …… 总光通量
total transmittance of daylighting …… 采光的总透射比
track – mounted luminaire …… 导轨灯
transmission …… 透射
transmittance …… 透射比
trichromatic system …… 三色系统
tristimulusValues (of a colour stimulus) …… (色刺激的) 三刺激
tubular incandescent lamp …… 管形白炽灯
tungsten filament lamp …… 钨丝灯
tungsten halogen lamp …… 卤钨灯

U

ultraviolet lamp …… 紫外灯
ultraviolet radiation …… 紫外辐射
underwater luminaire …… 水下灯具
unified glare rating (UGR) …… 统一眩光值
uniformity of daylighting …… 采光均匀度
uniformity of road surface illuminance …… 路面照度均匀度
uniformity ratio of illuminance …… 照度均匀度
upward light output ratio (ULOR) …… 上射光输出比
upward luminous flux …… 上射光通量
utilization factor …… 利用系数

V

vacuum lamp …… 真空灯
veiling luminance …… 光幕亮度
veiling reflection …… 光幕反射
vertical illuminance …… 垂直照度
visibility …… 可见度

visible radiation …… 可见辐射
vision …… 视觉
visual acuity；visual resolution …… 视觉敏锐度；视力
visual angle …… 视角
visual environment …… 视觉环境
visual field …… 视野
visual performance …… 视觉功效
visual task …… 视觉作业

W

wall luminaire …… 壁灯
wall washer，wall washing …… 墙面布光灯（洗墙灯）
warm colour appearance …… 暖色表
water – proof luminaire …… 防水灯具
water – tight luminaire …… 水密型灯具
white coatingg lamp …… 涂白灯泡
wide angle luminaire …… 广照型灯具
winter solstice …… 冬至日
working plane …… 工作面

X

xenon lamp …… 氙灯

Z

zenith luminance …… 天顶亮度

本标准用词说明

为便于在执行本标准条文时区别对待，对于要求严格程度不同的用词说明如下：
（1）表示很严格，非这样做不可的：
正面词采用“必须”；
反面词采用“严禁”。
（2）表示严格，在正常情况下均应这样做的：
正面词采用“应”；
反面词采用“不应”或“不得”。
（3）表示允许稍有选择，在条件许可时，首先应这样做的：
正面词采用“宜”或“可”；
反面词采用“不宜”。
条文中指明应按其他有关标准执行时，写法为“应按……执行”或“应符合……的要求（或规定）”。

条 文 说 明

中华人民共和国行业标准
建筑照明术语标准
Standard for Terminology
of Architectural Lighting
JGJ/T 119—2007
条 文 说 明

前　言

根据建设部［2005］建标字第 84 号文的要求，由中国建筑科学研究院主编，与中国航空工业规划设计研究院等单位共同修订的《建筑照明术语标准》（JGJ/T 119—2007）经建设部 2007 年 × 月 × 日以建标［2007］号文批准，自 2007 年 × 月 × 日起实施。

为便于广大设计、施工、科研、学校等单位的有关人员在使用本标准时能正确理解和执行条文规定，《建筑照明术语标准》修订组按章、节顺序编制了本标准的条文说明，供国内使用者参考。在使用中如发现条文说明中有欠妥之处，请将意见函寄中国建筑科学研究院建筑物理研究所。

本《条文说明》由建设部标准定额研究所组织出版发行。

目　　次

1　总　则

本术语标准适用于工业与民用建筑照明、道路照明、室外场地照明（如广场、码头、货场、运动场地等的照明），同时也适用于其他与照明有关的领域。

本标准包括建筑的人工照明（简称照明）和天然采光（简称采光）两个方面的内容，其中包括辐射和光、视觉和颜色、照明技术、电光源及其附件、灯具及其附件、建筑采光和日照、材料的光学特性和照明测量等方面的术语条目。

制订本标准的目的是将有关照明的术语加以合理统一，使之规范化，以利于照明技术的发展和国内外交流。

本标准参照采用了已有的相关国家标准，同时也积极采用了国际权威机构国际电工委员会（IEC）和国际照明委员会（CIE）所推荐的最新照明术语。

各术语的定义力求通俗易懂，对于含混和产生不同理解的条目以及有多种不同的定义的条目将在本条文说明中加以解释。

2　辐射和光、视觉和颜色

2.1　辐射和光

2.1.1　电磁辐射

这一术语有两种含义，其定义如条文所述。

2.1.2　光学辐射

常简称光辐射。

2.1.3　可见辐射

可见辐射的光谱范围，设有一个明确的界限，因为它既与到达视网膜的辐射功率有关，也与观察者的响应度有关。在一般情况下，可见辐射的下限取在360～400nm之间，而上限在760～830nm之间。通常把它们分别限定在380～780nm之间。

2.1.5　紫外辐射

在某些应用，也可将条文中三种紫外辐射称为近紫外、远紫外和极紫外（真空紫外）辐射。100～200nm之间的紫外辐射在空气中易被吸收。

2.1.6　光

在光度学和色度学中，光被赋予两种含义。照明是通过光来实现的，在照明中所指的光为可见辐射，可见辐射属光学辐射，而光学辐射属电磁辐射。

2.1.13　光谱光视效率

人眼在看同样功率的辐射时，在不同波长时，感觉到的亮度不同，人眼的这种特性称为光谱光（视）效率。

明视觉的光谱光（视）效率是CIE于1924年取得同意，然后通过内插与外推方法加以完善。最后，由国际计量委员会（CIPM）于1976年加以推荐的值，由它确定了$V(\lambda)$函数或曲线。

暗视觉的光谱光（视）效率是CIE于1951年采用青年观察者的光谱光（视）效率值，然后由CIPM于1976年认可，由它确定$V'(\lambda)$函数或曲线。

2.1.15　光通量

由于人眼睛对不同波长的光具有不同的灵敏度，我们不能直接用辐射功率和辐射通量来衡量光能量，因此必须采用以人眼睛对光的感觉量为基准的基本量——光通量来衡量。

2.1.17　发光强度

简称光强，它表征光通量的空间分布的特性。

2.1.18　（光）亮度

为区别于辐亮度，又称光亮度，在照明工程中常称亮度。

2.1.19　（光）照度

为区别于辐照度，又称光照度，在照明工程中常称照度。

2.2　视觉

2.2.2　明视觉

主要是由视网膜的锥体细胞起作用的视觉。明视觉能够辨认很小的细节，并有颜色感觉。指背景亮度约$2cd/m^2$以上的情况。

2.2.3　暗视觉

主要是由视网膜的杆体细胞起作用的视觉。暗视觉只有明暗感觉而无颜色感觉。指背景亮度在$0.01\sim0.005cd/m^2$以下的情况。

2.2.4　中间视觉

由视网膜的锥体细胞和杆体细胞同时起作用的视觉。指背景亮度在$0.01\sim2cd/m^2$之间的情况。

2.2.9 视角

视角可近似地由下式求出：

$$\alpha = 3440\ d / l \text{（弧分）}$$

式中 α——视角，识别对象对人眼所形成的张角；

d——识别对象的尺寸大小；

l——识别对象对人眼的距离。

2.2.10 视觉敏锐度；视力

视力 V 在数量上等于人眼刚能区分物体的最小视角 α_{min}（以分为单位）的倒数。

当 α_{min} 为 $1'$ 时，则视力为 1.0；当 α_{min} 为 $2'$ 时，则视力为 0.5。

2.2.11 亮度对比

CIE 定义为与感知的视亮度对比有关的量，在亮度阈附近时用 $\Delta L/L$ 表示，在更高亮度时，则用 $L1/L2$ 表示，而在我国的标准和书刊中常用本条所用的公式，这样可以表示出是正对比，还是负对比。因为对比正负不同，其视觉功效是不同的。

2.2.12 可见度

可见度在定量上等于物体的实际亮度对比与刚能识别物体的阈限亮度对比之比。

2.2.14 视觉功效

过去习惯常称“视觉功能”，而本标准用“视觉功效”词名更符合定义。

2.2.16 频闪效应

气体放电灯点燃后，由于交流电的频率影响，使发射出的光线产生相应的频率效应。

2.2.21 失能眩光

我国现有的照明标准中均采用“失能眩光”这一术语，然而从定义上理解称失能，似乎眩光太严重了。因此，我国有人主张称“碍视眩光”或“减视眩光”，日本称“减能眩光”。考虑到在我国此术语已沿用多年，故仍采用本条的称谓。

2.2.24 视亮度

人眼对物体明亮程度的主观感觉，它与亮度的物理量不相符，它受视觉感受性、适应亮度水平和过去经验的影响。

2.2.25 统一眩光值

来源于 CIE117 号（1995）出版物《室内照明不舒适眩光》。

2.2.26 眩光值

来源于 CIE112 号（1994）出版物《室外体育场和区域照明的眩光评价系统》。

2.2.27 ~ 2.2.32 上射光输出比；下射光输出比；溢散光；干扰光；光污染；天空辉光

来源于 CIE150 号（2003）出版物《限制室外照明设施干扰光影响的指南》。

2.3 颜色

2.3.1 颜色（色）

人眼的基本特性之一，不同波长的可见光引起人眼不同的颜色感觉，在明视觉条件下，感知色取决于色刺激的光谱分布、刺激面大小、形状、构成、周边、观测者的视觉适应状态以及观测者的观测经验等。它用三刺激值计算式所规定的色刺激值来表征。

2.3.11 （感知的）有彩色

在日常中所用的色的意思，是白、灰、黑的对立词。

2.3.12 色调

在我国的现有标准中均将 hue 译为“色调”，实际上色调的英文名称为 tone，而 hue 应译为色相，严格讲色调和色相的含义是不同的。考虑到与已有的《颜色术语标准术语》的名词相一致，故用本条的两种称谓。色调是彩色相互区分的特性，可见光谱中各个不同波长的辐射，在视觉上表现为各种色调，如红、黄、绿、蓝等。

2.3.13 饱和度

指色彩的纯洁性，可见光谱中的各种单色光是最饱和的色彩，物体色的饱和度决定该物体表面反射光谱辐射的选择性。在给定的观察条件下，除非视亮度很高，色品一定的色刺激在产生明视觉的光亮度范围内呈现大体不变的饱和度。

2.3.14 彩度

在给定的观察条件下，除非视亮度很高，来自亮度因素确定的表面且色品确定的相关色刺激，在产生明视觉的光亮度范围内呈现大体不变的彩度。在同样环境和给定照度下，若亮度因素增加，彩度通常也增大。孟塞尔标色系统中，用来表示具有相同明度值离开中轴的程度。

2.3.17 色品坐标

（1）因为三个色品坐标之和等于1，所以只用其中两个色品坐标就足以定义色品，并在色品图上标定其位置。

（2）在CIE标准色度系统中，色品坐标分别用符号x、y、z和x_0、y_0、z_0表示。前一组为2°视场的，后一组为10°视场的。

2.3.18　色品

色品或色度是用CIE1931标准色度系统所表示的颜色性质。利用CIE1931采纳的三个色匹配函数$X(\lambda)$、$Y(\lambda)$、$Z(\lambda)$和参比色刺激(X)、(Y)、(Z)确定任意光谱功率分布三刺激值的系统。三刺激值是在给定的三色系统中，所考虑刺激的色匹配所需要的三参比色刺激量。

2.3.19　色品图

在CIE标准色度系统中，通常把y画成垂直坐标和把x画成水平坐标来得到x,y色品图。色品图是用平面坐标表示颜色位置的图。

2.3.22　相关色温度

计算色刺激相关色温度的方法是在色品图上确定出含刺激点约定的等温线与普朗克轨迹的相交点对应的温度（参阅CIE出版物No.15）。

2.3.23　色表（色貌）

色表是与色刺激和材料质地有关的颜色的主观印象，它有冷色表、暖色表和介于前两种之间的中间色表之分。对于光源色用光源的色温来划分色表，对于物体色用色调或色相来划分色表。

2.3.29　特殊显色指数

特殊显色指数R_i是指光源对CIE规定的14种中的某一选定的标准颜色样品的显色指数，其计算式如下：

$$R_i = 100 - 4.6\Delta E_i$$

式中　ΔE_i——在被测光源照射下和在参照标准光源照射下第i个检验色样的色表。

2.3.30　一般显色指数

一般显色指数R_a是指被测光源对CIE规定的1~8号为一组的检验色样的特殊显色指数R_i的平均值，其计算式如下：

$$R_a = 1/8\sum R_i$$

CIE规定参照标准光源的显色指数R_a为100。

3　照明技术

3.1　一般术语

3.1.1　照明

日常中，“照明”一词也含有“照明系统”或“照明装置”的意思。

3.1.4　绿色照明

绿色照明是指通过科学的照明设计，采用效率高、寿命长、安全和性能稳定的照明电器产品（电光源、灯用电器附件、灯具、配线器材，以及调光控制调和控光器件），改善提高人们工作、学习、生活的条件和质量，从而创造一个高效、舒适、安全、经济、有益的环境并充分体现现代文明的照明。

3.1.5　夜间景观

本条术语中自然夜空光单指月光、星光、黄道光等，灯光指夜景照明用的各种人造光源。术语中的景观内涵有自然景观和人工景观两部分。

3.1.7　（亮或暗）环境区域

来源于CIE150号（2003）出版物《限制室外照明设施干扰光影响的指南》。根据环境亮度状况按规划或活动的内容，对限制干扰光的光污染提出相应要求的区域。区域划分为E1~E4共4个区域：

E1区为天然暗环境区，如国家公园、自然保护区和天文观象台等；E2区为低亮度环境区，如乡村的工业区或居住区等；E3区为中等亮度环境区，如城郊工业区或居住区等；E4区为高亮度环境区，如城市中心区和商业区等。

3.2　照明评价指标

3.2.1　平均照度

指近似于表面上有代表性的多点照度的平均值。这些点的数量和位置应在有关应用指南和测量方法标准中规定。这一规定必须包含明确指明各点的何种平均照度，如水平的、垂直的、柱面的或半柱面的照度。

3.2.2　平均亮度

指近似于表面上有代表性的多点亮度的平均值，这些点的数量和位置应在有关应用指南和测量方法标准中规定。

3.2.22　路面维持平均亮度（照度）

道路照明标准中，规定的是平均亮度、平均照度的维持值，以确保灯具和光源在维护前，平均亮度和平均照度值均能符合标准要求。

3.2.23　阈值增量

阈值增量是度量失能眩光的度量，用它来评价道路照明的眩光控制程度。由于存在眩光源时，在视网膜上形成一种光幕，降低了视网膜上物像的对比使人眼的可见度阈提高。这个增加的量与视线垂直面上的照度以及各表面的平均亮度有关。

3.2.24 （道路照明）环境比

环境比是CIE新增加的道路照明评价指标，它影响到驾驶员的视觉适应，因而和安全驾驶紧密相关。

3.3 照明方式和种类

3.3.1 一般照明

不考虑局部特殊要求，为照亮整个场所而设置的均匀照明。

3.3.2 局部照明

局部照明是作为对一般照明的补充并单独控制的照明。房间中不能只装局部照明（宾馆客房除外）。

3.3.3 分区一般照明

对某一特定区域设计成不同照度是指较高的或较低的照度。

3.3.5 常设辅助人工照明

当单独利用天然光照明不充足和不适宜时，为补充天然光而日常固定使用的照明，这是一种天然采光和人工照明相结合的辅助照明系统，常设辅助人工照明通常设在进深较大的建筑物中。

3.3.7 应急照明

过去常称为事故照明，应急照明是在正常照明系统失效时，为保证人员疏散继续工作和人身安全而设置的照明，因此，应急照明又细分为疏散照明、备用照明和安全照明。

3.3.19 定向照明

光源主要从优选方向投射到工作面上和物体上的照明，在定向照明下，物体有清晰的轮廓和阴影。

3.3.20 漫射照明

投射到工作面和物体上的光，在任何方向均无明显差别的照明。在漫射光照明下，光线柔合，物体几乎无阴影。

3.3.21 泛光照明

为照亮某一场地或目标，使其视亮度明显高于周围环境的照明，主要用于建筑夜景照明和各种场、馆照明。

3.3.22 重点照明

为突出特定的目标或引起对视野中某一部分注意而设置的照明，它加强光的表现效果，造成生动活泼的光气氛。

3.3.29 栏杆照明

栏杆照明是桥梁照明的一种方式，它有许多难以克服的缺点，一般不宜采用。

3.3.30～3.3.33 轮廓照明；内透光照明；剪影照明；动态照明

这是几个常用的夜景照明方式。术语的英文名称和定义分别是参考CIE第94号出版物、IESNA《照明手册》（2000）、《The Art of Outdoor Lighting》（W. Randall）和日本《照明手册》等文献编写的。

3.4 照明设计计算

3.4.1 光强分布

严格地讲只用光强分布这一术语即可，考虑到配光这一术语在我国已沿用多年，而且日本也称配光，故增加配光的称谓。配光曲线场统一按光通量为1000lm绘制。

3.4.9 参考平面

参考平面是假定的工作面，在室内照明用时，一般指距地面0.75m高的水平面；在天然采光情况下，一般指距地面1m高的水平面。

3.4.10 工作面

通常为在其上进行工作的实际工作面，其高度由实际情况而定，工作面也可以是水平的、倾斜的和垂直的。一般工作面指距地面0.75m或1m的水平面。

3.4.13 室空间比

美国照度计算用带腔法求取利用系数时采用室空间比，我国的灯具计算图表也均采用室空间比，它与室形指数相比较为十个简单连续整数，利用插入法计算简便，不易同利用系数混淆，可用来校核利用系数。

3.4.15 维护系数

过去有的称减光系数，在现有的国家标准中均采用本条的称谓，它是小于1的系数。

3.4.16 点光源

通常当光源的尺寸 d 与它至被照面的距离 l 相比较小于1/5倍（即 $5d < l$）时，可视为点光源。

3.4.17 线光源

若光源到被照面的距离为 l，灯具的长度为 a，宽度为 b，当 $5a > l$，且 $5b \leq l$ 时，可视为线光源。

3.4.18　面光源

若光源到被照面的距离为 l，灯具的长度为 a，宽度为 b，当 $5a > l$，且 $5b > l$ 时，可视为面光源。

3.4.29～3.4.31　仰角；悬挑长度；灯臂长度

灯具仰角和悬挑长度、灯臂长度等是道路照明中设计计算的几何参数，它们影响到照明的数量和质量。

3.4.32　路面的有效宽度

路面的有效宽度，是在道路照明设计中为了确保路面的亮度、照度达到一定的均匀度而确定灯具安装高度时要用到的一个参数。

当灯具采用单侧布置方式时，道路有效宽度为实际路宽减去一个悬挑长度；当灯具采用双侧（包括交错和相对）布置方式时，道路有效宽度为实际路宽减去两个悬挑长度；当灯具在双幅路中间分车带上采用中心对称布置方式时，道路有效宽度就是道路实际宽度。

3.4.33～3.4.35　（道路照明）亮度系数；（道路照明）简化亮度系数；（道路照明）平均亮度系数

亮度系数、简化亮度系数、平均亮度系数为描述路面反光性能的参数，道路照明亮度及其均匀度计算时需用这些系数。

4　电光源及其附件

4.1　电光源

4.1.1　电光源

电光源是电能转换成光辐射能器件的总称，包括固体发光光源和气体放电光源两大类，而固体发光光源又包括热辐射光源（白炽灯、卤钨灯）和电致发光光源（如发光二极管）。

4.1.2　白炽（电）灯

将发光元件（通常为钨丝）通电流加热而发光的灯。按灯泡内是否充惰性气体可分为真空灯和充气灯；按玻壳材料不同，有透明灯泡，也有磨砂灯泡、乳白灯泡、涂白灯泡等；按光束分散分为反射型灯泡、封闭型光束灯泡、聚光灯泡等；玻壳制成不同颜色的，有装饰灯泡。各种白炽灯分别见 4.1.4～4.1.14 条。

4.1.3　钨丝灯

灯丝所耗电能，只有一小部分转换为可见光，故其发光效能很低。

4.1.4　真空灯

一般为 15W 和 25W 的灯泡，其优点是没有气体造成的热损耗；但是钨丝蒸发，使泡壳内壁有沉积发黑的缺点。

4.1.5　充气灯

充气能降低钨蒸发，但在泡壳内引起热对流，增加热损耗。

4.1.11　封闭型光束灯泡

灯丝位于泡壳内抛物面的焦点上，将光束集中投射，主要用作投光灯和泛光灯。

4.1.15　卤钨灯

充入卤族元素，并保持某个温度和采取一定的设计条件后，可形成卤钨循环。其光效和寿命都比钨丝灯有一定提高，外形尺寸也大为缩小。碘钨灯、溴钨灯均属于此类。

4.1.16　低压卤钨灯

通常用 12V 电压供电的小型卤钨灯。

4.1.17　放电灯

气体放电灯包括辉光放电灯（有氖灯、霓虹灯）和弧光放电灯两类；用于建筑照明的主要是弧光放电灯，又包括高强度气体放电灯和低压气体放电灯。由于所充气体的不同，所发出的辐射谱线范围也不同。

4.1.22　高压钠（蒸气）灯

这种灯色温约为 2100K，显色指数约为 23～25，光效可达 70～130lm/W，是道路照明的主要光源，也可用于显色要求不高的工业场所。

另外，为了改善显色性能，研制了中显色高压钠灯（显色指数为 60）和高显色高压钠灯（显色指数达 80 以上），但其光效有不同程度下降。

4.1.23　低压钠（蒸气）灯

属低压气体放电灯的一种，是高光效、低色温、低显色性的光源。其辐射近乎单色，集中在 580.0 和 589.6nm 的黄色谱线，可用于不需分辨颜色的场合。

4.1.24　金属卤化物灯

充金属卤化物用来提高灯的光效和显色性，发光的颜色由添加的金属元素决定。

4.1.25　氙灯

氙灯发射连续光谱，其光色接近于太阳光；其光效不很高，约 20～50lm/W；其控制装置大而重，成本高，故使用较少。

4.1.26 霓虹灯

也可以是由汞蒸气放电产生紫外辐射激发荧光粉涂层的细长状低气压放电霓虹灯。可以制成各种形状，充入不同惰性气体，发出各种彩色光，用于广告、标识和装饰照明。

4.1.27 荧光灯

荧光灯包含多种形式和品种：从启动方式分为预热启动式、快速启动式、瞬时启动式；按使用的荧光粉分有普通卤粉荧光灯和三基色荧光灯；按灯管形状分有直管形、环形、紧凑型等。

各种荧光灯分别见4.1.28～4.1.36条。荧光灯的结构适宜于大批量生产，因而价格较低廉，加之光效高，显色性好（三基色荧光灯），具有多种光色，从而是使用最广泛的光源。

4.1.33 三基色荧光灯

这种灯光色好，寿命更长，显色性大大提高，其显色指数大于80以上，最高的可达96。

4.1.39 无极感应灯

这种灯由于取消了电极，故寿命很长是其主要优点。

4.1.40 弧光灯

弧光灯具有强烈的辐射能，通常作强光源使用，如探照灯、电影放映灯等。

4.1.44 紫外灯

这种灯辐射的波长很重要。例如，用于杀菌的，其最小波长为260nm；用于一般保健的，其最小波长约为297nm；不同用途的灯管要求有不同功率和不同尺寸。

4.1.46 发光二极管（LED）

发光二极管是一种具有多种彩色和白色的新型光源。当前主要用于交通信号灯、建筑标志灯、汽车标志灯、建筑物夜景照明等。根据所用半导体材料的不同，发出的光的颜色不同，其效率也不同。

4.2 附　件

4.2.1 灯头

灯头有多种形式，以适应不同种类和不同功率光源的需要，从结构上分有螺口式、卡口式、插脚式等，并且有不同的尺寸。

4.2.9 镇流器

镇流器可以是电感式、电容式、电阻式或它们的组合方式，也可以是电子式的。照明工程中较普遍应用的是电感镇流器，又包括普通电感镇流器和节能电感镇流器，后者的自身功耗低于一定数值。

4.2.10 电子镇流器

由电子器件和稳定性元件组成，将工频（50～60Hz）变换成高频（通常为20～100kHz）电流（有时也变换成低频电流）供给放电灯的镇流器。它同时兼有启动器和补偿电容器的作用。

4.3 光源特效参数

4.3.4 （灯的）线路功率

有的称（灯的）输入功率和（灯的）线路输入功率，指灯的额定功率与镇流器消耗功率之和，即电源端输入功率值。

5 灯具及其附件

5.1 灯　具

5.1.1 灯　具

本条按CIE的术语给出了灯具的定义，而与美国定义的差别在于不包括光源。美国定义包括光源，有时还包括镇流器和光电池。

5.1.2～5.1.7 对称配光型（非对称配光型）灯具；直接型灯具；半直接型灯具；漫射型灯具；半间接型灯具；间接型灯具。

将室内照明灯具按照它们的光分布进行分类。这种分类居于灯具上、下半球光通量比。这种分类对正确选择灯具大有好处。

5.1.8～5.1.10 广照型灯具；中照型灯具；深照型灯具

这种分类与灯具外形和灯具光分布有关。

5.1.12 防护型灯具

表示防护等级的代号通常由特征字母IP和两个特征数字组成，即IP××。

特征字母Ⅰ的数字是防止人体触及或接近外壳内部的带电部分，防止固体异物进入灯具外壳内部的保护等级，它分为7个等级，每级有规定的含义。本标准中仅列入防尘灯具（Ⅰ为5）和尘密型灯具（Ⅰ为6）的词条。还有无防护（Ⅰ为0）到防大于1mm的固体异物（Ⅰ为4）。

特征字母P的数字是指防止水进入外壳内部造成的有害程度的防护等级，它分为9个等级，每级有规定的含义。本标准中仅列入水密型防浸水灯具（P为7）和水下防潜水灯具（P为8）的词条。此外，还有无防护（P为0）、防滴水（P为1）、15°防滴（P为2）、防淋水（P为3）、防溅水（P为4）、防喷水（P为5）、防猛烈海浪（P为6）、防浸水影响（P为7）、防潜水影响（P为8）等灯具。

5.1.18　防爆灯具

在本标准中仅列入常用的隔爆型灯具和增安型灯具的词条。

5.1.21　可调式灯具

通过铰链、升降装置、套筒或类似装置可使灯具主要部件回转或移动的灯具。可调式灯具可以是固定式的，也可以是可移动式的。

5.1.22　可移式灯具

备有不可拆卸的软缆或软线和供电电源的插头，安装在墙上的灯具，以及用蝶形螺丝、钢夹、钓钩等将灯具固定，而使得可以很方便地用手搬离支撑物的灯具，均称作可移式灯具。

5.1.32～5.1.35　投光灯；探照灯；泛光灯；聚光灯（射灯）

投光灯是泛光灯、探照灯和聚光灯的总称。光束角大于10°的投光灯称作泛光灯，光束角小于10°的投光灯包括探照灯和聚光灯，这两种灯的主要区别在于出光口的大小。

5.1.40～5.1.43　道路照明灯具；截光型灯具；半截光型灯具；非截光型灯具

1965年CIE将道路照明灯具按光强分布分成截光、半截光、非截光三类。有利于道路照明按照眩光限制的不同要求选择不同的灯具。

5.1.44　Ⅰ类灯具

来源于IEC 60598－1：2003《灯具一般安全要求与试验》。IEC对该类灯具尚有三点附加说明：

1）对于使用软缆或软线的灯具，这种预防措施包括保护导体，是软缆或软线的一部分的。

2）Ⅰ类灯具可以有双重绝缘或加强绝缘的部件。

3）Ⅰ类灯具可能含有依靠在安全特低压（SELV）进行防触电保护的部件。

5.1.45　Ⅱ类灯具

来源于IEC 60598－1：2003《灯具一般安全要求与试验》。IEC对该类灯具尚有五点附加说明：

1. 这样的灯具可以具有下列基本形式之一：

a）具有耐用和坚固的完整绝缘材料外壳的灯具，该外壳包住除诸如铭牌、螺钉和铆钉之类小的部件以外的所有金属部件，这些小的部件用至少相当于加强绝缘的绝缘材料与带电部件隔离。这样的灯具称为绝缘外壳式Ⅱ类灯具。

b）有坚固的全金属外壳的灯具，除了那些使用双重绝缘明显不行的部件采用加强绝缘外，其内部全部采用双重绝缘。这样的灯具称为金属外壳式Ⅱ类灯具。

c）上述a）和b）的组合形成的灯具。

2. 绝缘外壳式Ⅱ类灯具的外壳可以成为附加绝缘或加强绝缘的一部分或全部。

3. 如接地是为了帮助启动，而不接到易触及金属部件，该灯具仍然被认为是Ⅱ类灯具。灯头、外壳和光源的启动并不被看作易触及金属部件，但经附录A（略）试验确定为带电部件的除外。

4. 如果一个全部是双重绝缘和/或加强绝缘的灯具有接地接线端子或接地触点，该灯具为Ⅰ类结构。然而，若一个Ⅱ类固定式灯具打算环路安装，为使接地导体的电气连续性不在该灯具内终止，在灯具内可以有一个内部接线端子，该灯具提供Ⅱ类绝缘使这个内部接线端子与容易触及的金属部件隔离。

5. Ⅱ类灯具内可以有依靠在安全特低压（SELV）下工作来达到防触电保护的部件。

5.1.46　Ⅲ类灯具

来源于IEC 60598－1：2003《灯具一般安全要求与试验》。IEC对于该类灯具不应提供保护接地措施。

5.1.48　墙面布光灯（洗墙灯）

注意洗墙灯和掠射灯的区别。洗墙灯因为距墙面较远，光线可均匀分布在墙面上，墙面在视觉上浑为一体。而掠射灯距墙面较近，光线射到墙面上能凸现墙面的纹理。

5.1.49　矮柱灯

这种灯的英文为叫bollard，在室外照明中应用很多，室内照明也有使用，国内至今无明确的译名。把它称为草坪灯肯定是不妥的，而本标准的称谓符合实际。

5.1.50　埋地灯

广泛用于室外景观照明，有时也兼作功能照明。应根据不同场所对照明的不同要求，分别选择带或不带防眩光板或隔栅、不同光束角、不同防护（IP）等级以及不同耐压性能的埋地灯。

5.2　附　件

5.2.3 遮光格栅

遮光格栅包括在灯具底部的长和宽两个方向有格片，也可能只在一个方向有格片。

5.3 灯具特性参数

5.3.2 截光角

即灯丝（或发光体）最边缘的一点和灯具出光口的连线与灯丝（或发光体）中心的垂线之间的夹角。

5.3.3 遮光角

过去常称保护角，因词名与定义不太符合，故现均改用遮光角这一词名。遮光角是截光角的余角。

6 建筑采光和日照

6.1 光气候

6.1.1 光气候

泛指室外光线变化的规律。影响室外光线的因素有太阳高度角、云状、云量、日照率、大气透明度、地球位置和季节等。它是随时间、地点、气候条件变化的，需长时间观测积累而成的。

6.1.13 CIE 标准一般天空

CIE 自 1955 年提出标准全阴天空亮度分布的数字模型后，1973 年又提出了标准全晴天空亮度分布的数字模型，并于 1997 年将以上两种天空亮度分布的数学模型集中在一起形成了国际标准化组织和国际照明委员会的标准文件：ISO/CIE 全阴天空和全晴天空的天然光亮度的空间分布［ISO 15469：1997/CIE S 003—1996：Spatial Distribution of Daylight – CIE Standard Overcast Sky and Clear Sky（1997）］。

由于世界各地的绝大部分实际天空亮度分布，既不属于全阴天空，也不属于全晴天空。为了便于确定天然采光计算所需的实际天空状况，人们先后提出了中间天空和平均天空等各种不同的天空亮度分布的数字模型。1994 年公布了 CIE 110—1994 号出版物：CIE 的各种参考天空的天然光亮度的空间分布（CIE 110—1994 Spatial Distribution of Daylight – Luminance Distribution ofVarious Referance Skies）。

随后 CIE 和国际标准化组织 ISO 联合将各种不同的天空的亮度分布的数学模型进行了系统的整理，最后归纳为 15 种不同的一般天空，见表 6.1.13，并形成 ISO 和 CIE 标准文件：《ISO/CIE 的一般天空的天然采光亮度的空间分布》（ISO 15469：2004/CIE S 011：2003：Spatial Distribution of Daylight – CIE Standard General Sky）。本条术语就是根据 ISO/CIE 的这一标准文件编写的。

若任意天空要素的天顶角为 Z（rad），方位角为 α（rad），亮度为 L_α（cd/m^2），太阳的天顶角为 Z_s（rad），方位角为 d_s（rad），则 15 种天空亮度分布表示为

$$\frac{L_a}{L_z} = \frac{f(x)\cdot\varphi(Z)}{f(Z_s)\cdot\varphi(0)} \quad (6.1.13-1)$$

$\varphi(Z)$ 被称为亮度渐变函数,表示为

$$\varphi(Z) = 1 + a\cdot\exp(\frac{b}{\cos Z}) \quad (6.1.13-2)$$

式中，系数 a 与 b 根据不同天空分类取值。天顶处的数值为

$$\varphi\left(\frac{\pi}{2}\right) = 1 \quad (6.1.13-3)$$

$f(x)$ 为相对散射指数,表示为

$$f(x) = 1 + c\left[\exp(dx) - \exp\left(d\frac{\pi}{2}\right)\right] + e\cdot\cos^2 x \quad (6.1.13-4)$$

式中，系数 c，d，e 的取值与系数 a，b 一样。天顶处的数值为

$$f(Z_s) = 1 + c\left[\exp(dZ_s) - \exp\left(d\frac{\pi}{2}\right)\right] + e\cdot\cos^2 Z_s \quad (6.1.13-5)$$

表 6.1.13 CIE 标准一般天空的参数

分类	系数 a	系数 b	系数 c	系数 d	系数 e	天空亮度分布
1	4.0	-0.70	0	-1.0	0	CIE 标准全云天空（近似值），朝向天顶亮度发生急剧渐变，但各方位相同
2	4.0	-0.70	2	-1.5	0.15	全云天空的亮度发生急剧的渐变，朝向太阳的一侧稍亮
3	1.1	-0.8	0	-1.0	0	全云天空的亮度发生平缓的渐变，但各方位相同
4	1.1	-0.8	2	-1.5	0.15	全云天空的亮度发生平缓的渐变，朝向太阳的一侧稍亮

（续）

分类	系数 a	系数 b	系数 c	系数 d	系数 e	天空亮度分布
5	0	-1.0	0	-1.0	0	均匀天空
6	0	-1.0	2	-1.5	0.15	部分存在云的天空，朝向天顶无渐变
7	0	-1.0	5	-2.5	0.30	部分存在云的天空，太阳的周边较亮
8	0	-1.0	10	-3.0	0.45	部分存在云的天空，朝向天顶无渐变，但有明显的光环
9	-1.0	-0.55	2	-1.5	0.15	部分存在云的天空，看不见太阳
10	-1.0	-0.55	5	-2.5	0.30	部分存在云的天空，太阳的周边亮
11	-1.0	-0.55	10	-3.0	0.45	白色晴天空，有明显的光环
12	-1.0	-0.32	10	-3.0	0.45	CIE 标准晴天空，清澄大气
13	-1.0	-0.32	16	-3.0	0.30	CIE 标准晴天空，浑浊大气
14	-1.0	-0.15	16	-3.0	0.30	无云浑浊天空，大范围光环
15	-1.0	-0.15	24	-2.8	0.15	白色混浊晴天空，大范围光环

注：引自 ISO 15469：2004/CIE S 011：2003：Spatial Distribution of Daylight – CIE Standard General Sky

6.1.14　天顶亮度

CIE 标准全阴天空、CIE 标准全晴天空和标准一般天空的天空亮度分布都是用天顶亮度的相对值表示的。如果想知道天空亮度的实际值，就必须先求出天顶亮度。为了便于采光设计时，计算天空的实际亮度，增加了这一术语。本术语中的式（6.1.14－1）来源于 1986 年国际天然光会议论文集的 61～66 页。式（6.1.14－2）来源于 1990 年日本建筑学会研究报告第 169～172 页。式（6.1.14－3）来源于 ISO 15469 ：2004/CIE S 011：2003：Spatial Distribution of Daylight – CIE Standard General Sky。

天顶亮度的绝对数值为

全阴天空天顶亮度 L_{zo}（kcd/m²），可由式 6.1.14－1 计算。

$$L_{zo} = 15.0 \cdot \sin^{1.68}\gamma_s + 0.07 \qquad (6.1.14-1)$$

晴天天空天顶亮度 L_{zc}（kcd/m²），可由式 6.1.14－2 计算。

$$L_{zc} = 6.4 \cdot \tan^{1.18}(0.84b \cdot \gamma_s) + 0.14 \qquad (6.1.14-2)$$

一般天空天顶亮度 L_{zi}（kcd/m²），可由 6.1.14－3 式计算。

$$L_{zi} = 9.90 \cdot \sin^{1.68}\gamma_s + 3.01 \cdot \tan^{1.18}(0.84b \cdot \gamma_s) + 0.112 \qquad (6.1.14-3)$$

式中　γ_s——太阳高度角。

6.1.15　室外临界照度

采光系数和室内天然光照度值是通过室外临界照度来联系的。室外临界照度是室内天然光照度等于各级视觉工作的室内天然光照度时的室外照度值，即室内需要开或关灯时的室外照度值。它指一个地区可以利用天然光时间内，室外水平面在无遮挡情况下，受无云全阴天空漫射光照射下的室外最低照度值。室外临界照度决定各地区的光气候。我国分为 5 个光气候区，它们的临界照度分别为 4000lx、4500lx、5000lx、5500lx、6000lx，其天然光的利用时数平均每天达 10h。

6.2　采光方式

考虑到近年来各种新型采光方式的出现，新增了采光方式一节。本节术语的来源：一是国际照明委员会（CIE）17.4—1987：《国际照明词典》（International lightingVocabulary，4th ed，Joint publication CIE/IEC），二是国标《电工术语·照明（GB/T2900·65—2004）》，三是日本照明学会编《照明手册（第二版）》，四是北美照明学会编《照明手册》2000 年的第九版，五是 M·David Egan etc. 所著的《建筑照明（Architectural Lighting）》一书。

6.3　采光计算

6.3.2　采光系数

采光系数的英文原义应译为采光因数，鉴于采光系数这一术语在我国已使用几十年，故仍保留采光系数的称谓。

6.3.6　天空遮挡物

这里主要指建筑物、构筑物以及树木等挡住光线从窗户进入室内的物体。

6.3.9　光气候系数

根据我国 5 个光气候区的年平均总照度值确定的系数值。用于确定该地区的采光系数标准值。规定Ⅲ类地区（如北京地区）的系数为 1，Ⅰ类地区（如西藏地区）、Ⅱ类地区（如新疆地区）的系数小于 1，而Ⅳ类地区（如华中、华南地区）、Ⅴ类地区（如成都、重庆西南地区）的系数大于 1。在采光计算时，各类地区的采光系数标准值应乘以相应的光气候系数。

6.4 建筑日照

6.4.4~6.4.5 冬至日；大寒日

冬至日和大寒日为新增术语，原因是根据国标 GB 50180—93《城市居住规划设计规范》的规定，将过去全国各地一律以冬至日为日照标准日，改为采用冬至日和大寒日两级标准日。

6.4.7 日照时数

指在一定的时间段内，太阳光不被其他建筑物、山丘、树木等遮挡直接照在被照建筑物上的累计时间，其中原标准的直接日辐射量为 $120W/m^2$，按国标 GB/T2900.65—2004 定义，改为 $200W/m^2$。

7 材料的光学特性和照明测量

7.1 材料的光学特性

7.1.1 反射

落在媒质上的一部分辐射在介质的表面上被反射，称此反射为表面反射；另一部分辐射可能被介质的内部散射回去，称此反射为体反射。只有当折回辐射的材料不存在多普勒效应时，才不改变辐射的频率。

7.1.4 漫射（散射）

漫射分为选择性漫射和非选择性漫射，它有无漫射性质的变化取决于入射辐射的波长。

7.1.18 反射比

反射比为规则反射和漫反射比之和。

7.1.19 透射比

透射比为规则透射比和漫透射比之和。

7.2 照明测量

7.2.6 分布光度计（变角光度计）

过去习惯上常称分布光度计，也称配光线曲仪，只用于测定光源和灯具的光的方向分布特性，而变角光度计除用于测光源和灯具的光的方向分布特性外，还用于测介质和表面的光的方向分布特性。

7.2.16 光电池

在两个半导体间的 p-n 结附近，或在半导体与金属触点附近吸收辐射而产生电动势的光电探测器。

照明测量方法

Measurementmethods for lighting

(GB/T5700—2008

代替 GB5700—1985，GB/T15240—1994)

目　次

前　言

本标准将 GB/T5700—1985《室内照明测量方法》标准与 GB/T15240—1994《室外照明测量方法》标准合并为《照明测量方法》标准；本标准代替 GB5700—1985 和 GB/T15240—1994。

本标准与 GB5700—1985 和 GB/T15240—1994 相比主要变化如下：

——测量仪器部分增加了光谱辐射度计、功率计、电压仪表和电流仪表；

——照明测量方法部分增加了现场色温、显色指数和照明电参数的测量方法；

——将建筑照明测量划分为居住建筑、公共建筑、工业建筑和公用场所照明测量；

——道路照明部分增加了交会区、人行道和人行地道的照明测量；

——体育照明测量直接引用 JJG153—2007《体育场馆照明设计及检测方法》标准；

——增加建筑夜景照明测量；

——增加室外作业区照明测量；

——在相关的照明测量项目中增加了现场色温、显色指数和照明电参数的测量。

本标准的附录 A 和附录 B 为资料性附录。

本标准由全国人类工效学标准化技术委员会提出。

本标准由全国人类工效学标准化技术委员会归口。

本标准起草单位：中国建筑科学研究院、中国标准化研究院、江苏省产品质量监督检验中心、北京海兰齐力照明设备安装工程有限公司、北京平年照明技术有限公司、欧司朗（中国）照明有限公司、北京彗光半导体照明科技有限公司、北京星光影视设备科技股份有限公司。

本标准主要起草人：张绍纲、张欣、张建平、赵跃进、陈向阳、王书晓、曹卫东、李继平、刘剑平、殷红斌、严峰、冉令华、刘太杰。

本标准所替代标准历次版本发布情况为：

标准 GB 5700—1985 于 1985 年 12 月首次发布，标准 GB/T15240—1994 于 1994 年 10 月 17 日首次发布，本标准为第一次修订。

照明测量方法

1　范围

本标准规定了室内外照明场所的照明测量仪器、测量方法和测量内容。

本标准适用于室内照明的测量、道路、广场、室外作业区等室外照明场所和建筑夜景照明的测量。

2　规范性引用文件

下列文件中的条款通过本标准的引用而成为本标准的条款。凡是注日期的引用文件，其随后所有的修改单（不包括勘误的内容）或修订版均不适用于本标准，然而，鼓励根据本标准达成协议的各方研究是否可使用这些文件的最新版本。凡是不注日期的引用文件，其最新版本适用于本标准。

GB5697《人类工效学照明术语》

GB/T5702《光源显色性评价方法》

GB/T7922《照明光源颜色测量方法》

GB50034《建筑照明设计标准》

CJJ45《城市道路照明设计标准》

JGJ/T119《建筑照明术语标准》

JGJ153《体育照明设计及检测方法》

JGJ××××《城市夜景照明设计规范》

JJG34《交流数字电压表检定规程》

JJG35《交流数字电流表检定规程》

JJG211《光亮度计》

JJG245《光照度计》

JJG780《交流数字功率表检定规程》

JJG1032《光辐射计量名词术语及定义》

3　术语和定义

GB5697《人类工效学照明术语》、JGJ/T119《建筑照明术语标准》、JJG1032《光辐射计量名词术语及定义》和下列术语与定义适用于本标准。

3.1　（光）照度 illuminance

表面上一点处的光照度是入射在包含该点的面元上的光通量 $d\Phi$ 除以该面元面积 dA 之商，即

$$E=\frac{d\Phi}{dA}$$

该量的符号为 E，单位为 lx（勒克斯）。

3.2　（光）亮度 luminance

由公式 $L=d\Phi/(dA\cdot\cos\theta\cdot d\Omega)$ 定义的量。

式中　$d\Phi$——由指定点的光束元在包含指定方向的立体角元 $d\Omega$ 内传播的光通量，单位为 lm（流明）

dA——包括给定点的光束截面积，单位为 m^2（平方米）；

θ——光束截面法线与光束方向间的夹角，单位为°（度）；

$d\Omega$——指定方向的立体角元，单位为 sr（球面度）。

该量的符号为 L，单位为 cd/m^2（坎德拉每平方米）。

3.3　反射比 reflectance

在入射光线的光谱组成、偏振状态和几何分布指定条件下，反射的光通量与入射光通量之比。符号为 ρ。

3.4　色温（度）colour temperature

当某一光源的色品与某一温度下的完全辐射体（黑体）的色品完全相同时，该完全辐射体（黑体）的绝对温度为此光源的色温度。该量的符号为 T_c，单位为 K（开尔文）。

3.5　相关色温 correlated colour temperature

当光源的色品点不在完全辐射体（黑体）轨迹上时，光源的色品与某一温度下的完全辐射体（黑体）的色品最接近时，该完全辐射体（黑体）的绝对温度为此光源的相关色温。该量的符号为 T_{cp}，单位为 K（开尔文）。

3.6　（色刺激的）三刺激值 tristimulusValues（of a colour stimulus）

在给定的三色系统中，与所考虑刺激达到色匹配所需要的三参比色刺激量。在CIE标准色度系统中，用符号X、Y、Z和X_{10}、Y_{10}、Z_{10}表示三刺激值。

3.7 色品 chromaticity

用CIE标准色度系统所表示的颜色性质。由色品坐标定义的色刺激性质。

3.8 色品坐标 chromaticity coordinates

每个三刺激值与其总和之比。在X、Y、Z色度系统中，由三刺激值可算出色品坐标x、y、z。

3.9 显色指数 colour rendering index

光源显色性的度量。以被测光源下物体颜色和参考标准光源下物体颜色的相符合程度来表示。该量的符号为R。

3.10 CIE一般显色指数 CIE general colour rendering index

光源对CIE规定的八种标准颜色样品特殊显色指数的平均值。通称显色指数。该量的符号为R_a。

3.11 照明功率密度 lighting power density（LPD）

单位面积上照明实际消耗的功率（包括光源、镇流器或变压器等），单位为W/m^2（瓦特每平方米）。简称LPD。

3.12 照度均匀度 uniformity ratio of illuminance

通常指规定表面上的最小照度与最大照度之比，符号为U_1。也用最小照度与平均照度之比，符号为U_2。

3.13 道路路面亮度总均匀度 overall uniformity of road surface luminance

路面上最小亮度与平均亮度比值。该量的符号为U_o。

3.14 道路路面亮度纵向均匀度 longitudinal uniformity of road surface luminance

同一条车道中心线上最小亮度与最大亮度的比值。该量的符号为U_L。

3.12 交会区 conflict areas

指道路的出入口、交叉口、人行横道等区域。在这种区域，机动车之间、机动车和非机动车及行人之间、车辆与固定物体之间的碰撞有增加的可能。

4 一般要求

4.1 测量目的

以保障视觉工作要求和有利工作效率与安全，节约能源和保护环境，确定维护和改善照明的措施为目的进行下列测量：

4.1.1 检验照明设施所产生的照明效果与所规定标准的符合情况。

4.1.2 检验照明设施所产生的照明效果与设计要求的符合情况。

4.1.3 进行各种照明设施的实际照明效果的比较。

4.1.4 测定照明随时间变化的情况。

4.2 测量条件

4.2.1 在现场进行测量照明时，现场的照明光源宜满足下列要求：

a）白炽灯和卤钨灯累计燃点时间在50h以上；

b）气体放电灯类光源累计燃点时间在100h以上。

4.2.2 在照明现场进行照明测量时，应在下列时间后进行：

a）白炽灯和卤钨灯应燃点15min；

b）气体放电灯类光源应燃点40min。

4.2.3 宜在额定电压下进行照明测量。在测量时，应监测电源电压；若实测电压偏差超过相关标准规定的范围，对测量结果应做相应的修正。

4.2.4 室外照明测量应在清洁和干燥的路面或场地上进行测量，不宜在明月和测量场地有积水或积雪时进行测量。室内照明测量应在没有天然光和其他非被测光源影响下进行。

4.2.5 应排除杂散光射入光接受器，并应防止各类人员和物体对光接受器造成遮挡。

4.3 测量内容

4.3.1 室内照明测量内容应包括：

a）室内有关面上的照度；

b）室内各表面上的反射比；

c）室内各表面和设备的亮度；

d）室内照明现场的色温、相关色温和显色指数；

e）室内照明的电气参数。

4.3.2 室外照明测量内容应包括：

a）室外地面或作业面上的照度；

b）室外地面或作业面和构筑物表面的反射比；

c）室外地面或作业面和构筑物表面的照明的亮度；

d）室外照明现场的色温、相关色温和显色指数；

e）室外照明的电气参数。

5　测量仪器

5.1　［光］照度计

5.1.1　对于照明的照度测量，应采用不低于一级的光照度计，对于道路和广场照明的照度测量，应采用分辨力≤0.1lx的光照度计。

5.1.2　照明测量用光照度计在计量性能要求上应满足以下条件：

a）相对示值误差绝对值：≤ ±4%；

b）$V(\lambda)$ 匹配误差绝对值：≤ 6%；

c）余弦特性（方向性响应）误差绝对值：≤ 4%；

d）换档误差绝对值：≤ ±1%；

e）非线性误差绝对值：≤ ±1%。

5.1.3　光照度计的检定应符合 JJG 245《光照度计》的规定。

5.2　［光］亮度计

5.2.1　亮度测量应采用不低于一级的光亮度计。

5.2.2　在道路照明测量中只要求测量平均亮度时，可采用积分亮度计；除测量平均亮度外，还要求得出亮度总均匀度和亮度纵向均匀度时，宜采用带望远镜头的光亮度计，其在垂直方向的视角应小于或等于 2′，在水平方向的视角应为2′~20′。

5.2.3　照明测量用光亮度计在计量性能要求上应满足以下条件：

a）相对示值误差绝对值：≤ ±5 %（0.02）；

b）$V(\lambda)$ 匹配误差绝对值：≤ 5.5%；

c）稳定度绝对值：≤1.5%；

d）换档误差绝对值：≤ ±1.0%；

e）非线性误差绝对值：≤ ±1.0%。

5.2.4. 光亮度计的检定应符合 JJG 211《光亮度计》的规定。

5.3　光谱辐射计

5.3.1　照明现场测量色温、显色指数和色度参数检测仪器应采用光谱辐射计。

5.3.2　在照明现场测量色温、显色指数的光谱辐射计应满足以下条件：

a）波长范围：380 ~ 780nm，测光重复性应在 1 % 以内；

b）波长示值：≤ ±2.0nm；

c）光谱带宽：≤ 8nm；

d）光谱测量间隔：≤ 5nm；

e）对 A 光源的色品坐标测量误差：$\Delta x \leq 0.0015$，$\Delta y \leq 0.001$。

5.4　功率计

5.4.1　电功率测量应采用精度不低于 1.5 级的数字功率计，并应有谐波测量功能。

5.4.2　功率计的检定应符合 JJG780《交流数字功率计检定规程》的规定。

5.5　电压表

5.5.1　电压测量应采用精度不低于 1.5 级的电压仪表。

5.5.2　电压仪表检定应符合 JJG34《交流数字电压表检定规程》的规定。

5.6　电流表

5.6.1　电流测量应采用精度不低于 1.5 级的电流仪表。

5.6.2　电流仪表检定应符合 JJG35《交流数字电流表检定规程》的规定。

6　测量方法

6.1　照度的测量

6.1.1　中心布点法

6.1.1.1 在照度测量的区域一般将测量区域划分成矩形网格，网格宜为正方形，应在矩形网格中心点测量照度，如图 1 所示。该布点方法适用于水平照度、垂直照度或摄像机方向的垂直照度的测量，垂直照度应标明照度的测量面的法线方向。

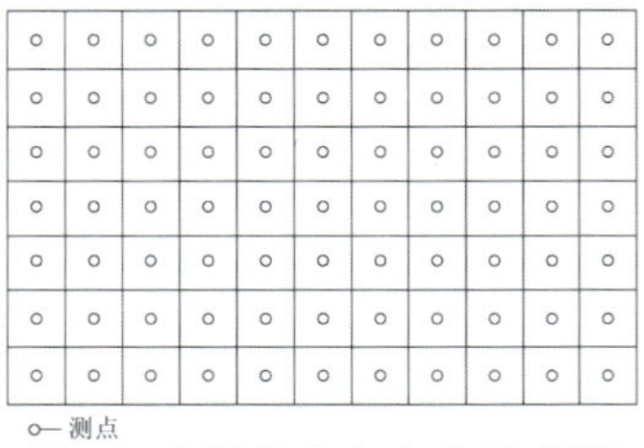

图 1　在网格中心布点示意图

6.1.1.2　中心布点法的平均照度的计算

$$E_{av}=\frac{1}{MN}\sum E_i \tag{1}$$

式中　E_{av} ——平均照度，单位为 lx（勒克斯）；

E_i ——在第 i 个测点上的照度，单位为 lx（勒克斯）；

M ——纵向测点数；

N ——横向测点数。

6.1.2　四角布点法照度测量

6.1.2.1　在照度测量的区域一般将测量区域划分成矩形网格，网格宜为正方形，应在矩形网格 4 个角点上测量照度，如图 2 所示。该布点方法适用于水平照度、垂直照度或摄像机方向的垂直照度的测量，垂直照度应标明照度测量面的法线方向。

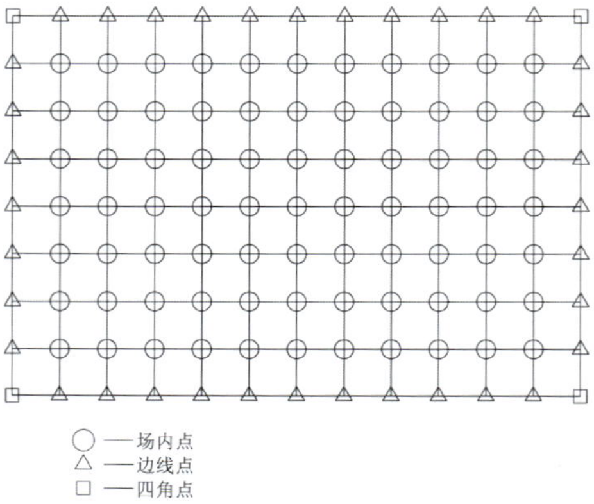

图 2　在网格四角布点示意图

6.1.2.2　四角布点法的平均水平面照度的计算

$$E_{av}=\frac{1}{4MN}(\sum E_\theta+2\sum E_o+4\sum E) \tag{2}$$

式中　E_{av} ——平均照度，单位为 lx（勒克斯）；

M ——纵向网格数；

N ——横向网格数；

E_θ ——测量区域四个角处的测点照度，单位为 lx（勒克斯）；

E_o ——除 E_θ 外，四条外边上的测点照度，单位为 lx（勒克斯）；

E ——四条外边以内的测点照度，单位为 lx（勒克斯）。

6.1.3　照度均匀度的计算

a）

$$U_1=E_{min}/E_{max} \tag{3}$$

式中　U_1 —— 照度均匀度（极差）；

E_{min}——最小照度，单位为 lx（勒克斯）；

E_{max}——最大照度，单位为 lx（勒克斯）。

b）

$$U_2=E_{min}/E_{av} \tag{4}$$

式中　U_2——照度均匀度（均差）；

E_{min}——最小照度，单位为 lx（勒克斯）；

E_{av} ——平均照度，单位为 lx（勒克斯）。

6.2　亮度的测量

亮度的测量一般应采用亮度计直接测量亮度，对于受条件限制的地方可采用间接方法测量亮度。当采用亮度计直接测量亮度时，亮度计的放置高度以观察者的眼睛高度为宜，通常站姿为1.50m，坐姿为1.20m；特殊场合，应按实际要求确定。

6.2.1 亮度测量点的布置和规定

6.2.1.1 道路亮度的测量按8.1.2条执行。

6.2.1.2 室内工作区亮度测量应选择工作面或主要视野面，选择有代表性的点，同一代表面上的测点不得少于3点。

6.2.1.3 建筑夜景立面的亮度测点应选择代表建筑特征的表面，同一代表面上的测点不得少于3点。

6.3 反射比的测量

6.3.1 照明现场反射比的测量可采用便携式反射比测量仪器直接测量，也可采用间接方法即用照度计或亮度计加标准白板的方法测量反射比。每个被测表面一般选取3~5个测点的测量值，再求其算术平均值，作为该被测面的反射比。

6.3.2 用照度计测量漫反射表面的反射比，应选择不受直接光影响的被测表面位置，将照度计的接收器紧贴被测表面的某一位置，测其入射照度E_R，然后将接收器的感光面对准同一被测表面的原来位置，逐渐平移离开，待照度值稳定后，读取反射照度E_f，测量示意图如图3所示。按式（5）求出反射比：

$$\rho = \frac{E_f}{E_R} \tag{5}$$

式中 ρ——反射比；

E_f——反射照度，单位为lx（勒克斯）；

E_R——入射照度，单位为lx（勒克斯）。

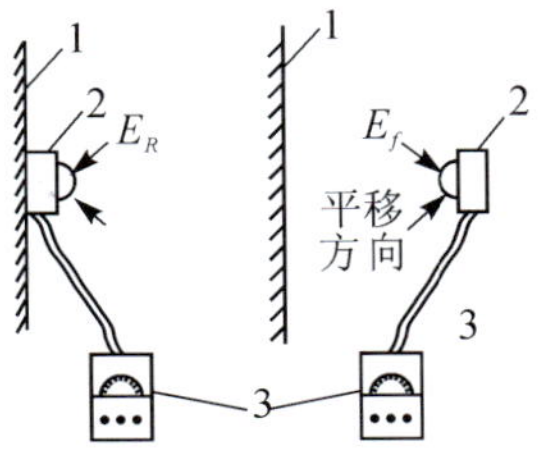

1—被测表面 2—接收器 3—照度计

图3 采用照度计间接测量反射比方法示意图

6.3.3 用照度计和亮度计的方法测量反射比。对漫反射表面，分别用亮度计和照度计测出被测表面的亮度和照度后，由式（6）求出反射比

$$\rho = \frac{\pi L}{E} \tag{6}$$

式中 ρ——反射比；

L——被测表面的亮度，单位为cd/m^2（坎德拉每平方米）；

E——被测表面的照度，单位为lx（勒克斯）。

6.3.4 亮度计加标准白板的方法测量反射比。将标准白板放置被测表面，用亮度计读出标准白板的亮度，保持亮度计位置不动，移去标准白板，用亮度计读出被测表面上的亮度后，由式（7）求出反射比。

$$\rho = \frac{L_{被测}}{L_{白板}}\rho_{白板} \tag{7}$$

式中 ρ——反射比；

$L_{被测}$——被测表面的亮度，单位为cd/m^2（坎德拉每平方米）；

$L_{白板}$——标准白板的亮度，单位为cd/m^2（坎德拉每平方米）；

$\rho_{白板}$——标准白板的反射比。

6.4 现场的色温和显色指数测量

6.4.1 现场的色温和显色指数测量应采用光谱辐射计，每个场地测量点的数量不应少于9个测点（住宅单个房间可不少于3个），然后求其算术平均值作为该被测照明现场的色温和显色指数。

6.4.2 测量同时应监测电源电压，实测电压偏离光源额定电压较大时，应对测量结果进行修正。照明现场的色温和显色指数的测量应符合GB/T7922的规定，计算应符合GB/T5702的规定。

6.5 照明的电参数测量

6.5.1 照明现场的电参数测量应包括以下内容：

a）单个照明灯具的电气参数，如工作电流、输入功率、功率因数、谐波含量等。

b）照明系统的电气参数，如电源电压、工作电流、线路压降、系统功率、功率因数、谐波含量等。测量宜采用有记忆功能的数字式电气测量仪表。

6.5.2 单个照明灯具电参数的测量

单个照明灯具电参数的测量，采用量程适宜、功能满足要求的单相电气测量仪表。

6.5.3 照明系统的电参数的测量

照明系统的电气参数的测量，宜采用量程适宜、功能满足要求的三相测量仪表；也可用单相电气测量仪表分别测量，再用分别测量的数值计算出总的数值，作为照明系统电气参数数据。

6.5.4 照明功率密度的计算

由式（8）求出

$$\mathrm{LPD} = \frac{\sum P_i}{S} \tag{8}$$

式中 LPD——照明功率密度，单位为 W/m^2（瓦特每平方米）；

P_i——被测量照明场所中的第 i 个单照明灯具的输入功率，单位为 W（瓦特）；

S——被测量照明场所的面积，单位为 m^2（平方米）。

7 建筑室内照明测量

7.1 测量的规定

7.1.1 建筑室内照明照度测量测点的间距一般在 0.5～10m 间选择。

7.1.2 照度测量宜采用矩形网格。

7.1.3 平均照度、照度均匀度按 6.1.3 条的规定计算。

7.1.4 显色指数和色温的测量，每功能区（室）测量点不宜少于 3 个点；当采用不同种类光源混合照明时既要分别测量显色指数和色温，也应测量混合后的显色指数和色温的数值。

7.1.5 反射比：每功能区（室）每种主要材料测量点不宜少于 3 个点。

7.1.6 照明电参数：一般宜采用功能区或整户测量；若有需要也可分室测量，最后计算出总量。

7.1.7 照明功率密度计算按 6.5.4 条进行。

7.1.8 测量时应记录环境温度和仪器状态。

7.2 居住建筑照明测量

7.2.1 居住建筑照明测量的场所和照度测点位置、高度及推荐测量间距应符合附录 A 表 A.1 的规定，其他按 7.1 执行。

7.3 公共建筑照明测量

7.3.1 图书馆建筑照明测量的场所和照度测点位置、高度及推荐测量间距应符合附录 A 表 A.2 的规定，其他按 7.1 执行。

7.3.2 办公建筑照明测量的场所和照度测点位置、高度及推荐测量间距应符合附录 A 表 A.3 的规定，其他按 7.1 执行。

7.3.3 商业建筑照明测量的场所和照度测点位置、高度及推荐测量间距应符合附录 A 表 A.4 的规定，其他按 7.1 执行。

7.3.4 影剧院（礼堂）建筑照明测量的场所和照度测点位置、高度及推荐测量间距应符合附录 A 的表 A.5 的规定，其他按 7.1 执行。

7.3.5 旅馆建筑照明测量的场所和照度测点位置、高度及推荐测量间距应符合附录 A 表 A.6 的规定，其他按 7.1 执行。

7.3.6 医院建筑照明测量的场所和照度测点位置、高度及推荐测量间距应符合附录 A 表 A.7 的规定，其他按 7.1 执行。

7.3.7 学校建筑照明测量的场所和照度测点位置、高度及推荐测量间距应符合附录 A 表 A.8 的规定，其他按 7.1 执行。

7.3.8 博物馆、展览馆建筑一般照明测量的场所和照度测点位置、高度及推荐测量间距应符合附录 A 表 A.9 的规定，其他按 7.1 执行。

7.3.9 交通建筑照明测量的场所和照度测点位置、高度及推荐测量间距应符合附录 A 表 A.10 的规定，其他按 7.1 执行。

7.3.10 体育建筑照明测量应执行 JGJ 153 标准的规定。

7.4 工业建筑照明测量

7.4.1 工业建筑照明测量的场所和照度测点位置、高度及推荐测量间距应符合附录 A 表 A.11 的规定，其他按 7.1 执行。

7.5 公用区照明测量和应急照明测量

7.5.1　公用区照明测量的场所和照度测点位置、高度及推荐测量间距应符合附录 A 表 A.12 的规定，其他按 7.1 执行。

7.5.2　应急照明的照度测量点高度为地面，测量网格根据场地大小从 1.0m 至 10.0m 选取。

7.5.3　对应急照明标志应测量标志亮度、对比度、色品坐标、视距，检查设置位置状况、应急工作时间和应急工作方式。

8　室外照明测量

8.1　道路照明测量

8.1.1　测量的路段和范围

8.1.1.1 测量路段的选择

宜选择在灯具的间距、高度、悬挑、仰角和光源的一致性等方面能代表被测道路典型的路段。

8.1.1.2　照度测量的路段范围

在道路纵向应为同一侧两根灯杆之间的区域；而在道路横向，当灯具采用单侧布灯时，应为整条路宽；对称布灯、中心布灯和双侧交错布灯时，宜取 1/2 的路宽。

8.1.1.3　道路亮度测量的路段范围

在道路纵向应为从一根灯杆起 100m 距离以内的区域，至少应包括同一侧两根灯杆之间的区域；对于交错布灯，应为观测方向左侧灯下开始的两根灯杆之间区域，在道路横向应为整条路宽。

8.1.2　测量的布点方法

8.1.2.1　道路照度测量的布点方法

应将测量路段划分为若干大小相等的矩形网格。

（1）当路面的照度均匀度比较差或对测量的准确度要求较高时，划分的网格数可多些。当两根灯杆间距小于或等于 50m时，宜沿道路（直道和弯道）纵向将间距 10 等分；当两灯杆间距大于 50m 时，宜按每一网格边长小于或等于 5m 的等间距划分。在道路横向宜将每条车道三等分。

（2）当路面的照度均匀度较好或对测量的准确度要求较低时，划分的网格数可少些。纵向网格边长可按（1）的规定取值，而道路横向的网格边长可取每条车道的宽度。

8.1.2.2　亮度测量的布点方法

若仅用积分亮度计测量路面平均亮度，则无须布点，若用亮度计测量各测点亮度，则应布点。

（1）在道路纵向，当同一侧两灯杆间距小于或等于 50m 时，通常应在两灯杆间按等间距布置 10 个测点；当两灯杆间距大于 50m 时，应按两测点间距小于或等于 5m 的原则确定测点数；在道路横向，在每条车道横向应布置 5 个测点，其中间一点应位于车道的中心线上，两侧最外面的两个点应分别位于距每条车道两侧边界线的 1/10 车道宽处。

（2）当亮度均匀度较好或对测量的准确度要求较低时，在每条车道横向可布置 3 个点，其中间一点应位于每条车道中心线上，两侧的两个点应分别位于距每条车道两侧边界线的 1/6 车道宽处。

8.1.2.3　同时测量照度和亮度时的布点方法，应按 8.1.2.2 的亮度测量的布点方法测量照度和亮度。

8.1.3　照度和亮度的测量

8.1.3.1　照度测量

照度测量的测点高度应为路面。

a）四角布点法：测点应布置在网格的四角（见图 4），测量网格四角点上的照度。

b）中心布点法：测点应布置在每个网格的中心点（见图 5），测量网格中心点上的照度。

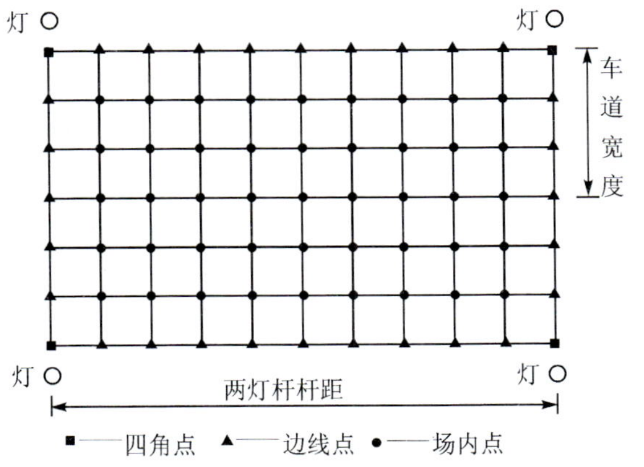

图 4　道路路面四角布点法测量照度图示

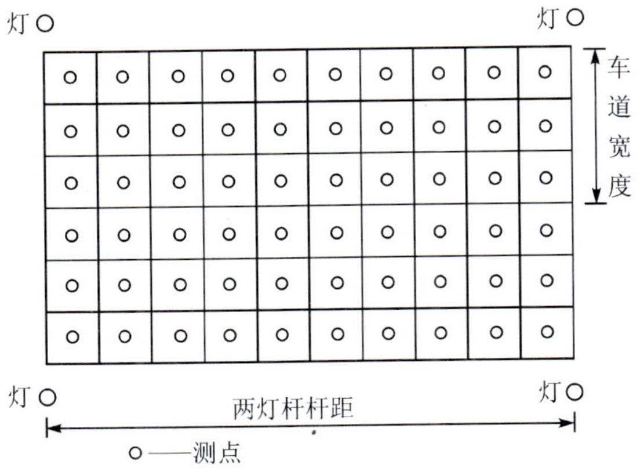

图 5　道路路面中心布点法测量照度图示

8.1.3.2　亮度测量

a）亮度计的观测点的高度，应距路面1.5m。

b）亮度计的观测点的纵向位置：应距第一排测量点为60m，纵向测量长度为100m（见图6）。

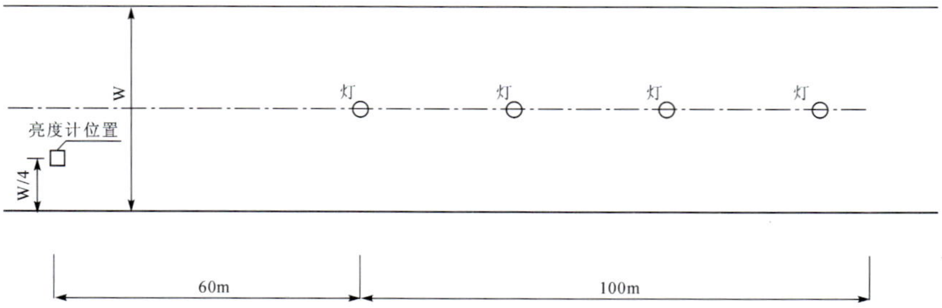

a）中心布灯时

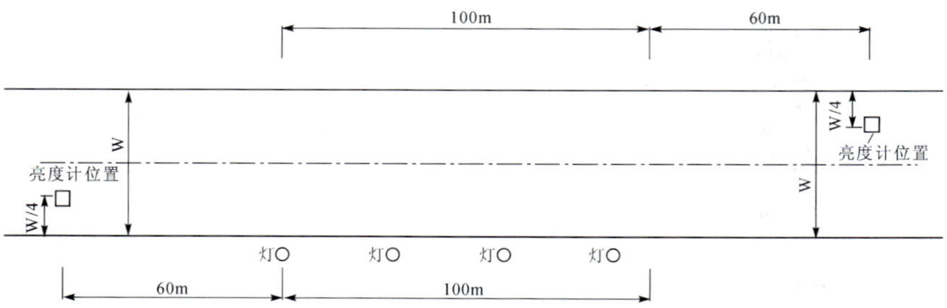

b）单侧布灯时

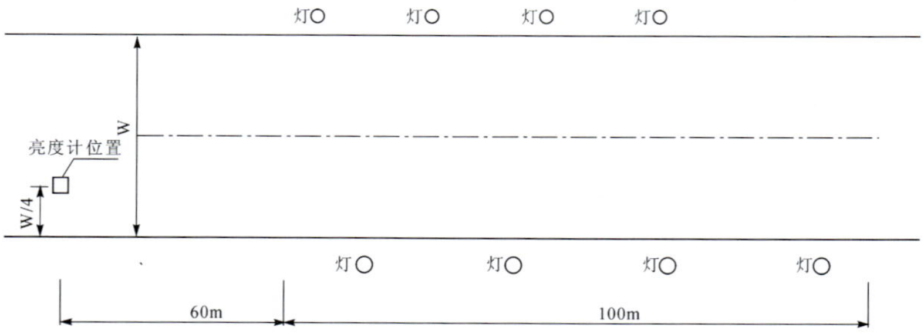

c）双侧交错布灯时

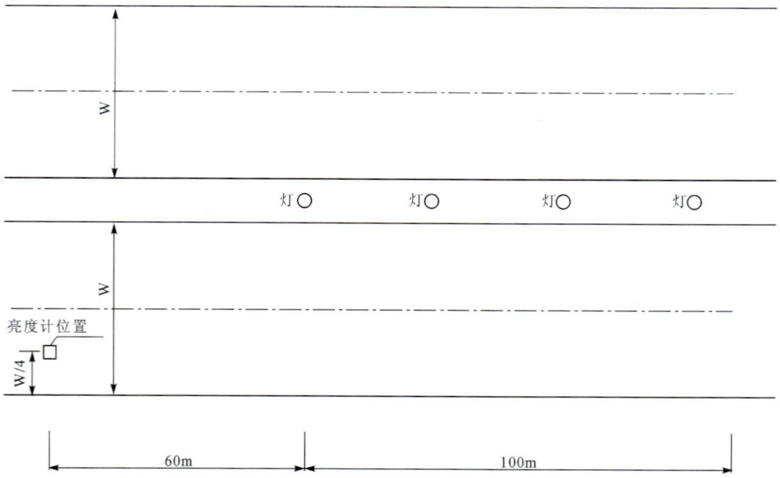

d）在中间分车带布灯时

图6　道路亮度测量——亮度计的观测点示意图

c）亮度计的观测点的横向位置：对于平均亮度和亮度总均匀度的测量，应位于观测方向路右侧路缘内侧1/4路宽（Ⅳ）处（见图6）。对于亮度纵向均匀度的测量，应位于每条车道的中心线上。

8.1.4　道路平均水平面照度和照度均匀度的计算

8.1.4.1　四点法的平均水平面照度的计算按 6.1.2 中的公式计算。

8.1.4.2　中心法的平均水平面照度的计算按 6.1.1 中的公式计算。

8.1.4.3　（道路）照度均匀度的计算

$$U = \frac{E_{min}}{E_{av}} \tag{9}$$

式中　U——（道路）照度均匀度；

E_{min}——测点的最小照度值，单位为 lx（勒克斯）；

E_{av}——按式 1 或式 2 求出的平均水平面照度，单位为 lx（勒克斯）。

8.1.5　道路平均亮度和亮度均匀度的计算

8.1.5.1　平均亮度的计算

（1）采用积分亮度计测量时，应按式（10）计算平均亮度：

$$L_{ab} = \frac{L_{av1} + L_{av2}}{2} \tag{10}$$

式中　L_{av}——平均亮度，单位为 cd/m²（坎德拉每平方米）；

L_{av1}——从灯下开始测出的平均亮度，单位为 cd/m²（坎德拉每平方米）；

L_{av2}——从两灯中间点开始测出的平均亮度，单位为 cd/m²（坎德拉每平方米）。

（2）采用亮度计逐点测量时，应按式（11）计算平均亮度：

$$L_{av} = \frac{\sum_{i=1}^{i=n} L_i}{n} \tag{11}$$

式中　L_{av}——平均亮度，单位为 cd/m²（坎德拉每平方米）；

L_i——各测点的亮度，单位为 cd/m²（坎德拉每平方米）；

n——测点数。

8.1.5.2　道路亮度总均匀度的计算

$$U_o = \frac{L_{min}}{L_{av}} \tag{12}$$

式中　U_o——亮度总均匀度；

L_{min}——从规则分布测点上测出的最小亮度，单位为 cd/m²（坎德拉每平方米）；

L_{av}——按式（式 10）或式（11）算出的平均亮度，单位为 cd/m²（坎德拉每平方米）。

8.1.5.3　道路亮度纵向均匀度的计算

应将测量出的各车道的亮度纵向均匀度中的最小值作为路面的亮度纵向均匀度，各车道的亮度纵向均匀度应按式（13）计算：

$$U_L = \frac{L_{min}}{L_{max}} \tag{13}$$

式中　U_L——亮度纵向均匀度；

L_{min}——分别测出的每条车道的最小亮度，单位为 cd/m²（坎德拉每平方米）；

L_{max}——分别测出的每条车道的最大亮度，单位为 cd/m²（坎德拉每平方米）。

8.1.6　交会区的照明测量

8.1.6.1　交会区的照明测量测点可按车道宽度均匀布点，车道未经过的区域上测点可由车道上的测点均匀外延形成，照度测量应测量地面水平照度。

8.1.6.2　同一交汇区同一种类照明光源的现场显色指数和色温测点不应少于 9 个。

8.1.6.3　照明功率密度的测量与计算应按整个交会区测量和计算，照明功率密度计算应按 6.5.4 条进行。

8.1.7　人行道的照明测量

8.1.7.1　人行道的照明测量应测量地面水平照度和 1.5m 高度上的垂直照度、显色指数、色温和照明功率密度。

8.1.7.2　人行道的照明测量应选择具有代表该条道路的路段，根据照明布置测量两灯杆间距，当车行道的照明对人行道的照明有影响时，照明测量路段应关联考虑。

8.1.7.3　照度测点：在道路横向宜将道路两等分，在道路纵向宜将两灯杆间距距离 10 等分。但测点间隔不应大于 5m。

8.1.7.4　照明功率密度的测量区域应与照度测量区域相对应，计算应按 6.5.4 条进行。

8.1.7.5 同一测量路段的现场显色指数和色温测点不应少于9个。

8.1.8 人行地下通道的照明测量

8.1.8.1 人行地下通道的水平路段照明测量应测量地面水平照度和1.5m高度上的垂直照度照度；测点间距按2m～5m选择均匀布点。

8.1.8.2 上下台阶通道或坡道应测量台阶面水平照度和台阶踢板垂直照度或坡道面的照度；测点在上下台阶通道或坡道横向两等分或三等分，纵向宜将上下台阶通道或坡道间距距离5～10等分。

8.1.8.3 照明功率密度的测量与照度测量区域相对应，计算按6.5.4条进行。

8.1.8.4 现场显色指数和色温每个场所测点不应少于9个。

8.2 建筑夜景照明测量

8.2.1 亮度的测量应按设计分近（正）视点测试亮度、中（正）视点亮度和远（正）视点亮度的测量；一般建筑应根据建筑高度和体量确定：近为10～30m或2H，中为30～100m或3H，远为100～300m或5H。其中H为建筑的高度。

8.2.2 亮度测点应根据设计要求进行选择测试点，测量宜采用带望远镜头的彩色亮度计或光谱辐射亮度计。

8.2.3 照度的测量仅在亮度指标不能反映设计意图时采用。测点应按设计要求选择；测点间距可按计算间距的2倍考虑。

8.2.4 灯光颜色的测量宜采用光谱辐射计，测量现场灯光的光谱，按GB/T7922测量、计算出色度参数。

8.2.5 照明功率密度的测量与照明测量区域相一致，计算按6.5.4条进行。

8.2.6 测量夜景照明设施在居住建筑（含住宅、公寓、旅馆和医院病房楼等）窗户外表面光污染的允许值，应测量居室窗户外表面的垂直照度。测量应在居室窗洞面上均匀选择6～9个测点，取其平均值作为夜景照明设施光污染的测量值。

8.3 广场照明测量

8.3.1 广场的照度测量

8.3.1.1 测量场地的选择

应选择典型区域或整个场地进行照度测量，对于完全对称布置照明装置的规则场地，可只测量1/2或1/4的场地。

8.3.2 照度测量的布点方法

通常宜将场地划分为边长5～10m的矩形网格，网格形状宜为正方形，可在网格中心或网格四角点上测量照度。

8.3.3 照度测量的平面和高度应在已划分网格的测量场地地面上测量照度，也可根据广场实际情况确定所需测量平面的高度。

8.3.4 平均水平面照度的计算应按式（1）或式（2）进行。

8.3.5 水平面照度均匀度的计算应按式（3）和式（4）进行。

8.3.6 照明功率密度的测量与照度测量区域相对应，计算按式（8）进行。

8.4 室外作业区照明测量

8.4.1 室外作业区照明测量的照度测点间距、高度及其他测量内容按附录A的表A.13执行。

附录 A
（资料性附录）
各场所照明测点布置

居住建筑和公共建筑照明测量的场所和照度测点位置、高度及推荐测量间距应符合附录 A 的表 A.1 ~ 表 A.13 的规定。

表 A.1　居住建筑照明测量

房间或场所		照度测点高度	照度测点间距
起居室	一般活动	地面水平面	1.0m×1.0m
	书写、阅读	0.75m 水平面	
卧室	一般活动	地面水平面	1.0m×1.0m
	床头、阅读	0.75m 水平面	
餐　厅		0.75m 水平面	1.0m×1.0m
厨　房	一般活动	地面水平面	1.0m×1.0m
	操作台	台面	0.5m×0.5m
卫生间		0.75m 水平面	1.0m×1.0m

表 A.2　图书馆建筑照明测量

房间或场所	照度测点高度	照度测点间距
阅览室	0.75m 水平面	2.0m×2.0m 4.0m×4.0m
陈列室、目录室、出纳室	0.75m 水平面	2.0m×2.0m
书库	地面水平面 书架垂直面	2.0m×2.0m 4.0m×4.0m
工作间	0.75m 水平面	2.0m×2.0m

表 A.3　办公建筑照明测量

房间或场所	照度测点高度	照度测点间距
办公室	0.75m 水平面	2.0m×2.0m 4.0m×4.0m
会议室	0.75m 水平面	2.0m×2.0m
接待室、前台	0.75m 水平面	2.0m×2.0m 4.0m×4.0m
营业厅	0.75m 水平面	2.0m×2.0m
设计室	0.75m 水平面	2.0m×2.0m
文件整理复印发行	0.75m 水平面	2.0m×2.0m
资料档案	0.75m 水平面	2.0m×2.0m

注：大会议室和大会堂的主席台水平照度测量高度 0.75m，垂直照度测量高度 1.2m。

表 A.4 商业建筑照明测量

房间或场所	照度测点高度	照度测点间距
营业厅（传统的大面积）	0.75m 水平面	2.0m×2.0m 4.0m×4.0m 5.0m×5.0m 10.0m×10.0m
仓储式营业厅	通道—地面	通道中心线，间隔 2.0～4.0m
	货柜的垂直面	上、中、下各一点，间距与通道测点对应
收款台	台面	0.5m×0.5m

表 A.5 影剧院（礼堂）建筑照明测量

房间或场所		照度测点高度	照度测点间距
观众厅		1.10～1.20m①	2.0m×2.0m 4.0m×4.0m 5.0m×5.0m
观众休息厅		0.0m 水平面	2.0m×2.0m 4.0m×4.0m 5.0m×5.0m
排演厅		0.75m 水平面	2.0m×2.0m 4.0m×4.0m 5.0m×5.0m
化妆室	一般活动	0.75m 水平面	2.0m×2.0m
	化妆台	台面	0.5m×0.5m
卫 生 间		0.75m 水平面	2.0m×2.0m
（礼堂）主席台		0.75m 水平面 1.20m 垂直面	2.0m×2.0m

①观众厅照度测点高度应等于和高于座椅背，表中测点高度为推荐高度，可适当调整。

表 A.6 旅馆建筑照明测量

房间或场所		照度测点高度	照度测点间距
客房	一般活动	0.75m 水平面	1.0m×1.0m
	床头		0.5m×0.5m
	写字台	台面	0.5m×0.5m
	卫生间	0.75m 水平面	1.0m×1.0m
餐　厅		0.75m 水平面	2.0m×2.0m 4.0m×4.0m
多功能厅	一般活动	0.75m 水平面	1.0m×1.0m
	主席台	0.75m 水平面 1.20m 垂直面	2.0m×2.0m
总服务台		0.75m 水平面	1.0m×1.0m
门厅、休息厅		地面	2.0m×2.0m 4.0m×4.0m

（续）

房间或场所		照度测点高度	照度测点间距
客房层走廊		地面	走廊中心线，间隔 2.0m
厨房	一般活动	0.75m 水平面	2.0m×2.0m
	操作台	台面	0.5m×0.5m
洗衣房		0.75m 水平面	2.0m×2.0m 4.0m×4.0m

表 A.7　医院建筑照明测量

房间或场所		照度测点高度	照度测点间距
诊室、治疗室、化验室、手术室		0.75m 水平面	1.0m×1.0m 2.0m×2.0m
门厅、通道		地面	2.0m×2.0m 4.0m×4.0m
挂号厅收费厅	一般活动	0.75m 水平面	2.0m×2.0m
	收银台	台面	1.0m×1.0m
候诊厅		0.75m 水平面	2.0m×2.0m 4.0m×4.0m
病房	一般活动	地面	1.0m×1.0m
	床头	0.75m 水平面	2.0m×2.0m
护士站		0.75m 水平面	2.0m×2.0m
药房		0.75m 水平面	2.0m×2.0m

表 A.8　学校建筑照明测量

房间或场所	照度测点高度	照度测点间距
教室、实验室、美术教室	桌面 地面	2.0m×2.0m 4.0m×4.0m
多媒体教室	0.75m 水平面	2.0m×2.0m 4.0m×4.0m
教室黑板	黑板面（垂直面）	0.5m×0.5m
走廊、楼梯	地面	中心线，间隔 2.0~4.0m

表 A.9　博物馆、展览馆建筑照明测量

房间或场所		照度测点高度	照度测点间距
中央大厅、展厅		地面	5.0m×5.0m 10.0m×10.0m
文物整理室		0.75m 水平面	2.0m×2.0m
文物库房	通道	地面	中心线，间隔 2.0m
	文物柜	柜（垂直）面	按上、中、下各取一点间隔 2m

注：1. 展厅除测量地面照度，还应根据展出内容测量展柜立面、展品和画面的垂直照度。
2. 对于光敏感的展品还应测量展品处的紫外照度及紫外光、可见光照度比例。

表 A. 10　交通建筑照明测量

房间或场所		照度测点高度	照度测点间距
中央大厅、售票大厅；行李认领大厅；到达、出发大厅；候车（机、船）大厅；站台、通道、连接区；		地面	5. 0m × 5. 0m 10. 0m × 10. 0m
扶梯		踏板（水平面） 踢板（垂直面）	中心线，2. 0m 间隔
安全检查	通道	地面	2. 0m
	护照检查	工作面	0. 5m × 0. 5m
问询处、换票、行李托运		0. 75m 水平面地面	2. 0m × 2. 0m
售票台		台面	0. 5m × 0. 5m

表 A. 11　工业建筑照明测量

房间或场所		照度测点高度	照度测点间距
工业厂房	局部照明	工作面	按工艺要求确定
	一般照明	地面	2. 0m × 2. 0m 5. 0m × 5. 0m 10. 0m × 10. 0m
通道、连接区、动力站、加油站		地面	
控制室、配电装置室	控制柜仪表盘	柜面、盘面的立面	0. 5m × 0. 5m 2. 0m × 2. 0m
	一般照明	0. 75m 水平面	2. 0m × 2. 0m 4. 0m × 4. 0m
试验室、检验室、计量室、电话站、网络中心、计算站		0. 75m 水平面	2. 0m × 2. 0m 4. 0m × 4. 0m
仓库		1. 00m 水平面	5. 0m × 5. 0m 10. 0m × 10. 0m
热处理、铸造、机密铸造的制模脱壳、锻工		地面至 0. 50m 水平面	5. 0m × 5 0m 10. 0m × 10. 0m

表 A. 12　公用区照明测量

房间或场所	照度测点高度	照度测点间距
门厅、流动区域	地面	5. 0m × 5. 0m 2. 0m × 2. 0m
走廊、楼梯、自动扶梯	地面	中心线，间隔 2. 0 ~ 4. 0m
休息室、洗漱室、卫生间、浴室	地面 - 0m 台面 - 0. 75m 镜前 - 15m（垂直）	1. 0m × 1. 0m 2. 0m × 2. 0m 4. 0m × 4. 0m
电梯前厅、储藏室	地面	
车库、仓库	地面	2. 0m × 2. 0m 4. 0m × 4. 0m

表 A. 13　室外作业区照明测量

房间或场所	照度测点高度	照度测点间距	显色指数和色温	照明电参数	反射比
一般工业加工区域物品的存放区车辆的停放	地面	5. 0m × 5. 0m 10. 0m × 10. 0m	每区域测量点不宜少于 3 个点	一般采用功能区域分别测量，最后计算统计总量	每种主要材料测量点不宜少于 3 个点
建筑工地铁路室外作业区电厂、水厂、污水处理厂室外作业区	地面和设计要求的工作面				
石化工业和其他危险工业	地面和设计要求的工作面				
港口、船坞和船闸室外作业区	地面、水面				
保安照明室外作业区	地面水平面 1. 5m 垂直面				
机场停机坪	地面水平面 2. 5m 垂直面				

注：1. 照明功率密度与照度测量区域相对应，计算按 6. 5. 4 条进行。
2. 平均照度、照度均匀度按 6. 1. 3 条的规定计算。
3. 照度测量宜采用矩形网格，测点间隔应根据面积的大小选择。对于有工艺要求的工作区按工艺设计要求选择测点间隔。

附录 B
（资料性附录）
测量记录表格

表 B.1　室内照明一般情况记录表

共　页第　页

<table>
<tr><th>检验编号</th><th colspan="3"></th><th>检验项目</th><th></th></tr>
<tr><td>委托单位</td><td colspan="3"></td><td>检验日期</td><td></td></tr>
<tr><td>工程名称</td><td colspan="3"></td><td>环境温度（℃）</td><td></td></tr>
<tr><td>检验依据</td><td colspan="3"></td><td>检验前设备状况</td><td></td></tr>
<tr><td rowspan="2">检验设备名称、编号</td><td colspan="3" rowspan="2"></td><td>检验后设备状况</td><td></td></tr>
<tr><td></td><td></td></tr>
<tr><td>场所名称</td><td></td><td>光源种类</td><td>一般照明：
局部照明：</td><td>灯具悬挂高度（距工作面）</td><td></td></tr>
<tr><td>视觉内容</td><td></td><td>光源功率（W）</td><td>一般照明：
局部照明：</td><td>灯具污染情况</td><td></td></tr>
<tr><td>房间尺寸
长×宽×高</td><td></td><td>光源个数</td><td>一般照明：
局部照明：</td><td>灯具擦洗情况</td><td></td></tr>
<tr><td>照明方式</td><td></td><td>总功率（W）</td><td></td><td>遮挡情况</td><td></td></tr>
<tr><td>灯具类型</td><td></td><td rowspan="2">照明功率密度
（W/m^2）</td><td rowspan="2"></td><td colspan="2">房间污染情况</td></tr>
<tr><td>灯具台数</td><td></td><td colspan="2">灯具点燃情况</td></tr>
</table>

灯具和测点平面及剖面布置图（注明尺寸）：

校核：　　　　　　　记录：　　　　　　　检验：

表 B.2　各表面反射系数比记录表

共　页第　页

委托单位		检验项目	
工程名称		检验日期	
检验依据		环境温度（℃）	
检验设备名称、编号		检验前设备状况	
检验设备名称、编号		检验后设备状况	

场所名称								
表面名称	材料	颜色	反射比					亮度（cd/m^2）
墙面		x：	白板					
		y：	墙面					
顶棚		x：	白板					
		y：	顶棚					
地面		x：	白板					
		y：	地面					
工作面		x：	白板					
		y：	工作面					
家具		x：	白板					
		y：	家具					
		x：	白板					
		y：						
		x：	白板					
		y：						
		x：	白板					
		y：						

（采用亮度计和标准白板测量反射比的记录表）

校核：　　　　记录：　　　　检验：

表 B.3　室内外照明照度检验记录表（单位：lx）

共　页第　页

检验编号						检验日期					检验项目			照度 照度均匀度		
场地名称						环境温度（℃）										
检验设备名称、编号		照度计				电压（V）		测前			检验前设备状况					
								测后			检验后设备状况					
测量点	1	2	3	4	5	6	7	8	9	10	11	12	13	14	15	16
实测值																
修正值																
实测值																
修正值																
实测值																
修正值																
实测值																
修正值																
实测值																
修正值																
照度最大值				照度最小值				照度平均值				照度均匀度		$U_1 =$		
														$U_2 =$		

校核：　　　　　　记录：　　　　　　检验：

表 B.4　亮度和色品坐标检验记录表（单位：cd/m²）

共　页第　页

场所名称			仪器名称			电压（V）	测前		环境温度（℃）		检验时间	
			规格型号				测后					
	测量点		1	2	3	4	5	6	7	8	9	10
	亮度值											
	色度值	x										
		y										
	数据号											
	亮度值											
	色坐标	x										
		y										
	数据号											
	亮度值											
	色坐标	x										
		y										
	数据号											

校核：　　　　　　记录：　　　　　　检验：

表 B.5　广场照明检验情况记录表

共　页第　页

检验编号		检验项目	
委托单位		检验日期	
工程名称		环境温度（℃）	
检验设备名称、编号		检验前设备状况	
		检验后设备状况	

场地照明

场地尺寸	长 度	m	灯具	类型	
	宽 度	m		型号	
	面 积	m^2		布置方式	
光 源	种 类			安装高度	m
	功 率	W		数量	
	数 量			维护情况	
	生产厂			生产厂	
照明功率密度		W/m^2	灯具污染情况		

应急照明

光源类型功率		布置方式	
灯具型号		安装高度	m
灯具数量		灯具生产厂	

注：测量场地布点平面示意见另附

灯具布置平面图（略）

校核：　　　　　　　记录：　　　　　　　检验：

表 B.6　道路照明检验记录表

共　页第　页

检验编号		检验项目	
委托单位		检验日期	
工程名称		环境温度（℃）	
检验设备名称、编号		检验前设备状况	
		检验后设备状况	

场地名称					
道路条件	道路类型		灯具	排列方式	
	路面宽度			安装高度	
	分车带宽度			灯间距	
	机动车道宽度			臂　长	
				仰角（°）	
	路面材料			类　型	
光 源	种　类			型　号	
	功　率	W		数　量	
	数　量			维护情况	
	生产厂			生产厂	
照明功率密度		W/m^2	灯具污染情况		

注：测点示意图另附
　　灯具布置平面图（略）

校核：　　　　　　　记录：　　　　　　　检验：

视觉工效学原则　室内工作场所照明

Principles of Visual ergonomics – the lighting of indoor work places

(GB/T13379—2008

代替 GB/T13379—92)

目　次

前　言

本标准代替 GB/T13379—1992《视觉工效学原则 室内工作系统照明》。

本标准非等效采用 ISO8995：2002 和 CIE S 008/E2001《室内工作场所照明》，本标准采用 ISO8995：2002 和 CIE S 008/E2001 的章节结构、第一至四章主要内容以及第六章的部分内容，其第五章内容因已在国标 GB 50034—2004 中做出相应规定，本标准不再重复。

本标准与 GB/T13379—1992 相比主要变化如下：

——简化了影响视觉功效的主要参数的内容；

——取消了各种不同区域作业和活动的照明的照度范围值；

——增加了照度分级以及作业邻近区域的照度值；

——增加了最小遮光角的规定；

——取消了原标准附录 A 眩光限制法，采用 CIE 统一眩光值评价不舒适眩光；

——取消了光源的显色性分组；

——增加了视觉显示终端工作场所的照明所用灯具表面平均亮度的限制；

——增加了应急照明的规定；

——将原标准的照明效益改为节约能源，并增加了若干节能措施。

本标准由全国人类工效学标准化技术委员会提出。

本标准由全国人类工效学标准化技术委员会归口。

本标准主要起草单位：中国建筑科学研究院、中国标准化研究院、北京正禾阳光节能科技有限公司。

本标准主要起草人：张绍纲、张欣、张建平、罗涛、冉令华、周燕林、张滨。

本标准所代替标准历次的版本发布情况为：

标准 GB/T13379—1992 于 1992 年 2 月 9 日首次发布，本标准为第一次修订。

视觉工效学原则　室内工作场所照明

1　范围

本标准规定了室内工作场所的照明视觉工效学原则要求，以使工作者能够在整个工作期间安全、有效、舒适地进行视觉作业。

本标准适用于居住建筑、公共建筑和工业建筑等室内工作场所。

本标准不适用于低照度作业场所，如放投影、看幻灯、处理感光材料以及用辅助设备放大物件等场所。

2　规范性引用文件

下列文件中的条款通过本标准的引用而成为本标准的条款。凡是注日期的引用文件，其随后所有的修改单（不包括勘误的内容）或修订版均不适用于本标准，然而，鼓励根据本标准达成协议的各方研究是否可使用这些文件的最新版本。凡是不注日期的引用文件，其最新版本适用于本标准。

GB/T5697　《人类工效学照明术语》

GB/T5698　《颜色术语》

GB/T5699　《采光测量方法》

GB/T5700　《照明测量方法》

GB/T50033　《建筑采光设计标准》

GB 50034　《建筑照明设计标准》

JGJ/T 119　《建筑照明术语标准》

ISO 9241—7《使用视觉显示终端（VDTs）办公的人类工效学要求》第7部分：带反射的显示要求

3　术语和定义

GB/T5697、GB/T5698、GB/T5699、GB/T5700、GB50034、JGJ/T 119、ISO 9241—7 规定的及下列术语和定义适用于本标准。

3.1　光环境 luminous environment

与光产生的生理和心理效果相关的物理环境。

3.2　视觉作业 visual task

执行工作作业中的视觉元素。

3.3　作业区域 task area

视觉作业所在的工作场所和进行视觉工作的部分区域。

3.4　邻近周围 immediate surrounding

视野内作业区域周围至少0.5m宽的区域。

3.5　工作面 working plane

又称参考平面，定义为通常工作所处平面。

3.6　照度 illuminance

E

表面上一点处的光照度是入射在包含该点的面元上的光通量 $d\Phi$ 除以该面元面积 dA 之商。单位为勒克斯（lx）。

$$E=\frac{d\Phi}{dA}$$

3.7　维持平均照度 maintained average illuminance

照明装置必须维护时，设定在工作表面上的平均照度值。

3.8　照度均匀度 uniformity ratio of illuminance

通常指规定表面上的最小照度与平均照度之比，有时也用最小照度与最大照度之比。

3.9　亮度 luminance

L

表示光源或物体明亮程度的量，单位为坎德拉每平方米（cd/m^2）。

$$L=\frac{d\Phi}{dA\cdot\cos\theta\cdot d\Omega}$$

式中　$d\Phi$——由指定点的光束元在包含指定方向的立体角元 $d\Omega$ 内传播的光通量，单位为流明（lm）；

dA——包括给定点的光束截面积，单位为平方米（m^2）；

θ——光束截面法线与光束方向间的夹角，单位为度（°）；

dΩ——指定方向的立体角元，单位为球面度（sr）。

3.10 眩光 glare

由于视野中的亮度分布或亮度范围的不适宜，或存在极端的亮度对比，以致引起不舒适感或观察细部或目标能力下降的视觉现象。

3.11 不舒适眩光 discomfort glare

引起不舒适感，但不一定降低视觉功效或可见度的眩光。

3.12 统一眩光值 unified glare rating

度量室内视觉环境中的照明装置发出的光对人眼造成不舒适感主观反应的心理参量，其量值可按规定计算条件用 CIE 统一眩光值公式计算。

3.13 光幕反射 veiling reflection

出现在被观察物体上的镜面反射，使对比度降低到部分或全部看不清物体的细部。

3.14 遮光角 shielding angle

光源发光体最边沿一点和灯具出光口的连线与通过光源光中心的水平线之间的夹角，也称保护角。

3.15 色表 colour appearance

与色刺激和材料质地有关的颜色的主观感知特性。

3.16 色温（度） colour temperature

T_c

当光源的色品与某一温度下黑体的色品相同时，该黑体的绝对温度为此光源的色温度，单位为开尔文（K）。

3.17 相关色温（度） correlated colour temperature

T_{cp}

当光源的色品点不在黑体轨迹上时，光源的色品与某一温度下的黑体的色品最接近时，该黑体的绝对温度为此光源的相关色温，单位为开尔文（K）。

3.18 CIE 一般显色指数 CIE general colour rendering index

R_a

光源对 CIE 规定的八种标准颜色样品特殊显色指数的平均值，通称显色指数。

3.19 闪烁 flicker

因亮度或光谱分布随时间波动的光刺激引起的不稳定的视觉现象。

3.20 频闪效应 strobscopic

在以一定频率变化的光照射下，观察到物体运动显现出不同于其实际运动的现象。

3.21 采光系数 daylight factor

在室内给定平面的一点上，由直接或间接地接收来自假定和已知天空亮度分布的天空漫射光而产生的照度与同一时刻该天空半球在室外无遮挡水平面上产生的天空漫射光照度之比。

3.22 应急照明 emergency lighting

因正常照明的电源失效而启用的照明。应急照明包括疏散照明、安全照明、备用照明。

a）疏散照明 escape lighting

作为应急照明的一部分，用于确保疏散通道被有效地辨认和使用的照明。

b）安全照明 safety lighting

作为应急照明的一部分，用于确保处于潜在危险之中的人员安全的照明。

c）备用照明 stand - by lighting

作为应急照明的一部分，用于确保正常活动继续进行的照明。

3.23 维护系数 maintenance factor

照明设备使用一定周期后，在工作面上产生的平均照度与该装置在相同条件下新安装时产生的平均照度之比。

3.24 照明功率密度 lighting power density

单位面积上的照明安装功率（包括光源、镇流器或变压器），单位为瓦特每平方米（W/m^2）。

4 照明设计准则

4.1 光环境

4.1.1 照明必须满足下列对工作环境的要求：

a）视觉安全，应使工作人员能够看清周围的路径和发现险情。

b）视觉功效，应使工作人员在长时间和（或）视觉难度高的作业中，能快速、准确地完成视觉作业。

c）视觉舒适，应使工作人员感到舒适安宁。

4.1.2 为满足4.1.1的要求，应考虑下列与光环境有关的特性参数：

a）亮度分布；

b）照度；

c）眩光；

d）光的方向性；

e）光和表面的颜色特性；

f）闪烁；

g）天然光；

h）应急照明；

i）维护。

4.1.3 照明还应考虑下列影响视觉功效的人类工效学参数：

a）视觉作业特性，如识别物体尺寸大小、形状、距离、位置、颜色、细节和背景的反射比、作业与背景的亮度和颜色对比、运动速度和观察时间等；

b）作业人员眼睛的生理能力，如视觉敏锐度、深度知觉、色知觉等。

4.2 亮度分布

4.2.1 亮度分布应保持良好的平衡，以提高下列视觉功效指标：

a）视觉敏锐度（视力）；

b）对比灵敏度（相对细小的亮度差别的辨识能力）；

c）眼睛功能的效率（如调视、聚焦、瞳孔收缩、眼球运动等）。

4.2.2 视野内不同亮度分布可影响视觉舒适度，应防止产生下列情况：

a）可能引起眩光的过高亮度；

b）可能由于眼睛的不断适应性调节引起视觉疲劳的过高亮度对比；

c）可能会造成混沌、阴暗和无刺激性工作环境的过低亮度和亮度对比；

d）在同一个建筑内，从一个区域移到另一个区域出现的视觉不适应。

4.2.3 室内各主要表面的反射比范围宜为：

a）顶棚：0.6～0.9；

b）墙面：0.3～0.8；

c）工作面：0.2～0.6；

d）地面：0.1～0.5。

4.3 照度

4.3.1 照度标准值宜按20lx、30lx、50lx、75lx、100lx、150lx、200lx、300lx、500lx、750lx、1 000lx、1 500lx、2 000lx、3 000lx、5 000lx分级。

4.3.2 规定的照度值均为作业面或参考平面上的维持平均照度值，一般条件下，各类房间或场所的维持平均照度值应符合GB 50034的要求。

4.3.3 如果视觉条件与一般条件不同，符合下列条件之一及以上时，作业面或参考平面的照度可按照度标准值分级提高一级：

a）作业呈现特别低的对比度；

b）特别重要的视觉工作；

c）修正错误的花费较大；

d）精确度或高生产效率极为重要；

e）作业人员视觉能力低于正常水平。

4.3.4 符合下列条件之一及以上时，作业面或参考平面的照度可按照度标准值分级降低一级：

a）工作细节尺寸很大或对比度很高；

b）作业时间特别短。

4.3.5 在连续进行工作的区域内的维持平均照度不宜低于200lx。

4.3.6 邻近周围的照度与作业区域的照度应具有良好的亮度分布，邻近周围照度不应低于表1的数值。

表1 邻近周围照度

作业区域照度/lx	邻近周围区域照度/lx
≥750	500
500	300
300	200
≤200	与作业区域照度相同

4.3.7 作业区域的照度均匀度不应低于0.7，邻近周围的照度均匀度不应低于0.5。

4.4 眩光

4.4.1 应合理地选择百叶、遮光装置等来防止眩光。

4.4.2 直接型开敞式型灯具的遮光角不应小于表2的规定。

表2 直接型开敞式灯具的遮光角

光源表面亮度/（kcd/m^2）	最小遮光角（°）	光源表面亮度/（kcd/m^2）	最小遮光角（°）
1~20	10	50~500	20
20~50	15	=500	30

注：本表的遮光角不适用于通常工作期间在工作人员视野中不出现光源以及不给工作人员带来明显失能眩光的灯具。

4.4.3 照明系统的不舒适眩光应由CIE统一眩光值（UGR）公式确定，见式（1）：

$$UGR = 8\log\left[\frac{0.25}{L_b}\sum\frac{L^2\omega}{p^2}\right] \quad (1)$$

式中 L_b——背景亮度，单位为坎德拉每平方米（cd/m^2）；

L——每个灯具在观察者眼睛方向发亮部分的亮度，单位为坎德拉每平方米（cd/m^2）；

ω——每个灯具发光部分在观察者眼睛方向形成的立体角，单位为球面度（sr）；

p——每个灯具位置指数，取决于灯具与观察者视线的偏离程度。

4.4.4 UGR的分级为13、16、19、22、25、28。

4.4.5 照明系统的UGR值不应大于GB 50034的规定。

4.4.6 可用下列方法防止和减少由镜面反射引起的光幕反射和反射眩光：

a）避免将灯具安装在干扰区内；

b）采用低光泽度的表面装饰材料；

c）限制灯具亮度；

d）增加灯具发光面积；

e）照亮顶棚和墙表面，但避免出现光斑。

4.5 光的方向性

4.5.1 方向性照明被应用于重点照明的物体，以显现物体的质感，改善人或物观感，提高光的造型立体感效果。对于视觉作业，方向性照明可改善其可见度。

4.5.2 当光线明显地来自一个方向时，不应使光线过于直射，也不应过于漫射。

4.5.3 从一个特定方向照明，可显示视觉作业内部的细节，提高其可见度，使作业更易实施。

4.6 颜色特性

4.6.1 近似白色光源的颜色质量应由光源本身的色表及其影响被光源照亮的人和物体的色表的显色性来决定，这两种属性必须分别加以考虑。

4.6.2 光源的色表是指光源发射出的光的表观颜色（光源的色品），可用光源相关色温来表述，通常将室内照明光源按其相关色温分为三组，光源色表分组宜按表3确定。

表3 光源色表分组

色表分组	色表特征	相关色温/K
Ⅰ	暖	<3 000
Ⅱ	中间	3 300~5 300
Ⅲ	冷	>5 300

4.6.3 色表的选择宜根据照度、室内和家具颜色、周围气候和应用场所等确定。通常在温暖气候条件下宜采用冷色光源的色表，而在寒冷气候条件下宜采用暖色光源的色表。

4.6.4 物体和人的皮肤的颜色在环境中自然真实地显现，可提高视觉功效和舒适度，使人看起来健康并具有吸引力，通常应采用一般显色指数来评价。在照明设计中光源显色指数应满足下列要求：

a）在人们长时间工作和停留的室内，显色指数值不宜小于80；

b）在灯具的安装高度大于6m的工业建筑中，显色指数可低于80，但必须能够辨别安全色，即使这种条件下也应采取适当措施来保证连续工作场所使用显色性较高的光源。

4.6.5 室内场所，一般显色指数最小值应符合GB50034的规定。

4.7 闪烁和频闪效应

4.7.1 闪烁会分散精力并可能引发头疼等生理反应，照明系统的设计应避免产生闪烁。

4.7.2 频闪效应有可能改变对旋转式或往复式机械运动的运动知觉，造成危险。可采用下列措施来避免和减少频闪效应。

a）采用直流供电；

b）使照明光源在高频（≥20kHz）下工作；

c）将邻近的照明灯具或照在同一（小）区域的照明灯具，接在电源的不同相序上。

4.8 天然采光

4.8.1 窗可提供与外部的视觉联系，提供全部或部分视觉作业的照明。应避免由于工作区域内的直射阳光引起过度的照度对比和热的不舒适感。应提供合适的阳光控制，利用百叶板或遮阳板避免直射阳光落在工作者身上或其视野范围的表面上。

4.8.2 在计算居住和某些工作室内的最小窗面积时，应考虑与外部视觉联系的要求。

4.8.3 当窗户大小满足4.8.2要求时，对于从窗顶部到窗台为2~3倍的距离进深的房间，可保证在白天有适宜的室内亮度印象；对于大进深的房间，可适当采用辅助照明与采光相结合，改善室内的亮度分布，避免在室内远离窗户的区域有阴郁之感。

4.8.4 天然采光应满足下列的数量要求：

a）使工作面达到和超过GB/T50033规定的室内天然光照度值和采光系数值；

b）应给出按日、月、年的平均持续天然采光时间；

c）应给出与工作小时数相关的利用天然光的持续时间。

4.8.5 当天然光不能保证工作面上有满意的照度时，则应由电气照明补充或替代天然光。人工照明的照度应按不利的条件进行设计，应设计自动或手动的开关和调光装置，应平行于窗户成行地开、关灯或调光。

4.9 视觉显示终端（VDT）工作场所的照明

4.9.1 VDT工作场所照明应适合各种作业的要求，如阅读屏幕、打印文本、书写、键盘输入等要求。工作场所的照明标准应根据活动区域、作业类型和室内类型按GB50034选取。

4.9.2 应避免VDT屏幕和某些情况下的键盘反射引起的失能眩光或不舒适眩光，应确定不会引起反射的灯具安装位置，并应选择合适的亮度控制装置。在正常观察方向上，有可能在VDT屏幕上造成反射的灯具表面平均亮度限值应符合表4的规定。

表4 灯具平均亮度限制

屏幕分类，见ISO 9241—7	Ⅰ	Ⅱ	Ⅲ
屏幕质量	高	中等	差
灯具平均亮度限值	≤1 000cd/m²	≤200cd/m²	

注：1. 本表灯具平均亮度限值适用于灯具中垂线以上等于或大于65°高度角的亮度和显示屏屏面倾角小于或等于15°的显示屏。

2. 对于特定的使用场所，如触摸屏幕或倾角可变的屏幕，表面亮度限制值适用于灯具更低的高度角（如55°）。

4.10 应急照明应符合下列规定：

a）备用照明照度值除另有规定外，不应低于该场所一般照明照度值的10%；

b）安全照明的照度值不应低于该场所一般照明照度值的5%；

c）疏散通道的疏散照明最低照度不应低于0.5lx。

4.11 照明装置的维护和运行

4.11.1 应保持作业面规定的维持平均照度。维持平均照度取决于光源、灯具、环境的维护特性和维护方式。

4.11.2 设计照明方案时，应针对选用的照明装置、空间环境和确定的维护方案，计算出的总维护系数不应小于0.7。

4.11.3 为使照明装置完好，满足安全和照明功效要求，使照明能耗和运行成本降至最低，采取下列的维护措施：

a）应定期维护和更新损坏、有缺陷的光源和灯具；

b）应规定清洁照明装置表面的时间和方法；

c）宜集体清洁灯具和更换光源。

4.11.4　为检验照明设施电气参数与设计值的符合情况，应定期对采光和照明的实际状况进行现场测量。

a）采光测量按 GB5699 执行；

b）照明测量按 GB5700 执行。

4.11.5　照度、亮度的计算值和光源色度参数的标称值与现场测试值的允许偏差量级在 10% 以内。

4.12　节约能源

4.12.1　照明装置在满足室内作业或活动的视觉特性要求的条件下，照明功率密度不应大于 GB50034 规定的照明功率密度值，以节约能源，保护环境，实施绿色照明。

4.12.2　宜采取下列的节约能源措施：

a）根据视觉作业需要，决定照明水平；

b）满足需要照度的节能照明布灯方案；

c）在考虑显色性要求的基础上，采用高光效光源及电器附件；

d）采用符合眩光控制要求的高效率灯具；

e）室内表面采用高反射比的饰面材料；

f）照明与空调系统的热量的综合处理；

g）采用合理的照明控制方式和控制装置；

h）充分利用天然采光；

i）建立维护管理制度。

舞台灯具光度测试与标注

Measurement and Report of Photometric Performance Data for Luminaires Used in Stage Lighting

(WH/T 26—2007
代替 WH/T 0204—1999)

目 次

注：本篇中“舞台灯具光度测试与标注，舞台灯光设计常用术语、DMX512—A 灯光控制数据传输协议”等标准与法规由中国演艺物资协会组织编辑出版，在此说明。

前　言

本标准以 GB/T1.1—2000 为指导。

本标准附录 A 为资料性附录。

本标准由中华人民共和国文化部提出并归口。

本标准自实施之日起，废止 WH/T 0204—1999《舞台灯具光学质量的测试与评价》。

本标准负责起草单位：中国演艺设备技术协会演出场馆设备专业委员会。

本标准参加起草单位：上海创联舞台设计顾问有限公司、珠江灯光音响实业有限公司、珠海泰立科技有限公司、成都奥罗拉舞台设备有限公司、佛山飞达影视器材有限公司。

本标准主要起草人：柳得安、石慰苍、姚涵春、王竹生、潘云辉、张义祥、陈庆刚。

舞台灯具光度测试与标注

1　范围

本标准规定了舞台灯具的光度测试方法及舞台灯具说明书中光度参数的标注要求。

本标准适用于舞台灯具，其他演艺灯具亦可参照使用。

本标准供舞台灯具生产厂对自产灯具进行光学设计、检验时使用。也可供舞台灯光工作者对灯具选型、灯光设计和第三方检测机构测试灯具时使用。

2　术语和定义

2.1　出光口 exit aperture

灯具的光束出射口。

2.2　投射距离（简称射距）throw distance（L）

灯具出光口中心至被照面之间的距离。

2.3　测试点 test points

测试时按一定规则选取的被测点。

2.4　光斑 spot

被照面上的有效照射区域。有明显分界线的光斑称为硬光斑，无明显分界线的光斑称为柔（软）光斑。

2.5　有效光斑 effective spot

硬光斑的全部为有效光斑。

柔（软）光斑中照度值不小于最高照度值 10% 的范围为有效光斑。

2.6　半峰值光斑 half – peak illuminance spot

光斑中照度值不小于最高照度值 50% 的范围为半峰值光斑。

2.7　有效光斑直径 diameter of effective spot（d）

圆形有效光斑的直径。

2.8　半峰值光斑直径 diameter of half – peak illuminance spot（$d_{1/2}$）

圆形半峰值光斑的直径。

2.9　光斑角（1/10 峰值角）field angle 或 one – tenth – peak illuminance angle（θ）

圆形有效光斑的直径两端与出光口中心点连线所形成的夹角。

注：此定义与实际的角度可能会有一定的误差，当光线会聚点在灯体内部时，比实际值偏大；当光线会聚点在灯体外部时则比实际值偏小，但此误差对远射距灯具影响很小。

2.10　光束角（半峰值角）beam angle 或 half – peak illuminance angle（$\theta_{1/2}$）

圆形半峰值光斑的直径两端与出光口中心点连线所形成的夹角。

注：此定义与实际的角度可能会有一定的误差，当光线会聚点在灯体内部时，比实际值偏大；当光线会聚点在灯体外部时则比实际值偏小，但此误差对远射距灯具影响很小。

2.11　有效光通量 effective lumen（F_e）

有效光斑范围内的总光通量。

2.12　平均照度 average illuminance（E_a）

有效光斑内照度的平均值。

2.13　照度均匀度 uniformity of illuminance（ξ）

有效光斑内平均照度值与最高照度值的比值。

2.14　灯具效率 luminaire efficiency（η_l）

灯具的有效光通量与所用光源总光通量的比值。

2.15　灯具发光效能 luminaire efficacy（η_e）

灯具的有效光通量与光源及保证光源正常工作所必需的全部电器附件消耗的总电功率的比值。

2.16　等照度曲线 iso – illuminance curve

表示测试面上各照度相等点的曲线。

2.17　等照度曲线图 iso – illuminance diagram

将一系列表示不同照度值的等照度曲线绘制在一起的图。

2.18　光强分布曲线图（配光曲线）candlepower distribution diagram

光强度随方向变化的关系曲线图。

2.19　照度分布曲线图 illuminance distribution diagram

光斑内照度与沿某一方向上至光斑中心距离的关系曲线图。

2.20　射距、光斑直径与照度关系图 distance – diameter – illuminance diagram

圆形光斑中心照度或平均照度与有效光斑直径随射距变化的关系图。

2.21　符合照度平方反比定律的灯具 luminaries according with the inverse – square law

使用距离大于等于出光口直径或对角线长度 10 倍的灯具。

2.22　光斑射距系数 throw distancemultiplier（k）

圆形有效光斑的直径与射距的比值。

2.23　照度系数 ratio of illuminance

测试点的照度与有效光斑内最高照度的比值。

3. 舞台灯具应标注的光度参数

3.1　光斑角（θ）

3.2　光束角（$\theta_{1/2}$）

3.3　有效光通量（F_e）

注 1：对于光斑角可变的灯具应标注在最大光斑角、中等光斑角、最小光斑角三种情况下的有效光通量；
对于光强分布可调但光斑角不变的灯具，应标注灯具调节在最大照度和最大均匀度两种状态下的有效光通量。

注 2：应注明测试用光源的规格、型号等参数。

3.4　平均照度值（E_a）

3.5　照度均匀度（ξ）

3.6　灯具效率（η_1）

3.7　灯具发光效能（η_e）

3.8　光斑射距系数（k）

3.9　等照度曲线图

注：对于光斑角可变的灯具应绘制在最大光斑角、中等光斑角、最小光斑角三种情况下的等照度曲线图；
对于光强分布可调但光斑角不变的灯具，应绘制灯具调节在最大照度和最大均匀度两种状态下的等照度曲线图；
对于不符合照度平方反比定律的灯具，应绘制最大射距、中等射距、最小射距下的三种等照度曲线图；
对于光分布基本呈轴对称并以一倾角照射投光面的矩形出光口灯具，如天幕灯具，应绘制其在应用范围内最佳投射倾角下的等照度曲线图。

3.10　光强分布曲线图

注：仅对符合照度平方反比定律的灯具。

3.11　照度分布曲线图

注：仅对不符合照度平方反比定律的灯具。

3.12　射距、光斑直径与照度关系图

注：仅对符合照度平方反比定律的灯具。

4. 光度数据的测试

4.1　测试条件

4.1.1　测试环境

测试场地的墙面、屋顶、地面及设备均应为无光泽黑色，测试人员的服装为不反光的深色，环境杂散光的照度应不大于被测灯具最高照度的 1%，最高不大于 20lx。环境温度为 25℃ ±3℃，空气洁净相对静止（无风）。

4.1.2　测试面的确定

测试面应为无光泽黑色平面，按表 1 的规定确定测试面大小。

表 1　确定测试面的规定

圆形光斑灯具		非圆形光斑灯具
光斑角 θ	测试有效光斑直径 d	测试有效光斑
$\theta < 10°$	2m	最大线度为 3m
$10° \leq \theta \leq 50°$	3m	
$\theta > 50°$	根据实际需要确定	

注：非圆形光斑灯具测试有效光斑的最大线度为 3m，是指测试时非圆形光斑的某一最大尺寸达到 3m 即可，如椭圆的长轴、矩形或正方形的对角线等，其他形状的光斑按此原则自行确定。

4.1.3　测试仪表

测试用照度计的精度不低于2级，电工仪表不低于0.5级。

4.1.4　测试电压

灯具测试用电源应经稳压装置稳定，额定电压为220V的灯具其测试电压为220V±1V。对于光源额定电压为230V或240V的灯具，也应以此规定电压进行测试，如有需要可按光源的额定电压再进行测试（电压的波动范围为其额定电压的±0.5%）。非220V系列灯具的测试电压波动范围为其额定电压的±0.5%。对于非白炽光源，电压各次谐波分量的方均根值总和不超过基波的3%。

4.1.5　测试前的准备和调整

测试用的白炽光源在测试前至少点燃15min，气体放电光源至少点燃30min，待其光输出稳定后将光斑调整至最佳状态；调整灯具的位置与投射方向，使灯具的光轴与被照射平面垂直；实际应用中以一倾斜角照射投光面的矩形出光口灯具，可根据原设计的使用情况确定一个或多个投射角度进行测试。

4.2　照度的测试

可采用下列两种方法测试。

4.2.1　简易坐标测试法

4.2.1.1 圆形光斑灯具的测试

4.2.1.1.1　光斑的几何中心与光斑最高照度点重合的灯具

以圆形光斑灯具的光轴在测试面上的垂足为光斑几何中心，测出光斑的中心照度 E_0，且 $E_0 = E_m$（E_m为最高照度）。以光斑中心为起点作放射状测试点基准线，线间夹角相等，线数不少于12条，以光斑中心为出发点，沿各射线分别找出照度系数为0.9、0.8、…、0.2、0.1的各点（见图1），并测量各测试点至光斑中心的距离r，计算出同一照度系数的各测试点至光斑中心的平均半径R，分别记作 $R_{0.9}$、$R_{0.8}$、…、$R_{0.1}$，对于硬光斑，测量、计算至有效光斑内实际最小照度系数。

平均半径的计算公式为

$$R_i = \frac{1}{n}\sum_{j=1}^{n} r_{i,j}$$

式中　R_i——平均半径单位为m；

r——测试点至光斑中心的距离单位为m；

i——各照度系数值，即0.9、0.8、…、0.1；

n——测试基准线数（≥12）。

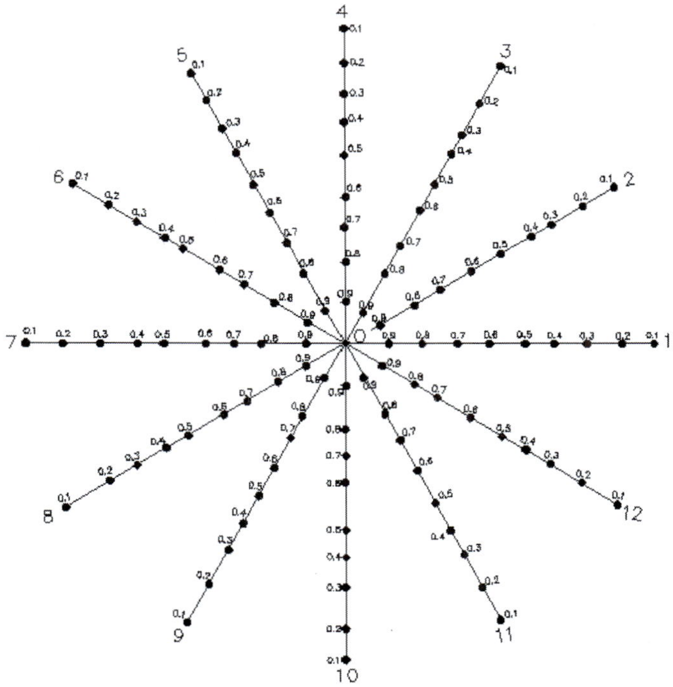

图1　测试基准线和测试点

4.2.1.1.2　光斑的几何中心与光斑最高照度点不重合的灯具

a）对于光斑的几何中心与光斑最高照度点不重合、但光斑最高照度点偏离光斑几何中心的距离不大于光斑测试直径5%且同时不大于$R_{0.9}$的灯具，可按4.2.1.1.1规定的测试方法测试，但E_m点的位置应如实记录和表示。

b）对于光斑的几何中心与光斑最高照度点不重合且光斑最高照度点偏离光斑几何中心的距离大于光斑测试直径5%或大于$R_{0.9}$的灯具，以其光轴在测试面上的垂足为光斑几何中心，测出光斑的中心照度E_0，找出有效光斑的最高照度点，记录最高照度值E_m及其位置。以光斑的几何中心为起点作放射状测试基准线，线间夹角相等，线数不少于12条，然后以光斑中心为出发点，沿各射线分别找出照度系数为0.9、0.8、…、0.2、0.1的各点，并测量各测试点至光斑中心的距离r，再按4.2.1.1.1计算出0.5和0.1系数的各测试点至光斑中心的平均半径$R_{0.5}$和$R_{0.1}$(硬光斑以有效光斑内实际最小照度系数为准)。

以光斑的几何中心为测试中心，用4.2.1.2中的矩阵测试法作定点测试，记录所有测试点的照度值。

4.2.1.2　非圆形光斑灯具的测试

a）对于非圆形光斑灯具，包括以一倾斜角照射投光面的矩形出光口灯具，如天幕灯具，以最高照度点为光斑中心，按4.2.1.1.1的方法测试出各测试点至光斑中心的距离r。

b）以光斑中心为直角坐标系的原点，在横轴的上、下和纵轴的左、右作等距离的平行线，它们的交点为测试点，形成测试矩阵（见图2）。测试并记录不小于中心照度10%的所有测试点的照度值，各平行线的间距为4.1.2规定的光斑尺寸的1/8。

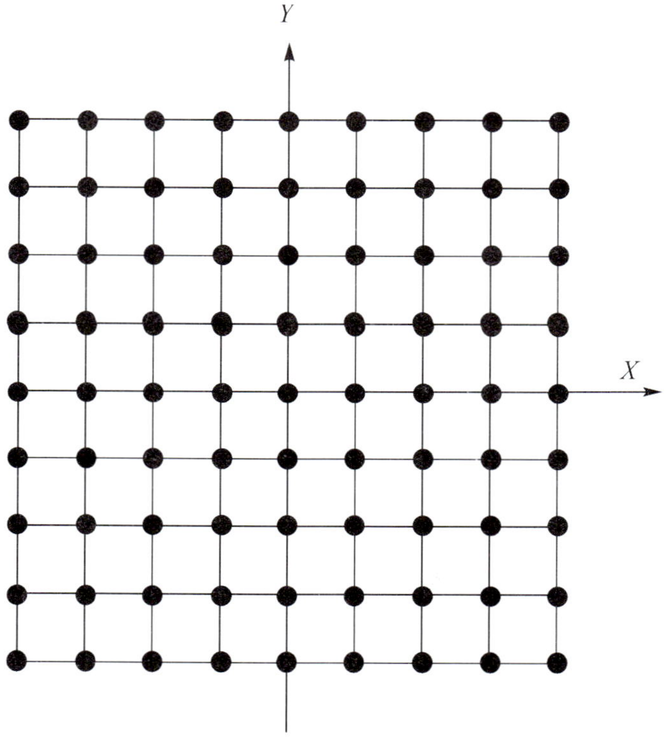

图2　矩阵测试点

4.2.2　专用设备测试法

用国家相关管理机构核准的专用测试设备对灯具进行测试、分析和计算，得出相关数据和曲线。

5　计算公式和曲线图绘制

5.1　光斑角的计算

$$\theta = 2\arctan\frac{d}{2L}$$

式中　θ——光斑角，单位为°；

d——圆形有效光斑的直径，单位为m，$d=2R_{0.1}$，硬光斑按有效光斑内实际最小照度系数的平均半径计算；

L——射距，单位为m。

5.2　光束角的计算

$$\theta_{1/2} = 2\arctan\frac{d_{1/2}}{2L}$$

式中 $\theta_{1/2}$——光束角，单位为°；

$d_{1/2}$——圆形半峰值光斑的直径，单位为 m，$d_{1/2}=2R_{0.5}$；

L——射距，单位为 m。

5.3 有效光通量的计算

5.3.1 光斑的几何中心与光斑最高照度点重合的圆形光斑灯具

有效光通近似等于各圆环光通之和，即

$$F_e = 0.1\pi E_m(R_{0.9}^2 + R_{0.8}^2 + \cdots + R_{0.1}^2 + \frac{20b+1}{2}R_b^2)$$

式中 F_e——有效光通量，单位为 lm；

E_m——光斑最高照度，单位为 lx；

$R_{0.9}$、$R_{0.8}$、…、$R_{0.1}$——分别为各等照度测试中的平均半径，单位为 m；

b——有效光斑内实际最小照度系数。

5.3.2 非圆形光斑灯具以及光斑的几何中心与光斑最高照度点不重合的圆形光斑灯具

有效光通近似等于各照度值不小于最高照度 10% 的所有测试点所形成的正方形单元中光通量之和。每一正方形的光通量等于正方形四个顶点的照度测试值的平均值乘以正方形面积，即

$$F_e = \frac{a^2}{4}(4\sum_{i=1}^{m}E_i + 3\sum_{j=1}^{n}E_j + 2\sum_{k=1}^{p}E_k + \sum_{l=1}^{q}E_l)$$

式中 F_e——有效光通量，单位为 lm；

a——正方形光区的边长，单位为 m；

E_i——四周有 4 个正方形的测试点的照度，单位为 lx；m——四周有 4 个正方形的测试点个数；

E_j——四周有 3 个正方形的测试点的照度，单位为 lx；n——四周有 3 个正方形的测试点个数；

E_k——四周有 2 个正方形的测试点的照度，单位为 lx；p——四周有 2 个正方形的测试点个数；

E_l——四周有 1 个正方形的测试点的照度，单位为 lx；q——四周有 1 个正方形的测试点个数。

5.4 平均照度的计算

$$E_a = \frac{F_e}{S}$$

式中 E_a——平均照度，单位为 lx；

F_e——有效光通量，单位为 lm；

S——有效光斑面积，单位为 m^2。

对于圆光斑灯具：

$$S = \frac{1}{4}pd^2$$

对于采用矩阵测试法的非圆光斑灯具，S 等于各照度值不小于最高照度 10% 的测试点形成正方形单元面积之和。

5.5 照度均匀度的计算

$$\xi = \frac{E_a}{E_m}$$

式中 ξ——照度均匀度；

E_a——平均照度，单位为 lx；

E_m——有效光斑内最高照度，单位为 lx。

5.6 灯具效率的计算

$$\eta_1 = \frac{F_e}{F_t} \times 100/\%$$

式中 η_1——灯具效率；

F_e——有效光通量，单位为 lm；

F_t——灯具所用光源的总光通量，单位为 lm（由光源生产厂提供或经专业机构测试后确定）。

5.7 灯具发光效能的计算

$$\eta_e = \frac{F_e}{P}$$

式中 η_e——灯具发光效能，单位为 lm/W；

F_e——有效光通量，单位为 lm；

P——光源及保证光源正常工作所必需的全部电器附件消耗的总电功率，单位为 W。

5.8　光斑射距系数的计算

$$k = \frac{d}{L} \quad 或 \quad K = 2\tan\frac{\theta}{2}$$

式中　k——光斑射距系数；

d——有效光斑直径，单位为 m；

L——射距，单位为 m；

θ——光斑角，单位为°。

5.9　等照度曲线图的绘制

将测得的各等照度的点用弧线光滑连接，得出等照度曲线图，并标注最高照度值、射距以及以 0.1 k 、0.2 k 、…、0.5 k（k 为光斑射距系数）为分度的坐标刻度（见图 3）。非圆形光斑等照度曲线图的坐标刻度可用绝对尺寸（单位：m）表示。

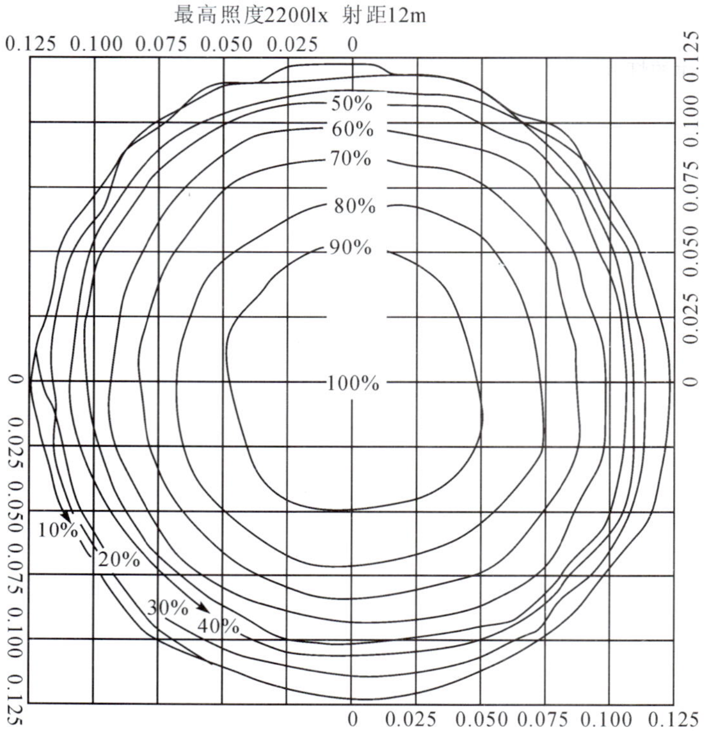

图 3　等照度曲线图表示法

5.10　光强分布曲线图的绘制

对于符合照度平方反比定律的灯具应绘制光强分布曲线图，图中应包括灯具水平方向上的光强分布曲线和垂直方向上的光强分布曲线，对于光束具有良好中心对称分布的灯具可以只在一个象限中绘制一条光强分布曲线。光强分布曲线图的纵坐标表示光强，横坐标表示偏离光轴的角度。

用测试点的照度值 E_i 和测试点至光斑中心的距离 r_i 计算出角度 a_i 和相应光强 I_i（用光斑中心照度 E_0 计算光轴方向上的光强 $I_0 = E_0L^2$），绘制出光强分布曲线图（见图 4）。

$$a_i = \arctan\frac{r_i}{L}$$

$$I_i = E_i\frac{\sqrt{(r_i^2 + L^2)^3}}{L}$$

式中　a_i——测试点和出光口中心的连线与光轴的夹角，单位为°；

I_i——a_i 方向上的光强，单位为 cd；

r_i——测试点至光斑中心的距离，单位为 m（光斑水平右方向和垂直上方向 r_i 取正，光斑水平左方向和垂直下方向 r_i 取负）；

L——射距，单位为 m；

E_i——测试点的照度，单位为 lx。

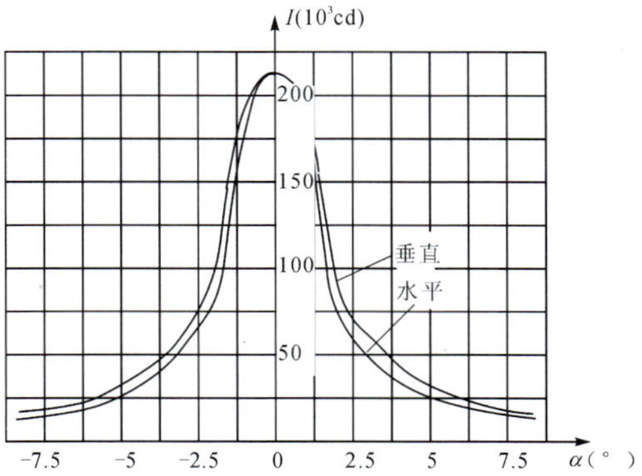

图4 光强分布曲线图表示法

5.11 照度分布曲线图的绘制

对于不符合照度平方反比定律的灯具，应分别绘制照度纵向分布和横向分布曲线图，照度纵向分布曲线图的横坐标为照度，纵坐标为高度，最高照度点为坐标原点（见图5a）；照度横向分布曲线图为过最高照度点（即光斑中心）的水平线上的照度分布，其横坐标为测试点距光斑中心的距离，纵坐标为照度（见图5b）。以倾角照射投光面的灯具，如天幕灯具，需标注灯具出光口法线与测试面法线的夹角（≤90°）和灯具出光口中心至测试面的距离。

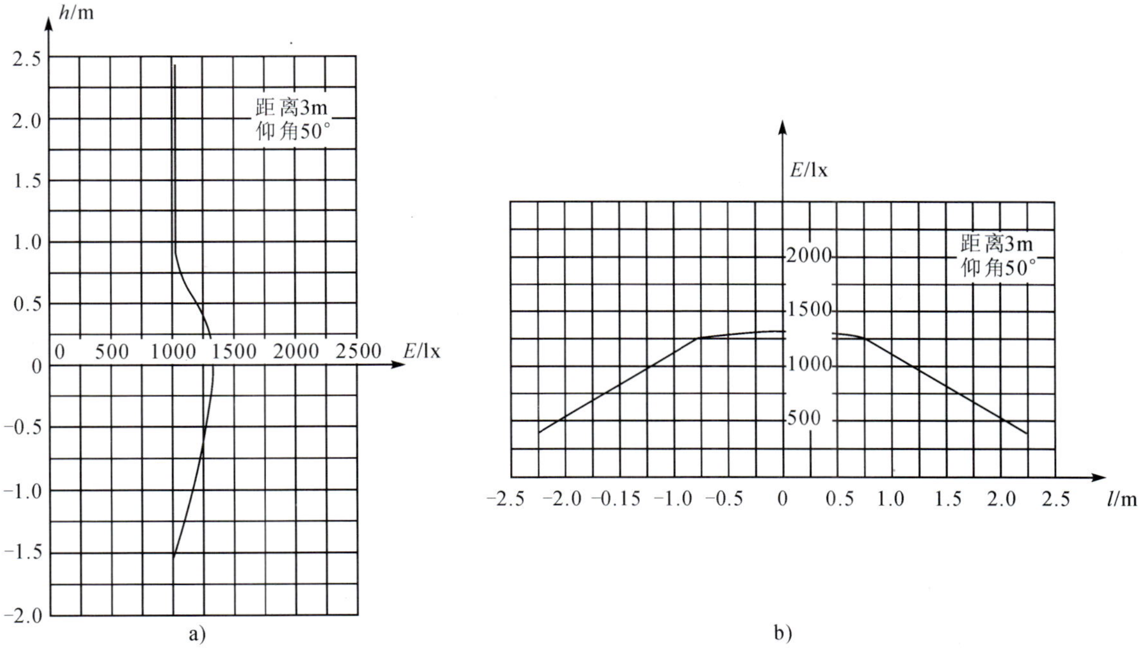

图5 照度分布曲线图表示法

5.12 射距、光斑直径与照度关系图的绘制

对于符合照度平方反比定律的灯具，应绘制射距、光斑直径与中心照度或平均照度关系图，图中应标注灯具在实际使用时一个或多个射距下的射距、光斑直径与中心照度或平均照度的关系（见图6）。根据测量所得到的有效光斑中心照度或计算的平均照度、光斑直径和测量时的射距，计算出各射距下的光斑直径和中心照度或平均照度。计算方法如下：

$$d_x = \frac{L_x}{L}d \qquad E_x = \frac{L^2}{L_x^2}E_0$$

$$\text{或} \quad E_{xa} = \frac{L^2}{L_x^2}E_a$$

式中 d_x——射距 L_x 处的有效光斑直径，单位为 m；

d——实测时的有效光斑直径，单位为 m；

L_x——所需标注的射距，单位为 m；

L ——实测时的射距，单位为 m；

E_x ——射距 L_x 处的有效光斑的中心照度，单位为 lx；

E_0 ——实测所得有效光斑的中心照度，单位为 lx；

E_{xa} ——射距 L_x 处的有效光斑的平均照度，单位为 lx；

E_a ——射距 L 处的有效光斑的平均照度，单位为 lx。

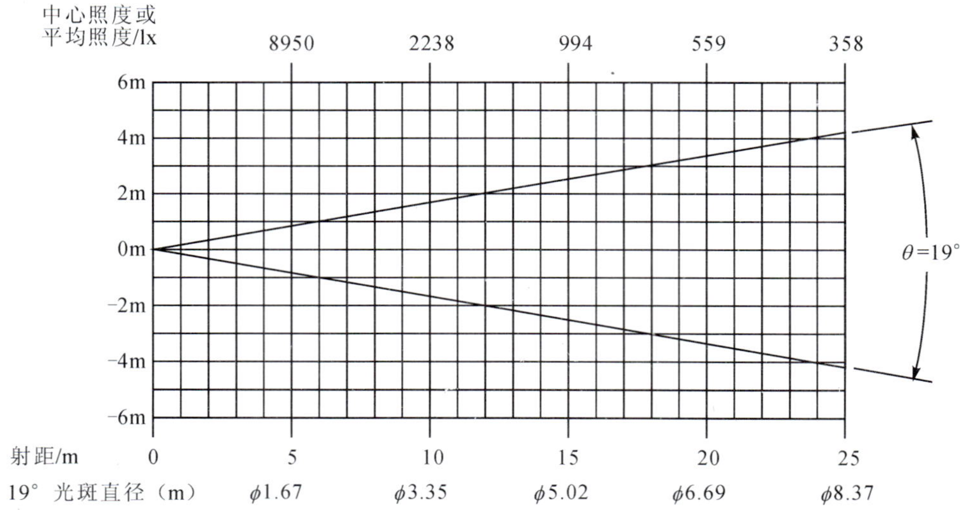

图 6 射距、光斑直径与照度关系图

根据需要可在图中增加光束角 $\theta_{1/2}$ 及相应的半峰值光斑直径 $d_{1/2}$ 的标注。

对于光斑角可变的灯具，其射距、光斑直径与照度关系图中应包含最大光斑角和最小光斑角两种状态（见图 7）。

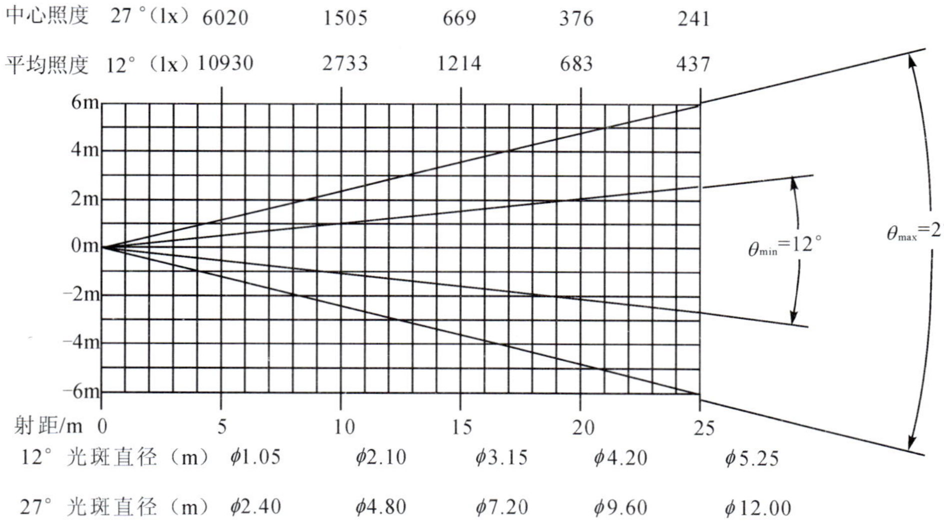

图 7 可变光斑角灯具的射距、光斑直径与照度关系图

附录 A

（资料性附录）

参考标准及文献

[1] GB/T2900.65—2004　电工术语　照明
[2] GB 7002—1986　投光照明灯具光度测试
[3] ANSI E1.9—2001　Reporting Photometric Performance Data for Luminaires Used in Entertainment Lighting

舞台灯光设计常用术语

Terminology of Lighting

(WH/T 31—2008)

目　　次

前　言

本标准以 GB/T20001.1—2001 为指导。

本标准附录 A 和附录 B 为资料性附录。

本标准由中华人民共和国文化部提出并归口。

本标准负责起草单位：中国演艺设备技术协会演出场馆设备专业委员会。

本标准主要起草人：冯德仲、梁国芹、曹荣臻、马礼民、何首锋、赵建华、田文志。

舞台灯光设计常用术语

1 范围

本标准规定了演出艺术和剧场设计应用方面的专业灯光词汇及注释。

本标准适用于舞台灯光设计、剧场系统工程、专业艺术教育等方面。

2 规范性引用文件

下列文件中的条款通过本标准的引用而成为本标准的条款。凡是注日期的引用文件，其随后所有的修改单（不包括勘误的内容）或修订版均不适用于本标准，然而，鼓励根据本标准达成协议的各方研究是否可使用这些文件的最新版本。凡是不注日期的引用文件，其最新版本适用于本标准。

GB/T2900.65—2004　电工术语　照明

GB13582—92　电子调光设备通用技术条件

GB/T14218—93　电子调光设备性能参数与测试方法

GB15734—1995　调光设备无线电骚扰特性限值及测量方法

WH/T0203—96　调光设备常用术语

JGJ57—2000　剧场建筑设计规范

3 光学与灯具

3.1　电光源 lighting source

将电能转换成光学辐射能的器件。

3.2　白炽灯 incandescent lamp

将钨丝通电加热到白炽状态而发光的灯。

3.3　低色温光源 low colour temperature luminaire

泛指色温与白炽灯相近的照明光源。

3.4　高色温光源 high colour temperature luminaire

泛指色温与日光相近的照明光源。

3.5　显色性 colour - rendering properties

在特定条件下，物体用光源照明时和用标准光源照明时，其颜色符合的程度。

3.6　卤钨灯 tungsten halogen lamp

灯泡中充有卤族元素或卤化物气体的白炽灯。

3.7　反射型灯泡 reflector lamp

在玻壳内壁部分涂有反射涂层，使之具有定向发光特性的灯泡。

3.8　PAR 灯泡 parabolic aluminized reflector lamp

采用抛物面反射镜，集光源、反射器、镜片为一体的灯泡。

3.9　AC 灯 Air Craft Landing Lamp

ACL 灯泡

低电压的 PAR 灯泡，可获得接近平行的光束。

3.10　金属卤化物灯 metal halide lamp

金卤灯

充有金属蒸气、或金属卤化物的高压气体放电灯。

3.11　镝灯 dysprosium lamp

充有碘化镝、碘化汞和碘化铊等复合气体的金属卤化物放电灯。

3.12　氙灯 xenon lamp

充有氙气的高压气体放电灯。

3.13　荧光灯 fluorescent light

灯管内壁涂荧光粉并充有汞蒸气的低压放电灯。

3.14　三基色荧光灯 three - basic - colour spotlights；primary colour fluorescent light

内壁涂有分别发出红、绿、蓝光的三种荧光粉混合物，能产生白光的荧光灯。

3.15　紫外线灯 ultraviolet lamp；UV light；black light

产生紫外辐射，用于表现舞台荧光效果的灯。

3.16 发光二极管 light emitting diode

LED

半导体发光二极管。

3.17 激光器 laser

激光

受激辐射光放大器。

3.18 光导纤维 optical fiber

光纤

用玻璃或合成塑料制成的一种导光的纤维状传输介质。分为照明光纤、通信光纤等。

3.19 镇流器 ballast

用于启动和稳定气体放电灯工作的器件。

3.20 触发器 ignitron; ignitor

产生高压电脉冲，使气体放电灯启动的装置。

3.21 气体放电灯启动时间 starting time

气体放电灯达到稳定的弧光放电所需要的时间。

3.22 气体放电灯再启动时间 re-starting period

放电灯稳定工作后断开电源，到再次接通电源，灯重新开始工作所需的最短时间。

3.23 平均寿命 average life

承受寿命试验的光源所测得的使用寿命的平均值。

3.24 灯丝 filament

通常是以钨丝制成的导体，当电流通过时，加热并发出光。

3.25 灯头 cap; base

灯泡中与灯座相连，起到固定灯泡、导通电流作用的部件。包括插脚式、卡口式、螺口式灯头等。

3.26 灯泡插脚 pin; post

固定在灯头端部与灯座相连接，并起导通电流作用的金属部件。

3.27 预聚焦式灯头 prefocus cap; prefocus base

将发光体设置在某一特定位置使灯泡装入配套灯座时能精确重复定位的灯头。

3.28 舞台照明灯具 luminaries

舞台演出专用的照明器具。包括光学系统、灯体、支架以及必需的灯用电器附件。

3.29 聚光灯 spot light

能产生汇聚光束的舞台灯具。

3.30 平凸（透镜）聚光灯 plano-convex spotlights

采用平凸透镜并可调节光束角，产生明显边界光斑的聚光灯。

3.31 螺纹聚光灯 fresnel spotlight

环带聚光灯

采用环带透镜（菲涅耳透镜），并可调节光束角，产生柔和光斑的聚光灯。

3.32 非球面透镜聚光灯 aspherical plano-convex spotlight

采用非球面透镜，光斑均匀，光照度分布曲线平滑的聚光灯。

3.33 成像聚光灯 profile spotlight

能产生清晰边界光斑或投影并配置切光片和图案片的聚光灯。

3.34 椭球成像聚光灯 ellipsoidal reflector spotlight; profile spotlight

采用椭球反射器的成像聚光灯。

3.35 PAR 灯 PAR light

采用 PAR 灯泡或类似光学原理的舞台灯具。

3.36 泛光灯 flood light

照明范围大，光斑无明显边界的舞台灯具。

3.37 天排灯 cyclorama light; up horizon light

安装在天幕上方，用以对天幕进行照明或色彩渲染的泛光灯。

3.38 地排灯 ground row; low horizon light

安装在天幕下方，用以对天幕进行照明或色彩渲染的泛光灯。

3.39 天幕灯 cyclorama light；horizon light

对天幕进行照明、渲染等的舞台灯具。

3.40 条灯 border light；strip light

舞台照明用条形组合泛光灯。

3.41 幻灯 projector

采用幻灯图案片投射图像的舞台效果灯具。

3.42 效果器 effect projection

在演出中实现雨、雪、水、火等特殊影像效果的器材或附件。

3.43 视频投映设备 video projector

采用数字或模拟视频信号进行影像投映的设备。

3.44 LED 显示屏 LED screen

LED 组成的文字或视频图像显示装置。

3.45 追光灯 follow spot

通常跟随演员移动，以加强局部照明为目的的远距离、高亮度照明投射灯具。

3.46 电脑灯 moving light

灯具以单片计算机为控制核心，可控制光束水平和垂直运动、变焦、换色、变换图案、光圈、亮度等多功能的自动照明灯具。

3.47 聚光电脑灯 moving spot light

以产生照明光束、光斑、变换图案为主要目的的电脑灯。

3.48 染色电脑灯 moving light for wash

以色彩变化和渲染为主要目的的电脑灯。

3.49 探照灯 search light

具有远射程、高亮度、光束近似平行等特点的效果灯具。

3.50 工作灯 work light

为舞台演出和制作、装台提供照明，保障安全的工作照明系统。演出中为减少干扰常用蓝光工作灯。

3.51 观众厅照明灯 house light

为观众厅提供照明的系统。

3.52 安全链 safety chain；safety wire

防止灯具及辅助设备发生意外坠落，由钢丝绳或钢链等材料制成的安全保护装置。

3.53 灯梁 yoke

灯弓

固定连接灯具，便于调整投射方向的弓形构件。

3.54 灯钩 clamp

悬挂和固定舞台灯具专用的金属挂钩。

3.55 抱卡式灯钩 clamp hanger

以管型翻转合叶及螺栓将灯具固定锁紧的舞台专用金属挂钩。

3.56 滤色片 colour filter；gel

改变灯光色彩的透光片。

3.57 图案片 gobo；pattern

带有图案，用于电脑灯和成像灯投影的部件，通常采用耐高温金属材料或玻璃制成。

3.58 幻灯片 slide

幻灯或其他投映设备中所采用的有图形的透光影像片。

3.59 换色器 colour changer

与舞台灯具配套，实现舞台灯光色彩转换的灯具附件。

3.60 可变光阑 iris

用于调节光斑直径或改变灯光亮度、孔径可变的机械构件。

3.61 百页式光闸 shutters；mechanical shutter

调节若干平行页片的开合角度实现灯光亮度变化的机械装置。

3.62 遮扉 barndoor

置于灯具前端，遮挡部分出射光的活动金属板。

3.63　光强 intensity

光源在给定方向上，单位立体角内发出的光通量，单位为坎德拉（cd）。

3.64　照度 illuminance

物体单位受照面积上所获得的光通量，单位为勒克斯（lx）。

3.65　亮度 luminance

某面元在给定方向上的发光强度与该面元在垂直于给定方向的平面上的正投影面积之比，单位为坎德拉每平方米（cd/m^2）。

3.66　光比 contrast

不同亮度照明光投射在人物或景物上所形成的明暗反差的光度对比。

3.67　光通量 luminous flux

光源在单位时间内发出的光辐射能量，单位为流明（lm）。

3.68　光色三原色 primary colour of light

加色三原色

指光色中的红、绿、蓝三种颜色。

3.69　物色三原色 primary colour

减色三原色

指物色中的红、黄、蓝三种原色。

3.70　色温 colour temperature

全辐射体发出的辐射与所考虑的辐射的色品相同时，全辐射体的温度称为该辐射的颜色温度。单位为开尔文（K）。

3.71　相关色温 correlated colour temperature

在均匀色品图上，与黑体轨迹的点相对应的色温度。它最靠近表示被研究光源色品的坐标点。单位为开尔文（K）。

4　控制与电气

4.1　调光器 dimmer

在控制信号作用下，实现灯光亮度变化的装置。

4.2　晶闸管调光器 thyratron dimmer

可控硅调光器（被取代）

采用晶闸管实现移相触发控制的调光器。

4.3　正弦波调光器 sine wave dimmer

输入、输出及调压过程中电压波形为正弦波的调光器。

4.4　IGBT 调光器 IGBT sine wave dimmer

采用绝缘栅双极晶体管（IGBT）实现高频脉宽调制控制的调光器。

4.5　调光柜 dimmer rack

调光器的柜式组合。

4.6　流动调光器箱 dimmer pack

便于移动的调光器的箱式组合。

4.7　调光控制台 lighting console

调光台

主要向调光器输出控制信号，实现调光控制的操作台。

4.8　电脑调光控制台 memory console

以中央处理器（CPU）和微处理器（MPU）为控制核心，用于编排、存储、重演灯光程序的调光控制台。

4.9　手动调光台 manual console

以段控或开关编组为预选方式的调光控制台。

4.10　电脑灯控制台 moving light console

以电脑灯为主要控制对象的控制台。

4.11　换色器控制台 colour changer console

以换色器为控制对象的控制台。

4.12　控制回路 control channel

通道

电脑控制台中独立变化控制信号的最小单元。

4.13　调光回路 dimmer

在控制信号作用下，能实现调光的独立功率输出回路。

4.14　亮度 level

舞台灯光电脑控制系统中灯光明暗的等级值。

4.15　模拟调光 ana*log*ue dimming

以模拟信号控制的调光方式。

4.16　数字调光 digital dimming

以数字信号控制的调光方式。

4.17　组 group

若干具有相同参数控制回路的集合。

4.18　场景 scene

场

所有控制回路参数组合而形成的一个输出状态。

4.19　CUEcue

Q

各控制回路参数以及相关的时间参数的集合。

4.20　分 CUEcue part

作为 CUE 的子集，随着 CUE 的启动而变化。

4.21　特效 effect；chase

按一定规律变化的灯光效果。

4.22　单控 single control

单个控制回路的独立控制。

4.23　组控 group control

具有相同参数的若干控制回路的集中控制。

4.24　集控 submaster control

具有不同参数若干控制回路的集中控制。

4.25　段控 preset control

手动调光台上实现回路亮度预选的集中控制方式。

4.26　总控 grandmaster

控制台的最高一级集中控制。

4.27　交叉变光 crossfade

在同一时间内，两个灯光场景进行交替转换的过程。

4.28　宏 macro

为简化操作步骤而将若干个顺序的操作步骤进行组合，并命名。

4.29　操作杆 fader

能改变控制参数及程序转换的控制杆。

4.30　交叉总控杆 crossfader

调光台上实现灯光场景交叉变光的操作杆。

4.31　预演 preview

仅在显示屏上显示预选内容而不实时输出的一种状态。

4.32　演出表 playback sheet

规定演出中全部 CUE、特效等演出次序及相互时间关系的表格。

4.33　页 page

扩展面板控制杆数量的一种方式或扩展屏幕显示内容的一种形式。

4.34　暗改 blindmodification

在演出状态下，不影响实时灯光输出状态的一种修改方式。

4.35　链接 link

确定 CUE 的演出顺序关系。

4.36　配接 patch

设置控制回路与调光回路的对应关系。

4.37 最大优先 highest takes precedence；HTP
当某个控制回路同时受多种操作控制时，该控制回路输出其中最高的参数值。
4.38 最后优先 latest takes precedence；LTP
当某个控制回路同时受多种操作控制时，该控制回路输出其中最后一个操作的参数值。
4.39 遥控装置 remote device
分离于主控台之外的控制装置。
4.40 解码器 decoder
将控制台输出信号转换成受控设备所需控制信号的装置。
4.41 调光特性曲线 output profile
灯具光输出百分比与操作杆刻度或亮度数据间的函数关系。
4.42 变光曲线 fade profile
灯具光输出百分比随时间变化的曲线。
4.43 上升时间 up time
CUE 从启动上升到稳定状态所需的时间。
4.44 下降时间 down time
CUE 从稳定状态下降到退出所需的时间。
4.45 变光时间 fade time
灯光 CUE 变化的上升时间或下降时间。
4.46 维持时间 hold time
CUE 从上升时间结束到下降时间开始之间的稳定时间。
4.47 跟随时间 follow time
当前 CUE 程序开始下降至下一 CUE 程序开始上升之间的时间。
4.48 延迟时间 delay time
接到启动指令到 CUE 开始运行之间的时间。
4.49 特效步 step
特效中建立的每个灯光状态。
4.50 点控 flash
通过按键通断产生的灯光效果。
4.51 特效点控 solo
在灯光控制台上，由手动按键执行的灯光效果序列。
4.52 积聚效果 build
特效步叠加到前一步的效果。
4.53 闪烁效果 flick
各特效步明暗交替闪动的效果。
4.54 随机效果 random
各特效步随机输出的效果。
4.55 循环效果 cycle
效果步周而复始运行的效果。
4.56 声强效果 audio level effect
随声压强度而变化的灯光效果。
4.57 声频效果 audio lever effect
随声音频率而变化的灯光效果。
4.58 灯光控制传输网络 lighting control network
以网络方式传输灯光控制信号的系统。常用的网络传输协议有 ACN 和 art - net 等。
4.59 DMX 512 数字信号传输协议 DMX 512 protocol
在一对信号线上传输 512 路灯光控制信息的数字信号传输协议。DMX512 - A 可双向传送控制数据。

5 剧场灯位与设施

5.1 灯位 lighting position
光位
照明灯具在演出空间的位置。

5.2　面光 front light；ceiling light
从观众席上方或后方向舞台正面投光的灯位。
5.3　侧光 side light
从侧面向表演区投光灯位的总称，包含舞台外侧光、台口内侧光、吊杆侧光、天桥侧光、吊笼侧光和流动侧光等。
5.4　台口外侧光 front side light
耳光
从观众席前部两侧向表演区投光的灯位。
5.5　台口侧光 proscenium side tower
柱光
从台口两侧向表演区投光的灯位。
5.6　顶光 top light；down light
从表演区上方向下投光的灯位。
5.7　脚光 foot light
从台口地面或灯槽内由下向上投光的灯位。
5.8　流动侧光 side light
安装在支架上便于移动的侧向投光灯位。
5.9　侧光吊笼 side ladder
侧光灯架
舞台两侧阵列分布安装照明灯具的灯架。分为固定方式及垂直或水平移动方式。
5.10　灯光吊杆 lighting flies；lighting batten；lighting bar
安装灯光照明设备的横杆或框架等升降装置。
5.11　灯光渡桥 lighting bridge
用于安装灯光设备的可载人升降装置。
5.12　假台口灯光渡桥 proscenium lighting bridge
假台口上片的灯光渡桥。
5.13　电动升降梯 lift
舞台高空装台、对光作业所使用的电动升降设备。
5.14　对光直梯 ladder
舞台高空装台、对光作业所使用的伸缩直梯。
5.15　调光器室 dimmer room
调光柜室
安置调光器（柜）等设备的专用机房。
5.16　灯光控制室 lighting control room
放置灯光控制设备以及进行演出灯光操作控制的空间。
5.17　追光室 follow room
安置和操控追光灯的专用空间。

6　灯光设计与应用

6.1　舞台灯光 stage lighting
为呈现演出视觉形象对舞台所进行的艺术照明。运用灯光造型手段，描写人物情节和塑造特定剧情氛围。
6.2　灯光设计 stage lighting design
根据剧情和演出形式以及舞台空间特点所进行的专业化照明艺术设计。
6.3　主光 key light
起主导造型作用的照明光。
6.4　辅助光 fill light
对主光照明进行补充和完善的照明光。
6.5　逆光 back light
轮廓光
与观众视线方向相反的舞台照明光。
6.6　基本光 general lighting；general wash
基本照明光

表现演出空间中人物和景物基本造型效果的照明光。

6.7　环境光 ambient lighting

表现演出空间中不同环境间相互影响的照明光。

6.8　效果光 effect lighting

舞台特殊视觉效果照明光。

6.9　特写光 special

对演出空间及人物进行局部强调的照明光。

6.10　定点光 spot light

人物或景物作为视觉效果强调的小范围固定区域照明光。

6.11　冷光照明 cool light

泛指色温高（接近日光），光色偏冷的照明光。

6.12　暖光照明 warm light

泛指色温低（接近白炽灯光），光色偏暖的照明光。

6.13　光束 beam

从灯具射出在空间形成的可视锥状或平行光。

6.14　光斑 beam spot

被照面上形成的有效照明区域。有明显界线的光斑称为硬光斑；无明显界线的光斑称为柔（软）光斑。

6.15　光区 lighting area

有目的地投射光斑组合所形成的照明区域。

6.16　光影 shadow

灯具照射物体时在其后方产生的投影或通过光学成像所获得的影像。

6.17　光色 light colour

照明光的颜色。包含明度、色相、饱和度三个基本特性。

6.18　明度 lightness；value

色彩的明暗强度。

6.19　色相 hue

色别

色名

色彩相貌的区别。

6.20　饱和度 saturation

纯度

色彩的单纯程度。

6.21　渐明 fade in

灯光从暗到亮逐渐转变的过程。

6.22　渐暗 fade out

灯光从亮到暗逐渐转变的过程。

6.23　突明 light up

灯光瞬时变亮的过程。

6.24　突暗 black out

灯光瞬时变暗的过程。

6.25　切光 blackout

全部演出灯光的瞬间关闭。

6.26　入场光 preset lighting

开演前，引导观众提前进入演出情境的气氛光。

6.27　亮场开幕 lights on before curtain up

在演出开幕前，幕内表演区及场景光先行开启的开幕方式。

6.28　暗场开幕 black up；lights on after curtain up

在黑暗中开幕，然后将演出灯光开启的开幕方式。

6.29　亮场闭幕 lights up

保持舞台灯光状态持续不变的闭幕方式。

6.30 .收光闭幕 black out
随灯光由亮转暗逐渐闭幕的方式。
6.31 暗转 dark change
在不闭幕状态下，灯光由一个场景变暗后转入另外一个场景的过程。
6.32 灯光气氛图 rendering
对将要呈现的舞台视觉空间所设计的灯光效果图。
6.33 灯位图 lighting plot
表示灯具的灯型、安装位置及附件的设计图。
6.34 灯光布光图 lighting plan
表示舞台照明灯具和设备配置的类型、规格、灯位、回路、色彩及投射角度的设计图。
6.35 灯光器材清单 instrument schedule
将演出使用的灯光设备器材和消耗品的型号、规格、数量分别列出的表格。
6.36 灯光系统配置图 lighting system chart
为剧场或文化设施工程以及大规模演出灯光制作工程提供系统组成信息和施工依据的图样。
6.37 灯库 library
储存各种品牌、类型、规格的灯具和配套附属设备图形模板及灯光设计参数的数据库。
6.38 灯光设计制图模板 lighting design template；stencil
将舞台灯具及相关设备以规范图形和符号的形式进行表达的绘图工具。包括手绘制图用模板及计算机灯光制图软件的灯库模板。
6.39 计算机辅助设计软件 lighting design software
实现虚拟舞台设计和灯光表现效果的计算机应用软件。
6.40 计算机灯光制图 computer graphics
以计算机及灯光设计软件作为手段绘制的舞台灯光布光图、制作图、效果图及图表等。
6.41 灯光装台 lighting set up
根据灯位图或布光图安装灯具设备和附件以及对控制回路配线等的施工过程。
6.42 对光 focusing
对灯具的投射方向、焦距、色彩、光斑、造型以及配套附件等进行调整的过程。
6.43 灯光编程 programming
在控制台上编辑制作灯光场景及转换关系，形成演出操作程序的过程。
6.44 灯光程序控制操作表 cue sheet
为呈现演出场景效果编制的连续程序的操作顺序排列表。
6.45 灯光排演 lighting rehearsal
灯光设计程序与舞台场景及演员表演相结合所进行的灯光视觉效果的合成。
6.46 技术合成 technical rehearsal
舞台表演、布景、灯光、音响、服装、化装等各部门参加，整体协调的演练形式。
6.47 舞台垂直照度 vertical illumination
舞台场景和人物的垂直面所获得的照度。
6.48 舞台水平照度 horizontal illumination
舞台场景和人物的水平面所获得的照度。
6.49 直射光 direct lighting
直接进入视觉感官的可见光。
6.50 漫射光 diffuse reflection
凹凸不平的物体表面受光后朝不同方向反射的光。
6.51 透射光 transmitted light
穿过透明媒介进入视觉感官的辐射光。

附录 A
（资料性附录）
舞台灯光设计常用术语中文索引

本附录所列的舞台灯光常用术语，以汉语拼音字母次序排列。对于第一个字是外文的名词，则按其译音排列。附录最后一列数字为其在本标准各章中的编号，起中文索引作用。

A

AC 灯	Air Craft Landing Lamp	3.9
ACL 灯泡	Air Craft Landing Lamp	3.9
安全链	safety chain；safety wire	3.52
暗场开幕	black up；lights on after curtain up	6.28
暗改	blindmodification	4.34
暗转	dark change	6.31

B

白炽灯	incandescent lamp	3.2
百页式光闸	shutters；mechanical shutter	3.61
饱和度	saturation	6.20
抱卡式灯钩	clamp hanger	3.55
变光曲线	fade profile	4.42
变光时间	fade time	4.45

C

CUE	cue	4.19
操作杆	fader	4.29
侧光	side light	5.3
侧光灯架	side ladder1	5.9
侧光吊笼	side ladder1	5.9
场	scene	4.18
场景	scene	4.18
成像聚光灯	profile spotlight	3.33
触发器	ignitron；ignitor	3.20
纯度	saturation	6.20

D

DMX 512 数字信号传输协议	DMX 512 protocol	4.59
单控	single control	4.22
灯弓	yoke	3.53
灯钩	clamp	3.54
灯光编程	programming	6.43
灯光布光图	lighting plan	6.34
灯光程序控制操作表	cue sheet	6.44
灯光吊杆	lighting flies；lighting batten；lighting bar	5.10
灯光渡桥	lighting bridge	5.11
灯光控制传输网络	lighting control network	4.58
灯光控制室	lighting control room	5.16
灯光排演	lighting rehearsal	6.45

灯光气氛图	rendering	6. 32
灯光器材清单	instrument schedule	6. 35
灯光设计	stage lighting design	6. 2
灯光设计制图模板	lighting design template；stencil	6. 38
灯光系统配置图	lighting system chart	6. 36
灯光装台	lighting set up	6. 41
灯库	library	6. 37
灯梁	yoke	3. 53
灯泡插脚	pin；post	3. 26
灯丝	filament	3. 24
灯头	cap；base	3. 25
灯位	lighting position	5. 1
灯位图	lighting plot	6. 33
低色温光源	low colour temperature luminaire	3. 3
镝灯	dysprosium lamp	3. 11
地排灯	ground row；low horizon light	3. 38
点控	flash	4. 50
电动升降梯	lift	5. 13
电光源	lighting source	3. 1
电脑灯	moving light	3. 46
电脑灯控制台	moving light console	4. 10
电脑调光控制台	memory console	4. 8
顶光	top light；down light	5. 6
定点光	spot light	6. 10
段控	preset control	4. 25
对光	focusing	6. 42
对光直梯	ladder	5. 14

E

耳光	front side light	5. 4

F

发光二极管	light emitting diode	3. 16
反射型灯泡	reflector lamp	3. 7
泛光灯	flood light	3. 36
非球面透镜聚光灯	aspherical plano – convex spotlight	3. 32
分 CUE	cue part	4. 20
辅助光	fill light	6. 4

G

高色温光源	high colour temperature luminaire	3. 4
跟随时间	follow time	4. 47
工作灯	work light	3. 50
观众厅照明灯	house light	3. 51
光斑	beam spot	6. 14
光比	contrast	3. 66
光导纤维	optical fiber	3. 18
光强	intensity	3. 63
光区	lighting area	6. 15
光色	light colour	6. 17
光色三原色	primary colour of light	3. 68

亮度	luminance	3.65
亮度	level	4.14
流动侧光	side light	5.8
流动调光器箱	dimmer pack	4.6
卤钨灯	tungsten halogen lamp	3.6
轮廓光	back light	6.5
滤色片	colour filter；gel	3.56
螺纹聚光灯	fresnel spotlight	3.31
	M	
漫射光	diffuse reflection	6.50
面光	front light；ceiling light	5.2
明度	lightness；value	6.18
模拟调光	analogue dimming	4.15
	N	
逆光	back light	6.5
暖光照明	warm light	6.12
	P	
PAR 灯	PAR light	3.35
PAR 灯泡	parabolic aluminized reflector lamp	3.8
配接	patch	4.36
平均寿命	average life	3.23
平凸（透镜）聚光灯	plano – convex spotlights	3.30
	Q	
Q	cue	4.19
气体放电灯启动时间	starting time	3.21
气体放电灯再启动时间	re – starting period	3.22
切光	blackout	6.25
	R	
染色电脑灯	moving light for wash	3.48
入场光	preset lighting	6.26
	S	
三基色荧光灯	three – basic – colour spotlights；primary colour fluorescent light	3.14
色别	hue	6.19
色名	hue	6.19
色温	colour temperature	3.70
色相	hue	6.19
闪烁效果	flick	4.530
上升时间	up time	4.43
声频效果	audio lever effect	4.57
声强效果	audio level effect	4.56
视频投映设备	video projector	3.43
收光闭幕	black out	6.30
手动调光台	manual console	4.9
数字调光	digital dimming	4.16
随机效果	random	4.54
	T	
台口侧光	proscenium side tower	5.5
台口外侧光	front side light	5.4
探照灯	search light	3.49

正弦波调光器	sine wave dimmer	4. 3
直射光	direct lighting	6. 49
主光	key light	6. 3
柱光	proscenium side tower	5. 5
追光灯	follow spot	3. 45
追光室	follow room	5. 17
紫外线灯	ultraviolet lamp；UV light；black light	3. 15
总控	grandmaster	4. 26
组	group	4. 17
组控	group control	4. 23
最大优先	highest takes precedence；HTP	4. 37
最后优先	latest takes precedence；LTP	4. 38

附录 B
（资料性附录）
舞台灯光设计常用术语英文索引

本附录所列的舞台灯光常用术语，以英语字母次序排列。附录最后一列数字为其在本标准各章中的编号，起英文索引作用。

A

Air Craft Landing Lamp	AC 灯；ACL 灯泡	3. 9
ambient lighting	环境光	6. 7
analogue dimming	模拟调光	4. 15
aspherical plano – convex spotlight	非球面透镜聚光灯	3. 32
audio level effect	声强效果	4. 56
audio lever effect	声频效果	4. 57
average life	平均寿命	3. 23

B

back light	逆光；轮廓光	6. 5
ballast	镇流器	3. 19
barndoor	遮扉	3. 62
base	灯头	3. 25
beam	光束	6. 13
beam spot	光斑	6. 14
black light	紫外线灯	3. 15
black out	突暗	6. 24
black out	收光闭幕	6. 30
black up	暗场开幕	6. 28
blackout	切光	6. 25
blindmodification	暗改	4. 34
border light	条灯	3. 40
build	积聚效果	4. 52

C

cap	灯头	3. 25
ceiling light	面光	5. 2
chase	特效	4. 21
clamp	灯钩	3. 54
clamp hanger	抱卡式灯钩	3. 55
colour changer	换色器	3. 59
colour changer console	换色器控制台	4. 11
colour filter	滤色片	3. 56
colour – rendering properties	显色性	3. 5
colour temperature	色温	3. 70
computer graphics	计算机灯光制图	6. 40
contrast	光比	3. 66
control channel	控制回路；通道	4. 12
cool light	冷光照明	6. 11
correlated colour temperature	相关色温	3. 71

crossfade	交叉变光	4. 27
crossfader	交叉总控杆	4. 30
cue	CUE；Q	4. 19
cue part	分 CUE	4. 20
cue sheet	灯光程序控制操作表	6. 44
cycle	循环效果	4. 55
cyclorama light	天幕灯	3. 39
cyclorama light	天排灯	3. 37
	D	
dark change	暗转	6. 31
decoder	解码器	4. 40
delay time	延迟时间	4. 48
diffuse reflection	漫射光	6. 50
digital dimming	数字调光	4. 16
dimmer	调光器	4. 1
dimmer	调光回路	4. 13
dimmer pack	流动调光器箱	4. 6
dimmer rack	调光柜	4. 5
dimmer room	调光器室；调光柜室	5. 15
direct lighting	直射光	6. 49
DMX 512 protocol	DMX 512 数字信号传输协议	4. 59
down light	顶光	5. 6
down time	下降时间	4. 44
dysprosium lamp	镝灯	3. 11
	E	
effect lighting	效果光	6. 8
effect projection	效果器	3. 42
effect	特效	4. 21
ellipsoidal reflector spotlight	椭球成像聚光灯	3. 34
	F	
fade in	渐明	6. 21
fade out	渐暗	6. 22
fade profile	变光曲线	4. 42
fade time	变光时间	4. 45
fader	操作杆	4. 29
filament	灯丝	3. 24
fill light	辅助光	6. 4
flash	点控	4. 50
flick	闪烁效果	4. 530
flood light	泛光灯	3. 36
fluorescent light	荧光灯	3. 13
focusing	对光	6. 42
follow room	追光室	5. 17
follow spot	追光灯	3. 45
follow time	跟随时间	4. 47
foot light	脚光	5. 7
fresnel spotlight	螺纹聚光灯	3. 31
front light	面光	5. 2
front side light	台口外侧光；耳光	5. 4

DMX512 – A 灯光控制数据传输协议

DMX512 – A Digital Data Transmission Standard for Lighting Control

(ANSI E1.11 –2004 Entertainment Technology – USITT DMX512 – A Asynchronous Serial Digital Data Transmission Standard for Controlling Lighting Equipment and Accessories, IDT)

(WH/T 32—2008)

目　　次

前　言

本标准等同采用美国国家标准 E1. 11—2004《USITT DMX512 - A 灯光及附属设备控制的异步串行数据数字传输标准》，英文名称：American National Standard E1. 11—2004 Entertainment Technology - USITT DMX512 - A Asynchronous Serial Digital Data Transmission Standard for Controlling Lighting Equipment and Accessories。

对 E1. 11—2004 的翻译，经该标准制定单位——美国娱乐服务和技术协会（ESTA）同意，本标准的负责起草单位——中国演艺设备技术协会演出场馆设备专业委员会，将单独对文件中的错误以及与英文原版间的矛盾和差异负责。

本标准的附录 A、附录 B、附录 C、附录 D 和附录 E 是规范性附录。附录 F 为资料性附录。

本标准由中华人民共和国文化部提出，中国演艺设备技术协会演出场馆设备专业委员会归口。

本标准负责起草单位：中国演艺设备技术协会演出场馆设备专业委员会。

本标准参与起草单位：上海戏剧学院、广州河东电子有限公司、番禺珠江灯光音响实业有限公司、珠海泰立灯光音响设计安装有限公司、浙江舞台设计研究院有限公司、广州大学声像与灯光技术研究所。

本标准主要起草人：柳得安、梁国芹、曾义、王竹生、廖伟民、潘云辉、洪美芳。

DMX512 - A 灯光控制数据传输协议

1　总述

1.1　范围

本标准规定灯光控制系统中控制器与在 1.4 中所描述的调光器及其相关设备等被控设备间的数据传输方法，包括电气特性、数据格式、数据传输协议和连接器类型。凡符合本标准的设备应标记“DMX512 - A”。除另有说明，本文中 DMX512 即表示 DMX512 - A。

本标准适用于灯光控制设备生产和灯光控制设备的系统集成。

本标准对灯光控制设备和系统的设计者和使用者具有指导作用。

本标准不包括对线缆和配线的要求。

1.2　概述

本标准采用一种简单的异步八位串行数据协议，包括由标准通用异步收发设备（UARTs）产生无类型的字节流。本标准中数据传输的物理介质通常是两对电缆线，每对都可以作为数据链路来使用。数据链路采用 ANSI/TIA/EIA - 485 - A - 1998（下文简称“EIA - 485 - A”）的平衡数据传输技术驱动。设备端口可采用 5 芯 XLR 连接器或固定连接。本标准也允许按第 7 章“连接方法”的规定采用其他的连接器。

主数据链路上的数据以数据包形式发送，最多可达到 513 个字段。第一个字段为起始码，定义数据包中后续字段的用途，符合本标准的设备的互联性主要取决于发送设备零起始码的使用，接收设备的功能取决于从收到的数据包中对相关数据的提取和处理。

辅助数据链路中的数据应用范围广泛，但数据链路应符合 EIA - 485 - A 的规定，本标准明确规定了特殊应用所要求的电路拓扑。

1.3　标准的正确使用

本标准只能在有限的领域中使用，不适用于在同一线路上传送灯光、音响、舞台机械控制数据的综合网络。

本标准对零起始码数据包无强制性错误检测，不保证所有的 DMX512 数据包能被收到。

1.4　可发送的控制数据

可发送调光器、其他灯光设备和不危及安全的相关设备的控制数据，可以把控制数据从一个控制设备重复地传送到一个或多个接收设备。

1.5　不可发送的控制数据

本协议无强制性错误检测，因此不适用于可能危及安全的设备的控制。

1.6　标准的执行

对执行本标准的标记、标识和声明并不表示中国演艺设备技术协会演出场馆设备专业委员会对其设备的认证。参考第 10 章“标志和声明”、第 11 章“协议执行一致性声明（PICS）”和附录 F“对附录 A 到附录 E 的协议执行一致性声明（PICS）”。

2　规范性引用文件

下列文件中的条款通过本标准的引用而成为本标准的条款。凡是注日期的引用文件，其随后所有的修改单（不包括勘误的内容）或修订版均不适用于本标准，然而，鼓励根据本标准达成协议的各方研究是否可使用这些文件的最新版本。凡是不注日期的引用文件，其最新版本适用于本标准。

GB/T15157.7—2002 频率低于 3mHz 的印制板连接器 第 7 部分：有质量评定的具有通用插合特性的 8 位固定和自由连接器详细规范

ISO/IEC 646　信息技术 - 信息交换用 ISO 7 位编码字符集

ANSI/TIA/EIA - 568 - B - 2001　商业建筑通讯电缆标准

ANSI/TIA/EIA - 485 - A - 1998　平衡多点数字系统中使用的发送器和接收器电气特性，简写为 EIA - 485 - A

USITT DMX512/1990　调光器和控制器的数据传输标准

3　术语和定义

3.1　异步（传输方式）　asynchronous

信号可在任何时间开始发送，无须独立的时钟线与接收设备进行锁定或同步。

3.2　通用异步收发设备　universal asynchronous receiver transmitter（UART）

发送、接收异步串行数据的设备。

3.3 数据链路 data link

连接发送设备和接收设备之间的物理线路。

3.4 复位信号 break

从高电平转向低电平开始，到再从低电平转向高电平的过程，其中低电平至少持续 88 μs。

3.5 复位后标记 mark after break（MAB）

从表示复位结束的低电平向高电平的转换到表示起始码起始位开始的高电平向低电平转换之间的时间。

3.6 字段 slot

DMX512 数据包中一系列被编号的帧字节。一个数据链最多包含 513 个字段，从 0 字段开始。0 字段为起始码，字段 1 到字段 512 为数据字段。

3.7 起始码 start code

复位后发送的第一个字段，表示后续信息的类型。

3.8 复位序列 reset sequence

复位信号、复位后标记和起始码组成的序列。

3.9 复位前标记 mark before break（MBB）

最后字段的第二个停止位的终止到表示复位开始的高电平向低电平转换的时间。

3.10 数据包 packet

复位序列及到下一复位前标记之前的所有后续字段。

3.11 零起始码 null start code

数值为“0”的起始码（00h）。

3.12 发送器 transmitting device

发送设备

产生 DMX512 信号的设备。

3.13 信号+ data+

正信号。

3.14 信号- data-

负信号。

3.15 电路公共端 circuit common

EIA-485-A 驱动电路或接收电路的公共参考端，即供电电源“0V”端。

3.16 DMX512 端口 DMX512 port

DMX512 信号接口（连接器或接线端子）。

3.17 共模电压 commonmodeVoltage

相对于电路公共端，在“信号+”线和“信号-”线上均出现的电压。

$$V_{cm} = (V_a + V_b)/2。$$

式中 V_{cm}——共模电压；

V_a——“信号+”相对于电路公共端的电压；

V_b——“信号-”相对于电路公共端的电压。

3.18 占 mark

信号+为高电平的线路状态，“占”代表二进制 1。

3.19 数据链路公共端 data link common

数据链路的电路公共端。

3.20 起始位 start bit

每个字节前的附加位，向接收器表示一个新字节的开始。起始位总是低电平，即“空”。

3.21 停止位 stop bit

每个字节后的附加位，表示字节的结束。每个 DMX512 字段有 2 个停止位。停止位总是高电平，也就是“占”。

3.22 接收器 receiver

接收设备

接收 DMX512 信号的设备。

3.23 数据链 universe

源于单个信号源的 DMX512 数据链路。一个数据链最多包括 512 个 DMX512 数据字段。

3.24 空 space

信号+为低电平的线路状态，“空”代表二进制0。

3.25 接地端 earth ground

电路的公共端或电源的零电位端，通常连接到设备的金属机壳。

3.26 线路驱动器 line driver

驱动器

对数据链路提供差分电压的一种电路，工作于限定的共模电压范围内并对过载和过电压提供特定响应。

3.27 隔离 isolated

输出与输入间无电气连接。

3.28 终端器 terminator

用于使数据链路上有碍的反射信号降到最小的器件或电路。

3.29 线路接收器 line receiver

能够检测到数据链路上的差分电压的一种电路，在限定的共模电压范围内工作，并对过载和过电压提供特定响应。

3.30 信号公共端 signal common

物理介质的公共参考导体，如电缆的屏蔽层。

3.31 增强功能 enhanced functionality

DMX512端口辅助数据链路的使用或DMX512端口主数据链路双向功能的使用。

3.32 DMX512处理设备 DMX512 processing device

能重新产生DMX512信号的设备、将非DMX512信号转换为DMX512信号输出的设备或者将输入的DMX512数据包转换为非DMX512信号输出的设备。普通的放大器等不属于此类设备。

3.33 控制器 controller

产生DMX512数据的发送设备。

3.34 通路连接 loop - through connection

通路

Thru

DMX512端口与另一个DMX512端口连接在一起的连接器或接线端子。其中，包括信号1+、信号1-和数据链路公共端，以及可选的信号2+和信号2-。

3.35 字段量 slot footprint

设备运行所需要的数据字段数。

3.36 刷新率 refresh rate

每秒发送零起始码DMX512数据包的次数。

3.37 中继设备 in - line device

任何接收和再发送DMX512信号的设备。

3.38 空闲 idle

“占”状态

DMX512链路中两字段间的高电平状态。

3.39 生产商ID manufacturer ID

由中国演艺设备技术协会演出场馆专业委员会分配给生产商或组织使用的两个字节的值，与特定的备用起始码一起使用，据此确认数据包内数据的特殊用途。不使用特定备用起始码的设备将忽略此数据包。

3.40 信号合成单元 merge units

一个或多个接收器和一个或多个发送器组成的设备，能将接收到的多个DMX512数据包，根据生产商的定义逻辑组合，产生新的DMX512数据包。

3.41 传统设备 legacy

全面遵守USITT DMX512或DMX512/1990标准的发送和接收设备。（遵守DMX512/1990的非调光器的接收设备也可被认为是传统设备。）

4 电气特性和物理层

4.1 概述

除有特殊声明，本标准中的电气特性全部采用EIA-485-A标准。如与EIA-485-A有冲突，以本标准为准。

本标准规定了数据链路物理层的接地、终结方法、信号电平、电磁兼容（EMC）及连接到其他设备时意外损坏的预防。

除符合EIA-485-A的要求外，还应符合本标准第5章“标称的工作特性”和第6章“保护”的规定。

4.2 电气隔离

本标准具有 EIA－485－A 未规定的电气隔离要求，例如采用适当的光电隔离、变压器隔离或其他隔离方式，避免传输电压超过 EIA－485－A 所规定的共模电压极限（见第 5 章和第 6 章），同时与 EIA－485－A 兼容。

4.3 拓扑结构

数据链路包括单一的有源差分线路驱动器、一条接有终端器的传输线和一个或多个符合 EIA－485－A 和本标准要求的差分线路接收器。能返回状态信息的 DMX512 受控设备在本标准中称为应答设备，应答设备在本标准中列入接收设备，见附录 B。

4.4 DMX512 端口

DMX512 端口是内部电子线路和物理发送线路（电缆）之间的信号连接点，也是 EIA－485 设备间的互连点。它可以由第 7 章所定义的连接器或接线端子构成。1 个 DMX512 端口包括 4 个信号端和 1 个参考端，记作：信号 1－、信号 1＋，信号 2－、信号 2＋和数据链路公共端。

4.5 数据链路公共端和接地拓扑

第 5 章和附录 A 详细描述了接地方法。在任何情况下，DMX512 端口的数据链路公共端与 EIA－485－A 驱动器或接收器的信号公共端之间必须为低阻抗。

4.6 推荐的接地连接

DMX512 系统推荐使用参考接地的发送器和隔离接收器。在信号源端提供单点固定接地或与机壳连接，并允许发送器和接收器通过各自的建筑物接地而存在电位差。这种接地方法可保证设备正常工作，避免超过 EIA－485－A 规定的共模电压极限。详见 EIA－485－A 的 4.3.1。其他接地方法见本标准附录 A。

4.7 主数据链路

DMX512 端口的信号 1－和信号 1＋构成主数据链路，第 8 章规定了数据格式。只要符合附录 B 中增强功能的要求，允许在主数据链路上有限制地使用多个发送器以半双工方式实现双向数据传输。

4.8 辅助数据链路

可选择使用。

4.8.1 辅助数据链路——有源应用

DMX512 端口的信号 2－和信号 2＋提供了一个辅助的 EIA－485－A 数据链路，辅助链路可有许多不同的网络拓扑。只有符合附录 B 的增强功能的要求才能选择使用辅助数据链路。

4.8.2 辅助数据链路——无源通路端口

为了扩展增强功能，带有 2 个不进行数据有源处理或缓冲的 DMX512 端口（一个接收、一个发送）的设备应在这两个端口间提供直通无源连接。带有 3 个或 3 个以上 DMX512 端口的设备只为其中 2 个端口间提供直通无源连接。这 2 个端口应该按第 10 章的规定声明，同时在产品上标记。为了增强 DMX512 设备的互操作性，建议在可能的条件下在辅助链路上提供无源通路。

4.9 数据链路终结方法

DMX512 数据链路应予以终结以消除信号振荡和反射，否则可能导致正确设计的系统出现误操作。本标准要求，当数据链路被终结后，所有连接到 DMX512 数据链路的设备应能正常工作。终端电阻为 $120^{+5\%}_{-10\%}\ \Omega$，连接在信号＋和信号－之间。在推荐的链路拓扑结构中，当发送器连接在数据链路的一端时，数据链路的远端须终结；当发送器连接在数据链路的中间时，则数据链路的两端均须终结。

接收设备的生产商可以提供数据链路的内部终结，终结器件应符合本标准规定的电气性能和标记要求，其持续耐压应不小于交流 30V（50 Hz）或直流 42V。

4.10 未通电设备

连接在数据链路上的未通电 DMX512 设备应不影响 DMX512 传输系统性能、不降低数据链路上的阻抗。

5 标称的工作特性

5.1 概述

设备的运行极限应符合 EIA－485－A 的要求，对于隔离设备应给出相应的隔离极限参数。设备的所有电器特性在 DMX512 端口处测量。

5.2 电源隔离的设备的机壳

不使用电力电源的保护接地设备，如采用电池供电或低压隔离变压器供电的设备，其 DMX512 连接器的任何不带信号的外露金属部分都被认为是机壳的一部分。

5.3 发送器数据链路公共端的接地

为使 DMX512 设备能够组成复杂的大系统连接，本标准为发送器的数据链路公共端和电路公共端规定了两种可行的接地拓扑：参考地和隔离。推荐的方式是参考地。隔离在附录 A 中描述。

5.4 采用参考地的发送器

采用参考地的发送器空载时，其输出端参数应满足表1要求。

表1　采用参考地的发送器特性

测试点	极限参数（在端口引脚处测量）	备　注
信号1+到数据链路公共端或信号1-到数据链路公共端	0≤V≤DC+6V	
信号2+到数据链路公共端或信号2-到数据链路公共端	0≤V≤DC+6V	仅限于有增强功能的设备
数据链路公共端到机壳	0V	
信号1-到机壳或信号1+到机壳	0≤V≤DC+6V	
信号2-到机壳或信号2+到机壳	0≤V≤DC+6V	仅限于有增强功能的设备
信号1-到信号1+	±6V（空载）	
信号2-到信号2+	±6V（空载）	

图1为采用参考地方式的发送器端口，其特点是传输线屏蔽层（数据链路公共端）直接连接到机壳和保护地端。因此，采用参考地发送器的设备应具有保护地连接。数据链路公共端与发送器电路的电源“0V”端（电路公共端）之间的电阻（A）应小于100Ω。数据链路公共端和机壳之间的电阻（B）应小于20Ω，最好为0Ω。

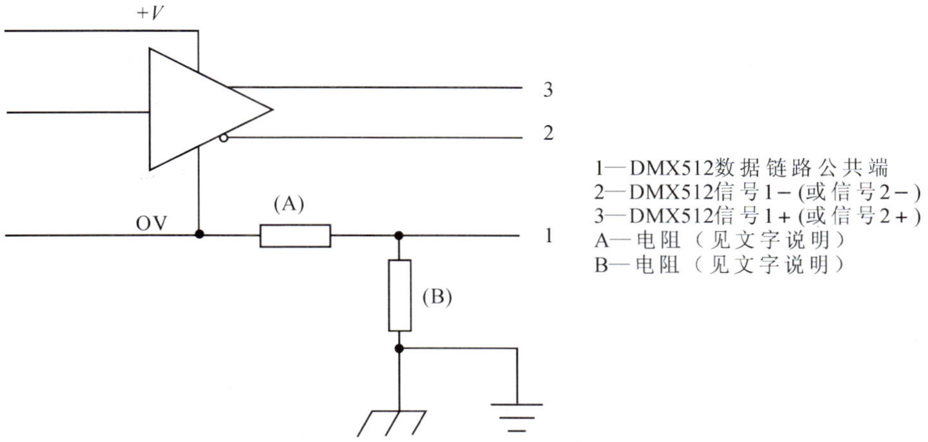

图1　采用参考地的发送器

一个DMX512设备可以有多个参考地的发送端口，这种端口可连接所有的DMX512设备，包括带有非DMX512输入、输出端口的设备。这种拓扑结构的DMX512发送器端口应按表9标识。

因为发送器采用的是接地拓扑结构，若发送器和设备内部的其他部分之间存在隔离栅，不应将其标识为隔离。

5.5　不允许使用的发送器接地方式

不允许使用图2所示的发送器接地方式，尽管EIA-485-A允许使用这种方式，但是在系统中连接的各个设备具有不

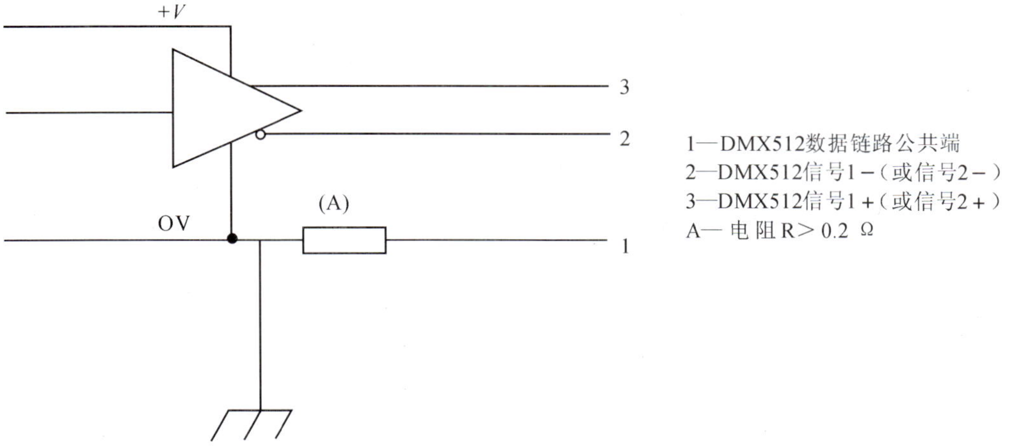

图2　不允许使用的发送器接地方式

同的接地电位时，DMX512 发送器将不能正常工作。

5.6 接收器数据链路公共端的接地

接收器采用的数据链路公共端和电路公共端的接地方式为“隔离”和“非隔离”，推荐方式为“隔离”，在特殊情况下也允许采用“非隔离方式”。非隔离和接地接收器在附录 A 中有详细的描述。

5.7 隔离接收器的特性

对于隔离设备，在数据链路公共端和机壳间可加上一个射频信号旁路电容器。在表 2 描述的条件下，设备应该能持续正常地运行。

表 2 隔离接收器的特性

测试点	极限参数（在端口的引脚处测量）	备 注
信号 1 + 到数据链路公共端或信号 1 - 到数据链路公共端	DC +12 ~ -7V	共模电压范围
信号 2 + 到数据链路公共端或信号 2 - 到数据链路公共端	DC +12 ~ -7V	仅限于有增强功能的设备
数据链路公共端到机壳	≥22mΩ （DC 42V）	
信号 1 + 到机壳或信号 1 - 到机壳	≥22mΩ （DC 42V）	
信号 2 + 到机壳或信号 2 - 到机壳	≥22mΩ （DC 42V）	仅限于有增强功能的设备
信号 1 - 到信号 1 +	DC ±6V	
信号 2 - 到信号 2 +	DC ±6V	仅限于有增强功能的设备
任一端口的引脚到机壳	AC 30V 或 DC 42V	

图 3 为一隔离接收器，任何 DMX512 隔离接收器的信号引脚相对于机壳、保护地、其他信号的输入输出端和使用参考地的电子电路，其电阻（*B*）值应大于 22mΩ（DC 42V）。数据链路公共端和机壳间可有一个射频旁路电容器（图中未显示）。在数据链路公共端和接收器电路电源“0V”端（电路公共端）间的电阻（*A*）应小于 100Ω。

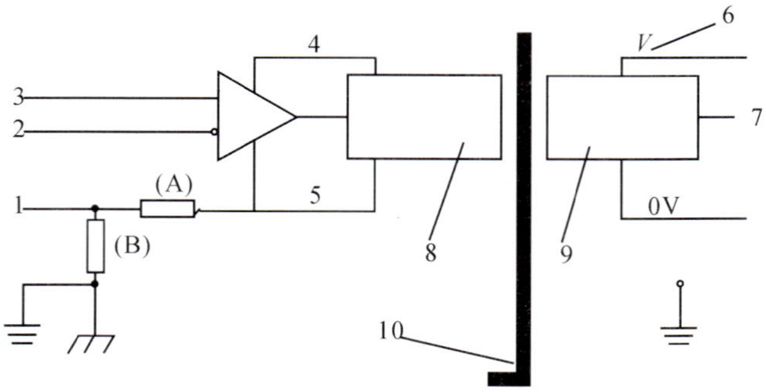

1—DMX512 数据链路公共端
2—DMX512 信号 1 - 或者信号 2 -
3—DMX512 信号 1 + 或者信号 2 +
4—隔离电源端
5—隔离“0V”端
6—电源（+或-）
7—输入/输出端
8—隔离电子电路
9—非隔离电子电路
10—隔离栅
A—电阻（见文字说明）
B—电阻（见文字说明）

图 3 隔离式接收器

采用上述连接方式的 DMX512 接收器的端口可标记为“隔离”或“ISO”。隔离接收器端口适用于所有的 DMX512 设备，包括带有非 DMX512 的输入、输出端口的设备，一个 DMX512 设备可有多个隔离接收器端口。

5.8 不允许使用的接收器接地方法

不允许使用图 4 所示的接收器接地方式，尽管 EIA - 485 - A 允许使用这种方式，但是在系统中连接的各个设备具有不同的接地电位时，DMX512 接收器将不能正常工作。

5.9 DMX512 处理设备

DMX512 处理设备的设计应遵照接收器隔离、发送器参考接地或接收器隔离、发送器隔离（见附录 A）的原则。

5.10 负载要求

根据 EIA - 485 - A，DMX512 数据链路上的发送器应可驱动 32 个单位负载，每个 DMX512 接收器应该小于或等于一个单位负载。

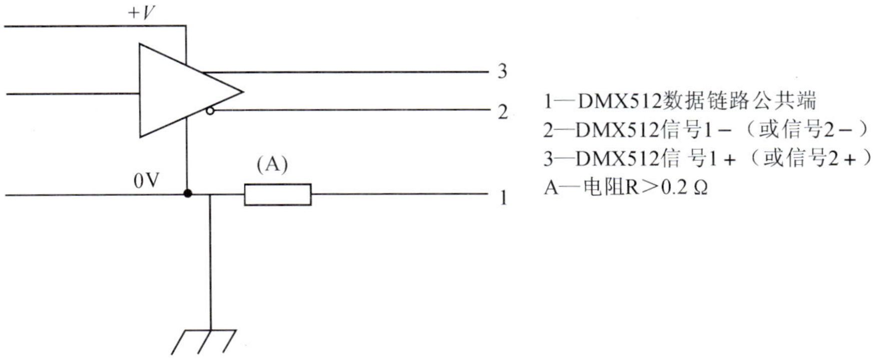

图4　不允许使用的接收器接地方式

接收器信号电压在－7～＋12V之间，每个单位负载的负载电容不大于125 pF。

不需要声明或标记单位负载。当设备的负载值大于EIA－485－A4.1中规定的直流单位负载或由电容负载引起大于单位负载时，生产商应予以声明或标记，同时也应声明电容值。

6　保护

6.1　防止互连损坏的最低保护要求

EIA－485－A标准的4.2认为某些外部因素会使整个系统处于过载状态，这些情况应在相关标准中指明。

娱乐灯光行业中临时性和便携式设备的广泛应用，使得设备频繁地连接和断开，增加误连的可能性。因此，设备应该有EIA－485－A中的4.2.5和4.2.6规定的最低限度的保护能力。

附录C是对标有“高保护DMX512－A”的DMX512端口的保护要求。但这并不否定EIA－485－A中4.2.6——瞬间过压容限的要求。

6.2　最低的静电（ESD）保护要求

任何端口都应符合IEC 61000－4－2标准的要求能经受最小4 kV ESD的接触放电和8 kV ESD的空气放电，这允许设备有短暂的功能丧失，但这些功能必须能自行恢复或受控恢复。

7　连接方法

7.1　装有供用户插拔连接器的设备

以下涉及的设备包括便携式设备。

装有供用户插拔的连接器的设备，在控制器和其他的发送端设备（主数据链路）上使用孔连接器，在接收端设备上使用针连接器。在提供通路连接的场合也应符合上述孔连接器和针连接器的使用规定。

7.1.1　连接器的要求

设备应使用5芯XLR连接器，各引脚的定义见表3。

表3　引脚定义

用　途	5芯XLR引脚	DMX512功能
公共参考	1	数据链路公共端
主数据链路	2	信号1－
	3	信号1＋
辅数据链路（可选择项　见4.8）	4	信号2－
	5	信号2＋

7.1.2　可选择的连接器

无法安装本标准要求的5芯XLR连接器时，可选用其他替代连接器，但应满足下述附加条件：

a）替代连接器不应是任一XLR类型的连接器。

b）除7.3允许外，替代连接器不应是任一标准号为GB/T15157.7—2002的8芯标准连接器。

c）使用满足本标准所有其他要求的连接器，除在设备手册中声明外，还应标记为“非兼容连接器”或“NCC DMX512－A”。如果无法在连接器上标记，应在设备其他位置标记。替代连接器的引脚号应与标准的5芯XLR连接器相一致。

d）生产商应提供替代连接器与标准5芯XLR连接器之间的转接器。

e）增强功能的 DMX512 端口上仍应标有接地或隔离标志。

7.2　固定设备的内部数据链路连接

固定设备的内部数据链路可使用 5 芯 XLR 连接器（但不应使用其他 XLR 连接器），并满足 7.1 和 7.1.1 要求。本标准不限制使用其他的非 XLR 连接器，但替代连接器的引脚号应与标准的 5 芯 XLR 连接器相一致。

具有增强功能的设备应该根据第 10 章“标志和声明”和附录 B“增强型 DMX512”的要求作标记。

7.3　GB/T15157.7—2002 的 8 芯标准连接器

标准号为 GB/T15157.7—2002 的 8 芯标准连接器（通常是指 RJ45 连接器）和相应的模块只能用在不易接触的经过允许和授权的人才能使用的固定设备上，且不经常插拔。

使用标准号为 GB/T15157.7—2002 的 8 芯连接器作为外部连接时，只允许使用在配线和数据分配产品上，且设备须固定安装在可控制的区域内。

注：可控制的区域指加锁的配电间或控制室，要进入这些区域的人必须使用钥匙。

表 4　DMX512 设备使用 RJ45 连接器的接线表

引脚号	颜　色	功　能
1	白/橙	信号 1 +
2	橙	信号 1 -
3	白/绿	信号 2 +（可选）
6	绿	信号 2 -（可选）
4	蓝	未分配
5	白/蓝	未分配
7	白/棕	信号 1 的数据链路公共端（0V）
8	棕	信号 2 的数据链路公共端（0V）

注 1：引脚编号和颜色根据 ANSI/TIA/EIA - 568 的 T568B。

注 2：即使引脚 3 和引脚 6 没有连接，引脚 8 也应连接为信号公共端，这样引脚 7 和引脚 8 为同电位。

警告：一旦错误连接到非 DMX512 设备（如以太网络集线器），很可能导致设备损坏。在电信应用中（如电话振铃），引脚 4 和引脚 5 可能带有超出 EIA - 485 - A 范围的电压。在其他应用中也会采用引脚 4 和引脚 7 提供低压直流电源（如部分生产商的某些 DMX512 中继产品），可能超出 EIA - 485 - A 规定的电压范围。由于这些不同的用法，如误接将可能导致系统的严重损坏。

8　数据传输协议

8.1　数据格式

数据传输采用异步串行格式。DMX512 字段应被顺序传输，以第 0 字段开始，以需传输的最后字段结束，最多可传输 512 个字段（最大共 513 字段）。第一个字段传送前，应发送复位序列：复位信号、复位后标记和起始码。在零起始码之后有效的 DMX512 数据字段值应为十进制 0 ~ 255。

8.2　字段格式

数据的传输格式如表 5 所示。注意没有发送校验位。

表 5　字段格式

比特位	描　述
1	起始位，低电平（空）
2 ~ 9	字段中的数据位，低位在前，高位在后
10，11	停止位，高电平（占）

8.3　复位信号

复位信号表示一个新数据包的开始。

发送器产生的复位信号被定义为占到空再到占的变化，其中空（低电平）的最小时间由表 6 给出（图 5 中的 1）。接收器应在表 7 规定的最小时间内识别复位信号（图 5 中的 1），并以此作为新数据包的开始。

8.4　复位后标记

分隔复位信号和起始码的标志定义为复位后标记（图 5 中的 2）。所有的 DMX512 发送器将产生一个复位后标记，其最小时间和最大时间见表 6 中的 2。对应的接收器应在表 7 规定的最短时间内，根据复位后标记对数据流作出正确响应。

注：USITT DMX512 标准的 1986 版本曾规定了 4 μs 长的复位后标记。USITT DMX512/1990 将该值修改为 8 μs，并增加了一个选项，如

接收器仍能识别 4 μs 长的复位后标记，可予以标明。复位后标记仍为 4 μs 的发送器，将不能与符合本标准的设备一起工作。

8.5 起始码

起始码是复位后标记之后的第一个字段（字段 0），起始码具有标识数据包中后续数据性质的功能。

8.5.1 零起始码

零起始码用于标识后续字段为无类型的串行 8 比特信息。由零起始码标识的数据包是在 DMX512 网络中发送的默认数据包。USITT 标准的早期版本曾假设零起始码数据包只发送调光器类数据。实际上，零起始码数据包已广泛地用于其他设备，本标准认可这一事实。

零起始码数据包中不包括数据类型和地址结构。设备要使用零起始码数据包中的数据必须知道数据在数据包中的位置。

不保证所有零起始码数据包都被传递到所有的设备。使用零起始码数据包的设备应是这样一种类型，即数据包丢失将不会严重影响设备的工作。因此，发送的数据应该是一个参数的当前值，而不是一个执行程序的命令。一旦控制器被设置为一种特定的应用，所有的零起始码数据包应该有相同的字段数。

8.5.2 调光器亮度等级数据

调光器亮度数据应使用零起始码数据包。有效的调光器亮度级别应该在 0 ~ 255（十六进制 00 ~ FF）之间。0 表示调光器关闭，255 表示调光器最大输出。调光器应该对 0 ~ 255 之间的 DMX512 字段值作出响应。DMX512 字段值与调光器输出之间的精确对应关系不属于本标准范围。

注：零起始码数据包是 DMX512 网络发送的默认数据包，可能会含有非调光器亮度的数据。

8.5.3 其他起始码

为了未来的扩展和使用的灵活性，提供了 255 个非零起始码（十进制的 1 ~ 255，十六进制的 01 ~ FF），即备用起始码。当需要通过 DMX512 数据链路发送专用信息时，应使用已经注册的备用起始码。

部分备用起始码被保留，见附录 D“保留的备用起始码”。

备用起始码的注册规则见附录 E“备用起始码，生产商 ID 和增强功能的注册”。

8.5.3.1 零起始码数据包的刷新

交替发送零起始码数据包和备用起始码数据包的 DMX512 发送器，每秒至少发送一次零起始码数据包。

8.5.3.2 备用起始码数据包的时间间隔

为保证中继设备不丢失必要的备用起始码数据，可以采用下述方法降低备用起始码数据包的最大刷新率。

a）将发送备用起始码数据包的最短时间提高 10%，以增加两个复位信号之间的传输时间，使之大于 8.11 定义的最小时间。

b）发送器可交替发送非必要的零起始码数据包和备用起始码数据包。

8.5.3.3 中继设备对备用起始码数据包的处理

DMX512 处理设备或任何接收并重传 DMX512 的设备应在产品手册中说明其产品处理备用起始码数据包的方法。可采用的处理方法是：

a）阻止所有含有特定备用起始码的数据包。被阻止的起始码应公布（也可以是所有的备用起始码）。

b）传输所有含有特定备用起始码的数据包。允许传输的起始码应公布。

c）处理含有特定备用起始码的数据包信息，处理方法应详细说明，供用户来决定设备是否满足其需要。

除非声明了数据的处理算法，DMX512 中继转发设备不应时而传输具有特定备用起始码的数据包，时而又阻止含有同样备用起始码的数据包。

8.5.4 起始码的处理

除中继设备外的所有接收设备，都应处理起始码，而且要处理零起始码与备用起始码数据包之间的差异。不应认为接收到的所有数据包都是零起始码数据包而忽略对起始码的处理。

8.6 最大数据字段数

每个数据链路最多传送 512 个数据字段。当需要传送更多字段时，应使用多个数据链路。

8.7 最小数据字段数

在数据链路上，没有规定最小字段数。只要满足本标准的最小定时要求（见 8.10 和图 5），少于 512 个数据字段的 DMX512 数据包都可以发送。

8.8 字段间的数据线状态

数据包中任何两个字段间的空闲时间（图 5 中的 9）可以在表 6 中 9 规定的最小值和最大值之间变化。在所有的空闲时间，数据线都应保持在占状态。

8.9 数据包之间的数据线状态（复位前标记）

在数据链路上发送的任意类型起始码、任意长度的数据包，均应以复位序列（图 5 中 12）开始，即复位信号、复位后标记和起始码。一个数据包最后字段的第 2 个停止位与下一个数据包的复位信号下降沿之间的时间（图 5 中 10）可以在最小和最大值之间变化，见表 6 中的 10。在这个时间内，数据线应保持占状态。因此，发送器不应在数据包之间产生多个复位信号。当数据链路发生错误产生多个复位信号时，接收器应具有恢复接收数据的能力。

8.10　复位信号间的间隔

发送器产生的数据包复位信号下降沿与下一复位信号下降沿之间的时间应不小于表 6 中 13 的最小值，且不大于表 6 中 13 的最大值。

当接收到的数据包其两个复位信号之间的时间符合表 7 中 13 时，接收器应能正常工作。

8.11　时序图——信号 +

时间参数应符合时序图（图 5）和与之相关的表 6 和表 7 的要求。

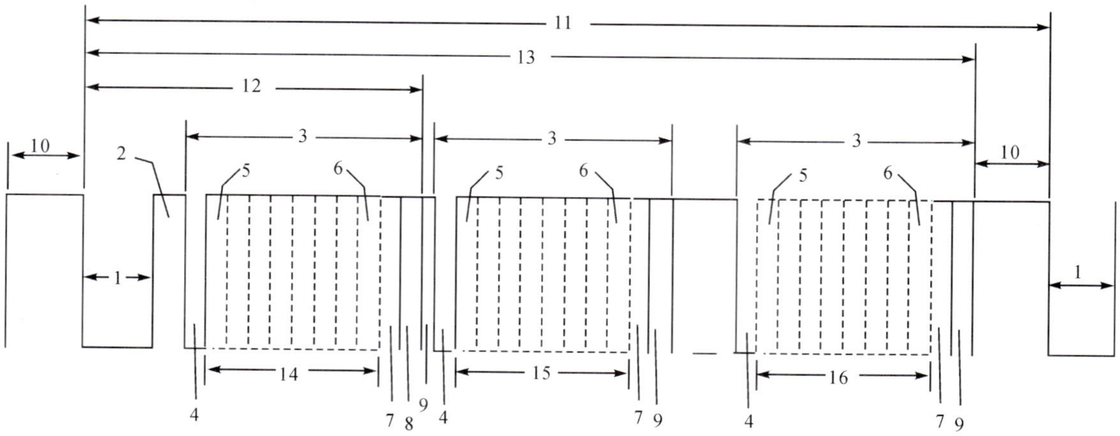

1—信号
2—复位后标记
3—字段
4—起始位
5—最低数据位
6—最高数据位
7—停止位
8—停止位
9—字段之间的占（空闲）
10—复位前标记
11—复位信号间的间隔
12—复位序列
13—DMX512 数据包
14—起始码（字段 0 数据）
15—字段 1
16—字段 n（最大为 512）

图 5　时序图

表 6　时序图参数——发送器

标　号	描　述	最小值	典型值	最大值	单　位
—	比特率	245	250	255	kbit/s
—	位时间	3.92	4	4.08	s
—	最小更新时间（513 个字段）	—	22.7	—	ms
—	最大刷新率（513 个字段）	—	44	—	1/s
1	复位信号	92	176	—	μs
2	复位后标记	12	—	<1.00	μs s
9	字段之间的占	0	—	<1.00	s
10	复位前标记	0	—	<1.00	s
11	复位信号间的间隔	1 204	—	— 1.00	μs s
13	DMX512 数据包长度	1 204	—	— 1.00	μs s

表 7　时序图参数——接收器

标　号	描　述	最小值	典型值	最大值	单　位
—	比特率	245	250	255	kbit/s
—	位时间	3.92	4	4.08	μs
—	最小更新时间（513 个字段）	—	22.7	—	ms
—	最大刷新率（513 个字段）	—	44	—	1/s
1	复位信号	88	176	—	μs
2	复位后标记	8	—	<1.00	μs s
9	字段之间的占	0	—	<1.00	s
10	复位前标记	0	—	<1.00	s
11	复位信号间的间隔	1 196	—	— 1.25	μs s
13	DMX512 数据包长度	1 196	—	— 1.25	μs s

9　接收器特性

9.1　拒绝接收错误字段

对于所有接收到的字段，接收器不但要检查第一个停止位而且应检查第二个停止位，确定它们是否正确。若没有检测到正确的停止位，应丢弃该字段以及数据包中所有后续字段。

9.2　容错和恢复

在表 7 列出的复位信号间的最大间隔内，接收器收到前一个复位序列后未接收到下一个复位序列（复位信号、复位后标记和起始码），即视为数据丢失。

尽管本标准未规定丢失数据的处理方法，但生产商应说明其丢失数据的处理方法。

注：在无法确认安全或无替换控制数据源的情况下，发生数据丢失时，接收设备应至少维持工作状态 60 s，等待 DMX512 信号的恢复。

9.3　最大刷新率下的接收性能

当接收连续发送的含有任何有效字段数的数据包时，DMX512 接收设备应能正常工作。

9.4　数据包处理过程中的延时

某些产品可能提供一些特有功能，对各个连续 DMX512 数据包进行处理或不进行处理。这样的产品在两数据包之间的数据发生变化时会有一定的延时，生产商应该按照第 10 章的要求予以声明。

10　标志和声明

在本标准中，标志是指在产品上作标识、标记等，而声明则是指在产品手册中说明或在产品上可选择的标明。

10.1　产品的标识

只有符合本标准的设备才能使用“DMX512 - A”字样来标识。

10.2　DMX512 端口标志

对于具有增强功能的 DMX512 端口应按表 B.1（附录 B）的要求标志。产品手册中应该提供标志的全部信息。

生产商应按表 3 分配引脚，并在产品表面或内部以及与安装和互连有关的端口上作详细说明或标记。在需要使用缩写的地方，只允许使用表 8 给出的符号。

表 8　在标记中允许使用的缩写符

功　能	首选缩写词	非首选缩写词
公共参考	COM	C
主数据链路——信号 1 -	D1 -	1 -
主数据链路——信号 1 +	D1 +	1 +
辅助数据链路——信号 2 -	D2 -	2 -
辅助数据链路——信号 2 +	D2 +	2 +

10.3　数据端口标志

输入、输出可切换的端口，应提供端口状态指示。

10.4　接地或隔离标志

所有的 DMX512 端口应标记数据链路公共端与接地端的关系。允许的接地方式参见表 9。

表 9　接地和隔离标志

DMX512 端口功能	相关的条款和图号	说　明	建议标记
发送器	5.4 和图 1	参考地	无标记要求，建议标记为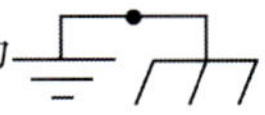
	附录 A.1 和图 A.1	隔离（见附录 A）	“隔离”或“ISO”
	附录 A.4 和图 A.4	悬浮（见附录 A）	“悬浮”或“FLT”
接收器	附录 A.2 和图 A.2	非隔离，100Ω 2W 电阻	“非隔离”或“NON - ISO”
	附录 A.3 和图 A.3	接地——附录 A.3 的让步形式	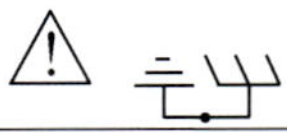
	5.7 和图 3	隔离	无标记要求；也可标记“隔离”或“ISO”
	附录 A.4 和图 A.4	悬浮	“悬浮”或“FLT”

注：尽管参考地方式的发送器和隔离方式的接收器无标记要求，但本标准强烈建议在产品上使用表中的标记。

10.5　必要的声明和标志

10.5.1　便携产品及外部装有可插拔连接器的产品

这些产品的 DMX512 端口应根据 10.2 标记，并根据 10.4 作接地或隔离标记。

如果使用了非 XLR 连接器并配有符合 7.1.2 要求转接器，应在产品手册中声明该非 XLR 连接器为非兼容连接器；如可能，应在设备上作标记。

10.5.2　带有内部数据链路连接的固定设备

内部带有 DMX512 数据链路连接端口的固定安装设备应根据 10.2 的要求对其 DMX512 端口作标记，并根据 10.4 作接地或隔离标记。

所有连接器的引脚应根据 10.2 在产品上或产品内部作标记。

10.5.3　数据丢失的处理

本标准不规定数据丢失的处理方法（第 9 章），生产商应在设备手册中说明其处理方法。

10.5.4　数据包处理中的延时

DMX512 中继处理或分配设备的生产商应说明在处理数据包过程中所具有的固有延迟，包括最坏情况下的接收和转发数据包之间的延时，并说明丢弃零起始码数据包的最大百分比。

10.5.5　零起始码功能

发送设备的生产商应在设备手册中说明零起始码数据包字段值的范围。

接收设备的生产商应对零起始码数据包的响应予以说明，应具体说明每一功能所对应的特定字段值。

10.5.6　字段量

接收设备的生产商应在产品手册中说明字段的使用数量。

11　协议执行一致性声明（PICS）

11.1　引言

执行本标准协议的供应商应完成下列协议执行一致性声明（PICS）。

11.2　执行标识

11.2.1　标识（见表 10）

表 10　标　　识

生产商	
询问有关协议执行一致性声明（PICS）信息的联系方式（注 1）	
执行名称和版本（注 1，2）	
必要的其他标识信息，如设备或操作系统的名称和版本等（注 3）	
生产商 ID（如已注册）	

注1. 必填。

2. 表中所要求的名称和版本应与供应商的术语一致（如类型、系列、型号）。

3. 可按标识要求执行。

11.2.2　协议概要（见表 11）

表 11　协议概要

协议标识	DMX512 - A
有无例外要求（Yes 表示不符合本标准）	No [ ] Yes [ ]
声明日期	

注：表中 No 为否，Yes 为是。

11.2.3　主要分类（见表 12）

表 12　主要分类

项　目	特　征	条　款	说　明	支持与否
GT	发送器——接地	4.6	推荐方式（如 No，则应符合附录 A 的要求）	No [ ]　Yes [ ]　N/A [ ]
IR	接收器——隔离	4.6	推荐方式（如 No，则应符合附录 A 的要求）	No [ ]　Yes [ ]　N/A [ ]
CHAS	电源隔离	5.2		No [ ]　Yes [ ]　N/A [ ]
EF	增强功能（辅助数据链路）	4.8.1	有源方式，如 Yes，则应符合附录 B 的要求	No [ ]　Yes [ ]　N/A [ ]
PD	处理设备			No [ ]　Yes [ ]　N/A [ ]
HPL	更高保护等级		如 Yes，则应符合附录 C 的要求	No [ ]　Yes [ ]　N/A [ ]
XLR5	可插拔连接——5 芯 XLR	7.1	如 No，则应符合 7.1.2 的要求	No [ ]　Yes [ ]　N/A [ ]
NCC	非兼容连接器	7.1.2		No [ ]　Yes [ ]　N/A [ ]
HW	固定连接	7.2		No [ ]　Yes [ ]　N/A [ ]
ASC	产生备用起始码		如 Yes，则应符合附录 D 和附录 E 的要求	No [ ]　Yes [ ]　N/A [ ]

注：表中 No 为否，Yes 为是，N/A 为无或不确定。

11.3　DMX512 - A 的协议执行一致性声明（PICS）表格（见表 13）

表 13　PICS 表格

项　目	特　征	条　款	数值或说明	强制（M）或可选（O）	支持与否
PL1	符合 EIA - 485 - A	4.1	符合	M	No [ ]　Yes [ ]
PL2	发送器——线驱动器	4.3	使用单一有源差分驱动器	M	No [ ]　Yes [ ]　N/A [ ]
PL3	接收器——线接收器	4.3	使用差分接收器	M	No [ ]　Yes [ ]　N/A [ ]
PL4	辅助数据链路	4.8.2	输入、输出端口无源使用	M	No [ ]　Yes [ ]　N/A [ ]
PL5	辅助数据链路——包括三个或三个以上的 DMX512 端口	4.8.2	可提供两个端口间的无源连接	M	No [ ]　Yes [ ]　N/A [ ]
PL6	辅助数据链路端口	4.8.2	已按第 10 章声明	M	No [ ]　Yes [ ]　N/A [ ]
PL7	辅助数据链路端口	4.8.2	产品上已作标记	M	No [ ]　Yes [ ]　N/A [ ]
PL8	数据链路终结	4.9	数据链路已终结	M	No [ ]　Yes [ ]　N/A [ ]
PL9	数据链路终结	4.9	数据链路连接终端器时，应参照生产商的规定操作	M	No [ ]　Yes [ ]　N/A [ ]
PL10	数据链路终结	4.9	信号 - 与信号 + 间连接一个 $120^{+5\%}_{-10\%}\ \Omega$ 的电阻	M	No [ ]　Yes [ ]　N/A [ ]
PL11	数据链路终结——发送器在链路一端	4.9	链路远端接终端器	M	No [ ]　Yes [ ]　N/A [ ]

（续）

项　目	特　征	条　款	数值或说明	强制（M）或可选（O）	支持与否
PL12	数据链路终结——发送器未连接在终端	4.9	链路两端均连接终端器	M	No [ ]　Yes [ ]　N/A [ ]
PL13	内部数据链路的终结	4.9		M	No [ ]　Yes [ ]
PL14	内部数据链路的终结——标记	4.9	如执行，则参照第10章要求作标记	M	No [ ]　Yes [ ]　N/A [ ]
PL15	未通电设备	4.10	未降低DMX512发送系统性能	M	No [ ]　Yes [ ]
PL16	未通电设备	4.10	未降低数据链路的阻抗	M	No [ ]　Yes [ ]
OC	运行性能	5.1	在端口间测量	M	No [ ]　Yes [ ]　N/A [ ]
GT1	接地发送器	5.4	提供保护接地连接	M	No [ ]　Yes [ ]　N/A [ ]
GT2	接地发送器	5.4 和图1	数据链路公共端与发送器电路的电源“0V”端（电路公共端）之间的电阻（*A*）小于100Ω	M	No [ ]　Yes [ ]　N/A [ ] 如No，值为_______
GT3	接地发送器	5.4 和图1	数据链路公共端和机壳间电阻（*B*）小于20Ω，最佳值为0Ω	M	No [ ]　Yes [ ]　N/A [ ] 如No，值为_______
GT4	接地发送器	5.4	发送器中可能使用了电气隔离，但未标记“隔离”或“ISO”	M	No [ ]　Yes [ ]　N/A [ ]
DTT	不允许的发送器接地拓扑	5.5	非图2的发送器	M	No [ ]　Yes [ ]　N/A [ ]
IR1	隔离接收器	5.7	接收器的端口引脚与机壳、其他输入输出端以及其他参考接地的电子线路之间的电阻（*B*）均大于22mΩ（在42V DC时）	M	No [ ]　Yes [ ]　N/A [ ] 如No，值为_______
IR2	隔离接收器	5.7	如有保护接地，接收器端口对保护接地端的电阻（*B*）大于22mΩ（在42V DC时）	M	No [ ]　Yes [ ]　N/A [ ] 如No，值为_______
IR3	隔离接收器	5.7 和图3	数据链路公共端与接收器电路的电源“0V”端（电路公共端）之间的电阻（*A*）小于100Ω	M	No [ ]　Yes [ ]　N/A [ ] 如No，值为_______
DRT	不允许的接收器接地拓扑	5.8	非图4的接收器	M	No [ ]　Yes [ ]　N/A [ ]
LDT	发送线路负载	5.10	发送器可以驱动32个单位负载	M	No [ ]　Yes [ ]　N/A [ ]
LDR1	发送线路负载	5.10	接收器≤1单位负载	M	No [ ]　Yes [ ]　N/A [ ]
LDR2	发送线路负载	5.10	当接收器工作于信号电压-7～+12V之间，每个单位负载的负载电容不大于125 pF	M	No [ ]　Yes [ ]　N/A [ ]
LDM	单位负载标记	5.10	当负载电阻大于EIA-485-A中4.1规定的直流单位负载或因容性负载引起超过单位负载值时，予以声明或标记	M	No [ ]　Yes [ ]　N/A [ ] 如Yes，值为_______
LDMC	电容单位负载标记	5.10	已说明或标记电容值	M	No [ ]　Yes [ ]　N/A [ ] 如Yes，值为_______

（续）

项　目	特　征	条　款	数值或说明	强制（M）或可选（O）	支持与否
ESD	静电保护	6.2	据 IEC 610004－2 标准的要求，生产商保证设备能够经受最小 4 kV ESD 的接触放电和 8 kV ESD 的空气放电	M	No [ ]　Yes [ ]
CM1	连接方式——可插拔发送器	7.1	孔连接器	M	No [ ]　Yes [ ]　N/A [ ]
CM2	连接方式——可插拔接收器	7.1	针连接器	M	No [ ]　Yes [ ]　N/A [ ]
CM3	连接方式——通路连接	7.1	针形输入、孔形输出	M	No [ ]　Yes [ ]　N/A [ ]
NCC0	允许非兼容连接器	7.1.2	XLR－5 芯连接器无法使用	M	No [ ]　Yes [ ]　N/A [ ] 如 Yes，则连接器型号为______
NCC1	使用非兼容连接器	7.1.2－a	非 XLR 类型的连接器	M	No [ ]　Yes [ ]　N/A [ ]
NCC2	使用非兼容连接器	7.1.2－b	选用的连接器不是 RJ45，如是 RJ45 应符合 7.3 的要求	M	No [ ]　Yes [ ]　N/A [ ] （注：如采用 RJ45，应选 No；既非 RJ45 又非 XLR，选 N/A）
NCC3	使用非兼容连接器	7.1.2－c	已声明或标记“非兼容连接器”或“NCC”	M	No [ ]　Yes [ ]　N/A [ ]
NCC4	使用非兼容连接器	7.1.2－d	已提供与 XLR－5 之间的转接器	M	No [ ]　Yes [ ]　N/A [ ]
NCC5	使用非兼容连接器	7.1.2－e	已声明增强功能、接地或隔离	M	No [ ]　Yes [ ]　N/A [ ]
FIC1	使用 XLR－5 连接器的固定设备	7.2	只使用 XLR－5	M	No [ ]　Yes [ ]　N/A [ ]
FIC2	用 XLR 连接器连接固定设备	7.2	如果使用 XLR－5，则符合 7.1、7.1.1 和 7.1.2 的要求	M	No [ ]　Yes [ ]　N/A [ ]
FIC3	固定设备连接	7.2	已按第 10 章和附录 B 标记增强功能	M	No [ ]　Yes [ ]　N/A [ ]
RJ45U	使用标准号为 GB/T15157.7—2002 的 8 芯模块连接器	7.3	仅限在不经常插拔的固定设备上使用	M	No [ ]　Yes [ ]　N/A [ ]
RJ45A	标准号 GB/T15157.7—2002 的 8 芯模块连接器的操作	7.3	非经授权、非专业的人员不可操作，且不经常插拔	M	No [ ]　Yes [ ]　N/A [ ]
RJ45C	标准号 GB/T15157.7—2002 的 8 芯模块连接器的连线	7.3 和表 4	按表 4 连接	M	No [ ]　Yes [ ]　N/A [ ]
DF1	数据格式	8.1	异步串行（从字段 0 到最后字段，最多 513 个字段）	M	No [ ]　Yes [ ]
DF2	数据格式	8.1	发送复位序列	M	No [ ]　Yes [ ]　N/A [ ]
DF3	数据格式	8.1	字段有效字段值为十进制 0～255	M	No [ ]　Yes [ ]
DCD1	调光等级值	8.5.2	有效调光值为十进制 0～255（00h～FFh）	M	No [ ]　Yes [ ]　N/A [ ]
DCD2	调光等级值	8.5.2	0 为调光器关断，255 为满度输出	M	No [ ]　Yes [ ]　N/A [ ]

（续）

项　目	特　征	条　款	数值或说明	强制（M）或可选（O）	支持与否
DCD3	调光等级值	8.5.2	DMX512的字段值从0～255变化，调光器从关断渐变到满度输出	M	No [ ]　Yes [ ]　N/A [ ]
ASC1	备用起始码	8.5.3	为专用信息注册备用起始码	M	No [ ]　Yes [ ]　N/A [ ]
ASC2	备用起始码与零起始码交替刷新	8.5.3.1	每秒至少发送一次零起始码数据包	M	No [ ]　Yes [ ]　N/A [ ]
ASC3	备用起始码 ——时间间隔	8.5.3.2	使用两种方法中的一种	M	No [ ]　Yes [ ]　N/A [ ] 如Yes，方法是________
ASC4	备用起始码 ——中继处理	8.5.3.3	已声明备用起始码的处理方法	M	No [ ]　Yes [ ]　N/A [ ] 如Yes，方法是________
ASC5	备用起始码 ——中继处理	8.5.3.3	已声明了处理算法，否则不传输具有特殊备用起始码的数据包	M	No [ ]　Yes [ ]　N/A [ ] 如Yes，方法是________
ASC6	备用起始码	8.5.3.3	已声明了处理算法，否则DMX512中继发送器不传输具有特殊备用起始码的数据包	M	No [ ]　Yes [ ]　N/A [ ] 如Yes，方法是________
SCP	起始码的处理	8.5.4	除了中继处理设备，所有的接收器都处理起始码并辨别零起始码数据包和备用起始码数据包之间的差别	M	No [ ]　Yes [ ]
SCI	起始码的忽略	8.5.4	未忽略对起始码的识别（未认为接收到的数据包都是零起始码）	M	No [ ]　Yes [ ]
DLS1	数据链路对字段的支持	8.6	数据链路最多支持513个字段	M	No [ ]　Yes [ ]
DLS2	多数据链路	8.6	超过513个字段（512数据字段）采用多数据链路	M	No [ ]　Yes [ ]
DLS3	数据链路字段最小值	8.7	能支持少于513个字段	M	No [ ]　Yes [ ]
LSBS1	两字段间的线路状态	8.8	保持占状态	M	No [ ]　Yes [ ]
LSBP2	数据包之间的线路状态	8.9	在整个复位前标记期间保持占状态	M	No [ ]　Yes [ ]
LSBP3	数据包之间的线路状态	8.9	在两个数据包之间发送器不产生多个复位信号	M	No [ ]　Yes [ ]
LSBP4	多个复位信号	8.9	当数据链路发生错误产生多个复位信号时，接收器具有自恢复能力	M	No [ ]　Yes [ ]
TD	时序图	8.11、图5	DMX512字段和数据包格式	M	No [ ]　Yes [ ]
TT	发送器时序	8.11、表6		M	No [ ]　Yes [ ]
RT	接收器时序	8.11、表7		M	No [ ]　Yes [ ]
IFS1	不正确的字段	9.1	检查第一个停止位	M	No [ ]　Yes [ ]
IFS2	不正确的字段	9.1	丢弃丢失停止位的字段和数据包中所有后续字段	M	No [ ]　Yes [ ]　N/A [ ]
LDH	数据丢失的处理	9.2、10.5.3	说明数据丢失的处理方法	M	No [ ]　Yes [ ]
RPM	最大数据刷新率下的接收器性能	9.3	接收任何有效数据包时接收器能正常工作	M	No [ ]　Yes [ ]

（续）

项　目	特　征	条　款	数值或说明	强制（M）或可选（O）	支持与否
PPL	数据包处理中的延时	9.4、10.5.4	已声明数据处理的延时	M	No [ ]　Yes [ ]
EFP1	增强功能端口标记	10.2、10.5.1 和 10.5.2	增强功能端口已作标记	M	No [ ]　Yes [ ]
EFP2	增强功能端口声明	10.2、10.5.1 和 10.5.2	已声明增强功能端口	M	No [ ]　Yes [ ]　N/A [ ]
PM1	端口标记 ——信号分配	10.2、表 8、10.5.2	信号标识	M	No [ ]　Yes [ ]　N/A [ ]
PM2	端口标记 ——信号分配缩写	10.2、表 8、10.5.2	信号标识缩写	M	No [ ]　Yes [ ]　N/A [ ]
DLTM	数据链路端口标记	10.3	可切换端口标记	M	No [ ]　Yes [ ]　N/A [ ]
GIM	接地或隔离标记	10.4、表 9、10.5.1 和 10.5.2	已按表 9 标记端口的接地或隔离	M	No [ ]　Yes [ ]　N/A [ ]
NSC1	零起始码功能	10.5.5	发送器已声明数据值的全部范围	M	No [ ]　Yes [ ]　N/A [ ]
NSC2	零起始码功能	10.5.5	接收器已声明对零起始码字段值的响应	M	No [ ]　Yes [ ]　N/A [ ]
SFD	字段量说明	10.5.6	接收器已声明使用的字段量	M	No [ ]　Yes [ ]　N/A [ ]

注：表中 No 为否，Yes 为是，N/A 为无或不确定。

附录 A
（规范性附录）
非首选（供选择）的接地拓扑

A.1 隔离发送器

当使用有较大的共模电压的接地接收器的传统设备时，本标准允许使用隔离端口的发送器。

图 A.1 是一个隔离发送器端口。作为隔离发送器，DMX512 输出端口的任一信号引脚与机壳和保护接地间的电阻 B 在直流 42V 时应大于 22mΩ。如存在其他信号的输入/输出端，任一 DMX512 的信号引脚与其他信号输入/输出端间的电阻在直流 42V 时也应大于 22mΩ。发送器的电源以及与电源直连的电路应与接地端以及与接地端连接的电路相隔离，其隔离水平至少应满足信号输出的要求。数据链路公共端与发送电路的电源“0V”端（电路公共端）的电阻 A 应小于 100Ω。数据链路公共端和机壳间可加射频信号旁路电容（图中未显示）。隔离发送器特性见表 A.1。

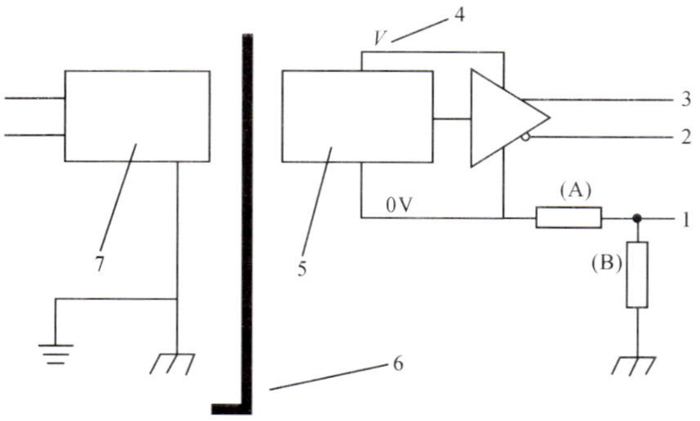

图 A.1 隔离发送器

表 A.1 隔离发送器特性

测试端	极限值（端口引脚间测量）	备注
信号 1－到数据链路公共端或 信号 1＋到数据链路公共端	±6V	共模
信号 2－到数据链路公共端或 信号 2＋到数据链路公共端	±6V	仅限增强功能设备
数据链路公共端到机壳	>22Ω（DC 42V）	
信号 1－到机壳或 信号 1＋到机壳	>22Ω（DC 42V）	
信号 2－到机壳或 信号 2＋到机壳	>22mΩ（DC 42V）	仅限增强功能设备
信号 1－到信号 1＋	±6V	
信号 2－到信号 2＋	±6V	仅限增强功能设备
任何端口到机壳	AC 30V 或 DC 42V	

一个 DMX512 设备的隔离发送器端口数目不限。

遵照此拓扑结构的发送器应标注“隔离”或“ISO”。

A.2 非隔离接收器

虽不是首选的拓扑，但其共模容错性比其他接地或非隔离拓扑有了相当大的改进。在此拓扑中，数据链路公共端和机壳间的电阻 *B* 为 100Ω，此电阻的额定功率不小于 2W，数据链路公共端和机壳间不能再有其他连接。设备的机壳与经 DMX512 传输线的屏蔽层连接的其他设备机壳间存在共模电压，此共模电压产生的电流会在电阻 *B* 上产生压降，此压降能有效地减少接收器中的共模电压。数据链路公共端与接收器电路的电源“0V”端（电路公共端）的总电阻A应小于100Ω。非隔离接收器的特性见表A.2。

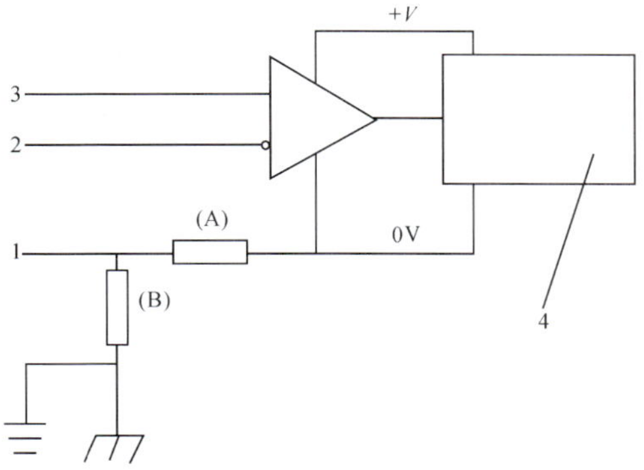

图A.2　非隔离接收器

一个DMX512接收器可有任意个非隔离端口，当存在很多端口时，总并联电阻B为100Ω。

表A.2　非隔离接收器的特性

测试端	极限值（端口引脚间测量）	备注
信号1－到数据链路公共端或 信号1＋到数据链路公共端	DC＋12～－7V	共模
信号2－到数据链路公共端或 信号2＋到数据链路公共端	DC＋12～－7V	仅限增强功能设备
信号链路公共端到机壳	100Ω	注1
信号1－到机壳或 信号1＋到机壳	DC＋12～－7V	
信号2－到机壳或 信号2＋到机壳	DC＋12～－7V	仅限增强功能设备
信号1－到信号1＋	±6V	
信号2－到信号2＋	±6V	仅限增强功能设备
任何端口到机壳	N/A	

注1：此项非电压参数。

为了限制因微小的接地电位差在传输线的屏蔽层中产生电流，生产商可在机壳和数据链路公共端之间安装一个(100±20)Ω的电阻，减少接收器中的共模电压。

惟一可直接连接到这个拓扑上的输出是单个无源DMX512通路端口，除非符合附录A.4的要求，否则此拓扑上不能连接任何其他输入/输出端口。

A.3　接地接收器

在隔离费用难以承受的低档接收器上允许使用图A.3所示的拓扑结构，它要求数据链路公共端直接与保护接地直接相连。这不是推荐的方法，因此需要在产品上作标志，并在使用手册上有专门说明。

这个拓扑结构以传输线屏蔽层（数据链路公共端）与机壳和保护接地的直连为特征，因此，使用参考接地的接收器应连接保护接地。数据链路公共端和接收器电路的电源“0V”端（电路公共端）间的电阻A应小于100Ω。

此拓扑的端口应按照10.5的要求标记和声明。

A.4　悬浮设备数据链路公共端的接地

图A.4是一种悬浮拓扑，悬浮模式是一个既可输入又能输出的拓扑，也是一个额外允许的拓扑，经常会把它与隔离的DMX512拓扑相混淆，因与隔离拓扑相似，输入或输出端口的信号引脚与机壳和保护接地（如有）的电阻（B）在42V直流电压时应大于22mΩ。它与隔离拓扑不同在于它不要求DMX512输入/输出间的隔离，DMX512数据链路输入端口的公共端与输出端口的公共端之间的电阻应小于0.2Ω。数据链路公共端与机壳间可加上一个射频旁路电容（图中未显示）。任何数据链路的公共端与发送器或接收器电路的电源“0V”端（电路公共端）间的电阻（A）应小于100Ω。

运用这种拓扑的设备的接地由与其相连的设备决定，因此，此拓扑不应用于提供参考接地的非DMX512输入、输出端口，除非这些端口与 DMX512 线路间的隔离阻抗大于 22mΩ。悬浮设备的输入、输出端口都应有“悬浮”或“FLT”标志，一个设备只能有一个悬浮的 DMX512 接收端口。

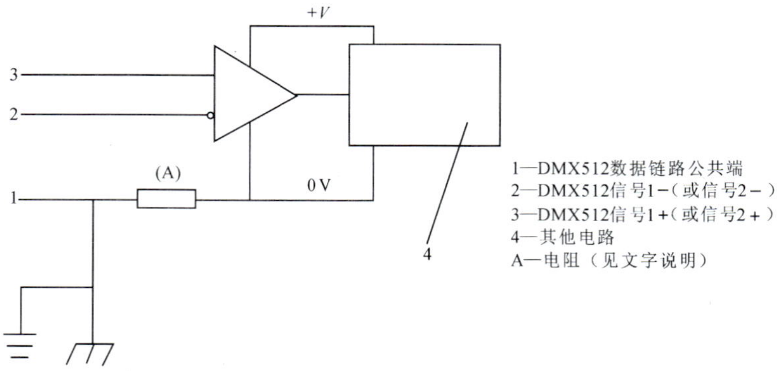

图 A. 3　接地接收器

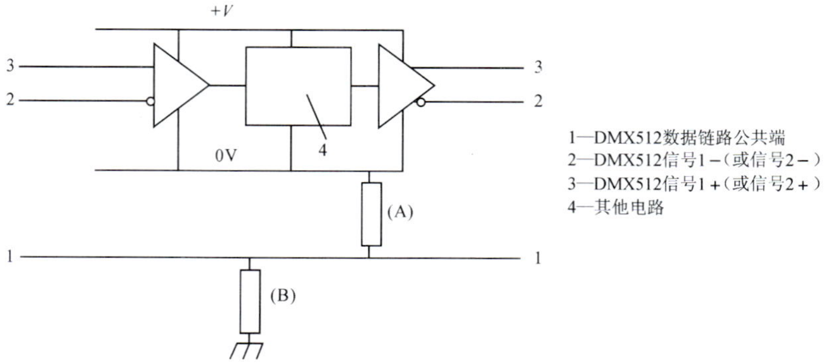

图 A. 4　DMX512 悬浮装置

附录 B
（规范性附录）
增强型 DMX512

B.1　概述

大多数传统设备完全不使用辅助数据链路，近年来辅助数据链路已有多种使用，有些使用是合理的，但有些使用明显不符合 EIA－485－A 标准，且随电气要求和数据协议的不同而变化。本标准的目的之一是规范辅助数据链路的使用，使以往只能单一用途而禁止其他用途的情况不再出现，但不是所有以往的用法都能继续使用。

增强功能的网络拓扑用 EF 来标识，本标准支持 4 种 EF 拓扑。EF 拓扑的引入不会削弱主数据链路功能的兼容性，无论是否使用 EF 拓扑，所有 DMX512 发送器和接收器都可以在主数据链路中交换 DMX512 数据，所有 DMX512 设备间的互连都不会引起损坏，且与正常的传统设备间的连接也不应发生损坏。

本标准中，可以返回状态信息的 DMX512 控制设备被当作应答设备，这种应答设备不属于发送设备。

B.2　增强功能拓扑汇总

表 B.1 是增强功能拓扑的汇总表，主数据链路（信号 1－和信号 1＋）的数据格式要符合 DMX512－A 标准。

表 B.1　增强功能拓扑

EF#	符号（可选择）	描　述	备　注
1	←→ ▬	主数据链路上有半双工 EIA－485－A 信号；主数据链路上返回信号功能受注册的备用起始码控制；辅助数据链路无功能	
2	→ ←	主数据链路上有单向 DMX512 数据（EIA－485－A 信号）；辅助数据链路上有返回的 EIA－485－A 信号	
3	→ ←→	主数据链路上有单向 DMX512 数据（EIA－485－A 信号）；辅助数据链路上有半双工 EIA－485－A 信号	参见生产商的说明书
4	←→ ←→	两条数据链路上都有半双工 EIA－485－A 信号；主数据链路上的返回信号功能受注册的备用起始码控制	

注：单向数据传输遵照发送设备规定。

产品上不同的 DMX512 物理端口可能有不同的 EF 拓扑，应按第 10 章的要求予以声明和标记。

B.3　增强 DMX512 数据协议的标识

EF 拓扑规定了数据链路的电气特性和运行模式，但未对数据结构或协议作详细说明，数据结构或协议采用 EF 后的注册号来识别，注册号与 EF 数字间用圆点隔开。中国演艺设备技术协会演出场馆设备专业委员会将负责此注册工作（见附录 D 和附录 E），以 0 结尾的号码被保留为本标准未来发展使用（如 EF1.0、EF1.10、EF2.20）。

B.3.1　EF1 半双工 DMX512——主数据链路的双向使用

在主数据链路中双向传送数据的系统定义为 EF1，这种系统应能在主数据链路上同时发送零起始码的 DMX512 数据包和回传由备用起始码控制的返回数据，对 EF1 设备使用零起始码数据包的功能无特殊要求，而是由 EF 协议自行规定。

EF1 系统在主数据链路中使用主从轮询工作模式，因此接收设备不主动发送数据包，除非接收到控制器发出的某种备用起始码数据包的指令，所有应答数据包以备用起始码开始，一旦设置完成，使用 EF1 的所有功能应使用无冲突的数据协议。

EF1 系统中的任何数据包应遵照 DMX512 数据包的正常时序和定时限值，也可以有其他的时序，但应由所选协议决定，任何其他时序不属于本标准范围。

B.3.1.1　EF1 双向信号分配放大器

使用 EF1 拓扑的系统要求配置有信号分配和返回数据接收的双向电路，该电路应能控制主数据链路中数据流的方向，这种电路的设计要求对协议的时序有深入的了解。双向信号分配放大器的设计不属于本标准范围。

B.3.1.2　EF1 系统的终结

EF1 主数据链路的终结应符合 4.9 的电气要求。此外，EF1 系统要求对主数据链路的每个终端予以终结，因此，EF1 控制器和其他发送设备都应提供终结主数据链路的装置。这种终结装置可能需要特定的偏置电路或其他方法来确保返回数据的完整，这不属于本标准范围。

B. 3. 2　全双工的 DMX512

EF2 拓扑使用辅助数据链路为受控设备的返回信息提供一条数据通路。辅助回路的数据从受控设备向控制器单向流动。此数据链路工作在多发送器、多点模式。在此模式中，主、辅数据链路组合成一个全双工的数据链路。

每个应答设备应有一个 EIA - 485 - A 发送器用作辅助数据链路的控制驱动器，使每个应答设备在发送应答数据时可以控制辅助数据链路的状态。一旦设置后，一次只能启动一个应答设备，一个应答设备退出与另一个应答设备启动的间隔至少为一个比特时间。通常，线驱动器可在发送之前的一个比特时间内启动，发送最后一个比特后的一个比特的时间内关闭。

应用 EF2 的任何功能应使用无冲突数据协议，EF2 协议的结构应允许使用信号分配放大器，信号分配放大器应符合 B. 3. 2. 2 的要求。

B. 3. 2. 1　EF2DMX512 端口的连接

带有接收和发送功能的两个 DMX512 端口的 EF2 应答设备要为信号 2 - 和信号 2 + 提供一个直接的无源通路（参见 4. 8. 2），这个应答设备的发送器应连接到此无源通路，如有 3 个或 3 个以上 DMX512 端口的设备应根据功能需要连接端口，端口连接方式应在产品手册中详细说明。有 3 个或 3 个以上端口的设备应有两个端口连成一个通路连接。

B. 3. 2. 2　EF2 的双向信号分配放大器

使用 EF2 拓扑的系统要求有信号分配放大和返回数据接收双向电路。DMX512 的主数据链路可以进行分支以及像标准的 DMX512 一样单独缓冲。返回数据的接收器将被“线或”到一个单元。这个返回的数据组合信号用作数据监视。

双向信号分配放大器不应作任何数字处理，因为有些应答协议要依靠 DMX512 的输出与返回数据同步。

B. 3. 2. 3　EF2 数据链接的终结

应依照 4. 9 的要求对 EF2 系统的主数据链路进行终结，辅助数据链路两端都应予以终结并符合 4. 9 的要求。因此，EF2 控制器和其他发送设备应该提供辅助数据链路的终结装置，这种终结装置可能需要特定的偏置电路或其他方法来确保返回数据的完整，这不属于本标准范围。

B. 3. 3　辅助数据链路上的 EF3 半双工通信

EF3 定义为在辅助数据链路上双向发送数据，主数据链路发送标准的单向 DMX512 信号。

B. 3. 3. 1　EF3 的双向信号分配放大器

使用 EF3 拓扑的系统要求有信号分配和返回数据接收双向电路，这个电路应能控制辅助数据链路中数据流的方向，信号分配和返回数据接收双向电路的设计要求对协议的时序有深入的了解。此电路的设计不属于本标准范围。

B. 3. 3. 2　EF3 的数据链路的终结

应依照 4. 9 的要求对 EF3 系统的主数据链路进行终结，同时辅助数据链路的两端也应予以终结并符合 4. 9 的要求。因此，EF3 控制器和其他发送设备应该提供辅助数据链路的终结装置，这种终结装置可能需要特定的偏置电路或其他方法来确保返回数据的完整，这不属于本标准范围。

B. 3. 4　EF4

主数据链路和辅助数据链路都可双向发送数据的系统为 EF4。两个数据链路都要符合 B. 3. 1（EF1）的要求和 EIA - 485 - A 的要求，只是辅助数据链路的使用是可选择的。

B. 3. 5　其他电气要求

使用 EF 拓扑可能会有另外的电气要求。这些要求不属于本标准范围。

附录 C
（规范性附录）
更高保护等级——高保护 DMX512 – A

一些生产商认为 DMX512 端口的保护要求应比 EIA – 485 – A 中所规定的更高，很多半导体生产商认可更高保护的必要，也生产出了“容错收发器”。表 C.1 和表 C.2 列出了高保护 DMX512 端口的最低要求，如果生产商的 DMX512 端口达到这些要求，则可认为是“高保护 DMX512 – A”。

表 C.1　发送器保护

测试端	最低保护限值		
信号 1 – 到数据链路公共端或 信号 1 + 到数据链路公共端	AC 30V 或 DC ±42V		
信号 2 – 到数据链路公共端或 信号 2 + 到数据链路公共端	AC 30V 或 DC ±42V		
信号 1 – 到信号 1 +	AC 30V 或 DC ±42V		
信号 2 – 到信号 2 +	AC 30V 或 DC ±42V		
	参考接地	隔离	悬浮
数据链路公共端到机壳	<0.2Ω	N/A	N/A
其他非数据链路公共端引脚到机壳	AC 30V 或 DC ±42V	N/A	N/A
任何端口引脚到机壳	N/A	AC 30V 或 DC ±42V	30V AC 或 DC ±42V

表 C.2　接收器保护

连接	最低保护限值		
信号 1 – 到数据链路公共端或 信号 1 + 到数据链路公共端	AC 30V 或 DC ±42V		
信号 2 – 到数据链路公共端或 信号 2 + 到数据链路公共端	AC 30V 或 DC ±42V		
信号 1 – 到信号 1 +	AC 30V 或 DC ±42V		
信号 2 – 到信号 2 +	AC 30V 或 DC ±42V		
	参考接地	隔离	悬浮
数据链路公共端到机壳	见注 1	N/A	N/A
其他非数据链路公共端引脚到机壳	AC 30V 或 DC ±42V	N/A	N/A
任何端口引脚到机壳	N/A	AC 30V 或 DC ±42V， 100mΩ（DC 50V）	AC 30V 或 DC ±42V， ≥22mΩ（DC 50V）

注 1：非电压参数，附录 A.2（接收器特性）允许生产商在机壳和数据链路公共端间安装一个电阻限制因微小接地电位差引起的传输线屏蔽层中电流，这种电阻应能承受 EIA – 485 规定的直流 –7 ～ +12V 连续的共模电压。

附录 D
（规范性附录）
保留的备用起始码

D.1 保留的备用起始码

一些备用起始码被保留作特殊用途或将来的发展，备用起始码 92 ~ A9（十进制 146 ~ 169）和 AB ~ CD（十进制中的 171 ~ 205）的使用需经中国演艺设备技术协会演出场馆设备专业委员会批准（见表 D.1）。生产商不应宣传或出售使用备用起始码 F0 ~ F7（十进制中的 240 ~ 247）的产品。

表 D.1 保留的备用起始码

备用起始码		用 途	备 注
十六进制	十进制		
17h	23	文本包	见附录 D.2
55h	85	测试包	见附录 D.3
90h	144	保留用作将来扩充	
91h	145	供厂商或组织特殊使用，后跟 2 个字节的生产商 ID 代码，代码发送顺序为先高位后低位。生产商 ID 后的字节一般为生产商的子代码	生产商 ID 代码是一种识别码，其后的数据包是该单位独有，其他单位产品对此应忽略
92h ~ A9h	146 ~ 169	供未来标准修订之用	目前不能使用
ABh ~ CDh	171 ~ 205	供未来标准修订之用	目前不能使用
CFh	207	系统信息数据包	见附录 D.4
F0h ~ F7h	240 ~ 247	供生产商或组织在注册备用起始码期间为产品研发临时使用	不允许在销售产品中使用

D.2 备用起始码文本数据包

备用起始码 17h（十进制 23）用于发送特定文本（字段 3 ~ 512）数据包。备用起始码文本数据包的目的是允许设备发送显示格式的诊断信息。

字段分配如下：

字段 1：页码，共 256 文本页。

字段 2：每行字符数，发送设备用之来格式化文本的每行字符数。字段值为 0 即表示此项被忽略。

字段 3 ~ 512：连续显示的 ASCII 字符。允许使用 ISO/IEC 646 标准字符集中所有字符，凡有 DMX512 文本显示器的场合都可以显示。字段值为 0 将结束 ASCII 字符串，其后的所有字段全部忽略，直到下一个复位序列。

D.3 备用起始码测试数据包

备用起始码 55 h（十进制 85）用于特定的具有 512 个数据字段的测试数据包，其所有的字段值为 55h（十进制 85）。测试数据包从复位信号到第 513 个字段的停止位的全部发送时间不应大于 25ms。测试数据包在反复传送过程中，复位前标记应不大于 88μs，测试数据包的复位信号应大于等于 88μs，小于等于 120μs。复位后标记应大于等于 8μs，小于等于 16μs。

D.4 系统信息数据包（SIP）备用起始码

备用起始码 CFh（十进制 207）保留给系统信息数据包。系统信息数据包中包括有数据链路上前面刚发送的零起始码数据包的校验和和其他控制信息。零起始码数据包与带有校验和的系统信息数据包间不能发送其他数据包。

D.4.1 应用

鼓励控制器生产商发送系统信息数据包，系统信息数据包既可作为常规的系统信息处理，也可与特定的测试数据包相结合作为系统测试功能的一部分。目前 DMX512 设备测试存在的问题之一是它须用静态测试数据包做测试，不能在控制器实际演出运行时作测试。系统信息数据包的交替发送一定程度上有助于现场测试，特别是同时发送一个或多个测试数据包到能识别系统信息数据包的接收设备。

注：如果系统要求一个更可靠的数据链路，生产商可以选择在每一个常规数据包后面发一个系统信息数据包的方法，虽然这会降低数

据的发送速率，但它可以用于发送少于512个字段的DMX512数据包或刷新率不要求为最大值的情况。

D.4.2 系统信息数据包的格式

系统信息数据包的长度是24个字段，格式如表D.2，但接收器应最多能接收255个字段的系统信息数据包，以备以后扩充。

D.4.3　系统信息数据包校验和指示器

发送器发送的字段1的值为24，即为本标准中系统信息数据包的长度。接收器应根据收到的字段1中的值建立系统信息数据包校验和位置的偏移量。

表D.2　系统信息数据包（SIP）格式

字　段	定　义	参考条款
1	系统信息数据包字节数或系统信息数据包校验和位置指示器（有效值为24）	D.4.3
2	控制位	D.4.4
3	上一个数据包16位累加检验和的高8位	D.4.5
4	上一个数据包16位累加检验和的低8位	D.4.5
5	系统信息数据包序列号	D.4.6
6	DMX512数据链号	D.4.7
7	DMX512处理级别	D.4.8
8	发送此系统信息数据包的软件版本	D.4.9
9	标准数据包长度值的高8位	D.4.10
10	标准数据包长度值的低8位	D.4.10
11	自上一系统信息数据包后原发设备所发送的数据包数的高8位	D.4.11
12	自上一系统信息数据包后原发设备所发送的数据包数的低8位	D.4.11
13	数据包原发设备生产商ID代码的高8位	D.4.13
14	数据包原发设备生产商ID代码的低8位	D.4.13
15	第二发送设备生产商ID代码的高8位	D.4.13
16	第二发送设备生产商ID代码的低8位	D.4.13
17	第三发送设备生产商ID代码的高8位	D.4.13
18	第三发送设备生产商ID代码的低8位	D.4.13
19	第四发送设备生产商ID代码的高8位	D.4.13
20	第四发送设备生产商ID代码的低8位	D.4.13
21	第五发送设备生产商ID代码的高8位	D.4.13
22	第五发送设备生产商ID代码的低8位	D.4.13
23	保留作将来备用——发送0	
24～（nn－1）	保留作将来备用	D.4.2
nn（max 255）	系统信息数据包的8位累加校验和	D.4.14

D.4.4　控制位（见表D.3）

表D.3　控制位

d7	d6	d5	d4	d3	d2	d1	d0
保留 发送0	保留 发送0	保留 发送0	保留 发送0	保留 发送0	保留 发送0	前一数据包为备用起始码时设置为1	后续零起始码数据包验证控制位如需要则设置为1

D.4.4.1　后续零起始码数据包控制位d0

后续零起始码数据包保持控制位的处理是可选的。当此标志位被置位（＝1），接收器收到此系统信息数据包后面的零起始码数据包时应先将其保持不确定状态，直至收到下一系统信息数据包中的校验和获得验证。如果收到一个未以系统信息数据包为前导的零起始码数据包，接收器则回复到立即处理模式。

D.4.4.2　前一数据包标志位 d1

如前一数据包是备用起始码数据包则被置位（=1）。

D.4.5　校验和

前一数据包中包括起始码在内所有字段 16 位累加和的 1 的补码。

D.4.6　系统信息数据包序列号

用于系统信息数据包计数的 8 位自运行计数器，每发一个系统信息数据包，计数器加 1，确保系统信息数据包未被丢失。

D.4.7　原发数据链号

用于表示数据链路中数据原发设备发送的当前 DMX512 数据链的序号，取值为 01h ~ FFh（十进制 1 ~ 255），不使用 00h。

D.4.8　DMX512 处理级别

这个字段用于表示后续控制器对数据包的处理级别，数据包的原发设备应将此项设为 00h。每经过一次中间设备的处理，此项增加 01h。这些处理设备可以是信号合成单元、各种数据转发设备、信号转换设备（如以太网转换成 DMX512）以及符合 8.5.3.3 要求的不阻止备用起始码数据包的设备等。此项内容表示在数据链路中传送的数据自原发设备发出后所经历的处理程度。

D.4.9　软件版本

00h	未用
01h ~ FFh	设备最新的固件版本

注：此字段供生产商使用，可能与正式发布的版本标识不一致。

D.4.10　数据包长度

数据链路中发送的零起始码数据包的标准长度。

有效值：	0000h	数据包长度未说明；
	0001h ~ 0200h	固定数据包长度值；
	0201h ~ 7FFFh	保留；
	8000h	动态数据包，长度未说明；
	8001h ~ 8200h	最后动态数据包的长度；
	8201h ~ FFFFh	保留。

D.4.11　数据包数

16 位计数器，表示上一系统信息数据包发送后，原发设备发送的数据包数，但不大于 FFFFh。

D.4.12　生产商 ID

16 位生产商 ID 代码，与备用起始码 91h 一起使用（见附录 E 中 E.1）。

ID = 0000h 表示生产商 ID 未声明。

ID = FFFFh 表示生产商已申请 ID 但尚未授予，用于正在开发中的产品。

D.4.13　数据包历史

处理系统信息数据包的 DMX512 处理设备和信号转换设备应将它们的生产商 ID 代码插入系统信息数据包。数据包原发设备在系统信息数据包的字段 13 和 14 中发送其生产商的 ID，在字段 15 ~ 22 中发送 0000h，后续处理设备把它们生产商的 ID 插入 DMX512 处理级别字段指定的字段中。DMX512 处理级别字段值为 01h 对应第二个设备，值为 02h 对应第三个设备，如此等等。

注：这一项内容有利于追踪数据包所经历的复杂处理过程。

D.4.14　系统信息数据包校验

系统信息数据包中包括起始码（CFh）和其后续所有字段的 8 位累加和的 1 的补码。

附录 E
（规范性附录）
备用起始码，生产商 ID 和增强功能的注册

E.1　备用起始码的注册政策——十进制 1 ~ 255（十六进制 01 ~ FF）

DMX512 包的字段 0 为起始码，这个字段值识别数据包中其余数据的用途。本标准提供了非零起始码即备用起始码。需在 DMX512 数据链路中发送专用信息时，可使用已注册的备用起始码作为数据包前导。

E.2　授权使用

由中国演艺设备技术协会演出场馆设备专业委员会授权使用备用起始码。

E.3　保留的备用起始码

部分备用起始码被保留做特殊用途或为将来备用，见附录 D。

E.4　新起始码的注册需求

使用 DMX512 的生产商或组织会有注册一个起始码或生产商 ID 的需求。备用起始码和生产商 ID 可注册为专用，但不提倡。向中国演艺设备技术协会演出场馆设备专业委员会提出申请要求，中国演艺设备技术协会演出场馆设备专业委员会将按下述规定予以批准。

E.4.1　每个实体可申请注册备用起始码的数量

每个生产商或组织只能注册一个备用起始码。在本标准实施之前已注册备用起始码的生产商或组织须向中国演艺设备技术协会演出场馆设备专业委员会备案。

E.4.2　备用起始码和生产商 ID 的选择

只有中国演艺设备技术协会演出场馆设备专业委员会有权向特定实体提供备用起始码或生产商 ID，并且只能在未使用或未保留的备用起始码和生产商 ID 代码中选择。

E.5　增强功能协议注册要求

要在多个生产商之间使用的非增强功能协议应按增强功能协议注册，除非其数据的基本结构可被任何生产商获得和自由使用。但这并不要求公布整个信息结构，只需将公共使用的部分予以公布，允许数据结构中有部分保留作特定用途（如生产商的特殊信息）。增强功能协议的注册申请应向中国演艺设备技术协会演出场馆设备专业委员会提出。

E.6　注册文件

E.6.1　备用起始码的使用文件

注册备用起始码的生产商或组织应提供对备用起始码用途的简短描述，说明要发送数据包中包括起始码在内的最小和最大字段数以及其他要说明的内容。对备用起始码为 91h 的与生产商专有的 ID 相关联的特殊功能不作要求。在本标准前已获取备用起始码的厂商应向中国演艺设备技术协会演出场馆设备专业委员会备案。

E.6.2　维护和发布

中国演艺设备技术协会演出场馆设备专业委员会负责对备用起始码和生产商 ID 注册的日常管理，中国演艺设备技术协会演出场馆设备专业委员会将发布必要的注册信息。

E.6.3　补充文件

如果生产商或组织希望将其详细文件在公共领域中发布，应在注册文件中加以说明，但该生产商或组织应对此发布负责。

E.7　所有权

备用起始码或生产商 ID 一经注册，使用权不得转让给第三方。给特定实体注册备用起始码是为了标准的有序管理，备用起始码或生产商 ID 不为注册人所有。

附录 F
（资料性附录）
对附录 A 到附录 E 的协议执行一致性声明（PICS）

F.1 引 言

执行本标准并声称符合本标准各附录的生产商应完成下列对各附录的协议执行一致性声明。

F.2 执行标识

F.1.1 标识（见表 F.1）

表 F.1 标 识

生产商	
询问有关协议执行一致性声明问题的联系信息（注 1）	
执行名称和版本（注 1，注 2）	
必要的其他标识信息，如设备或操作系统的名称和版本，系统名称等（注 3）	

注 1：必填。

注 2：表中所要求的名称和版本应与供应商的术语一致（如类型、系列、型号）。

注 3：可按标识要求执行。

F.2.2 协议概要（见表 F.2）

表 F.2 协议概要

附录的标识	WH/T 32—2008 DMX512 - A 灯光控制数据传输协议 [ ] 附录 A——非首选（供选择）的接地拓扑 [ ] 附录 B——增强型 DMX512 [ ] 附录 C——更高保护等级（高保护 DMX512 - A） [ ] 附录 D——保留的备用起始码 [ ] 附录 E——备用起始码，生产商 ID 和增强功能的注册
有无例外要求（如 Yes 则表示不符合本标准）	附录 A—— No [ ] Yes [ ] N/A [ ] 附录 B——No [ ] Yes [ ] N/A [ ] 附录 C——No [ ] Yes [ ] N/A [ ] 附录 D——No [ ] Yes [ ] N/A [ ] 附录 E——No [ ] Yes [ ] N/A [ ]
声明日期	

注：表中 No 为否，Yes 为是，N/A 为无或不确定。

F.3 附录 A 到附录 E 的协议执行一致性声明表格

F.3.1 附录 A——非首选（供选择）的接地拓扑（见表 F.3）

表 F.3 非首选（可选择）的接地拓扑

项目	特征	条款	数值或说明	强制（M）或可选（O）	支持与否
IT1	隔离发送器	附录 A	发送器被隔离	O 如果 Yes，应符合附录 A.1 的要求	No [ ] Yes [ ] N/A [ ]
IT2	隔离发送器	A.1	输出端口与机壳、其他输入输出端以及其他与参考接地端连接的电路之间的电阻（B）均大于 22mΩ（在 42V DC 条件下）	M	No [ ] Yes [ ] N/A [ ] 如果 Yes，值为________

（续）

项目	特征	条款	数值或说明	强制（M）或可选（O）	支持与否
IT3	隔离发送器	A. 1	如有保护接地，输出端口对保护接地端的电阻（*B*）应大于22mΩ（在42V DC条件下）	M	No [ ]　Yes [ ]　N/A [ ] 如果No，值为________
IT4	隔离发送器	A. 1、图A. 1	数据链路公共端与电源“0V”端（电路公共端）之间的电阻（*A*）小于100Ω	M	No [ ]　Yes [ ]　N/A [ ] 如果No，值为________
IT5	隔离发送器	A. 1、表A. 1	隔离发送器特性	M	No [ ]　Yes [ ]　N/A [ ]
FR1	非隔离接收器	A. 2、图A. 2	数据链路公共端和机壳间的电阻（*B*）为100Ω	O 如果Yes，应符合附录A. 2的要求	No [ ]　Yes [ ]　N/A [ ]
FR2	非隔离接收器	A. 2、图A. 2	电阻（B）额定功率为2 W	M	No [ ]　Yes [ ]　N/A [ ]
FR3	非隔离接收器	A. 2、图A. 2	数据链路公共端与机壳间无其他连接	M	No [ ]　Yes [ ]　N/A [ ]
FR4	非隔离接收器	A. 2、图A. 2	数据链路公共端与电源“0V”端（电路公共端）之间的电阻（*A*）小于100Ω	O	No [ ]　Yes [ ]　N/A [ ] 如果No，值为________
FR5	非隔离接收器——多个端口	A. 2	多端口时，全部电阻的并联值为100Ω	O	No [ ]　Yes [ ]　N/A [ ]
FR6	非隔离接收器	A. 2、表A. 2	非隔离接收器特征	M	No [ ]　Yes [ ]　N/A [ ]
FR7	非隔离接收器——屏蔽线电流限制	A. 2	机壳和数据链路公共端间的电阻为（100±20）Ω	O	No [ ]　Yes [ ]　N/A [ ]
FR8	非隔离接收器——允许的输出连接	A. 2	惟一可直接连接到这个拓扑上的输出是单个无源DMX512通路端口	M	No [ ]　Yes [ ]　N/A [ ]
FR9	非隔离接收器——允许的输出连接	A. 2	除单个无源DMX512通路端口外，此拓扑不能连接任何其他输入/输出端口，除非符合附录A. 4的要求	M	No [ ]　Yes [ ]　N/A [ ]
GR1	接地接收器	A. 3	接收器接地	O 如果Yes，应符合附录A. 3的要求	No [ ]　Yes [ ]　N/A [ ]
GR2	机壳与保护接地连接	A. 3	机壳和数据链路公共端与保护接地连接	M	No [ ]　Yes [ ]
GR3	接地接收器	A. 3、图A. 3	数据链路公共端和接收器电路的电源“0V”端（电路公共端）之间的电阻（*A*）小于100Ω	M	No [ ]　Yes [ ]　N/A [ ] 如果No，值为________
GR4	接地接收器端口标记	A. 3、10. 5	接地接收器端口标记应符合10. 5的要求	M	No [ ]　Yes [ ]
FLT1	悬浮设备	A. 4	设备悬浮连接	O 如果Yes，应符合附录A. 3的要求	No [ ]　Yes [ ]　N/A [ ]

（续）

项目	特征	条款	数值或说明	强制（M）或可选（O）	支持与否
FLT2	悬浮设备	A.4、图 A.4	输入/输出端口与机壳和保护接地（如有）间的电阻 *B* 大于 22mΩ（在 42V DC 条件下），DMX512 输入/输出端口间无隔离	M	No [ ] Yes [ ] N/A [ ]
FLT3	悬浮设备的数据链路公共端	A.4	DMX512 输入端的数据链路公共端和 DMX512 输出端引脚 1 间的电阻小于 0.2Ω	M	No [ ] Yes [ ] N/A [ ]
FLT4	悬浮设备	A.4、图 A.4	数据链路公共端和发送器电路的电源“0V”端（电路公共端）之间的电阻（*A*）小于 100Ω	M	No [ ] Yes [ ] N/A [ ] 如果 No，值为________
FLT5	悬浮设备 非 DMX512 设备	A.4	不能用于参考接地的带有非 DMX512 输入、输出端口的设备，除非这些端口与 DMX512 线路间被隔离，且阻抗不小于 22mΩ	M	No [ ] Yes [ ] N/A [ ]
FLT6	悬浮设备标记	A.4	设备上标记有“悬浮”或“FLT”	M	No [ ] Yes [ ] N/A [ ]

注：表中 No 为否，Yes 为是，N/A 为无或不确定。

F.3.2 附录 B——增强型 DMX512（见表 F.4）

表 F.4 增强型 DMX512

项目	特征	条款	数值或说明	强制（M）或可选（O）	支持与否
EF	增强功能	附录 B	执行增强功能	O 如果 Yes，即符合附录 B 的要求	No [ ] Yes [ ]
EF1	主数据链路功能	B.1	在主数据链路中数据交换	M	No [ ] Yes [ ]
EF2	抗损坏性能	B.1	DMX512 设备无危险连接	M	No [ ] Yes [ ]
EF3	抗损坏性能——与传统设备的连接	B.1	DMX512 设备与传统设备连接不受损坏	M	No [ ] Yes [ ]
EFPC	端口数据格式	B.2、表 B.1	主数据链路的数据格式符合 DMX512－A	M	No [ ] Yes [ ]
EFTD	增强功能拓扑和端口说明	B.2、第 10 章	增强功能拓扑的端口已按第 10 章要求声明和标记	M	No [ ] Yes [ ]
EF1－1	EF1	B.3.1	主数据链路使用零起始码数据包和备用起始码数据包控制的返回数据	M	No [ ] Yes [ ]
EF1－2	EF1 轮询应答	B.3.1	主数据链路中的轮询应答只在控制器发出相应备用起始码数据包命令时使用	M	No [ ] Yes [ ]
EF1－3	EF1 轮询应答数据包	B.3.1	应答数据包以备用起始码为前导	M	No [ ] Yes [ ]

（续）

项目	特征	条款	数值或说明	强制（M）或可选（O）	支持与否
EF1－4	EF1 无冲突协议	B. 3. 1	设置后，EF1 功能使用无冲突数据协议	M	No [ ]　Yes [ ]
EF1－5	EF1 时序	B. 3. 1	EF1 数据包应符合 DMX512 数据包的正常时序和定时限值	M	No [ ]　Yes [ ]
EF1－6	EF1 双向信号分配放大器	B. 3. 1. 1	双向信号分配放大器控制主数据链路中数据流动方向	M	No [ ]　Yes [ ]
EF1－7	EF1 数据链路终结	B. 3. 1. 2	EF1 主数据链路终结符合 4. 9 的要求	M	No [ ]　Yes [ ]
EF1－8	EF1 数据链路终结	B. 3. 1. 2	EF1 系统中主数据链路的每个末端都予以终结	M	No [ ]　Yes [ ]
EF1－9	EF1 数据链路终结	B. 3. 1. 2	EF1 控制器和其他发送设备提供主数据链路的终结手段	M	No [ ]　Yes [ ]
EF2－1	EF2	B. 3. 2	辅助数据链路中的数据（即返回数据）从受控设备到控制器之间单向传输	M	No [ ]　Yes [ ]　N/A [ ]
EF2－2	EF2 应答设备	B. 3. 2	应答设备有一个 EIA－485－A 发送器用作辅助数据链路的控制驱动器	M	No [ ]　Yes [ ]
EF2－3	EF2 应答设备	B. 3. 2	每个应答设备在发送应答字节时可以控制返回数据链路状态	M	No [ ]　Yes [ ]
EF2－4	EF2 应答设备	B. 3. 2	设置后，同一时间只有一个应答设备工作	M	No [ ]　Yes [ ]
EF2－5	EF2 应答设备	B. 3. 2	一个应答设备停止和另一个应答设备启动之间至少有一个比特的时间	M	No [ ]　Yes [ ]
EF2－6	EF2 协议	B. 3. 2	EF2 功能使用无冲突数据协议，其结构允许使用符合 B. 3. 2. 2 要求的数据信号分配放大器	M	No [ ]　Yes [ ]
EF2－7	两个端口（接收和发送）的 EF2 设备	B. 3. 2. 1、4. 8. 2	同一 EF2 设备的 DMX512 接收与发送端口间在辅助链路上提供直通的无源连接（4. 8. 2）	M	No [ ]　Yes [ ]　N/A [ ]
EF2－8	两个端口（接收和发送）的 EF2 设备	B. 3. 2. 1	应答设备发送器连接成无源通路	M	No [ ]　Yes [ ]
EF2－9	具有三个或三个以上接收和发送端口的 EF2 设备	B. 3. 2. 1	具有三个或三个以上 DMX512 端口的设备按其功能要求连接	M	No [ ]　Yes [ ]　N/A [ ]
EF2－10	具有三个或三个以上接收和发送端口的 EF2 设备	B. 3. 2. 1	端口连接方式在产品手册里有详述	M	No [ ]　Yes [ ]
EF2－11	具有三个或三个以上接收和发送端口的 EF2 设备	B. 3. 2. 1	具有三个或三个以上端口的设备其两个端口连接成应答发送器的通路连接	M	No [ ]　Yes [ ]

（续）

项目	特征	条款	数值或说明	强制（M）或可选（O）	支持与否
EF2－12	EF2 双向信号分配放大器	B. 3. 2. 2	返回数据接收器在设备内采用“线或”方式连接	M	No [ ] Yes [ ] N/A [ ]
EF2－13	EF2 双向信号分配放大器	B. 3. 2. 2	双向信号分配放大器不作数据处理	M	No [ ] Yes [ ]
EF2－14	EF2 数据链路终结	B. 3. 2. 3 、4. 9	EF2 设备主数据链路的终结符合 4. 9	M	No [ ] Yes [ ]
EF2－15	EF2 数据链路终结	B. 3. 2. 3 、4. 9	EF2 系统在辅助数据链路两端都终结，并符合 4. 9	M	No [ ] Yes [ ]
EF2－16	EF2 数据链路终结	B. 3. 2. 3	EF2 控制器和其他发送设备提供终结辅助数据链路的手段	M	No [ ] Yes [ ]
EF3	EF3	B. 3. 3	EF3 系统在主数据链路中发送标准的单向 DMX512 信号	M	No [ ] Yes [ ] N/A [ ]
EF3－1	EF3 双向信号分配放大器	B. 3. 3. 1	双向信号分配放大器控制辅助数据链路中的数据方向	M	No [ ] Yes [ ]
EF3－2	EF3 数据链路终结	B. 3. 3. 2、4. 9	EF3 主数据链路的终结符合 4. 9	M	No [ ] Yes [ ]
EF3－3	EF3 数据链路终结	B. 3. 3. 2、4. 9	EF3 系统辅助数据链路两端的终结，并符合 4. 9	M	No [ ] Yes [ ]
EF3－4	EF3 数据链路终结	B. 3. 3. 2	EF3 控制器和其他发送设备提供终结辅助数据链路的手段	M	No [ ] Yes [ ]
EF4－1	EF4	B. 3. 4、3. 1	两个数据链路均符合附录 B. 3. 1（EF1）和 EIA－485－A 的要求	M	No [ ] Yes [ ] N/A [ ]
EF4－2	EF4	B. 3. 4、3. 1	辅助数据链路使用是可选的	M	No [ ] Yes [ ] N/A [ ]

注：表中 No 为否，Yes 为是，N/A 为无或不确定。

F. 3. 3 附录 C——更高保护等级（高保护 DMX512－A）（见表 F. 5）

表 F. 5 更高保护等级（高保护 DMX512－A）

项目	特征	条款	数值或说明	强制（M）或可选（O）	支持与否
HPT	更高保护等级的发送器	附录 C、表 C. 1	保护限值符合表 C. 1	O	No [ ] Yes [ ] N/A [ ]
HPR1	更高保护等级的接收器	附录 C、表 C. 2	保护限值符合表 C. 2	O	No [ ] Yes [ ] N/A [ ]
HPR2	更高保护等级的接收器	附录 C、表 C. 2 注	机壳和数据链路公共端之间的任何电阻在 EIA－485 要求的－7～＋12V 的共模电压范围内能持续工作	O	No [ ] Yes [ ] N/A [ ]

注：表中 No 为否，Yes 为是，N/A 为无或不确定。

F. 3. 4　附录 D——保留的备用起始码（见表 F. 6）

表 F. 6　保留的备用起始码

项目	特征	条款	数值或说明	强制（M）或可选（O）	支持与否
RASC1	保留的备用起始码	D. 1、表 D. 1	不使用备用起始码 92 ~ A9（十进制 146 ~ 169）或 AB ~ CD（十进制 171 ~ 205）	M	No [ ]　Yes [ ]　N/A [ ]
RASC2	保留的备用起始码——未来发展	D. 1、表 D. 1	不宣传或销售使用备用起始码 F0 ~ F7（十进制 240 ~ 247）的设备	M	No [ ]　Yes [ ]
RASC3	文本数据包	D. 2	备用起始码 17h（十进制 23）用于文本数据包	O	No [ ]　Yes [ ]
RASC4	文本数据包	D. 2	文本数据包符合 ISO/IEC 646	M	No [ ]　Yes [ ]
RASC5	文本数据包	D. 2	字段值为 0，结束 ASCII 字符串	M	No [ ]　Yes [ ]
RASC6	文本数据包	D. 2	表示结束 ASCII 字符串的 0 值字段到下一复位序列间的全部字段被忽略	M	No [ ]　Yes [ ]
RASC7	测试数据包格式	D. 3	备用起始码 55h（十进制 85）用于 512 个字段值均为 55h（十进制 85）的特定测试数据包	O	No [ ]　Yes [ ]　N/A [ ]
RASC8	测试数据包时间	D. 3	测试数据包从复位信号开始到第 513 个字段的停止位的时间不超过 25ms	M	No [ ]　Yes [ ] 如果 No，值为________
RASC9	测试数据包往复发送	D. 3	测试数据包往复发送时复位前标记不超过 88μs	M	No [ ]　Yes [ ] 如果 No，值为________
RASC10	测试数据包复位时间	D. 3	测试包复位时间为 88 ~ 120μs	M	No [ ]　Yes [ ] 如果 No，值为________
RASC11	测试数据包复位后标记	D. 3	复位后标记时间为 8 ~ 16μs		No [ ]　Yes [ ] 如果 No，值为________
SIP	系统信息数据包	D. 4	在零起始码数据包和携带校验和的系统信息数据包（备用起始码为 CFh，十进制为 207）间不发送任何数据包	O	No [ ]　Yes [ ]　N/A [ ]
SIP01	系统信息数据包格式	D. 4. 2、表 D. 2	接收器最多能接收 255 个字段的系统信息数据包	M	No [ ]　Yes [ ]
SIP02	系统信息数据包——发送器	D. 4. 3	发送设备在字段 1 中发送数值 24	M	No [ ]　Yes [ ]
SIP03	系统信息数据包——接收器	D. 4. 3	接收器用字段 1 中接收到的值给系统信息数据包校验和建立偏移量	M	No [ ]　Yes [ ]
SIP04	系统信息数据包	D. 4、D. 4. 4. 1	后续零起始码数据包保持控制位被置位（=1）时，将收到的后续零起始码数据包保持不确定状态，直至收到下一系统信息数据包中的校验和获得验证为止	M	No [ ]　Yes [ ]　N/A [ ]

（续）

项目	特征	条款	数值或说明	强制（M）或可选（O）	支持与否
SIP05	系统信息数据包	D.4、D.4.4.1	接收到的下一零起始码数据包未以系统信息数据包为前导，接收器返回立即处理模式	M	No [ ]　Yes [ ]
SIP06	系统信息数据包——DMX512 处理级别	D.4.8、表 D.2	原发送设备在系统信息数据包第 7 字段中发送数值 00h	M	No [ ]　Yes [ ]
SIP07	系统信息数据包——DMX512 处理级别	D.4.8、表 D.2	每一处理设备在此项中每次增量为 01h	M	No [ ]　Yes [ ]　N/A [ ] 如选 N/A，原因为________
SIP08	系统信息数据包——数据包的历史	D.4.13	DMX512 信号处理设备和信号转换设备在系统信息数据包中插入生产商 ID	M	No [ ]　Yes [ ]
SIP09	系统信息数据包——数据包的历史	D.4.13	数据包原发设备在系统信息数据包的字段 13 和 14 中发送其生产商的 ID，在字段 15～22 中发送 0000h	M	No [ ]　Yes [ ]　N/A [ ]
SIP10	系统信息数据包——数据包的历史	D.4.13	后续处理设备把它们生产商的 ID 插入 DMX512 处理级别字段所指定的字段中	M	No [ ]　Yes [ ]　N/A [ ]

注：表中 No 为否，Yes 为是，N/A 为无或不确定。

F.3.5　附录 E——备用起始码，生产商 ID 和增强功能的注册（见表 F.7）

表 F.7　备用起始码，生产商 ID 和增强功能的注册

项目	特征	条款	数值或说明	强制（M）或可选（O）	支持与否
ASC	备用起始码	附录 E	使用不属于附录 D 的备用起始码	O	No [ ]　Yes [ ]　N/A [ ]
AC1	备用起始码注册	E.4	已在中国演艺设备技术协会演出场馆设备专业委员会注册	M	No [ ]　Yes [ ]　N/A [ ]
AC2	备用起始码注册	E.6.1	已提供备用起始码用途的简短描述	M	No [ ]　Yes [ ]　N/A [ ]
AC3	备用起始码注册	E.6.1	对要发送的数据包已说明其包括起始码在内的最小和最大字段数	M	No [ ]　Yes [ ]　N/A [ ]
AC4	备用起始码注册——经中国演艺设备技术协会演出场馆设备专业委员会	E.6.1	已向中国演艺设备技术协会演出场馆设备专业委员会提交注册说明	M	No [ ]　Yes [ ]　N/A [ ]
AC5	备用起始码注册——经中国演艺设备技术协会演出场馆设备专业委员会	E.6.2	由中国演艺设备技术协会演出场馆设备专业委员会维护此注册	M	No [ ]　Yes [ ]　N/A [ ]

注：表中 No 为否，Yes 为是，N/A 为无或不确定。

室外照明光干扰限制规范

（DB11/T —2008）

目　　次

前 言

本标准是 DB11/T 388.3《城市夜景照明技术规范 第3部分：光污染限制》的补充。本规范由范围、规范性引用文件、术语和定义、光干扰分类、城市环境亮度分区、光干扰的评价指标、照明装置光干扰的限定值、防止照明设施光干扰的措施、照明装置潜在光干扰影响的评价方法共九章组成。

本标准由北京市市政管理委员会提出并归口。

本标准的起草单位：北京市市政管理委员会
北京照明学会

本标准主要起草人：李铁楠、赵建平、贾建平、王大有、汪猛、李农、李德富、张宝洲、杨征、马龙、王东明。

引　言

为贯彻落实北京市夜景照明专项规划，保证北京市的各种公共照明工程的设计、施工、运行、维护和管理更趋于科学化、规范化，提高北京市各类公共照明的科学技术水平，避免各类照明设施影响城市环境、干扰人民的正常生活，达到创造和谐的城市夜晚环境、保障交通安全、防止光污染、节约能源的目的，制定本规范。

室外照明光干扰限制规范

1 范围

本规范适用于道路照明、夜景景观照明、交通设施照明、体育照明、建筑工地照明、广告标识照明、室外工作区照明等的设计。

2 规范性引用文件

下列文件中的条款通过本标准的引用而成为本标准的条款。凡是注日期的引用文件，其随后所有的修改单（不包括勘误的内容）或修订版均不适用于本标准，然而，鼓励根据本标准达成协议的各方研究是否可使用这些文件的最新版本。凡是不注日期的引用文件，其最新版本适用于本标准。

GB/T2900.65 电工术语照明

DB11/T 388 城市夜景照明技术规范

3 术语和定义

GB/T2900.65 中确立的以及下列术语和定义适用于本标准。

3.1 干扰光 obtrusive light

在特定场合下，溢散光数量、投射方向或光谱范围引起人的烦恼不适、分心或视觉功能下降的光线。

3.2 光污染 light pollution

干扰光或过量的光辐射（含可见光、紫外和红外辐射）对人身心健康和人类生存环境造成负面影响的总称。

3.3 溢散光 spill light

从照明装置散射出来、照射到被照目标范围之外的光线。

3.4 关灯时段 curfew

又称宵禁，系指对光干扰进行严格控制的时间段。

3.5 天空辉光 sky glow

来自大气中的气体分子的散射光线，反射在天文观测方向形成的夜空发亮现象。它包括自然天空辉光和人为天空辉光。

3.6 （灯具的）上射光通比 upward light ratio（of luminaire）

灯具安装就位时，其发出的位于水平方向以上的光通量占灯具发出的总光通量的百分比。

4 光干扰分类

4.1 对居住区的光干扰

照明装置的光线射入居住建筑的居室，影响居民的生活和休息。

4.2 对道路交通的光干扰

道路周边的各类非道路照明设施因不合适的亮度、照射方向或安装位置，对机动车驾驶员造成眩光影响，导致其视觉可见度下降。

4.3 对夜空的光污染

照明装置的光线直接射向夜空，或道路照明、夜景照明、室外工作区照明及体育照明等的反射光射向夜空，影响天文观测。

4.4 对动物和植物的光干扰

对动物栖息场所或植物施加过量的、或过长时间的、或光谱范围不合适的光照，从而导致影响其生活和健康。

4.5 发光体（包括灯具出光口、被照亮的广告或标识等）自身亮度对其周围环境的光干扰

发光体自身亮度过高，或其与环境背景的亮度对比过大，或其自身的亮度/面积比过大，或者发光面过大，造成观看者的视觉不适或可见度降低。

5 光干扰的评价指标

5.1 对城市居住区的光干扰采用居住建筑居室窗户表面上的垂直照度和照明灯具朝向居室的发光强度评价。

5.2 自发光广告标识对环境的光干扰采用发光体表面亮度评价。

5.3 对夜空的光污染采用灯具上射光通比评价。所考察灯具包括道路照明、夜景景观照明、交通设施照明、体育照明、建筑工地照明、广告标识照明、室外工作区照明等照明工程中所使用的灯具。

5.4 对动物和植物的光干扰采用光谱波长、光强度和光照时间评价。

5.5 照明灯具对行人的光干扰采用灯具在特定方向的光强和亮度评价。

6 城市环境亮度分区

根据城市区位的功能性质，将其按照环境亮度进行划分，对应环境亮度的区域划分见表1。

表1 城市环境亮度的区域划分

环境亮度类型	无照明区域	低亮度区域	中等亮度区域	高亮度区域
区域代号	E1	E2	E3	E4
对应的区域	森林公园、天文台周边、自然保护区	居住区、医院等	一般公共区	城市中心区、商业区

7 照明装置光干扰的限定值

7.1 住宅建筑居室窗户表面的垂直照度应符合表2的规定。

表2 住宅建筑居室窗户表面上垂直照度的最大限值 （单位：lx）

时 段	环 境 区 域			
	E1	E2	E3	E4
关灯前	2	5	10	25
关灯后	0.5	1	5	10

7.2 朝向住宅建筑居室窗户方向的灯具的最大光强应符合表3的规定

表3 朝向住宅建筑居室窗户方向的灯具最大光强限值 （单位：cd）

时 段	环 境 区 域			
	E1	E2	E3	E4
关灯前	2 500	7 500	10 000	25 000
关灯后	10[1]	500	1 000	2 500

①如果是道路照明工具，此值可提高至500 cd。

7.3 照明灯具的上射光通比的最大限值应满足表4的规定。

表4 照明灯具上射光通比的最大限值

	环 境 区 域			
	E1	E2	E3	E4
上射光通比最大限值	1%	5%	15%	25%

注：不包括用于建筑物夜景照明的灯具

7.4 自发光广告标识表面亮度的最大限值应符合表5的规定。

表5 自发光广告标识表面亮度最大限值 （单位：cd/m^2）

	环 境 区 域			
	E1	E2	E3	E4
自发光广告标识表面的平均亮度	50	400	800	1 000

7.5 建筑物立面装饰性投光照明的亮度最大限值应符合表6的规定。

表6 建筑物立面亮度最大限值 （单位：cd/m^2）

	环 境 区 域			
	E1	E2	E3	E4
建筑物立面的最大亮度	0	10	60	150

7.6　布置在人行道两侧照明灯具的光强和亮度应符合表7的规定。

表7　人行道两侧照明灯具的光强和亮度最大限值

灯具安装高度 h/m	灯具在85°垂直角方向的光强 I/cd	灯具在85°垂直角方向的亮度 L/（cd/m^2）
h<4.5	2500	20000
4.5≤h<6	5000	
6≤h	12000	

7.7　采用泛光照明方式进行建筑物立面照明时，溢散光不应超过灯具总光通量的25%；对具有混合反射特性的建筑立面，当反射比的镜面分量超过50%时，不宜采用泛光照明方式。

7.8　不宜在森林公园和自然保护区内设置夜景景观照明。不应对珍稀树木设置夜景照明。严禁采用含有对树木有害的光谱的光源照射树木，应严格限制树木周边的景观照明中使用含有对树木有害光谱的光源；对普通树木的照明应控制光照时间和光照强度；照明设施不应安装在树木上，也不应影响植物的根系生长；公园、绿地等处的夜景照明应遵守国家相关标准的规定要求。

7.9　不宜在动物栖息区域及相关保护区设置夜景照明。在动物或昆虫可能活动的场所区域设置道路照明或夜景景观照明时，应限制使用荧光高压汞灯、金属卤化物灯、高显色性荧光灯以及日光色荧光灯等光源。

8　防止照明设施光干扰的措施

8.1　进行各种室外场所的照明设计时，应合理选定照明标准值。

8.2　在进行照明设计时，应对可能受到照明工程光干扰影响的潜在受害对象进行分析评估。检查射到被照区域之外的光照数量，评估其对环境的影响。应提出符合照明标准要求的多种设计方案，进行光干扰的技术分析和评价，从中选择技术合理且光干扰小的方案。

8.3　应综合考虑照明效果要求和灯具的光强分布，选择溢散光数量符合相关标准要求的照明设计方案和灯具光分布类型。

8.4　应避免照明光线的干扰对公共活动区域内的人群视觉的影响，必要时应通过合理的遮光措施来遮挡干扰光。

8.5　根据当地的具体情况，制定合理的开关灯时段，严格控制开关灯时段后仍在点亮的灯具类型、数量和光照强度。

8.6　在住宅周边设置各类照明时，应计算核对朝向居室窗户的灯具表面亮度和窗户立面上的照度。

8.7　在城市机动车道路两侧设置非道路照明装置时，应进行眩光的评价。

8.8　除商业区之外，城市的其他区域不宜设置频繁变换模式的动态广告照明和动态夜景景观照明。

8.9　城市商业区、娱乐区、体育场馆等场所区域的功能照明和夜景照明不应对此类区域外的环境产生光干扰。

9　照明装置潜在光干扰影响的评价方法

9.1　照明装置对居住建筑的影响

a）确定照明装置相对于邻近建筑的相对位置、距离；

b）确定装置安装就位后的光强分布；

c）确认受影响最严重的居室窗户；

d）分别计算和测量开灯时段和关灯时段住宅建筑居室窗户上的垂直照度；

e）分别计算和测量开灯时段和关灯时段住宅建筑居室窗户处所看到的灯具发光强度；

f）检查和测量从居室窗户处所看到的广告标识的亮度；

g）依据第7章的相关指标给出光干扰的评价结论。

9.2　非道路照明装置对机动车交通影响的评价

a）考察并确定道路环境的适应亮度；

b）确认设置在道路两侧可能对机动车驾驶员产生影响的非道路照明装置；

c）计算这些装置的眩光；

d）检查这些装置对交通信号和标志的影响；

e）依据第7章的相关指标给出光干扰的评价结论。

9.3　照明装置对天文观测影响的评价

a）确认天文观测所涉及的环境范围；

b）检查该环境范围内的道路照明、夜景景观照明、交通设施照明、体育照明、建筑工地照明、广告标识照明、室外工作区照明等工程项目符合设计标准的情况，考察这些项目中可能对天文观测产生影响的类型和成因；

c）考察这些照明工程中所有灯具的上射光通比；

d）评估这些照明工程中反射到空中的光通量；

e）测评室外照明装置在该地区形成的天顶亮度；

f）依据第 7 章的相关指标给出光干扰的评价结论。

9.4　照明装置对行人影响的评价

a）确认照明装置与行人之间的位置关系；

b）对照明装置进行亮度测量和出光口面积测量；

c）依据第 7 章的相关指标给出光干扰的评价结论。

太阳能光伏室外照明装置技术要求

Technical reguirement of PV lighting equipment for outdoor use

(DB11/T 542—2008)

目　次

前 言

本标准是在太阳电池、蓄电池、电光源及其附件、灯具等器材的国家标准和GB/T19064—2003《家用太阳能光伏电源系统技术条件和试验方法》规定的基础上，结合太阳能光伏室外照明装置的特殊要求而制定的技术要求。

本标准由范围、规范性引用文件、术语和定义、分类与配置、一般要求与安全要求、装置部件技术性能要求、照明指标、试验方法、检验规则以及标志、包装、运输和贮存等10章和3个附录组成。

本标准的附录B是规范性附录，附录A、附录C是资料性附录。

本标准由北市科学技术委员会、北京市农村工作委员会提出。

本标准起草单位：北京照明学会、北京市质量技术监督信息研究所、北京市可持续发展科技促进中心、中国照明学会太阳能光伏照明委员会（筹）。

本标准参编单位：北京电光源研究所、北京高科能光电技术有限公司、北京爱友恩新能源技术研究所、北京良业照明工程有限公司、北京莱思格国际照明科技（北京）有限公司、北京昌日新能源科技有限公司。

本标准主要起草人：吴初瑜、戴德慈、赵岩、杨鹏宇、王大有、田川、李景色、屈素辉、李安定、王斯成、王国华、王晓英、李良霞、李富民、钟金沅、曹春峰。

太阳能光伏室外照明装置技术要求

1　范围

本标准规定了太阳能光伏室外照明装置的配置与分类、一般要求与安全要求、部件构成与技术性能、照明指标、试验方法、检验规则以及标志、包装、运输和贮存等的技术要求。

本标准适用于北京市农村、乡镇道路、公共场所及人行道路照明用的太阳能光伏室外照明装置。

2　规范性引用文件

下列文件中的条款通过本标准的引用而成为本标准的条款。凡是注日期的引用文件，其随后所有的修改单（不包括勘误的内容）或修订版均不适用于本标准，然而，鼓励根据本标准达成协议的各方研究是否可使用这些文件的最新版本。凡是不注日期的引用文件，其最新版本适用于本标准。

GB/T191　包装储运图示标志（GB/T191—2000，eqv ISO780：1977）

GB/T2828.1　计数抽样检验程序　第1部分：按接收质量限（AQL）检索的逐批检验抽样计划（GB/T2828.1—2003，ISO2859.1：1999，IDT）

GB/T2829　周期检查计数抽样程序及抽样表（适用于生产过程稳定性的检查）（GB/T2829—2002）

GB7000.1　灯具安全要求与试验（GB7000.1—2002，IEC60598—1：1999，IDT）

GB7000.5　道路照明与街道照明灯具的安全要求（GB7000.5—1996，idt IEC598—2—3：1993）

GB/T9468　道路照明灯具光度测试

GB/T9535　地面用晶体硅光伏组件设计鉴定和与定型

GB/T11011　非晶硅太阳电池电性能测试的一般规定

GB/T18911　地面用薄膜光伏组件设计鉴定和定型

GB/T13259　高压钠灯（GB/T13259—2005，IEC60662：2002，NEQ）

GB/T15144　管形荧光灯用交流电子镇流器 性能要求（GB/T15144—2005，IEC60929：2000）

GB/T15240　室外照明测量方法

GB16843　单端荧光灯的安全要求（GB16843—1997，idt IEC1199：1993）

GB/T19064　家用太阳能光伏电源系统技术条件和试验方法

GB19510.1　灯的控制装置 第1部分：一般要求和安全要求（GB19510.1—2004，IEC61347—1：2003，IDT）

GB19510.5　灯的控制装置 第5部分：普通照明用直流电子镇流器的特殊要求（GB19510.5—2005，IEC61347 -2 -4：2000，IDT）

GB/T19638.2　固定型阀控密封式铅酸蓄电池

GB/T19639.1　小型阀控密封式铅酸蓄电池 技术条件

GB/T19656　管形荧光灯用直流电子镇流器 性能要求（GB/T19656—2005，IEC60925：2001，IDT）

CJJ45　城市道路照明设计标准

3　术语和定义

下列术语和定义适用于本标准。

3.1　太阳能光伏室外照明装置 PV lighting equipment for outdoor use

将太阳电池组件、蓄电池、照明部件、控制器以及机械结构等部件组合在一起，以太阳能为能源，在室外离网、独立使用的照明装置。

3.2　太阳电池组件 solar cellmodule

具有封装及内部联结的、能单独提供直流电输出的最小不可分割的太阳电池组合装置。

3.3　充放电控制器 charge & discharge controllers

按预定方式给某电池组充电，并根据蓄电池的荷电程度及时改变充电速率，防止过充电的控制装置。

3.4　道路照明灯具 luminaire for road lighting

道路照明所采用的功能性灯具。按其配光分成截光型、半截光型和非截光型灯具。

3.5　灯具效率 luminaire efficiency

在相同的使用条件下，灯具发出的总光通量与灯具内所有光源发出的总光通量之比。

3.6　半截光型灯具 semi - cut - off luminaire

最大光强方向与灯具向下垂直轴夹角在0°~75°之间，90°角和80°角方向上的光强最大允许值分别为50cd/1 000lm 和

100cd/1 000lm 的灯具。且不管光源光通量的大小，其在90°角方向上的光强最大值不得超过1 000cd。

3.7　灯具的安装高度 luminairemounting height

灯具的光中心至路面的垂直距离。

3.8　灯具的安装间距 luminairemounting spacing

沿道路的中心线测得的相邻两个灯具之间的距离。

3.9　灯具的悬挑长度 overhang

灯具的光中心至邻近一侧缘石的水平距离，即灯具伸出或缩进缘石的水平距离。

4　分类与配置

4.1　装置由下列五种部件组成

a）太阳能光电转换部件（太阳电池组件）；

b）储能部件（蓄电池）；

c）控制部件（充放电控制器及传输线路）；

d）照明部件（电光源及其附件和灯具）；

e）结构部件（灯杆、太阳电池组件固定架、蓄电池室及控制器室等）。

4.2　装置按用途和使用场所的分类

4.2.1　室外公共场所、庭院、居住区、休闲区和人行道路等照明用的庭院灯。

4.2.2　有机动车行驶的乡镇街道、农村旅游区道路等路面照明用的路灯。

5　一般要求与安全要求

5.1　运行环境

5.1.1　装置应能在 －20～50℃环境温度下正常工作。

5.1.2　在连续3个阴雨天时装置应能提供正常照明。

5.2　一般要求

5.2.1　应根据地面光照值或在设定的时间，自动开启和关闭电光源。

5.2.2　表面镀（涂）层应无脱落、无锈蚀、无划痕。

5.2.3　应维护、检修方便。

5.2.4　控制器室和蓄电池室应具有很好的防水措施，应具有防止蓄电池污染环境的措施。

5.2.5　应根据不同场所对照明的不同要求，分别选用单端荧光灯、高强度气体放电灯、无极灯、功率型发光二极管（LED）和低压钠灯等电光源。低压钠灯仅适用于道路照明。

5.3　安全要求

5.3.1　应具有足够的强度，能承受10级风荷载。

5.3.2　应有良好的防雷接地，接地电阻应小于30Ω。

5.3.3　带电体与灯杆之间的绝缘电阻应大于2MΩ。

5.3.4　各部件应具有防盗措施，应使用特殊工具才能拆卸。

6　装置部件技术性能要求

6.1　太阳能光电转换部件

6.1.1　晶体硅太阳电池的技术性能应符合 GB/T9535 的规定，非晶硅和其他薄膜太阳电池的技术性能应符合 GB/T11011 和 GB/T18911 的规定。

6.1.2　太阳电池组件的功率应根据使用环境的光照资源和负载功耗确定，应满足照明部件、控制部件和传输线路所消耗总功率需求。

6.1.3　太阳电池组件的工作电压应满足蓄电池充电电压的要求。

6.1.4　太阳电池组件的单体电池应排列整齐有序、密封良好、无破损、裂纹、划伤、脱焊等缺陷。

6.2　储能部件

6.2.1　宜选择阀控密封式铅酸蓄电池，其技术性能应符合 GB/T19638.2 或 GB/T19639.1 的规定。

6.2.2　蓄电池容量应满足照明部件、控制部件和线路传输消耗总功率以及连续3个阴雨天照明的需求。

6.2.3　蓄电池日放电深度宜不超过20%，连续3个阴雨天正常照明时的最大放电深度宜不超过60%。

6.3　控制部件

6.3.1　充放电控制器性能应符合 GB/T19064 的 6.3.2～6.3.13 的规定。

6.3.2　在－20～50℃的环境温度范围内应能可靠工作。

6.3.3　开关灯控制方式和要求

6.3.3.1　宜采用光控、时控或两者结合的方式。

6.3.3.2　时控的时间应可调，时间误差应不大于 ±1min。

6.3.3.3　光控值宜设定在地面的天然光照度为4～5lx时，并具有防止在开、关光源时出现反复接通、断开的措施。

6.3.4　线路电压损失

6.3.4.1　装置内的传输导线其截面不得小于 $1.5mm^2$。

6.3.4.2　在太阳电池组件输出额定电流时，其输出端电压与控制器输入端电压的差值和在蓄电池以额定负载电流放电时，控制器输出端（逆变供电时，则与逆变器）电压与照明部件输入端电压的差值，均应不大于蓄电池额定电压的3%。

6.3.4.3　蓄电池在以额定负载电流放电时，蓄电池输出电压与控制器输入端电压差值，应不大于蓄电池额定电压的1%。

6.4　照明部件

6.4.1　供电方式

照明部件宜采用直流供电，也可采用逆变供电。

6.4.2　电光源

6.4.2.1　电光源的安全要求、性能要求应符合国家标准。功率型发光二极管（LED）技术要求参照附录A。

6.4.2.2　电光源的发光效能：单端荧光灯、无极灯、功率型发光二极管（LED）应大于50lm/W；高强度气体放电灯、低压钠灯应大于60lm/W。

6.4.2.3　电光源的平均寿命应大于6000h（LED的寿命宜符合附录A的要求）。

6.4.3　电光源附件

6.4.3.1　采用直流供电

a）直流电子镇流器安全要求与性能要求，应符合GB19510.5和GB/T19656的规定并应具有恒功率输出；

b）荧光灯直流电子镇流器应具有预热启动，其性能应符合GB/T15144第7章启动条件的规定。灯丝预热启动时间最少应达到0.4s以上；

c）功率型发光二极管（LED）宜采用恒流驱动。

6.4.3.2　采用逆变供电

“直—交逆变器”的性能，应符合GB/T19064—2003的6.5.3～6.5.12规定，其功率应满足照明部件的功率要求。

6.4.4　灯具

6.4.4.1　灯具安全性能，应符合GB7000.1和GB7000.5的规定，电光源室的防护等级不应低于IP54，电器室的防护等级不应低于IP43。

6.4.4.2　庭院灯灯具应有合理的光分布，上射光通比宜小于25%，灯具效率不应低于80%。

6.4.4.3　道路照明灯具宜采用半截光型配光，与选用的光源类型、功率相匹配，灯具效率不应低于70%。

6.5　结构部件

6.5.1　灯杆

6.5.1.1　灯杆应满足抗10级风荷载的强度要求，灯杆切口应无毛刺。安装高度在4m以上时，灯杆壁厚应大于3.5mm，宜选用锥形钢管；安装高度在4m及以下时，灯杆壁厚不宜小于3mm，宜采用管径为90～114mm的钢管或具有相应强度的异型钢管。

6.5.1.2　灯杆内、外表面应进行热镀锌，其表面应光滑、均匀、无划痕，制作工艺应符合相关标准。

6.5.1.3　灯具的安装高度：庭院灯宜设置为3～4m，道路照明用路灯宜设置为4～8m。

6.5.1.4　灯杆高度应同时满足灯具安装高度和太阳电池组件的安装要求。

6.5.2　太阳电池组件固定架

固定架的倾角与方位角宜可调；应能承受10级风荷载；固定架的安装高度宜高于灯具的安装高度。

6.5.3　控制器室

控制器室应具有防水措施。控制器应牢固固定。控制器室门盖板应采用专用防盗螺钉与灯杆固定，并应维护方便。控制器室宜设置在灯杆内的下部。

6.5.4　蓄电池室

6.5.4.1　蓄电池室可附设在灯杆上，也可设置在地下。应具有防水、防潮、防腐、保温、隔热、通气等功能和保护蓄电池不受外力破坏、防止污染环境以及防盗窃的措施。

6.5.4.2　蓄电池与控制器的连接电缆应采用PVC或金属软管保护，接线端子用螺栓连接。

6.5.4.3　蓄电池室应设置通气管道，并具有防止控制器、钢制灯杆内壁、灯具、电缆等被蓄电池排放的酸气腐蚀的措施。

7　照明指标

装置应参照CJJ45的规定，按附录B的要求进行设计和安装。安装后，各类乡镇场所照明指标应符合表1的规定。附录 B 的检查内容不构成对照明装置本身的要求。

表 1　各类乡镇场所的照明指标

场　所	维持平均水平照度/lx	水平照度均匀度	眩光限制
步行街、广场	4～5	0.2	—
居住区庭院	2～3	—	—
乡镇人行道路	1～2	—	—
乡镇街道、道路	3～4	0.1～0.2	宜采用半截光型灯具

8　试验方法

试验分为部件试验和整体试验。整体试验在部件检验合格，装置组装后进行。

8.1　部件试验

8.1.1　太阳能光电转换部件

8.1.1.1　太阳电池的技术性能

按 GB/T9535、GB/T11011 和 GB/T18911 规定的试验方法检测，太阳电池的各项参数应符合其规定。

8.1.1.2　太阳电池组件的工作电压用太阳电池室外测试仪测量，其工作电压应符合 6.1.3 的要求。

8.1.2　蓄电池

8.1.2.1　按 GB/T19638.2、GB/T19639.1 规定进行检测，各项参数应符合其要求。

8.1.2.2　按附录 B 的现场检测方法检测，连续三个阴雨天时蓄电池应符合 6.2.2、6.2.3 的要求。

8.1.3　充放电控制器

8.1.3.1　充放电控制器性能

按照 GB/T19064 的 8.2.2～8.2.12 进行试验，应符合其要求。

8.1.3.2　环境温度试验

将控制器放置于恒温箱中，做－20～50℃的 10 次温度循环试验，每次循环时间 4h。试验后分别放在－20℃和 50℃两个环境温度中，控制器应能可靠工作。

8.1.4　照明部件

8.1.4.1　电光源

按相应国家标准检测，应符合其规定，并符合 6.4.2 的要求。

8.1.4.2　直流电子镇流器

按 GB 19510.1、GB 19510.5、GB/T19656 规定的检测方法检测，应符合其规定，并应满足配套电光源的性能要求和 6.4.3.1 的要求。

8.1.4.3　直－交逆变器（当装置配用时）

按 GB/T19064 的 8.4.2～8.4.11 规定检测，应符合 6.4.3.2 的要求。

8.1.4.4　灯具

安全性能应按 GB 7000.1、GB 7000.5 规定的检测方法检测。

光学特性应按 GB/T9468 规定检测，检测结果应符合其规定和 6.4.4 的要求。光学检测报告应包括：极坐标光强分布曲线、等光强曲线、路面等照度曲线、灯具的上射光通比以及灯具效率等；对于道路灯具，还应包括光强分布表、利用系数曲线等。

8.1.5　结构部件

8.1.5.1　灯杆 用目测、触摸、直尺和卡尺测量的相关参数应符合 6.5.1 的要求。

8.1.5.2　太阳电池组件固定架　用目测、触摸和直尺测量相关参数，应符合 6.5.2 的要求。

8.1.5.3　控制器室、蓄电池室　用目测、触摸和直尺测量的相关参数，应符合 6.5.3、6.5.4 的要求。

8.2　整体试验

8.2.1　外观　用目视、直尺测量、触摸的方法检验

8.2.1.1　太阳电池组件表面、接线端子等，应符合 6.1.4、6.5.2 的要求。

8.2.1.2　灯杆、灯具表面及灯具安装高度，应符合 6.5.1 的要求。

8.2.1.3　控制器室、蓄电池室，应符合 6.5.3、6.5.4 的要求。

8.2.2　接地电阻用接地电阻测量仪测量灯杆接地极与大地的电阻，应小于 30Ω；绝缘电阻用绝缘电阻测量仪测量导电部件与钢制灯杆间的绝缘电阻，应大于 2MΩ。

8.2.3　线路电压损失

8.2.3.1　导线截面用千分卡尺测量，应符合6.3.4.1的要求。

8.2.3.2　线路电压损失用0.5级直流电压表测量、计算的方法检查。

8.2.3.3　充电时：在光照充足的条件下，以模拟可调负载代替蓄电池，调整负载电流到太阳电池组件的额定电流，分别测量太阳电池组件输出端电压和控制器输入端电压，其差值应符合6.3.4.2的要求。

8.2.3.4　放电时：照明装置在额定状态下工作1h，分别测量控制器输出端电压和照明部件（逆变供电时，则与逆变器）输入端电压，其差值应符合6.3.4.2的要求。分别测量蓄电池输出端电压和控制器输入端电压，其差值应符合6.3.4.3的要求。

8.2.4　开关灯控制

a）光控加时控：光控开灯，用照度计检测开灯时地面的天然光照度值；时控关灯，应能根据季节需要调节，照明时间用计时器检测。

b）时间控制：开、关灯时间应能根据季节需要调节，照明时间用计时器检测。

c）光照控制：用照度计检测装置开、关灯时地面天然光照度值。

d）开、关灯控制均应符合6.3.3的规定。

8.2.5　照明指标

按附录B.7规定的测量方法进行检测，应符合第7章照明指标的规定。

9　检验规则

9.1　检验分类

检验分为出厂检验、型式检验和现场检验。

9.2　出厂检验

出厂检验按GB/T2828.1规定执行。采用一次抽样方案，项目、一般检查水平和合格质量水平应符合表2的规定。

表2　出厂检验要求

序号	检验项目	技术要求	试验方法	检查水平（IL）	合格质量水平（AQL）
1	太阳电池组件	6.1	8.1.1	I	4.0
2	蓄电池	6.2.1	8.1.2		
3	充放电控制器	6.3	8.1.3		
4	电光源	6.4.2	8.1.4.1		
5	直流电子镇流器	6.4.3.1	8.1.4.2		
6	直-交逆变器	6.4.3.2	8.1.4.3		
7	灯具	6.4.4	8.1.4.4		
8	结构部件	6.5	8.1.5		

注：部件按相应国家标准规定的试验方法进行检验时，合格质量水平（AQL）值应取相应国标给出值。

9.3　型式检验

型式检验按GB/T2829规定执行。采用一次抽样方案，项目及合格判定条件应符合表3的规定。

表3　型式检验要求

序号	检验项目	技术要求	试验方法	判别水平（DL）	不合格质量水平（RQL）	样本数 n	判定数组 AC　Re
1	太阳电池组件	6.1	8.1.1	Ⅱ	50	6	1　2
2	蓄电池	6.2	8.1.2				
3	充放电控制器	6.3	8.1.3				
4	电光源	6.4.2	8.1.4.1				
5	直流电子镇流器	6.4.3.1	8.1.4.2				
6	直-交逆变器	6.4.3.2	8.1.4.3				
7	灯具	6.4.4	8.1.4.4				
8	结构部件	6.5	8.1.5				

样品从出厂检验合格的产品中随机抽取。

型式检验若不合格，则该批为不合格。应立即停止生产和验收，已验收的停止出厂，查明原因，采取措施，直到新的型式检验合格后才能恢复生产和验收。

型式试检验每年不少于一次。当出现下列情况之一时应进行型式检验：

a）产品试制定型鉴定时；

b）停产半年以上恢复生产时；

c）当设计、工艺或材料变更可能影响其性能时；

d）质量技术监督部门提出进行检验时。

9.4　现场检验

9.4.1　现场检验采用一次抽样方案，项目及合格判定条件应符合表4的规定。

9.4.2　现场检验不合格，应停止验收，查明原因，采取措施，直到新的现场检验合格后才能恢复验收。

表4　现场检验要求

序号	检验项目	技术要求	试验方法	判别水平 DL	不合格质量水平 RQL	样本数 n	判定数组 AC　Re
1	装置检验	5.2.2 5.2.4 5.3.2 5.3.3 5.3.4 6.1.4 6.3.3 6.3.4 6.5 7	8.2	Ⅱ	25	6	0　1

10　标志、包装、运输和贮存

10.1　标志

灯杆上应有清晰、牢固的下列标志：

a）产品名称、型号、商标；

b）配套太阳电池组件、蓄电池、电光源的规格、型号；

c）生产厂商、出厂日期、执行标准号。

10.2　包装

a）装置的各部件宜分别包装，包装箱应符合防潮、防震等要求；

b）包装箱外应有“向上”、“小心轻放”、“防潮”、“堆码层数极限”等标志，应符合 GB/T191 的规定；

c）包装箱内应有成套部件清单、安装说明、产品合格证、用户手册及维护管理要求等文件（用户手册及维护管理要求参阅附录 C）。

10.3　运输

a）在运输条件和注意事项中应说明装、卸、运的要求及运输中的防护条件；

b）应防止雨雪淋袭和强烈震动；

c）装置有特殊运输需要时应加以说明。

10.4　贮存

10.4.1　装置应存放在通风良好、相对湿度不超过 80%、空气中无腐蚀性气体的室内。

10.4.2　库存时间不应超过1年。

附录 A
（资料性附录）
LED 光源的技术要求

H.1　单只 LED 发光元件

a）单只功率应大于 1W，光效≥ 50lm/W；

b）色温：2600 ~ 6500K；

c）显色性：Ra≥ 65；

d）光通维持率：5000h 时应大于 90%；

e）使用寿命：应大于 20000h；

f）单只 LED 的配光曲线应根据照明场所需要设计，宜采用角度适宜的平滑对称配光。

g）灯具内的 LED，在直流 13.4V 电压下，连续工作 100h，其初始光通维持率应大于 95%。

H.2　LED 组合模块

a）宜采用不同数量的 LED 串、并联为不同功率、不同形状的组合；

b）必须具有可靠、良好的散热；

H.3　驱动模块

a）LED 组合应采用恒流驱动，驱动电流变化不应大于额定电流的 5 %；

b）驱动模块的功率损耗，不应大于被驱动 LED 总功率的 15%。

附录 B
（规范性附录）
太阳能光伏室外照明装置的安装要求

B.1　装置安装的设计（参考 CJJ45）

灯具安装前，应对具体场所进行照明设计，以确保照明效果符合本标准第 7 章规定的照明指标。

照明设计包括：选择电光源（类型、功率）及其附件和灯具。确定灯具布置方式、安装高度、安装间距、悬挑长度和仰角等。

B.2　安装方式

鉴于乡镇对室外照明要求不高，所采用的电光源功率又小，在不能进行照明设计计算的情况下，可参考下列条款酌情设置。

B.2.1　路灯安装

a）根据道路宽度、照明要求，宜选择单侧布置（灯）、双侧交错布置（灯）、双侧对称布置（灯）中的一种布置（灯）方式，见图 B.1。

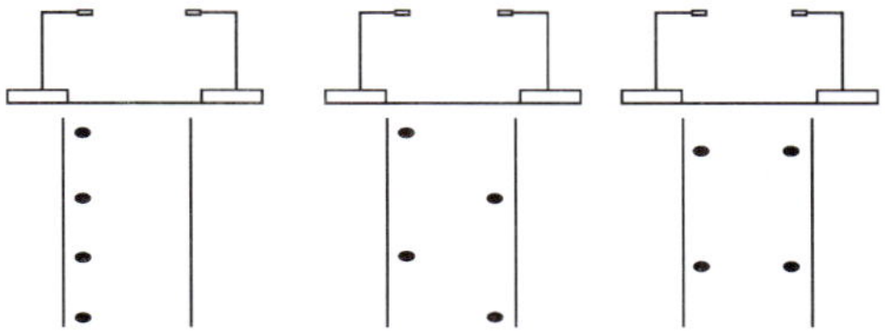

图 B.1　道路照明灯具三种基本布置方式

b）灯具的悬挑长度不宜超过安装高度的 1/4，灯具的仰角不宜超过 15°；

c）灯具的安装高度（H）、间距（S）、路宽（W）及布置方式之间的关系，可根据表 B.1 来确定。

表 B.1　安装高度（H）、间距（S）与路宽（W）和布置方式间的关系

灯具布置方式	安装高度（H）	间距（S）
单侧布置	$(0.8\sim1)W$	$(4\sim5)H$
双侧交错布置	$(0.6\sim0.7)W$	$(4\sim5)H$
双侧对称布置	$(0.4\sim0.5)W$	$(4\sim5)H$

B.2.2　庭院灯安装

B.2.2.1　由于庭院灯灯具的光强分布差别很大，因而照明范围、平均照度等也就相差很大。

B.2.2.2　庭院灯的安装高度和间距应根据具体灯具的光强分布曲线、光强表通过计算来确定，或根据灯具的等照度曲线采用图解法来确定。

B.2.3　装置安装图

装置的安装应符合图 B.2 装置安装示意图的要求。

B.3　装置基础

B.3.1　装置基础应牢固、可靠，可采用钢筋混凝土预制或现制，应符合图 B.2 装置安装示意图的要求。

B.3.2　应设置在土质坚硬的地方。设置在河流、水渠、排水沟附近时，应加防水、排水措施。

B.3.3　灯杆应与地面垂直，其偏差应小于 0.3%。

B.3.4　蓄电池室应防盗，设置在地下时应设置通气管道。

B.4　太阳电池组件

B.4.1　宜安装在装置的上部，应避开高大树木和建（构）筑物的阴影区。

B.4.2　仰角与方位角，应调整到当地全年日平均光照最大的位置，并牢固、可靠地固定。

B.4.3　接线盒宜设置在太阳电池组件的背面上半部，应具有防雨淋的措施。

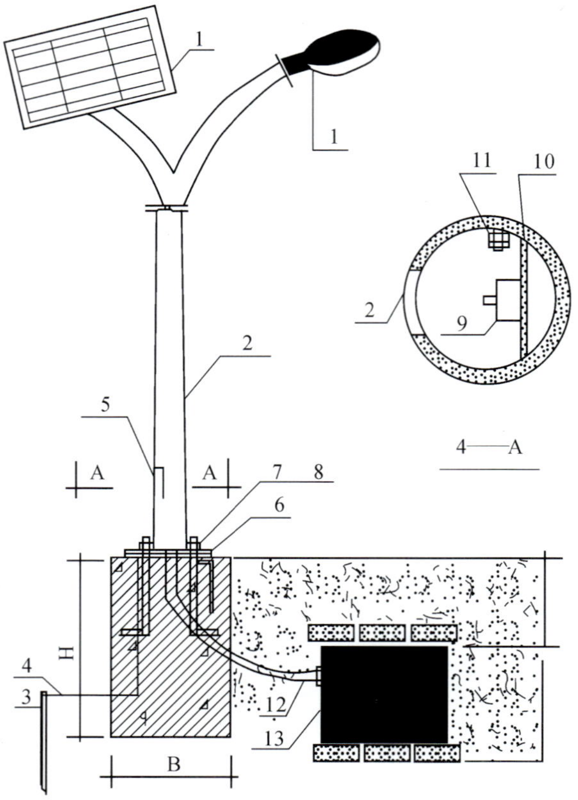

注：

1.所有金属构件均应做防腐处理。
2.灯杆基础尺寸B，H由工程设计确定。
3.灯杆及所有金属构件均应可靠接地。
4.太阳能硅板应面向太阳，无遮阳物体遮挡，仰角及方位角应调整至最佳受光位置。

设备材料表

编号	名称	型号及规格	单位	数量	备注
1	灯具	由工程设计确定	个	1	
2	灯杆	由工程设计确定	个	1	
3	接地板	SC50/L=2500	套		由工程设计确定
4	接地线	40×4镀锌扁钢	米		由工程设计确定
5	接线盒	由灯具厂确定	个	1	
6	固定钢板	由灯具厂确定	块	1	
7	螺栓	M24×400	个	4	
8	螺母、垫圈	M24	个	4	
9	断路器	由工程设计确定	个	1	
10	固定钢板	由灯具厂确定	块	1	
11	接地端子	M8×40	个	1	
12	电源进线管	KV-1	米		金属可挠电气导管
13	电池	由工程设计确定	块		
14	太阳能电池板	工厂配套	块	1	

图 B.2　安置安装示意图

B.5　装置的防雷

应设置符合图 B.2 装置安装示意图的要求的接地装置，钢制灯杆应与接地装置可靠连接，接地电阻应小于 30Ω。

B.6　现场检测

B.6.1 安全性能

经下列安全检查合格后，才能投入运行：

a）太阳电池组件、蓄电池、控制器、照明部件等应安装、连接正确、牢固可靠；

b）灯杆基础应牢固、可靠；

c）灯杆与地面垂直偏差应小于 0.3%；

d）测量接地电阻、绝缘电阻应符合本标准要求。

B.6.2　运行测量

a）开关灯控制和照明时间，应符合 6.3.3 的要求；

b）线路电压损失，应符合 6.3.4.2、6.3.4.3 的要求；

c）按 B.7 要求测量被照面的照度值和均匀度，应符合表 1 的要求。

B.6.3　装置正常运行 10 天后，按以下内容检验

a）按 B.6.2 检查，并符合其要求；

b）确定蓄电池充满后，放电一天，测量蓄电池容量，蓄电池容量不得低于额定容量的 80%；

c）连续 3 个阴雨天时，装置应能保证正常照明和照明时间。

B.7　照明效果现场测量方法

B.7.1　测量条件

B.7.1.1　应采用能读到 0.1lx 的一级照度计。照度计应定期进行标定。

B.7.1.2　气体放电灯需点燃 100h 后，选择无月光的夜晚进行现场测量。

B.7.1.3　　测量应在开灯 1h 后进行，测量过程中，照度计光电池不得被物体遮挡。

B.7.2　测量方法

B. 7. 2. 1　道路照明

B. 7. 2. 2　选择测量路段和测量区域

选择能够代表被测道路照明状况的路段。测量区域，在纵向（沿道路走向）应包括同一侧的两根灯杆之间的区域；在横向，单侧布置应包括整个路宽，双侧交错和双侧对称布置可只包括1/2路宽。

B. 7. 2. 2. 1　测点布置方法

道路的纵方向，将两灯杆之间距离10等分；道路的横方向，将每条车道3等分；从而把测量路段划分为若干（2车道道路为60）个面积相等的网格，在每个网格中心布一个测量点。具体操作时，可先用皮尺量出两灯杆之间距离，然后从一根灯杆开始布点。最边角上一点距路缘为1/6车道宽度，距灯杆水平（测量区边线）距离为1/20杆距，其余各点按图B. 2布好。

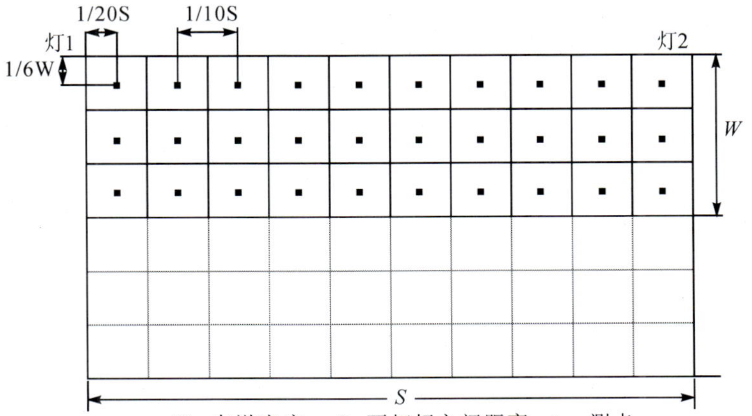

W—车道宽度；S—两灯杆之间距离；▪—测点。

图B. 2　单侧布置（灯）双车道道路测量测点布置图

B. 7. 2. 2. 2　平均照度和照度均匀度的计算

路面平均照度 E_{av} 采用了面积中心法布置测点：

$$E_{av} = \frac{1}{MN}\sum_i E_i \tag{B.1}$$

式中　E_{av}——路面平均照度；

E_i——在第i个测点上测得的照度；

M——纵方向划分的点数；

N——横方向划分的点数。

即被测路段上路面平均照度为各中心测点照度之和除以测点总数。

照度均匀度 U_E：

$$U_E = E_{min}/E_{av} \tag{B.2}$$

式中　U_E——照度均匀度；

E_{min}——最小照度。

即路面照度均匀度为各测点照度值中的最小照度与平均照度计算值之商。

B. 7. 2. 3　广场、庭院、休闲娱乐等场所照明的测量

B. 7. 2. 3. 1　根据场地形状和照明灯具布置情况确定测量区域

若场地和灯具布置对称，则可只测量1/4或1/2区域代表整个场地；若没有对称性则只能对整块场地进行测量。

B. 7. 2. 4　参照道路照明测量布点方法和计算方法

在被测量场地上布好测量点，并对测量结果进行处理，求出平均照度和照度均匀度。

附录 C
（资料性附录）
用户手册与维护管理要求

C.1 用户手册应包括下列内容

a）照明装置工作原理图、工作原理简述；
b）主要技术参数（照明时间、照度、范围以及负载用能和日照的关系等）；
c）调整照明装置开、关灯时间的方法；
d）太阳电池组件、灯具的清洁、维护方法和防止被遮挡的说明；
e）常用消耗器材的型号、规格、功率（如电光源、蓄电池等）；
f）可能出现的常见故障现象及处理办法；
g）废旧电光源、蓄电池不得随意丢弃的原因说明和回收办法；
h）由用户进行日常维护项目的说明及操作方法；
i）由专业技术人员进行维护项目的说明。

C.2 太阳能光伏室外照明装置的维护管理

a）村、镇行政管理部门应将装置纳入村镇公共设施的管理范围；
b）管理单位应制定运行、维护管理办法和巡检制度及岗位责任制；
c）照明装置应由经培训的技术人员进行定期巡视、维护、保养；
d）应定期检查太阳电池、蓄电池、充放电控制器、照明部件等的技术性能，并作记录；
e）应定期清洁、擦拭照明装置的灯具和太阳电池组件的透光部位；
f）电光源应按寿命时间定期更换，不得随意丢弃，应统一集中处理；
g）更换下的蓄电池应与供货商签定回收协议及时回收。

第四届中照照明奖获奖名单

一、中照照明奖照明工程设计奖（室外）

等级	申报项目	申报单位
一等奖	北京励骏酒店夜景照明工程	碧谱照明设计（上海）有限公司
二等奖	中央广播电视塔夜景照明工程	国家广播电影电视总局中央广播电视塔管理中心
二等奖	河南郑州炎黄二帝夜景照明工程	河南新中飞照明电子有限公司
二等奖	天津永乐桥夜景照明工程	天津市华彩电子科技工程有限公司
二等奖	济南龙奥大厦夜景照明工程	山东万得福装饰工程有限公司/品能光电技术（上海）有限公司
三等奖	青岛胶东旅馆旧址夜景照明工程	青岛金凯利特建设工程有限公司/品能光电技术（上海）有限公司
三等奖	重庆人民大厦夜景照明工程	重庆聚华科技发展有限公司
三等奖	北京西单商业区人行天桥夜景照明工程	北京市市政工程设计研究总院
三等奖	颐和园夜景照明工程	北京平年照明技术有限公司/天津大学建筑学院
三等奖	西安曲江池遗址公园夜景照明工程	西安明源声光电艺术应用工程有限公司
三等奖	天津友谊路夜景照明工程	天津市华彩电子科技工程有限公司
三等奖	北京四元桥夜景照明工程	北京海兰齐力照明设备安装工程有限公司
三等奖	北京国子监夜景照明工程	北京凯振照明设计安装工程有限公司
三等奖	北京朝阳门桥夜景照明工程	深圳市高力特实业有限公司
三等奖	北京居然大厦夜景照明工程	北京豪尔赛灯饰照明工程有限公司
优秀提名奖	北京北辰桥夜景照明工程	北京海兰齐力照明设备安装工程有限公司
优秀提名奖	北京龙潭公园夜景照明工程	北京凯振照明设计安装工程有限公司
优秀提名奖	北京通州玉带河大桥夜景照明工程	北京市市政工程设计研究总院
优秀提名奖	北京国华电厂烟囱夜景照明工程	北京海兰齐力照明设备安装工程有限公司
优秀提名奖	无锡机场路道路照明工程	飞利浦（中国）投资有限公司/无锡市照明工程总公司
优秀提名奖	镇江金山广场夜景照明工程	北京清华城市规划设计研究院
优秀提名奖	河南漯河沙澧河段一期夜景照明工程	河南新飞利照明科技有限责任公司
优秀提名奖	重庆江北区观音桥商圈夜景照明总体规划及未来国际大厦、中信大厦夜景照明工程	重庆大学城市规划与设计研究院
优秀提名奖	杭州湾跨海大桥夜景照明工程	浙江中企实业有限公司
优秀提名奖	太原迎泽西大街道路照明工程	北京欧力普工业产品技术开发有限公司
优秀提名奖	郑州金水立交桥夜景照明工程	河南省泛光照明工程有限公司
优秀提名奖	北京安立北苑路立交桥夜景照明工程	北京奥尔环境艺术有限公司

二、中照照明奖照明工程设计奖（室内）

等　级	申报项目	申报单位
一等奖	上海浦东国际机场 T2 航站楼室内照明工程	飞利浦（中国）投资有限公司
一等奖	无锡灵山二期梵宫室内照明工程	华东建筑设计研究院有限公司/上海复舜信息科技有限公司（艾特照明工作室）/锐高照明电子（上海）有限公司
三等奖	长春市政府办公大楼室内照明工程	长春为实照明科技有限公司/吉林省建筑设计院有限责任公司
三等奖	广州体育馆场地照明工程	玛斯柯照明设备（上海）有限公司
优秀提名奖	北京蔡国强住所改造室内照明工程	北京赛恩电气安装工程有限公司
优秀提名奖	故宫博物院武英殿室内照明工程	北京赛恩电气安装工程有限公司
优秀提名奖	上海家合酒店 ISSIMO 餐厅室内照明工程	离元照明（上海）有限公司

三、中照照明奖照明工程设计奖（奥运）

等　级	申报项目	申报单位
特等奖	国家体育场（鸟巢）场地照明工程	飞利浦（中国）投资有限公司
特等奖	国家体育场（鸟巢）夜景照明工程	北京良业照明工程有限公司
一等奖	北京老山自行车馆场地照明工程	飞利浦（中国）投资有限公司
二等奖	国家体育馆夜景照明工程	清华大学（建筑学院）
二等奖	北京大学体育馆场地照明工程	飞利浦（中国）投资有限公司
二等奖	北京工人体育场场地照明工程	飞利浦（中国）投资有限公司
二等奖	沈阳奥林匹克体育中心体育场场地照明工程	飞利浦（中国）投资有限公司
二等奖	北京科技大学体育馆场地照明工程	清华大学建筑设计研究院
三等奖	北京奥林匹克公园中心区多功能演播塔夜景照明工程	北京良业照明工程有限公司/北京赛恩电气安装工程有限公司
三等奖	北京朝阳体育馆场地照明工程	深圳市海洋王投资发展有限公司
三等奖	北京奥体中心区下沉花园 2 号院夜景照明工程	北京清华城市规划设计研究院 光环境研究所
优秀提名奖	北京奥运村夜景照明工程	北京海兰齐力照明设备安装工程有限公司
优秀提名奖	北京奥林匹克森林公园夜景照明工程	北京清华城市规划设计研究院
优秀提名奖	北京奥林匹克公园下沉广场 3 号院夜景照明工程	北京赛恩电气安装工程有限公司

四、中照照明奖科技创新奖

等　级	申报项目	申报单位
一等奖	MJ—0508JLM 螺旋型荧光灯自动弯管成型机	临海市名佳照明有限公司
二等然	多芯片封装大功率 LED 照明应用技术及系列产品	山西光宇半导体照明有限公司
二等奖	GGE858（859）节能型道路照明灯具	深圳高力特通用电气有限公司
二等奖	YG—LED308 大功率泛光灯及控制系统	广州市雅江光电设备有限公司
三等奖	SFT—2D901—7　210X1W 模组式 LED 路灯	江苏史福特光电科技有限公司
三等然	HCEF—50W　LED 泛光灯	陕西西电科大华成电子股份有限公司
三等奖	L1011A—140—LU—8R8G8B—F LED 桥梁灯	乐雷光电技术（上海）有限公司
三等奖	AL—LF16—A　可旋转式灯具及其应用技术	上海广茂达灯光景观工程公司
优秀提名奖	KL3LM（A）矿灯	深圳市海洋王照明科技股份有限公司
优秀提名奖	YFW6211/HK1 遥控探照灯	深圳市海洋王照明科技股份有限公司
优秀提名奖	HB 型大功率 LED 路灯	中山市鸿宝电业有限公司
优秀提名奖	QL—S 型 LED 隧道灯具	深圳市凯信光电有限公司
优秀提名奖	路灯灯具摩擦耗能型减振器	浙江中企实业有限公司

中国
照明
工程
年鉴
（2009）

第三篇　照明工程篇

注：本篇的照明工程论述，部分稿件由《中国照明电器》、《灯与照明》、《中国照明》、《照明工程学报》、《光源与照明》等期刊编缉部提供稿件，有关版权问题，请与中国照明学会联系。

3. 1

2008年奥运照明工程

北京奥运会开幕式灯光设计特色

中央电视台　沙晓岚

1. 灯光艺术效果的高品位美学追求

“一轴展开的画卷”是第29届奥运会开幕式舞美设计的核心元素。在这幅流动的画面上，向观众展示着众多的中华传统文化符号，灯光设计借助“画卷”的概念，在艺术创作理念中充分发挥灯光艺术的抽象造型特长，使灯光的艺术效果富于东方美学的深邃神韵。

从“击缶而歌”开始，博大的艺术造型空间，略带神秘的色彩氛围，将观众带入了久远的历史长河中……，接着“画卷”（见图1）、“文字”（见图2）、“戏曲”、“丝路”（见图3）、“礼乐组成的上篇段落逐一呈现，”典型化地体现了中华民族传统文化的灿烂与辉煌。灯光设计紧扣表演内容，运用中国画的水墨丹青，使用光与色的巧妙调和，让“画幅”表演空间成功、和谐地进行了由“水墨”、“淡彩”到“写意工笔”、“重彩工笔”的绘画效果的转换。“画卷”是画轴展开的第一个段落，灯光利用“灰、白、黑”的调子，与演员的黑色服装、挥毫作画的表演和谐统一。画幅上宛如一张清新淡雅的水墨画。紧接“文字”一段，儒生们朗朗的吟诵，字模的铿锵表演，灯光在空间渲染了淡淡的色彩，加强了服装的色彩效果和字模的立体感。“戏曲”一段，灯光明亮的照度，夸张了中国戏曲服装的色彩，舞台画面色度渐强。至“丝路”、“礼乐”，整体灯光效果进入了“工笔”画的美术效果，色彩的饱和度也随之加强。升起的龙柱，五朝的歌舞使人仿佛置身于古代宫殿之中，辉煌气氛几近极致，像一幅重彩工笔画。

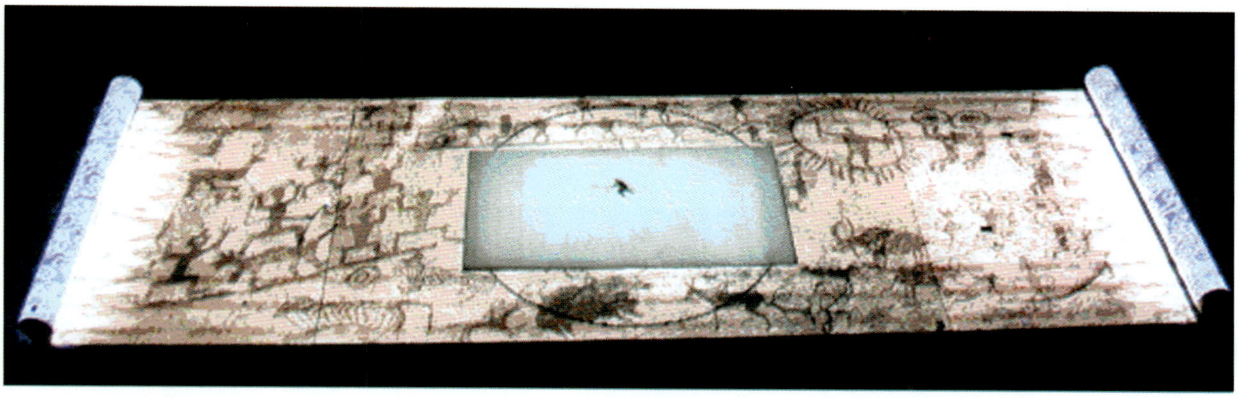

图1　画卷

图2　文字

图3　丝路

下篇由“星光”、“自然”和“梦想”三个段落组成。表现当代中国人民进行现代化建设、展示“同一个世界、同一个梦想”的主题（见图4）。画幅上相继出现了星光五环（见图5）、荧光“鸟巢”造型、韵味绵长的太极、气势磅礴的拳术和最后缓缓生起的九环星球。灯光设计使用现代装饰画和电脑绘画的手法，强化表演气氛，灯光艺术照明的变化节奏层层递进，逐步升华，随着舞台整体气氛最后进入高潮。

图4　同一个梦想

图5　光环

北京奥运会开幕式灯光设计的创意是追求高品味的东方美学目标。在“画卷”这个舞美平台上，运用灯光这支生花妙笔，摹画中国绘画的语言，从中国图像史的角度，反映中国民族文化融入世界的漫漫历程。

2. 现代化灯光技术的运用

北京奥运会开幕式使用了大量目前世界上最先进的灯具设备。根据创意要求并结合国家体育场“鸟巢”结构的特点，配备各种电脑灯具近3000台。全方位、立体化地满足灯光艺术照明、艺术造型的需要。特别是使用了140余台大功率数码投影设备，使活动影像、视频影像可灵活地出现在表演区、大型道具和体育场结构沿口立面，营造了灯光的“多维”效果。其中，鸟巢结构的沿口立面自然形成了一个高14m，周长500m的空中环幕，63台大型数码投影机3机重叠，组成了21组互相连接的画面。21组画面的边缘自然融接，毫无痕迹，可谓天衣无缝。利用大型数码投影机多机重叠且多组画面的融合拼接技术，其设备数量之多，技术要求之高，投映面积之大，迄今为止乃属世界之最。“影像语言”的首次规模化运用，开创了灯光艺术能够流动具象造型的先河，使北京奥运会开幕式的灯光设计具有独特性。

北京奥运会开幕式中，现代化灯光技术的应用并达到预期的效果，是“科技奥运”理念的一个重要体现。

3. 与文学创意、导演构思和全局效果的高度统一

灯光设计的艺术效果与文学创意捆绑在一起，融于导演构思之中又具有独特的艺术语言，是第29届奥运会开幕式灯光设计的又一显著特点。

开幕式灯光设计方案摈弃了一切廉价的、游离于大效果之外的变化噱头。色彩的运用和明暗的调节，都运行在整体效果之内，要求灯光的变化、操作完整有序。

多媒体技术的应用是第29届奥运会开幕式舞台技术的一大特点，灯光设计与之有机的结合，融为一体。做到了你中有我、我中有你，互不干扰、相得益彰。既保证了现场观赏，又兼顾了电视转播的光比平衡。

开幕式的服装在画面中是流动的色块。为服装染色、造型，使演员着装后立体、漂亮和性格化，是灯光设计的另一重要内容。“画卷”中古琴师，独坐琴台。在追光为主照明的基础上，以金黄色逆光为底色，在顶部施以淡淡的暖调光，使琴师极具造型感，未因身着白色服装而感到色彩苍白；“文字”一段中，3000名持竹简吟诵的演员身着白色间赭色服装、高耸发冠，是春秋战国时期儒家弟子的造型。随着他们朗朗的吟诵和整齐的步伐，灯光提供了微微暖调光和侧面的造型光，使表演队伍和服装色彩相谐相和，气氛古朴典雅；“星光”一段中，灯光则巧妙地与地面LED配合，利用其图案变化的光线，时而压弱空间照明，让演员的绿色荧光服装在地面光的辉映下熠熠发光，时而在空间使用色光突出表演。灯光变成了一种特殊的媒介，把艺术表演与艺术空间水乳交融般结合在一起，密不可分。

数码影像设备最直接、最形象化地表现了主题内容。以“点燃圣火”为例：手持火炬的运动员高悬在体育场顶部沿口边，在空中沿着沿口立面向主火炬方向缓缓移动，空中做着跑动的动作。此时的沿口立面由数码投影设备播放出由雅典点燃圣火到北京的整个火炬传递过程的片段画面，重现了火炬所到国家、城市的难忘瞬间。这个浪漫而又深刻的创意完整地由灯光影像体现完成，在某种意义上，灯光影像是北京奥运会开幕式点火仪式中文化内涵的重要载体。

北京奥运会开幕式灯光设计的艺术创作，是开幕式创作、创意的一个重要组成内容，是一个经过精心设计、整体统筹、缜密编排、一丝不苟、统一调度、严格操作的过程。

国家体育场（鸟巢）夜景照明工程实施详解

岳存泽
（北京良业照明工程有限公司）

国家体育场（鸟巢）（见图 1）见证了 2008 年第 29 届奥林匹克运动会的辉煌，也体现了世界文明的进步。它是当代的建筑；它与中国文化有着密切的联系；它是一个开放的建筑，所有朝向都是同等重要的，所有的方向都让人感到舒适，而且都可以很便捷地进入。

整个结构的表现力，不仅可以告诉人们哪里是入口，而且还能让人们产生丰富的联想。有人形容它是鸟巢，我们还可以把它解释成：菱花隔断；有着冰花纹的中国瓷器等；外部广场可以中国的 12 生肖为标志作出 12 个分区，这样观众就可以拿着标有“龙”或者“虎”的票，寻找自己的入口，这也是受中国传统建筑的启发而产生的灵感。鸟巢的灯光文化也一直在这些无序之中寻找着有序。

图 1　鸟巢

国家体育场是公众化的。奥运会时它像一个橱窗展示着中国的形象，赛后它还将成为一个开放性的场所，人们可以自由地进入，它也将成为奥林匹克公园的标志性建筑。夜景照明也具有其更长远的意义。

能参与鸟巢照明项目的建设实在是一件比较激动人心的事情，随着国家体育场总体工程项目接近尾声，建筑的外立面照明项目的实施正式拉开了帷幕，我们逐渐成为鸟巢的亲密接触者。此时距离体育场外景照明项目计划完工的日期只剩一年多的时间。

看到鸟巢建筑结构图样时，我和我所有的同事也更清楚地认识到了鸟巢建筑结构的复杂性及相应的照明项目前所未有的难度。我们接到的项目相关图样（见图 2）有照明设计概念文本、效果图、灯位图样等，也包括最重要的照度、均匀度等参考值，以及各类灯具的初步选型等工作要求。

鸟巢照明分为三大部分，一是核心筒（功能区空间）外墙和观众看台背墙的红色墙面部分，用红光投射照亮；二是外立面钢架结构的内侧及左右两侧形成的 U 形面，用白光投射照亮，外立面形成剪影；三是顶部上下膜结构之间的钢架结构也由白光投射照亮。我们开始根据原方案要求来确定深化设计方案的展开方式。

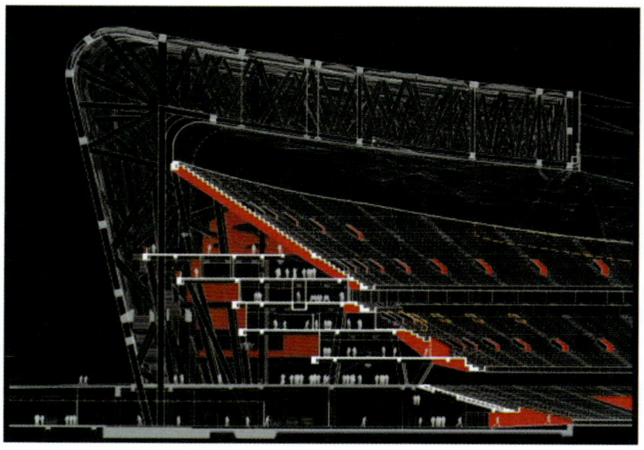

图 2　图样

方案的三大部分有各自不同的难点：红墙部分主要在于对原方案的照度、均匀度方面要求的满足，色彩还原性、灯具的性能与品牌、价格的平衡选择在此部分也成为主要问题；外层钢结构的实施难点在于现有方案灯具数量及位置能否满足原设计照度的需求，灯具安装位置的核准成为首要难题；屋顶膜结构也同样有灯具数量和位置的困惑，但控制眩光和如何利用两种不同膜结构的反光透光系数来设计亮度也是此部分的难点之一。根据分析，我们决定对红墙部分主要以实验方式来完成方案深化，其他两部分以电脑模拟计算和现场调试来实现。

中国红是鸟巢的一大文化主题，白天墙面在日光照射下红色偏暗使钢结构明亮，夜晚灯光照射下的红墙显得越发富有张力，而外层钢结构在红墙和内层钢架的灯光映射下呈现剪影效果，由此红墙的照明效果就变得尤为重要，不仅在亮度上要达到指标，与周边的水立方等建筑形成呼应，在立面的均匀度方面也需要尽量提高，使得上下不同层红墙形成整体。

构成红色墙面的主要建筑结构是鸟巢 12 个核心筒的外墙，此部分墙高 4m，其立面红色材质有两种形式：一种为红色漆面，一种为夹层中含有红色纹理的双层玻璃表面。首先要解决的是对原设计照度和亮度指标的解决方案。在此过程发现，原方案中只提及照度和均匀度这两个主要指标，而还缺乏亮度和色度的具体要求，我们开始意识到了深化设计巨大的空间和挑战性，也更加激发了设计团队的工作热情。“红色墙面的照明效果实施是最具挑战性的”我们达成了进一步共识，更加坚定了要通过试验来提出解决方案的决心。公司的领导对项目的重视程度以及对我们的支持是前所未有的，斥资、调人，对鸟巢试验项目一路绿灯，不久我们便在公司附近的一片环境光相对较弱的空地中搭建了 1:1 的核心筒局部模型（见图 3）。选择进口、合资、国产等不同档次的多款备选灯具，准备进行试验比较。也与厂家取得联系对测试仪器进行了校准。从事照明设计多年的设计师们早已体会到了在夜晚的灯光中工作的乐趣，最终我们在贴膜、油漆、涂料等三种不同的材质下用同一套测试样板段和同一套测试点，测出了：同一灯具不同光源、同一光源不同灯具、同一灯具不同安装位置不同安装角度，等多种比较方案。（见图 4）测试现场绿色的军大衣在红光下显得格外神秘，年轻的照明设计师在这样的夜晚（见图 5）再也不对灯光的“显色性”陌生；围观的群众七嘴八舌的询问和羡慕的表情给在冰冷的冬天中逐点测试的设计师带来无限的温暖。更有多少设计师在这样充满激情的方案设计实验中缩短了相互之间的距离，他们之间的亲密合作像鸟巢的钢结构一样密不可分。面对马蹄形色谱我们逐点找寻其坐标轴，从国旗红色的庄严到灯笼光线的悠然，红色一次次地激起了我们作为中国人的自豪。在我们对墙面均匀度的不断追求中，我们从现场试验也收获了对灯具不同配光的深入理解。相同的光源测试中，最大光强一方面反映了不同灯具的不同配光设计，也反映了精心设计的原创灯具和形似神不似的仿制灯具效率、光学精度的巨大差距，更是此方案中均匀度好坏的决定因素之一。最终我们从已有的测试灯具中选出了均匀度表现最好的灯具，作为我们试验的结论性参考灯具，以备进一步研发或修改提高的参照。红色荧光灯光源色彩还原的表现效果表现较为舒适，被确定为夜间红色主题色彩还原的标准。

图 3　核心筒局部模型

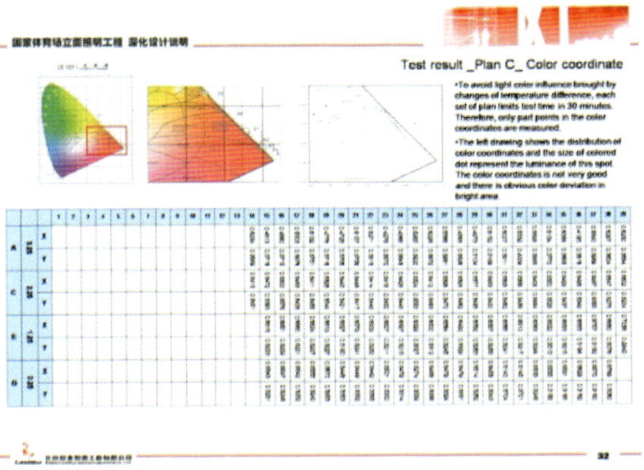

图 4　多种比较方案

红色的观众看台背墙跨度距离较大，原方案中使用金卤灯加装红滤片。对此部分照明型式进行试验的过程中遇到了以下两个问题：一是在增加滤色片之后虽然色彩还原较好，但是灯具总光通量却损失了 90% 左右；二是红色金卤灯的色彩饱和度不及红色荧光灯的。两项数据的巨大差距使我们对照明中显色性原理，进行了深入学习，也对滤色材质系统有了进一步的认识。金卤灯的色彩还原性取决于光源内的化学材料的选用，对红色还原较好的光源在市面上较少，价格比较高，多次试验的失败使得我们几乎对金卤灯表现红墙失去了信心。

图 5　夜晚工作场景

我们使出了浑身的解术进行第二轮系统的试验比较。主要采用了以下几种方式进行试验：滤光膜、普通滤光玻璃、光学滤光玻璃、不同面积镂空的滤光膜和红色反射器等。

滤光膜和普通滤光玻璃对色彩的还原性较好，红色特别鲜艳但是总光通量损失了接近 95%，在亮度上要想达到要求指标，必须增加 3～4 倍的灯具，配电资源的浪费问题把这两种方案彻底否定了。特殊的光学玻璃可以有较高的透光性，我们展开了采购搜索范围，对光学玻璃进行了全面了解。最后对一块光学滤光玻璃进行了测试，结果显示和普通滤光玻璃并没有明显的改善，主要原因是此块光学滤光玻璃也是把除红光外的所有光谱全部滤掉的性能特征，而不是我们所期望的大部分光能够通过，适当控制输出蓝绿光谱部分的性能。过滤特定波长的特种玻璃造价比较高，供货周期也相当长，通过光学玻璃处理普通金卤灯光源的方式会造成较大的成本资源浪费，博物馆或文物照明项目中对此方式的运用较多，在普通的外景观照明项目中不可取。

在饭店就餐时偶尔发现透过红色窗纱的光线中略带一些红色，受到启发我想到了部分滤光的形式，于是我们开始把滤光膜剪成各种不同镂空面积疏密不同的网状滤光膜（见图6）进行试验，得到了比较中和的效果，既得到了较强的亮度，也过滤掉了一部分蓝绿光，红色效果显得相对比较鲜艳。由此不断改进得到了实施性较强的方案："红色反射器"这种方式和镂空的滤光膜有异曲同工的作用，一大部分直射光没有经过过滤直接投射到红色墙面，确保照度需求，通过反射器反射的光线过滤掉一部分的蓝绿光，红色光谱被较多的反射出去，被照面的光线反射中红色光得到较好的表现。再通过选择较低色温的金卤灯光源再次减少蓝色光谱成分，综合考虑用低色温的金卤灯搭配红色反射器是大面积的红色被照物表现的较合理方式之一。

图6 网状滤光膜

说到这里，大家一定会想到多种别的方式来表现红色被照物，其中最具代表性的应当是卤钨灯、LED这两种光源。卤钨灯由于光效太低，只适合在小面积的范围内使用，退出了竞争。LED由于其潜在的技术空间和动态表现的强势被我们列入备选方案，也为最终动态方案的实施立下了汗马功劳。

即将完成深化设计方案初稿的时候，传来了振奋人心的消息，北京良业照明工程有限公司成为鸟巢外立面照明系统的赞助商，对设计师们来讲也就意味着将更加深入、更加亲密地接触鸟巢，为项目所作的实验分析和研究也将应该更加严谨和有意义，其设计工作将变成现实。

随之而来的深化设计工作难度和压力也不断加大了，鸟巢照明项目需在总体方案不做出太多改变的基础上增加部分动态效果，三大部分照明效果中有两大部分全部由金卤灯照射，而红墙也有部分区域为金卤灯，难度最大的就是让金卤灯动起来。金卤灯调光一时间成为我们工作的一大热点，金卤灯调光有部分成熟产品，我们继续老策略——试验。试验结果与预期的主要问题表现在：调光速度缓慢，只能作为场景变化的手段，变化过程不能给观众以动态感观效果；调光后金卤灯色温出现不规律性漂移，对显色性有严重影响。这两点问题的验证使我们对红色墙面中部分墙面使用金卤灯投射的形式做出了否定，也促成了下一个解决方案。

在继续取得众多实验数据的同时我们与国内外专家展开了多次沟通（见图7），紧锣密鼓地对鸟巢照明方案的实施展开了论证。期间讨论了各个部位使用不同灯具的设想；确定了金卤灯动态方案实施难度；灯具安装的考究方式；动态表演效果的实施手段等。各位专家非常赞同我们前期所作的大量测试、实验工作，这些宝贵数据是我们后期开展工作的最有力依据。各行业专家结合我们的试验数据对鸟巢照明效果的会诊把脉使我们的方案深化设计步步为营，稳扎稳打，又在众多的技术环节取得突破。最终得出指导性结论：钢结构及屋顶膜结构金卤灯投光部分放弃动态表演的方案；而红墙列为动态表演的重点表现部位。

随着工期的临近，与鸟巢设计方"赫尔佐格"和"中建院"两个单位也有了越来越多的沟通和配合。我们的战场从实验室和会议桌正式转移到万众瞩目的鸟巢现场。错综复杂的结构是在办公桌电脑上所无法驾驭的，灯具安装位置的确定在鸟巢现场变成零起点，我们从零层开始逐层进行排查和现场定位。每根钢柱的位置与每层楼板的错位充分地融合，结合灯具的配光角度确定投光灯的安装点位，红墙的灯具位置也由于空调管道和其他结构的原因变得没有规律可循，只能随结构的走向来定制，管线路由的复杂走向、玻璃隔断和核心筒墙体的错综复杂给现场勘查设计带来巨大的随机的工作任务，同时也再次激发了设计人员无限的工作激情。

图7 与国内外专家沟通

剪影效果是鸟巢夜景照明效果特有的文化主题之一，通过内亮外暗的效果使得本来就最具吸引力的外层钢结构呈现了与白天截然不同的一面，为整个建筑平添几分魅力。外层钢结构以内到观众坐席之间的部分才是鸟巢更加复杂、更加立体的空间结构。此间有用于结构支撑的混凝土柱和钢柱，又有最主要的通道大楼梯，有卫生间、设备间、贵宾包间等功能性室内空间，也有巨大的疏散大厅与其特有的功能性照明灯具；有特殊配比调制的漆面材质，也有鸟巢随机纹理的夹层玻璃隔断墙；在这些功能性极强的结构空间中找寻适当的投光灯安置位置相当困难，既要考虑照明效果的均匀性，又必须避免大楼体、通道、室内空间等位置的眩光。除了现场试验不同方向观察外，没有什么办法能够兼顾这些元素之间的平衡。

我们在现场两个核心筒的区域范围内进行了试验，以便在较小的范围找寻规律（见图8）。投光灯具安装在核心筒周边护栏外侧面的边梁上斜向上投射，由于不同层的边梁形状不同上下错落，首先要避开灯具投射到上层的底面，这样可以装灯的位置就已经大大减少；边梁至外层钢结构的外边缘距离又有10～20m不等，钢结构数量疏密不均，疏处无载体可照，密处需要减小灯具功率从不同方向进行补光。多种因素综合考虑、每种灯具逐个调整，宽配光窄配光互相补充，经过一个多月反复调试，立面整体终于有了较好的均匀度。

图8　在核心筒的区域范围内进行试验

由于灯具有外倾角度，在广场上一定距离范围内灯具发光表面构成了较强的闪光点，好在角度不算很大，还没有形成很刺眼的眩光，但给景观的整体统一性造成很大的破坏。通过调整采用了侧配光的投光灯进行照明，使灯具发光面水平向上，光束角又能斜向外侧投射，同时加装防眩光格栅，避免亮点对景观的破坏（见图9）。

图9　加装防眩光格栅

图10　现场效果

膜结构的灯具布置照顾到被照面的均匀度以外，灯具投射角度上给飞机航拍和周边高层建筑视点带来了一些眩光问题。结合屋顶结构的布置规律设置投射角度为45°，并配合增加防眩光格栅达到最终设计效果。

与此同时，我们也再次对红墙部分进行了大规模的现场试验，由于空调风管、线槽等设备对红色荧光灯位置的影响，也综合了三四层玻璃材质和其他层漆面材质的不同反射效果，红色墙面的实际均匀度不能绝对满足原设计要求，但又不会影响整体效果。在此共识的基础上国内知名的灯具研发工程师配合我们对红色荧光灯的配光角度进行了深入的研究和改进，使灯具的效率不断提高、光束角尽量变窄、灯具体积得到缩小，在这几方面技术环节上找到了最佳的平衡点，满足了核心筒红色墙面的使用要求。

六层红色看台背板的照明方式也再此进行了彻底的解决，在六层小屋顶上方和看台背板上沿口下侧同时安装荧光灯互相补充，使得背板的照度、均匀度得到了有效的提高。替换掉原有的金卤投光灯具，使用荧光灯结合数字镇流器，使红色部分所有墙面的灯具形式得以统一，整体调光问题也迎刃而解。至此，第一阶段的照明效果技术方案的实施也获得阶段性的成功。

随着现场效果（见图10）越来越清晰，随之而来的是社会各界对鸟巢夜景效果越来越高的期盼，在业主的组织下展开了专家分析讨论会，充分论证了夜景照明效果提升的可能性——红墙部分升级为LED动态效果；钢结构部分增加金色场景的设计理念越来越被大家所接受认可。充分考虑分析了节能措施和设备的再次利用等具体环节后，鸟巢的升级改造方案终于得到业主和各级领导的支持而展开实施。

随即技术实施小组和工期的组织面临巨大的考验，在短短一个月时间内，我们组织行业各路精英展开分析，与灯具设计及控制系统专家共同展开了攻坚战，从光学数据、色彩表现、现场环境等各方面提出了可实施性的具体方案，并再次快速地展开了LED照明方案的试验。面临的色彩还原问题是：在白光的投射下红光显得饱和度不够，在纯红光的照射下又显得生硬而过于艳丽，与周边的环境欠缺融合，白光与红光相加能表现较为纯正的红色，但色调偏冷过于严肃。经过多次试验由红光、白光、黄光按照4∶3∶3的比例进行调配，使得墙体表现为暖色调红光，与我们最为常见的大红灯笼色彩感觉一致，喜庆祥和而具有浓郁的中国特色（见图11）。通过控制系统还可以在纯红与橘红之间无级渐变。色调的冷暖与现场纳灯光环境相互呼应融合又形成适当的对比，用LED进行红色效果的表现堪称最佳效果，在原有荧光灯基础上更上一层楼。

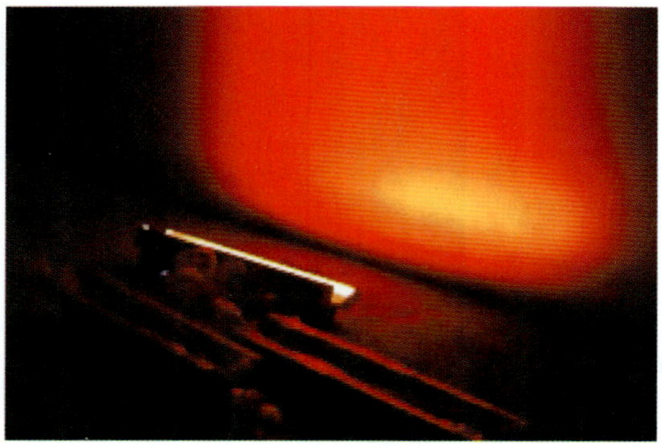

图 11　色彩调配

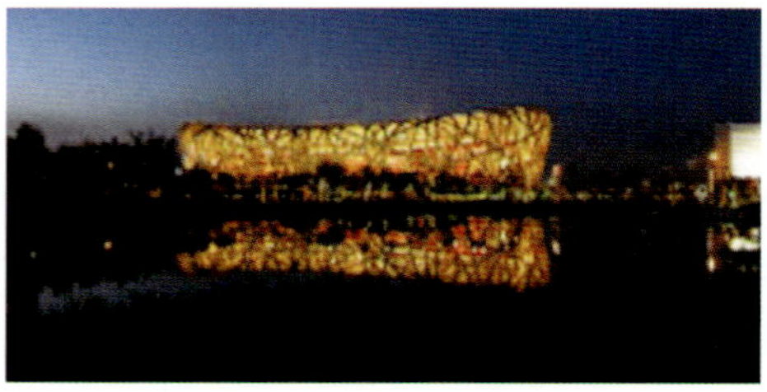

图 12　鸟巢华丽效果

钠光源金色投光效果的表现，基于原有金卤灯的灯位基础上进行逐一配套增加，效果方面没有牵扯过多精力，原有管线的共用，控制系统切换回路的整理等工作顺利展开，金色鸟巢随着局部的供电回路改造成功，在人们的期盼中华丽的效果（见图 12）逐渐呈现在眼前。

通过产品芯片、光源、钢构型材、表面喷塑等环节逐项的工期制定，使得升级改造方案有充分的理论保障系统。在短短一个月内成功实施升级改造，当鸟巢的红光变得更加纯正，当预期的动态方案崭露头脚，当鸟巢变得金光璀璨……，国家体育场夜景照明方案的方案深化设计、实施取得了圆满成功。

国家体育场（鸟巢）场地照明工程

1. 项目简介：

设计单位：飞利浦（中国）投资有限公司

施工单位：国华国际工程承包公司

业主单位：国家体育场有限责任公司

2. 项目详细内容

（1）照明设计理念、方法等创新点

1）国家体育场的照明设计完全按 BOB 高清电视转播的要求设计，是国内第一个同时满足足球场高清电视转播和田径场高清电视转播要求的照明。

2）首次在大型综合体育场照明设计中采用嵌入式非连续的锯齿形马道。

3）首次在国内的大型综合体育场照明中兼顾 93 个固定摄像机和许多移动摄像机的垂直照度要求，固定摄像机/移动摄像机的最小垂直照度大于 1400lx/1000lx。

4）在体育场照明设计中，首次完全按照田径运动比赛的项目不同分别进行照明设计，充分考虑并满足不同比赛项目的不同摄像机的位置和照明要求，如 100m、110m 栏、200m、400m、障碍赛、跳高、撑杆跳、跳远、三级跳远、铁饼、链球、标枪、铅球及足球；同时又为不同运动的各关键区域进行照明设计，如径赛中的 100m/110m 栏直道、100m 起跑区、110m 栏起跑区、终点区、200m 起跑区、400m/4 × 100m 起跑区、800m 起跑区、障碍赛水池等，田赛中各运动的助跑区、起跳板/投掷线（犯规线）、着陆区等。同时又为天气条件变化时比赛场地区域（运动方向）的变化提供了严格的照明设计，如南北向的铅球、标枪、铁饼/链球、跳远、三级跳远，东西向的撑杆跳高。而且还考虑了终点实时摄影计时系统的补充照明、周围热身区域的照明。

5）设计中在满足照度均匀性的同时，首次在国内大型综合体育场中正式考虑了照度梯度的要求，并在田径全场和足球场的每一点分别满足奥运会 BOB 的照明要求。

6）首次在国内大型综合体育场照明设计中提出全场地中某一点上四边垂直照度的任意两边照度之比的概念，并在全场（田径场和足球场）任一点满足最小值大于 0. 6 的要求，以提高转播质量，增加照明立体感。

7）首次在国内大型综合体育场照明中采用双回路互为备用、同时工作、各带全场 50% 灯具的照明设计，满足照度及均匀度要求。这种方法不但解决了应急彩电转播照明，又大大降低了成本，为中国、乃至整个体育照明的应急照明开创了一条全新之路。同时充分满足奥运电视转播的要求。

8）奥运比赛时三路电源供电（不间断电源，两路市电），如图1所示。259套灯具为应急电视转播照明用，由不间断电源供电，而其他的332套灯具由两路互为备用的市电供电（165+167）。任一组市电供电的灯具（165套或167套），均可与259套由不间断电源供电的灯具组成新的照明模式（259+165套，或259+167套），照明效果完全高于应急转播要求。

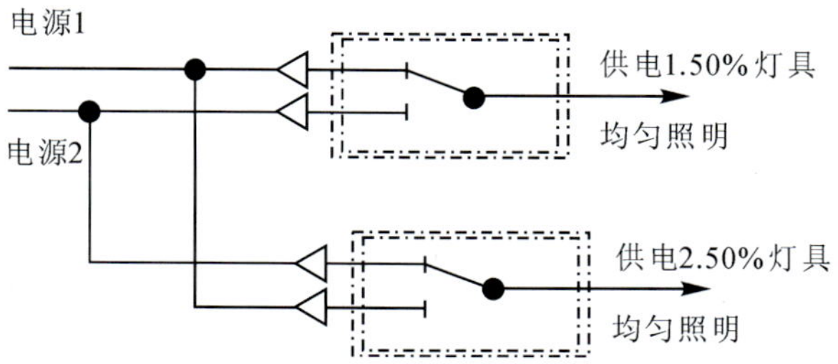

图1　三路电源供电

9）首次在国内大型综合体育场照明设计中提出了向上光比例的概念，并满足CIE No. 126的要求，ULR仅为2%。同时降低了照明对大显示屏的影响。

10）首次在大型综合体育场照明设计中提出前12排观众席的垂直照度要求，并满足BOB的要求。

11）首次在大型综合体育场照明设计中同时提出对运动员/裁判员和摄像机的眩光要求，并全部满足BOB的要求。

（2）照明设计的主要技术指标

作为2008北京奥运会的主体育场，国家体育场要举行奥运会的全部田径比赛和足球决赛，同时又是奥运开闭幕式的场地，因此体育照明设计的要求极为严格。要充分考虑运动员、裁判员/官员、现场观众、电视观众（摄像机）、媒体读者（照相机）等多方面人士的视觉需求，为各方面人士提供最佳照明。除提供充足、均匀的水平照度和垂直照度外，还应充分考虑100多个摄像机的要求及更严格的眩光控制，同时满足照度梯度、照度比、照明立体感和光源色温、显色性等要求。国家体育场的照明设计完全按照BOB的照明要求、CIE No. 169、CIE No. 112的照明标准，同时参照FIFA、IAAF的照明推荐，以HDTV为目标，整个体育场的照明不但满足运动员/裁判员及观众的要求，同时也满足了多个摄像机的转播要求，为更多的电视观众提供了最佳的转播画面，保证图像画面传送清晰、色彩逼真，也考虑了赞助商、广告商、媒体等对现场灯光的要求。

国家体育场照明系统不仅要满足各种体育项目比赛，还要满足各种大型活动的要求，包括开闭幕式的要求，因此设计了多种照明开关模式，并对照明灯具进行科学、合理的控制，保障照明光源和灯具及其所配的整流器的安全长期使用，同时节能省电。在为主体育场提供照明设计的同时，也为马拉松通道、室内外训练场、混合区、新闻发布厅、室外综合区、颁奖台、升旗区等提供了符合BOB要求的照明设计，保证奥运比赛的顺利进行。

照明设计全面考虑了足球和田径比赛项目的特点及对照明的特殊要求，遵循“绿色、人文、科技”的奥运理念，符合总体设计图样，满足并优于BOB技术要求。

1）照明产品选择

设计中选用先进、节能、成熟的飞利浦体育照明专用光源飞利浦大功率双端短弧高显色MHN-SA 2kW/956金卤灯，色温5 600K，$R_a>90$，完全满足标书及BOB要求，光效100lm/W，结合仅为2.5cm长的发光弧，控光更精确，更节能、绿色，光源在灯具内部工作位置固定，冷端温度稳定，光源色温、显色指数、光通量、工作电流、电压等光电参数稳定。而独特的两次封接技术及配合灯具设计的全新的线型电气压紧连接技术，使光源寿命更长，光通更稳定。配以飞利浦大功率专业体育照明灯具MVF403，其优异的配光性能，配套高效反射器及双端短弧光源，灯具发光效率可达80%以上，更节能；灯具体积小巧，迎风面积小，流线型设计，风阻系数小，很好地与建筑及马道配合。

2）照明马道及灯具位置设计要求

①主体育场

场地照明灯具被布置在内环马道和外环马道上（见图2～图4）。内环马道高度为39.3～47m，外环马道高度为36～48.5m。由于安装位置和空间的局限，内环马道上的部分灯具被双层安装，但内环马道的上下走势仍与所在位置的膜结构方向一致。

内环马道沿建筑的“碗口”而设，15段长马道（奥运火炬的位置占去了其中一段马道），外环马道嵌于观众席顶部的膜结构中，考虑到东西看台屋面向前倾斜，为避免膜结构的挡光，在外环马道前的膜结构上各开了长度为1～6m的“豁口”，以保证灯光全部到达场地。由于外环马道全部嵌于膜结构中，考虑到建筑美观和施工方便，全部外环马道的灯具被设计成沿钢结构梁布置。而钢结构梁的排布非常不规则，外环马道被设计成28个非连续的小马道，同时又由于单一马道的方向各不一致，考虑到相互遮挡的问题和安装的紧凑，同一马道上的灯具被设计成基本一致的瞄准角。尽管这是非常困难和复杂的，但最后的实施是非常理想的。

在体育场西南部布置了156套MVF403灯具，西北部布置了153套，东北部布置了149套，东南部布置了148套，共606套MVF403/2kW灯具提供体育场照明。

同时在内外环马道上共布置了32套1kW卤钨投光灯具作场地应急安全照明。

为满足体育场观众席照明，在顶部外环马道上布置28套MVF403/1kW灯具，在体育场观众席根部上方布置了20组观众席普通照明灯具和应急照明灯具。每组灯具包含7套400W金属卤化物光源投光灯具（普通照明）和2套1kW卤钨投光灯具（应急安全照明）。共140套400W灯具和40套1000W应急安全照明灯具。

在混合区上方，设计布置了8套MVF403/1kW灯具为混合采访区提供补充照明。

②马拉松通道

由于马拉松通道（见图5）也要求有电视转播，因此对固定摄像机的垂直照度要求也不低于1400lx。在通道内共设计388套400W金属卤化物光源投光灯具和28套1kW金属卤化物光源投光灯具，灯具所选光源色温为5600K，显色指数大于90，与场地内的照明完全一致，保证转播效果的一致和延续性。灯具被布置在通道的两侧顶部，高度为5～7.5m。为满足垂直照度要求及降低眩光，所有灯具均斜向照射，同时采用非对称配光的1kW投光灯具。

③室外训练场

室外训练场（见图6）分为田径场和投掷区，在田径场的直道部分设有电视摄像机，要求对固定摄像机的垂直照度大于1400lx。共设计了6根37m、7根25m的灯杆，216套MVF403/2kW灯具，9套MVP507/2kW灯具，灯具所选光源色温为5600K，显色指数大于90，与场地内的照明完全一致，保证转播效果的一致和延续性。

④室内训练场

室内训练场位于一长70m，宽13m的房间内，中间有一宽度为5m的跑道，同样由于电视转播的要求，要求垂直于场地四边的垂直照度大于1000lx。共设计了76套400W金属卤化物光源投光灯具，灯具安装于通道两侧的顶部，安装高度为4m。与其他区域一样，灯具所选光源色温为5600K，显色指数大于90，与场地内的照明完全一致，保证转播效果的一致和延续性。

⑤新闻发布厅

新闻发布厅位于17m×24m的房间内，要求新闻发布厅前台运动员脸部的垂直照度大于1000lx（对移动摄像机），同时与背景墙有合适的照度比。考虑到赛后的再利用，所有灯具均为悬吊安装，共设计了28套Mini300/150W灯具和11套Decoflood/150W灯具，选用最新的CDM光源，显色指数大于90，色温为4200K，保证新闻发布厅电视转播的画面质量。

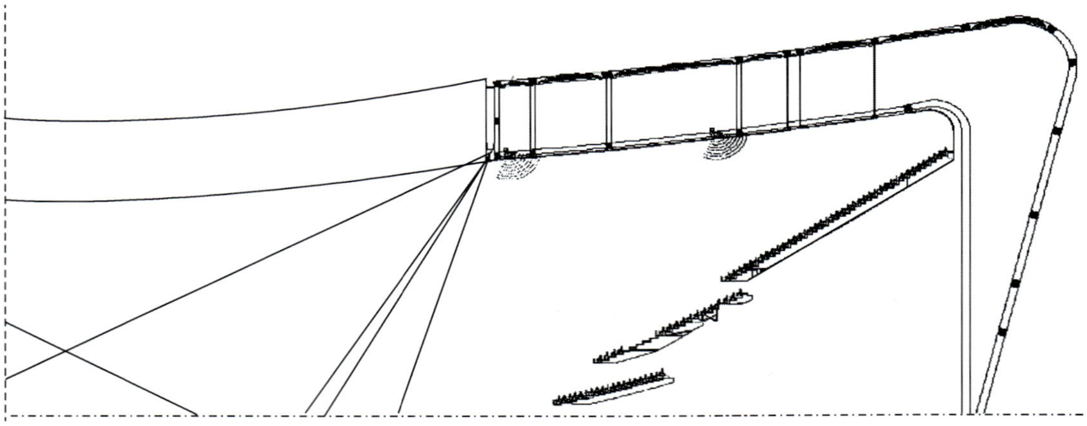

图2 体育场马道布置（剖面）

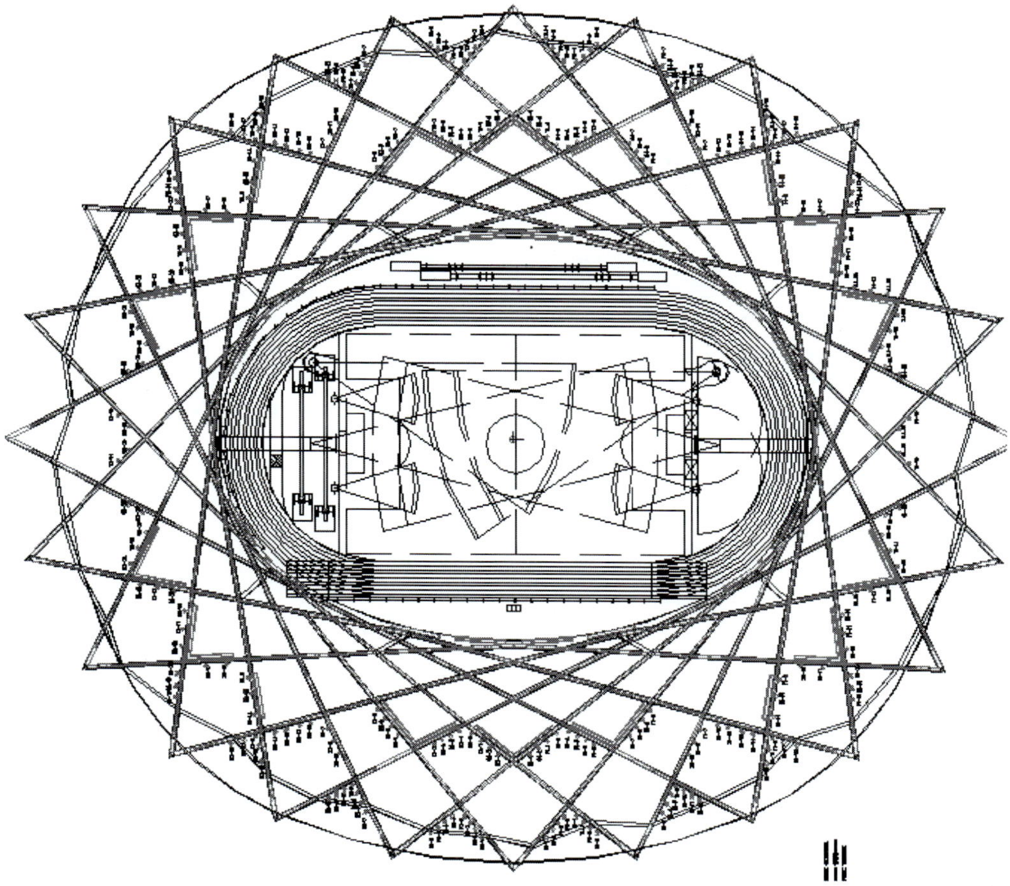

图 3　体育场马道位置（平面）

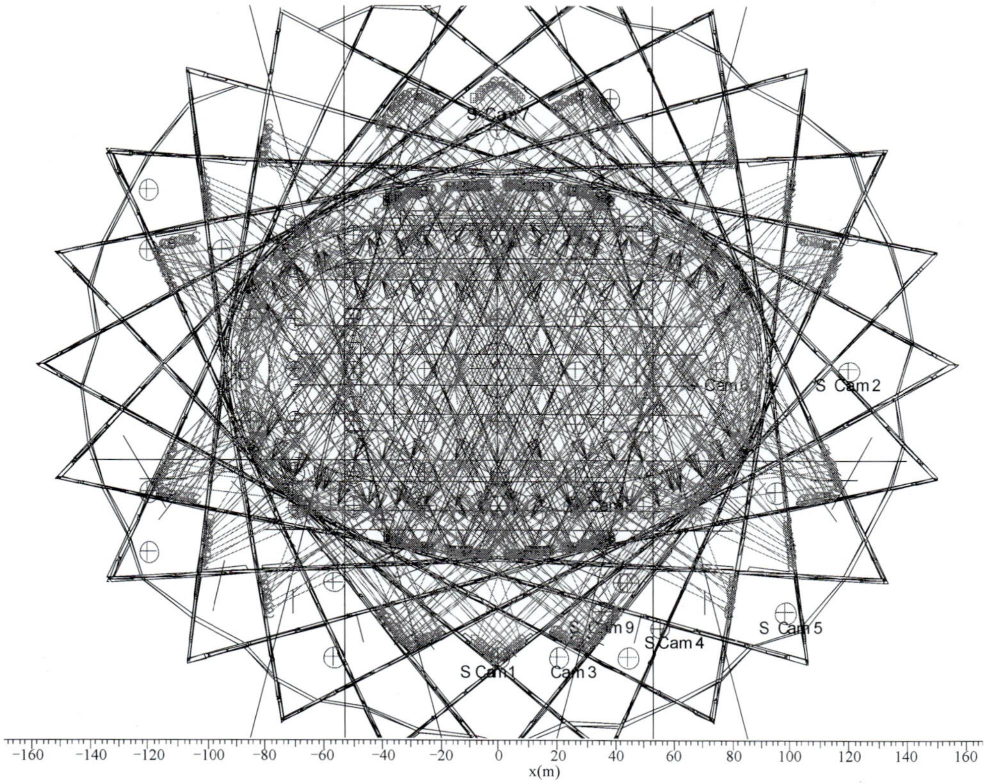

图 4　体育场照明设计 2D 布置图

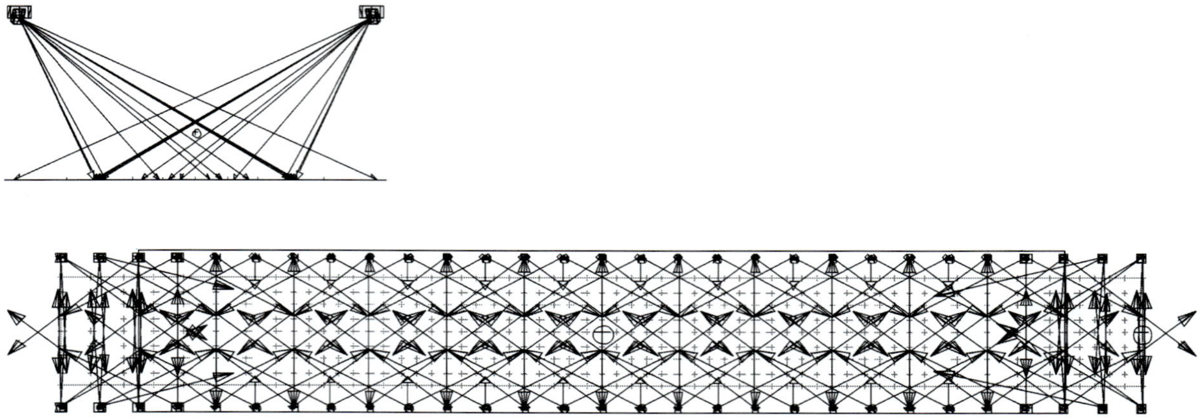

图5 马拉松通道照明设计

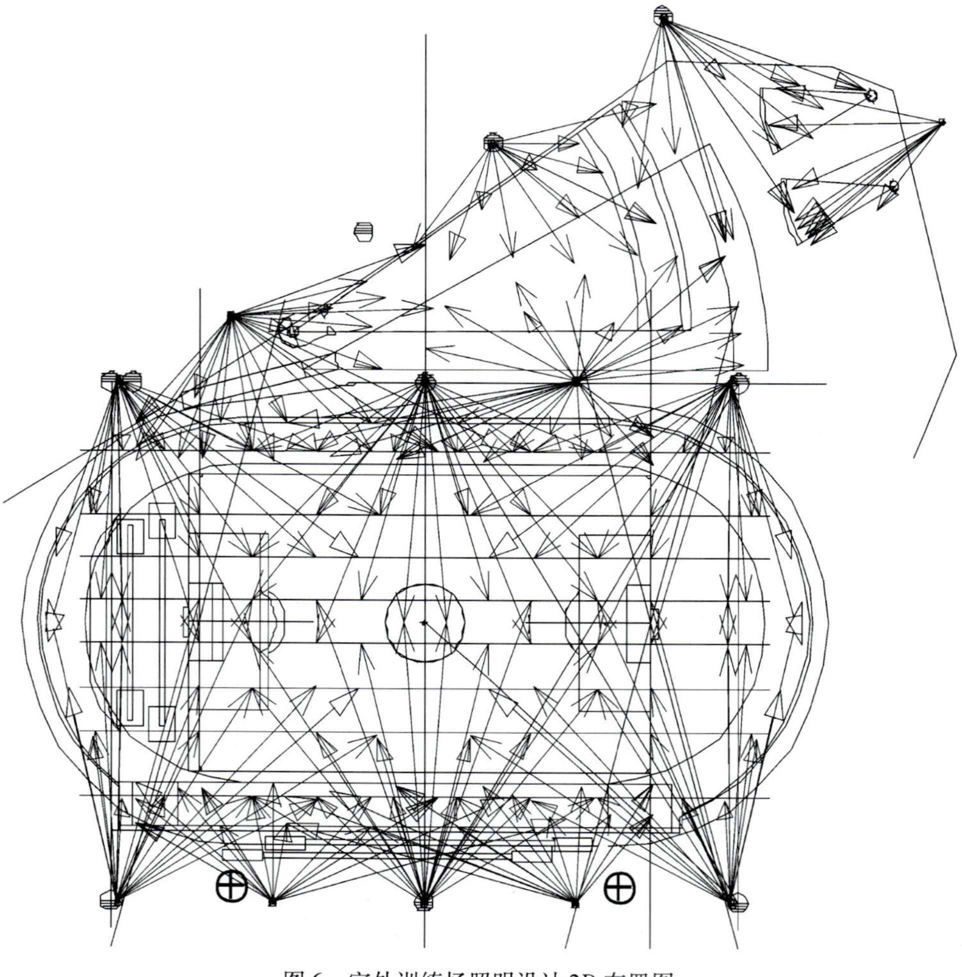

图6 室外训练场照明设计2D布置图

3）体育场照明开关模式

国家体育场主场地照明系统工程项目包括比赛场地照明、观众席照明、应急照明和混合区照明。开灯方案模式有日常维护、训练/娱乐、俱乐部足球比赛、俱乐部田径比赛、无电视转播足球比赛、无电视转播田径比赛、彩电转播一般足球比赛、彩电转播一般田径比赛、彩电转播重大足球比赛、彩电转播重大田径比赛、奥运高清转播足球比赛、奥运高清转播田径比赛、奥运高清转播全场照明、应急电视转播足球比赛、应急电视转播田径比赛、观众席照明、应急安全照明、混合区照明、颁奖台/升旗区照明、马拉松通道照明等20种模式。

各主要模式的灯具用量及耗电量如表1所示。

表 1　各主要模式的灯具用量及耗电量

模式代码	开灯模式	灯具代码								2kW 开灯数量
		B	C	D	K	L	G	N	O	
1	日渐维护	0	4	12	0	4	28	140	0	20
2	训练、娱乐	0	24	12	0	4	28	140	0	40
3	俱乐部足球比赛	0	20	8	4	8	28	140	0	40
4	俱乐部田径比赛	0	42	20	0	8	28	140	0	70
5	无电视转播足球比赛	0	52	12	12	8	28	140	0	84
6	无电视转播田径比赛	0	86	29	18	12	28	140	0	145
7	彩电转播一般足球比赛（国内）	4	88	12	40	8	28	140	0	152
8	彩电转播重大足球比赛（国际）	16	162	12	50	8	28	140	0	248
9	彩电转播重大田径比赛（国际）	36	262	41	63	22	28	140	0	424
10	奥运高清转播足球比赛	44	266	24	66	24	28	140	0	424
11	奥运高清转播田径比赛	60	362	53	83	33	28	140	0	591
12	应急照明	0	64	8	24	4	0	0	0	100
12	奥运高清转播全场照明	60	365	53	83	33	28	140	0	594
13	观众席照明	0	0	0	0	0	28	140	0	0
14	彩电转播一般田径比赛（国内）	28	138	26	54	12	28	140	0	258
15	奥运高清转播全场照明	60	365	53	83	33	28	140	0	594
15	应急电视转播田径比赛	28	138	26	54	12	0	0	0	258
16	应急安全照明	0	0	0	0	0	0	0	72	0
17	应急电视转播足球比赛	4	88	12	40	8	0	0	0	152

4）体育场照明重点和特殊区域设计考虑

设计中分别针对足球比赛、田径比赛作了详细考虑。而田径比赛的照明设计又按田赛、径赛项目分别考虑：

①径赛又分别考虑了 100m 跑道、110m 栏跑道、200m 跑道、400m 跑道、障碍赛水池、100m 起跑线、110m 栏起跑线、200m 起跑区、400m/4×100m 起跑区、800m 起跑区、4×400m 起跑区、终点线等区域的水平照度、垂直照度、照度均匀度/梯度及四边垂直照度之比。

②田赛分别考虑了跳远/三级跳远（南北双向）、撑杆跳（4 个位置）、跳高、标枪（南北双向）、链球、铁饼、铅球（南北双向）等区域的水平照度、垂直照度、照度均匀度/梯度及四边垂直照度之比。

③对各个田赛项目，又分别考虑了助跑区、起跳板/投掷线（犯规线）、着陆区等不同区域的照明要求。

④ARZ 内的最小垂直照度大于场地内的平均垂直照度。

⑤又考虑了热身赛道、周边区、混合区、颁奖区等的照明水平。

⑥同时还对观众席、VIP 席的照明进行了设计。还考虑了照明对大显示屏、广告牌、场地顶棚内侧的影响。

5）体育场照明设计摄像机考虑及最小垂直照度保证

设计中共考虑了 93 个摄像机（足球：15 个，田径：74 个，全场：4 个）及移动摄像机（四边垂直照度）的照明需求，满足不同比赛项目的要求。对同一区域有多个摄像机进行摄影跟踪，尤其是对 100m、110m 栏等重大比赛项目的跑道、起点、终点线处进行多机摄影跟踪，从各个方向转播比赛的精彩画面。

①全部固定摄像机的最小垂直照度大于 1400lx。

②全部移动摄像机的最小垂直照度大于 1000lx。

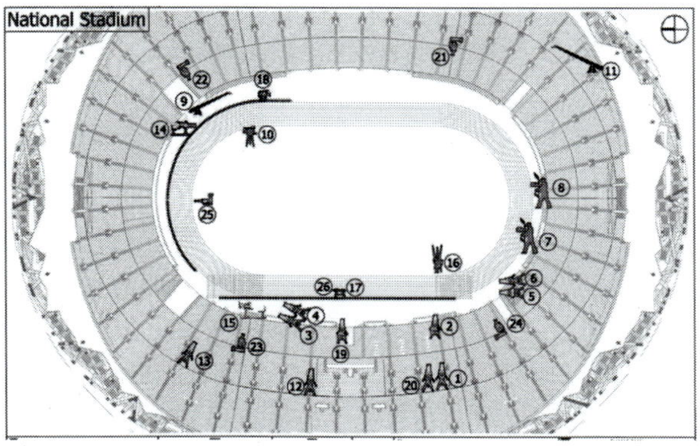

图　7

6）体育场照明设计中照度均匀度及梯度考虑

①全场区域水平照度均匀度大于0.7/0.8，垂直照度均匀度大于0.6/0.7。

② 特殊区域水平照度均匀度大于0.7/0.8，垂直照度均匀度大于0.7/0.8。

③起点/终点线水平照度均匀度大于0.7/0.8，垂直照度均匀度大于0.9/0.9。

④照度梯度满足要求：不大于20%（4m格栅）、10%（1m和2m格栅）。

7）体育场照明设计中立体感及四边照度比考虑

8）体育场照明设计中眩光考虑

设计中对全部区域，包括全场、足球场、田径跑道、田径内场、100m/110m跑道、跳远/跳高/撑杆跳区域、标枪区、铅球区、链球/铁饼区、热身赛道、混合区、颁奖区等区域的照明的四边垂直照度之比做了详细的设计，全部区域的任一点上四边垂直照度之比的最小值均大于0.6（奥运标准），保证在场地的全部区域内均有各个方向的照明，满足现场的照明立体感，满足最佳的现场照明效果及电视转播效果。

设计中全面考虑了照明眩光的控制，以提供最佳的照明效果。

①足球比赛时，在足球场底线两侧的30°禁区范围内无照明灯具。

②全部照明灯具的投射角均小于68°，且大部分灯具的投射角小于65°，完全符合标书及BOB要求。

③根据FIFA的要求，方案中计算了足球场全部11个眩光观察点的最大眩光，同时又增加了球场大禁区角上的眩光观察点，足球比赛时全场最大眩光指数仅为42.0（场地反射率为0.2），很好地满足标准要求的低于50的要求。

④根据IAAF的要求，方案中计算了田径场内全部16个眩光观察点的最大眩光，为更全面地控制眩光影响，同时又增加了场内其他18个眩光观察点，田径比赛时全场34个观察点中最大眩光指数仅为42.6（场地反射率为0.2），很好地满足标准要求的低于50的要求。

⑤为降低照明对现场转播用摄像机的眩光影响，方案中计算了对全场全部93个摄像机的最大眩光，最大眩光指数仅为36.5（场地反射率为0.2），很好地满足标准要求的低于40的要求。

9）体育场照明设计中场地溢散光考虑

设计中充分遵循“绿色、人文、科技”的奥运理念，设计中已充分考虑照明对场地内设备的影响：

①在大显示屏上的垂直照度仅为63.9lx，影响极小。

②为减小场地照明的干扰光及溢散光，方案中计算了全部每个灯具的上射光比例（ULR），各个灯具的最大上射光比例（ULR）不大于2%，而各照明模式下开启所有灯具时最大上射光比例（ULR）仅为全部灯光的2%以下，充分满足绿色奥运的要求，同时提高运动物体与背景的对比度，保证电视转播画面质量。

10）体育场照明设计中观众席照明考虑

设计中考虑了全部照明模式下的观众席照明，各照明模式下的观众席平均照度均大于75lx。同时观众席照明灯具布置均按建筑结构布置。奥运比赛时，观众席前12排坐姿高度的平均垂直照度为比赛场地平均垂直照度的21.3%（东西看台）和22.7%（南北看台），满足要求的20%～25%的BOB要求。

11）体育场照明设计应急电视转播照明考虑

国家体育场场地照明采用双路市电加不间断电源供电，在照明设计和配电系统深化设计中，充分考虑了场地照明供电特点，不仅在双路市电断电，由不间断电源供电的情况下，场地照明效果能达到应急彩电转播田径或足球比赛模式的要求；而且在任意一路市电断电，由另一路市电及不间断电源供电的情况下，场地照明效果都能达到彩电转播重大田径或足球比赛模式的要求（见表2），避免了因一路电源断电，场地照明出现照度及均匀度不能很好满足彩电转播要求的情况发生。

表2 应急电视转播照明要求

计算项目	平均照度/lx	最小值/lx	最大值/lx	照度均匀度		灯具组成	灯具数量组成/套	灯具数量总数量/套
				U1（min/max）	U2（min/ave）			
水平照度——彩电转播应急重大田径比赛 1	2262	1852	2719	0.68	0.82	应急田径电视转播灯具+常规供电的灯具	259+167	426
垂直照度——彩电转播应急重大田径比赛主摄像机1	1622	1181	2070	0.57	0.73			
水平照度——彩电转播应急重大田径比赛2	2303	1917	2771	0.69	0.83	应急田径电视转播灯具+常规供电的灯具	259+165	424
垂直照度——彩电转播应急重大田径比赛主摄像机2	1464	1131	1794	0.63	0.77			

注：259套为应急田径电视转播灯具数量，由不间断电源供电；165+167套为常规供电灯具数量，由独立的两路电源供电；另3套灯具为终点实时摄影系统服务；奥运转播时，不论哪一路常规照明供电失效，另一路灯具与由不间断电源供电的灯具一起能达到彩电转播重大田径比赛照明的要求；奥运转播时，如两路常规照明供电均失效，则由不间断电源供电的灯具达到彩电转播应急田径比赛照明的要求。

12）体育场照明设计中灯具热量对膜的影响的考虑

由于灯具安装位置离体育场的 PTFE 膜很近，因此设计中通过热量实验，考虑了 MVF403/2kW 灯具热量对 PTFE 膜的影响。根据热量实验，离开 MVF403/2kW 灯具光中心 80cm 的上/下/左/右/背后的位置上，温度分别为 49°C/48°C/47°C/47°C/47°C，温度影响较小，完全可以忽略灯具热量对膜的影响。灯具及安装位置是可靠的。

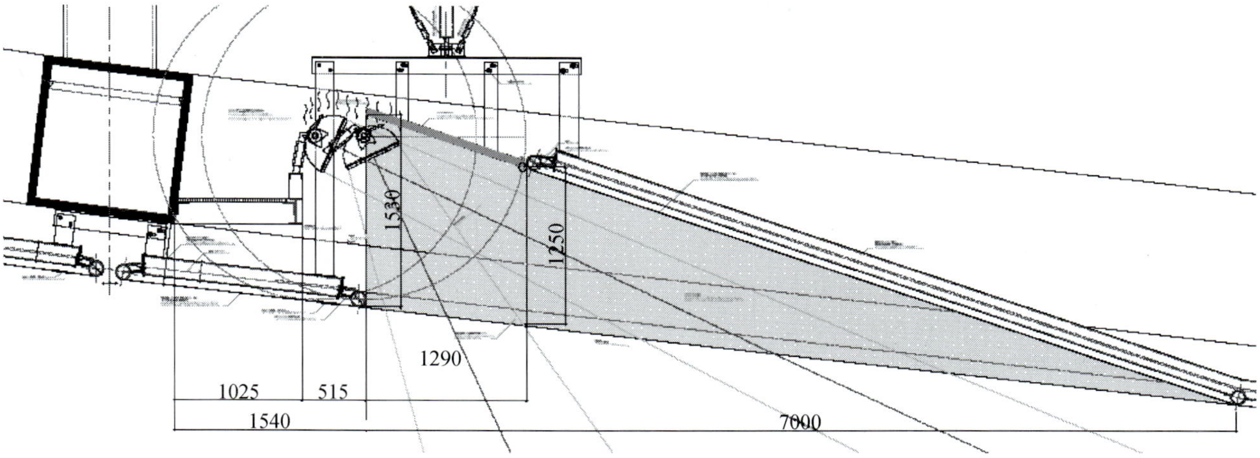

图 8　外环马道灯具安装示意图

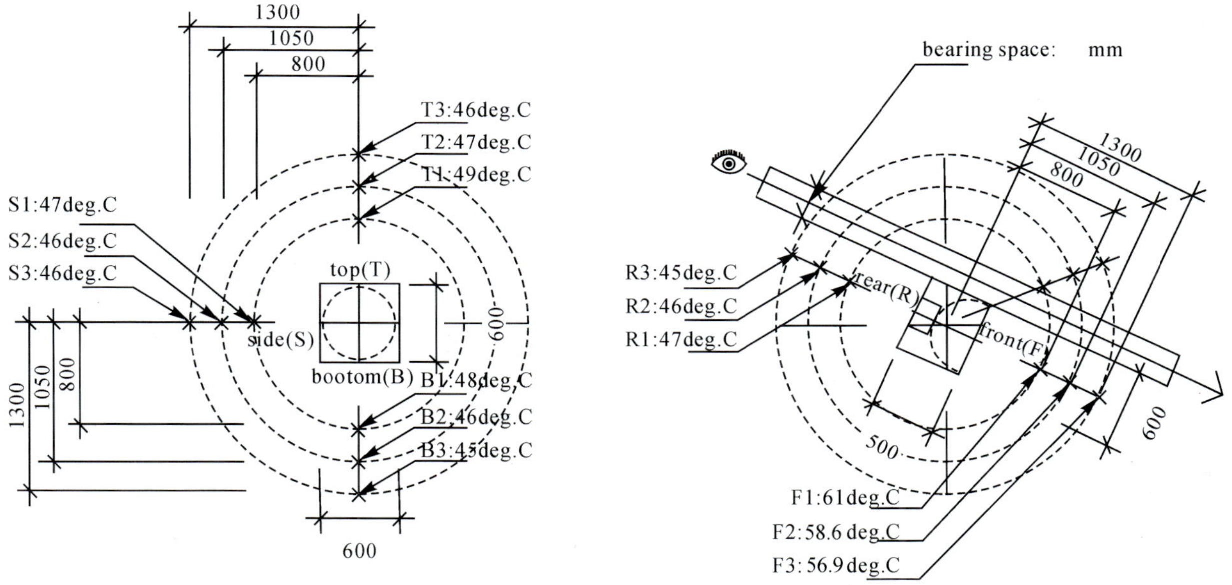

图 9　灯具周边温度测试

13）照明配电总容量

场地照明容量（606 套）×（2163W）=1310.8kW

观众席照明容量（140 套）×（415W）+（28 套）×（1105W）=89.04kW

应急照明容量（72 套）×（1000W）=72.0kW

混合区照明容量（8 套）×（1105W）=8.84kW

马拉松通道照明容量（388 套）×（415W）+（28 套）×（1105W）=191.96kW

室外训练场照明容量（216 套）×（2163W）+（9 套）×（2163W）=486.68kW

室内训练场照明容量（76 套）×（415W）=31.54kW

新闻发布厅照明容量（28 套）×（160W）+（11 套）×（160W）=6.24kW

总容量为 2196.74kW。

（3）照明设计中的节能和环保措施

1）节能措施

①采用高光效的光源，光源光效为 100lm/W。

②选用高效率的投光灯具，MVF403/2kW 投光灯具的最高光效可达 81% 以上。

③合理布置照明马道，平衡马道位置（灯具数量）与照明眩光（马道越低，眩光越大，灯具数量较少）的矛盾，灯具数量最佳化。

④充分考虑了场地水平照度和垂直照度之比，最大化地减少灯具数量。

⑤充分理解 BOB 照明标准，合理满足照度指标要求。

⑥充分利用照明设计技术，利用场地的宽度合理布置灯具，科学地设计灯具瞄准点，提高场地的垂直照度值，并尽量减少各照明模式中在单一控制模式的灯具数量，减少灯具数量。

⑦充分利用照明控制技术，20 种照明开关模式的设计，满足不同功能需求，节约能源。

⑧在满足 BOB 严格照明的要求后，国家体育场的照明灯具为同类体育场中最少。

⑨尽量减少场地溢散光，将灯具光线最大化地投射到有效场地范围内。

2）环保措施

①选用光效高、光衰小的光源。

②选用防护等级高、发光效率高的灯具。

③选用上射光、溢散光小的投光灯具。

④设置 20 种开关模式，充分降低能耗。

⑤充分理解照明标准，合理布置灯具，减少灯具数量，在同等照明要求下，国家体育场的照明灯具为同类体育场中最少。

⑥照明设计中提出了上射光比例 ULR 的概念，并满足 CIE No. 126 天空光限制的要求，ULR 仅为 2%，满足 CIE No. 126 中 E2 区域（远郊区）的要求。将光污染减少到最小，对周围的环境影响非常小。

⑦照明设计中选用高效低汞的光源，以减少对环境的污染。

3. 实景照片（见图 10 和图 11）

图 10　实景照片 1

图 11　实景照片 2

北京朝阳体育馆照明工程（第 29 届奥运会羽毛球比赛馆）

1. 项目简介

北京朝阳体育馆是一个综合体育馆，2008 年被征用为奥运会羽毛球的测试赛场地。场地的照明需要重新改造，原有的照明设备不能破坏与改动。

根据现场的实际情况与奥组委的要求，以及 BOB 对高清电视转播的要求，我们设计采用升降架安装。每个场地上安装 14 套灯具，采用侧边安装灯具，每边安装 7 套 1000W 的投光灯。通过 3D 建模，仿真模拟，并与设计院沟通确认，在奥组委认可之后开始施工并调试，并通过了奥运测试赛的验收，成为首个国有品牌灯具在奥运专业场馆使用的案例。

2. 项目详细内容

根据现场的实际情况与奥组委的要求，以及 BOB 对高清电视转播的要求，我们设计采用升降架安装。每个场地上安装 14 套灯具，采用侧边安装灯具，每边安装 7 套 1000W 的投光灯。整个场馆共安装灯具 56 套 NTC9221 外场强光投光灯（1000W金卤灯），通过 3D 建模，仿真模拟，并与北京设计院沟通确认，在奥组委认可之后开始施工并调试，并通过了奥运测试赛的验收。

（1）产品简介

NTC9221 外场强光投光灯（1000W 金卤灯）产品描述说明：

①采用德国欧司朗（OSRAM）公司紧凑型双端短弧金卤灯作为光源，光效≥90lm/W，显色指数为≥90，色温为5900K，寿命达到 9000h，各项指标符合国际奥委会对体育场馆的设计标准，达到了 HDTV 彩色电视转播的技术条件和要求。

②采用欧司朗公司指定的镇流器、触发器、电容，匹配性能良好，功率因数 $\cos\varphi \geqslant 0.9$。电器箱与灯具采用分体结构，200m 的距离内均可点亮灯具。

③灯具、电器箱采用全密封结构设计，达到 IP65，有效防止灰尘、水进入灯体与电器箱内部，同时设计呼吸过滤装置，能够有效地平衡灯具内外的空气压力并降低灯具内的温度，从而提高灯具的使用寿命。

④灯具采用高压压铸铝合金材料，灯具支架采用镀锌工艺处理，螺钉全部采用进口不锈钢，在恶劣环境下保证达到 15 年的寿命要求。

⑤反射器采用逐点追踪法设计，将光源光线精确定位到需求位置，有效控制眩光产生，反射器材料采用进口阳极氧化高纯铝（99.99%），灯具光输出效率接近 80%。

⑥内部装有可调动的反射板，有效控制眩光，减少光污染，提高灯具效率。

⑦灯具采用一体化造型设计，外形美观，线条流畅，风阻小，与马道、灯杆、建筑物等结构容易协调，并方便安装调试。

⑧灯具两侧有调光刻度盘及瞄准结构，方便调整灯具投射角度，根据奥运场馆的需要配有红点瞄准器，用于远距离精确对光。

⑨灯具设有开盖保护装置、过热保护装置，并支持应急照明。

⑩人性化的后开盖设计，更换灯泡快捷方便，特适合马道的工作需求。

⑪反射器与灯壳采用分开形式设计，灯具共有 7 种配光，可以根据场地的需求，只要更换反射器即可达到配光要求。

⑫电器箱超高压压铸铝，电器绝缘等级为 I 级。

（2）设计理念

选择和设计好反光材料、透光材料及镀膜工艺的，可以提高光效，减少照明系统的灯具数量，节能降耗，同时还能降低光源的温度，提高光源的使用寿命，提高灯具的安全性能。

普通铝板的反射率为 40% ~60%；

普通镜面反射铝板的反射率只有 60% ~70%；

镀膜反射器的反射率可高达 92% 以上；

高纯氧化铝板的反射率可达 90% 以上。

1）科学的配光

反光镜、透明件和发光角的正确和合理设计：

①精确配光，可以提高灯具效率，减小眩光。

②根据工作环境需要设计配光曲线。

③专用软件设计反射器。

④专用软件模拟反射器和透射器配光效果。

⑤制作样板检验配光与设计的一致性。

目的：使光线精确、合理地分布到工作区域。

2）超强的防护

①灯具防护等级高，可以提高维护系数，灯具使用寿命长。

②此灯防护等级达到 IP65，可以在室内外使用。

③表面增加了防腐等处理，可以在任何恶劣的环境下工作。

3）照明模拟

①由德国 DIAL 开发、推广应用，该软件在欧洲已位居照明软件的领导地位。

②精确计算各方案的照明效果，以检验能否满足设计要求，经过多年的事实验证，DIALux 的模拟非常准确。

③3D 建模、瞄准点、灯具调试等功能发展的越来越完善。

每个场地采用 1000W 金卤灯 14 套，场地两边对射，如图 1 和图 2 所示。

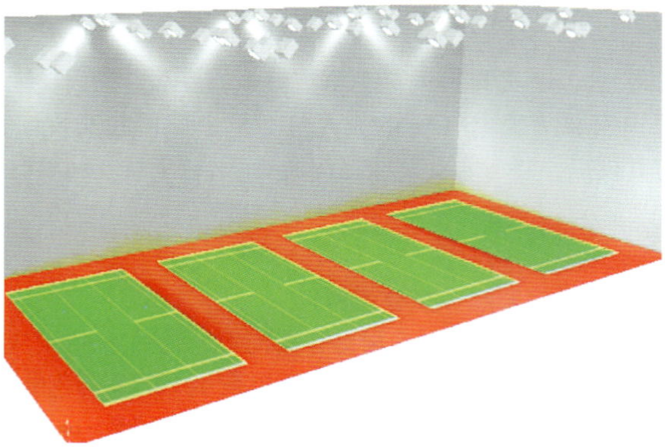

图 1　场地所用灯示意

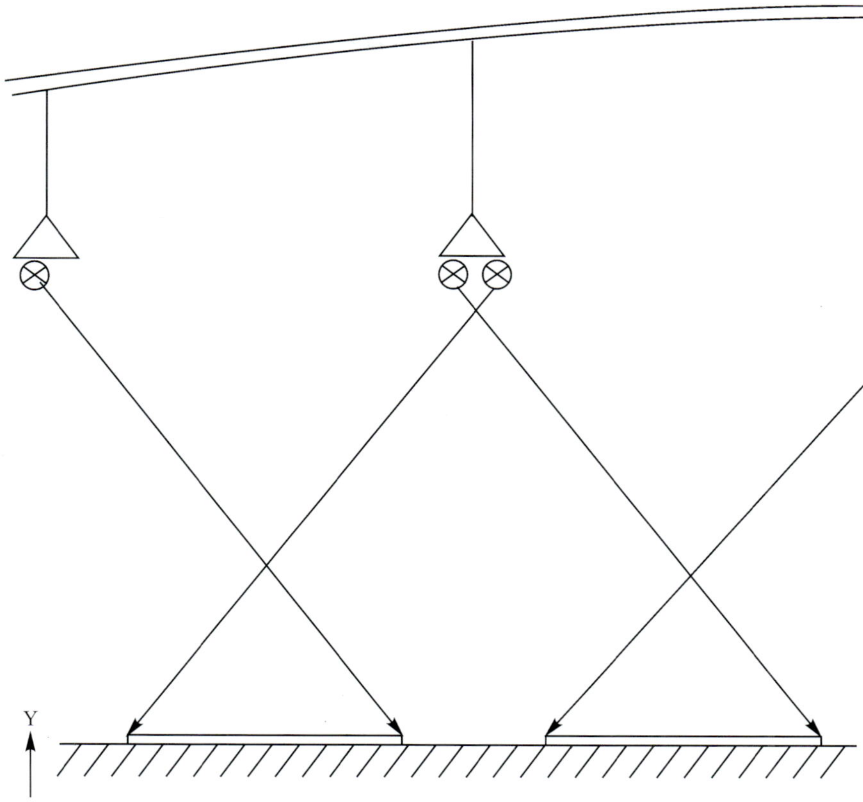

图 2　场地安装示意

验收现场，如图 3 所示。

图 3　验收现场

灯具的安装，如图4所示。

图4 灯具的安装

3. 照明设计理念、方法等的创新点

充分满足和处处体现“绿色奥运、科技奥运、人文奥运”的理念为我们的设计宗旨。在产品的选择与照明设计上，注重绿色意识，选择正确的灯具，设计合理的照明方式。主要表现在：

1）采用节能的光源。

2）提高灯具效率，选择合适的配光曲线，减少使用灯具的数量。

3）设计多种功能的照明模式。

4）有效控制眩光，杜绝光污染。

5）灯具采用100%可回收的环保材料制作，包括外包装、内包装与标贴。

①在照明设计上，以人为本，严格遵守JGJ153—2007与奥组委的要求，特别要注意羽毛球运动的特点与BOB转播的要求。

②旧馆改造，不得影响与破坏原有的灯具照明效果。

③由于羽毛球运动范围小，球体积小，对眩光要求严格，在做到照度满足比赛要求的同时，确保亮而不眩。

4. 照明设计的主要技术指标

建筑面积：7888m^2

固定座位：3180个，活动座椅800个

安装高度：12m

水平照度：2500lx

垂直照度：1200lx

眩光：≤40

均匀度：≥0.8

显色性：≥90

5. 实景照片（见图 5）

a)

b)

图 5　实景照片

6. 灯具选型、数量、用途

朝阳体育场馆共有 8 个羽毛球赛场，每两个赛场安装一组 14 套灯具，整个赛场的两侧采用侧边安装灯具，每边安装 7 套 1000W 的投光灯。共安装了 56 套 NTC9221 外场强光投光灯（1000W 金卤灯）。据现场的实际情况与奥组委的要求，以及 BOB 对高清电视转播的要求，我们设计采用升降架安装。

整个照明工程项目一方面满足了比赛现场的照度需要，另一方面满足了BOB对高清电视转播时的一切技术要求。

LED照明在水立方膜结构上的应用研究

王越[1]，刘通[1] 林若慈[2]，刘小红[2]
（1 北京市国有资产经营有限责任公司 2 中国建筑科学研究院）

摘要：水立方的围护结构完全由ETFE气枕构成，并采用了LED进行建筑物景观照明。本文通过实验研究，对各种照明技术方案的效果进行了实测对比，总结出了照度和亮度指标的换算关系，给出了灯具布置的一般规律，对于指导工程实践具有重要的意义，对于保证景观照明的效果，有着重要的意义。

1. 引言

“水立方”有着特殊的膜结构形式，其景观照明方案采用了将LED灯具固定在内外气枕之间的钢结构框架上的技术方案。这种结构形式和内透光照明方式的方案无前例可循，如何保证其照明效果，成了工程上的一个难题。本文的研究目的，是通过实验研究，对各种照明技术方案进行了实测对比，结合ETFE气枕空间光分布的特点，给出灯具布置的一般规律，为照明计算和设计提供依据，并指导工程实践。

2. 测试方案

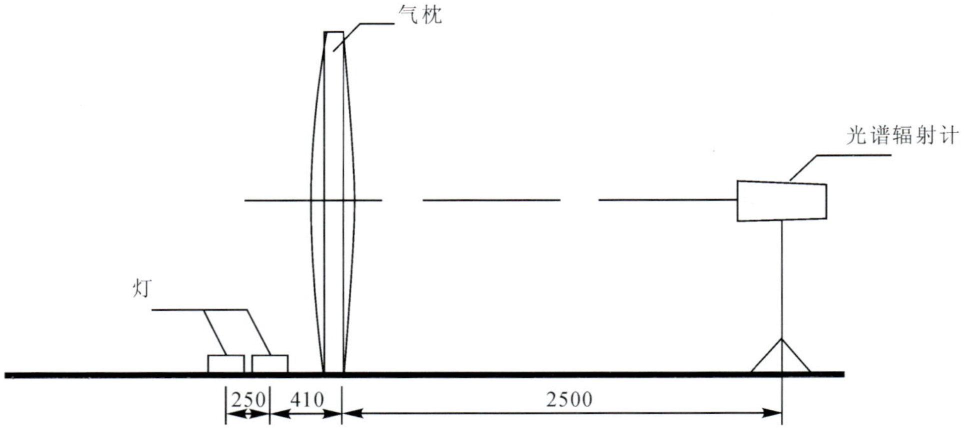

图1 实验装置示意图

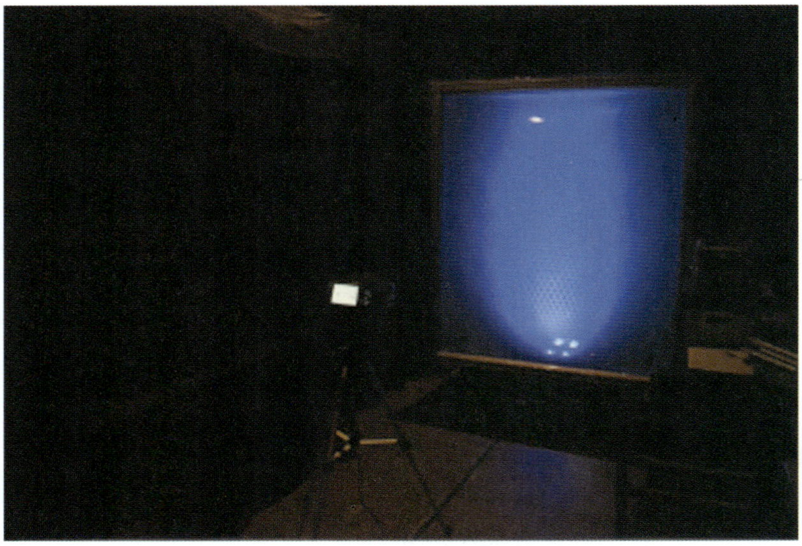

图2 实验室试验照片

为了给照明计算和设计提供依据，检验模拟计算的可靠性，在光度实验室内我们对“水立方”用的各种实际灯具和气枕模型进行了模拟试验，测量项目为气枕表面的照度和对应条件下的亮度。实验用气枕的尺寸为 1.75m×1.55m（外框尺寸为 1.95m×1.75m），由 250TB、150NJ 和 250NJ－S（镀点密度为 50%）三层 ETFE 膜材料组成，可见光透射比为 0.33。

实验时根据气枕大小对三种共设计了 14 种典型的灯具组合方案，每种方案选择了蓝、白两种颜色进行测试，取得了 28 组测试数据。实验装置和实验环境分别如图 1、2 所示。

照度测量时照度计紧贴气枕表面，亮度测量时光谱辐射计与气枕中心等高，距离气枕 2.5m。气枕表面照度和亮度测点位置如图 3 所示，各个方案下照度测量取 56 个点，亮度测量视情况取 56 个和 9 个测点。

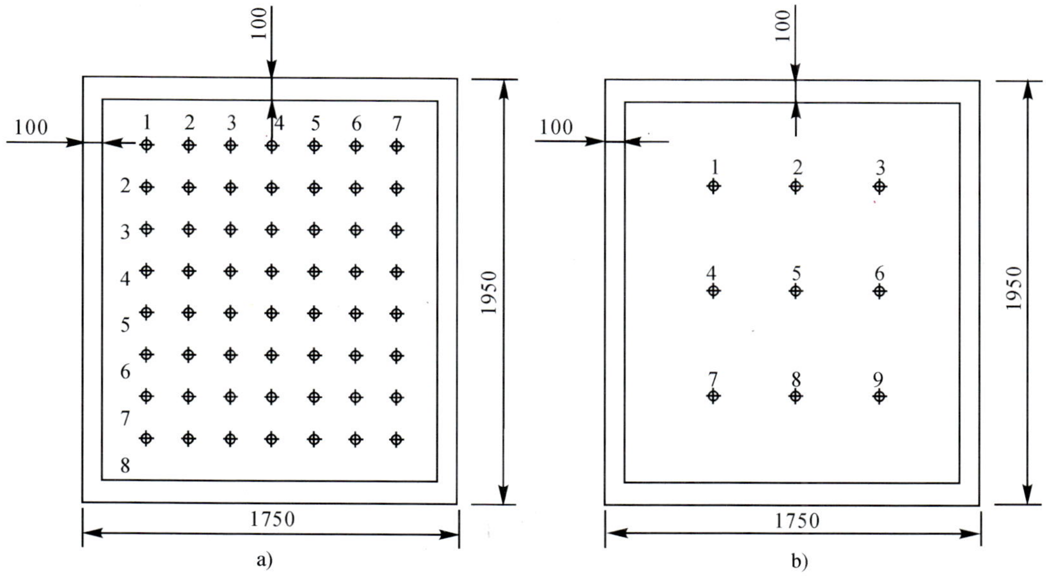

图 3 气枕表面测点布置图

3. 测量结果

表 1－4 列举了一种方案的气枕表面各测点的照度和亮度测量数据，其余每个方案的测量结果列于测量结果汇总表中。

表 1 气枕表面测点照度和亮度

8F30°16F（A）前 30°后 20°

蓝色

照度/lx

1	2	3	4	5	6	7	8
2	4.81	10.91	15.25	15.70	13.16	9.30	4.17
3	4.78	14.07	21.33	20.18	19.72	10.17	4.59
4	5.04	12.64	24.44	24.87	16.98	12.80	5.27
5	6.80	17.31	24.30	23.80	19.38	12.90	6.16
6	6.21	16.38	28.29	26.22	23.54	12.77	5.48
7	3.71	13.24	32.92	32.33	17.97	11.66	2.99
8	2.10	6.22	18.63	25.35	16.87	5.19	1.89
9	0.74	2.21	6.11	8.78	4.90	2.06	0.89
平均照度			12.79				

亮度/（cd/m^2）

0.840	2.163	0.824
1.015	4.849	0.869
0.342	11.82	0.299
平均亮度	2.558	

表 2　气枕表面测点照度和亮度

8F30 16F（A）前 30°后 20° 白色							
照度/lx							
1	2	3	4	5	6	7	8
2	15.73	41.90	60.78	65.37	61.21	34.79	10.45
3	16.34	43.75	84.65	87.59	69.73	37.17	15.27
4	20.37	50.74	76.96	88.92	73.43	43.73	19.92
5	19.80	59.61	82.70	87.22	81.96	54.87	17.44
6	17.20	54.29	110.29	117.87	98.07	41.98	21.52
7	10.78	48.33	84.23	93.53	70.26	35.61	11.14
8	6.08	16.27	6.11	74.38	50.51	15.08	6.88
9	2.57	7.43	18.71	33.10	16.29	5.83	2.46
平均照度				49.24			
亮度/（cd/m^2）							
2.198		6.638		1.971			
2.787		15.54		2.656			
0.839		36.98		0.850			
平均亮度		7.829					

表 3　气枕表面上的照度和亮度

8F30 16F（A）前 30°后 20° 蓝色							
照度/lx							
1	2	3	4	5	6	7	8
2	4.51	10.49	13.73	15.61	12.88	8.55	3.67
3	4.43	13.23	17.53	20.83	17.60	10.33	4.04
4	5.80	12.70	18.95	25.55	16.48	11.04	4.85
5	6.39	17.12	23.27	19.72	23.79	12.92	5.34
6	6.48	16.25	27.19	34.17	34.53	13.27	5.76
7	4.45	14.77	34.49	32.55	28.32	9.90	3.21
8	2.13	6.88	22.28	29.22	17.14	4.68	2.03
9	0.65	2.90	7.10	10.51	6.44	1.78	0.71
平均照度				13.23			
亮度/（cd/m^2）							
1	2	3	4	5	6	7	8
2	0.557	1.093	1.519	1.701	1.489	0.922	0.440
3	0.570	1.393	1.973	2.124	1.829	1.031	0.506
4	0.686	1.504	2.659	3.106	2.399	1.350	0.573
5	0.797	1.835	3.715	4.213	3.389	1.494	0.668
6	0.712	2.073	4.828	6.620	3.842	1.405	0.643
7	0.549	1.833	6.570	9.793	4.803	1.164	0.395

（续）

8F30 16F（A）前 30°后 20° 蓝色							
亮度/（cd/m²）							
8	0.232	0.822	5.980	13.80	3.520	0.526	0.260
9	0.133	0.377	1.320	0.582	0.956	0.268	0.151
平均亮度				2.137			

表 4　气枕表面测点照度和亮度

8F30° 16F（A）前 30°后 20° 白色							
照度/lx							
1	2	3	4	5	6	7	8
2	14.98	42.32	59.19	64.98	57.43	37.34	14.49
3	16.10	44.77	78.36	77.36	73.79	39.04	14.15
4	19.17	54.24	76.91	83.18	67.65	45.83	19.72
5	17.37	50.55	91.58	89.03	70.64	55.79	18.01
6	19.91	51.74	103.42	114.53	92.01	40.74	18.35
7	10.97	41.12	113.63	147.86	105.85	32.55	11.57
8	6.15	17.92	70.49	71.41	50.72	15.97	6.19
9	2.36	6.49	17.39	34.16	15.28	5.04	2.43
平均照度				46.79			
亮度/（cd/m²）							
1	2	3	4	5	6	7	8
2	1.340	2.888	4.543	5.431	4.485	2.658	1.075
3	1.435	3.597	5.482	6.237	5.135	2.791	1.167
4	1.650	4.384	7.750	9.046	6.728	3.398	1.541
5	1.642	5.111	10.570	12.630	8.343	4.128	1.556
6	1.468	5.264	14.350	20.010	12.030	4.001	1.491
7	1.010	4.549	20.000	30.220	14.610	3.171	0.975
8	0.562	1.684	22.950	39.840	9.868	1.422	0.578
9	0.286	0.691	3.183	19.700	2.155	0.611	0.312
平均亮度				6.873			

图 4～图 7 为单个灯具的照明效果。

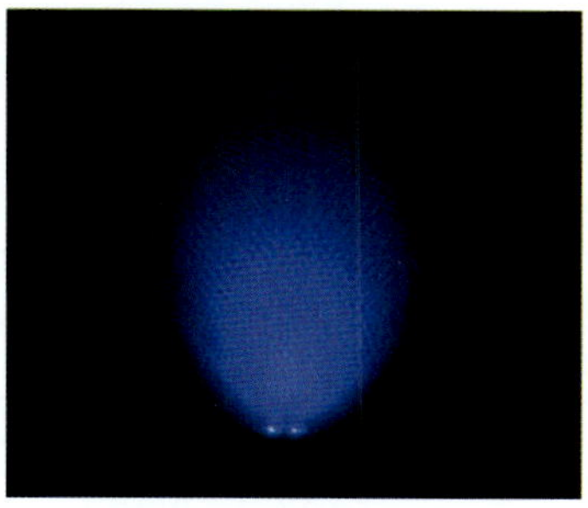

图 4　8F 偏转 30°蓝色

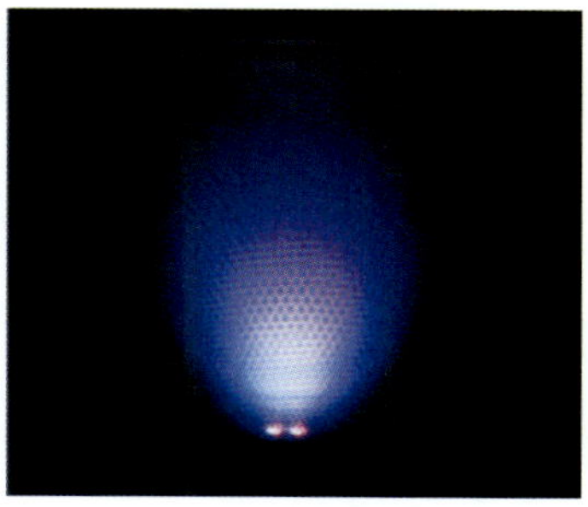

图 5　8F 偏转 30°白色

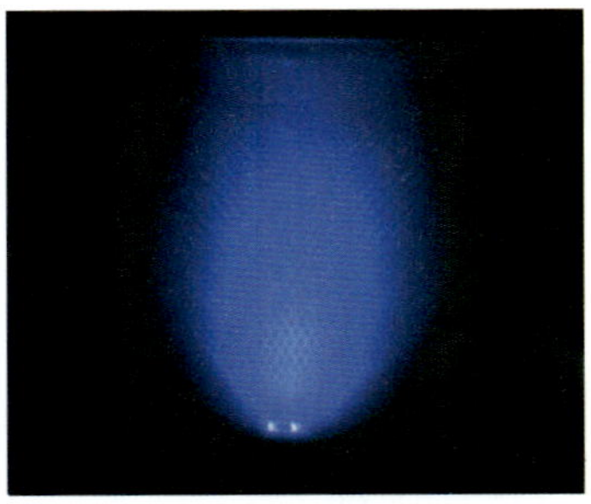

图 6　16F（A）前排 30°后 20°蓝色

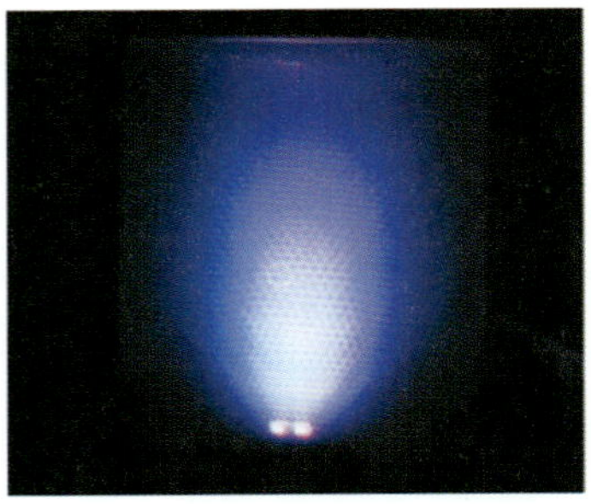

图 7　16F（A）前排 30°后 20°白色

图 8～图 11 为 8F（偏转 30°）与 16F（A）组合的照明效果。

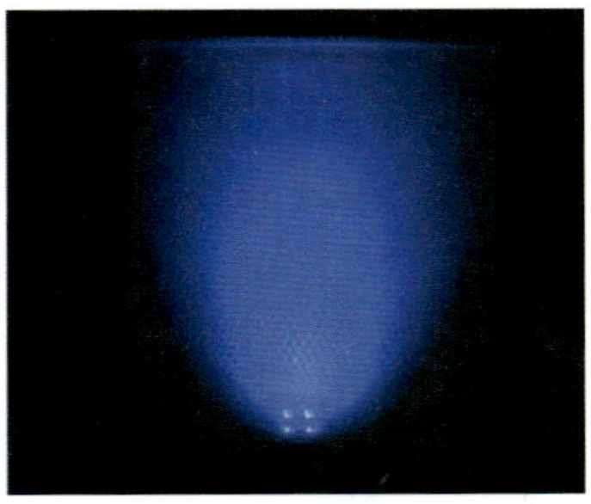

图 8　16F（A）前排 20°后排 10°

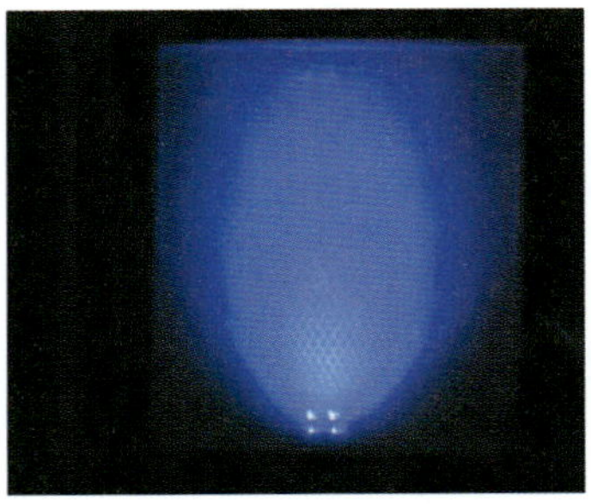

图 9　16F（A）前排 30°后排 20°

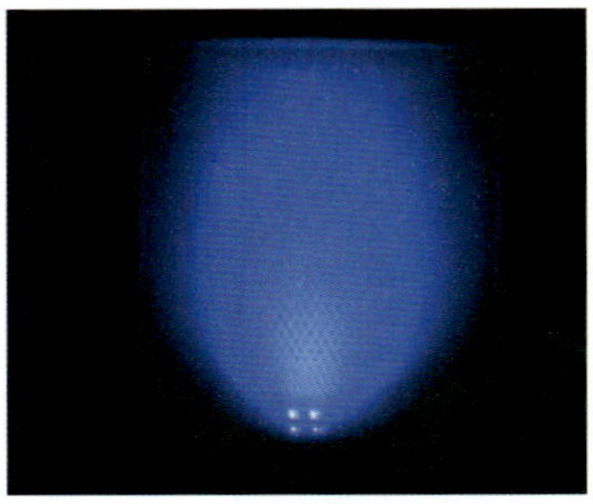

图 10　16F（A）前排 40°后排 30°

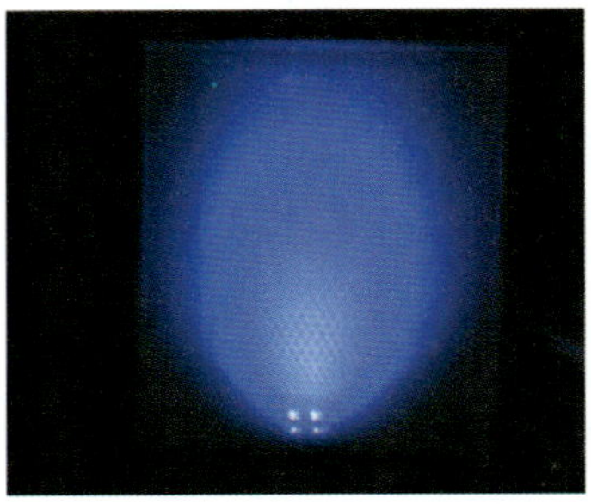

图 11　16F（A）前排 40°后排 30°

其他颜色的照明效果如图 12、13 所示。

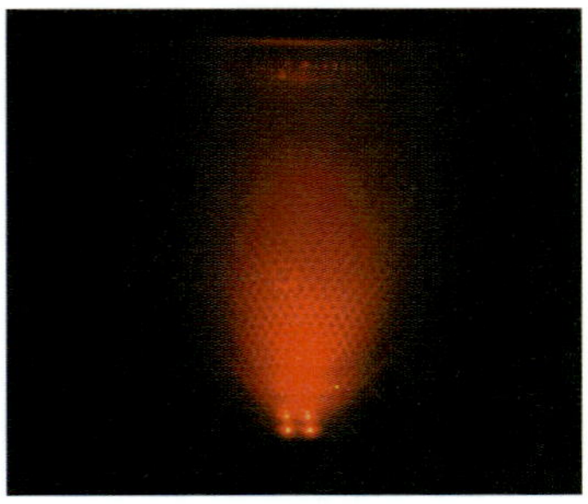

图 12　8F 与 16F（A）组合　红色

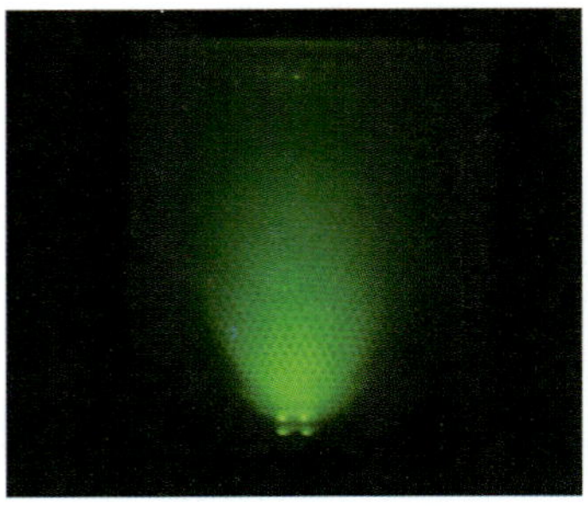

图 13　8F 与 16F（A）组合　绿色

由试验数据和相对应的照片可以看出，每个方案所取得的照度和亮度结果是不一样的，光的分布状况也不相同。选取 56 个点和 9 个点测量亮度所得的照度、亮度比例略有不同（9 个点测量时，靠近气枕边没有点），但比例规律还是一样的，白色的比值高于蓝色的比值。在进行统计分析时宜选用 9 个点的测量数据，因为数据量大，相关性好。

表 5－11 为全部测试结果的汇总表

表 5　灯具模组平放照度（lx）、亮度（cd/m^2）测量结果（一）

8F				16F（A）				16F（B）			
蓝色		白色		蓝色		蓝色		白色		蓝色	
照度	亮度	照度	照度	亮度	照度	照度	亮度	照度	照度	亮度	照度
0.74	0.15	5.02	0.74	0.15	5.02	0.74	0.15	5.02	0.74	0.15	5.02

（续）

8F		16F（A）		16F（B）	
蓝色	白色	蓝色	蓝色	白色	蓝色
照明功率密度 LDP/（W/m^2）					
1.47	2.95	2.95	5.90	2.95	5.90

表 6　灯具模组变角照度（lx）、亮度（cd/m^2）测量结果（二）

16F（A） 前 20°后 10°				16F（A） 前 30°后 20°				16F（B） 前 30°后 20°			
蓝色		白色		蓝色		白色		蓝色		白色	
照度	亮度	照度	亮度	照度	亮度	照度	亮度	照度	亮度	照度	亮度
6.05	1.29	21.22	3.41	10.87	2.01	37.75	5.73	10.61	2.14	38.15	5.79

表 7　组合灯具照度（lx）、亮度（cd/m^2）测量结果（一）

8F30°、16F（A） 前 20°后 10°				8F30°、16F（A） 前 30°后 20°				8F30°、16F（A） 前 40°后 30°				8F30°、16F（A） 前 40°后 35°			
蓝色		白色		蓝色		白色		蓝色		白色		蓝色		白色	
照度	亮度	照度	亮度	照度	亮度	照度	亮度	照度	亮度	照度	亮度	照度	亮度	照度	亮度
9.23	1.91	32.6	5.64	12.8	2.56	44.6	7.83	15.8	3.18	56.7	9.57	16.0	3.28	58.0	9.31
照明功率密度 LDP（W/m^2）：蓝色 4.42，白色 8.85															

表 8　组合灯具照度（lx）、亮度（cd/m^2）测量结果（二）

8F30°、16F（B） 前 20°后 10°				8F30°、16F（B） 前 30°后 20°			
蓝色		白色		蓝色		白色	
照度	亮度	照度	亮度	照度	亮度	照度	亮度
9.04	1.88	31.15	5.17	12.22	2.50	43.51	7.21

表 9　组合灯具照度（lx）、亮度（cd/m^2）测量结果（三）

8F30°、16F（A） 前 20°后 10°				8F30°、16F（A） 前 30°后 20°			
蓝色		白色		蓝色		白色	
照度	亮度	照度	亮度	照度	亮度	照度	亮度
9.56	1.64	34.77	4.85	13.23	2.14	46.79	6.87

注：表 1 – 9 照度测点为 56 个，亮度测点为 9 个。

表 10　照度、亮度测量结果汇总（一）

类别		组合灯具		平均值
		8F30、16F（A） 20°/10°	8F30、16F（A） 30°/20°	
蓝色	照度	9.56	13.23	11.40
	亮度	1.64	2.14	1.89

（续）

类别		组合灯具		平均值
		8F30、16F（A）20°/10°	8F30、16F（A）30°/20°	
白色	照度	34.77	46.79	40.78
	亮度	4.85	6.87	5.86
蓝色	照度与亮度之比：6.03			
白色	照度与亮度之比：6.96			

注：表10照度、亮度测点均为56个。

表11　照度、亮度测量结果汇总（二）

类别		灯具平放			模组变角			组合灯具						平均值
		8F	16F (A)	16F (B)	16(A) 20°/10°	16F(A) 30°/20°	16F(B) 30°/20°	8F30° 16F(A) 20°/10°	8F30° 16F(A) 30°/20°	8F30° 16F(A) 40°/30°	8F30° 16F(A) 40°/35°	8F30° 16F(B) 20°/10°	8F30° 16F(B) 30°/20°	
蓝色	照度	0.74	1.21	0.98	6.05	10.87	10.61	9.23	12.79	15.77	15.96	9.04	12.22	8.79
	亮度	0.15	0.25	0.23	1.29	2.01	2.14	1.91	2.56	3.18	3.28	1.88	2.50	1.78
白色	照度	5.02	8.33	6.82	21.22	37.75	38.15	32.63	44.63	56.70	58.01	31.15	43.51	31.99
	亮度	0.73	1.29	1.18	3.41	5.73	5.79	5.64	7.83	9.57	9.31	5.17	7.21	5.24
蓝色	照度与亮度之比 :4.94													
白色	照度与亮度之比 :6.10													

注：照度测点为56个，高度测点为9个。

由图14、15我们可以看出照度与亮度之间具有明显的相关性，因此可以通过测量或者计算气枕表面的照度值，从而可以得出气枕表面亮度结果。

在上述试验条件下所测得的数据经统计分析可得出如下结果：

1）8F30°、16F（A）前40°后30°灯具组合方案光的利用率最高，白色LED，气枕外表面上的平均照度56.7lx，平均亮度9.57cd/m^2；蓝色LED，气枕外表面上的平均照度15.8lx，平均亮度3.18cd/m^2。白、蓝两种颜色所对应的照明功率密度（LPD）分别为4.42W/m^2，8.85W/m^2。

2）对表13所有方案的测量数据的统计结果得出：蓝色LED，气枕面上的平均照度与平均亮度之比为4.94，白色LED，气枕面上的平均照度与平均亮度之比为6.10，并且由图14和图15可以看出照度与亮度之间有良好的相关性。

4. 结论

本文通过实验研究，对各种照明技术方案进行了实测对比，并得到了如下结论：

1）8F30°、16F（A）前40°后30°灯具组合方案光的利用率最高，在实际工程中，应结合气枕尺寸和环境对灯具的偏转角度进行调整，以保证气枕表面光分布均匀。

2）从实验数据中，可以看到照度和亮度指标之间有良好的相关性，即通过测量其中一个指标，可经换算得到另一个指标，从而为照明设计及评价提供基础数据。

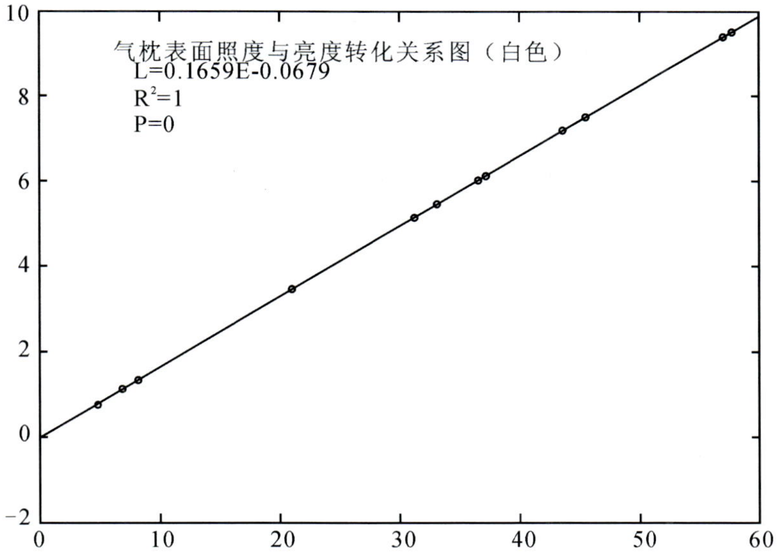

图 14　气枕表面照度与亮度转化关系图（白色）

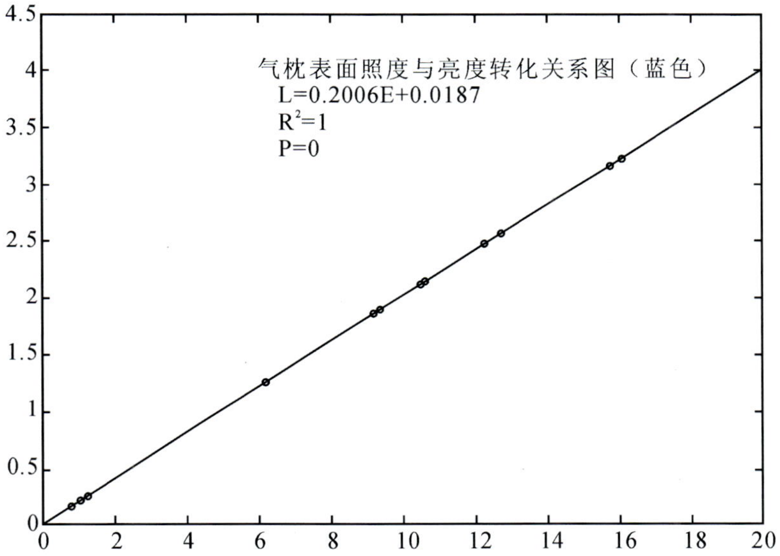

图 15　气枕表面照度与亮度转化关系图（蓝色）

参考文献

[1] 肖辉乾．城市夜景技术指南［M］　北京：中国建筑工业出版社，2003.

奥运会开幕式灯光控制系统工作解析

张　维

（北京北方安恒利数码技术有限公司）

1. 初步设计方案

控制系统初步设计方案如图 1 所示。

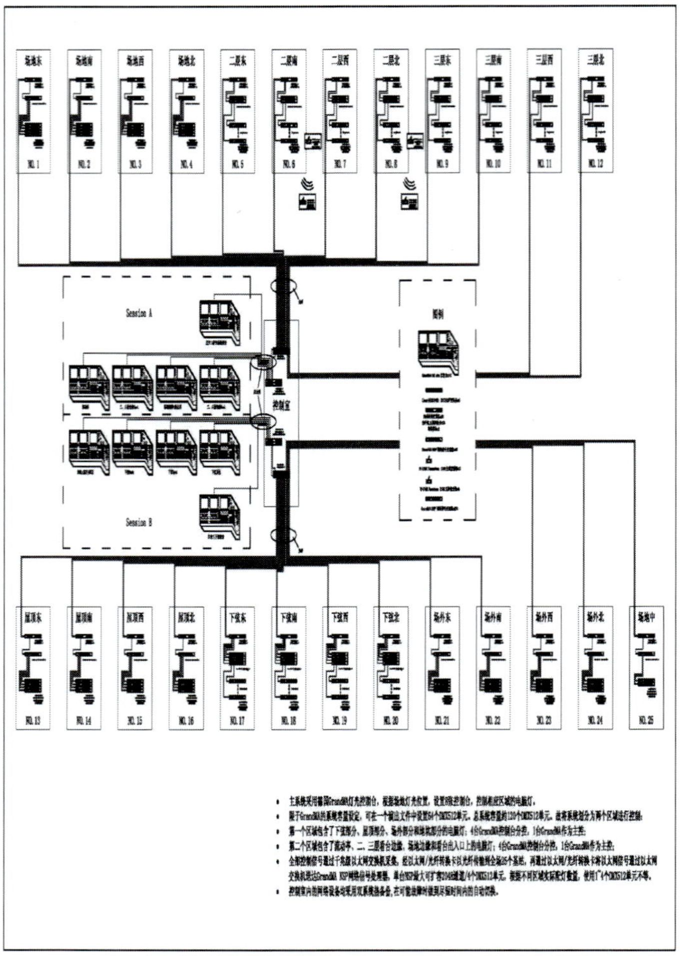

图1　控制系统初步设计方案

最终方案的系统结构如图2所示。

在完成了最终设计后，全部网络架构成功的核心元素已经具备。接下来，首先是核心交换机的引入。核心交换机是昂贵的网络设备，在以前的灯光系统中难觅踪影，一台核心交换机足可以承担大学校园网的数据交换量，对于一般性演出来说完全是不必要的。但我们的奥运会开幕式演出文件，单个组的演出文件最终超过100MB，全部系统中46台百兆网口的NSP网络信号处理器对这些数据进行处理，并双向传输这些庞大的数据，每个终端交换机上挂载的网络信号处理器多则6台，少则2台，这些终端交换机上每一秒的数据流量都有数百兆之多，如果设备选型稍有失误，造成数据丢包、网络阻塞、网络冲突，后果将不堪设想。

我们使用的HP 8212核心交换机配置了双路供电，8个千兆光口，40个千兆电口，终端交换机由HP 2600系列组成，插载千兆迷你光纤模块。在构成4个光纤环网的同时，还设定了4个VLAN虚拟局域网，分别用于传输3个编程师使用的演出文件，最后一个作为备份。3个编程师的3组主、备控制台分别位于3个不同的VLAN，有效地避免了数据的拥堵。为了便于区分，用红、绿、蓝三色来命名。第1组：顶部Mac2000染色灯，共834台灯，15 921个参数，采用14台NSP网络信号处理器运算；第2组：其他染色灯（Mac2K，VL3500，Alpha1200），共884台灯，13 503个参数，采用16台NSP运算；第3组：所有的图案灯，共624台灯，15 987个参数，采用16台NSP运算。

整个系统控制了2 500台电脑灯具，总控制通道超过了45 000通道，6台GrandMA Full Size作为主控制台，46台NSP作为网络拓展，超过3 km的4个光纤环网构成路由，整个灯光控制网络结构由4个虚拟局域网构成。

“鸟巢”是人类建筑史上的一个丰碑，但其复杂的结构和庞大的规模对灯光信号路由提出了挑战。灯具需要覆盖顶部膜结构下弦、三层挑台、二层挑台和地坑四大环状结构。所以灯光网络站点也是依据这一灯位走向进行分布（见图3）。顶部6个站点、三层2个站点、二层3个站点、一层3个站点（一层最后调整为1个站点）。每个环形光纤主线都从位于4楼的灯光控制室出发，从不同层面绕场一周后回到灯控室。

环网的最大优势是，当某一点断线后，之前设定好的收敛树协议（Spanning Tree）可以改变原先的信号传输方向，并在0.2 s内恢复信号传输，从而确保演出无间断。虽然这是一个冗余备份的思路，但我们认为这是系统能够成功的重要因素之一。另外，每一个灯光网络信号节点都使用了 UPS 电源，可确保供电网络互投或意外故障下 15min 的运行。

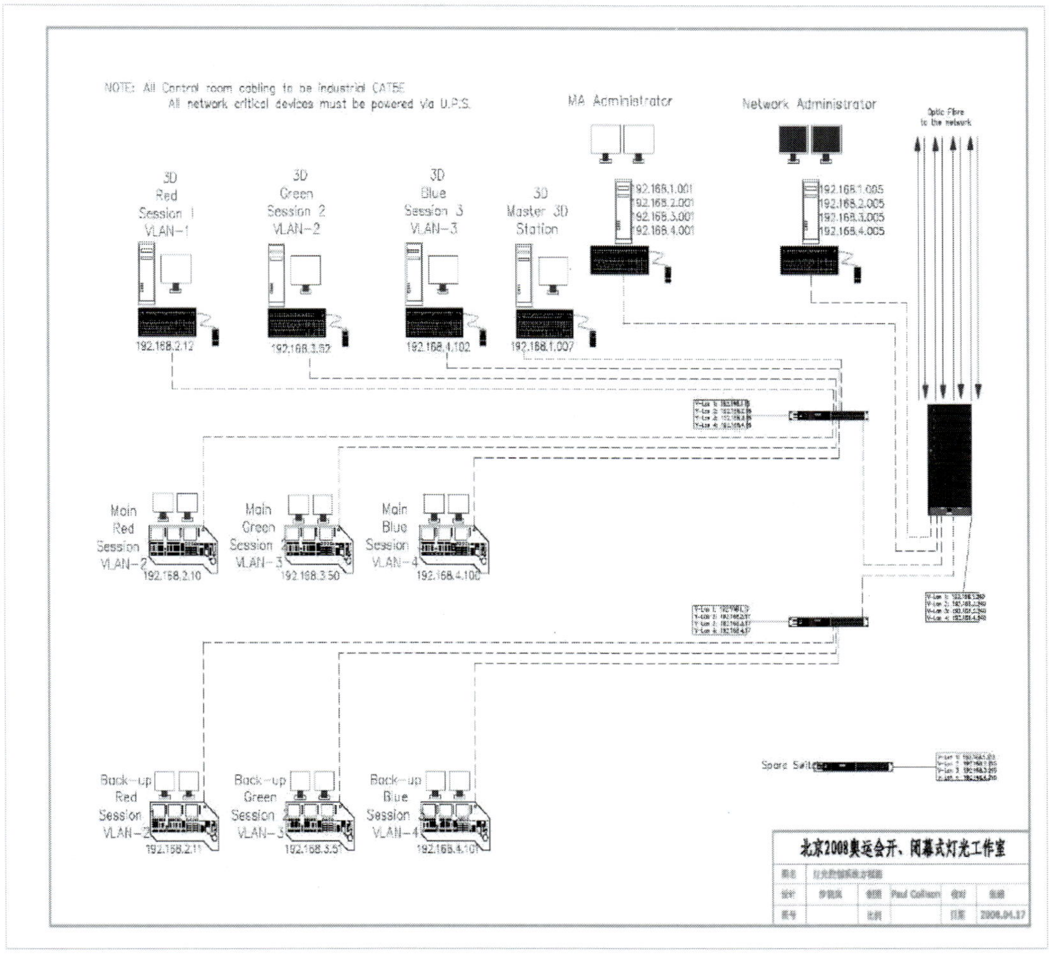

图 2　灯光控制系统图

对于分布甚广的网络机柜，我们最担心的是北京夏季高温高湿的环境对网络设备究竟会造成多大的影响，通常网络设备要求布置在带有空调的机房里，不存在温差过大和露水凝结的问题。但在“鸟巢”我们不可能为每一个机站提供那样的条件。事实证明，工业级的交换机和信号处理器在高温下可以正常运行，但高湿度和凝露是危险的，所以每当遇到湿度很大的天气都倍加小心。以后，在南方构建类似的户外系统时，可以对机柜通风和部分设备的密封处理上有所改进，从而应对更为恶劣的条件下的演出。

我们的工作是严格按照奥运日程表来推进的：一月份是设备招投标阶段，二月份开始配接和网络设计工作（见图 5），三四月份是离线编程（见图 6 和图 7），五月份设备鸟巢安装调试（见图 8），六月份排练和光，七月份带观众彩排（见图 9），八九月份是最后的奥运会开闭幕式演出和残奥会开闭幕式演出（见图 10 和图 11）。直至最后拆除设备离场。所有工作都和日程表丝丝入扣。

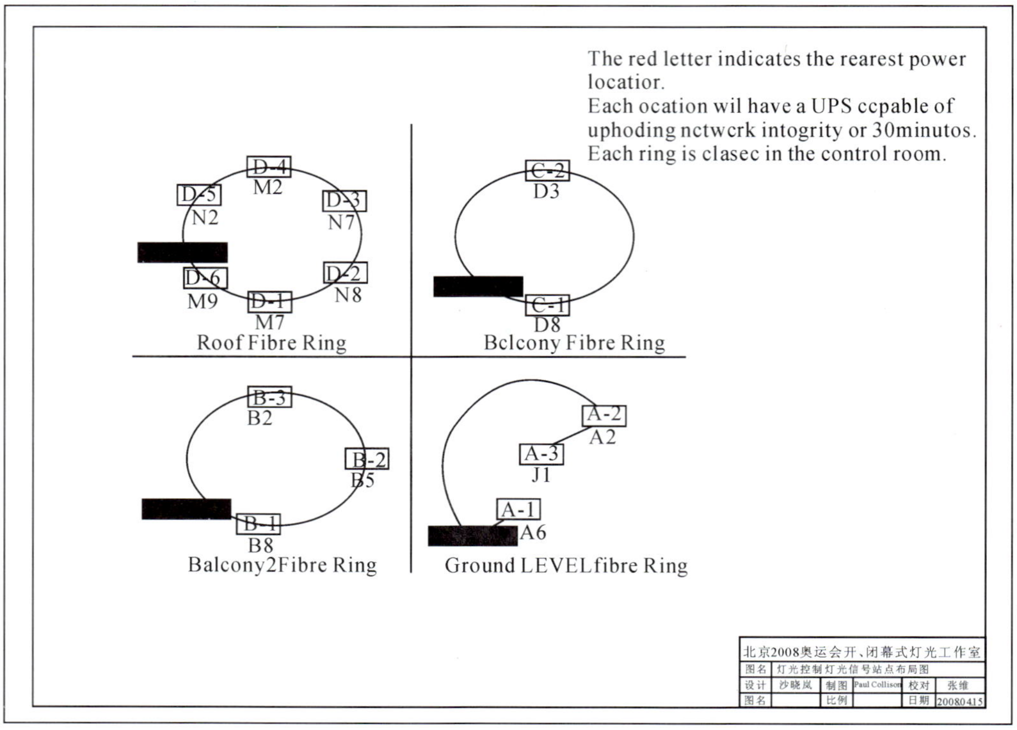

图3　灯光网络站点分布示意图

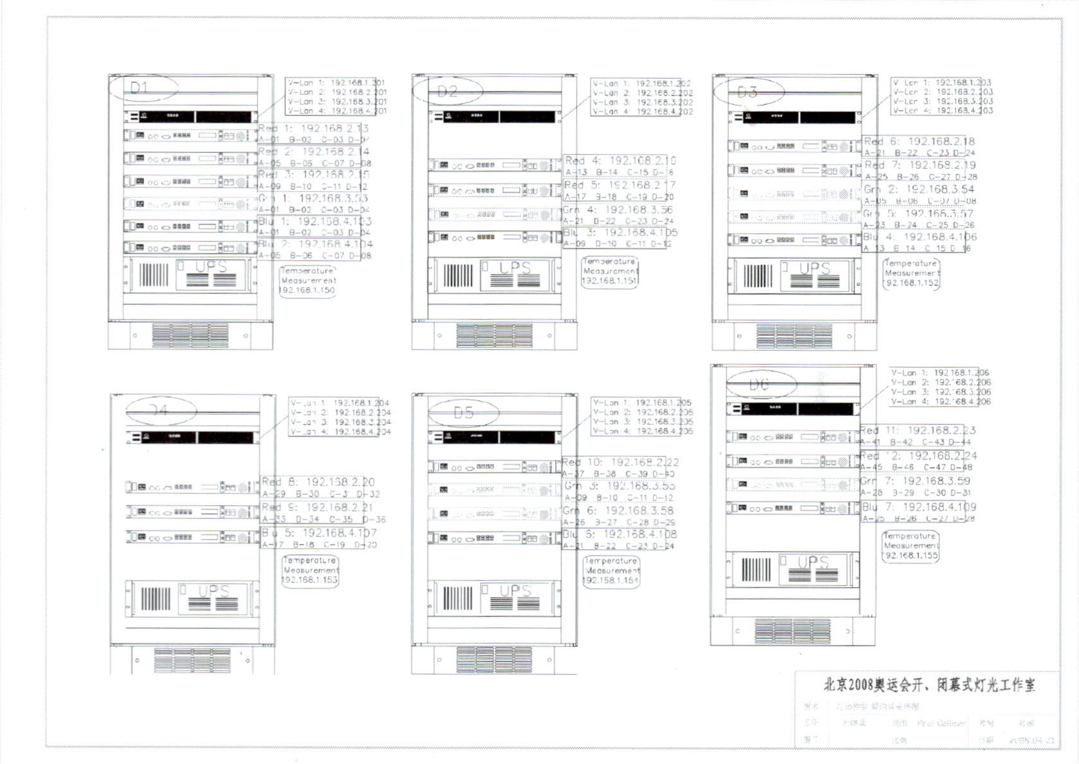

图4　膜间基站图

图5　2008 年 1 ~ 2 月场地系统测试、配接、三维建模

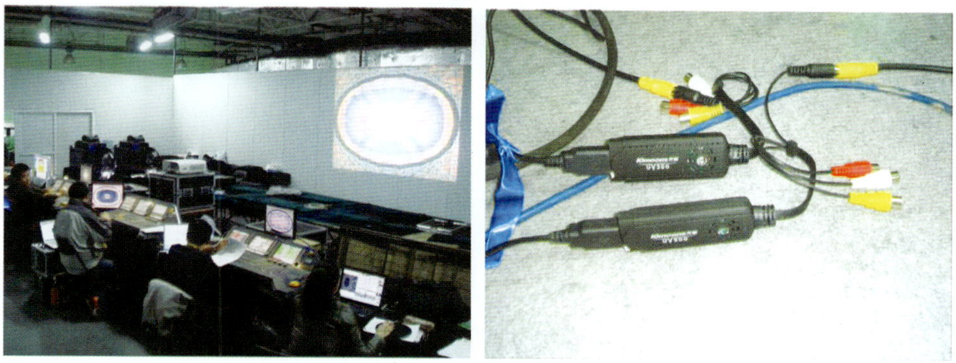

图6　2008 年 3 月北京奥组委开闭幕运营中心做离线灯光编程

图7　2008 年 4 月运营中心网络系统联通测试

图 8　2008 年 5 月进驻鸟巢系统联通测试

图 9　2008 年 6 ~ 7 月彩排和光并带观众 3 次

图 10　2008 年 8 月 8 日奥运会开幕式

图 11　2008 年 8 月 24 日奥运会闭幕式

整个开幕式自始至终对控制系统的追求围绕在：可行性和可靠性两点上。

奥运之旅，璀璨星光震五洲

甄和平
（北京星光影视设备科技股份有限公司）

2008 北京奥运会离我们渐行渐远，但百年梦圆的激动瞬间，却渗透到每个人的记忆深处，成为永恒。竞赛场上，中国健儿以 51 枚金牌 100 枚奖牌的优异成绩和崭新风貌令世界瞩目；赛场内外，又有多少无名英雄为这奥林匹克的欢乐和自豪默默贡献着自己的力量。在奥运舞台上，崭露头角、超越梦想的不仅有菲尔普斯、博尔特、林丹这样的明星，还有一群为之默默奉献的“隐形英雄”。

开幕式上，巨幅长卷在“鸟巢”中央缓缓展开，诸多中国元素于其上流淌。汉字、印刷术、太极表演也在长卷上闪亮登场。在“画卷”这个舞美平台上，运用灯光这支生花妙笔，摹画中国绘画的语言。而使这一美妙时刻跃然于世人面前的最大功臣离不开北京星光影视设备科技股份有限公司（简称星光）。我们凭着专业的综合实力和对奥运的满腔热忱一举中得奥运会开闭幕式的灯光吊装系统、多媒体数码灯具、输配电系统、灯光支架系统、投影幻灯等数包的租赁及安装采购项目，成为北京奥运会最全面的工程制造商和服务商。

1. 魔力灯光——最震撼的视觉冲击

开幕式总导演张艺谋用无限的艺术想象力为我们展现了一幅壮丽的光影画卷，我们则将这种美丽的愿景变成了现实。

本公司根据导演的创意要求并结合国家体育场“鸟巢”的结构特点，实现了近 3000 台电脑灯的安全运行，成为鸟巢上空一道独特的风景。全方位、立体化地满足灯光艺术照明、艺术造型的需要。点火仪式上，李宁“飞天”的情景，让人叹为观止。在“鸟巢碗沿”高 14m，长 500m 的空中环幕，是 63 台投影机拼接而成的 21 组画面，画面之间平滑过渡，丝毫看不出拼接的痕迹。除了空中环幕，地上的卷轴画面也是利用投影机产生的。140 多台大功率投影机，使活动影像、视频影像可灵活地出现在表演区、大型道具和体育场结构的沿口立面，旨在营造灯光的“多维”效果。星光自主研发的 DI-7000 大功率投影幻灯，为开幕式演出提供了惟一的国产投影幻灯。其设备全部安装在三层观众席最高处，东西两侧各 16 台。投影图像总面积接近 7000m^2，采用计算机三维建模，整幅图像由 32 台灯拼接而成，在现场投射出太极、甲骨文等饱含中国特色的图案，展示了灯光技术无与伦比的效果。

第 29 届奥运会开幕式完成了世界上最大的数码灯拼接，人与投影互动的拼接，完美的艺术效果，令国际奥组委和一些专业人士都感到惊叹。

2. 场馆照明——最亮丽的色彩

国家体育场、国家游泳中心、首都机场 T3 航站楼、奥林匹克中心公园、朝阳公园沙滩排球场、北京电视台等场馆建设的专业灯光工程，是星光向北京奥运会献上的最大贺礼。在这些奥运场馆的专业照明工程中，主要有金卤灯光源的泛光灯具产品及智能控制技术的应用。其技术体现节能，寿命长，光效比普通灯高 3～5 倍，完全满足奥运场馆的需要。节能灯具采用电子整流器技术替代电感镇流器，主要抑制电磁辐射干扰，减少对比赛场馆中电视转播和通信系统的干扰。同时，节能灯具灯光控制系统采用智能控制，分布式控制总线，使系统构筑简便、材料节省、功能齐全、扩张功能强大，方便满足设备的电脑控制、电话控制、遥控控制等远近程控制和集中管理系统。在体育场的主体照明中，星光全部使用了以金卤灯作为光源的高杆灯等绿色照明产品，外景照明则使用了以电脑灯和金卤灯光源的景观灯具产品，照明效果与体育场馆和谐、协调、美观，充分体现了绿色、环保的理念。在首都机场T3航站楼，我们将机场泛光灯系列灯具及系统集成应用于该项目，为奥运增添了一抹亮丽的色彩。

3. 非标研发——最实力的见证

“活字印刷”中此起彼伏的“活字模”、精准的胶片投影幻灯、演出使用的配电系统和吊挂系统中的非标部件都是星光研发团队不懈努力的成果。而这次参与开幕式演出产品的研发，也让星光在研发实力和理念上都迈上了一个新的台阶。

巨大的舞台上，孔子的弟子们手持竹简高声吟唱，而一个个活体字印刷的表演，既像古代的活字字盘，又像现代的电脑键盘。这是本公司历时一年研发、制造的近千套活字模，用古老的四大发明向世人展示了源远流长的中华文化。我们以“剪刀撑”结构作基础，从普通剪刀叉中衍生成交叉剪刀叉，90°的交角让操作者只需上推和下拉一条横杆，5kg的力量便把23kg重的字模1s内推到4.5m高。这边轻轻一碰，另一端就会上升或下降。设计团队利用这个“剪刀叉”原理找到了字模中的力量平衡点，制作了大量的弹簧连接，把字模的水平平衡力变成了垂直平衡力，解决了字模升降速度问题，才能让全世界的观众欣赏到一场令人匪夷所思的视觉盛宴。

活字模的研发，让星光的研发人员走出实验室，尝试针对市场需求的创意，把创意变成现实，建立了同市场的沟通机制，使本公司的市场需求得到进一步拓展。

4. 技术支持——最温馨的服务

本公司承接了北京奥运会开闭幕式鸟巢工程灯光吊装设备租赁及安装工程，可以说，鸟巢现场所有灯光和音响的吊挂装置及系统全部由星光完成。几百套配电箱或装于鸟巢下悬膜上方，或装于看台，稳定地向各个灯具提供源源不断的电力，支撑着灯具展现优美的视觉艺术。由于鸟巢的特殊结构和奥运演出的伟大意义，吊挂、安装工作必须超越更高的技术标准，满足安全、防火等多项要求。尤其是吊挂系统中的非标结构，每一个都必须经过国家监理的鉴定、验收。为了达到更高的安全性，星光打了10倍的保险系数。在整个施工过程中，星光人员严格按照操作规程，圆满地完成了任务，获得各方的高度评价。

开幕式点火仪式的电缆铺设工程，由于是临时受命，面临着施工紧、设备缺等一系列严峻问题，星光工作人员急中生智，以“手拉肩扛”的方式，在短时间内完成了配电柜的切换、火炬塔的走线等各项任务，保证了施工时间，为将奥运会的火炬以最美的形象展现在世人面前，做出了巨大的贡献。

本公司产品除了在奥运开闭幕式中的大幅应用，在整个奥运会的转播过程中，星光与国际最大的转播商BOB、NBC合作，水立方、击剑馆、篮球馆等22个比赛场馆的吊挂设备都由星光提供。星光通过参与国际性的赛事，使技术人员从技能、质量、体力等方面得到了全面考验。百余名星光技术人员24h的全程工作，受到BOB、NBC等机构的高度认可。通过合作，技术人员得到了全方位的锻炼，业务能力不断提高，星光品牌的国际影响力得到了全面提升。

奥运施工期间，本公司董事长陈瑞福和总经理李泽青分别多次到鸟巢及奥林匹克公园中心区的工程现场协调、检察、指导工作。北京的夏天，七月流火，奥运会工程却都是赶在这个时间进行，董事长和总经理顶着酷暑，亲临工程现场一线指导，对现场工作的近200名员工是一个巨大的鼓舞。陈瑞福说：“参与奥运是对‘星光’实力的全面检验。我们有这个自信完成党和国家交给我们的任务。如果奥运成功，那无疑也是‘星光’的成功。但如果有一点闪失，那就是‘星光’的失败，我们的企业也就没有必要存在了。”百年奥运、百年梦想。面对巨大的压力，星光人化压力为动力，出色地完成了任务。

此次奥运之旅，星光不仅以照明专业实力和设备集成服务能力取得了骄人的业绩，而且在工程中全面体现科技奥运、绿色奥运、人文奥运三大理念，实现了全力以赴为奥运打造精品工程的庄严承诺。星光的全称参与和服务，点亮了无与伦比的奥运之夜。秉承奥运盛事之风，接下来星光一定会不负众望，再续辉煌！

青岛迎奥运夜景照明系统工程

郭振涛　任　滨（南京三乐照明有限公司）
何利华（南通惠通建设工程有限公司）

2008年是中国奥运年，作为第29届奥运会主办城市之一的青岛市，在国际帆船赛期间，三乐照明有限公司精心打造的奥运城市亮化工程，将“帆都”的夜晚装扮得流光溢彩，美不胜收，为奥运帆船赛营造了浓厚的比赛氛围及奥帆赛期间良好的夜间环境，获得了海内外游客及业主的一致好评。

1. 项目简介

此工程为2008年青岛市迎奥亮化工程，工程内容为英德龙、网通大厦、市国税局、华仁大厦、世纪大厦、移动大厦、凯旋大厦、滨海花园、沿海一线、五四广场及海上灯光喷泉等亮化工程设计、施工。根据2008年青岛城市亮化的总体部署，以浮山湾周边背景建筑为中心，以市政府、五四广场、主题雕塑为轴线，以奥帆赛场及周边水域环境、喷泉为主体，营造宏大夜景视觉景象，烘托奥帆赛场的整体形象，该工程自2008年5月承建，8月完工，2009年6月获得青岛市政府颁发的“城市景观贡献奖。

2. 项目设计方案

（1）设计理念

本次亮化本着“节能、环保、安全、人文”的原则，实施高标准施工，通过采用大量半导体照明（LED）等高科技光源技术，将网通大厦、华仁大厦等6座浮山湾畔建筑外立面当做自然画布，将带有奥运吉祥物“福娃”、奥帆赛等元素的动态图形，运用先进的控制技术在大厦外墙立面显现出来，夺目的光影勾勒出了这座城市的心声：“青岛欢迎你！”，五个福娃也依次登场，向着海湾对面奥帆中心的各国运动员挥手致意，完美地诠释着“同一个世界，同一个梦想”的奥运主题（见图1、图2）。

图1　设计效果1

图2　设计效果2

（2）设计手法及特色

为实现上述规划设计要求，七栋主要楼宇的动画、激光灯、远射投光灯、喷泉等每个单体的变化都实现独立控制，其景观效果完整地体现方案中所要求的核心图形：奥运标识、赞助商广告、帆船等图形，还可实现音频总体一体控制互动功能。为实现七个楼体的同步联动，采用光纤连接手法，将各个单体楼座连接成为一个网络系统，通过安装在总控制端的软件系统来控制各显示屏的显示内容，实现同步播放效果。同时，利用同一种控制手法，一举解决沿岸灯光与海上喷泉的控制，达到音频同步的效果（见图3）。

图3　音频同步的效果

同时，分不同层次安装于滨海花园、凯旋大厦楼顶的激光投影设备和五四广场中轴线沿岸的100盏音控电脑探照灯，通过同步信号线整齐地投向海面和夜空，跟着音乐旋律高低起伏，伴随着主喷高为80m的大型音乐喷泉，把浮山湾沿海一线打扮得多姿多彩，美轮美奂，营造出激情四射的奥运氛围。青岛的夜色，西起八大峡，东至奥帆中心的前海一线亮化在此达到高潮（见图4）。

图4　营造的奥运氛围

（3）系统控制特色

为实现丰富多彩的变化，在华仁国际楼顶设置一个总控制端，分别在七个楼顶上再设置单独控制系统，每个控制系统又采取全彩显屏的控制技术，构成文字或奥运图标等动态画面。由于该项目巨大，所用光源数量近10万颗，而且要求实现每栋大楼能单独变化，或所有大楼之间联动变化以及远程联动控制等，公司采用研发的DR1016控制系统及LMS灯光控制系统，结合电信级光纤网络，成功地解决了控制的问题。该控制系统每台设备共16个端口，每个端口可控制200个像素点，具有1030Hz的换帧频率。

（4）主要灯具性能及特点

1）灯串式点光源。为到亮化整体效果，针对该项目实施的要求及难点，我们在灯具的选择上进行了精心的设计。决定采用灯串式点光源，光源采用21颗高亮LED，全密封防水设计，满足IP66防护等级。每个光源可作为一个独立的24位色点光源。整体产品外形为带状点光源，该产品具有高度灵活的连接和安装特性，每个带状单元可以级联至256个灯点。长度可定制，方便实现不同建筑物的安装要求（见图5）。

图5　灯串式点光源

2）SD5000灯光控制系统。SD5000是以IBM工控机为硬件基础而开发的一套照明灯光控制系统。该控制系统集成了灯具分布配置，音频、图像及实时视频数据采集和转换、千兆以太网传输等技术，可远程控制超大范围内的不同灯光控制子系统，从而实现局部地区多个灯光子系统的集中统一控制。控制软件系统可方便编辑出复杂的中外字符、图片及大容量动感的主题式特效图景变化，灯管安装在大厦楼面可化为巨大的显示屏，通过多媒体电脑的USB高速给主控制器传送数据，实现将文字、图片、动画格式文件自动生成控制数据进行播放，RBG 256级混色效果，创造独具个性魅力的灯光展现效果（见图6）。

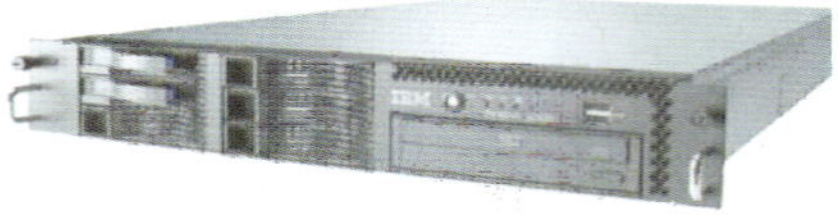

图6　SD5 000灯光控制系统

3）大型户外地标激光激光灯。激光灯放置点为滨海花园楼顶和凯旋大厦楼顶，功率为60W，防水防震，专用电脑控制扫描角度：水平扫描360°，垂直扫描230°，IP65防护等级，机体具有过热、过载、短路、失压保护，防震，放水LED电子地址设定和显示，手调角度9°以及25°（见图7）。

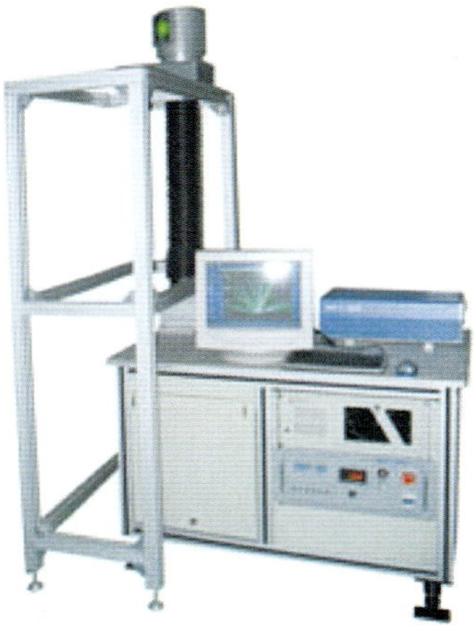

图7　大型户外地标激光激光灯

4）电脑程控彩色探照灯。安装在沿海一线电脑程控彩色探照灯控制信号为DMX－512内程序单台自走功能，内程序多台主从同步功能控制，光＋CMY换色系统，可组合出多种颜色，平行光输出，投射距离可达2km，光柱大小直径为230mm，机体内具有过热、过载、短路、失压保护、防震、防水的LED电子设定和液晶显示（见图8）。

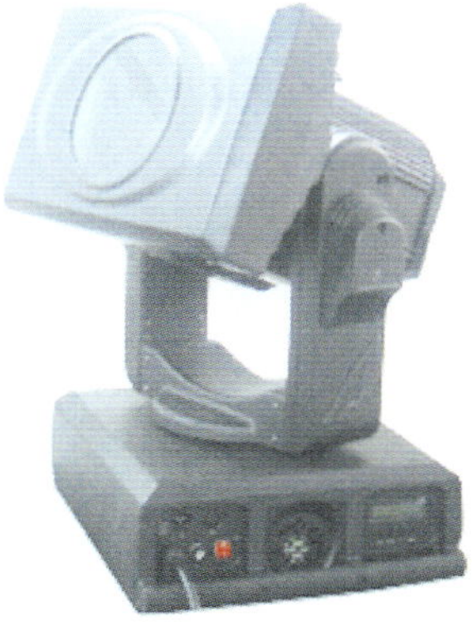

图8　电脑程控彩色探照灯

（5）节能和环保的措施

随着人们对社会及生活质量、环境的需求更高，不但要在夜间体现丰富多彩的建筑艺术夜景，还要在照明运用中充分考虑节能、绿色环保、安全等因素。LED产品作为第四代光源的发展方向，以其独有的节能、环保、长寿命、易控制等特点，在青岛迎奥亮化综合项目中得到大量应用。

与传统投光照明、荧光内透光照明方式相比，LED照明不仅在形式、变化、色彩上与前两项有不可比拟的优势，而且在电能功耗上，LED照明大致是投光照明功耗的1/5，荧光内透光照明方式的1/3，极大节省了紧张的电力资源，响应了国家建立节约型社会的号召。

同时为达到不但要“亮化”还要“美化”的目的，符合绿色奥运的要求，环保美观的安装方式尤其重要，由于每栋大楼不能打镙钉，因此我们选择特有的专利安装技术，先做一U形铝型材，用专用强力胶粘在墙体表面，再做一U形铝型材结合灯具倒扣在铝型材上，这样就很好地解决了快速安装、维护方便的问题，实现了“见光不见灯”的灯具安装环保要求。

3. 结束语

2008年北京奥运会圆满结束了，伴随着奥运会的配套工程包括夜景亮化给人们留下了深刻的印象，随着大量LED灯具在青岛奥运亮化工程中的应用，不仅做到了节能、节资，而且减少了光污染，同时还便于日常维护，起到了良好的节能、绿色环保、安全可靠的作用。与传统照明相比，充分体现了较好的性价比，其发出的柔和彩色光线，通过智能化控制以及其他综合性照明产品的运用，充分展示了青岛浮山湾、奥帆赛场区域的楼宇建筑立面和轮廓造型，构成了美丽的城市亮丽风景线，为青岛城市建设新面貌的展示，提供了良好的推广和宣传平台（见图9）。

图9　青岛迎奥运夜景照明效果

多媒体数字灯是在北京2008奥运会开闭幕式中的应用

彭泽巍
（广州励丰声光科技有限公司）

北京2008奥运会和残奥会的圣火已经熄灭，带给我们的除了欢喜和兴奋，更有让世界刮目相看的奥运会和残奥会四场开闭幕式。开闭幕式总导演张艺谋评价本次奥运会的开闭幕式时，是这样说的："我可以自信地说，我们这次的开幕式，是一个前卫的探索，是一次数字时代的开幕式，是一次全面运用多媒体数字技术的开幕式"。在开闭幕式的表演中大量地应用了现代高科技设备，从空中的大型钢丝划轨（见图1）到大型升降舞台，从大面积LED屏幕到精美的画轴效果（见图2），从绚丽的碗边画卷到形象逼真的地球（见图3），还有大量地应用高色温灯具，都为开闭幕式的成功奠定了基础。奥运会开闭幕式共应用了近3000台各类电脑灯设备，其中大量地使用了大型多媒体数字灯。多媒体数字灯利用其强大的视频移动、无缝拼接、曲面校正和素材创作功能将开闭幕式的表演一次次带向高潮。在2008年8月8日奥运会的开幕式上，也是使用各类灯光舞美特效最多的一场，在刘欢和莎拉布莱曼共同演唱会歌时，脚下的地球就是数字灯的杰作之一；太极的沙幕，11位太极演员的身后分别有直径58m和68m的两层纱幕，在纱幕上的幻影树叶和水球、火球等也是数字灯的杰作，还有碗边（鸟巢的环形开口立面），印象最深的就是李宁点火时的画面，碗边一圈也是由数字灯投射的。除此之外，还有太极的瀑布，主题歌演唱时的鲸鱼、笑脸等都是数字灯的杰作。

图　1

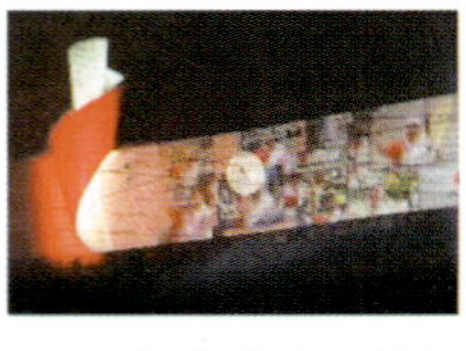

图2　加装防眩光格栅

图3　现场效果

数字灯是由美国 HighEnd（灯浪）公司于 2003 年开发出的产品，经过 5 年的发展，现在从 5500lm 到 20000lm 甚至到 30000lm 都有系列产品。数字灯，顾名思义，就是首先要满足灯的特点，光束可控可以大范围地移动，投射出的画面是数字图片或数字视频文件。本次奥运会使用的数字灯是 20000lm 级别的大功率数字灯，这在奥运会开幕式的历史上也是一大突破，同时也创下了在同一场活动中使用视频设备的纪录。大功率数字灯是由几部分分离设备组成的，首先是数字灯的核心——媒体服务器，所有影像文件的储存、播放、颜色调整、亮度调整、梯形校正、特效、旋转、翻转、几何修正、画面熔接等功能都是由媒体服务器输出的，然后通过数字电缆将 DVI 数字信号传送给高亮度投影机，由投影机完成光学的成像和投射，再通过安装在投影机前部的轨道镜，通过两次镜面反射来实现画面光束的移动控制，轨道镜同时还要控制投影机的变焦、调焦和开关灯泡等功能。这样由媒体服务器、投影机、轨道镜三部分构成了一套多媒体数字灯，媒体服务器和轨道镜都是用 DMX512 信号进行控制的，所以用灯光控制台就可以方便地操作多媒体数字灯了。

图 4　所用设备

图 5　观众席中安装的设备 1

在这四场开闭幕式的演出中，共使用了 103 台媒体服务器；82 台 20000lm 投影机；63 台 20000lm 数字电影机；82 套轨道镜；4 台飞猪 3 灯控台；24 台 DP2000 DMX 处理器；铺设了近 16km 的光纤；12000m 的 DMX512 信号线缆；20000m 的网线；所有数字灯共用了 37 组 DMX 信号 18944 通道（见图 4）。

在二层观众席前沿安装了 52 套数字灯，主要负责场地内和顶棚内膜的投射；三层安装了 63 台数字电影机，分为 21 组投射碗边；顶棚吊挂了 30 套数字灯，主要投射地面。（见图 5 ~ 图 7）为了管理方便，将所有的媒体服务器集中安装在鸟巢北侧大屏幕后的机房中，媒体服务器与投影机之间是通过数字 DVI 信号传输的。为了解决长距离的传输问题，选用了光纤传输 DVI 信号的技术，其中最远的一条光纤长 459m，最近的一条也有 60m，为了保证系统的安全又额外铺设了备用光纤，所有光纤采用 4 芯户外光纤，这样才能保证 1.6GB 的传输带宽。控制台设在西北侧 VIP 包厢外面，DMX 处理器则安装在机房内，控制台与 DMX 处理器之间也是采用光纤连接。

图 6　观众席中安装的设备 2

图 7　观众席中安装的设备 3

总导演（见图 8）对多媒体数字灯非常关注，通过一轮又一轮的测试和实验，导演组对多媒体数字灯给予了很大的希望，几乎在所有的节目中都使用了数字灯，有的在碗边，有的在场地中，有的在景片上，在近一个月的鸟巢彩排（见图 9）中，不断地调整和修改，使得多媒体数字灯在关键的时候发挥出最大的效果。多媒体数字灯的设计是与节目分不开的，早在 2007 年已经开始初步设计，因为数量这么多的多媒体数字灯使用，要非常多的技术和丰富经验保障，所以初步设计是在 HighEnd 工厂推荐的视频设计师 Scoitt 的设计下开始展开细化的在了解了导演对所有节目的需求后，我们开始了深化设计，所有节目中难度最大的是太极，当时要满足三层纱幕的影像投射，视频效果设计是德国的设计师 Angel，针对三层纱幕的尺寸不同，我们在媒体服务器中通过一个图层的遮盖完成了三层纱幕地面边界的清晰，最后达到了导演的要求。

a)

b)

图 8　总导演

a)

b)

图 9　鸟巢彩排

1. 工作环境

此次选用的投影机和电影机属于精密设备，本身应该工作在无尘恒温的密闭空间内，这次在户外采用简单的防护，并且经历了北方的沙尘大风、暴雨和日晒等多种恶劣天气条件下长达 2 个月的连续工作，对设备本身和技术保障都是非常大的考验。

同步问题解决了如何保证服务器的稳定性尤为关键，温度是所有影像电子产品的关键，服务器同样要求很高，为此我们专门为开幕式使用的所有 110 台服务器搭建了一个机房，配置了空调等设备，开幕式当天气温为 35℃，机房内温度保持在28℃，这大大的保证了服务器的稳定工作，点火前我们所有人都屏住了呼吸，第一台电影机出图像了，第二台，第三台……，终于所有画面完美无缺地呈现在世界面前，我们付出了近5个月的汗水终于得到了报答，在彩排期间服务器上传超过1500个文件，总容量超过280GB，这些对服务器都是非常大的考验，在HighEnd工厂技术人员（见图10）的技术支持下我们完成了几乎不可能完成的任务。

2. 高清转播要求

因为本次开幕式采用高清转播，所以所有的投影机都要独立地配置高清媒体服务器，大量的媒体服务器同时工作，同步是非常重要的。以往的演出超大屏幕采用边缘融合技术也可以做的很大，我们的英国编程师曾经做过60m×10m的视频影像投射，采用的是边缘融合设备，只需要一台播放设备就可以，但是这次在碗边投射的影像尺寸是周长493m×14m高的影像，已经创下了世界之最，这么长的影像被分为21组数字电影机来投射，每一组要投射24m×14m的画面，影像分辨率要求是2048×1080，碗边一圈要4万多像素，世界上还没有可以播这么大的文件播放设备，所以只能分段播放。我们用了21台服务器来播放碗边的影像，包括火炬点火的影像，只要有一台快那么零点几秒，都会影响画面效果，我们通过软件、硬件不断地测试和调试，最终呈现在我们面前的有笑脸（见图11）、和平鸽（见图12）、星空、瀑布、鲸鱼等画面。

图10 技术人员

图11 笑脸

图12 和平鸽

3. 系统稳定

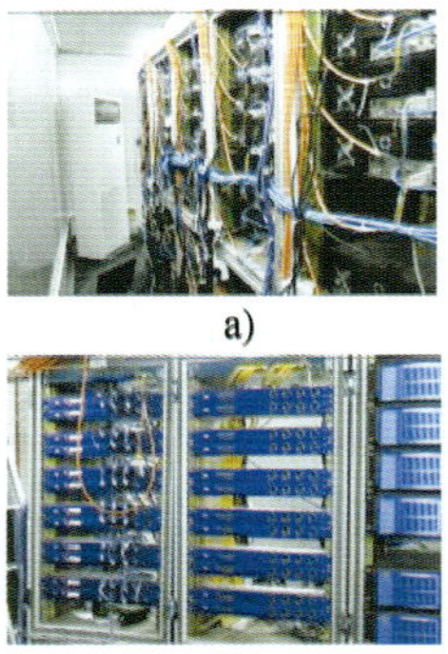

a)

b)

图13 设备接入网络

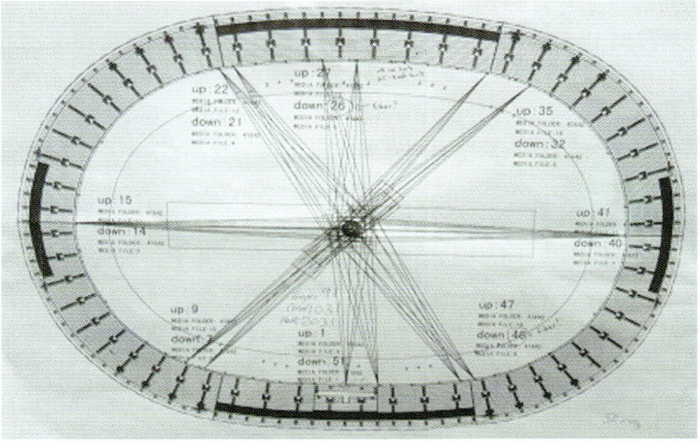

图14 柔性结构

考虑到奥运会是向全球现场直播的，对设备的稳定性要求极高，我们分别将服务器、投影机、电影机、控制系统全部接入网络（见图13），进行实时监控，可以保证在设备出问题的2s后显示故障，在现场的工作人员可以在20s内赶到现场进行故障排除，在开场前我们发现一台投影机因为天气太热报警关机，我们只用了2min就排除了故障。

为了保证稳定，对控制系统1∶1地做了系统备份，两套系统采用独立的时间码触发和独立的DMX处理器，可以保证在1s内完成系统切换。在2006年的都灵冬奥会的控制系统中还是采用主从备份，如果主机故障则只能重启，而这次是两套主从的备份丝毫不影响演出。

球：这个最具视觉效果但是又具难度的表现形式，在鸟巢中被演绎的淋漓尽致。这个球的直径18m，升起后距地面4m，这个球是柔性结构的，共分为9层（见图14），每层之间采用弹力材料。在演员表演完毕后钻入球中，在之前的彩排中球是由PG灯负责投射的，数码灯只是作一些颜色效果，在7月16日审查节目后中央领导对效果非常不满意，于是决定用数码灯投射。经过设计决定用4组数字灯，每组2台进行投射，每组之间形成90°的夹角。因为投影机的画面是4∶3的，球的上下两端照射不到，所以将投影机侧放，形成一个3∶ 4的画面，这样球的上下部分可以完全覆盖。水平由4组灯衔接，通过媒体服务器中的球形校正功能轻松地完成了画面的拼接，由视频制作公司制作4通道的影响文件。因为投影机是侧放的，所以影像文件要旋转90°，这样就可以用正常的比例欣赏球的效果（见图15），当地球出现时全场观众都欢呼起来，这是观众对效果认可的欢呼。地球在这个环节是画龙点睛的作用，对设备系统的要求也更高，原计划由一台服务器提供一组视频通过DVI分配器分配后给两台投影机提供信号，考虑到安全因素，还是决定用一台服务器直接驱动一台投影，这样如果有一台服务器出问题不会出现1/4的地球是黑的，只会暗一些。经过2天的设备位置调整和调试便完成了直径18m地球的效果。

a)

b)

图15 球的效果

多媒体数字灯具在2008年奥运会上发挥了巨大的作用。

“梦幻地球”与“记忆之塔”之光

刘 力
（广州市雅江光电设备有限公司）

北京市朝阳区北辰路奥林匹克公园内，北京城市中轴线北端的东侧（亚运村北，朝阳区安定路甲3号）。国家体育场的建筑面积为25.80万m^2，座席数为91000个。它是2008年奥运会主会场，被人们亲切地称为“鸟巢”，是科技奥运的完美体现。广州市雅江光电设备有限公司（以下简称“雅江光电”）生产的YG－LED308主要被运用到奥运会开幕式“梦想地球”（见图1）和闭幕式“记忆之塔”（见图2）上。

1. 设计理念

奥运会开幕式“梦想地球”直径为18m，而奥组委对“梦想地球”的灯光工程有一个特殊的要求：“梦想地球”在慢慢上升的过程中灯光不允许闪烁，结果雅江光电大功率YG－LED308灯具做到了，其出色的表现给观众留下了深刻的记忆。在闭幕式上它又给大家带来了一个惊艳唯美的“记忆之塔”。该塔选用雅江光电大功率YG－LED308灯具超过100台来完成23m塔身的泛光、染色效果。

由于奥运会场内高科技电子设备繁多且复杂，加之塔身带有伸缩性质，如何保证自己的LED信号能按照设计师的要求正常发射不受干扰显得尤为重要，所以工程对灯具的抗干扰性、安装强度及性能稳定性要求极高。雅江光电大功率YG－LED308灯具卓越的性能体现在耐高温、防潮湿、抗干扰、染色面积大、投射距离长以及故障率小等方面，完全达到在户外大型演出使用时，现场灯光和转播灯光的照度、光比需求。

图1 梦想地球

图2 记忆之塔

2. LED灯具的节能

LED灯具的节能效果已经是众所周知的了。2008奥运会闭幕式上“记忆之塔”雅江光电YG－LED308灯具具有节能环保、温度低、色彩鲜艳、寿命长等重要的特点。为什么雅江光电的LED灯具能达到以上效果呢？这与雅江光电的硬件设备是紧密联系的。

3. 严格技术措施

目前雅江光电拥有3000m² 无尘车间，静电对产品的影响小；拥有国内领先技术光学测试暗房实验室，能够将LED灯具的重要参数包括亮度、照度、光强、色温、波长等技术参数准确无误地测试出来；高温老化测试实验室，让所有的产品在高温45～50℃下进行3个月的老化测试，根据实验报告显示雅江光电的LED灯具在－20～50℃下均能够正常运作；雅江光电的标准化防水喷淋浸测试池是参照美国UL1598标准和欧盟IEC60598标准来制定企业的防水测试标准；雅江光电还投资1000多万元购买自动生产设备，尽可能地保证产品的稳定性，等等。以上重要的检测手段能实实在在地保证雅江光电LED灯具的产品质量，这就使得雅江光电从强手如云的竞争者中脱颖而出，一举中标。

4. 灯具特点

雅江光电YG－LED308灯具（见图3）采用大功率灯板与电源独立隔离散热装置，控制系统设有双向传输检测功能，外部连接件可改变灯光的角度范围，采用对流传热冷却系统。

图3 YG－LED308灯具

灯具额定电压为AC100～240V 50/60Hz，额定功率为180W。灯具防护等级为IP65，灯具使用LED数量108PSC×1W（36R＋36G＋36B），出光角度为15°/30°，DMX512通道为3CHS/4CHS/10CHS/12CHS。

灯具配有LCD显示屏，具有自走、RGB混色、自走编程、频闪、调光、自动设置地址码、ID地址码、无限混色、过热自动保护等功能。

北京奥林匹克公园中心区下沉广场3号院照明工程

（清华城市规划设计研究院）

1. 项目简介

位于奥林匹克公园中心区地下9m的北京奥林匹克中心区下沉花园，其两侧是大型购物中心和地铁的出入口，长达700m的空间由7个庭院串联而成。在满足人员集散等基本功能的基础上，增加了体现中国元素的人文景观。下沉花园自南向北分别为1号院：御道宫门；2号院：古木花厅；3号院：礼乐重门；4、5号院：穿越瀛洲；6号院：合院谐趣；7号院：水印长天。7处庭院以中国元素为亮点，充分展示出中国历史与现代的文化传承，深得中外游客喜爱。

3号院位于7个下沉庭院中间，从南往北数是第三进。院子东侧是龙形水系下面的地下商业，西侧是地铁奥运支线及部分商业空间，南北两端与前后院子相通，是一个过渡性的空间。在这里，红墙，不是用灰砖红粉，而是用红色的钢构支起上百面“响鼓”。鼓面可敲，鼓内藏灯，白天是鼓晚上是灯，鼓灯结合为奥运搭起喜庆的红门。

在这里，金黄，不是用玻璃盖瓦，而是在甬路旁立起一排“铜萧”，管上有孔，风过可鸣，管下有灯，引导路人。

在这里，钟楼，不是敲击报时的铁器，而是在钢架上挂满礼乐的钟磬铃，随风摇摆，清音可绕。我们还在窗前拉起细索，如琴弦般可以拨动，弦下的发声器便会送出美妙的音符。

在这里，长凳之上，欣赏随风飘来的东方礼乐，是来参观的游人，还是古时那出口成章的李杜？选择礼乐仪式中“钟”、“磬”、“鼓”、“萧”等组成元素，结合下沉花园中已有的室外扶梯、电梯、楼梯等交通空间，分别形成了“鼓墙”（共放置243面鼓，其中大鼓32面、中鼓30面、小鼓181面）、“钟磬塔”（共悬挂818件青铜响器，其中编钟456件、铜磬196件、风铃166件）、“排箫”（16根）、“琴幕”（16组）等景观空间点。同时利用体现“琴弦”意象的地面分隔铺地的黄铜格栅，将以上各景观空间点串联整合，进而实现下沉花园内“礼乐”主题的连续性及整体感。

2. 项目详细内容：

（1）照明设计理念、方法等创新点

设计理念：在北京建筑设计研究院遵照朱小地院长主持的下沉庭院整体照明思路，结合中国建筑设计院崔恺大师对3号院的建筑景观的愿景设想，最终提出符合3号院自身特点的照明设计方案。

鼓墙上共悬挂243面大小不一的鼓，它们白天以鼓的形态围成了两面巨大的墙面，人们从墙中的扶梯下到下沉院落。晚上，则变化成了发光的灯笼，靠近地面的鼓，人们可以敲击。在发出隆隆的鼓声的同时，灯光还可以随敲击而发生强度的变化。在实现上应用了如下方法：

1）鼓的照明——透光膜的使用（见图1）。为了实现设计师所定的鼓面效果，最终采用了法拉利膜为鼓面材料。主要是它可以应用于室外环境：耐紫外线，耐老化，对于照明更重要的是它有很多透射率可选择。经过实验，最终选定透光率不高于12%的膜材料，它能有效地解决：白天日照下，防止内部灯光支架“显形”；同时，在夜晚，鼓腔内的光源也不会暴露出内部的结构。

a)　b)

图 1　透光膜的使用

2）鼓的照明——亮度的控制（见图 2）。鼓墙上的众多的鼓尺寸不一，但组合成为了 3 号院落的空间的大光源。如何平衡大小不一的鼓的表面亮度，如何不破坏院落的气氛而有效控制亮度，成为了项目成败的关键。在光源选择上主要选用紧凑型荧光灯，在需要敲击时灯光随之变化的鼓内，还采用了 LED。通过流明法来估计光源数量，并通过 DIALux 软件作辅助模拟。还在鼓的样品阶段以实验的方式调整光源强度及数量，最后确定鼓膜的表面亮度为 40cd/m^2。

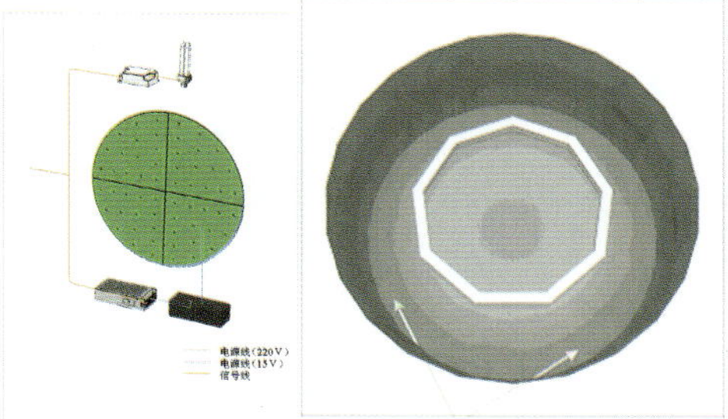

a)　b)

图 2　亮度的控制

3）鼓的照明——传感器的使用（见图 3）。在需要敲击时灯光随之变化的鼓内，还设置了震动传感器。传感器收到震动后，给 CPU 发出信号，预先编程的 LED 从中心向外周快速移动，形成了仿佛声音传递产生的光波在移动。

图 3　传感器的使用

4）萧的照明——“萧”作为灯柱的照明（见图 4）。支持连续调光的灯具隐藏于萧的顶端的吹孔内，在夜晚，窄角度配光的低压灯具为院内道路提供照明。由于“萧”的引人注目，萧内灯具更是选择了有 50°截光角的射灯。

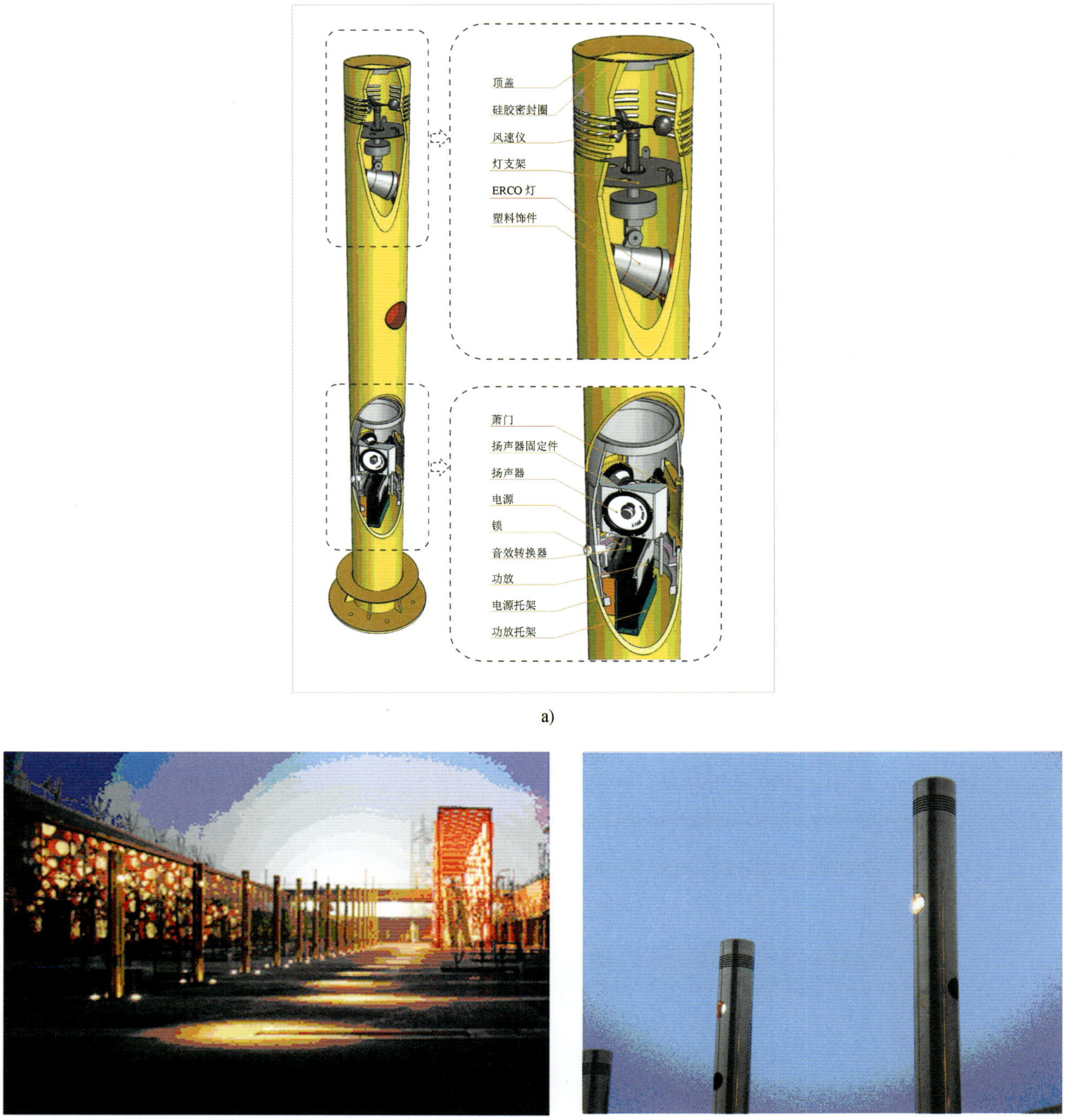

a)

b)

c)

图4 “萧”作为灯柱的照明

5）钟磬的照明——由456件编钟、196件铜磬、166件风铃将应急通道围合起来而形成了“钟磬塔”，整座塔呈青铜色，颜色较深，并与鼓墙遥相呼应。照明设计将其设定为空间辅助元素，为鼓墙的陪衬。以低压卤素光源微微地将少量的钟照亮，力求在远处看清纹理与质感，不破坏“钟磬塔”厚重的整体性。

（2）照明设计中的主要技术指标（略）

（3）照明设计中的节能和环保措施

1）鼓内选用紧凑型荧光灯具的光源，光源为TC－D13W，平均无故障时间为8000h；镇流器工作温度为－10～50℃，品牌为OSRAM。为考虑鼓墙整体振动时对插脚接触的可能影响，另设计了光源与灯座的抱紧机构（由于施工紧迫在奥运前未得安装）。

2）鼓内选用LED产品具有以下特点：

①寿命长、光效高、无辐射与低功耗。

②无汞、节能、节材、对环境无电磁干扰、无有害射线。

③低压供电——无高压环节，为了绝缘的开销要小得多，可靠性高。

3）鼓面所选用的膜材料考虑到场地内人员众多可能对其产生破坏和影响，它的拉伸强度可达到在 5cm 变形承受 250kg 的拉力/打击力。

4）萧内灯具截光角达 50°，无溢散光，品牌为 ERCO 灯具。

5）照明“钟磬塔”的灯具截光角为 50°，低眩光，品牌为 ERCO 灯具。

（4）设计中使用了哪些新技术、新材料、新设备、新工艺

红色钢架上 243 面大小不一的鼓，鼓面可以敲，鼓内藏灯，白天是鼓，晚上是灯。鼓使用了高强度不掉色粉碎法高透光 PE 材料，保证了不掉色鼓壳的高透光率。

（5）所使用的主要照明产品和品牌

1）鼓内选用 OSRAM 紧凑型荧光灯具光源 TC－D13W。

2）照明“钟磬塔”及萧内灯具为 ERCO 品牌。

北京奥林匹克公园中心区多功能演播塔景观照明工程

1. 项目简介：

设计单位：中国建筑设计研究院

北京良业照明工程有限公司

施工单位：北京良业照明工程有限公司

业主单位：国家体育场有限责任公司

2. 项目详细内容

（1）照明设计理念、方法等创新点

通过景观灯光系统的运行，使得在奥运期间及奥运会后，不同的场合采用不同的控制模式，从而实现不同的表现效果，充分表现建筑特点，使得转播塔成为核心区的景观地标；通过传统泛光照明及高科技的 LED 光源相结合，采用点线面相结合的照明手法，表现建筑的玻璃结构玲珑剔透的特点和天地融通的设计理念；既考虑到照明效果，又兼顾节能及后期方便更换与维护。

设计原则如下：

1）明暗结合的照明设计，突出建筑鲜明的特点。

2）色彩的合理搭配，通过合理的控制，使得不同时段用不同的表现手法。

3）外部投射和内部投射结合。

4）采用点、线和面的有机结合。

5）使用先进的照明技术和产品，充分体现现代照明技术的先进成果。

6）满足降低运行成本和节约能源的需要。

7）选用成熟产品，保证工程质量。

（2）照明设计的主要技术指标（略）

灯具清单如表 1 所示。

表 1　灯具清单

灯具编号	灯具名称	光源	数量	配件型号	备注
L1	LED 扶手灯	LED	90m		
L3	LED 投光灯	LED	1890		
L9	LED 线型投光灯	LED	81		
L10	LED 投光灯	LED	2034		
L13	点状 LED	LED	147		
L15	LED 投光灯	LED	30		

（续）

灯具编号	灯具名称	光源	数量	配件型号	备注
	配件		4		
L2	轨道射灯	QT12 - ax100W	108	遮光罩	可调光
				扁光镜 + 柔光镜	
L5	下照明装荧光灯	2xT1654W	108		可调光
L6	轨道射灯	HIT - CE70W	39	遮光罩 + 扁光镜 + 柔光镜	
L7	成组射灯	HIT - TC - CE 35W	420	安装盒	
L8	特造荧光灯	T5 80W	180		可调光
L11	壁灯	TC - D 13W	156		
L12	荧光灯	T8 2 ×54W	180		可调光
L14	投光灯	HIT - CE 35W	6		
L17	筒灯	HIT - TC - CE 35W	30		
L18	投光灯	2xQT - DE12 150W	18		可调光
L20	投光灯	HIT - TC - CE 150W	6		
L21	投光灯	HIT - TC - CE 70W	24		

（3）照明设计中的节能和环保措施

节能措施如下：

1）减轻质量，降低材料消耗。在满足灯具结构强度和防护要求的前提下，采用减少灯具机械尺寸和质量的技术措施，降低材料消耗。

2）提高光效，降低运行功率。高效光学系统，提高灯具效率，减少光学界面，提高传导效率和灯具效率。良好的热设计和降额设计，降低结温，提高光效。通过良好的热通道设计和工作电流的降额措施，降低 LED 的结温，提高 LED 光源内量子效率。

3）采用高效率的供电和控制系统，减少插入损耗、高电压传输，降低线路损耗、系统灯具均采用 24V DC 的供电电压，以减少电源到灯具的线路损耗、高效率的 AC/DC 变换器，降低电源损耗、PWN 灰度控制技术，保持 LED 处于高效率稳定工作点，设计采用了可以直接进行 PWM 控制的高效恒流驱动模块，有利于在高效率下保证 LED 工作点的稳定。提高系统整体效率。

4）实施单点安装控制技术，减少杂散光的输出，提高光能利用率。通过安装位置和角度的精确调整，使灯具射出光线更有效地到达目标。提高照明的有效性。

5）科学的运行计划。系统提供了单点的比例因子的设定功能，有利于制定整个系统随环境亮度自动调整平均亮度的节能运行计划。以降低运行能耗和费用。

环保措施如下：

1）功能的环保安全措施。指照明质量可靠性，灯具在照明时尽量减少或杜绝眩光，在选取灯具时，充分考虑灯具的投射角度、投射范围、合理控制光线，使人们不论在地面还是在其他高层建筑中工作活动，均没有很强烈的眩光。所用照明设备均达到国家相关规范的认证，灯具的防护等级均为 IP65 以上，电气等级 III 级。例如，选用的 OSRAM 大功率 LED 其合理的控光，有效地保证眩光和溢散光。

2）结构环保安全措施。所有照明设备（包括电器部分）均采用高强度的结构设计：安装方面采用很强的固定件，使设备不会因风吹等自然因素而导致螺丝松动或灯具、管线的脱落。

3）材料环保安全措施。所有照明设备均选用国家优质材料，无毒、防火、绝缘、耐腐、耐高低温、耐老化的材料，有效延长使用生命，不至于短期内出现漏电、设备坠落等事故。

4）电气设计环保安全措施：所有照明设备均做完全接地处理，如控制箱安全接地、灯具外壳接地、管线和线槽的接地处理等。选用的电器部件均符合国家安全标准，如选用的 OSRAM 大功率 LED 投光灯其配有欧洲进口 OT75/120 - 277/24E 驱动电源，安全特性符合 EN60598、EN61347 - 2 - 2、UL1310、UL48、UL879A 等标准，而且具有空载保护、短路保护、过载保护、过热保护等。

3. 实景照片（见图1）

图1 实景照片

北京科技大学体育馆导光管照明工程（第29届奥运会柔道比赛馆）

1. 项目简介

（1）坐落地点、位置

北京市海淀区学院路30号北京科技大学校园内。

（2）设计、施工、验收单位及主要完成人

设计单位：北京市海淀区清华园清华大学建筑设计研究院

施工单位：北京市北泡轻钢建材有限公司

业主单位：北京科技大学基建处

（3）获奖情况

2008年获奥运工程科技创新奖

2006年获公共建筑设计方案二等奖

2. 项目详细内容

（1）照明设计理念、方法等创新点

1）为体现“绿色、科技、人文”三大奥运理念，结合北京科技大学体育馆奥运会赛时与赛后明确的功能特点，体育馆设计团队从一开始就确定了“立足学校长远功能的使用，满足奥运会比赛的需求”的设计原则。

2）该馆比赛场地利用北京地区日照资源丰富的特点设置了可调光式导光管照明系统，可以充分利用自然光。在奥运会期间，导光管照明系统主要用作赛会准备期内的日常工作照明和比赛前的清扫照明。在赛后，导光管照明系统还可以长期服务于学校的体育教学工作和学生课外活动。将导光管照明系统应用在体育馆，在国内尚属首次。

3）在导光管中增设调光系统，可以根据室外照度的变化，调节导光管的出光量，使室内场地照度基本稳定。

4）导光管采用变截面技术，在直径为530mm的导光管上加装变截面导光管，连接直径为800mm的漫射器与建筑美学完美结合。

（2）照明设计的主要技术指标

1）照度。考虑到功能要求和学校资金情况，在导光管照明系统设计中取20000lx作为室外照度，对应的体育馆内场地主要区域（45m×30m）的地面平均设计照度为150lx。

2）照明测量。在奥运会赛前各项工作就绪，现场环境基本符合设计条件的情况下，我们进行了照度测量。时间是2008年8月4中午12:00～12:30，天气状况为阴天，室外照度为31000lx，测量区域为场地中心45m×30m区域，测量方法为网格法，网格大小为2.5m×2.5m，测量的工具为TES1332型电子照度计，为了提高测量的准确性，一个测点取2～3次读数，然后取其平均值，场地的平均照度为225.6lx，折算到室外照度为20000lx条件下的室内照度为145.5lx。

3）实际运行近5个月来，北京晴天约133天，多云及阴天约17天，体育馆场地内日平均照度达到300～400lx。

4）由于采用自然光，场地照明为全光谱，光色自然，有益于健康，学生反映很好。

（3）照明设计中的节能和环保措施

1）导光管照明系统的光源取自自然光，在阳光充足的时候可以替代人工光源照明，节约了电能。

2）采用自然光源与人工照明相比产生的热量大为减少，降低了空调用电负荷。

3）导光管照明系统采用密闭式设计，整个系统是密闭式的空气管，具有良好的隔热效果，大大减少了能量的传输，有利于降低建筑物能耗。

初步估算北京科技大学体育馆导光管系统每年节电42420kW·h，在导光管的整个生命周期（25年）可以节电106万kW·h。

（4）验收单位、形式、结论意见及时间

北京科技大学体育馆为2008年北京奥运会柔道、跆拳道馆，赛后主要为该校体育教学与师生体育及健身活动，兼会议、演出，并能承接国际国内篮球、柔道、跆拳道、游泳等比赛等多种功能。总建筑面积24662m^2，2008年5月竣工。

该馆场地照明采用了国际一流的导光管照明系统，建成后在奥运会赛前及比赛期间用于日常白天各项准备工作，赛后半年来已投入该校体育教学与师生体育及健身活动，并举办全校大型会议、承接了北京市高校篮球联赛，系统运行正常、安全可靠，利用自然光照明，满足各项活动功能要求，环境舒适宜人，且大大节约了电能，得到师生一致好评。

北京科技大学体育馆采用导光管照明系统为国内首次，成为实施绿色照明的典范，是建设节约型校园的重要举措，是奥运场馆顺利投入赛后利用的极好例证，在我国高校及体育界影响较大，已接待各界多批专家学者、设计人员、来宾参观与来访，受到国内外专家与同行的赞誉。

（5）所使用的主要照明产品和品牌

主要照明产品：导光管 750DS

品牌：solatube

3. 实景照片

北京老山自行车馆照明工程
（第 29 届奥运会自行车比赛场馆）

1. 项目简介

设计单位：飞利浦（中国）投资有限公司

施工单位：中国新兴建设开发总公司

业主单位：国家体育总局自行车击剑运动管理中心

2. 项目详细内容

（1）照明设计理念、方法等创新点

1）北京老山自行车馆的照明设计完全按 BOB 高清电视转播的要求设计，是国内第一个完全满足高清电视转播要求的专业场地自行车馆。

2）由于自行车赛道为三维斜面，坡度从 8°到 45°不等，因此在设计中将全场车道根据不同坡度分成 16 个平面，利用

16个平面组成全场的赛道。

3）对16个平面分别进行水平照度和全场15个固定摄像机的垂直照度计算，16个平面上的照明设计均满足要求。

4）针对场地自行车比赛中不同的比赛项目（如争先赛、追逐赛），照明设计中分别考虑了争先赛的起点/终点线、2个追逐赛的起点/终点线，这些区域的照明指标全部满足并优于要求，保证重点区域的照明。

5）除比赛赛道外，还特别考虑了安全车道、中央支持区的照明，满足赛时的功能要求和赛后的综合利用要求。

6）在体育馆照明设计中兼顾15个固定摄像机和许多移动摄像机的垂直照度要求，固定摄像机/移动摄像机的最小垂直照度大于1400lx/1000lx。

7）设计中在满足照度均匀性的同时，正式考虑了照度梯度的要求，并在全场的每一点满足奥运会BOB的照明要求。

8）场地照明设计中专设了应急电视转播照明模式，满足奥运应急彩电转播的要求和赛后综合利用时的应急转播要求。

9）在体育馆照明设计中提出了向上光比例的概念，并满足CIE No.126的要求，ULR仅为2%。同时又降低了照明对大显示屏的影响。

10）在体育馆照明设计中提出前12排观众席的垂直照度要求，并满足BOB的要求。

11）在体育馆照明设计中同时提出对运动员/裁判员和摄像机的眩光要求，并全部满足BOB的要求。

（2）照明设计的主要技术指标

场地自行车比赛不论是场地还是照明方式都不同于其他普通的体育项目的比赛。比赛场地为斜面，坡度从13°到47°不等，运动员自身的运动速度非常快（设计时速大于85km/h），车与车之间的距离非常近（30cm），比赛项目较多（争先赛、追逐赛、计时赛、凯林赛……），多个起点和终点，而奥运会的场地自行车馆照明又与普通的场地照明有着非常大的区别，不仅仅体现在照明水平的提高，要充分考虑运动员、裁判员/官员、现场观众的视觉环境，控制眩光，尤其要降低照明在运动员前方产生的阴影；还要考虑更多的摄像机要求，为电视观众（摄像机）、媒体读者（照相机）等多方面人士的视觉需求提供最佳照明。同时满足照度梯度、照度比、照明立体感和光源色温、显色性等要求。

老山自行车馆的照明设计完全按照BOB的照明要求、CIE No.169、CIE No.112的照明标准，同时参照UCI的照明推荐，以HDTV为目标，整个体育馆的照明不但满足运动员/裁判员及观众的要求，同时也满足了许多个摄像机的转播要求，为更多的电视观众提供了最佳的转播画面，保证图像画面传送清晰、色彩逼真，也考虑了赞助商、广告商、媒体等对现场灯光的要求。

在为比赛场地提供照明设计的同时，也为混合区、新闻发布厅、颁奖台、升旗区等提供了符合BOB要求的照明设计，保证奥运比赛的顺利进行。

自行车馆照明系统不仅要满足赛时自行车比赛要求，还要满足各种大型活动的要求，因此设计了多种照明开关模式，并对照明灯具进行科学、合理的控制，保障照明光源和灯具及其所配的整流器的安全长期使用，同时节能省电。

照明设计全面考虑了自行车比赛项目的特点及对照明的特殊要求，遵循“绿色、人文、科技”的奥运理念，满足并优于BOB技术要求。光效为90lm/W，光源体积小，控光更精确，更节能、绿色，光源在灯具内部工作位置固定，冷端温度稳定，光源色温、显色指数、光通量、工作电流、电压等光电参数稳定。而独特的两次封接技术，及配合灯具设计的全新的线型电气压紧连接技术，使光源寿命更长，光通更稳定。配以飞利浦大功率专业体育照明灯具MVF403，其优异的配光性能，配套高效反射器及双端短弧光源，灯具发光效率可达80%以上，更节能；灯具体积小巧，很好地与建筑及马道配合。

设计中选用先进、节能、成熟的飞利浦体育照明专用光源飞利浦大功率双端短弧高显色MHN－LA 1kW/956金卤灯，色温为5600K，显色指数大于90，完全满足标书及BOB要求。

本工程计算容量为32kW，平均功率因数为0.85。

本工程中，共设置了5台室外配电柜，分别对各自所在区域供电。

根椐平日、一般节日、重大节日灯光要求及节能原则，本控制系统采用了定时控制系统，并设置本地手动控制。

重大节日：所有灯全部点亮	26.2kW
一般节日：T5管不亮	16.2kW
平日：T5管与LED投光灯不亮	11kW

（3）照明设计中的节能和环保措施

方案中光源主要选用金卤灯、LED等节能和寿命长的绿色光源以及高效率的灯具；采用功率损耗低、性能稳定的镇流器和电器附件，空载和轻载情况下，缺损最少；采用集中—分散无功率补偿方法来解决网络的无功损耗；采用多种控制状态，分列出平日、一般节日、重大节日三级控制用电指标；同一种光效的需求，通过对灯具构造的单独设计，使得结构合理、节能、造价更低。

3. 实景照片

3.2

照明工程论述

夜场的灯光设计

严永红
（重庆大学建筑城规学院）

1. 夜场灯光设计的功能定位与设计理念

夜场是休闲娱乐场所的主要组成部分，也是人们商务交往、私人聚会的主要场所，其高峰营业时间一般在夜间，故称夜场。

随着人们生活水平的提高，近年来在城镇地区，夜场得到了迅猛发展，其装修档次也越来越高，规模也日渐扩大，其表现业态也越来越丰富。夜场这种特定场所，灯光设计和照明布置占有极其重要的地位，具体体现在投资上，在高档或专业场所，照明部分的投资已经占到了总投资的20%～30%。

夜场目前主要的业态有酒吧（见图1）、迪吧（见图2）、KTV（见图3）、慢摇吧（见图4）、夜总会（见图5）、休闲商务会所（见图6）等。下面将以KTV为主探讨一下现代夜场的灯光设计。

图1　酒吧

图2　迪吧

图3　KTV

图4　慢摇吧

图5　夜总会

图6　休闲商务会所

（1）灯光设计能体现夜场的档次、风格、内容和规模

1）在夜场这种特定的场所，除通过装修来体现功能营造氛围外，其照明设计和音响配置占据了相当重要的地位，在灯光设计上，它既不同于写字楼办公室等工作场所，也不同于商场餐饮等商业场所，更不同于住宅等居住场所，具有相当的专业性，尤其近年来光纤照明和LED照明等新元素的应用。

2）灯光设计是人们进入夜场首先接触到的元素，它能充分体现夜场的档次。一个量贩式KTV和一个高档的商务式KTV，其在灯光设计和照明配置上必定存在着很大的差异。也可以这么说，灯光的档次也就反映了这个夜场的档次。

3）夜场的灯光设计是为环境服务的，也是为功能服务的。营造一个高尚的夜场环境，灯光设计起着主要作用，不同夜场体现不同的风格，所以在灯光设计中，风格的把握极其重要，体现经典还是时尚，还是……，在灯光设计和照明配置中要充分得到体现。

4）夜场的灯光设计能充分反映夜场的具体经营内容，灯光的强弱、色彩和变化，都暗示了经营的主要业态，同是夜场，KTV大厅和迪吧大厅在灯光设计中就有着迥然的区别。

（2）灯光设计在夜场中的功能体现

1）灯光设计能充分反映夜场的具体定位，该夜场的客户定位是面向哪种群体？是二十岁左右年轻人还是三四十岁的中年人，是接待商务应酬客户为主还是私人聚会消费为主。

2）灯光设计也暗示了夜场的一种消费导向，如消费档次，如果你进入一个夜场大厅，看到的是五星级标准灯光布置

（如大型进口水晶灯），这有时候往往暗示了一种消费水准。

3）灯光设计要体现夜场不同区域的不同功能，如在包厢里，通过灯光布置可产生多种效果，营造多种氛围。当然，大厅（见图7）、包厢（见图8）和走廊（见图9），由于本身功能的差异，其灯光设计中也存在着较大的差异。

4）灯光设计要能营造私人聚会特有的氛围。所以现在，有的KTV包厢甚至没有传统的主照明，而大量应用了光纤照明和LED照明，强化了辅助照明和装饰照明。

图7　KTV大厅

图8　KTV包厢

图9　KTV走廊

（3）灯光设计在夜场中的风格体现

1）灯光设计中，通过经典的灯饰营造经典的风格，如进口水晶灯和云石灯的运用（见图10～图12）。

图10　包厢中水晶灯

图8　包厢中现代灯

图9　大厅羊皮灯

2）灯光设计中，应用了大量地光纤照明和LED照明，辅之于局部的商业照明和舞台灯光，打造一种高雅时尚的风格（见图13和图14）。

图13　包厢光纤灯

图14　包厢LED灯

3）灯光设计中，以传统灯饰和商业照明为主，局部以经典灯饰点缀，营造一种简约的风格（见图15和图16）。

图15　包厢节能灯

图16　包厢射灯

4）灯光设计中，以商业照明为主，辅之于局部LED灯光的运用，产生一种大众化量贩式的风格（见图17）。

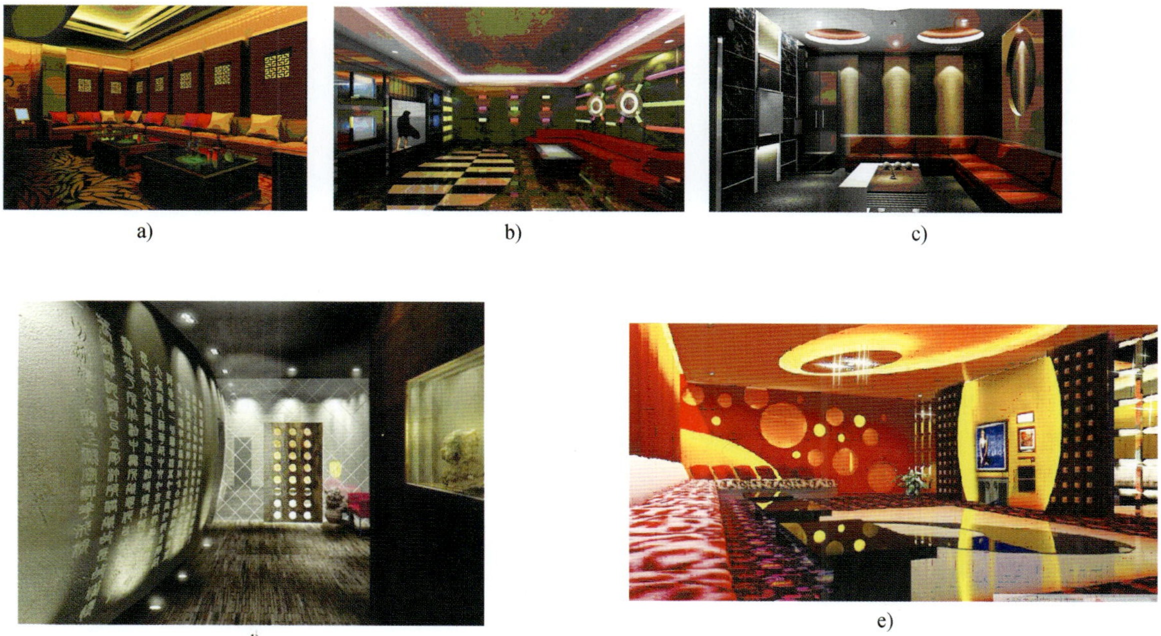

a)　b)　c)　d)　e)

图17　运用LED灯

（4）灯光设计在夜场中的人文体现

1）夜场这种特定的消费场所，灯光设计除要在项目的功能上和整体风格上得到较好的体现外，要同样关注一种人文体现，使人们在这种特定的场所中更舒适、更放松。

2）通过灯光设计，营造一种自由的空间。

3）通过灯光设计，营造一种私密的空间。

4）通过灯光设计，能为消费者提供一种更周全、更方便的服务，如通过灯光控制的一些设置。

5）通过灯光设计，能为消费者产生一种安全的感觉，如公共人员聚集区的灯光布置、消防通道的灯光设计。

（5）夜场灯光设计的基本理念

1）为功能服务。无论如何设计，产生什么风格，为特定场所提供最基本最合理的照明则是最重要的，也是夜场灯光设计最基本的理念。

2）体现档次。夜场作为一种休闲娱乐场所，人们来这儿消费不是满足基本的需求（如工作、餐饮、购物），而更多的是来追求一种享受或者一种商务交往的需要，项目的档次是项目定位的主要因素，所以，在灯光设计中也应该尽可能考虑到这一点。

3）营造风格。风格是一种高尚的体现，是一种和谐的体现，也是有生命力的。灯光设计和整体装潢设计一样，风格的塑造也是夜场灯光设计中的一个重要理念。

2. 大厅的灯光设计

利用色彩、灯光和空间造型把KTV、夜总会门面做得亮丽动人光芒四射，这固然十分重要。但一个特色突出，有浓厚的“娱乐场所味儿”的KTV、夜总会，要想人气旺盛效益可观，其内部设计会更重要。因为娱乐场所夜场，只有定位合理、设计完美、风格彰显，才能经营好。KTV空间应生动、丰富，给人以轻松雅致的感觉，KTV的兴起与红火与整个中国的经济、社会、文化之变化都有着密不可分的关系，KTV的步伐始终跟随着时代。

大厅是迎送客人的礼仪场所，也是KTV、夜总会中最重要的区域，其装修设计风格会给消费者留下极为深刻的印象。大厅应明亮宽敞，无论大门是朝哪个方向，其设计当然还要符合风水的要求，要对客人产生强烈的亲和力，让客人一进大厅就有一种舒适放松的感觉。

下面来探讨一下夜场大厅灯光设计的主要手法。

（1）常规经典的照明手法

1）大型花灯的应用（古典欧式风格）

大型花灯的应用推崇古典欧式风格：经典的欧式风格大厅很多都以花灯为主，根据大厅本身的结构一般有水晶灯、云石灯等（见图18和图19）装这种大型的花灯一定需要此夜场大厅要有开阔的空间，并且在总体装修上风格吻合，如果空间太少，会产生一种压抑的感觉，也体现不出大厅的气派和风格。

图 18　KTV 大厅全铜灯

图 19　KTV 大厅水晶吊灯

2）现代灯饰的应用（现代时尚风格）

现代灯饰的应用来营造现代时尚风格：体现时尚塑造风格，时尚是现代人的追求，能体现风格的时尚才是永恒的（见图 20）。一般现代灯饰不能照搬照抄，需要设计师匠心独运的创意。当然，灯饰材料上的应用也很关键，例如，不锈钢、压克力的运用，更能体现现代的风格。

a)

b)

图 20　KTV 大厅现代灯

3）舞台灯光的应用（多彩梦幻风格）

舞台灯光的应用是追求一种多彩梦幻的风格，把舞台灯光嫁接到夜场大厅中使用也是一种创意（见图 21）。例如立面舞台洗墙灯的应用会产生艳丽的感觉，顶面舞台电脑灯的应用会产生亢奋的感觉，地面舞台三维效果的制作会产生一种梦幻的感觉。

a)

b)

图 21　KTV 大厅舞台灯

4）室外灯饰的应用（原始自然风格）

室外灯饰的应用追求一种原始的自然风格，有的设计师在设计夜场时，会把室外的灯具搬到室内用，这就是一种原始的自然风格，也能够体现创意和新颖（见图 22）。不过不管是哪类灯饰都要与风格相结合，很重要的一点一定要和整体装修相结合。

a)

b)

图 22　KTV 大厅室外灯应用

（2）光纤照明的创新运用

现代夜场灯光设计中，光纤照明由于其光色纯净、艳丽、柔和的特点，与夜场需要营造的氛围相当吻合。近年来，光纤照明在夜场中已得到广泛的应用。

1）大型光纤灯饰的运用

大型光纤灯饰目前在休闲娱乐场所的大厅已开始应用，尤其在一些高档商务会所，它既体现档次又体现时尚（见图 23）。根据大厅的空间，可以用一个大型光纤灯饰或者一组大型光纤灯饰（如 3、5 个），亦可以一大几小形成一组，但在应用中应注意：规格要合适（足够大）、造型要简洁清晰、做工要精致，同时要注意成品保护（尽量人触摸不到）。

a)

b)

c)

图 23　大厅光纤厅

2）光纤仿真瀑布的运用

光纤仿真瀑布是利用光源发生器的闪烁功能，使原有的光纤瀑布产生流动的感觉，一般采用蓝白闪烁（见图 24）。在大厅中的应用，一定要有足够的尺寸，才会形成一种气势，密度（光纤间距）一般在 3mm 左右。

a)

b)

c)

图 24　大厅光纤瀑布

3）光纤立体造型的运用

光纤立体造型和大型光纤灯饰比较，造型更丰富，创意成分更多，往往制作难度也更大（见图 25）。它可以根据现场特有的空间结构创作，也可以将企业 LOGO 形象展示，还可以制作一些吉祥的图腾。

a) b)

图 25 大厅光纤造型

4）多种光纤星空的运用

光纤星空在足够的空间中（尤其是高度）展示也别有一种风味，表现方式也多种多样，随意的满天星、十二星座、流星、星系风暴、各种星系、光纤烟花等多种效果（见图 26）。

a) b) c)

图 26 大厅光纤星空

5）光纤三维镜画的运用

光纤三维镜画本身具有三维立体效果，表现方式新颖，既可用在立面上，也可用在地面上和顶面上（见图 27）。其图案可以是几何点阵、几何图案，也可以结合企业 LOGO 的展示，还可以结合动感效果的展示（如流星的应用）。

图 27 大厅光纤三维镜画

6）光纤照明的装饰运用

光纤和大厅装修本身的结合，和大厅相关饰品的结合，如和不锈钢、水晶、压克力的结合，可产生众多的装饰效果，新颖别致（见图 28）。

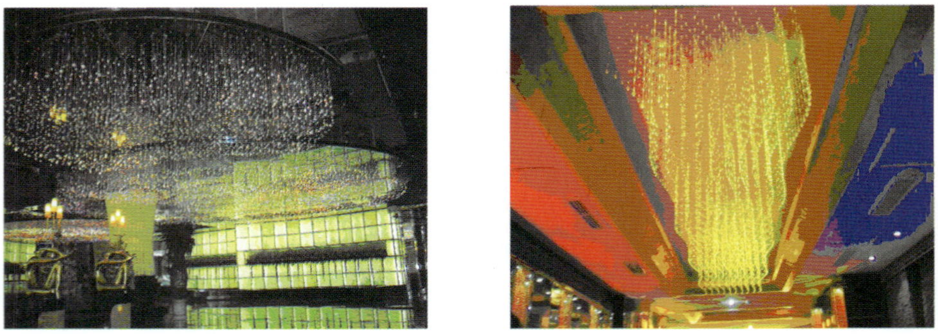

a) b)

图 28 大厅光纤灯饰（加尾件）

（3）LED 照明的创新运用

1）LED 显示屏的运用

LED 全彩显示屏可产生丰富多彩的效果，但造价高，根据实际情况，一般大空间可采用低像素的 LED 显示屏，小面积可考虑高像素的显示屏，以降低总体成本（见图 29）。纯广告性展示还可以采用单色或双色显示屏。

a)

b)

图 29　大厅 LED 显示屏

2）LED 模块的运用

LED 模块的使用在迪吧、酒吧里已很普及，它的优点是造价较低，变化丰富，同时可以很好地结合原有的建筑造型（见图 30）。

图 30　大厅 LED 模块运用

图 31　大厅 LED 灯饰运用

3）LED 灯饰的运用

LED 灯饰品种众多，应用也极其丰富，如 LED 洗墙灯可渲染立面整体效果（见图 31）。其他如 LED 数码管、LED 地埋灯（地砖）、LED 幕墙砖等在夜场大厅中也有广泛的用处。

4）LED 和装饰材料的结合

和光纤一样，LED 和大厅装修本身的结合，和大厅相关饰品的结合，如和不锈钢、水晶、压克力的结合，可产生众多的装饰效果，丰富多彩（见图 32）。

a)

b)

c)

图 32　大厅 LED 照明

3. 走廊的灯光设计

在夜场走廊灯光设计中，常规经典的照明布置，可以采用以下手法：

1）经典灯饰的运用，如小型的水晶灯、云石灯，这在客观上要求走廊的高度足够，一般净高应在 3200mm 以上。

2）现代灯的运用，如铁丝灯、布艺灯、藤艺灯。还有定制的灯具，如不锈钢、压克力质材的，它一般同样需要足够的净空高度。

3）舞台灯的运用，一般采用泛光和柔光。

4）室外灯饰的运用，如投光灯、地埋灯。

在夜场中，更多的是选择光纤照明和 LED 照明，下面针对走廊不同部位来做进一步的探讨。

（1）走廊顶部的照明设计

娱乐场所走廊的顶部有以下几种做法：

1）光纤随意垂吊做某些造型，也可以做成高低落差，但整体上要流畅，有连贯性（见图 33）。

a)　b)　c)

图 33　走廊光纤随意垂吊

2）光纤造型的运用，有时可适当地用水晶、压克力、玻璃作为尾件配合使用（见图 34）。

a)　b)　c)

图 34　走廊光纤造型（带尾件）

3）光纤灯饰的运用，如间断性地布置光纤立体球、光纤螺旋灯等（见图 35）。

a)　b)

图 35　走廊光纤灯饰

图 36　走廊光纤三维镜

4）顶面上布置光纤三维镜，产生一种空旷纵深的感觉（见图 36）。当然，也可以结合立面一起使用，产生一种时光隧道的感觉。

5）在走廊的顶部采用光纤星空是一种更广泛的用法，它同样可以在喷绘的顶面或者软膜的顶面上使用（见图 37），应用中可结合星空的各种效果，但布点应疏密有致，要有一种随意的感觉，如果照度不够，还可以间隔布置一些常规光源，如筒灯、射灯。如果配上一些水晶件制作的射灯，顶面产生一些光芒或光斑，那效果就更精致了。

a)　b)

图 37　走廊光纤星空

除光纤照明以外，LED 照明也广泛应用于夜场走廊的顶部的照明，其在常规照明手法上，可采用：

1）顶部主照明结合光晕配合使用（见图 38）。

a)　b)　c)

图 38　走廊顶部照明

2）顶部采用仿云石板内透光处理（见图 39）。

a)　b)

图 39　走廊顶部内透光照明

3）顶面两侧暗槽中布置 LED 灯光或射灯等，向中间打光，根据光源布置位置的变化，可产生多种效果（见图 40）。

a)　b)

图 40　走廊暗槽式照明

4）有些走廊顶面未作吊顶处理，可配置一些现代灯饰造型，如保持原有的建筑管道，用铁丝造型灯相结合，产生一种现代感和金属感（见图41）。

a) b)

图41 走廊顶面照明

（2）走廊立面的照明设计

夜场走廊的立面的灯光设计主要有以下手法：

1）立面是软包或硬包产生几何形状的，可在接合处（点）布置LED或光纤发光点（见图42）。

图42 走廊立面照明

2）立面中结合装修镶嵌水晶条（或定制压克力），水晶条内部或侧面布置LED，产生内透光效果，也可设置七彩变色等多种效果（见图43）。

a) b)

图43 走廊立面内透光照明

3）立面采用艺术玻璃或造型玻璃，玻璃侧面或玻璃内部布置光源，产生朦胧的艺术效果（见图44）。

4）采用 LED 或卤素灯上下交错对打，使立面产生丰富的效果，也可采用线槽灯将立面进行整体灯光渲染，产生浓烈的光色效果（见图 45）。

图 44 走廊玻璃内透光照明

图 45 走廊线槽灯照明

5）将光纤星空和光纤三维镜效果应用在夜场走廊立面上（见图 46）。

a) b)

图 46 走廊光纤三维镜照明

（3）走廊地面的照明设计

因施工难度和投资造价原因，夜场走廊地面的灯光设计一般做弱化处理，有时可采用简单的处理，如在地脚线位置安置数码管，产生流水、追逐等多种效果，也可借鉴舞台灯光，部分地面镶嵌玻璃或有机玻璃，内置光源，在地面上产生舞台效果（见图 47）。

a) b)

图 47 走廊地面照明

4. 包厢的灯光设计

包厢是休闲娱乐场所的一个重要区域，它是客人休憩和消费的主要场所，也是夜场经营收入的主要来源，尤其在 KTV 夜总会等场所。它不同于大厅和走廊，人们往往只有片刻的停留，所以在包厢灯光设计中，更加要注重：宾客消费中各种功能的满足；创造舒适宽松的环境和打造现代时尚的风格。

（1）包厢灯光设计的理念

1）提供包厢基本的照度需求，通过不同层面的灯光布置，提供不同区域不同时段的照明需要。客人刚进入包厢和客人正常练歌的时候照明的需求是有区别的。

2）通过灯光设计，提供给客人一个宽松而温馨的休憩场所。

3）灯光设计和本身装修设计有机结合，打造一个现代时尚的氛围。

4）通过灯光科学合理的布置，提供给客人一个私密的交际场所。

5）通过合理方便的灯光控制，给客人提供一种贵族化和人性化的服务。

6）体现档次，引导消费。

（2）包厢灯光设计的主要手法

1）经典灯饰的运用：如采用现代简洁的水晶灯作为包厢的主照明（见图48）。

a)

b)

图48 包厢主照明

2）商业照明的运用：除传统的筒灯、射灯以外，在夜场包厢中常常配置选美灯（豆胆灯）作为包厢的主光源（见图49～图51）。

图49 包厢射灯照明

图50 包厢筒灯照明

图51 包厢吊灯照明

3）现代灯饰的运用：如采用现代风格的铁丝灯、布艺灯、藤艺灯作为主照明或者辅助照明，和原有装修得到有机结合，有时也会产生一种别样的景致（见图52）。

a)

b)

图52 包厢现代灯饰照明

4）舞台灯光的运用：在包厢中可嫁接舞台灯光，如在夜场包厢中配置频闪灯、迷你星月灯、电脑灯、激光灯等，可营造一种浓烈的灯光氛围（见图 53）。

a)　　b)

图 53　包厢舞台灯光照明

5）LED 照明品种丰富，可产生多种效果，本身节电环保，所以在夜场包厢的灯光设计中已得到了广泛的运用，尤其是在包厢立面上的应用（见图 54）。

a)　　b)

图 54　包厢 LED 照明

6）光纤灯饰作为一种新兴的照明方式，光色柔和艳丽，目前在夜场中的运用越来越普及，当然包厢的灯光设计也不例外（见图 55）。

a)　　b)　　c)

图 55　包厢光纤照明

下面针对不同规格不同档次的包厢，阐述一下不同包厢的灯光设计：

（1）普通包厢的灯光设计

普通包厢，我们可以根据照明的主要方式来考虑灯光的设置。一般地，室内照明方式分为主照明、辅助照明和装饰照明，主照明提供基本照明和重点区域照明，辅助照明提供背景照明和辅助区域的照明或者强化局部区域的照明，而装饰照明一般用于营造环境烘托气氛或者用于塑造局部亮点，它本质上并不是用来满足照明需求的，它更多的是用来美化而不是亮化。

1）主照明：传统夜场的主照明一般采用吊灯、顶灯，或者筒灯，能满足包厢主照明的基本需求，但形式上过于单调呆板，现在夜场包厢，往往采用选美灯（豆胆灯）和射灯，有时也会采用光纤和 LED 灯饰作为主灯，形式多样，表现丰富（见图 56）。

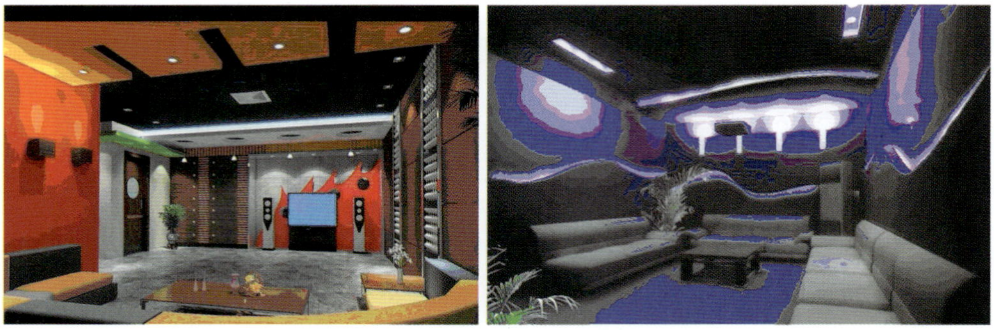

a)　　b)

图 56　包厢主照明

2）辅助照明：夜场包厢的辅助照明，一般地，可采用顶面暗藏光源产生光晕效果；在立面上配置壁灯，局部区域采用内透光照明（见图 57）。现代灯光设计中，可以创新地利用光纤照明和 LED 照明来体现辅助照明。如顶面上布置光纤垂吊、光纤造型；在立面上布置光纤三维镜；在立面软包（硬包）上配置水晶、玻璃和压克力，而将光纤或者 LED 作为内藏光源，产生绚丽多致的光色效果。

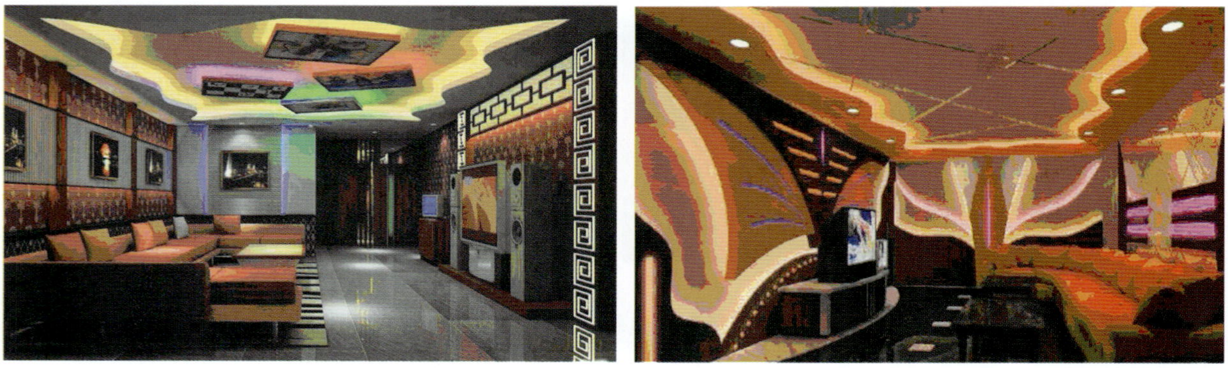

a)　　b)

图 57　包厢辅助照明

3）装饰照明：装饰照明往往起到一个点缀的效果，如包厢内茶几的内藏光处理；用 LED 或者光纤制作电视背景墙；在顶面上布置光纤星空，等等（见图 58）。

a)　　b)　　c)

图 58　包厢装饰照明

（2）豪华包厢的灯光设计

豪华包厢和普通包厢比较，它的面积更大，相关的配置更齐全，如有单独的卫生间，在灯光设计中，要注重以下几个方面：

1）包厢的灯光配置更合理，豪华包厢往往面积更大，在灯光设计中，有时可以分区考虑，根据不同区域的功能要求来设置灯光（见图 59）。

a)

b)

图 59　豪华包厢照明

2）强化包厢的辅助照明，辅助照明往往既提供照明又营造气氛，如在包厢中，适当配置一些小型的光纤灯饰；在局部区域配置射灯；地面和顶面产生一些灯光变化，等等（见图 60）。

a)

b)

图 60　包厢辅助照明

3）包厢的一些设置（如卫生间）进行合理的灯光配置：卫生间是一个辅助场所，但有时恰恰在辅助区域或者在细节上的处理，更能体现一个场所的档次和设计水准，如卫生间顶部灯光配置，可抛弃传统手法布置一个筒灯而已，还有传统的镜前灯也可以创新，还比如洗手盆内可内置 LED 产生雅致的光色效果（见图 61）。

图 61　包厢卫生间照明

（3）VIP 包厢的灯光设计

VIP 包厢（或总统包房）和普通包厢比较，面积更宽敞，设施更齐全，装修更豪华，服务更全面。同样对灯光设计提出了更高的要求。

1）VIP 包厢基本照明的配置：夜场 VIP 包厢的灯光一般体现在顶面和立面上，而 VIP 包厢往往有多个区域，甚至房套房，在灯光布置中可分区考虑，创造或静或动，或雅或艳的灯光环境，但不管这么样，照明为功能服务是灯光设计的基本理念（见图 62）。

2）VIP 包厢内相关设施的灯光配置：有时细节往往能体现档次，体现一种设计水准，体现一种人性化的服务（见图 63）。如更衣柜内设置感应灯光；洽谈区内配置温馨柔和的光色环境；舞池内配置丰富的照明环境。

3）VIP 包厢内舞池的灯光设计：一般夜场 VIP 包厢往往设置了舞池区域，这也是灯光要重点渲染的地方（见图 64）。设计中要遵循以下的基本原则：舞池内可配置专业舞台灯光，但不可过多过滥；舞池区域内可通过背景灯光内透光（如舞台下方布置 LED 灯光）来营造气氛；舞池区域的灯光配置尽量自成一体，并且对其他区域无太多的干扰。

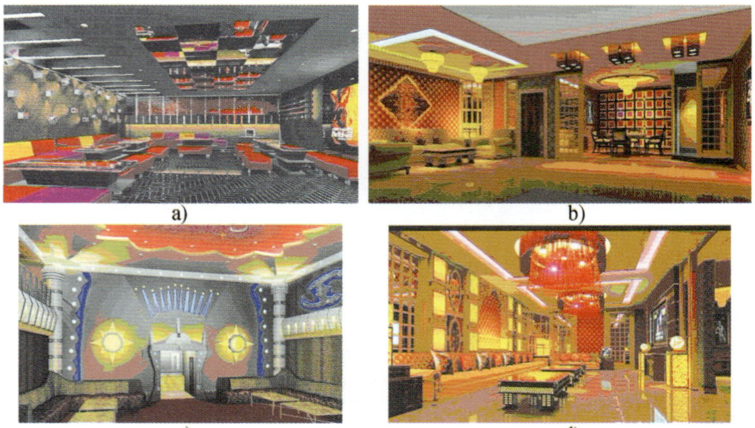

a) b) c) d)

图 62　VIP 包厢主照明

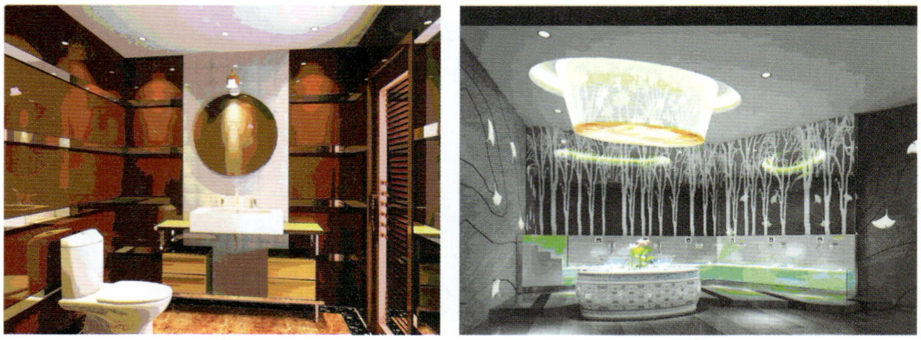

a) b)

图 63　VIP 包厢卫生间照明

a) b) c)

图 64　VIP 包厢舞池照明

5. 夜场灯光设计的误区

随着社会的进步，人们生活水平的不断提高，人们也越来越注重生活的品质，也带动了休闲产业和娱乐行业的蓬勃发展，夜场的业态也越来越丰富，夜场的内容也越来越多彩。夜场灯光设计作为一门新兴行业得到了快速发展，也造就了夜场的灯光设计千姿百态。但我们同时也看到了，在众多的灯光设计中，也存在着不少误区：忽视照明的基本功能，光照过强或过弱，产生了不科学、不合理的灯光分布；过于追求花俏和华丽，缺乏和谐的光色环境；灯饰配置过于杂乱，照明方式过于复杂，缺乏整体统一风格；细节处理粗糙，灯光设置缺乏人性化考虑。针对夜场灯光设计的主要误区，下面来作进一步的探讨。

（1）照度问题

照度是指单位面积内入射的光通量，也就是光通量除以面积所得到的值。单位为勒克斯（lx）。照度分为水平照度和垂直照度。水平照度为光通量入射水平面的照度，垂直照度为光通量入射到垂直面的照度。我们国家目前对于休闲娱乐场所的照度要求整体上尚没有明确的标准和规范，在行业上和地区内曾出台了一些照明规范，如文化部行业标准（WH0201—1994）中的歌舞厅照明及灯光污染限定标准，上海市《室外景观亮化规范》，但在夜场中设置科学合理的照度标准是灯光设计最基本的要求和最重要的指标。

夜场灯光设计的照度要求应根据不同区域的功能要求来设置，一般可以有四个层面：

1）大厅或入口区域应达到足够的照度，适中距离间（5~10m）人与人能清晰地辨别对方，同时应配置显色性好的光源（显色指数不小于80）用于照明，并尽可能避免眩光的产生。

2）走廊及辅助区域的光照要求，应在近距离间（5m之内）人与人能清晰辨别对方，光色上没有特殊的要求，但灯光搭配尽可能和谐并与建筑风格和装修风格相一致。

3）包厢内的照度要求总体上可分为两个层面，灯光全部开启时，应保持足够亮度，正常娱乐时可关闭主光源或开启部分光源，营造一种朦胧温馨的光色环境。

4）其他区域，如消防逃生通道应严格按照消防要求保持足够照度配置相关专业消防照明，如楼梯处等应设置指示照明（或警示照明），在卫生间等辅助区域应保障基本的照明。

（2）功能问题

人们在夜场中消费大致可以分为四类：商务型消费，因商务交往或社会交往需要而产生的消费，如接待客户，商务谈判；娱乐型消费，亲朋好友之间纯娱乐性的消费，如同事间一起在KTV飙歌练歌；情感型消费，因情感交往的需要在特定场所约会或在特定场所寻求感情寄托；刺激型消费，现代社会，生活节奏加快，市场竞争激励，人们的心理压力也随之加大，迫使很多人需要寻找释放宣泄自我情感的场所，现代夜场无疑是个最佳场所，通过音响的刺激、灯光的刺激、酒精的刺激等，来宣泄自我。

现代夜场业态多种多样，行业竞争也越来越激烈，要经营好一个夜场，最根本的就是一个合理的定位，主要一点就是正确设定自己的目标消费群体，以哪类消费为主，兼顾哪几类消费，在这基础上，也就形成了总体的装修风格和档次，也就明确了灯光设计的总体要求。

具体的灯光设计，在满足总体定位和风格的基础上，如何来满足夜场各个区域产生的功能需求，来满足宾客在夜场消费引起各种功能的灯光要求。通过灯光设置来符合各种功能要求，在什么区域打造雅的环境，在什么区域打造艳的环境，又在什么区域营造静的氛围，在什么区域营造动的氛围。在局部区域，需要注重细节来整合灯光，进而在较高的层面上去满足各种功能需求。

（3）控制问题

灯光设计除了满足科学的照度要求，满足宾客消费的各种功能要求外，如何更好地体现一种人性化的服务、一种贵族化的服务，这对于高档娱乐场所同样是必不可少的。在夜场灯光设计中，对于灯光控制问题同样需要引起重视。

灯光控制主要包括：

1）功能化控制，如在包厢内通过简单的开关控制可以产生两种完全不同的风格和不同光色环境，由于光纤照明和LED照明的深入应用，在照明技术上现在完全可以做到这一点。当然，根据不同区域的功能要求来设置灯光控制是最基本的。

2）人性化控制，如KTV包厢门开启时，进门区域的射灯自动点亮，衣柜门开启时通过感应设备自动点亮。其他，在很多细节上都可以去琢磨，这同样也是一个场所经营档次的体现。

其他专业的灯光控制也很重要，如DJ台、表演台、舞池区域等，还有灯光强弱变化的控制、灯光色彩变化的控制，同样会给我们带来一个合理的光照环境、一个舒适温馨的光色氛围。

（4）风格问题

现代夜场整体的装修风格可以大致分为四类，专业灯光设计也必须和不同风格相吻合：

1）经典型。追求一种古典欧式风格，空间开阔，装修豪华，色彩上多以高贵富丽的金黄色调为主，在灯光的配置上一般也多以暖色调相配合，很多高尚商务会所高档夜总会都会采用这种风格。具体在灯光设计上，有时会选择一些经典高档的灯具，如豪华水晶灯、进口云石灯。当然开阔的空间也给设计和创意创造了足够的空间，如可以配置大型光纤灯饰（造型）。

2）时尚型。尽管流行和时尚都有一定的生命周期，但现代市场竞争激烈导致娱乐场所装修周期越来越短，也使得很多主流娱乐场所去追求一种时尚的风格，尤其是迪吧、慢摇吧、演艺吧等。在这类夜场的灯光设计中，可以用光纤照明和LED照明作为主体照明，少量选用一些商业照明作为补充，风格上追求一种现代和时尚。

3）简约型。一般借鉴现代欧美风格，风格现代，装修简洁，空间紧凑，这类夜场的灯光设计，主导灯具需要追求一种现代感去和整体风格相和谐，灯具质材上的现代感，照明方式上的现代感等。在灯具配置上，一般应以光纤照明、LED照明和现代灯饰合理搭配使用，风格上要追求一种简洁。

4）大众型。经营定位以面向大众消费为主，装修简单，整体色彩平和。在灯光设计中主要注重两个方面：其一，满足各个区域的功能需求，其二，灯光配置追求一个合理的、较高的性价比，很多量贩式练歌城一般都属于这类。

照明既是一门应用技术，又是一门科学，对照明设计的美学把握，就往往能体现一个作品的档次和深度。灯光设计同样，它既是一门技术，更是一门艺术，追求科学和合理，追求和谐和氛围，是现代专业灯光设计的主题。

在现代休闲娱乐场所照明设计的美学要求：首先灯光是和谐的，不管动态还是静态，产生一种格调，体现一种风格。其次，灯光的设计应该符合场所的各种功能要求。再次，在现代休闲娱乐场所，灯光的设计尽可能添加新的元素，灯光的布置尽可能有所创新和突破。

昆明市政府与法国城市照明管理集团

（合作开展新的城市照明管理模式法国城市照明管理北京办事处）

城市公共照明是重要的市政基础设施之一，对于提升城市形象，保障市民出行安全，促进旅游发展，繁荣地方经济起到一定的推动作用，作为直接管理的政府部门，对其科学规划，建立整体发展策略有着义不容辞的责任。特别是国家提倡加快建设节约型社会以来，节能降耗已成为全社会关注的焦点，因此也是各级政府的共识。

为了进一步达到节约能源及完善功能服务的要求，昆明市决定把耗电巨大且对市民出行安全、城市经济发展起到至关重要作用的城市公共照明节能作为一个重要的突破口。

经过认真比对和详细论证，昆明市政府于2008年11月与法国城市照明管理集团签订了为期15年的昆明市公共照明综合管理合同，希望利用该集团先进的控制技术和管理模式，对昆明市的公共照明系统进行科学化的管理养护，在提高照明质量的基础上实现节能。

在昆明市政府编制的2006～2010年专项规划的基础上法国城市照明管理集团协助对昆明市城市公共照明整体规划作进一步的修整和完善。

法国城市照明管理集团做出以下承诺：

1）保证节电35%或高于此比例。

2）保证亮灯率98%或高于此比例。

3）保证全年无休昼夜监控服务。

4）保证合同结束后将所有技术设备无偿转交予昆明市政府。

根据合同规定，法国城市照明管理集团在当地成立了西铁路明（昆明）照明管理有限公司，接收了昆明市原路灯处的89名工作人员，并保证其公务员身份不变，工资依旧由政府支付。昆明分公司现有员工122人，下设财务部、行政部、项目部、系统技术部、监察与劳动保障部和运营部。

法国城市照明管理集团投资6500万元，在昆明市现有的约40000个高压钠灯照明点上安装LUXICOM单灯远程监控管理模块，运用该系统和PACKWEB信息化养护管理系统，对昆明市现有的约58000个照明点进行管理养护。法国城市照明管理集团在合同中承诺最低节电35%。昆明市政府在合同期内，将节约电费的80%支付给西铁路明（昆明）照明管理有限公司用以返还其投资。

昆明分公司于2009年1月为彩云路上的92盏路灯安装了LUXICOM单灯远程监控管理模块，并进行了测试。云南省能源利用监测中心于2009年4月29日23时至次日凌晨4时30分进行了检测，并于2009年5月15日出具了报告。报告显示：节电36.74%，均匀度提高6.05%，照度标准高于建设部颁布的《城市道路照明设计标准》。

测试通过后，西铁路明（昆明）照明管理有限公司已于2009年6月1日开始对昆明市的照明点全面安装LUXICOM单灯远程监控管理模块。预计2009年将完成对全部40000个照明点的模块安装工作以及对超过58000个照明点的清查统计，进行18000次日常养护工作并更换超过20000个备件。目前昆明市主城区共有路灯近58000盏，总功率约12000kW，如果按照年亮灯时间4232h计算，昆明市公共照明的年耗电量约5000万kW·h。以0.483元/kW·h的电价计算，昆明市公共照明每年需耗资约2415万元。根据昆明公共照明现有设施及电费标准，改造完成后每年将节约电费860万元。

另外，1999年以来，昆明市先后出台和编制了《城市道路照明设施管理办法》、《昆明市灯光夜景设置管理规定》、《昆明市城市照明专项规划》，明确提出了从2006年到2010年城市照明的发展方向和总体目标。按照突出重点、兼顾一般的原则，确定昆明城市照明的布局结构为“一心、两环、两线、三点”。以城市主中心、副中心、骨架线路、重点片区和重要城市节点为重点亮化区，一般干道、地区和节点为衬景，达到重点突出、风格协调、特色鲜明的效果。

为配合完善城管局制定的夜景照明发展方向和总体规划，法国城市照明管理集团多次委派国际知名的景观照明设计和城市照明整体规划专家前往昆明进行考察调研。目前正在对以南屏步行街和东风广场为代表的重点景观区域进行区域性的规划和设计。对于历史区域，尽量保持其原有风貌；对于商业区域，在满足其功能性照明的基础上，对景观进行强调和美化。

建筑色彩的照明观测条件实验研究

杨春宇　陈永敢
（重庆大学建筑城规学院）

1. 引言

从1990年开始，北京规划委员会对新建的规划小区明确提出了进行色彩规划的要求[1]，自此，城市建筑色彩在国内得到了广泛的关注。北京、上海、哈尔滨、深圳、武汉、成都、重庆等城市都陆续开展了城市建筑色彩研究[2][3]。城市色彩景观规划设计、历史建筑的保护和复原，以及单体建筑色彩设计都对建筑色彩的照明观测条件和方法提出了更高的要求，在实际操作中更精确地测量和标注各种建筑色彩样品，从而更科学地定位颜色，减少偏差，显得越来越为重要。

建筑色彩不同于纺织和印染色彩，它也不同于建筑材料本身的固有色，它有着大尺度、空间色、复杂的室外光环境等自身的特殊性。目前的色度学理论和相关的国家标准（如GB/T3979物体色测量方法、GB/T15608中国颜色体系等）虽然对物体颜色测量和标注有了较为详细的研究成果，但其实验条件往往比较严格，也只能在实验室才能实现，对于实际复杂条件下建筑色彩的定量研究缺乏指导意义。因此，需要对适合于建筑色彩的照明观测条件进行深入研究。

2. 实验

建筑色彩取决于建筑外观饰面材料的色彩，现代城市建筑饰面材料种类繁多，但可基本分为镜面光泽度比较大的釉面砖、花岗石、铝塑板和亚光型的水泥砂浆抹面及涂料类饰面材料两大类（目前建筑外立面趋于淘汰抛光型釉面砖，只能使用亚光型面砖）。后者可近似认为是属于漫反射材料范畴。前者在一般情况下，对光的反射与漫反射和规则反射差别较大，属于规则反射和漫反射都有的混合反射范畴[4]。我们在对目前重庆建筑主流外饰面材料调研统计的基础上选择面砖、涂料和铝塑板作为样品材料，其中涂料选用水溶性外墙涂料，墙面砖选用釉面砖和亚光型釉面砖两种。本文实验分为实验室与室外光环境测量两个部分，实验室采用光谱反射率函数测色方法，室外部分分别在不同观测距离和受光条件下进行，并使用CIEDE2000色差公式计算两部分差异，进而研究实际照明观测条件对建筑色彩定量测量的影响。

（1）测量条件与测量方法

1）光源与受光条件

建筑色彩的观测结果受光源色亮度与色温的直接影响，同一材料样品在不同的光源或照明体的照明下呈现不同的颜色，在对物体色进行测量和标定时必须选定合适的光源类型。

①自然光源的选择：受复杂气候条件影响下的自然光源比较复杂，不同天气下的天空会呈现出不同色温（见表1），即使在同一天内，其亮度和色温时刻也都在不断的变化之中。本文的研究选择以全晴天空和全阴天空为观测研究条件。从色度测量的实践考虑，这些参考天空用下列天气条件下的实际天空表示：在全晴的天气条件下，采用CIE标准全晴天空；在全阴的天气条件下，采用CIE标准全阴天空，其具体色温和照度值由现场测量[5]。

②实验室标准光源的选择：由于标准照明体D与实际日光具有较相近的相对光谱功率分布，并且比标准照明体B和C更符合实际日光的色品坐标，CIE优先推荐采用标准照明体D65。为此，选择标准D65和D50照明体进行建筑材料的颜色测量，使其与室外自然光条件下（全晴天空和全阴天空）的测量结果更具有可比性。

表1 常见天然光色温[7]

天然光源	色温/K
晴朗的北方天空	10000 以上
阴天	6800 ~ 7500
薄云遮日	7000 ~ 9000
白天直射日光	5000 ~ 5500
45°斜射日光	4800
日出、日落时刻	2000 ~ 3000
日出后日落前 1h	3000 ~ 4500

受光条件也是影响建筑色彩的一个因素，同一建筑在不同时间的东南西北方向四个垂直照度是不相同的，如重庆地区，当太阳高度角为 10°时东南西北立面照度为 811 ~ 786lx；当太阳高度角为 80°时，东南西北立面照度为 10128 ~ 10112lx[6]，相差十几倍，直接影响城市色彩。本文的研究将受光条件分为受光、背光和阴影下三种条件，确定不同受光条件下建筑色彩观测的影响。

2）照明/观测条件和观测距离

我们所测的建筑色彩样品不是完全漫反射体，因而在不同的照明和观测条件下，物体表面的光谱反射率因数也是不同的。为了提高测量精度和统一测量方法，根据 CIE 推荐的四种用于反射样品测量的标准照明与观察几何条件，我们选择 0/45°、45°/0 作为建筑色彩测量的照明观测条件。

按照《城市设计学》和《城市色彩景观规划设计》中对建筑场的定义，对于建筑色彩观测来说，既要记录建筑饰面材料色彩信息，又要把握建筑色彩的整体形象和与环境的关系，所以，“强场”（30m 以内）和“均衡场”（30 ~ 300m）的距离应该是较为适当的参考距离，在更远距离时，由于大气透明度和人眼视觉机制等原因，色彩彩度会降低，但按照色彩调和理论，此时色彩之间应更能取得调和[2]。根据上述的分析，本文以“强场”和“均衡场”为参考，选定了 1m、30m 和 100m 作为观测距离。

3）视场和 CIE 标准色度系统

颜色的物理测量和表示，在 1° ~ 4°视场时，应采用 XYZ 色度学系统（CIE1931 标准色度学系统）；在大于 4°视场时，应采用 X10Y10Z10 色度学系统（CIE1964 补充标准色度学系统）。采用 2°视场即中央视觉观测条件的 CIE1931 标准色度学系统，主要用于观察小面积的物体色，在目前的纺织、印染、涂料、陶瓷等行业中也应用得最为普遍。但考虑到建筑色彩观察面积较大的特殊性，同时采用了 10°视场的 CIE1964 补充标准色度学系统作为参考数据。

4）测量仪器和标注方式

本文采用的仪器是 PR650 光谱扫描式亮度色度计及其附件（RS - 2 反射标准白板），波长间隔 $\Delta\lambda = 5$nm 进行测量，所得到的反射光谱数据能在任何光源下预知颜色的行为，而且可以被转换为任何其他颜色模型（如 RGB、CMYK、$L^*a^*b^*$、$L^*u^*v^*$、L^*C^*H 以及其他）。

另外，为了统一颜色表达方式，我们采用国际上有代表性的 1976CIE$L^*a^*b^*$ 和 CIEDE2000 色差公式表示结果和评价色差。

（2）实验内容及其讨论

1）实验室照明观测条件影响实验

建筑饰面材料不是完全意义上的均匀漫反射体，在对建筑物外观色彩进行观测的时候，会因光的入射方向和本身材料特性的不同而有所区别，而且对于相同入射角的光线，在不同的观测方向上所得到的亮度值和色度值也会有所差异。

本实验在 CIE 推荐的标准照明/观测条件下（本实验采用 45°/0、0/45°两种条件为例），测量得到色样反射光谱数据，配合使用标准白板，通过色度计算出色样在不同 CIE 标准光源 D65、D50、A 和不同条件视场 2°、10°条件下的色度数据，分析比较光源（色温）和视场角度对色样色度值的影响程度（见表 2 ~ 表 4）。

表2 不同照明观测条件（45°/0 与 0/45°）下的色差比较

参 数	ΔL	Δa	Δb	ΔE
平均值	0.72	0.22	0.60	0.74
最大值	4.28	2.01	2.85	2.72
最小值	0.04	0.05	0.16	0.13
标准偏差	0.47	0.18	0.31	0.43

注：表中数据均为在 D65 标准照明体、10°视场下的计算结果；表中数据均为绝对值。

表3　不同标准光源（D50、A）与D65条件下的色差比较

参数	D50（CCT：5003K）				A（CCT：2856K）			
	ΔL	Δa	Δb	ΔE	ΔL	Δa	Δb	ΔE
平均值	0.55	3.50	13.24	7.91	2.33	21.16	46.88	25.99
最大值	2.18	6.40	18.41	14.42	8.92	31.25	65.18	37.33
最小值	0.00	0.43	5.60	3.08	0.01	5.09	19.11	9.30
标准偏差	0.42	1.37	3.69	3.58	1.75	6.75	12.94	8.79

注：表中数据均为在10°视场、0/45°标准照明/观测条件下的计算结果；表中数据均为绝对值。

表4　不同视场（2°和10°）条件下的色差比较

参数	ΔL	Δa	Δb	ΔE
平均值	0.68	2.86	1.37	2.01
最大值	2.58	9.47	5.38	3.49
最小值	0.02	0.27	0.15	0.63
标准偏差	0.45	2.19	0.85	1.33

注：表中数据均为在D65标准照明体、0/45°标准照明/观测条件下的计算结果。

由表2中数据可以看出，45°/0、0/45°两种标准照明/观测条件的测量结果，Lab值偏差和总色差ΔE均很小，数据一致性很好，总色差ΔE的平均值小于1，同时也小于中国颜色体系样册有彩色系的最小色差宽容值（$\Delta E = 1.5$）。因此，我们认为可以忽略其偏差影响。表3中的色差数据表明，D50与D65色温差相对较小（1701K），色样的Lab值偏差和总色差ΔE相对较小，而A光源与D65光源色温差较大（3848K），Lab值偏差和总色差ΔE较大。结合光源的染色性理论分析，我们可以得到这样的结果：较大的色温差异带来了较大的色彩偏差，因此，在色彩测量和评价中必须考虑光源对色样色度值的影响，而且应尽量使用CIE推荐的D系列标准照明光源。从不同视场之间表4中的色差数据可以看出，Lab值偏差和总色差ΔE均较小，数据一致性较好。中国建筑色卡样片与其标准值的色差宽容$\Delta E < 3$，表中总色差ΔE的平均值为2.01，在其要求范围之内。因此，表4中的数据说明了2°和10°不同的视场对色彩的测量和评价有一定的影响，但对于建筑色彩来说，也可以忽略其偏差影响。

表5　室外不同观测距离时的色差比较（晴天受光条件数据）

参数	30m与1m色差				100m与1m色差			
	ΔE	ΔL^*	ΔC^*	ΔH^*	ΔE	ΔL^*	ΔC^*	ΔH^*
最大值	1.69	1.69	1.00	2.95	4.39	3.56	0.63	1.68
最小值	0.61	0.61	-1.43	-2.31	0.57	-1.30	-2.31	-2.77
平均值	1.10	1.16	-0.29	-0.03	1.94	1.35	-0.71	-0.61
标准偏差	0.34	0.36	0.91	1.61	1.27	1.76	1.00	1.66

表6　不同受光条件下的色度数据与色度标准值的色差比较

色度＼受光条件		晴天			阴天
		受光	背光	阴影下	
标准白板色温/K		5202	5624	5716	6877
ΔE^*	最大值	10.69	7.81	6.44	4.25
	最小值	1.52	1.98	1.98	1.53
	平均值	5.87	4.49	4.03	2.84
	标准偏差	2.89	1.61	1.32	1.30

2）观测条件对建筑色彩测量的影响实验

通过控制实验条件，在自然光线条件下对同一色彩样品在远中近三种距离、受光、背光、阴影下等各种情况时分别进行观测，通过实验结果数据分析其测量距离和受光条件对建筑色彩测量的影响（见表5），另选择全阴天空时再次进行观测，然后将两种天空条件下的数据进行比较，分析光气候条件对建筑色彩测量的影响（见表6）。

本实验选择的是大气透明度较好的天气，而且是在观测距离相对较小的条件进行的测量，从表5可以看出，在这种条件的观测结果差异是比较小的。

另外，由不同受光条件下的样品色度数据比较也可看出，在阴天条件下测量的色度数据与标准光源D65标定值色差最小，其色差平均值ΔE小于建筑色卡样片与其标准值的色差宽容要求（$\Delta E<3$），数据的稳定性也最好（标准偏差最小）；晴天的色度数据相比之下偏差较大，但总的来说，其色差值仍在3个建筑色卡样品色差宽容度之内（$\Delta E<9$），色度数据的稳定性也较好（标准偏差值<3），其中以阴影下的测量数据相对更接近色度标准值。

3. 小结

1）本研究初步讨论了适合于建筑外观色彩测量的照明观测条件与观测方法问题。该研究对实际的城市建筑色彩的测量与标定等定量工作有着积极的指导意义。

2）建筑色彩的测量适宜在能见度较好天气条件下，300m以内（强场和均衡场）、10°视场（2°视场亦可）进行讨论，在实验室测量建筑材料表面色彩时应该采用CIE推荐的D系列标准照明光源和标准照明观测条件下进行。

3）实验研究表明：大气能见度较好条件下，强场和均衡场的建筑色彩测量结果差异较小，不同受光条件时，阴天条件下测量的色度数据与标准光源D65标定值色差最小，阴影下其次，晴天的色度数据相比之下偏差较大，但色差范围仍在3个建筑色卡样品色差宽容度之内。

参考文献

[1] 焦燕．建筑外观色彩的表现与设计［M］．北京：机械工业出版社，2002.

[2] 尹思谨．城市色彩景观规划设计［M］．南京：东南大学出版社，2004.4.

[3] 杨春宇，陈仲林，黄彦．建筑立面泛光照明亮度主观量因素评价指标［J］．照明工程学报，2005（6）.

[4] 陈仲林，奚于成．天空亮度分布研究［J］．重庆建筑工程学院学报，1993（6）.

[5] 张青文．重庆地区的天然光和日辐射观测站［J］．重庆建筑工程学院学报，1994.

[6] 何国兴．颜色科学［M］．南京：东南大学出版社，2004.2.

高速公路隧道照明节能研究

陈仲林

（重庆大学建筑城规学院）

采用公路隧道的优点是缩短里程、提高交通运输效率、节省用地和有效保护生态环境等。随着我国经济水平提高，公路建设的发展，在重庆市，由于地形地貌的特点，公路隧道，尤其是高速公路隧道被广泛采用，隧道照明设施的规模及数量也越来越大，隧道的运营电费和维护费用也越来越高。重庆高速公路发展有限公司对此非常重视，要求结合重庆新建高速公路的实际情况，运用好设计规范[1]，优化设计方案，降低运营成本等。为了达到隧道照明节能的目的，就必须首先来剖析一下隧道照明的特点。

1. 隧道照明

隧道照明的目的是与道路照明相同的，均是给驾驶员提供良好的视觉环境，保障交通安全，提高运输效率等；但是，隧道的两侧和顶部是封闭的，构造比较特殊，会产生隧道特有的人眼明适应和暗适应，尤其是白昼的视觉问题。在白昼，驾驶员进入隧道时会产生视觉问题：刚接近长隧道时，驾驶员看到是一个黑洞，这是“黑洞”现象，如果隧道较短，则会产生“黑框”现象；由于洞外亮度大，进入隧道后，人眼需要适应时间，即产生“适应的滞后现象”；对于长隧道的中间段，汽车废气会形成烟雾，影响驾驶员的可见度；在隧道出口，会产生一个很亮的洞口，形成强烈的眩光，降低驾驶员的可见度，这就是“亮洞”现象，这时会使人只能看到障碍物影子，而对隧道线型、结构、路面状况看不清，距离不能判断等。隧道照明设计必须合理解决好隧道照明特有的视觉问题，以及解决好道路照明和隧道照明中共有的视觉问题，创造出良好的视觉环境。

目前我国和世界上大多数国家均采用照度和亮度标准，而且仅考虑在明视觉条件下2°视野锥状感光细胞作用下的照度或亮度计算值作为照明设计的依据，这不符合道路照明是属于中间视觉这个实际情况；而且在“城市道路照明设计标准”[2]的机动车交通道路照明标准值中，仅分别给出了路面平均亮度、总均匀度、纵向均匀度、眩光限制阈值增量和环境比（车行道外边5m宽的带状区域内的平均水平照度与相邻的5m宽车行道上平均水平照度之比）单个指标值，实际上，人眼的视觉效果是各个指标的综合效果，对于驾驶员来说，前方的障碍是否看得见和看得清楚是一个主要问题。而目前我国即将实施的“城市道路照明设计标准”中的5个评价指标均是影响可见度（表征人眼辨认物体存在或形状的难易程度，在定量上用实际亮度对比为阈限亮度对比的倍数来表示）大小的因素，但它们相互之间存在着内在联系，会产生相互影响。为了使道路照明达到安全、快速和舒适的运行目的，美国国家标准机构和北美照明工程学会在2000年公布了道路照明实施标准 RP-8-00[3]，推荐了小目标物体可见度（STV）标准，采用可见度标准综合考虑了影响道路照明质量多个因素的整体效果，因而与驾驶员实际运行情况更接近，所以这是一个提高机动交通道路安全和快速的新颖道路照明设计方法，它是保证驾驶员发现前方障碍物具有足够的反应时间，从而能采取措施，保证安全，因此，CIE（国际照明委员会）号召各国对机动交通道路照明可见度设计进行探索和试用。目前我国现行的《城市道路照明设计标准》（CJJ45—2006）和《公路隧道通风照明设计规范》（JTJ026.1—1999）中均未考虑道路和隧道照明光源的光谱功率分布对驾驶员的视觉功效的影响，即均未考虑光色对反应时间的影响。

总之，在我国现行的隧道和道路照明标准中，均是以1924年CIE推荐的在2°视野内由闪烁法于非彩色光条件下，锥状感光细胞在明视觉时的光度学系统进行计算的，这没有考虑白天时隧道照明的暗适应和明适应问题，以及没有考虑晚上时道路照明的中间视觉问题，这与实际情况不符合。因此，相应的标准值是不利于照明节能的。

2. 隧道照明节能

影响隧道照明的因素有长度、线型、内饰、路面种类、设计时速、交通量、汽车种类、有无人行道和连接道路的结构等，同时还要考虑光源、灯具、光色、排列、照明水平、洞外亮度和人眼适应状态[4][5]等，隧道照明设计就是要解决好这一系列问题，所以隧道照明节能也是一个系统工程。隧道照明节能包含照明设计节能和管理节能等方面，其中照明设计节能是最重要的节能措施，它包括采用新颖的、可靠的设计理念和合理的标准值，以及采用高效光源、高效灯具、增大光反射系数和照明控制节能等。

（1）照明设计节能方法

1）视觉科学成果

①司辰视觉

在现行的道路照明设计标准中均不考虑道路照明光源的光谱分布对驾驶人员的视觉影响，特别是不考虑人眼中新发现的第3种感光细胞对人的机敏程度等生物效应的影响。150多年来，人们一直认为人眼中只有锥状感光细胞和杆状感光细胞两种感光细胞。2002年，美国布朗（Brown）大学的David Berson等学者在人眼视网膜上发现了第3种感光细胞——神经结细胞，这种感光细胞对进入人眼的辐射产生生物效应而获得对外界的认识，并把该视觉效应称为司辰视觉（我国把 ci-topic 译为司辰视觉）。司辰视觉虽然是一种非映像的视觉效应，却控制了人的生物节律和强度，并且影响人眼瞳孔大小。研究表明，司辰视觉效应与光源中蓝光成分含量多少有着密切的关系，例如，司辰视觉照度与瞳孔大小有着很好的相关关系。在道路照明条件下，当目标的亮度、亮度对比和视角相同时，人眼的视觉功效好坏是由瞳孔大小确定的：若照明光源的辐射光谱中蓝色光含量多，则使人眼的瞳孔收缩得多，就会具有较好的视觉功效，视看目标就感到清晰，朦胧感少，可见度就好；反之，当瞳孔增大时，在夜间就可能会出现视力下降和眩光等症状，可见度就差。为了正确评价照明光源辐射光谱中蓝色光的成分对视觉功效的影响，在明视觉时可采用瞳孔亮度来评价；但是道路照明属于中间视觉范畴，为了保证行车安全、快速和舒适，应考虑道路照明和隧道照明光源的光谱分布对视觉的影响，并计算出道路和隧道照明所用光源的司辰视觉光通量。

●司辰视觉光度学系统

众所周知，视觉器官是由眼睛、视神经和脑的皮层视区组成的结构总体。（映像）视觉过程是外界光线进入人眼，在视网膜上形成影像，视网膜上的感光细胞就将光信号转换成生物电信号，通过视神经脉冲传递到丘脑的膝弯曲叶之间的交感神经，最后传递到大脑后部的皮层视区，产生视感觉。司辰视觉过程则与视觉过程不尽相同，虽然它们同样是由人眼开始的，但是并不把影像信息直接传递到脑后皮层视区，而是由视网膜上神经结细胞将光信号传递到下丘脑通路（RHT），再进入到视神经交叉上核（SCN）、脑室外神经核（PVN）和上部颈神经神经结，最后传递到松果体腺。司辰视觉过程见图1。

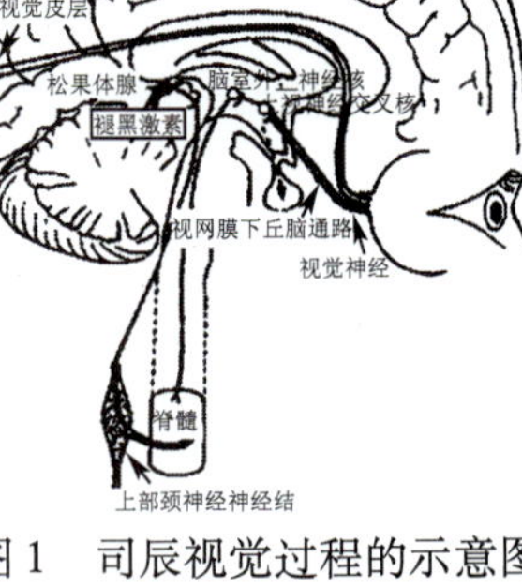

图1　司辰视觉过程的示意图

图1中视神经交叉上核是内源性振荡器，是生物钟，振荡周期为24.5h。在正常情况下，主要是依靠光的刺激调整生物钟，每天清晨，光照把睡眠和清醒周期调整得与白天和黑夜周期一致。而在暗的条件下，松果体腺合成褪黑激素，并由血液吸收带至全身，有利于人们休息睡觉。

研究表明，司辰视觉对光最敏感的波长为490nm，对应的光效能最大值为3850lm/W。光谱光效率曲线见图2。

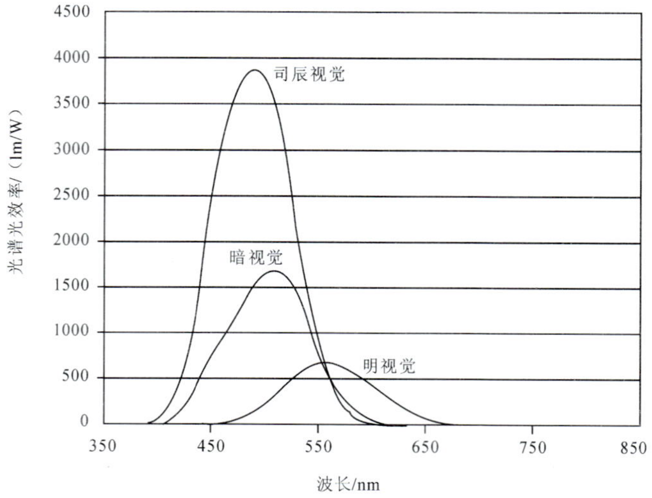

图 2　明视觉、暗视觉和司辰视觉的光谱光效率曲线

图 2 中，明视觉、暗视觉和司辰视觉的光谱光效率均以波长为 555nm 时光效能为 683lm/W 的条件下，进行规范化处理后获得的。

●光源发光效率研究

道路和隧道照明光源一般采用高压钠灯（HPS）或金属卤化物灯（MH），在进行道路和隧道照明设计时，通常是在明视觉条件下计算光源的发光效率，也就是采用 CIE 于 1924 年推荐的、仅适用于 2°视野的锥状感光细胞的光谱光视效率和相应的光视效能最大值 683lm/W 计算的。这与道路照明实际情况不相符，因为在中间视觉条件下，人眼中锥状感光细胞和杆状感光细胞同时在起作用，此时的光源发光效率就不是一个固定值，而是随着人眼的适应水平变化而改变的一系列值。对于司辰视觉发光效率而言，若参照现行的发光效率表达式进行计算，则有

$$\eta_c = \frac{K_{mc}\int \Phi_e(\lambda)V_c(\lambda)\mathrm{d}\lambda}{\Phi_e} \tag{1}$$

式中　η_c——光源的司辰视觉发光效率，单位为 lm/W；

K_{mc}——司辰视觉光效能最大值，为 3850lm/W；

$\Phi_e(\lambda)$——光源的光谱功率分布，单位为 Wnm；

$V_c(\lambda)$——司辰视觉光谱光效率；

Φ_e——光源的功率，单位为 W。

在暗视觉条件下，照明光源的发光效率按式（2）进行计算

$$\eta' = \frac{K'_m\int \Phi_e(\lambda)V'(\lambda)\mathrm{d}\lambda}{\Phi_e} \tag{2}$$

式中　η'——暗视觉时光源的发光效率，单位为 lm/W；

K'_m——暗视觉时光视效能最大值，为 1700lm/W；

$V'(\lambda)$——暗视觉光谱光视效率。

目前在进行道路照明设计时，是采用 2°视野明视觉条件下的光谱光视效率并按式（3）计算光源的发光效率

$$\eta = \frac{K_m\int \Phi_e(\lambda)V(\lambda)\mathrm{d}\lambda}{\Phi_e} \tag{3}$$

式中　η——明视觉时光源的发光效率，单位为 lm/W；

K_m——明视觉时光视效能最大值，为 683lm/W；

$V(\lambda)$——明视觉时 2°视野的光谱光视效率。

采用 400W 金属卤化物灯（MH）和 400W 高压钠灯（HPS）光谱功率实测值，就可由式（1）、式（2）和式（3）计算出不同视觉时 MH 和 HPS 的发光效率（见表 1）。

表 1　在不同视觉条件下 MH 和 HPS 的发光效率计算值

光源类型	司辰视觉/（lm/W）	暗视觉/（lm/W）	明视觉/（lm/W）
MH	约 343	181	93
HPS	约 105	70	108

从表 1 中可以看出，由于光源的光谱功率分布不同，不但功率相同的不同光源的发光效率随人眼适应水平的变化而产生较大变化；而且同一个光源的发光效率大小也会随着人眼适应水平变化而改变，但它们的变化规律不相同：在明视觉时，MH 的发光效率值小于 HPS 的，但在暗视觉时 MH 的发光效率值大于 HPS 的发光效率值 1 倍多，这就是说在暗视觉条件下如果采用 MH 照明，更有利于提高视觉功效，也更有利于照明节能。众所周知，在明视觉条件下，人眼最敏感的光波长为 555nm，相应的光视效能最大值为 683lm/W；但是随着人眼的适应水平降低，人眼对明暗、颜色、响应感觉特性均要发生变化，人眼中央窝的察觉和边缘部分的察觉变得一样容易，使颜色感觉逐渐减弱，同时会使人眼最敏感的波长由明视觉时的 555nm 逐渐变化到暗视觉时的 507nm，相应的光视效能最大值也由明视觉时的 683lm/W 变化到暗视觉时的 1700lm/W；而且整个光谱光视效率函数曲线向短波方向推移：长波端可见的波长范围缩小，短波端的可见范围略有扩大，于是就产生了浦尔金耶（Purkinje）现象。此外，MH 辐射出的能量中含有短波辐射成分比 HPS 多，这可以从 MH 和 HPS 的光谱功率分布图（见图 3 和图 4）中看出，所以造成了光源发光效率值的大小随人眼适应水平高低发生变化。

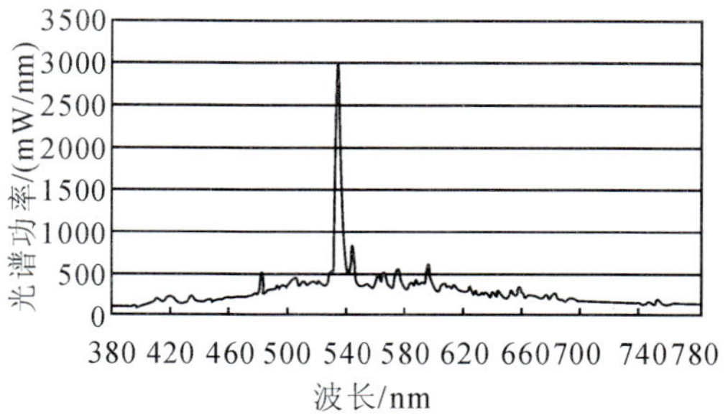

图 3　MH 的光谱功率分布

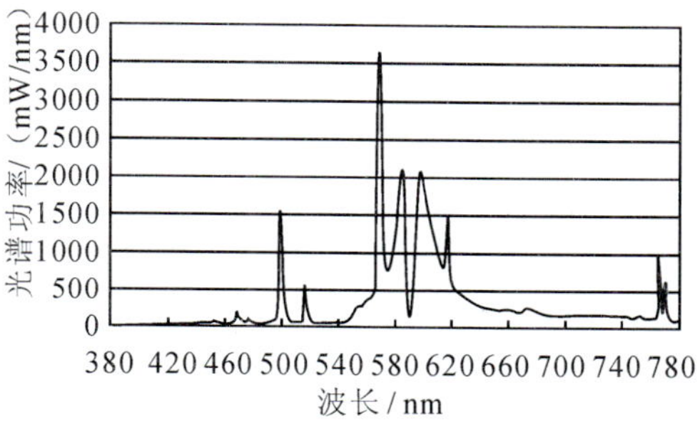

图 4　HPS 的光谱功率分布

人眼视网膜上神经结感光细胞对短波长的光辐射更为敏感，由于 MH 的短波长光（见图 3）比 HPS 的（见图 4）含量多，所以由式（1）算得的 MH 的司辰视觉发光效率比 HPS 大得多（见表 1），这会影响人眼的瞳孔大小；对于道路和隧道照明来说，瞳孔增大，就会产生影响聚焦和眩光等问题，于是影响驾驶员视看前方道路上障碍物的清晰度，从而对安全、快速、舒适运行产生不利影响。因为当光源的功率相同时，发光效率大的光源辐射出的光通量多，产生的照度也就大，所以辐射成分中富含短波长的金属卤化物灯会比相同功率的高压钠灯产生更大的照度，从而更有利于瞳孔收缩，更有利于提高可见度。

瞳孔大小是不断变化的，并且依赖于心理状态、年龄大小、双眼差别等自身因素，还依赖于照明适应水平和光的辐射光谱分布的差别。但是，对于标准人眼来说，瞳孔大小仅与进入人眼的辐射所产生的光感觉大小有关，即与司辰视觉照度大小有关。Berman 分析了在一个小室内进行的瞳孔面积（mm^2）与司辰视觉照度之间关系的实验，该实验要求被试者以正常的双眼观看电视，室内的照明光源的光谱组成和照明水平是可变的，17 个被试者的瞳孔大小变化用远红外瞳孔测量仪确定。实验结果表明，对瞳孔面积大小变化与司辰视觉照度进行相关处理后，获得很好的相关关系，而与明视觉照度无相关关系。但是，现行的道路和隧道照明设计是按照 2°视野的明视觉光度学系统进行的，所以，它的光度量计算值不能直接与瞳孔大小变化联系起来，从而不能真实地反映道路和隧道照明客观要求。实际上，从司辰视觉照度来看，如果将富含蓝色光的金属卤化物灯作为道路照明光源，将有利于提高道路和隧道照明的可见度水平，有利于道路和隧道照明节能。

②中间视觉

现行的隧道照明设计规范与道路照明设计标准一样，均未考虑中间视觉情况，而是仅按明视觉锥状感光细胞起作用的条件进行照明计算的。实际上在中间视觉时，人眼中视网膜上神经结感光细胞、锥状感光细胞和杆状感光细胞同时要起作用。据研究表明，当仅考虑后两种感光细胞作用时，明暗、颜色、空间和响应等视感觉特性均要发生变化，会使周边视觉变得容易起来，而且随着适应亮度水平的下降，周边视觉变得比中心视觉的察觉更为容易，同时使人眼最敏感的波长逐渐向短波方向推移，即从明视觉时的 555nm 推移到暗视觉时的 507nm，同时最大光谱光视效能由明视觉时的 683lm/W 变化到暗视觉时的 1700lm/W。

在明视觉时，光谱光视效率 $V(\lambda)$ 函数是国际照明委员会（CIE）于 1924 年正式推荐为测光的基本函数，并于 1931 年以闪烁法得到的测量数据为基础，把它规定为明视觉2°视野的光谱三刺激值，然后在1933年被国际计量委员会正式确认。CIE又于1964年规定了10°视野的光谱光视效率$V_{10}(\lambda)$函数，在1951年CIE规定了暗视觉10°视野的光谱光视效率$V'(\lambda)$函数，但是直到现在，CIE还没有给出标准的中间视觉时的光谱光视效率函数。

●中间视觉研究

从20世纪80年代开始，中国、美国、加拿大、日本、德国、英国等国根据CIE的提议和制定的实验条件，开展了对光谱光视效率的测量和研究工作，尤其是对中间视觉进行了深入研究。在CIE的光度测量定义中首先假定了可加性成立，即采用标准光度观察者——相对光谱响应曲线符合CIE规定的明视觉的$V(\lambda)$函数或暗视觉$V'(\lambda)$函数的理想观察者，它还遵从光通量定义中所含的可加性定律。对于明视觉有

$$\Phi = K_m \int_0^{\infty} \frac{d\Phi_e(\lambda)}{d\lambda} V(\lambda) d\lambda \tag{4}$$

式中　$d\Phi_e(\lambda)/d\lambda$——辐射通量的光谱分布；

$V(\lambda)$——明视觉时光谱光视效率；

K_m——辐射的光谱光视效能的最大值，在单色辐射时，明视觉条件下的K_m值为683lm/W。

式（4）表明了总光通量等于各组成单色光的光通量之和，即要求式（4）中光谱光视效率函数符合可加性定律才行，所以在定义它时所选择的视觉标准需要考虑的一个主要问题是可加性问题。因此，在研究中间视觉光谱光视效率函数时首先也要考虑可加性的问题。

研究中间视觉的方法有很多种，归纳起来主要有：一是异色视亮度匹配法、二是闪烁光度测量法、三是基于反应时间为参量的视觉功效法、四是基于暗视觉光通量和明视觉光通量比值的方法等。据研究表明，在中间视觉条件下，用异色视亮度匹配法预测非单色光视亮度时，可加性就明显失效了；而闪烁光度测量法也仅在明视觉条件下可加性成立。总之，在中间视觉条件下，异色视亮度匹配法和闪烁光度测量法不满足CIE的光度测量定义中的可加性假设，但是已有人认为基于反应时间为参量的视觉功效法却是具有可加性的光度测量方法。视觉功效法对于建立一个有效的中间视觉光度学系统的重要性被人们日益认可，CIE于2000年成立了TC1-58技术委员会进行中间视觉条件下视觉功效的研究。He等人用实验研究了金属卤化物灯和高压钠灯的发光效率的比值随亮度的变化关系，并假设在中间视觉范围内某一亮度水平时，两者的发光效率相等，再利用CIE的明视觉10°视野的光谱光视效率$V_{10}(\lambda)$函数和暗视觉光谱光视效率$V'(\lambda)$函数的组合后获得中间视觉光谱光视效率$V_m(\lambda)$函数，如式（5）所示

$$V_m(\lambda) = k_1(L)[x(L)V_{10}(\lambda) + (1 - x(L))V'(\lambda)] \tag{5}$$

式中　$k_1(L)$——标准化的常量；

$x(L)$——0～1之间的系数，大小取决于背景亮度L。

He等人的方法仅利用两类光源来确定$V_m(\lambda)$，这是需要证明其具有普适性才行，即证明对其他光源也是适合的。此外，系数x（L）的大小是否与波长有关也是需要加以论证的；该文在确定$V_m(\lambda)$的过程式（5）～式（9）中没有与反应时间发生直接关系，这是一个需要注意的问题；该文也没有给出相应的最大光谱光视效能值，否则就不能直接用于光度学计算。

国内学者较早研究中间视觉光谱光视效率函数是中国计量科学研究院朴大植等人，他们于1986年根据CIE的提议和制定的实验条件，采用异色视亮度匹配法测量了$V_m(\lambda)$，使用了一套较贵重的测量装置，获得了在9个网膜照度水平下的平均中间视觉光谱光视效率函数；重庆大学陈仲林等人依据朴大植等人的实验数据拟合成$V_m(\lambda)$表达式，并给出了不同网膜照度下的最大光谱光视效能值，但是异色视亮度匹配法不适用Abney的相加性规律。复旦大学陈大华、林燕丹、曹阳等人，研究了视锐度模型，以及研究了反应时间与亮度对比的关系，但是没有具体提出中间视觉时光谱光视效率函数和最大光谱光视效能值的数学模型。

●中间视觉光谱光视效率函数探讨

目前，国内外道路和隧道照明设计均是在明视觉条件下评价照明效果的，即根据中央窝（2°视野）锥状感光细胞的光谱光视效率$V(\lambda)$函数进行计算的。事实上，在夜间行车和室外步行时，锥状感光细胞和杆状感光细胞同时在工作，即除了中央视觉外，周边视觉也在起作用；而且对避免交通事故发生和保证行人安全最重要的早期察觉得益于周边视觉。实际上，保持合适的行车路线或者判断到路边距离的能力和较早地发现危险现象，几乎完全是依赖于周边视觉。因此，为了保证夜间行车和人们出行安全，必须研究中间视觉。现在基于2°视野的中央窝的锥状感光细胞获得的$V(\lambda)$，被错误地当作适合于周边视觉来使用。在中间视觉时，非轴线作业深受照明光源的光谱分布的影响。据研究表明，反应时间与光源的光谱组成有关，对于辐射光谱中含有较多蓝、绿色光的金属卤化物的反应时间比高压钠灯短，而且随着适应水平下降两者差距增大，具体值见表2。

表 2　不同适应水平时不同光源的相对反应时间（以金属卤化物灯为准）（单位：s）

适应水平＼光源	金属卤化物灯	高压钠灯	高压汞灯	低压钠灯
$1cd/m^2$	1	1.1399	1.0332	1.2524
$0.1cd/m^2$	1	1.3919	1.0216	1.4745

在夜晚驾驶汽车时，驾驶员察觉危险物的反应时间越短越好。研究表明：在稍微偏离视轴的情况下，亮度为 $0.1cd/m^2$ 水平的高压钠灯与 $0.05cd/m^2$ 水平的金属卤化物灯的反应距离是相等的，即采用高压钠灯照明时需要产生 2 倍的亮度水平面才能等同于金属卤化物灯的照明效果；而在周边视觉时，照明光源的光谱分布的影响最大，当反应距离为 800mm 时，金属卤化物灯照明产生 $0.17cd/m^2$ 的效果就相当于高压钠灯照明需要产生 $1cd/m^2$ 时的效果。

当研究中间视觉时的光谱光效率 $V_m(\lambda)$ 函数时，可设任意两个不同光色为 s_1 和 s_2，于是从反应时间与亮度的实验结果中，取反应时间相等时，这两个不同光色的亮度之比，即

$$\eta(L_b)=\frac{L_{bm,s_1}}{L_{bm,s_2}} \tag{6}$$

式中　$\eta(L_b)$——在中间视觉时，两个不同光色在反应时间相等时光色 s_1 的对应亮度 L_{bm,s_1} 与光色 s_2 的对应亮度 L_{bm,s_2} 的比值。

因为有

$$L=\frac{d^2\Phi}{d\Omega dA\cos\alpha} \tag{7}$$

所以，当保证实验条件不变时，即光源照射的立体角 Ω、发光面面积 A 和辐射角 α 不变时，以及光通量 Φ 在上述范围内分布均匀时，发光面亮度 L 与光通量 Φ 成正比，因此可把（6）式变换成

$$\eta(L_b)=\frac{\Phi_{m,s_1}}{\Phi_{m,s_2}}=\int_{380}^{780}\Phi_{e,s_1}(\lambda)V_m(E_{Td},\lambda)d\lambda\Big/\int_{380}^{780}\Phi_{e,s_2}(\lambda)\ V_m(E_{Td},\lambda)d\lambda \tag{8}$$

式中　$\Phi_{e,s_1}(\lambda)$、$\Phi_{e,s_2}(\lambda)$——不同光色的光源 s_1 和 s_2 的辐射通量的光谱分布。

据研究表明：中间视觉时的光谱光视效率不但与波长 λ 有关，而且与网膜照度水平（E_{Td}）有关，所以宜用 $V_m(E_{Td},\lambda)$ 来代替 $V_m(\lambda)$。

在中间视觉时，光谱光视效率函数是用一组曲线来表示的，这与明视觉和暗视觉（它们仅用一条曲线表示）不同；而且，随着网膜照度（E_{Td}）水平不同，所对应的光谱光视效率函数也不同。当网膜照度处于明视觉时，$V_m(E_{Td},\lambda)$ 就用明视觉时光谱光视效率函数替代；而处于暗视觉时，$V_m(E_{Td},\lambda)$ 就用暗视觉时光谱光视效率函数替代，且其曲线形状与明视觉时相似，即整个光谱光视效率函数的曲线向短波方向推移；当处于中间视觉时，可以通过 10°视野的明视觉光谱光视效率 $V_{10}(\lambda)$ 函数和暗视觉时 $V'(\lambda)$ 组合而成，即

$$\lg V_m(E_{Td},\lambda)=k_1(E_{Td})\{x(E_{Td},\lambda)\lg V_{10}(\lambda)+[1-x(E_{Td},\lambda)]\lg V'(\lambda)\} \tag{9}$$

式中　$k_1(E_{Td})$——一个标准化常量，用来保证在某一网膜照度水平时 $V_m(E_{Td},\lambda)$ 的最大值等于 1；

$x(E_{Td},\lambda)$——在某一网膜照度水平 E_{Td} 时的比例系数。

把式（9）中 $V_m(E_{Td},\lambda)$ 代入到式（8），就能利用数值计算方法，并在计算时，为了减少计算机的耗时等，可参考中间视觉时光谱光视效率的视亮度匹配法的研究成果，最后就可以求出中间视觉时光谱光视效率函数。

实际上，如果用符号 S 表示暗视觉时的光通量，而用符号 P 表示明视觉时的光通量，那么式（8）就可以表示成

$$\eta(L_b)=f(P,S/P,x(E_{Td},\lambda)) \tag{10}$$

也就是说，最终是利用暗视觉光通量与明视觉光通量的比值建立中间视觉光谱光视效率的模型的。

因为基于视亮度的中间视觉模型能充分地预测单色光的视亮度，所以就可以利用视亮度匹配法的光谱光视效能实验研究结果，确定中间视觉时的光谱光视效能量大值。

为了在隧道照明条件下，综合考虑司辰视觉和中间视觉的综合效应，宜在反应时间实验装置里，采用不同光源在不同背景亮度，其亮度范围为 $0.32\sim10cd/m^2$，不同视标对比度（$C=0.3$、0.4、0.5）和不同视标偏心角（0°、10°、20°）条件下，对不同年龄组的被测人员进行实验，并用韦伯—费昔勒定律和 SPSS 统计软件进行分析，找出反应时间与背景亮度的规律性，最终求出在反应时间相等时不同光源对高压钠灯的修正系数，并作为隧道照明设计依据，同时采用与国内现行隧道照亮度设计方法不同的新颖设计方法——可见度设计方法，使隧道照明达到节能要求。

③可见度设计方法

可见度水平是表示目标的亮度对比高出阈限对比的倍数，而阈限对比与人眼适应水平、视角大小、目标识别时间等因

素有关，它们之间的关系由实验确定。为了进行更为合理的机动交通道路照明设计，美国道路照明标准 RP－8－00 中推荐了小目标可见度设计标准。该标准是在干燥、笔直单向车道空旷道路的条件下，以识别时间为 0.2 s、视角为 7.45′、驾驶员年龄为 60 岁的不利条件下，驾驶员眼睛高度为 1.45m、观察正前方 83.07m 垂直放置于路面的、大小为 0.18m×0.18m，其表面的光反射比为 0.5 的小目标漫反射板，分别计算出两个灯杆之间均匀布置的两排共 20 个点处小目标的可见度水平，最后再计算出可见度水平的加权平均值，于是就获得了小目标物体可见度。由于小目标物体可见度的计算模型非常复杂，为了便于进行道路照明可见度计算，就通过阈限亮度实验，而且在一定的计算条件下，简化计算模型。

●小目标可见度计算模型

下面介绍阈限对比实验。

我们采用定值刺激法（又可称为强迫选择法）进行阈限对比实验。在进行计算机模拟实验时观察者的下鄂被要求放置在固定支架上，以便固定观察者的眼睛和计算机屏幕之间的正视距离为 1m。同时在支架上放置一个计算机键盘，观察者根据自己的视看结果敲击键盘，输入判断信息。

计算机模拟实验的软件是自编的，它可以使屏幕和不同大小的朗道尔环的亮度独立和自由地调节，朗道尔环的识别时间也可以自由调节，其 4 个开口方向随机出现，且每个开口方向呈现 3 次。实验由两个观察者和一个主试者进行，年龄在 20～30 岁、男女各半、视力正常的 20 个观察者进行了 18 000 多次观察。观察者适应暗室的环境和熟悉实验过程的各项操作后进行正式测试。

在正对比条件下，对实测数据进行统计分析处理后，获得了视角为 7.45′不同适应水平（在道路照明中适应水平应为路面平均亮度和光幕亮度之和，而在实验中视为计算机屏幕的背景亮度 L_α）时阈限亮度差 ΔL_{01}，见表 3。

由于采用的计算机模拟实验与 Blackwell 一样均是属于定值刺激法范畴，所以阈限实测值与 Adrian 等人的调整法实验结果相比较时，也要像处理 Blackwell 实验数据一样，需要把 Adrian 数据乘以 2.6 后才能使两者相匹配。据研究表明，该系数大小不但与实验方法有关，而且还与实验条件和视角大小等有关。Blackwell 是采用投影仪进行实验的，而我们是通过观察计算机屏幕得出结果的，这就使实验结果受到计算机屏幕亮度微弱的闪烁等影响，因此将阈限实测值与 Adrian 等人数据进行比较时，需要对 Adrian 等人的数据乘以一个系数 n；由于 Adrian 的计算模型是进行分段计算的，所以也以 0.6cd/m² 为准将实测值的适应水平范围分成两段分别给出 n 值：当视角为 7.45′时，如 $L_\alpha \geqslant 0.6\mathrm{cd/m^2}$，则 n 取为 3.34；如 $0.6\mathrm{cd/m^2} > L_\alpha > 0.004\ 18\mathrm{cd/m^2}$，则 n 取为 3.47。据分析证实，美国道路照明标准 RP－8－00 基本上是按 Adrian 的小目标可见度模型进行计算的，现用乘以系数 n 的 RP－8－00 标准中阈限亮度差计算值与我们的实测值比较，见表 3。

表 3　阈限亮度差实测值与乘以 n 后的 RP－8－00 计算值比较

α（′）	L_α/（cd/m²）	11.67	4.069	1.073	0.351 5	0.117 6	0.031 65
7.45	实测值 cd/m²	0.508 8	0.228 7	0.098 00	0.053 46	0.031 26	0.018 10
	计算值 cd/m²	0.506 7	0.231 7	0.097 03	0.052 50	0.030 44	0.019 00
	相对误差（%）	−0.4	+1.3	−1.0	−1.8	−2.6	+5.0

注：表中的相对误差均是以实测值为准算得的。

从表 3 中可以看出，阈限亮度差实测值与美国道路照明标准 RP－8－00 的计算值较为接近，如以实测值为准，则相对误差均在 −1.8%～+5.0% 之间。为了简化计算步骤，可用拟合表达式来计算阈限亮度差

$$\Delta L_{01} = [(a + b\lg L_\alpha)/\alpha + cL_\alpha^d]^2 \tag{11}$$

当视角 α 为 7.45′时，系数 a 为 1.392 7，b 为 0.352 6，c 为 0.119 0，d 为 0.563 9，拟合结果的复相关系数 R^2 为 99.999 5%。计算结果表明：若以实测值为准，那么阈限亮度差计算值的相对误差均在 −2.4%～+2.0% 范围内，计算精度比较高，所以可在道路照明可见度计算中采用式（11）计算阈限亮度差。由于阈限亮度差实测值是采用定值刺激法获得的，为了与采用美国道路照明标准 RP－8－00 小目标可见度计算值进行比较，应对式（11）的计算结果除以系数 n，即

$$\Delta L_{02} = \Delta L_{01}/n = \frac{\left[\left(\frac{a + b\lg L_\alpha}{a}\right) + cL_\alpha^d\right]^2}{n} \tag{12}$$

在道路照明中，驾驶员对前方障碍物的识别几率应该接近 100%，否则就会出现事故。而通过人眼阈限对比实验结果拟合成的式（12）对应的识别几率仅为 50%，但是由于实验是无法直接得到识别几率接近 100% 时的值。于是根据对人眼阈限对比实验结果进行分析后表明，在其他条件相同的情况下，不同识别几率的阈限亮度差之间的比例为常数 K。Adrian 认为识别几率为 99.96% 时 K 为 2.6，美国道路照明标准 RP－8－00 取 K 为 2.6。于是用下式表示道路照明小目标可见度设计标准中要求的阈限亮度差：

$$\Delta L_{03} = K\frac{\left[\left(\frac{a + b\lg L_\alpha}{\alpha}\right) + cL_\alpha^d\right]^2}{n} \tag{13}$$

下面介绍阈限对比修正系数。

在实际的道路照明条件下，也可能会发生亮背景上观察暗目标，即在负对比条件下更有利于观察目标物，这就是说人眼更容易察觉亮背景上的暗目标，所以要对阈限亮度差进行负对比修正。

根据 RP－8－00 中的计算负对比修正系数 K_f 的数学模型，并在人眼适应水平为 0.75～5.00cd/m² 范围内，可用下式表示负对比修正系数：

$$K_f = 0.6806 + 0.04687\lg L_\alpha \tag{14}$$

上式拟合结果的复相关系数为 99.9%。不同适应水平 L_α（cd/m²）时负对比修正系数计算值见表 4。

表 4　不同人眼适应水平时负对比修正系数

L_α（cd/m²）	0.75	1.00	1.25	1.50	1.75	2.00	2.50	3.00	4.00	5.00
RP－8－00 中的 K_f	0.6828	0.6836	0.6846	0.6860	0.6876	0.6895	0.6938	0.6985	0.7085	0.7185
式（14）计算值	0.6747	0.6806	0.6851	0.6889	0.6920	0.6947	0.6993	0.6993	0.7088	0.7134
相对误差（%）	－1.2	－0.4	＋0.1	＋0.4	＋0.6	＋0.8	＋0.8	＋0.8	＋0.0	－0.7

注：表中的相对误差是以 RP－8－00 中负对比修正系数 K_f 计算值为准算得的。

从表 4 中可以看出，利用式（14）计算负对比修正系数与美国道路照明标准中的计算值吻合较好，若以 RP－8－00 中的计算值为准，那么，在机动交通道路照明水平下，两者的相对误差均在－1.2%～＋0.8%范围内，所以式（14）可以用于道路照明计算。

由视觉实验得出：识别时间越短，人眼对目标的分辨力越差，而式（13）的阈限亮度差的计算模型是根据 2 s 或无限制识别时间得到的，为了采用美国道路照明标准 RP－8－00 中的识别时间为 0.2 s 时的小目标可见度来评价，就必须进行识别时间修正。研究表明，识别时间修正系数 K_t 与视角、人眼适应亮度有关。根据 RP－8－00 中的识别时间修正系数的计算模型，并在识别时间为 0.2 s 和人眼适应水平为 0.75～5.00cd/m² 范围内，可用下式表示识别时间修正系数：

$$K_t = 1.6605 - 0.0342\lg L_\alpha \tag{15}$$

式（15）的拟合结果的复相关系数为 99.9%。不同的人眼适应水平 L_α（cd/m²）时识别时间修正系数 K_t 的计算值见表 5。

表 5　不同的人眼适应水平时识别时间修正系数

L_α（cd/m²）	0.75	1.00	1.25	1.50	1.75	2.00	2.50	3.00	4.00	5.00
RP－8－00 中的 K_t	1.6655	1.6609	1.6573	1.6545	1.6521	1.6500	1.6467	1.6440	1.6398	1.6367
（15）式计算值	1.6648	1.6605	1.6572	1.6545	1.6522	1.6502	1.6469	1.6442	1.6399	1.6366
相对误差（%）	－0.0	－0.0	－0.0	0.0	＋0.0	＋0.0	＋0.0	＋0.0	＋0.0	－0.0

注：表中的相对误差均是以 RP－8－00 中的识别时间修正系数为准算得的。

从表 5 中可以看出，当视角为 7.45′和识别时间为 0.2s 时，式（15）的计算值与美国道路照明标准中的识别时间修正系数 K_t 的计算值非常吻合，所以按美国道路照明标准条件进行照明计算时，完全可以用式（15）来计算识别时间修正系数 K_t。

研究表明，人眼随着年龄增长，角膜和水晶体逐渐变黄，瞳孔收缩功能也会减弱，60 岁时人眼对光的感受只有 20 岁时的 33%。美国道路照明标准是以识别时间为 0.2s、60 岁老年驾驶员不利条件给出小目标可见度标准建议值的。于是，当 60 岁时，由 RP－8－00 给出的年龄修正系数表达式中算得年龄修正系数 K_α 为 1.7682。

总之，在人眼适应水平 0.75～5.00cd/m² 范围内，取 K 为 2.6，且识别时间为 0.2s、视角为 7.45′、60 岁的阈限亮度差，即经过识别时间修正、年龄修正和负对比修正后的阈限亮度差为

$$\begin{aligned}\Delta L_0 &= K[(a + b\lg L_\alpha)/a + cL_\alpha^d]^2 K_t K_\alpha K_f/n \\ &= 0.07984K_f(1 + 0.2532\lg L_\alpha + 0.6367L_\alpha^{0.5639})^2(1 - 0.02060\lg L_\alpha)\end{aligned} \tag{16}$$

式中　L_α——人眼适应水平，单位为 cd/m²；

K_f——负对比修正系数，由式（14）确定，正对比时取 K_f 为 1。

若以美国道路照明标准 RP－8－00 中的阈限亮度差计算值为准，则式（16）的计算值与 RP－8－00 计算值之间的相对误差均在－1.9%～＋1.4%之间（见表 6 和表 7），两者吻合较好，因此，在道路照明设计中可以利用式（16）计算修正后的阈限亮度差。

表6 在正对比条件下，t 为 0.2s、α 为 7.45′、60 岁时的阈限亮度差计算值比较

L_{α} (cd/m^2)	0.75	1.00	1.25	1.50	1.75	2.00	2.50	3.00	4.00	5.00
RP-8-00 计算值	0.1799	0.2126	0.2430	0.2717	0.2991	0.3256	0.3763	0.4247	0.5168	0.6043
式（16）计算值	0.1824	0.2139	0.2431	0.2707	0.2973	0.3229	0.3722	0.4196	0.5102	0.5972
相对误差（%）	+1.4	+0.6	+0.0	-0.4	-0.6	-0.8	-1.1	-1.2	-1.3	-1.2

注：表中的相对误差是以 RP-8-00 的计算值为准算得的。

表7 在负对比条件下，t 为 0.2s、α 为 7.45′、60 岁时的阈限亮度差计算值比较

L_{α} (cd/m^2)	0.75	1.00	1.25	1.50	1.75	2.00	2.50	3.00	4.00	5.00
RP-8-00 计算值	0.1229	0.1454	0.1664	0.1864	0.2057	0.2245	0.2611	0.2967	0.3661	0.4342
式（16）计算值	0.1231	0.1456	0.1666	0.1865	0.2057	0.2243	0.2603	0.2950	0.3616	0.4260
相对误差（%）	+0.2	+0.1	+0.1	+0.1	0.0	-0.1	-0.3	-0.6	-1.2	-1.9

注：表中的相对误差是以 RP-8-00 的计算值为准算得的。

●小目标可见度设计

在美国道路照明标准中，需要按下式：

$$VL = \Delta L/\Delta L_0 \tag{17}$$

分别计算出两个路灯灯杆之间2排共均匀布置的20个测点的小目标可见度水平，然后对这20个测点的可见度水平采用加权平均的方法获得小目标可见度的平均值，即

$$ARWVL = \sum_{i=1}^{20} 10^{-0.1ABS(VL_i)}/20 \tag{18}$$

最后求得小目标可见度（STV）为

$$\text{STV} = -10\lg(ARWVL) \tag{19}$$

小目标可见度（STV）实际上就是可见度水平 VL 的加权平均值。

自编了小目标可见度的设计程序，其方法是首先根据道路系统的分类或等级选择适宜的亮度和可见度标准，然后试选光源和灯具，初步确定灯具的排列和间距等几何关系，然后按照路面亮度标准和小目标可见度（STV）分别计算，最后从路面亮度或小目标可见度（STV）方面评价照明系统，并通过调整以达到满意的路面亮度或小目标可见度。应注意的是，可见度和路面亮度标准确定的都是最小值，设计值必须达到或超过它们，否则就必须修改设计来达到要求。另一方面，为了降低费用和节约能源，如果设计值超过可见度和路面亮度较多，也要修改设计，或者设计者根据能耗或其他相关因素来确定设计方案。

由自编程序算得，当仅增大光源功率时，会使路面平均亮度成比例增长，亮度均匀度没有变化，而小目标可见度仅小幅度增大。因此，在道路照明设计中，单纯增加光源的功率对道路照明的安全性是没有多大作用的。这一理念对于道路照明节能具有重要的意义。

同样由程序算得，仅改变灯杆间距将使路面平均亮度成比例变化，亮度均匀度随灯杆间距的增大而减小，而小目标可见度却在一定灯杆间距范围内大幅度增大。由此可见，可见度设计理念与传统的亮度设计理念相反，即适当增加灯杆间距虽降低了路面平均亮度，但提高了可见度水平，这样既保证了道路照明的安全可靠，又可以节约初期投资，符合道路照明的可持续发展观。

但是，在可见度设计中，路面亮度也不可忽视。而在双向道路上，特别是没有中央分隔带的时候，交通事故与迎面驶来的汽车前照灯的眩光造成的可见度降低密不可分，必须要通过设置中央分隔带的路灯来提高人眼适应水平，从而降低眩光的影响。因此在不考虑环境亮度的情况下，路面必须具有一定的亮度水平以降低迎面来车的前照灯的眩光影响。因此，路面平均亮度与可见度水平共同构成了可见度标准的核心。

当增大灯具安装高度时，虽使路面的亮度均匀度得到改善，但却降低了路面平均亮度，而且使小目标可见度大幅度减小。因此，在道路照明设计中，在满足必要的均匀度的前提下，适当降低灯具挂高则有利于提高可见度水平，还可以节约初期投资。

利用可见度设计方法，目的是要驾驶员在要求的时间发现前方障碍物，从而有时间采取措施，保证行车安全。各种不同光源由于光谱功率分布和照明水平不同，反应时间亦不同，所以必须在隧道照明条件下对不同光源进行反应时间实验才能加以确定；同时必须在隧道照明条件下，参考国外关于隧道照明研究成果，进一步研究隧道照明可见度设计方法，才能

达到隧道照明节能的目的。

2）隧道照明设计标准值

①洞外亮度

在机动车交通量和设计行车速度一定的条件下，隧道照明系统的设计基准——洞外亮度 $L_{20}(S)$ 的取值大小将直接关系到入口段和过渡段亮度取值大小，也即与隧道照明节能、营运电费、工程投资和行车安全有关。

因为洞外亮度 $L_{20}(S)$ 随光气候、季节、时刻、隧道朝向、隧道入口20°视野环境，如绿化、植被等有关。研究表明，当其他条件不变时，若把 $L_{20}(S)$ 设定值从4000cd/m² 提高到6000cd/m²，则电费增加约为30%，设备费增加约为34%。由于现行的《公路隧道通风照明设计规范》（JTJ026.1—1999）规定的洞外亮度较为粗略，系数 K 值采用欧洲和日本两大学派推荐值的中间值。所以应通过调查分析、实测比较、理论分析和在光气候理论基础上，考虑20°视野内洞外植被情况和当地光气候特点（如重庆夏季晴天多，冬季阴天多）等合理地确定洞外亮度值。

②基本照明最低亮度值

基本照明就是整个隧道中以一定间隔设置的照明，我国称为中间段照明，平均路面亮度值由驾驶员在各种设计速度下能够辨别障碍物的情况决定。在晚上，交通量少时，即隧道内透明度高时，平均路面亮度值可降低一半，但不能低于0.7cd/m²，而我国《公路隧道通风照明设计规范》表4.6.2－2中规定不小于1cd/m²。

总之，应该对隧道照明标准进行深入研究，确定更为合理的隧道照明设计标准值，这样会有利于降低隧道营运费用。

3）选择合适的光源

现行的选择隧道照明光源的指标是：光效高、透雾性能好、寿命不小于10000h。这里所指的光效是采用明视觉2°视野光度学系统确定的光效，即额定光效；但是，在中间视觉时，光源的光效不是一个固定值，而是一个随人眼适应水平而变化的值，所以，为了更符合隧道照明实际情况，并且考虑司辰视觉的影响，宜采用反应时间相等时，相对于高压钠灯的修正系数来评价光源的光效会更为合适；同时还要考虑光源的寿命、透雾能力和营运费、价格等方面的因素，即由光源性价比来选择隧道照明光源，即可从隧道照明光源：高压钠灯、金属卤化物灯、无极灯（电磁感应灯）、节能灯、LED灯中，利用反应时间实验等确定隧道照明光源。

4）选择合适的灯具

隧道照明灯具应满足防护等级不低于IP65，配光合适，眩光少，更换方便，防腐性能好等，而且为了节电，还要选择品质优良的照明配套电器——附件，要使间接能耗小。目前可选用品质优良的电子镇流器，也可选用节能型电感镇流器，但要加强检修维护，定期检测配电线路的无功损耗，及时发现及时更换。需要指出的是，不但要求光源质量好，而且还要求与其配套的附件质量也要好。如果高压钠灯采用普通型电感镇流器，一旦电容被击穿，将会引起配电线路的无功损耗成倍增加，浪费大量电能，电费也会增加。

隧道内汽车废气大，可见度差，而且会污染灯具的透光表面，光损失严重，所以灯具的维护系数一般为0.5～0.7，我国取为0.6～0.7，即有30%左右光能损耗掉了。这可以用二氧化钛（T_iO_2）光触媒膜自动去掉灯具透光表面上汽车废气和油污等污垢，提高光透过率。如果采用这一成熟的先进技术措施，估计可使灯具维护系数提高到0.8左右。

二氧化钛光触媒膜具有很强的氧化分解作用，会使有机物分解，自动清洁灯具透光表面，而且化学稳定性好，强度大，硬度与玻璃相同，寿命长，材料价低。在隧道照明中采用二氧化钛光触媒技术，可以消除汽车废气、尘埃在灯发光面上的污垢，增加光输出，减少灯具人工清洁次数，降低维护费用。

5）增大光反射比

如果选择合适的灯具及其安装角度，并且增大顶棚和墙壁的反光比，由于隧道顶棚、墙和路面之间的多次反射，估计可使隧道照明反射光增量系数将比表面未作处理的隧道增大20%，即节电20%左右。隧道内路面平均水平照度

$$E_{av}=\frac{\eta\Phi MN}{WS}K_\rho \tag{20}$$

式中　η——利用系数；

Φ——额定光通量；

M——灯具维护系数；

N——灯具布置系数，对称时为2，交错和中线时取为1；

W——路宽；

S——灯具间距；

K_ρ——反射光增量系数。

隧道照明反射光增量系数 K_ρ 数值见表8。

在《公路隧道通风照明设计规范》隧道照明计算一节中，计算路面平均水平照度式（4.11.2－4）少了一个系数 K_ρ。实际上，反射光增量系数最大值比最小值大34%，所以从降低隧道建成后长期营运费用和节能观点看，增大光反射比也是照明节电的好措施。

表 8　隧道照明反射光增量系数 K_ρ

照明器的光通量分配比例（%）／反射率（%）		天棚	5	5	5	10	10	10
		墙壁	25	30	35	25	30	35
天棚	墙壁	路面	70	65	60	65	60	55
10	10	10	1.03	1.03	1.04	1.03	1.04	1.05
10	15	10	1.03	1.04	1.05	1.04	1.05	1.06
10	25	10	1.05	1.07	1.08	1.06	1.08	1.09
10	50	10	1.10	1.13	1.15	1.12	1.14	1.17
10	10	15	1.03	1.03	1.04	2.04	1.04	1.05
10	15	15	1.04	1.04	1.05	1.05	1.05	1.06
10	25	15	1.06	1.07	1.08	1.07	1.08	1.10
10	50	15	1.10	1.13	1.16	1.11	1.14	1.18
10	10	25	1.03	1.03	1.04	1.04	1.04	1.05
10	15	25	1.05	1.05	1.06	1.05	1.06	1.07
10	25	25	1.07	1.08	1.09	1.08	1.09	1.11
10	50	25	1.12	1.14	1.17	1.13	1.16	1.19
15	15	10	1.04	1.05	1.06	1.05	1.06	1.07
15	25	10	1.06	1.07	1.08	1.07	1.08	1.09
15	50	10	1.11	1.13	1.16	1.12	1.15	1.18
15	15	15	1.04	1.05	1.06	1.06	1.06	1.07
15	25	15	1.06	1.07	1.08	1.07	1.08	1.10
15	50	15	1.11	1.14	1.17	1.13	1.16	1.19
15	15	25	1.05	1.06	1.07	1.06	1.07	1.08
15	25	25	1.07	1.08	1.09	1.08	1.09	1.11
15	50	25	1.13	1.16	1.19	1.15	1.18	1.21
25	25	10	1.06	1.08	1.09	1.08	1.10	1.12
25	50	10	1.12	1.15	1.18	1.14	1.18	1.21
25	25	15	1.07	1.09	1.10	1.09	1.10	1.12
25	50	15	1.13	1.18	1.20	1.16	1.10	1.23
25	25	25	1.09	1.11	1.12	1.11	1.12	1.14
25	50	25	1.16	1.19	1.22	1.18	1.22	1.26
50	50	10	1.17	1.20	1.24	1.21	1.25	1.30
50	50	15	1.19	1.22	1.26	1.23	1.27	1.32
50	50	25	1.23	1.27	1.31	1.28	1.32	1.37

6）合适的照明控制

隧道照明系统一般包括入口照明、过渡照明、基本照明、出口照明、洞外引道照明和应急照明，其中过渡照明由三段照明组成。照明方式一般采用双侧对称布置，也可采用中线布置和双侧交错布置。但是，不同路段选用的光源应满足照明控制的要求，能够对季节、天气、时间、车流量进行照明控制以及在特殊情况时进行应急照明。重庆地区夏季白昼晴天多，洞外亮度大，入口照明和过渡照明水平应为最高；冬季白昼阴天多，洞外亮度较小，则入口照明和过渡照明水平可以调低一些。晴天白昼洞外亮度比阴雨天高得多，所以隧道照明控制也应随之变化；此外，正南向的洞外亮度在当地是中午12点会比其他时刻时大一些，照明控制也随之动作。在冬季的下半夜交通流量会减少，可采用降电流节电控制器使路面亮度下降到 $0.7cd/m^2$，从而达到节电目的。

（2）管理节能

管理节能主要是指对隧道内光源、灯具等按规定进行维护，即对灯具进行定期清洁工作，对光源和附件进行检修，尤其是检查气体放电光源的无功补偿电容有无击穿，此外还需要对照明控制装置进行调整等。总之，对隧道照明系统进行维护的目的是提高照明灯具的维护系数，使照明系统处于良好的工作状态下，使隧道照明系统不但满足照明要求，而且达到节能要求。

3. 小结

高速公路隧道照明节能的重点是照明设计节能和管理节能。如果按照上述各项要求去做，估计可以节约电费达40%，其中对节能贡献较大、安全实用、可靠合理、技术先进的措施：根据每一条隧道的实际情况确定合理的洞外亮度值、二氧化钛触媒膜应用和增大隧道两侧墙和顶棚的光反射比。只有采用这些措施，才能降低隧道照明营运成本。

参考文献

[1] JTJ026. 1—1999. 公路隧道通风照明设计规范.
[2] CJJ45—2006，城市道路照明设计标准.
[3] ANSI/IESNA RP-8-00. Roadway Lighting.
[4] Publication：CIE88—1990. GUIDE FOR THE LIGHTING OF ROAD TUNNELS AND UNDERPASSES.
[5] Publication：CIE88—2004. GUIDE FOR THE LIGHTING OF ROAD TUNNELS AND UNDERPASSES.

导光管照明技术在隧道照明中的应用前景

张青文　陈仲林　余　洪　罗　玮
（重庆大学建筑城规学院）

1. 引言

随着我国道路交通事业的迅猛发展，隧道数量也日趋增多。由此带来了隧道照明设施的经费投入及运营电力费用不断增高等一系列问题，能否选用一种既经济节能，又能提高行车安全及舒适度的隧道照明系统，已显得尤为重要。

空心导光管是一种特殊的照明技术，它可将人工光源或天然光产生的光通量进行传输并相当均匀地分布在很大的范围内。光线沿导光管进行镜面反射或经棱镜曲面的完全内反射，并能按所需取向分布光通。导光管照明起源于18世纪，但大规模的投产却是在100年以后。从1980年至今，分别由俄罗斯、乌克兰和北美等国生产的各类导光管共有112000多套，其中多为冲压铝系统或采用分光膜及聚乙烯对酞酸盐反射膜的导光管系统，这些系统可分别将人工光源或由定日镜所跟踪采集的天然光经导光管传输并分配于照明场所，除多用于一些易燃易爆的危险区域和灯具维修费用耗资较大的场所外，亦用于建筑物内部和地下空间的天然光照明[1]。导光管的光效虽不是太高，但它具有节能、降低维护费用、延长使用寿命和照度分布均匀及低眩光效应的特点。如今，有12个国家的15家公司在生产导光管系统，其中，美国、加拿大、瑞士、俄罗斯和乌克兰等国正在继续该领域的研究，并希望用于更多的照明场所。

尽管导光管照明技术已日趋成熟，但在隧道照明中的应用却有待开发。隧道照明不同于一般场所的功能照明，它在昼夜照明的条件下，必须考虑驾驶员在隧道内不同区段的视觉适应性，因此，对各区段路面亮度有不同要求[2]。设计时，通常以控制光源的数量，即不同的安装密度来实现各分段的光通量分配，这样 当灯具安装间距稀疏时，就很难保证路面亮度的均匀性。而对路面亮度要求较高的入口和出口段，也只有安装更多的光源来满足照明需要，却无法有效地利用天然光资源。利用导光管照明技术不仅可均匀分配所传播的光通量，还能通过日光跟踪系统，将采集到的天然光经导光管传播至洞口内部。不仅如此，导光管在隧道照明中的运用还可降低采用常规灯具所需的电能、材料、安装及维护费用，从而起到经济节能和提高行车安全及舒适度的作用。

2. 隧道照明的特点及要求

由于隧道特殊的构造，隧道照明不同于一般的道路照明，当驾驶员在白昼驶入或驶出隧道时，会分别由“黑洞”和“亮洞”现象引起不良的视觉效应，即由亮环境至暗环境或由暗环境至亮环境所产生的人眼适应滞后现象。因此，人眼需要一定的适应时间，以恢复对路面状况的识别，从而防止事故的引发[3]。这样，也就要求将隧道分为不同的照明区段，以亮度的过渡来满足视觉适应的需要。因此，特将隧道照明系统主要分为入口段照明、过渡段照明、中间段照明和出口段照明4个部分。

入口和出口段照明应具有消除“黑洞”与“亮洞”现象引起的人眼适应滞后的作用，因此，这两段除基本照明外，均应设置加强照明，以保证有足够的亮度来消除“黑、亮洞”现象。有研究表明，对于长度$L \leqslant 3000$m的中、长隧道中，加强照明所需的用电量约占整个隧道照明用电量的50%，耗能较高。过渡段照明亦根据人眼的视觉适应特点，要求亮度呈逐渐下降趋势，直至过渡到中间段照明。中间段照明又称基本照明，它在人眼已适应洞内照明环境的基础上，应保证驾驶员在特定的车速下，能够正确识别路面状况，以对突发事件做出最快的反应。无论在何种照明区段内，都应保证良好的照明均匀度并防止眩光对驾驶员所造成的视觉干扰。

3. 导光管照明系统的工作原理及性能

导光管照明系统主要由人工光源或定日镜（日光采集器）和导光管构成，导光管可将来自于光源或定日镜的光通量传播至照明场所，因此，导光管的性能决定着照明质量的优劣，它在整个系统中起着重要的作用。目前，世界上生产的导光管主要有两种类型：有缝导光管和棱镜导光管。

（1）有缝导光管

这种导光管截面呈圆筒状，内表面喷涂有高反射率的金属镜面反射涂层，圆筒下方开有长长的出光缝，光线由此逸出，并传播至照明区域，故又称其为圆柱形金属镜面反射导光管（见图1）。该导光管可用刚性或柔性材料制成，其管径多为1.2～0.45m，管长可达80m，管壁厚度为20～50μm，适用于大面积的照明场所。这种导光管的优点在于可通过圆柱体的旋转或改变出光缝的宽度来控制光分布，它在导光管中具有最低的造价。但是，由于这种导光管利用多次反射的原理，造成光在传播过程中损失较大，使得导光效率相对较低[4]。

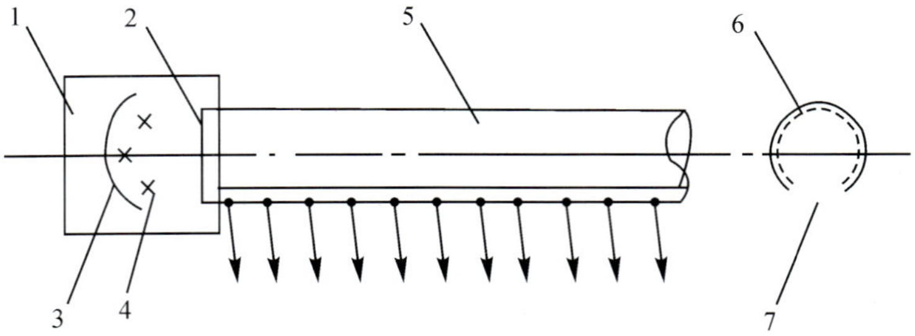

图1　有缝导光管

1—辐射导入装置　2—导光管透明端面　3—辐射导入装置的光学系统
4—光源　5—有缝导光管的圆柱形直管道　6—有缝导光管壁面的镜面反射部分
7—有缝导光管的透光部分“光学缝”

（2）棱镜薄膜空心导光管

这种导光管根据光辐射在光密介质中的全反射原理而制造（见图2）。其棱镜薄膜用透明的有机玻璃或聚碳酸脂制成，薄膜厚0.5mm，其两侧分别为平滑表面和具有均匀分布的纵向波纹面。这些波纹的截面是顶角为90°的三角形棱镜，当光线射到平滑表面上而不被反射时，就会射入材料内部，若将棱镜薄膜作成圆柱空心管，沿管道轴线方向入射的光线就可通过导光管断面进入，并经多次反射后到达管道的另一断。这种导光管具有优良的亮度均匀性，但由于工艺技术水平的限制，目前很难制作大尺度的棱镜导光管，从而难以解决大面积照明区域的光通量传播[4]。

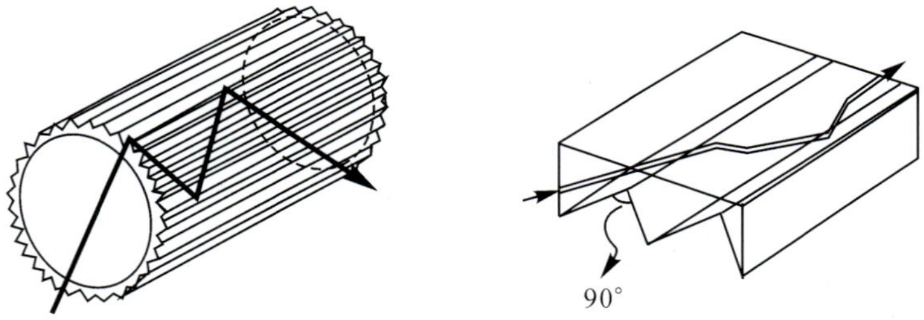

图2　棱镜导光管

（3）定日镜

定日镜是一种跟踪太阳并将阳光反射汇聚到固定位置的聚光装置。定日镜种类虽多，但大致可分为采用双轴跟踪方式的传统定日镜和采用单轴跟踪方式的极轴式定日镜[5]。前者分别利用与地球自转轴平行的赤经轴和位于赤道平行平面内的赤纬轴相互垂直旋转跟踪太阳，使太阳光始终照射在随两轴旋转的平面镜上，并经其反射至光学汇聚系统，再通过导光装置，传播到所需的照明场所。虽然，在跟踪过程中镜面法线的方向在时刻变化，但反射光的方向却不会改变。目前，工程中多采用极轴式定日镜（见图3）。这种定日镜只需单轴转动跟踪太阳时角，由于太阳赤纬角的日变化量很小（约0.4°），只需定期调整即可，它克服了传统定日镜跟踪装置结构复杂、造价高的缺点，如美国明尼苏达大学的C/ME大楼，就曾采用极轴式定日镜跟踪阳光，并成功地将其导入室内空间深处和33.5m深处的地下大厦。该工程采用了10个定日镜和一套光导系统，每面定日镜约有面积为1.5m^{2}的椭圆形太阳反射面，其反射率可达80%，即使整个传递过程中损失掉75%的光通量，每面定日镜亦能把 3.3m^2 的面积照亮到 1076lx，即每平方米定日镜反射光照明 25m^2 面积所产生的照度比当时的办公室照度标准还高 20%[6]。

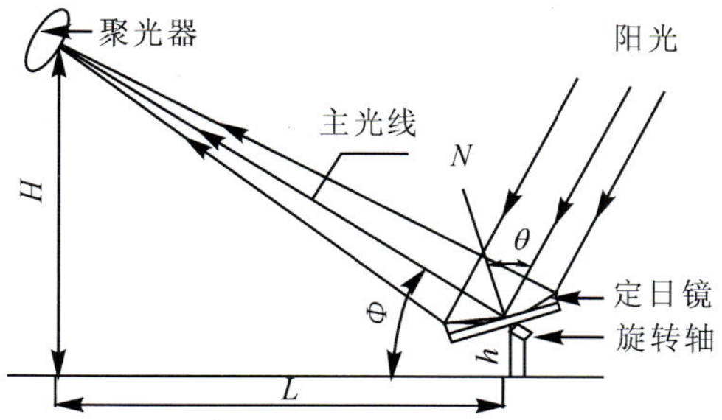

图 3　极轴式定日镜

4. 导光管照明系统应用于隧道内的可行性分析

这里以某公路隧道为例，对其采用导光管照明系统进行了可行性分析。该隧道的单行车道为东西走向，纵断面为直线性，其出入口处地形狭窄，有山地树林环绕，隧道总长 300m，洞顶高 7.0m，左右人行道均宽 1.0m，路面宽 7.0m，洞口立面如图 4 所示。

整个隧道内共分为入口段、过渡段、中间段和出口段 4 个照明区间。根据《公路隧道通风照明设计规范》（JTJ026.1—1999）” 中的入口段亮度计算式 $L_{th} = kL_{20}(S)$（k 以双车道单向交通，车流量每小时≤700 辆，车速按60km/h取值，L_{20} 按洞外实际环境条件查表取值），可求得 L_{th} 为 56cd/m^2，其余照明段的亮度标准及各照明段长度均按规范要求查表或计算取值，各区段的路面亮度总均匀度不得小于 0.4，亮度纵向均匀度不得小于 0.5。图 5 为各区段照明指标直方图。

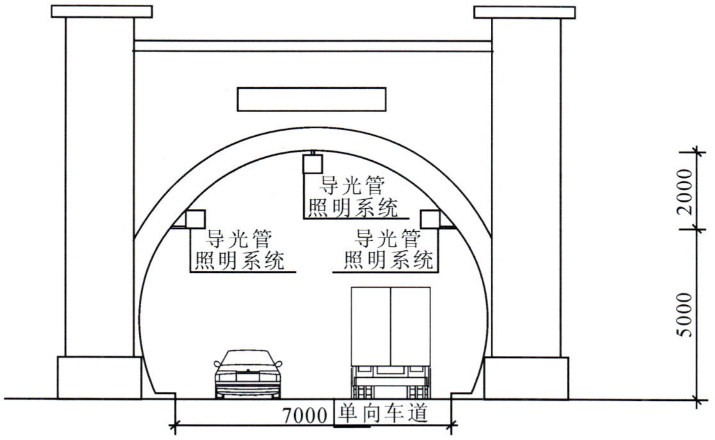

图 4　某公路隧道入口立面图

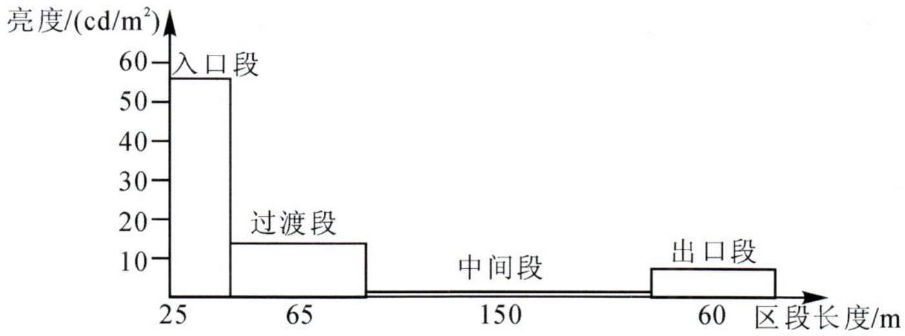

图 5　各区段照明指标直方图

（1）入口和出口段的导光管照明设计思路及方法

由于入口和出口段距洞外最近，因此，它们具有利用天然光照明的最佳条件。采用极轴式定日镜自动跟踪直射日光，将定日镜反射后的日光经光学系统汇聚后，再由有缝导光管传往隧道内的照明空间，应是目前效率较高，相对经济的隧道天然采光方法。由图 5 可知，出、入口段具有相对较高的照明标准，因此，应按标准要求，以定日镜的反射效率及导光管的利用系数为计算依据，根据隧道照明计算公式

$$E = N\Phi UKK_1/BS \tag{1}$$

并算得欲达到相应照度标准所需的总光通量[7]

$$\Phi_1 = E_iBS/NUKK_1 \tag{2}$$

式中　E—— 平均照度；

Φ—— 来自于照明器或定日镜的总光通量；

U—— 车道上的直射光照明利用系数；

K—— 减光系数；

N—— 按排列方式确定灯数(1 或 2)；

K_1—— 因相互反射作用使照度上升的系数；

B—— 车道宽度；

S—— 车道长度；

Φ_1—— 由相应的照度标准算得各区段所需的照明总光通量。

由此确定定日镜及导光管的规格、数量、尺度及安装方式等（本例中采用的导光管利用系数来源于某工厂车间的导光管照明装置）。

如何在既能满足隧道照明照度标准的前提下，又可达到良好的照度均匀度，是保证照明质量的关键。一般来说，在隧道照明中，其路面均匀度的优劣主要取决于灯具的配光及安装方式，灯具间距过大，往往是降低均匀度的主要因素。而有缝导光管具有较长的连续光带，不仅避免了常规灯具所难以克服的间距影响，还可通过对导光管管体的旋转和改变出光缝的宽度来调整光通量的分布，使被照面达到良好的照度均匀度。

入口和出口段的有缝导光管系统可由日光汇聚箱、灯箱（灯箱用于无直射阳光或夜间照明时需要）、管体、管体旋转装置、出光口控制器等主要部件构成。日光汇聚箱内设有光学汇聚系统，灯箱内则可安装大功率投光灯（灯具可特制），如高压钠灯或金卤灯，其光通量均可直接传往导光管。灯箱内的电光源照明设施应具有自动调节的功能，当天然光照度不足时，电光源照明系统便自动启动，使被照区域始终保持合适的照度。以式（1）和式（2）的计算结果为依据，该入、出口段应分别选用三组和两组导光管，导光管直径约 45 cm，管体为全密封式（出光口装有透光玻璃罩），可有效防止灰尘和空气氧化对管内反射膜的影响。入口段分别采用两侧和顶部安装方式，出口段仅采用两侧安装方式（见图 4、图 6 和图 7），入、出口段的导光管单位长度分别以 10m 和 18m 为一段，其短管连接可采用法码盘或嵌入式，管内可用龙骨结构或直接加接箍件，以保证光管成型并具有一定的强度。

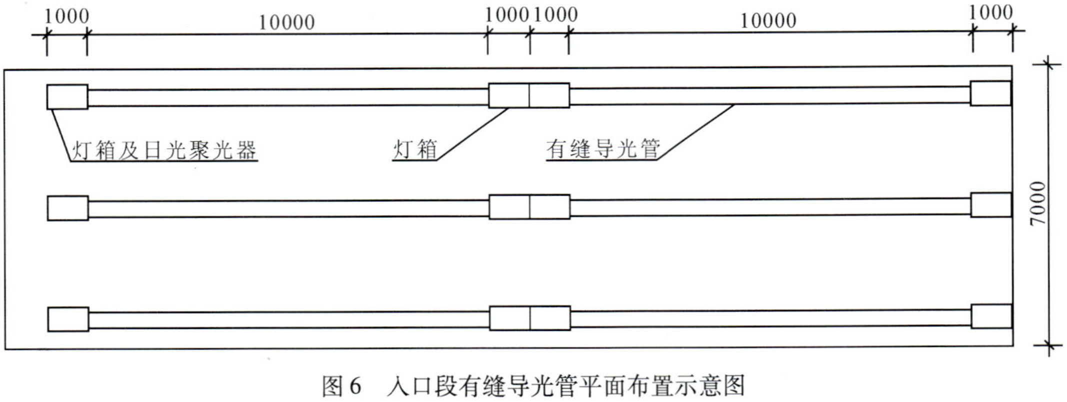

图 6　入口段有缝导光管平面布置示意图

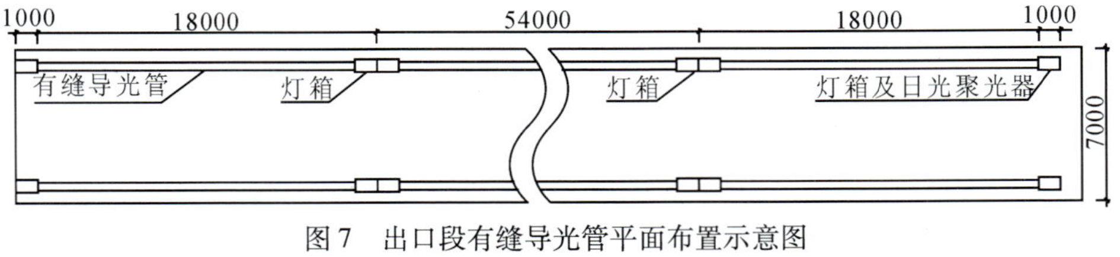

图 7　出口段有缝导光管平面布置示意图

（2）过渡段和中间段导光管照明设计思路及方法

过渡段和中间段距洞口较远，天然光传输衰减较大，难以满足隧道深处的照明要求，且过渡段和中间段对亮度要求不高，故这两个区域可完全采用人工光源的导光管照明方式，即用大功率的高压钠灯或金卤灯作为导光管的光源。这种方式较常规照明灯具，不仅有利于照明质量的提高，更具有节能和降低材料、安装及维护费用等优点。由于过渡段和中间段的照明标准有所差异，因此，应以实际所需的总光通量为依据，由光源功率、导光管数量及安装方式的不同予以控制。鉴于此，本例中的过渡段和中间段可分别采用两组和单组导光管照明系统（见图 8、图 9），并分别按两侧和吊顶方式安装。过渡段和中间段的导光管长度各为 16m 和 20m 一段，其规格及利用系数与入口和出口段所选用的相同。

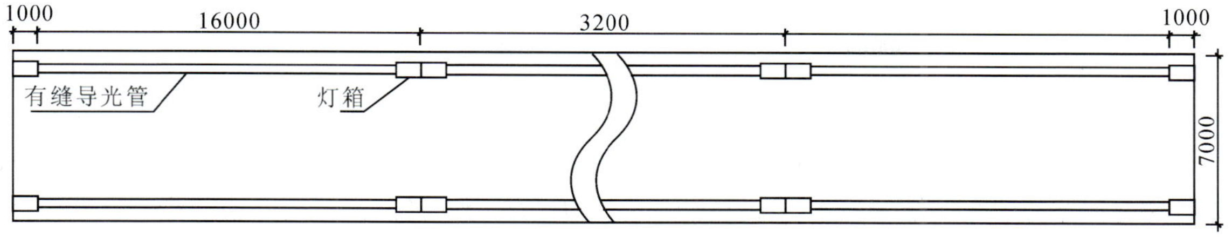

图8 过渡段有缝导光管平面布置示意图

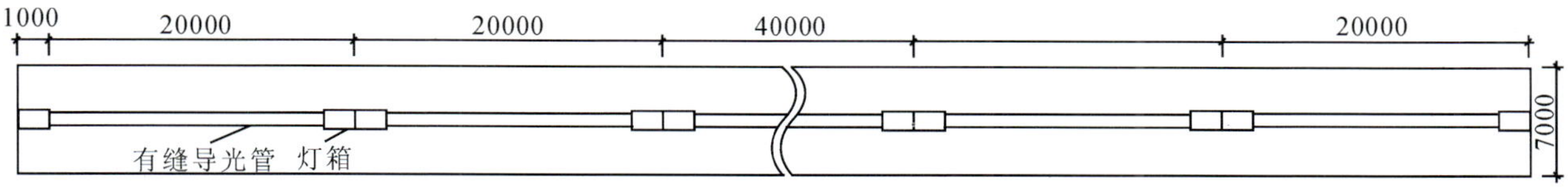

图9 中间段有缝导光管平面布置示意图

上述可行性分析来源于国内外导光管照明的应用实例，如我国天文界、能源研究部门和中科院建筑物理研究所等部门，早在20世纪90年代初就进行过“将日光引入煤矿井下”的研究项目，并取得较好的效果。美国、俄罗斯和欧洲等国也早已成功地应用导光管照明系统将日光引入到建筑物内部和某些地下空间，正是这些应用成果为实现隧道内的天然光照明奠定了基础。

5. 结论

导光管照明技术已日趋成熟，但在隧道照明中的应用却有待于开发。尤其是在当今世界能源短缺，环境污染严重的情况下，人类的可持续发展显得尤为重要。作为取之不竭，用之不尽，清洁环保的太阳能则是最好的能源，因此，如何在降低成本，提高效益的前提下，将其利用于隧道照明中，应是我们的重要研究内容。尽管导光管照明技术已有了一定的应用基础，但在隧道照明中，如何做到真正意义上的经济实用，却还需进行大量的工作。本文根据国内外导光管照明技术的发展现状、导光管产品的技术性能及工程应用实例，结合了隧道照明的特点及规范要求，并以实际隧道为范例，以较强的可行性，阐明了导光管照明技术应用于隧道照明中的广阔前景，以求为广大的照明科技工作者在隧道照明的节能研发中，起到抛砖引玉的作用，能为我国的节能减排事业发挥力量。

参考文献

[1] 宁华，杨蔚然．导光管的应用与展［J］．中国照明电器，2000（3）：27－29.
[2] 周科．隧道照明设计浅谈［J］．山西建筑，2007，33（20）：199－200.
[3] 涂耘．公路隧道节能照明设计研究［J］．灯与照明，2007（2）：37－39.
[4] 王爱英，陈仲林，时刚．导光管绿色照明探讨［J］．中国照明电器，1998（10）：16－18.
[5] 魏秀东，卢振武，刘华．一种新型极轴跟踪式定日镜的研究［J］．太阳能学报，2006，28（6）573－575.
[6] 张青文．国内外地下空间天然采光概况［J］．地下空间，1990（3）：227－231.
[7] 韩风，张启东，赵亿堂，等．建筑电器设计手册［M］．北京：中国建筑工业出版社，1994．

基于光导传输技术的主动式管式天然光导入系统应用研究综述①

袁宗南 张 昕 詹庆旋
（清华大学建筑学院）

按照集光方式将管式天然光导入系统分为主动式与被动式两种。目前国内外的应用和研究中，主动式集光是主要方向，本文主要探讨主动式集光类型的应用情况。

① 北京市自然科学基金资助项目（太阳光导入器提供北京地下空间照明的建筑光学关键技术，课题编号8083028）

典型的管式天然光导入系统由三部分技术组成，包括外部集光器、光导传输装置、内部照明器，其中的关键技术组成部分是连接内外的光导传输装置，即所谓的光导管。根据现有的技术研究和实践积累，可将光导传输方法和技术分为四类，即光线透镜式（beam/lens systems）、空腔镜面反射式（hollowmirrored guides）、空腔棱镜式（hollow prismatic light guides）、实体核心式（solid core systems）[1]。在实际应用中，主动式集光结合实体核心式、空腔棱镜式和空腔镜面式传输方式形成了几种较为成熟的综合系统，包括以光纤方式传输的日本“采光向日葵”（Himawari）系统、美国的 HSL（Hybrid Solar Lighting）系统、德国的 Solux 系统；以空腔棱镜式传输的欧洲 Arthelio 系统；以空腔镜面式传输的瑞士 Heliobus 系统，柏林和马来西亚的定日镜（Heliostats）系统。

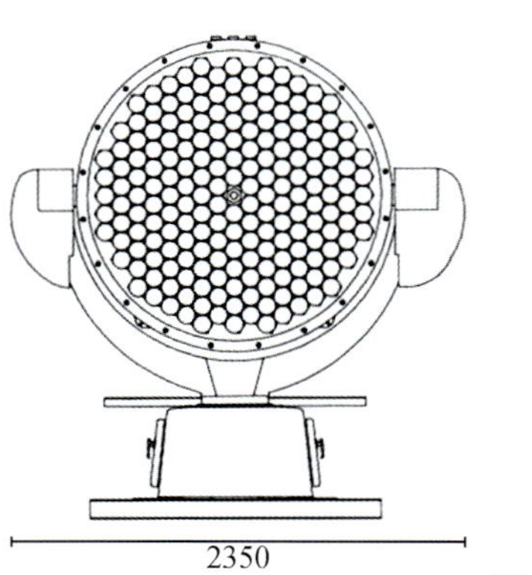

图 1 Himawari 系统中最大的集光器[2]

1. 实体核心式传输的主动式系统

（1）“采光向日葵”（Himawari）系统

该系统在 20 世纪 70 年代由 Keimori 教授研究并发展，其第一代产品在 1979 年出现。整个系统的集光部分采用 GPS 定位、凸镜组聚焦提升阳光照度、光纤导入、阳光自动跟踪系统[2]。集光器是由一组六角形的菲涅尔透镜排列组成蜂窝状（见图 1）。感光装置设置在集光器的中心位置，具有内部时钟和一组微型处理器用来跟踪太阳。在天气较好的情况下，太阳感应装置能够准确地确定太阳的位置；当太阳被云层遮挡时，集光器会依靠内部时钟和微型处理器的计算调整方向，使得云层运动离开，不再遮挡太阳光时，集光器能够准确地定位太阳位置；当日落的时候，系统会根据时钟和处理器的计算自动转向日出的方向并关闭系统至第二天日出[2]。

该系统集光器上每个菲涅尔透镜通过聚焦太阳光线导入连接的一根直径 1mm 的光纤。几根光纤捆绑形成整个系统的导光传输部分。最小的组成是由 6 个菲涅尔透镜联合 6 根光纤，在此基础上形成 12 根、18 根等组合方式。此外，光导纤维的入射端精确定位在紫红外线之间的可见光焦点上，通过物理距离差异定位将紫外线大幅度地拦截下来，经测试只有 1/2 160的紫外线进入室内。同时对太阳中的 X、Y、Φ、β、γ、α 等具有放射性的射线也全部进行了排除[2]，最终进入少量的紫外线、红外线和大量的可见光。

该系统应用数据记录中显示，当集光器接收 98 000lx 的太阳光线时，每根大约 15m 的光纤在透镜的集光下能够输出 1 920 lm的光通量。“向日葵”导入的阳光其照射覆盖范围的直径与距离的比例关系是 1.1:1[2]。

Himawari 系统对于强调光谱和热量控制的空间有较强的适用性，如水族馆、光合细胞培养室。系统的标准机型为“6 镜”、“12 镜”、“36 镜”三种，定单产品有“90 镜”、“198 镜”两种。对于运行和维护，Himawari 系统相对维护简单且运行费用较低。例如，12 眼“向日葵”一年用电约 11kW·h，集光部的透明圆罩用水清洗即可[2]。

（2）HSL 系统

该系统的开发旨在完成美国的一项节能计划（该计划预计截止 2020 年，节约超过 5 亿美元和 30 亿 kW·h 电力）。由此开发的 HSL 系统包括主动式太阳光收集器、光纤传输、太阳能电池和常规电力。整个系统的研发和应用在美国 3M 公司、Sandia 国家实验室和 Oak Ridge 国家实验室等机构中进行。

图 2 HSL 系统的集光器

资料来源：www. hsllinghting. com

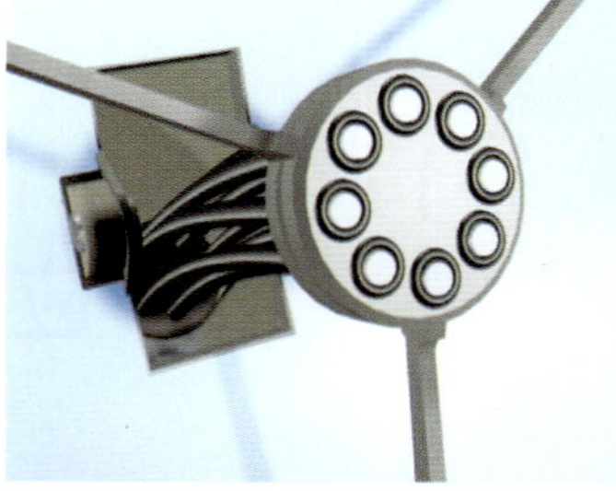

图 3 HSL 系统 8 组光纤组成的中央部位

资料来源：www. hsllingting. com

与 Himawari 系统类似，HSL 系统的太阳光集光器是一组双轴日定位跟踪装置，它的主镜面设计为碗碟状用以反射汇聚太阳光进入该碗碟状焦距处的二级光学系统（SOE）。二级光学系统选择了一种冷光镜，可以分离入射光的可见光和近红外光。冷光镜通过分离反射可见光部分至一系列核心半径较大的光纤，光纤组设置于集光器的中央部位（见图 2）。红外光则通过冷光镜透射进入光电池组件，由于光电池对于红外波段的光线最为敏感，这种方式可以更大程度上为光电系统提供电力[3]。

基本的光线传送部分是由 8 根光纤组成，每根光纤的直径为 18mm。如图 3 所示，8 根光纤端口形成直径 54mm 的圆形组件位于集光器中央。光纤的具体应用数量与尺寸取决于所使用的碗碟状主镜面尺寸。

内部照明器采用复合式，即人工光源和天然光组合，人工光源与光纤出光端共同设置于散光器内。当太阳低于地平线或者阴天情况下，启动人工照明。人工光源与天然光的良好混合主要取决于人工光源的光色和散光器的设置。HSL 系统开发了两种不同的光散射技术使得光纤终端的发光形式与普通的圆柱荧光灯管类似：1）采用圆柱形的散光条（直径 2.54mm）设置于传统灯具内，另一端连接光纤终端，不足之处在于散光条的效率仅为 50%；2）采用丙烯酸棱镜散光装置，这个光线散出组件有微光学棱镜结构形成的直径 15mm 的散光器，其效率理论上可以达到 90%[4]。为了确保照明水平的稳定，该系统配以一套准确的控制器，即使在云层暂时性地遮挡阳光时，控制器也可自动根据天然光条件调节人工光源的强度，控制器同时也可以直接手动开闭调节控制。

结合整体系统集光、传光和散光中各个元件（主要为主镜面、二级光学系统、光纤入口、光纤传输和照明器）的效率考虑，HSL 系统对于单层建筑应用的综合系统效率约为 50%，对于二层建筑应用的综合系统效率约为 30% ~35%（受光线分配、光纤长度的影响）。当 $2m^2$ 的集光器接收到 100 000lx 的天然光时能够分别为一层建筑和二层建筑传送100 000 lm 和 60 000 lm 的光通量，假设 $90m^2$ 的房间平面能够均匀地对光线进行分配，系统能够分别提供给一层建筑和二层建筑 1 000lx 和 650lx[5]。

目前该系统已有效应用于美国加州的 Sacramento 办公建筑、德州的沃尔玛超市商业建筑等项目中，其节能效果明显。例如，德州 McKinney 的沃尔玛超市应用了 HSL 系统，主要安装于电器专卖的空间内，并采用点投光的方式，解决了该空间无法增设天窗而改进节能和照明的问题；荧光灯作为整个空间的辅助光源，根据天然光的条件进行自动控制。从 2007 年 3 月至今，该超市在 HSL 系统运行下进行了能耗监测和性能分析，其中 2007 年 9 月 HSL 系统带来了超过 50% 的节能效果[6]。

（3）Solux 系统

该系统是由德国 Bomin Solar Research（BSR）公司基于菲涅尔透镜技术研发的主动式天然光导入系统，传输部分采用的是液芯光导管。集光器同样采用了两轴模式，1m 直径的菲涅尔透镜能够集中 10 000 倍的太阳光线，通过设置一层滤光器保证进入液芯光导管之前能够过滤掉多余的热量[7]。太阳定位跟踪装置由一个日光定位的感应装置和一个计算太阳位置的微型处理器组成。光线被集中并过滤以后进入液芯光导管传输部分，其直径为2 cm并充满了由几种特殊物质构成的洁净液体。光线通过传输部分后进入散光的管体装置，用以发散照明于室内。由于液芯光导管的传输，发光端的光线呈微弱的偏绿色。其光线的传输损失随着长度而增加，每 10 cm 会产生 10% ~15% 的光线传输损失[8]。

图 4　德国技术博物馆的 Solux 系统集光器
（资料来源：www. ornl. org）

该系统最早安装于柏林的德国技术博物馆（见图 4），液芯光导管的长度为 5 ~7m，直径约为 20 cm，固定于屋顶并悬挂至室内。天然光从液芯光导管一端进入，而另一端则相连人工光源作为天然光条件不足时的备用。应用中偶尔出现过液体从液芯光导管中泄露的问题，这是由于过低的室外温度令石蜡凝固造成的。

2. 空腔棱镜式传输的主动式系统

最为典型的结合棱镜传输的主动式系统为阿斯里奥（Arthelio）系统，其研发旨在解决人工照明与天然光的有效结合。在目前欧洲该系统的应用案例中，大部分阿斯里奥系统采用了主动式的集光器。集光器一般为尺度较大的室外独立装置，内部为双轴或单轴跟踪定日系统，用以反射天然光进入菲涅尔透镜组。集光器也可加设可独立移动的二级集光装置，以满足最优化的集光。

在柏林技术大学和柏林 Semperlux 照明公司的应用案例中，经过主动式集光后光线均进入由 3M 公司开发的空腔棱镜技术的传输部分进行传送。柏林技术大学的阿斯里奥系统采用 $4m^2$ 定日镜和二级集光器，照明空间为建筑顶层的一个较小空间，定日镜被设置在屋顶接近房间的位置。Semperlux 公司的系统则采用了更大的 $6m^2$ 定日镜，不含有二级集光装置，光线经过定日镜水平地导入四组 1.4m ×1m 的菲涅尔透镜，透镜焦距为 1.2m[9]，设置了四个凹面镜将光线导入空腔棱镜光导管。整个集光设备被放置于一个称为“混合箱体”的装置，便于清洁的状态和维护（见图 5）。其中设置了 1 000 W 的可调硫灯作为后备光源。连接这一混合箱体的装置为两根 12m 长、30 cm 直径的空腔棱镜式传输组件。整体混合式的导光系统可以满足不同时段、不同季节的照明需求[10]。

图5　柏林阿斯里奥导入系统的屋顶混合箱体[1]

图6　镜面反射光至装配棱镜的空腔[1]

奥地利的阿斯里奥系统同样采用主动式的集光组件。集光组件采用了日光跟踪系统与被动镜面反射的结合方式（见图6）。采用两组可调的配有菲涅尔棱镜的300mm空腔棱镜传输部分。天然光被导入一个7.8m长、4.5m宽、2.4m高的无窗地下空间。散光装置是通过棱镜墙体实现，使用者可以调节室内装置的镜面去反射导入的太阳光，满足工作空间的需求。同时设计了后备补充的荧光灯系统。整个管式天然光导入系统能够提供100～1 200lx的光线，相比于室外太阳光条件，该系统的整体效率约为30%。类似这种的管式天然光导入系统在欧洲其他地域也有使用，通过连续的能源消耗监控，对该类型导入系统的相关照明能源的统计显示：相比传统的电力照明系统能够节约40%～60%的能源消耗。其综合造价为225欧元每平方米，十倍于提供相同照明水平的传统电力照明系统[11]。

图7　屋顶的单位轴定日追踪集光器[10]

米兰的阿斯里奥导入系统应用案例为单层的仓库建筑（见图7）。集光组件只采用了单轴线的光线捕捉头，主要建立在一个菲涅尔透镜的元件上。为提高集光性能，特殊的机械元件被设计并加入到该集光系统中，使其能够根据太阳光线自动运动并获得高水平的天然光。整个系统能够为工作面提供200～250lx的照度。统计显示，该系统在感应和可调装置的辅助下能够替代整个建筑约67%的荧光灯设备[10]。

3. 空腔镜面式传输的主动式系统

该类主动式定日系统由瑞士开发并被称为Heliobus，它采用了一个匙状的定日镜固定在建筑屋顶上并连接光导管。整个系统各个部分结合紧密，光线由匙状的定日镜（见图8）根据太阳位置进行旋转接收天然光，匙状的形式同时能够集中发散的光线并导入下部较大的一个方形空间，光线在此空间内通过反射进入空腔镜面式导光管。导光管中部设有连接口，可以按照对照明的需求进行光线转移，转移的方式为设置水平散光条构件。整个系统除匙状定日镜外均为固定装置[13]。

图8　Heliobus系统匙状定日镜[12]

图9　波斯坦广场的光导装置[13]

尽管Heliostats统称为定日镜系统，但是上文提到的如阿斯里奥定日镜系统或向日葵系统均采用平面透镜或碗碟状的镜面进行集光。而在德国和马来西亚，管式的Heliostats系统与瑞士开发的Heliobus系统类似，均采用管状的形式，因此更适宜结合固定的、半径较大的空腔导光管。

在柏林的波斯坦广场中，连接地下车站的空间外部周边均为高层建筑，而该空间的设计中希望结合外部景观引入自然光，因此三个管状的定日系统联合空腔镜面导光管被引入该空间（见图9）。定日装置采用平面圆形透镜而不是匙状定日镜。这些光导管事实上由两层管体形成，外层为玻璃而内层为金属，两层之间的夹层为特殊的高反射透明膜，金属层内部又覆盖了较高反射率的薄膜[13]。在该案例中天然光导入系统尽管采用了主动式集光方式，但整体效率较低，更大意义上表现的是系统的景观效益。

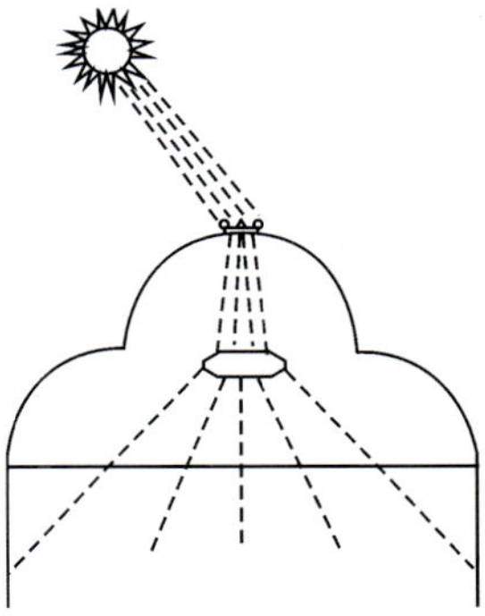

图10　MasjidWilayah清真寺光导技术图示[14]

马来西亚的Masjid Wilayah清真寺采用了12组定日镜系统，为一个面积3 600m² 的空间提供天然光照明，该空间的主要功能为祷告、布道[14]。清真寺的屋顶由一个主要的穹顶和三个相邻较小的穹顶构成（见图10）。直径1m的定日镜被安装在中央穹顶的顶部，通过反射太阳光线进入一个类似金字塔形状的玻璃空间内，进而在空间内反射传输光线进入祈祷堂。

4. 光导传输、集光组件的比较

实际应用中，系统各部分组件协调组成，其性能受到各部分的效率影响以及结合部分的效率影响，本文对各相关元件类型进行对比分析，如表1和表2所示。

表1　光导传输组件的分类比较

类型			分析		可搭接元件	造价（2006）
名称	图像	描述	优点	缺点		
光线透镜式		一系列的透镜按照相应的焦距要求设置，用以改变和传导光线	可提供大面积照明，光色等阳光性能无任何改变	系统效率低，安装及维护技术较为复杂	连接菲涅尔透镜组件或其他集中光线组件	

（续）

类型			分析		可搭接元件	造价（2006）
名称	图像	描述	优点	缺点		
空腔镜面式	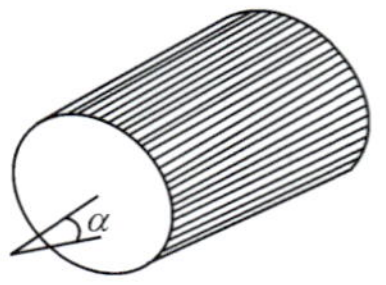	镜面材料系统用来反射光线到达需要的空间	造价最低，安装简易	系统效率较低，光导传输部分长度限制明显	连接其他镜面传输系统	1.2m × 1.2m镜面反射器约为259美元
空腔棱镜式	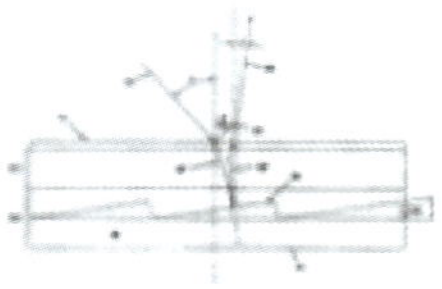	有机玻璃或聚碳酸脂制成，其截面是三角形棱	质量小，相对小直径可提供较高光通量	安装复杂，由于精确的内部结构，因此系统稳定性相对不足	连接非涅尔透镜组件或其他集中光线组件	
实体传输式（光纤）		由多根光导纤维组成，包裹保护材料	高效、可弯曲、传送距离远	费用高、维护技术要求高	连接非涅尔透镜组件或其他集中光线组件	15.8mm直径每米68美元

表2　集光组件的分类比较

类型			分析		可搭接元件	造价（2006）
名称	图像	描述	优点	缺点		
集中式非涅尔透镜	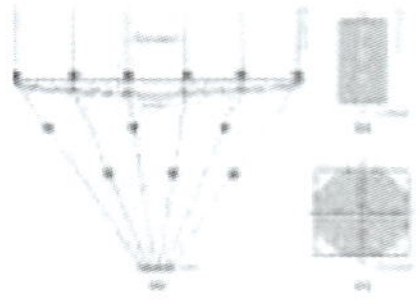	通过非涅尔透镜将太阳光收集集中	能够增大太阳光的光强，同时对空间尺寸要求较易满足	热量高，同时需要实时且准确地调整透镜角度	连接光纤或其他传输元件	非涅尔透镜（1m焦距，1m × 1.25m）约为139美元
镜面集中式（定日镜）		镜面材料系统用来反射光线到达需要的空间	可提供大面积的照射	需要实时调整镜面与太阳角度之间的关系	连接其他镜面传输系统	1.2m × 1.2m镜面反射器约为259美元
透镜薄膜		有机玻璃或聚碳酸脂制成，其截面是三角形棱	质量小，厚度薄，抗弯曲，能较好地散射光线	投资费用高，角度设置与调整速度需要精确配合	连接侧窗或传输元件	25mm厚透镜薄膜每平方米148美元
抛物型收集器		双层金属弯曲形成抛物状反射器，根据光线入射角度集中光线	热量较小，费用低	占用空间尺寸和质量较大	连接侧窗或传输元件	$1m^2$材料费用78美元

参考文献

[1] Carter, D. J. Developments in tubular daylight guidance systems, Building Research & Information. 2004 (3): 220 - 234.

[2] http: //www. himawari. com. cn/news/ 2009. 2.

[3] Johnmorris. Oak Ridge National Laboratory. USA. 2009 (3). http: //www. ornl. gov/sci/solars ummit/hsl _ workshop. shtml.

[4] Muhs, Jeff. Hybrid solar lighting doubles the efficiency and affordability of solar energy in commercial buildings. CADDET Energy Efficiency. 2002b.

[5] Muhs, Jeff. Design and analysis of hybrid solar lighting and full - spectrum solar energy systems. SOLAR2000 Conference. madison, Wisconsin, USA. 2002.

[6] L. Curtmaxey, melissaV. Lapsa. et al. Hybrid Solar Lighting: Final Technical Report and Results of Field Trial Program. OAK RIDGE NATIONAL LABORATORY, U. S. DEPARTMENT OF ENERGY, Oak Ridge, Tennessee, USA. 2008 (9): A - 11 ~ A - 14.

[7] Jakobiak, Roman. Architect. IBUS (Institut für Bau - , Umwelt - , und Solarforschung), Berlin. 2001 (11).

[8] Claus Colsman - Freyberger. BSR Solar Technologies GmbH. Lorrach, Germany. 2002 (02).

[9] Kaase H. et al. Arthelio, ein Grossforschungsprojekt der Technischen Universität Berlin, German. 2000 (3): 326 - 331.

[10] Mingozzi, A. , Bottiglioni, S. and Casalone, R. An innovative system for daylight collecting and transport for long dis tan ces andmixing with artificial light coming from hollow light guides, in Proceedings of the 9th Lux Europa Congress, Reykjavik, 2001 (1): 12 - 21.

[11] Pohl, W. and Anselm, C. Report of EC - funded Joule - Craft Research Project: Development of an Economic and Energy saving Heliostat Techno log y for Room Illumination. Publishable Final Report, Bartenbach LichtLabor GmbH, Aldrans: 2001.

[12] Franta, G. , Anstead, K. Daylighting Offers Great Opportunities. American Institute of Architects, Washington, DC: 1993.

[13] Heliobus AG. We bring daylight into the darkness. http: //www. heliobus. com/E/index. htm. 2002 (3).

[14] Erik Andre Jutta Schade. Daylighting by Optical Fiber. Lileal University of Technology: 2002.

对国内外淘汰白炽灯计划的几点认识

刘 虹

1. 全球淘汰低效白炽灯计划概要

为应对全球气候变化，履行《京都议定书》的减排承诺，2007 年前后，世界各国陆续发起了逐步淘汰白炽灯的计划。2007 年 2 月 20 日，澳大利亚政府率先宣布，从 2008 年 10 月开始，全面实施淘汰低效白炽灯的计划，计划最迟于 2010 年开始在本国逐步禁止使用传统的白炽灯，于 2008 年 10 月开始禁止进口光效低于 15lm/W 的白炽灯产品，2009 年 10 月开始禁止销售不符合上述能效要求的白炽灯产品。与此同时，新西兰政府也表示积极支持此项政策，与澳大利亚保持一致。

2007 年 3 月 9 日，欧盟部长理事会要求欧盟在 2009 年前制定针对白炽灯使用要求的规定。2007 年 5 月 15 日，在巴黎召开的国际能源署部长级会议上，国际能源署提出逐步淘汰低效白炽灯的建议，得到国际能源机构 26 个成员国部长的认可和支持。2007 年 6 月，在德国举行的八国峰会上，作为 12 项具体能效政策之一的逐步淘汰低效白炽灯行动计划得到通过。2008 年 12 月 8 日，在召开的欧盟委员会生态设计管理委员会会议上，欧盟成员国代表对欧盟委员会提出的在 2012 年底前逐步淘汰低效白炽灯的立法建议表示赞同。欧盟委员会于 2009 年 3 月正式通过了立法建议，使之成为欧盟的正式法规。

欧盟打算用 4 年时间逐步淘汰白炽灯等高耗能照明设备，旨在让光源制造商能够逐步调整其生产结构，适应新的技术要求，满足消费者在照明设备能耗、功能、安全，环保、美观等方面的各种要求。2007 年 3 月 12 日，英国政府宣布，2011 年底以前，在全英范围内逐步淘汰低效白炽灯。2007 年 3 ~ 5 月，爱尔兰共和国、葡萄牙、比利时和荷兰政府宣布了与英国相似的政策和计划。2007 年 9 月 21 日，日本东京市政府宣布，将与本地零售商、超市和电器店一起联合推广节能荧光灯具，呼吁公民用节能荧光灯替换低效的白炽灯。2007 年，美国十几个州先后提出议案，要求对在美国境内销售的白炽灯制订能效标准，以逐步淘汰低效率的白炽灯。2007 年底这一议案被列入能源法案讨论通过，成为联邦法律规定。法案要求对所有照明光源制定限定照明光效的性能标准，低于限定标准以下的产品必须淘汰。具体实施分两个阶段：2012 ~ 2014 年为第一阶段，淘汰门槛初步设定在比目前白炽灯的光效（通常为15lm/W）高出28%的水平，并按灯的功率大小确定淘汰时间表，2012年开始，在美销售的大于100 W的白炽灯的光效必须高于限定的淘汰标准，2014年后40 W以上的白炽灯的光效也必须高于淘汰标准。第二阶段从2020年起，在美销售的所有瓦数的普通螺口灯泡必须满足45lm/W的淘汰标准。美国连锁超市沃尔玛（Wal-Mart）和家得宝（Home Depot）承诺在它们的零售店大大增加紧凑型荧光灯的销售量。2007年4月25日，加拿大政府宣布为所有照明灯泡设置性能标准，计划在2012年前逐步淘汰低效白炽灯。2007年8月，瑞士政府发布了“节能行动计划”，此计划为逐步淘汰低效白炽灯制定了一系列规章制度。

在发展中国家，以照明节电、节能减排、保护环境为宗旨的替换白炽灯活动早已展开。受美国1992年“绿色照明计划”的影响，中国政府于1996年启动了“中国绿色照明工程”，用节能灯替代白炽灯是工程项目的主要内容之一，此工程被列为国家“九五”、“十五”重点节能示范工程，被列入国家“十一五”十大节能工程之一，受到国内外广泛关注和认可，中国已成为世界上使用节能灯最多的国家。2008年初，国家出台了《高效照明产品推广财政补贴资金管理暂行办法》，旨在用财政补贴的激励手段，进一步加大高效照明产品的推广力度。“中国绿色照明工程”实施以来，已实现照明节电约750亿kW·h，产生了显著的社会、经济、环保效益。

其实，古巴是世界上第一个把淘汰白炽灯计划全面付诸行动的国家，该国在2006年和2007年间已开展了一项大规模照明产品市场转型运动，要求市民把每个灯座上的白炽灯替换成节能灯，并禁止白炽灯的销售和生产。在加纳，禁止进口白炽灯及其他高耗能照明产品政策草案将在2008年被政府批准。在埃及、阿根廷、印度尼西亚、南非和越南的政府和公共事业部门，均在考虑类似的方案，并加强现有的主要节能灯的推广计划。其他的一些国家如巴西和墨西哥，同中国一样，在以前都成功地实施了节能灯替换白炽灯的大型项目。

2. 中国淘汰白炽灯计划行动

中国政府为实现国家“十一五“计划的节能减排目标，加大了十大节能工程的推广和投资力度，采取了一系列的技术和经济刺激政策措施，加强了对高效照明产品的标准制订、认证和政府采购工作，尤其明确国家将通过财政补贴支持节能照明器具的推广和使用。2008年初，发展和改革委员会会同财政部出台了《高效照明产品推广财政补贴资金管理暂行办法》，旨在“十一五”期间利用财政补贴的激励手段推广1.5亿只高效照明产品，进一步加大高效照明产品的推广力度。2008年13家中标照明生产企业承担完成首批5000万只高效照明产品在全国的推广使用。财政补贴资金用于支持采用高效照明产品替代在用的白炽灯和其他低效照明产品，财政补贴的受益对象主要是大宗用户和城乡居民用户。中央财政按中标协议供货价格的30%给予大宗用户补贴；按中标协议供货价格的50%给予城乡居民补贴。

目前，我国普通白炽灯产量约45亿只左右，近些年来普通白炽灯产量和销量仍然保持有增无减的态势。2007年国内白炽灯销售量高达19亿只。中小城市普通白炽灯的使用比例一般在50%以上。为进一步加快低效白炽灯的淘汰，国家发展和改革委员和联合国开发计划署、全球环境基金共同开发了“中国逐步淘汰白炽灯、加快推广节能灯”的项目。项目执行期为2009~2012年，GEF赠款1400万美元，项目主要内容是研究提出中国淘汰白炽灯、推广节能灯的路线图和专项规划，加快推进中国白炽灯生产企业转型，推广普及节能灯。项目总体效果是在项目结束后的10年间，实现累计节电1600~2160亿kW·h时，减排二氧化碳1.75~2.37亿吨。

3. 对淘汰白炽灯计划的一些认识和看法

目前，世界上大多数国家都树立了逐步淘汰低效白炽灯的决心，首先要明确的是，各国实施的并不是彻底消灭白炽灯的计划，而是采用制定淘汰标准和控制市场准入的方式，逐步淘汰低效白炽灯，鼓励高效照明光源生产和使用的计划。各国在制定行动计划和政策时，决策者还是比较谨慎的，尤其是在时间表的推进和淘汰门槛的设定上更是小心翼翼，主要有两重考虑：一方面，提出较高的淘汰门槛可节约更多能源，带来更大的环境和经济效益；另一方面，还要顾及光源产业的发展和过渡，保证替代光源的可靠供应，满足消费者的不同需求，避免造成政策失误。目前大部分国家制定的近期淘汰门槛不高，实施起来并没有技术障碍，主要是克服一些市场障碍。远期的淘汰门槛许多国家还没有明确规定，采取的是边走边看，适当调整的策略。在制定淘汰时间进度和阶段时，发达国家均适当考虑了与实现本国京都议定书承诺期实施时间表的同步性。若以淘汰门槛的高低来衡量各国的淘汰低效白炽灯计划的力度，以上几个西方国家由大至小的排序依次是瑞士、加拿大、美国、澳大利亚、欧盟成员国。

由于照明光源是全球性贸易产品，主要来源于世界几个大的生产商和一些发展中国家，许多国家的灯泡依赖进口，像澳大利亚这样的国家，决策者在制定产品标准门槛时，更多地站在全球的角度，全面考虑本国标准与生产国和国际标准的等同性或可比性，以便更好地了解和控制进口产品标准和质量水平，同时了解符合本国要求的全球产品供应信息，再反过来了解本国淘汰措施对全球灯泡供应的影响，这样可能会最大程度地减少因门槛标准生效后而带来的光源短缺的风险。因此，为保证淘汰计划的顺利实施，世界光源生产国和消费国的密切合作是很有必要的，没有照明产品在性能标准和测试方面的国际互认和协调，恐怕淘汰计划在实施过程中会遇到一些市场障碍。

白炽灯的光效虽低，但光色和集光性能好，易于大量生产、成本低、使用方便，因此，目前它仍然是产量最大、应用最广泛的电光源。除作普通照明灯外，还可用于航空、车辆、船舶用灯，医疗卫生、仪器、信号指示灯，舞台、放映等。对于拥有白炽灯生产企业的一些国家来说，决策者若下决心淘汰低效白炽灯，要根据本国白炽灯的市场消费特点和行业现状，给予生产商和产品市场一定的过渡时间，做到有计划、有步骤地适度淘汰，不能太仓促。同时，决策者还应充分了解淘汰光源的技术提升潜力，更应了解光源技术的研发方向，因为生产商为了满足淘汰政策的规定和要求，会在挖潜已有技术和进行技术换代方面进行权衡和选择。决策者对淘汰门槛设定，将很大程度上要左右生产商的投资决定和未来的技术发展方向。譬如，对拥有世界两大光源厂商欧盟而言，其淘汰计划主要来自行业建议，政策制定的出发点是：1）考虑生产商产品结构调整的便利，确保生产部门有足够长的提前量和足够的市场回报，以使他们调整生产基地，按质按量地生产；2）考虑产品市场转换和用户响应方面的速率，毕竟产品的市场渗透需要一定的时间，恐怕这也是欧盟的淘汰门槛和实施时间表都比较宽松的原因。不过，淘汰低效白炽灯，促进照明产品的技术进步和产业升级需要一定的外力推进，总结过去多年来低效白炽灯难以淘汰的经验教训，除了市场对白炽灯生产仍有需求外，主要还是众多低效白炽灯生产商研发能力和向高效光源自主转型的劲头不足，或者说没有转型的紧迫感，以致低效白炽灯生产量增长的势头一直没有压下去，如果政府要加大淘汰低效白炽灯的力度和速度，还得适当考虑为企业的技术转型提供便利，并制定合适的配套政策，逐步缩小低效白炽灯的生产规模，加快照明光源市场向高效化转型的时间进程。

一些国家的决策者担心：过快地淘汰白炽灯，所造成的全球节能灯市场需求量持续增加，未来可能存在一些技术的和资源方面的限制，因为生产节能灯所依靠的其他原材料和元器件，如荧光粉、电子元器件等，未来是否有充裕的供应目前还很难说。更让人担心的还有，由于替代白炽灯的节能灯含有汞和其他一些有害物质，大面积使用和遗弃会造成严重的环境污染，目前欧盟已对节能灯中所含有害物质提出了较严格的限制要求，实行谁生产谁负责的办法，已形成了一套较好的办法。其他国家政府如果有意全面淘汰白炽灯，推广节能灯，则必须提前考虑废弃光源的回收问题，加强回收系统的制度建设。

面对世界各国将要实施的淘汰低效白炽灯计划，也许生产商思考得更多，反应也更迅速。各国在考虑制定淘汰低效白炽灯计划的同时，世界三大光源制造商的几项战略性决策，让人不得不感觉到高效照明时代的来临。美国 GE 公司于 2007 年 2 月宣布正在开发与节能灯光效差不多的高效白炽灯，预计产品上市的时间不会太久，尽管这一说法引起了光源理论界的极大怀疑。飞利浦公司于 2007 年 6 ~ 11 月，分别收购了美国三家照明公司，技术涵盖第四代半导体光源、高效气体放电灯和特种光源等多种领域，成为北美照明巨头；10 月，公司又在中国江苏投巨资建立大规模的高效荧光灯等相关光源产品生产基地。可以说，飞利浦公司在半年之内抓住机遇，迅速完成了一次世界性的光源知识产权和产品产能的重新布局。欧司朗公司在 2007 年 11 月得到欧盟执委会批准，在中国设立合资企业，生产高质量的节能光源，以满足亚洲和拉美市场上产品快速增长的需要。

中国是世界光源和灯具的生产大国，也是白炽灯生产和消费大国，白炽灯生产量近 40 多亿只，占世界总产量的 1/3，产品主要在国内销售，国内在用白炽灯数量也超过 35 亿只。目前我国对白炽灯的市场准入没有规定，白炽灯的能效限定标准尚未制定，如何把握这次全球光源产品向高效型市场转移的历史契机，借鉴国外经验，制定符合我国特点和行之有效的逐步淘汰低效白炽灯的办法，规划好照明技术转移的发展路径，值得有关产业和政府管理部门深入研究，制定政策以引导我国照明电器行业向着繁荣、健康的方向发展，为我国绿色照明工程的持续开展做出进一步的贡献。

作者简介

刘　虹，国家发展改革委员会能源研究所副研究员，中国照明学会理事，中国能源研究会会员，具有二十多年工程项目设计、项目管理、项目评估、能源系统分析和能源效率等方面的工作和学习经历，在国内外学术刊物上发表论文 40 多篇，合作完成专著 6 部，现主要从事能源效率、能源系统分析、气候变化等方面的政策研究工作。

淘汰白炽灯泡的现况分析

谢正武　陶玖祥

（香港真明丽集团有限公司）

2006 年，古巴在国内推行淘汰白炽灯泡计划；2007 年 2 月澳大利亚宣布相关法规，全面禁止低效率白炽灯；此后加拿大、美国、欧盟等各个国家和地区纷纷表示要逐步淘汰白炽灯，淘汰白炽灯泡的行动势不可挡。本文将对目前哪些国家和地区或机构在淘汰白炽灯、什么时间淘汰、淘汰哪一类型的白炽灯进行详细的介绍分析，并就白炽灯行业的现状进行描述，对我国白炽灯生产企业的未来应对策略提供参考建议。

1. 哪些国家和地区或机构在淘汰白炽灯

自澳大利亚首次宣布相关法规全面禁止低效率白炽灯以来，一些国家和地区政府先后效仿制定类似的法规或计划，一时间在行业内掀起淘汰白炽灯的热潮。作为地球村的一员，面对地球生态环境日益恶化、资源日益短缺的现实，世界各国的绿色环保组织也一直在倡导节约能源，其中一项重要的提议就是淘汰目前家庭中使用的白炽灯，做好家庭的节能环保工作。工商企业界各大巨头们也纷纷表示要减少或停止白炽灯的生产和销售，并对节能省电灯泡进行宣导，鼓励居民使用。

（1）淘汰白炽灯的政府行动

1）澳洲

2007年2月20日，澳大利亚政府宣布一项计划，到2010年将在全国范围内逐步淘汰低效率白炽灯，转而使用高效紧凑型荧光灯（简称节能灯）。环境部长表示：立法将逐步限制老式的白炽灯的销售，将在2012年达到在温室气体排放减排400万吨的目标，同时使得家庭用电成本减少66%。

2008年4月17日，新西兰能源部长David Parker表示，新西兰考虑从2009年开始，禁止使用白炽灯泡，根据这项新的最低能源标准，自2009年10月起，新西兰将不再进口白炽灯泡。

2）北美

2007年4月18日，加拿大安大略省政府宣布，截止到2012年全省将不会看到任何白炽灯泡。能源部长Dwight Duncan对此进行了进一步的解释，"从该法案实施后，任何的销售商经营白炽灯泡都是非法的，但用户以及商业公司使用并不在此限制之中。"

2007年4月25日，加拿大自然资源部长伦恩宣布，作为控制温室气体排放的一项措施，加拿大计划到2012年在全国禁止销售白炽灯泡，成为世界上第二个宣布禁用白炽灯泡的国家。

2007年12月18日通过的美国能源法案（Energy Independence and Security Act of 2007）建议从2012年1～2014年1月起逐步禁止销售低效率的白炽灯泡。美国联邦标准将分两个阶段进行，第一阶段是2012年至2014年，逐步淘汰40W、60W、75W及100W的灯泡灯具，范围涵盖所有常用的灯；2020年以后，美国的能源部等部门将采取更严格的标准与措施。该法案在12月19日经美国总统签署生效。

3）欧盟

2007年3月9日，在布鲁塞尔结束的欧盟春季首脑会议上，欧盟各国达成协议，将在两年内逐步用节能荧光灯取代能耗高的老式白炽灯泡，以减少温室气体排放。欧盟各国领导人已经知会欧盟委员会尽快通过提案，2009年以前在个人家庭中逐步淘汰白炽灯。

英国《每日邮报》记者柯丝蒂·沃克和菲奥纳·麦克雷推测，在具体措施上，各国最可能实施的方案是从2009年的规定日期开始，禁止生产白炽灯泡，而库存商品将获准继续在市场上流通。

2007年9月27日，英国政府为促进环保，削减二氧化碳排放，计划在2011年彻底废除传统型钨丝灯泡，并要求厂家和商家逐渐停止供应，继而出产销售节能灯（见英国首相宣言：http：//www. defra. gov. uk/news/2007/070927a. htm）。

爱尔兰亦制定了2009年的淘汰时间表。据估计实施白炽灯淘汰计划后，爱尔兰将每年可减少70万吨的二氧化碳排放量。

意大利和法国宣布2010年、荷兰宣布2011年禁止白炽灯，比利时、西班牙、瑞士等国家也都做了类似的宣告（绿色和平组织官方网站：http：//www. greenpeace. org/international/news/argentina - ban - the - bulb - 140308）。

4）亚洲

2008年4月5日，日本政府宣布到2012年为止，停止制造并销售高耗能白炽灯泡，而用荧光灯来代替。日本经济产业省大臣甘利明公布了这一节能方针，并向日本有关企业发出呼吁，力争到2012年为止，全面实现由白炽灯向荧光灯的转换。

2008年6月22日日本经济产业省决定制订灯泡节能新标准，同时将召集相关专家组成专门委员会对新标准进行讨论，计划于2008年年底之前最终敲定。

2008年4月7日，台湾"经济部"宣布，将用5年时间全面淘汰白炽灯泡，2008年年底前将公告全面禁止制造、进口、销售白炽灯；2009年行政机关也将全面禁用白炽灯。台湾"能源局长"叶惠青说，已拟妥整体配套策略，分别从生产和消费着手，加速汰换白炽灯，预计在2009年前公告白炽灯能源效率标准，并分5年施行，届时白炽灯就无法再进口、制造和销售。

2008年4月22日，我国国家发展改革委员会副主任解振华在北京说，中国将采取积极稳妥的办法，研究逐步淘汰白炽灯的时间表及配套措施，为全球减排温室气体做出贡献。在"十一五"期间（2010年前），中国将大力推广高效节能产品，通过财政补贴方式在全社会推广1.5亿只高效节能灯，以逐步取代白炽灯和其他低效照明产品。

而早在2007年7月，青岛市就下发通知，要求各区、市政府各部门、市直各单位大力推广使用节能灯，到2010年，全市禁用白炽灯。山东省、山西省、海南省、安徽省也宣布要推广高效照明产品，到2009年底或2010年底完成高效照明产品替换工作，到时省内民用照明将全部以高效节能灯替代白炽灯。

印度将实行另一种方式以达到逐步淘汰白炽灯的目的。根据印度最近批准的纲领性方针，它将通过一系列的大型清洁发展机制（CDM）项目来实现。

印度尼西亚、越南、泰国、菲律宾都在考虑类似淘汰白炽灯的方案，并加强现有的荧光灯促销计划。

5）其他地区

值得注意的是，世界上第一个已逐步淘汰白炽灯的国家是古巴，该国进行了一项大规模市场转型的努力，在2006年和2007年间把每个灯座上的白炽灯替换成CFL，并禁止白炽灯的销售和生产（同期古巴还更换了100多万台低能效的家庭冰箱）。

阿根廷政府从2007年12月开始实施全国节能行动，在全国范围内全面推广节能灯，限制政府机构用电数量，同时公布节能计划，将分阶段全面推广节能灯的使用，最后要求商家只允许销售节能灯泡。

在加纳，一项政策草案已经由政府提出，禁止进口白炽灯及其他高耗能照明产品。

巴西、墨西哥和埃及等都采取了推广使用省电灯泡取代白炽灯的举措，南非也在考虑类似淘汰白炽灯的方案，并加强现有的荧光灯促销计划。在俄罗斯的莫斯科市，政府鼓励市民使用节能灯具，并对市场营销活动进行补贴。

（2）淘汰白炽灯的企业或机构

1）企业淘汰白炽灯的活动

飞利浦（世界上最大的照明产品制造商）在2006年12月公开宣布，他们愿意并随时准备逐步淘汰白炽灯照明产品。之后不久，其他主要制造商也纷纷加入他们的行列中来（详细信息请查阅 http：//www. eceee. org/columnists/Harry_ Verhaar/Bulbs/）。据报道，飞利浦计划到2016年停止白炽灯在欧洲和美国市场的营销。而此前有数据显示，飞利浦每年要生产24亿只白炽灯。

欧司朗照明公司总裁 Martin Goetzeler 在接受日本经济新闻社记者采访时称，该公司2009年起将在欧洲、2012年起将在美国按照瓦数从高到底的顺序依次停止白炽灯的销售。

2007年6月5日（世界环境日），包括飞利浦、欧司朗、通用电气等在内的主要灯泡生产企业表示，在今后的8年中，灯泡行业应逐步转向生产能源使用效率高的卤素灯和紧凑型荧光灯，并研发高效白炽灯，8年后停止生产传统非节能灯泡。

通用电气于2007年10月4日发表声明，对其拥有128年历史的白炽灯部门进行调整，将加快该部门的缩小速度，以对应提高照明能源转换效率这一世界趋势。根据公司计划，2008年11月之前封闭白炽灯泡部门的54处的工厂和仓库中的7处，削减在美国的雇员，从7 000人中削减425人，关闭25个照明产品制造相关工厂中的6个。里约热内卢将裁减900人，关闭一家工厂。因此，该公司在巴西的与照明产品相关的部门也被关闭。通用电气关闭照明产品制造工厂的措施除了美国，也在匈牙利、墨西哥、中国等全球各地展开。过去的一年里，英国、巴西、印度尼西亚等地的工厂相继关闭。

日本东芝照明技术将在2010年之前停止生产普通白炽灯，关闭全部生产线，并以灯泡状荧光灯和LED照明灯等节能产品取代白炽灯。预定停产的普通白炽灯包括带E26灯头的球形灯泡在内的共81种。不过，用于调光用途时，灯泡状荧光灯等无法取代普通白炽灯，目前仍计划少量销售。无法取代的普通白炽灯包括卤素灯泡和反射型灯泡等。该公司2006年度普通白炽灯泡的产量约为4 000万个。

在商业界，世界最大零售商沃尔玛公司于2006年11月宣布了一项营销计划，要到2007年底销售1亿只节能灯，比其每年销售额翻了一番还多。英国最大的电器零售商 Currys 公司宣布，将逐渐停止白炽灯的销售。

2）机构组织活动

2000年，美国加州断断续续发生一个月的大停电事件，美国环保团体发起活动，以关灯、省电等行为来解决电力不足的问题，加州首次举办随手关电器活动。当时的“关灯”运动有三大内容：随手关灯、冷气设定在26℃、离峰时才用大型家电，有效减少了用电量。2001年5月，一位加拿大人发起“自主停电运动”，抗议美国总统布什拒绝签署“京都议定书”。此后，全球越来越多的城市和地区加入到各种各样的关灯环保运动中，如“夏至关灯”、“月底关灯”等，借以提升普通大众的节能环保意识。活动主要是倡导人们好好检视家里的照明环境，用省电灯泡替换高能耗的白炽灯，甚至因此可以减一盏灯等。

2007年2月22日，美国一些企业和政府机构在加州发起以“18s”为名的节能行动，力倡美国人更多使用节能灯，从而节约能源，遏止全球变暖。雅虎、沃尔玛和美国环境保护基金会等都加入了“18s”行动，美国一些娱乐界名人和体育明星也参与相关活动，或通过互联网，或通过剧场演出为推广节能灯造势。

2007年2月26日，由国际能源署（IEA）组织的“紧凑型荧光灯质量与逐步淘汰白炽灯战略研讨会”在法国巴黎国际能源署（IEA）总部召开。出席会议的有来自24个国家的70名代表。在会上，欧洲制灯企业联盟（ELC）的代表承诺在家居照明中逐步淘汰低效照明产品；联合国计划开发署（UNDP）、环境计划署（UNEP）和全球环境基金（GEF）的代表支持逐步淘汰白炽灯。

在2007年德国 Heiligendamm（海利根达姆）八国首脑会议上，国际能源署建议八国集团和五国政府应逐步淘汰白炽灯，这些建议在2007年5月部长级会议4上被国际能源署所有成员经济体所通过。

2007年4月18日，为了减少温室气体排放，遏制全球变暖，绿色和平组织在印度发起请愿活动，推动印度政府通过白炽灯泡禁止措施。

英国的一个名为淘汰白炽灯的非政府组织从2006年初开始一直在为制定淘汰白炽灯的法令而奋力奔走。此外，欧洲照明公司联盟（白炽灯厂商协会）也支持提高欧盟照明效率标准以逐步淘汰白炽灯。

2007年10月，世界银行（IFC－WB）宣布在撒哈拉沙漠以南非洲国家展开一项名为“照亮非洲”的行动计划，该计划由世界银行和国际金融组织联合发起，旨在为生活在这一地区的2.5亿居民提供现代照明设备，并为新型、非化石燃料的高科技照明产品在非洲开拓市场。

东京市政府（TMG）于2007年9月21日宣布，它将与本地零售商（如便利店）、超市和电器店一起来推广荧光灯，呼吁公民用节能荧光灯来替换白炽灯，这也是东京市政府（TMG）应对气候变化策略的一部分。

2. 什么时间淘汰，淘汰哪一类型的白炽灯

在各国政府的淘汰白炽灯法令中，通过分析可知，并不是禁用所有的白炽灯，其重点在于淘汰传统低效率的白炽灯泡，大部分是用于通用照明服务的。对于高效的，特殊用途的白炽灯泡采取保留豁免措施。且大部分国家都是采取逐步分阶段的淘汰政策。

（1）澳大利亚

澳大利亚政府在2007年2月20日宣布一项计划，将最晚在2010年开始逐步禁止使用传统的白炽灯，代之以更加节能的荧光灯等节能灯具。这是澳大利亚倡议的减排温室气体以阻止全球气候变暖的措施之一。成为第一个立法全面禁止使用白炽灯的国家，对其他国家和地区淘汰白炽灯起到了推动作用。

淘汰标准如下：

1）最小能效性能标准（MEPS）（见图1）指定灯泡初始光效必须在15lm/W以上。

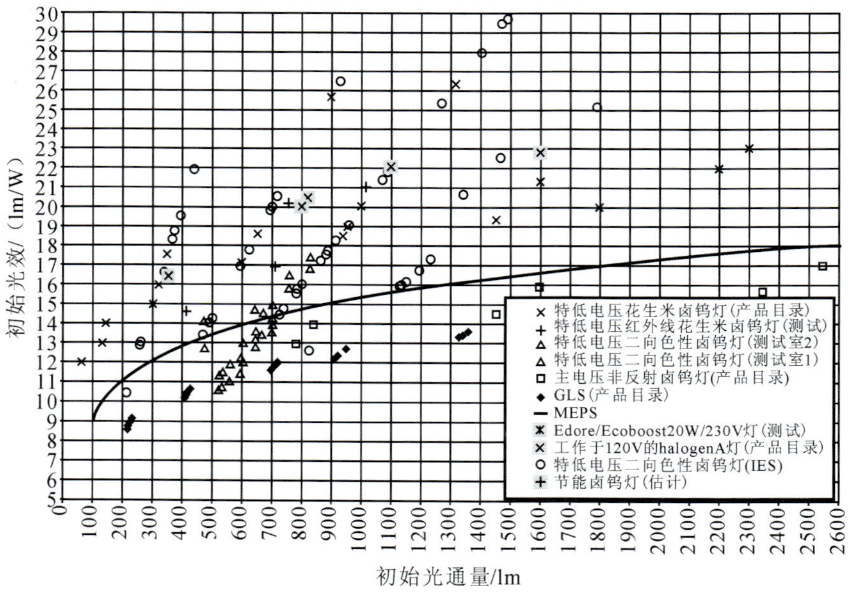

图1 最小能效性能标准（MEPS）对灯泡初始光效的要求

2）寿命大于等于2 000 h。

3）在额定寿命的75%（measured at 75% of rated life）时，光通量维持率达到80%的CFL也有相关的低效率淘汰标准。由于这里只论述白炽灯泡，就不多叙述了（资料来源：http：//www. lightingcouncil. com. au/content. php？page = home）。

淘汰分两大阶段，2008～2014年为第一阶段。

2008年10月1日，不符合澳大利亚新标准（含15lm/W曲线）的普通照明用白炽灯泡及低压卤素灯（无反射镜）将不再允许进口到澳洲，但允许现有的存货继续销售，直至2009年10月1日政府颁布零售禁令，在全国范围内以立法的形式强制禁止为止。不符合澳大利亚节能灯新标准的节能灯泡同样将不许进口，确保用户使用的节能灯都是符合标准的，坚

定用户使用节能灯的信心。

2009 年 10 月禁止进口（Import Ban），2010 年 10 月禁止销售（Retail Ban on Sale）不符合新标准的以下灯具：

1）大于 40W 的蜡烛形灯泡（Candle - shaped），大于 40W 的花式圆形灯泡（Fancy Rounds）和大于 40W 的装饰灯泡。

2）中压（MainVoltage）无反射杯卤素灯（G9 除外）。

3）带反射杯的低压卤素灯。

2011 年 10 月禁止进口和 2012 年 10 月零售禁止销售不符合新标准的下列灯具：普通中压带反射杯灯，包括卤素灯（PAR ER、R 等）；大于 25W 的蜡烛形灯泡（Candle - Shaped），大于 25W 的花式圆形灯泡（Fancy Rounds）和大于 25W 的装饰灯泡；25W 和低于 25W 的领航灯，冷藏库灯和烤箱灯将在可行的基础上再确定禁止时间。

澳大利亚政府每年将通过照明行业及政府代表委员会来审查淘汰灯具的范围，新标准只适用于可行的，有高效的替代品存在的各类灯具。

2013 年开始逐步淘汰的水平将定为 20lm/W。

1）20lm/W 开始的目标日期为 2013 年，将审议论证（Review Demonstrating）来决定，具有可行性的，存在高效替代品的各类 20lm/W 下的灯具将逐步淘汰。

2）政府将监测灯具市场，以确保意外或有害的后果能够预期和迅速处理（如当高压卤素灯的销售超过 CFL 占据优势地位）。

3）同时政府亦正考虑贴上标签的方法用来识别满足指定的能效标准高效率的灯具（能效水平仍有待商定，但可能是 35 ~ 40 lm /W 或以上）。

2015 年及以后为第 2 阶段。

细节仍有待确定，MEPS 将制定第 2 阶段的白炽灯淘汰标准，将执行更严格的能效要求，如 35 lm /W 或以上。

（2）美国

美国《能源独立和安全法案》（Energy Independence and Security Act）于 2007 年 12 月 14 日在参议院通过；于 12 月 18 日在美国众议院以 314 票赞成、100 票反对通过；于 12 月 19 日经美国总统布什签署生效。法案第 301 ~ 325 条中对家电、政府建筑确立了新的能效要求，决定从 2012 年起采用能效高的荧光灯泡和发光二极管取代白炽灯。

1）普通照明白炽灯的淘汰时间见表 1。

表 1　普通照明白炽灯的淘汰时间

额定光通量/lm	允许最大功率/W	最小寿命/h	法规实施时间
1490 ~ 2600	72	1 000	1/1/2012
1050 ~ 1489	53	1 000	1/1/2013
750 ~ 1049	43	1 000	1/1/2014
310 ~ 749	29	1 000	1/1/2014

注：普通照明白炽灯 GSIL 定义内不包括普通服务型荧光灯与带反射镜白炽灯泡、LED、OLED；最大功率低于 40W 的器具灯泡如烤箱灯、冰箱灯具、吸尘器灯等；烛台状白炽灯 E11 和 E12；中等灯头白炽灯泡 E17；耐用灯泡（Rough Service Lamp）；3 路白炽灯（3 - Way Incandescent Lamp）；抗粉碎灯、防碎灯或破坏保护灯；最大瓦数低于 60W 的防震灯泡（Vebrateon Service Lamp）；相对色温 CCT 在 2 500 ~ 4 600 之外的有色白炽灯；以及改良光谱型非彩色白炽灯：当工作在额定电压和功率时，该白炽灯有色度点（x，y）落在色度坐标 CIE1931 黑色体轨迹之下；同时至少有 4 个色度。

2）改良光谱型普通照明白炽灯（Modified Spectron）的淘汰时间见表 2。

表 2　改良光谱型普通照明白炽灯的淘汰时间

额定光通量/lm	允许最大功率/W	最小寿命/h	法规实施时间
1 118 ~ 1 950	72	1 000	1/1/2012
788 ~ 1117	53	1 000	1/1/2013
563 ~ 787	43	1 000	1/1/2014
232 ~ 562	29	1 000	1/1/2014

3）其他类型灯泡的淘汰标准

显色指数（CRI）要求：非改良光谱灯泡高于或等于 80；改良光谱灯泡高于或等于 75。

额定功率要求：蜡烛形白炽灯泡不得超过 60W，中型管形白炽灯泡不得超过 40W。

4）其他

经秘书组裁决为技术上不可行的服务于专门照明应用的灯泡可实行豁免，如军事、医疗、公共安全，或经核证的历史照明应用。

2017 年 1 月 1 日前 DOE 标准制定局制定最终的更严格的淘汰标准，最少不少于 45lm/W，2020 年 1 月 1 日开始实施。

另外，根据该法案 522 节，从 2009 年 1 月 1 日起，海岸警备队（Coast Guard）禁止采购白炽灯。

（3）加拿大

1）淘汰范围

①建立了两个最小功效标准线。

所有灯泡：灯泡功效≥4. 035 7 × ln（光输出） – 7. 134 5。

●改良光谱型：灯泡功效≥4. 035 7 × ln（光输出） – 8. 334 5。

②所有灯泡额定寿命必须大于 1 000 h，显色指数 CRI 大于 0. 80。

2）淘汰日期

拟议的生效日期为：701 ~ 3 000 lm 灯泡 2012 年 1 月 1 日；200 ~ 700 lm 灯泡 2012 年 12 月 31 日。

3）加拿大与美国淘汰白炽灯的相关规定比较见表 3。

表 3 加拿大与美国淘汰白炽灯的相关规定

最低功效标准	加拿大	美国		
		光通量/lm	最大功率/W	生效日期
所有灯泡	≥4. 035 7 × ln（光输出） – 7. 134 5	1 490 ~ 2 600 1 050 ~ 1 489 750 ~ 1 049 310 ~ 749	72 53 43 29	1/1/2 012 1/1/2 013 1/1/2 014 1/1/2 014
改良光谱型	≥4. 0357 × ln（光输出） – 8. 3345	1 118 ~ 1 950 788 ~ 1 117 563 ~ 787 232 ~ 562	72 53 43 29	1/1/2012 1/1/2013 1/1/2014 1/1/2014
生效日期	701 ~ 3000 lm 灯泡：1/1/2012（包括 60W、75W、100W） 200 ~ 700 lm 灯泡：10/31/2012（包括 40W）	参见上两单元格		
豁免灯泡类型（特殊灯泡）	自镇流荧光灯、LED 灯、<40W 耐用灯泡、抗粉碎灯泡等	对于一些灯泡采取销售跟踪机制，如果销售量增长 x，则__________		
测试和认证	未确定（未来 2 年内由相关者确定）	除非需要，否则不要求（FTC）		
测试标准	IESNA LM – 45、LM – 49、CIE13. 2（CRI） ANSI C81. 61、ANSI C78. 20、C79. 1			

（4）中国台湾地区与日本

2008 年 3 月 28 日，台湾经济部能源局召开记者会，发布《换盏灯 爱地球 585 白炽灯汰换计划》，预计以 5 年时间，逐步推动国内白炽灯汰换为省电灯泡或各种高效率灯具（http：//w2kdmz1. moea. gov. tw/user/news/detail – 1. asp？kind = &id = 14982）。

能源局进一步表示，针对白炽灯汰换计划，政府已研拟整体配套策略，针对生产面，政府预计于 2008 年年底公告白炽灯能源效率标准，并拟于 2012 年施行，届时不符合标准规定的白炽灯将无法再进口或制造销售；在客户端部分，已于 2007 年由政府依据《加强政府机关及学校节约能源措施》带头示范汰换白炽灯，采用高效率灯具；而公有市场也将于

2009 年以前全面汰换白炽灯改用省电灯泡；其次，另针对特定用户，推动相关业界参与自愿节能协议及提供节能技术服务，其中如饭店、旅馆、住家、农业、市场及医院等白炽灯使用率较高的场所，亦将积极鼓励汰换白炽灯；对于一般使用民众，能源局将持续通过媒体倡导、卖场促销活动等，带动消费者改用省电灯具。

2008 年 8 月 6 日，台湾“行政院”核定实施《政府机关及学校全面节能减碳措施》，通过政府机关及学校率先推动节约能源，以示范引导民间实行，落实全民节能减碳行动。要求照明灯具新设或汰换时，应请专业技师或厂商进行规划设计适当照明配置，采用高效率照明灯具及电子式镇流器。汰换传统白炽灯（钨丝灯）为高效率灯管（泡），并于 2008 年底完成。交通信号灯、出口指示灯、避难方向指示灯、消防指示灯等新设或汰换时，应采用省电 LED 照明产品（http：//www. moeaboe. gov. tw/opengovinfo/Laws/saveenergy/LSaveMain. aspx？PageId = l_ save_ 22 ）。

日本新标准还在讨论之中，计划将于 2008 年年底之前最终确定。据日本媒体（日经 BP 社，东京新闻）报道说，新标准将参照节能荧光灯的标准制订，而白炽灯达到这一标准十分困难，因为要达到相同亮度，目前白炽灯的耗电量是节能荧光灯的数倍。日本经济产业省解释说，新标准要求灯泡生产企业所有产品的平均节能水平达标即可，这为具有特殊用途的白炽灯继续出现在市场上留了一条后路。不过，分析人士指出，新标准推出后，白炽灯的市场份额肯定会剧减。

3. 淘汰白炽灯对白炽灯产业的影响

全球性的淘汰白炽灯浪潮势必将给整个白炽灯行业带来冲击。尤其是普通照明用白炽灯泡生产企业。作为一种传统光源，白炽灯的淘汰将只是时间问题，取而代之的将是卤素灯、节能灯、LED 灯等新兴清洁低能耗光源。

（1）白炽灯概述

白炽灯泡是根据电流的热效应原理制成，在灯泡两端加上额定电压后，电流通过熔点很高的灯丝瞬间将其加热到白炽状态（2 000℃以上），使灯丝产生光辐射，使灯泡发出明亮的光芒，属于热辐射发光的一种。自 1879 年爱迪生制成了碳化纤维（即碳丝）白炽灯以来，经人们对灯丝材料、灯丝结构、填充气体的不断改进，白炽灯的发光效率也相应提高。

按色温的高低和用途的不同，白炽灯泡可分为三类：

1）高色温灯。色温约为 3 200K，主要用于摄影和舞台照明；

2）用于一般照明的灯泡。色温一般为 2 700 ~2 900K。

3）色温在 2 500K 以下的红外灯，主要用于红外加热干燥、室温保温、医疗保健等。

白炽灯的光效很低，平均光效只有 15lm/W。而且灯泡在燃点的过程中，灯丝会慢慢变细，其寿命一般也只有 1 000 h（寿命短）。白炽灯的能量分配见表 4。

表 4　白炽灯的能量分配

灯的功率/W	辐射功率（%）			热损失功率（%）			
	可见光	红外线	合计	气体损失	支架等损失	灯泡壳灯头吸收损失	合计
5	6.0	87.0	93.0	—	1.5	5.5	7.0
10	7.1	86.4	93.5	—	1.5	5.0	6.5
40	7.4	63.9	71.3	20.0	1.6	7.1	8.7
60	7.5	73.3	80.8	13.5	1.2	4.5	19.2
100	10	72	82.0	11.5	1.3	5.2	18
200	10.2	67.2	77.4	13.7	1.7	7.2	22.6

注：来源于 Megaman。

由表 4 可知，输入白炽灯泡中的电能只有 6% ~10% 转化为光能，其余大部分都以热能（红外线）的形式散失了。有统计显示，全世界 20% 的电能消耗在照明上，而其中 40% 的电能是老式白炽灯泡消耗掉的。

虽然白炽灯泡光效低、寿命短，但由于其具有价格便宜、使用方便、易于进行光学控制（调光方便）、显色指数（CRI）高、没有电磁干扰等优势仍然被广泛应用。

相较于其他光源，白炽灯泡的生产成本极低。据业界人士透露，普通照明灯泡的外壳一般都是用价钱低廉的玻渣回炉来生产。白炽灯泡的市场价格各地不一，在我国平均价格只有 1 ~2 元，相当于节能灯的 1/5。由于白炽灯价格便宜，一次性消费比较少，它仍是世界上低消费群体特别是广大农村民众的首选。有资料显示，在中国中小城市，居民的白炽灯使用比例一般在 50% 以上，农村使用的比例更大。同时，白炽灯出口量大，是中国灯具主要的出口产品。

同时在某些特殊的场所，如要求瞬时启动或连续调光的场所；对防止电磁干扰要求严格的场所等，也经常见到白炽灯泡的身影。在应急照明与便携式照明上使用的光源也多为白炽灯泡。

在目前市场格局中，白炽灯仍占有主要地位，在全球销量方面，白炽灯仍然是全球照明市场销量最大的光源产品，年销量约达 125 亿只（不含卤素灯）。

（2）淘汰白炽灯的影响解读

通过前面的分析，我们可以看到，禁用白炽灯并不是禁止所有的白炽灯，淘汰的白炽灯泡种类主要是用于普通照明的，其主要目的是用节能灯泡替换掉白炽灯泡，家庭照明中淘汰白炽灯泡。

综合看来，淘汰的主要对象是以下几类：

1）普通照明用白炽灯泡

①大功率白炽灯泡。功耗100W及以上的，如100W、200W、250W等。

②发光效率在15lm/W以下的白炽灯首先将在澳大利亚被禁用；在美国，2012年将禁止销售20lm/W以下的普通照明白炽灯泡。

2）改良光谱型白炽灯泡

可以肯定的是，未来几年内，普通照明用白炽灯泡在欧美澳将没有市场。在美国的禁止法规中可以看到，从2012年1月1日起，美国将全面禁止功率大于72W的灯泡，光效在20.7lm/W以下的也将被全面禁止。澳大利亚的淘汰时间更为提前，在2008年10月1日将禁止进口，2009年10月1日将禁止销售普通照明白炽灯泡。虽然在发光效率上只要求在15lm/W以上，但其对灯泡寿命要求在2 000h以上，等于宣布没有特色的普通灯泡退出流通领域。

（3）市场预测

随着科技的不断发展，不管在技术上还是外观上，白炽灯都逐渐处于劣势地位，其市场正被节能灯、荧光灯等新兴光源一步步吞噬。在大功率普通照明与道路照明上，节能灯正在取代白炽灯作为主流照明光源；而在小功率装饰照明中，LED正在取代并大量运用于各类装饰市场中。白炽灯由于其本身固有的高能耗及高发热量，与世界遏制全球二氧化碳的排放，遏制全球变暖的努力相违背，成为各国政府的淘汰对象。笔者认为，如果没有任何重大的技术突破，今后2~3年内白炽灯泡的市场将急剧萎缩，白炽灯生产企业要想在未来的竞争中不被淘汰，就必须转产转型，转向具有竞争力的新兴节能产业，节能灯、LED灯将是未来的重点产业，中国的白炽灯企业必须朝这一方面转变，以提升竞争实力。

无极放电光源的进展

陈大华　陈育明

（复旦大学电光源研究所）

1. 引言

无极放电光源由于没有电极，因此它与传统光源相比有诸多优势，例如寿命长，在寿命期间光衰十分小，而且不会担心发光物质和电极的相互作用，这无论是对节约能源还是减少环境污染都有重要意义[1-5]。但从1891年Tesla首次发现在高频电磁场中等离子体能够产生光线到现在已经过去了一个多世纪了[6]，无极放电光源的发展并不迅速，直到最近20年才有成熟产品出现。究其原因，影响无极放电光源发展的最主要问题是高频功率电子器件。直到20世纪80年代，随着半导体电子和开关电源技术的逐渐发展，无极放电光源产品的实现成为可能，目前已经有多种无极放电光源产品问世，相关研究也在不断深入。

2. 无极放电光源的类型

无极放电是指放电中没有内置电极，使放电腔可以采用单种材料密闭而成。无极放电最早由Hittorf发现[7]，随后Thomson作了更完整的研究[8]，Tesla首先采用无极放电原理设计了照明概念灯[6]。随着20世纪末半导体技术的突飞猛进，制造性能可靠价格低廉的镇流器成为可能，无极放电光源的研究得到深入全面的开展，在过去的20年超过500项的无极灯专利得到批准，多种产品面世并表现出巨大的潜力。无极放电光源既可以是高气压放电也可以是低气压放电，根据目前的发展情况无极放电光源可以有以下四种类型[9]。

（1）感应放电

感应放电有时候也被称为H型放电，驱动场是方位场，这样导致线圈内的磁通量发生变化。在放电管的内部或外部缠绕感应线圈，在高频电流经过线圈时，通过电磁感应原理在放电管中形成放电电流。从电学角度看，等离子体对激励线圈来说是单匝的二次绕组，线圈通过适当的阻抗匹配连接到功率源吸收能量来维持放电[10-12]。因此考虑放电的能量传输可以采用变压器模型来近似，等离子体产生闭合的电流可以看作变压器的二次绕组（见图1），而一次绕组可以是放在等离子体中间或者在等离子体的周围。这样的放电被称为"感应耦合（ICD）"、"感应灯"、"螺线管电场（SEF）"和"无散度场"等。这样的放电使灯管可以设计成很多形状，根据磁心线圈的物质可以分为内置式和外置式两种。在这样的放电中只要提供足够的功率来维持H型放电，它可以在比较低的频率下就得到足够的耦合效率，因此可以得到比较理想的发光效率。目前感应放电可以实现的功率范围为10～1 000W，放电频率为50kHz～100MHz。在实际的研究中还发现，这样的设计相对比较简单，而且电磁干扰比较小，另外可以采用相对较低的频率，所以镇流器的电子元器件成本可以降低。

（2）容性放电

容性放电通常又被称为E型放电，这样的等离子体可以看成是一个密封的玻璃容器放在电容的两个极板之间。E型放电在原理上与普通的电极间放电十分类似，只是把两个电极移到放电管外部罢了（见图2），能量耦合时必须通过电极附近的鞘层，这种类似电容的放电，导致其特性受驱动频率的影响十分大。E型放电同H型放电相比，它的耦合效率要低很多，而且功率密度也要低很多。要得到足够高的功率密度以满足光源设计的需要，就要求镇流器的驱动频率十分高[13－14]，这样就使电子元器件的成本急剧上升，更值得注意的是，电磁干扰也变得严重了。有相关专利报道采用915MHz的驱动频率来实现容性放电的照明[15]。容性放电由于其优异的放电稳定性，在飞机的仪表盘等指示照明中得到应用。

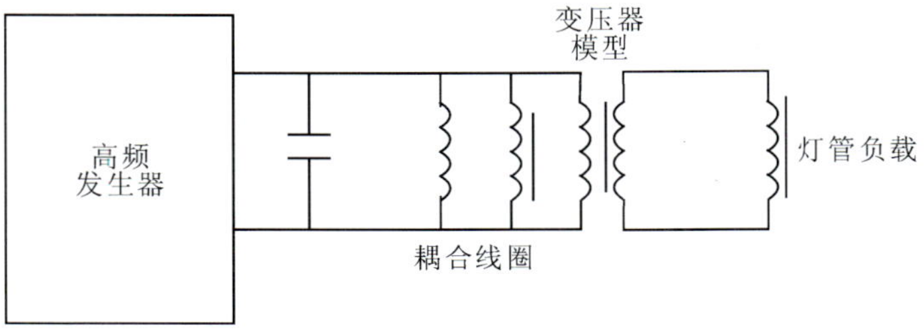

图1　感应放电的变压器模型示意图

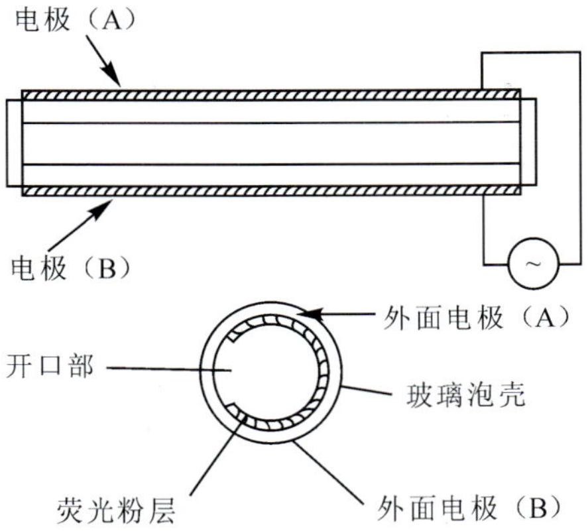

图2　容性放电的荧光灯示意图

（3）微波放电

此时电磁波的波长和耦合器及放电管的尺寸可以比拟，在这样的放电中由于频率很高，电子如果不与周围粒子碰撞就很难得到足够的能量来激发原子（分子）发光，因此在微波放电中电子与周围粒子的弹性碰撞有决定性作用，电子通过弹性碰撞来不断改变运动方向，逐渐从微波场中得到足够能量来激发和电离原子（分子）。微波放电的特点包含了E型放电和H型放电的特点，但由于微波频率较高，因此有较高的耦合效率，光效也较高。微波放电的一个主要特点是趋肤效应，当驱动频率或功率升高时，趋肤深度就会减少，因此输入功率集中在管壁附近，放电时的温度最高值不在电弧中心，而是在靠近管壁的地方。这样的温度轮廓对辐射有好处，可以有利于共振辐射的产生（气体冷却的自吸收减少）和分子连续辐射的产生（整个电弧的温度不是很热）[16]。由于产生微波的磁控管是比较的成熟产品，因此成本稍低，但由于微波频率高的缘故，需要波导和耦合腔等装置，设计时结构会比较复杂一些。图3是微波放电灯的原理示意图。

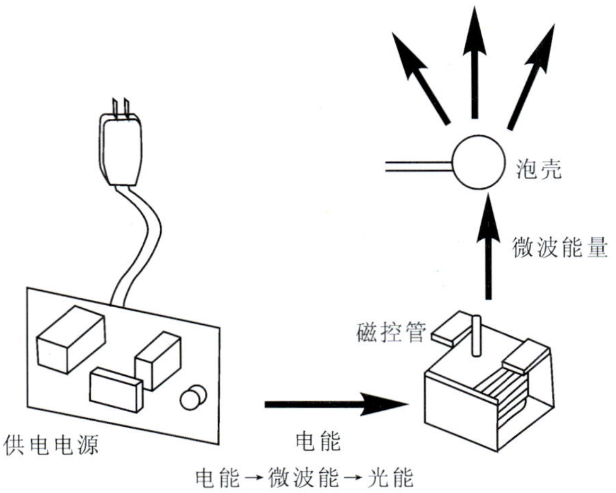

图3　微波放电灯的原理示意图

（4）行波放电

等离子体可以在行波放电中产生，典型的就是表面波放电，电磁波会随着等离子体形成的通道传播。电磁波在传播的过程中不断地加入电子来电离气体，可以确保电磁波在气体形成的等离子体中传播，因此气体电离形成等离子体本身可以作为一个波导来约束等离子体的传播方向[17,18]。因此，与前面介绍的微波放电有一个很大的不同，等离子体不需要全部包围在波导或耦合腔内，可以通过电磁波传播方向来控制电磁波的传播结构。图4是一种小型的谐振腔式的表面波放电装置示意图，微波经过谐振腔以后可以沿石英管进行传播并形成等离子体放电。19世纪80年代开始，科学家们就试图将行波放电应用到荧光灯中来，但由于功率密度和高频电子元器件成本等问题阻碍了其发展速度[19-21]。

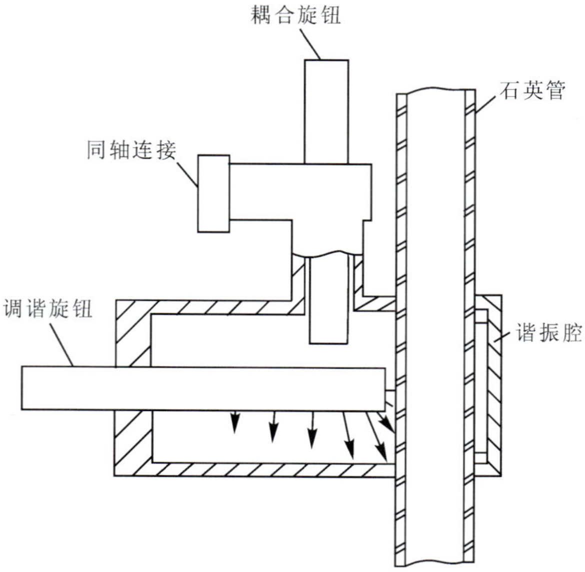

图4 谐振腔式表面波放电装置示意图

3. 产品发展情况

这里我们将着重介绍目前已经比较成熟的两种无极放电光源：感应放电荧光灯和微波放电灯。

（1）感应放电荧光灯

目前感应放电主要用在荧光灯方面。早在1907年，PC. Hewitt就申请了感应无极灯原理的专利，但由于当时电子学技术水平的限制，所以这种灯只能在实验室存在，没有可能进入市场。电磁感应灯真正发展和进入实际使用是20世纪90年代以后的事情。

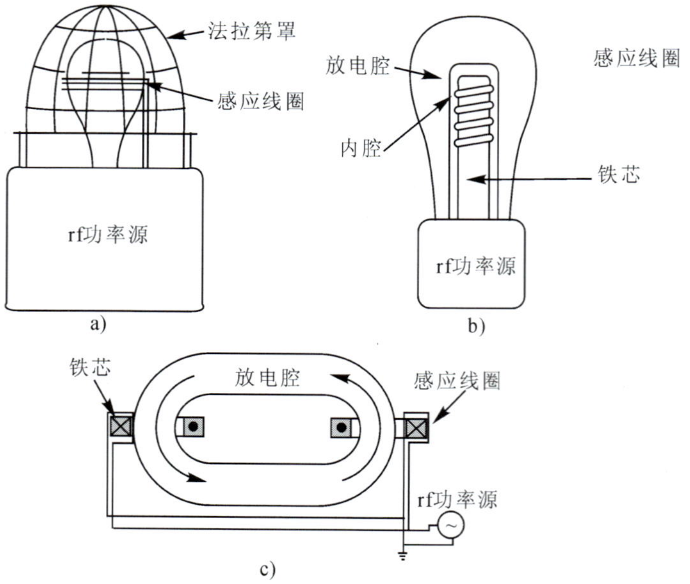

图5 几种典型的感应放电荧光灯的结构

1991 年松下公司首先推出了 Everbright 无极荧光灯并投入日本市场，这种感应灯没有使用磁心进行能量耦合，而是直接在球形泡壳外绕上线圈，通以 13.65MHz 的高频电流，感应泡壳内的等离子体发光（见图 5a）。当时 27W 的 Everbright 无极荧光灯光效是 37lm/W，平均寿命是 40000h。

同在 1991 年，Philips 公司的 QL 无极荧光灯也投入市场。它在一梨形泡壳内置一中空管道，绕以线圈的铁磁心柱插入中空管道（见图 5b），线圈内交流电频率是 2.65MHz。QL 无极荧光灯光效达到了 70lm/W，平均寿命是 60000h。

1994 年，GE 公司推出了 GENURA 无极荧光灯，这是一种镇流器与灯一体化的紧凑型无极荧光灯，其结构与 Philips 的 QL 无极荧光灯相似，外形与反射型白炽灯相仿，工作频率也选用了 2.65MHz，光效是 50lm/W，寿命是 15000h。

随后 Osram 公司推出了 ENDURA 无极荧光灯，它采用闭合放电回路，一个或多个绕有线圈的铁心磁环环绕在闭合放电管上，套在灯管的铁心的作用犹如变压器的一次，而闭合的灯管的作用犹如变压器的二次绕组（见图 5c）。ENDURA 无极荧光灯工作频率是 300kHz，光效达到了 75lm/W，平均寿命是 60000h。

在 21 世纪初，中国宏源照明电器有限公司等经过艰苦和长期的研制，尤其是自行设计和制造的 HY 型芯片技术的突破，镇流器采用集成电路结构，不但使灯线路可靠性提高，成本价格也能为市场接受，性能指标已达到或超过国际同类产品的先进水平。目前正在进一步完善和推广应用之中。

（2）微波放电灯

微波放电目前主要在高强度气体放电上有所突破，典型的就是微波硫灯。1992 年美国率先发布了微波硫灯技术，在泡壳内充填硫元素和启动气体，在 2.45GHz 的微波能量驱动下激发放电灯内硫蒸气产生放电，由于是硫分子的 B－X 辐射，因此整个光谱是连续可见的并接近于太阳光谱（见图 6）。1994 年美国推出了大功率的 3400W 微波硫灯，激励直径为 28mm 的硫灯泡壳，该灯的光效为 120lm 每微波功率瓦，显色指数为 85，色温为 6000K。由于硫不会与石英起反应和没有电极，灯寿命可达 4 万 h 以上。大功率微波硫灯适用于大型博物馆、展览馆、飞机场和高层建筑等处照明。1996 年美国 Fusion 公司向市场推出 Solar1000 型微波硫灯，功率为 1378W，灯光效为 160lm 每微波功率瓦，显色指数 80，灯寿命约 60000h，可用作太阳模拟光源，适用于植物培育光源。1998 年日本发布了充填物为 InBr 的低功率 50W 的微波放电光源，发光管直径为 3mm，采用叶片式中空的谐振器，色温为6500K，显色指数达 95 以上，寿命为 4 万～6 万 h。

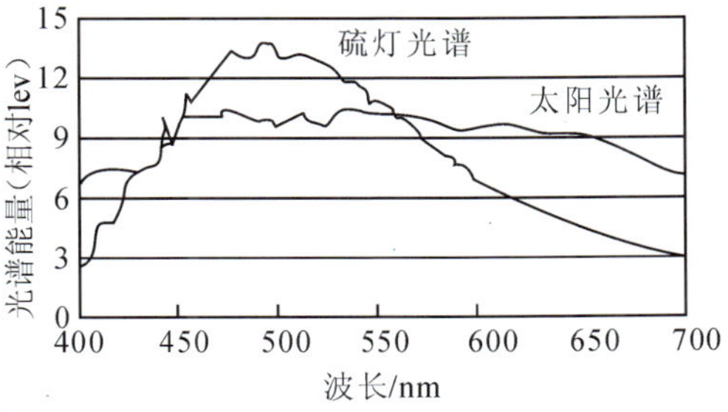

图 6　微波硫灯的光谱

我国在微波放电灯方面从 1996 年开始，在随后几年推出了 1000W 的微波硫灯，灯功率在 1200W 左右，光效为 85lm 每电功率瓦，显色指数在 80 左右，目前已有一些企业从事 1000W 微波硫灯的批量生产。目前正从事高显色性能的微波光源和小功率的微波光源的研究。微波放电灯的微波耦合线路与电感耦合型放电灯的电感耦合线路相比，部件和结构要简单，但要提高耦合效率对部件的匹配设计比较复杂。今后将要解决的课题是进一步提高微波放电的电能转换为微波能的效率和磁控管寿命等，改进放电结构，提高耦合效率，开发出更加适用、价廉物美、可批量生产的微波放电灯。

4. 无极放电的发展展望

各国科学工作者在无极放电光源方面进行着各种各样的探索，期待有所突破来得到更好的无极放电光源。

（1）感应放电

感应荧光灯是发展的最好的无极放电光源，其目前发展的一个主要方向是大功率放电结构的设计，由于其耦合功率密度很高，有希望提高光源的发光强度来适应泛光照明、道路照明和大型厂房照明的需要。目前很多工作者是通过灯具设计来满足这些照明要求，如果大功率放电结构得到突破，可以进一步拓宽其应用范围。另外，感应放电荧光灯应该进一步减少电路和磁心的能量损耗，如果将这部分能量损耗降低到 15%，预计灯的光效可以超过 180lm/W。

感应放电的金属卤化物灯是另一个重要研究方向。国际上的一些研究探索表明，无极金属卤化物灯可以达到很高的光效，而且还有其他很多优点，特别是可以采用无汞的发光物质组合。但目前仅在实验阶段，需要克服的困难有放电结构的设计，放电的启动，电弧的不稳定和熄灭，卤化物游离和管壁发生作用等问题。另外，应该在点灯回路的设计上进行研究，以保证光源的稳定工作。虽然实验证实适当的发光物质配比可以得到发光效率为 180lm/W 的光源，但目前还没有可以真正使用的无极金属卤化物灯投入市场。

（2）容性放电

在荧光灯方面，容性放电在低频驱动下工作不可行。实验证明，当工作频率超过 27MHz 时放电的鞘层电压比直流放电低，并且可以提高灯的光效和寿命。Proud 和 Smith 曾采用 915MHz 的微波作为驱动源来进行放电，但也没有成熟产品问世，因为其光效和微波耦合效率比较低。其发展方向将主要在小功率放电和无汞放电。但由于其结构简单可靠，可以在仪器中作为激励光源。

容性放电的金属卤化物灯是一个重要的发展方向，由于其轴向电场强度比较高，维持放电的能量可以比较小，放电等离子体尺度一般仅 1mm 左右。再加上其温度轮廓比较平，等离子体的热容小等特点，可以使它有很好的启动和再启动特性。因此，容性放电的小功率金属卤化物灯是一个比较有应用前景和发展潜力的方向。

（3）微波放电

微波放电的发展主要有不同发光物质的研究，通过不同的金属卤化物配比可能得到光效更高，显色性能更好的光源。另外放电结构，特别是谐振腔的改进，可以进一步提高放电的耦合效率和工作方式。另外，微波放电的小功率方向也是一个很好的探索，随着低成本固态微波源的发展，将会有应用产品问世。

（4）行波放电

Wharmby 等人的实验证明，表面波放电可以得到与传统荧光灯正柱不相上下的发光效率。但考虑高频转换效率，其光效目前不具优势。为了提高表面波放电的发光效率就要求，表面波放电发生集中在管壁附近以减少光损失，但这样的放电是非平衡的等离子体，因而发光不均匀。行波放电的无极光源目前还在初步探索中。

5. 结语

无极放电光源是未来新型放电光源的一个重要发展方向。随着对发光机理的不断深入认识和放电结构设计的逐步改进，结合电子线路的创新和耦合效率的提高，无电极放电光源必将得到更大的发展空间，应用范围也将不断得到开拓。可以预计在未来低成本的大功率无极灯将会有更多的应用范围，而小功率无电极放电灯将会发展为21世纪普通照明和产业照明用的高效节能光源，得到普及并被广泛地应用。

参考文献

[1] 王尔镇，粱伟熠，王春峰. 无电极放电灯的新进展［J］. 照明工程学报，2002，13（3）：21－26.

[2] 陈大华. 展望新世纪的照明新光源［J］. 灯与照明，2001，25（1）：9－11.

[3] 陈大华. 电光源在新世纪中的曙光［J］. 中国照明电器，2001（11）：5－12.

[4] 杨郴，陈大华. 21世纪新照明技术的展望［J］. 光源与照明，2001（2）：3－7.

[5] D. O. Wharmby. Electrodeless lamps for lighting: a review, IEE PROCEEDINGS－A, 1993, 40 (6): 465－473.

[6] N. Tesla. Tesla’s experiments with alternating current at high frequency, Electrical Engineer, 1891 (7): 549－550.

[7] W. Hittorf. Ueber die Elekticititatsleitung der Gase, Annual Physics, 1884 (21): 90－139.

[8] J. J. Thomson. On the discharge of electricity through exhausted tubes without electrodes, Philosophymagazine, 1891 (32): 321－336, 445－464.

[9] G. I. Babat. Electrodeless discharges and allied problems, JIEE, 1942 (94): 27－37.

[10] J. W. Shaffer, et al. The Development of Low Frequency, High Output Electrodeless Fluorescent Lamps, Journal of the Illuminating Engineering 1999, 28 (1), 142－148.

[11] J. N. Lester, et al . Ballasting electrodeless fluorescent lamps, Journal of the Illuminating Engineering Society, 2000, 29 (2), 89－99.

[12] E. Statnic. Dimming high power electrodeless fluorescent lamps, Journal of the Illuminating Engineering Society, 2002, 31 (1), 158－168.

[13] C. Beneking. Impedance and emission properties of capacitatively coupled Hg－Ar discharges, Journal of Applied Physics, 1990, 68, 5435－5446.

[14] C. Beneking. Power dissipation in capacitatively coupled rf discharges, Journal of Applied Physics, 1990, 68, 4461－4474.

[15] J. M. Proud, R. K. Smith. US Patent 4 266 166, 1979.

[16] J. F. Waymouth. Application ofmicrowave discharges to high power light sources, in C. M. Ferreira (edited): Microwave discharges: Fundamentals and applications, Plenum Press, 1994.

[17] J. Marec, microwave discharges, in E. E. Kunhardt and L. H. Luessen (edited): Electrical breakdown and discharges in gases, NATO ASI Series, 1983, 89, 347－382.

[18] M. Moisan and Z. Zakrzewski. Plasmas sustained by atmicrowave and RF frequencies, in J. M. Proud and L. H. Luessen (edited): Radiative processes in discharge plasmas, NATO ASI Series, 1986, 149, 381－430.

[19] M. Moisan, A. W. Trivelpiece and A. Shivarova. Experimental investigations of the propagation of surface waves along a plasma column, Plasma Physics, 1882, 24, 1331－1400

[20] C. Beneking and P. Anderer. Radiation characteristics of Hg－Ar surface wave discharges, Journal of Physics D: Applied Physics, 1992, 25, 1470－1482.

[21] J. W. Szatkowa. Themodeling of a discharge sustained by s tan ding surface wave, Journal of Physics D: Applied Physics, 1988, 21, 937－942.

杭州西湖景区照明规划与设计中的实验性研究

蔡烨震 郝洛西 杨 赟
（同济大学 建筑与城规学院）

摘 要：在照明规划与设计中进行具有针对性的照明实验是照明设计效果顺利实现的有效保证，它包括现场照明条件的勘察，灯具及灯位的选择，实验的设计、进行及效果评价，并对实验过程中发现的问题提出解决方案等，进而指导和保证照明设计效果的实现。本文通过对杭州西湖景区所进行的10项照明实验的介绍，对如何通过实验保证实际照明效果的实现进行了探讨，强调照明设计中实验的指导性作用。

关键词：照明实验，照明效果，指导性作用

1. 前言

杭州西湖三面云山一面城，自古就是文人墨客汇聚之地。独特俊秀的自然山水，“白蛇传”、“梁祝十八相送”等神秘、动人的优美传说吸引着来自海内外的游客。现代城市发展所进行的夜景照明工程提升了杭州旅游品质。西湖边上日夜游人如织，西湖的夜景不仅受到当地居民的关注，同时也受到来自各方游客的关注，承载着如此众多期盼与关注的西湖夜景怎样实施才能得到各方认可？

通过实验指导照明设计是一项有效的措施。通过实验一方面可以验证设计的实际效果，保证实际的照明效果与设计一致；另一方面，通过对游客及居民进行访问或填写问卷，可以确定灯光装置效果是否受到当地居民的认可，是否对他们的生活造成不便及影响，从而最终决定是否设置该装置，保证设计效果的科学性。

2. 照明实验

2007年同济大学建筑与城市规划学院视觉与照明艺术研究中心为杭州编制了西湖景观照明规划。此次规划采用绿色、高效、节能的照明新理念，提出了“生态型光环境”的规划设计思想，通过综合运用国内外照明科技新成果，营造优美、舒适、安全、生态的西湖夜景。基于以上设计理念，我们进行了西湖景区的10项照明实验，期望通过实验为今后的设计及施工提出指导性建议。这10项实验分别是“断桥投影实验、城市居民及游人光色爱好实验、古建筑照明方案优化实验、模块化灯具实验、趣味性照明实验、彩色光与知觉亮度实验、宝石山表演性灯光实验、生态影响评估实验、戏剧化投光照明实验和灯具改造实验”，分别从照明的可实现性、照明效果的适用性及可行性、照明灯具选型的适当性等方面进行实验和评估。

（1）断桥投影实验（时间：2008年5月11日，地点：断桥）

断桥位于西湖北侧，位于北山路与白堤的交接处，是一座拱形石桥。断桥本身凝结了深厚的历史底蕴，新的照明设计在断桥桥身投上了古代诗词，突出了其文化、历史特色，与悠久的历史和丰富的文化内涵相呼应。而且照明手法新颖，新型灯具及与众不同的照明方式彰显了时代特色，提升了断桥在夜间的可观赏性，并使断桥成为西湖夜间新的地标性景观。

该设计的难点在于灯具的安放位置及投射距离的确定。在西湖湖中安放灯具容易被来往游船碰伤，并且供电也难以解决。因此，该项实验的目的就在于解决灯具的安放位置、角度及电力供应等问题。

实验选用了Martin公司的MAC2000灯具，安放在小船上，由小船上的发动机提供电力。通过小船在湖中不同位置及角度的调整，确定小船停留地点，见图1，图2。在实验中也发现小船的晃动对投影效果有较大影响。经过比较分析，建议采用湖中立杆的方法对小船进行固定，或将多艘小船连接以减少晃动来实现稳定，最终实现断桥桥身的投影效果。

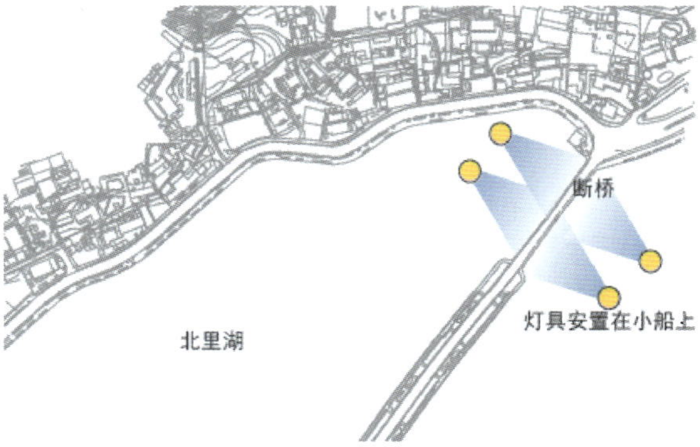

图1 断桥投影灯具安放位置示意图

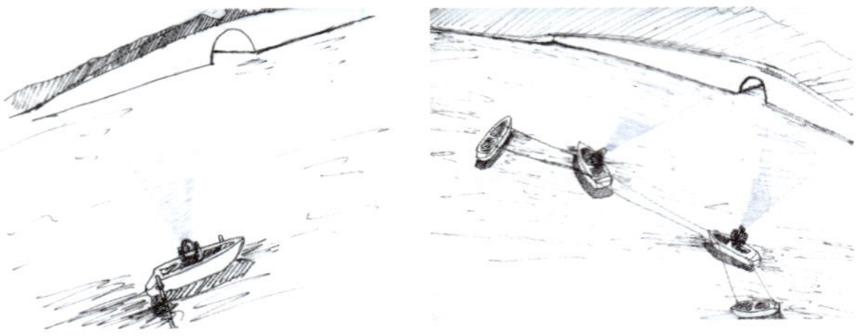

图2　断桥投影灯具安放位置示意图

实验结果表明：在解决了灯具安放位置及灯具固定等问题后，断桥桥身的投影效果是完全可以实现的，这为今后的设计及施工提供了操作依据性，保证了设计效果的实现，见图3、图4。

图3　断桥投影效果1

图4　断桥投影效果2

（2）城市居民及光色爱好实验（时间：2008年5月12日，地点：湖滨路喷泉）

该项实验是为了确定杭州城市居民及游客对近人尺度的光色的偏好。实验在湖滨路进行，首先分别用三组色温为6500K、4000K、2700K的紧凑型荧光灯替代湖滨路路灯的现有光源，然后通过问卷的形式对50名游客或居民进行问卷调查。调查问卷的内容包括游客基本信息（包括年龄、性别等），西湖夜景的整体满意度，喜爱的夜间景点名称（可多项），以及光色喜好等方面（表1为光源色温的选择人数表）。

表1　游人光色喜好选择结果

光源色温	选择人数
2 700K	22人
4 000K	15人
6 500K	8人
其他	5人

该项实验对今后西湖景区设计提供了参考，在近人尺度范围内，选用暖色温光源较为适宜。

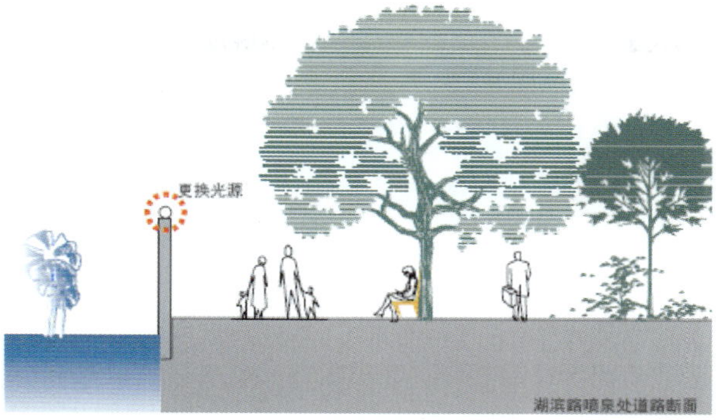

图5　湖滨路断面示意

（3）古建筑照明实验（时间：2008年5月13日，地点：夕影亭）

目前西湖景区内有众多古建筑，而许多古建筑的夜景照明效果并不理想，有些灯具是在安装、保护等方面有问题，而有些在灯具重量、大小等方面有问题。该项实验期望通过应用半导体灯具在夕影亭及周边古建进行照明，以提供半导体照明在古建筑中应用的借鉴性指导。

实验包括两部分：第一部分为使用太阳能半导体灯具在屋顶形成星光效果（见图6）；第二部分为应用小功率半导体瓦楞灯替代原有卤素灯照射瓦片，在达到相同照明效果的同时，实现能源节约并减少灯具散热对古建筑的损害。

通过实验，发现在灯具形态方面，现有的太阳能灯具还需要进一步的改进，以更好地满足白天的视觉效果。而瓦楞灯在进行古建筑照明时使用3～5W较为合适，颜色选用琥珀色效果较为符合古建筑屋顶照明的色彩要求（见图7）。

图6　半导体灯具照明效果

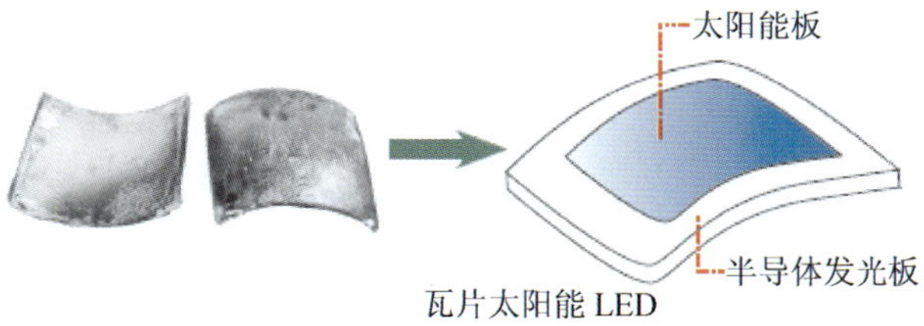

图7　半导体灯具改造建议

（4）模块化灯具实验（时间：2008年5月14日，地点：钱王祠）

模块化是半导体灯具设计及应用的一个方向，在西湖景区应用模块化半导体照明灯具具有一定的前瞻性及可操作性。模块化灯具具有可拼接的特点，可以根据照明对象的长度、高度进行横向、纵向拼接及点式分布，特别指出的是，在景观环境中，雕塑、植物小品尺寸变化较大，形态各异，应用该项技术更加有益。实验地点选择在“柳浪闻莺”北侧的钱王祠附近，模块化灯具由航能美光电（上海）有限公司提供，对古建、牌坊、雕塑、植被等分别进行了不同模组的半导体照明实验，以验证模块化半导体灯具对不同被照物的适用性，并就航能美公司提供的模块化灯具给出使用建议，见表2，效果见图8～图10。

表2　模块化灯具使用建议

照明对象	模块数量
灌木	1套
低矮乔木	2套
高大乔木	4～5套
钱王祠雕塑	3套（左）1套（右）
牌坊	柱前1套

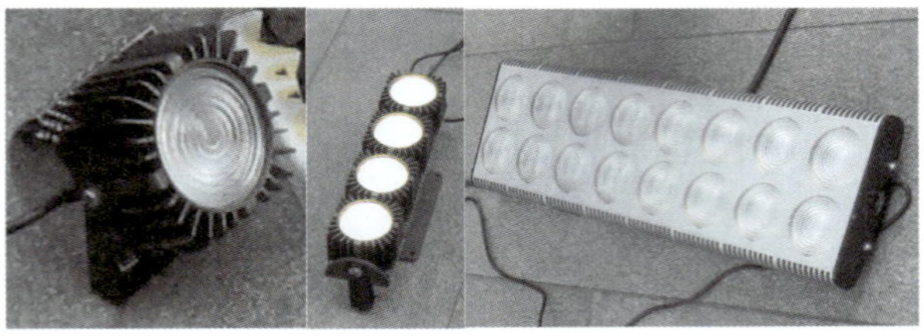

图 8　模块化半导体灯具

图 9　钱王像模块化灯具照明效果

图 10　植被模块化灯具照明效果

这次实验证明了模块化灯具可以很好地实现古建筑及绿化景观的照明效果。由于模块化灯具具有外观统一、产品选购简单，施工简便，拼接方便、更换方便等优点，因此有很强的推广应用性。

（5）彩色光与知觉亮度实验（时间：2008 年 5 月 15 日，地点：圣塘景区）

彩色光能够吸引人们的注意力，活跃空间气氛，但在西湖景区使用彩色光照明应谨慎，防止过多饱和度高的色彩破坏西湖景区原有的古典人文风味。实验选择在圣塘景区，对草坪及花圃进行彩色光照明，并与周围环境进行分析比较，判断彩色光的照射范围及亮度。

实验采用飞利浦 30°光束角 PAR38 光源，分别使用红、绿、蓝、黄四种光色对花圃及草坪进行照射。实验中，埋地投树灯及两旁的步道灯控制着整个空间的照明氛围，幽静又深远，同时，彩色的花圃又活跃了空间的氛围，两者做到了很好的融合。经过实验，证明彩色光与周围环境融合较好，在低位空间及近人尺度，彩色光具有很好的活跃气氛的作用，同时又不影响大环境，从而验证了设计效果的可行性，见图 11。

图 11　彩色光花圃照明效果

（6）趣味性照明实验（时间：2008 年 5 月 13 日，地点：圣塘景区）

圣塘景区在夜间的人流量较少，通过设置灯光艺术装置来提高该地区的夜间人流量、加强景区的人流分流是一项切实可行的措施。

实验采用多盏彩色投光灯投向地面，当人们从灯下路过，会体验到意想不到的光影效果——随着游人走动，彩色的光影会随着行动而变幻。通过实验，验证了该设计想法的实际效果与可操作性，同时，通过游人的现场参与，证实了人们对该项灯光装置的认可。通过询问，所有参与的游客都表示接受并喜爱该项灯光艺术装置。

（7）宝石山表演性灯光实验（时间：2008 年 5 月 16 日，地点：白堤锦带桥/宝石山）

激光表演能够播放彩色动画、图案和水幕电影，具有动感、新奇和震撼的艺术表现力。西湖应用激光表演将是一项全新的尝试。该项实验的目的在于验证城市尺度下，在400m距离进行山体投射，能否产生设计效果，见图12。同时，对于投影机安放位置及最佳视看区域的确定也是这次实验所要解决的。

图12　彩色光地面投影效果

通过实验，确定将激光设备安放在锦带桥桥堍，最佳视看范围为白堤中段及附近水域，见图13。

这次实验验证了设计效果的可实现性，并确定了观赏区域，但由于随后的报道（据中国新闻网7月15日电，俄罗斯几十名年轻人在莫斯科附近的歌舞晚会上由于被激光扫射眼睛而导致失明），激光会对人眼视网膜造成不可恢复损伤，因此，我们出于安全方面的考虑，取消在西湖进行激光的表演性灯光。

图13　山体激光照明效果

（8）戏剧化投光照明实验（2008年9月8日，同济大学文远楼）

西湖景区现有的古建筑照明多较常规，采用一些具有戏剧性的照明装置期望能为西湖这些古朴沉着的古建筑增添更为迷人的色彩。在钱王祠牌坊位置，我们采用投影装置，将预先拍摄好的钱王祠牌坊制成Gobo片，在漆黑地面上投射钱王祠牌坊明亮的“影子”。该实验的目的在于增加该空间的趣味性，使古建筑照明在这里不显得单调。

考虑到立杆及安装问题，我们的实验先在同济大学文远楼进行（见图14）。我们将灯具架设在屋顶平台，向地面投光，观察投光角度、距离对光斑的影响，再分别从屋顶、地面观察效果，并观察经过的人对投影装置的反应。

通过实验，实现了地面投影效果（见图15），并可大致计算出立杆与牌坊间的距离，为实际安装提供依据。

图14　实验准备

图15　投影效果

（9）生态影响评估实验（2008年8月7日，西湖圣塘景区）

夏夜的西湖宁静淑婉、优美动人，拂面凉风沁人心脾，但同时植被与湖水也滋养了大量的蚊虫。走在西湖畔，游人不断被聚集的蚊虫所侵扰，即使在11月的深秋，蚊虫依然猖獗，影响着西湖畔过往的游人。本次实验就是想通过观察不同光源对蚊虫的吸引性，甄别出哪些光源吸引蚊虫，筛选出适合用于西湖使用的光源。实验结果分两类：第一类是找出非常吸引蚊虫的光源，将其放置在游人较少的位置，吸引蚊虫聚集；第二类是找出具有驱散蚊虫的光源，或较少吸引蚊虫的光源，将其放置在游人聚集的地方，减少西湖蚊虫对游人的干扰，见图16~图20。

图16 实验准备

图17 灯具点亮情况

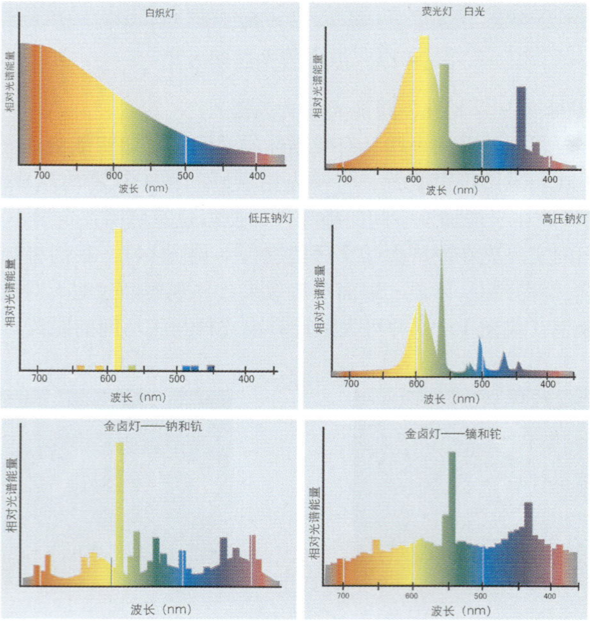

图18 不同光源的光谱能量分布

注：图片选于《城市照明设计》，郝洛西，辽宁科技出版社，2005年10月。

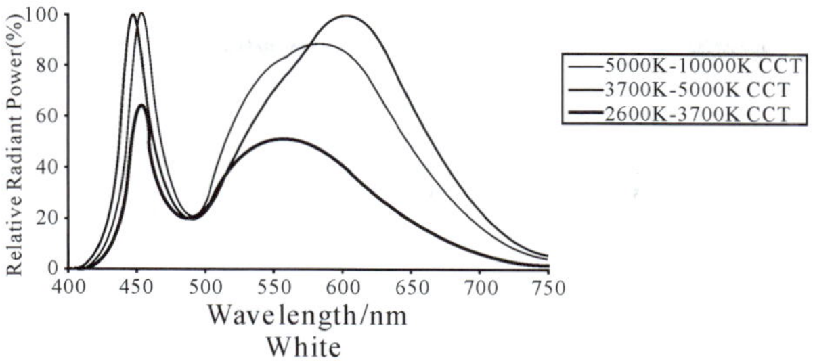

图 19　白光 LED 光谱特性分布图

注：图片由 CREE 公司提供。

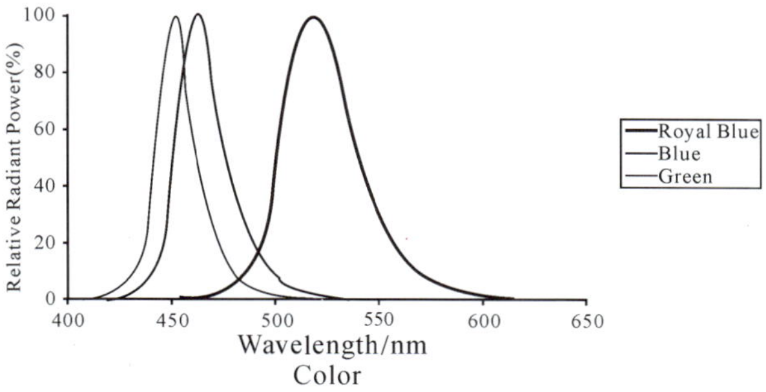

图 20　彩色 LED 光谱特性分布图

注：图片由 CREE 公司提供。

观测结果见表 3。

表 3　各种常用光源诱虫性大小排序

观测项	统计结果
诱虫性	QL（无极灯）、Cosmo（CosmoPolis 光源）和 CDM（陶瓷金卤灯）的诱虫性 > 钠灯与 CFL（紧凑型荧光灯）> 白炽灯、LED

因此，在游人聚集的地方宜使用 CFL 或 LED 光源以减少蚊虫对游人的干扰，在人流较少的地方可以使用 CDM 等光源。实际上，光源类型的诱虫性还受到亮度的影响，该实验还需进一步深化及研究。

（10）灯具改造实验

西湖景区现有的一些路灯外形较为美观，但其配光不科学导致路面照度较低。通过灯具改造实验，期望保留灯具外观形式，对内部灯具反射器进行改造，改善灯具的光分布，提高路面照度，并减少眩光。同时，进行灯具改造能减少将灯具全部更换所需的费用。

3. 结论

通过同济大学与西湖园文局及各大灯具厂商的共同努力，杭州西湖景区的 10 项照明实验都圆满地实施了，经过实验验证后基本达到了最初的设计效果。这为今后西湖景区进一步的照明设计及施工提供了现实依据，对实验时所出现的一些问题提出的建议也保证了实施效果，不失为一种节省人力、物力以及投资的科学策略，可以为今后的设计及施工提供指导性作用。

参考文献：

[1]（GB 50034—2004）建筑照明设计标准［S］. 北京：中国建筑工业出版社，2004.
[2] 杨公侠. 视觉与视觉环境.［M］同济大学出版社，2002.
[3] 郝洛西. 城市照明设计［M］. 辽宁科技出版社 2005.
[4] 杨公侠，薛加勇. 亮度分布对于视觉能力的影响［J］. 同济大学学报，1991，19（1）.
[5] 赵振民. 照明工程设计手册［M］. 天津大学出版社，1984.
[6] 张恒国. 大功率 LED 投光灯具在古建筑中的应用［C］. 中国照明学会青年学术论坛——半导体（LED）照明设

计与应用论文集，2006.
[7] 王建平. LED 热性能及其合理测量方法（图）. 中国照明网，http：//www. alighting. cn/News/V15290_ 1. html

高强度放电灯用陶瓷管

周太明
（复旦大学光源与照明工程系）

作为高压钠灯和金属卤化物灯等 HID 光源的电弧管材料，必须满足以下要求：

（1）有很高的透光率。

（2）能实现气密封接。

（3）在高温和高压下，能抵御钠和金属卤化物的侵蚀。

（4）在高温下电导率低。

（5）在高温下蒸发率低。

（6）具有足够的机械强度，能抵御灯开关时的热冲击。

20 世纪 60 年代中期 GE 公司发明多晶氧化铝（Polycrystalline Alumina，PCA）陶瓷管之前，石英玻璃一直是最主要的电弧管材料。GE 公司用 PCA 成功地制造出了高压钠灯。当时他们的商标是 Lucalox（transLUCent ALuminium OXide）。20 世纪 90 年代初，飞利浦公司在白光高压钠灯技术的基础上，发明了陶瓷金属卤化物灯。石英管能承受的工作温度为 1300K，而陶瓷管能承受的工作温度高达 1500K，因而陶瓷金属卤化物灯的性能要比石英金属卤化物灯好很多。显然，对这些高强度放电灯来说，PCA 的质量是非常关键的。为此，人们做了大量的研发工作。下文就圆柱形陶瓷管的制造、非圆柱形陶瓷管的成形和透明陶瓷管的情况做一些简要介绍。

1. 圆柱形陶瓷管的制造

圆柱形陶瓷管的加工包括 3 个步骤，即高纯氧化铝粉的制备；圆柱形陶瓷管的成形；烧结过程。

（1）高纯氧化铝粉的制备

用于制作电弧管的氧化铝粉的原料纯度一定要高，应达到 99.99%。为什么要这么高的纯度呢？因为只要有杂质存在，即使其含量很少，也会造成一些不良影响。例如，会引起氧化铝粉变色；在烧结过程中，产生不规则的晶粒；晶界产生分离，从而使杂质容易移到晶界处，使那里的杂质浓度增加。另外，为了得到高密度的管材，氧化铝粉的烧结活性要好。这就要求其有特定的形态结构，具体说就是粒径要很细（约 0.3μm），而且粒径分布很集中。

PCA 的原料，即 $\alpha-Al_2O_3$ 是由灼烧含结晶水的硫酸铝氨（$AlNH_4(SO_4)_2.24H_2O$）而得：

$$AlNH_4(SO_4)_2.24H_2O \rightarrow Al_2O_3 + NH_3 + SOx$$

在 1000℃时，首先形成大块的 Al_2O_3（比表面为 $125m^2/g$，密度为 $0.15g/cm^3$，粒径为 0.02μm），然后在 1200～14000℃下转变成 $\alpha-Al_2O_3$，再将集团的粉分散，得到密度为 $0.4g/cm^3$、平均粒径为 0.6μm、比表面为 $6m^2/g$ 的 $\alpha-Al_2O_3$ 粉。

表 1 列出了日本 NGK 公司所采用的高纯氧化铝粉原料的特性。

表 1　日本 NGK 公司所采用的高纯氧化铝粉原料的特性

参　数	参　数　值
比表面积/（m^2/g）	5～10
体密度/（g/cm3）	0.3～0.9
最小的粒径/μm	平均 0.3
粒径分布	平均 0.6μm > 0.3μm 85% > 1μm 35% > 5μm 15% > 10μm 5%

（续）

参 数	参 数 值
杂质含量（$\times10^{-6}$）	Si ≤20 Fe ≤30 Ca ≤5 Mg≤10 K ≤20 Na ≤40 Ti ≤10 总含量 ≤200

（2）圆柱形陶瓷管的成形

生产圆柱形陶瓷管最常用的方法有等静压法（Isostatic Pressing）和挤压成形法（Extrusion）。将氧化铝粉、粘结剂、氧化镁等添加剂与蒸馏水充分混合，所得粉浆在专用的喷雾干燥设备中雾化、干燥成颗粒状的干粉。然后如图1所示，将该粉末填充于空心圆柱形的橡皮模和实心的金属模之间，再从橡胶模的外部用高压液体径向施加等静压于模内的粉末，使其形成致密的圆柱形的陶瓷管坯。

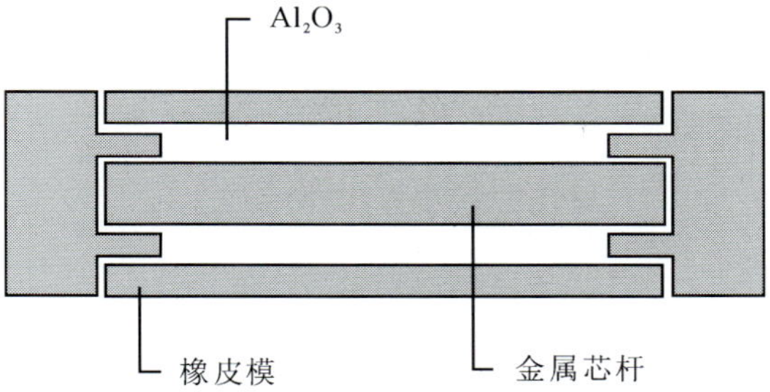

图1 等静压制作陶瓷管示意图

挤压成形法是将氧化铝粉末、粘结剂及添加剂与一种液态物质（或与其他附加的液态粘结剂）混合成面团状，然后被挤压穿过金属模具，形成不断伸长的空心或实心的陶瓷管或陶瓷棒。其过程如图2所示。这些长的管、棒可以根据要求被切割成所需的长度。这种挤压成形的方法适宜连续大规模生产。

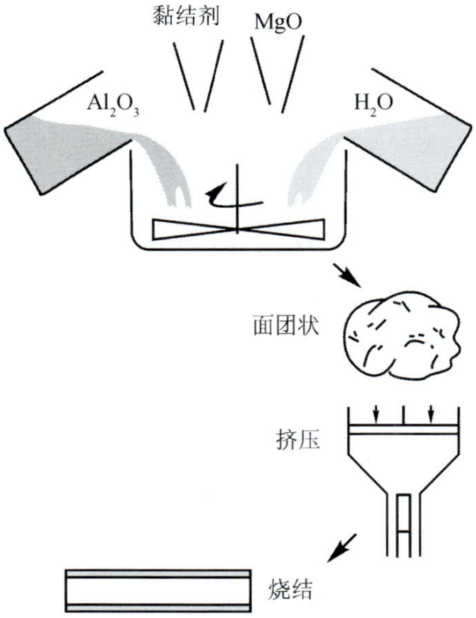

图2 挤压成形法示意图

（3）烧结过程

成形后的陶瓷管坯料最后要进行烧结。生产过程中通常采用二次烧结。第一次烧结（预烧）是在比较低的温度下进行的，其目的是除去坯料中的有机粘结剂，并使其有足够的机械强度，以便于其后坯料的机械加工、运输和装炉。为了使有机粘结剂在预烧时充分挥发，预烧必须在氧化气氛中进行。预烧的温度为1200℃左右，保温2~3h。坯料在经过预烧后便可进行最终的高温烧结。大规模生产时，高温烧结通常采用长约20m的隧道式氢气炉，以电加热。在最高温度1850℃左右保温5h。从升温到冷却的整个烧结过程约需35h。高温烧结后，陶瓷管的尺寸缩小20%~30%，其密度达到理论值的99.9%，成半透明状。经过烧结，最终获得的PCA材料的物理特性列于表2。

表2 PCA材料的物理特性

特　性	G-30，G-40
颜色	半透明，白色
晶体结构	$\alpha-Al_2O_3$
纯度（%）	99.9
平均粒径/μm	20
总透光率（%）	96
密度/（g/cm^3）	3.99
对水的吸收性（%）	<0.1
机械强度 σ/MPa	300
断裂韧度 K_{IC}（SEOD法）/（$MPam^{1/2}$）	4.2
杨氏模量 E/GPa	410
泊松比	0.24
维氏硬度/Hv	1850
热胀系数（40~8000℃）α/K^{-1}	8.3×10^{-6}
热导系数（1500K）λ/［W/（m·K）］	10
比热/（J/［kg·K］）	790
电阻率/（Ω·cm）	109
耐压极限/（kV/mm）	20
介电常数	10

要获得高质量的PCA材料，烧结的温度、时间、气氛和添加剂MgO的含量都要仔细控制。图3表明，烧结温度越高、时间越长，则密度也越高。图4则说明，密度增加时，材料的透光率也增加。但是，随着烧结温度的升高，晶粒的尺寸也要长大，结果其强度下降，如图5所示。

MgO是必不可少的掺杂剂，它能有效地减少气泡的数量（见图6）、增加密度、减少对光的散射，其典型的含量是$200\times10^{-6}\sim1000\times10^{-6}$。现在，还在研究除MgO外再加入一些其他的掺杂剂，如Y_2O、La_2O_3、ZrO_2和CaO等改变PCA的性能。这些阳离子半径较大的掺杂剂容易在晶界处分离，从而大大减少了金属卤化物灯内卤化物向晶界的扩散，使得灯的寿命延长不少。

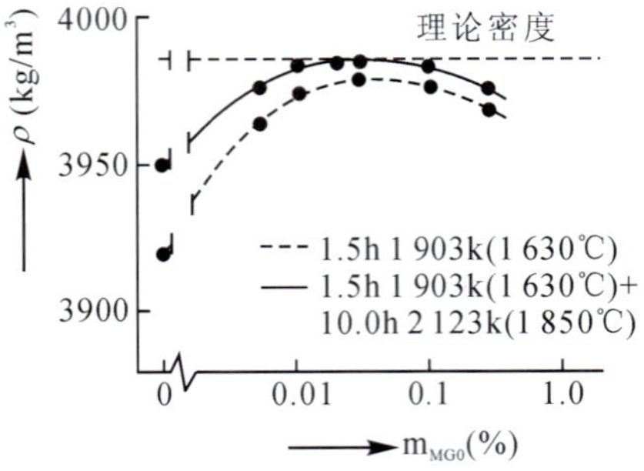

图3 烧结条件对PCA密度的影响

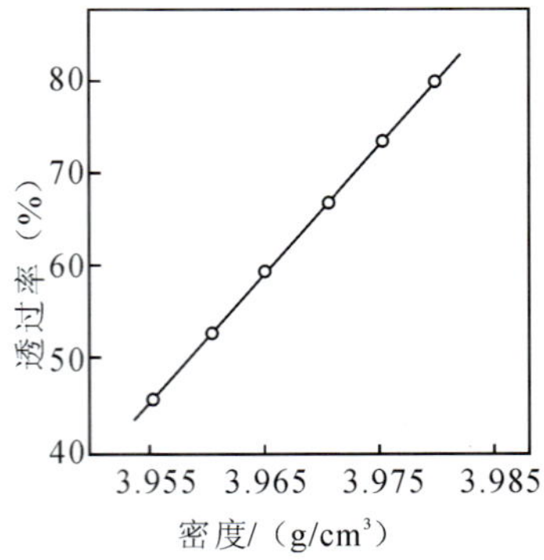

图4 密度增加时透光率也增加

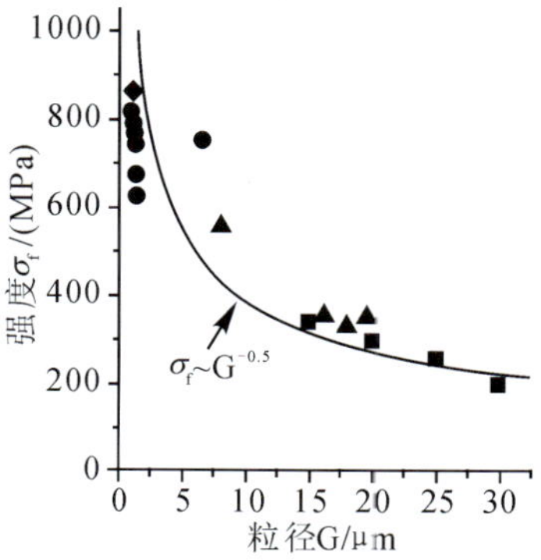

图 5　晶粒尺寸变大时强度下降

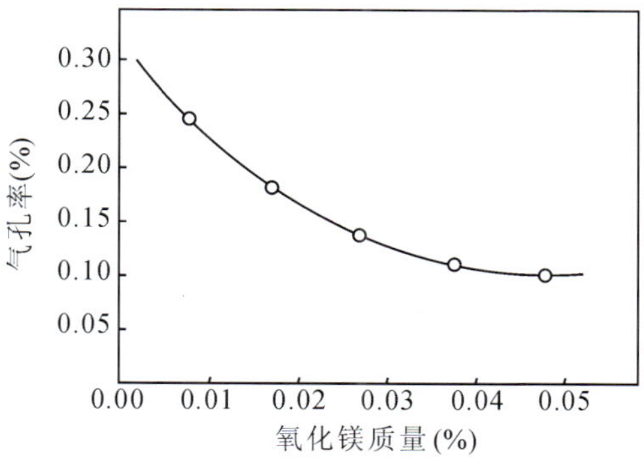

图 6　MgO 含量增加时气泡减少

2. 非圆柱形陶瓷管的成形

圆柱形陶瓷管的加工精度很高，冷端温度能够得到很好的控制，因而灯的特性一致性非常好。但是，圆柱形陶瓷管金属卤化物灯电弧管各处的温度不均匀，在其角上（即圆柱形陶瓷管与陶瓷塞的交界处）温度低，形成冷端（见图 7），积存在此处的液态金属卤化物容易对陶瓷泡壳造成腐蚀。

采用球形或椭球形的结构就可以比较好地克服上述缺点。对非圆柱形陶瓷管的成形技术很多公司都进行了大量的研究。他们采用的成形方法主要有以下几种。

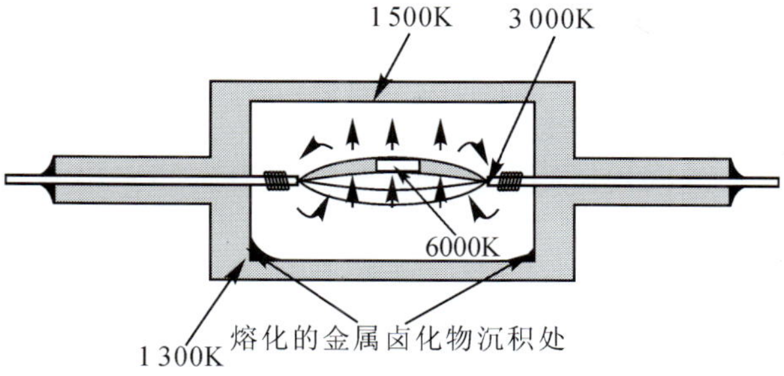

图 7　圆柱形陶瓷金属卤化物灯内的温度分布

（1）吹模成形法（Blowmolding）

这种方法是采用挤压出的圆柱形陶瓷管作为原料。将陶瓷管置于模具中，该模具内表面的形状与设计的电弧管外形相同。在高压气流的压力作用下，陶瓷管向外膨胀，直至扩大到模具的内表面，形成预定的形状，如图 8 所示。这种方法对所用的圆柱形管的直径有限制，不能采用直径很细的管子作原料，否则会将管子吹破。因此，这种方法只是用来吹制电弧管的当中部分，两边还需要再接上直径较细的陶瓷管来进行真空气密封接。

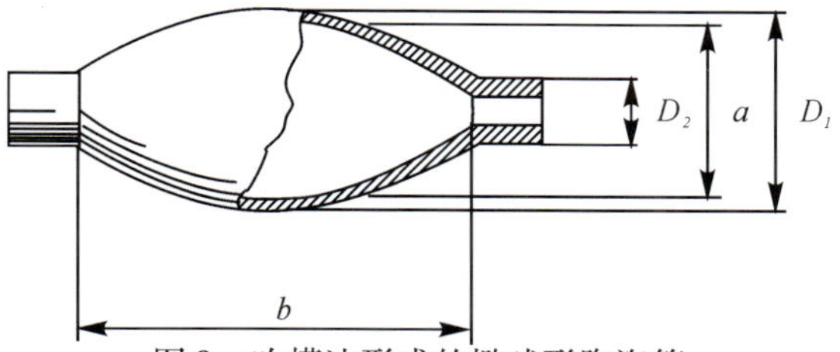

图 8　吹模法形成的椭球形陶瓷管

（2）注射成形法（Injectionmolding）

先将陶瓷粉与热塑性黏结剂混合。该黏结剂在常温下是固体，但在高温下（通常低于 2000℃）即变为液态。再将该混合物制成丸状，并在室温下冷却，然后填入注模机中。丸状的热塑性混合物原料经过加热融合，最后被注射入一个相对较冷的金属模具中。在该模具中混合物重新冷却并凝固成设定的形状。塑料桶的制作就是采用此方法。该方法的优点是可以用来生产管壁很薄、形状又很复杂的陶瓷管。但这种方法的缺点是较难精确控制陶瓷管的内、外直径。一个可行的办法是采用此法生产半个陶瓷管，然后再如图 9 所示将两个这样的陶瓷元件结合在一起。

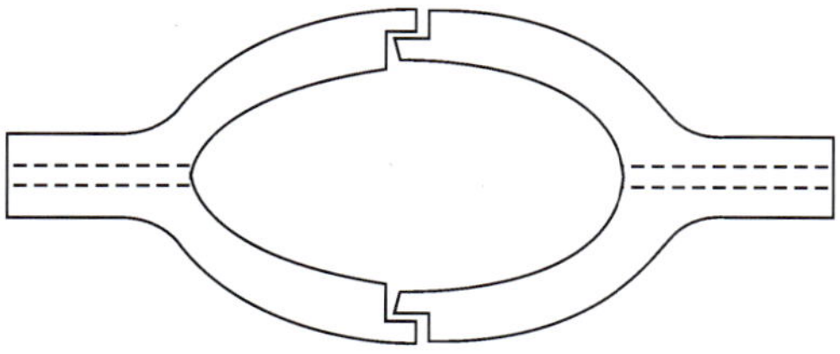

图 9　注射法制作的二体型圆形陶瓷管

（3）粉浆浇铸成形法（Slip Casting）

先将陶瓷粉末和黏结剂加入到液体（通常为水）中，形成一种低粘性的悬浮液。再将该悬浮液倒入多孔的模具中，模具内壁的形状与目标物的外形完全一致。由于毛细作用，悬浮液中的流体部分渗入到多孔的模具中，留下的陶瓷粉与黏结剂的混合物则附着在模具的内表面。随着时间的增加，更多的液体进入多孔模具，而附着层的厚度也不断增加。一定时间后，陶瓷附着层的厚度就会达到要求。这时，将多余的悬浮液排出，在模具中便留下预定形状的陶瓷坯料，如图10所示。

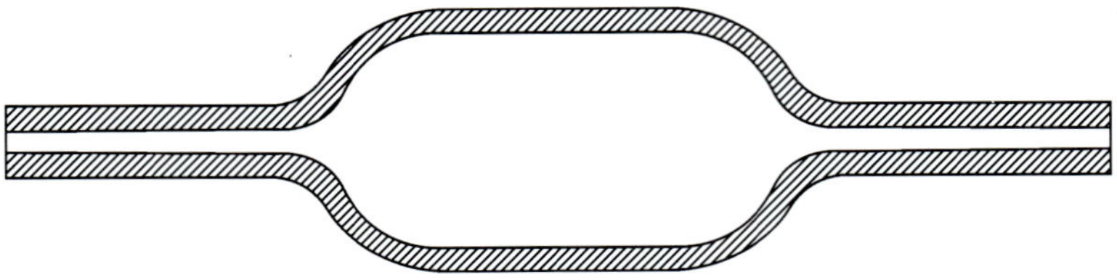

图10　粉浆浇铸法制作的陶瓷管

（4）凝胶注模成形法（Gel Casting）

凝胶注模成形法是20世纪90年代初期发展起来的，它可以用来进行精密陶瓷部件的加工。其基本工艺流程是：

1）将陶瓷粉料分散于含有机单体和交联剂的水溶液（或非水溶液）中，加入分散剂，制成低黏度、高固相体积百分数的浓悬浮液。

2）通过真空球磨，排除浆料中的气泡，降低悬浮液黏度，增加浆料的流动性，以有利于后续的注模成形。

3）在依次加入引发剂和催化剂并充分混合均匀后，将悬浮液注入模具中，在一定的温度下引发单体的原位聚合，将陶瓷粉黏结在一起，形成具有一定强度和柔韧性的坯体。

4）坯体脱模后，经室温干燥处理，然后进行高温脱脂、烧结，将有机凝胶在高温下分散挥发，坯体进一步致密化烧结后就成为可供加工的精密陶瓷部件。

日本NGK公司采用如图11所示的方法成功制造出一体化的椭球形的陶瓷管。在金属外模里面放了一个由低熔点聚合物材料做成的内模，二者的相对位置由金属销钉来固定。同时，球形陶瓷管两边的毛细管的内径也是由该金属销钉所决定。将按前述方法混合成的悬浮陶瓷浆液注入内、外模间的空隙。待交联反应完成并固化后，打开外模，通过加热去掉内模，就得到管子的坯件。再经过烧结，生成球形陶瓷管。图12说明了该过程的各个步骤。

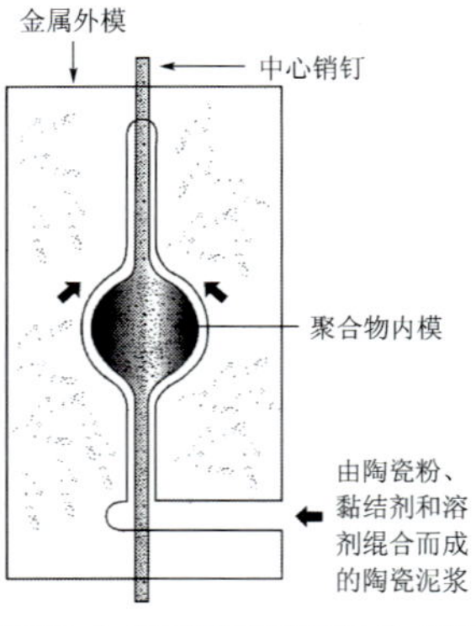

图11　NGK生产球形陶瓷管的方法

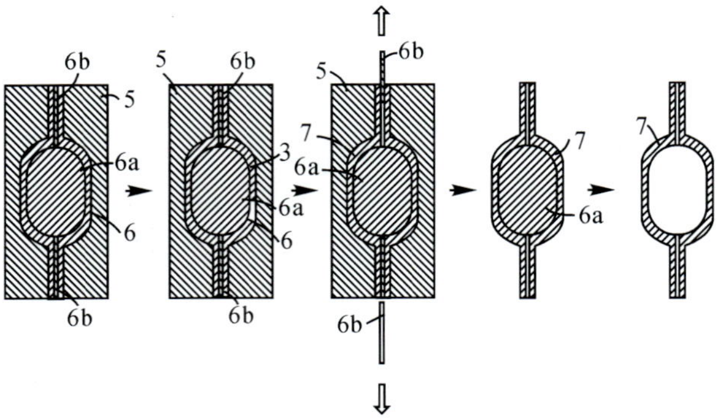

图12　带可去除内模的凝胶注模成形法

3. 透明陶瓷管

除了PCA以外，还有其他一些半透明的陶瓷材料也可以用来做高强度放电灯的电弧管。例如，尖晶石（MgAl2O4）和氧化钇（Y2O3）都可以用作电弧管的材料。它们有更高的熔点，而且由于是立方形晶体结构，光学特性更佳。Waymouth先生曾经采用氧化钇电弧管制作高压钠灯，得到了更高的光效，详细情况可参见《光源原理与设计》。这几种陶瓷材料的添加物和烧结条件列于表3。

表3　几种陶瓷材料的添加物和烧结条件

陶瓷材料	晶系	添加物	烧结温度/℃	烧结气氛
Al_2O_3	六边形	MgO	1700～1900	氢气
BeO	六边形	CaO	1600～1800	真空
CaO	立方形	CaF_2	1200～1400	真空
MgO	立方形	LiF，NaF	1200	真空
Dy_2O_3	立方形	ThO_2	2000～2200	氢气

（续）

陶瓷材料	晶系	添加物	烧结温度/℃	烧结气氛
Sc_2O_3	立方形	—	1400～1600	真空
ThO_2	立方形	Y_2O_3	2380	氢气
Y_2O_3	立方形	ThO_2	2000	氢气
ZrO_2	立方形	Y_2O_3	1450	真空

由于 PCA 是半透明的，所制作的光源不能用于诸如汽车前照灯之类的投光灯中。在这些场合，光源必须具有清晰可见的高亮度电弧。为了进一步提高金属卤化物灯的性能，科学家们对透明陶瓷进行了大量的研究。研究发现，Y2O3、Y2O3－La2O3、MgAl2O4、YAG（Y3Al5O12）、AlON（Al23O27N5）和 Dy2O3 等都是立方形晶体，在晶界处没有由于双折射而造成的散射，经抛光后可以做成透明的材料。通过一种固体晶体转换过程（SSCC）可以将 PCA 转换成单晶氧化铝，即蓝宝石；通过烧结—热等静压（Hot Isostatic Pres sing，HIP）过程，则可以形成微米级的近乎透明的多晶氧化铝。图 13 给出了上述一些材料以及石英玻璃的光谱透过率曲线。

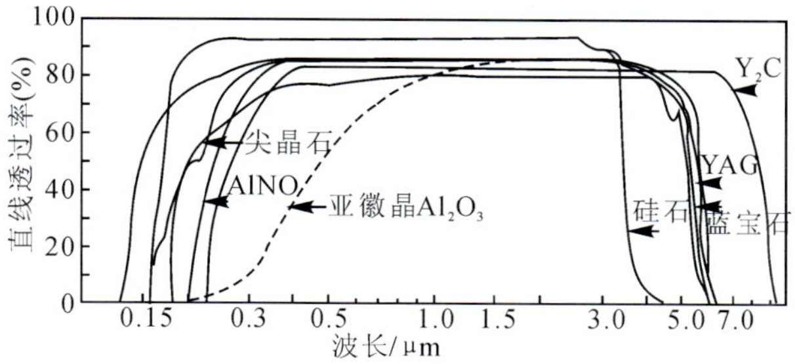

图 13　几种陶瓷材料和石英玻璃的光谱透过率曲线

蓝宝石可以用来制作高强度放电灯，而且有不少好处。首先，它更能抵抗钠的侵蚀；其次，可以在更高的温度下工作，用它制作的 HID 灯的光效更高；再者，由于它是透明的，灯具的出光效率也更高。但是，它有各向异性的缺点，应力容易导致破裂或漏气，封接也比较困难。此外，蓝宝石只能制成圆柱形管，不能用来制作球形 HID 灯。

近年来在透明陶瓷研究方面最重要的成果之一是透明的钇铝石榴石 YAG。无论从光学还是力学性能来说，它都要比 PCA 优秀得多。它已被成功地用来制灯。但是，它抵御金属卤化物腐蚀的能力还是一个问题。为了减少被腐蚀的风险，今后需要研究在灯内填充新的物质。氮氧化铝 AlON 的机械强度和热胀性能与 PCA 相仿，抛光的 AlON 的直线透过率和蓝宝石一样好。然而，在低于 1640℃的温度下，AlON 只能在一个很小的氮分压范围内保持稳定。尖晶石（MgAl2O4）有非常高的直线透过率，但是它很容易与钠起反应，是否与稀土卤化物反应也有待研究。采用烧结—HIP 方法可制成亚微晶 PCA 材料，由于其晶粒很小，机械强度可与蓝宝石相比，直线透过率达到蓝宝石的 70%。这么好的机械强度和直线透过率使得它可以用来制作诸如汽车前照灯之类的非圆柱形 HID 光源。但是，这种新的 PCA 材料的烧结温度比常规的 PCA 材料低，与灯的工作温度差不多。因此，当灯长期工作于高温下时，它的微观结构以及透过率的稳定性还有待进一步研究。

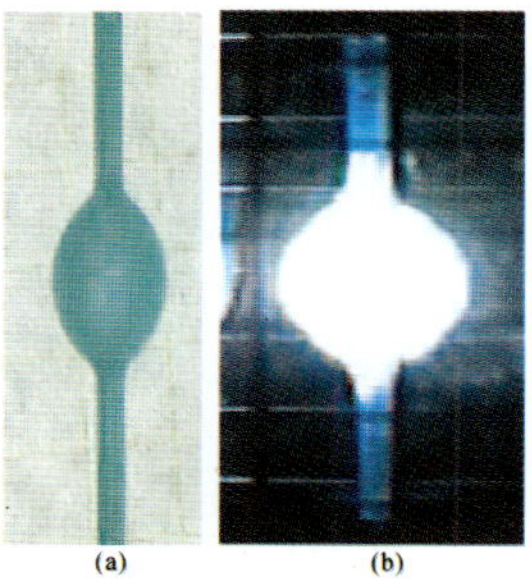

图 14　氧化镝陶瓷管制作的灯

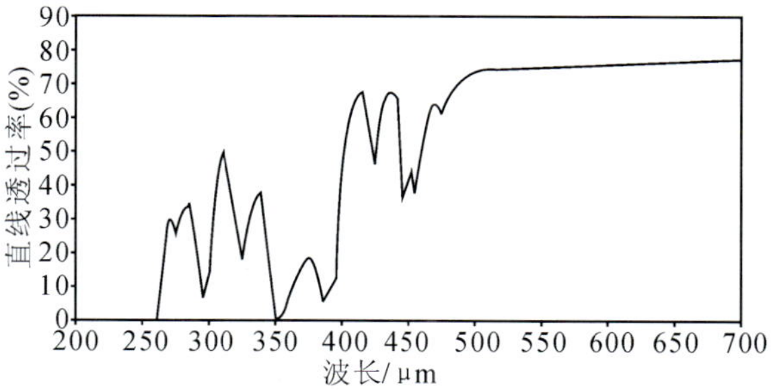

图 15　0.6mm 厚的氧化镝陶瓷的光谱透过率曲线

欧司朗－西凡尼亚的 G. C. Wei 等采用透明的多晶氧化镝（Dy2O3）制成了如图 14 所示的球形 HID 光源，图 14b 所示是灯燃点时的样子。电弧管的外径为 8mm，壁厚为 0.5mm，灯内充入的碘化物的质量比为 NaI：DyI3：HoI3：TmI3：TlI：CaI2＝54.5∶6.6∶6.7∶6.3∶11.4∶14.5。在石英玻璃或 PCA 灯中，采用这样的填充物时色温为 3000K。然而，由于氧化镝对蓝光有强烈的吸收（见图15），使灯的光呈黄白色，色温降为2500K，灯的显色性很好，CRI为90，灯的光效为84lm/W。试验灯的光谱由图16给出。在图17中比较了氧化镝灯与PCA灯的温升情况。前者温升快，就是由于氧化镝在紫外和蓝光区域有强烈吸收的缘故。

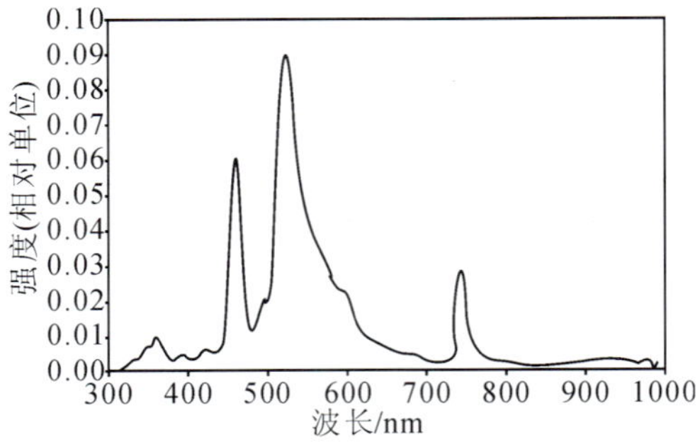

图16 氧化镝陶瓷灯的光谱功率分布

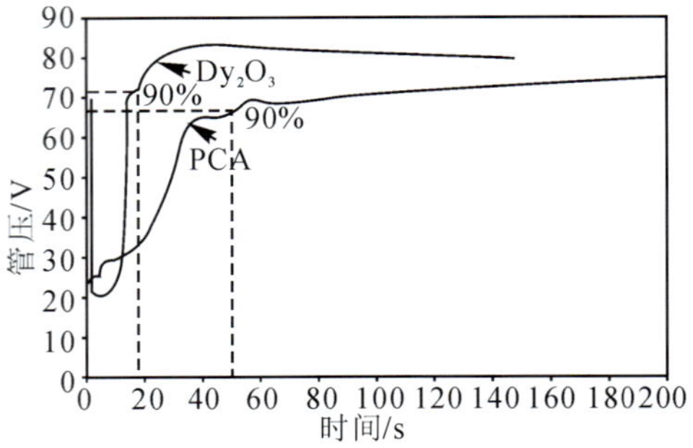

图17 氧化镝灯的温升时间比PCA灯短

本文的撰写得到亚明灯泡厂有限公司徐月芬、飞利浦照明HID亚洲开发中心王量等的帮助，在此表示深切的谢意。由于笔者水平所限，如有不当之处，敬请指正。

寻找照明设计的“常数”

李朝阳 刘英梅

建筑的内与外，是人类社会为自身生活所创造的人为的生息环境，每当一座建筑形成时，就会立即产生一个“新”的室外及室内环境的庞大肌体。无数次的失败和经验证明，现代城市景观建设甚至包括室内，其发展趋势明显的轨迹之一就是追求人与自然的和谐。照理说，人类有意识地在自然环境中去营造人工环境和景观照明，似乎知道应该如何把握，尤其在我国，作为刚刚起步不久的现代照明设计，也没有所谓既有的专业桎梏阻碍发展，基本可以算作一张白纸，但现实却更像一场豪赌，颠覆着人们的情感和价值取向。

我们知道，作为环境设计的重要组成部分，当下不是不重视照明设计，而是缺乏宏观的整体意识导致审美的迷离。尤其是到了20世纪90年代，随着门户更加开放，物质生活日渐丰富，各种风格、流派相互并存，文化受到经济大潮的强烈冲击。在此情境下，我们开始慢慢蛰伏于西方文明之下。价值观的倾斜，社会心态的失衡，使人们的意识慢慢开始迷失。同时身份与角色也开始变得模糊，致使照明设计行业包括一些照明设计师和准照明设计师们显得愈加“宽容”、执著和浮躁，逐渐把握不住自己，仿佛用电不要钱了，心态再也按捺不住，争先恐后纷纷亮相。于是，大型投射灯与时尚的LED同时映射在建筑立面上；状如繁星的瀑布灯与色彩变幻的霓虹灯并肩汇入大街小巷；绚烂的礼花灯与多彩的椰树灯遍布于大小城市的主干道；冷阴极管、金卤灯与高压钠灯一起装点着各式立交桥；光纤、激光灯与LED喷泉灯也一并为水景观保驾护航。似乎一派繁荣景象，似乎这就是人们津津乐道、喋喋不休的亮丽夜景观和热闹的多元局面。诚然，这种“组装”的病态的文化现象正像2009年的甲型H1N1流感一样在温和地蔓延，蚕食着我们的审美定势。折射到夜景观和照明设计方面，这种人与环境的非良性循环所形成的新新“非物质文化”，也许正是我们面临要解决的新课题。

空间环境的概念，应该来自于其本身特有的人文环境形态，而不仅仅在于它的平面特点和表面装饰；也不仅仅留恋于灯具的造型与视觉，更应注重光源的品质以及与环境的关系。在这个大环境里，照明设计不只是满足人的需求，还应满足人与人的交往对环境提出的各种要求，因为照明设计所面临的服务对象涉及不同人群、不同地域、不同文化等多种层面。可以说，作为社会化的环境景观，照明设计就是最大限度地满足不同人的不同需求。

如果把环境景观作为集合体，从家庭到城市之间就增添了一个中间层次的有机集合并应有条件达到这一点：除了每个家庭都有相对独立的居住空间，小区花园、街道景观、休闲公园、城市广场等作为建立人与人、人与社会、人与自然的联系介质，也都可在这一集合体中体现实际交往的可能性和聚集感，随时肩负着城市空间的社会功能。值得注意的是，照明设计被物化以后，它的形态和品质相对于人和环境而言是可变的，并对人的行为多多少少起着一定潜移默化的作用。处理好了，人与具有社会特征的景观环境所形成的关系会转化成一种良性的动态循环，照明设计的魅力自然也会显现出来。

诚然，照明设计在不同时期和不同地域还受诸多因素影响，包括社会的、民族的、文化的、技术的以及个人的，照明设计的特点就在于它能为生活、娱乐、交往、文化等社会活动营造有组织的空间环境。不同的照明均存在其自身的功能。环境景观的功能一般对它的空间形态和气氛的表现具有作用，每个时期的特点均反映在它的空间布局和组织之中，并存在各自的功能特征、风格样式和人文特色。同样，环境照明也应与之同步而不是独立存在，游离于环境整体之外。

可以说，景观环境是系统而复杂的，但照明设计最终都要通过一定的形式语言以一定的组织方式呈现出来。比如灯具的形式在发展过程中积淀下许多约定俗成的内容，人的感受各种各样，它反馈于空间的感情和理解自然也各不相同。对照明文化的理解，人的个体会产生较大差异，而照明设计以形式的表达给人的感情特征首先来自生理，然后上升为心理并产生感情的互动。对空间环境的感受和理解人人都有，只是由于习性的不同而导致了差异性，环境的照明也就随之产生不同的性格来适应人和社会的各种不同要求，并相应地强化了空间环境的多元化特征。可见，不同的环境景观具有不同的性格，或清雅、或悠闲、或娱乐、或庄重。即使在同一景观环境中，人们对其也会有不同的要求。同样，对环境照明的不同需求不仅是物质的，也是精神的。也就是说，环境景观的空间作为从家庭到城市之间的一个中间层次，必须要有良好的环境照明作为支撑，使人与社会在这里实现交往的可能。

由此可见，照明设计首先要寻找理解和感受景观环境的共同基础，抓住环境的整体及个性特征，方能营造出诸如休闲性、娱乐性、展示性、观演性、纪念性、宗教性等不同环境的空间气氛。如此看来，对于照明设计，有必要确立一个不变"常数"，来作为人与环境关系引导出来的设计原则。

"常数"，这一自然科学上的名词，通常可理解为一个规定的"数"或"量"，折射到人文领域，"常数"一般可解读为"一定的规律"或"原则"。实际上，在进行照明设计时，大部分时间都是花在"变数"上，如灯具造型的选定，尺度的具体把握，现场条件的调研，光色的组织处理，与周边环境的协调，等等。把握了可变数的实质，方能明确设计问题，照明设计的终端体现应是"常数"与"变数"的契合。过去一些照明设计师常常倾向于某种视觉注意力，设计时往往把各式灯具看成独立的、静态的东西，但由于空间环境存在不同的性格和个性，人的感受也是综合的，因此在照明设计中必须对视觉、触觉效果以至从微观到宏观加以考虑，以展现连续不断体验和感知的过程。这也要求在照明设计中，应对历史文化、风俗习惯、时尚潮流加以深刻解读，为环境照明注入新的生命力和时代感。

针对以上观点可以看出，照明设计不应忽视人文因素，更不能局限于将照明设计元素与环境整体设计思想进行分离、割裂和支解，仿佛照明设计被看成是环境中某种游离出来的东西，使人们对照明设计的审美残存在个体或局部的片段，孤立于整体之外。

艳俗的照明形成的光污染我们并不鲜见，结果必然是空间的混乱和认同感的沦丧，所以有必要为空间环境包括照明赋予某种品格，使其具有某种精神，从而使人在景观环境中能够定位、辨向，得到某种归属感、认同感。这种品格和精神，正是"常数"的具体展现，任何照明设计均不应脱离此原则。因此，理论也好，传统也好，技术也好，唯美也好，我们应当承认照明设计必须遵守原则——也就是前述的"常数"，是这些原则促使并形成照明设计思想中的秩序和内在逻辑，并贯穿环境空间的每一个角落。

强调照明设计的原则，并非要摧毁各种表现形式，以丧失个性和设计的表现力为代价，而是要打破各式类别的偏执，让各种风格和谐共处。这是提高照明的表现力，实现环境与人的融洽关系的关键所在。由于空间环境的不同类型存在很多共性，反映着景观空间的性格，因此只有通过强化个性来增强表现力，这就要求照明设计师不应是预先把自己的思想和喜好固定在某些模式上，而是按照对环境的理解来产生能适应多种要求而又内在统一的设计。不断地发掘设计表现的契机，利用一切既是必然又是可变的因素，发现一切偶然的又有可利用的因素，从生活中寻找突破口，使照明设计的生命力牢牢根植于它与环境广泛联系的完整性的土壤之中。北京前门大街在改造中采用了鸟笼状的街灯，显然考虑了地域文化的特点，尽管尚存争议，仍不失为有益的尝试。可见，凡是具有健康意义的设计思路都能反映人们的感受、知觉和情感，且在一个具有普遍意义的设计手法中常常可发掘出生动、鲜活的表现力，并使照明设计从根本上控制在一定的架构内并适度展现光的魅力。这种"节制"，实际上超过任何表层上的所谓"创新"。

毋庸置疑，照明设计作为环境艺术设计系统的重要组成部分，它不仅仅要有理性的直言陈述，还要有非理性的喃喃细语；它不仅要表达时代精神，还要渗透历史的流露；它不仅是科学技术的运用，还要有人文的、社会的有机结合。当下，环境设计正在朝着文脉化、多元化、大众化、个性化方向逐渐迈进，这也是照明设计的"变数"的基础，更需要"常数"来统领。

凡此种种，均体现出照明设计的多元发展方向，但不论何种流派、思潮，都应注重"人"在环境中的参与作用。人作为景观环境的构成要素，应把"人"纳入过去只重"物"的设计系统中，使人成为空间环境的主角。这是时代发展的必然趋势。由此可见，所谓多元发展并非指各种风格、各种思潮毫无区别地共同存在，其中必定蕴藏着一种潜在的、最具生命力的、起支配作用的主导潮流，这是一种健康的、富有人性的时代精神，也是"常数"确立的坐标点。

文化即人化，就照明设计而论，既要见物，也要见人，重要的还在于物的创造者。不同的环境景观形象总是能折射出一定的品位和它所从属的不同的设计者的综合素质。应该相信，在体现人文的不同层面上，肯定会存在一种最接近人性展现的潜在的"常数"，来引领照明设计多元的发展趋向，去统领某些无序的病态"变数"。也只有如此，所谓"绿色照明"方能真正落实到位。

让我们一起寻找吧。

绿色照明光源评价方法的新思路——全程光效

杨世铎　熊志强
（徐州建筑职业技术学院　徐州市照明管理处）

1996年10月原国家经贸委会同原国家计委、科技部、建设部、原国家质量技术监督局等十几个部委和相关机构，共同发起以发展和推广高效照明产品，节约用电，保护环境，为社会提供高效、安全、舒适、经济的照明环境，促进我国照明电器工业发展的“绿色照明工程”。十多年来，“绿色照明工程”取得了显著的社会经济效益，成就斐然[1]。人们对“绿色照明”的认识不断深入，各种“绿色照明”的产品和技术不断涌现，对于“绿色照明”的认识也进一步深化。

提高光源的发光效率（简称光效），一直是“绿色照明”的主题。近来，随着国家节能减排各项措施的相继出台，人们追求高光效的热情有增无减。

1. 考察发光效率的新思路

追求更高的光效无疑是正确的，但同时我们必须看到，目前我们所说的光效，只是光源在使用时的发光效率，也就是说它只代表了光源使用时的能量转换效率。光源不仅在使用时消耗能量，在生产制造时也要消耗能量，甚至在它寿终后废弃处理时也还要消耗能量，因此必须对光源的发光和能耗进行全面的考察。

为了全面、客观地反映人们某种把其他形式的能量转化成光能方法的效率，我们应当把光源发出的光能量与为了获得这些光能量而消耗的能量以及为了尽可能减少甚至消除由此伴生的对环境的有害影响而消耗的能量进行比较，进而得出一个关于效率的评价。

2. 全程光效

（1）全程光效概念的提出

人们为了获得所需要的照明，首先要设计、制作出某种装置（现在把它称作“光源”），然后向这个装置输入某种或某几种形式的能量进而获得光能的输出，最后为了不使这种获得照明的行为对人类的生存环境造成过大的伤害，还要开展一些处理工作。在这里所消耗的所有能量都是为了获得所需要的照明及对人类的生存环境予以适当的保护（以避免其因获得照明的行为而变得过于恶劣）。从这个意义上说，我们有必要把光源从生产制造、使用、直到寿终废弃处理作为一个完整的过程，进而考察全过程中光能量的输出和其他形式能量的消耗，得出一个总体的能量转换效率。为了与通常使用的“光效”一词加以区别，把它称作“全程光效”。

（2）全程光效的定义

可以用下式来定义全程光效，即

$$\eta_{全} = \frac{W_{光}}{W} \tag{1}$$

式中　η——光源的生产制造、使用、直至寿终废弃处理全过程的能量转换效率，即全程光效；

$W_{光}$——光源在使用过程中发出的总光能量（光度学），是我们期望得到的；

W——从光源的生产制造、使用、直至寿终废弃处理全过程的能量消耗。

3. 分析和探讨

式（1）可以写成

$$\eta_{全} = \frac{W_{光}}{W} = \frac{W_{光}}{W_1 + W_2 + W_3} = \frac{\frac{W_{光}}{W_2}}{\frac{W_1}{W_2} + 1 + \frac{W_3}{W_2}} = \frac{\frac{W_{光}}{W_2}}{1 + k_1 + k_3} \tag{2}$$

$$W = W_1 + W_2 + W_3,\ k_1 = \frac{W_1}{W_2},\ k_3 = \frac{W_3}{W_2};$$

式中　W_1——光源在生产制造阶段的能量消耗；

W_2——光源在使用阶段的能量消耗；

W_3——光源在废弃处理阶段的能量消耗。

$W_{光}$可通过下式求出[2]：

$$W_{光} = \int_0^T \Phi(t)\mathrm{d}t = \int_0^T \int_{380}^{780} V(\lambda)\Phi_{e\lambda}(t)\mathrm{d}\lambda\mathrm{d}t \tag{3}$$

式中　T——光源的寿命；

$\Phi(t)$——光源的光通量；

$\Phi_{e\lambda}(t)$——光源的光谱辐射通量；

$V(\lambda)$——光谱光视效率。

在光源的燃点过程中，$\Phi_{e\lambda}(t)$ 是随时间变化的，因此 $\Phi(t)$ 也是随时间变化的。为了讨论问题的方便，我们可以作一简化处理，即以光源的有效寿命（h）作为考察的周期，且忽略在此期间光源特性的变化，则

$$W_{光} = \Phi h \tag{4}$$

于是

$$\frac{W_{光}}{W_2} = \frac{\Phi h}{Ph} = \frac{\Phi}{P} = \eta \tag{5}$$

这就是我们非常熟悉的光源的光效。式中 P 为光源的输入功率。由此，式（2）就可以写成

$$\eta_{全} = \frac{\eta}{1 + k_1 + k_3} = \frac{\eta}{1 + \dfrac{W_1}{Ph} + \dfrac{W_3}{Ph}} \tag{6}$$

从式（6）中可以看出，光源的全程光效总是小于其使用阶段的光效。提高全程光效有以下几个途径：

1）提高光源的光效（即使用阶段的光效）。

2）降低光源生产制造和废弃处理阶段的能耗。

3）延长光源的有效寿命。

其中，途径1）和3）正是人们长期以来所努力追求的，途径2）也日益受到人们的重视。这里要强调的是除了在生产制造过程中注意节能和改进废弃物处理技术之外，要特别注重在光源产品的设计开发中把环境保护的要求作为一个重要的设计依据，以提高全程光效为出发点，合理选择材料和工艺，这样才能取得事半功倍的效果。

4. 结论

对于光源的发光效率必须进行全面、客观的评价。如果片面地追求使用阶段的光效，有可能会导致过多能耗向上游（生产制造阶段）和下游（废弃处理阶段）不合理地转移，以至无法实现总体效率的最大化。全程光效比较全面、客观地反映了人们通过某种方法把其他形式的能量转化为光能以实现所需要的照明这样一个过程的能量转换效率。合理地运用全程光效指标，将有助于我们更加合理地评价、选择和开发光源产品。

参考文献

[1] 刘虹．中国绿色照明工程实施十周年回顾与展望［J］．中国能源，2006，(6)：17－20.

[2] J. R. Coaton，A. M. Marsden．光源与照明［M］．4 版．陈大华，等译．上海：复旦大学出版社，2000.

绿色照明改善案例

黄建诚　林延彦

（财团法人台湾绿色生产力基金会　节约能源中心）

如今全球变暖，节能救地球也救自己，节约能源正是我们能阻止地球受到伤害的第一步，通过企业机关实施绿色照明改善方案，唤起个人力行减碳行动。根据过去的照明灯具改善案例，主要以灯具改善工程为主，故无法获得真正节能效益。本文通过电子业、办公大楼及大学照明节能改善实例，介绍各种替换灯具方式节约率比较、提升节能率手法、各种节能验证方法比较及统计累积节能效益方法，供有意采用高效率灯具的企业机关参考。另介绍住宅节能改造案例，通过各种节能改善手法，落实个人从家庭力行节能减碳目标。

关键字：电子式镇流器（electric ballast）、效益验证（Measurement &Verification）

1. 照明节能改善参考之节能绩效量测与验证方法

本文案例参考国际节能效益测量与验证协定（IPMVP，International Performancemeasurement &Verification Protocol）所制定 Concepts and Options for Determining Energy and Water SavingsVolume I 手册中第三章基本概念与方法（Basic Concepts and-methodolgy），整理照明节能改善参考之节能绩效测量、验证方法与节能计算，其叙述如下：

（1）M&V（Measurement &Verification）的基本概念

能源或电力需量的节约量，是比较执行节能改善方案前后所量测的能源或电力需量的使用量而认定。一般使用下列方程式计算：

能源节约量 = 基准年的能源使用量 - 改善后的能源使用量 ± 调整量……

这个通用方程式的“调整量”，是把两段时期的能源使用量修正为相同的条件。通常影响能源使用量的条件有照度、天气、居住人员、工厂产量及这些条件下所需要运转的设备。调整量可以是正或者负。

（2）M&V 的选项（Option A & B）

选项 A：独立改善项目，部分测量	选项 B：独立改善项目
节能改善措施 ECM（Energy conservationmeasures）应用到使用能源的系统中，将其他的设备隔开，由量测部分范围的数据来计算节能效益。量测可能是短期或者连续。部分量测的意思为有一些参数可以用约定方式，假设这些约定有误，也不致于严重影响节能结果	节能改善措施（ECM）应用到使用能源的系统中，将其他的设备分开，由量测范围的数据来决定节能效益。在改善后期间的量测，可能是短期或者持续整个验证期间

（3）节能计算公式

kWh Savings t = Σu［（kW/Fixture baseline × Quantity baseline - kW/Fixture post × Quantity post）× Hours of Operation］t，u

kWh Savings =	改善后时期 t 时间内的节能度数（kW·h）
kW/fixture baseline =	使用群组 u 的每盏灯具在基准线的耗电量（kW）
kW/fixture post =	使用群组 u 的每盏灯具在改善后的耗电量（kW）
Quantity baseline =	使用群组 u 在改善前灯具的盏数，需经过有不使用及非操作灯具的调整
Quantity post =	使用群组 u 在改善后灯具的盏数
Hours of Operation =	使用群组 u 在 t 时间内的运转时数，假设改善前的运转时数相同

2. 实际改善案例

（1）电子厂照明改善

本案例建筑物为厂房用途，厂区大部分为生产线用电，其余为空调设备及照明灯具用电。照明使用时间达 7488h/年，相对的耗电量占总用电之 5% ~10%，灯具以 20W ×4 型式日光灯具为主，40W ×2 型式日光灯具次之，全厂区供应空调。实际改善情形如下：

1）将上述共 527 盏之 20W ×4 型高功率电感式镇流器日光灯具，改以 20W ×4 型电子式镇流器日光灯具规格，耗电约 72W，可大幅节约用电 33.7W（约 31.9%）；将上述共 164 盏之 20W ×4 型高功率电感式镇流器日光灯具，改以 40W ×2 型电子式镇流器日光灯具规格，耗电约 72W，可大幅节约用电 23.9W（约 24.9%）。

2）改善后效能计算　在进行电子式镇流器日光灯具更换后，比照整个改善前耗电值测量方法，双方约定采取照明一迴路，以电力分析仪进行耗电测量，所采样耗电值之电压需与改善前采样耗电值之电压相差在 ±2V 范围内，否则另采样之，量测时间约定 1h，每 5min 记录一次，计算出每盏灯具平均耗电，以作为改善后之耗电验证。

3）节能效益考量降低空调效益。

（2）办公大楼照明改善（一）

实例 1：

建筑物为地下 2 层、地上 16 层之办公大楼，全部为办公室用途，办公室基础照明采用 20W ×4 型铁磁式安定器日光灯具约 7155 盏，照度量测值约 500 ~750lx，其值在国家 CNS 照度参考标准建议值内；走廊照明采用 20W ×2 型电感式镇流器日光灯具约 924 盏。实际改善情形如下：

1）改善后需符合平均照度 750lx 条件以上。

2）更换 T5 型电子式安定器日光灯具

将 7155 盏之 T8 型 20W ×4 高功率电感式镇流器日光灯具，改以 6000 盏 T5 型 14W ×4 电子式镇流器日光灯具规格，耗电约 62.9W，其可大幅节约用电 37.1W（约 37.1%）；将 924 盏之 T8 型 20W ×2 高功率电感式镇流器日光灯具，改以 500 盏 T5 型 28W ×1 电子式镇流器日光灯具规格，耗电约 33.4W，其可大幅节约用电 20.4W（约 37.9%）。改善前后日光灯具总用电曲线如图 1。

3）照明节能绩效以测量改善前后耗电值，经双方选定一回路或单盏灯具耗电，量测时间约定 1h，计算每种类型每盏灯具改善前后平均耗电值，其差值即为节约值，再以双方约定灯具使用时间计算节能绩效。

总照明用电测试曲线（2006 年 9 月 ~ 2007 年 9 月）

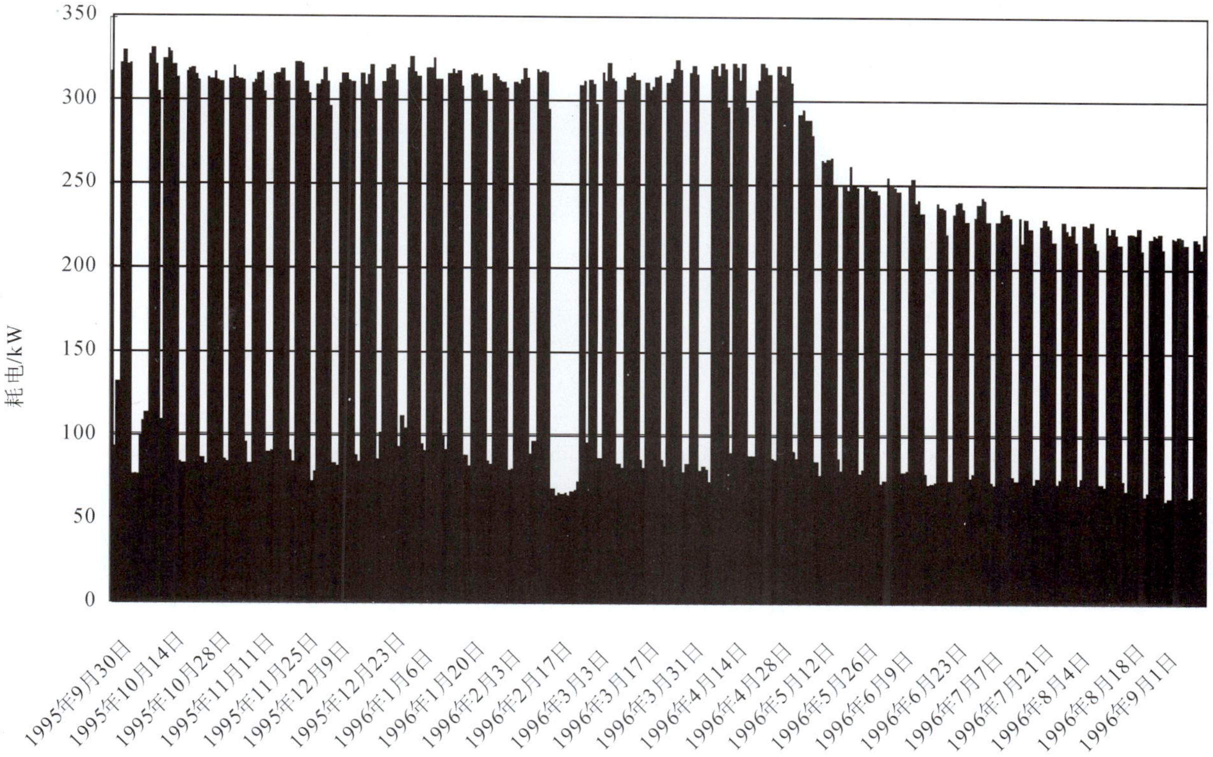

图一 改善前后日光灯具总用电曲线图（B1F ~ 16F 照明总用电）

注：以上资料感谢台湾地区台南市政府秘书室尹信旺先生提供、整理。

案例 2：

建筑物全部为办公室用途，办公室基础照明采用 40W × 3、20W × 4 型电感式镇流器日光灯具约 1474 盏，照度约 500 ~ 750lx，其值在国家 CNS 照度参考虑标准建议值内。实际改善情形如下：

1）改善后需符合平均照度 750lx 条件以上。

2）更换 T5 型电子镇流器日光灯具。

将 1474 盏之 T8 型 40W × 3、20W × 4 高功率电感式镇流器日光灯具，经仿真计算各区照度，改以 1456 盏 T5 型 14W × 1 ~ 14W × 4、28W × 1 ~ 28W × 4 等电子式镇流日光灯具，见图 2 ~ 3。

图 2 改善前办公室 T840W × 3 型传统镇流器日光灯具

图3　改善前办公室 T540W×3 型电子式镇流器日光灯具

3）照明节能绩效以选项 A 验证测量改善前后耗电值，经双方抽测选定总改善量的 5% 的灯具，测量时间约定 15min，每分钟记录一次，计算每种类型每盏灯具改善前后平均耗电值，其差值即为节约值，再以双方约定灯具使用时间 3250h 来计算节能绩效。

4）使用照明自动感测控制器、照明使用管理（自然采光利用、隔盏控制、分区控制、定时开关）等措施后，改善前用电量为 605807kW·h/年，改善后用电量为 335313kW·h/年，节约 270494kW·h/年，平均节约用电约 45%。

（3）大学行政大楼照明改善

建筑物全部为办公室用途，照明灯具已使用 16 年，采用 40W×2～40W×4、20W×4 型电感式镇流器日光灯具约 774 盏，照度约 500～750lx，其值在国家 CNS 照度标准建议值内。实际改善情形如下：

1）改善后需符合平均照度 750lx 条件以上。

2）更换 T5 型电子式安定器日光灯具。

将 774 盏之 T8 型 40W×2～40W×4、20W×4 高功率电感式日光灯具，经仿真计算各区照度，改以 774 盏 T5 型 28W×2～28W×4、14W×4 等电子式安定器日光灯具，见图 5。

3）照明节能绩效以选项 B 验证测量改善前后耗电值，经双方抽测选定总改善量的 5% 的灯具，测量时间约定一星期，每 15 分钟记录一次，计算每种类型每盏灯具改善前后平均耗电值，其差值即为节约值，再以双方约定灯具使用时间 2200h 为计算节能绩效。

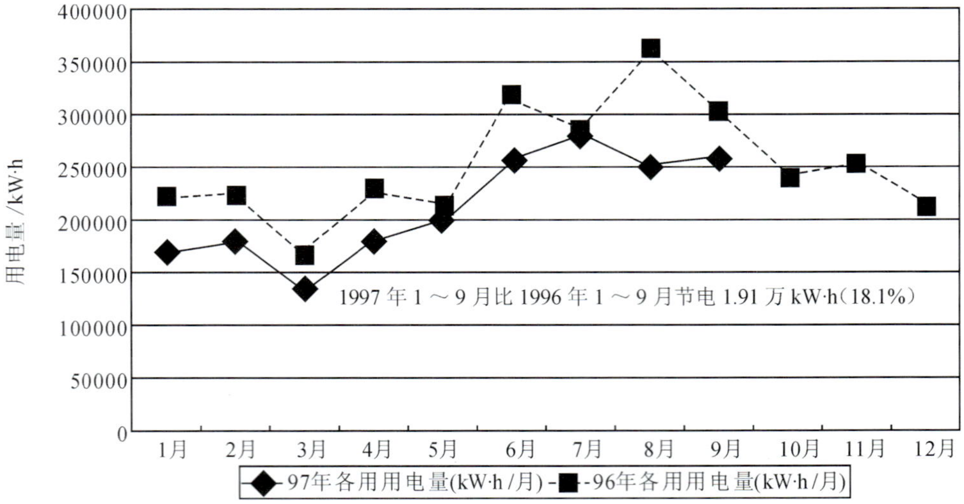

图4　改善前（1996/1～1996/9）与改善后（1997/1～1997/9）用电度数比较图

图 5　改善后办公室 T540W×2 型电子式镇流器日光灯具

注：以上资料来源为台湾绿色生产力基金会资料库。

4）改善前用电量为 168353kW · h/年，改善后用电量为 102158kW · h/年，节约 66195kW · h/年，平均节约用电约 39.3%。

（4）住宅照明改善

本案例中的民众需参加主办单位所举办的节能工作坊，了解节能实操基本技巧后，取得报名表，就能参与征选，在通过专家审核入围之受补助住宅后，入围者必需参加进阶训练，自己为自家设计出最佳的节能方案，主办单位将依照个案实际情况给予住宅节能改善补助经费，每户住宅的节能目标为省能 30%，经测量及记录 1 年，最后选出绩效最佳及最具创意的改造住宅，给予推广表扬。住宅实际改善情形如下：

建筑物改善前的状况：

1）房间、穿廊均安装装饰用卤素灯（50W×15 个），室温高，成为夏日客厅无法忽略的热源之一，需打开空调数小时后才能将室温降低。

2）房间、浴室侧隐式日光灯管（30W×4 个、40W×4 个），因木架位置稍高，照度不足。

3）客厅、书房及儿童房计有 12 盏传统式钨丝灯泡。

4）日光灯灯座均使用电子安定器，但部分灯座疑似品质不佳，发生过灯座故障，见图 6。

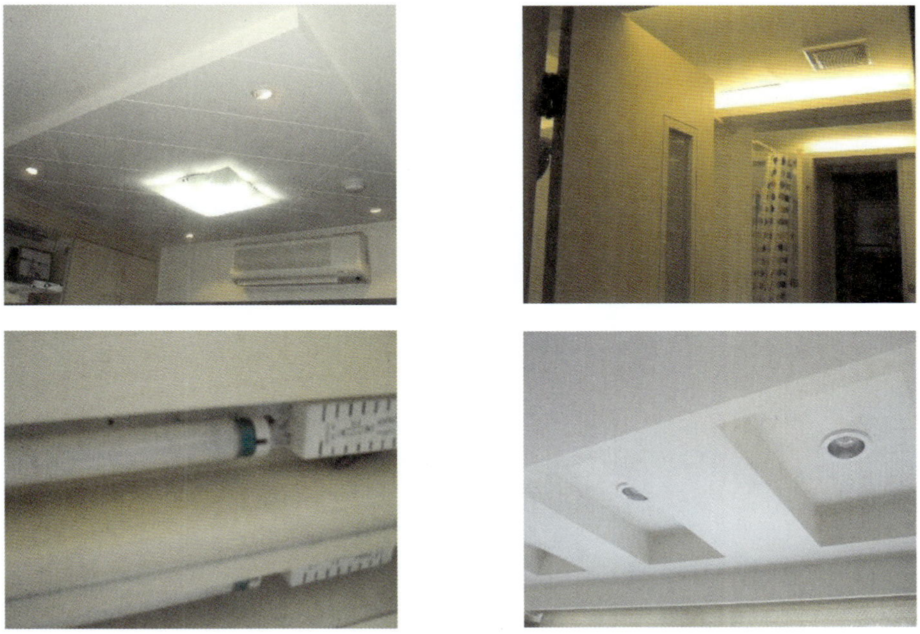

图 6　照明改善前情形

实际改善情形：

1）以 MR16 高亮度 LED 塑料杯灯替换目前使用之 50W 标准式卤素灯（Osram Decostar），其可大幅节约用电、降低空调负荷等，见图 7，并开启电风扇，配合冷气使用，增加室内气通循环。

2）选购 T5 型电子安定器日光灯具替代传统较粗之 T8 型传统式安定器日光灯具，日光灯座底部加铺弯曲铝板 5 组，增加光源使用效率，见图 8。

3）替换客厅、书房及儿童房传统式 12 盏 60W 钨丝灯为 13W 省电灯泡，降低用电支出，见图 9。

4）更换有故障记录的日光灯灯座之电子安定器 3 组，降低灯组固定成本支出。

实际改善成果：

住宅自 1997 年 4 月改善完工后，预估节约 30% 用电量，已累积降低 249kW · h（5%），未来将持续降低空调使用使间以达节约 30% 用电量目标，见图 10。

图 7

图 8

图 9 传统式 60W 钨丝灯泡更换为 13W 省电灯泡

注：以上资料感谢由绿适居协会邱继哲秘书长提供、整理。

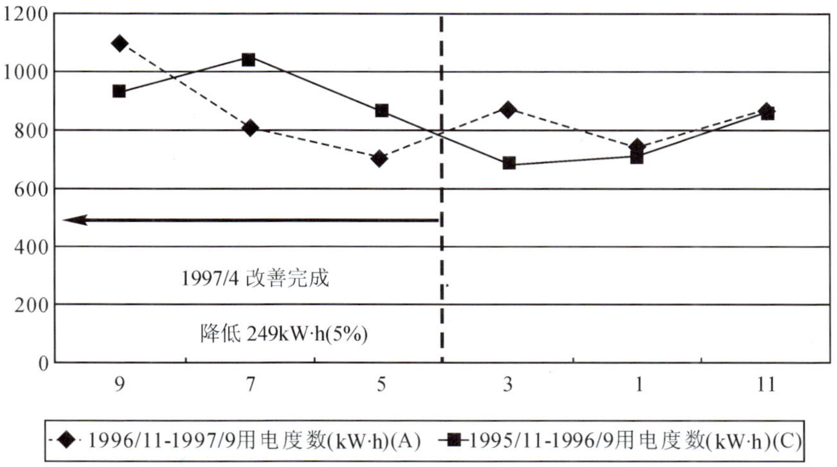

图 10　住宅改善前（1995/11 ~ 1996/9）与改善后（1996/11 ~ 1997/9）用电度数比较图

3. 案例讨论分析

（1）企业与机关用户

1）过去照明灯具改善案例，大部分以灯具改善工程案例为主，并未针对节能规划与节能效益进行验证，常常无法获得真正的节能效益。近年来配合官方补助经费，与节能效益保证验证，已提升用户节能改善与节能业者投资意愿。以下就各案例分析：

①第一个电子业案例，为台湾地区推行节能效益保证项目前节能改善案例，特点为用原灯具规格及数量为前提进行规划，节能效益包含灯具更换、降低空调负荷，照度可提高 10% ~20%，节约效益 25% ~30%。效益验证方式用双方约定灯具数量测量，但有考量灯具耗电值与电压高低有关联影响因素，特别约定改善前后测量电压变动范围。

②第二及三个办公大楼案例，为台湾地区推行办公大楼节能效益保证项目节能改善方案，特点为在标准参考照度为750lx 以上的前提下进行规划，灯具数量依实际照度调整；第二个案例节能效益包含灯具更换，节约效益 37% ~38%。第三个案例节能效益包含灯具更换、灯具自动感测控制、使用管理（自然采光利用、隔盏控制、分区控制、定时开关）等措施，节约效益 45%，照度可提高 5% ~10%。效益验证方式采用选项 A，取样 5% 灯具数量测量。第二个案例装置了电力监视系统监测改善前后照明总用电，计算节约效益。

③第四个大学行政办公大楼案例，为台湾地区推行大学节能效益保证项目节能改善案例，特点为要求标准参考照度在750lx 以上，灯具数量依实际照度调整，节能效益包含灯具更换、灯具自动感测控制、使用管理（自然采光利用、隔盏控制、分区控制、定时开关）等措施，照度可提高 5% ~10%，节约效益 39. 3%，验证方式采用选项 B，取样 5% 灯具数量测量，并装置电力监视系统监测改善前后照明总用电，计算节约效益。

④综合以上四个案例，推行节能效益保证项目可确保节能效率达 25% ~30%，并提高照明照度 5% ~10%，但进行整体照度重新规划设计、节能管理措施可提高节能效率至 37% ~45%；另为确保节能率正确，可采用选项 A 或 B 验证方式，双方约定取样灯具数量比率测量，如可装置电力监视系统更可精确记录改善前后照明节能效益，故这四个案例做法可作为其他单位节能改善参考范例。

2）照明用电耗电量占用户总用电之 20% ~30%，企业机关在考虑节能、减少更换灯具灯管频率、降低维护费用及回收年限的因素上，照明使用时间达 6000 ~8760h/年，采用高效率电子式安定器日光灯具是可考虑的执行方案。另一方面办公大楼照明使用时间约 2000 ~3000h/年，实务上更换高效率日光灯具回收年限达 5 ~8 年，配合官方补助经费，与节能效益保证验证，不但可降低成本，更可提升用户节能改善与节能业者投资意愿。

（2）住宅用戶

住宅首先重视舒适的环境，以不影响生活作息前提下，再谈节能改善。住宅节能应推自发性改善，本案由用户自行检讨电费合理性，配合经费补助款，推行生活习惯调整（灯具使用时间、数量调整与控制方式改变）后，再进行高效率灯具更新（如采用 LED 灯具、省电灯泡、电子式安定器日光灯具），达到降低用电量目的。住宅配合经费补助款、节能技巧训练及专家辅导，更可提升用户节能改善意愿及节能效益。

4. 结论

本文通过讲述企业与机关用户的四种不同使用类型改善实例，提供获得真正节能效益的方法，案例中介绍推行节能效益保证项目可确保节能率达 25% ~30%，及提高照度 5% ~10%，如进行整体照度重新规划设计、推行节能管理措施可提高节能效率；为确保节能效益，需约定取样灯具数量比率测量，如经费允许可装置电力监视系统记录节能效益，本案例节能做法可作为其他单位节能改善参考范例。另介绍住宅节能案例，配合经费补助款、节能技巧，讲述用户节能改善手法，可作为其他工程的参考，以达节能减碳目标。

参考文献

［1］黄建诚、林振芳，节能省电救地球，新自然主义，2006年12月台北.
［2］黄建诚、林延彦，照明设备节能效益验证与案例，海峡两岸第十四届照明科技与行销研讨会，2007年11月.
［3］照明节能改善之节能绩效测量与验证方法，财团法人台湾绿色生产力基金会，2007年8月.
［4］罗钦煌、黄建诚，漫谈电力与照明节约能源［J］，节约能源技术报导，2002（47）：21－31.
［5］黄建诚、戴邦文，产业照明灯具改善实例［J］，节约能源技术报导，2001（41）：15－23.
［6］黄建诚、戴邦文，能源监控系统介绍及推广［J］，电机月刊，1997（10）：185－190.
［7］Concepts and Options for Determining Energy and Water Savings Volume I，IPM&VP，2002march.

景观照明光色效果的检测与评估

倪孟麟　（天津市电视技术研究所）
钱　群　（天津市产品质量监督检测技术研究院）

城市晚间照明基本可分为功能性照明和景观性照明，功能性照明是以满足人们晚间生活、工作、出行、安全等为主要目的，例如道路照明、商业街的照明、小区内的照明、广场照明等，城市广告和标志的晚间照明也可大体归属于此类范畴之中。其主要目的是照亮物体，其照明设计均有较为成熟的国家标准、技术规范和实施细则，在验收和评估时，可以用相关的技术规范和国家标准作为依托。另一类是最近几年蓬勃发展起来的景观照明，包括建筑物的夜景照明、雕塑照明、园林景观照明、水景的夜景照明等。其主要目的是体现建筑物晚间的美，从艺术上和美学上创造出高尚、和谐的气氛，追求美的意境，提升城市的层次和级别，从精神上满足人们的艺术享受。景观照明的产生与发展丰富了城市景观的内涵，成为现代城市景观和都市生活不可缺少的重要组成部分。

景观照明应做到照射物的亮度和颜色与周围环境既有差别又和谐，要使用人工光的抑扬隐现虚实、动静，以控制透光角度的范围增加空间层次。因此，必须遵循景观照明工程设计构思创意，完成照明器具的安装和调试。

景观照明是建筑学、照明技术、光学、色度学、生理学、园林学、美学、测量学等多科学领域的综合，因而对景观照明的评估与验收比功能性照明要复杂困难的多。开展下述工作将为景观照明的验收奠定必要的技术基础。

1. 积极主动采用现代科技成就、现代科学研究方法和测量仪器是景观照明持续发展的重要和基本保证

光环境是光源、灯具和被照射物组合后的整体光色效果，并应该涉及与此相关的背景及夜天空的亮度与色度。

（1）评估和验收景观照明的技术指标应采用亮度分布，而不应采用照度分布。

人类的视觉器官感觉到的物体明亮程度除了物体接受到的照度外，物体在可见光谱波段中反射率的大小、物体的材质和颜色、表面的光洁程度也是重要的因素。对于镜面光泽度较大的材料表面，被照面上光照度大小，并不能完全反映出人们感受到的明亮程度，因为，还取决于入射光和观看物体的角度与方向，所以测量亮度值比测量照度值更能符合人眼视觉感受的实际情况，亮度可以准确表征发光面或被照面反射的发光强弱的心理物理量。

应采用国家规定的亮度计或彩色亮度计等计量器具、测量仪器对亮度做出量化评估。

要提升光环境水平首先要科学、准确地表达和描述光环境。据感知觉实验，人眼可以分辨出十万种以上不同明度、色调、饱和度的物体，自然光的亮度由10^{-4}cd / m^2到10^4cd / m^2以上，再丰富的语言也无法确切描绘这五彩缤纷的世界。大家有时用同一语言表达不同的颜色，有时又用不同的语言来表达同一颜色，用语言无法对客观世界做确切的描绘和表达，实际上失掉了进一步讨论、提高和改进夜景照明的必要和真实的前提。

在测量中应注意的另一个技术关键是彩色亮度计的孔径光栏直径要小于被测光源直径，在彩色亮度计说明书中明确指出：

If the aperture is larger than the light source ， the luminance

Readings will be erroneous。

测量直径随被测距离而变，表1中列出了0.1°、0.2°、1°、2°视场角二者的关系。

（单位：mm）

Field	测量距离/m									
Aperture	0.2	0.4	0.6	0.8	1	2	5	10	50	100
2°	7.81	15.4	22.7	29.8	36.9	72	176.9	351.5	1750	3490
1°	3.9	7.71	11.3	14.9	18.4	36	88.4	175.7	875	1746
0.2°	0.78	1.54	2.27	2.98	3.69	7.2	17.7	35.2	175	349
0.1°	0.39	0.77	1.13	1.49	1.84	3.6	8.84	17.6	87	175

中国计量出版社《光度测量技术及仪器》一书中指出"准确度较高的亮度计带有目镜标准系统，视场立体角可换等功能"，相比之下有一些亮度计，不具有视场立体角可换的功能，仅有1°视场立体角，容易带来不必要的取样和测量误差。

如彩色亮度计在地面按45°仰角安放，测量70.7m高建筑物的顶部照明，实际测量距离为100m。选择0.1°视场角，测量直径为175mm，小于被测光环境的直径；但若选用仅有1°视场角的PR－650，测量直径为1746mm，将大于被测光环境的直径，被测环境中将包括夜天空光，并将亮度做出了平均，这样读数将比实际光环境的亮度小得多。

因此，测量高大建筑物顶部照明及轮廓照明时，应选择含小视场角的彩色亮度计。此外，应选择在低亮度下性能优良的彩色亮度计，这样才能在夜景照明中获得广泛应用。

（2）对照明工程色度的评估与测量实际上比亮度更为复杂和困难，也更为重要，因为夜景照明下的景物绝对不应该是死气沉沉的黑白世界；而应该是五彩缤纷、充满了活力的世界。

作为造型艺术的建筑，更离不开色彩的参与，可以说照明建筑本身就是不可分割的艺术整体。古往今来，色彩为建筑艺术增添了巨大的魅力，为城市增添了无数光彩，可以设想，如果一个城市到处都是单一的灰色，千楼一面，怎么能体现出城市的活力；只有彩色丰富、鲜艳夺目，才会使人感到兴旺昌盛，欣欣向荣。可见色彩所创造的心理效应和社会效益是多么重要。

研究结果表明，照度水平与光色的舒适感有关，在很低的照度下，舒适的光色接近火焰（篝火、蜡烛、油灯）的低温光色，使人感到平和轻松。而高色温的光在低照度下使人阴沉、昏暗；在偏低或中等照度下舒适的光色是接近黎明和黄昏的色温略高的光色；只有在高照度下舒适的光色才是接近中午阳光的光色。

因此，低照度下应使用低色温的光源，在高照度下应使用高色温的光源。

对于尺度较大的建筑物立面宜采用黄、白色，慎用蓝、红、绿等彩色光。

在夜间的光比白天的光暗很多，人们对光色的舒适感反应随着环境基本照度的高低而有差别。例如在白天，一大片绿地，给人的是青春、活力、具有生气的感觉，然而到夜晚一片绿光往往会造成阴森寒冷的感觉。

颜色是主客观相结合的概念，在客观上取决于光源和物体在可见光波段上的光谱特性，在主观上取决于人眼视网膜上红锥、绿锥、蓝锥细胞对外界光的感受特性。因此，色度学是一门涉及物理光学、视觉生理、视觉心理、心理物理等交叉研究的学科。国际照明委员会色度学分技术委员会在大量实验基础上，并经计算提出了定量表示颜色的计算公式，即

$$X = \int_{380}^{780} S(\lambda) \quad P(\lambda) \quad \bar{x}(\lambda) \quad d\lambda$$

$$Y = \int_{380}^{780} S(\lambda) \quad P(\lambda) \quad \bar{y}(\lambda) \quad d\lambda$$

$$Z = \int_{380}^{780} S(\lambda) \quad P(\lambda) \quad \bar{z}(\lambda) \quad d\lambda$$

$$x = \frac{X}{X+Y+Z} \qquad y = \frac{Y}{X+Y+Z}$$

式中　$S(\lambda)$——照明光源在可见光波段380～780nm的光谱分布；

$P(\lambda)$——被照体在可见光波段380～780nm的光谱分布；

$\bar{x}(\lambda)$、$\bar{y}(\lambda)$、$\bar{z}(\lambda)$——标准色度观察者光谱三刺激值；

X、Y、Z——三刺激值；

x、y——色度坐标。

上述公式可以使我们用数字和色度图定量确切地表达光源和物体的颜色。

在确定色温及相关色温概念的描述中，存在着这样一个需要解决的问题，贾德（D. B. Judd）、凯来（K. L. Kelly）曾做过一组正交于普朗克轨道的垂线，通称为等温线，在等温线上的各点都可用这条线与普朗克轨道交点的黑体温度，来表示色温或相关色温；但是对于这条等温线上的颜色不一致性，却没有给予明确的说明。目前，在有些领域中只偏重注意到色温的数值，而没有着重注意到色品位置偏离普朗克轨迹的距离。

应该指出色温是很狭窄、很局限的概念，它仅能表达热辐射光源如白炽灯的色表。不应当用色温来描述非热辐射光源如荧光灯、高压钠灯和LED的色表，因为它们的光谱功率分布与黑体辐射相差很大，色度坐标并不落在黑体轨迹上，相关色温只能粗糙地表达气体放电光源的颜色。实验结果证明，等色温线上各点并不等色，用色温一维数据无法在色域图平面上确切表明其相应位置，应该用色度坐标两维数据确切表达其在色域图中的位置。在必须使用色温一词时，应同时注明与普朗克轨迹的距离。

光学与色度学的发展才使我们可以用数据与图形对我们生活的自然界做出定量的描绘并提供科学参数，也为交流，改进现有的照明设计打下必要的科学量化基础。

正如马克思所说："一种科学只有在成功地运用数学时，才算达到了真正完善的地步"。

"工欲善其事，必先利其器"，为了使夜景照明达到更高的水平，我们必须要积极主动使用现代科学的成就和科学仪器来测量和表达我们生活的客观世界，并对夜景照明工程做出客观的比较和评估，从测量出大量实验数据，升华出标准、技术规范、学术观点和精神财富，建立夜景照明光色测量系统将为灯光建设增加高科技手段与含量，并将有利于完善和强化对技术规范的执行力度。

2. 评估和检测景观照明光色效果应扩展的技术内容

（1）通过对夜景照明器具整体光谱特性的质量监督检测，为提高其技术水平提出解决途径和研究方案。

开发对光源和灯具整体效果的光谱特性和显色指数的检测，开发光源和灯具以及模拟被照面整体光环境一体化光谱特性的检测，研究其与人类视觉特性的关系。建立对光源和灯具组合整体光谱特性测量系统。

对发光体除了要求发光效率高之外，还要求具有良好的光色，包括两方面，一是人眼观看发光体所发出的光的颜色，称为色表；二是照到物体上后被照物表面显现的颜色。目前只是局限于对光源（灯泡）自身光色特性的考核；但在实际运用中，几乎全是光源与灯具的统一体。灯具所采用的反射和透过材料，以及特殊的冷反膜等实际改变了光源和灯具组合后的光谱特性，这种差距最终导致了设计与实际状况之间的脱环与差异，单纯测试光源的光谱特性实际上失去了对光源和灯具以及整体设计的监督检测和改进的前提。

采用内透光照明时，宜用冷阴极灯、荧光灯、LED灯照明。对棕色等暖色系窗玻璃应使用低色温荧光灯，对蓝、绿色等冷色系窗玻璃应使用高色温或日光色荧光灯，以提高光利用率。

（2）效果图是景观工程设计阶段的重要组成部分，用图将彩色的效果模拟出来，但目前很多效果图只是作者的主观想象，其中的艺术成分经常多于技术成分，往往没有经过灯光亮度分布的计算数据绘制真实效果图。灯光方案实施的结果是否能达到意想的效果，不能只依靠没有充分科学技术根据的效果图。必须严格按照施工平面图或布灯图和施工图施工，验收时进行光色效果的检测与评估。

为了充实景观照明评估和验收中的技术含量，应该通过对夜景照明的质量监督检测，用客观的测量数据，为评价与决策提供依据，使对景观照明和功能性照明的评价都能建立在客观的基础上。对景观照明和功能性照明作现场监督检测，用定量的测量数据建立对夜景照明评价的客观基础，做出令人信服的结论，通过实际的测量发现设计与实际状况的差异，从而对夜景照明做出创新性的改进，开拓夜景照明设计的新理念。

（3）测量的基础上，从质量监督角度对夜景照明进行调整，使其照明效果与设计标书更为接近，以达到最佳的照明效果。

（4）为节能和防治光污染创建科学研究上的奠基石，进行相关环节的技术监督与质量控制，使景观照明和功能性照明获得可持续的发展。从节能和防治光污染角度对光源灯具及夜景照明整体方案提出创造性的建议。

因此，应对照明设施的有效电光转换能力进行评估和检测。

建议用下列公式作为对泛光照明、自发光照明及内透光照明的评估内容之一，因为这最符合夜景照明工程的实际情况，并与能源损耗相连。

照明设施的有效电光转换能力（cd/W）＝光环境实测平均亮度（cd/m^2）×被照面或发光面积（m^2）÷耗电功率（W）

其数值越高说明其综合指标越好，因为它包括了电光转换、光能利用率、照明光源与被照面色彩和谐程度等多方面因素。我们认为应该从科学实践中，从实测结果中不断去寻找、去总结、去升华对夜景照明评估的法则。

参考文献

[1] 倪孟麟，彩色电视的彩色还原（一）（二）[J]. 电视技术通讯：1979年2期、3期专刊.
[2] 荆其诚，等. 色度学 [M]. 北京：科学出版社，1979。
[3] Heinweg Lang，Farbmetrik und Farbfernsehen，1978.
[4] 肖辉乾. 目前城市夜景照明中值得注意的几个问题 [J]. 照明工程学报，1997.（2）.
[5] 倪孟麟，数字图像系统的色度测定及颜色校准，IBA'94国际电视会议报告，世界广播电视，1995（7）.
[6] 倪孟麟，陈大庆. 夜景照明光色效果的检测与评估 [C]. 照明科技论坛（天津），2003.

[7] 倪孟麟. 彩色电视的彩色复现 [C]. 2001 年‘全国电视灯光技术及布光技巧’授课讲稿，电视技术论坛，中国中央电视台，2001 (2).

[8] 倪孟麟，陈大庆，倪泽成. 24 小时白昼和夜晚天空光亮度和色度的连续测量与研究 [C]. 26 届国际照明委员会论文集，2007.

光环境的无线分布式监测网络系统

张钰唯　叶　炜
（浙江大学控制系）

摘要： 实现节能、合理、满足各种使用要求的高性能照明是我们所追求的目标，而在这个过程中设计、监测、评价三个环节缺一不可。本文介绍了一种和建筑光环境设计、评价紧密相关的，以高精度光传感器为基础的分布式光环境的无线监测网络系统。

关键词： 光环境，监测，无线传感器网络

1. 引言

建筑光学（Architectural optics）是研究天然光和人工光在建筑中的合理利用，创造良好的光环境，满足人们工作、生活、审美和保护视力等要求的应用学科，是建筑物理的组成部分。我国的建筑光学自建国初期建立以来，经历了具有开创性的起步，影视和舞台照明、体育、交通和国防工业建筑方面的采光和照明的重点发展，各方面照明工程数量和种类前所未有的全面发展以及以科学的发展观统领的可持续发展的四个阶段，完成了一些颇具影响力和代表性的工程，可谓发展迅速，成效显著[1]。

随着建筑光学的发展以及人们生活水平的日益提高，社会经济文化、客观需要以及相关学科的深入研究都推动着建筑照明的发展，如何提高照明质量，为人们的生活、工作、娱乐等场所提供好的建筑光环境变得更加重要。这就需要明确何为好的建筑照明环境，从而引出了对建筑光环境进行综合评价，设计相关照明标准，并依据相关标准和评价结果进行设计和改造等问题。目前国内对不同应用场合光环境的设计方案和评价策略都有了一定研究，但是针对为设计和评价提供数据基础的光环境分布式的监测网络的研究相对较为缺乏，这将使建筑照明的发展受到一定限制。

本文基于对建筑光环境设计、评价的研究现状，提出一种以高精度光传感器为基础的分布式光环境无线监测网络系统。

2. 光环境设计

人们对光环境质量的要求逐步提高，随之带来了对光环境设计更多的思考：依据不同建筑目的设计相应的照明方案，从多个角度研究现有设计方案存在的不足，在保证能源节约的基础上力争做到以人为本，满足不同条件下使用者的各种需求，保护其视力健康及心理健康，并予以美的享受。如科技支撑计划对于居住区与室内光环境相关技术的研究，以及全球人口老龄化的趋势下提出的适合老年人休息和生活的居住环境照明设计[2]等；将高质量的照明设计推广到更多的应用领域，如工业生产中的有效照明具有提高生产效率、减少事故、保护工作人员健康等功能；对照明设计有特殊功能的场所（如博物馆、美术馆、图书馆等）进行多方面考察和分析[3]，制定更高要求的照明环境规范，并提出相应的合理化照明设计方案。

当前的照明工程设计更加富于理性，不是初期只求照亮，很少考虑技术和艺术水平。无论是室外景观照明还是室内外的功能照明，都从满足观赏者或使用者的需求出发，然后再考虑文化和设计理念的融合，根据建筑风格、环境的差异来确定照明方式和格调。随着当前对能源节约的迫切要求和电子控制器件的开发应用，开始出现智能照明控制系统，并逐渐得到人们的认可。

3. 光环境评价

照明设计一直是以照明的照度、亮度、均匀度、立体感、眩光、显色性指数和物体的颜色参数等物理量为标准来进行照明效果的评价。随着人民物质生活和精神生活水平的提高，设计和研究的重点会向人和环境相互关系的非定量评价照明质量方面转移，但精确合理的实时数据信息采集以及定量的参数界定指标将一直是照明质量评价的基础。影响光环境质量的因素很多，各主要、次要因素之间往往没有明显的区分界线，而且权值会随不同的使用目的发生变化。目前，已经提出

了一些模糊综合评判方法[4]，均衡各种影响因素，并通过模糊统计方法灵活改变权值。对不同应用领域的照明工程，也度身定制了相应的评价方案，并进行了一些实践和分析[5]，其中包括酒店、商场等服务性场所，古典园林景观，室外夜间景观以及道路照明等诸多方面。

然而相关的评价多从艺术设计的角度出发，结合了美学、心理学等多方面因素综合考虑，其中人的主观因素影响偏多，或采取手动定时、定点测量的方式来采集相关数据，不能长时间实时对照明情况进行监测，这样带来的影响是数据的突发性和不合理性较高，无法准确得到当前照明条件下存在的问题，而且不能积累特定区域内光环境在不同时间段随时间变化的情况，以及受各种外界变化的影响情况，同时也给智能照明控制的设计带来困难。

4. 建筑光环境的无线监测网络

实现节能、合理、满足各种使用要求的高性能照明是我们所追求的目标，在这个过程中设计、监测、评价三个环节缺一不可。三者的关系如图1所示。

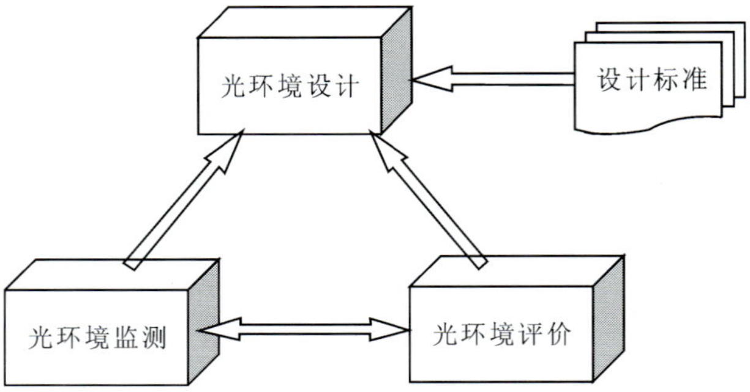

图1 三环节关系图

对已有光环境全面客观的评价为建筑照明的设计和改造提供了参考依据；而一个有效的监测系统则同时为设计和评价提供可靠基础：有了完善准确的历史数据资料，经过分析和处理，得到第一手设计反馈资料，方便对设计角度的修正和对细节部分的改进，并能激发新的创意理念，为智能照明控制的设计提供更大的空间，也正是在实时有效数据的基础上才能对设计做出全面准确的评价。对评价结果进行合理分析总结，可以降低监测系统复杂度，提高监测效率，节约成本。

无线传感器网络是计算、通信和传感器三项技术结合的产物，由部署在监测区域内大量的廉价微型传感器节点组成，通过无线通信方式形成一个多跳自组织网络[6]，协作地感知、采集和处理网络覆盖区域中感知对象的信息，并发送给观察者。将无线传感器网络应用在光环境监测中有很多优势：

①节点数量大，分布密度高，每个节点可以监测到局部环境详细信息并汇总到基站，因此无线传感器网络具有采集数据全面、精度高的特点。

②能够对感兴趣的环境进行不间断的高精度数据采集，配以可移动节点还可以实现不同区域的连续采集，达到人工定时、定点检测无法实现的效果，而且节约大量人力、物力。

③无线传感器节点体积小且整个网络只需要部署一次，因此部署传感器网络对监控环境的人为影响很小，能够增强数据的可靠性；同时无线通信省去了复杂的布线过程，减少火灾隐患，网络的维护和更新也更加方便。

④无线传感器节点本身具有一定的计算能力和存储能力，可以根据物理环境的变化进行较为复杂的监控，无线通信的能力使得可以在节点间进行协同监控。

在构建整个光环境分布式监测网络之前首先要设计出无线监测网络节点，它们是构成无线传感器网络的基础层支撑平台。节点要求具有无线通信功能，采用高精度照度、亮度、色度、紫外辐射照度等光度色度辐射度传感器采集光环境信息[7]，各个检测点的传感器单元均可对此处的参数进行准确测量，并通过无线收发器来进行有效的数据通信。对于无线网络的组建，无线监测网络依据建筑光环境所需监测的覆盖范围可以采取星型或簇状拓扑网络结构，由一个网络协调器作为中心节点，可以跟任何一个节点通信，普通节点上的光度色度辐射度传感器对光信号进行采集，采集到的数据经节点 CPU 处理后发到中心节点（由多个中心节点及相应的普通节点可覆盖较大的监测区域），最后通过互联网到达监控中心的上位机。在监控中心管理者通过人机界面对传感器网络进行配置和管理，发布监测任务，同时收集监测数据，处理监测过程中的报警信息，当然也可以将采集的数据源进行比较处理，发送对应信号到执行机构对照明器具进行控制，形成闭环照明控制系统。图2以在博物馆中的应用为例，光环境分布式无线监测网络的结构。

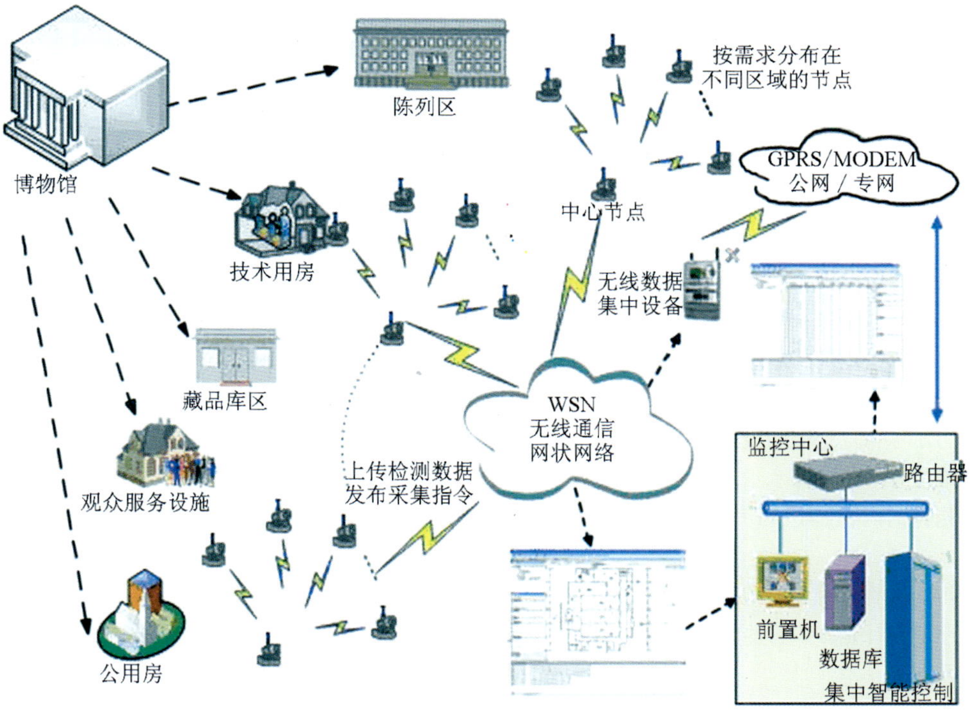

图 2　博物馆光环境的无线分布式监测网络系统

光环境的分布式无线监测网络系统同时采用先进的全数字光信息测量技术及 Zigbee 组网技术，具有高集成度、低功耗等特点，使用国际通信免费频段，并以抗干扰能力强的直序扩频方式传输，具有光环境参数测量、数据采集计算、无线通信及分布式信息处理等功能，可以为建筑光环境的综合评价及智能建筑设计提供依据和手段。

5. 小结

建立完整的建筑光环境监测系统，可以使建筑照明事业得到更快、更全面的发展，但目前国内缺乏对这一领域的深入研究，国外已有部分高校在进行相关工作[8,9]，但只是提出了一些思路与做法，尚未考虑设计精度和实际的使用效果，更没有形成完整的体系。因此应用无线传感器技术，采用高精度照度、亮度、色度、紫外辐射度等光度色度辐射度传感器，结合基于微处理器的全数字光度色度检测技术，通过无线通信接口模块，构成光环境的分布式无线监测网络系统不仅可应用于建筑设计和评价中，对于大型广场、标志性建筑物、国家公园、小区及街道夜景照明的光环境监测的设计与评价具有同样的价值。

参考文献

［1］甘子光. 2006 中国照明工程年鉴（首刊典藏版）［M］北京：中国电力工业出版社，2007.

［2］刘炜，杨春宇．老年人住宅照明环境［J］．照明工程学报，2001. 12（3）：14－17.

［3］郝洛西．视觉与展示博物馆光环境设计［J］．时代建筑，2006（6）：28－33.

［4］王建华．建筑照明性能指标评价体系研究［J］．工业建筑，2002. 32（9）：83－84.

［5］徐刚．模糊综合评价法在城市道路照明设计中的应用［J］．科技信息，2006（7）.

［6］孙利民，陈建中，陈渝，等．无线传感器网络［M］．北京：清华大学出版社，2005.

［7］叶炜．积分式光测技术的最新进展——全数字积分式光测技术［J］．照明工程学报，2004. 15（1）：19－21.

［8］H. Park et al. Illumimote：multi－modal and High Fidelity Light Sensormodule for Wireless Sensor Networks. IEEE Sensors Journal，2006. in press.

［9］M. Rahimi et al. Adaptive Sampling for Environmental Field Estimation Using Robotic Sensors. In IROS，2005.

半柱面照度指标在游泳馆场地照明设计中的应用

马 剑 边 宇
（天津大学建筑学院）

当前，HDTV 转播高水平游泳赛事渐成主流，高标准的电视转播也对游泳馆场地照明的照度提出了更高的要求。目前，普遍采用的体育场馆照明设计标准采用传统的平面照度指标，本文所做的工作就是讨论采用半柱面照度指标的方式与可行性，并通过分析、测试得出 HDTV 转播要求的相关标准数值。

1. 当前进行游泳馆场地照明设计的相关指标

当前国内进行游泳馆场地照明设计的主要参照标准为《体育场馆照明设计及检测标准》（JGJ153—2007），该标准为近期编制，相关标准值考虑到了高水平国际赛事进行 HDTV 转播的要求，其中涉及游泳馆照明设计标准的 4. 1. 10 章节①，该部分中涉及照度指标的内容如下：HDTV 转播重大国际比赛要求主摄像机方向上的垂直照度为 2000lx，副摄像机方向上的垂直照度为 1400lx。

从该标准中可以看到，对于 HDTV 转播的重大国际比赛的照度要求为垂直照度标准。这样一个设计检测标准对于指导高级别游泳馆的照明设计是多少有些粗略的（本文仅讨论照度指标，限于篇幅的原因对照度均匀度、光源相关参数等的讨论不在本文中涉及）。

本研究开展的目的就是结合游泳运动自身的特点，充分考虑 HDTV 转播的需求，针对游泳馆这一具体的研究对象开展的场地照明专项研究。

2. 半柱面照度指标介绍与特点

半柱面照度的实质是半个圆柱上各个垂直平面上照度的平均值。考虑到人体的形状可以抽象成为一个圆柱型，且考虑到人眼观察物体的时候只能看到物体的一半。因此，半柱面照度是一个能够反映人体多个方向上受光，能够反映影像立体感的更加适宜表达人眼观察物体实际感受的照度指标。

半柱面照度定义：“垂直放置的足够小的半圆柱侧表面上的平均照度”称为半柱面照度。②

从图 1 中可以看出，半柱面照度是更能反映人眼观察物体感受的照度指标。

③图 1 左右两张图片中采用了相同的照度表且量程相同，在人手均可以清晰识别的情况下，左侧图片使用平面传感器采集的垂直平面照度数值很低，而右侧图片使用半柱面传感器采集的柱面照度数值则更能反映人眼的实际视觉感受。除此之外，通过相关学者所进行的人脸模型的辨识实验表明，面部模型主观评价与半柱面照度相关性较好。④

Fig 1.1a　Fig 1.1b

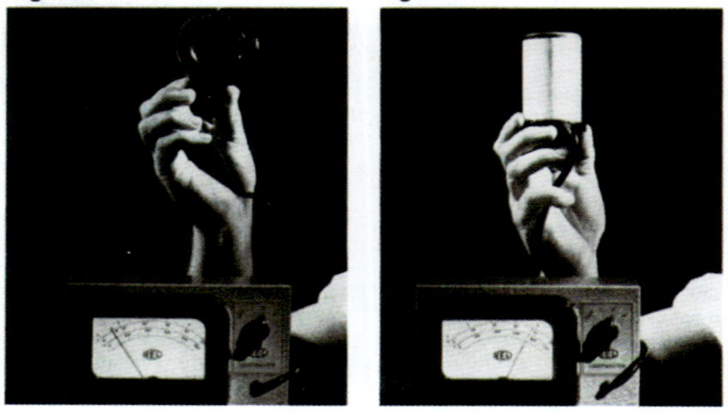

图 1　柱面照度与平面照度的直观比较③

再之，通过半柱面照度的定义可知，半柱面照度指标反映的是来自各个方向上照度的平均值，这使得半柱面照度指标在一定程度上可以体现出被照物体的立体感。尤其在电视转播时，人物在图像中的立体感极为重要。在电视转播中通过“光比⑤”的概念来进行衡量，“光比”这一概念的实质是照明矢量和平均球面照度的比值，而这些可以在半柱面照度指标中得到一定的体现。

3. 半柱面照度指标应用于体育馆场地照明设计的方式

游泳馆场地照明设计应该充分考虑游泳运动自身的特点，且采用相适应的设计指标与检测方法。

---

① 见《体育场馆照明设计及检测标准》（JGJ153—2007），主编单位：中国建筑科学研究院。

② 本文中涉及的半柱面照度均指平均半柱面照度

③ 该图片与说明摘自“Outdoor Lighting Handbook”章节 1. 1，Gower Press，Great Britain。

④ 该结论引自马玉林等“半柱面照度对人脸辨别的影响”，《灯与照明》，2008 年 6 月。

⑤ 参见王立华等“高清拍摄中灯光的运用”，《技术与艺术》，2008 年 6 月。

（1）游泳运动及该项目电视转播特点

游泳项目与其他很多运动项目存在一定的区别：1）运动员的身体为水平向展开；2）作为竞速项目，其运动速度相对较慢；3）身体一部分浸于水面以下，且水面有反光；4）有水下拍摄的需求。

由于游泳运动的这些特点，可作如下分析：

1）与大多数运动项目不同，游泳运动员在进行比赛时身体为水平向展开，这种姿势可以抽象成一个横放的半圆柱体，这样的抽象是对应身体或头部抽象成垂直放置的半圆柱体而进行的，这样抽象的目的在于将半柱面照度的理念及优点与游泳运动紧密地结合。

2）被拍摄主体的运动速度越快需要的照明水平也就越高，反之则越低。游泳运动员游过水面的速度相对来说是慢速的，并且是沿着事先规定的路线且没有急剧的方向改变。这样的特点使得游泳运动员相比其他高速运动有足够的时间在高清摄像机中进行"曝光"，观众也因此可以看到清晰明亮的画面。甚至考虑到目前高清摄像机的 CCD 传感器反应灵敏度较高的情况下，可以考虑采用高清摄像机拍摄静止人物的方式来进行游泳运动场地照明的相关研究测试。

上文中提到的特点 3）、特点 4）涉及的水面眩光的消除与水下照明问题限于篇幅的原因不在本文中讨论。

除游泳运动本身的特点外，摄像机布局与转播也是场地照明重要的参考因素。在进行游泳赛事转播的时候，主摄像机放在平行于泳池纵轴的主要看台上，通常一部分与游泳者平行的移动摄像机跟随游泳者的运动。此外，辅摄像机安放在游泳池两端用来转播开始和转身。另外的摄像机也可以安放在泳池纵轴的两端。

（2）半柱面照度应用方式的设定

综合考虑上文提及的因素，结合游泳运动的特点与电视转播的方式，可以将半柱面照度与游泳馆场地照明的结合按照如下方式进行。

图 2 中为游泳转播时常见的两种视角，图 2a 主要为展现运动员泳姿与身体位置的视角，图 3a 为半柱面照度与这种姿势切合的一种方式；并且，除去游泳运动员正面视角（图 2b）外，用这种"水平向的半柱面照度"来考虑照度水平都是适宜的，因为这样一个照度量综合体现了运动员躯体背部、侧部的受光，并且体现了立体感，其量值同时体现了传统的水平照度与垂直照度。

a)　　b)

图 2　游泳赛事转播过程中常见的两个视角

图 2b 为运动员正面视角，该视角可借鉴半柱面照度应用的一般方式，该指标可以综合考虑泳池长轴向垂直照度以及运动员两侧受光，是对泳池长轴向垂直照度指标的优化，见图 3b。

本文针对游泳运动的特点，结合半柱面照度的定义，提出了"水平向半柱面照度"这一概念。其定义为：水平放置的且其背平面平行于泳池水面，其轴线与泳池长轴平行的足够小的半圆柱侧表面上的平均照度。记作 E_{sw}。

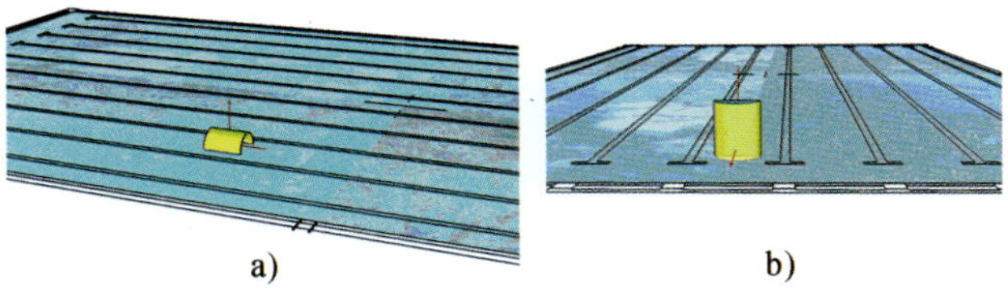

a)　　b)

图 3　"半柱面照度"应用于游泳馆场地照明的方式示意图

综上所述，本文提出了三个参数用于游泳馆场地照明照度的设计检测，它们是：

1）"水平向半柱面照度"即 E_{sw}。

2）泳池长轴正方向（X+）上的半柱面照度 E_v。

3）泳池长轴反方向（X-）上的半柱面照度 E_v。

本文综合考虑了游泳运动的特点和电视转播的特点，得出采用以上三个照度指标来衡量游泳池场地照度的指标。这三个指标包含了现行标准中的垂直平面照度信息，且将水平照度也综合到 E_{sw} 指标中，传统指标体系下要求的水平照度与垂直照度比值①的问题也已经体现在了 E_{sw} 指标中。

4. 指标数值的设定

（1）HDTV 转播对正面垂直照度的要求

在照度参数设定的情况下，其标准值的确定需要进行进一步的分析。首先本文参考了中央电视台技术制作中心进行的

① 要求平均水平照度与平均垂直照度之比为 0.5～2。

相关实验。其实验过程记述如下：测试地点选在央视高清演播室内，在演播室内布置两名人物模特、景物、背景板等，为了体现出景深的影响，前后景物距离一定距离。其测试设备有波形矢量监视器 LV－5750、高清监视器、平面照度计等。

在演播室内分别按照垂直照度 2000lx、1700lx、1500lx、1000lx、750lx 进行布光，照度按照模特面部测量值为准。并在同一照度下，改变高清摄像机光圈，分别按照光圈半档间隔 F11/F8（＋1/2）/F8/F5.6（＋1/2）/F5.6/F4（＋1/2）/F4/F2.8 依次递减拍摄，现场读取、记录摄像机输出的电平值，分别对保持最佳和良好级别进行记录。并将摄像机的输出信号分别连接到示波器现场读取电平，同时将信号接到专业监视器上，供现场监看图像的拍摄质量，并分别对最佳和良好级别的主观图像进行标注。其测试结论①为：

从 5 级图像质量区域推算以及从演播室照度和光圈变化范围的适应性来看，最佳工作光圈范围是 F5.6～F8，光圈过大则景深较浅，不能满足拍摄需求。高清摄像机 HDW－750P 灵敏度为 2000L/F10。在光圈为 F8 时，达到 5 级图像质量，需要的照度约为 1000～1500lx。并且，随着摄像机灵敏度的不断提高，需要的照度会进一步降低。因此，目前在要求的“当摄像机的光圈为 F5.6 时，垂直照度不应小于 2000lx”的照度值太高，该标准参考的摄像机参数较为陈旧，当前摄像机工作在光圈 F8 时，垂直照度 1000lx～1500lx 即可满足 HDTV 转播需求。

（2）泳池长轴方面上的半柱面照度 E_v 值的确定

在上面的结论基础上，本文根据相类似的原理，在测试间内模拟了相应的光环境，使得模特面部正前方的垂直照度为 1500lx，并调整模特侧面照明水平，通过主观评价，确定模特面部光效具有立体感，且整体照明效果令人满意，此时通过半柱面照度计实测的半柱面照度为 1300～1500lx。如图 4 所示为半柱面照度为 1300lx 时模特的照明效果。

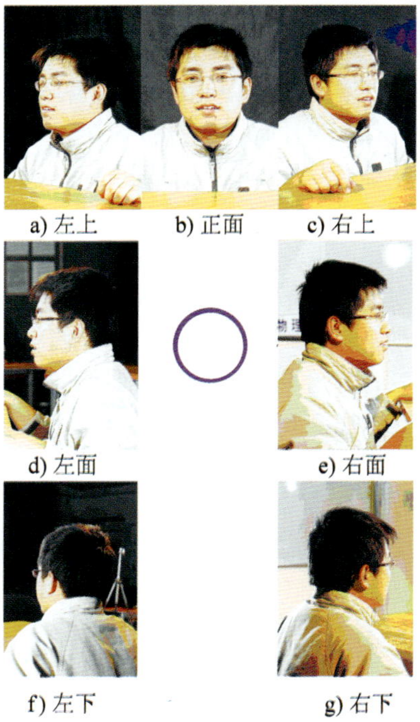

图 4　半柱面照度测试实验图片

因此，泳池长轴方面上的半柱面照度 E_v 处于 1300～1500lx 之间时即可以视为能够满足 HDTV 转播要求。

（3）E_{sw} 值的确定

由于游泳馆建筑空间的限制，泳池上方的马道的位置也相应地受到限制，使得泳池表面上的垂直平均照度与水平平均照度不同，相应国际组织的要求为水平照度与垂直照度之比处于 0.5～2 之间可视为合理。以国家游泳中心为例，其场地照明的主摄像机方向垂直照度平均为 2000lx，而其场地的平均水平面照度在 3200lx 以上。由前文的论述可知，1500lx 的垂直照度已经可以基本满足 HDTV 的转播需求，并通过计算机照度计算软件模拟，在泳池短轴方向上垂直照度为 1500lx 时，相应的 E_{sw} 值介于 1400～2200lx 之间整体效果较好。

因此，通过对目前游泳馆场地马道的实际情况的调查，通过计算机照明模拟分析，E_{sw} 的标准值处于 1400～2200lx 之间，可以视作合理。

综上，本文中提出的指标值设定如下：

泳池长轴向半柱面照度 E_v 处于 1300～1500lx 可视为合理；

“水平向半柱面照度”E_{sw} 处于 1400～2200lx 可视为合理。

5. 结论

现行的有 HDTV 转播需求的游泳馆照度标准偏高，且较为简略。本文提出的三个半柱面照度参数较为明确，如果用于设计检测游泳馆场地照明的照度将是一种实用且易用的指标。并且在指标数值的设定上，本文通过参考中央电视台相关 HDTV 转播测试实验的结论，结合游泳运动的特点，并进行相应测试与软件分析得出的数值较传统指标值低，因此可以说，在满足 HDTV 转播需求的同时节约了电能、初始投资以及运行、维护成本。

6. 致谢

感谢体育照明专家李炳华先生对本文的悉心指导。

感谢中建国际设计顾问有限公司在本文写作过程中的大力支持。

参考文献

［1］李炳华，董青．体育照明设计手册［M］．北京：中国电力出版社，2009.

① 详见：王佩，边清勇，等．高清及标清摄像的图像质量与演播室灯光关系的测试与分析［J］．世界专业音响与灯光，2008 年 2 月

［2］中国建筑科学研究院．JGJ153—2007 体育场馆照明设计与检测标准［S］．北京：中国建筑工业出版社，2007.

［3］W. K. lumsden，R. C. Aldworth. Outdoor Lighting Handbook. Gower Press.

［4］马玉林，陈仲林，等．半柱面照度对人脸辨别的影响［J］．灯与照明：2008（2）．

［5］王立华，刘正茂，等．高清拍摄中灯光的运用［J］．技术与艺术：2008（6）．

［6］CIE169 号文件——体育赛事中用于彩电和摄影照明的实用设计准则，2005.

［7］王佩，边清勇，等．高清及标清摄像的图像质量与演播室灯光关系的测试与分析［J］．世界专业音响与灯光：2008（2）．

城市户外广告照明研究

秦 鑫 王爱英

（哈尔滨工业大学建筑学院 黑龙江科技学院建筑工程学院 天津大学建筑学院）

城市户外广告是在城市范围内所属建筑物之外，是面向大众宣传、推广的一种手段。它不但在白天吸引着过往者，夜晚，在各种光源照射下，更加引人注目。为了追求宣传效果最大化，它们大多数位于人流密集、车流量大的地区，安装在城市建筑的外立面、顶部，除广告画面以外包括广告的位置、放置时间一般长时间不变，它的影响效力是长期的、连续的。如何既达到宣传的目的，又不对周围的环境产生干扰甚至能源浪费，是亟待解决的问题。

1. 合理的广告照明设计

户外广告如果按照所使用的光源划分，包括投光照明广告、内透光广告、霓虹灯广告、LED 广告以及混合照明形式广告等。霓虹灯形式的广告在户外广告中不是十分普遍，它们大多数应用在商家牌匾中。LED 广告具有使用寿命长，显示信息量大，耗电量小，质量轻，稳定性高，操作方便等优点正在得到普遍认可，2008 年在中国北京举办的奥运会上就采用了大尺寸的 LED 显示屏。但是，由于 LED 造价比较高，致使该种形式的照明广告有待于进一步地发展。投光照明广告指通过安装在广告牌上或其附近的灯具对广告牌进行照明，在夜间突出广告的画面和文字以表达出广告的主题，包括悬幕式、多面翻、立体造型等多种形式，如图 1 和图 2 所示。目前应用最普遍的是悬幕式投光照明广告，该种照明形式的广告造价低、施工方便、宣传效果好。为了了解目前广告照明的实际状况，对天津市区几条比较繁华，交通、人流密集的街区进行调研。调研内容包括利用亮度计、数码相机等仪器设备获得关于研究对象亮度、大小、高度等相关研究内容。调研位置选择了天津市区有代表性的三个地段。如图 3 中虚线、双虚线、点划线所示。虚线表示南京路营口道与滨江道之间路段，包括滨江道步行街，这里是目前天津市最繁华的商业区域。双虚线表示卫津路和南门外大街从鞍山西道到南市食品街路段，该路段分布有第二南开中学、海光寺、家乐福大型超市、南市食品街、古文化街以及银行等金融机构，车流、人流比较密集，是比较重要的交通枢纽。点划线表示鞍山西道从卫津路到白堤路路口，该路段分布有天津大学、天津中医药大学及其附属医院、家乐福超市和电脑城，但相对于前两个地段，交通、人流不是十分密集，属于一般办公、居住类街区。通过对这三个地段调研发现大约 97% 的广告采用了照明手段，同时，投光广告占广告总量的份额达 35%，内照式广告占广告总量的 55% 左右。但投光广告面积远大于内透式广告面积，投光式照明广告占全部有照明形式广告总面积的 96% 以上。

（1）控制广告表面亮度、照度

图 1 悬幕式投光广告

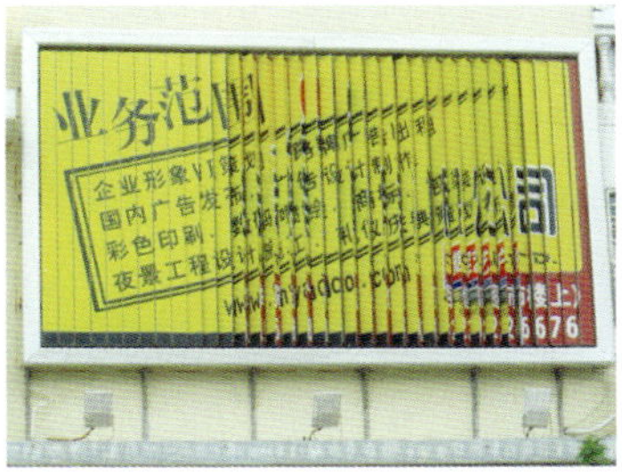

图 2 多面翻投光广告

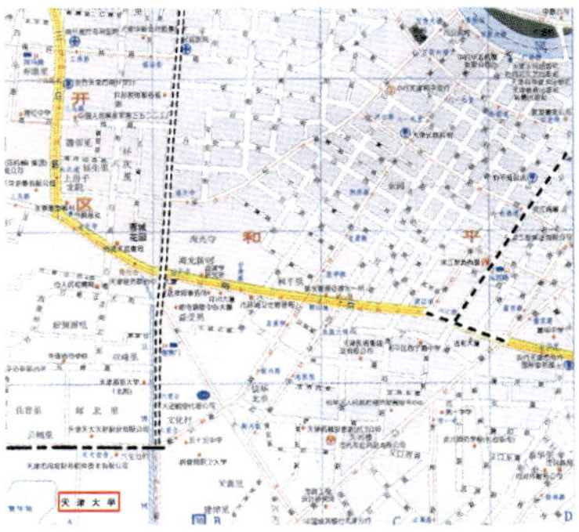

图 3 户外广告照明调研地点

表 1　商业街区广告或标志物的最大允许亮度①

广告或标志物位置	画面亮度/（cd/m^2）
建筑物正立面或围墙上	<350
购物中心上	<500
低亮度背景地段	<700
一般商业广告、加油站	<1000
闹市区和高层建筑上方	<1400
重要交通枢纽区域	<1700

广告照明应根据周围环境特点、所反映内容以及国家相关规定等要求进行设计。画面内容要做到清晰，突出主题，高度、大小比例合适，亮度分配合理，容易引起过往人群的注意。我国商业街区户外广告照明最大允许亮度规定如表 1 所示。户外广告照度根据研究采用表 2 所示规定。广告照明首先应保证广告表面的亮度、照度。过强的光照，不仅浪费能源和资金，还会产生眩光，当光线进入到过往人群眼睛的时候，容易引起交通事故。光线过弱的照明，则只能在近距离有影响效果，达不到广泛的宣传效果。广告照明目前现状不是十分令人乐观，以天津市调查的三个路段大量的投光广告为例，在繁华的商业区域照明广告亮度平均值超标比率达到 25% 以上。而一般商业街区中位于建筑物正立面或围墙上广告亮度平均值超标比率达 17% 左右。普通的行政办公区域在某些部位照明广告亮度平均值超标比率达 21%。如图 4 所示，广告过亮已经成为广告照明中普遍存在的问题。

图 4　过亮投光照明广告

（2）合适的广告照度和照度均匀度

表 2　户外广告牌的照度标准②　（单位：lx）

广告位置	画面面积	
	（$<2m^2$）	（$>8m^2$）
城市道路路边广告牌	200～400	200～600
城市建筑墙面、屋顶广告牌（高度 20～40m）	—	300～1000
城市建筑墙面、屋顶广告牌（高度 40～60m）	—	400～1200
普通公路路边广告牌	95.6	400～1000
高速公路路边广告牌	643.9	400～1200

注：表中低照度值用于较暗环境

表 3　投光广告照度均匀度③

广告照明效果	均匀度
最佳效果	1
满意效果	1.3～1.5
不可容忍效果	>2

不同的广告牌画面材料其光学特性不尽相同，一些表面比较光滑的材料（例如：油漆粉刷的光滑表面），在光源的照射下容易产生定向扩散反射，某些角度出现眩光现象。因此，首先要根据不同材料不断调试确定合适的照度。广告照度还要依据广告画面的特点，画面表现细腻、照度要求就高，画面表现粗犷、简洁，不需要分辨细部，照度值可低些。广告照明设计除了满足合适的照度和亮度以外，照度均匀度也是必须考虑的一个重要指标。经研究，照度均匀度应≥0.7，否则，均匀度小，广告画面亮度对比过大，会出现眩光，例如对于投光广告照度均匀度指标可参照表 3 所规定的标准。照度均匀度并非越大越好，过于均匀，则缺乏亮度变化，导致画面平淡无奇，在满足一定均匀度基础上，适当的照度变化，能形成比较活泼的景象，运用恰当可形成视觉中心，增强画面效果。

---

① 中国建筑科学研究院，城市夜景照明设计标准（草稿）。
② 王肇民，蒋演德，韦林，等. 广告设施设计与检测技术［M］. 北京：机械工业出版社，2007.
③ 中国建筑科学研究院，城市夜景照明设计标准（草稿）。

2. 广告灯具使用

广告照明中为了达到最佳的宣传效果并且不对周围环境造成干扰，对灯具安装角度、数量以及灯具的遮光装置有着严格的要求。

（1）灯具的安装角度和数量

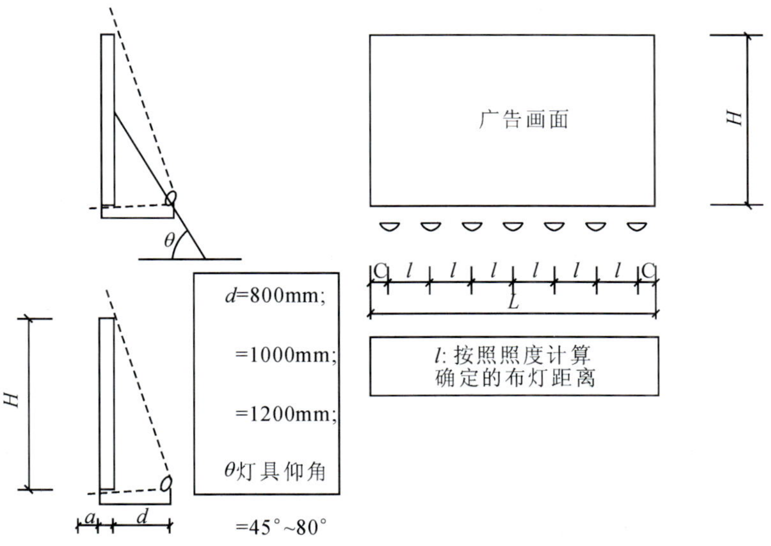

图5　上照式投光灯具安装

广告照明中灯具的选择和安装是一个不容忽视的环节，应根据广告需要的照度、画面尺寸大小、画面图案以及色调等因素确定。户外广告照明使用照明灯具安装方式常用的有三种，分别是上照式（灯具位于广告画面底部，向上仰角投光）、下照式（灯具安装在广告画面顶部，向下俯角投光）上照和下照共同结合的照明方式。以投光广告为例，上照式灯具仰角投光角度（与水平面夹角）宜控制在45°～80°（见图5）[7]为宜，小于45°时，容易产生眩光，大于80°时，有部分光束射向天空，造成浪费，产生光污染，该种形式灯具安装方便，但光线方向不容易控制。下照式俯角投光角度（与水平面夹角）应控制在40°～80°（见图6）[7]为宜，虽然向下照射但不会全部落到广告画面上，同时对地面视觉形成眩光，这种形式光线容易调整，但安装不够方便。实际应用中，根据广告结构及安装条件，光源一般布置在与广告平行的垂直面距离为800mm、1000mm或1200mm左右的位置。以投光广告为例，其中使用的灯具数量由广告确定的平均照度、广告画面的总面积等数据由下式求出：

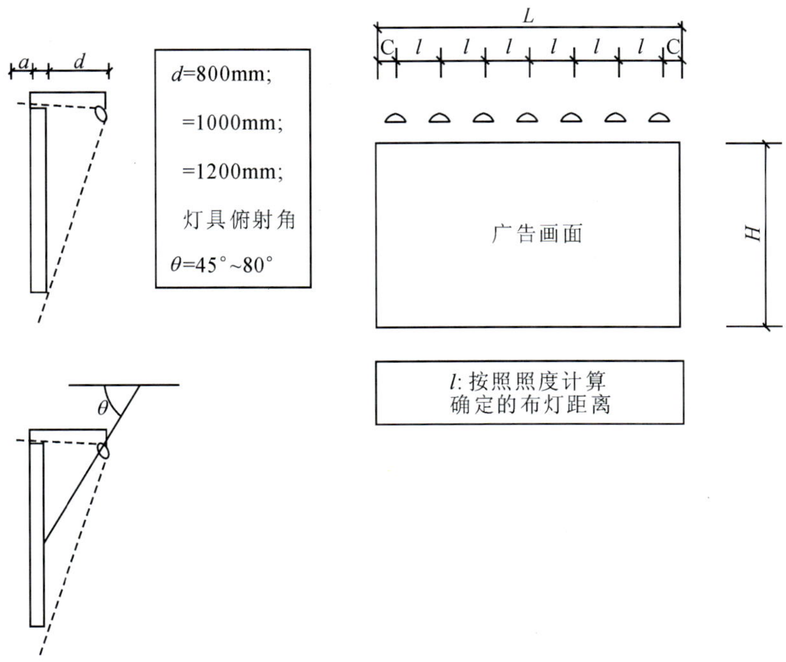

图6　下照式投光灯具安装

$$N = EA/(UK\Phi)$$

式中　N——投光广告中需要的灯具数量；

E——确定的广告画面平均照度，单位为 lx；

A——广告画面总面积，单位为 m^2；

U——投光灯的利用系数，CIE 确定的典型数值为 0.3；

K——场所较清洁、投光向下和照明器具一年擦洗一次为 0.6，否则为 0.5 以下；

Φ——选定光源的额定光通量。

（2）灯具的遮光措施

广告照明中使用灯具应该避免光线的溢散，防止对周围环境产生影响和能源的浪费。所以，照明灯具上应有控制光线溢散的遮光设施。以投光广告照明为例，其主要使用的灯具是小功率金卤灯，灯具包括有遮光和无遮光两种形式，为了避免光线溢散，应采用设有遮光罩的形式（见图 7）。实际中，例如在天津市户外商业投光照明广告中 88% 以上的投光照明广告没有灯罩（见图 8），在灯具安装角度不正确的情况下，很容易造成光线射向广告牌周围区域。

图 7　有遮光罩广告照明灯具

图 10　无遮光罩广告照明灯具

3. 合适的光源和灯具

（1）光源的色温和显色性

表 4　常用光源色温及对应人的感觉

色温/K	感觉	光源
<3300	温暖	白炽灯、石英灯等
3300 ~ 5000	中间	三基色荧光灯、金卤灯等
>5000	清冷	三基色荧光灯、水银灯等

表 5　常用光源的显色指数

显色指数	常用光源
≥80	白炽灯、高显色性荧光灯
60 ~ 80	白色荧光灯、日光色荧光灯、金卤灯
40 ~ 60	暖白色荧光灯、荧光水银灯
<40	水银灯、高压钠灯

由于广告本身就有符合所推荐商品特点的构图和颜色，光源选择主要根据光源光色特性来选取。广告照明的光色是指光源的色温和显色性。色温让人感觉温暖或者清冷。当色温在大约 3000K 以下时，光色开始有偏红的现象，给人温暖的感觉；当色温在 5000K 以上时，光色偏向蓝色，给人清冷的感觉。实际运用中，如果画面整体效果是冷色调则采用偏冷光色光源照明。反之，采用偏暖光色光源照明。常用光源色温及人体的感觉如表 4 所示。光源的显色性是光源对广告内容真实颜色显现的程度，由于广告本身具有绚烂的色彩，其照明宜采用高显色性光源以真实再现广告本身的色彩和层次。实际中经常使用的应是寿命大于 1000h，显色指数大于 80 和发光效率高的光源。常用光源的显色指数情况如表 5 所示。

（2）灯具的配光和安装要求

灯具按照光束扩散角分为窄光束灯具和宽光束灯具，投光广告照明中使用灯具应首选配光曲线形状与广告画面形状较为相似的宽光束非对称配光灯具。例如，选用发光覆盖范围大，宽配光，但在临界方向亮度小的蝙蝠翼型配光灯具。如果广告画面有需要强调的部位可配合使用窄光束灯具。同时，为了保证灯光在广告表面占有较高的覆盖率，灯具应有一定布光角度，大小可按需要确定，但必须保证广告表面亮度分布均匀，避免过大亮度对比。

照明系统安装应该可靠接地，灯具要体积小、质量轻、造型优美、防腐蚀、耐候性好、防护等级≥IP65，绝缘等级≥Ⅰ级，维护简便，有刻度提示，以方便调整照射角度。一些位置较高的大型投光广告构架与防雷装置的连接点应不少于两处，广告设计安装中还应考虑风荷载，否则广告照明灯具安装不够牢固，导致坠落，容易引发安全事故。

4. 控制光污染

广告照明中，普遍存在广告表面亮度过高，或者广告与背景之间亮度对比过大等一系列问题，它们不可避免地对过往行人、周围环境和生物产生一定的影响。如果人的视野范围内出现高亮度广告或者大的亮度对比，会看不清广告的内容，还可能引起视觉上的烦躁和疲劳等不舒适感觉；同时，如果人们看完高亮度的广告，再看周围其他亮度差别较大的事物，如路灯、交通信号等，由于此时亮度发生变化，人的视觉适应亮度变化需要一定的时间，导致人们短时间内无法看清其他物体，容易引发各种交通事故。过亮的广告也会对周围环境带来干扰，尤其是当投光灯具没有遮光措施，投光广告采用上照式时，会发生光的溢散，导致天空发亮。天空过亮，影响天文观测。因此，广告照明必须严格执行相关法规和标准，并加强照明广告建成后的管理工作。在设备安装完工后要进行一次可靠性检查，包括电气安全接地和保证人身安全。使用中，对灯具角度需要进行多次调整，并做好日常维护工作，遇台风、汛期要加强安全防范措施。并对广告照明实行计算机集中控制，纳入城市灯光管理系统。

5. 结语

广告和照明要有机结合起来，广告照明不是广告的主角，只是深入宣传广告信息的手段。广告面向大众，但是根据调研，路过人群不会特意或者长时间注意户外广告，所以，广告照明通过光源的布置必须突出广告要反映的主题，而不宜面面俱到。要充分利用灯光营造的光与影、虚与实来展示广告的关键意图。在规划的基础上开展夜景照明工程，广告照明是夜景照明不可分割的部分，我们应该凭借国家大力发展城市夜景照明工程的良好契机，不遗余力地作好广告照明工作。

参考文献

[1] 秦鑫. 天津市区户外商业广告照明现状调查和研究 [D]. 天津：天津大学，2006.

[2] 卢晓燕，丁建辉. 广告设计基础 [M]. 杭州：浙江大学出版社，2004.

[3] 牟跃. 实用广告设计 [M]. 北京：人民美术出版社，2001.

[4] 中国建筑科学研究院. 城市夜景照明设计标准（草稿），2005.

[5]] 何秉云.《天津市城市夜景照明技术标准》的研究与编制 [C]. 照明科技论坛（2003）论文集. 天津：天津市容管理委员会，天津市照明学会，2003：185－192.

[6] 陈仲林，黄海静，杨春宇，等. 户外广告照明标准研究 [J]. 照明工程学报，2003，14（1）：42－44.

[7] 王肇民，蒋演德，韦林，等. 广告设施设计与检测技术 [M]. 北京：机械工业出版社，2007.

[8] JayPA. Subjective criteria for lighting design [J]. Lighting Research & Technology，2002，34（1）：87－89.

2009 央视春晚演播室照明设计

项目名称：2009 央视春晚

设计单位：北京锋尚世纪文化艺术有限公司

供应商：广州市雅江光电设备有限公司

1. 项目简介

地址：北京市海淀区复兴路西段 11 号，中央电视台内。

2. 项目的详细内容

（1）详细的照明技术指标（YG—LED603）

Electrical

额定电压：AC100～240V，50/60Hz

额定功率：420W/560W

LED

LED 数量：90PSC（18R + 24G + 24B + 24W）
灯珠功率：3W/5W
出光角度：15°/30°
冷却系统：风冷
Function
RGBW 混色/自定义编程/频闪/白光调节/调光模式/风机速度可调/颜色叠加
Operation
LCD 显示屏
自走/从机
DMX512 通道：10CHS/14CHS
Pan/Tilt
水平 540、垂直 250、
水平/垂直速度可调
水平/垂直运行中闭光
Applications
专业舞台/影像工作室/剧院/户外……
染色/效果
尺寸：440mm × 320mm × 470mm
重量：20.3kg
颜色：黑色
详细的照明技术指标（YG – LED321W）
Electrical
额定电压：AC100 ~ 240V，50/60Hz
额定功率：180W
防护等级：IP67
LED
LED 数量：48 × 3W（12R + 12G + 12B + 12W）
出光角度：15°/30°
冷却系统：对流传热
Function
RGB 混色/自定义编程/频闪/ID 地址码/过热自动保护功能/调光/颜色叠加/自走程序
Operation
单机/从机
DMX512 通道
3CHS/4CHS/5CHS/10CHS/12CHS
Applications
专业舞台/酒吧/剧院/户外……
染色/效果/像素
尺寸：305mm × 276mm × 230mm
重量：8.5kg
颜色：黑色/银色

（2）照明设计理念

2009 央视春晚融入了诸多艺术元素，舞台采用了最先进的技术手段，运用多媒体制造视觉冲击。雅江大功率 LED 凭借在北京奥运会中的出色表现，以国内惟一一家大功率 LED 生产商首次进入春晚的舞台盛宴中。雅江大功率 YG – LED603 和 YG – LED321W 灯具卓越的性能体现在节能环保、温度低、色彩鲜艳、寿命长等重要的特点上。央视春晚应用雅江大功率 YG – LED603 和 YG – LED321W 灯具真正实现了国产 LED 的两个突破：一是大功率 LED 高性能投光灯在央视舞台中的首次运用；二是突破了国产 LED 品牌打破了洋品牌一统央视舞台的格局，选用在 2009 年整套央视春晚节目中。

（3）照明设计中的节能措施

LED 灯具的节能效果已经众所周知。雅江大功率 YG – LED603 和 YG – LED321W 灯具的特点是耐高温、防潮湿、抗干扰、染色面积大、投射距离长以及故障率小等。为什么雅江的 LED 灯具能达到以上效果呢？这与雅江光电的硬件设备紧密联系。目前雅江光电拥有 3000m² 无尘车间，静电对产品的影响小；拥有国内领先技术光学测试暗房实验室，能够将 LED 灯具的重要参数，包括：亮度、照度、光强、色温、波长等技术参数准确无误地测试出来；高温老化测试实验室，让我们所有的产品在高温 45℃～50℃下进行 3 个月的老化测试，实验报告显示雅江的 LED 灯具在－20℃—50℃均能够正常工作；雅江光电的标准化防水喷淋浸测试池是参照美国 UL1598 标准和欧盟 IEC60598 标准来制定的企业防水测试标准；雅江光电还投资 1000 多万元购买自动生产设备，尽可能保证产品的稳定性等，以上重要的检测手段能实实在在地保证雅江光电 LED 灯具的产品质量。

（4）设计中使用的新技术、新材料、新设备、新工艺

雅江 LED 灯具的抗干扰性、安装强度及性能稳定性要求极高，其控制系统具备相互控制和单独控制，可以创造静态和动态照明效果，从白光到全彩的任意色彩，渲染出一种强烈的娱乐气氛，LED 灯具的出现给这类空间环境的装潢设计开启了新的思路。

雅江产品的新特点：

①大功率灯板与电源独立隔离散热装置；

②控制系统设有双向传输检测功能；

③外部连接件可改变灯光的角度范围。

3. 实景照片

图　1

图　2

图 3　YG－LED603

图 4　YG－LED321W

长春市政府新建办公楼夜景照明

项目名称：长春市政府新建办公楼夜景照明

设计单位：吉林省建筑设计院有限责任公司

照明优化设计单位：长春为实照明科技有限公司

施工单位：中建八局工业设备安装有限责任公司

验收单位：长春市人民政府

供应商：松下电工（中国）有限公司

1. 项目背景

长春市政府新建办公楼座落于长春市南部新城的核心区，坐西朝东滨临城市主干道人民大街西侧。从高速公路南入口进入人民大街就可以看到成“器”字型排布、恢弘大气的主体建筑，见图1。

整个建筑占地15万平方米，建筑面积6.9万平方米，主楼高36m，裙楼高13m。停车场占地3.16万平方米。四个辅楼在主楼旁形成四个广场，无论视觉上还是实际利用上，都比传统单一的办公楼格局要科学合理。按功能不同分为五个区：

一区办公区；设有办公室378间，会议室9间；

二区为后勤保障中心；

三区为政府会议中心；

四区为信息通讯中心；

五区为市信访接待区。

图1　白天全景

2. 项目详细内容

（1）照明设计理念、方法的创新

长春市政府新建办公楼照明项目优化设计遵循高效安全、节能环保、方便使用的原则，注重互补型动态照明，使窗户射入的天然光和室内人工照明光舒适且合理地协调起来，形成良好的照明环境。设计中采用松下电工二线式可编程定时器控光，同时，选用高效光源，e－hf PH系列2管灯与原设计3管T8灯相比，在照度、面积相同的条件下，节省电能32%。优化设计中，高效灯具采用的密胺涂膜与原设计中灯具相比，反射率提高8%。

对于办公环境，充分的利用天然光，合理的人性化照明设计，高效的照明控制手段，有助于身心健康、提高办公效率，体现以人为本，与自然和谐相处的新理念。优化设计后的照明效果见图2～图4。

图2　大厅

图 3　电梯前厅

图 4　走廊

（2）照明技术指标

国家标准与实测照明技术指标对比见表 1。

表 1　国标与实测照明技术指标对比表　（单位：x）

房间或场所	参考平面及其高度	国标照度值	照度实际值	国标功率密度值	实际功率密度值	UGR 标准值	UGR 实际值	Ra 标准值	Ra 实际值
普通办公室	0.75m 水平面	300	331	11	9.1	19	16	80	84
大会议室	0.75m 水平面	500	535	18	15.8	19	16	80	84
会议室	0.75m 水平面	300	321	11	9	19	17	80	84
计算机室	0.75m 水平面	300	365	11	8.8			80	84
吉林银行营业厅室	0.75m 水平面	300	329	13	11	22	19	80	84
文件整理、复印室	0.75m 水平面	300	341	11	8.6			80	84
走廊		200	236					80	82

（3）节能和环保措施

1）照明设计中的节能措施

①采用 e－hf 高效型 16W 光源，光源光效达 85lm/W 以上，是普通 T8 光源的 1.3 倍，大大降低了功率密度值。

②采用 e－hf 镇流器，功率因数达 0.98 以上；e－hf 镇流器超强的稳压能力，在白天用电量高峰电压降低时可有效保护用电器，用电低谷电压升高时能自动调节功率。智能 Cut－off 功能，灯光启动后，电子镇流器可切断多余电流，节约电能。

③在设计中灯具采用松下电工高反射率的反射器，全反射率可达 93%，比普通灯具提高 8%，从而减少灯具数量，达到节能目的，具体效果见图 5。

图 5　一区办公室

④通过采用松下电工 FULL－2WAY 照明控制系统，总控室通过网络 Web 画面，对照明进行监控。在走廊、大厅、电梯前厅设置定时器、照度传感器、红外感应开关等连动，实行个别控制、模式控制及群组控制相结合的方法，实现节能目的并且达到最佳照明水平。

北京励骏酒店景观照明工程

业主单位：北京华海金宝发地产开发有限公司

设计单位：碧谱照明设计（上海）有限公司

灯具供应及安装单位：北京大升光华科技发展有限公司

北京励骏皇宫酒店座落于北京市东城区金宝街同东单北大街交界处的王府井核心商业区，占地 1.76 公顷，总建筑面积达 13.2 万平方米，包括一幢 17 层高面向十字路口的拥有 390 间客房的超白金五星酒店、一幢 10 层高拥有 79 套房间的酒店式公寓和一幢 17 层高的高级住宅。

建筑具有古典主义三段式立面，76m 的尖塔高大挺拔，造型优美，改变了金宝街原有的天际线，成为新的地标。为了解决高大建筑体量与古典构图的矛盾，立面采用了巨柱式垂直式构图和叠柱式水平构图，配合造型别致的檐口、山花和复合线脚，创造出丰富的立面效果；二层高的建筑基座具有拱券与柱列的组合，建筑基座全部采用石材贴面。

励骏酒店矗立于历史与潮流并存的金宝街上，本身就是一尊立体的艺术品，通过外景观照明的装饰，使夜间的建筑更加璀璨夺目，充分表现酒店的尊贵奢华气息。

照明采用“集腋成裘”的投光照明方式，灯具布置完全按照建筑模数，并与建筑物的装饰构件紧密结合。重点照明的对象是建筑立面的柱式、窗口、线条、牛腿、山花等装饰构件，使这些部位具有较高亮度；而巨柱、GRC 墙面和石材墙面仅作为低亮度的背景存在。这样的处理方式，使建筑物在夜间的形象更具立体感和戏剧性。

灯具全部隐蔽安装。建筑外立面主要为 GRC 大型构件外挂拼接而成，在扩初设计中，照明设计师和建筑师、GRC 承包商就灯具安装方式进行了充分的协调。负责灯具供应及安装的承包商北京大升光华科技发展有限公司在进场前期即进行深化设计的配合工作，并专门派工程师到 GRC 承包商工厂进行生产配合，将预先生产好的灯具支架提供给 GRC 承包商，使其在大型构件生产过程中就将支架预埋到位，以保证安装阶段的灯具安装定位及安装工期要求，实现了“见光不见灯”。

在光源的选择上，全部采用显色性高、一致性好的陶瓷金卤灯和 T5 荧光灯，光源的最大功率为 150W。为了减小灯体尺寸，部分灯具采用自带控光功能的 PAR20、PAR30 陶瓷金卤灯，并采用分体式镇流器。

对酒店外观照明回路进行了精细的划分，各个建筑、各种部位的同类灯具均能单独控制，可以实现 6 种控制模式，满足重大节假日、工作日、后半夜等不同的照明场景要求。

图　1

图 2

无锡灵山二期梵宫室内照明工程

设计单位：上海复舜信息科技有限公司（艾特照明工作室）
施工单位：深圳洪涛装饰股份有限公司
业主单位：无锡灵山实业有限责任公司
主要完成人：汪建平
获奖情况：获得第四届中照照明奖照明工程设计奖一等奖
项目：无锡灵山二期梵宫项目

1. 项目简介

无锡灵山梵宫坐落于烟波浩森的太湖之滨、钟林毓秀的灵山脚下，规模宏大的建筑和庄严的灵山大佛比邻而立，为灵山景区独特的佛教文化又增添了一个雄伟庄严的外在景观。

灵山梵宫建筑气势磅礴，布局庄严和谐，总建筑面积达 7 万余平方米。高三层的梵宫采用退台式建筑布局，以南北为轴线，东西呈对称分布，总建筑面积达 7 万余平方米，建筑面宽 150m，进深 180m，顶部为错落有致的五座华塔，后侧为曼陀罗形态的圣坛。梵宫的建筑形式突破传统，以石材等坚固耐久的材料为主，大量运用高大的廊柱、大跨度的梁柱、高耸的穹顶、超大面积的厅堂等，既体现佛教的博大精深与崇高，又将传统文化元素与鲜明时代特征相融合，一座地标式传世建筑得以完美呈现。

整个建筑依山而建，集成了世界佛教三大语系的建筑精华，汲取了中华传统木雕、石雕、玉雕等装饰精粹。步入梵宫，浓郁的文化气息扑面而来。东阳木雕、敦煌技师的手工壁画、琉璃巨制、扬州漆器、油画组图、景泰蓝须弥灯、景德镇青花粉彩缸、瓯塑浮雕壁画，这些艺术珍品在灵山梵宫各区域演绎着优秀的传统文化。

梵宫建筑群组主要由梵宫和圣坛两个功能空间独立又互相连通的建筑组成。梵宫的主要功能包括举办大型的佛教会议，并展示佛教独特的文化艺术。结构上为左右对称，中轴线上由可供游人参观的门厅、廊厅和塔厅组成；这些空间宏伟高大，建筑内饰主要为精美的木雕和大理石，并在建筑的两侧和一些立面布置有宗教寓意的书画类艺术品；中轴线左边为会议功能区，其中设计有自然采光的围合式中庭；右边为餐饮功能区，其中设计有可容纳上千人就餐和会议的多功能厅。

沿着廊厅的走道一直向前，可进入圣坛的前厅，沿着顶部装饰有精美壁画的拱顶回廊，可进入能容纳 2000 多人的圆穹顶圣坛。圣坛穹顶装饰有一层层向上缩进的莲花瓣状顶板，总共有28层，最高处有40余米。圣坛主要为一个进行“觉悟之路”的佛教综合舞台表演和举行大型佛教会议的场所。

为实现梵宫和圣坛的使用功能和展示建筑的精美装饰，弘扬博大精深的佛教文化，我们对梵宫和圣坛的灯光进行了精心的设计，无论是在最新照明科技的应用上，还是在照明节能方面都进行了细致的规划，在每一个空间都根据使用的功能要求和装饰布置配光精确的照明器，并采用了国际一流的照明产品，应用了智能化的照明控制系统。比较理想地达到了以高科技照明手段表现梵宫和圣坛室内空间舒适、华美、辉煌的视觉效果。

2. 项目详细内容

（1）照明设计理念、方法等创新点

理念1：寻找建筑的灵魂

好的建筑是有灵魂的，建筑的灵魂最初来源于业主对这个建筑的梦想，来自建筑师和室内设计师的个人的理解后的规划和设计，照明设计师着手项目照明设计的工作是从发掘项目的灵魂开始的。

理念2：用光点亮建筑的灵魂

好的照明设计师的工作是用光去点亮建筑的灵魂。满足建筑基本的照明功能是第一层级；在满足基本照明功能的基础上提供较高的舒适度是第二层级；点亮建筑沉睡的灵魂，让建筑空间有生命，可产生与使用者的互动是第三层级。

理念3：光是建筑本身的一部分

成功的照明设计师要致力于使照明器成为建筑装饰整体的一部分，照明虽有设计，光却仿佛是从建筑自然流淌出来的。

创新1：门厅的调光及模拟日光

在主门厅上有透光的天窗，在设计门厅照明时即考虑有良好日光下，对安装的灯具进行调光，同时考虑在阴雨的天气下，将灯具调亮。同时在中间二层采用和日光接近的PAR灯照明，模拟日光的感觉。

创新2、廊厅顶部的藻井和垂柱莲花照明处理

对廊厅的弧形顶部的木雕藻井装饰，决定设计成可变色的LED背光照明，让光均匀地从藻井中流出，在和室内设计师讨论了木雕的安装结构后，决定将莲花设计成镂空的，在木雕中心放置LED点光源，让光从莲花内部发出，在莲花周围形成一圈光晕。

创新3：塔厅的模拟星空照明

设计时的两个主要考虑：一是灯光要表现建筑内部装饰的华美，在仔细考虑内部装饰的布置后，决定对木雕装饰采用分层水平交错对打光，尽量将灯具隐藏起来。还有一个考虑是要在封闭的塔厅内营造渺远天空的感觉，希望能激发人的神圣感，所以设计了以蓝光和采用LED点光源模拟星空的效果。

创新4：圣坛的莲花瓣穹顶照明

对面积达2000m的圣坛，我们把照明设计成从穹顶的一层层莲花瓣背后发出，而且可以动态变色，可产生无数的视觉效果，提供给导演组控制使用，穹顶的灯光效果可融合进舞台剧的情节中，而且中心我们也设计了一个白色的光顶，当中心的灯光打开时，穹顶中心仿佛光从天降，能激发人在建筑中与天交流的神圣感觉。我们最后选择RGB全彩和单色琥珀相结合的“品”字形条形LED泛光灯背光照明的解决方案。

（2）照明设计的主要技术指标

1）　照度

照度标准参照国内及国际标准，取相对高值，在某些区域，更重视垂直立面照度，具体照度见表1。

表1　实际照度与国内、国际标准对照表　（单位：lx）

	CIE标准	GB50034—2004	本设计指标
门厅	300	300	300
廊厅/塔厅	300	300	300
会议室	500	300	500
接待室	300	300	300/500
贵宾室	300	300	500
包房	200	200	200
多功能厅（大宴会厅）	200	300	500（因有会议功能）
休息厅	300	200	300

2）光色的设定

通过不同光色的对比来区分建筑的不同功能区

a）公共空间

门厅、廊厅、塔厅、会议区中庭　　4000K　中白光

餐饮区中庭　　3000K　暖白光

表 2　采用光源指标

	CFL 节能荧光灯	CDM 陶瓷金卤打	T5 直管荧光灯	低压卤钨灯	PAR 灯	LED	CCFL 冷阴极管
光源效率/lm/W	66～75	90	92	20＋	20＋	60～75	80
寿命/h	1000	12000	12000	3000	2000	50000	30000
色温/K	3000 4000	3000 4200	3000 4000	3000	2900	…	2700
显色指数	82	88.96	85	100	100	80	80
使用区域	门厅 中庭等	廊订 塔厅等	灯槽	会议室 包房 餐饮区中庭	门厅 圣坛前厅	廊厅 塔厅 圣坛	灯槽

b）接待室，贵宾室，会议室，汉、藏、南传佛教会议厅　　3000K　暖白光

餐饮区大小包房，大宴会厅　　3000K　暖白光

3）照明光源选择遵循的原则

①具有良好的光色，以满足室内装饰的需求，显色指数为 80～100，色温为 3000～4000K。

②具有较高的效率（≥80lx/W），优先选择高效节能型光源，并可以调光。

③具有较长的寿命（卤素光源≥2000h，节能型≥10000h）。

4）梵宫中采用的光源种类：LED、卤钨灯

5）灯具的选择遵循的原则：

①能和室内装饰融为一体，成为装饰的一部分。

②具有较高的光输出效率（L. O. R）（＞0.75）和能效比（每瓦输流明数高）（＞80lm/W），尽量采用可调光电子镇流器/变压器）；

③具有精确的控光（Beam Angle）。

（3）照明设计中的节能和环保措施

①尽量采用节能型光源，包括选用了 CFL，T5，陶瓷金卤灯，LED 等。

②采用电子整流器，所有的节能灯和 T5 光源都配套采用电子整流器。

③对所需照明进行了仔细的计算，确保照明空间有合适的照度。

④设计了智能化照明控制系统，确保使用中最大限度的节能。

（4）业主单位：灵山胜境三期工程筹建办公室

验收时间：2009 年 03 月 10 日

结论意见：作为灵山梵宫项目的业主，我们对整个灵山梵宫和圣坛的照明非常满意。可以说，这个项目的照明超出了我们原先的期待，现在的效果可以说美轮美奂，比设计效果图展示的更精彩！

总体而言，我们对梵宫的灯光是非常满意的。光我们自己说好没有用，游客来了有东西看，而且看了都说好，觉得不虚此行，觉得这个门票钱花得值，带着期待而来，最后满意而归，我们当然也就满意了！这里面灯光起到很大的作用！

3. 实景照片

图 1

图 2

浦东国际机场 T2 航站楼室内照明工程

项目名称：浦东国际机场 T2 航站楼照明
设计单位：飞利浦（中国）投资有限公司
现代集团华东建筑设计研究院有限公司
施工单位：上海建工集团

业主单位：浦东机场二期工程建设指挥部

获奖情况：获第四届中照照明奖照明工程设计奖一等奖

1. 项目详细内容

（1）照明设计理念、方法等创新点

1）“见光不见灯”设计

采用了将天花中局部高反射率的“膜”作为光学上的二次反射系统的间接照明。与一般的均匀照明天花的间接照明不同，T2 航站楼的出发大厅和候机大厅的间接照明充分利用天花不同建筑材料的光学特性：约占屋顶面积 10% 的顶部树叶形膜，满足航站楼白天采光照明，膜的反射率高达 70%，木原色天花反射率约 30%，根据膜的形状和允许的安装位置，选择与膜形状吻合的配光灯具，主要光束照明高反射率的膜，余光照明天花其他部分，既提高了地面的反射照度，同时展示了无论从白天和晚上看自然光从天窗进入航站楼内部的视觉特点，体现“见光不见灯”的柔和的光环境，突出膜结构特征，避免间接照明常有的压抑感，整个空间非常有生机活力。

2）间接照明与直接照明相结合

由间接照明提供大空间的照明，同时在局部需要高照度的区域，采用小功率金属卤化物灯具以直接照明方式予以补充。

3）灯具安装点与建筑的结合

在局部无法安装间接照明灯具的地方，充分利用室内现有建筑，安装照明灯具，同时灯具作为装饰的一部分。

4）与建筑师的有效沟通工具

T2 航站楼的照明主要以建筑照明的方式来同时达到功能性照明要求，因此建筑师对照明有严格细致的要求。充分利用 Dialux 软件，以更直接、直观的类似效果图的方式来沟通照明方法和效果，同时又满足功能性照明要求。

5）与建筑一致的灯具支架

充分考虑灯具外形与建筑的一致，设计与建筑、灯具相协调的灯具支架。

6）充分考虑照明控制的多场景模式，降低能耗。

7）充分利用高效灯具和光源，降低单位功率密度。

8）统一不同功率的光源的色温和显色指数，$Ra>80$，$Tc=4\,200-4500K$。

（2）照明设计的主要技术指标（略）

（3）照明设计中的节能和环保措施

1）严格控制照明功率密度

间接照明以局部高反射率天花为二次反射系统，选择合适配光的灯具投射，提高反射效率，降低能耗。出发大厅照明总功率 404kW（不含办票岛内部照明），功率密度仅 7.4W/m^2；1080m 长的国际候机大厅照明总功率 183kW，功率密度不到 5W/m^2。照明节能的效果非常可观。

2）自然采光

T2 航站楼候机大厅有效利用自然光，显得宽敞明亮。出发大厅和候机大厅遍布了 138 个梭形天窗和遮阳膜，可根据不同季节和天气开启和关闭，既能隔离日照，又能引入自然光，还可以节约用电，为旅客营造了一个温馨舒适而且节能环保的环境。

3）合理灵活的控制系统可以根据使用区域控制使用灯具。

4）灯杆一杆多用，照明布灯及灯杆位置的设置均集合了音响、监控系统等设备于一体，有效地降低了投资，符合多位一体的设计要求

5）选用光效高、光衰小的光源。

6）选用防护等级高、发光效率高的灯具。

7）利用灵活的照明控制技术，分设多种照明模式，充分降低能耗。

8）利用各种高效节能方法，降低单位功率密度。

9）照明设计中选用高效低汞的光源，以减少对环境的污染。

（4）验收单位、形式、结论意见及时间

验收单位：上海浦东国际机场二期工程指挥部

验收时间：2009 年 3 月 6 日

结论意见：上海浦东国际机场 T2 航站楼出发大厅和国际候机长廊的照明工程经过近一年的运行，满足了使用的功能要求，达到所需的照明质量要求，同时照明效果也很好地体现了航站楼的建筑特点，给旅客留下了深刻印象，体现了上海浦东国际机场作为上海的一个窗口作用。浦东国际机场 T2 航站楼也体现了绿色节能机场的理念，其中照明的节能控制效果在实际运行中得到充分证实。我们认为 T2 航站楼的照明满足了其功能性和建筑要求。

2. 实景照片

图 1

图 2

上海家合酒店 ISSIMO 餐厅夜景照明

项目名称：上海家合酒店 ISSIMO 餐厅夜景照明

设计单位：离元照明有限公司

施工单位：上海同济建筑装潢有限公司

业主单位：上海家合酒店管理有限公司

1. 照明设计理念、方法等创新点

整个餐厅环境的照明设计理念都围绕着业主想要在南京西路上打造高级西餐厅用餐享受的概念。何为高级，这个词在真正的设计上很模糊，我们灯光设计的理解就是对顾客来说光环境的舒适，外露灯具和整个氛围的融合，对业主来说是灯光场景的多变和实用。

光作为整个餐厅的隐形的引导手段，从一楼接待台上楼梯到二楼用餐厅，利用夜晚人对光的一种向往，引导前来就餐的人们。同时在几个重要的室内装饰元素上做重点照明，重点照明并不是简单理解照得有多少亮度，而是根据装饰元素的特点在满足功能性照明的同时，布置有趣的光线。比如铜墙这个元素，我们希望利用本身铜对光的反射强的性质，在弧线铜墙的凸的部分适当地布置灯具，光线从左射向右，又从右射向左，更加突出了其质感凹凸的形态。

2. 照明设计中的节能环保措施

节能措施主要有：

①用多个场景控制，设计多个回路控制，在满足照明亮度需求的同时，尽量减少运行成本。

②限制整个空间的用电量，应该需要光线的空间给于足够亮度，适当的给与装饰光线，减少无用处的光。

③灯具功率的合理选择，满足桌面用餐照明的需求，如果用餐范围比较大，会选择相对功率大的灯具，如果用餐范围比较小，选择功率比较小的灯具，根据需求选择灯具功率。

④选择节能的LED灯具，LED灯具的寿命理论上有10万小时，所以避免很多后期营运的费用。LED灯具相对普通的灯具具有节能，耗电少特点。

⑤自然光的利用，餐厅的运作时间，一般在白天下午，自然光是最环保的能源，利用自然光对餐桌东面的照明，不仅仅减少了光能的浪费，而且可以给餐厅一个不同于夜晚的舒适暖洋洋的下午茶时间。

环保方面有：

①灯具的方面使用了环保的LED灯具，LED为固体发光，具有耐震不易破碎的优点，而且LED体积小，可以随着光槽任意安装。LED灯具的先期投资比较多，但是从长期营运来说，是属于节能环保的产品。

②采用多个场景控制，设计多个回路控制，在满足照明亮度需求的同时，尽量减少运行成本。不同的照明场景，在减少电能的浪费上做了很好的规划。如果电能的利用更加有效，那么对整个餐厅环境护保上就起了很大作用。

3. 实景照片

图　1

北京四元桥夜景照明工程

项目名称：北京四元桥夜景照明工程

设计单位：北京海兰齐力照明设备安装工程有限公司

施工单位：北京海兰齐力照明设备安装工程有限公司

业主单位：北京市市政管理委员会

1. 项目详细内容

（1）照明设计理念、方法等创新点

四元桥夜景照明工程充分体现了绿色照明的理念，展现了四元桥“国门”的形象，赋予她“迎宾”的内涵，成为“京韵”的代言，烘托奥运的喜庆氛围，向世界展示中国传统文化。

桥体防撞栏杆上的云纹装饰灯，远看形成一条隐约的线，和下沿板光带形成虚实结合的线条，近看如同空中朵朵白云飘动，整体感觉飘逸灵动。祥云火炬传递的是“和平、友谊、希望”，祥云是吉祥的象征，是源远流长的中华文化沉积下来的符号语言，云纹渗透了几千年文化的优美飘逸的造型和美好吉祥，2008年奥运会的祥云火炬，使得云纹变得更加熟为人知，提炼而成的云纹灯具和雕塑，简洁现代而不失古朴，很好地装饰了桥体。

（2）照明设计的主要技术指标

本工程计算容量为166kW，平均功率因数为0.85。

本工程中，共设置了4台室外配电柜，分别对各自所在区域供电。

根椐平日，一般节日及重大节日灯光要求及节能原则，本控制系统采用了定时控制系统，并设置本地手动控制。

重大节日：所有灯全部点亮	166kW
一般节日：T5管不亮	109kW
平　日：T5管与LED投光灯不亮	23.5kW

（3）照明设计中的节能和环保措施

方案中光源主要选用金卤灯、LED等节能和寿命长的绿色光源以及高效率的灯具；

采用功率损耗低、性能稳定的镇流器和电器附件，空载和轻载情况下，缺损最少；

采用集中—分散无功率补偿方法来解决网络的无功损耗；

采用多种控制状态，分列出平日、节假日、重大节日三级控制用电指标；

同一种光效的需求，通过对灯具构造的单独设计，使得结构合理、节能、造价更低。

1）实现环保的技术与手法

方案中限制干扰光，控制溢散光，充分实现绿色照明的理念；

通过多次的实验，选择高效的照明方式，采用截光型灯具，实现无光污染。

2）在配电线路上安装低压避雷器，以防止雷击电流破坏器材和发生火灾。

采用不低于IP65的照明器材，并在线路上装置漏电保护装置；

采用预制作好的“线路—灯具”组合一起的标准配件，加快施工。

2. 实景照片

图 1

图　2

西单商业区人行天桥夜景照明工程

项目名称：北京市西单商业区人行天桥夜景照明工程
设计单位：北京市市政工程设计研究总院
　　　　　北京市易禾永颐环境艺术设计有限公司
施工单位：北京东方蓝石电器设备有限公司
业主单位：北京市西城区西单商业区环境整治工程指挥部

1. 项目简介

本项目位于西单商业街最繁华的区域，是从长安街方向进入西单商业街区的门户。西单商业街集购物、餐饮、娱乐、休闲等多功能于一身，拥有君太百货、中友百货、西单购物中心、西单赛特等多家大型商场，及西单文化广场、北京图书大厦等文化、休闲区域，又与西单时代广场隔长安街遥相呼应，呈现出一个新型、时尚、现代的商业文化区，成为北京国际化、现代化大都市的重要组成部分。新建成的西单过街天桥，是目前世界上跨度最大的全铝结构的人行天桥，桥体采用的是目前世界上先进的高强度铝合金桁架结构，特点鲜明，给人以时尚、现代、简洁、舒适的感觉。我们力求通过对桥体的照明设计，使横跨于西单北大街之上的人行天桥，成为展现“现代、人文、时尚、国际化”西单的重要载体，使夜晚的人行天桥既可以与西单商业街的整体氛围相融合，又能够充分展现出桥体自身结构所特有的美感与气质。方案的创意主要是希望通过灯光对桥体结构的充分烘托与融合，来体现铝合金桁架结构所特有的结构美感。力求将现代的灯光艺术手段与现代桥梁技术有机结合在一起，在夜晚充分展现桥梁的跨越之美，最终与现代、时尚的国际化商业都市气氛相融合。

2. 项目详细内容

（1）照明设计理念、方法等创新点

1）设计理念

本项目是目前为止世界上跨度最大的一座全铝合金天桥。在我们的灯光设计中，将灯具与桥梁水乳交融在一起，在桥梁设计之初就充分考虑照明设计的接口，进行整体设计，使灯具成为桥体本身的有机组成部分，力求在保证桥梁白天景观效果的基础上，在夜晚用光去展现和塑造桥梁的结构美，并使其升华，最终达到光与桥梁的完美统一。同时在照明手法上，充分考虑西单商业区的商业氛围和交通跨街建筑的功能要求，达到了地域景观氛围烘托和使用功能需求的完美统一。

2）非标特型灯具与桥梁结构的紧密结合

为了保证天桥的白天和夜间的景观效果，在天桥的夜景照明设计中，90%以上的灯具采用了非标特型灯具，设计团队结合桥体各个部位不同的结构特点，对灯具进行了不同的设计，并且在灯具材质的选用上，全部选用了与桥体结构完全一致的高强度阳极氧化铝，保证了灯具与桥体结构的伸缩比完全一致，满足了桥体的结构维护需求，使桥体达到了灯具与建筑结构的紧密融合。

3）节能、环保、长寿

桥体照明的非标灯具全部采用了 LED 光源，根据梯道、扶手、护栏、桥面板等部位不同位置的功能使用和结构需求，采用了不同规格、形式的 LED 特型灯具，在经过了充分的实验、老化后，保证了桥体照明的长期稳定。同时，在经过测算后，比常规传统照明方式节电 20% 以上。

4）以人为本、充分考虑照明的舒适性

本项目地处西单商业区的核心地带，是跨街人行天桥，夜晚人流量极大，所以，我们在照明设计中，充分考虑了灯具的隐藏与避免眩光。一方面，我们对桥体外侧的竖向 LED 控制了亮度，并在灯具的内部增加了滤光片，在不妨碍道路行车使用功能的同时，保证了景观效果。另一方面，对于桥内侧及桥上的照明，我们则采用了嵌入结构的反射式照明，既起到了很好的安全防护功能，同时避免了眩光，保证了步行人群的使用舒适性。

（2）照明设计的主要技术指标

北京西城区西单商业区新建人行天桥分为 1#新桥和 2#新桥，因照明方案相同，下面将以其中一座桥为例进行阐述：天桥主桥长 80m，宽 8m；两个副桥分别长 32m，宽 8m。桥的 4 角分设 4 个人梯。根据桥体结构与特点，照明分为 4 个部分：栏杆外壁、桥面、人梯扶手及桥腹。灯具用电来自装设了 ABB 智能控制系统的配电箱，配电箱可就地控制灯的开启时段，并保证不同回路的 LED 变色灯带同步变换色彩。桥体栏杆外侧安装有定制的 LED 蓝白变色灯带，每个发光点外安装了 PVC 小匀光罩，灯具亮度为 15cd/m^2。安装在栏杆内侧底部的布道灯光源为大功率 LED，灯光透过钢丝护栏既无眩光又能为桥面增加照度和均匀度，使桥面照度达到 25lx。扶手灯主要突显梯道两侧的钢丝护栏，区域照度为 15lx；桥腹由安装在上弦杆上的高压钠泛光灯均匀照亮，照度达到 250lx。

西单人行天桥 LED 照明系统采用 TCP/IP 协议，并经过信号传输优化处理，使整个 LED 照明系统里连接的设备更多且连接的距离更长，传输控制协议使 LED 照明系统的控制质量和可靠性更高；双向通讯使设备的远程监测和控制更有效，使天桥 LED 景观照明控制系统更具稳定性。

本天桥使用控制主机 1 台，数据分配机 30 台，数据接收器 45 台，定制灯具 4 种类型，变色 LED 发光芯片：0.07W（RGB）发光芯片 76820 颗。

（3）照明设计中的节能和环保措施

1）桥体照明的非标灯具全部采用了 LED 光源，根据梯道、扶手、护栏、桥面板等部不同位置的功能使用和结构需求，采用了不同规格、形式的 LED 特型灯具，在经过了充分的实验、老化后，光源的使用寿命可达到 80000h，5 年内免维护，保证了桥体照明的长期稳定。同时，在经过测算后，比常规传统照明方式节电 20% 以上。

2）灯光控制系统采用 ABB 智能照明控制系统进行集中监控及控制。根据使用需求，分时对照明进行调光，可节电 20% ~30%；此系统还对电网冲击电压和浪涌电压起抑制作用，延长灯具寿命。其优点还在于对每相的控制采用预置信息独立存贮，当系统中某一线路出现故障时，可马上检测出故障点及故障性质并进行保存，有利于故障排除，节省人力、物力及时间。

3. 实景照片

图 1

图 2

杭州庆春广场照明工程

项目名称：杭州庆春广场
设计单位：杭州凤凰照明工程有限公司
供应商：广州市雅江光电设备有限公司

1. 项目简介

庆春广场位于浙江省杭州市江干区庆春东路延伸段北侧，是杭州市“十五”重点工程项目之一，是实施“城市东扩”战略，建设钱江新城的重要组成部分，是钱江新城第一个集文化、休闲、商贸于一体的综合广场。它的建成，使杭州城东从此告别无广场的历史。庆春广场占地 43680m^2，工程总投资约 1. 1 亿元。目前建成投入使用的是一期工程，面积为 37000m^2，分为中心广场、市民广场、下沉式广场和生态广场等 4 大功能区块。中心广场面积约 8000m^2，建有一组由1800只喷嘴组成的大型音乐喷泉。市民广场面积约 8000m^2，建有休闲长廊，适宜市民晨练、散步，下沉式广场建有 200m^2 的露天舞台。

2. 项目的详细内容

1）详细的照明技术指标（AM—LED701）
额定电压：100～240V，50～60Hz
额定功率：31W
灯珠数量：21×1W（R7/G7/B7）
标准光杯：12°
可选光杯：30°/25×6°
灰度等级：256 级
功率因素：≥0. 98
DMX512 控制模式
DMX 通道：3 通道/ 4 通道/ 7 通道
通道模式：3 个
防护等级：IP67
环境温度：－20℃ ～ ＋40℃
冷切系统：对流散热
构造：压铸铝
重量：3kg
尺寸：383mm×110mm×82mm
2）照明设计理念
工程采用雅江大功率 LED 投光染色灯 AM—LED701，可实现色彩灰度渐变、流水、彩虹、俄罗斯方块、跳变等任意灯光效果。庆春广场地处杭州市江干区，是集办公、购物、娱乐、休闲为一体的大型综合商业广场。建筑物长120m高30m，采用雅江光电自主研发、生产的大功率LED投光染色灯AM—LED701共计1754台，用于商业大楼外立面染色，各种变化灯光效果；采用漫反射加内透的投光染色方式，灯具分五层安装，每层安装一排，安装于外立面幕墙玻璃与建筑内隔墙之间，光通过建筑内隔墙反射，光透过幕墙玻璃，形成丰富的灯光效果。

3）照明设计中的节能措施

雅江大功率AM—LED701灯具卓越的性能体现在耐高温、防潮湿、抗干扰、染色面积大、投射距离长以及故障率小低方面。为什么雅江LED灯具能达到以上效果呢？这与雅江光电的硬件设备紧密联系的。目前雅江光电拥有3000m^2无尘车间，静电对产品的影响小；拥有国内领先技术光学测试暗房实验室，能够将LED灯具的重要参数，包括：亮度、照度、光强、色温、波长等技术等参数准确无误地测试出来；高温老化测试实验室，让我们所有的产品在高温45℃～50℃下进行3个月的老化测试，实验报告显示雅江的LED灯具在-20℃～50℃均能够正常工作；雅江光电的标准化防水喷淋浸测试池是参照美国UL1598标准和欧盟IEC60598标准制定的企业防水测试标准；雅江还投资1000多万购买自动生产设备，尽可能地保证产品的稳定性等，以上重要的检测手段能实实在在地保证雅江光电LED灯具的产品质量。灯具的抗干扰性、安装强度及性能稳定性要求极高。

4）设计中使用的新技术、新材料、新设备、新工艺

灯具距内隔墙25cm，成条形状，灯具与灯具间距2cm，外置雅江光电自主研发知识产权开关电源，抗冲击力强，功率因素达到0.98，供电稳定，防护等级达到IP65，自主研发控制系统和二次光学透镜，15度发光角，亮度高，由于采用慢反射加内透的渲染方式，既要体现整体渐变FLASH效果，又要清晰显示俄罗斯方块、数字的规则变化，因此对灯具的照度、灰度等级、白平衡、发光角度、控制方式等要求非常精准。

雅江产品的新特点：

①大功率灯板与电源独立隔离散热装置；

②控制系统设有双向传输检测功能；

③外部连接件可改变灯光的角度范围。

3. 实景照片

图 1

图 2

图3 AM—LED701

上海外白渡桥景观照明工程

项目名称：外白渡桥景观灯光项目

设计单位：上海城市之光灯光设计有限公司

供应商：广州市雅江光电设备有限公司

1. 项目简介

闻名中外的外白渡桥处于苏州河下游河口，上海黄浦区外滩中山东一路500号黄浦公园西侧，濒临黄浦江。建成于1907年的外白渡桥，地处苏州河与黄浦江汇合处，桥长104.32m，宽18.3m，是上海市区连接沪北、沪东的重要通道。作为我国第一座全钢结构的桥梁和老上海的标志性建筑之一，外白渡桥具有鲜明的时代特征和浓郁的海派文化特色，一直是上海这座中西合璧、兼容并蓄、海纳百川的世界级都市的象征。

2. 项目的详细内容

（1）详细的照明技术指标

1）详细的照明技术指标（YG-LED741）

额定电压：100～240V，50～60Hz

额定功率：26W

灯珠数量：18×1W（R6/G6/B6）

标准光杯：12°

可选光杯：30°
灰度等级：256 级
功率因素：≥0.98
DMX 通道：3 通道/4 通道/7 通道
功能：RGB 混色
通道模式：3 个
防护等级：IP67
环境温度：－20℃～＋40℃
冷却系统：对流散热
构造：压铸铝
安装：普通
重量：2.7kg
尺寸：150mm×145mm×245mm
2）详细的照明技术指标（YG－LED304A）
Electrical
额定电压：AC100～240V，50/60Hz
额定功率：46W
防护等级：IP65
LED
LED 数量：36×1W（12R＋12G＋12B）
出光角度：15°/30°
冷却系统：对流传热
Function
RGB 混色/自走编程/频闪/调光/ID 地址码/过热自动保护功能/颜色叠加/自动程序上传
灰度等级：256
参数复位
高温
密码锁定按键自动保护
Operation
自走
Pix 控台
单机/从机
DMX512 通道：3CHS/4CHS/9CHS
Applications
舞台/影像工作室/剧院/户外……
染色/效果
尺寸：243mm×200mm×245mm
量：4kg
颜色：黑色/银色
（2）照明设计理念

此项景观照明工程大量采用雅江 AM－LED741 和 YG－LED304A，首先，这次灯具的支架和外壳涂上了和外白渡桥一样的外观颜色，灯具的安装采用特殊的材料固定在钢梁与钢梁相接的凹槽处，不易发现，也没在桥身上打一个眼，真正实现了“见光不见灯”的效果。作为上海外滩地区交通综合改造工程项目的一部分，经历了百年沧桑的外白渡桥于 2008 年接受了大规模的整修。4 月 10 日晚，整修完毕的外白渡桥举行了通车亮灯仪式。

外白渡桥改造前的灯光比较古典，较好地展现了建筑的外形结构和历史感，但是灯具的安装没有注意隐蔽，严重影响白天的建筑景观；而且灯具的配光和安装位置不对，造成明显的眩光污染；最重要的是整体功耗较高，不符合当今节能环保的绿色照明理念。

新的照明系统考虑到桥梁的特殊历史渊源和文物保护的要求，巧妙地利用建筑结构，采用结构胶及螺栓紧固的方式固定和安装设备，将灯具全部隐藏在建筑结构中，且不会对钢架产生破坏。这样一来，不仅解决了灯具设备影响白天建筑景观的问题，而且完全避免了刺目的眩光对行人的影响。

名为“城市之光”新夜景照明分为平时和节日两种模式。平时模式的主色调为暖黄色，使得外白渡桥的夜景照明成为整个外滩景观照明的延续。正面看上去，南北两跨灯光通透的桥身如同海鸥的双翼，在水面上轻盈飞翔。蜿蜒绵长的苏州河水宛如插上了光的翅膀，在城市与历史中穿越，而在一些重要的节日或为了配合重要的活动，外白渡桥的灯光将通过智能控制系统，在夜晚渐变出斑斓的彩虹的感觉，为整座桥带来全新的视觉感受。这时走在桥上，则犹如行走于绚烂的彩虹之上。七彩的外白渡桥与同样多彩的东方明珠和苏州河上往来的船只交相辉映，营造出或端庄典雅、或热烈奔放、或新颖时尚的不同氛围，让外滩风景更加璀璨迷人。

（3）照明设计中的节能措施

外白渡桥的 LED 灯光通过智能控制系统渐变成七彩绚烂的彩虹颜色，同时灯光控制可以有自动和手动两种模式，保证对景观照明的控制；最后，新的景观灯光采用了 LED 光源替代了原先的金卤灯，各种灯具加起来有 2000 个，原先只有 490 个，但能耗则从原来的 73kW 降到了约 42kW，降低了 30% 以上。

（4）设计中使用的新技术、新材料、新设备、新工艺

3. 实景照片

图 1

图 2

图 3

承德县滦河、老牛河景观照明工程

项目名称：滦河、老牛河景观照明

设计、施工单位：北京亮宇照明电器有限公司

地理位置：河北省承德县

项目简介：

承德县滦河、老牛河景观照明工程地处河北承德县地区：南北相连的老牛河位于上游，滦河位于下游，西面环山，两河由滦河公路桥连接，在老牛河上游横跨一座铁路桥，从整体景观照明的区域来看自然景观丰富。根据项目需要，老牛河、滦河左岸河道整治，建设生态休闲景观带，照明景观的总体设计思想是：突出自然景色，提升地区文化特色，打造节能、绿色环保的景观照明。

1. 设计主题：飞虹凌岸 映彩四季

该地区是乾隆出生之地，皇家气息浓厚。在堤坝立面运用了黄光照射，突显金壁辉煌的效果。滦河大桥两侧的广场分别安装了一排圆柱型 6 米高景观灯，灯身采用透光的仿云石罩，金黄色灯头上设计安装了 6 个 70W 金卤灯，既满足了广场的照度，又能体现出宏伟的气势，道路草坪上安装了节能光源的草坪灯、庭院灯，使广场的整体照明错落有致，在灯光的辅助下环境更加优美。在堤岸边界用七彩变幻的 LED D 型管勾勒，突出灯光色彩，提升了广场欢快祥合的氛围。护坡和广场绿植的照明凸现人与自然的相互关系。照明主线按视觉感官位置由低到高，分别为：

①第一级视点：亲水平台堤坝立面照明：亲水平台庭院灯、护栏照明、点光源；LED 点光源灯具，与水面一起构成点与线的结合，明与暗的对比，光与影的映衬。

②第二级视点：由护坡草坪照明和护坡下方花池立面照明组成的。是对亲水平台道路另一侧的庭院灯照明的一种呼应。花池立面照明采用低压灯具，考虑到对游人的安全保护。

③第三级视点：堤坝顶部庭院灯照明；

堤坝坝顶是本项目照明视点的最高层，我们选用了装饰型庭院灯，灯身加装了七彩变幻 LED 点光源，顶部使用气体放电灯照在造型的反射板上，通过光的反射既达到了相关照度标准又避免了弦光，功能性和景观视觉效果得到完美统一。

2. 亮度体系

①采取 U 型照度分配，达到引导和组织视点的目的。

②以水面为背景，以暗为主。

③对河堤边界的勾勒和亲水平台造型庭院灯的照明，结合水中倒影划分出第二层次，成为景观照明的亮点；

④堤岸护坡、广场和坝顶庭院灯的照明形成第三层次的照明，成为整个河道照明的天际线。

⑤强调广场照明的强度，突出重点，成为照明的主题。连接广场的护坡和堤岸照度设计较低，成为主题的映衬。

3. 景观节点

①四个广场是滦河左岸的照明亮点，我们将四个广场的照明主题分别定义为春、夏、秋、冬。

②四个广场灯光方案结合主题和绿化方案分别处理，强调四季不同的色彩印象。展现人在亲水平台游览，一畔为静怡的滦河，一边为绿树鲜花的堤岸，在中国韵味的庭院灯的引导下，穿越不同季节的广场，观赏不同季节的景色美丽画卷。

（1）四 季 广 场

根据河岸侧绿化景观的设计方案，结合河岸侧四个文化广场的布局，将整个工程分为四个区域：

①第一广场：春晖

②第二广场：夏彩

③第三广场：秋语

④第四广场：冬韵

（2）公路桥照明

公路桥是车辆通往承德县的主要公路，结合桥体的特点将照明层次分为三层，采用对桥梁无损的安装方式（不打任何安装孔），既保证了桥体的强度，又突出了夜景照明的效果。

（3）铁路桥照明

铁路桥考虑到它的特殊性功能性，在桥体上、桥柱上安装的灯具均采用了物理减震卡式安装方法，不在桥体上打任何安装孔，维修、拆卸方便夜景效果明显。

滦河、老牛河景观照明工程顺利实施提升了地区文化特色，节能、环保是我们的责任，为节能降耗和表现不同节日的照明效果，采用了智能照明控制系统。在自然优美的环境中，灯光也能成为一种语言，表达时间和情绪的变化，富有一定含义。滦河、老牛河景观照明工程丰富了该地区的旅游夜景，成为了承德县旅游新亮点。

图　1

图　2

中央广播电视塔夜景照明工程

项目名称：中央广播电视塔夜景照明工程
设计单位：上海城市之光灯光设计有限公司
施工单位：上海新炬机电设备有限公司
业主单位：国家广播电影电视总局中央广播电视塔管理中心
项目名称：中央广播电视塔夜景照明工程

1. 项目简介

中央广播电视塔由原广播电影电视部设计院设计，塔高405m，底部占地面积12143m^2，建筑面积近6m^2，由栈桥、退台、塔座、塔身、塔楼、天线桅杆六部分组成，在塔的基部为两层汉白玉围栏环绕的退台，最底部的一二层塔座为各种娱乐设施，塔座之上是逐步收细的塔身。在塔的腰部242m处建有碗状的塔楼，塔楼中有北京最高的旋转餐厅和观景平台，之上则是负责传输电视广播信号的天线。整体而言，之前的灯光设计构思巧妙、设置科学、效果显著，尤其是宫灯的夜景造型深入人心。不过由于建造年代较早，很多设备已经老化，灯具光衰比较严重；尤其是随着照明技术的迅猛发展，当时的灯光设施相对现在而言不是很合适，需要重新考虑。中央电视塔是一座混凝土结构塔，塔身的外表面大面积都是实墙，建筑的结构限制了照明的方法只能以投光方式为主，投光方式的效果通常比较单一。我们经过认真研究和富于想象力的设计，让电视塔的夜景变得梦幻而丰富多彩，大致可以分为：平时模式、一般节日模式、重大节日模式和深夜模式，而重大节日模式就包含了不少于7种的变化。在所有模式中，塔楼将成为塔的内涵主线，以华彩宫灯的效果贯穿始终。

2. 项目详细内容

（1）照明设计理念、方法等创新点

为了迎接奥运盛事的召开，通过灯光的雕刻，使中央塔在继承北京悠久深厚的历史文化积淀的基础上，充分展现新北京面向世界、面向未来的蓬勃生机和活力，同时体现2008奥运会的时代特征。

新的照明设计使得中央电视塔成为联系古典和现代，北京和世界的和谐之塔，生命之塔。如何在表达丰富多彩夜景的同时，尽可能地做到节能降耗，以及最大限度减少维护成本，这是个矛盾的问题，效果越丰富，所需的灯具种类和数量就越多，设计就体现在这两者间的巧妙平衡。而最终的结果也是令人满意的，97.2%的灯具为LED灯具。改造前总用电量约为420kW，改造后塔体总计耗电量约200kW，比改造前节约用电达50%以上。

对于一个改造的项目来说，灯光的布置不能破坏影响现有的结构，尤其是塔楼的玻璃幕墙结构，不能影响结构的抗风、密闭、防水、防坠落、防热胀冷缩等，这些因素限制了灯具的安装方式。我们的灯具安装设计充分考虑了各方面因素，在隐蔽灯具和防眩光的同时，完全做到了对建筑结构的保护。对一些特殊的地方，甚至专门研究设计了符合结构和效果要求的定制灯具，而且在确定特殊灯具设计之前，往往经过了无数次的论证和试验，并经过建筑师、幕墙设计师、照明专家以及业主的共同确认。

（2）照明设计的主要技术指标

本项目的设计目标是延续中央塔建筑设计的原创构思与立意，结合北京城市地域文化加以挖掘、提炼、创新和升华，塑造中央电视塔丰富的夜景灯光和独具特色的文化内涵。

设计主题：和谐之塔，生命之塔

和谐之塔：就是突出中央塔作为传承古老文明，联系古典和现代、联结北京和世界的纽带，同时又作为北京一处著名的旅游景点，是普通市民和游人和睦共处、休闲聚会的理想场所。灯光应强调以人为本，注重和环境及人的互动。

生命之塔：以灯光改变建筑沉默静止的形象，运用科技的手段使中央塔成为能感应环境和天气变化，有生命力的，有感觉有灵性的，会呼吸的电视塔。同时借奥运会的举办的机会，宣传更快、更高、更强的理念，展现北京的蓬勃发展和生机活力。

（3）照明设计中的节能和环保措施

在设计中我们始终坚持节能环保的绿色照明原则，主要体现在3个方面：

①在照明设计和安装设置上，减少和避免眩光，隐蔽掩藏灯具，不影响白天的建筑景观，不影响周边夜空环境，减少光污染，营造适宜的光环境；

②在灯具的选择上，选用高防护等级的设备，减少日常维护需要，并依据仔细的照度计算选用合适的配光角度，充分提高灯具的利用率；

③在光源的使用上，遵循长寿命、高光效、安全系数高的新型光源，常规光源的光效不低于80lm/W，在一些难以维护的地方选用超常寿命的LED光源。

3. 实景照片

图　1

陕西法门寺合十舍利塔夜景照明工程

北京广灯迪赛照明工程有限公司

项目名称：陕西法门寺合十舍利塔夜景照明工程
设计单位：香港皇家城市景观照明设计公司
施工单位：北京广灯迪赛照明设计安装工程有限公司
建设单位：陕西法门寺文化景区建设有限公司
监理单位：中建西北监理有限公司
项目名称：陕西法门寺合十舍利塔夜景照明工程

1. 项目简介

法门寺合十舍利塔坐落于陕西省宝鸡市扶风县法门镇，属于佛教建筑，呈双手合十状，塔高148m，相当于五十层楼高，中间有安放佛指舍利的宝塔型建筑。总建筑面积为76690m^2，其中地上为60225m^2，地下约为16465m^2。工程总高148m，宽54m（裙房底盘宽253m），合十双手的特殊造型，其恢宏的气势不仅传承佛教建筑的特色，更以现代化的技术融合古今中外建筑之精华。

2. 项目详细内容

在照明手法上，以尊重原有建筑气质和结构特点为前提，进而利用灯光技术的表现手法，烘托出佛教文化氛围，体现佛学精神内涵。在光色上，以暖黄光为主色调，利用色温的差别和灯光投射角度的不同来体现建筑结构特点，从而烘托出“安和详乐”的艺术氛围，使合十舍利塔散发出与人共通的亲和力。

项目总投资5200万，其中整个合十舍利塔灯光投资2800万，总功率仅为225.9kW，大量运用了高效、环保节能的灯具，使整个项目的后期维护成本极低，有效地实现了节能环保的设计目标。

本项目大量采用科技含量高、节能、环保的照明灯具，较小的功耗实现较为完美的效果。项目克服众多难题实现的非标超大光束灯，实现了震撼的视觉效果。混光的合理运用，使整个合十舍利塔光色美轮美奂，超远投光的技术难题得到完美的实践。

本项目2009年4月20日通过正式综合验收，并经过2009年5月9日正式开业后一段时间的正常运转，完全符合当初设计要求，完美地达到预期效果，得到了建设公司、管理公司及监理公司的一致认可。

本项目常规光源均采用OSRAM公司产品，电器采用OSRAM和VS公司产品，LED光源均选用LUMILEDS公司产品，并结合现场安装需要生产了多种非标加工产品。

3. 实景照片

图1 近观法门寺合十舍利塔夜景效果

图 2 合十舍利塔夜景斜影效果

图 3 合十舍利塔近景之一

图4　合十舍利塔近景之二

图5　远眺法门寺合十舍利塔夜景总体效果

西安曲江池遗址公园夜景照明工程

(北京广灯通赛照明工程有限公司)

项目名称：西安曲江池遗址公园夜景照明工程

设计单位：香港皇家城市景观照明设计公司

施工单位：西安明源声光电艺术应用工程有限公司

建设单位：西安曲江城市建设发展有限公司

监理单位：陕西华建工程监理有限责任公司

获奖情况：本项目于2009年5月被评为第四届“中照照明奖”三等奖。

1. 项目简介：

曲江池遗址公园北接大唐芙蓉园，南至秦二世陵遗址，占地面积1500亩。从唐曲江池遗址、秦二世皇帝墓等文物古迹的保护性开发、城市功能配套和区域生态环境建设的角度出发，依托周边丰富的旅游文化资源和人文传统，恢复性再造曲江南湖、曲江流饮、汉武泉、宜春苑、凤凰池等历史文化景观，再现曲江地区“青林重复，绿水弥漫”的山水人文格局，构建集生态环境重建、观光休闲娱乐、现代商务会展等功能为一体的综合性城市生态和娱乐休闲区。

2. 项目详细内容

根据甲方提供的原始资料和对周围环境的考察情况，我们定位曲江池的灯光应不温不火、质朴亲切，体现出开放式公园的休闲性和亲近感。构思设计理念：“大气中不失意境，质朴中彰显精华”。曲江池遗址公园建筑为大唐民俗风格，贴近群众，质朴无华。所以主题思想应以质朴、大气、休闲为原则，不张扬，要有亲切感。经过提炼、修改、我们以：“大气中不失意境，质朴中彰显精华”为曲江池遗址公园的灯光设计宗旨。我们根据每个景点的名称、风格、造型、赋予不同的表情，用灯光的形式展现出来，满足功能性和装饰性照明的要求。

曲江池遗址公园是西安市政府“十一五”规划的重点项目，位于曲江新曲东南部，是集历史文化保护、生态园林、休闲旅游为一体的开放式城市文化公园，由著名建筑大师张锦秋院士担纲总规划设计，工程总投资近20个亿元，总占地面积1500亩，水域面积近700亩，其中灯光投资4800万，总功率为520kW。

园区主要采取了如下环保措施工：

1）智能化控制：园区内的照明控制和变化，通过智能照明管理系统来完成。通过编程，可以控制照明光源的发光时间、亮度，配合在不同的应用场合作出相应的灯光场景。如：一年中的四季变化，节假日和平日照明效果，以及一天内不同时段的变化效果等。此外还能够满足节能、操作简便以及适应未来照明布局和控制方式变更等要求。

2）环保与节能方式：采用先进节能光源和优质电器附件，大量采用如节能灯、T5管、LED等光源，具有显著的节能、高效和长寿命特点。传统气体放电灯的光源及电器附件，如镇流器、触发器、变压器，均采用优质进口新产品，并配备补偿电容，确保灯具的功率因数在0.9以上，有效减少功率损耗。

3）合理的场景安排，设置不同的场景控制，在主配电箱安装节能装置，对高功率气体放电灯负荷起到有效节能30%的作用。

本项目2008年6月20日正式通过综合验收，于2008年7月1日正式对外开业，完合符合当初设计要求，完美地达到了预期效果，得到了建设公司、管理公司及监理公司的一致认可。

本项目常规光源均采用OSRAM公司产品，电器采用OSRAM和VS公司产品，LED光源均选用LUMILEDS公司产品，并结合现场安装需要，生产了多种非标加工产品。

3. 实景照片

图1　公园曲江亭夜景照明及景观效果

图2　曲江池遗址公园夜景全景之一

图3　曲江池遗址公园夜景全景之二

图4　曲江池遗址公园夜景主景的照明效果

图 5　曲江池遗址公园拱桥的夜景照明及效果

聂耳图书馆、纪念馆及演艺厅夜景灯光工程

项目名称：聂耳图书馆、纪念馆、及演艺厅夜景灯光工程

设计单位：深圳市高力特实业有限公司

施工单位：深圳市高力特实业有限公司

业主单位：玉溪市社会事业项目建设管理中心

1. 项目简介

（1）项目概况

聂耳图书馆、纪念馆、演艺厅投资 3 亿元，是聂耳文化广场的重要组成项目，也是云南省玉溪市弘扬聂耳精神、促进文化大发展大繁荣的重点项目。

聂耳图书馆、纪念馆、及演艺厅整体结构成三个环形相连，项目占地面积 22.27 亩，建筑面积 37808.3m^2（其中纪念馆 3643m^2；图书馆 14484.7m^2；演艺厅 19680.6m^2）纪念馆、图书馆为框架结构，演艺厅为框架剪力墙结构，主体外墙以玻璃幕墙为主，观光露台顶部采用钢挂花岗岩表面处理，演艺厅顶部采用环状钢架外装饰，形成特殊效果。整体建筑个性鲜明，富有韵味，具有较强的实用性和观赏性。

（2）项目设计、施工情况

图　1

聂耳图书馆、纪念馆、及演艺厅夜景灯光工程由深圳市高力特实业有限公司的高京泉、周宣、张明星等设计，并由深圳市高力特实业有限公司完成施工，项目通过了玉溪市安全监督管理站、玉溪市建设工程质量检测中心、玉溪市文化局、玉溪市社会事业项目建设管理中心、云南玉溪综合建设监理有限公司等单位的联合验收，得到了广大市民的一致好评。其夜景照明实景见图1。

2. 项目详细内容

（1）照明设计理念、方法及创新点

聂耳图书馆、纪念馆、及演艺厅是聂耳文化广场的重要组成部分，在照明设计上不能单独将聂耳图书馆、纪念馆、及演艺厅做为建筑单体进行设计，必须结合聂耳文化广场进行整体照明规划设计。

依据聂耳文化广场其独特的历史文化背景以及所承载的人文精神，在夜景照明规划设计中，突出水为“灵”、文化为“魂”的理念，通过光艺术表现和高科技绿色节能产品的有机结合，营造一个和谐玉溪，节约型玉溪的夜景照明环境。照明主题表现金光闪耀、韵味深长的文化玉溪、特色玉溪！照明总体规划结合玉溪文化底蕴以“情、声、韵”为照明结构：

情——绿地，道路；

声——水幕电影、音乐喷泉；

韵——雕塑、广场、建筑物。

聂耳图书馆、纪念馆、及演艺厅结合广场的整体规划设计，建筑照明上喻以音乐韵律的流动，通过LED灯具产生的不同变化，构成各种不同的视觉感受，这些感受融入在建筑艺术中，使建筑产生音乐的旋律感，形成独特的“韵”味，见图2。

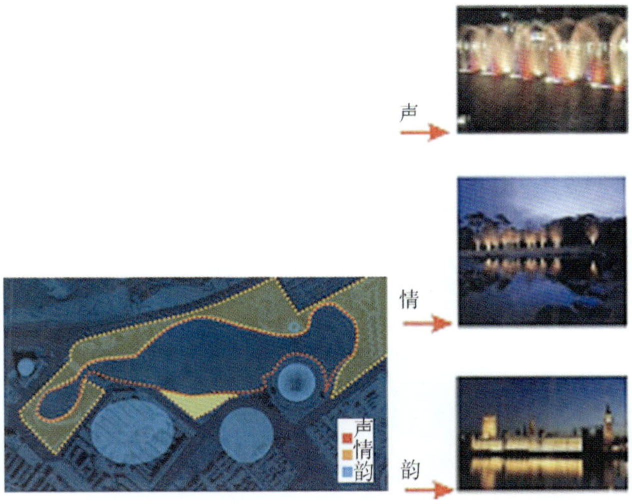

图　2

（2）主要技术指标

聂耳图书馆、纪念馆、及演艺厅由于建筑主体不高，它作为聂耳文化广场的重要组成部分，为突现出其地标的地位，提高和加强夜间空间形象、延伸观赏距离，在演艺厅舞台顶部加装了6套探照灯，演艺厅舞台顶部升降台侧面安装了10套城市之光，演艺厅顶部钢结构处安装160套LED蓝色点光和1650m LED数码管，配合演艺厅舞台灯光的表演活动，增加建筑的活力。

观光露台顶部花岗岩立面采用350套LED投光灯，通过控制系统使LED灯具产生色彩同步变化，表现出聂耳图书馆、纪念馆、及演艺厅建筑的整体感，并渲染出不同的夜景气氛，见图3。

内部立柱下采用100套金卤投光灯进行内透处理，既使整个建筑看起来晶莹剔透，又加强室内、外的功能照明效果；玻璃幕墙上安装848套LED像素灯，进行立面扫描处理，充分体现聂耳图书馆、纪念馆、及演艺厅的现代感和科技感。

左侧的图书馆的层状外墙上安装111套暖白色防水支架，对其特殊的结构进行照明，突出其别具风格的特色；最后在正立面18个立柱下安装18套防眩光埋地灯，既加强建筑的结构感和厚重感又兼顾了园林功能照明。根据项目布灯的实际情况，在直接LED投光的观光露台顶部花岗岩立面进行照度计算，计算结果平均照度为67lx；依据《城市夜景照明设计标准》JGJ/T163—2008，低于标准200lx，达到节能效果。

（3）照明设计中的节能与环保措施

1）节能措施

绿色照明设计的基本思路是节能降耗环保的前提，我们采用了如下手法：

①采用LED照明，确定合理的照度，建筑立面达到了67lx，

图 3

②通过高效光源、灯具及可靠附件的选用和合理布局提高了照明效率；

③充分利用照明智能管理，分时段控制，有效的减少了用电量；

④采用了高质量并安全可靠的灯具，提高设施维护率，达到节省能源的目的。

2）环保措施

①光源角度：灯具采用防眩光灯具，或是隐藏式照明，只能看到灯具反射出来的漫射光线，而不会受直射光的干扰，避免了眩光。

②LED 应用：LED 为低电压照明产品，最大限度地降低存在的安全隐患。

③LED 灯具在防水上两端不再采用传统的打硅胶密封防水处理。而是采用更合理的使用硅胶圈幅套，再用液压机压紧表面的端子。从而在防水和外观上都有更好的效果，具有更强的安全性。

3. 实景照片

图 1　变化效果

图2　正面照片

图3　侧面效果一

图4　侧面效果二

图5　正面局部效果

重庆江北区观音桥商圈夜景照明总体规划及未来大厦、中信大厦夜景照明工程

（重庆大学城市规划与设计研究院）

项目名称：重庆江北区观音桥商圈夜景照明总体规划及未来大厦、中信大厦夜景照明工程

设计单位：重庆大学城市规划与设计研究院

施工单位：深圳市金照明实业有限公司等

验收单位：重庆联盛建设项目管理有限公司

获奖情况：2009“中照奖”优秀提名奖、2009重庆市优秀规划设计三等奖

1. 项目简介

观音桥商圈位于重庆市江北区，是全国十大著名商业街之一，原有夜景照明经多年建设已呈现出非常热烈的商业氛围，但由于缺乏整体规划，夜景照明画面呈失控状态。本次规划旨在对商圈各重点建筑照明进行规划控制，使之呈现出明暗相宜、动静适度的画面。规划范围包括商圈范围内夜景照明总体规划（含用灯建议和施工图指导）及中信大厦、未来国际等重点建筑的夜景照明工程（不含道路及景观照明）。

由于照明专项规划技术的复杂性和特殊性，在目前国内已完成的多数城市夜景照明规划设计中，设计效果与实际完成效果差异较大。此次规划设计的完成度极高：经历了规划方案、效果模拟计算、实验室模拟实验、现场亮灯实验、现场与效果图对照调试、完成等多个技术环节，使其效果完全达到了规划的预期设想。

规划设计阶段，根据建筑的重要性，将其设计深度分为详细规划——方案深度，及详细规划——方案——施工图深度。对于难度较低的重点建筑，规划仅提出用灯建议，由专业照明施工单位完成现场实验和深化实施方案；而对于难度大、投入大的地标性建筑，则由规划设计单位继续承担施工图设计，以保证每个技术细节的可靠性。由于施工单位水平良莠不齐，因此通过规划设计阶段中的模拟计算、用灯建议及施工阶段中的效果控制、产品质量控制、施工质量控制、现场指导，使水准最低的施工单位也能够完全按照设计要求和国家相应标准完成项目施工。

成本控制方面，基于重庆的经济特点，本次商圈照明工程造价控制非常严格，除地标性建筑未来国际的投入略高外，其余建筑的总投入相当于规模相当的发达城市照明投入的1/4～1/3，如金鹏旺角三栋建筑工程造价为30万元，北辰艺术大厦仅22万元。

2. 项目详细内容

（1）照明设计理念、方法等创新点

该夜景照明设计努力营造商圈的商业氛围、城市公园的绿色生态及巴渝文化相融合的城市夜景形态。突出夜景照明的科学性和艺术性；合理分配亮度、正确地运用色彩，减少眩光和光污染；采用高新技术，注重夜景照明节能控制；规划范围内进行动、静分区；注重夜景照明设计与建筑载体的有机结合以及夜景照明规划设计的可实施性控制。

规划以道路照明为骨架，以观音桥广场及周边建筑照明为核心，未来国际等重点建筑、高层建筑照明为亮点，广场、景观绿地照明为点缀，住宅楼的居家照明为背景，形成特点突出、形象鲜明的夜景照明形象；结合江北观影桥商圈空间布局现状，提炼出“一心、两园、三街、五节点”的框架进行规划设计。

单体照明设计使用DIALUX软件进行模拟计算，给出亮度分布及照度建议，设计单位、施工单位与灯具供应厂家共同参与现场试验，以确定合适的照明产品，保证了照明设计艺术效果表达的准确性。

（2）照明设计的主要技术指标

规划中根据建筑的位置及重要性来划分建筑的亮度等级，划分为四级，最高为4、最低为1。根据重庆市地方标准《城市夜景照明技术规范》（DB50/T234—2006）的有关规定，同时考虑节能和环保要求，特规定亮度分级是：4级的对应亮度绝对值（维持值）为25cd/m^2，3级、2级、1级对应的亮度绝对值分别为15cd/m^2、10cd/m^2、5cd/m^2。对于保留建筑，根据实测确定应属的亮度等级。

表 1　为未来大厦与中信大厦的夜景照明设计与实施效果对照表

表　1

项目名称	亮度参数/（cd/m^2）			单位功率密度/（W/m^2）		节能（%）
	规划设计亮度	规范限定亮度（初始亮度）①	现场实测亮度（初始亮度）	规范限定功率密度值②	实测最大功率密度值	
未来大厦	25	30	28.3	8.9	4.9	44.9%
中信大厦	15	18	14.1	8.9	2.06	76.9%

①根据重庆地方标准《城市夜景照明技术规范》（DB50/T234—2006）中“表1”，维持平均亮度×20%得出的初始亮度；

②根据重庆地方标准《城市夜景照明技术规范》（DB50/T234—2006）中“表5”，取E4a功率密度值，观音桥商圈属于E4a高亮度环境区域。

实测数据表明，夜景照明设计满足国家标准要求，且节能效果突出。

（3）照明设计中的节能和环保措施

照明规划中对商圈的夜景照明分为重大节日（包含重大庆典活动）、一般节日及平日三级，采用智能集中控制，灵活机动且有效节约用电量。

根据建筑所处位置及其重要性进行亮度分级，既有效节约用电，又使得夜间整体画面产生合理的明暗关系，主次分明，创造出良好的艺术效果。

照明设计手法上，建筑底层裙房主要以采用广告、LOGO照明以及功能性照明形成的自然内透光照明为主；中部弱化，除地标性建筑外，主要利用自然内透光或使用LED点状光源表现立面中部。未来大厦与中信大厦使用了自行设计的目前国内光效最高、表面亮度大的大功率LED特制发光带。与常规灯具相比，远距离观看可得到更高的亮度，且大大降低了用电量；并且首次在国内采用了将角灯设置于住宅建筑顶部的转角位置的照明设计手法，该手法用电量少，对住户没有光污染，具有独特的夜景照明艺术效果，目前其他城市已开始效仿。

（4）验收单位、形式、结论意见及时间

2009年6月3日，甲方重庆市江北区观音桥商圈管理办公室会同验收单位重庆联盛建设项目管理有限公司与设计、施工单位召开了《重庆江北区观音桥商圈夜景照明总体规划及未来大厦、中信大厦夜景照明工程》竣工验收会议。各参会单位代表一致同意：根据合同约定，工作内容已经完成，工程施工质量合格，满足设计及规范要求，满足使用功能，同意该工程具备验收条件，同意进行验收，交付甲方使用。

（5）所使用的主要照明产品和品牌

重点建筑照明施工中使用灯具品牌有AD、胜亚、杰友升、DECO、乐雷、鼎立等。

表2　未来大厦灯具数量、用途表

分类	序号	编号	图例	灯具名称	光源光色	光源及功率	数量	备注	用途
投光灯	1	TG-1		投光灯150a	5200K	金卤灯150W	28盏	光束角根据现场试验效果确定，带防眩光罩，IP65，光源额定寿命≥10000h	5、6层外墙泛光照明
	2	TG-2		投光灯150b	5200K	金卤灯150W	1盏	极窄配光，IP65，光源额定寿命≥10000h	大厦顶部装饰物泛光照明
	3	TG-3a		投光灯250a	5200K	金卤灯250W	2盏	极窄配光，IP65，光源额定寿命≥10000h	大厦顶部装饰物泛光照明
	4	TG-3b		投光灯250b	5200K	金卤灯250W	6盏	窄配光，光束角8°~12°，带防眩光罩，IP65，光源额定寿命≥10000h	大厦入口泛光照明
	5	TG-4		投光灯1000	5900K	金卤灯1000W	2盏	极窄配光，IP65，光源额定寿命≥10000h	大厦外立面泛光照明
地埋灯	1	DM-1		地埋灯250	5200K	金卤灯250W	8盏	窄配光，光束角8°~12°，带防眩光罩，IP65，光源额定寿命≥10000h	大厦入口泛光照明

（续）

分类	序号	编号	图例	灯具名称	光源光色	光源及功率	数量	备注	用途
LED	1	LED·DG	●	LED 点光源	6000K	LED5W	1563 个	IP65，光源额定寿命≥50000h	7 至 42 层外立面装饰照明
	2	LED·XQ－1a	├─┤	LED 洗墙灯内1000	6000K	LED18W	62 盏	IP65，光源额定寿命≥30000h 每盏长 1000mm	43 层以上内透光照明
	3	LED·XQ－1b	├─┤	LED 洗墙灯内1200	6000K	LED22W	202 盏	IP65，光源额定寿命≥30000h 每盏长 1200mm	43 层以上内透光照明
	4	LED·XQ－2	├─┤	LED 洗墙灯外1200	6000K	LED22W	431 盏	IP65，光源额定寿命≥30000h 每盏长 1200mm	43 层以上内透光照明
	5	LED·XG	—	LED 线条灯	6000K	LED24W/m	179.2m	IP65，光源额定寿命≥30000h	大厦外立面装饰线脚装饰照明
	6	LED·TZ－1	━	LED 特制发光带 400	琥珀色	LED30W/m	1415m	IP65，光源额定寿命≥50000h，每米 50 个 LED 点光源，每个 0.5 ~ 0.6W（小功率 LED 集成）	7 ~ 34 层外立面装饰照明
	7	LED·TZ－2	━	LED 特制发光带 600	琥珀色	LED105W/m	427.2m	IP65，光源额定寿命≥50000h，每米 35 个 LED 点光源，每个 3W，（小功率 LED 集成）	43 层以上外立面装饰照明
室内洗墙灯	1	XQ－1		节能洗墙灯 54	6000K	节能灯 54W	68 盏	可调光，光源为超高亮度荧光灯 IP65，光源额定寿命≥8000h	43 层以上内透光照明
	2	XQ－2		节能洗墙灯 108	6000K	节能灯 2×54W	170 盏	可调光，光源为超高亮度荧光灯 IP65，光源额定寿命≥8000h	43 层以上内透光照明
航空障碍灯	1	HK	◉	航空障碍灯	—	—	2 盏	—	大厦顶部功能性照明

表 3 中信大厦灯具数量、用途表

分类	序号	灯具编号	图例	灯具名称	光源光色	光源及功率	数量	备注	用途
投光灯	1	TG－1		投光灯 400（极窄）	5200K	金卤灯 400W	11 盏	极窄配光，带防眩光罩，IP65，光源额定寿命≥10000h	大厦外立面泛光照明
	2	TG－2		投光灯 400（窄）	5200K	金卤灯 400W	10 盏	宽配光，带防眩光罩，IP65，光源额定寿命≥10000h	大厦外立面泛光照明

（续）

分类	序号	灯具编号	图例	灯具名称	光源光色	光源及功率	数量	备注	用途
LED	1	LED·DG	●	LED 点光源	6000K	LED20W	80 个	IP65，光源额定寿命≥50000h	25 层外立面装饰照明
	2	LED·XQ－1	├─┤	LED 洗墙灯1200	6000K	LED22W	138 盏	IP65，光源额定寿命≥30000h，每盏长 1200mm	8～26 层内透光照明
	3	LED·XQ－2	├─┤	LED 洗墙灯1500	6000K	LED28W	19 盏	IP65，光源额定寿命≥30000h，每盏长 1500mm	8 至 25 层内透光照明
	4	LED·TZ－1	━	LED 特制发光带 200	蓝色	LED18W/m	52.2m	IP65，光源额定寿命≥50000h，每米 30 个 LED 点光源，每个 0.5～0.6W（小功率 LED 集成）	2 至 7 层外立面装饰照明
	5	LED·TZ－2	━	LED 特制发光带 300	蓝色	LED24W/m	339m	IP65，光源额定寿命≥50000h，每米 40 个 LED 点光源，每个 0.5～0.6W（小功率 LED 集成）	25 层以上外立面装饰照明
壁灯	1	BD	⊕	壁灯	6000K	金卤灯 150W	5 盏	IP65，光源额定寿命≥10000h	1 层外立面装饰照明

（6）其他

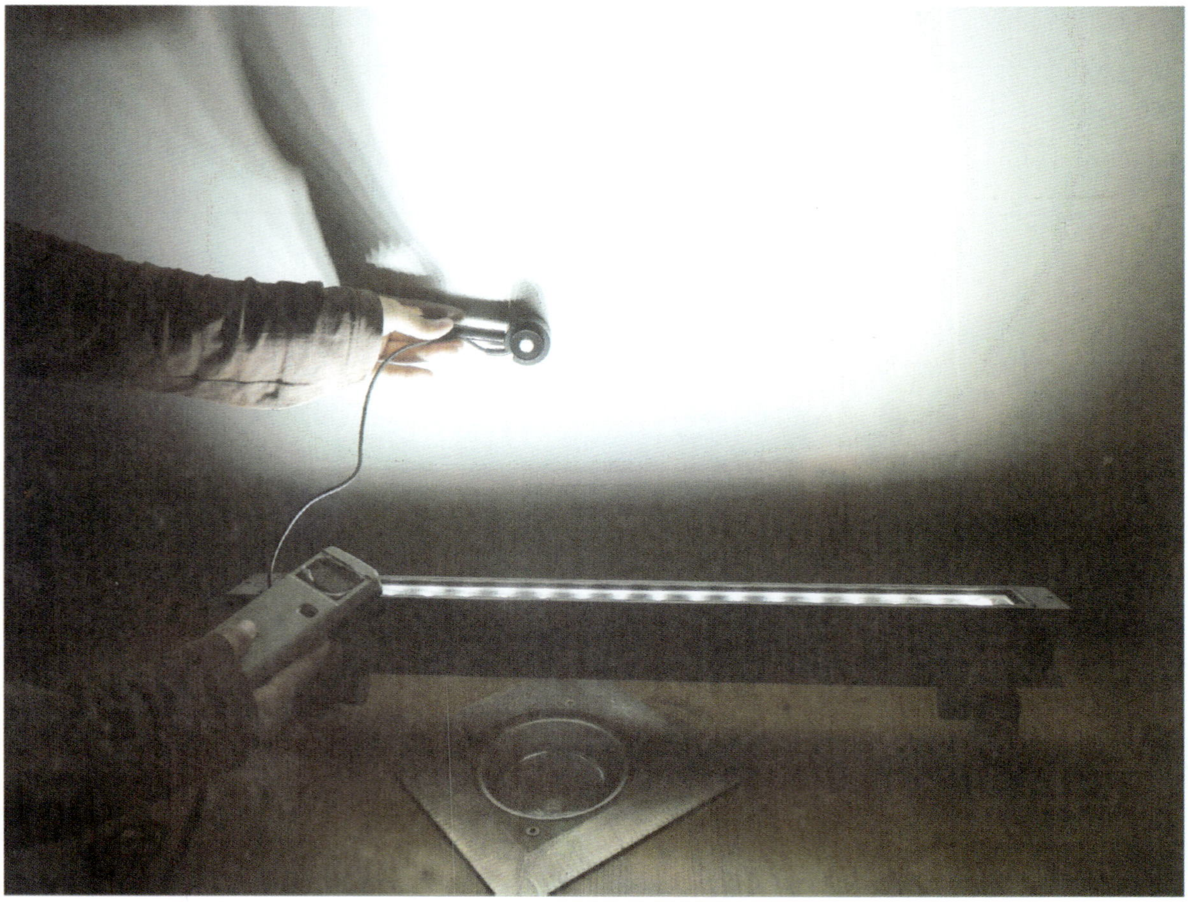

图 2　实验室现场实验照片

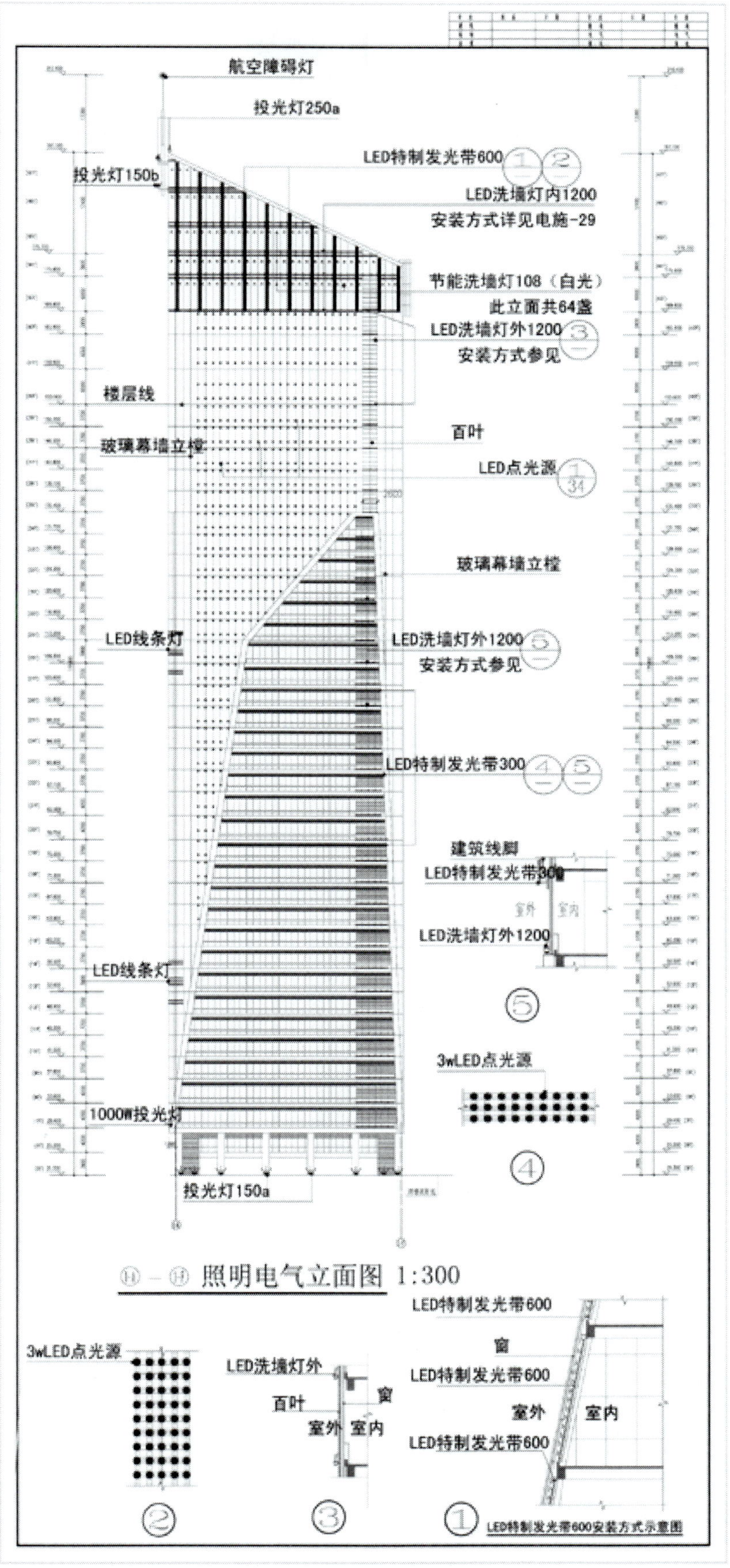

图1 未来大厦外立面布灯图

3. 项目部分实景照片

图3　未来大厦夜景照明实景照片（群房部分为原有照明）

图 4　中信大厦夜景照明实景照片

太原市柳巷商业街区道路灯光工程

（北京欧力普工业产品技术开发有限公司）

项目名称：太原市柳巷商业街区道路灯光工程

灯光设计单位：北京欧力普工业产品技术开发有限公司

施工单位：山西省太原市盛玖市政工程建设有限公司

业主/验收单位：山西省太原市迎泽区政府

1. 项目简介

（1）项目背景

柳巷商业街区灯光工程位于太原市迎泽区柳巷、开化寺街。该街道是太原市一条历史悠久、最繁华的商业老街，具有三百多年的商业历史。柳巷商业街是中国四大夜市之一、华北地区最大的夜市，也是中国大陆十大商业街之一，日人流量多达二十余万。这一项改造工程以建造民心工程、树立城市形象、拉动城市经济为原则，以国际化大都市中央商业区为标准，力争建成国内一流的综合商业街区。

（2）改造目标

随着经济发展和社会演进，购物已变成一种休闲，现代的商业街需要兼具综合消费功能和休闲娱乐功能。作为柳巷商业区向国际化大都市中央商业区战略升级，该项目以“打造太原市的王府井，塑造中国中西部第一街”为目标，重新展现柳巷商业雄风，再现晋商风采。

（3）具体道路概况

柳巷：北端府东街至南端迎泽大街，全长约1.3km，道路红线宽30m，道路等级为城市次干路。路面类型为沥青混凝土路面及花岗岩块石路面，设计车速为40km/h。是太原历史商业区中一条重要的商业街。与其他周边南北向城市道路相比，柳巷南路的定位和尺度更宜人，设计需把握已有的优厚条件，强化、完善和统一商业氛围和城市形象。从效果看，基本达到上述要求。同时，设计风格以太原市标志性的景观大街“迎泽大街”作为延伸，达到了追求规划统一、凸显城市特色、使“人性化”更具活力的预期目标。

开化寺街：西起解放路东至海子边西街，全长约0.7km，道路红线宽30m，道路等级为城市次干路（商业街）。路面类型为沥青混凝土路面及花岗岩块石路面，设计车速为30km/h。按开化寺的地理和相关街道的名称，设计意图在于把握水（即文瀛湖）和原有开化寺的对话，并将其做为设计启发。注重绿化与儿童公园的结合，相对柳巷路创造一条更悠闲更高尚的商业街氛围。

2. 项目详细内容

（1）照明设计理念、方法等的创新点

特色路灯：柳巷商业街区的主照明灯具高6m，以16m的间距贯穿整条街道。为符合拥有悠久历史商业街的整体形象，传承底蕴深厚的晋商遗风，灯具引用了中国传统宫灯的概念。景观路灯与迎泽大街的“回字纹”镂空景观柱灯组合相呼应，体现了城市规划在总体上的和谐统一。运用传统的元素，进行巧妙的整合设计，整体造型简洁、大气。

特色矮柱灯：柳巷商业街区因通行空间有限，部分道路实现了人车分流，但局部通行空间尚需要对人流和车流（非机动车）进行空间的划分。因商业区缺少提供行人休憩的城市家具，将挡车墩和休息椅在照明灯具的功能上进行结合，组合形式采用“三一三”组合，在形成交流空间的同时又很好地发挥了交通分流的作用，而矮柱灯就兼有座椅与分隔的作用。设计元素上，采用了山西腰鼓和中国传统家具坐墩的形式，既达到了照明功能又强烈地体现了晋中文化的地方特色。

特色旗杆及旗杆射灯：为渲染商业气氛，在柳巷和开化寺街重点商业区间设置特色旗杆，在柳巷南入口和开化寺西入口设置旗杆，既强调了入口又营造了友好的欢迎气氛。

（2）照明技术指标

特色路灯：柳巷商业街的主照明灯具高6m，间距16m，光源：HIT250W 3000K，数量为289支，用于柳巷路、开化寺街道路双侧布置。

特色矮柱灯：柳巷商业街的辅助照明灯具高0.4m，直径0.46m，以“三一三”形式排列，三和一间距为5.5m，三个之间间距为0.5m。光源：球泡，20W，3000K，数量为244支，用于柳巷路两侧人行道。

特色旗杆及旗杆射灯：柳巷商业街的装饰照明灯具高8m，每根旗杆有一个顶光源和两个旗杆射灯。杆顶光源：电子节能管，36W，5200K，数量为37支；射灯光源：PAR30L 70W，4000K，数量为74个，用于开化寺、柳巷道路入口及重要节点。

（3）节能环保措施

控制系统的选择：通过智能灯光控制系统分别对全运行模式、节假日以及午夜运行模式分时控制，以便通过不同的控制模式达到节能美化的效果。

光源的选择：通过选择使用节能高效型光源达到节能效果，设计中使用大量高强气体放电灯，如金卤灯、陶瓷金卤灯和反光型光源如 PAR30。不同光源的不同品质：高强气体放电灯具有显色性好、光色稳定、使用寿命长、高光效、安全和性能稳定等特点；反光型光源具有高光效、聚光性能高、寿命长等特点。

反光器的选择：利用灯具本身材质来进行反光。

表面处理：大型产品利用高温氟碳漆取代传统自干式氟碳漆，避免产品安装后漆自身硬化中的挥发。选用环保高温氟碳漆。

紫外线辐射：利用防紫外线辐射的灯罩或玻璃（L1—PC 罩和镀膜玻璃的热反射型对紫外线有较高的吸收率）。

光源种类的选择：不使用传统的镍钨类光源，一律使用高强气体放电灯和节能管类。选用的光源寿命达 10000 ~ 15000h。

3. 实景照片

图　1

图　2

济南市商业银行总行大厦夜景照明工程

项目名称：济南市商业银行总行大厦亮化工程
设计单位：山东清华康利城市照明研究设计院
施工单位：济南康利装饰总厂
验收单位：济南市商业银行

1. 项目简介

济南市商业银行办公大厦坐落于济南市顺河街176号，地处省城经四路中央商务区（CBD），地理条件优越，通过照明设计，再次突显商业银行办公大厦作为济南市标志性建筑的地位，使之成为对外展示济南市特色夜景观的重要窗口之一。

为了配合济南市城市夜景灯光工程建设，同时也为了提升济南市商业银行的企业形象，增强办公大厦的现代气息和综合功能，以崭新的形象迎接十一届全运会的召开，根据济南市委市政府的相关文件精神，启动济南市商业银行办公大厦的夜景照明工程建设。

2. 项目详细内容

（1）项目设计依据

①现场调研、甲方提供相关图纸及技术资料；

②CIE 国际照明技术委员会 NO. 92NO. 115；

③《IESLightinghandbook》北美照明协会；

④《城市夜景景观规划与设计》东南大学 2001. 1。

（2）照明设计理念、方法等的创新点

①综合区域位置、视角条件、企业文化、建筑性质和构造特点，确定最终方案。

方案充分地考虑业主单位“济南市商业银行”的企业性质和企业文化，以“稳健、向上、和谐、现代”的灯光概念呼应其特有的企业文化，并以“蓝、白”为主色调，橙色作为点缀，对应着其企业标识色。

大厦西临居民楼，从人性化设计的角度，有意降低亮度等级，减少对临近居民的干扰。

②智能控制

设置集中控制室，将全年开灯状态及开闭灯时间进行编程，由中央处理机控制，并设有照度感应器，在特殊天气条件下自动调整开灯状态。

③节能计算

节能计算取决于开闭灯时间、照明系统功率和当地电费率，进行节能计算不仅是方案的重要组成部分，也是业主成本投入核算的科学依据，积极证明了方案的合理性，促成设计方案得到认可。

（3）主要技术指标：

①裙楼采用金卤灯泛光照明，并在女儿墙部分及“山花”造型处安装 LED 数码管；

②主体部分外部结合建筑构造特点布置 LED 点光源和横向数码管，四角安装两行竖向数码管，室内沿窗檐设 T5 条形投光灯；

③主体上部凹窗安装蓝色彩卤灯，四角采用蓝白双色大功率 LED 投光灯；

④顶部在 Logo 下部安装 T5 条形投光灯。一是适当提升顶部整体亮度，烘托企业 Logo，二是消除“雨棚”造型因凹窗投光灯造成的上射投影；

⑤西侧外立面主体部分只保留 LED 点光源，减少对居民楼光干扰。

（4）照明设计中节能措施：

①光源、灯具及其附件全部选择节能型产品，以 LED、金卤（彩卤）灯、T5 荧光灯为光源，附件及配套控制器严格符合相关国家和行业标准。

②分状态、分时段设计，单日分为两个时段：7：00—22：00 和 22：00 以后（具体开闭灯时间根据季节不同适当调整），全年分平日、一般节假日、重大节日三种状态。设置集中控制室，将全年开灯状态及开闭灯时间进行编程，由中央处理机控制，并设有照度感应器，在特殊天气条件下自动调整开灯状态。

（5）设计中使用的新技术、新材料、新设备、新工艺

①由中央处理机控制，并设有照度感应器，在特殊天气条件下自动调整开灯状态。

②采用了大功率 LED 投光灯（30W，兰、白双色渐变内控），解决高压气体放电灯（HID）单色、启动时间长、不能频繁开启灯的缺点，从而实现了大厦整体灯光动画效果的联动。

（6）照明设计中采用的环保安全措施

①全部采用符合国家标准和行业标准的光源、灯具及其附件，灯具防护灯具均在IP65以上，满足户外长期使用要求。

②设置集中控制室，并设有照度感应器，在特殊天气条件下自动调整开灯状态，及时对照明系统进行保护。

（7）业主单位意见

济南市商业银行总行大厦夜景照明工程由山东康利企业集团旗下山东清华康利城市照明研究设计院设计、济南康利装饰总厂施工专业承包。设计方案经过三轮投标而确定，最终效果出色达到设计要求。现该工程已竣工验收并投入使用，运行良好。

（8）所使用的主要照明产品和品牌

GE彩卤灯：150W、250W、400W，蓝色；

中山市迪艾生光电技术有限公司LED系列产品；

LED大功率投光灯，兰、白双色渐变内控，30W；

LED数码管（外控），D50白兰色，144珠，透明外壳；

LED点光源，ϕ150mm，3W。

3. 实景照片

图 1

图 2

图 3

山西太原市迎泽大街道路灯光工程

项目名称：太原市迎泽大街道路灯光工程
设计单位：北京欧力普工业产品技术开发有限公司
施工单位：山西同辉照明设计工程有限公司
业主/验收单位：山西省太原市市政公用设施建设处
获奖情况：第四届“中照照明工程设计奖”优秀提名奖

1. 项目简介

2－1 迎泽大街于50年代设计，在当时它被认为是继北京长安街之后中国第二条主要的大街。有着“中国第二街”、“三晋第一街”的美誉，是太原综合功能的城市骨干。

迎泽大街位于太原市中心，集标志性、交通性、景观性、生活性于一体，被誉为太原的长安街。自50年代起，历届总体规划均将其确定为城市的中轴线，在太原市的城市发展史上发挥着极其重要的作用。

迎泽大街始建于1956年，分五期历时40年于1996年全线建成。迎泽大街全长10km，道路规划红线宽为70m、66m，由汾河隔开分为东大街与西大街。东大街位于汾河东侧，东起火车站，西到迎泽桥头，全长4km；西大街位于汾河西侧，东接迎泽桥尾，西到南寒全长6km。

2007年规划方向：

①进一步提升迎泽大街标志性、交通性、景观性、公共服务性功能，追求可持续性的城市发展理念，体现省会城市现代化窗口形象；

②统一断面，增加机动车道；打通微循环道路，实现“立交平做”；

③规划设计充分反映历史文脉、地方个性和现代气息，将鲜明的绿色形象与商业环境相结合，创造多样性的公共空间。

④引进景观设计的先进理念和技术，坚持继承性与时代感有机结合的设计思想，实现迎泽大街景观功能的提升，遵定相对恒久的绿色框。

⑤进行绿化亮化美化，营造迎泽大街景观特色。

为此，我公司工作包括整体灯光规划、现场调研、概念设计、方案设计深化、灯具产品生产，现场施工指导、后期维护等环节的工作。

2. 项目详细内容

（1）照明设计理念、方法等的创新点

转变迎泽大街特质，创造拥有悠久历史痕迹的现代城市轴线和窗口形象。灯具选型充分展现历史文脉、地方个性和现代气息，文化符号引用山西建筑和民间剪纸，将传统与灯具进行巧妙整合，创造现代大气的灯具艺术。

运用灯具形体展现不同时期文化内涵，通过灯具的造型（纹理、材质、工艺）、灯光的色温设计，进行过去与现在的强力对话，体现城市交通干道的地标性、景观性和重要性。

17m路灯造型现代简洁、壮观大气，灯头提取古建飞檐概念。灯具采用双光源照明形式，锥形灯杆向路倾斜，灯臂向上倾斜，创造一种向上的动势，寓意城市的发展。杆顶0.8m通体发亮，作为整条道路的标志。4000K色温区别于其他道路，呈现出轴线道路的重要性。

4m高的柱灯外观庄严大方、典雅高贵，灯体采用山西剪纸与镂空花窗元素，应用“回字纹”镂空方式，结合厚重的材质和传统的朱砂红，展示出浓厚的文化气息，彰显悠久的三晋文化魅力。灯具组合上应用中国传统模数，寓意祥和高贵。2000K的色温营造出美丽温馨的步行空间。

1m高的柱头灯应用单体形式体现道路灯光的点、线、面结合，丰富了道路灯光空间层次。

（2）照明技术指标

路灯：路灯采用半截光型照明形式，灯具总高17m，发光点高度15m位置。灯臂悬挑长度2.5m，灯杆倾斜角度80°，灯壁倾斜角度10°，灯具发光点垂直法兰距离4.5m。灯具采用双侧对称布置方式，标准模数间距40m，灯具安装在9m隔离带上，距路沿石（机动车道）1m。路面平均照度40lx，路口平均照度60lx。非机动车道路面平均照度10lx。

特色柱灯1：特色柱灯采用截光型照明形式，灯具高度4m，光源安装灯具内顶部，光源发光角度30°，每9支灯具为1组，灯具安装灯身垂直旋转45°，每组灯具间距0.75m。安装在非机动车道与人行道中间，主要布置方式随同城市家具座椅布置、重点建筑前和重点道路交汇路口等位置，路面最小照度值0.5lx，平均照度20lx。

特色柱灯2：特色柱头灯采用非截光型照明形式，灯具高度1m，光源安装灯具内顶部，灯具安装在非机动车道与人行道中间位置，同特色柱灯在同一条安装线上，标准模数间距 10m，路面最小值 0.5lx 平均照度 15lx。

（3）节能环保措施

1）技术节能

①灯具选择高效反射器，有效控制发光角度、照度范围、照度方向，通过反射器降低光通亮的流失，较少功率的增加和能源浪费的节能效果。

②使用高端高光效型的节能光源，具有较强显色性能、光色稳定和减少色温漂移，光源寿命长，较少更换光源维护频率，保证光效节能的同时达到道路安全性能稳定。

③针对项目的道路要求设计相符合的照明灯具，应用灯具达到特殊的节能效果。

2）设计节能

①跟据道路宽度及路口的交汇大小，考虑路口灯具布置方式和选用路口专业反光器。替换以往大功率多灯头的路口泛光照明方式，保证道路景观的整体形象，同时满足照度达到能源的节能效果。

②标准段在设计考虑灯位的间距，灯具的布置方式模数，合理地达到道路整体节能效果。

③设计中合理考虑灯光的控制节能方式。

3）控制节能

通过照明的控制系统，针对道路的功能性进行时间段合理控制分配，全夜照明、半夜照明、节假日等不同控制模式，减少能源浪费达到节能美化效果。

4）验收单位、形式、结论意见及时间

2008 年初，我方委托北京欧力普灯光工程设计顾问有限公司进行迎泽大街灯光改造工作。包括整体灯光规划、现场调研、概念设计、方案设计深化等各环节的工作，同时同步进行工作汇报。其间，对欧力普有了更多认识和了解，中从认可了欧力普灯光专业和对城市灯光的理解定位。

设计阶段，欧力普对迎泽大街性质定位把握较为准确，运用特色的灯具和灯光氛围有效地表达出整条大街设计思路。我方对欧力普公司的灯光规划设计十分满意。

步行道灯具应用镂空文化符号，体现出山西地方文化特色，暖红色的灯光有效地渲染出老城的文化气息。快速车道 17 米路灯整洁大气，灯具顶部灯光标志区别于其他街道，暂表出道路的特殊性和重要性。迎泽大街的灯具受到群众好评和社会各界的认可。

在灯具加工生产阶段，相关部门参观了欧力普工业产品技术公司。高效率、高科技、高质量的生产模式保证了产品质量。此外，选用高寿命、高光效的进口光源电器，减少了更换维护成本。

现场实施阶段，欧力普的技术人员深入施工现场，协助我方施工人员安装调试，提前完成了项目的安装实施。

经过一年的整治改造，太原第一知名大街顺利完工。在整个项目中，灯光设计起到了画龙点睛的重要作用。我公司对北京欧力普灯光工程设计顾问有限公司的设计和服务是满意的，在此表示感谢！

3. 实景照片

北京市通州区玉带河桥夜景照明工程

项目名称：北京市通州区玉带河桥夜景照明工程
设计单位：北京市市政工程设计研究总院
北京市易禾永颐环境艺术设计有限公司
施工单位：北京城建三建设集团有限公司
业主单位：通州区建设委员会

1. 项目详细内容

（1）照明设计理念、方法等创新点

1）设计理念：通过现代设计手法和照明技术应用的有机结合，将灯具与建筑水乳交融在一起，对灯具与桥体外装饰进行整体设计，灯具成为桥体外装表面材质的一部分，力求在保证建筑白天景观效果的基础上，在夜晚用光去展现和塑造建筑精神，并使其升华，最终达到光与建筑的完美统一。

2）非标特型灯具与桥体外形装饰的一体化

为了保证天桥白天和夜间的景观效果，在天桥的夜景照明设计中，80%以上的灯具采用了非标特型灯具，设计团队结合桥体各个部位不同的结构特点，将桥体外装修与灯具进行了统一设计，最终完全达到了灯具与建筑结构的紧密融合。

3）绚丽多姿的华彩乐章

为了使大桥在通惠河上更加具备另人震撼的光影演出和地标性效果，设计团队还专门为大桥设计了一套完整的高科技智能控制系统和光影变化方案，大桥可产生或欢快、或辉煌、或振奋、或恬静的丰富场景变化效果，使大桥与天、地、水、景、人产生更好的互动与交融，从而谱写出绚丽多姿的华彩乐章。

4）桥梁结构的特殊性所带来的耐久挑战

为了解决桥体共振给灯具带来的破坏性影响，设计团队在非标特型灯具的研发过程中，进行了多次实验。最终，特型灯具采用了定制的特殊壳体结构，从而平衡了白天景观效果、夜晚照明效果和使用耐久性等多方面的要求。

（2）照明设计的主要技术指标

北京通州新城东区玉带河大桥全长324m，桥面总宽33m，其中上、下行机动车道各宽16m，路两侧的非机动车道宽3m，人行道宽2.5m。在每侧机动车道与非机动车道之间设有3m宽的隔离带，在两条隔离带中分别设有3座桥塔。就此桥特点，将照明区域分成5个部分：6个桥塔、塔两侧的塔翼、桥栏杆、桥外侧檐板及桥腹。5个照明区域的电源来自装设了ABB照明控制系统的4面配电箱，4面配电箱由网桥相连并引至总控室，由总控室设定的各种控制信号通过信号线对不同灯具进行不同时段、不同方式的控制。每座桥塔两侧及背面安装有全彩变换的LED灯箱，亮度为10cd/m^2，塔顶的不同层面安装有条形全彩变换的 LED 洗墙灯，照度为 150lx。6 座塔的 LED 在统一信号的控制下，步调一致地变换色彩，极其绚丽。

玉带河大桥 LED 照明系统采用 TCP/IP 协议，并经过信号传输优化处理，使整个 LED 照明系统里连接的设备更多，且连接的距离更长；传输控制协议使 LED 照明系统的控制质量和可靠性更高；双向通讯使设备的远程监测和控制更有效，使玉带河大桥 LED 景观照明控制系统更具稳定性。

LED 发光芯片：0.07W（RGB）发光芯片 973660 颗

1W 大功率（RGB）发光芯片 720 颗

玉带河大桥 LED 景观照明控制系统特点：

1）模块化设计：电路设计按功能分成不同的模块，每个模块之间只需要极少的联系，极大地提高了系统的稳定性、可靠性。

2）先进的扫描技术：显示部分被分成不同的单元，独立进行扫描，每个单元之间的信号传递采用信号锁存技术，遵行同步控制，显示的稳定性大大增加。

3）精心设计的通信接口技术：通信距离可达 1000m，可以抗击 ±15kV 的静电放电冲击，Rs－422 专用设计接口，极大地提高了系统通信的可靠性。

4）显示色彩：

①亮度深度可以达到 1024 级；

②色彩调整能力 R、G、B 各 256 级独立调整；

③显示频率可达 85Hz；

④100 级亮度调整，16 级无灰度损失的亮度调整功能；

⑤自检测功能在系统中的各控制器都可做到对输入接口信号的检测（指示灯报告）；

⑥支持用户自行配置屏体信息；

⑦供电方式 DC24V/AC110～220V；

⑧支持远程控制，串口通信。

ABB 智能控制系统完成了时间控制的一致性，消除了供电系统的时间误差，保证了 LED 各种动画场景的变换质量。智能控制系统的应用，可靠地控制了不同场景的停启。桥体照明在宏观上分为重大节假日场景、一般节假日场景和平时场景；

重大节假日时所有灯具全部开启，前半段整座桥的照度及亮度达到设计饱和数：6 个桥塔的内侧照度为 250lx，塔顶照度为 150lx，塔翼照度为 300lx，其他装有 LED 灯具的地方，亮度为 10cd/m^2；栏杆照度为 200lx；桥腹照度为 250lx；桥侧外檐壁照度为 200lx，栏杆与檐板光色不同。后半时段在 ABB 智能控制系统的控制下，照度及亮度将下降 20%～30%。

一般节假日时，将关闭桥腹照明，其余的灯全部开启，在前半时段开启部分的照度及亮度达到设计饱和数：6 个桥塔的内侧照度为 250lx，塔顶照度为 150lx，塔翼照度为 300lx，其他装有 LED 灯具的地方，亮度为 10cd/m^2；栏杆照度为 200lx；桥侧外檐壁照度为 200lx，栏杆与檐板光色不同。后半时段在 ABB 智能控制系统的控制下，照度及亮度将下降 20%～30%。

平时，只开启塔顶及前后面、塔翼、栏杆及檐板的照明，在前半时段开启部分的照度及亮度达到设计饱和数：6 个桥塔的内侧照度为 250lx，塔顶照度为 150lx，塔翼照度为 300lx，栏杆照度为 200lx；桥侧外檐壁照度为 200lx。栏杆与檐板光色不同。后半时段在 ABB 智能控制系统的控制下，照度及亮度将下降 20%～30%。

（3）照明设计中的节能和环保措施

照明设计中节能措施：

1）在玉带河大桥景观照明设计中，展现大桥主要建筑部位的灯具几乎全部选用了耗电低的 LED（70% 以上的灯具）高光效的光源，在桥腹则少量采用了 T5 日光灯等光源，此类光源性能稳定、环保、寿命长，LED 光源的使用寿命可达到 80000h，5 年内免维护。在灯具电器的选择上，采用了节电的电子式镇流器，不但自身耗电量小，而且有利于 ABB 智能控制系统按时进行调压节电控制。经计算类比后，现有大桥照明方案比传统照明方法（如要达到近似照明亮度效果）要节省 20% 以上的电力能源。

2）灯光控制系统采用 ABB 智能照明控制系统进行集中监控及控制。其优点在于定时对日光灯和气体放电灯进行调光，可节电 20%～30%；此系统还对电网冲击电压和浪涌电压起抑制作用，延长灯具寿命。其优点还在于对每相的控制采用预置信息独立存贮，当系统中某一线路出现故障时，可马上检测出故障点及故障性质并进行保存，有利于故障排除，节省人力、物力及时间。

环保安全措施：

1）在设计中，充分考虑了光污染问题。在选择灯具时为了节电降耗和消除眩光污染，尽量选用了耗电低的 LED、T5 日光灯等高光效光源，整座桥基本做到了见光不见灯。如气体放电灯，将其安装在人眼无法直视光源的位置，主塔、副塔上的高压钠灯和金卤灯安装在装饰结构之中，且灯具沿塔壁向上投光，此方法既有照明效果又无眩光，比较科学；照亮栏杆的 T5 日光灯，专为其设计了灯槽，当亮灯时人只能看到向下的光线看不到灯具和光源。对于直视的 LED 光源，根据桥型设计了特型灯具，灯具发光外壳为匀光 PV 罩，既能表现 LED 色彩斑斓的变换效果，又无直视眩光。

2）在设计中为强电线路设置了 ABB 智能漏电保护装置。当有故障发生时，此装置可及时切断电源，通过中心显示器指出故障点并能记录故障数据，同时发出报警信号，给值班人员提示。

2. 实景照片

图 1　通州玉带河大桥夜景照明及景观效果全图

图 2　近观通州玉带河大桥桥塔的夜景照明效果

北京故宫博物院武英殿室内照明工程

项目名称：北京故宫博物院武英殿室内照明工程
项目地点：北京故宫博物院武英殿
设计单位：北京赛恩电气安装工程有限公司
施工单位：北京赛恩电气安装工程有限公司
验收单位：故宫博物院展览部
获奖情况：2009 年 6 月获得中国照明学会中照照明奖的“优秀提名奖”

1. 项目简介

武英殿建筑群落成于明永乐年间，占地约 1.2 万平方米，主要建筑 60 余间，6500 多平方米。建筑群为前后两重，由武英门、武英殿、敬思殿、凝道殿、焕章殿、恒寿斋、浴德堂、诸殿堂以及左右廊房 63 楹组成。明清交替之际，李自成曾在此仓促登基，顺治朝摄政王多尔衮曾在此理政。从康熙十九年起在武英殿开书局。1914 年，古物陈列所在武英殿陈列文物。武英殿建筑格局奠基在明代，主要建筑是清同治八年（1869 年）大火后再建，并于光绪二十八年（1902 年）进行过大规模整修。

自 2004 年开始，故宫博物院开始进行历时 20 年的展陈改造，将故宫内的宫殿改造成展览展品的展馆。

2. 项目详细内容

（1）照明设计理念、方法等创新点

与故宫里的其他大殿一样，武英殿的正门朝南开启。作为中国古代字画研究展示场所，如何依据文物保护对字画保护要求严格限定曝光量的条件下，满足北京高日照条件下人们参观的良好视觉感受成为了项目的难点和重点。

照明设计师和室内设计师密切合作，并最终决定在武英殿设置序厅。序厅布置三百余个书匣，大小不一，错落有致，我们称之为百宝盒。它们一方面是通过光与影展示藏书盛景，更重要的是充当亮度的第一级亮度“台阶”：也就是说，在室外骄阳 80000lx 下的人们进入室内，并稍停于此，通过适当的亮度，让人们不觉得光线变化太过剧烈。这里，我们以金卤光源灯具照明，光色为 3000K，通过近 1000lx 的垂直面照明很好地解决了与阳光的衔接。

进入展厅需绕过内部的织物隔断。高 4m 的隔断以门为轴，分东西两侧对称站立。隔断上以书法表现当年清史的记载。这些隔断不仅阻隔了阳光进入室内，还充当了我们所设定的第二级亮度“台阶”。在隔断内上方布置卤素光源灯具下射，在营造“灯笼”效果的同时，为人们的视觉又降了一级亮度。并为人们进入展示区域铺陈。光线穿过织物的缝隙，含蓄地勾勒出时间与历史的痕迹。

人们通过第二级亮度“台阶”，进入主要展示空间。为了营造环境气氛，在序厅隔断墙头上方隐蔽安装“洗天花”灯具，将藻井均匀照明。通过这种方式，减少了传统下照灯具，它们会将参观者照亮，从而在展柜上看到镜像，影响展示效果。

展柜内使用卤素“洗墙”灯具对字画进行照明，垂直照度控制在 50lx 以下。每支灯具都可以单独调节亮度，并支持系统连续调光。

工字廊是连接前后殿的过渡空间。两侧墙面上悬挑出的“宫灯”，形式上吸取了传统元素，同时也具有现代感。造型参考古代书籍的装帧形式，侧面印有《满文大藏经》以及《乾隆王羲之胡桃安和二帖轴》局部。它既满足了天花、墙面、地面三个方向的环境照明，又保持了简洁的形式，外观含蓄、传统而富于书卷气，不流俗。看似是明亮的灯笼照亮了地面，实际上发光面本身不能提供多少照明，真正提供环境照明的是安装在其上的上射与下照灯具。

宫灯最终的装饰效果与照明效果都符合预期设计要求。尤其是投射在地面的光晕，有很强的序列感。观者置身其中，被光与影的静谧氛围所笼罩的时候，仿佛感受到昔日清宫内廷的意境。

环境照明是这次展示的亮点，与传统手法不同，武英殿展厅内，对于建筑的里面与天花，同样做了惊醒的照明：灯光从屏风内部透出，天花被微微打亮，武英殿本身的特色在不动声色之中凸显出来。访客步入殿堂内，会自然地被光与影营造的整体气氛带入悠久的历时长河之中。

（2）照明技术指标

（3）照明设计中的节能和环保措施

在序厅，为了形成视觉的第一级“台阶”，采用了陶瓷金卤光源，在高光强下能源消耗很低。调光控制系统的应用，大大提高卤素光源的寿命，并节约能源，体现环保理念。展柜内灯具与展品中间设置隔离层，保证不会因意外坠落而损毁展品。

“洗光”灯具的使用，其中包括“洗墙”灯具，应用于高展柜内卷轴照明以及“洗顶”灯具为室内提供环境照明。

3. 实景图片

图 1

图 2

国华电厂烟囱夜景照明工程

项目名称：国华电厂烟囱夜景照明工程
设计单位：北京海兰齐力照明设备安装工程有限公司
施工单位：北京海兰齐力照明设备安装工程有限公司
业主单位：北京市市政管理委员会

1. 项目详细内容

（1）照明设计理念、方法等创新点

①满足迎宾功能，针对不同的迎宾需要并具有不同的灯光场景环境；

②符合奥运的功能要求，成为奥运景观的一部分；

③在造型风格上保留原有建筑物功能，在顶部作适当改观，整体用灯光进行装饰、美化。

④设计的再塑造手法，结构的再塑造——在顶部安装装饰构件；

⑤灯光的塑造——彩色投光灯打出变色光柱；

⑥色彩及图案的塑造——用投影灯实现。

（2）照明设计的主要技术指标

平时：主体部分全彩变色，顶部光纤灯打开，铝合金管造型底部彩色投光灯打开。

节日：主体部分全彩变色，投影图案。顶部光纤灯打开，铝合金管造型底部彩色投光灯打开，光柱打开。

重大节日：主体部分全彩变色，投影图案，光柱打开。顶部光纤灯打开，铝合金管造型底部彩色投光灯打开，光柱打开。

①在233m操作平台上安装9台变色光柱灯，光柱发光成放射状，同时可以产生动感的效果。灯具功率2000W。

②在每个装饰构件顶部安装LED点光源，光纤在空中形成一道光环，同时可以动感变色。共计安装18套LED点灯。每套灯为18W。

③在每组装饰构件造型底部安装两台舞台灯，打亮装饰造型构架，并可产生全色彩的变化效果。灯具分2层安装，一层安装在233m操作平台上，照亮装饰构架的上半部分，共18套；另一层安装在233m平台下约3m处，照亮装饰构架下半部分，共18套。合计灯具数量36套，灯具功率250W。

④沿操作台防护栏杆外侧安装一圈LED点状轮廓灯，140m、190m平台各22套。

⑤沿操作台防护栏杆内侧安装一圈LED投光灯，140m平台21套、190m平台21套。

⑥距烟囱体外壁约8米半径设置一圈共48个灯位，灯位均匀分布，每个灯位安装1套4000W变色光柱灯，灯柱互相交错，编织一道道光网。

⑦在烟囱周圈设置共10组灯位，灯位均匀分布，距烟囱体外壁约40m半径，每个灯位安装3套1800W变色舞台灯投射柱身，并可进行全彩色变化。

⑧分别在烟囱周围西南方向、东北方向、东南方向距烟囱体外壁约40m半径各设置一组灯位，灯位间120°均匀分布，每组灯位设置3套投影灯（功率7000W）、3套光标灯（功率7000W）。

⑨在烟囱西南方向设置2套5W单绿激光灯，距离烟囱体外壁约40m。

（3）照明设计中的节能和环保措施

1）环保措施

①节能变压器，空载和轻载情况下，缺损最少；

②通常采用集中—分散无功率补偿方法来解决网络的无功损耗；

③采用多种控制状态分列出平日、节假日、重大节日三级控制用电指标；

④保证负荷末端的电压质量；

⑤在满足灯光艺术效果的前提下，优先选用节能和长寿命光源以及高效率灯具。

2）安全措施

①在平地，按一比一的比例建立一个安装培训实验基地，所有上顶工人必须经过严格的操作培训；

②每日施工前，必须进行安全教育；

③经常进行体检，发现异常者严禁登高；

④安全绳索每天作业前进行一次起负荷冲击力实验，发现问题及时更换；

⑤操作前，必须系好安全带，扎紧裤管，穿好防护服，并做好双保险措施；

⑥高层作业的工具及零部件要用绳系牢，防止从高空坠落伤人；

⑦拆卸的材料要捆扎牢固，轻放吊落在地面，不得从上面往下抛扔；

⑧施工区域内由专人看护，安全禁区护栏上系挂红、白小旗、禁止标志。禁止闲杂人员进入，谢绝参观。

2. 实景照片

图1　烟囱夜景照明及景观效果之一

图2　烟囱夜景照明及景观效果之二

北京北辰桥夜景照明工程

项目名称：北辰桥夜景照明工程

设计单位：北京海兰齐力照明设备安装工程有限公司

施工单位：北京海兰齐力照明设备安装工程有限公司

业主单位：北京市市政管理委员会

1. 项目详细内容

（1）照明设计理念、方法等创新点

奥运主场馆位于北京城市中轴线上，是龙脉的延续；北辰桥的中心广场将是奥运场馆的一个主入口；北辰桥正好位于中轴线上，是龙脉上的节点；古玉上的“龙”和龙脉相吻合。非标制造的龙纹柱头灯，光源采用高亮度的LED光源；龙纹采用印刷的技术，印在中间一块亚克力板的两面。

（2）照明设计的主要技术指标

本工程计算容量为32kW，平均功率因数为0.85。

本工程中，共设置了5台室外配电柜，分别对各自所在区域供电。

根椐平日，一般节日及重大节日灯光要求及节能原则，本控制系统采用了定时控制系统，并设置本地手动控制。

重大节日：所有灯全部点亮	26.2kW
一般节日：T5管不亮	16.2kW
平日：T5管与LED投光灯不亮	11kW

（3）照明设计中的节能和环保措施

方案中光源主要选用金卤灯、LED等节能和寿命长的绿色光源以及高效率的灯具；采用功率损耗低、性能稳定的镇流器和电器附件，空载和轻载情况下，缺损最少；采用集中—分散无功率补偿方法来解决网络的无功损耗；采用多种控制状态，分列出平日、节假日、重大节日三级控制用电指标；同一种光效的需求，通过对灯具构造的单独设计，使得结构合理、节能、造价更低。

2. 实景照片

图 1

广州体育馆场地照明工程

项目名称：广州体育馆场地照明工程
设计单位：广州珠江外资建筑设计院
施工单位：玛斯柯照明设备（上海）有限公司
业主单位：广州珠江体育文化发展有限公司

1. 项目简介（略）

2. 项目详细内容

（1）照明设计理念、方法等创新点

玛斯柯为广州体育馆设计灯具光学部件，主要目的是将尽可能多的光直接照射在需要照射的区域上。玛斯柯高效灯具的关键部件包括放置在灯具适当位置的高效光源，内置高效的反射器，以及不减少光输出量并遮挡外溢光及眩光的遮光器。玛斯柯专利的Z型光源的电弧管与灯轴成30°，当灯具向下投射到场地时，电弧管接近水平位置，从而达到最佳光效及最小损失。LSG上方的反射器可以反射原本投向空中无用的光，而下方的反射器尽可能将向上反射光导入到场地表面。在荣成体育场项目中，大部分光线照射到场地表面，而只有一小部分光线照射到体育场外。

（2）照明设计的主要技术指标

灯具光源：148套1500W Sports Cluster Green
70套1000W Gympak
布灯方式：马道布灯
色温：5600K
显色指数：90

（3）照明设计中的节能和环保措施

玛斯柯专利的Z形光源，利用灯具投射角度所带来的偏差，使发光部位始终保持在接近水平位置的状态，从而使光源的光效最高，与直管灯泡相比，光效可提升25%。

LSG灯具的反射片在360度的范围内自由组合，可形成2000多种配光曲线，精确控制光线，尽可能地将原本投射到场地外的光线投射到场地内，提高了照明效率。LSG配合专业的外置眩光控制器使用，更集中地把投向比赛场地上空的外溢光反射回场地当中，提高了场地的照度和光的利用率，减少了灯具的使用数量和能耗，从而达到节能的目的。

玛斯柯利用恒流明装置保持光源5000h恒定输出，避免金卤灯因为光衰特性所需要提高初始照度的额外能耗，从而达到节省电力消耗的目的。

采用Gympak灯具具有两档能耗和照度水平模式可供选择，可以更灵活地控制场地所需照度要求。低照度模式减少系统电能消耗达30%～60%和50%～80%的外溢光，在保持均匀度不变的情况下保证了照明的质量。低照度模式减少对周边环境光污染的影响，更为经济节能。

3. 实景照片

图 1

图 2

扬中市明珠湾夜景观照明设计

1. 项目简介

扬中位于素有黄金水道之称的长江中下游第二大岛——扬中岛，得天独厚的地理条件赋予她“江州明珠”的美誉。明珠湾是扬中市的主要内河道，是该市的一条著名景观带，沿线各种自然景观一同构成了长达1.9km、宽1518m、水深1.6m的绿色生态河道，同时具有灌溉和防洪功能，是扬中市一颗璀璨的明珠。

2. 设计目标

本案主要通过适宜的灯光渲染等高科技技术的应用，着重体现“水文化”，展现扬中“鱼米之乡”的风采。基本定位于：顺法自然、以人为本；还原自然生态风貌，展现其亲水性、休闲性；通过多种最新照明技术成果的综合应用，以水文化、传统文化、工业文明和现代科技为不同的夜景观主题进行设计，力求超越基本的功能照明要求，以光影艺术再现明珠湾景观，创造其特有的夜景灯光照明效果。

3. 设计依据

《中华人民共和国城市规划法》

《中华人民共和国环境保护法》

《中华人民共和国水法》

《城市绿化条例》

《明珠湾综合整治详细规划》

《明珠湾综合整治工程、道路、排水系统、河道工程初步设计》

CIEpublicationNo. 97（GuideForFloodlighting1993）

CIEpublicationNo. 92（GuideForFloodlightingUrban1993）

4. 明珠湾夜景照明的意义

明珠湾综合环境夜景照明将把大自然、河道以及鲜花、绿叶这些生态和精美的建筑精品与完美和谐的灯光环境相结合奉献给扬中，使之成为该市的“城市名片”，与明珠湾跳跃的碧波、滚动的光带相映成辉，与夜空中流光溢彩的城市建筑相得益彰，将极大地改变扬中城市生态环境，生动展示自然城市景观，提升扬中城市形象，为促进扬中市和谐发展提供更为有利的城市环境。

5. 明珠湾夜景观视线分析

以人为本是照明设计中要坚持的重要原则之一，因为毕竟夜景照明做出来是给人欣赏的。做视线分析的另一个目的是要找出该项目的最佳观景点，要保证视觉效果。

明珠湾夜景观将形成两个主要景观视线：一是明珠湾西侧的步行道及东侧的明珠大道，两岸的景观经过水流的倒影将

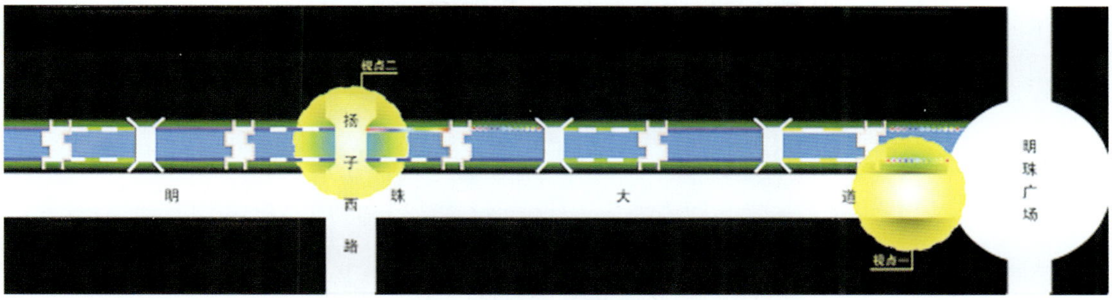

图 1　明珠湾夜景观视线分析

是一道瑰丽的风景线；二是扬子西路与明珠湾相会的节点，此处是人流、车流汇集的重要场所，也是此次照明设计的重中之重。

6. 明珠湾夜景观视亮度分析

以重点建筑到沿河建筑到水岸景观，逐层渐变的整体亮化的格局。

在亮度分布上，以重点建筑亮化为第一层次，亮度最高；道路照明、沿河建筑亮化为第二层次，亮度次之；沿河景观为第三层次，亮度较低，水面景观为第四层次，亮度最低，见图 2。

在色彩分布上，由冷到暖到色彩逐渐丰富的特点。重点建筑照明以白色光为主，强调建筑品质感，沿河建筑以暖色光为主，具有亲和力，沿河景观根据不同的功能性，可采用多种色彩的组合，使其富有感染力。

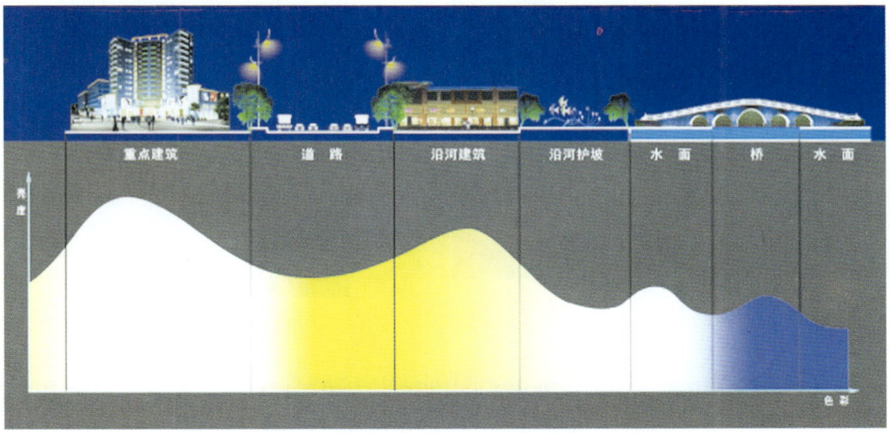

图 2　明珠湾夜景观视亮度分析

7. 明珠湾夜环境照明总体设计思路

(1) 河道、桥梁照明表现形式

通常的河道边际表现以传统线光源勾勒为主，形式较为单一，同质化现象较为严重。因此我们在照明规划设计时摒弃传统勾勒方式，代之以点、线结合表现为主，具体照明手法主要为程控点光源，程控线光源、双色错层线勾勒等形式，通过多元化的表现方式，突出水的灵动和清静特征，营造出一方水色灯光交融、虚实交替、动静相承的优美意境，见图 3。

图 3　明珠湾河道勾勒形式

人车混行桥梁，通过改造原有桥柱灯表现形式，贴装树脂 LED 发光模块及更换原有荧光灯为七彩变色 LED 光源，其余人行辅助桥梁，采用鱼形等水生动物为主的异形 LED 模块勾勒桥梁两侧边际，体现具有当地人文特色的夜景灯光，见图 4。

图4　明珠湾桥梁亮化形式

（2）水面照明表现形式

分布于扬子西路两侧的河段为此次河道照明的重点，人群相对比较聚集，易于休闲及观赏，因此在该两河段水面安装多组LED莲花灯，打造水文化之氛围，同时在人车混行桥桥柱灯顶部加装四盏波浪灯，分别扫射两侧河面，赋水以生命，让每一滴水都随音符跳动，再现江州明珠水波粼粼之意境，见图5。

图5　明珠湾水面亮化形式

图6　芦苇灯实景

（3）绿地护坡景观照明表现形式

明珠湾河道两侧绿地护坡景观由稀疏不等的柳树及灌木丛构成，对沿线柳树，选其茂盛者予以不同色彩照亮，丰富整体照明效果。灌木丛较集中的河段两侧护坡安装光纤芦苇灯，微风拂过时，顶端的LED发光点摇曳闪烁，夜光中灯火莹莹凭添一分情趣。视野较为宽阔的河段绿地安装竹子灯，独特的发光效果及以上灯光的综合表现，较好的传达了“扬中三宝”（芦苇、垂柳、翠竹）的具体寓意，体现出当地浓郁的地域文化特色，见图6。

（4）明珠大道、曲径道路照明表现形式

明珠湾大道南北向通行，全长约2km，紧邻明珠湾河道，是明珠湾整体景观重要组成部分，原道路灯造型已不能完全融入整体景观改造效果中，此次方案中，根据原有灯杆基础，换装新型道路灯型，依据国家规范，城市主干道，必须安装功能型为主的灯杆、灯具，同时还要兼顾景观特性的需求，为保持整体景观的统一性，特别设计了带有水域特色的舵盘风帆灯型。该灯型集功能性、景观性照明与一体，较好地满足了整体景观的需求。打造缤纷夺目的明珠大道，见图7。

图7　风帆灯实景

明珠湾西侧有较多的绿化带，由于这里行人较少，是走累了的游人闭目小憩的好地方，因此这里的灯光不必太明亮，散落地点缀些庭院灯和草坪灯即可。我们特选用了造型现代、风格独特的新型庭院灯，替代原有绿地曲径上损坏的旧式灯具。支线小路上，新装鲜明特色的海螺草坪灯，微微泛出暖光，和绿树草坪共同营造出一个恬静和谐的环境，见图8。

（5）绿地小品照明表现形式

在河段两侧适当绿地上放置与当地文化相结合的、造型新颖的灯光小品。通过不同的灯光配置使其呈现出不同的光影效果，形成连续丰富的夜景环境。夜色的来临将不仅仅是一天的结束，它将是一个神奇夜晚的开始，当人们在五彩缤纷的林中漫步、在水色斑斓的岸边驻足、在广场中停留之际，将同时感受到自然的和谐、科技的进步给人们带来的平静和喜悦。

8. 照明控制系统

由于线路较长（全线1.9km），整个亮化的接电点也较多，照明控制系统将根据各区域的功能进行设计。整个景观照明系统分为多个亮灯模式：日常模式、节假日模式、重大节日模式。整个灯光控制系统由计算机程控及配合现场控制面板管理。在日常管理中，系统依据真实时间自动变换日常模式、节假日模式、重大活动模式，所用控制软件带有365天文时钟，可以根据每天的日出日落的不同时刻自动运行每天的亮灯时间和熄灯时间，完美地实现四季不同的变换。现场也可以通过控制面板控制。全中文控制软件方便操作。系统根据不同的控制权限分别设置不同的控制密码，不同使用者进入不同控制区域。软件利用WHF格式图形作为背景，显示回路状态或现时照明灯具开关状态。监控及指示回路或灯具故障情况及故障预报报警日常记录打印。利用软件具有的天文时钟，可以自动鉴别冬夏时制日出日落的不同，调整开灯关灯时刻。系统配置12路每回路1A可编程开关控制器和6路每回路5A可编程开关控制器两种进行系统组合搭配。各器件用屏蔽五类双绞线联接即可，施工方便简单。控制模块为导轨式安装，安装在配电柜里面。

图8 庭院灯实景

颐和园夜景照明工程

项目名称：颐和园夜景照明工程
设计单位：北京平年照明技术有限公司
施工单位：北京平年照明技术有限公司
业主单位：颐和园管理处

1. 项目简介

颐和园位于山水清幽、景色秀丽的北京市西北郊，旧称清漪园。颐和园集中国古典造园艺术之大成，借景周围的山水环境，饱含中国皇家园林的恢弘富丽气势，又充满自然之趣，高度体现了“虽由人作，宛自天开”的造园准则。

颐和园是清代皇家园林的代表作品之一，也是其中保存最完美的一座大型天然山水园。它具有清代皇家园林的共性，也有自己突出的特点。它的湖光山色之美、规划设计之精早已蜚声中外，无愧为中国古代造园艺术的杰作、世界著名园林中的瑰宝。

颐和园作为中国古代皇家园林的杰出作品之一，已于1998年12月被联合国教科文组织列入“世界文化遗产”名录。

2. 项目详细内容

（1）照明设计理念、方法等创新点

①灯具及灯杆的安装位置应尽量远离古建。

②安装于古建外侧的灯具在保证安全的前提下采用地面明装的安装方式，保证建筑物无任何接触。

③安装于建筑上的灯具均使用抱箍安装于不可燃的瓦面之上。

④埋地灯选用超薄型灯具，确保安装与路面垫层之内，对古树无损伤。

⑤所有投光灯具的光源均选用低温、高效、节能、长寿命、低紫外线、高显色性的金卤光源，以起到对彩绘最大程度的保护。

⑥安装于建筑内部的灯具（长廊）采用低温、高效、节能、长寿、无紫外线、无红外线（450~700nm）高显色性、低压直流24V的LED灯具，确保建筑与彩绘安全。

⑦所有明装管线均采用抱、卡等安装方式，对古建无损伤。

（2）照明设计的主要技术指标

表 1

灯杆名称	灯杆高度/mm	灯具名称	功率/W	数量/套	重量/kg	备注
T-01	8000	投光灯	70	2.6		佛香阁照明
			150	8	12	
			250	2	15	
			400	2	15	

（续）

灯杆名称	灯杆高度/mm	灯具名称	功率/W	数量/套	重量/kg	备注
T-02	8000	投光灯	70	3	2.6	佛香阁照明
			150	8	12	
			250	2	15	
			400	2	15	
T-03	5500	投光灯	150	5	12	佛香阁照明
			400	2	15	
T-04	5500	投光灯	150	5	12	佛香阁照明
			400	2	15	
T-05	6400	投光灯	35	7	1.3	佛香阁照明
			70	2	2.6	
			150	3	12	
			250	2	15	
T-06	6400	投光灯	35	7	1.3	佛香阁照明
			70	2	2.6	
			150	3	12	
			250	2	15	
T-07	5000	投光灯	35	4	1.3	佛香阁照明
T-08	5000	投光灯	35	4	1.3	佛香阁照明
T-09	4000	投光灯	35	4	1.3	二宫门照明
			70	2	2.6	
T-10	4000	投光灯	35	4	1.3	二宫门照明
			70	2	2.6	
T-13	6000	投光灯	35	3	1.3	德辉殿照明
			70	3	2.6	
T-14	6000	投光灯	35	3	1.3	德辉殿照明
			70	3	2.6	
T-15	5500	投光灯	35	7	1.3	排云殿照明

（3）照明设计中的节能和环保措施

①护栏照明灯及长廊照明特制灯具模型均选用节能高效的LED产品，降低运行费用，寿命长、维修简单，达到绿色照明要求。

②本方案全部采用高效绿色、节能、环保、光污染低的灯具。

③控制系统多场景控制、编程，在达到最佳效果同时，实现节能的目的。

3. 实景照片

图 1

朝阳门桥夜景照明工程

项目名称：朝阳门桥夜景照明工程
设计单位：深圳市高力特实业有限公司
施工单位：深圳市高力特实业有限公司
业主单位：北京市市政管理委员会

1. 项目详细内容

北京朝阳门桥地处东二环，是内城通向工人体育场的重要通道，桥下的东二环主路是北京2008年奥运会的重要交通路线。该桥结构紧凑，交通繁忙，是城区的重要交通枢纽。因此，做好该桥的夜景照明设计，对首都的国际化大都市形象，有着重要的意义。

桥体形状为上下双层桥型结构。上层为四方向环岛形结构，环岛护栏为标准的“工”字型镂空造型。下层为东二环主路，桥体内侧为开放圆弧空间，大面积绿化。

周边环境属于重要的市政道路，场区地势平坦，夜间周围灯光环境杂乱。有大面积绿化。

2. 设计范围

桥区的东西100m，南北700m范围内。

3. 主体创意思路及设计基本原则

1）元素提取：护栏部分，以“工”字造型，结合朝阳门历史上京城地区重要的粮食运输通道，将“工”字稍加变形，形成造型灯具。

2）地域文化：紧密结合东二环重要通道这一地域特征，力争营造高品位、舒适大气的夜景环境。

3）照明理念

①采用简练的照明手法，运用现代照明美学，创造气势恢弘、安全节能的照明新理念。

②根据建筑特征，结合周边环境，形成独特视觉特点，利用光的美学进行渲染，对其最具特色的结构元素加以强化突出，形成完美现代的视觉感受。

4. 设计基本原则

①主体突出，特征鲜明；
②注意景观的总体效果；
③体现照明技术与艺术的有机结合；
④严格执行有关规范标准的规定，谨慎地使用彩色光；
⑤采用多元化的照明方法；
⑥安全可靠，便于维护管理。

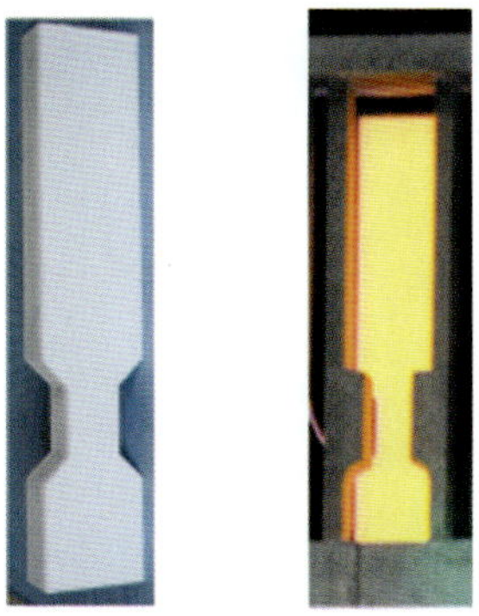

“I”字造型图

5. 设计依据

①建筑电气安装工程质量施工验收规范GB50303；
②建筑电气通用图集（华北标办）92DQ系列；
③建筑物术语标准JGJ/T119—2008；
④建筑照明设计标准GB50034—2004；
⑤城市夜景照明设计规范JGJ/T163—2008；
⑥城市夜景照明技术规范DB11/T388.（1－8）—2006；
⑦《ISO9001：2000质量保证体系》、《ISO14001：1996环境管理体系》、《OHSAS18001：2001职业健康安全管理体系》。

6. 设计手段

设计效果图（见图1～图3）

（1）具体照明方式

主要采用线性光源——LED沿板灯在二环主路方向进行连续性的沿板渲染，连续性的护栏照明与道路流线一致，本身亦形成了流畅自然的夜间景观，能体现结构的流畅，表现结构力学关系，突出桥的个性特征。

在护栏内侧嵌入安装具有柔光特点的黄色LED造型灯，对护栏部分进行装饰照明，灯和护栏融为一体，规律布灯，形成独立的立体照明景观，起到景观装饰美化的作用和提高交通的诱导性的作用。

图 1

图 2 总效果图

图 3 局部效果

在环岛中部东西车道外护板上，安装 16 套十字星光灯和 10 套射树投光灯，对环岛内侧进行装饰照明；在桥体周围树安装 80 套射树投光灯，进行环境渲染；在桥墩上安装 36 套扇形壁灯，功能照明与装饰照明相结合。

整个桥体照明系统分三级控制：

平日：开启黄色 LED 造型灯和桥墩壁灯；

一般节日：开启黄色 LED 造型灯、蓝色 LED 造型灯和桥墩壁灯；

重大节日：所有照明设备全部开启

（2）安装后的实景照片

图　4

图 5　局部放大效果

图 6　星光效果

图7 桥下通道——功能照明的补充

图8 绿化照明

7. 总述

以上照明方案中所提及的各类灯具和光源严格遵循“风格一体化”，做到灯具灯型与环境融合，光线色调有对比又有调和，注重灯具款型的选择，令人耳目一新；具有高效、节能、安全、使用寿命长等特点，注重时效性与永久性，尽可能从长远打算，避免重复建设；“整体美观化”且注重白天效果，灯具巧妙隐匿，并能够与桥梁及其他景物完美地结合起来，丰富城市夜晚的空间色彩和气氛，力求不影响景观整体的美感；“设备安全化”是选用灯具考虑人体工程学中光对视觉感受的影响，力求有效地控制眩光，杜绝光污染，强化“绿色照明”之环保照明新观念，科学控制投光的角度和范围，建立空间的构图和秩序，改善空间比例，增加空间层次。

希望通过我们的努力，能为北京的夜景增添一道亮丽的风景。

镇江金山广场照明工程

项目名称：镇江金山广场照明设计

设计单位：北京清华城市规划设计研究院

施工单位：江苏赛瑞科技有限公司

业主单位：江苏赛瑞科技有限公司

1. 项目详细内容

（1）照明设计理念、方法等创新点

金山广场的照明设计以“佛光胜境、庄严灵动”为设计理念；以视觉感知为设计出发点，塑造人、佛、光互动的场景。强调物质的消隐，体现精神与物质的融合，通过明暗对比的张力来表现精神大于功能的设计意图。

在表现手法中，注重对展现佛教文化内容的载体进行重点照明，弱化大面积的功能照明，而并非寻求一个再现景观原有面貌的视觉感受。光色中运用佛家传而尊贵的红色与金色。撞钟架轴线布道中布置金色莲花，通过感应系统布置形成人到灯亮，人走灯灭的场景，取意步步生莲，转经台一侧与之呼应。这些现代的表现手段运用在佛教广场中成为现代与传统碰撞的火花，体现了现代科技与佛教文化的融合。

（2）照明设计的主要技术指标

1）照度测量

中心广场：平面照度测量35lx

广场入口：平面照度测量60lx

照壁：立面照度测量180lx

撞钟架：立面照度测量240lx

转经台：平面照度测量200lx

三浮桥：平面照度测量120lx

佛教方柱：平面照度测量150lx

佛教圆柱：平面照度测量165lx

景石：平面照度测量220lx

2）光源色温

2700K～4000K

3）总功率：71kW

4）功率密度：6W/m

（3）照明设计中的节能和环保措施

1）节能措施

①合理确定供配电负荷等级，并采用独立配电线路。

②采用控制系统：运用多场景控制分时段开启设备实现节能效果。照明设施采用分区、分组集中控制，通过光控、时控等方式，同时辅助手动控制。

③延长灯具受命：对电网冲击电压和浪涌电压的抑制和补偿以及软启动和软关闭技术的引入，使灯具寿命大大提高，对于贵重灯具以及难安装区域的灯具有特殊意义。

④LED产品的广泛应用。

2）环保措施

由于金山广场四面环水，广场将水位检测系统并入智能照明控制系统，当水位超过警戒水位，对相应回路施以断电措施。在近人尺度多采用低压灯具，电气线路双重绝缘。并且由管理部门的专业技术人员定期巡视、检查并维护光源与灯具。

2. 实景照片

图 1

北京龙潭公园夜景照明工程

项目名称：北京龙潭公园夜景照明工程
设计单位：北京凯振照明设计安装工程有限公司
施工单位：北京凯振照明设计安装工程有限公司
业主单位：北京龙潭公园管理处

1. 项目详细内容

（1）照明设计理念、方法等创新点

①设计注重“以人为本”的设计理念，突出“营造舒适光环境”的原则，明暗结合，做到亮度适中、无眩光，光色上以暖白光为主，给人以温馨的环境氛围。

②注重“文化性”，用艺术性的照明手法重塑仿古建筑的夜景形象；

③建筑灯具选择上尽力避免对景观的破坏，选择体积小、配光好、易维护、外壳与建筑颜色接近的LED小投光灯具。

④对于植物照明，使用了仿假山石内藏投光灯具的方式，减少灯具对日景观的破坏的同时，避免了使用地埋灯后期维护的多种不便。

（2）照明设计的主要技术指标

根据景观节点重要性及道路级别，将照明亮度控制在以下级别：

一级：重要景观节点照度100～200lx，主道路平均照度20lx；

二级：次要景观节点照度50～100lx；

三级：支路平均照度5lx；

道路庭院照明灯具176套；

道路草坪照明灯具240套；

桥体照明灯具210套。

（3）照明设计中的节能和环保措施

1）节能措施

①仿古建筑使用大功率（1W、3W）LED投光灯大大降低了整体的能耗，LED光源采用美国LUMILEDS，原装进口高亮度发光二极管，实际使用寿命达5万小时，是传统照明光源所无法比拟的；

②道路照明使用截光型灯具，最大限度提高灯具发光效率的同时避免了光污染；

③通过分级控制；分为平日、节日、重大节日，使整体能耗降低；

④通过技术设备保证在不需要照明或亮度充足的时候关闭照明设备。

2）环保安全措施

①为了避免光污染：道路庭院灯具使用了截光型灯具，建筑使用大功率LED投光灯安装在古建瓦檐凹陷处，这些都避免了灯光的无目的照射，有效地控制了光照角度；

②对于游人能够接触到的灯具均采用低压线路，保证了游人的安全；

③所有设备均安全接地，接地电阻小于4Ω，配电箱加装浪涌保护器。

2. 实景照片

图　1

图 2

炎黄二帝巨塑景观照明工程

项目名称：炎黄二帝巨塑景观照明工程
设计单位：河南新中飞照明电子有限公司
施工单位：河南省泛光照明工程有限公司
获奖情况：荣获“第四届中国照明（室外）设计二等奖”。

1. 项目简介

（1）坐落地点、位置

炎黄二帝雕塑位于河南郑州黄河游览区内，它耸立于黄河南岸，面对黄河，身高约150m，依山就势，以山为身。

（2）其他

在整个工程中，最壮观的当属炎黄二帝塑像。左侧炎帝像广额淳朴、智慧慈爱，右侧皇帝像威武刚强、气宇轩昂。该塑像高106m，其中头胸部分高51m，整个像身重达3万吨，由钢筋砼框架结构支撑外壳，外壳面采用花岗岩雕砌，所有花岗岩全部从福建省晋江市现场切割后通过火车运抵施工现场。最大的花岗岩面积达3m^2，重2.5吨，共计4500吨。炎帝面部共用花岗岩481块，黄帝面部共用花岗岩48小块，共计970块。由于面部造型复杂而采用干挂工艺，其余部分采用湿贴方法。仅二帝像面部面积就达1300多平方米，单眼长3m多，鼻高8m，嘴巴7m；塑像内部8000多平方米。塑像累计用混凝土7000多平方米、钢材1500多公吨、花岗岩6000多立方米，这些材料约可建造两座12层高的楼房。在护坡工程中，为加固山体，共耗用毛石12万吨，立灰土桩4176根，砼灌注桩47根。炎黄二帝巨型塑像的总设计师表示，塑像采用传统塑像艺术和建筑艺术相结合的手法创作，面部轮廓注重写实，胸部以下做虚化处理，与山体相连，彰显“天人合一”的哲学思想。

在炎黄二帝像胸部内建一约3000m^{2}的艺术展厅。炎黄二帝塑像是一个集建筑和雕塑于一体的巨大工程，这座巨型雕像建成后，将是我国最大的塑像，也是目前世界上最巨大的雕像之一。它面向黄河，背靠黄土（邙山），依山造像，集中展现炎黄二帝与山河同在、与日月齐辉的恢弘气势，达到“黄土、黄河、黄帝”浑然天成的艺术效果，突出体现“依山造像，天人合一”的哲学理念。

2. 项目详细内容

（1）照明设计理念、方法

“山人合一”的照明理念

尊重建筑，尊重环境是灯光设计的出发点，每一处照明设施的产生，都是基于对载体的深入分析与准确把握。在布灯时，尽可能地将照明设备隐藏起来，做到见光不见灯，防止眩光。

我们用灯光创造合适的场景，用灯光组织有趣的活动，用灯光构建充满人性化的夜间环境，照明系统必须与场所空间类型、人们观看视线角度相融合，科学地划分照明层次，形成有活力的夜景形态，适应多种夜间活动的需要。

本次深化重点在塑像及山体的景观照明方案，广场加入了我们初步的照明意向。方案主要从照明主体不同角度、不同距离的表现，展现出雕塑主体照明效果，包括对光源的色温、显色性、亮度等级划分和整体灯光环境的搭配；照明效果结合优化及控制模式的设定；照明载体的分析及特定时段的照明效果建议。

总体上保持了原方案的特点，照明方案旨在体现塑像设计师“山人合一”的设计思路，在照明设计上对整体和细节部分做了统一的处理。

（2）照明设计的主要技术指标

序号	类别	数量/套	功率/W	备注
1	投光灯	12	1000	人像照明
2	投光灯	130	400	人像照明
3	投光灯	246	250	山体照明
4	投光灯	100	150	山体照明
5	草坪灯	30	70	山体照明
6	空中玫瑰	10	3000	人像后面照明
7	激光灯	10	3	人像后面照明
8	设备合计	538	176KW	

（3）照明设计中的节能和环保措施

我们倡导“绿色生态照明”的理念，采用先进的控制系统与新型高效节能照明电器和照明技术，多种照明方式结合，达到经济、安全、保护环境的目的。

多模式多场景设置（主要按平时照明模式、节假日照明模式、重大活动照明模式）来达到节能降耗、经济运营的目的。

另外，照明控制中加入了演艺模式，能够满足各种文化、政务及商务活动对灯光的要求，把炎黄二帝塑像恰当地表现在黄河南岸的夜空之中，能够满足对照明预期的效果和要求。

在演艺模式中，我们根据相关法规，原则上不建议使用激光灯，可用单光束空中玫瑰替代激光灯，在重大节日需要时

对炎黄塑像的背景进行衬托

夜景照明中所涉及到的灯具均为高功率因数、高 IP 防护等级的投光灯，从而有效提高发光效率，再加上精确的配光，可使用低功率窄配光的灯具完全达到传统高功率灯具所能达到的效果，有效实现节能目的。

所有灯具均最大化隐蔽安装，或使人们不能直接接触。

根据国家施工相关规范规定要求设计中采用防漏电、触电等用电安全措施。

根据国家电气相关规范规定要求施工安全措施。

消防安全措施，所有灯具的防护等级都在 IP65 以上，散热、电气绝缘及耐热性能符合国家现行标准。

防盗措施，所有灯具的安装方式，均有防盗固定件，并安排专人定期巡视、检修。

（4）其他

平时模式：雕塑人像普通照明，还原白天的风貌。

节日模式：通过控制山体部分灯光打亮，保持整个山体大轮廓和雕塑非常生动地展示出来。

重大节日模式：所以山体灯光全部点亮，通过对灯光的宽窄配光的效果控制，达到雕塑“山人合一”的效果，同时雕塑背后的多台单光束灯具开启，营造万丈光芒梦幻般的效果，重点突出雕塑人像高大光辉的形象。

技术要求：在灯具的选配上配光精确，采用了小功率的灯具替代传统大功率的灯具，此项目中我们采用远程信号来实现各种不同模式的效果，也可以根据特殊情况下（如演出等）来集中控制，达到各种演出需要的照明效果。

3. 实景照片

漯河市沙澧河段一期景观照明工程

项目名称：漯河市沙澧河段一期景观照明工程
设计单位：河南新飞利照明科技有限责任公司
施工单位：河南新飞利照明科技有限责任公司
验收单位：漯河市城市建设投资有限公司
　　　　　河南育兴建设工程有限公司
获奖情况：2007 年 11 月，河南省建设厅授予“优质工程奖”
　　　　　2008 年 2 月，河南省科学技术厅授予“科学技术成果奖”

1. 项目简介

沙澧河风光景观带是集城市防洪、园林绿化、饮用水源保护、文化事业发展、改善民居条件和生态环境治理为一体的综合性工程。这项工程的总体构想是，坚持“以人为本、以水为体、以河为脉、以绿为美、以文为魂”的主题，注重以河串“湖”，以堤串“珠”，融自然风光与人文景观为一体。塑造雅气、秀气、灵气、大气的城市品位，打造碧水穿城、林茂花艳、建筑精巧、环境秀美的城市风貌，形成富有滨河特色的风景长廊、生态长廊、文化长廊和休闲长廊，构建“城在水中映，水在绿中行，人在画中游”的人间仙境。

漯河沙澧河段一期夜景照明工程于 2008 年 6 月 16 日实施完毕。本次灯光设计以“绚烂之极归于平淡”为设计理念，从细节中体现出人与自然的生态和谐，摈弃冰冷的石材和现代感的金属，以温暖而带有生命力的木材为主要材质，将人的心理特征和自然情结相融合．以最自然质朴的方式刻画出人文生态概念。营造出“返璞归真，回归自然”的最高自然意境，充分展现出中国人“天人合一”的“生态智慧”，是“自然的极致，生态的升华”。

2. 项目详细内容

（1）照明设计理念、方法等的创新点

1）创意宗旨

创新科技，绿色人文，生态文明，和谐统一。

2）创新点

①开发使用了大功率 LED 点状灯，使 LED 光源镶嵌在铝合金压铸加工成便于散热的齿轮状灯体内；解决了大功率 LED 组合灯的高光通与散热的矛盾，保持了 LED 灯具高功率长寿命的特点。

②开发使用了 EMITTER/RGB－1.8＊10 的 LED 线条灯，采用 LumiledsLuxeon 高功率 LED 粒子，5 种标准颜色：红、琥珀、绿、蓝和暖白，每一个照明单元模块可以分别编程，产生更多的动态照明效果，标准的 LED 透镜能提供精确的配光和均匀的亮度。防护等级达到了 IP65，抗氧化、耐腐蚀，具有极好的密封性，浸于水中数天全过程加电测试不引起短路及其他故障。

③LED 灯具的运行控制，设计了分级控制（3 级）的控制系统，实现集中和分级控制的良好结合。系统对 LED 的工作参数（电流和工作温度）实现实时采集，对系统运行状况进行实时监测和控制。系统采用光纤远距离传输控制信号和运行数据，实现了远程控制。控制系统接线位于控制室的主控计算机通过 RS232 接口与通讯控制组件连接，它们位于控制室内，主控计算机通过网线与大楼建筑智能控制系统连接。由通讯控制组件通过 RS485 接口用超五类双绞屏蔽线将信号送至现场计算机。

（2）照明设计的主要技术指标

①在河两岸的堤顶路处，宽 6～12m，单排装灯，间距 25m，配备景观、步道灯，飞利浦光源 150W。

白光：光通量 14000lm，色温 4200K，平均寿命 20000h。

黄光：光通量 14500lm 色温 2000K，平均寿命 28000h。

距光源 0.3m 处测其照度达 15lx，要照亮两岸堤顶路路面。

②嵩山路桥两侧和中间斜拉索处，配备大功率 LED15W（彩色）石材灯和 LED 灯管，光通量 72lm，平均寿命 50000h；拉索顶部柱子配备飞利浦灯具 MVF/HPI－T1000W，光通量 85000lm，平均寿命 10000h，色温 4300K，主要照亮并美化桥两侧和拉索。

③107 路桥墩处配备投光灯——飞利浦灯具 MVF/SON－T400W，光通量 48000lm，平均寿命 28000h，色温 2000K；三防灯配备飞利浦光源 T872W（蓝白），光通量 6600lm，平均寿命 12000h，色温 4200K，距光源 0.3m 处测其照度可达小于 8lx，主要照亮桥墩和洗亮桥体。

④水舞漯韵广场配备漯五环小品灯，光源大功率 LED150W（彩色），光通量 9000lm，平均寿命 50000h；配备白杨林景观灯光源 LED15W（彩色）＋T5 支架（白色），光通量 4000lm，平均寿命 50000h；配备红豆林景观灯，光源大功率 LED12W（红色），光通量 60lm，平均寿命 50000h，广场平均照度达 12lx。

⑤静夜思广场配备月亮石材景观灯（黄光和蓝光），光源大功率 LED150W（黄光和蓝光），光通量 9000lm，平均寿命 50000h；配备白杨林景观灯光源 LED15W（彩色）+T5 支架（白色），光通量 4000lm，平均寿命 50000h，广场平均照度达 10lx。

⑥空中花园配备秀雅龙柱小品灯——飞利浦光源大功率 LED150W（彩色），光通量 9000lm，平均寿命 50000h；配备圆环景观灯（钠灯）飞利浦光源 150W（黄），光通量 12000lm，色温 2000K，寿命 20000h；配备彩荧灯景观灯光源 LED12W（蓝），光通量 60lm，平均寿命 50000h；配备地埋灯飞利浦光源金卤灯 150W（彩色），光通量 18000lm，寿命 5000h，广场平均照度达 15lx。

⑦运动场配备飞利浦灯具 MVF/HPI－T400W，光通量 35000lm，色温 4300K，平均寿命 20000h，运动场照度达 12lx。

⑧游园一配备秀雅龙柱小品灯光源大功率 LED150W（彩色），光通量 12000lm，平均寿命 50000h；配备白杨林景观灯光源 LED15W（彩色）+T5 支架（白色），光通量 4000lm，平均寿命 50000h；配备圆环景观灯（钠灯），飞利浦光源 150W（黄），光通量 12000lm，色温 2000K，寿命 20000h，广场平均照度达 10lx。

⑨秋虫伏梭广场配备脚印控制模块飞利浦大功率 LED18W（彩色），光通量 80lm，平均寿命 50000h；澧河之光飞利浦光源钠灯 150W，光通量 14500lm，平均寿命 28000h，色温 2000K，广场平均照度达 5lx。

⑩四面莺歌广场配备七孔古笛，飞利浦大功率 LED150W（彩色），光通量 9000lm，平均寿命 50000h；配备澧河之光灯具，飞利浦光源钠灯 150W，光通量 14500lm，平均寿命 28000h，色温 2000K；配备彩荧灯光源 LED12W（彩色），光通量 60lm，平均寿命 50000h；配备地埋灯飞利浦光源金卤灯 150W（彩色），光通量 18000lm，平均寿命 5000h，广场平均照度达 10lx。

在两岸整体绿化带，共配 334 套草坪灯，飞利浦光源 36W（白光），光通量 3300lm，平均寿命 12000h，色温 4200K，绿化带平均照度达 1lx。

3. 照明设计中的节能和环保安全措施

（1）节能措施

本次设计节能主要体现在使用节能灯具和采用灵活的控制模式两方面。

1）节能灯具的运用

本工程照明灯具主要选用目前光效最高的高压钠灯和节能的彩色 LED 灯具。

2）灵活的控制运行模式

①分层次分区域供电运行。整个工程主要分塔基、塔身、球体、塔顶四部分，每个部分都有相对独立的供电、控制回路，便于灵活地投、切运行。

②分为三级控制模式：节日、平时、节能模式

节日模式：

灯具全亮

开启时间 5h

夏季 19：30～00：30　　冬季 18：30～23：30

平时模式：

三座桥的投光灯和各个节点的大功率投光灯不亮，其他灯具全亮。开启时间 4h

夏季 20：00～00：00　　冬季 19：00～23：00

节能模式：

开启时间夏季 4h，冬季 6h。

夏季 00：00～04：00　　冬季 23：00～05：00

小功率 LED 灯具开启，其他灯具不亮。

③分负荷类型供电。工程的投光灯、LED 灯及激光灯都有相对独立的供电、控制回路。

④采用灵活的手、自动互换的控制方式。自动运行可以分区段、时段自动投切设备。根据普通时期、节假日及重大节日的要求，运行方式可以任意组合；预留整个照明的智能化接口，可以统一控制。

（2）环保措施

①采用环保节能的彩色 LED 光源。彩色 LED 光源功率高寿命长，没有红外线和紫外线等有害辐射，是不会造成环境污染的绿色照明产品；

②使用窄光束灯具配合灵活的运行模式。有效地减少了上射光通量，防止了光污染。

③现代灯光技术的综合应用。现代技术的综合应用是澧河景观照明的重要组成部分，不仅提供功能性照明，对园区整体形象也至关重要。典型灯具的设计，其中包括赔光设计、光源造型、材料与防护等级及艺术造型的整体综合，构建高效节能的光环境体系。

4. 实景照片

图 1

图 2

图 3

常州武进龙城大桥景观灯柱

项目名称：常州龙城大桥南侧景观灯柱亮化工程
项目承担者：常州亮化城市照明科技有限公司
设计单位/供应商：上海光变照明设计有限公司
供应商：品能光电技术（上海）有限公司

1. 项目背景

龙城大桥景观灯柱是城区首次大手笔新建的景观灯柱，总投资达400多万元。为有效确保灯柱现场效果，在制作过程中，不仅采用了国际一流品牌CREE的LED芯片，灯柱外饰也采用不锈钢烤漆板的弧面制作，有效确保了灯柱的整体效果。同时，为确保其工艺效果，灯柱外饰还采用国内先进的专业制作工艺直接在工厂定型并进行汽车烤漆喷涂，实现表面光洁、漆面不褪色的良好效果。灯柱构成后，采用了美国进口的油漆进行防腐处理，大大提高了灯体钢架的防腐性能。

2. 设计说明

龙城大桥景观灯柱不仅给人以造型独特之感，而且更以其灯光绚丽成为城区夜晚又一处美景。灯柱呈梭型，12个灯柱分设两边对称排列，尤如12根擎天大柱腾空而出。每个景观灯由580多个发光点和一个发光面构成，通过设定的程序进行有序变化，五彩缤纷，尤如彩带从天而降。灯柱顶端蓝色探照灯发出的蓝色光束，在空中交汇，形成迎宾的气势，表现出武进人民欢迎你的好客之情。龙城大桥景观灯光效果有多种变化，可以增加变化模式，在节日里，还能有效烘托喜庆气氛。

3. 照明设计理念、方法等的创新点

灯柱整体造型为梭型，顶部为45°斜切面，设有探照灯投射器。双排环形点光源由顶部向下间隔排列。造型朝路一面为发光面，与侧面点光源配合形成多样的灯光效果。创新性地采用了点与线光源的组合，效果统一协调，美轮美奂。探照灯与整个效果互动。形成较为震撼的灯光智能变幻效果。整个灯光迎宾柱体现了现代、时尚的一面，

4. 照明设计中节能措施

全部采用LED光源，能耗仅为传统照明的20%左右，光源采用美国CREE芯片，安全可靠，寿命长，大大减少了维护费用。单只灯具仅为3W左右，而通过控制其变化，实际单灯运行平均功率仅为1.5W左右。品能光电采用定电压定电流技术，保证了对LED芯片的完美保护，极大地保护了LED的使用寿命，同时也可将能耗降至最低。

5. 设计中使用了哪些新技术、新材料、新设备、新工艺

①该项目使用了单线串行SPI系统，系统布线简单方便，灯具间信号首尾相接仅单芯，较之常用到5芯，6芯信号简便了很多，可靠度也大为增加。

②该项目使用了点光源与线光源，通过统一的控制，使两者完美的融为一个整体，变幻出美轮美奂的效果。

③采用了灯具与面板先行装配，安装完成后先分段测试再一起吊装的工艺，大大节省了施工周期，也降低了施工难度，见图1。

6. 照明设计中使用了那些环保安全措施

①LED 本身为绿色光源，环保安全，光色纯净，不含紫外线。

②LED 光源柔和，舒服，不刺眼，不会对路上车辆造成安全隐患，也不会形成光污染。

③该项目全部采用低压供电，保证了柱体的安全可靠，不会出现触电危险。见下图。

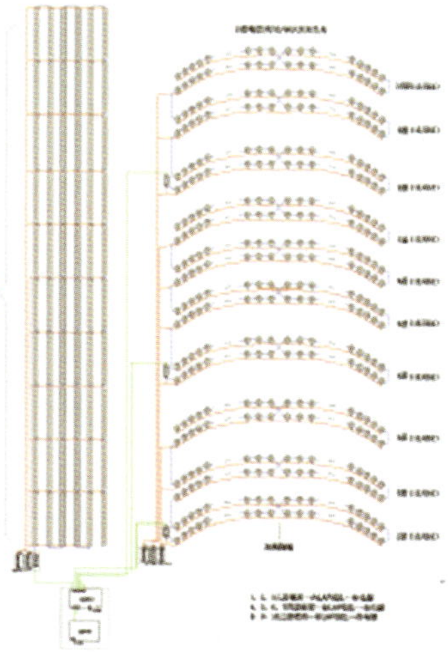

苏州工业园区时代广场天幕

1. 项目背景

苏州工业园区圆融时代广场天幕长500米，宽32米，高约21米，比美国拉斯韦加斯天幕还要长100米，堪称世界第一天幕。天幕采用如同水立方造型的膜结构封顶，配合新型LED灯条、灯带、射灯等，宛如一条蜿蜒的绸缎、炫目的长虹，飞架在时代广场的上空。

2. 设计说明：

时代广场的LED天幕位于广场中部，天幕采用如同水立方造型的膜结构封顶，配合新型LED灯条、灯带、射灯等，天幕开启后场面极具震撼力，在每天的不同时刻，给人带来通透、绚烂的视听体验，在声、光、电交相辉映中，各种三维声像效果能将观众带入一个无限遐想的空间。时代广场天幕在技术上采用如同奥运场馆水立方造型的膜结构封顶，配合新型LED灯条、灯带、射灯等，能够创造通透、绚烂的视听奇观。

3. 照明设计理念、方法等的创新点：

天幕泛光共选用三款灯具C1014、C1004、F2019。C1014灯具安装在天幕两侧铝板沟槽内，采用内透光的形式，衬托铝板的独特造型，展示出流光溢彩的效果。C1004灯具安装在天幕边缘端头铝板上，外面蒙上磨砂压克力罩，勾勒出天幕的边缘曲线。F2019灯具安装在天幕上方膜结构的下方，采用两侧灯光对打洗亮气枕膜，使得整个天幕宛如一条蜿蜒的绸缎，眩目的长虹，飞架在时代广场的上空。三种灯具的安装。

4. 照明设计中节能措施：

全部采用LED光源，能耗仅为传统照明的20%左右，光源采用美国CREE芯片，安全可靠，寿命长，大大减少了维护费用。天幕顶部膜结构封顶，配合的LED投光灯单灯功率36W，而通过控制其变化，实际单灯工作功率在20W左右。品能光电采用定电压定电流技术，保证了对LED芯片的完美保护，极大的保护了LED的使用寿命，同时也可将能耗降至最低。

5. 设计中使用了哪些新技术、新材料、新设备、新工艺：

（1）该项目使用了单线串行SPI系统，系统布线简单方便，灯具间信号首尾相接仅单芯，较之常用到5芯，6芯信号简便了很多，可靠度也大为增加。

（2）该项目使用了三款灯具，通过统一的控制，使三者完美的融为一个整体，变幻出美轮美奂的效果。（3）灯具安装时，针对三款灯具的不同安装位置，因地制宜的制订安装方案。

6. 照明设计中使用了那些环保安全措施：

（1）LED本身为绿色光源，环保安全，光色纯净，不含紫外线。

（2）LED光源柔和，舒服，不刺眼，不会对路上车辆造成安全隐患，也不会形成光污染。

（3）该项目全部采用低压供电，保证了钢结构的安全可靠，不会出现触电危险。

LED1灯具预先安装在每块铝板上并完成局部接线，最后连同整块铝板集中吊装。 LED2灯具预先安装在扁铁上，最后一根扁铁为一个单位吊上去安装在天幕端头的预留支架上。 LED3灯具安装时，预先在每根钢梁上安装好安装支架，在进行灯具安装。

7. 灯具应用介绍：

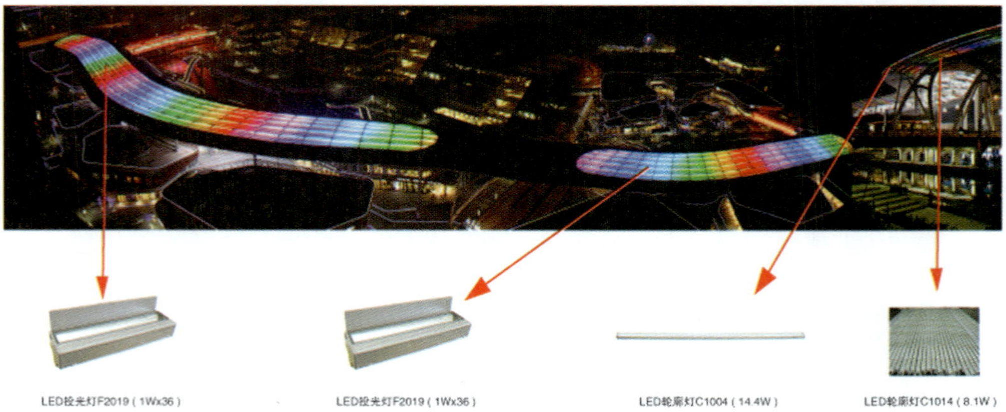

青岛胶东旅馆旧址

1. 项目背景：

胶东旅馆旧址位于青岛百年老街——中山路上，始建于1897年，属德式建筑。是中山路上“历史优秀建筑”中年龄最久的。它的建筑造型典雅，线条流畅，别具一格。德国式的屋顶与高耸的塔楼高低相衬，错落有致。红砖取代了中国常见的青砖，建筑外墙以灰泥抹面后涂上明快的颜色，红色的瓦面更成为青岛建筑中的一大特色。它历经沧桑，经政府修缮后，恢复了原有的德式复古风采，成为中山路上格外抢眼的建筑。

2. 设计说明：

灯光设计上，在以“保护和利用”原则的前提下，选用绿色、环保节能的高亮度LED光源，替换现有的传统投光灯具。不仅减少传统灯具对古建表面紫外线的损伤，还可以隐藏灯具，体现细节，并展现欧式建筑多层次丰富的“立体通透”感。

楼身的投光彰显建筑的挺拔，屋檐造型被细心的一个一个打亮，勾勒出建筑的构架，凸显出建筑的细腻和历史，并有光影间的相互作用，给建筑体表呈现出不同的线条、结构、深度及醒目的光点。不同的光线，不同的色彩交替其中，这些各式光标如此自然，如此舒适，以艺术的姿态邀请游客用崭新的眼光去欣赏这座百年建筑。不仅让人得到视觉上的享受，更让人得到心理上的体验。更难能可贵的是见光不见灯，众多灯具即使在白天也能做到很好的隐藏，完美展现建筑别具一格的原貌。

详细的照明技术指标具体实施：

塔楼屋顶的LED大功率投光灯为琥珀色，着重渲染特色的建筑尖顶结构及老建筑古色古香的红顶特点；LED大功率模组隐藏安装，细致雕刻檐饰山花的精美和年代感，衬托红色屋顶轮廓线；外山窗户间隔处的LED大功率投光灯分层投射，显示古建筑的分段结构和精巧的外山结构；窗沿下山花层的LED大功率洗墙灯逐层展现山花的精美，保持亮化效果的整体性，体现百年建筑的内敛大气及层次、细节的完美体现。

3. 照明设计理念、方法等的创新点：

此项目的设计并没有采用传统的泛光照明，其照明方式带来的问题是灯具的安装位置和照明效果的理想程度。由于此百年建筑，需要考虑建筑立面的保护及整体完成后的效果，并且此建筑结构层次丰富，需要照明及灯光表现的地方都别具的风格，使用的灯具功率和尺寸，造成白天不易隐藏，对景观的完整性有影响。如立杆会造成光束的溢散，不仅对室内外人视线的影响，还使整个建筑层次变得平淡。选用LED产品就解决了上面的问题，大功率高光效的LED，给古建筑照明提供了全新的表现方法，一方面LED灯具体积小，可以充分地隐藏在建筑本身的结构之中，而不会引起观察者的注意，同时LED灯具重量较轻固定起来也更加方便，另一方面，LED灯具工作电压均低于24V，工作温度仅为50摄氏度，这就在安全上有了充分的保障，因此以LED灯具替换传统灯具对古建筑照明是个比较理想的选择。

4. 照明设计中节能措施：

此项目本着“绿色照明、节能减碳”的目标进行灯具的选择，所以此项目的照明全部使用LED产品来实现，总功率为1600W，约只有传统灯具20%的能耗，且现场采用灯光时钟控制器，可以根据四季和光线的变化进行调整灯具的开启时间，这样就更可以有效的使用，达到真正意义的节能。该项目选用的产品为低能耗LED产品，具有亮度高，能耗低等特点，用电量仅为传统光源的1/5左右。超长寿命5~10万小时，减少了维护的成本。LED的寿命也会受电压和电流的影响，几毫安的电流波动也将对LED的寿命与光衰产生极大的影响。我们采用品能光电拥有专利的独特的定电压、定电流技术，使得流过每粒LED的电流均为恒值，从而保证了大功率超高亮度LED的亮度和寿命，起到了节能的作用。

5. 设计中使用了哪些新技术、新材料、新设备、新工艺：

（1）响应古建保护的要求，不破坏建筑结构，不影响白天景观，安全可靠。

该项目中所使用的小型LED投光灯，外形精致，小巧，专门对此项目设计使用的灯具安装固定架，这样即不破坏建筑的主体结构，又不影响白天的效果。正是安全，美观，可靠。灯具均为低压供电，保障了安全性。

（2）选用新型LED大功率光源，高亮，节能，绿色环保。

该项目选用的为Lumileds大功率LED芯片，该芯片具有亮度高，节能，封装小巧等特点，应用在古建筑上尤其合适。大功率投光灯采用了“火焰”型配光的芯片，使发光效率更好。

（3）LED小型模组的应用，可以打出均匀层次分明的效果。

此项目中使用的小型LED模组，现场独特的建筑造型内，跟据计算得出的排布方式，能够充分的相互补光，又能凸现建筑的层次阶梯，效果可谓绝佳。

（4）重点局部照明选用不同类型的LED灯具，别具一格。

局部照明选用了各类不同特点的LED灯具，采取投光，点，面的结合，营造出一种别致的夜景效果。

6. 照明设计中使用了那些环保安全措施：

（1）选用的光源LED光源本身为绿色光源，光色纯净，不含紫外线，从而极大避免了光对古建筑材料的保护，特别适合对古建的照明。

（2）LED光源的亮度柔和，舒服，精致典雅，既能体现夜色中古建的魅力，又不会因为过亮成为一种光污染。可以说是非常适度。

（3）灯具采取低压供电方式，确保了安全可靠，从而也可以极大避免以往古建筑照明因为使用高压供电而出现的火灾灾难。

（4）整个项目大量采用了低能环保型LED灯具。灯具供电采用具有过热、短路保护低压直流开关电源供电，安全可靠。线路敷设管道采用镀锌钢管进行隐蔽和防护，灯具安装也非常隐蔽，有效降低了白天的视觉污染。所有接线节点采用烫锡处理，确保接点的连接可靠。

济南市龙奥大厦

项目名称：济南市龙奥大厦

项目承担者：山东万得福装饰工程有限公司

设计单位/供应商：品能光电技术（上海）有限公司

获奖情况：中国照明奖二等奖

1. 项目背景

济南市龙奥资产管理运营有限公司综合服务楼（原济南市行政事业国有资产管理运营有限公司综合服务楼）坐落在济南燕山新区内，北邻奥体中心，与南北两侧已建成的经十路和旅游路两条城市东西大动脉相邻，地处济南主城区向东发展的主轴上，承接着济南城市发展总体战略中的“中枢”和“东拓”。由此，将带给济南一个崭新的标志性新城区，以承办第十一届全运会为契机，打造以政务、文化、体育为主的燕山新区。

此办公楼工程占地约360亩，总建筑面积约300000m^2，建筑总长度288m，总宽度144m，建筑主檐口高度66.45m，地上15层，地下1层，采用中国传统建筑“院落”式布局，顶面看去呈“中”字型，此工程为高层一类建筑，框架剪力墙结构。

2. 设计思想

如此之庞大的建筑体量使对其照明的方式变得多样，为营造办公楼夜间与众不同的艺术效果，提高办公楼在夜间的可观赏性，我们在照明方案设计上抛去了传统的单一的大面积泛光照明手法。结合大楼自身的结构特点以及区域功能划分，以简洁、庄重、大方为主题，注重与周边环境的协调一致，选用长寿命、高亮度的 LED 绿色照明产品，减少光污染，满足了对建筑主体的表现、美感与和谐的统一。

作为一座现代化的政务办公楼，为充分突出其现代感，我们拟以白色和蓝色为主基调，体现建筑的庄重的大方。选用的高功率的 LED 灯具和传统光源相比体积更小巧，极大限度地节约运用空间，所以在此设计中光源的隐藏使整个建筑见光不见灯。

详细的照明技术指标实施方案为：

顶部：顶部的结构选用全彩变化的点状光源，体现夜间顶部的轮廓线，满足俯视观看整体大楼的线条。

主体：主体结构简洁，由玻璃和外挂大理石结构组成“门”的造型，大方、庄重。分别对此“门”的横向、竖向结构中使用了大功率和小功率 LED 投光灯，很好地将“门”的造型体现。功率和亮度将此“门”表现得层次分明，使建筑整体灯光显得和谐、现代。通过控制蓝、白两种颜色交替变化，时而庄严，时而沉稳。

底部：在支撑“门”型结构的主体下方有较宽的立柱，充分考虑建筑底部与人们视觉的一个近人尺度，且人流活动较频繁。通过采用窄光束 LED 埋地灯将柱底照亮，配以全彩灯串制成的发光立柱，大功率 LED 线形投光灯，将整个底部营造一种实用性、人性化建筑近景。

3. 照明设计理念、方法等的创新点

方案考虑在一层、四层、十三层、十四层以及两侧的窗户内侧或窗框顶分别选用不同功率、不同发光角度的灯具，组合形成不同的照明效果，通过控制还可以实现蓝、白两色的场景跳变，不同时刻表现出不同的艺术风格，使每一小部分单位的照明形成了整体面的效果。光与影在这里得到完美的展现。明暗有序，层次分明，灯光和建筑有机地结合在一起。选用的产品通过合理的灯具发光角度和配光曲线，充分利用有效光在被照建筑上的效果，避免了溢散光等光污染问题，达到了节能、高效、环保的要求。通过光影对建筑的二次诠释，济南新政务中心的恢弘气质以及现代感的建筑特点得到充分体现。

4. 照明设计中节能措施

在对大楼进行设计时将楼体共分为顶部、上部、下部、底部等四部分，大楼的楼宇控制可以对这四部分分别进行控制，可以达到节假日、平时、重大节日等不同的灯光效果。

每一部分都可以单独进行控制，达到不同的效果。如：顶部灯光可以作为航拍效果；上部分圆柱、亮线、13 层投光可以作为一种远距离的观赏；下部全彩立柱、地埋投光灯具可作为近距离的观赏。灯具控制系统结合楼宇自控来达到不同场合、不同作用下的灯光效果，达到合理地使用照明，在达到最佳效果的同时实现了节能的目的。

此大楼的设计整合了 LED 灯具控制系统、大楼的控制系统，对大楼的整体、部分、细部等直到可以对灯具的每套系统每部分灯具进行控制，灵活、方便的系统配和实现了大楼照明的智能化。

大楼整体外墙照明全部选用的是 LED 灯具，较之动辄几百瓦的传统泛光灯，单只灯具仅仅十瓦特左右的 LED 灯具的用电量在节能上的优势是十分明显的，虽然与传统泛光灯具的亮度上有所差别，但其营造的细腻、层次，光色等方面的优势是泛光灯所无法比拟的。另外在使用上，我们对灯具还采取了系统控制变化，不仅增加了生动的效果、美丽的变幻，同时也极大地节省了用电量，正是两全其美。

5. 设计中使用的新技术、新材料、新设备、新工艺

①LED 灯具的控制系统结合大楼的楼宇控制系统，实现了较为灵活多样的控制，可对灯具进行手动、自动控制，可对大楼的不同部分按照功能性的不同而进行控制，达到了灵活、方便地使用灯光。

②灯具控制系统的操作及各部分的控制可以在监控室全部完成，达到了大楼的最佳控制方式，体现了现代建筑的智能化。

③在 LED 灯具的外形结构上，设计师结合现场建筑结构的特色，将灯具很好地进行了隐藏，将灯具和建筑物进行了完美的结合。

④配合现代建筑，选用新型 LED 灯具，以点和线、线段、面等形式来演绎一个白天看来有些呆板的立面，摒弃了把大楼照得灯火通明的传统照明理念，独辟新意，以蓝色、白色为主色调来表达整个建筑立面。

⑤在投光灯，灯串等的安装上也是别具一格，巧妙地利用建筑的特色，设计独具特色的小型灯具安装，既不影响白天的效果，也能让灯具在夜晚有效发光。

⑥选用简单而有效的系统，对大楼进行整体的控制，实行了大楼的整体效果，变化整齐统一。

⑦施工布线上，充分利用现场的条件，简单有序，不对建筑室内造成累赘。

6. 照明设计中使用的环保安全措施

①使用绿色环保，使用寿命长、高亮度的 LED 产品，大大降低了电能的消耗及维护的费用，降低了使用时的能源消耗。

②选用大功率 LED、小功率 LED 等光源，绿色环保，光色纯净，不含紫外线，柔和而不刺眼，在夜色中十分唯美。用 LED 光源来表达现代建筑的夜间轮廓新颖别致，而又绿色环保。为现代建筑照明营造了新颖的体现方式。

③线路中大多采取低压供电方式，安全可靠。

7. 灯具应用介绍

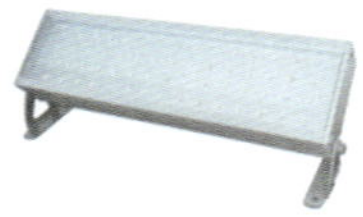

图1 LED小功率投光灯 C2107

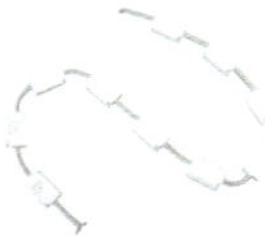

图2 LED全彩 7W/M

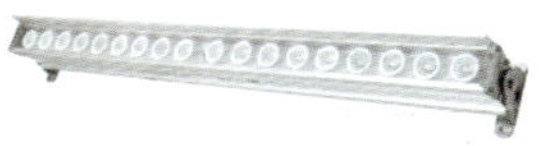

图3 LED大功率投光灯 F1016

苏州工业园区摩天轮游乐园

1. 项目背景：

摩天轮公园位于苏州工业园区金鸡湖畔，现代广场南侧，金鸡湖东岸游艇码头北侧，属于金鸡湖畔核心文化水廊景观区域，占地一万多平方米，主体结构摩天轮 120 米，高度居全国第二位，是目前国内配备最齐全，设施最精致的摩天轮。

游乐园整体规划由国际上一流的游乐园规划设计公司——澳大利亚新道信游乐场设计集团（澳门）有限公司设计，采用创造欢乐、明快游乐天地的设计理念，为不同年龄的消费者，观光客提供游乐空间，通过相关景点的结合，摩天轮的观景效果相当突出，而在绚丽多姿、变幻无穷的灯光点缀下，摩天轮本身也将成为金鸡湖畔最耀眼的明珠。

摩天轮公园将由儿童乐园区、家庭游乐区和青少年乐园三部分组成，儿童乐园将配备旋转木马等一系列儿童游乐项目，家庭游乐区则以摩天轮为主体，底部设有观景台及餐厅，青少年乐园内设卡丁车轨道、游戏机等适合青少年游乐的项目。项目计划在 09 年 7 月投入运行，届时，登上摩天轮，旖旎的金鸡湖风光将尽入眼底，整个现代园区也将一览无遗。

2. 设计说明：

设计通过三大照明手段——“镭射艺术”、“超级窗口的号召”、“百变的表情”在摩天轮上创造出一个美丽的三维立体世界，打造出一个世界上一流的、首屈一指的超级梦幻摩天轮。而绚丽的灯光和浓重的色彩则是游乐园内建筑光环境的主基调，梦幻的主城堡、迷蒙奇幻的海盗船、色彩斑斓的DISCO摇摆船、跳跃闪动旋转的木马，一切皆以创造欢乐为主题。通过灯光的动态变化，光色的转换以及灯光小品的补充，创造出一个欢乐、览胜、猎奇的灯光乐园，运用大量的可控灯光变化实现不同灯光场景变化来吸引周边游人，创造地区性游乐集散地是我们的设计目标。

详细的照明技术指标具体实施：

摩天轮部分：

12万个体积微小的LED点光源，以15cm＊15cm的间距，在摩天轮的正反两面各构建起一个半径约为22米的巨大圆形电子显示屏。每一个LED单元内都由RGB三原色芯片组合而成，这些数量巨大的LED点阵经由电脑控制系统，可以产生清晰自然的影像效果。整个电子显示屏是网状的，风可以从中透过，从而可以有效的减弱其在迎风面上风的阻力。在摩天轮主体钢结构上同样装饰有可全彩变色的条形LED点光源，通过智能控制系统产生丰富多彩的动态图案变化，每天带给人们不同的视觉享受，令人百看不厌。

游乐园部分：

综合运用传统泛光照明灯具及LED灯具，平时以静态泛光照明为主，采用暖白色的灯光，通过对建筑顶部轮廓及沿湖泊岸线的轮廓勾勒加强临湖人视角度的远观效应；周末或节日，则以彩色动态变化灯光照明为主，结合舞台照明灯具，在特定时间段，对游乐园核心建筑—主城堡进行特殊照明，同时整合整个游园的其他照明及音响设备，进行灯光节目表演。

3. 照明设计理念、方法等的创新点：

在旋转的摩天轮上，通过采用广播级2. 4G点对点无线图像传输技术及用于航天设备的角度传感校正系统，首次实现LED超大显示屏播放。在主城堡的灯光设计中则引入舞台照明元素，把舞台照明中绚丽的景色移植到城堡上，使游客身在城堡公园内却有舞台剧演出的感觉。我们在灯具中配置了众多图案（如：星空、雪花、气球、花朵），通过灯具的投射功能，把各色美丽的场景投射到城堡上，让夜间的城堡有如浩繁的星空、缤纷飘落的下雪天气、五彩的节日庆典、花朵多盛开的海洋。同时，本次所配的灯具可以运动，提高了动态效果，整体气氛更加活跃。此外，采用MIDI时间码技术，实现了动画与音乐的同步播放，节奏更加紧凑，跟随音乐节奏呈现给游客活泼、欢快的节日氛围。

4. 照明设计中节能措施：

1）摩天轮上采用LED灯具作为主要照明灯具，整个项目总用电量为200kW。

2）采用最新进口金卤变色投光灯，功率仅250W，代替传统400－1000W大功率舞台照明灯具，并具有超长的使用寿命，实际寿命高达10000h，并有很高的流明维持率。

3）景观照明采用进口陶瓷金卤灯，3000K/4200K光色，优秀的显色性使景观场景的颜色更逼真，稳定的光色创造出颜色的一致；寿命长，高光效92lx/W。

4）根据不同时间段，设置平时与节假日照明模式。

5. 设计中使用了哪些新技术、新材料、新设备、新工艺：

1）采用广播级2.4G点对点无线图像传输技术及用于航天设备的角度传感校正系统，首次在室外旋转的构筑物上实现

LED 显示屏播放功能。

2）专为摩天轮设计了结构精巧的 LED 条形灯具。

3）采用国际先进的 MIDI 时间码控制技术，把声、光、电有机地结合起来，采用有线网络控制，使主城堡所有灯具，随音响一起进行综合表演。并能随时设置启动、重复、时间、循环次数等。整个系统具有手动、自动控制表演功能。

4）专为符合游乐园氛围设计了造型别致的欧式装饰壁灯、庭院灯及草坪灯。

5）在城堡顶部及立面结构凹槽内暗藏 LED 灯具，充分利用 LED 体积小，长寿命的特点，灯具外表面喷塑处理成外墙面相同颜色，白天不影响建筑效果，夜间保证灯光效果。

6）所有部位采用显色指数大于 85 以上的优质光源。

7）采用最新的施工技术工艺，完全符合国家相关标准，灯具的安装、管线的敷设都规整有序，不影响设备的正常使用也不会对白天的景观造成破坏。具体工艺详见施工组织。

6. 照明设计中使用了那些环保安全措施：

1）摩天轮中心显示屏及径向轮辐上采用特制 LED 灯具照明。

2）城堡顶部腰线及屋面照明采用 12°＊35°偏光透镜技术。

3）景观长廊立柱投光灯具采用 15°角加丝网印刷玻璃面罩。

4）外墙投光照明采用均采用非对称灯具。

5）投光灯、地埋灯均加遮光罩。

6）大量采用高效长寿的光源，有效降低光源使用数量。

7）通过控制系统在平常状态尽可能减少大功率灯具的使用时间，节约实际总功率的 1/2。

7. 灯具应用介绍：

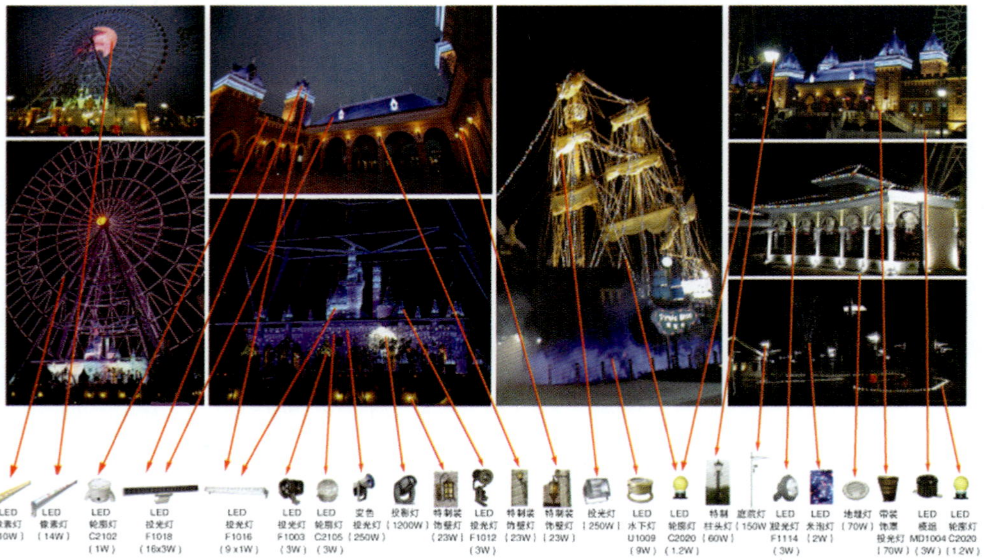

第四篇 半导体照明篇

中国半导体照明产业发展趋势与特点

唐国庆
（CREE 中国市场部总经理）

引言

国家发改委副主任解振华近日表示“发展低碳经济是我们的必然选择”，对照明而言，发展高效节能的照明方式是我们的必然选择。而半导体照明以其高效、节能、长寿等特点成为大家竞相关注的重点，以刚举办完毕的广州2009国际照明展为例，1539家参展商中85%以上都展示了半导体照明，可见其“热”的程度。当然我们对此也不能盲目乐观，发展过快的问题也开始凸显。在此，总结出中国半导体照明产业发展的若干趋势和特点给大家一些参考和借鉴，以期整个产业向健康有序的方向发展。

1. LED 照明

（1）热中见“快”

1）国际公司热于并购

2008年是危机重重、动荡不安的一年，美国次贷危机带给全球汽车、消费电子等各大产业巨大冲击，2008年底更是过了一个“严冬”，但LED行业却是逆势而上，国际公司通过收购兼并，完善自身产业链并进行全球LED战略部署：CREE公司在2007年合并封装大厂华刚之后，2008年初又收购了美国LED灯具设计制造公司LLF，在2009年第一季度净盈利400万美元，流动资产达4.05亿美元。另外该公司计划增加LED产品研发开支，生产逐步转向4in碳化硅衬底，Philips则在2007年收购Color Kinetics（CK），2008年又收购了北美照明灯具公司Genlyte集团。在金融危机下，国际收购兼并风潮一浪接着一浪，并续演至2009年。

2）国内企业热于扩张

不亚于国外LED产业的发展，我国整个LED产业也呈现欣欣向荣的景象，但我国LED企业的发展更具有其自身特性。2008年我国LED产业芯片生产厂商近30家，封装企业近1000家，应用厂商高达2000多家。为缩小与国际知名厂商差距，增强自主创新能力，芯片、封装、应用的厂商也不再满足于各司其职，纷纷投资于产业的前后段生产，其中不乏有芯片厂商往前段LED设备发展的；有应用到外延芯片发展的；有往后段发展的，芯片往封装，封装往应用的发展，这可以说是一件好事情，说明大家都看到了LED产业非常好的发展前景，当然在发展的同时，大家也期待各企业在注重“量”的同时能注重产品的“质”。

3）政府热于支持

除了以上企业自身积极的活动之外，2008年国内外政府的支持力度也逐渐增大，欧盟、美国能源部、日本政府都颁布了积极的政策来鼓励LED行业的发展，而我国凭借2008年奥运会的推动，向世人昭示我国已经成为LED应用大国。据中照协统计，2009年我国LED路灯市场将比2008年增长178%，产值达16.25亿美元，并预期2011年国内LED路灯有望达300多万盏，占有率8.5%，见图1。可以预见，我国自身市场内需的扩大加上经济危机带来成本上的压力，反而使得内地厂商有更多的机会，这在2008年也已初见端倪，虽然2008年欧美，日本，我国台湾地区占全球LED产值的60%以上，但我国大陆地区也已占到27%（中国半导体照明网），这对于我国起步较其他发达国家晚的LED产业来说实属不易，这跟政府大力支持和行业推动以及企业自身发展密不可分。

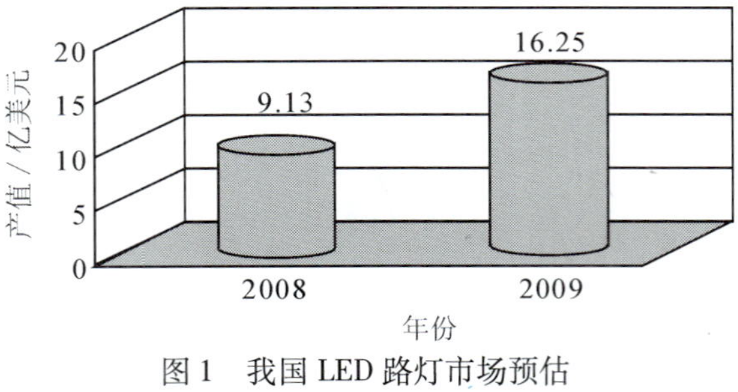

图1　我国LED路灯市场预估

4）社团组织热于造势

作为2008年的延续，2009年继续保持良好的发展势头。2009年3月份余姚的两会证实了LED产业的“热”。2009年

3 月 6 日，由宁波市科技局、余姚市人民政府主办，宁波燎原灯具股份有限公司承办的“大功率 LED 功能性照明新产品及新技术应用研讨会”成功召开，国家半导体照明工程协调领导小组办公室副主任吴玲及宁波科技局、余姚市政府领导在会上讲话，LED 照明有关专家及北京、上海、沈阳、长春、成都、杭州等国内主要城市道路照明管理部门负责人共 450 人参加了研讨会。紧随其后，在 2009 年 3 月 23 日，由中国照明电器协会、中国照明学会有关专业委员会、中国市政工程协会道路照明专业委员会共同主办召开了“2009 年中国道路照明论坛”，LED 路灯则再次成为讨论的热点。可见，尽管 LED 本身还有不成熟的地方，但不可否认，它已经成为勃勃生机的一个照明光源。

（2）升中见“稳”

1）高亮度市场持续升温

尽管受金融危机的影响，但 2008 年 LED 产业似乎没有冬天，其市场前景依旧令人鼓舞。如图 2 所示，在室内外通用照明等市场的拉动下，2008 年全球高亮度 LED 市场保持了 10% 以上的增长，总产值高达 51 亿美元，且随着市场的进一步复苏，2008 年到 2013 年年复合平均增长率预计将高达 19.3%，在 2013 年可高达 124 亿美元。

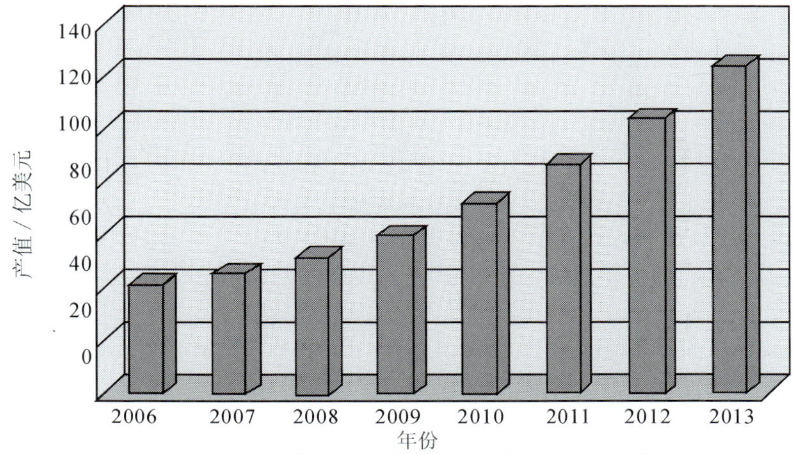

图 2　全球高亮度 LED 的增长状况（Strategies Unlimited）

2）整个 LED 市场发展趋于平稳

在高亮度 LED 市场保持增长的同时，整个 LED 市场发展则趋于成熟平稳。以我国 LED 市场规模为例（见图 3），大幅的增长出现在 2003 年之前，在 2004 年之后增长幅度趋于平稳，基本增长率都保持在 10% 左右，在 2008 年继续保持 10.12% 的增长率，产值高达 185 亿元。

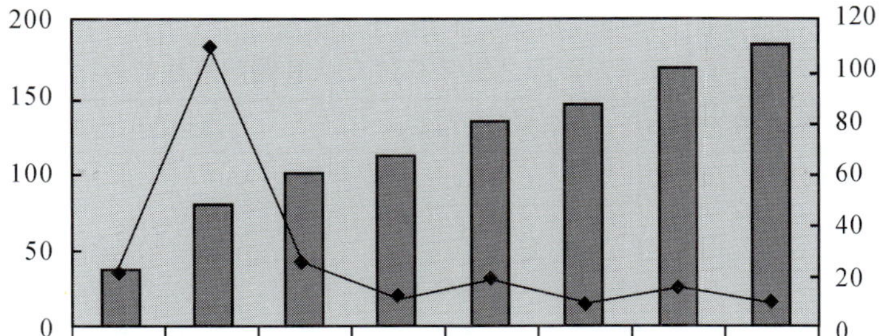

	2001	2002	2003	2004	2005	2006	2007	2008
年销售额/亿元	38.2	80	100	112	133	146	168	185
增长率(%)	21.6561	109.424	25	12	18.75	9.77444	15.0685	10.119

图 3　我国 LED 市场规模及增长率变化（中国半导体照明网）

3）LED 产业升中见“稳”现象并非偶然，这与目前照明界“三个提高”大有关系

认识提高：结束以往观望态度，越来越多的企业从被动的“不高兴”接受到主动的高兴地加入到 LED 照明的行业之中。据统计，在 LED 厂商之中，40% 厂商源自传统光源厂商，40% 厂商源自 LED 厂商，而另外 20% 厂商自无业界关联但看好 LED 前景的厂商，各行业竞相进入 LED 照明，这也是保持我国 LED 产业持续增长的动因之一。

LED 器件性能提高：可以说 2008 年 LED 器件无论从效率、色质、稳定性上都有了很大的变化。效率而言，量产的目前全球报道最高可达 132lm/W、350mA 的 LED（CREE，XP－G 系列），实验室可高达 161lm/W、350mA（CREE 数据，如图 4 所示），除了 CREE，目前量产效率可超过 100lm/W 的还有 Philips Lumileds、Osram、Nichia 等国际知名企业，而国内许多厂商目前量产可提供80lm/W、350mA，跟2007年比效率有了很大提升。从颜色上，LED覆盖了暖白、中性白、冷白全系列白光，且目前LED颜色细分之后，LED颜色一致性可等同或甚至优于传统光源。CREE最新公布的大功率暖白光分色法为例，分级标准比ANSI C78.377－2008标准分的区域要小94%，从根本上保证了颜色的一致性。稳定性而言，SSL专门制定了关于LED寿命测试标准IESNA LM－80，规范了目前行业内对于寿命的定义和测试方法，目前高端品牌的LED其6000h后的亮度维持率基本可达90%以上。而色点稳定上而言，好的LED的在85℃高温700mA下（CREE芯片，1mm×1mm），5000h之后，色坐标漂移仍可在Macadam图之内。

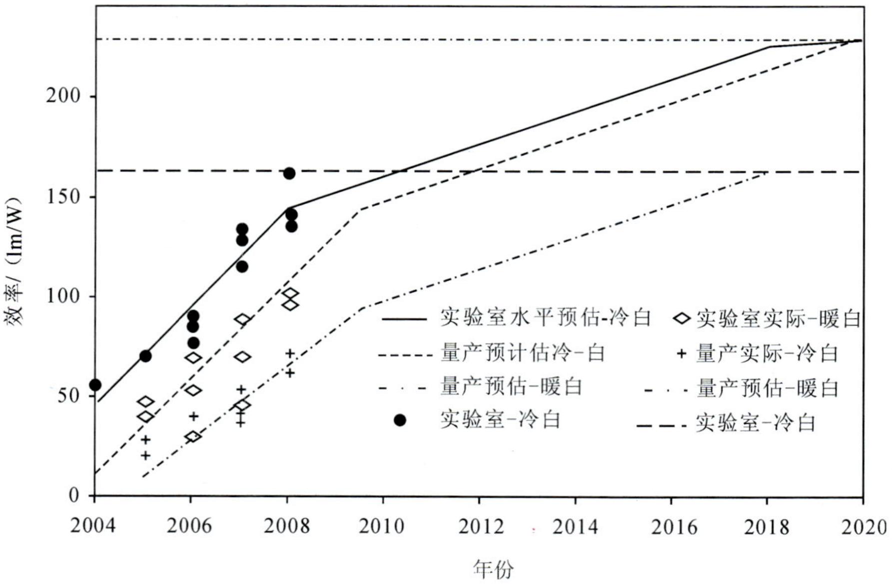

图4 LED光效发展趋势图

LED灯具性能提高：通过二年的LED技术积淀，以及配套产品的成熟，LED灯具越来越规范，从光效、颜色、外观、稳定性上都有了很大的发展。就道路照明灯具而言，宁波燎原、西安立明、南京汉德森等都推出了有自主专利的LED灯具。其中，西安立明则通过独特的混光技术，提高了路灯的显色指数，可更真实地反映路面的真实情况；南京汉德森推出的隧道灯效率已经可和节能灯效率相媲美，并在寿命上优势更明显；深圳勤上则通过和清华大学合作，通过独特的透镜技术，将LED灯具效率大幅提升，比传统钠灯效率平均节能60%。室内灯具方面，CREE陆续推出了室内筒灯LR4、LR5、LR6、LR24，前三者通过了能源之星的认证（见表1），并大大超过了标准（光效超过35%以上，显色指数91以上），后者则已经成功获得美国能源部的认证，继而成功安装于美国五角大楼。

表1 能源之星标准和CREE照明灯性能对比

	能源之星（家居）	能源之星（商用）	CREE LED照明筒灯
效率/（lm/W）	35	35	46～54
显色指数	75	75	91～95
寿命/h	25000	35000	50000
最小光通量（直径小于4.5in）/lm	375	375	515～540
最小光通量（直径大于4.5in）/lm	575	575	650
功率因数	≥0.7	≥0.9	0.96～0.97

（3）喜中见“忧”

2008年是令人可喜的一年，政府的支持力度越来越大，也越来越具体化。

除政府大力支持外，LED产业另一喜则源自全球对地球居住环境的关爱对LED产业的促进，2009年3月25日，“危机与创新——驱动中国低碳经济变革”高端对话，气候组织向布莱尔先生递交了由中国企业家联合签名的《中国企业家应对气候变化宣言》，由他向今年的G8峰会和联合国气候变化大会递交。可以说在驱动低碳变革同时，高效节能的LED光源自然成为降低碳排放量的主要手段之一，自然也加快LED产业的发展。

除以上两点，另外可喜的是LED在应用上也是百花齐放，其中以下三大领域成为目前应用焦点：

①道路照明：目前广东省东莞市、辽宁瓦房店市、山东省潍坊市、杭州市等将LED作为城市道路的主要照明，数量已

逾万盏！国外道路照明推动则以CREE推出的“LED城市计划”为代表，迄今为止已有8个城市加入了该计划，主要应用于路灯、隧道灯、广场灯和停车场灯等。

②半户外照明：主要应用于加油站和收费口LED灯具的更换，日本则始于地铁站和超市连锁店LED灯具的替换。

③室内照明：目前最典型应用属美国五角大楼，使用了LED灯具之后，比目前最先进的荧光灯技术节能22%，减少140t的二氧化碳的排放量。而在商用照明中，北美和欧洲则是LED灯具的先行者，在一些超市（沃尔玛等）、连锁店（汉堡王等）的货柜照明都已开始大量启用LED灯具；以上三个领域都是大量耗电的场所，通过LED灯具的转换，一来可减少电费和维护费用，从而降低成本，二来通过减少能耗，可有效减少二氧化碳等有害气体的排放，还地球一个低碳世界。

除以上三个耗电比重较大的领域之外，其余5个小领域也开始展露“尖角”。

①辅助照明：充分利用LED的方向性将墙壁上的装饰画或将台面上、橱柜内的物品映射得突出、醒目，包括LED台灯、LED壁灯等，Philips和Osram都有相应的产品推出。

②层次/立体照明：通过加入LED的背照灯，增加物品的层次感；且LED尺寸小，在家具背后与底部安装灯具，可明显增强人在室内的空间感。

③装饰照明：楼梯、过道、立柱，增加房间的美感。

④智能照明：在一些特殊场所，如淋浴器上安装可变色的LED灯具，可根据水温高低自动变换颜色，从而防止由于水温过高而引起烫伤等后果。

⑤情景照明：Philips在此方面的应用比较突出，FILA上海353广场旗舰店使用了飞利浦AmbiSence的LED情景照明，以“灵活”的方式应对消费者多变的购物动机，通过简单控制就可无限变换店堂内的灯光颜色、对比度、方向、亮度等维度，为顾客随时“调和”出不同陈列主题的氛围，彰显品牌个性。在这些应用中，主要一个原则就是艺术感增强，尽量达到见光不见灯的效果。

综上所述，2008年全球LED产业发展迅速，且每个地区发展有其特色。我国的LED产业发展有其独一无二的特性，室外功能照明主要以道路照明先行，美国则户内外并重，并以能源之星来进行行业的规范化；日本则由站内列车开始，从某种程度上也反映了各国家的民族精神。但不可否认，欣喜同时，我们看到LED产业在发展过程中还存在很多问题，我们要作的不是片面的夸大问题，作为LED人，我们要选好LED光源，作好LED灯具，用好LED灯具！

（4）愿中有“戏”

毫无疑问，我国目前已经是LED应用大国，尤其有了政府的支持，LED人可以施展的舞台更大，但我们需要看到要真正成为LED的创新大国，我们还有很长一段路要走，我们需要的是坚定科技创新、锐意共进的信念，加大跨界合作力度，包括LED界与照明界、LED界的上中下游的通力合作、国际间的合作等。在此总结出五点愿景，期待跟业界人士一起努力，促使2009年的LED产业更加辉煌！

①关注LED光源五个特点：光效、环保、专利、性价、可靠；

②确立中国LED四个优势：市场、集群、品牌、和谐；

③中国特色三角图：政策支持，协会推动，企业发展；

④中国两个产业联手：LED产业、照明产业携手，惟如此，才能可持续发展；

⑤中国LED人坚信一句话：LED有点像太阳，尽管会……但LED的太阳明天照常升起！

2. OLED照明

（1）新一代显示技术

有机电致发光（Organic Electroluminescence，OEL）或称有机发光二极管（Organic Light - Emitting Diode，OLED），具有超薄、自发光、视角宽、响应快、光效高、温度适应性好、生产工艺简单、驱动电压低、能耗低、成本低等明显的优点而为业界所瞩目。它的研究始于20世纪60年代。但当时驱动电压大于400V且没有解决寿命等问题，所以有机电致发光的发展一直处于停滞不前的状态。

1987年美国Kodak公司的Tang和Slyke采用新的器件结构，研制出了低电压（10V）、高亮度（1000cd/m^2）、高效率（1.5lm/W）的有机电致发光器件，从而重新引起了人们对有机电致发光器件的研究兴趣。1990年英国剑桥大学的Burroughs等人又首次报导了用共轭聚合物聚对苯撑乙烯（PPV）实现聚合物的低驱动电压电致发光器件，将其材料研究开发扩展至高分子聚合物领域（PLED）。这两个突破性进展使人们看到了有机电致发光器件作为新一代平板显示器件的希望。

Display Search OLED最新研究数据显示，OLED市场节节攀升，2008年营业收入达到6亿美元，预计到2015年将大幅增长到55亿美元。目前全球加入OLED市场竞逐的厂商合计有100家以上，如制造厂商有三星SDI、LGD等厂商；材料开发商有柯达、剑桥显示技术公司等；设备制造商有日本真空、大日本印刷等。国内方面，除台湾铼宝、奇晶等业内领先企业外，大陆的四川虹视、维信诺等均开展了研究并已实现被动式OLED（PMOLED）量产。此外，主动式OLED（AM - OLED）以其更快响应速度、更高对比度、更好的画质，也成为各大厂商的研究重点，韩国三星在2009年6月1日称准备量产AMOLED电视面板，产品尺寸包括14.1in和31in。LG的15inOLED电视2009年三季度投产，将于今年10月正式上市。

我国的四川虹视率先开展了AMOLED研究，着重布局AM（主动式）OLED产业的发展，目前已完成3in级AMOLED开发。上海天马微电子有限公司则拟投资5亿元在现有工厂内增设一条第4.5代AM－OLED中试线，完成后可月加工730mm×920mm玻璃基板1000张、年产2.0～3.5inAM－OLED面板70万片。除此之外，为解决大屏幕OLED面板制造中的有机材料均匀度难题，喷墨打印技术成为讨论热点之一。爱普生公司2009年5月26日宣布，他们已经基于喷墨打印原理制造出14inOLED显示器，该原型机的像素密度达到60ppi，如果能成功应用于37in面板上，即可实现FullHD分辨率。

（2）通用照明仍需时日

除了在平板显示中发展比较快，OLED在通用照明中的应用也得到一些厂商的关注。美国环宇显示技术公司（UDC）在2008年5月举办“Society for Information Display 2008”展会上，发布光效为72lm/W的白光OLED，最近又发布了亮度为1 000cd/m^{2}时的光效可达102lm/W的有机白光OLED，其显色指数（CRI）为70，色温为3 900 K。德国Novaled公司宣称他们已经开发出了通用照明用白光OLED，其光效目前为50lm/W，达到了白炽灯20lm/W的2倍以上，其试制的白光OLED照明产品在1000cd/m^{2}亮度下具有1万小时以上的寿命，光效为40～60lm/W，具有非常薄的特点。这些高性能白光OLED的取得，对推进OLED在通用照明领域的发展和应用有非常积极的作用。相对而言，国内对于OLED通用照明呼声比较高，但其研发机构只有中科院长春应化所等少数几家，其应用为数较少。

3. 结论

综上所述，OLED和LED都属于固态半导体发光器件，各自呈良好的发展势态，有人误以为OLED是LED的新一代产品，这显然有失偏颇，其实OLED本身可做平面发光单元，在平板显示上充分显示其轻薄特点；而LED效率高、点光源、体积小、寿命长且产业发展相当成熟，在通用照明上优势相当明显。两个产业有其发展特性，相辅相成，同时发展可促进中国半导体照明产业整体发展。

综论LED标准发展及制订现况概观

黄胜邦[1]　周佩廷[1]　王秉丰[2]

（1　台湾工研院电光所，2　台湾经济部技术处）

全球LED照明产业正处于蓬勃发展阶段，市场上对LED的需求也日益增加，从原本的工业用指示器、交通标志灯，进入广告显示板、显示背光源、路灯、车用光源及一般照明等。随着LED产业的快速发展，LED的光电特性、色度特性、安全性、产品可靠度等一致性的要求也渐严苛，然而LED之光电及热学特性与传统光源差异甚大，使得现有LED之量测方法并无法完全套用传统照明光源的量测技术，因此LED相关产品之测试标准已成为全球最关注焦点，因此各项标准规范的建立相当重要。

由于目前产业内并无领导厂商可绝对主导产业发展，以至于LED无论在产品规格或量测上均缺乏适当之标准。为了使各种不同形式及应用的LED光源能有正确、可靠且具一致性的评估标准，制订相关的LED标准便成为产业间迫切的需求。

在标准的类别上，我们可以将其分为产品标准与量测标准，而在级别上又可以分为国际标准、国家标准及行业标准等，如表1所示。

表1　LED标准制订层级类别

全　名	成　员	标准范畴	标准层级分类
国际电工委员会（IEC）	各国家	LED电器特性	国际标准
国际照明委员会（CIE）	各国家	LED光源特性	国际标准
国际标准组织（ISO）	各国家	LED相关材料、制程、产品、系统、服务等	国际标准
欧洲标准化委员会（CEN）	欧盟各国	LED相关材料、产品、系统等	地区标准
日本工业标准（JIS）	日本	LED光源、电器、相关材料、产品、系统等	国家标准
北美照明学会（IESNA）	北美照明学会	LED照明光源特性	团体标准
固态照明科技联盟（ASSIST）	美国企业联盟	LED寿命试验	行业标准
优力安全认证标准（UL）	优力安全认证公司	LED产品及材料之安全性	行业标准

以目前影响力最大的LED量测标准之一为例，国际照明委员会（CIE）于1997年提出一份关于LED光学特性的量测

技术文件 CIE－127，并在这些年来广为业界及研究单位所使用。然而随着高功率 LED 之发展以及各种封装形式与应用之增加，1997 年的版本已无法充分作为 LED 量测之依循准则。且国际规范的制订流程一向都很缓慢，因此，包括美国、日本、中国等在内的国家亦纷纷制订符合其国内需求之 LED 标准规范。本文将依照各国目前对于 LED 标准制订之进度及策略作一介绍及比较。

1. 目前各国 LED 标准制订动向之报告

目前负责全球 LED 相关事务的国际标准化代表性组织主要为国际照明委员会（Commission Internationale de L'Eclairage，CIE）以及国际电工委员会（International Electrotechnical Commission，IEC），该两个组织的会员构成须在所辖国内建立组织，称为国家委员会（National Committee），而由国家委员会加盟成为构成会员。

（1）CIE

国际照明委员会创立于 1913 年，前身为国际测光委员会（CIP），其总部位于奥地利的维也纳，为国际照明技术领域之权威机构，目前共分为七个技术部门。

CIE 对于照明技术的主要贡献之一在于国际标准化的推广，其对于色度坐标的制订、光源演色性的评鉴方法、光通量及光强度的量测方法的标准化贡献良多，而其所产出之文件以技术报告（technical report）的形式居多，虽然不具强制性质，但由于其地位的权威性，仍然受到各界的遵从，近来则与国际标准组织（ISO）及国际电工协会（IEC）合作发表共同标准。

由于 LED 具有不同于传统光源的发光特性，随着 LED 的应用越来越广，CIE 针对传统光源所制定的量测方法有进行修正的必要，因此 CIE 在 1997 年提出了编号为 127 的技术文件 Measurements of LEDs，也就是俗称的 CIE－127。在 CIE－127 当中，CIE 提出了"平均 LED 光强度"（Average LED Intensity）的概念作为量测 LED 光强度的一种参考方法，其也对 LED 全光通量的测量方法作出了建议。然而随着 LED 技术的快速发展，CIE－127 所提出的测量方法已不足以解决现阶段 LED 测量的问题（尤其对于高功率 LED 而言），因此，CIE 陆续成立数个技术委员会以解决 LED 测量之相关问题。这些技术委员会如表 2 所示，其中以修订原有的 CIE－127 为目标的技术委员会 TC 2－45measurement of LEDs－Revision of CIE 127 业已完成修订工作，并已于 2007 年以第二版的形式公布了 CIE－127：2007。在修订版中最大的改变是提出了部分 LED 光通量（Partial LED flux）的概念，虽然如此，CIE－127：2007 仍然无法解决许多目前高功率 LED 所遇到的量测难题。因此研究小组 R 2－36measurement requirements for solid state light sources 希望能够针对目前在固态照明量测上所遇到之问题进行探讨，以为了进一步成立技术委员会作准备。

除了上述的技术委员会之外，其他相关的委员会例如：CIE TC 1－62 是负责研究白光 LED 的演色性，该委员会已完成制订工作，并已提出技术文件 CIE－177 Colour rendering of white LED light sources。CIE TC2－46 CIE/ISO standards on LED intensitymeasurements，此技术委员会之主要目的在于将 CIE 所提出 LED 平均光强度量测方法稍做修改并作为 ISO 的规范。近来 CIE 亦成立了 TC2－50measurement of the optical properties of LED clusters and arrays 以对 LED 阵列及模组的定义及其测量方法进行研究及标准化。

表 2　CIE 与 LED 相关之技术委员会（部分）（资料来源：CIE）

分部名称	技术委员会	技术委员会名称	产出文件
Division 1	TC 1－62	Color rendering of white LED light sources	CIE－177
Division 2	TC 2－45	Measurement of LEDs－Revision of CIE 127	CIE－127：2007
	TC 2－46	CIE ISO standards on LED intensitymeasurements	
	TC 2－50	Measurement of optical properties of LED clusters & arrays	
	TC 2－58	Mearsurement of LED radiance and luminance	
	R 2－36	Measurement requirements for solid state light	
Division 4	R 4－22	Use of LEDs inVisual signaling	
Division	TC 6－47	Photohioloqical safety of lamps and lamp systems	CIE S 009
	TC 6－55	Light emitting dioges	

（2）IEC

国际电工委员会创立于 1906 年，其总部位于瑞士的日内瓦，为最早的国际电工标准化机构，其目的在于促进统一国际的电工标准，加速电子工程领域的标准化工作。与 CIE 不同的地方在于，IEC 将 LED 视为会发光的电气元件，因此较为注重其电气及安全性之考量，以 LED 模组为例，目前已对其完成四份标准，如表 3 所示。

表3 目前IEC对LED模组相关之标准（资料来源：IEC）

标准编号	名称
IEC 60838 – 2 – 2	Miscelaneous lamoholders – Part 2 – 2：Particular requirements-Connectors for LED-modules
IEC 61347 – 2 – 13	Lamp controlqear-Part 2 – 13：Particular requirements for d. c. or a. c. supplied electronic controlgear for LEDmodules
IEC 62031	LEDmodules for general lighting-Safety specifications
IEC 62384	DC or AC supplied electronic control gear for LEDmodules-Performance requirements

（3）美国

美国对于LED量测标准的关注是建于固态照明产业的发展上，主要领导的政府单位是美国能源部（DOE），其重点在于加速固态照明产品进入照明市场的时程，对于LED标准制订的部分，是附属在由能源效率及再生能源办公室（EERE）进行的固态照明计划之下。由于原有的量测标准已不适用于LED的量测，因此美国能源部于2006年3月组织了工作会议，召集重要的标准组织，如国际电工委员会（IEC）、国际照明委员会（CIE）、北美照明学会（IESNA）、美国国家标准组织（ANSI）、美国电气用品生产者协会（NEMA）、美国国家标准与技术研究院（NIST）、加拿大标准协会（CSA）和优力安全认证公司（UL）。在审视了现有LED标准和量测方法的不足之处后，配合已出炉的能源之星（Energy Star）固态照明灯具标准，将搭配相对应之工业测试标准，而与发光二极管的性能标准和测量方法相关的标准，将以CIE的技术文件作为参考依据，并由ANSI及IESNA负责制订适合于固态照明LED的测量标准。其中为大家所瞩目的标准项目包含了：ANSI C78 – 377A——针对不同相关色温下的白光LED之色度规范、IESNA LM – 79——对于固态照明产品的电性与光度测量方法，以及IESNA LM – 80——对于LED光源的光衰特性（寿命）测试方法。表4为美国能源部所公布对于固态照明产品性能及量测标准项目的一览及相关说明，由于其所对应之能源之星固态照明灯具标准业已公布，这些标准预期将近日内会正式出版。

除了由官方推动的固态照明计划之外，由美国壬色列理工学院（RPI）的照明研究中心（Lighting Research Center，LRC）结合各大厂商及研究单位于2002年成立固态照明系统及科技联盟（ASSIST），也于2005年提出了一般照明用LED的寿命评估技术文件（见表5），并分别于2006年及2007年进行修订。该文件的特色是定义了LED的寿命评估值，并且对于LED元件与系统，以及高低功率的LED皆作出了定义区别。

表4 美国能源部所公布对于固态照明产品性能及量测标准项目一览（资料来源：美国能源部）

制订单位	标准编号	名称
IESNA	RP – 16	Nomenclature and Definitions for llluminating Engineering Addendum
IESNA	TM – 16 – 05 *	IESNA Technicalmemorandum on Light Emitting Diode（LED）Sources and Systems
IESNA	LM – 79 *	IESNA Approvedmethod for the Electrical and Photometricmeasurements of Solid-State Lighting Products
IESNA	LM – 80 *	IESNA Approvedmethod formeasuring Lumen Depreciation of LED Light Sources
ANSI	C78. 377A *	Specifications for the Chromaticity of Solid State Lighting Products
ANSI	C82. XX1 *	Power Supply
ANSI	C82. 77 – 2002	Harmonic Emission Limits-Related Power Ouality Requirements for Lighting

表5 北美固态照明产品安全性/其他相关标准

制订单位	标准编号	名称
FCC	47CFR Part 15	Electromagnetic interference
NFPA	70 – 2005	National Electric Code
UL	8750	Outline of Investigation for Light-Emitting Diode（LED）Light Sources for Use in Lighting Products（二版）
UL	1012	Power Units Other Than Class 2
UL	1310	Class 2 Power Units
UL	1574	Track Lighting Systems
UL	1598	Luminaires
UL	1838	LowVoltage Landscape Lighting Systems
UL	1994	Luminous Egress Pathmarking Systems
UL/IEC	60950 – 1	Information Technology Equipment-Safety-Part 1：General Requirements

（4）日本

相对于美国积极推展固态照明产品的市场化，身为全球最大 LED 产值国的日本，近年来较为着重照明用白光 LED 标准化之推动，其进度亦相当快速。在 2004 年，由各大 LED 及照明业者结合，由日本照明学会（IEIJ）、日本照明委员会（JCIE）、日本照明器具工业会（JIL）、日本电球工业会（JEL）等四大团体联合制订之共同标准规范《照明用白色 LED 测光方法通则》便已出版，且在 2006 年推出了修订版。该版本最大的特点是在于其详细制定了标准白光 LED 的规格，并以标准 LED 作为量测之比较标准。除此之外，日本照明委员会也成立 LED 光源生物体安全性研究小组，并且发表《LED 光源之生物安全性规格化报告》。照明学会也发表了《照明用白色 LED 安全性要求事项》，而电球工业会则制订了《照明用白色 LED 装置性能要求事项》，此意味著日本 LED 标准已渐渐迈向产品标准，而在积极推动之下，《照明用白光 LED 测光方法通则》及《照明用白色 LED 装置性能要求事项》已于 2007 年 7 月分别成为日本工业标准（JIS）及标准规格文件（TS）。

为了整合日本国内 LED 业者及研究单位，且加速推动固态照明之普及化，日本在 2007 年成立非营利活动法人 LED 照明推进协议会（JLEDS），其除了整合照明学会、照明器具工业会、电球工业会及照明委员会等团体之 LED 标准制订工作之外，同时也对 LED 晶粒制作技术、寿命评估方式、可靠度、散热、光学特性与特殊照明应用等领域作更深入之研究，期望能更提升日本的 LED 制作水准，如表 6 所示。

表 6　日本照明用白光 LED 制订之相关标准

◆日本电球工业会 JEL
◆日本照明学会 IEIJ
◆日本照明委员会 JCIE
◆日本照明器具工业会 JIL

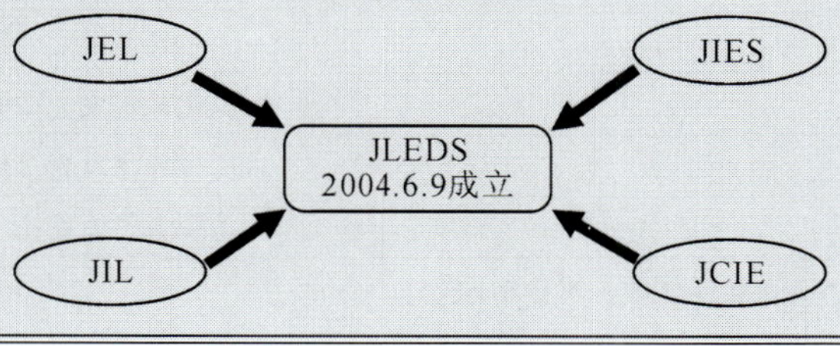

标准编号	名称
JIS C 8152	照明用白色 LED 测光方法通则
TS C 8153	照明用白色 LED 装置性能要求事项
JEL 811	照明用白色 LED 模组安全性要求事项

（5）韩国

韩国科技标准局（KATS）于 2007 年 8 月宣布在未来三年内将建立 15 项韩国国家标准（KS），以协助次世代 LED 照明产业的发展，KATS 宣布《LED 照明标准化三年计划》，加速 LED 的标准化及建立测试方法，以提升产品品质，如表 7 所示。

表 7　韩国国家标准预计产出 LED 标准项目

韩国国家标准预计产出 LED 项目
LED 用语
替代卤素灯之 LED 灯
LED 安全性
LED 紧急照明
LED 显示板
LED 劣化与加速寿命试验
照明用白光 LED 与 LED 模组安全要求事项
照明用白光 LED 与 LED 模组性能试验方法
LED 局部照明
高功率 LED 指示板性能标准
车辆照明用 LED 试验方法
LED 光源视觉评价之评估方法
LED 路灯
代替荧光灯之 LED 灯
高效率 LED 照明检测仪器工具

（6）中国大陆地区

中国大陆地区在“十五计划”（第十个五年国民经济计划）中，确立发展半导体照明之关键技术，其中由科技部联合信息产业部成立半导体照明标准工作指导委员会，重点在于加强 LED 上下游产业之标准制订工作。而于 2005 年成立的信息产业部半导体照明技术标准工作组业已完成三项 LED 行业标准，分别为：半导体发光二极管测试方法、半导体光电子器件功率发光二极管空白详细规范（草案）以及功率半导体发光二极管芯片技术规范（草案）。

其中在《半导体发光二极管测试方法》中，规定了较为完整的测试方法，其中包含辐射度学与光度学、色度学、电性能和热学参数等。在本标准中，对于光度与色度学的部分，基本上仍遵循 CIE 所建议的测量方式，而与其他标准较为不同的地方是其加入了 LED 热阻量测之规范，也同时加入了 LED 静电放电的 ESD 测试。在 2007 年底召开的半导体照明技术标准工作组第四次成员大会，决议送审七项半导体照明技术电子行业标准，如表 8 所示。

表 8　信息产业部半导体照明技术标准工作组 2007 年送审标准项目

编号	名称
S07006－T	半导体照明术语和定义
S07007－T	半导体光电子器件小功率发光二极管空白详细规范
S07008－T	半导体发光二极管用荧光粉
S07009－T	半导体发光二极管芯片测试方法
S070010－T	氮化镓基发光二极管用蓝宝石衬底片
S070011－T	半导体发光二极管产品系列型谱
S070012－T	功率半导体发光二极管晶片技术规范

（资料来源：信息产业部电子工业标准化平台）

由于中国大陆的 LED 产业的发展相当快速，因此在半导体照明标准工作指道委员会的指导之下，由国家半导体照明工程研发及产业联盟于 2007 年成立了联盟标准化协调推进工作组，以负责协调中国的 LED 标准进度。而目前最新进展是由全国照明电器标准化技术委员会所提出的普通照明用 LED 国家标准及行业标准，这些标准目前都在送审阶段，预计于 2008 年正式通过，如表 9 所示。

表 9　2008 年中国普通照明用 LED 标准列表（部分）

国家标准计划			
项目编号	项目名称	标准性质	采用国际标准
20070403－Q－607	灯的控制装置第 14 部分：LED 模组用直流或交流电子控制装置的特殊要求	强制	IEC 61347－2－13：2006 Ed. 1. 0
20070405－Q－607	杂类灯座第 3 部分：LED 模组用连接器特殊要求	强制	IEC 60838－2－2：2006
20067479－T－607	普通照明用 LED 模块测试方法	推荐	CIE 127：1997
20072781－T－607	普通照明 LED 模组用直流/交流电子控制装置性能要求	推荐	IEC 62384：2006 Ed. 1. 0
20079261－T－607	道路照明用 LED 灯	推荐	
20079282－T－607	普通照明用 LED 灯和 LED 模组术语和定义	推荐	
20079283－T－607	普通照明用 LED 模块安全要求	强制	IEC 62031
20079284－T－607	普通照明用 LED 模块性能要求	推荐	
20079285－T－607	普通照明用电压＞50V 自镇流 LED 灯安全要求	强制	
20079286－T－607	普通照明用电压＞50V 自镇流 LED 灯性能要求	推荐	
20079297－T－607	装饰照明用 LED 灯	推荐	
行业标准计划			
项目编号	项目名称	标准性质	采用国际标准
Q2005－036T	普通照明用发光二极管性能要求	推荐	

（资料来源：全国照明电器标准化技术委员会）

大陆之 LED 标准制订方向主要仍参考 CIE、IEC 及美国等主要 LED 标准制订单位。而由于应用面的需求，虽然在 LED 标准上，中国大陆仍位于追随者的地位，但在科技部的主导之下，也已开始制订特殊应用需求的 LED 产品标准，例如厦门市率先制定了《夜景工程半导体照明器件部件产品技术规范》，而国家半导体照明工程研发及产业联盟也于 2008 年 7 月发布了《整体式 LED 路灯的测量方法》并于 2008 年 9 月实施，这些都是值得产业界注意的部分。

（7）中国台湾地区

目前台湾地区的LED交通标志灯标准较为完备，但尚无针对高功率及照明LED的标准规范，有鉴于此，“经济部”于2007年整合台湾地区上中下游LED照明业者成立LED照明标准及品质研发联盟。由台湾地区的中国电器、晶元光电、光宝科技、中盟光电、齐瀚光电、维明企业及一诠精密等7家厂商所组成，期望整合照明灯具业者、光源系统厂商、LED元件与模具厂、晶粒厂、封装材料与测试设备厂等业者，结合工研院丰富之标准制订经验，建立一套完整的LED照明标准，在其他公协会的协助下，以扩大业者参与制订LED照明标准规范为目标，透过交流讨论，完成从晶粒、元件模组、光源系统到照明灯具所需的品质测试程序与量测规范草案，借以提升台湾地区LED的制造水准及检验品质。

2. 结语

由于制订标准的目的在于加强生产之一致性、提升品质，并提高生产效率，若希望提升LED的制造品质，使其在全球化的竞争中脱颖而出，标准是一项不可或缺的工具。因此LED标准制订的进度是各国政府及业界皆非常重视的事情，台湾地区目前的LED产量居世界前列，因此也不该在LED标准的制订过程中缺席。

本文对于目前各国（地区）的LED标准制订的进程与策略作一概括性的介绍，惟因篇幅限制及作者学识有限的缘故恐有不足或遗漏之处，尚祈各位先进不吝指正。

探讨LED路灯技术及标准

李丽玲　郭玉萍　林士凯

（台湾工业技术研究院能源与环境研究所）

摘要：道路照明为必要的公共设施，目前水银灯及高压钠灯为路灯的两种主要光源，共同点为演色性差，水银灯既耗能又不环保，高压钠灯效率高但光色不符合视觉环境。白光LED发展迅速，光利用率与环保等优势，让LED路灯的性能快速提升，发光效率已大幅超过水银灯具。为建立LED用于道路照明管理机制，台湾地区已研拟LED路灯标准草案，以迎接LED路灯时代的来临，借此达到省能及产品使用的保障。

关键字：LED路灯；道路照明；配光曲线

前言

能源居21世纪全球最关切议题之首，照明节能更被列为第一要务。道路照明由政府掌控，因应节能环保趋势，LED路灯的商机正在酝酿中。从照明观点道路分为汽车专用、一般街道、商店街及人行道四大类。一般所指的道路照明乃指汽车专用道之照明，主要功能在保障夜间道路的行人及车辆驾驶者能安全通行，尤其应提供车辆驾驶者看清楚道路的形状、行进方向及周围等，以正确辨视任何障碍物，且容易预测行进方向。道路照明对于减少事故和犯罪方面扮演非常重要的作用。

因道路照明的重要，其设计考虑重点包含照度充足、辉度均匀、光色宜人、低眩光、诱导行车、节能及维护便利等，故路灯具备高效率、照明利用率佳、配光适当、寿命长、防水防尘等，以提供安全可靠、节能、视觉舒适、低光害及低维修率等。近年来灯具装饰化的趋势越发明确，路灯造型诉求美观具地方人文特色，配合适当的排列，减少灯杆数并维持路面光线均匀，达到降低设置成本、增添美感、建立城市形象的附加价值。此外，LED路灯的绝佳控制性更可充分利用，如调降初期照度、时控照度设定、自动调光等，对道路节能效益再加成。

道路照明法规及标准

道路照明受到严格的要求，全球在道路照明设置规范以及路灯性能标准相当完整明确。标准一般包含照度以及均匀度（最小照度/平均照度），国际照明委员会（CIE）之CIE115提出参考规范，将道路分成四大类，路面照度基准分15lx、20lx、30lx与50lx，均匀度（最小照度/平均照度）要求0.4，但基于环境与文化因素考量，各国规范仍有相当差距。配合道路照明设计之相关标准有：道路照明：规范灯柱排列、灯杆高度与杆距间隔设计；道路照明所使用之灯具：规范各路灯类型与配光要求；道路照明用灯杆：规范灯杆强度要求；光源及安定器检测标准；路灯用光电式自动点灭器检验法等。

在节能的前提下，台湾地区也将道路照明之照明用电密度（LPD，W/m^2）列入法规，此政策将会加速高效率灯具的普及，也是LED路灯的机会。

LED路灯技术现况

近两年LED性能快速提升，实验室发光效率已高过150lm/W，1W产品之发光效率已接近高压钠灯达115lm/W，但温度对LED的发光效率及寿命影响仍缺乏验证标准。就高功率、高亮度需求的路灯而言，LED路灯散热设计将是可靠度的关键；其次，路灯在道路行车安全考量下，要满足路面照度、均匀度、眩光等需求，这一年来LED路灯的光学设计已有明显突破，根据灯具测试之模拟结果，显示均匀度已经达到道路照明要求，甚至优于传统路灯。惟一不利的是灯具价格，LED

路灯高于传统灯具数倍。因此，在能源效率、性能及成本等经济效益评量下，国际大厂的LED路灯发展较保守。根据台湾地区LED路灯的实测资料，输出光束已经超过10000lm，整组灯具性能最佳发光效率已经高于水银灯灯具80%，具节能与环保效益。但寿命与可靠度仍是LED路灯普及的关键，寿命受制于散热，庞大的散热装置如何确保不会因户外灰尘、鸟屎等环境污染而性能降低，业者所承诺之产品寿命仍被存疑，为确认灯具寿命，将以高温长时间的测试进行验证。

LED路灯在造型、光色变化及调光控制等特点，适合搭配周围环境及人文，创造出最具特色的城市意象。LED照明是全球绿色能源重点，为推广节能环保照明，LED道路照明示范正在全球展开，中国大陆地区最积极，台湾地区居次，欧、美则少量，但随着产品发展，LED路灯标准的制定越来越迫切，台湾地区的LED路灯标准草案已开始使用于LED道路照明示范，不仅验证LED路灯产品性能，对于标准的修正提供相当重要的参考，更可协助LED路灯产品提升竞争力。

LED路灯标准

1. 适用范围

本规范适用于户外使用之发光二极管道路照明灯具（以下简称LED路灯），包含电源供应器、散热装置、光学设计及相关机械结构。

2. 量测条件

2.1 温度

无特别规定时，在不直接对待测之LED路灯送风，仅有自然对流的热平衡状态下之环境温度，在测量期间为（25±2）℃。

2.2 湿度

无特别规定时，相对湿度为60%±20%。

2.3 稳定状态

待测LED照明灯具自灯体点亮，经60min后稳定之量测值。

2.4 试验用电源

（1）试验用电源电压之变动范围为±0.5%。

（2）电源频率之变动范围为±0.5%。

2.5 光强度或光通量测量应注意事项：

（1）测量距离大于LED照明灯具尺寸10倍以上。

（2）样品测试台之暗室背景照度不得大于0.05lx。

（3）光强度计能量范围至少需含盖1~5000cd。

（4）光强度计解析度≤0.1% range/step。

（5）光强度计视效函数精确度≤3%。

3. 规格

3.1 绝缘电阻

依4.1节方法试验，其绝缘电阻需5mΩ以上。

3.2 绝缘压耐电压

依4.2节方法试验，须能耐施加之电压1min，漏电流须小于10mA且无异状。

3.3 枯化点灯

依4.3节方法试验，枯化点灯后其光通量值须在点灯前光通量之97%（含）以上。

3.4 基本特性

依4.4节方法试验，LED路灯的功率因数须在0.9以上，且其功率因数测试值须在标示值95%以上，总电路功率需在厂商标示值±110%以内，输入电流谐波失真不得超过表1之规定值，且电流总谐波失真不得大于33%，LED光源之色温分级如表2所示。

表1 谐波容许值

谐波次数 n/次	容许谐波最大值（以输入电流基本波的百分比表示）（%）
2	2
3	30 η
5	10
7	7
9	5
$11 \leqslant n \leqslant 39$	3

备注：η 为功率因数。

表 2 色温分级

名义上的 CCT/K	CCT/K
2700	2725 ± 145
3000	3045 ± 175
3500	3465 ± 245
4000	3985 ± 275
4500	4503 ± 243
5000	5028 ± 283
5700	5665 ± 355
6500	6530 ± 510

3.5 配光特性

依 4.5 节方法试验，LED 灯具光度分布须符合表 3 之要求，LED 路灯之初始发光效不得低于表 4 之规定。

表 3 灯具光度特性 （单位：亮度（cd）/灯具光通量（klm））

灯具型式		铅直角 90° 水平角 90°	铅直角 80° 水平角 90°	铅直角 70° 水平角 65° ~ 95°	铅直角 65° 水平角 65° ~ 95°	铅直角 60° 水平角 65° ~ 95°
二方向（型）	遮隔型	10 以下	30 以下	—	—	180 以上
	半遮隔 A 型	30 以下	120 以下	—	90 以上	—
	半遮隔 B 型	60 以下	150 以下	—	150 以上	—
	无遮隔型	100 以下	—	150 以上	—	—
全周（型）	遮隔型	10 以下	30 以下	—	—	—
	半遮隔型	60 以下	150 以下	—	—	—
	无遮隔型	—	—	—	—	—

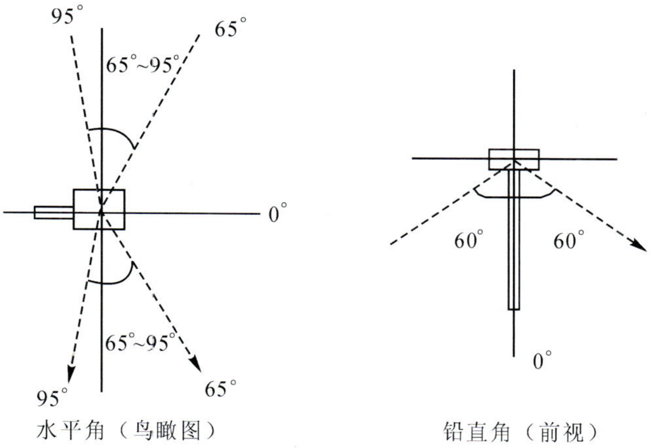

图 1 光度角度示意图

表 4 灯具之初始发光效率

等级	发光效率/（lm/W）
1	75
2	60
3	50

3.6 电压变动率

依 4.6 节方法试验，LED 路灯必须能够在额定输入电压 ±10% 范围之交流电源下操作，中心光强度漂移须在 ±5% 以内。

3.7 温度循环

依4.7节方法试验，LED路灯必须在环境-5~50℃下正常动作，且所有元件均不得有裂痕或其他物理性的损害，任一LED不得有失效情形。

3.8 开关试验

依4.8节方法试验，LED路灯于正常工作状态至少能承受开关次数1200次，于试验完成后灯不得有任何失效。

3.9 耐久性试验

依4.9节方法试验，LED路灯必须在通电及60℃±2℃之环境温度下能正常动作，所有元件均不得有裂痕或其他物理性的损害，且经过温度循环、开关试验及耐久性试验后LED路灯之光通量不得低于原光通量之90%。

3.10 耐湿开关

依4.10节方法试验，LED路灯必须在温度40℃±2℃相对湿度90%~98%RH下正常动作，且所有元件均不得有裂痕或其他物理性的损害，任一LED不得有任何失效情形。

3.11 突波保护

依4.11节方法试验，LED路灯必须具有电压突波保护设计，需符合CNS 14676-5（电磁相容-测试与量测技术-第5部：突波免疫力测试）位准4之规定，于试验后能正常动作。

3.12 电磁杂讯

依4.12节方法试验，LED路灯必须符合CNS 14115的规定。

3.13 防尘防水

依4.13节方法试验，LED路灯必须符合CNS 14165 IP 65之规定，若电源供应器为外置式，电源供应器须符合IP54要求。

3.14 风洞试验

依4.14节方法试验，LED路灯不得有变形、松扣、脱落、龟裂等现象。

3.15 振动试验

依4.15节方法试验，LED路灯不会有变形、松扣、脱落、龟裂等现象。

4. 试验方法

4.1 绝缘电阻试验

将所有带电部分扭合与非带电金属（外壳材料为合成树脂者，用导电金属包覆）/间，以DC500V绝缘电阻计测定两端子与非带电间绝缘电阻。

4.2 绝缘耐电压试验

绝缘电阻试验后，随后进行此项试验，于带电部与非带电金属部施加1500V测试电压，须能耐施加电压1min而无异状。

4.3 枯化点灯

LED路灯于输入端子间施加额定输入频率之额定电压点灯，在室内自然无风状态下持续点灯1000h。枯化点灯后以配光曲线量测灯具之光通量，定义为灯具之初始光通量值。

4.4 基本特性试验

LED路灯经过枯化点灯1000h后，于输入端子间施加额定输入频率之额定电压，待稳定后量测灯具之总消耗功率、功率因数、总谐波失真及色温。

4.5 配光试验

LED路灯经过枯化点灯1000h后，于输入端子间施加额定输入频率之额定电压，以配光曲线量测设备测定灯具之光度分布曲线与总光输出，并以下列所示之方程式计算灯具发光效率。

灯具发光效率（lm/W）=灯具总光输出（lm）/灯具总消耗功率（W）

4.6 电压变动率试验

LED路灯进行4.5节之配光特性量测时，于输入端子间施加额定输入频率之90%额定电压与110%额定电压，量测LED路灯之中心光强度。

4.7 温度循环试验

LED路灯必须经过温度循环试验，在操作状态下从室温上升至50℃±2℃，停留16h之后，降温至-5℃±2℃，停留16h，再升至室温，为一循环，重复两次，而升降温速度为0.5~1℃/min。

4.8 开关试验

LED路灯于输入端子间施加额定输入频率之额定电压，以通电30s、切断30s之频率，进行1200次开关次数。

4.9 耐久性试验

LED路灯经过枯化点灯1000h后，LED路灯必须在通电及60℃±2℃之环境温度下能连续工作360h，试验后于室温放置4h后量测灯具之光通量，LED路灯之光通量不得低于初始光通量之90%。

4.10 耐湿开关试验

LED路灯于环境温度40℃±2℃相对湿度90%~98%RH下，于输入端子间施加额定输入频率之额定电压进行开关点灭，点灯 15min、熄灯 75min，以此条件持续进行 20 天。

4.11　突波保护试验

测试仪器需依照 CNS 14676 –5（电磁相容 –测试与量测技术 –第 5 部：突波免疫力测试）的规定，具有 1.2/50μs 开路电压波形及 8/20μs 短路电流波形之组合波，其试验电压为 4kV，切换电极极性重复试验三次。

4.12　电磁杂讯试验

LED 路灯依照 CNS 14115 规定之测试方法试验。

4.13　防尘防水试验

依 CNS 14165 电气外壳保护分类等级（IP 码）的规定，对 LED 路灯进行试验。

4.14　风洞试验

将灯具在风速 16 级风（51.5 ~56.4（m/s），强烈台风）状态下，以最大投影面积之方向吹试 20min 后，检视测试工件不得有变形、松扣、脱落、龟裂等现象。

4.15　振动试验

将灯具以 X、Y、Z 三互相垂直方向振动，各 12min，共 36min，以正弦波频率 300 ~1200 次/分，每周期 3min，全振幅 2mm 循环实施对数扫描后，检视测试工件不会有变形、松扣、脱落、龟裂等现象。

结语

本标准草案依据来自台湾地区既有路灯相关标准，同时参考国际上 IEC、DOE（Energy Star）以及 ASSIST 等组织对 LED 灯具之规范，目的在建立 LED 路灯的市场管理机制，然而考量测试时间本标准草案并未纳入寿命测试。未来透过较大规模的示范应用，以实际使用的取样分析，伴随着技术提升、产品改良，LED 路灯更趋成熟，本标准将持续修订，以达到推广 LED 路灯，实现节能环保的远景。

参考文献

[1] CNS 9118 C4366 道路照明灯具 1995.06.01 公布.

[2] CNS 15015 C4500 户外景观照明灯具 1995.07.10 公布.

[3] CNS 15174 C4499 LED 模组之交、直流电源电子式控制装置 –性能要求 97.03.28 公布.

[4] IEC 62384 2006 DC or AC supplied electric control gear for LEDmodule – performance requirements.

[5] ASSIT LED Life for General Lighting : Definition of Life 2005.

[6] Energy Star Program Requirements Solid State Lighting Luminaires 2007.

太阳能 LED 照明之高效驱动技术研究

黄秉钧　吴民圣　陈俊玮　杜柏翰　许伯坚

（1　台湾大学机械工程学系，2　恒明创意科技股份有限公司）

摘要：本研究设计一独立型太阳能 LED 照明系统的驱动控制技术，利用微处理器输出 PWM 信号来直接驱动 LED，而不外加直流变压器（DC/DC converter），当蓄电池端电压超过 LED 工作电压时，利用 PWM 控制技术调整平均放电电流，直接由蓄电池驱动 LED。PWM 控制电路的耗电很小，因此能够免除采用直流转换器的能量损耗。但由于 LED 的输入电压对电流反应敏感度很高，亦即微小电压上升就会产生很高的电流升高，因此利用此方式驱动 LED 时的瞬间电流很容易超过 LED 最大容许电流值，造成 LED 可靠度下降（快速光衰或烧毁）。本研究针对此问题，进行可靠度测试分析研究，结果显示利用此驱动技术有效控制 LED 之输入平均电流，当 PWM 责任周期（Duty –cycle）设定 33% 以上时，传统恒定电流驱动方式与利用 PWM 控制调整平均电流的方式相比，其光衰并无差异。本研究于 2007 年 12 月 26 日实地在台湾大学校园安装一组 100W 太阳能 LED 道路照明系统，包括 400Wp 太阳模组、100W 高功率照明灯具，与串联 4 颗 12V –100Ah 铅蓄电池，进行实地测试，连续运转时间已达 275 天，完全无故障记录，以天数计之负载停载几率（Loss of Load probability，LLP）为 4.6%，如以小时计负载停载几率约 1.0%。

1. 前言

太阳能发电虽然是最具潜力的再生能源，但是发电成本偏高，必须除依赖政府奖励补助才能推广。但是“独立型太阳光发电系统”可以独立供电，不受电网影响，在电网无法达到之偏远地区，具经济价值。

发光二极管照明（Light Emitting Diode，LED）之发光效率今已达 80lm/W 以上（量产品），在道路照明上性能已可以符合国际标准[1]，且较传统水银灯具省电 75% 以上[2]，非常适合应用于太阳能照明。

独立型太阳能照明系统白天充电晚间放电点灯，蓄电池驱动 LED 时，由于蓄电池电压会随蓄电量浮动[3]，必须加装一直流转换器（DC/DC converter）转换蓄电池电压至 LED 所需之驱动电压或电流（定电流），以保护 LED 不致损坏，但会损失 10% ~20% 的能量，降低系统续航能力，故障率也增加。

为了解决此问题，本研究利用 PWM（Pulse Widthmodulation）驱动技术来调整 LED 之平均电流，省去了直流转换器的成本与能量损失，大大提升了系统续航能力[4]。但因 LED 电流受电压变化的影响敏感度高，容易造成 LED 瞬间电流过大，可能影响 LED 寿命[5]。本研究因此以实测方法探讨 PWM 驱动技术对 LED 所可能产生的光衰问题。

由于影响 LED 寿命的主要因素为晶芯温度[6]，本研究利用长时间测试，比较 3 种 PWM 驱动方式与一般恒定电流驱动之 LED 光衰情形。除此之外，本研究也应用上述 PWM 驱动控制技术，实地安装一组独立型太阳能道路照明系统进行长期应用监测，实地测试其可行性。

2. PWM 驱动之 LED 光衰测试

如图 1 所示，当对 LED 输入较高的驱动电压时，利用 PWM 驱动控制技术，能有效地降低其平均电流，但会造成瞬间电流过大而可能影响 LED 寿命。

本研究设计 4 种不同的驱动方式，分别为：

①350mA 恒定电流：为普遍使用的 LED 驱动方式，350mA 为 LED 额定电流，在此驱动条件下测得 LED 随时间光衰情况，视为比较基准；

②700mA、Duty-cycle 50%、PWM 频率 100 Hz：平均电流仍为 350mA，但瞬间电流为额定电流的两倍，并与①之结果比较；

③700mA、Duty-cycle 50%、PWM 频率 10kHz：平均电流为 350mA，瞬间电流仍为额定电流的两倍，但 PWM 频率增大，可与②比较 PWM 频率是否为 LED 光衰的主因之一；

④1050mA、Duty-cycle33%、PWM 频率 100Hz：平均电流为 350mA，但瞬间电流为额定电流的 3 倍，已超过 LED 最大容许电流值，可与①、②做交互比较。

为了加速 LED 光衰的速度，以比较此 4 种不同驱动方式的光衰结果，将灯具置于一高温环控箱内，如图 2 所示，利用一控制器自动调整热源（钨丝灯泡）加热量使箱内温度控制在恒定值（40℃），使 LED 晶芯温度维持在较高温状态，加速 LED 之光衰。

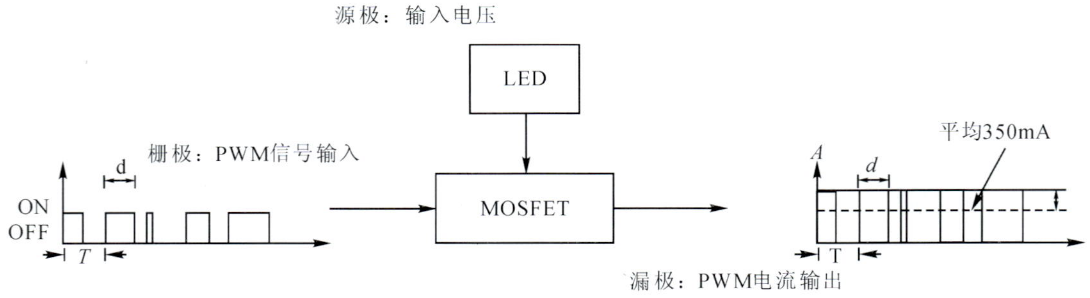

图 1 PWM 驱动示意图

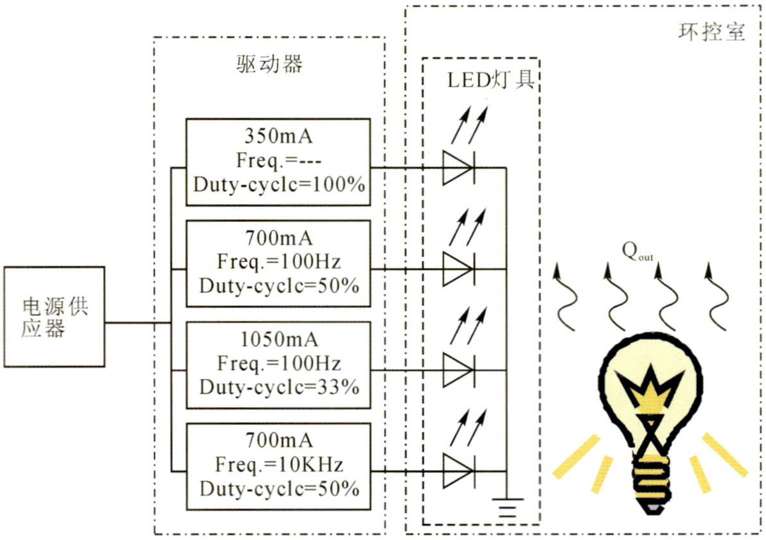

图 2 可靠度测试设计

（1）可靠度测试用之 LED 灯具硬体设计

本研究设计制作一个由 12 颗 LED 灯泡组成的特别灯具，用于可靠度测试。将固定 LED 灯泡之铝基板设计成 4 个独立回路，每回路上串联 3 个 LED 灯泡，每回路可分别连接不同之驱动电源。将 12 颗 LED 灯泡紧密焊接于铝基板，因此每颗 LED 具有相同之基板温度。为避免量产品之稳定度影响实验，LED 灯泡取自同一生产批次，因此可假设每颗 LED 的晶芯至连接铝基板的基底端的热阻值相同，依此可得各颗 LED 之晶芯温度皆相同。12 颗 LED 皆紧密焊接于铝基板后，再与 LED 之灯壳做热结合，即成为 4 个独立电源输入的 LED 灯具，各独立回路之 LED 便会产生相同之晶芯温度（见图 3）。便可正确比较 LED 不同驱动方式下所产生的光衰情形。

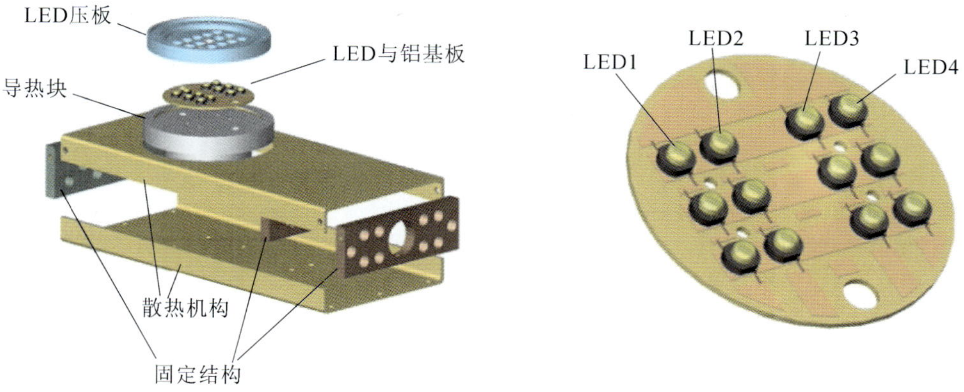

图 3　可靠度测试用 LED 灯具设计

为了量测四组 LED 独立回路的亮度，于灯具上方固定放置一光感测器（Photo sensor，型号为 S4133，如图 4 所示），并利用控制器随时监测其光衰，图 5 为可靠度测试系统构造。

（2）可靠度测试用之 LED 灯具硬体制作

图 6 为可靠度测试平台，LED 灯具有四组独立回路，各回路串联 3 颗 LED，并在其上方固定一光感测器，以便随时量测各回路照度变化。由于 LED 底部与铝基板直接焊接于一体，所以有良好的导热效果。

图 4　光感测器

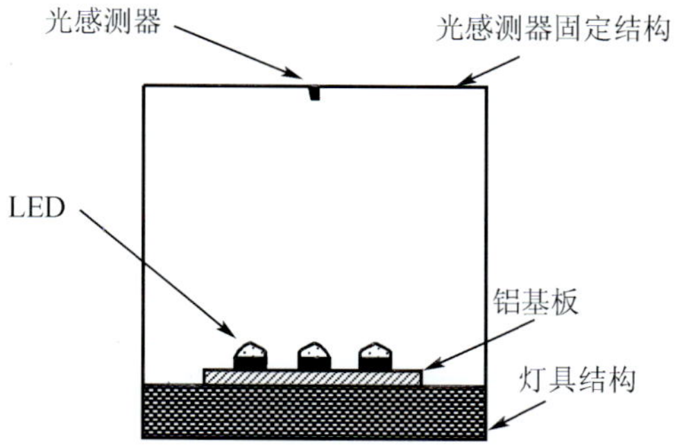

图 5　可靠度测试系统构造

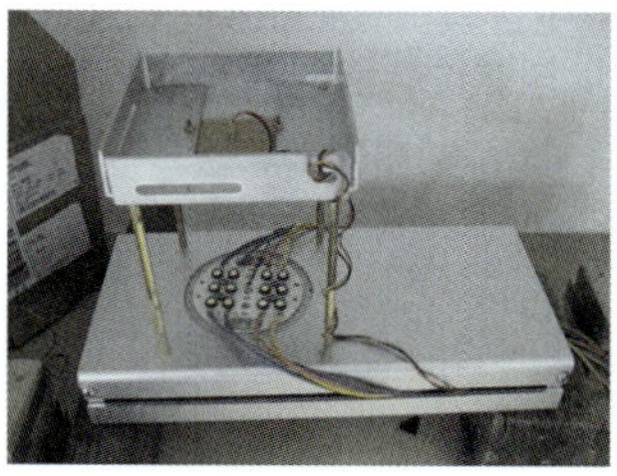

图 6　可靠度测试平台

（3）可靠度测试之控制器

由于需独立驱动四组不同的 LED 回路，并能分别控制其开、关，以便能够在量测某一回路的照度变化时，能关闭其他三组回路，才能独立量测不同回路的照度变化。本研究设计制作之控制器如图 7 所示，此控制器利用 PIC 18F4331 微处理器为核心，可独立输出三组不同的 PWM 信号，并利用此信号至 MOSFET，驱动 4 组独立 LED 回路，其功能包括：

①输出 4 种不同的驱动方式，并驱动 4 个独立回路的 LED；

②可分别控制 4 个独立回路的开或关；

③量测光感测器的输出并显示；

④显示已测试的累积时间。

（4）环控箱制作

本研究目的为量测 4 种驱动方式对 LED 寿命的相对影响，所以须将此 4 种驱动方式处于相同环境下测试。因此，本研究利用保丽龙搭建一密闭箱体，利用钨丝灯炮加热箱内温度，再利用图 8 温度控制器对其做开、关动作，达到温控的目的。

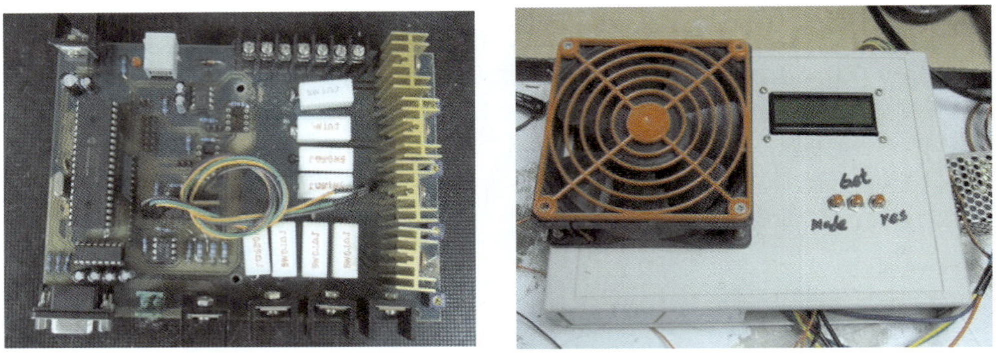

图7 可靠度测试用之驱动控制器

箱体制作完成后，将LED放入，并架设温度点和加热灯泡（见图9），即可开始长期测试（见图10）。测试时箱内保持无空气扰动状态，相当于LED灯具在无风状态下操作，也是较严苛的运转条件。

为了解环控箱的温度控制能力，量测箱体内四点温度，分别为LED灯具水平面的前方15cm、后方10cm、左方20cm及右方20cm的地方，即量测点位于和LED灯具同一水平高度，由图11可以看出，此环控箱可维持温度于40℃ ±3℃，在可接受的范围。

图8 温控开关

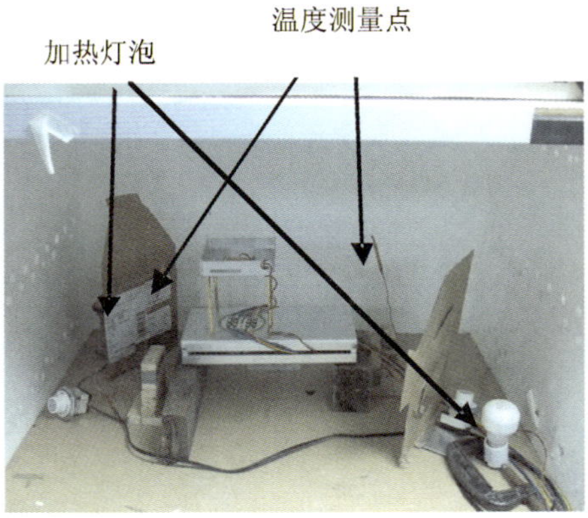

图9 灯具与加热灯泡放置

图10 测试情况

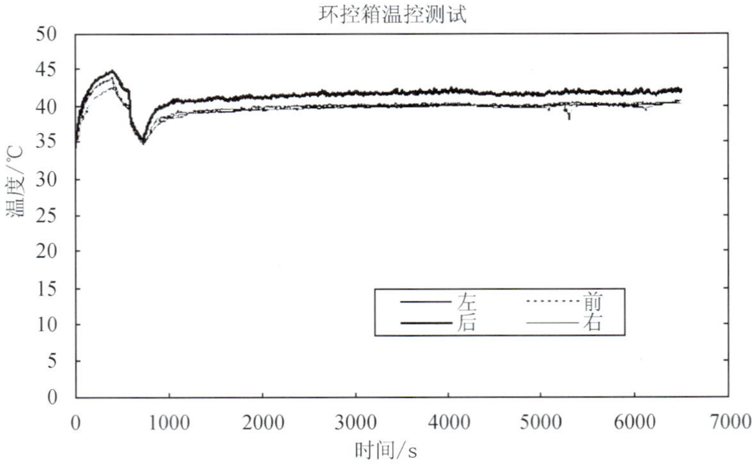

图11 环控箱温控测试

（5）测试结果

本研究对太阳能LED照明之高效PWM驱动技术进行可靠度测试，累积测试时数已达9312h，如图12所示，横坐标为测试时间，相隔200h测试一次，纵坐标则为标准化后的亮度变化（量测亮度/初使亮度×100%），测试环境温度为40℃ ±

3℃，LED 基座（铝基板）温度约 55℃。图 12 可以看出，在 9000h 后 LED 才开始有光衰（约 10%），4 种驱动方式开始产生光衰的时间点皆相同，显示利用 PWM（责任周期 > 33%）驱动 LED 所产生的瞬间大电流并不是影响 LED 光衰的原因。在实际应用时，9000h 相当于两年的使用时间（每天 12h 点灯计），光衰 10% 已低于目前台湾的 LED 使用标准（一年低于 10%）。图 12 也显示，在 PWM 责任周期为 33% 时，相当于瞬间电流为 1050mA（额定值 350mA 之 3 倍），并不比其他驱动方式有较明显光衰。

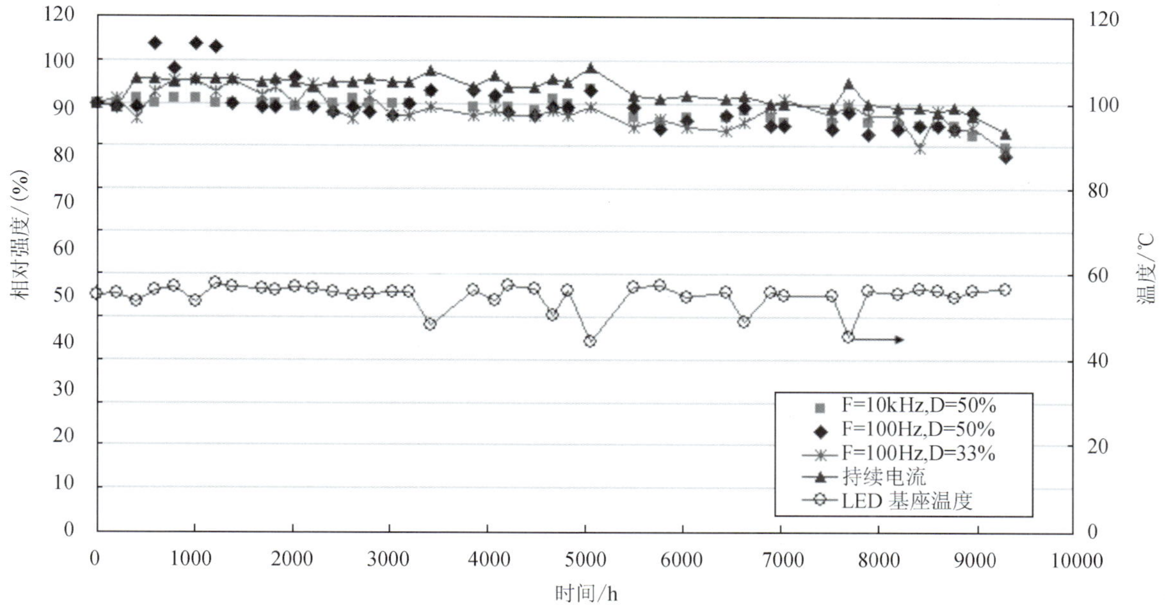

图 12　不同 PWM 驱动下之 LED 光衰测试

3. 100W 独立型太阳能道路照明系统测试

本研究实地在台湾大学校园内安装一组 100W 太阳能 LED 道路照明系统，包括 400Wp 太阳模组、100W 高功率照明灯具、与串联 4 颗 12V－100Ah 铅蓄电池，并配合一自行开发的智慧型控制器进行实地测试。控制器于白天时利用 PI 充电控制器保护蓄电池不过充，夜晚则利用上述 PWM 平均电流驱动控制技术，保护 LED 不因蓄电池电压的浮动而损坏。此系统于 2007 年 12 月 26 日安装，如图 13 所示，每日提供照明，于 2008 年 03 月 21 日安装监测系统，监控每日充、放电情况等。图 14 显示系统每日放电时数，于此段时间内共有 108 天资料（扣除监控系统维修），只有 5 天无法提供整夜照明，显示其以天数计的负载停载几率（Loss of Load Probability，LLP）＝（5/108）% ＝4.6%，如以小时计负载停载几率约 1%。图 15 显示系统每日放电前蓄电池电量，显示蓄电池平均蓄电量皆在 50% 以上，因此蓄电池无过放电情况发生。图中无资料点为监测系统故障，但此时间内系统亦正常运作，但并无监测资料。

上述监测结果显示利用 PWM 驱动技术可有效控制 LED 之平均输入电流，当 PWM 责任周期（Duty－cycle）设定 33% 以上时，传统恒定电流驱动方式与利用 PWM 控制调整平均电流的方式相比，其寿命并无差异。

图 13　100W 独立型太阳能 LED 照明系统

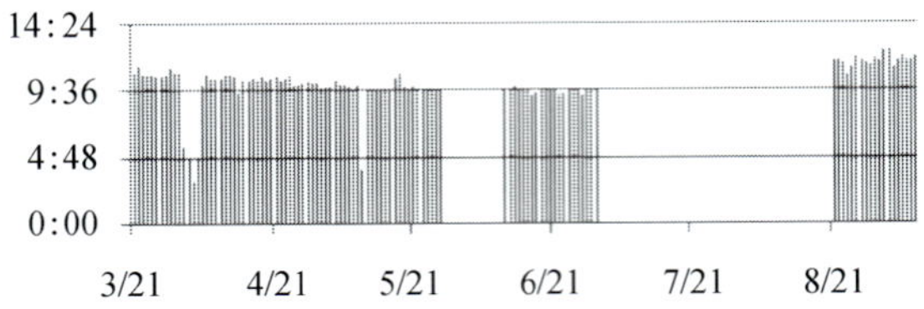

图 14 每日放电（点灯）时数

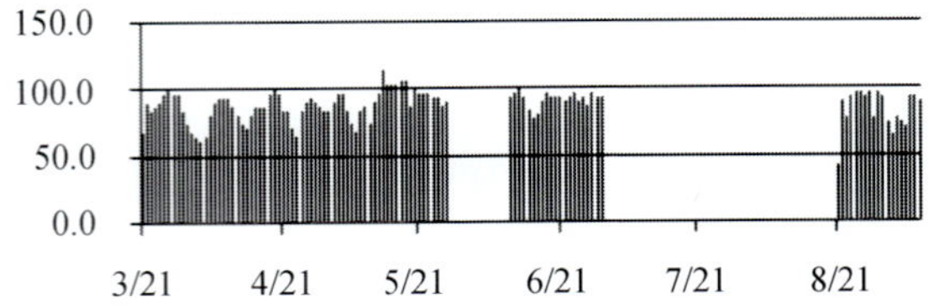

图 15 每日电池蓄电量

4. 讨论与结论

本研究设计一独立型太阳能 LED 照明系统的驱动控制技术，利用微处理器输出 PWM 信号来直接驱动 LED，而不外加直流变压器（DC/DC converter），当蓄电池端电压超过 LED 工作电压时，利用 PWM 控制技术调整平均放电电流，直接由蓄电池驱动 LED。PWM 控制电路的耗电很小，因此能够免除采用直流转换器的能量损耗。但由于 LED 的输入电压对电流反应敏感度很高，亦即微小电压上升就会产生很高的电流升高，因此利用此方式驱动 LED 时的瞬间电流很容易超过 LED 最大容许电流值，造成 LED 可靠度下降（快速光衰或烧毁）。本研究针对此问题，进行可靠度测试分析研究，结果显示利用此驱动技术有效控制 LED 之输入电流，当 PWM 责任周期（Duty - cycle）设定 33% 以上时，传统恒定电流驱动方式与利用 PWM 控制调整平均电流的方式相比，其寿命并无差异。测试结果可以看出，在 9000h 后 LED 才开始有光衰（约 10%），4 种驱动方式开始产生光衰的时间点皆相同，显示利用 PWM（责任周期 > 33%）驱动 LED 所产生的瞬间大电流并不是影响 LED 光衰的原因。在实际应用时，9000h 相当于两年的使用时间（每天 12h 点灯计），光衰 10% 已低于目前台湾地区的 LED 使用标准（一年低于 10%）。图 12 也显示，在 PWM 责任周期为 33% 时，相当于瞬间电流为 1050mA（额定值 350mA 之 3 倍），并不比其他驱动方式有较明显光衰。

本研究于 2007 年 12 月 26 日实地在台湾大学校园安装一组 100W 太阳能 LED 道路照明系统，包括 400Wp 太阳模组、100W 高功率照明灯具，与串联 4 颗 12V - 100Ah 铅蓄电池，进行实地测试，连续运转时间已达 275 天，完全无故障记录，以天数计之负载停载几率（Loss of load probability，LLP）为 4.6%，如以小时计负载停载几率约 1%。

参考文献

[1] B. J. Huang, m. S. Wu, Y. T. Huang, and C. W. Tang. Feasibility of High - power LED in Roadway Lighting Application", The 31st National Conference on Theoretical and Appliedmechanics, December 21 - 22, 2007, ISU, Kaohsiung, Taiwan, R. O. C.

[2] B. J. Huang, m. S. Wu, H. H. Huang, and J. W. Cheng. Economic Analysis of Solar - powereded LED Roadway Lighting, Solar World Congress 2007, Beijing, China, Sept. 17 - 22 2007, VOL. 2, P. 466 - 470.

[3] DOE - HDBK - 1084 - 95, 1995, PRIMER ON LEAD - ACID STORAGE BATTERIES.

[4] 黄秉钧等. 前瞻性太阳能应用科技研发（2/4），“经济部”能源科技研究发展计划九十五年度期末报告（2006）.

[5] m. meneghini, S. Podda, A. morelli, R. Pintus, L. Trevisanello, G. meneghesso, m. Vanzi, E. Zanoni. High Brightness GaN LEDs Degradation during Dc and Pulsed Stress, Microelectronics Reliability 46, 2006, 1720 - 1724.

[6] Nadarajah Narendran and Yimin Gu. Life of LED - Based White Light Sources. IEEE/OSA JOURNAL OF DISPLAY TECHNOLOGY, VOL. 1, NO. 1, SEPTEMBER 2005, 167 - 171.

高效率 LED 照明驱动电源装置之研究

缪复华[1] 林宜霈[1] 宋福生[2]

（1 光动力科技股份有限公司，2 台湾区照明灯具输出业同业公会）

摘要：高效率 LED 照明之驱动电源装置，指一种低成本、高节能、长寿命而运用广泛完备之驱动电源装置，可运用于照明时相对装设有 LED 灯组之驱动电源装置，借由该电源滤波回路系透过共模及被动式低通网路把系统工作时的噪声信号旁路至互相抵消的节点上及大地接点的参考电位上，该电源转换电路之主要作用是把交流电转变成直流电，再利用功率因数校正回路使用 L6561 晶片组成所谓的暂态模式技术（Transitionmode Technique）的设计，以得到 LED 灯串接时所需的电压，而利用电流控制以达到使输入之电流为正弦波形，以及电流与电压同相位之状态，最后使用 HID9995 电流控制 IC，透过外部的设定电阻，可以不通过任何的微处理器处理，精准地直接控制 PWM 输出脉宽，以达到串接 LED 灯之驱动具定电流的规格要求，以进行 LED 灯驱动电源之控制功能。

1. 前言

科技的快速发展，驱使人类有了更好的生活品质，产业界在因应 LED 灯效能及使用层面研发日渐提升中，已经运用到室内外照明上。比起传统荧光灯的寿命只有 8000h，水银灯（一般路灯）寿命约为 10000h，LED 灯则可达 50000h 以上，其不但效率更高，且更节省能源。

目前所知的 LED 灯组因其使用的电源装置系一般电脑用之交换式电源供应器，其设计原理均为定电压定电流装置。然而因 LED 灯泡之特性乃在于它会随着使用时间累积而做出物理特性的变化。例如：其工作电流会随着使用时数增加而渐渐升高，最后因交换式电源供应器输出电流不足而导致 LED 灯泡呈现闪烁现象，常见一些路口使用 LED 灯的交通标志就由此现象发生。

目前市面上的 LED 灯组因受限于电源供应器装置为低电压高电流输出，所以 LED 灯泡之排列多采用并联方式接法，并联所产生通过的电流不一致而使 LED 灯泡常有亮度不一的情形产生，同时也导致排列的 LED 灯泡寿命无法均等。

再者，电脑使用的交换式电源供应器，不但使用的零件数量多、体积庞大甚至得加装风扇来散热，且效率最高仅能达到 85%；更往往因电脑硬件内之工作环境温度过高而经常毁损，若是将其应用于灯上，则使用者必须付出可观的维护成本。因此，如何解决此种配置了一般电脑用的交换式电源供应器所产生之高成本、低效能与短寿命等不易实用之困扰，即是待解决的问题。

鉴于上述已有技术所造成之缺憾，针对缺点发展出一种高效率可串接 LED 照明之驱动电源装置，其主要目的在于有效避开上述电源供应系统配置之缺憾而深具实用性。不但可节省能源，LED 灯效率更达 92% 以上，且每颗 LED 灯泡的亮度一致、使用寿命更长，真正达到资源短缺时代所需的效率高、低成本、高节能、实用性强，以及寿命更长的革新性产品之需求。

2. 高效率 LED 照明驱动电源装置之系统架构

高效率可串接 LED 照明之驱动电源装置之另一目的在于，LED 可用串联方式接法，其串接电压既使有变化，电流控制 IC 还是可以透过感知电阻，把定电流的功能与高效率的晶片特色发挥出来，以期使串接电压有效地降低故障率。为达到上述及其他目的，高效率可串接 LED 照明之驱动电源装置适用于灯照明时相对装设有 LED 灯组之驱动电源装置，该驱动电源装置至少包括：

①电源滤波回路，该电源滤波回路系透过共模及被动式低通网路把系统工作时的噪声信号旁路至互相抵消的节点上及大地接点的参考电位上。

②电源转换电路，该电源转换电路之主要作用是把交流电转变成直流电。

③功率因数校正回路，该功率因数校正回路可于输入电压低于负载电压时，将电压提升到一个合适的范围，以便于提供电源驱动装置使用。

④LED 定电流驱动回路，该 LED 定电流驱动回路主要系由一电流控制 IC、IC 电流侦测（CS）、金氧半场效电晶体（MOSFET，即场效应晶体管）、电阻与电感所构成之回路系统。

该功率因数校正回路为因应 30W 以上灯具安定器的功率因数需求，于回路内使用了 ST L6561 晶片。该 LED 定电流驱动回路之调光模式可设定为类比调光控制与数位调光控制。另外，借由该功率因数校正回路使用 L6561 晶片达成所谓的暂态模式技术（Transitionmode Technique）的设计，以得到 LED 灯串接时所需的电压，而利用电流控制以达到使输入之电流为正弦波形，以及电流与电压同相位之状态，再利用该 LED 定电流驱动回路之 HID9995 型号的电流控制 IC，透过外部的设定电阻，可以不通过任何的微处理器处理，精准地直接控制 PWM 输出脉宽，不但可将 LED 灯以串接方式连接，每颗 LED 灯泡的亮度一致、使用寿命更长，更可达到串接 LED 灯之驱动同时具定电流的规格要求，以进行 LED 灯驱动电源之控制功能。

3. 高效率 LED 照明驱动电源装置之电路设计

高效率可串接 LED 照明之驱动电源装置包括有电源滤波回路、电源转换电路、功率因数校正回路与 LED 定电流驱动回路所组成，该电源滤波回路可将系统工作时的噪声信号旁路至互相抵消的节点上及大地接点的参考电位上，该电源转换电路把交流电转变成直流电，借由功率因数校正回路使用 L6561 晶片达成所谓的暂态模式技术的设计，以得到 LED 灯串接时所需的电压，而利用电流控制以达到使输入之电流为正弦波形，以及电流与电压同相位之状态，再利用 HID9995 电流控制 IC，透过外部的设定电阻，可以不通过任何的微处理器处理，精准地直接控制 PWM 输出脉宽，以达到串接 LED 灯之驱动同时具定电流的规格要求。

以下系借由特定的具体实例说明搭配本发明之实施方式，熟悉此技艺之人士可由本说明所揭示之内容轻易地了解本发明之其他优点与功效。本发明亦可借由其他不同的具体实例加以施行或应用，本说明书中的各项细节亦可基于不同观点与应用，在不背离本发明之精神下进行各种修饰与变更。

首先参阅图1、图3与图4、图5以及图6，高效率可串接LED照明之驱动电源装置，电源驱动电路包括：

①电源滤波回路EMI/EMC，主要系在将交流电JI所提供电流所产生之噪声信号，透过共模及被动式低通网路旁路至互相抵消的节点上及大地接点的参考电位上，该电源滤波回路EMI/EMC采用全世界的电源系统都符合的电压范围作为其电压范围之依据，所以该电源滤波回路EMI/EMC可以适用于所有国家的市电系统，不论到世界上的哪一处，都不需要做任何的变更。

②电源转换电路AC to DC Rectifier，系将交流电JI所提供之交流电以桥式整流电路U4KB80R转变成直流电使用，而本发明之电路系统可以直接承受450V的直流高压，所以并不需要透过变压器来做降压的动作，以节省装置的成本，兼且具直接推动需要高压负载之功能。

③功率因数校正回路PFC，主要系于输入电压低于负载电压时，将电压提升到一个合适的范围，以便于提供电源驱动装置具安定的功率因数需求使用，利用电流来加以控制。

④LED定电流驱动回路LED DRIVE，该LED定电流驱动回路主要系由一HID9995电流控制IC、IC电流侦测（CS）、金氧半场效电晶体（MOSFET）Q2、电阻Rcs与电感L所构成之回路系统，而其调光模式可设定为类比调光控制与数位调光控制。

接着，续看图2搭配余图所示；因为应30W以上灯具安定器的功率因数需求，而设计有功率因数校正回路PFC于系统内，该功率因数校正回路PFC内使用之晶片ST L6561，具以下之特色：

①具磁滞的欠电压锁住功能。

②低启动电流（典型值：50uA；保证90uA以下），因而可减低功率损失。

③内部参考电压于25℃时只有1%以内的误差率。

④除具不作动（Disable）功能外，于需要时可将系统关闭，以降低损耗。

⑤两级的过电压保护。

⑥具内部启动及零电流侦测功能。

⑦内具乘法器，对于宽范围的输入电压，有较佳的THD值。

⑧在电流侦测输入端，具备内部RC滤波器。

⑨高容量的图腾级输出，可以直接驱动金氧半场效电晶体（MOSFET）。

借由该功率因数校正回路PFC所使用之晶片ST L6561具所谓的暂态模式技术（Transitionmode Technique）的设计，以得到LED灯串接时所需的电压，而利用电流控制以达到使输入电流为正弦波形，以及达到电流与电压同相位的目的。

4. 高效率LED照明驱动电源装置之实施效果

首先当交流主电源经过桥式整流U4KB80R后送入升压型转换器（参阅图2），而使用该切换技术的升压型转换器，可将输入电压转换到我们需求的输出电压值。

当误差放大器将升压转换器输出的取样电压与内部参考电压做比较，并产生正比于两者差的信号；若误差放大器的频宽足够小的话（低于20Hz），则此误差信号于半周内可视为一直流值，此误差信号将被送入乘法器，并与整流后的输入取样电压做乘积，乘积结果为一整流过后的sin波形，其峰值大小与主电压峰值及误差信号量有关。

乘法器的输出送入电流比较器的“+”端，为PWM之正弦波形的参考信号，当晶片ST L6561之IC电流侦测（CS）pin4的电压（为电感电流与电阻的乘积）与电流比较器“+”端的电压相等时，金氧半场效电晶体（MOSFET）Q1的导通动作就被截止。

若依此推论，则电感T1电流的封包将是整流过后的正弦波形，在每一个半周的操作过程，证明系统有固定的导通时间是可能的；从金氧半场效电晶体（MOSFET）Q1截止到电感TI电流为零时，电感对负载做放电释能动作，当电感T1电流为零，电感T1上无储能，而漏极（Drain）D1处于浮接状态，此时电感T1与漏极D1的总电容产生共振，漏极D1的电压快速掉落到即时线电压之下，而该信号又再次触发金氧半场效电晶体（MOSFET）Q1导通，另一转换周期也跟着开始。

跨越金氧半场效电晶体（MOSFET）Q1上的这个小电压，在导通时可以减小切换损失及储存于洩极D1等效电容的能量（损失于金氧半场效电晶体（MOSFET）Q1内部）的损失。另外，如图2所示，电感T1电流与跨越金氧半场效电晶体（MOSFET）Q1于时间区间之结果，借由几何学的关系可证得，从主线路撷取的输入平均电流，恰好是电感峰值电流波形的一半。系统操作接近介于连续与不连续的临界模式。

再请参阅图3与其余图所示，桥式整流电路U4KB80R之输出电压经电阻R7、R8分压后，可于晶片ST L6561之第一引脚pin1得出正比于输出电压之回授电压，此电压与IC内部2.5V之参考电位做比较后，再经晶片ST L6561之第一引脚pin1与晶片ST L6561之第二引脚pin2两端之补偿网路输出，以作为内部的乘法器输入之一；同时60 Hz电源电压经电阻R9、R10分压，于晶片ST L6561之第三引脚pin3得到一弦波电压$V_{s(t)}$，亦为乘法器的另一输入源，这两个电压经乘法器乘积后，可得一比例之弦波参考电压$V_{r(t)}$，此弦波参考电压$V_{r(t)}$乃作为功率开关截止时机之依据。当晶片ST L6561之第七引脚pin7栅极驱动信号使金氧半场效电晶体（MOSFET）Q1导通时，电感T1电流以di/dt斜率上升，流经感知电阻R6，取电阻 R6 之跨压 V_4 经晶片 ST L6561 之 IC 电流侦测（CS）pin4 与参考电压 $V_{r(t)}$ 做比较，当 $V_4 > V_{r(t)}$ 时，晶片 ST L6561 之第七引脚 pin7 驱使金氧半场效电晶体（MOSFET）Q1 截止。

而另一组辅助线圈的目的除了提供晶片 ST L6561 稳定电源外，另提供开关道通之控制，当金氧半场效电晶体（MOSFET）Q1 截止时，主线圈极性反转，辅助线圈此时变为正电位，提供晶片 ST L6561 之第八引脚 pin8（V_{cc}）电源，与晶片 ST L6561 之第五引脚 pin5 之参考电位。

当主线圈之能量释放完毕时，辅助线圈之电位亦下降，所以晶片 ST L6561 之第五引脚 pin5 之参考电位随之下降，由于晶片 ST L6561 之第五引脚之内部电路为负缘触发，在下降至 1.8V 以下时则触发内部而使金氧半场效电晶体（MOSFET）Q1 导通，因此可看出经由主动式 PFC 所得之平均电流波形为一完整之正弦波，且其相位与 AC 电源同相，经由主动式功率因数校正所得之 PF 值可达 0.98 以上。

请参阅图 4 与余图所示，HID9995 IC 是一颗电流控制 IC，所以只要透过外部的设定电阻 Rcs，可以不通过任何的微处理器处理，精准地直接控制 PWM 输出脉宽，不但可将 LED 灯以串接方式连接，每颗 LED 灯泡的亮度一致、使用寿命更长，更可达到串接 LED 灯之驱动同时具定电流的规格要求，即使 LED 的串接电压有变化，HID9995 电流控制 IC 还是可以透过这个感知电阻 Rcs，把定电流的功能与高效率的晶片特色给发挥出来。另外，借由该功率因数校正回路使用 L6561 晶片达成所谓的暂态模式技术（Transitionmode Technique）的设计，而达到使输入电流为正弦波形，及电流与电压同相位，再利用该 LED 定电流驱动回路之编号 9910 电流控制 IC，透过外部的设定电阻，可以不通过任何的微处理器处理，精准地直接控制 PWM 输出脉宽，而电流控制 ICHID9995 的特色如下：

①直接支援高电压输入，及宽阔的输入电压范围（DC8 ~ 450V）；

②系统效率高，一般为 90% 以上，而传统式 Switching Power 为 80%；

③具定电流回授控制回路；

④具外加数位式调光功能、外加类比式调光功能，且可规划式 PWM 振荡频率。

5. 高效率 LED 照明驱动电源装置之特性说明

高效率可串接 LED 照明之驱动电源装置，包括：

①电源滤波回路，主要系在将交流电所提供电流所产生之噪声信号，透过共模及被动式低通网路旁路至互相抵消的节点上及大地接点的参考电位上；

②电源转换电路，系将交流电所提供之交流电，转变成直流电使用；

③功率因数校正回路，主要系于输入电压低于负载电压时，将电压提升到一个合适的范围，将输入电压转换到我们需求的输出电压值，以便于提供电源驱动装置具安定的功率因数需求使用，该功率因数校正回路所使用之晶片 ST L6561 具所谓的暂态模式技术（Transitionmode Technique）的设计，以得到 LED 灯串接时所需的电压，而利用电流控制以达到使输入电流为正弦波形、以及电流与电压同相位的目的；

④LED 定电流驱动回路，包含一颗电流控制 IC，与一外部的设定电阻相搭配，而可以不通过任何的微处理器处理，就达到 LED 驱动定电流的规格要求，既使 LED 的串接电压有变化，电流控制 IC 还是可以透过感知电阻，把定电流的功能与高效率的晶片特色发挥出来；

⑤晶片 ST L656 内具之误差放大器将升压转换器输出的取样电压与内部参考电压做比较，并产生正比于两者差的信号，若误差放大器的频宽足够小的话（低于 20Hz），则此误差信号于半周内可视为一直流值，此误差信号将被送入乘法器，并与整流后的输入取样电压做乘积，乘积结果为一整流过后的正弦波形，其峰值大小与主电压峰值及误差信号量有关；

⑥乘法器的输出送入电流比较器的“+”端，为 PWM 之正弦波形的参考信号，当晶片 ST L6561 之 IC 电流侦测（CS）的电压（为电感电流与电阻的乘积）与电流比较器“+”端的电压相等时，金氧半场效电晶体（MOSFET）的导通动作就被截止；

⑦电感电流的封包将是整流过后的正弦波形，从金氧半场效电晶体（MOSFET）截止到电感电流为零时，电感对负载做放电释能动作，当电感电流为零，电感上无储能，而漏极（Drain）处于浮接状态，此时电感与洩极的总电容产生共振，洩极的电压快速掉落到即时线电压之下，而该信号又再次触发金氧半场效电晶体（MOSFET）导通，另一转换周期也跟着开始；

⑧电源滤波回路采用全世界的电源系统都符合的电压范围作为其电压范围之依据，所以该电源滤波回路可以适用于所有国家的市电系统，不论到世界上的哪一处，都不需要做任何的变更；

⑨LED 定电流驱动回路之调光模式可设定为类比调光控制与数位调光控制。

6. 结论

LED 灯组因其使用的电源装置系一般电脑用之交换式电源供应器，其设计原理均为定电压定电流装置。然而因 LED 灯泡之特性乃在于它会随着使用时间累积而做出物理特性的变化。例如，其工作电流会随着使用时数增加而渐渐升高，最后因交换式电源供应器输出电流不足而导致 LED 灯泡呈现闪烁现象。针对缺点发展出一种高效率可串接 LED 照明之驱动电源装置，其主要目的在于有效避开上述电源供应系统配置之缺憾而深具实用性，不但可节省能源，LED 灯效率更达 92% 以上，且每颗 LED 灯泡的亮度一致，使用寿命更长，真正达到资源短缺时代所需的效率高、低成本、高节能、实用性强，以及寿命更长的革命性产品之需求。

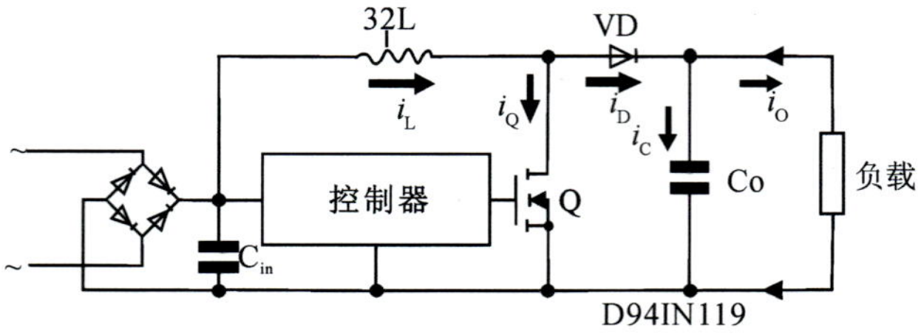

图 1　暂态功因校正之应用电路图

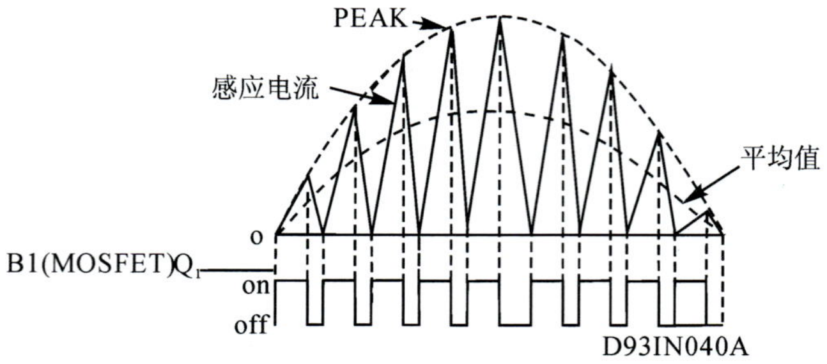

图 2　电感 T1 电流与金氧半场效电晶体（MOSFET）Q1 于时间区间之波形比较示意图

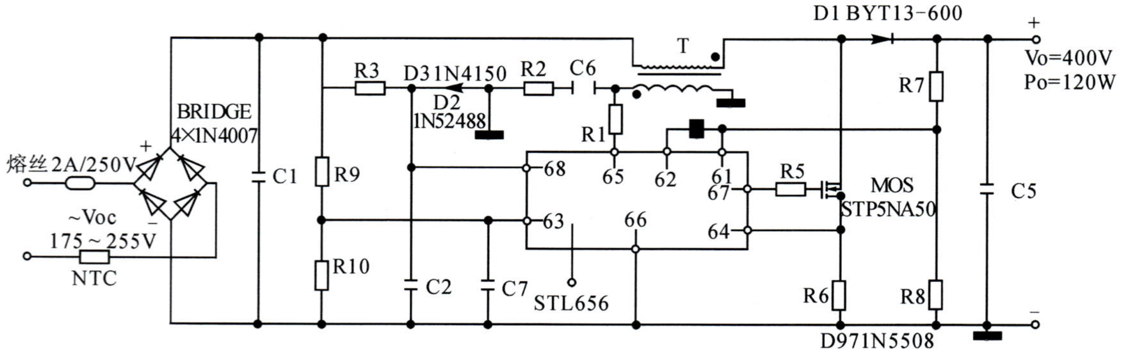

图 3　晶片 ST L6561 之应用电路图

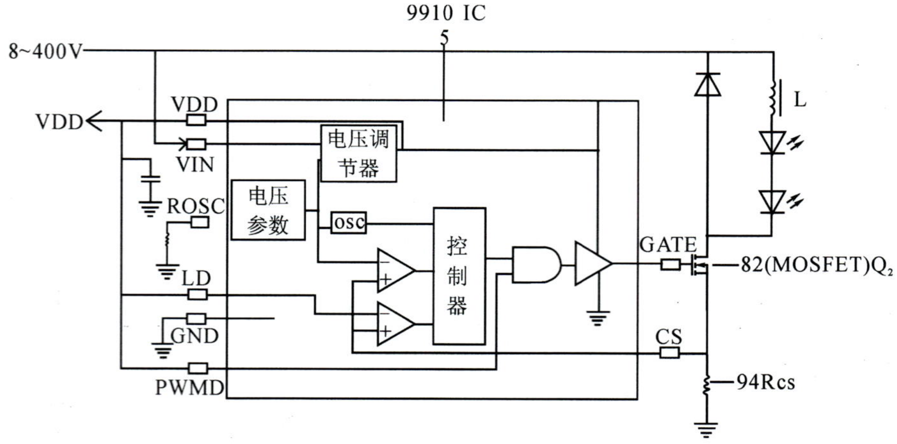

图 4　电流控制 ICHID9995 之电路示意图

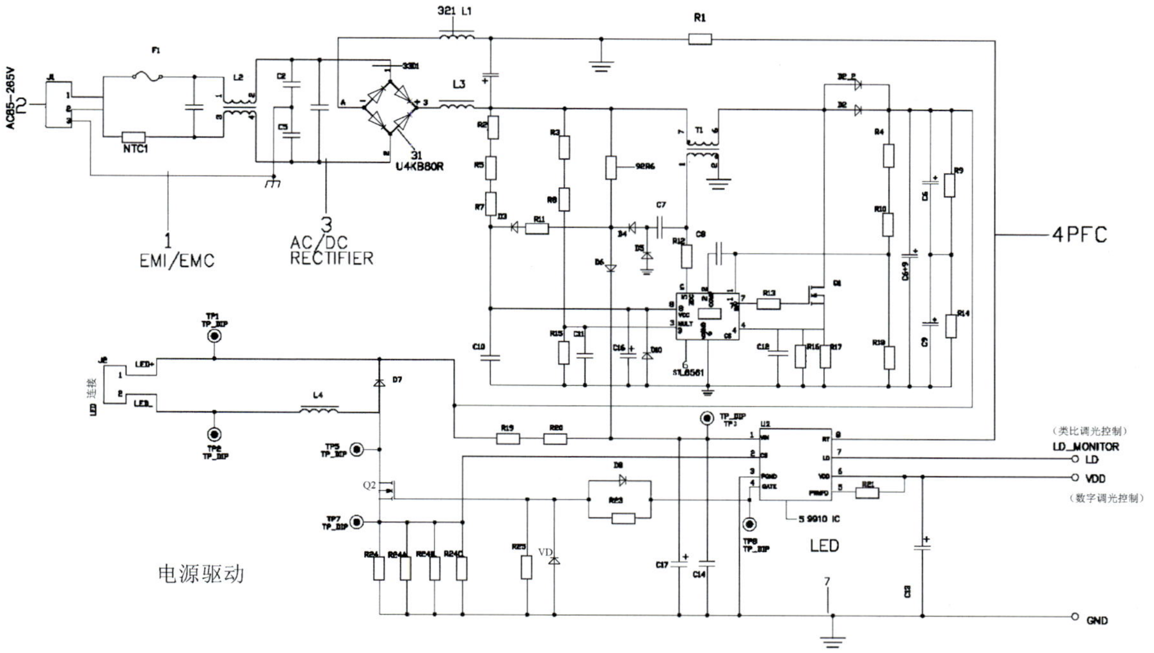

图 5　实施例之应用电路示意图

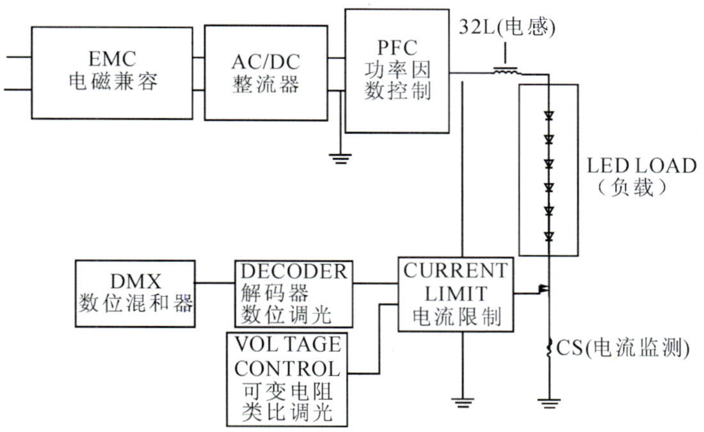

图 6　实施例之逻辑电路流程示意图

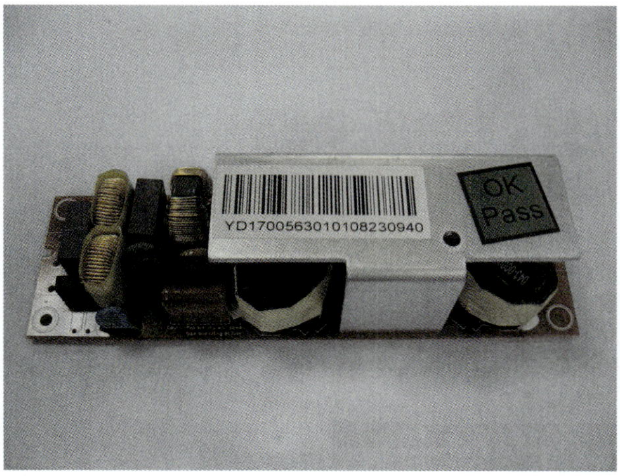

图 7　LED 定电流驱动回路 LED DRIVER

图 8　安装于路灯上之实例（苏州）

图 9　安装于办公室之实例

QTK

CERTIFICATE

Issued Date: Sep. 16, 2008
Report No.: 085333R-ITCEP05V01

This is to certify that the following designated product

Product : Constant Current Driver
Trade name : HID
Model Number : LDH56-350/LDH45-350/LDH30-350
Company Name : HID TECHNOLOGY CORPORATION

This product, which has been issued the test report listed as above in QuieTek Laboratory, is based on a single evaluation of one sample and confirmed to comply with the requirements of the following EMC standard.

EN 55015: 2006
EN 61000-3-2: 2006
EN 61000-3-3: 1995+A1: 2001+A2: 2005
EN 61547: 1995+A1: 2000
IEC 61000-4-2: 1995+A1: 1998+A2: 2000
IEC 61000-4-3: 2006
IEC 61000-4-4: 2004
IEC 61000-4-5: 2005
IEC 61000-4-6: 2003+A1: 2004+A2: 2006
IEC 61000-4-8: 1993+A1: 2000
IEC 61000-4-11: 2004

TEST LABORATORY

Arthur Liu / Deputy Manager

QuieTek No.75-2, 3 Lin, Wang-Yeh Valley, Yung-Hsing Tsuen, Chiung-Lin Shiang, Hsin-Chu 307 Taiwan, R.O.C. TEL: +886-3-592-8858 FAX: +886-3-592-8859 Email: service@quietek.com http://www.quietek.com

图 10　CE 认证

QTK

CERTIFICATE

Issued Date: Sep. 16, 2008
Report No.: 085333R-ITUSP03V01

This is to certify that the following designated product

Product : Constant Current Driver
Trade name : HID
Model Number : LDH56-350/LDH45-350/LDH30-350
Company Name : HID TECHNOLOGY CORPORATION

This product, which has been issued the test report listed as above in QuieTek Laboratory, is based on a single evaluation of one sample and confirmed to comply with the requirements of the following EMC standard.

FCC Part 18: 2007

TEST LABORATORY

Arthur Liu / Deputy Manager

QuieTek No.75-2, 3 Lin, Wang-Yeh Valley, Yung-Hsing Tsuen, Chiung-Lin Shiang, Hsin-Chu 307 Taiwan, R.O.C. TEL: +886-3-592-8858 FAX: +886-3-592-8859 Email: service@quietek.com http://www.quietek.com

图 11　FCC 认证

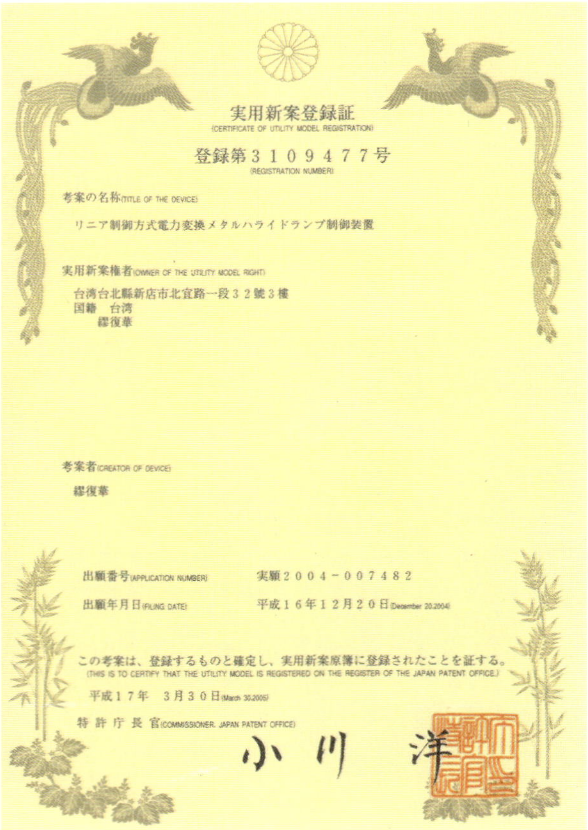

実用新案登録証
(CERTIFICATE OF UTILITY MODEL REGISTRATION)

登録第３１０９４７７号
(REGISTRATION NUMBER)

考案の名称(TITLE OF THE DEVICE)

リニア制御方式電力変換メタルハライドランプ制御装置

実用新案権者(OWNER OF THE UTILITY MODEL RIGHT)

台湾台北縣新店市北宜路一段３２號３樓
国籍　台湾
繆復華

考案者(CREATOR OF DEVICE)

繆復華

出願番号(APPLICATION NUMBER)　実願２００４－００７４８２

出願年月日(FILING DATE)　平成１６年１２月２０日(December 20.2004)

この考案は、登録するものと確定し、実用新案原簿に登録されたことを証する。
(THIS IS TO CERTIFY THAT THE UTILITY MODEL IS REGISTERED ON THE REGISTER OF THE JAPAN PATENT OFFICE.)

平成１７年　３月３０日(March 30.2005)

特 許 庁 長 官(COMMISSIONER, JAPAN PATENT OFFICE)

小川　洋

图 12　专利证书（日本）

LED 功能照明的现状

林燕丹[1]　周太明[1]　甘子光[2]
(1　复旦大学电光源研究所，2　中国照明学会)

1. 引言

近年来大功率白光 LED 的迅速发展使 LED 的应用领域从最初的仪器仪表指示逐渐向普通照明领域发展。在全球资源紧缺、经济危机的大背景下，LED 理论上的极高的光效和特长的寿命等优良性能让人们看到了照明节能的曙光，LED 照明的应用成为国家和各地政府的关注亮点。当前，我国政府制定了相关政策，对 LED 的发展起到积极的推动作用，例如，国家中长期发展规划、863 和各地科技项目都非常注重 LED 功能照明产品的开发和应用（包括示范工程）。

在政府的大力支持及政策引导下，已有很多企业投资 LED 照明产品项目，目前一些产品的触角已涉及到室内功能照明（如图书馆照明、博物馆照明、教室照明和室外的道路照明），另外还有应用于某些特殊性场合的照明（如低温照明、矿灯照明、汽车灯照明等）。但是，由于 LED 产品品种多、技术难关大、技术水平差异大、评价方式不一致等多种问题，虽然有一些不错的应用实例，但也有一些失败的教训，LED 在功能照明的应用也随之招来了不少质疑。目前业内已出现一些防止大功率 LED 过热发展的呼声，也举办过多场辩论及座谈会，探讨如何理性地看待 LED 的发展及应用。

本文的主要目的就是分析 LED 功能照明产品现状、优势和机遇，通过举例客观说明目前 LED 在功能照明应用的情况和尚需解决的问题。

2. 功能照明的要求和应用 LED 的潜在优势

（1）功能照明对灯具的要求

对大多数的功能照明而言，它要求照明灯具具有足够的稳定的光输出、较长的寿命、合理的配光分布、合适的颜色特性和稳定性，同时要考虑安装的便捷程度和费用的合理性（包括初始和维持成本）。

另外，随着社会的进步和人们对居住、生活与工作要求，人们对于照明的功能有了进一步的要求。例如，希望通过智能控制的方式，对照明系统进行合适的调光、调色，从而实现情景照明模式，满足人们心理和生理的需要。特别在一些特定的场合，例如潜水艇中，按人的生理节律模式变化的照明逐渐成为照明必须要具备的功能。

一些特殊场合下的功能照明也有特殊的要求，例如矿井灯要求具有防爆特性；汽车照明灯具对防振动性能和灯具尺寸及与机载电气配套有特殊的要求等。

同时，所有的功能照明灯具必须满足国内外有关环保、安全的法规，例如 RoHs 指令、对紫外线的限制要求等。

（2）LED 应用于功能照明的潜在优势

从目前 LED 的技术现状看，虽然在大功率 LED 封装与集成方面仍存在各种各样的问题，例如有的产品光输出和颜色参数不稳定、散热性能不佳、寿命参差不齐等。但无可否认的是，LED 技术正在飞速发展，这将加速 LED 在功能照明领域的应用。结合 LED 特点和其未来的发展潜力，LED 应用于功能照明具备了诸多潜在的优势，下面列出一些较明显的优势。

1）光效潜力巨大

根据 EEL/ITRI 在 2009 年 3 月发布的信息，白光 LED 产品的光效目前 40 ~ 110lm/W，相比卤钨灯的 18 ~ 30lm/W 具有相当大的优势。而相比 T5 荧光灯的 80 ~ 105lm/W 也具备了一定的竞争优势。

让人们对 LED 最为向往的是它在未来可能达到的高光效。Nichia 的小功率 LED 芯片的实验室数据报道已达到 249lm/W；而大功率 LED 芯片据报道也已达 161lm/W。理论上白光 LED 的效率最高可达 263lm/W，如果采用新的荧光粉技术，Nichia 方面可以把这个极限提高到 300lm/W[1]。虽然芯片的光效不等于整体灯具的光效，但是发光体光效的提高无疑是整灯效率提高的重要前提。白光 LED 的理论上的高光效是目前其他光源所无法比拟的。

2）良好的方向控制和较高的应用效率

由于在实际应用场合中，光源的光效并不代表最后照明系统的效率，更不能代表照明系统在实际场合使用的效率，Narendra 提出用"应用效率"来描述功能照明的实际使用效率[2]，这无疑给 LED 的应用优势增加了不小的份量。应用效率是指在实际应用场合中到达作业面上的总光通除以照明系统的总功率。应用效率概念的提出更加有利于评价实际的节能情况和照明效果。例如，如图 1 中，照射到所要展示的图片上面的总光通是该应用中的有效作业面光通，而落在图片区域之外的则是浪费了的逸散光。

由于 LED 的光学配光可以准确控制光线方向，通过二次配光设计可以大大提高其应用效率，减少不能投射到作业面上的逸散光，这在一定程度上弥补了它目前的总光通较少的劣势，且大大提高了其在未来功能照明应用中的潜力。

3）长寿命

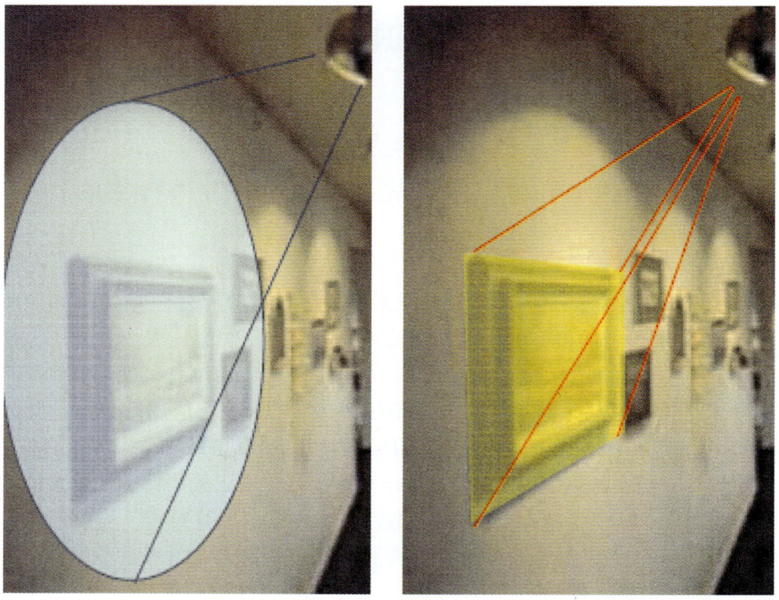

图1 应用效率中作业面光通的示意（Narendra，2009[2]）

根据EEL/ITRI在2009年3月发布的信息，目前白光LED的产品寿命范围在20000~50000h，这与卤钨灯的1000~3000h，及荧光灯的12000~15000h相比无疑具有较大的优势。

未来，在良好的散热条件和系统设计下，LED的寿命可达50000~100000h。这样的长寿命的特性可以使LED光源的维护成本大大降低。尤其适合于如隧道等难以维持的场合。

4）可根据需要组合功率

LED照明灯具的另一个显著特点是可以根据应用场合的需要组合各种功率等级。例如，传统路灯规格基本是150W、250W、400W，无法覆盖各种等级、各种车道的需求，往往造成浪费。而LED路灯功率连续可调，根据不同路面定量设计，按需分配，有明显的节能效果。而对于一些小作业面的重点照明区域，由于不需要特别多的光通，用较少的组合功率可以轻易达到照明的目的，也同样能实现节能。

5）坚固、耐震及响应快

电致发光的原理决定了LED只有几毫秒的响应时间，远小于传统光源。这一特性使LED能用于对启动性能要求较高的场合下的照明，例如汽车灯。同时，作为固态发光光源，LED坚固的结构使得LED灯具有优良的防震性能，能够应用于桥梁照明、轨道车辆等场所，降低维护工作，减少运行成本。

6）紧凑和灵活的灯具外形

在很多应用场所，希望具有更为紧凑和灵活的灯具外形，以适应较小的安装空间或良好的整体外观，例如图书馆不同长度的书架照明、汽车和轨道车厢照明、商店里的展柜照明等。LED由于具有较小的体积，其灯具外形具有可以做得更加紧凑的潜力，也方便制作各种造型。

7）智能的调光调色系统的实现

未来，对功能照明的智能化要求是一个重要的趋势。自动调光、调色的功能是LED与其他光源相比的一个巨大的优势。通过调光设计可以实现节能，而通过良好的调光、调色设计，可以与使用者形成互动式照明，大大提高人们的生活品质。例如，飞利浦的AmbiScence系统；应用于飞机或潜艇上的情景照明模式等。LED控制技术可以实现数字控制，因而使得LED应用于功能照明中可以实现随外界条件的亮度控制，达到节能的效果，而且实现最佳的照明效果。

8）无有害物质，无紫外辐射

LED没有使用普通灯泡中常见的汞、铅等有害物质；另外LED灯也无紫外辐射射出，因而使得它在某些特殊的室内照明场合，如博物馆、图书馆等方面占有很大的优势，可近距离照射展品。

3. 大功率LED功能照明产品的现状

由于缺乏成熟的LED照明灯具的评价标准与检测体系，目前对于LED功能照明产品参数的认定方式并不一致，且LED自身发展速度迅猛，很难客观地评价LED功能照明产品的实际状况。Narendra认为到2008年底，国际上LED照明系统的整体效率在54%左右，其中光学效率约为80%，热效率为85%，电气效率为85%[2]。笔者认为这一数据较为客观地反映了LED功能照明产品目前的情况。

参考近几年各公司的产品发布情况，目前大功率LED功能照明产品具有如下的一些特点。

（1）大功率LED芯片的光效不断提高

目前，作为整个产业的核心——大功率LED芯片研发、制造技术还掌握在少数几个国外公司手中。根据各公司发布的实验室光效来看（见表1），大功率LED芯片的发光效率不断得到刷新，350mA级别的芯片最高的发布光效为161lm/W，由Cree于2008年11月发布。而2009年各公司发布的量产产品的光效也均已超过100lm/W，其中Cree和Osram为132lm/W，而Philips（Lumileds）为115lm/W[1]。另外，Philips计划今后1～2年内量产产品达130lm/W，3年内达150lm/W，以进一步满足普通功能照明的需要。

表1　大功率LED芯片（350mA）的发展现状[1,3]

	Cree	Nichia	Osram	Philips（Lumileds）
发布日期	2008.11	2009.2	2008.7	2007.2
实验室光效/（lm/W）	161	145	136	115

（2）LED整灯性能持续上升

根据各厂商发布的报道，LED功能照明产品的整灯性能，无论是从整体光效，还是灯具总光通、配光特性、电源效率、功率因数、光学器件的效率、颜色参数等均在不断提高中，越来越能适合功能照明的需要。

在功能照明产品中，较为集中的是LED路灯、LED小功率投光灯和替代MR16的LED射灯，也有部分厂家推出了替代荧光灯的LED照明产品。以LED路灯为例，表2列出了一些生产厂商的产品状况，与前几年产品相比，色温范围更广，功率更大，整灯光效有明显提升，且整灯的光通量也有了大幅度上升。

表2　LED路灯主要生产厂家的产品状况[4]

厂家	型号	色温/K	功率/W	光效/（lm/W）	光通量/lm
OSRAM	Golden Dragon	6600	90	70	6300
PHILIPS	LUXEON Rebel	—	67	50	3325
E－SOLAR	Warm White	3000	100	58	5800
Anteya	—	—	90	56	5040
Neo－Tecsm	SD－75	6500/2000	95	57	5445

国内厂商有报道[5]使用110lm/W的芯片，灯具电源效率＞87%，功率因数＞0.95，整灯灯具光效达81.4lm/W，显色指数70，色温也从原来较高的6000K以上下降到5000～5300K。台湾报道了一种高达350W的路灯[6]，其整灯光通量达到20000lm，实测光衰在15000h后小于8%，色温4500～6000K。

（3）单位流明的价格有所下降

根据EEL/ITRI在2009年3月发布的信息，T5荧光灯的价格为1000lm/美元，卤钨灯为300lm/美元，而白光LED为50lm/美元，可见目前白光LED与传统光源相比其单位流明的价格仍然高出许多[3]。特别是目前国内的LED照明生产企业大都是采用的国外进口LED芯片，作为整个产业的核心——大功率LED芯片研发、制造技术还掌握在少数几个国外公司手中。因此受产业上游芯片制造厂家的制约，目前市场上性能优异、质量好的大功率LED芯片价格昂贵，作为产业链下游的应用产品生产企业，产品成本难以大幅降低。但在过去十几年里，LED芯片的价格下降了十倍，未来其价格仍有较大的下降空间。

（4）LED灯具产品的标准体系尚不完善

由于LED作为照明光源的应用历史较短，而发展却十分迅速，目前普遍存在的问题是LED照明灯具的标准与检测体系不完善，且缺乏权威的检测平台。针对这一问题，国际照明委员会（CIE）、国际电工委员会（IEC）及各国和我国相关机构和组织正积极地研究制订或修订有关照明与测试标准。例如由美国能源部（DOE）所主导，美国国家标准学会（ANSI）与北美照明学会（IESNA）所组成的标准制订小组，正在进行固态照明灯具相关测试标准的制订。日本照明学会（JIES）、日本照明委员会（JCIE）、日本照明器具工业会（JIL）以及日本电球工业会（JEL）已制订出四团体共同标准《照明用白光LED量测标准》。我国台湾经济部门成立LED照明标准及品质研发联盟，原先预计产出17篇LED标准规范，目前已完成9篇重要的LED标准草案，2008年12月公布了新的《LED路灯标准》草案。工信部门于2005年11月成立《半导体照明技术标准工作组》，已制订9项LED行业标准。全国照明电器标准化技术委员会的相关组织部门，也正在制订LED光源及照明产品技术标准和测试方法，目前有12项关于LED照明的标准通过了基本的审定。发改委已完成《LED矿灯技术标准》，国家计量科学研究院正在制定《LED产品量值测算标准》[1]。

然而，由于这些标准未能得到足够的检验，加上LED的发展日新月异，总体上来说，对于LED灯具产品及其应用的标准还尚不完善。目前的整个评价体系相对较为混乱。

4. LED 在室内外及特殊场所功能照明中的应用实例

随着国家和政府的大力促进及 LED 厂商的积极响应，近年来 LED 在功能照明方面有了不少的应用实例。有些例子比较成功，有些则较为失败。在国外也有不少的应用。

（1）LED 在室内功能照明的应用实例

LED 在小范围、近距离的展示照明方面表现较为突出。例如 LRC 使用了 LED 在冰柜展示里的照明应用非常成功（见图 2）[7]。虽然整灯灯具效率仅有 38lm/W，但由于良好的光学设计使浪费的光线得以减少，与原来的荧光灯系统相比，提高了展柜的照明水平，实现了更佳的视觉效果，且对冰柜内食物的热辐射和紫外辐射均大大减少。在低温环境下使用，LED 的寿命也是荧光灯的两倍，减少了维护费用。

图 2　LED 应用于冰柜展示照明

应用于台北兴化国小体育馆的 14 盏 350W LED 投光灯，据称至今已使用 2 年以上零维修[6]。

（2）LED 在室外功能照明的应用实例

LED 在室外功能照明的应用多见于隧道照明和道路照明。2008 年秋，A71 高速公路的 Thüringer Schmücketunnel 隧道成为德国第一条以及欧洲最长的一条采用 LED 照明的隧道。通过调光装置，白天隧道平均亮度达到 4.65cd/m^2，而晚上，亮度为 0.8cd/m^2。相较于以前使用的 70W 高强度气体放电灯，节能达到 30%。

2008 年 5 月底竣工的广州龙头山隧道[5]是当时亚洲最长的隧道照明工程（见图 3）。根据重庆交通科研设计院“广州珠江黄埔大桥龙头山隧道照明节能设计”的科研课题成果，改造结果使隧道入口段与出口段的显色指数 >80，其照明标准超过了《JTJ026.1－1999 公路隧道通风照明设计规范》的规定值。

图 3　广州龙头山隧道照明[5]

（3）LED 在特殊场所的功能照明的应用实例

在飞机、火车和汽车等场所，LED 由于其体积小、电压低、耐振动等特性，得到了越来越多的应用。例如 A380、一些火车车厢的阅读灯和车厢顶灯就采用了 LED 作为照明灯具，如图 4 是用在法国 ZTER 动车组上的 LED 筒灯。该灯用 3W 的 LED 来替代原来 20W 的卤钨灯，取得了很好的节能效果。

图 4　用在 ZTER 动车组上的 LED 筒灯（APL，2009）

另外，由于其可调光色的特性，LED 也被用于近几年兴起的情景照明中。例如飞利浦的 AmbiScene 系统，通过光色的变化搭建出与用户互动的桥梁，更好地满足了用户心理和生理的需要。而针对人体生理节律变化而研制的动感照明系统也是 LED 用于新型功能照明的成功例子。

5. 推动 LED 功能照明尚要解决的应用指标问题

目前随着 LED 在功能照明应用的呼声的增加，许多企业为了抓住商机，抢占更多的市场，争相开发各种 LED 功能照明灯具来满足用户的需要，甚至一些原来不生产照明产品的企业也纷纷上马，造成产品品种多，质量参差不齐。如果要实现将 LED 广泛应用于功能照明领域，应进一步改进 LED 灯具在光、电、色、热、稳定性等方面的性能，使其应用指标能更符合功能照明的需要。下面从应用指标的角度讨论推动 LED 功能照明尚应解决的关键问题。

①单灯具光输出较小或不够稳定的问题。虽然有些厂家的产品已相对较稳定，市场上仍有相当部分厂家的灯具产品的实际光通量不足，使其应用效果不佳；或虽初始光通足够但光衰严重，这些都大大限制了人们对 LED 功能照明的信任程度。这一问题需要通过提高大功率芯片的光效、优化热管理和灯具系统设计来进行解决。LED 的工作状态和散热设计直接关系到 LED 实际光效，也关系到实际使用寿命，从而影响单灯具能达到的光通量及光通量的稳定时间。

②LED 的寿命问题。LED 灯具的实际使用寿命有待考验。目前实验室测试的 LED 芯片寿命远远超过很多其他光源，但将 LED 芯片封装、大规模生产制造为应用产品，在各种各样的的户内外环境中，直面酷暑、雷暴、灰尘等自然环境的考验，则 LED 的寿命还是有待用时间来证明。当 LED 应用于功能照明时，光强密度更高的 LED 也要散发出更多的热量，优化热管理依然是 LED 使用寿命及使用效果问题得以解决的关键。

③成本高的问题。以 LED 路灯为例，目前根据不同功率和安装高度，其价位在 4000 ~ 8000 元/只，而一套进口品牌的高压钠灯（含灯具、成套电器光源）价格不超过 1500 元，因而考虑到成本因素，大面积推广应用有很大困难。未来 LED 要进一步应用于功能照明领域，应该在保证质量的前提下进一步降低成本。

④颜色参数不够理想的问题。目前白光 LED 的两种发光方式，即蓝光加荧光粉或 RGB 三色组合的形式，都在一定程度上存在颜色参数不够理想的问题，例如色域不够宽、色温偏高、色差太大、色稳定性不够等问题，需要通过进行更优质的荧光粉和涂覆设计，及 RGB 调光驱动和混光控制电路的优化设计来解决。

⑤配光不够理想，容易形成眩光，或造成作业面均匀度不够。这对 LED 的二次光学设计，甚至是一次光学设计提出了很高的要求，需要根据应用场所的不同设计相应的配光。

⑥LED 功能照明灯具的标准与检测体系不完善，缺乏权威检测平台。标准的缺乏首先会导致市场上的产品生产工艺不同，评价方式也不同，因而产品良莠不齐，也导致使用上会出现光色不一致无法统一控制的现象。另外因为没有统一的标准，使得各 LED 生产厂商的产品规格不同，彼此间无法通用，当 LED 灯具发生损坏需要替换时则必须使用原厂的产品，因而增加了客户的维修费用。这一问题相信随着时间的进展可以逐渐得到解决。

6. 小结

从LED的发展潜力来看，LED应用于功能照明在未来应该具有越来越大的优势，目前LED功能照明产品的整灯性能正随着大功率芯片技术的上升而不断得以优化，产品系列越来越多，涉及的功能照明场所也越来越广；目前在室内、外及特殊应用场合上也已经有一些成功的应用实例。但同时应该看到，市场上LED功能照明产品仍然良莠不齐，由于标准的缺乏，和热管理技术、电气技术、光学技术和灯具机械设计技术等的差异，LED在功能照明领域目前的应用成效还不能一概而论。随着各个关键技术的解决，相信未来LED在功能照明领域能为我们带来更多的惊喜。

参考文献

[1] 何开钧．LED产业技术最新进展［R］．中国（浙江）节能光源与灯具技术经贸论坛，2009.

[2] Narendran N. metrics for LED Systems and Applications. 3rd China International Forum on Novel Light & Energy Sources［R］，2009.

[3] Chan Y. From LED to LED Lighting System［R］. 3rd China International Forum on Novel Light & Energy Sources, Shanghai，2009.

[4] 王锦燧，姚其，黄瑜，等．LED路灯在道路照明中的应用综述［M］．中国半导体照明产业发展年鉴2008～2009，2009.

[5] 杭州红剑立明科技有限公司．LED高速公路隧道照明典型应用介绍［R］．中国（浙江）节能光源与灯具技术经贸论坛，2009.

[6] 管新宁．半导体照明灯具系统设计指标［R］．第三届新光源与新能源论坛，2009.

[7] Leslie R. Applications for Solid－State Lighting：making themost of the Technology. 3rd China International Forum on Novel Light & Energy Sources.［R］，2009.

台湾推动LED照明产业蓝图及方针

林青海
（台湾地区经济部技术处）

1. 前言

目前全球在节能减碳之大趋势下，具有寿命长、体积小与低耗能等优势之LED照明技术，已逐渐成为产业发展之重点。本论文将从全球LED产业现况以及台湾LED产业之角色及定位出发，提出台湾经济部在推动LED产业发展之具体做法，包括开发高品质LED光源、标准化模组及品管测试设备；推动LED照明光电产业化及协助业者国际拓销及提升国际知名度；推动LED照明示范应用、修改法规以普及推广；推动创新应用设计；及建立台湾地区LED产业标准。借由这些做法，已逐步集结各界群聚力量，推动台湾LED产业供应链之形成，以在未来LED市场占有先机。

2. 全球LED产业现况

LED市场发展与市场基础关系密切，在2001年LED正式进入手机市场，带动LED第一波高度成长，而高亮度LED在期间（2001～2004年）年成长率高达46％。就应用市场分析，LED应用领域相当广泛，举凡电子产品、家电产品、汽车、交通标志、看板等需要点光源或面光源场合，都是LED应用市场。早期LED由于发光亮度低，主要应用于家电、电子产品或玩具等点光源应用领域，但随着高亮度LED产品亮度与效率的增进，可携式产品（如手机、PDA、数位相机等）大量使用作为产品荧幕或按键光源，使得可携式产品成为LED最大应用市场，而在LED光源效率不断的提升下，LED照明将会是下一阶段主要的市场，详如图1全球发光二极管应用市场。

一般照明用LED市场，由于政府介入，大幅降低LED与荧光灯等光源间价格落差，加速LED在照明市场渗透率成长，而商业用照明及功能通向的LED照明领域市场正快速发展。但从消费者价格接受度与商业模式成熟度低等角度思考下，因多数终端使用者仍以低成本为采购考量，较不在意高品质或是多功能特性。因此未来LED若要普及，即使有长寿命和安装自由等优点，但与传统光源价格落差尚需控制在2～3倍以内，才能促进大量普及。在应用市场成长的带动下，估计2008年全球LED市场将可成长至74亿美元，较2007年成长11％。预测2012年全球市场规模将成长至138亿美元。详如图2全球LED市场规模预测。

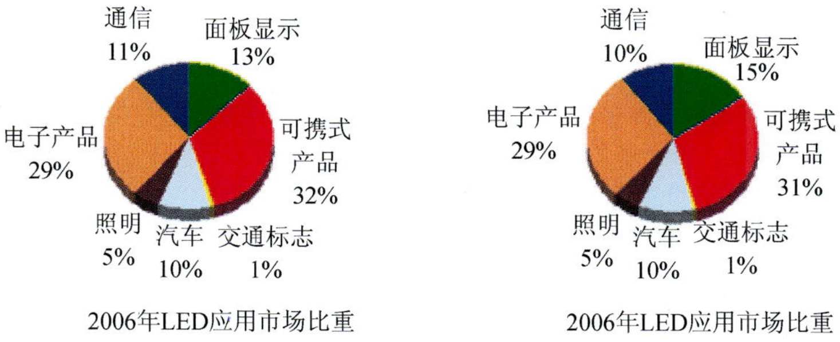

资料来源:式研院IEK(2008.01)

图 1　全球 LED 应用市场

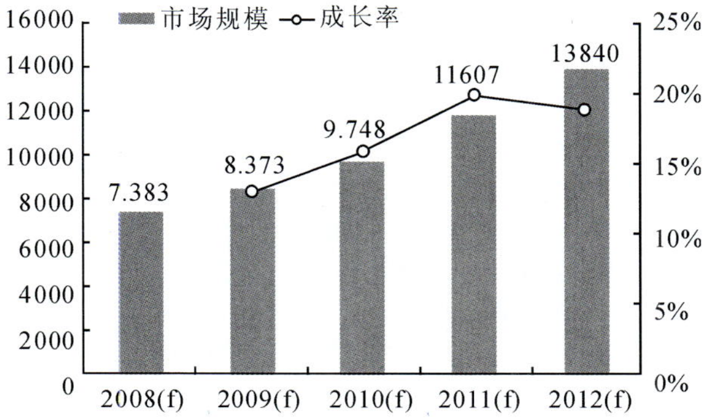

资料来源:工研院IEK(2008/01)

图 2　全球 LED 市场规模预测

3. 台湾地区 LED 产业之角色及定位

台湾 LED 发展历史甚早，1972 年德仪（TI）在台湾设立第一条 LED 封装线，将 LED 产业带进台湾，随后 1974 年 TI 结束在台的 LED 生产线，次年以 LED 封装业务为主的光宝成立，台湾正式开启 LED 产业之门。台湾 LED 产业初期以下游封装为主，上、中游的磊晶片与晶粒均需仰赖美、日大厂的供应，直到 1983 年、1988 年光磊、鼎元相继成立，台湾才逐渐跨入中段切割。至于上游的磊晶片，1993 年成立的国联光电为台湾第一家上游磊晶片厂，开始了台湾上游磊晶基础的建立。蓝光磊晶片部分，则为 1996 年在台湾地区政府的支持下，工研院与业界下游封装厂合资成立之晶元光电开始发展。在经历过 20 多年的发展，台湾 LED 产业已构建出相当完整产业链，在全球产业竞争中也扮演第二大供应地区的角色，且于产量上已跃升为世界龙头之地位。

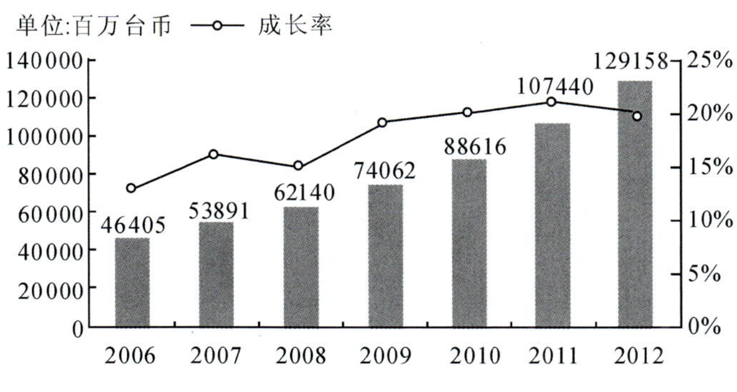

资料来源:经济部技术处(2008)

图 3　台湾地区 LED 产值变化分析

台湾LED产业经历2005年市场供需严重失调，产品单价大幅下滑恶劣经营环境。2006年呈现出稳健成长趋势，市场成长率高于产业平均值。2007年台湾LED产业在数码相框、车载显示器等中小尺寸背光模组市场成长带动，配合中上游市场秩序重组，产品单价稳定影响下，整体市场规模较2006年成长16%达新台币539亿元。而自2006年起，台湾LED产业成长率每年均较全球LED产业成长率高出许多，可看出台湾地区政府在整合产学研相关单位提升LED光源技术、推动LED产业标准及创造LED高附加价值应用等全方位发展上所做出的努力。详如图3台湾LED产值变化分析。

展望2008年台湾LED产业发展，在全球LED景气持续热络前提下，可望仍有不错的发展。特别是LED中上游产业及LED支架等具有全球竞争优势的领域，可望随着全球上升成长而有明显的成长。

4. "经济部"推动LED产业发展之做法

"经济部"依据台湾目前LED照明产业竞争之优劣势，制定各项政策及补助LED业者投入各项研发工作。台湾LED照明光电产业产量高居世界之冠，在国际竞争力上拥有多项优势，包括上游光源部分具有量产及制程技术领先、高性价比及垂直分工明确等优势。在中游模组部分具备优异之电控、散热及光学设计等技术，搭配台湾已发展成熟的电子电机产业使模组技术极具国际竞争力。在下游LED照明产业部分，台湾照明产业掌握全球行销通路并具有产品设计多样化的优势，搭配台湾平面显示器产业发展，于背光模组及各项照明应用上将占有广大的市场。然而台湾LED照明产业在光源专利及发光效率落后于国际大厂、LED模组厂商规模较小、知名度低且相关材料及元件需依赖国外进口及缺乏LED照明新兴应用市场等影响下，产业发展仍有多项急需解决的问题。有鉴于此，未来"经济部"将透过政策及经费的支持，协助台湾LED照明业者突破目前的困境，使台湾LED产业得以蓬勃发展。

为推动台湾LED照明光电产业发展及顺应全球温室气体减量之节能发展趋势，"经济部"支持LED技术研发与促进LED照明节能产业的发展，已有完整的推动配套措施及分工，包括由技术处推动支持相关单位研发提升光源效率与低成本、高效率的制造技术及支持创新应用的研究。并推动台湾LED上、中、下游业者共同制定LED产业所需之相关标准；此外，工业局支持建立LED产业资料库、协助发展LED光电模组产业及补助业者开发LED相关应用商品；能源局主导LED照明系统技术开发、推动LED照明创意设计与人才培训，并透过与标准检验局的合作，共同研拟与国际接轨的产品标准及测试规范，扮演主动与积极扶植产业的角色，掌握产业发展契机与转机，开拓新兴的LED市场。

为求LED产业整体发展的周延性及务实性，"经济部"具体推动做法包括：开发高品质LED光源、标准化模组及品管测试设备；推动LED照明光电产业化及协助业者国际拓销及提升国际知名度；推动LED照明示范应用、修改法规以普及推广；推动创新应用设计；建立台湾LED产业标准。借由上述相关政策支持，将带动台湾整体LED照明光电产业倍速成长，创造产业的另一高峰。以下将分别就上述5项政策进行进一步的说明。

（1）开发高品质LED光源、标准化模组及品管测试设备

LED光源效率的提升将可带动各项LED新兴应用产业。有鉴于白光LED是最被看好的LED新兴产品，其在照明市场的发展潜力值得期待。"经济部"技术处特于2003年成立白光照明光源研发联盟（如图4白光照明光源研发联盟成果发表会），结合台湾多家主要之LED上、中、下游厂商所成立，包括璨圆、晶元光电、鼎元光电、今台电子、亿光电子、华兴电子、佰鸿工业、东贝光电、光鼎电子和光磊科技，共同进行照明用LED前瞻性研究计划，以高效率高功率LED、UV LED搭配荧光粉材料的研究等白光LED相关元件之应用技术为开发重点，同时建立共同的产品规格和相关的测试实验室。研发成果包括白光LED发光效率达47lm/W，超过国际水准的40lm/W，而RGB全彩光源则达到当时国际水准的50lm/W之效率。此外，该计划于2005年11月结案成果发表时，共研发出数十项LED前瞻及关键型应用技术产品，其中专利申请案件更高达114件，为台湾LED产业奠定了深厚的基础。

图4　白光照明光源研发联盟成果发表会
（2005年11月14日）

除上述白光照明光源研发联盟外，"经济部"技术处亦透过研究单位一系列的科技专案计划，执行LED光源及基板等技术的研发，并将研发重点置于提升LED光源之内、外部量子效率及发光效率技术，以提升LED的发光效率；研发LED基板技术，透过科专计划研发新型的基板剥离技术，可有效避开传统雷射剥离法之相关专利，避免受限国外专利的牵制，故可提升蓝宝石基板的回收率；建立完整的LED光源设计模拟系统，对台湾LED产业之光源磊晶结构、荧光粉技术等相关设计及模拟分析上，能提出最佳的设计架构，以上科技专案技术的投入对带动台湾各地之LED产业发展有明显之助益。

（2）推动LED照明光电产业化及协助业者国际拓销及提升国际知名度

为建构整体白光LED产业竞争力与加速LED照明产业化，"经济部"工业局于2007年7月开始推动"白光LED照明产业发展辅导计划"，以发展白光LED元件及照明应用产业为主轴，积极推动产业技术升级，及提升产品需求及技术能力，

协助厂商建立研发相关应用之关键性零组件及核心技术，提升 LED 照明产业之技术自主性及产品竞争力，加速台湾 LED 照明产业发展，促进投资与国际合作、丰沛产业研发能量及供应产业所需人才，加速白光 LED 照明技术与产品之发展，协助厂商提升国际竞争力。

除“经济部”工业局外，“经济部”技术处为促进台湾 LED 照明光电迈向产业化发展，故大力支持企业从事技术创新及应用研究，并借由“业界开发产业技术计划”，补助企业从事关键性、前瞻性或整合性产业技术之规划或开发，以导引企业投入研究发展工作，并期以发挥相乘效果，促进企业进一步参与及进行投资，达到强化研发能量之目的。有鉴于白光 LED 技术研发为未来产业发展重要关键，“经济部”技术处特别将白光 LED 列为业界科专政策性项目，打破补助研发金额的上限，大力推动白光 LED 光源效率、演色性及可靠度的提升。此外，于 1997“白光 LED 加速发展政策性项目”中更着重于 LED 的创新设计应用服务技术的研发，大力支持开发 LED 创新应用技术系统与服务，如研发 LED 光源于生医领域、农渔牧养殖照明等相关领域的创新应用，并着重于相关的专利申请及布局，以提升台湾 LED 产业的附加价值并开拓 LED 新兴应用市场。

（3）推动 LED 照明示范应用、修改法规以普及推广

“经济部”为宣传民众节能照明，实现节能低碳保护地球的理念，于 1997 年 4 月 22 月日“世界地球日”启动照明革新计划，协助新竹县司马库斯黑暗部落全体住户换装高效率照明灯具，作为示范性照明模式。(见图 5)

图 5　AC LED 灯照示范展示

并于 1997 年 7 月 22 日规划从推动节能的生活设施、建构低碳的产业经济与铺设绿色的运输系统等三方面做起，型塑节能社会，迈向低碳经济。其中亦透过下列换装节能灯具示范性计划以收减能减碳之效：

①启动照明革新，全面淘汰白炽灯：台湾地区政府机关及学校于今年底前带头全面完成淘汰，于 2012 年前台湾地区全面淘汰白炽灯。

②交通信号灯改为 LED 灯：2011 年前（3 年内）更换交通信号灯为 LED 灯（省道部分可提前于 2010 年完成汰换），使台湾成为全球第 2 个全面使用 LED 信号灯的地区。

5. 推动创新应用设计

“经济部”技术处为鼓励 LED 创新应用产品开发，已透过业界科专计划积极鼓励业者投入新兴应用市场的开拓，目前于 LED 车灯及 LED 医疗照明方面已有显著之成果。

在 LED 于车外光源应用方面，相较于白炽灯泡在产品特性上有更佳的竞争优势，在汽车制造商为寻求车款独特性积极导入 LED 等影响下，LED 于车外光源系统占有率呈现持续增长的趋势。有鉴于 LED 车用光源产业的兴起，技术处推动结合光电与汽车产业之整合型计划，借由光电及汽车业者策略结盟的推动，建立群聚效应，以加速了解全球汽车光电应用市场，未来在车用 LED 全照明领域上，车灯厂结合光电产业的优势，将能产出效能高、成本低、可靠度高的产品，以在国际车厂的供应链中占有重要的地位。

在 LED 医疗照明方面，近年来欧洲等先进国家之重大医疗院所对于新购置之手术灯均已要求指定 LED 光源的规格，LED 手术灯的冷白光有助于外科医生集中注意力，又不像传统灯具会产生影子，是长时间手术的首选。为开拓 LED 医疗照明应用的广大市场，“经济部”技术处支持台湾 LED 及医疗器材的两大厂商携手合作，开发 LED 医疗照明光源技术、LED 无影灯模组技术及侦测癌细胞 LED 光源模组等技术，借此提高 LED 产业附加价值并有助于台湾手术灯产业全球市场的开拓（见图 6）。

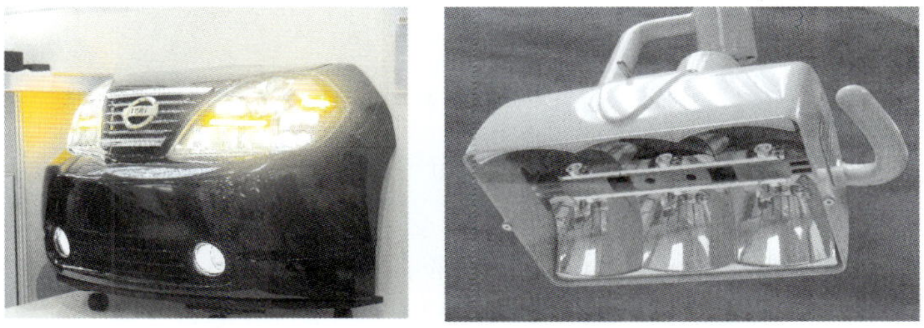

图 6　LED 新兴创新应用——LED 车头灯及医疗用灯

6. 建立台湾 LED 产业标准

随着 LED 应用领域扩张，以及 LED 光源的结构、发光原理和发光特性与传统光源不同，LED 标准制订逐渐为市场所

重视，各国政府与产业协会积极投入此领域发展，如国际照明学会（CIE）、国际电工委员会（IEC）、美国国家标准与技术研究院（NIST）、日本电球工业会（JEL），以及中国大陆等相关LED研究单位，都已经陆续提出了建议的LED量测规范，期望随着LED量测标准的制订，使得不同封装型式的LED能有一致且可靠的测试标准，以建立具公信力之LED验证平台。

为建立台湾第一套完整的LED标准内容，“经济部”技术处于1996年推动成立LED照明标准及品质研发联盟（图7LED照明标准及品质研发联盟成立大会）由中国电器、晶元光电、光宝科技、中盟光电、齐瀚光电、维明企业及一诠精密等7家LED上、中、下游及照明相关厂商所组成，整合LED晶粒、封装及模组、电源供应器及照明产品等技术研发有丰富经验的厂商，制订从LED晶粒、元件模组、光源系统到应用产品的量测标准与品质改善验证方案，建立即时光电特性监控功能之LED寿命测试与加速寿命评估系统，开发高效率、长寿命的LED T－Bar室内照明灯、LED投光灯与LED路灯等三项典型之LED照明应用与品质验证技术，在公协会协助下，将扩大业者参与制订LED照明标准规范，以促进LED产品品质及附加价值的提升。目前已制定出《LED道路照明灯具标准》等5篇LED标准草案，并已透过座谈会及公听会的方式广纳各界对此标准草案之意见，经修正后已送交至“经济部”标准检验局进行后续推动成为LED国家标准之程序。预估将于2008年3月公布共17篇LED产业所需的标准草案，并于2009初将其全数公布成为LED国家标准。随着台湾LED标准的制定，政府于相关公共工程如路灯、庭园灯等采购案上亦将有所规范，搭配上目前节能减碳政策的大力推动，未来各项公共工程的采购将为台湾LED业者带来另一笔庞大的商机。

图7 LED照明标准及品质研发联盟成立大会（2007年6月7日）

“经济部”除透过上述5项政策支持台湾LED产业发展外，有鉴于台湾LED相关厂商发展长期受限于国外大厂如Nichia、Lumileds、Osram、Cree等专利诉讼所困扰，严重影响正在蓬勃成长的台湾半导体白光照明市场。上述大厂经常使用IP手段包括专利上的诉讼、警告信函的干扰、高额权利金的索取等打压台湾LED厂商。有鉴于此，“经济部”技术处透过科技专案的支持，补助研究机构针对LED专利布局与产业专利防御分析之议题进行研究，目前已就LED元件、背光模组及LED照明完成全球专利资料库的建置，提供业者相关情境分析及防御对策，未来在LED应用与服务专利布局规划下，将加强专利强度的提升和布局的手法，同时也会留意各主要国家法规与判例的发展，凝聚对抗国际专利威胁的能量，以协助台湾LED业者在专利上取得突破契机。

7. 结语

在寿命长、体积小和低耗能的优势下，LED已成为下世代最被看好之照明光源主力，LED产业在台发展已30多年，近年产值更年年创新高，已颇有兆元产业之势，然综观此产业之现况，仍未脱台湾多数产业之宿命，“低价量大”之产品生产。故台湾地区政府在政策面鼓励产业投入，从研发联盟的筹组，到业界科专的支援；从制订LED产业标准、提升LED发光效率，到发展创新应用设计产品与示范建置等皆为推动的策略方向，期望借由白光LED光源效率之提升、演色性和可靠度之改善，及应用之创新等方向持续投入新技术之开发，一方面促成既有LED产业技术再升级，推动LED产业供应链之形成，另一方面吸引新兴应用厂商的投入，以扩大整体LED产业的国际竞争力，提升LED照明产业之附加价值。在LED加速发展的重点推动下，相关资源投入及配套措施支持下展现出将LED产业推向国际舞台的决心，相信透过台湾相关单位的努力及两岸于产业标准等议题上的携手合作，未来台湾LED产业必定将光耀全球。

节能照明市场概况暨发展趋势

吴照麟　杨智翔
（越新电子股份有限公司）

节能减碳已蔚为世界风潮，照明占全球所有电力消耗约19%，略大于OECD（经济合作暨发展组织）欧洲会员国使用的电力，全球照明所须之发电成本近4千亿美元，约占全球GDP 1%。全世界电力来源多数系透过火力发电产生，过程产生之CO_2与SO_2系造成温室效应的主因。随着经济发展与未开发、开发中国家崛起，统计至2030年所须电力需求将较现在多约15%，为了保护地球、保护不因地球暖化而消失的岛屿与濒临灭种的生物，并减少气候异常对人类生命财产遭受重大损失，身为照明产业的一分子，如何提升照明效率，减少电力消耗，提供人类更优质的光环境，相信是照明工作者责无旁贷的使命，也是为环境永续略尽个人绵薄之力。

1. 光源产业概况

世界上光源产品三大品牌为 Philips，Osram 与 GE，这三家国际知名品牌厂商在许多国家是市场的领导者，日本是世界上极少数国家由本土境内品牌主导市场，如：松下、东芝、日立、三菱等。中国因产业供应链完整且人力成本低廉，三大国际品牌大厂皆与大陆境内业者有合作的关系，借由双方缜密合作的互惠关系，外资企业的 know how 提升大陆产品品质，同时也为自己供应具市场价格竞争力的产品。据统计 2004 年中国大陆照明产业产值已逾人民币 1000 亿元，同时为全球最大出口国，出口品项以白炽灯和荧光灯为大宗，而节能灯（CFL）出口产值已达所有荧光灯的 65%。

近年来 Philips 主要成长的光源为 LFL T5 系列、卤素灯、节能灯与高压气体放电灯（尤其陶瓷复金属灯），欧洲与北美市场占营业额约 70%，余者约 30%。Osram 照明事业产值以一般照明（General Lighting）所占产值最大约 5 成，欧洲与北美市场占营业额约 75%，余者约 25%。GE 为全球第二大企业，惟照明事业部规模远落后于 Philips 与 Osram，其主要销售市场较集中在北美市场。欧洲照明产业产值与中国大陆相仿，而中国大陆生产数量远甚于欧洲。

2. 理想的照明与选择

台湾照明学会（2000）认为一般教学场所，如教室、实验室、图书馆、美术工艺室等教学场所，均属于需高度用眼之场合，应提供高照度之全面照明设施。照明以辨识周围环境为主则毋须过高的照度，若近距离阅读或须较高之照度，可以台灯作为辅助光源。休憩场所如：餐厅、休息室、会客室、交谊厅等，着重照明氛围胜过照度需求。走廊、洗手间等属于一般环境照明，对于照明品质要求以迅速点亮为主，能辨识环境为其基本照度之需求。特殊场所如礼堂、体育馆等属于专案照明，不同功能需求而有不同之设计考量。

（1）光效照度

采光可分成天然采光（又称昼光照明）与人工采光。人的视觉较适合于天然光源，故采光优先利用天然光源，但当光线过于刺眼或不足时，必须利用人工光源加以调节，室内天然采光和人工照明相结合则可以节约大量电力，善加利用昼光，可以较传统照明器具节能 25% ~40%。室内居家光源主要为 GLS（白炽灯）与 CFL（节能灯），GLS 只有 5% 电力转化为光，而 CFL 有 25% 转化为光；若将全世界的 GLS 替换为 CFL，则照明电力可节省 18%，若以 LFL（直管荧光灯）取代 GLS 也可达到此效果。许多国家室内居家照明仍采用低效率的 GLS，而节能光源则普遍采用 CFL，日本和菲律宾是世界上少数室内居家照明广泛使用 LFL 的国家。居家室内照明平均光效目标 >50lm/W，而最低平均灯具效率目标（LOR：luminaire output ratios）>50%。

室内合适照度需要的荧光灯管数量可依下列公式计算而得知：

$$照度（lx）=（光源输出流明数 \times 灯泡数目 \times 0.563）\div 面积（m^2）$$

$$照度均齐度 = 最低照度 \div 平均照度 > 0.5 \sim 0.7$$

节能照明系采用符合最低照明需求的照明亮度。照明投入成本和照度成正比线性关系，装设两倍数量的照明器具就可以获得两倍照度；惟人眼的亮度感觉和照度却是呈对数关系，也就是两倍的照度只增加 0.3 倍的亮度感觉（$\log 2 = 0.3$）；两倍的亮度就要增加逾七倍的光源灯具，投入成本与报酬显然不成比例。为兼顾照明投资与亮度感觉，可以加强局部照明的设计观念，以阅读为例，若整体照度 400lx 太低，欲增加照度为 800lx，若直接加装光源灯具则不经济，此时只需在书桌上加装台灯，加强局部照度就可以达成，对于周围环境毋须太亮而减少照明达到最具能源效率，谓之工作任务导向照明（task lighting）。节能考量，居家室内照明可以 CFL/LFL 替代 GLS，常见的卤素灯则可以考虑采用渐趋成熟的 LED。

（2）成本评估

人工光源的装设须考量整体照明系统的成本，即系统的总营运成本 TCOO（来源于：Philips）

TCOO（Total cost of Ownership）为

$$初其投资成本 + 运作成本 = 设计、购买与安装 + 耗电与维修成本$$

TCOO 要考虑初期投资成本、能源成本与维修成本。

事实上，许多高效率的照明器材，其初始投入成本高于一般低效率的照明器材，若无充分教育消费者，或因采购人员与维修人员独立运作隶属不同单位，在预算考量下常无法整体评估 TCOO，而采购便宜但低效益、高耗电的照明产品，长期下来将付出较高的照明成本。优质的照明设计关系到光源之特性与分布，好的照明不仅提供健康舒适的照明环境，也可以最经济的成本完成。

理想普遍的室内照明为 LFL，不建议采用光效差含汞量高的 T12 系列，也不建议采用 T8 卤粉灯管，鼓励采用 T8 三基色荧光粉（triphosphor）系列，最节能是采用 T5 系列。LFL 采用高频灯管与电子式安定器较传统电感式照明器具节省约 25% 电力。须要较高功率的照明建议以高压钠灯（High Pressure Sodium；HPS）与复金属灯（Metal Halide Lamp）来取代光效低的水银灯。高压钠灯光效高，适合不须要高演色性的场所，如：路灯、运动场等。复金属灯较高压钠灯演色性（CRI）佳，特别适合商场、卖场使用，非居家室内照明最低平均灯具效率（LOR）目标 >70%。

3. LED 特性及应用

现在 LED 光效已较白炽灯、卤素灯高，适合作为白炽灯、卤素灯之替代光源。LED 为一典型辉度照明，不适合作为较长距离之照度照明，LED 光源特性与其他光源不同，具长寿命、不含汞、颜色、体积小、色域宽广、立即 on/off 与线性程控（programmable）等特性。美国官方单位乐观预估，若LED产品成熟并广泛使用，照明电力可减少25%～30%。LED有诸多优异特性，但成本昂贵、寿命期间变异大，散热问题影响光效与寿命等一直是LED的难题，LED适合在低温环境下工作，随着工作温度上升光效呈现明显陡降。

LED最大用途在小尺寸显示器背光源（如手机、PDA）、交通号志显示与户外装饰照明，近年来作为大尺寸显示器背光源的技术日趋成熟，应用在Laptop背光源的渗透率成长迅速，尤其欧盟WEEE指令回收成本可观，LED不含汞可节省此成本，预期不久将切入更大尺寸的LED TV。不似荧光灯或气体放电灯会释放紫外线伤及壁画、服饰，选择演色性高的LED，非常适合作为博物馆、美术馆与服饰店的照明。LED也非常适合做户外显示照明及装饰、动态等照明，LED高辉度、程控与色彩丰富等特性，将提供灯光设计师恣意想像的的创作光环境。

LED 2005年全球产值40亿美元，每年以约20%成长，预估至2010年可达100亿美元。日本Nichia为全球最大LED制造商，Nichia与Cree专注在LED生产与封装；Osram与Philips品牌大厂则发展垂直整合营运策略，从事晶片制造、封装、模组至系统整合等服务，两大品牌大厂现阶段也投入OLED的研究开发。

4. 政策标准的畅导与落实

高效率的光源或灯具通常较低效率者价格昂贵，低效率或标示不符或品质低劣产品，非但无法达到节能目的，更无端制造过多垃圾，无法充分利用零件材料导致资源浪费。

为达到全球照明节能目的，可透过国际上官方或非官方组织协同合作，制定符合节能效率之照明器具标准，落实光源、安定器、灯具符合《最低能源性能标准》（Minimum Energy Performance. Standards，mEPS）。欧盟EuP生态化设计指令（Energy－using Product Directive，2005/32/EC）、北美能源之星（Energy Star）、美国加州能源委员会的电气产品效率规范（California Energy Commission － Appliance Efficiency Regulation，CEC）等，皆突显全球国家对于产品节能表现的关注。各国政府亦开始根据产品能源效率的表现，严格审查判定是否允许该产品上市，而消费者购买公证单位背书保证之节能标志产品，也可节省家庭或企业之电费支出。

目前许多OECD国家在LFL（直管荧光灯）已建立MEPS，其主要是汰换T12s与T8卤粉灯管。MEPS在室内居家灯具上较难以制订标准，因为款式种类繁多，但在户外灯具上则较易规范。所有OECD会员国皆已制订直管荧光灯安定器MEPS，非OECD会员国则普遍没有明订LFL安定器MEPS。

为彻底落实节能标准，后市场机制管理也是同等重要，消费者至多根据品牌与标示说明作为采买选择依据，惟产品是否达到标示标准或合法的销售，则有赖政府或政府委托单位做好后市场管理与稽查，以免劣币趋逐良币造成产业发展停顿、甚至受挫。

5. 结论

现行政策下，预估2030年光源约18%使用T12 LFL、水银灯7%、白炽灯9%，即全球仍有三分之一继续使用低效率的光源。政府在推动节能照明上扮演举足轻重的角色，有其责无旁贷的责任，透过政策的颁布与施行来教育消费者，通过奖励消费者使用高效率照明产品，或给予通过国家严格节能标准的业者赋税减免，如此节能成果才可收到事半功倍之效。

时至今日，全球15亿人使用的照明仍是借由燃烧柴油与煤油而来，虽然仅占全球光源的1%，但其产生的CO_2约占全球照明电力约20%，同是世界公民的一分子，已开发国家应协助建设未开发地区的基础电力建设或提供再生能源（Renewable Energy）设施，一同携手减少温室气体排放，让地球生生不息的运转下去。

参考文献

[1] ALG (2003), Advanced Lighting Guidelines: 2003 Edition, Washington, DC.

[2] Boyce, P. R. (2003), Human Factors in Lighting. Taylor & Francis, London and New York. Caifeng L., T. Li and W. Zhang (2004). Endorsement Label and Energy Efficiency Government Procurement in China, China Certification Center for Energy Conservation Products, Beijing.

[3] EECA, Energy Efficiency and Conservation Authority (2005), EECA.

[4] European Commission (2002), Energy Performance of Buildings Directive, 2002/91/EC.

[5] Horowitz, m. J. (2001), Economic Indicators ofmarket Transformation: Energy Efficient Lighting and EPA's Green Light, Energy Journal, Vol. 22, No. 4, pp. 95－122.

[6] JRC (2005), European Compact Fluorescent Lamps Quality Charter, European Commission, Italy.

[7] Mills, E. (2005a), The Specter of Fuel Based Lighting, Vol. 308, No. 5726, pp. 1263 － 1264.

[8] NBSC (2004), China Statistical Abstract 2004, China Statistics Press, Beijing.

[9] OIDA (2002b), Light Emitting Diodes (LEDs) for General Illumination, Washington, DC.

[10] Shah, m. (2004). Formulation of Standards for Energy Efficiency of Electrical Appliances and Labelling Thereof, presented at the workshop on Energy Efficiency Standards and Labelling, India.

[11] Veitch, J. A and G. R. Newsham (2000). Preferred Luminous Conditions in Open－Plan Offices: Research and Practice

Recommendations. Lighting Research and Technology, Vol. 32, No. 4, pp. 199 – 212.
[12] Weil, S. (2004), America' smost Successful Energy Export: Energy Savings from Appliance Standards and Labels, Washington, DC.

台湾地区户外LED路灯照明之现况调查

陈鼎周[1]　周鼎金[2]
(1　中国科技大学室内设计系，2　台北科技大学建筑系)

1. 前言

根据“经济部”能源局于2004年统计台湾地区的路灯数量大约有130万盏，而LEDinside推估在2008年台湾地区路灯市场规模约140万盏，其中高压钠灯的比重约占41%，水银灯的比重约占52%。虽然高压钠灯与水银灯的演色性都不好，其中高压钠灯平均演色指数Ra为22，水银灯平均演色指数Ra为20～55，但是高压钠灯的光源效率约为100lm/W，比水银灯为40～65lm/W高出甚多，仍然是现阶段发光效率最高的照明工具。另外，根据台湾地区路灯市场规模调查（见图1），2003年以后，可以明显观察到相较于其他照明光源种类，高压钠灯占路灯市场的比重不断提高，有逐年增加之趋势。

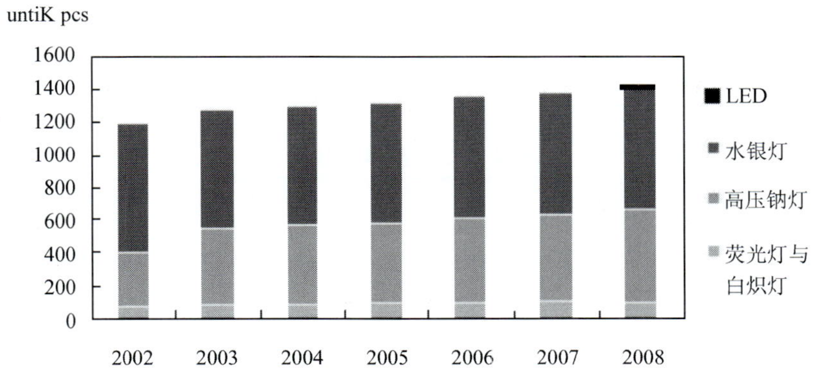

图1　台湾地区路灯市场规模图（资料来源：LEDinside）

LED路灯虽然在近两年来受到很大的瞩目，但其所占比重仍然在1%以下，2007年全台湾LED路灯装置量估计仅有2000～3000盏左右。在国际环保节能减碳之趋势下，LED照明之研发是欧美等先进国家之重要政策，并将LED列为未来之照明主流，在世界各国政府机构及民间企业全力投入大量资源研发相关技术下，LED发光效率获得大幅度的进展，2008年LED发光效率国内产业水准约为70lm/W，整体灯具发光效率约50lm/W，以达到替换水银灯的水准及阶段。因此，本研究选定北台湾共五个安装案例，进行实际照度量测后，并依据所得数值分别探讨，以了解LED路灯目前实际的安装及使用情形。

2. LED路灯相关特性

（1）发展现况

根据许多文献显示，城市道路照明是LED应用的重要领域之一。近几年，北京、常州、苏州等许多城市如火如荼都在启动LED路灯示范工程，台湾也计划在未来几年内可考虑用LED替换传统光源。LED与一般路灯传统使用的光源具有不同的光源特性，对道路照明标准制定有许多值得探讨的地方。

LED光源是点光源，其指向特性易使灯具配光形成聚光效果，造成路面照度均匀性不佳；再者LED光源的散热问题是目前产业界所面临的另一项课题。由于LED晶片介面温度愈高其发光亮度及使用寿命均相对地成线性衰减，亦即温度升高不仅会造成亮度下降，而且会加速LED元件的损坏，而一盏高瓦数路灯需要数十至数百颗LED串并联使用，方能达到照度流明之需求，一旦部分LED元件的损坏，则原先考虑均匀度的问题将更加恶化。

台湾LED产业虽然蓬勃发展，为LED产品的输出大国，但是缺乏产业的应用标准及测试规范，各家制造商之产品规格标示仍有很大的落差，进而造成产品选用上的困难，亦降低台湾地区LED厂商之国际竞争力。为掌握LED于照明应用规范的脉动，“经济部”技术处已委由工业技术研究院着手进行相关标准草案研究，借由国际LED领导厂商之产品规格分析、国际协会间LED相关量测规范汇集与比对，并积极参与照明相关研讨会掌握最新讯息，通过与台湾地区LED业者沟通以研拟出一份适用于台湾并与国际标准接轨的LED量测规范与草案，最终将陆续提出共17份LED标准草案。2008年8月份工研院已着手规划LED路灯照明规范草案，并拟订出12项量测标准，然而通过工研院量测的业者仅少数几家。其中发光效率和配光特性成为目前业界普遍尚未突破的难关。由于温度上升、电源供应、灯罩等都是光源消耗的影响因素，工研院希望LED路灯发光效率至少要在45lm/W以上，才能达到取代水银灯的效能，因此，LED光源的发光效率必须在70～80lm/W左右，才能使灯具发挥45lm/W的效率，但符合量测结果的业者实际仍在少数。

（2）照度标准

目前行政院“经济部”所规定的市、郊区道路及人行道之照度如表1～表2之规定，其中道路部分依其性质分类及所在条件平均照度在30～5lx，人行道部分则在10～2lx之间；道路照明之明暗均匀度应符合表3之规定，亦即干道部分须大于1/3（>0.33），其他道路则需大于1/4（>0.25）。此项规定须就实际设计仍须视当地情形而定，在公园户外公共空间之照明部分，则可参考标准（CNS12112－Z1044）之照度标准，如表4所示。

表1 市区道路平均照度 （单位：勒克斯（lx））

道路分类 \ 条件		商业区		住宅区	
		沥青路面	水泥混凝土路面	沥青路面	水泥混凝土路面
市区	干道	30	20	15	10
	辅助干道	22.5	15	10.5	7
	其他道路	15	10	7.5	5
郊区	干道	30	20	15	10
	辅助干道	15	10	7.5	5
	其他道路	15	10	7.5	5

表2 人行道平均照度 （单位：勒克斯（lx））

道路分类 \ 条件	道路分类	要维持之最低平均照度基准
与道路接邻之人行道	商业区	10
	住商混合区	6
	住宅区	2
不与道路接邻之人行道	公园道路	5
	斑马线（交叉口）	3
	梯道	6

表3 明暗均匀度

道路分类	最低照度/平均照度
干道	大于1:3
其他道路	大于1:4

表4 公园户外公共空间之照明设施平均照度 （单位：勒克斯（lx））

项目	步道	阶梯	活动广场、游戏场	一般性区域
平均照度	5	7	20	3

3. 案例调查与分析

就现有已安装之LED路灯之地点而言，其包括了部分都市地区的主要干道，政府机关之广场步道，捷运站出入口之人行步道，以及校园园区道路及停车场等场所，有鉴于一般道路交通流量大、危险性高，或安装地点之光环境复杂、光害严重，实际量测不易、分析条件不足，因此本研究所考虑案例对象即以学校校园及政府机关为主，包括中国科技大学新竹校区、台湾大学、政治大学、交通大学及中和市公所等五处，安装时间至今大约在1～2年之间，其使用场所性质可分停车场1个、人行步道2个、校园道路1个。

在照度量测方面，以路灯光源正下方为基准点，分别朝光源前方及左（右）以 1m 为单位，作为测量点，照度计测量高度为离地 15cm 处，量测范围则以现场可量测之实际范围，若有明显之步道宽度即以此为量测极限，若属停车场、广场并无明显使用范围者，则以灯杆高度之两倍距离为量测极限，量测路灯之选择以路灯环境避免周围光害产生为主，其实测结果分别如下说明：

（1）案例编号：No. 1

案例名称：中国科技大学新竹校区

地点：停车场

光源瓦数：36W（采太阳 + 风力发电）

灯具高度：380cm

水平面照度（lx）实测点分布如图 2 所示，效果如图 4、图 5 所示。

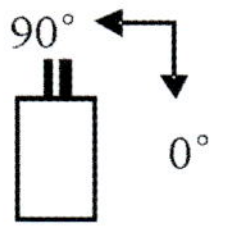

8m	7m	6m	5m	4m	3m	2m	1m	0m	
0.40	0.62	0.84	1.40	2.46	4.65	8.29	12.7	15.3	0m
0.53	0.65	0.87	1.48	2.69	4.46	7.95	11.7	13.8	1m
0.54	0.65	0.87	1.47	2.45	3.97	6.32	8.51	9.8	2m
0.50	0.65	0.78	1.27	1.76	2.99	3.95	5.25	5.73	3m
0.48	0.60	0.69	1.13	1.39	1.95	2.73	3.16	3.60	4m
0.47	0.55	0.65	0.93	1.19	1.46	1.76	2.24	2.39	5m
0.43	0.52	0.54	0.80	0.85	1.06	1.20	1.51	1.56	6m
0.42	0.42	0.46	0.56	0.68	0.81	0.92	1.00	1.05	7m
0.35	0.40	0.41	0.49	0.54	0.67	0.75	0.77	0.78	8m

图 2

图 3　中国科技大学新竹校区停车场 LED 路灯（采太阳 + 风力发电）

图 4　中国科技大学 LED 路灯夜间点灯实况

（2）案例编号：No. 2

案例名称：政治大学

地点：人行步道

光源瓦数：25W

灯具高度：300cm

水平面照度（lx）实测点分布如图 5 所示，效果如图 6、图 7 所示。

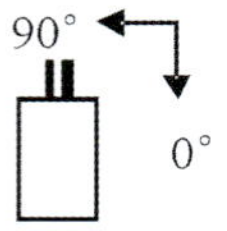

4m	3m	2m	1m	0m	
8. 74	19. 7	33. 5	48. 0	53. 8	0m
8. 60	18. 9	32. 2	44. 9	48. 5	1m
6. 22	13. 7	23. 3	33. 4	35. 3	2m
4. 94	9. 8	16. 5	21. 3	22. 0	3m
3. 47	5. 44	8. 14	10. 6	10. 9	4m

图 5

图 6 政治大学 LED 路灯

图 7 政治大学 LED 路灯夜间照明实景

（3）案例编号：No. 3

案例名称：台湾大学

地点：道路

光源瓦数：100W

灯具高度：520cm

水平面照度（lx）实测点分布如图 8 所示，效果如图 9、图 10 所示。

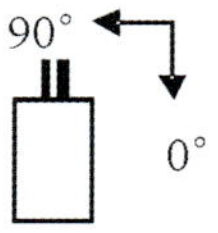

8m	7m	6m	5m	4m	3m	2m	1m	0m	
13. 2	18. 6	31. 2	31. 2	48. 7	75. 6	107	132	142	0m
13. 6	20. 8	32. 3	32. 6	48. 6	71. 5	104	127	138	1m
13. 1	20. 5	28. 9	29. 8	43. 8	64. 8	90. 1	111	119	2m
11. 7	17. 6	25. 3	26. 2	36. 6	52. 7	71. 5	82. 8	90. 5	3m
9. 1	14. 1	19. 5	14. 1	29. 6	39. 6	50. 5	56. 7	59. 8	4m
7. 29	9. 3	13. 0	8. 03	19. 4	25. 7	30. 2	33. 8	36. 3	5m
4. 54	5. 65	7. 33	7. 86	10. 0	12. 7	13. 8	15. 3	16. 0	6m
2. 07	2. 31	2. 91	3. 53	3. 79	4. 11	4. 53	4. 83	5. 45	7m
1. 05	1. 18	1. 47	1. 68	1. 71	1. 87	3. 52	4. 03	3. 75	8m

图 8

图 9　台湾大学 LED 路灯

图 10　台湾大学 LED 路灯夜间照明实景

（4）案例编号：No. 4
案例名称：交通大学
地点：停车场
光源瓦数：150W
灯具高度：900cm
水平面照度（lx）实测点分布如图 11 所示，效果如图 12 所示。

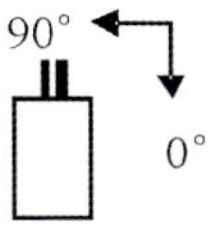

9m	8m	7m	6m	5m	4m	3m	2m	1m	0m	
5.31	8.63	11.6	15.7	19.2	22.5	26.4	30.4	36.2	33.7	0m
5.13	8.49	11.0	14.2	16.6	20.5	23.4	27.2	29.4	32.8	1m
5.02	8.35	10.8	140	16.0	18.9	6.81	24.6	25.2	28.8	2m
5.74	8.98	11.4	14.7	17.4	19.5	21.1	24.1	25.2	25.2	3m
5.69	8.95	11.8	15.3	17.6	19.8	21.0	24.7	25.7	25.3	4m
4.88	8.05	10.4	13.3	15.3	17.0	18.6	22.0	22.6	24.8	5m

图　11

图 12　交通大学 LED 路灯

（5）案例编号：No. 5
案例名称：中和市公所
地点：步道
光源瓦数：150W
灯具高度：500cm
水平面照度（lx）实测点分布如图 13 所示，效果如图 14 所示。

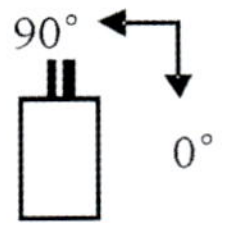

7m	6m	5m	4m	3m	2m	1m	0m	
15.3	24.2	42.2	72.4	115	143	170	133	0m
11.1	15.8	28.8	54.8	95.5	142	157	171	1m
8.8	11.0	16.4	33.2	67.7	104	133	139	2m

图 13

图 14 中和市公所 LED 路灯

根据前述调查得知，光源下方照度大于 100lx 以上者共有两处（No.3、No.5），其特征为灯具高度皆为 5m 左右，光源瓦数在 100～150W 之间，光源下方照度在 30～50lx 者共有二处（No.2、No.4），其光源瓦数分别为 25W、150W 搭配灯具高度分别为 3m、9m，另有光源下方照度低于 20lx 以下者计一处，其光源瓦数搭配 3.8m 之灯具高度与其他案例比较结果略显偏低。

在平均照度方面之检讨，No.1 之案例，由于其安装地点为校园停车场，现场并无明显之使用界限，因此以其灯具高度 3.8m 分别选取 4m×4m 及 8m×8m 二者选取范围来检讨；No.2 之案例，由于其安装地点为人行步道，同时配合及现场环境极限，以灯具高度 3m 分别选取 3m×3m 及 4m×4m 二者选取范围来检讨；No.3 之案例为校园园区道路，配合其现场环境极限，以灯具高度 5.2m 分别选取 5m×5m 及 8m×8m 二者选取范围来检讨；No.4 之案例为校园停车场，考虑其现场环境极限，以 9m 之灯具高度选取 9m×5m 之范围来检讨；No.5 之案例为广场公园内之人行步道，考虑其步道宽度，以 5m 之灯具高度选取 5m×2m 之范围来检讨。

表 5 案例实测结果统计

案例编号		No.1	No.2	No.3	No.4	No.5
名称		中国科大	政大	台大	交大	中和市公所
地点		停车场	人行步道	道路	停车场	人行步道
光源瓦数/W		36	25	100	150	150
灯具高度/cm		380	300	520	900	500
光源下方照度/lx		15.3	53.8	142	33.7	133
A	平均照度/lx	5.90	29.68	63.35	–	–
	均齐度	0.24	0.33	0.12	–	–
B	平均照度/lx	2.41	21.67	33.91	17.72	101.00
	均齐度	0.14	0.16	0.03	0.28	0.16

备注：

1. 照度单位：lx。
2. 均齐度＝最小照度／平均照度。
3. A 之选取范围（长、宽）约等于灯杆高度。
4. B 之选取范围（长、宽）No.1 为 800cm×800cm；No.2 为 400cm×400cm；No.3 为 800cm×800cm；No.4 为 900cm×500cm；No.5 为 500cm×200cm。

案例 No. 1 之现场实测结果，由于此路灯采用太阳光加风力发电作为其电源之供应，在发电能力之考量下，仅搭配以 36W 之 LED 灯，未来 LED 路灯之发光效率（lm/W）若能再提升的话，则户外路灯太阳光加风力发电搭配 LED 照明将更符合环保、节能趋势发展，而在此案照度实测值实属偏低，但是均齐度在 0.24 ~ 0.13 之间，则属尚可。

案例 No. 2 之现场实测结果，由于其人行道路宽度约 2m 而已，对应于实测结果所呈现之数值，就步道使用范围而言，其平均照度及均齐度方面皆属合理。

案例 No. 3 之现场实测结果，其平均照度值令人满意，但均齐度之表现差强人意，显示其灯具之 LED 光学构造所产生之配光分布，有进一步检讨的空间。

案例 No. 4 之现场实测结果，此次量测范围受限于现场环境因素，仅以使用范围来分析计算，而所得之数值结果尚可，平均照度若推算至本研究设定之选取范围（灯具高度 × 灯具高度）时，有偏低之可能性。

案例 No. 5 之灯现场实测结果，由于其人行道路宽度约 2m 而已，在平均照度方面偏高，而均齐度则偏低，有待检讨。

4. 结论与建议

根据 LEDinside 在 2008 年 7 月的研究报告中提到“……，其预估 2008 ~ 2012 年台湾地区的 LED 路灯年复合成长率将会高达 113%，而 LED 路灯在 2010 年以后将会大量地普及台湾国人的生活周围，其所根据美国能源部（DOE）在 2007 年所作的《固态照明 2009 ~ 2014 年展望》指出，至 2010 年 LED 冷白光发光效率可达 140 ~ 150lm/W，而暖白光可达 110 ~ 110lm/W。当 LED 光效超过 100lm/W 后，LED 灯具的发光效率也将可以提升至 80lm/W，届时在电费成本上，将比省电灯泡更具有成本优势。此外，2008 年台湾与日本 LED 厂商大量扩产的情况下，2008 年底至 2009 年 LED 价格预估将有大幅降价空间，使得终端市场的 LED 灯具价格下滑，提高消费者的接受度。”

目前 LED 光源效率普遍在 70 ~ 80lm/W 水准，与其他传统路灯光源比较（如表 6），高于白炽灯泡、高压水银灯泡甚多，若能够一举解决现今所存在的许多限制与问题，包括高瓦数之总光通量、配光特性之光学设计、灯具散热设计、灯具本身及使用后维修之高成本，在许多研究报告中所预估的 2010 年 LED 光源效率将会提升至 100lm/W 的预期目标下，台湾地区 LED 路灯在政府政策推动下，取而替代为最新之节能光源指日可待。

表 6　各种路灯光源比较

型式	光源效率/（lm/W）	平均寿命/h	特性
白炽灯泡	8 ~ 18	1000	安装及使用容易，立即可以启动，成本低
高压水银灯泡	40 ~ 61	1000 ~ 12000	效率高，寿命长，适当的演色性
高压钠灯泡	68 ~ 150	8000 ~ 10000	效率高，寿命长，光输出稳定
LED 灯泡	70 ~ 80	30000 ~ 50000	效率高，寿命长，光输出稳定，演色性高

资料来源：本研究自行整理。

参考文献

[1] 内政部营建署．市区道路工程规划及设计规范之研究，2008.

[2] 工业技术研究院．高效率照明 LED 照明系统开发与应用推广计划．“经济部”能源科技发展计划．2007.

[3] 郭玉萍，林士凯，李宏俊，等．LED 照明产品现况及发展趋势．2007 年台湾照明学会年会手册暨论文集．台北，2008.

[4] 林清海．LED 标准推动政策与机制．LED 产业标准及专利策略交流研讨会．台北，2008.

[5] Katsuyuki Egawa. 2005 World Exposition, Aichi, Japan Pavillon Project. Journal of The Illuminating Engineering Institute of Japan, No. 10, 2005.

[6] F. K. Yam, Z. Hassan. Innovative Advances in LED Technology. microelectronics Journal. , 2005.

[7] Bin – Juine Huang, Po – Chien Hsu, min – Sheng Wu, et al. Study of System Dynamicsmodel and Controlof a High – power LED Lighting Luminaire. Energy , 2007.

[8] LEDinside. 2008 年台湾 LED 路灯市场发展现况，取自 http://www.ledinside.com/en/node/6697.

新型白光 LED 之开发

郑惟纲[1] 潘锡明[1] 简奉任[2]
（1 台湾省研发技术处资深工程师，2 璨圆光电股份有限公司）

摘要： 目前一般白光发光二极管多使用蓝光芯片并在封装时搭配荧光粉进行制作，除了制程较复杂外，也容易使得产出分部较不集中。而本文中所介绍的新型白光 LED，具有封装便利与高效率的特性，并可能避免专利上的限制、胶材中荧光粉沉降、荧光粉涂布不均等问题更可以简化封装厂之制程操作。此外，由于发光二极管的亮度对温度相当敏感，如何克服散热问题以提升效率及可靠度也是一大课题，本文亦将针对 LED 散热部分作一解说。

1. 简介

在过去近十年的 LED 开发中不外乎如图 1 所标示的各种提升 LED 发光效率的技术，从正装到倒装型 LED，效率可提升近一倍，当 ITO 取代 Ni/Au 当透明电极，亮度也提升了 50%，图案化基板的导入也让亮度显著提升 60%。近年来最广为重视的垂直型结构，对亮度也有显著增益。此外，如晶粒表面粗化、晶粒导光柱、图形化透明电极等也是让亮度提升的可行量产技术。但需要注意的是，光取出技术的搭配并非都有加成的效果，而是必须将合适的技术适当地配合在一起才能达到亮度提升极大化的目的，而不是任意的混搭，如此可能造成一加一还是等于一窘境。

除了上述技术外，本文将着重在较少人研究的薄膜型白光 LED 技术，让光有效运用，减少损失亦是另一种提升效率的方式。

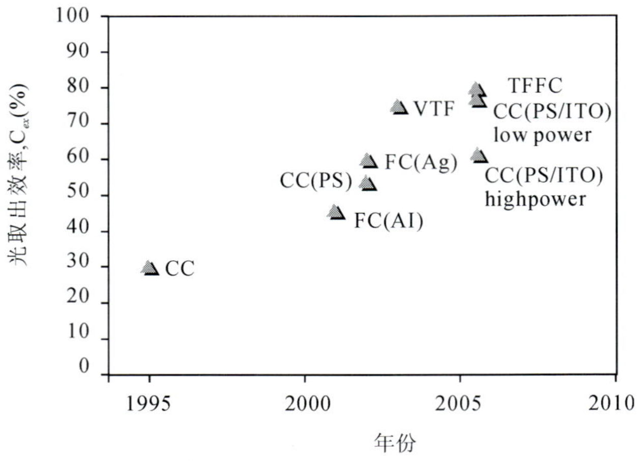

图 1 各种提升发光效率之 LED 制作技术

2. 白光芯件 White Chip 之开发

目前制作白光发光二极管的方式主要有以下三种：

（1）以红绿蓝光三个发光二极管晶片相互搭配，并借由调整三个发光二极管晶片的电流以产生均匀的白光。此种方式有较高的演色性，但相对生产成本也较高。

（2）以紫外光晶粒所发出的紫外光激发蓝光、绿光与红光三基色荧光粉，若发出的三基色光的成分适量，其混合光便是白光。此种制作方式量产容易，光色均匀且不会有偏色现象，但是发光效率不佳。

（3）以一个蓝光发光二极管所产生的蓝光为基础，激发黄色荧光粉材料产生黄光，并借由混光的方式产生白光。此种方式生产容易，现阶段发光效率较高且成本也较低，因此大部分的白光发光二极管皆采用蓝光激发黄色荧光材料的模式来产生白光。

一般蓝光激发黄色荧光材料之白光发光二极管之封装方式主要将荧光粉粒子掺入封装用的环氧树脂中，使其发出白光，如图 2a 所示，然而由于重力、浮力、摩擦力等效应，荧光粉粒子易于长时间下逐渐下沉至晶粒表面造成亮度、色度坐标随时间改变，且发光能量易被反射碗杯与半导体晶粒吸收。为了改善荧光粉下沉之问题及降低荧光粉使用之成本，Lumiled 公司开发出了保形涂层分布的荧光粉涂布方式，如图 2b 所示，然而此种方式在制作上显然会受限在覆晶这一类不需在芯片上打线的产品较为合适，然而以目前市场上的产品来看，还是以需要打线的产品为主。因此，本研究开发出一种薄膜型白光芯片的制作技术，不但具有保形涂层的优点，同时又可用在一般传统打线的产品上，在封装上使用此晶粒保形涂层时不需另外混入荧光粉于环氧树脂中，使用上相当便利。

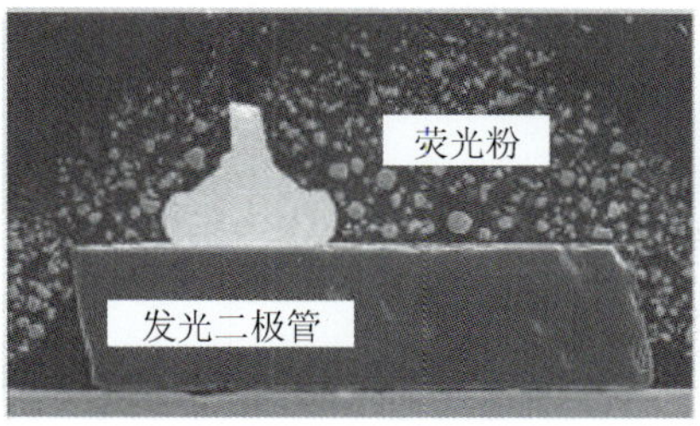

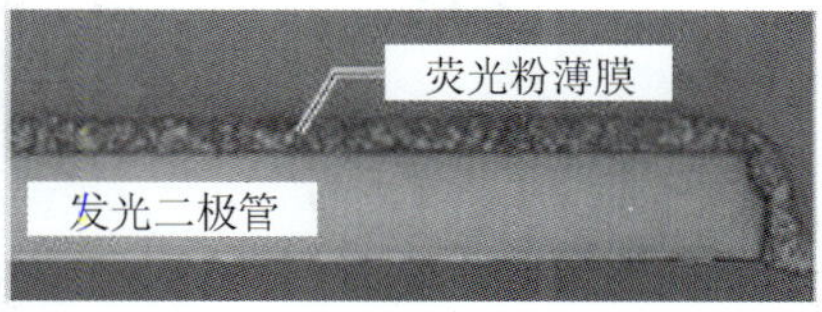

图　2

a）传统白光封装　b）保形涂层

图3表示传统白光封装与本研究所开发出之薄膜型白光晶粒之结构示意图，由图可知使用白色晶粒在封装时不需再加荧光粉。图4a为光学显微镜拍摄之两英寸wafer之点测图，图4b为晶粒之放大图，未来将再对该结构设计做些微的调整，相信量产白光发光二极管晶粒也将很快达成。

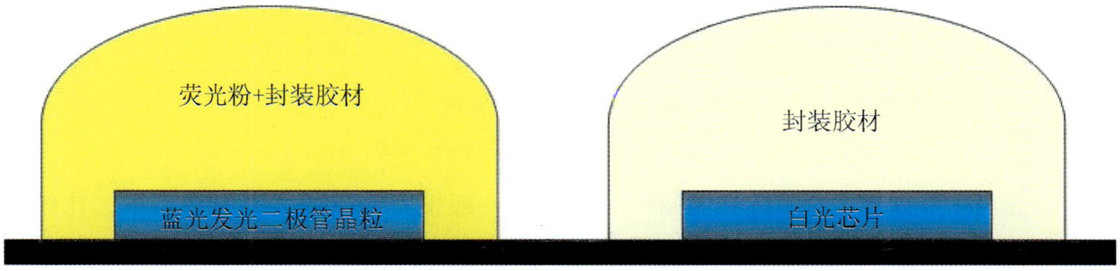

图3　传统白光封装与白光芯片

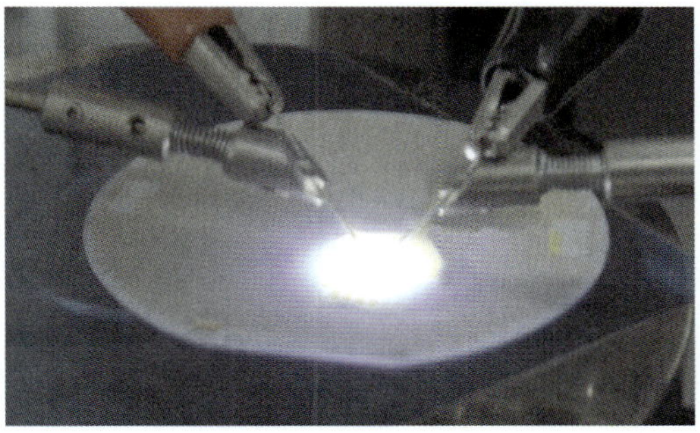

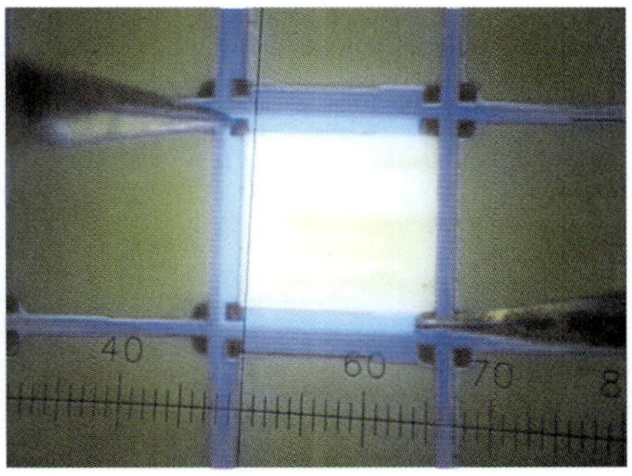

图　4

白光LED除了在发光效率上的改善外，导热能力也很重要，热除了会影响可靠度以外，也同时会造成发光效率的下降，因此不可不加以重视。例如，在封装制程中LED固晶方式，过去常用的为透明胶或银胶，在低电流小功率操作时，发热量不高，并无散热的问题，然而在高功率大电流下，发热量高时，晶粒的导热能力就越显重要。在热传导率方面，AuSn为57.3W/m·K，比环氧树脂（Epoxy）1.6～2.0W/m·K高约35倍，比传统银胶7.5W/m·K高约8倍，使其能有效地将LED晶粒所发出的热量转移至封装体的散热结构，减小热累积效应之产生，如图5所示。为了改善传统LED固晶方式热传导不佳的问题，共晶制程乃为发展高功率LED之重要一环。如图6所示为共晶制作流程，除了AuSn本身导热佳外，共晶制程因不需用胶固化（curing），可大幅减少制程时间。

图5　AuSn方式固晶较传统银胶固晶方式散热佳

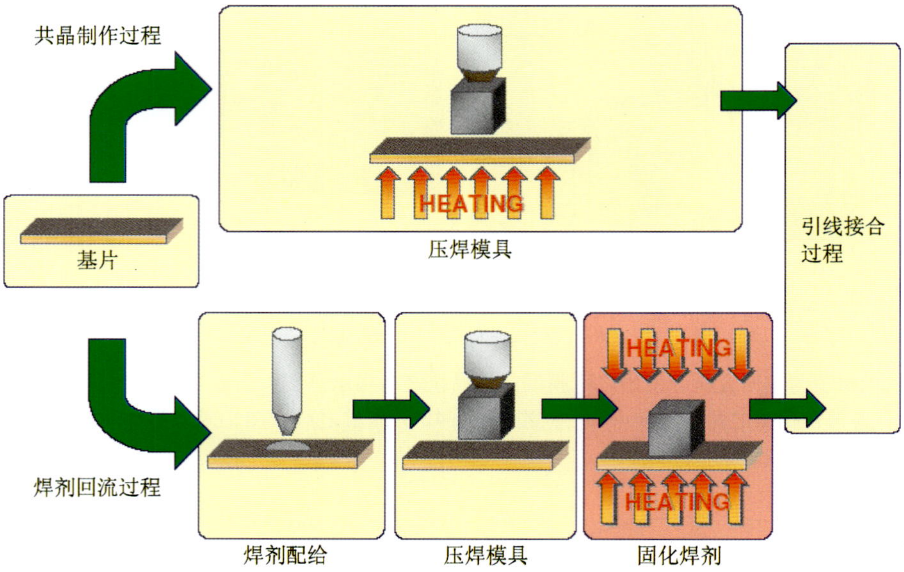

图6　共晶制作流程

资料来源：ASM，Introduction of Hi－Power LED，Andy Ting

此外因共晶制程导热良好（如图7所示为共晶制程之LED与一般银胶封装之LED介面温度之比较），在操作电流为350mA时，使用共晶制程之LED比一般银胶封装之LED其介面温度低22℃左右，换言之，使用共晶制程可有效降低介面温度，除增加使用上的可靠度外，也可提升整体效率。

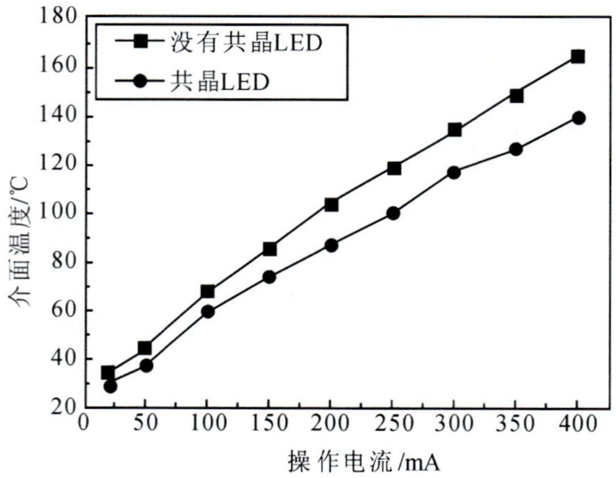

图7　共晶LED与没有共晶LED介面温度之比较

图8显示当采用共晶制程时，在高温环境85℃及高电流700mA驱动下，亮度衰减部分有相当不错的表现，这也显示出发展高功率LED采用共晶制程的必要性。

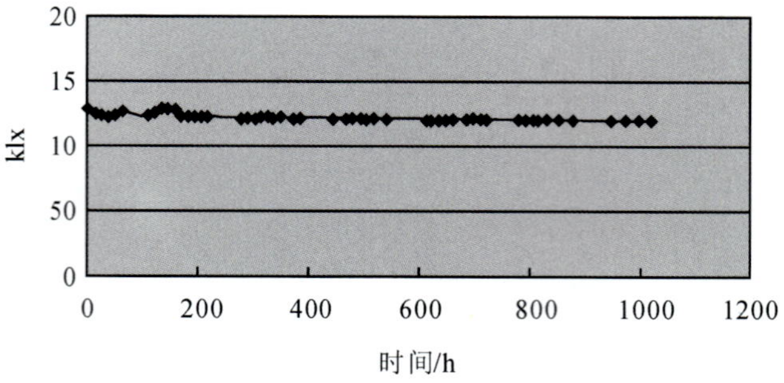

图8　采用共晶LED制程之光衰特性

3. 结语

随着节能环保议题的广泛讨论，具有省电与高寿命、高可靠度的发光二极管日趋受到重视，而为了进入传统的照明市场，白光发光二极管更是此波研究中的主流。然而要能达到照明的要求，显然必须改善白光 LED 发光效率与可靠度，因此发展高功率白光技术在各国都已成为新时代开发技术中的主流，发展高功率白光 LED 在追求高亮度及低生产成本的前提下，除了 LED 晶片的不断改良外，封装技术与散热问题也是决定高功率白光 LED 能否加入现有光源之重要挑战。让我们期待在不久的将来，LED 能为人类的照明时代开创一页崭新的历史。

参考文献

[1] C. H. Chen, S. J. Chang, Y. K. Su, Seniormember, IEEE, J. K. Sheu, J. F. Chen, member, IEEE, C. H. Kuo, and Y. C. Lin, 2002 IEEE.

[2] Hao Wu, Xinmin Zhang, Chongfeng Guo, et al. IEEE PHOTONICS TECHNOLOGY LETTERS, VOL. 17, NO. 6, JUNE 2005.

[3] Jun－ho Yum, Soo－Yeon Seo, Seonghoon Lee, et al. Journal of The Electrochemical Society, 150 ～2! H47－H52 ～2003.

[4] J. －W. Shi, H. －Y. Huang, C. －K. Wang, IEEE PHOTONICS TECHNOLOGY LETTERS, VOL. 18, NO. 24, DECEMBER 15, 2006.

[5] Nadarajah Narendran, Yimin Gu. IEEE/OSA JOURNAL OF DISPLAY TECHNOLOGY, VOL. 1, NO. 1, SEPTEMBER 2005.

[6] Rong－Hwei Yeh, Tai－Rong Yu, Shih－Yung Lo, et al. IEEE PHOTONICS TECHNOLOGY LETTERS, VOL. 18, NO. 22, NOVEMBER 15, 2006.

[7] JOURNAL OF DISPLAY TECHNOLOGY, VOL. 3, NO. 2, JUNE 2007.

[8] Yukio NARUKAWA_ , Junya NARITA1, Takahiko SAKAMOTO1, et al. Jpn. J. Appl. Phys. , Vol. 45, No. 41 (2006).

超高光效小功率白光 LED（SHELED）在通用照明中的优势

俞志龙

（美国科学技术有限公司（美国 ITI 集团）　上海威廉照明电气有限公司）

提起 LED（发光二极管）通用照明，业内一般就会联系上大功率白光 LED。由于传统的 20mA 垂直封装结构白光 LED，即所谓的小功率 LED 光衰很大（即光通维持率很低），在通用照明领域的应用受到很大限制，因而被业内所忽视。

飞利浦 Lumileds 公司以往公布的数据以及 1908 年 10 月 30 日美国能源部介绍 LM－80 半导体照明光通测试标准网上会议中提及对传统 20mA，5mm 白光 LED 得出的光衰结果都加深了人们对该类白光 LED 光衰严重的印象，似乎从根本上否定了 20mA、5mm 白光 LED 在通用照明领域的应用。

但这种结论是轻率的，这种观念将导致社会巨大的损失。

传统的 20mA LED 是目前应用最广泛的 LED，是一笔非常可观的资源。除了如生产历史悠久、工艺成熟、生产，检测自动化程度高等优点外，近年来我们的研发实践证明：通过技术改进，小功率 LED 可以制成具有高光通维持性能的超高光效白光 LED（SHELED）。同高功率白光 LED 相比，SHELED 能产生更高的光效率，在量大面广的通用照明中，更具有高性能、低成本的系统优越性。

目前用 SHELED 生产的酷光 LED 通用照明产品系统光效可达 100lm/W，远领先于高功率白光 LED 产品。对 100～600lm（对应 15～60W 白炽灯的光通量）的酷光灯与白炽灯和紧凑型荧光灯光源的每百万流明－小时直接费用作比较，由表 1 可见，酷光灯的费用低于白炽灯和紧凑型荧光灯。考虑紧凑型荧光灯含汞的环保污染，酷光灯更具有绝对的性能价格比优势。

表 1　各类光源每百万流明－小时直接费用对照（RMB/Mlm－h）

买灯钱	灯功率/W	每 kW·h 电费/元	千小时寿命	平均流明	RMB/Mlm－h	光源类型	年使用费（24h/d）
30	1.3	0.7	30	100	19.10		16.73
2	15	0.7	1	100	125.00		109.50
15	4	0.7	6	100	53.00		46.43
50	2.5	0.7	30	200	17.08		29.93
2	25	0.7	1	200	97.50	SHELED	170.82
10	6	0.7	6	200	29.33	Incandescent	51.39
75	4	0.7	30	360	14.72	CFL	46.43
2	40	0.7	1	360	83.33		262.80
15	9	0.7	6	360	24.44		77.09
100	7.5	0.7	30	600	14.31		75.19
2	60	0.7	1	600	73.33		385.44
20	15	0.7	6	600	23.06		121.18

RMB/Mlm－h＝（买灯钱＋灯功率×每度电费×千小时寿命）/（平均流明×千小时寿命/1 000）。

据国际金融组织 IFC 数据统计，世界上目前还有将近 20 亿人口没有电灯，还在使用不到 10lm 的油灯。IFC 正在大力促进实施的“照亮非洲”计划，其每年市场潜在需求达 380 亿美金。如用 50lm 或 100lm 的酷光灯去替代油灯，不但可改善以上人群的照明和生活条件，同时还将产生巨大的社会和经济效益。

图 1～图 3 是几种酷光灯和灯具实例，目前室温下的系统光效已达 100lm/W。

图　1

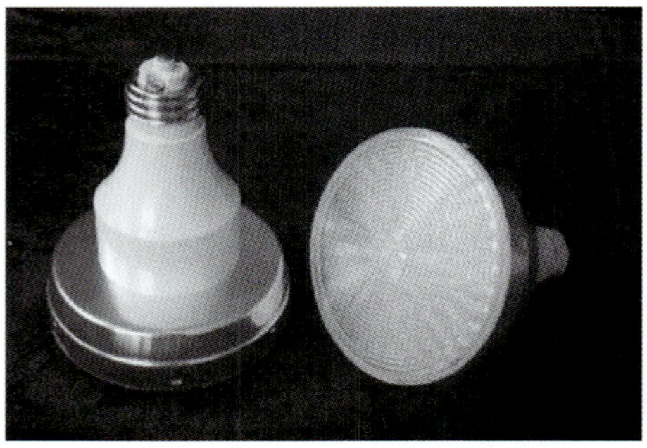

图　2

图　3

一旦克服传统 20mA 白光 LED 的不足之处，这类 LED 将在通用照明领域得到广泛应用。尤其当大功率发光二极管发光效率还不能同传统光源（如 T5 荧光灯，高强度气体放电灯等）匹敌时，我们更应该不失先机，充分发挥 SHELED 技术的优势，抢占 LED 通用照明光源市场。

适用于通用照明的 20mA 白光 LED 及其优良性能

解决传统 20mA 白光 LED 的光衰，成为该 LED 能否在通用照明领域中应用的关键。为充分发挥这一庞大社会资源的潜力，基于传统的垂直封装结构，本文介绍一种由新技术——SuperCore[Tm]技术生产的 SHELED 白光 LED，经过 15000h 持续点亮后的光衰测试结果，以及同相应等级的 350mA 大功率 LED 光效率的对比结果。由测试结果可知，该 LED 具有非常低的光衰和更高的光效率，可满足通用照明光衰 30%（或 50%）的寿命要求。这项技术已申请专利。

目前传统的 20mA 白光 LED 的功能特性：

飞利浦 Lumileds 公司公布的传统 20mA、5mm 白光 LED 相对光输出数据，如图 4 所示。

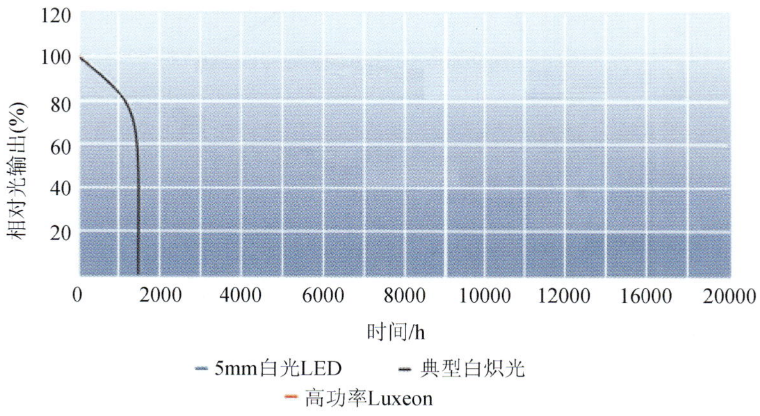

图 4

由图可以看到传统的 20mA 白光 LED 持续点亮 15000h 后，相对光通量由原来的 100% 降至 20%，即光通维持率为 20%，或光衰 80%（High - Power Luxeon 的光衰约为 16%）。而用 SuperCore[Tm]技术生产的 SHELED 白光 LED 在持续点亮 15000h 后，即光通维持率超过 95%。其相对光输出数据如图 5 所示。

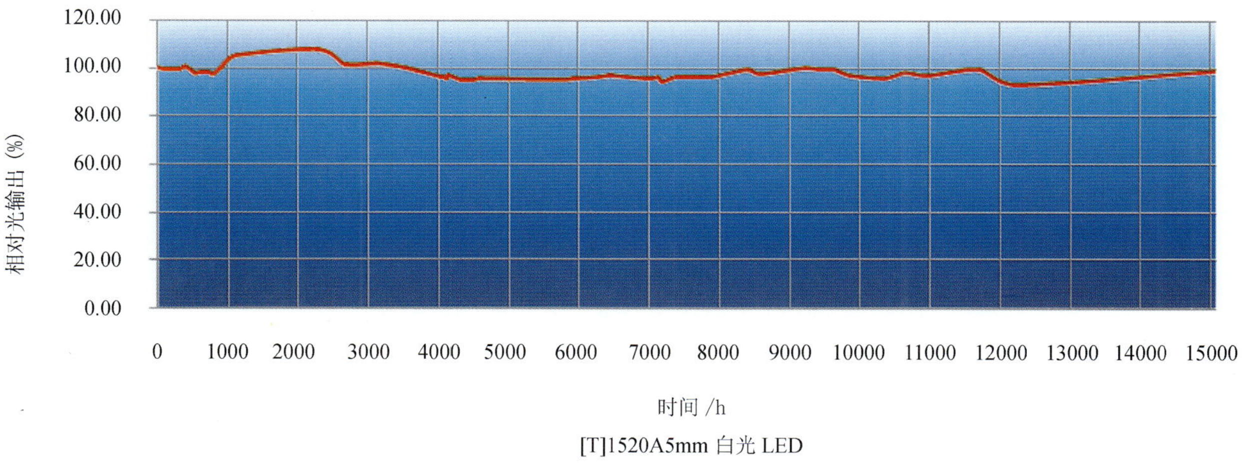

图 5

再来看一下 SuperCore[Tm]技术生产的 SHELED 的光效率与高功率芯片封装的 LED 光效率对比结果。

由表 2 可知，5mm 封装的 0.4mm 芯片白光 LED 在室温下通过 20mA 电流时的光效达到 96lm/W。

表　2

测试设备	ZWL－600 系列光色电测试系统（杭州中为光电技术有限公司）
测试对象 环境要求	产品型号：ITI1520A　　环境温度；25℃ 制造厂商：　　环境湿度：　%
典型参数	正向电流：If＝20.1mA 光能量：Φv＝5577mlm 正向电压：Vf＝2.89V 光效率：96.00791lm/W
光谱分布曲线图	

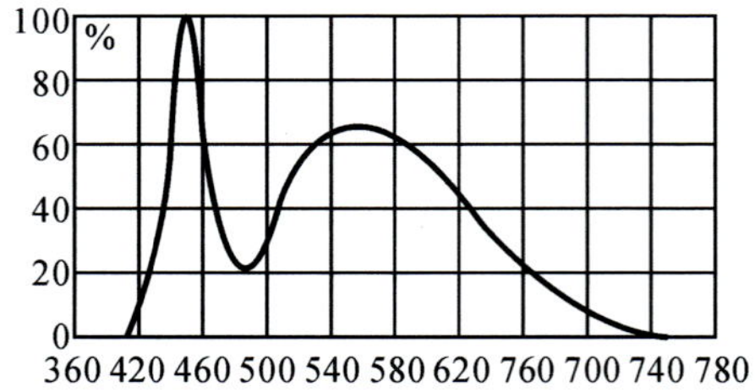

颜色参数	峰道波长（nm）：451.7　主波长（nm）：551.8　带宽（nm）：27.4 色品坐标（x，y）：0.3324　0.3509　显色指数 Ra：76.7　色纯度：0.051 色品坐标（u，v）：0.2031　0.3216　色温 Tc（K）：5499

由表 3 可知，1mm 高功率芯片封装成的白光 LED 在室温下通过 350mA 电流时光效为 56lm/W。

表　3

测试设备	ZWL－600 系列光色电测试系统（杭州中为光电技术有限公司）
测试对象 环境要求	产品型号：ITI40350B　　环境温度：25℃ 制造厂商：　　环境温度：%
典型参数	正向电流：If＝350.9mA　　光通量：Φv＝64150mlm 正向电压：Vf＝3.23V　　光效率：56.59931m/W
光谱分布曲线图	

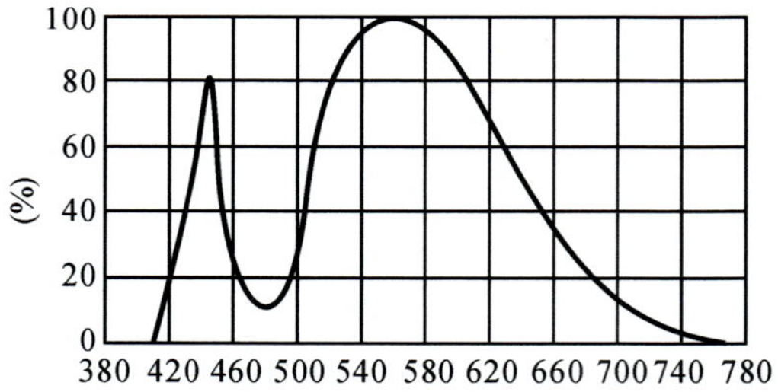

颜色参数	峰值波长（nm）：562.9　主波长（nm）：571.8　带宽（nm）：130.7 色品坐标（x，y）：0.3826　0.4168　显色指数 Ra：66.3　色纯度：0.400 色品坐标（u，v）：0.2115　0.3456　色温 Tc（K）：4199

综上所述，研究工程对比结果表明：20mA 白光 LED 能产生更高的光效率！

①采用 SuperCore^{Tm}技术，一颗 20～23mW，0.4mm×0.4mm 芯片的白光 LED 在室温下通有 20mA 电流时，光效率达到 87～96lm/W；

②一颗 340～390mW，1mm×1mm 高功率芯片的白光 LED 在室温下通有 350mA 电流时，光效为 53～60lm/W；

③相同等级的 20mA 芯片比 350mA 芯片平均光效率高（本案高出 60%）；

④SuperCore^{Tm}技术生产的 SHELED 白光 LED 具有更低的光衰。

SuperCore^{Tm}技术已成功地为国内某著名集团公司用 4W LED 筒灯替换 18W CFL 走廊筒灯，用 12W LED 筒灯替换 2×26W CFL 展示室深照筒灯。

利用 LED 构成动态日光光源的方法

胡能忠　吴锦铨　陈世丰　萧弘清
（台湾科技大学）

摘要：本文提供一种演算法及两种评估指数来筛选 LED 仿制日光光谱，进而建构了一个可调式光谱光源。首先第一评估指数是用来初步筛选 LED 组合，其值越小所筛选出的 LED 越好，而第二个评估指数是用来将由第一指数所选出的 LED 对日光光谱重建来挑选出更好的 LED 组合。而将后的第二个评估指数对各光源光谱重建之值总和后的最佳组合可发现与利用平均日光来计算出的第二评估指数是非常的接近，因此我们利用平均日光来一一筛选出 LED。

1. 介绍

固态光源（SSL）已可达到相当高效率照明光源，因而固态光源势必将取代传统光源，进入照明市场[1]，而 LED 这十年的进步让人非常注目，它将是未来光源的明日之星[2]，目前 SSL 的焦点皆在白光 LED，一是 RGB 混光而其演色指数（CRI）约为 85[3~6]，而另一白光 LED 就是用黄光荧光粉及蓝光 LED 其 CRI 约是 75[4,6]，或是利用彩色的 LED 混光而成白光 LED[7]。而本篇论文的目的就是利用 LED 建立一个最适合家庭所用的灯，进而取代目前家庭里常用的光源如白炽灯、荧光灯、复金属灯等都是固定光谱的光源。我们利用各种波段的 LED 建构一个可变动的光谱光源并可以调节出各式各样的亮度及颜色，如早晨、中午、夕阳的光线，而且此灯组具有更高的 CRI。

在此我们测量日光光谱并计算出平均日光 E_{avg}（λ）作为筛选 LED 组合的依据及利用参考文献[8]的几率理论推演出一个重建光谱误差上限值，其值越小越好，并称为最小的最大值法（minimaxapproach），而筛选 LED 就是用此法来决出 LED。我们发现日光光谱其实近似一个固定函数，因此可以将日光光谱分为主要直流部分及很小的交流部分，而重建误差也可以分为直流及交流两部分。直流误差就是第一评估指数，用来决定筛选较好的 LED，而第二个评估指数是用交流误差除以直流误差（AC/DC），在将每一个日光的（AC/DC）总和起来求出最小的那一组 LED，此法就是最小的最大值法（minimax-approach）。平均日光所计算出的（AC/DC）与由所有日光计算出的（AC/DC）之总和是非常近似的，所以可以用平均日光来取代所有的日光。由平均日光所选出的 LED 中，其重建日光可能有负的重建系数，这时需将负的重建系数所对应的 LED 给移除，所以最后我们所选定的 LED 是经过两个评估指数及移除法后才决定的。

使用微晶片来控制 LED 进而达成动态频谱光源，如早晨、中午、下午及具有高演色性的光源，此光源是一般 RGB LED 所无法达到的。

此论文的第二节是如何筛选 LED 的数学推演，第三节是 LED 的筛选，第四节是模拟结果及讨论，第五节是结论。

2. LED 筛选之数学推演

在本节介绍两个重建误差指数，并说明重建误差指数与平均日光 E_{avg}（λ）之关系，及说明 E_{avg}（λ）所筛选出的 LED 就是所有日光所需要的 LED。

（1）分析重建误差

E_j（λ），是第 j 个日光光谱，由 M 个 LED 来重建而成，可表示如下：

$$E_j(\lambda) = \sum_{i=1}^{M} C_{i,j} d_i(\lambda) \tag{1}$$

式中，d_i（λ）是指不同波段的 LED 光谱，其中是由不同主波长及半波全宽（FWHM）两个参数为主，而在式 1 中的重建系数 $C_{i,j}$ 必须是正值，而由一个向量来表示之 $\boldsymbol{C}_j$，最佳的 $\boldsymbol{C}_j$ 必须是最小的 $\| E_j(\lambda) - \boldsymbol{E}_j(\lambda) \|$，系数向量可由下式计算出：

$$\boldsymbol{C}_j = (AA^{\mathrm{T}})^{-1} AE_j = A^{+}\boldsymbol{E}_j. \tag{2}$$

式中，$A = \begin{bmatrix} d_1(1),\ d_1(2)\ \cdots d_1(61) \\ \vdots \\ d_M(1),\ d_M(2)\ \cdots d_M(61) \end{bmatrix}$，是由 LED 光谱取样后的矩阵 $M \times 61$，$\boldsymbol{E}_j$ 是日光光谱每 5nm 由 400～700nm 取样而出的 61 个元素的向量；A^{+} 是 A 虚拟逆矩阵且也是 $M \times 61$，虽然由此可以计算出最佳的重建系数，但是选定最佳的 LED 才是我们的目的，而 LED 的选定可以从重建系数着手。由一组合 LED 所以重建出的日光可以表示为

$$\boldsymbol{E}_j = A_j^{\mathrm{T}} \boldsymbol{C}_j = A^{\mathrm{T}} A^{+} \boldsymbol{E}_j. \tag{3}$$

其重建误差为用 2 - norm 来计算出，如下

$$\boldsymbol{E}_j - \boldsymbol{E}_j = (I - A^{\mathrm{T}} A^{+})\ \boldsymbol{E}_j, \tag{4}$$

$(I - A^{\mathrm{T}} A^{+})$ 我们定为义误差矩阵。$\boldsymbol{E}_j$ 可以分直流及交流两部分，而对这两部分个别计算出重建误差，这两个重建误

差就是选定 LED 的重要依据，E_j（λ）分解后重新表示如下：

$$E_j = \eta_j \begin{bmatrix} 1 \\ M \\ 1 \end{bmatrix} + E_{ac,j} = E_{dc,j} + E_{ac,j}, \tag{5}$$

式中，η_j 是 E_j 的直流值；$E_{dc,j}$是直流的向量；$E_{ac,j}$是交流的向量；而日光光谱里的 η_j 其值是大于 $E_{ac,j}$。定义一个$\frac{\| E_{ac,j} \|}{\| E_{dc,j} \|}$比值，当其值越接近 0，则表示 E_j 越接近一个固定函数。例如：CIE D65 标准光源$\frac{\| E_{ac,j} \|}{\| E_{dc,j} \|}=0.139$，因此式（4）可以改写为

$$\begin{aligned} E_j - \hat{E}_j &= (I - A^T A^+)(E_{dc,j} + E_{ac,j}) \\ &= \eta_j (I - A^T A^+) \begin{bmatrix} 1 \\ \vdots \\ 1 \end{bmatrix} + (I - A^T A^+) E_{ac,j} = \eta_j \begin{bmatrix} s_1 \\ \vdots \\ s_{61} \end{bmatrix} + (I - A^T A^+) E_{ac,j} \end{aligned} \tag{6}$$

式中，s_1，…，s_{61}为（$I-A^TA^+$）这个矩阵每一列的和，所以式（6）可以简写为

$$E_j - \hat{E}_j = \eta_j \begin{bmatrix} s_1 \\ \vdots \\ s_{61} \end{bmatrix} + \begin{bmatrix} \sigma_{1,j} \\ \vdots \\ \sigma_{61,j} \end{bmatrix} \tag{7}$$

式中，$\sigma_{i,j}$是（$I-A^TA^+$）及 $E_{ac,j}$第 i 列向量的内积。式（7）可写为

$$\begin{aligned} \| E_j - \hat{E}_j \| &= \left[\sum_{i-1}^{61} (\eta_j s_i + \sigma_{i,j})^2 \right]^{1/2} = \eta_j \left[\sum_{i=1}^{61} (s_i + \sigma_{i,j}/\eta_j)^2 \right]^{1/2} \\ &= \eta_j \left[\sum_{i=1}^{61} \left(s_i^2 + 2\frac{s_i \sigma_{i,j}}{\eta_j} + \left(\frac{\sigma_{i,j}}{\eta_j} \right)^2 \right) \right]^{1/2} \end{aligned} \tag{8}$$

依据 Cauchy－Schwarz inequality [11]，式（8）改为

$$\| E_j - \hat{E}_j \| \leqslant \eta_j \left[\sum_{i=1}^{61} s_i^2 + 2\left(\sum_{i=1}^{61} s_i^2 \right)^{1/2} \left(\sum_{i=1}^{61} \frac{\sigma_{i,j}^2}{\eta_j^2} \right)^{1/2} + \sum_{i=1}^{61} \left(\frac{\sigma_{i,j}}{\eta_j} \right)^2 \right]^{1/2} \tag{9}$$

式（9）的右边就是日光光谱重建误差的上限，这就是我们所以讨论的最小最大值法。这个上限边界有两个变数 $\sum_{i=1}^{61} s_i^2$ 和$\sum_{i=1}^{61}\left(\frac{\sigma_{i,j}}{\eta_j}\right)^2$。$\sum_{i=1}^{61} s_i^2$ 与选定的 LED 有关，与日光无关，这个评估指数将是作为初选 LED 的依据，将这个评估指数称为误差矩阵列向量平方和（SRSE），当其值约 10^{-2}表示这是一组好的 LED。而这个论点将由第三节说明，这个选定 LED 的方法与日光光谱没有关连性，而且提供一个方向让我们去研究最小最大法，当 SRSE 越小就是 LED 越好的组合。而针对所有测量的不同日光光谱，我们分析得到 $\sum_{i=1}^{61}\left(\frac{\sigma_{i,j}}{\eta_j}\right)^2$，称此指数为 E_j（λ）的 AC/DC 能量比，此能量比表示因所选定的 LED 在不同的日光光谱有不同的能量比，在 LED 的筛选之中需要考虑到 SRSE 及 AC/DC 能量比。

（2）由平均日光来筛选 LED

由上面的过程可知 AC/DC 也是决定 LED 的一个很重要的依据，然而计算出对每一个日光所有 LED 组合的 AC/DC 再求出最小值，这将是一个非常繁重的过程，由几率来看平均值就是呈现出所有日光重建的整体表现[8]，所以可以分析 E_{avg}（λ）最小平方误差以取代所有量测日光的最小平方误差。所以，利用 E_{avg}（λ）的 AC/DC 能源比，取代所有量测日光的 AC/DC 能源比，其 E_{avg}（λ）的 AC/DC 能源比 $\sum_{i=1}^{61}\left(\frac{\sigma_{i,avg}}{\eta_{avg}}\right)^2 = \frac{1}{\eta_{avg}^2}\sum_{i=1}^{61}(\sigma_{i,avg})^2$ 与所有日光的 AC/DC 能源比 $\sum_{j=1}^{N}\sum_{i=1}^{61}\left(\frac{\sigma_{i,j}}{\eta_j}\right)^2$ 非常近似，N 表示有几笔日光光谱被重建。我们可改写为$\sum_{j=1}^{N}\sum_{i=1}^{61}\left(\frac{\sigma_{i,j}}{\eta_j}\right)^2 \approx \frac{1}{\eta_{avg}^2}\sum_{j=1}^{N}\sum_{i=1}^{61}(\sigma_{i,j})^2$ 且 $\eta_{avg} \approx \eta_1 \approx \cdots \approx \eta_N$，可以假设 $E_{avg}(\lambda)$ 的 AC 及每一个日光的 $E_{avg}(\lambda)$ 的 AC 的关系为

$$\sum_{i=1}^{61} (\sigma_{i,avg})^2 \approx \sum_{i=1}^{61} \frac{1}{N} [\sigma_{i,1}^2 + \cdots + \sigma_{i,j}^2 + \cdots + \sigma_{i,N}^2] \tag{10}$$

式（10）所表示就是利用 E_{avg}（λ）AC/DC 能量比的最小最大法筛选 LED 进而选取所有日光的 AC/DC 能量比的最小最大法，所以 E_{avg}（λ）的最小最大法就是筛选 LED 的方法。

（3）过多 LED 删除法

然而当我们根据 E_{avg}（λ）选出的 LED 却有在重建其他的日光光谱时产生负的重建系数，而这在实际上不允许，因此

必须删除这样一些 LED。将式（5）代入式（2）可以得到重建系数 $\boldsymbol{C}_j$，如下式所示：

$$\boldsymbol{C}_j = A^+\boldsymbol{E}_{\mathrm{dc},j} + A^+\boldsymbol{E}_{\mathrm{ac},j} = \eta_j\begin{bmatrix} t_1 \\ \vdots \\ t_M \end{bmatrix} + \begin{bmatrix} \rho_{1,j} \\ \vdots \\ \rho_{M,j} \end{bmatrix} \tag{11}$$

式中，t_i 是 A^+ 第 i 列的总和，相同地 E_{avg}（λ）的重建系数也可以改为如下：

$$\boldsymbol{C}_{\mathrm{avg}} = \eta_{\mathrm{avg}}\begin{bmatrix} t_1 \\ \vdots \\ t_M \end{bmatrix} + \begin{bmatrix} \rho_{1,\mathrm{avg}} \\ \vdots \\ \rho_{M,\mathrm{avg}} \end{bmatrix} \tag{12}$$

而实际上 $\eta_{\mathrm{avg}} \approx \eta_j$ 远大于 $\rho_{i,j}$ 及 $\rho_{i,\mathrm{avg}}$，比较式（11）与式（12），的不同点在于 $\boldsymbol{C}_j$ 及 $\boldsymbol{C}_{\mathrm{avg}}$，如果 $\boldsymbol{C}_{\mathrm{avg}}$ 之内有负或比其他值较小的值时，其这个负或较小的系数对应到的 LED 在重建其他日光时也是负的或是较小的重建系数。而 LED 的重建系数较小时表示这一个 LED 在重建日光时所占的重要性较小，可以被其他的 LED 在取代。最后我们只要检定 $\boldsymbol{C}_{\mathrm{avg}}$ 即可，不需要所有日光的 $\boldsymbol{C}_j$ 都检查。用此方法删至到每一个重建系数的值差异不大时便获得最佳的 LED 个数及组合，这便是删除法。在评估重建日光的效果可以由 goodness - of - fit coefficient（GFC）这个指数来评估，GFC≥0.999，表相当好的重建效果。GFC≥0.995 表示已可以达到色彩一致的重建效果，而使用删除法所求得之 LED 组重建所有的日光至少也可以达至 GFC 0.995。

3. 由日光光谱筛选 LED

LED 的光谱可以视为高斯分布函数，具有不同的主波长及半波全频。使用 GFC、色差、重建误差、CRI 评估其日光光谱重建的效果。E_{avg}（λ）将是我们筛选 LED 的是第一步，由 E_{avg}（λ）所筛选出的 LED 在重建 E_{avg}（λ），其重建效果 GFC >0.9995，ΔE <0.1，重建误差 <0.05，CRI >98%。

在第一步筛选 LED 中，使用 E_{avg}（λ）里的区域最大值所对应的波长就是所需要 LED 的主波长，如图 1 所示，而其 FWHM 由下一个主波的距离来决定，LED 的个数是否适当可由 SRSE 值来决定，如果这个值不够小，则表示重建误差也不会小，因此需更多的 LED 才行。而当 SRSE 小于 10^{-2} 时重建误差 $\| \boldsymbol{E}_j - \hat{\boldsymbol{E}}_j \|$ 也约在 10^{-2}，这是个好的重建效果，所以 LED 就需增加至 SRSE 小于 10^{-2} 为止。

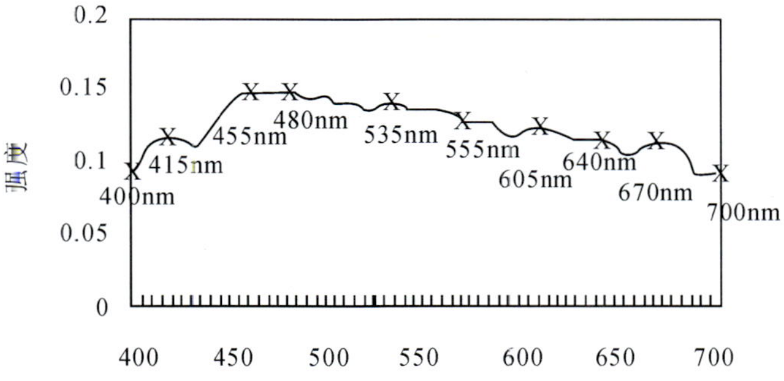

图 1　由 E_{avg}（λ）挑选出的 10 个 LED 之主波长

4. 模拟及讨论

本演算过程中必须是日光光谱接近固定的连续光谱，在台北的 2005 年 6 月至 8 月测量了 416 笔日光光谱由早上 6：30 至下午 6：00，使用 JETI - 1201 量测着北方的窗户让日光照射在白纸的光线，其日光色温的变化由 3215 ~8215K，每一个光谱是以每 5nm 一个取样，一共有 61 个取样，并经过 Euclidean rule 的正规化，日光光谱值为 0.11699 ~0.12718，平均值为 0.12498。使用这 416 笔日光计算出平均日光光谱 E_{avg}（λ）如图 1。并计算 $\dfrac{\| \boldsymbol{E}_{\mathrm{ac,avg}} \|}{\eta_{\mathrm{avg}}\sqrt{61}} = 0.127$ 其值小于 CIE D65 的 0.139，这表示 E_{avg}（λ）比 CIE D65 更接近固定函数。所以用 E_{avg}（λ）作为选 LED 的依据。

首先根据图 1 找到 10 个 LED，这 10 个 LED 的 FWHM 也是按照目前的市售 LED 的 FWHM 来设定，如表 1 所示。由这 10 个 LED 所计算出的 SRSE =0.49313 是一相当大的值，所以必须再增加 LED，将这个 10 个 LED 作总和，其光谱如图 2 所示。由图 2 可以明显发现需再加上 510nm 及 585nm 的 LED，而当增加至 12 个 LED 时其 SRSE =0.026511，其值到达 10^{-2} 为可以接受的值。

表 1　由 E_{avg}（λ）筛选出的 10 个 LED 及加至 12 个 LED 的主波长及 FWHM　（单位：nm）

10LED	Peak wavelength	400	415	455	480	535	555	605	640	670	700		
	FWHM	40	40	60	60	50	50	50	50	60	50		
12LED	Peak wavelength	400	415	455	480	510	535	555	585	605	640	670	700
	FWHM	40	40	60	60	40	50	50	40	50	50	60	50

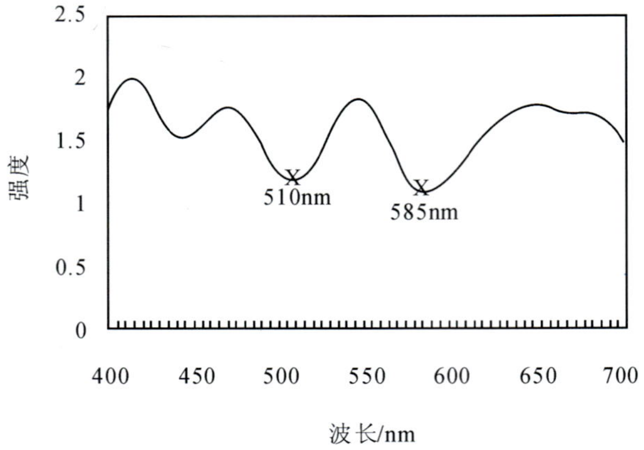

图 2　10LED 总和后的光谱，510nm 及 585nm 是一个缺口

用 12LED 重建 E_{avg}（λ）其 GFC > 0.9995 是一个相当好的重建效果。其重建系数如：0.059391，0.03779，0.11932，0.018903，0.10755，0.00467，0.095789，0.032549，0.080037，0.05541，0.069173，0.050769。可以发现第四个及第六个的值比较小，这时就可以利用删除法至 6 个 LED 时其平均日光重建系数为 0.095974、0.13896、0.11569、0.10725、0.123、0.1248，这一些系数已都相差不大，最后剩下的 LED 为：No.1，No.3，No.5，No.7，No.9，No.11。这剩下的 6 个 LED 其之重建所有日光的效果如表 2。

表 2　the6 – LED 重建 416 笔日光光谱的总平均值

LED 的综合度量 metrics / LED set	$\lambda_1 w_1$/nm	$\lambda_2 w_2$/nm	$\lambda_3 w_3$/nm	$\lambda_4 w_4$/nm	$\lambda_5 w_5$/nm	$\lambda_6 w_6$/nm	平均 GFC	平均综合误差	平均 CRI	平均△E
6LED	400	455	510	555	605	670				
	40	60	40	50	50	60	0.997161	0.074827	93.81	0.8757

为确保上述的结果正确，模拟了全部的 LED 组合情况，由 12 个 LED 选出 6 个 LED 的组合 $\binom{12}{6}$，并对 416 笔日光一一的重建，选出最佳的 10 组，如表 3 所示。

表 3　10 组最佳由 12LED 选 6LED 对 416 笔日光的重建效果、SRSE 及 AC/DC 值

综合质量 / LED 组合和 LED 编号						误差矩阵列向量平方和的值	交流误差除以直流误差的能量转化率	GFC 平均值	综合错误平均值
1	3	5	7	9	11	0.68434	0.003688	0.997161	0.074827
2	3	5	7	9	11	0.76148	0.004249	0.995974	0.089515
2	4	6	8	10	12	0.88829	0.004079	0.991988	0.125568
2	4	6	7	9	11	1.20464	0.006422	0.991254	0.131336
2	3	5	8	10	12	1.39852	0.001911	0.989892	0.140843
2	4	5	7	9	11	1.40087	0.005875	0.989157	0.146516
2	4	6	8	9	11	1.46719	0.006411	0.987971	0.154399
1	3	5	8	10	12	1.47273	0.001329	0.988561	0.150444
2	3	4	6	9	11	1.64734	0.003897	0.986171	0.165081
2	4	7	8	9	11	1.65035	0.006423	0.985925	0.166683

由表3可以发现最好的LED是No.1，No.3，No.5，No.7，No.9，No. 11，与我们由12个LED经删除法后剩下的6个LED的结果是一致的。

5. 结论

LED的使用不只在白光照明上，还有动态色彩及全频谱的高演色日光照明，由平均日光筛选LED及推演出两个评估指数SRSE及AC/DC到利用最小最大法来求得最小的评估指数，SRSE将决定所选定的LED组是否为好的，而AC/DC的最小最大法更可以决定由SRSE所选定的LED组合内，再挑出更好的、更适合所有日光重建的LED组合。而删除法可以删除多余的LED至最少的LED个数，而动态的光源可由改变LED的电流值来达成，LED将是照明的明日之星，而本篇的研究、创新将更提高LED的改革及进步。

参考文献

[1] J. Y. Tsao. Solid - state Lighting: lamps, Chips andmaterials for Tomorrow. IEEE Circuit & Devices (IEEE, 2004), Vol. 20 No 3, pp 28 - 37.

[2] D. G. Pelka and K. Patel. An Overview of LED Applications for General Illumination. Proc. SPIE, Vol. 5186, pp 15 - 26 (2003).

[3] F. J. P. Schuurmans andm. D. Pashley. Red, Green, and Blue LEDs for White Light Illumination. IEEE Journal on Selected Topics in quantum Electronics (IEEE, April 2002), Vol. 8 No. 2, pp333 - 338.

[4] M. Liu, B. Rong, H. W. m. Salemink. Evaluation of LED Application in General Lighting. Optical Engineering 46 (7), 074002 (July 2007).

[5] H. Ries, I. Leike, J. muschaweck. mixing Colored LED Sources. Proc. SPIE, Vol. 5186, pp 27 - 32 (2003).

[6] D. A. Steigerwald, J. C. Bhat, D. Collins. Illumination with Solid State Lighting Technology. IEEE Journal on Selected Topics in Quantum Electronics (IEEE, April 2002), Vol. 8 No. 2, pp 310 - 320.

[7] H. Y. Chou, T. H. Hsu, T. H. Yang. Effectivemethod for Improving Illuminating Properties of White - light LEDs. Proc. SPIE, Vol. 5739, pp 33 - 41 (2005).

[8] A. Papoulis. Probability, RandomVariables, and Stochastic Processes 2nd Edition. mcGraw - Hill Book Company, pp. 167.

非传统二次光学加工技术在节能灯具与LED照明中的应用

屠雅君[1]　廖克豪[1]　赖杰隆[1]　林建宪[1*]　李丽玲[2]　何连任[3]

（1　台湾省工研院机械所，2　台湾省工研院能环所，3　台湾省达瑞光电股份有限公司）

摘要：本文将介绍应用三种不同光学加工技术（压印成型、射出成型和铸造成型）来制作光学元件，以大幅提升LED灯具的控光能力及均匀地强化光源，有效增加LED节能灯具于各种场合之应用，不仅提高照明品质且可节省照明用电，期望朝着提供良好的环境照明、降低眩光的不舒适感、提高环境照度品质、营造和谐而安全的视觉环境方向努力，并且提升为绿色节能商品。

1. 引言

LED照明在未来的照明产业中扮演着不可或缺的角色，处在良好照明环境的场所中，会让人们感到明亮且舒适，不易疲劳，同时也增加工作效率；相反地，在亮度不足或明暗不均的场所，容易使人感到眼睛不适或精神疲倦[1-3]。因此，如何优化灯具使其拥有更好的照明品质是照明设计中重要的一环[4,5]，因此本文中将介绍使用结构技术于节能灯具与LED照明之应用；经由成型技术之成型后的低成本光学元件，可大幅提升LED灯具的控光能力及均匀地强化光源，以有效增加LED灯具于各种场合之应用，让LED照明往产业化更迈进一步。

2. 光学结构成型之技术

现今虽有许多发展成熟的高分子成型技术，其中被广泛用于制作光学结构技术有压印成型、射出成型与铸造成型三种，以下针对其特点做一简介。

（1）压印成型

压印成型大体上可分为：

①直接压印；

②使高分子材料先软化再进行压印；

③先行压印高分子单体再进行聚合固化。

第③者类似于铸造成型，使用的材质可为热聚合固化的高分子材料。直接压印是在常温下以极大之压力强行压印出结构。大部分的压印成型都是先将高分子材料软化后再进行压印。最常使用软化高分子材料的方法是加热法，使用加热光源有加热板、红外线、雷射光等。其他如使用溶剂、超音波等亦有研究报告。

压印技术[6]本身具有操作简易、模具平均成本较低与高复制精密度等优点。利用压印技术可用来制造具有高深宽比的结构。为了缩短加工时程与减少由模具材料热涨冷缩所造成结构转印上的误差，热压时的温度通常高于高分子材料的玻璃转换温度，而脱模的温度低于玻璃转换温度。由于整个加工温度范围在玻璃转换温度附近，所以高分子材料性质接近于固体，因此需要一定之压力才能压印出结构，如图1所示。这使得产品具有较高的残留应力，而这种情况也容易造成模具的损坏或磨损。抽真空可以避免空气残留在结构中，可同时增加模具寿命。

图1　工研院机械所自行开发的压印成型机

（2）射出成型

射出成型法[7]是利用加温方式，使高分子材料于熔融状态借由外部压力，将高分子材料注入模具中，再借由冷却模具使高分子材料冷却硬化，最后脱模，取下成品，如图2所示。而在结构成型上，其充填的过程则包含两阶段：第一阶段中，熔融的高分子材料会先充填结构以外的地方，因充填结构以外的地方所需之压力较小的缘故，而充填过程中高分子材料的流动仅止于结构之入口处；在第二阶段中，由于结构以外的地方已被充填完毕，故结构之入口处压力迅速增加，使得结构可被快速充填。但另一个可能性为在结构入口处的高分子材料此时可能已固化，导致虽然入口处压力增加却无法进一步充填结构。当结构的尺寸越小，越有可能发生后者之情况。因此操作者通常借由升高模温和增加射出速度来达到充填结构之目的。

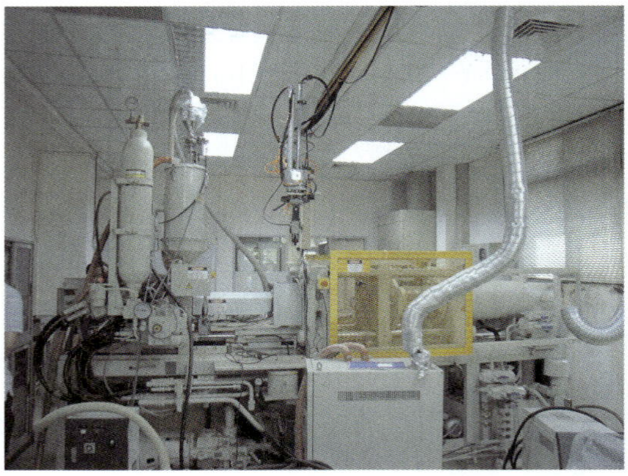

图2　射出成型机

（3）铸造成型

铸造成型[8]为这三种加工技术中较简易实施的一种。其原理乃是将液状之高分子材料注入具有结构之模具中，再以光或热使之聚合固化。此技术的优点在于其加工简易性和极小的残留应力。缺点为材质上的限制、尺寸的掌控（如固化造成的收缩）、较长的制程时间。

3. 光学结构之应用案例

（1）耐热防眩光控光学元件[9,10]

本技术特点主要是利用奈米粉体的添加，提升高分子材料热稳定性，抑制高分子材料受热产生分子运动之状况，制成耐热材料，再配合先前提到的铸造成型方式与超精密加工后的结构模具，将结构与材料同时成型，形成耐热及结构控光之光学元件，预计未来扩散效率可达90%以上，透光性可达80%以上，可应用于投射灯，如常用的MR－16光源，同时兼具耐热、抗变形、控光及防眩光等效果，其耐热特性也可有效缩小灯具体积，如图3所示，图3a为使用本技术灯具，与图3b传统灯具相比，在光形分布上如图4所示。

防眩光控光学元件透过结构模拟及光学分析，能掌握照度强弱及光形分布，如图5所示，并搭配镜面等超精密加工制作的控光微结构，不仅均匀化强光源之照度，亦可消除眩光，并针对使用者需求，调整不同发光角度，可应用于画展投射灯、护眼台灯、路灯、美术灯等照明灯具，如图6所示。

a)　b)

图3　防眩光控灯具示意图

a）光学元件灯具　b）传统灯具

a)　　　　b)

图 4　防眩光控光型测试结果

a）光学元件灯具　b）传统灯具

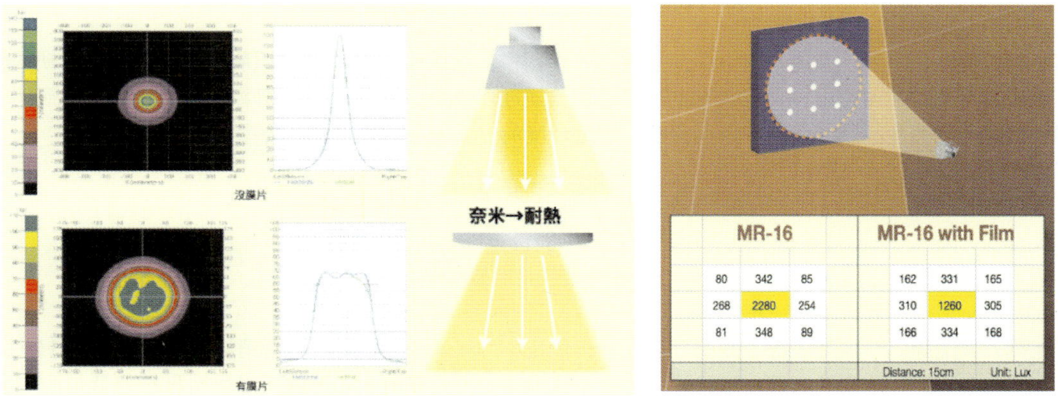

a)　　　　b)

图 5　防眩光控光学元件模拟与实验比较图

a）光强分布模拟结果　b）照度分析实验量测

a)　　　　b)

图 6　耐热防眩光控光学元件于投射灯之应用比较图

a）易产生眩光（无光学元件）　b）无眩光（有光学元件）

（2）防眩光控光学元件于路灯之应用[11]

结合了新 LED 模组概念与先进的照明光学元件设计将光使用效率提升，且配合 LED 半导体光源激发与 DC 供电特性，设计感应型调光智慧化省电模式，其耗电需求未来可结合太阳能供电设计。在延伸功能上，亦利用 LED 混色及频率闪烁的优势，表现古代烽火台的意念。透过颜色与频率的变化，达到区域联防的概念，强化社区的安全性。

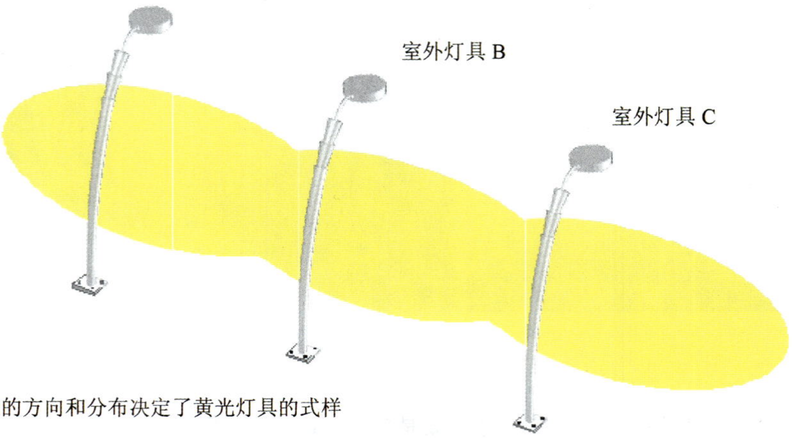

图 7　防眩光控光学元件于路灯之应用

4. 结论

在目前全球提倡绿色照明、节能、低污染的同时，光学元件节能设计在 LED 灯具照明中扮演着不可或缺的角色，不仅提高照明品质而且可节省照明用电，也可针对使用者需求及地理环境来做设计，期望朝着提供良好的环境照明、降低眩光的不舒适感、提高环境照度品质、营造和谐而安全的视觉环境的方向发展，并且提升为绿色节能商品。

参考文献

[1] 照明学会. 照明手册 [M]. 台北：全华科技图书股份有限公司，2006.

[2] 李硕重. 照明设计学 [M]. 台北：全华科技图书股份有限公司，2004.

[3] Eugene Hecht. OPTICS. Addison Wesley, 1998.

[4] 林建宪，赖杰隆，李丽玲，等. 照明灯具设计与优化. 海峡两岸照明科技与营销研讨会，2006 年 11 月.

[5] 许沁如，林建宪，陈来胜，等. LED 光源之新型反射式照明灯具研究. 海峡两岸照明科技与营销研讨会，2005 年 11 月.

[6] 陈钏锋. 奈米转印制程与设备技术发展现况介绍 [J]. 机械工业杂志，2004.

[7] Guojun Xu, Liyong Yu, L. James Lee et al. Experimental and Numerical Studies of Injectionmolding withmicrofeatures. Polymer Engineering Science, 45 (6), 866 (2005).

[8] Yuh – Min Chiang, mark Bachman, Charles Y. Chu et, al. Characterizing the Process of Castmoldingmicrofluidic Systems. Proc. SPIE, Vol. 3877, 303 (1999).

[9] Chieh – Lung Lai, Jian – Shian Lin, Takeuchi Y et al. Amicrostructure Diffuser Plate for LED Lighting. International Society for Optical Engineering, (2007).

[10] Jian – Shian, Chieh – Lung Lai, Wen – Hsien Yang, et al. Anti – Glare Nanocomposite Plate for General Lighting. Smart Processing Technologh, Vol. 2 (2008).

[11] 林建宪，赖杰隆，王健全，等. 夜月守护神——高光效 LED 模组应用设计案例. 海峡两岸照明科技与营销研讨会，2006 年 11 月.

台湾制订 LED 量测标准之契机与展望

黄胜邦[1]　周佩廷[1]　林青海[2]
（1　台湾工业研究院，2　台湾地区经济部技术处）

1. 引言

随着油价的高涨，全球性的能源危机是各国政府致力解决的问题，节能减碳已不只是单纯的口号，而是需要彻底去执行的事情。在实际的措施中，节省照明用电便成为节能政策中的重点项目。台湾地区的照明用电约 260 亿 kW · h，约占全台湾总用电之 12%，由于传统白炽灯较为耗电且不环保，因此台湾省“经济部”能源局推动“585 白炽灯淘汰计划”，预计于 2009 年政府机关全面禁用白炽灯，而在 5 年之内逐步将白炽灯汰换为省电灯泡或其他高效率灯具。由此可知，现代照明技术已不只注重基本的光源需求，而是以整体效果，如节能与环保作为设计现照明系统的重要考量，以 LED 为主流的固态照明技术即被认为是相当被看好的次世代照明光源。

2. LED 应用于固态照明之契机与挑战

自从蓝光 LED 被开发以后，LED 技术的发展在短短十数年内突飞猛进，因为其具有省电、节能、寿命长、耐振及无汞等诸多优点，十分符合市场对未来照明光源的需求，因此照明市场的需求也成为 LED 产业在未来最具发展潜力的部分。除了室内照明、背光模组以外，LED 业者亦纷纷进军路灯、车灯及医疗照明等领域。随着大量资源的投入，LED 的发光效率以及单体的流明值也不断达到新高，目前市场上的白光 LED 的发光效率已达到 90lm/W，而研发实验室更已突破了 136lm/W。

然而 LED 在照明市场的普遍应用上，仍然有品质与光衰、寿命等的问题尚待解决，台湾地区虽然是世界上 LED 的最大产量地，但产值却只有日本的一半，LED 品质问题便是一个很重要的因素，这也是台湾 LED 产业必须去正视的问题。而提升 LED 品质的能力又与特性评估的方法息息相关，这也就是 LED 量测技术的展现。

LED 的量测方式不同传统照明光源，其量测误差主要是来自于 LED 的几何结构特性、光谱特性以及操作特性，都与传统光源截然不同。评估一般照明光源的几项定义，如光通量、光强度、光照度、光谱特性、色度坐标、相关色温及演色性等项目，同样也是衡量 LED 性能的重要条件。然而传统光源本身的光线在空间中是均匀向外扩散的，相较于 LED，传统光源的测量方法无法完全套用，因此 LED 适用的测量技术必须重新建立，其中国际照明委员会（CIE）在 1997 年提出了针对 LED 测量所制订的技术文件 Measurements of LED，也就是俗称的 CIE－127，该文件已成为目前测量 LED 的通用准则，并于 2007 年发布了修订版。在这份文件当中，CIE 提出了 LED 之平均光强度（Averaged Luminous Intensity）及部分光通量的概念，如图 1 与图 2 所示，也就是在固定光侦测器的面积、光侦测器以及 LED 间的距离以及机械轴的定义，使得不同封装形式的 LED 能够具有重复性与再现性的测量结果。

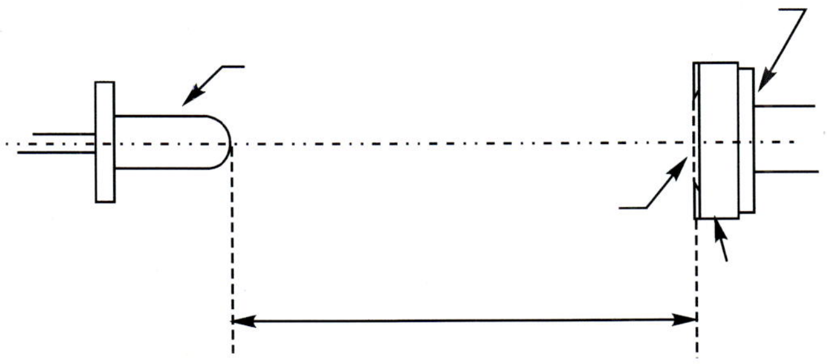

图 1 CIE 提出之 LED 平均光强度量测架构

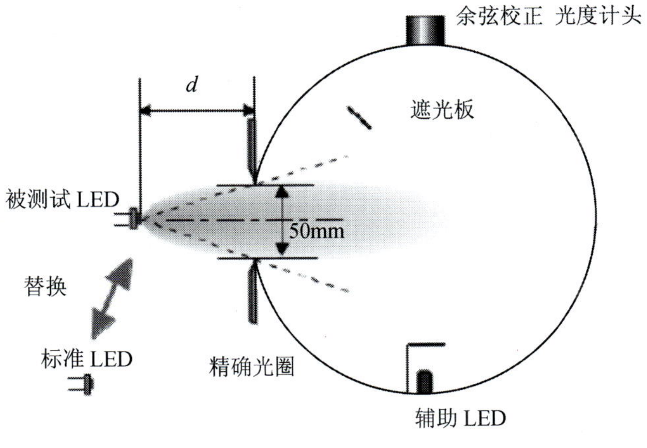

图 2 CIE 提出之 LED 部分光通量量测架构

LED 的接面温度（junction temperature）也是影响量测的关键因素。CIE－127 修订版建议 LED 应在额定的稳定直流电流下进行操作，且环境温度须定于 25℃。尽管 CIE－127 中有提及温度对于 LED 特性的影响，但却没有说明评估 LED 接面温度的方式，以及降低由温度改变造成量测误差的改善方法。这些问题在极要求热管理的高功率 LED 上更为突显出来。除此之外，脉冲电流驱动（PWM）已经成为 LED 常用的驱动模式，但是 PWM 可能造成的量测误差以及人眼的不适感也尚未被研究清楚。事实上，CIE－127 的量测技术并未包含高功率 LED，因此势必需要进行相当幅度的调整。

3. 世界各国 LED 量测标准制订现况

尽管 LED 量测技术持续地发展及进步，不过由于 LED 应用市场的需求很急，相关的量测技术及标准的制订势必得加速进行。其中 CIE 虽然提出了 CIE－127，其所提出的量测方法已不足以解决现阶段 LED 量测的问题（尤其对于高功率 LED 而言），因此，CIE 陆续成立数个技术委员会以解决 LED 量测之相关问题。另外如美国能源部（DOE）的固态照明计划于 2007 年 9 月所提出的能源之星固态照明灯具规范（ENERGY STAR Program Requirements for Solid State Lighting Luminaries）预计将于 2008 年 9 月底生效，DOE 于 2006 组织了工作会议，召集重要的标准组织，将搭配能源之星标准而建立固态照明应用之性能与量测方法相关的标准。美国国家标准研究院（NIST）在 DOE 的委托下也正在积极进行 LED 测试的研究，重点研究 LED 发光特性及颜色评估等测试方法，试图建立整套高功率 LED 测试方法和技术标准。除了由官方推动的固态照明计划之外，由美国壬色列理工学院（RPI）的照明研究中心（Lighting Research Center，LRC）结合各大厂商及研究单位于 2002 年成立固态照明系统及科技联盟（ASSIST），其也于 2005 年提出了一般照明用 LED 的寿命评估技术文件，并分别于 2006 年及 2007 年进行修订。该文件的特色是定义了 LED 的寿命评估值，并且对于 LED 元件与系统，以及高低功率的 LED 皆作出了定义区别。其于 2008 年也提出了 LED 光引擎（Light engine）及装饰用 LED 的评估方法，美国环保署（EPA）于 2008 年 6 月所修订的能源之星室内照明灯具修订 4.2 版所增加的固态照明灯具部分，大部分参考规范即引用了 ASSIST 所提出之建议文件。

日本相对于美国积极推展固态照明产品的市场化，其身为全球最大 LED 产值国，近年来较为注重照明用白光 LED 标准化之推动。在 2004 年，由日本照明学会（IEIJ）、日本照明委员会（JCIE）、日本照明器具工业会（JIL）、日本电球工业会（JEL）等四大团体联合制订之共同标准规范《照明用白光 LED 测光方法通则》已于 2007 年 7 月成为日本工业标准（JIS）。而韩国科技标准局（KATS）也于 2007 年宣布在三年内将建立 15 项与 LED 相关之韩国国家标准（KS），以协助次世代 LED 照明产业的发展。

4. 台湾地区推动 LED 标准之进展

综观世界各国推动 LED 标准的布局策略，我们可以发现 LED 品质提升与标准制订的进度，是台湾地区固态照明及 LED 应用产业能否永续经营的关键因素。就目前台湾对于 LED 标准的进展而言，在 LED 交通信号灯的标准较为完备，但在高功率及照明 LED 的部分，尚未制订相关的标准规范。目前 CNS 标准在 2007 年于出口指示灯及避难方向指示灯及紧急照明灯两项标准中，增加了 LED 光源项目，而 LED 模组之交、直流电源电子式控制装置——性能要求也于今年 3 月底正式公布。

为了使 LED 的供应者与使用者间能具备共通的规格，并具验证公信力的标准平台，以加速市场的发展，台湾地区必须建立一套可运用于现今 LED 规格的量测规范。我们可以将固态照明产品依照 LED 结构及其应用层面，分为晶粒、元件、模组到光源系统等关键组件，由于其各项特性都会影响产品之光电特性及品质，故需要以标准化程序分开量测，对不同的产品进行相同可信度的评估，以降低使用者的误用风险，如此一来，自然也会降低供应商的生产成本。借由建立一致性的量测规范，可协助台湾地区 LED 产业自上游到下游厂商的共同开发平台的整合，以台湾地区既有的分工成本优势，将有助于业界垂直分工，以赶上国际水准，并积极打入国际照明市场。

基于上述的思维考量，台湾省“经济部”技术处于 2007 年 5 月启动“LED 照明标准与品质研发应用整合计划”，整合中国电器、中盟光电、光宝科技、齐瀚光电、晶元光电、维明企业及一诠精密等 7 家台湾地区上、中、下游 LED 照明业者，组成“LED 照明标准及品质研发联盟”，期望借由照明灯具、光源系统、LED 元件与模组、晶粒、测试设备与封装材料厂等业者的整合，计划将以未来能提供高性能、高可靠度之 LED 照明产品为最高原则，研发关键技术及照明载具以作为未来品质标准验证时之依据，而建构一套适用于现今的完整 LED 标准，借此提升台湾地区 LED 之制造品质及量测评估能力。除此之外，对于影响 LED 照明应用甚巨的光衰、寿命问题，计划中亦积极开发 LED 加速寿命测试规范，以缩短 LED 的产品研发周期与品质评估时程，增加生产效率。借重工研院在 LED 交通信号灯标准制订上及推行的成功经验，促使产业界及早进行 LED 量测的标准化，使其所产生的效益能更明显，而更有利于整体 LED 照明产业的发展。

在多项草案的制订过程中，首先需确认 LED 量测规范的项目、范围，并依照产品类别、检测项目等参数加以分类、细项展开，同时凭借国内外之现有 LED 量测标准、规范、技术方法等相关资料，选择较重要、成熟且普遍的资料，作为联盟制订 LED 量测规范项目的参考。联盟提出草案后，在工研院及各公协会，如台湾光电半导体产业协会（TOSIA）、照明公会、电电公会、华聚基金会等的协助下举办座谈会加强与各界的交流讨论，结合产、官、学、研之能量，在经过测试、验证、并汇整相关资讯及讨论意见，共同参与制订 LED 照明标准规范。在“经济部”技术处举办公听会广纳业界意见后，使可成为产业标准，并积极朝向制订 CNS 台湾地区标准之目标迈进。目前所规划之草案制订内容，分别以 LED 晶粒、元件、模组、系统及照明灯具各部位所需之标准规范。其中在照明灯具之部分，将配合联盟之照明品质提升计划，采用路灯、投光灯以及 T－Bar OA 灯等户外及室内照明所用之三种灯具作为开发之应用载具并订定标准规范。

目前联盟已完成了元件与模组的光电特性量测、元件热阻量测、一般寿命试验评估及 LED 路灯标准等五份标准草案。此五份标准已于 5 月 28 号的 LED 产业标准及专利策略交流研讨会正式发表，并于 7 月 4 日召开厂商座谈会，公开征求意见。并在8月7日召开公听会，预计于9月底提案送交标准检验局，以尽速成为正式标准。之后将会陆续公布新一波的草案内容，如元件模组之环境测试标准、晶粒之光电特性与可靠度标准等，标准草案之产出时程与内容详如表1所示。

表1 台湾地区 LED 标准草案产出时程

	草案制订项目	草案发表时程	预计完成 CNS 制订
A	1. 寿命测试标准 2. 元件光电量测标准 3. 模组光电量测标准 4. 元件热阻量测标准 5. LED 路灯标准	1997/05/28	1998/03
B	1. 系统光学量测标准 2. 元件模组环境测试标准 3. 晶粒品质验证标准 4. 晶粒性能之量测标准	1997/09/30	1998/07
C	1. LED 系统散热量测标准 2. LED 系统电源量测标准 3. LED 元件 ESD 测试标准 4. 投光灯照明灯具标准 5. T－Bar 灯照明灯具标准	1997/12/31	1998/11
D	1. LED 系统环境测试验证 2. LED 元件加速测试规范 3. LED 晶粒加速测试评估技术	1998/03/31	1999/01

综观上述对于 LED 量测的困难点、各国对于 LED 标准制订的进展、以及台湾地区制订 LED 标准的策略布局，期望在此借由推动量测规范与标准制订之契机，促进 LED 与照明产业的整合，使台湾地区 LED 产业能够发光发亮，立足台湾，放眼世界。

LED 和 LED 灯具全空间分布光度测量技术

潘建根　李　倩
（杭州远方光电信息有限公司）

摘要： LED 这一新兴光源在光学特性、灯具设计和照明应用等方面与传统光源有很大的差别，远距离下测得的空间光强分布不足以完全表征 LED 或 LED 灯具的空间光度特性，这给 LED 和 LED 灯具开发和应用带来了挑战。随着近年来测光技术的长足发展，光源和灯具的全空间分布光度测量成为可能，它能为 LED 和 LED 灯具提供空间各方向的亮度分布、光强分布和全空间任意截面的照度分布等详尽的空间光度量。本文将重点介绍 LED 和 LED 灯具的全空间分布光度测量技术以及实现该技术的专业设备。

关键词： LED；LED 灯具；近场分布光度计；亮度；光强分布；光线追踪

1. LED 和 LED 灯具的特点

随着半导体照明的进一步快速和深入发展，LED 在道路照明、室内照明、汽车灯、手提灯具等多个领域得到了越来越广泛的应用，而同时，业界对 LED 灯具的二次光学设计以及利用 LED 灯具的空间光度数据进行照明设计的要求也越来越高。

就单颗封装 LED 而言，由于透镜作用不能将其简单地视作点光源[1]，且 LED 发光具有较强的方向性，光轴方向亮度较高。LED 灯具通常由多颗 LED 组成，为达到预期的光通量和配光效果，必须根据每颗 LED 的光分布进行严格的二次光学设计；LED 灯具一般具有复杂的几何外形和出光面；在距离灯具较远处和较近处的光分布会存在明显的差别，并且某些部位还会由于亮度高而产生严重的眩光。显然，上述很多 LED 和 LED 灯具的空间光分布特点是传统的光强分布所不能表征的；甚至某些复杂光源或灯具的光强测量的近似条件：距离足够远能将被测光源或灯具视为点光源都难以实现。

2. 全空间分布光度学概述

为了完全表征上述 LED 和 LED 灯具的空间光分布特性，需要使用全空间光度学为真实的光源建立模型。在全空间分布光度学中，用户能够了解光源或灯具的光从哪里出来，射向哪个方向，各光线的通量是多少，在空间任意距离下任一截面内的照度分布，以及从不同方向观察光源或灯具的亮度分布，如图 1 所示。

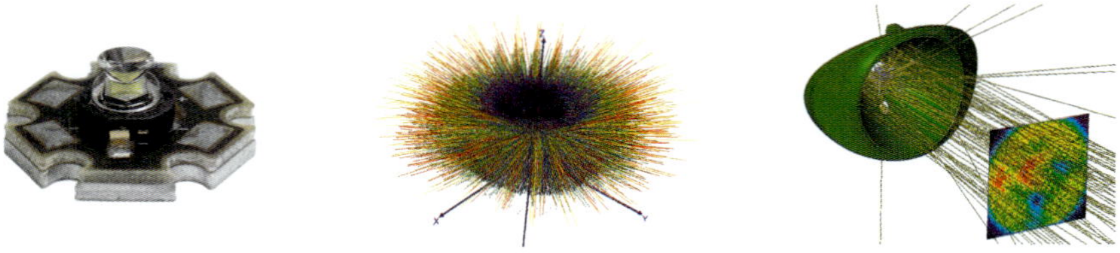

典型大功率 LED　　该大功率 LED 的光线分布　　用该 LED 的设计成 LED 灯具

图 1　全空间分布光度参量示意图

3. 全空间分布光度的测量方法

全空间分布光度的测量包括近场测量、远距离测量以及软件的校准和推导计算。远距离测量与传统方法相似，在距光源或灯具较远处测量其照度和光强值。近场分布光度计是全空间分布光度测量的关键，近场分布光度计由分布光度计和具有二维 CCD 阵列的成像亮度计组成，成像亮度计能够通过一次取样测得光源或灯具在某一方向的发光平面内各点的亮度值。

（1）亮度分布

如图 2 所示，在旋转轴驱动下，近场分布光度计中的成像亮度计绕被测光源转动，在包围被测光源的球面上测量它在各方向的亮度分布 $L(i, j, \theta_D, \varphi_D)$，$(i, j)$ 为成像亮度计的 CCD 像元，(θ_D, φ_D) 为成像亮度计所在位置，如图 3 所示。通过亮度分布可以直观地得到 LED 和 LED 灯具在给定角度下的亮度分布，并进而可以得到该角度下的发光面面积、最大亮度和平均亮度等信息。该方法能够方便准确地测量出 LED 路灯闪亮面积。

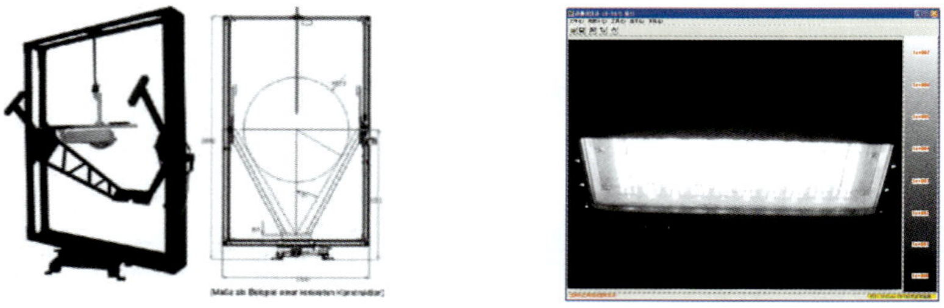

成像亮度计在包围球面上测量亮度分布　　LED 路灯的 76°方向亮度（闪亮面积）

图 2　近场分布光度计的亮度分布测量

（2）光线分布

根据亮度分布推导出光线分布，通过软件生成数百万条光线，每根光线都包括起点位置、方向向量和通量[2]。

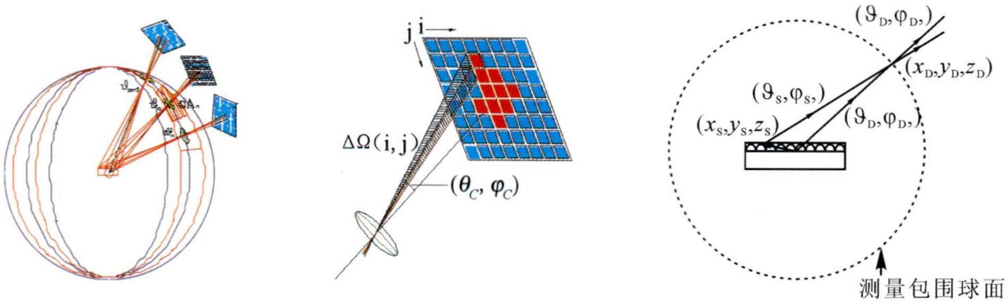

亮度分布测量示意图　　将像元变换到 C 坐标系　　D 坐标系和 S 坐标系

图 3　近场光度计光线分布计算的坐标系

由亮度分布推导光线分布需要进行大量复杂的运算，一般包括以下主要步骤：

①将 (i, j) 像元变换为以包围球面上的点为原点的 C 坐标系，得 $L(\theta_C, \varphi_C, \theta_D, \varphi_D)$，如图 3，$(\theta_C, \varphi_C)$ 为光线偏离 (θ_D, φ_D) 的角度；

②将 C 坐标下的亮度用立体角面元和包围球面面元加权，求得在各包围球面面元在立体角元的通量 $\Delta\Phi(\vartheta_C, \varphi_C, \vartheta_D, \varphi_D)$，计算公式为

$$L\ (\theta_C,\ \varphi_C,\ \theta_D,\ \varphi_D)\ \cdot \Delta\Omega\ (\vartheta_C,\ \varphi_C)\ \cdot \cos\vartheta_C \cdot \left(\frac{\varphi_{D,i+1}-\varphi_{D,i-1}}{2}\right)\cdot\left[\cos\left(\frac{\vartheta_{D,i+1}+\vartheta_{D,i}}{2}\right)-\cos\left(\frac{\vartheta_{D,i}+\vartheta_{D,i-1}}{2}\right)\right] \quad (1)$$

③将坐标变换到以转台旋转中心为原点的D坐标系：得光线通量 $\Delta\Phi$（x_D，y_D，z_D，ϑ_D，φ_D），光线起始点（x_D，y_D，z_D）位于包围球面，方向为（ϑ_D，φ_D），如图3所示；

④将坐标变换到以被测光源为中心的S坐标系，得到 $\Delta\Phi$（x_S，y_S，z_S，ϑ_S，φ_S）。（x_S，y_S，z_S）为光线起始位置，（ϑ_S，φ_S）为光线方向。

（3）光强分布

光强是将被测光源视作点光源，考察其在空间给定方向的立体角元内的光通量。为将LED和LED灯具视作点光源，理想的测量或计算的光强距离应为无穷远。全空间分布光度计可与传统光强测量方法相同，利用长距离的光度探头测量照度，并通过距离平方反比定律近似计算出远场光强：$I=E\cdot d^2$，d 为测量距离。但对一些出光面大、光束窄、出光较为复杂的LED灯具，光强值会因为 d 不够大而存在较大误差，如图4所示，当测量距离 d 不够时，探测器接收到的光线的方向会与光强的方向不一致。

测量距离 d_1 不够大时的光线接收方向　　测量距离 d_2 足够大时的光线接收方向

图4　光强测量中探测器接收的光线示意图

在全空间分布光度计中，还可以使用光线追踪的方法计算出远场强分布：利用已知的光线分布，将光线追踪到无穷远处，此时被测LED或LED灯具可被视作点光源，仅需考虑所有方向位于立体角元内 $\Delta\Omega$（ϑ_k，φ_l）的光线，如图4所示，计算表达式为

$$I(\vartheta_k,\varphi_l)\ =\frac{\sum\limits_{x_S,y_S,z_S}\Delta\Phi(x_S,y_S,z_S,\vartheta_S,\varphi_S)}{\Delta\Omega(\vartheta_k,\varphi_l)}\ \forall\,\vartheta_S,\varphi_S\in\Delta\Omega(\vartheta_k,\varphi_l) \quad (2)$$

式中，ϑ_k，φ_l 为光强方向，$\Delta\Omega$（ϑ_k，φ_l）为该方向的立体角元。

（4）空间照度分布

照度是指单位面积上的光通量，即 $E=\mathrm{d}\Phi/\mathrm{d}A$。在传统的光度学中一般是根据由分布光度计所测得的灯具的空间光强分布即配光曲线，通过照度平方反比定律 $E=\dfrac{I\cdot\cos\alpha}{d^2}$，来计算各个距离下的照度分布、平面等照度曲线、空间等照度曲线等空间照度分布特性的。如图5所示，对于点光源，这种方法是合适的；但是对于LED和LED灯具，至少由于以下两点会存在较大误差，尤其是在计算距离较近的照度分布时，这会给灯具设计和照明设计带来误导。

首先，发光面较大、出光面复杂的LED或LED灯具射入某一面元的光线方向与LED或LED灯具中心点到该面元的方向即光强计算方向存在很大差异，因此实际射入该面元的各光线光通量之和与通过光强计算出的光通量相应存在很大差异；

其次，LED和LED灯具出光复杂，理论上能够到达面元的光线与实际情况相差较大，如图5所示，受单颗LED光束角的限制，左侧LED的光线是不能到达面元dA和dA'的，而远场光强分布仅表征整体配光效果，却不能反映出这些细节。

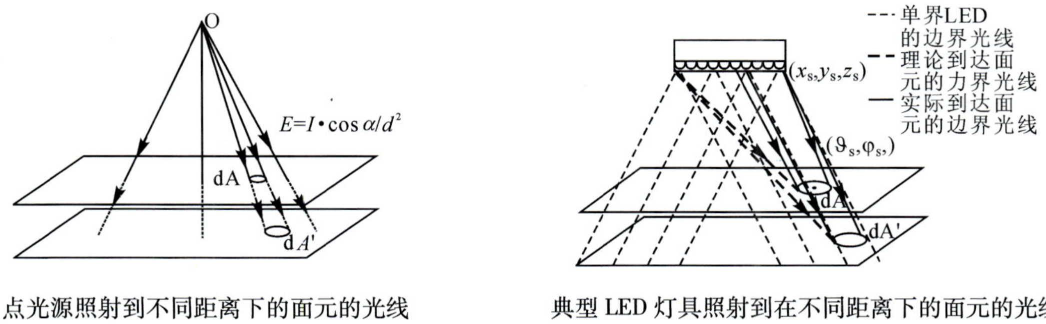

点光源照射到不同距离下的面元的光线　　典型LED灯具照射到在不同距离下的面元的光线

图5　照度到任一面元内的光线

在全空间分布光度学中，通过光线追踪的方法求得落在空间任一面元的光线光通量，即任一截面的照度，而无论该截面在何位置，是否为曲面，用光线追踪法计算截面照度的表达式为

$$I(\vartheta_k,\varphi_l)=\frac{\sum\limits_{x_S,y_S,z_S}\Delta\Phi(x_S,y_S,z_S,\vartheta_S,\varphi_S)}{\Delta A}\ \forall\ \overrightarrow{(x_S,y_S,z_S,\vartheta_S,\varphi_S)}\ \text{与 }\Delta A\text{ 相交于面元内} \tag{3}$$

通过光线追踪法，设计师能够了解 LED 和 LED 灯具的空间光分布细节，全面掌握 LED 和 LED 灯具的光度特性，从而能更科学合理地进行 LED 灯具设计和照明设计。全空间分布光度学给灯具开发和照明设计带来的影响是革命性的。

（5）总光通量的精确测量

全空间分布光度计若在近场配置了余弦性能优良的精密光度探头，则利用该光度探头使用基准级方法，即照度积分法测量的总光通量[3]：测量包围 LED 或 LED 灯具的球面各面元照度，对面积积分求得总光通量，表达式为 $\Phi=\oint_A E\cdot \mathrm{d}A$，$E$ 为面元 $\mathrm{d}A$ 处的照度。

LED 和 LED 灯具总光通量以及部分光通量也可以利用光线分布计算出来：

$$\Phi=\sum_{x_S,y_S,z_S}\sum_{\vartheta_S,\varphi_S}\Delta\Phi(x_S,y_S,z_S,\vartheta_S,\varphi_S) \tag{4}$$

（6）全空间分布光度的校准

全空间分布光度测量包括近场测量和远距离测量。对光源的近场亮度分布测量能够推导出光线分布、远场光强分布以及任意距离下的照度分布等光源空间光分布的细节，但现有成像亮度计在 $V(\lambda)$ 光谱匹配和线性等方面的性能不如高精度光度探头，其测量值的绝对值精度可以通过近场光度计校准而达到很高水平。同时，在全空间分布光度测量中，用远距离测得的被测光源的照度值/光强值来校准用光线追踪方法推导出的相应量值。近场测量和远距离测量相结合能够得到精确、详尽的 LED 和 LED 灯具的空间光分布特性量值。

4. 全空间分布光度测量专业设备简介

如上所述，全空间分布光度计中的近场分布光度计是实现关键。该设备得到了国际社会测光界的重视，国际照明委员会（CIE）专门成立了技术委员会 TC2－62 来研究和标准化近场分布光度计，我国杭州远方公司也参加了该技术委员会的工作。在专业设备方面，除了图 2 所示的德国产近场分布光度计外，我国在 863 项目的扶持下，也由远方公司成功开发了具有核心自主知识产权的全空间分布光度计，如图 6 所示，该全空间分布光度计具备了近场测量（第一探测器 D1）和远距离测量（第三探测器 D3）功能，并在近场同时配备了高精度光度探头和 CCD 成像亮度计。目前该全空间分布光度计已经被国内外部分大型 LED 灯具制造商率先使用，获得了用户的一致好评。

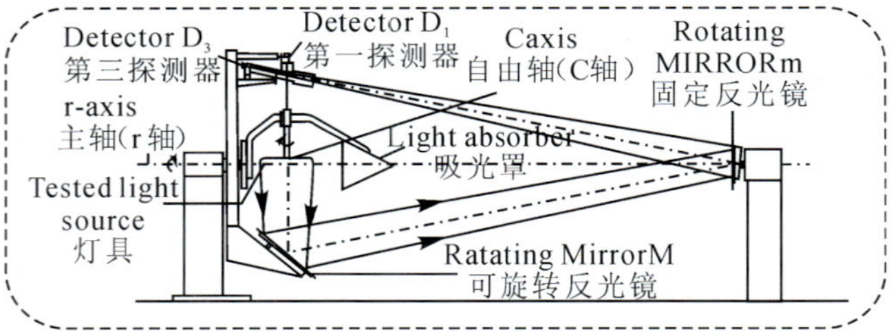

总体结构和远场测量示意图

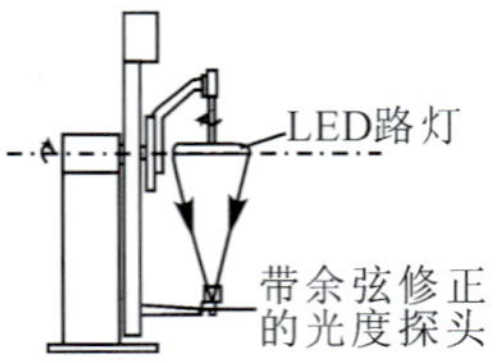

近场高精度光度探头测量示意图

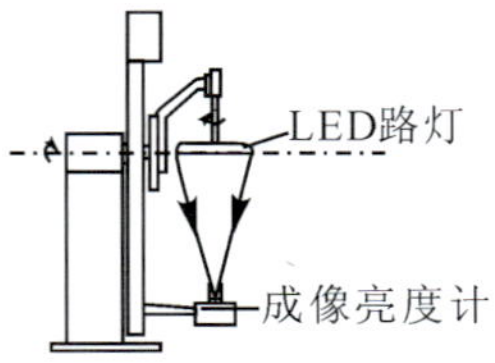

近场成像亮度计实现示意图

实物照片

图 6　我国自行研发设计并拥有核心知识产权的全空间分布光度计

5. 小结

随着半导体照明的深入发展，对全面客观表征 LED 和 LED 灯具的要求也越来越高，全空间分布光度测量技术的研发成功为解决这些问题提供办法。全空间光度学能够为真实的光源建立模型，用户能够直观且精确地得到光源或灯具的光线

分布，全空间任一截面（平面或这曲面）内的照度分布，远场光强分布以及从不同方向观察光源或灯具的亮度分布等重要参量。这些量值都是传统的光度测量所不能够实现的，全空间光度测量技术必将发挥越来越重要的作用，对光源测量和光学设计带来革命性的影响。

在国家863项目的扶持下，我国率先成功开发了拥有核心自主知识产权的全空间分布光度计系统，并且凭借技术优势，该全空间分布光度计的开发单位杭州远方光电信息有限公司参与了CIE相关标准的研制工作。目前该全空间分布光度计已经为国内外多家LED灯具测量实验室和大型制造商使用，获得了一致好评。

参考文献

[1] CIE127 – 1997measurement of LEDs.

[2] Draft of CIE TC 2 – 62 technical report.

[3] CIE 84 – 1989measurement of flux.

LED恒流驱动电路效率研究

江　磊　江　程　陈郁阳　刘木清

（复旦大学电光源研究所）

摘要：该文基于Buck型LED恒流驱动电路，讨论了LED电源驱动效率的影响因素，并提出了提高效率的方式。文中也提出了高效率的LED驱动电路设计流程，并给出了相应的设计实例。

关键词：LED；驱动；Buck电路；效率

1. 概述

近年来，随着LED技术的日趋成熟，大功率LED越来越多地被用于普通照明等传统光源主导的领域。与传统光源相比，高光效可以作为LED的重要优点之一。LED光源需要恒流驱动，驱动器的效率会影响灯具的总效率。因此，好的LED驱动器设计不仅需要满足特定的电学要求，而且应当尽可能地具有高效率。

常用的LED恒流驱动器有Buck、Boost及BuckBoost等拓扑结构，而由于它们自身的特点，Buck型拓扑显得更为简单和高效。本文仅分析Buck电路效率的影响因素。

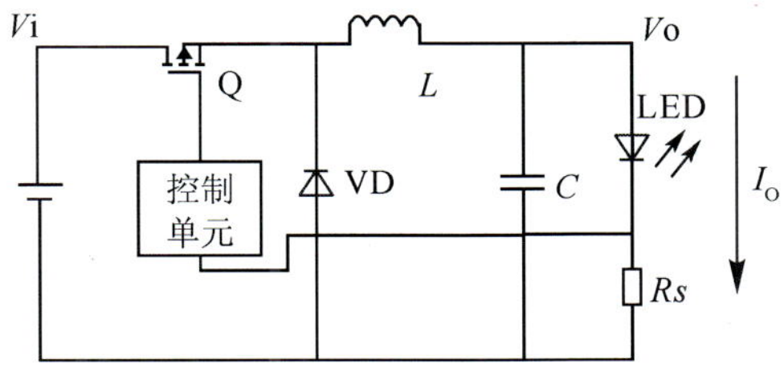

图1　Buck电路

如图1所示，用于LED恒流驱动的Buck电路的主要元件除了控制芯片本身，还包括一个功率mos管Q，一个肖特基二极管VD，一个与负载LED直接相连的电感L及对电流采样的电阻R_S。事实上，整个Buck电路的主要损耗也在于这4个元件。下面对其做一个具体的分析。

2. 功率mos管

当mos管Q导通时，电源通过其对负载供电，此时，mos管上耗散的功率$P_{mos(on)}$为

$$P_{mos(on)} = I_O^2 R_{DS(on)} D$$

式中，$R_{DS(on)}$为mos管的导通电阻；I_O为LED的电流；D为占空比。

事实上，功率mos管还有一部分损耗，即工作于高频状态时的开关损耗。当LED恒流驱动电流工作于100 kHz以上的频率时，这部分的损耗就相当可观了。此时mos管上耗散的功率$P_{mos(switch)}$为

$$P_{mos(switch)} = \frac{1}{2} V_1 I_O\ (t_r + t_f)\ f_S + Q_{Gate} V_{CS} f_S$$

式中，V_1为系统的输入电压；t_r、t_f为mos管打开和关断所需的时间；f_S为mos管的开关频率；Q_{Gate}为mos管的栅源极电荷；V_{GS}为开关电压。

可见，$P_{mos(switch)}$正比于工作频率。

所以，mos管上的总功率$P_{mos} = P_{mos(on)} + P_{mos(switch)}$

要减小mos管上的损耗，必须一方面选用导通电阻较小的mos管，另一方面，如果驱动电路工作频率较高，还必须参考mos管的高频特性。

3. 二极管

Back电路中，二极管VD所起的作用是在mos管关断时续流电感上的电流，因为其工作频率较高，所以需要用反向恢复较快的肖特基二极管。当反向电压较高，超出一般肖特基的承受范围时，也可用耐压较高的快速二极管代替。

当mos管导通时，肖特基被反向偏置，处于关断状态，不产生功耗。当mos管关断，二极管续流时，它上面产生的功耗P_{didode}为

$$P_{didode}=V_D I_O\ (1-D)$$

式中，V_D为二极管的通过电流为I_O时，相应的正向压降。

可见，二极管的损耗正比于其正向压降，并随占空比的增大而减小。因此，如果输入电压可选，在输出电压，即LED串压降一定的情况下，输入电压越接近于输出电压，二极管上的损耗越小。但事实上，用于控制Buck电路的芯片可输出的占空比存在一个极限值，这个极限值就是二极管获得最小损耗的工作状态。

另外一个减小二极管损耗的方法就是运用同步整流技术，用mos管代替二极管，由于mos管有着更低的导通电阻，在输出电流较大的情况下，可以显著减小功耗。但同步整流技术的运用势必会带来驱动电路的复杂化，这就需要在性能和成本之间做一个权衡。

4. 电感

Buck电路中的电感L直接与负载相连，起到能量存贮和转化的作用，由于在LED恒流驱动中，Buck电路一般工作在电流连续模式，电感上一直通有电流。因此，电感上的损耗也是整个系统能量损耗的较大部分。和其他开关电源中的变压器相似，电感的损耗也可分为铁损和铜损两部分，铜损指电感本向用来绕制线圈的电阻带来的损耗，由输出电流的大小和电感的直流电阻大小所决定。铁损指磁芯材料由于交变电流而产生的涡流等损耗，主要由电感工作频率所决定。总功耗可表示为

$$P_{inductor}=I_O{}^2R_{cu}+P_{Core}$$

式中，R_{cu}为电感的直流电阻；P_{core}为电感的铁芯损耗。

在LED恒流驱动电路中，选用大的电感，可以有效减小LED上的电流纹波，但大的电感必然有较大的直流电阻，必然会带来较大的损耗。这就需要在性能与效率之间做一个折中处理。另一种减小纹波的方法是为输出LED并联较大的电容。但大的电容意味着较慢的频率响应，在需要精度较高的PWM调光的场合不是很适合。

5. 控制芯片和采样电阻

最后一个要提到的系统效率的影响因素是驱动芯片本身和$V_{GS}=7.5$V用于LED电流采样的采样电阻R_S。随着LED驱动芯片的发展，目前的芯片多采用200mV左右的低比较电压，这样，在采样电阻上的功耗并不是很大。

6. 系统设计

下面对如何选择元件，设计一个高效率的LED恒流驱动器给出一定的流程。

①选定恒流驱动芯片，根据LED的驱动电流要求，选定采样电阻。查阅相关LED厂商的资料，得出在额定电流下的输出电压。如果输入电压可选，则根据公式$D=\frac{V_O}{V_1}$，尽量选择接近芯片容许最大占空比D时所对应的V_1。

②根据公式$L=V_O T\ (1-D)\ /\Delta i$，求出所需电感值的大小。其中，$T$为Buck电路一个周期的时间，$\Delta i$为LED上允许的最大纹波值。由所得的电感值，选择具有较小直流电阻并满足使用频率的电感。接着，再根据系统对PWM调光和电路体积的要求，决定是否使用输出电容，从而可以在满足纹波要求的情况下选用较小的电感，进一步减小电感上的功率损耗。

③如果芯片没有内置mos管，则需要选择外置mos管。一般说来，耐压越高的mos管的其他特性要相应差一些。因此，应根据电路的工作环境，选用处于合适耐压范围内的mos管，并以导通电阻和栅源极电荷作为选择的一个重要标准。

④根据反向耐受电压选择合适的二极管。二极管的频率响应应该足够快，一般而言，在100V以下可以选用正向压降较小的肖特基二极管。否则，则应选择正向压降稍大，但耐压较高的快速二极管。

7. 实例分析

最后，本文用一个设计实例来说明实际设计过程和最终效率。

我们选用某公司的LED恒流驱动芯片HV9910作为控制芯片。其原理图如图2所示。HV9910可以耐受450V的高压，因此，可以用以直接用于从220V交流总线上取电驱动1串14颗LED。LED在350mA时的端电压为3.3V。

由于驱动电路的输入电压为220V市电经整流桥和电容滤波后的电压，$V_1=310$V。

系统输出电压为$V_O=nV_{LED}=46.2$V。取样电阻0.62Ω，输出电流$I_O=0.32$ A。$V_D=2$V。

占空比为$D=V_O/V_1=0.149$，工作频率$f_S=24.4$ kHz。

取5mH电感，相应的直流电阻为$R_{Cu}=3.4\Omega$，由于mos管取IRF830，$R_{ds(on)}=1.35\Omega$，$Q_{Gate}=22$nC，$t_r=8$ns，$t_f=5$ns。

二极管取快速二极管Byv26，反向电压$V_D=2$V。

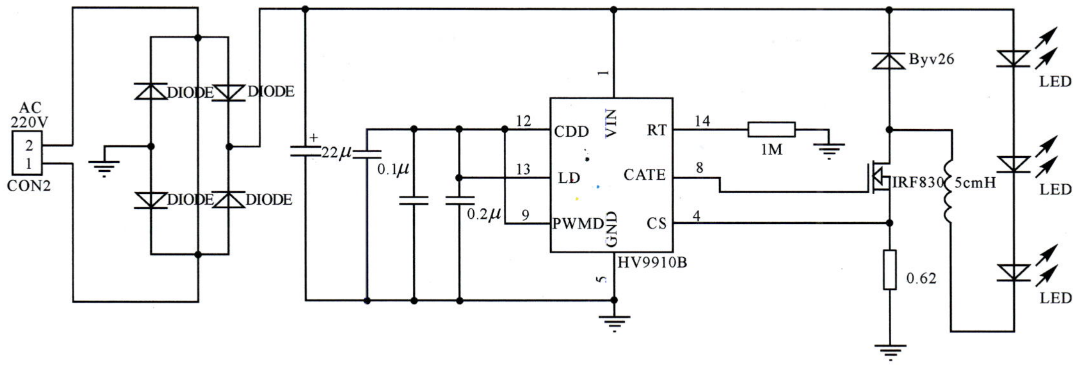

图2　由 HV9910 控制的 LED 恒流驱动电路

HV9910 的功耗可由公式 $P_{ic}=V_1$（1.0mA + $Q_{Gate}V_{GS}$）得出，其中，开关电压 $V_{GS}=7.5$V。

由前文公式计算可得 $P_{mos}=0.041$ W，$P_{diode}=0.48$ W，$P_{inductor}=0.348$ W，$P_{ic}=0.476$ W，$P_{Rs}=0.063$ W，因此，$P_{loss}=P_{mos}+P_{diode}+P_{inductor}+P_{ic}+P_{Rs}=1.408$ W。

系统的实测数据如下：功率输入 $P_{in}=16.33$ W，负载 LED 上功率 $P_{out}=14.91$ W，实际损耗功率 $P_{loss(r)}=1.42$ W，效率 $\eta=91\%$。

可见，理论的功率损耗与实测数据相差不大。从此实例中也可以看出，系统在二极管、电感和芯片上消耗的功率较多。这是因为输入电压较高且输出电压与输入电压的差值大而造成的。但正因为输入与输出之间的差值造成的较小的占空比，系统在 mos 管上的功耗不是很大。

8. 结论

LED 恒流驱动电路的效率是由若干个因素共同决定的，而这些因素之间又相互关联和影响。要优化并提高系统的效率，必须在综合考虑电路性能要求的情况下，根据一定的流程选择合适元件，从而达到所要求的目的。

参考文献

[1] TI Literature Number SLVA057，Understanding Buck Power Stages in Switchmode Power Supplies，1999.
[2] 王文廷. 高效率同步整流技术在开关电源中的应用研究，2004.
[3] National Semiconductor Corporation. LED Lightingmanagement Solutions，2007.
[4] Supertex inc.，HV9910B Universal High Brightness LED Driver，2007.

照明灯具中白光 LED 阵列的排列及配光

杨光
（中国科学技术大学）

摘要： 本文主要就目前在 LED 照明灯具中所采用的小功率高亮度白光 LED 的阵列形式、配光类型、分布情况、应用等进行了较为详细地介绍，给出了几种 LED 灯具的配光特性，具有一定的借鉴和参考意义。

关键词： LED 照明灯具；高亮度白光 LED；阵列；配光

大功率白光 LED 在造价、散热、光效及驱动等方面距理想的实用阶段还存在着或多或少问题，作为中小功率 LED 照明灯具中应用广泛的仍然是小功率超高亮度白光 LED。

小功率超高亮度白光 LED 的主要技术参数为：功率不大于 0.1 W，工作电压在 3～4V 之间，工作电流在 20～50mA 范围内，输出光通量在 15 000～20 000mcd 左右。与功率较大的 W 级功率型白光 LED 相比，具有自身价格极低、外形尺寸小、耗电功率少、发光效率高、组合阵列方便、自散热性能好、制成的 LED 灯具价格低廉等诸多特点，因此获得了广泛的应用。

本文将以小功率超高亮度白光 LED 为例，介绍其光输出特性、阵列排列方式、配光设计及应用等。

1. 光输出特性及测量

（1）光输出特点及曲线分布

商品化的照明白光 LED 采用内置的反射器和封装树脂透镜等已经形成了一次光学系统，使得其光输出具有固定的方式。一般可以分为普通型（炮弹形封装形状）和附带反射器型（食人鱼系列 LED）等形式，光输出的角度依据反射器角度及封装透镜的曲率不同而有所不同，主要有窄束和宽束之分，可以满足不同的照明配光需要。图 1 给出了较为典型的 LED 光强输出的分布情况，仅供参考，具体选用时可以厂商提供的技术参数为准。

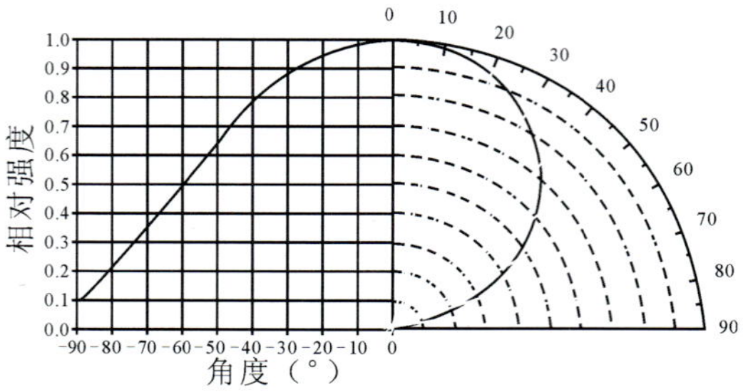

图 1　典型 LED 光输出曲线

（2）LED 光输出角的测量

1）单颗 LED 的有效光角度

由于 LED 的光输出为轴对称（法线方向）形式。单颗白光 LED 的光输出角可以商家提供的技术参数为准，但是在实际的应用中所获得的 LED 可能没有给出具体的资料或者为了配光设计的细节研究，在使用前可以采用简便实用的方法来测量单颗 LED 的有效照明光输出角度。

简单的测量如下：

①按照图 2 的示意及接线原理，由低向高调节稳压电源的输出电压 V_{DC}，使得流过 mA 的电流为 LED 的额定工作电流 I_F，准确测量 LED 管芯（发光点）到墙面（灯具使用中的被照射面）的垂直距离 L，LED 白光投在墙上所形成的圆形光斑的直径 d。

②在纸上按比例做出等腰三角形，利用三角函数公式：θ = arctan（$d/2L$）来求出单颗 LED 有效光输出的半角角度 θ，LED 的照明光输出角为 2θ。为了测量的准确性，可以选几个同批号的 LED 分别作几次测量，求出平均值。

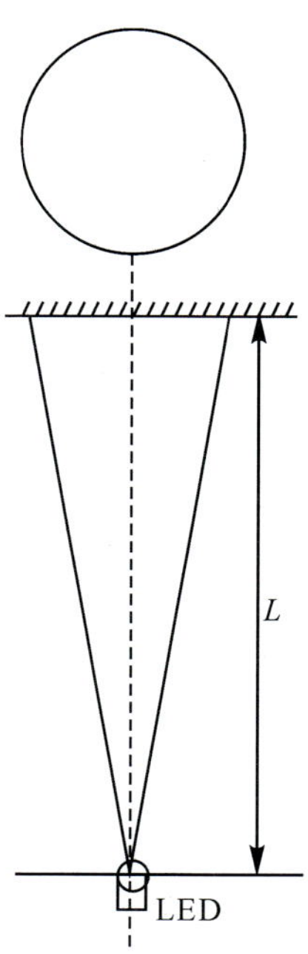

图 2　单颗 LED 光输出角度测量

2）多颗 LED 排列距离的确定

由于单颗 LED 的功率很小，作为照明来使用，并要求在照明区域内具有一定的均匀光通量和照度，需要采用 LED 的阵列形式，加大其发光亮度和发光面积，改善光照的均匀性。

对于两个及以上具有一定光输出角度的单管光强分布进行叠加模拟有两种情况：夹角过小容易在小角度内形成很亮的光斑；夹角过大则在小角度区域内形成暗点。需要选择适当的 LED 排列的最大距离以获得较为均匀的光混和效果。为此可以采用以下方式：

①实际测量方式：按照图 3 所示，通过调节两个 LED 间的距离，使得两个 LED 圆形光斑内接正方形的边长重合，这时的距离 l 就是最大的 LED 间的平面排列距离，且 l = a。内接正方形的边长 a 为 d/1.414，与内接正方形相对应的有效半角度 θ' = arctan（$a/2L$）。LED 有效的使用角度将不大于 $2\theta'$，（参见图 3 中的虚线方框所示）；

②简单计算方式：按照已知的 θ 角，通过简单地计算来确定两个 LED 间最大平面排列距离。此外在曲面上安装时，由于可以将 LED 视为点光源，因此两只 LED 法线间的最大排列角度就可以认为是图 3 中虚线所示的夹角 θ' 的 2 倍（推导略）。

2. 常用 LED 的阵列方式

根据照明灯具的光输出特性及应用场合，小功率高亮度 LED 的阵列方式主要有以下几种。

（1）线排列方式

1）直线排列：将多颗 LED 按照等距离的直线排列方式来形成的直线发光光源。为了获得较为理想的亮度和照明均匀度，需要综合考虑单颗 LED 的功率和排列间的距离。

2）曲线排列：将多颗 LED 按照等距离的曲线排列方式来形成的曲线发光光源。由于曲线的特性所决定，为了获得较为理想的亮度和照明均匀度，同样需要综合考虑单颗 LED 的功率和排列间的距离。

（2）面排列方式

1）平面排列

平面排列配光就是将多颗 LED 以均匀布置，轴线方向的夹角为零，最小尺寸由 LED 的物理尺寸来决定，安装在平面的基板上，形成具有一定面积的面发光光源。特点是：光照面积小、光输出集中、发光均匀、光照度高。根据使用的功能要求，具体所形成的发光面形状包含有：

①矩形：发光面呈现出矩形形状，每一颗 LED 等距离排列，所形成的发光面积光照均匀、亮度集中、光照度高。

②圆形（环形）：发光面呈现出圆形（环形）形状，每一颗 LED 按要求均匀排列。其特点是光照面积较大、光输出分散、发光均匀度较差、光照度一般。

2）曲面排列

曲面排列主要包括：

①柱面排列：柱面形配光分为内柱面和外柱面两大类。内柱面是将 LED 均匀排列在柱面的内侧，这样每一颗发光内聚，中心就能形成高的照度；外柱面是将 LED 均匀排列在柱面的外侧，这样每一颗 LED 的光发散，光输出面较大、均匀度差。

②（半）球面排列：（半）球面形配光分为内球面和外球面两类。将多颗 LED 均匀布置，安装在球面形的基板上，形成具有一定面积的汇聚（内球面）和发散（外球面）的发光光源。特点是：光输出汇聚一点，用于要求高亮度的局部照明点光源；或在空间发散输出，形成发散光源。

③不规则面排列：不规则配光通过将多颗 LED（或者采用三基色 LED）以一定的排列组合方式安装在特殊曲面的基板上（墙面、造型面、顶面等空间），形成具有较大尺寸的面发光光源，并通过 LED 动态、数字化的控制技术来控制三基色高亮度 LED 的明暗，达到使 LED 的动态变换、色彩组合和亮度变化的目的，显示出数字、抽象图形、曲线、色块等效果，营造出特殊的现场效果和形成强烈的视觉冲击。

（3）立体排列方式

立体排列方式可以分为以下几种：

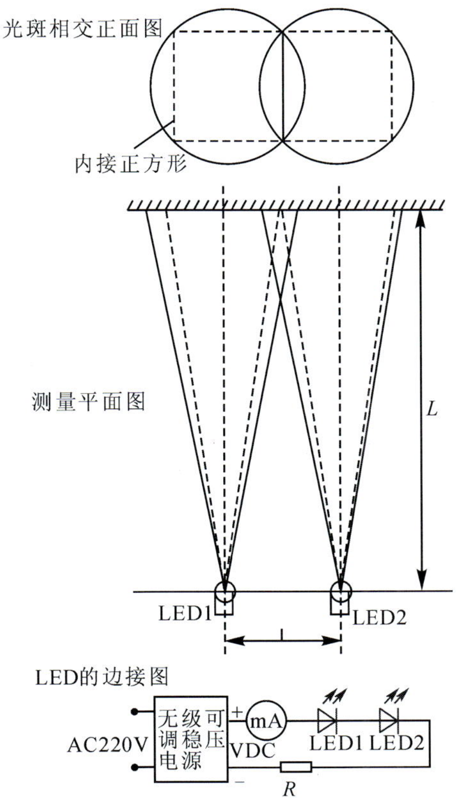

图 3 多颗 LED 排列距离的测量

1）球体

将多个 LED 以阵列形式均匀地分布在圆球形的安装基板上，形成均匀向空间四周发散的照明效果，获得较为广泛的特殊照明应用。

2）柱体

将多个 LED 以阵列形式均匀地分布在柱（管）形的安装基板上，在圆柱面的方向上形成均匀向四周发散的照明效果，获得较为广泛的特定照明效果。

3. LED 灯具配光的应用

（1）线形配光

LED 线形配光光源主要应用于建筑物轮廓的勾勒、洗墙灯、发光护栏、室内的局部装饰照明和光带照明（可替代直管荧光灯）、发光字牌、异形灯槽等。

（2）平面形配光

平面形配光的光照面积小、光输出集中、发光均匀、光照度高，可以应用于模块照明、照相制版、化妆镜灯、聚光（投光）灯等。

1）柱面形配光

柱面形配光应用于要求照度较高的普通照明或特殊场合下，如 LED 格栅灯、书写台灯等。

2）圆环形面配光

圆环形配光可以替代常规的环形荧光灯。用于环形灯照明、局部照明、特殊效果装饰等。

3）带状面配光

带状面配光应用可用于室内装饰照明、特殊造型照明等应用。

4）半球面形配光

半球面形配光中内球面可以应用于要求高亮度的投影机光源，外球面可用于需要局部发散光照的场合。

5）不规则面配光

不规则配光应用是一种特殊场合下的照明装饰形式。如在酒吧、迪厅、歌厅等娱乐场所，营造出特殊的现场效果和强烈的视觉冲击，获得活泼的饱和色彩。

（3）立体形配光

1）球体

球体配光能获得较为广泛的特殊照明应用，应用于球形园林灯或特殊场合下的装饰照明等场合。

2）柱体

柱体配光是在圆柱面的方向上形成均匀向四周发散的照明效果，可获得特殊的装饰照明效果。

（4）LED 灯具的控光元件

由于 LED 的光输出方式的特殊性，通常认为 LED 灯具可以不再需要使用某些在常规照明灯具上必须使用的控光元件，但是为了尽量提高 LED 的光利用率，获得较高的灯具总效率和具有特殊的光输出，改善灯具光输出的配光曲线，在 LED 灯具中仍然要使用到一定量的控光元件。

1）反射器

在 LED 灯具中，由于 LED 具有定向发光的特性，有些文章就认为可以取消反射器了。在此应该看到，虽然 LED 具有定向光输出的特性，除非是由于空间的限制需要采用超薄型的结构，否则的话，就应该利用针对 LED 设计的反射器的作用将 LED 侧面和后面损失的光反射到前面来加强总的光输出，提高 LED 灯具的使用效率，而增加的费用却很小，当然 LED 灯具的反射器可以不需要像常规灯具那样大，可以设计成局部薄型扁平结构。常用的反射器主要有抛物线形、半圆形、椭圆形等，具体在设计时应根据配光需要来加以适当选用。

2）配光透镜

配光透镜可以将 LED 的输出光按照照明配光需要来进行二次分配。常用的主要有凸透镜或菲涅耳透镜（用来产生平行光束）、枕形透镜或楔形透镜等（用来产生扩散、偏折光束）等，以满足不同的照明灯具所要求的光分布要求。

3）均光板（片）

均光板（片）是具有均匀厚度的半透明透光材料，作用是使得被照射面获得均匀的光照。透过均光板的漫反射作用，可以将由多颗组合或单颗发光不均匀的 LED 光输出进行均匀处理，获得均匀的亮度，防止眩光刺眼。

4）遮光器

遮光器通过其部分的遮挡作用可以防止不必要的眩光刺眼以及进行光输出的二次分配，提高被照明环境的舒适度。

（5）常见的 LED 灯具

LED 灯具种类繁多，具有不同的应用场景及广泛的使用途径，这里仅给出了三种常用的 LED 灯具示例。不过所介绍的 LED 灯具的光输出均为敞开式，没有考虑二次光学元件的应用。

1）LED 嵌入式筒灯

嵌入式筒灯主要用于室内的走道、门廊、厨房、卫生间及储藏室等场所。采用 LED 的嵌入式筒灯由于可以采用有效的防水处理和低压供电，应用于湿度较大的场合效果将更好。LED 阵列采取球面布置的形式，输出的光线具有一定的发散效果，照明的范围较大。

2）LED 射灯

射灯主要应用在局部照明上，要求具有高的亮度和显色性。用于室内装饰造型、橱窗、工艺品及货架等对照度和显色性要求很高的场合。为了获得集中的光输出角度，LED 采用平面配置。利用成品的射灯结构和抛物面形反光器，可以满足高照度、高显色性的要求。

3）LED 书写台灯

书写台灯的要求是光输出高、均匀性好、显色性好、无频闪，并且与周围空间有一定的亮度过渡。采用 LED 的书写台灯由于 LED 的特性可以进行灵活的布置排列，以获得满意的使用要求，并且可以做到自动稳光和调光（由所选用的驱动器来支持）。台灯的 LED 阵列布置采取柱面形式，实际使用中既造型新颖，又美观节能。

4. 结束语

总之，针对 LED 照明灯具中 LED 阵列的设计和配光应用问题，文章着重就白光 LED 在照明领域的应用形式，LED 阵列在具体设计、应用方式方法上作了较为详细的分析，具有一定的参考价值。可以相信，随着 LED 技术的不断发展以及 LED 照明灯具设计制造的不断完善，新的更好的技术方案及产品将会层出不穷。

中间视觉条件下符合道路照明安全标准的LED路灯研究

杨春宇
(重庆大学建筑城规学院)

摘要： LED功率型路灯是目前研究的热点之一，文章提出LED功率型路灯应符合国家道路照明标准，道路照明与中间视觉的关系作为LED路灯不可忽视的问题，文章建议了LED功率型路灯研究应深入的几方面问题，使之能应用到道路照明中，达到安全、节能等目的。

关键词： 中间视觉；道路照明；LED路灯；确定的问题

随着半导体科学技术的发展，高亮度发光二极管制作技术取得巨大突破，人们希望通过推广和采用高光效光源，逐步取代低光效光源。用LED制作路灯主要有以下优点或特点：发光效率高，灯具反射损失低，节省能源；配合数字控制亮度功能，更省电；不需高压，安全性高；配合软件可由远程自动遥控亮度；事故、多雾、雨天等特殊情况下提供超高亮度及显色性高的照明光源；安装维护简便；模块安装、无多余配线；不会造成光污染或浪费；长寿命，意味着不需要经常进行更换，从而减少了交通中断的潜在性，降低了为此支付的维修费用。

当前，推行LED制作路灯存在的问题是：LED作为路灯产品，一般技术水平较低；生产企业普遍规模较小，生产工艺落后；产品结构不合理，原材料和配件的协调发展程度较差，不能适应产业化发展的要求；产品质量不稳定，影响产品寿命；产品市场混乱，低价、低质、假冒、伪劣产品对LED路灯的推广影响很坏。因此，研制高效、节能、品质优良的LED路灯产品，是每一个研发和生产LED企业应尽的责任。

LED路灯是在实际环境下成组使用的灯具产品，必须满足道路照明的基本功能要求，为夜间行车者提供一个视觉安全可靠的条件。因此，加强对LED路灯运用于道路照明的各项技术性研究，开发出符合道路照明标准的LED路灯是我国LED各相关科研单位及生产企业的当务之急。道路照明水平是在低于几cd/m^2和高于百分之几cd/m^2的亮度范围内，属于中间视觉范围。因此，将中间视觉理论并应用于LED路灯产品各项技术研究中，是我国LED应用于道路照明的重要内容。

国际照明委员会（CIE）的调查报告表明，夜间良好的道路照明可降低城市道路交通事故率30%～40%。目前，我国道路照明设计是在明视觉条件下评价照明效果。即根据中央窝（2°视场）锥状感光细胞的光谱光视效率函数$V(\lambda)$进行计算的。事实上，在夜间行车和室外步行时，锥状感光细胞和杆状感光细胞在同时工作，即除了中央视觉外，周边视觉也在起作用，而且避免交通事故发生和保证行人安全的最重要的早期察觉得益于周边视觉。实际上，保持合适的行车路线或判断到路边距离和障碍物的能力及较早的发现危险现象，几乎完全是依赖于周边视觉。所以，采用中间视觉理论研究LED路灯的各项相关技术，提高道路照明可见度，非常必要。

LED照明路灯是基于LED节能、环保等优点，与其相应的电子电路配合研制而成，主要由金属灯壳、驱动电子电路和数只大功率LED光源组成。其LED发光板结构如图1所示，平面图如图2所示。

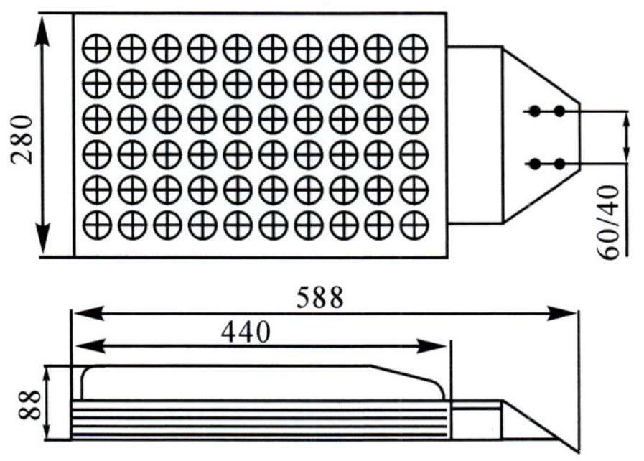

图1　LED发光板结构图

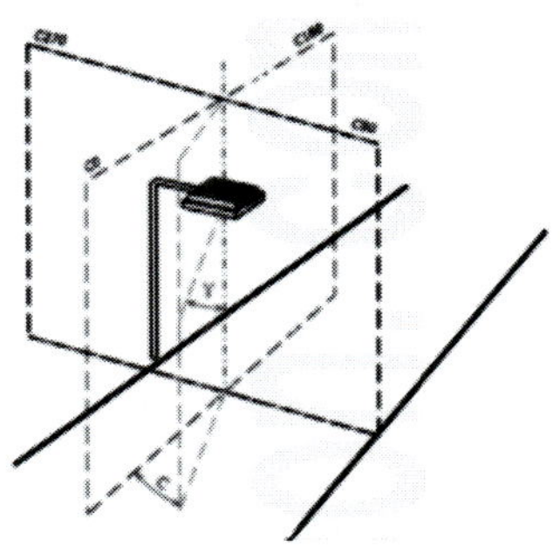

图2　平面示意图

当电源接通220V交流电，经电子电路降压、整流、滤波、恒流后，输出450mA恒流源，供LED光源发光。其工作原理如图3所示。

功率型LED路灯构造主要由控制电源、灯光源、灯座、灯罩、散热装置、壳体及灯杆组成。保证灯具功能的核心是控制电源、灯光源、灯罩、散热装置。目前，功率型LED路灯光源是采用大功率LED光源均匀排列，通过串、并联组合，来

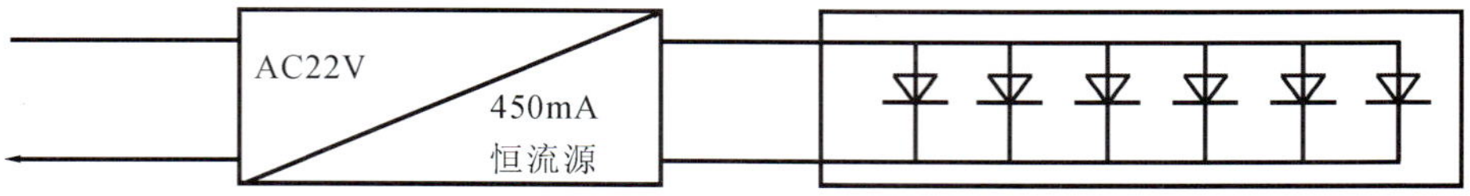

图3 工作原理图

满足功率型LED作为路灯光源的功能技术要求。大功率LED颗粒状发光二极管P－N结的工作曲线决定，它的最佳工作状态、发光效率都与其供电的电压和电流的大小和其稳定性有关，功率型LED路灯采用大功率LED颗粒状发光二极管均匀排列，通过串、并联组合后，其每一串联组合的回路，是否电流分配一致，对路灯整体发光效果有致关重要的影响；每一组并联组合的回路，是否电压稳定一致，对路灯整体发光效果也有致关重要的影响。发光二极管还有一个致命的弱点，发光二极管的工作环境温度对其保持最佳工作状态和理想发光效率影响极大，超过60℃，发光二极管的工作曲线就不稳定，甚至无法工作。路灯的工作时间一般是晚上六点至第二天早上六点。上半夜居民用电高峰，电网电压偏低；后半夜居民用电低谷，电网电压偏高。允许偏差最高达40V。甚至电网电压会出现瞬间峰值。这是目前发电厂的调控措施较难解决的问题。所以功率型LED作为路灯光源的电源控制问题是保证功率型LED路灯满足道路照明的基本功能要求的首要问题。确保功率型LED路灯每一回路的电流和电压恒定在LED光源的最佳工作点，对延长LED路灯的使用寿命，延缓光的衰减速度，提高发光效率，承受温度效应，都有着致关重要的作用。功率型LED路灯光源的生产技术，目前基本能满足功率型LED路灯的功能要求，当然也有待于进一步提高和发展。功率型LED路灯的灯罩工艺，是否采用了二次光学设计技术，是解决光通效率的关键措施。克服发光二极管致命的弱点，控制发光二极管的工作环境温度，是靠功率型LED路灯的散热装置来解决，这是功率型LED路灯目前较难解决的问题。大功率、多数量的LED颗粒组成的路灯，LED工作时需要的电能很大部分转换成热能释放出来，如果不及时散掉，就会影响发光二极管的正常工作效能。又由于使用在高杆上，要求路灯散热装置不能过重，给路灯散热装置设置了一定的约束条件，给该课题的研发增加了难度。尽管研发路灯散热装置的难度很大，只有突破这项难关，才能确保功率型LED路灯的推广与广泛正常使用，目前LED功率型路灯应解决如下一些问题。

①LED路灯光源光谱分布在中间视觉状况下，道路及障碍物可见度的研究，采用新颖的研究中间视觉的综合方法获得的中间视觉光度学系统进行评价。从理论上解决LED路灯光源光谱在道路照明应用的可见度情况。

②LED路灯在道路照明中发热时光效变化过程（老化、稳定性降低等）与中间视觉条件下视看度的影响程度研究。LED路灯散热处理不好，导致老化加快，工作稳定性降低。需要研究的是，在正常点亮时结温温升≤25℃时，从点亮到稳定的一个温度过程中，光通量下降、光效降低到何种程度，影响在中间视觉条件下的视看度，从而为散热处理提供理论支撑。

③在中间视觉条件下，人对LED路灯的白光（5 700～6 300 K之间）与暖白光（2 700～3 300 K之间）的反应时间研究。CIE 2000年成立了TC1－58技术委员会进行中间视觉条件下视觉功效的研究。He等人用实验研究了金卤灯与高压钠灯发光效率相等，再利用CIE的明视觉10°视野的光谱光视效能函数V_{10}（λ）和暗视觉光谱光视效能函数V'（λ）的组合后获得光谱光视效能函数V_m（λ）。

$$V_m(\lambda)=K,(L)\{x(L)\ V_{10}(\lambda)+(1-x(L))\ V'(\alpha) \quad (1)$$

式中，$K,(L)$——标准化的常量；

$x(L)$——0～1之间的系数，大小取决于背景亮度。

He等人的方法是用二类光源来确定V_m（λ），这需要证明其具有普适性才行，即证明对其他光源如LED也是适合的。重庆大学学者依据实验数据拟合成V_m（λ）表达式，并给出了不同网膜照度下的最大光谱光视效能值。复旦大学学者研究了视锐度模型以及研究了反应时间与亮度对比等关系。这些有关中间视觉的研究为LED路灯的白光、暖白光反应时间比较研究打下了理论基础。利用LED白光与暖白光不同色温在道路照明中反应时间的不同表现来确定最佳LED路灯照明光源，有利于道路交通安全。

④研究LED路灯在发热过程中的光效变化机制

LED路灯发热量大，散热处理不好会导致LED快速老化、光通量下降、光效降低、光效降低、LED工作处于不稳定状态中等问题，影响道路照明质量，给交通安全带来危险。LED路灯发热与光效之间的变化机理是一个重要内容。LED路灯发热到什么程度时光通量开始下降？发生变化的临界点是什么？研究这一问题会对LED路灯散热处理方法提供基础参数，有利于散热处理的方式选择，从而提高LED路灯的稳定质量。

⑤不同散热处理方式的LED路灯在允许范围内的不同温度区间上，光效变化参数与寿命实验研究。

功率型LED路灯散热可有多种方式。每种散热方式对LED路灯光效变化影响参数与寿命影响。在允许温度范围内不同温度段的光通量改变情况，通过光通量下降或稳定及光效降低或稳定状况，找出LED路灯的生命周期。

⑥LED路灯与其他路灯光源在道路照明中安全识别性能影响比较实际。

He 等人用实验研究了金属卤物灯与高压钠灯的发光效率的比值随亮度的变化关系。这需要证明 LED 光源的发光效率比例是否也随亮度发生变化。此外。系数 x（L）的大小是否与波长有关也需要加以论证，He 等人在确定 V_m（λ）的过程中没有与反应时间 RT 发生直接关系。这是需要注意的问题。用实验研究 LED 发光效率比值与亮度变化情况，将金卤灯与高压钠灯的发光效率比值与亮度变化情况进行比对，同时进行三种光源的反应时间实验比较，从理论与实验中找到 LED 发热过程光效与亮度之间相互关系，从而确定出 LED 路灯与金属卤化物灯、高压钠灯在夜间同等视觉环境条件的反应时间状况，确定出三者的各自优缺点。

⑦研究 LED 路灯在不同温度影响下的光谱能量分布，对色温、显色指数的影响。

LED 路灯在发热过程中光通量下降，光谱能量分布发生变化，这种变化对色温、显色指数的影响程度，在温度变化每一时段到临界点之间相互关系等进行研究，为散热处理方式及散热程度提供理论与实验技术支持。

⑧LED 路灯与道路路面材料反射性能实验研究。

我国新出台的《城市道路照明设计标准》（中华人民共和国行业标准（CJJ45－2006）从 2007 年 7 月 1 日开始实施），我国《城市道路照明设计标准》中的照明评价指标非常重要的有路面亮度问题，这与路面材料紧密相关，不同的路面材料有不同的光反射特性，受光后产生不同的路面亮度。必须研究常用路面材料在 LED 光源照射下的反射性能，在 LED 路灯功率大小、灯具效率、布灯形式等与路面材料形成的路面亮度是否达到“标准”中之规定。

⑨研究 LED 路灯不同功率等情况下的道路投射高度、间距等的光效及道路均匀度，研究 LED 其他一些相关问题及与国家《城市道路照明设计标准》要求相符合的情况等。

参考文献

[1] ANSI/IESNA RP－8－00. Roadway Lighting.

[2] 陈仲林，杨春宇，胡英奎．建立中间视觉模型的新颖方法［J］．灯与照明，2006（1）：1～3.

[3] Yunjizn He，Mark Rea，Andrew Bierman，et al. Evaluating Light Source Efficacy undermesopic Conditions Using Reaction Times. Journal of the Illuninating Engineering society，26，1（1997）：125～138.

[4] 陈仲林，杨春宇，何正军．中间视觉函数表达式的研究［J］．照明工程学报，2003（4）：1～6.

[5] 陈仲林，杨春宇，何正军．光谱光视效能最大值研究［J］．照明工程学报，2003（3）：1～3.

高功率 LED 路灯照明

沈培宏

（南京华东电子集团公司）

摘要： 随着高功率的 LED 光源及照明技术的进展，LED 路灯照明系统的应用前景已不容置疑。本文重点从高功率 LED 光源的封装技术和照明系统设计两大关键点，分析 LED 路灯照明的理想应用。

关键词： 高功率 LED 光源；路灯照明

1. 前言

在能源价格高涨的今天，有效提高照明设备的效率已成为节能的重要工作。随着 LED 的发光效率和寿命的提高，让原本只能做指示或辅助用途的 LED 灯逐步拓展到一般照明，可达到提供夜间交通安全照明与维持夜间治安的路灯设施，并可以美观整体市容，达到省电、节能以及环保的多种要求，LED 灯源有望取代传统灯源成为新一代路灯主流，在能源紧张的社会建设中，节能环保的 LED 照明是照明产品的发展的必然趋势！

2003 年后，LED 路灯的示范计划在各国展开，包括荷兰、英国、加拿大、美国以及中国等国。目前，LED 城市照明系统已先后在加拿大多伦多、美国奥斯丁等城市得到应用。由天津工业大学半导体照明工程研发中心、美国科锐公司和天津开发区共同建设的我国 LED 城市照明工程，日前在天津开发区正式启动。先前，山东省潍坊市从 2006 年 10 月起，陆续在该市安装 LED 路灯，目前已经安装了两万多盏。另外广东省也有建成 LED 路灯照明工程的报道。但是市场产品参差不齐，光、机、电、热等系统设计技术仍有待突破，其中，又以光、热的技术难度最高，围绕着高功率 LED 光源和 LED 路灯系统设计两大关键技术难点，通过广大业界的科技人员坚持不懈的努力，现今已有重大突破，将有助于今后路灯市场规模的加速扩大。

散热是 LED 路灯要重点解决的问题。LED 是冷光源，不像白炽灯那样产生灼热的高温，但是，LED 本身耐温能力比较差，因此不耐高温，且发光效率会随芯片温度上升而降低，散热变成 LED 路灯的首要考虑。所以必须将 LED 工作时产生的热量有效地散发到空气中去，保证LED光源芯片工作在安全的温度环境下，这样LED才能真正地体现出长寿命的优势。

首先就要解决高功率LED路灯照明光源的封装难题，如何能将数十至上百瓦的热量耗散是关键。而要达成此目标，须能有效降低单一LED封装之热阻值。目前先进的封装技术已有突破，基本上能满足LED路灯照明光源的要求。

2. 高功率LED光源的封装技术

产业界时常发表的高功率发光二极管（LED）光源多为数十瓦甚至上百瓦的LED封装技术，以光系统应用的角度来看，并无太大意义，反而是如何能将数十至上百瓦的热消除才是关键。而要达成此目标，必须能有效降低单一LED封装之热阻值（Rjc）。

LED封装所驱动的功率大小受限于封装体热阻与所搭配之散热模块，两者决定LED的系统热阻和稳态所能忍受的最大功率值。为降低封装热阻，业者试图加大封装体内LED晶粒分布距离，然LED晶粒分布面积不宜太大，过大的发光面积会使后续光学难以处理，也限制该产品的应用。不可一味将更多的LED晶粒封装于单一体内，以求达到高功率封装目的，因为仍有许多因素要考虑，特别是在应用方面：

（1）多晶粒封装材料不断发展

随着LED封装功率的提高，多晶粒封装成为趋势，传统高功率LED封装多采用塑料注射预成型导线架方式（见图1a），封装载体又称为芯片承载，为一连续的金属块，已无法满足多晶粒串接之电性需求，电性串并联方式直接影响LED晶粒电测分档的精密程度、可靠度寿命以及封装体在应用时所需要的驱动电路设计。于是众多LED封装型式陆续被提出，图2举出几个高功率LED封装的典型例子。

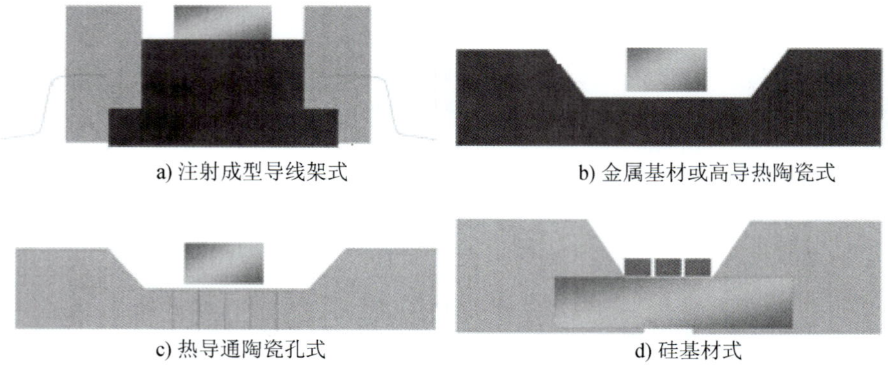

图1 常见高功率LED封装结构示意

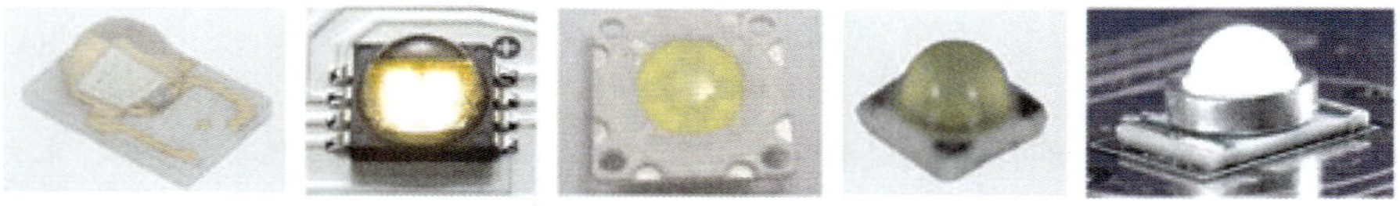

图2 典型具代表性之高功率LED封装

广为业界使用的高功率LED封装结构，主要的差异大致可从封装载体之材料选用来区分，实现方式不外乎采用高导热陶瓷基材或直接在金属基材上做植晶封装（见图1b），成为板上芯片的封装形式。但因为高导热陶瓷基材价格居高不下，另有经济的选择，为使用低导热积层陶瓷配合热导通孔的设计（见图1c），热导通孔内添入烧结金属（如银材）作为导热路径；此外，亦另有先进的做法，是使用半导体制程硅材为载体（见图1d）达到热电分离，同时兼具高功率密度和低热阻（<0.5℃/W）特性。随着LED功率和功率密度升级，将加速LED在各应用领域逐次取代传统光源。

（2）一级光学镜片封装材料选用举足轻重

耐高温且稳定的封合胶体已被广泛采用，不同硅胶基材间的取舍，除了加工性外，主要在于折射率的考虑，其将影响封装体的光学特性，包括光分配与出光效率等。为维持稳定一致的光学质量，赋予一级光学镜片必要性，好的镜片设计可提供更佳的光输出质量，如更均匀的光强度、色坐标分布等，对于LED的有效出光有绝对的影响。

一级光学镜片的设计，各家自有其道，一般在第一阶出光多采用大出光角（≥120°）方式，再透过后续的二阶光学处理调整达所需要的光形。大出光角的另一好处，是有利于将光萃取出来，呈现更好的发光效率值。

一级光学材料的选用很关键。在过去，受限于可光学成型材料的瓶颈，多数以光学聚碳酸脂（PC）或光学压克力（PMMA）材质为主（低阶产品甚或有使用氧树脂的例子），现阶段因硅胶材性质已多有突破，陆续被使用在一级光学镜片，然因胶材乃属黏弹性非坚硬结构，在光学精准性上会受到交链反应收缩程度差异影响，同时因硅胶容易吸收水气，在高潮湿环境下，硅胶镜片可能因吸湿膨胀而使原先设计的配光发生变化，硅胶材应用在高功率 LED 封装处于推广阶段。至于在光学镜片材料选用上，还有另一种可行方式，对于实现更精确光学质量与高度可靠度需求者，可选用稳定的玻璃镜片，满足长寿命和容许恶劣使用环境下严格考验。

（3）有效降低热阻值是首要目标

LED 封装推向高功率，首先要面对热的挑战。热效应始终为各种材料特性退化的一大加速因子，如何掌控结点温度，成为决定 LED 封装功率值的主要因素，现阶段固态照明产生白光的主流机制，仍以可见蓝光（450～470nm）透过荧光材料激发黄色光谱混合，而产生人类视觉上的白光。

市面上可见到的蓝光晶粒技术已达一定水平，晶粒本身对热冲击的忍受程度相当大（温度每提升 10℃，发光效率衰退小于 1%），然而热对于所有类型荧光材料的效应则相对敏感，荧光材料之光转换效率随温度上升而降低，同时影响荧光材料寿命，特别当荧光材料温度超过 70℃以上时会急速衰退，这意味着 LED 结点温度须有效控制在 70℃以下，才能有效确保 LED 可用寿命（一般寿命以 L70 计算，LED 衰退至原来亮度 70% 之时间）作为寿命判断依据，而此要求一般皆在 20 000 h 以上。因此，当讨论 LED 最高功率以及效能时，须考虑其于正常操作状态下，达到热稳定时的结果去推算始具意义。LED 封装体自身的热阻，决定该封装所能承受的最大功率，如何有效降低节点温度值，是高功率 LED 封装须面对的一大挑战。

（4）成本、电性、可靠度为封装体晶粒配置三大评估标准

LED 晶粒的工作电流密度有其上限（以 40×40 密尔（mil）芯片面积为例），依芯片等级，驱动电流从 350～1 000mA 皆有，然而提高 LED 功率最直接的做法，是提高 LED 封装内的总晶粒面积，做法不外乎增加晶粒大小，或是提高晶粒数目（采用多晶封装方式），各有其优缺点，可从晶粒成本、电性考虑、以及可靠度寿命等角度予以评估。

1）从成本考虑

以大尺寸 80 密尔晶粒为例，其面积相当于四个 40 密尔晶粒，然对于晶粒价格而言，80 密尔的晶粒成本，优良率因素，必定高于四个 40 密尔的成本。

2）电性连接方式

从电性的角度来看，80 密尔晶粒相当于将四个 40 密尔晶粒以并联形式连接（见图 4a），而若使用四个 40 密尔晶粒，则可以选择透过打线（Wire Bonding）方法以串联形式连接（见图 4b），串联与并联方式的差异，可反映在性能表现，了解每颗 LED 晶粒的顺向电压（ForwardVoltage，Vf）皆有差异，换句话说，也就是各晶粒单元的内阻值不一，四颗晶粒并联驱动，必有电流分布不均问题，电流分配较大的晶粒，光转换效率大同时也加速晶粒老化，电流分配不足的晶粒，则无法释放出足够的光能，结果使整体的发光效率不如预期。

3）可靠度寿命

大晶粒因有电流分布不均现象，电流密度大的区域加速老化，LED 老化的结果是阻值降低，导致该区域电流密度愈来愈大，也形成所谓的热点，恶性循环的结果会加速 LED 衰退。因此，LED 在相同电流密度操作下，大晶粒的可靠度寿命较小晶粒短。

总的来说，采用串联形式是比较有利的做法，然而大尺寸晶粒却有其他方面的优势。在光学处理上，大尺寸晶粒相较于多个小尺寸晶粒更趋近于点光源，较容易处理。大、小晶粒尺寸间的取舍视应用领域而定，在实际操作上，仍须考虑封装的制程可行性以及 LED 驱动电路组件的搭配性。

4）颜色还原性、色彩均匀和价格

白光 LED 近两年来突飞猛进，高功率 LED 取代传统光源展现在节能的效益已获证实，2008 年初批量产的白光 LED 封装已突破 70lm/W 水平，超过传统通用照明最为普及的节能灯泡（管）。可以预见在未来的一年，大于 100lm/W 的可商品化白光 LED 即将面世。在一味追求高发光效率的同时，LED 业界在光学质量同样获得提高。

5）LED 性能影响产品寿命

在 LED 特性的表现上，封装业的角度仅呈现组件之初始特性，然在实际应用上，使用者想知道的是产品在持续操作之稳定状态下的数据，如何让终端的系统整合业者，以高功率 LED 封装设计产品时能有效掌控 LED 特性，须忠实提供客户关于 LED 封装体热阻、LED 光通量随结点温度变化之关系以及结点温度对于 LED 寿命的影响。

对于系统使用者而言，LED 封装体等于一个电子组件，如同一般其他电子组件的表达方式，只有提供足够的组件特性（尤其在对热的性能表现上），在组件使用上才有办法合理地预估产品寿命，维护消费者信心。

3. LED 路灯灯具的设计

归纳起来，LED 灯具就是要考虑热、光、电、机四大部分。现行市场上技术难点最高的就是热与光，以下将就此两大技术方面进行讨论。

（1）散热结构及性能

LED 芯片可承受的最高温约为 125～150℃。在 LED 路灯应用上，环境温度可达 35℃以上，甚至高温区域 40℃以上，若不能有效散热（控制结点温度），LED 的寿命将快速递减。根据 Cree 的数据显示（见图 3），若可将发光芯片结点温度控

制于65℃，LED的整体寿命将可达10万小时（以光衰30%计算）。

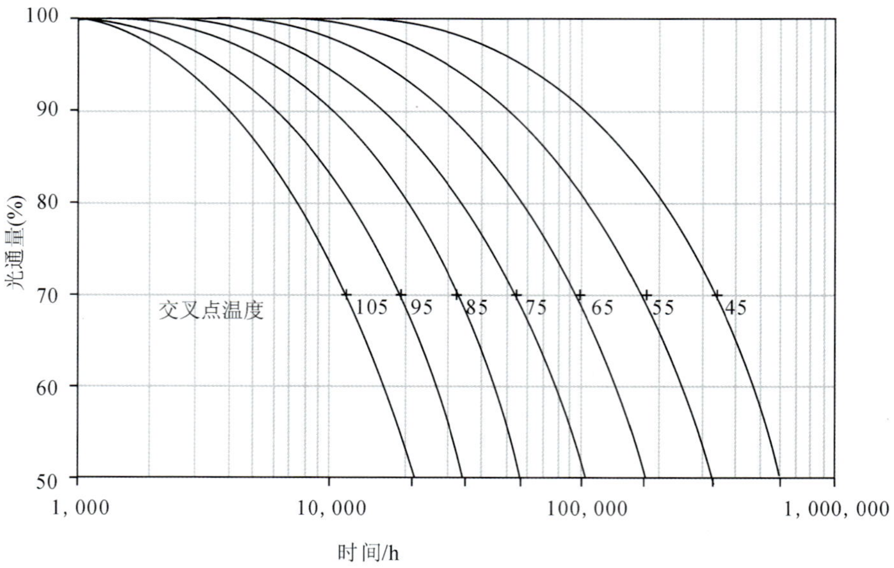

图3 LED寿命图

LED灯从芯片开始发热，至散热装置把热散掉，整个传热示意图如图4所示。前段从LED芯片到LED底座与LED封装设计有关，所以选择耐温的芯片、荧光粉、封装材质以及热阻低的封装设计便是首要要件，目前热阻一般均可达$10m^2$·K/W以下，较好的技术已经有达到$5m^2$·K/W的水平。而后段LED底座到空气端则与散热机构有关。

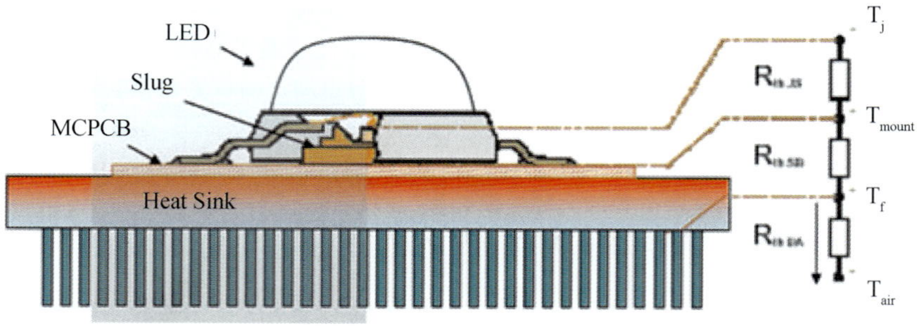

图4 LED传热示意图

大功率LED的散热机构一般有几种形式：

①主动散热：加装风扇强制散热、水冷散热技术、半导体制冷芯片。

②被动散热：自然散热、热管加鳍片、均温板加鳍片、回路热管技术等。以路灯应用来说，户外安装风扇，稳定性会有问题，水冷式散热与半导体制冷芯片则因为须要额外付出更多电力散热，且散热端亦须要另外结构散热，在LED路灯应用上，严苛的户外环境应避免这样的设计。以下将分析被动散热形式的原理和相关比较。

③自然散热：自然散热利用热传导、热对流以及热辐射作为基本的散热原理。主要是利用热传导将热导到灯具外壁面，再借由灯具表面积或鳍片与周围空气的对流散热和对周围物体的辐射散热（见图4）。

④热管加鳍片：热管的传热现象，利用物质相变化时，可吸收或散发高热能的现象，因此使得热管成为具备极高的热传效率之设备。一般热管仍须在冷凝端加鳍片散热，已经是很成熟的技术，多应用于计算机类设备中。

⑤均温板加鳍片：均温板与热管的原理与理论架构相同，只有热传导的方向不相同，热管的热传导方式是一维的，是线的热传导方式，而均温板的热传导方式是二维的，是面的热传导方式。

⑥回路热管散热：当热量从蒸发器传至回路热管内的工作介质，工作介质吸收热量后蒸发流向冷凝器，释放热量冷凝后，再借由蒸发器内多孔材料的毛细力，重新回到蒸发器，重复循环。

在被动散热的原件中，回路热管恰好补足热管与均温板无法远距离热传这一点，可将热导至较远或较容易散热的地方。

回路热管技术原本应用于太空科技、人造卫星等，在 LED 照明是一项新尝试，原理如图 5a，应用示意如图 5b，散热管可利用灯壳散热，不须多加装鳍片，若考虑美观，可将散热管绕置于灯壳内部。

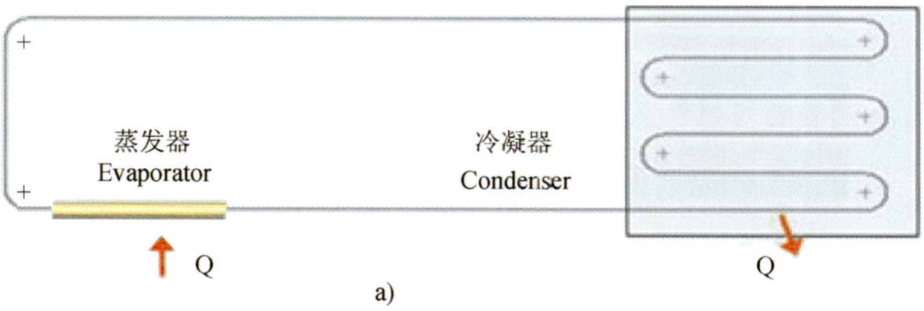

a)

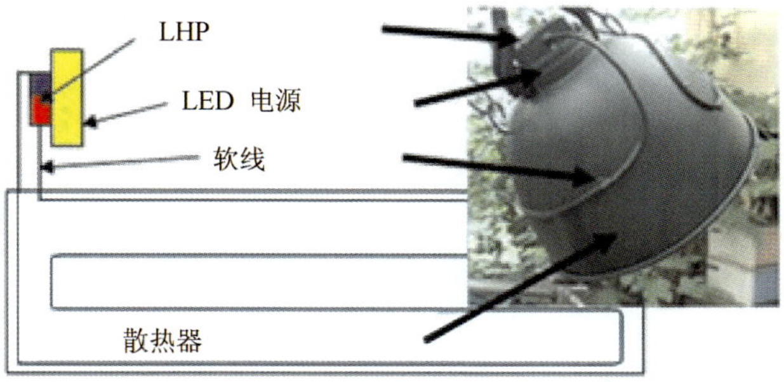

b)

图　5

a）回路热管示意图　b）回路热管 LED 灯具应用示意图

自然散热，优点为散热成本最低、结构最简单，较偏向于小瓦数散热，如 MR16 的应用。市场上以自身结构本体散热方式的 LED 路灯产品，多为 100 瓦以下的产品，乃利用 LED 灯珠排放密度低的方式，克服热通量过高的问题，但松排列却产生光学上可能有多重影像的现象。在实际应用上，若灯具利用鳍片散热（鳍片外露于大气中），应特别注意落尘或其他异物等积累于鳍片上，以至于造成散热效果降低，影响 LED 寿命。

热管加鳍片是目前市场较成熟的热管技术，一般单支直径 6mm 的圆管热管便可解决约 40～50 W 的热量，考虑折弯、打扁效率的折损，一支热管约可解决 30～40 W 左右的热量。以一个 100 W 的灯具来说，约三支热管便可将热带出 LED 模块，接着导至鳍片散热。针对高瓦数如 100 W 以上的 LED 路灯产品，此为较合理、成本较低廉的解决方式。此散热方式为目前 LED 路灯市场上的大宗。

均温板加鳍片均温板最大的优点是解决高热通量的散热，或是解决突扩热阻，将不易散热的点热源，拓展成较易散热的面热源，如图 4 业界所做的模拟比较。图中左以单纯铝板加鳍片、中为三根热管加鳍片、右为均温板加鳍片，整个温度分布可以发现，当热源在整个散热模块的右方时，三根热管加鳍片很明显优于单纯铝板加鳍片，但若利用均温板，很明显的温度分布更佳，热阻也从 $0.61m^2 \cdot K/W$ 再降至 $0.54m^2 \cdot K/W$。这是强调传热的均匀性，以确定鳍片的利用率。

回路热管散热当热量从蒸发器传至回路热管内的工作介质，工作介质吸收热量后蒸发流向冷凝器，释放热量冷凝后，再借由蒸发器内多孔材料的毛细力，重新回到蒸发器，重复循环。在被动散热的元件中，回路热管恰好补足热管与均温板无法远距离热传这一块，可将热导至较远或较容易散热的地方。

均温板加鳍片的散热方式最大的限制是，但热管可以把热往水平或垂直方向传递，均温板仅能把热往垂直方向传递，便造成在灯具外型设计上的限制（见图 6）。目前市场上利用此散热方式的厂家并不多，应用的方式为六至八颗 LED 为一模块，以多模块组合成大瓦数的 LED 路灯。

回路热管市售单一模块可达最高瓦数为 160 W（见图 7），除了可解决高热通量的问题外，亦具有远距离热传、抗重力以及可挠式的散热管等优点，若散热管能有效与灯壳结合，便能大幅降低整体灯具重量。透过回路热管，将位于灯具下方的 LED 模块的热带往上灯壳，透过上灯壳的大幅面积把热量散掉，以此方式便不会在灯壳上方看到鳍片，让灯壳不只是外观件也是功能件。

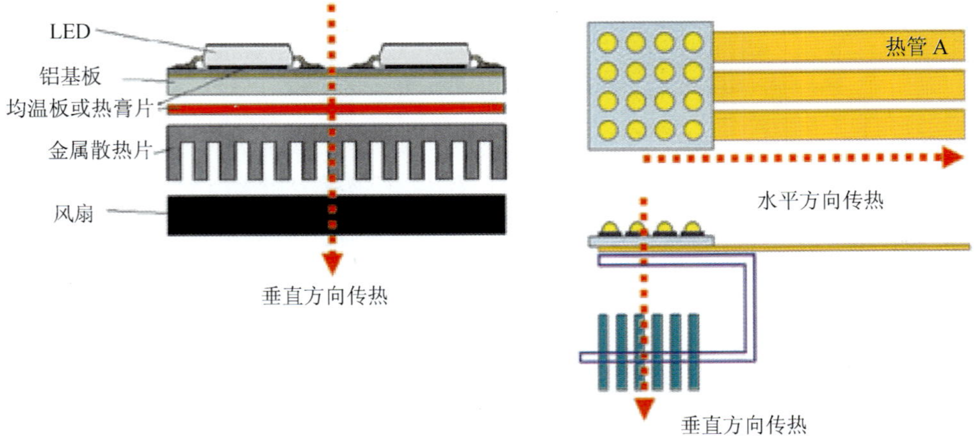

图 6　均温板与热管热传方式之比较

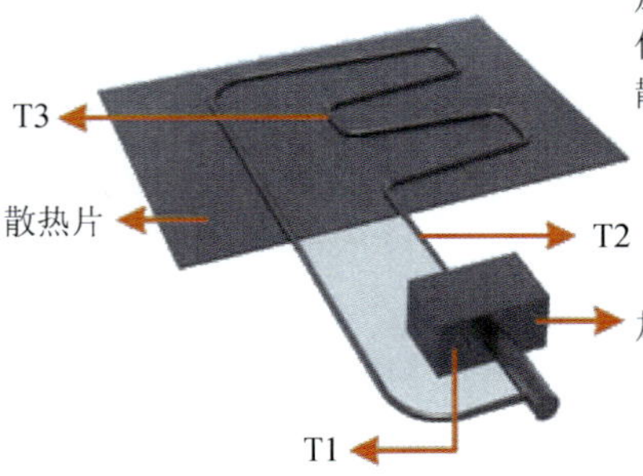

图 7　一般回路热管标准模块

（2）光学设计

选择光源与照明灯具时应考虑发光效率、寿命、色温以及演色性，而 LED 路灯除上述外，另须注意均匀度与光衰。

将传统光源与 LED 光源作一总体比较，LED 发光效率与传统灯源相比，LED 发光效率比水银灯高，但整体而言，高压钠灯发光效率最高，LED 使用寿命却远超过其他灯源。若再将灯具效率、电源效率等因素考虑进去，可以更明显看出 LED 灯源的优点。

走夜路时，若对面过来一个看不清楚脸面和衣服颜色的人，会使人感觉到不安和可怕。在道路照明时，选择高显色性的光源，较容易辨认出交通状况，有效降低犯罪率。在色温的选择上，因各地环境与设计状况不同，以东方人来说，主要是因为高温、高湿的环境，会选择白色或高色温的照明，若为气氛照明则选择以低色温为主；南方地区，色温选择水银灯或白光 LED 较佳。

以发光效率、寿命、光色以及演色性为四个主要评价点，将目前路灯光源市占有率最多的水银灯、高压钠灯与 LED 做一比较。LED 因为指向性比较强，在路灯的应用须利用反射板或光学透镜等方式来达到一般道路规范均匀度的要求。一般道路照明最常引用的国外标准是北美照明协会（IES）及国际照明委员会（CIE）的标准，因国内各地路灯亮度普遍高于国家标准，比美国亮两倍，比日本亮 1.5 倍，造成电力资源浪费，所以本文将以 IES 的规范来讨论。路灯会依照安装的道路种类与区域分类规定，以下利用市售 150 WLED 路灯，其发光效率为 58lm/W。根据模拟条件下所得到的结果，平均照度 11lx，以柏油路面来说，可以安装于住宅区内的快速道路与主要干道，若要装置于混合区或商业区内，则须要再增加发光效率或瓦数。就照度均匀度来说，模拟结果之照度均匀度为 1.43，小于 3，符合所有道路种类与区域分类。仿真结果之平均辉度为 0.55cd/m^2，以柏油路面来说，仅能安装于住宅区内的次要道路，若要安装于住宅区内的快速道路与主要干道则须提升至 0.6cd/m^2。就辉度均匀度来说，模拟结果之辉度均匀度为 1.33，小于 3，符合所有道路种类与区域分类。

因此，以市售 150 W 的模拟的例子来说，由于成本考虑，仅采用发光效率 58lm/WLED，所以在平均照度与平均亮度上，仅可安装于住宅区内的次要道路，但在照度均匀度与辉度均匀度这两个部分，都可以符合所有道路种类与区域分类。

4. 结束语

依据 LED 行业 2008 年 1 月统计，2008 年度全球 LED 路灯照明市场规模约九十一万具，同时 2008 年全球 LED 路灯产值约可达10亿美元，另外2008~2012年，全球LED路灯产值的年复合成长率将达15%，显示未来全球各地LED路灯市场颇具潜力。节能、环保的半导体照明是缓解我国能源紧张的有效途径之一，现在已经没有多少人怀疑半导体照明的广泛应用和产业前景。LED作为绿色、节能、长寿的新一代照明和显示器件中的光源，将在5~10年内大规模地替代传统光源，已成为世界各国科技界和产业界的共识，一场照明领域的革命已经清晰地展现明亮的光芒。

参考文献

[1] 华经中心原创库．中国LED路灯市场需求规模及战略投资可行性分析报告（2007/2008年）．

[2] ALINA. 照明工程师社区，LED道路照明光源的散热与配光应用．发布：2008-4-08.

[3] 胡胜雄．LED路灯系统设计大跃进［J］．新电子杂志，2008（8）．

[4] 林俊仁，黄进清．高功率LED封装迭有突破［J］．新电子杂志，2008（8）．

第五篇　地区发展篇

2008年北京夜景照明简述

贾建平[1] 马 龙[1] 王大有[2]
（1 北京市市政市容管理委员会 2 北京照明学会）

摘要： 简介2008年北京夜景照明建设的概况和重点照明工程照明效果以及为奥运服务保障工程质量、运行安全、照明效果的主要措施。

关键词： 夜景照明，工程质量、保障措施、照明效果示例。

1. 北京夜景照明建设概况

北京的夜景照明自1999年开始，在北京市市政管理委员会（2009年更名为北京市市政市容管理委员会）的领导下，在社会各界的大力支持、协助下，经北京市市政管理委员会夜景照明处、北京照明学会和照明企业的共同努力，按“北京市夜景照明管理办法”、“北京市城市照明专项规划”的要求和北京地方标准DB11/T388.1～8－2006《城市夜景照明技术规范》的规定，逐步形成了以天安门地区为中心，以富含现代建筑的长安街及其延长线（东西轴线）和富含中国古典建筑的中轴线（南北轴线）为主线，以重要、繁华街道（地区）为集中区域，以二、三、四环路、若干辐射道路以及沿线景点夜间景观照明为基础的北京市夜景照明体系。这个体系中以古建、园林、交通枢纽、地标性建筑及大型广场等为中心，体现北京历史风貌、现代文明的重点夜景景观照明为主体，以“庄重、大方、恢弘、亮丽”的独特风格，为北京的夜景增添了隆重、热烈、祥和、喜庆的气氛，展示了北京历史文化名城和现代化大都市的首都风貌。

为配合奥运会的召开、提高北京城市夜间景观形象、扩大首都北京是历史文化名城影响，围绕奥运中心区和北京市的重要旅游景点，2008年北京市市政管理委员对多项不同类型的重点夜景照明项目组织专家论证、社会公开招标、精心建设实施，于奥运会召开前全部完成，投入正常运行。除奥运中心区的夜景照明工程外，2008年北京市主要重点夜景照明工程项目如下：

①奥运中心区周边的立交桥：北辰桥、北辰东桥、北辰西桥、安慧桥、惠新西桥、林萃桥、奥林西桥、北辰东路桥、北苑桥、三元桥和四元桥等。

②南北中轴线：故宫（三大殿）、前门大街等。

③皇家园林、古建：颐和园（佛香阁）、国子监和孔庙、劳动人民文化宫等。

④现代建筑：国华热电厂烟囱、中央电视塔以及国家大剧院等。

⑤公园：龙潭湖公园等。

2. 保证北京市夜景照明工程质量、照明效果的措施

北京市市政管理委员会对北京的城市夜景照明相当重视，自1999年以来积累了丰富的建设、管理经验，严格按照“北京市城市照明专项规划”的要求和北京地方标准DB11/T388.1～8－2006《城市夜景照明技术规范》的规定分期、分批逐步建设有首都特点的城市夜景照明体系。在建设新的项目同时，更注重已建项目的维护管理，使北京城市夜景照明能长期保持其应有的效果。保证北京市夜景照明工程质量、照明效果的主要措施如下。

（1）政府牵头专家参与

北京市市政管理委员会设置有专门负责北京城市道路照明和夜景照明管理的处室——夜景照明处，多年来与北京照明学会密切协作，虚心听取专家意见，依靠专家进行城市照明的管理。市政管委每年初均召开照明专家座谈会，对上年度城市夜景照明效果和本年度工作计划广泛征求专家意见。重点夜景照明工程，邀请照明学会组织专家做全过程的技术服务。学会作为夜景照明处的技术参谋，充分发挥专业社会团体的作用，调动照明专家的积极性，通过编写规范、学术交流、科普宣传、技术讲座等形式为行政管理部门、照明企业单位开展技术咨询服务，提高北京市的照明科技水平。

（2）工程项目向社会公开招标

2008年的夜景照明工程在市政管委的领导下，按北京市夜景照明管理办法的规定，依据“北京市城市照明专项规划”的内容和要求，根据奥运会的需要，以北京地方标准DB11/T388.1～8－2006《城市夜景照明技术规范》为技术要求，严格按招标程序向社会公开招标。

（3）重点项目须进行设计方案优化、现场试验、效果验收

在重点夜景照明工程实施前，北京市市政管委组织照明专家，对第一名中标单位的设计方案、实施方案进一步优化、论证提出修改意见，并经现场试验，验证设计、实施方案的可行性和照明效果后，付诸实施。实施中由于现场的条件变化，而对设计方案调整时，请照明专家参与确定。工程竣工后，组织专家检查照明效果。

（4）夜景照明设施定期安全检查

为确保北京市重点区域设置的夜景照明设施的维护质量，市政管委委托北京照明学会作为第三方进行检查，发现问题向管委汇报，同时通知维护单位及时处理。

在每年的重大节日、活动前，管委组织相关部门进行检查、维护。

在奥运期间安全运行，北京照明学会在夜景照明处的领导下，组织学会的设计专委会、施工专委会的专家和学会顾问于2008年5月上旬至7月中旬对长安街及其延长线及重点区域的夜景照明设施进行安全大检查。保证了夜景照明设施在奥运期间安全可靠的运行。

（5）夜景照明工程实行行政许可审批

北京夜景照明工程执行行政许可审批，重点区域夜景照明的审批权在市政管委，其他区域在各区、县市政管委。审批的目的是为保证北京市城区的夜景照明符合“北京市城市照明专项规划”的要求和北京地方标准 DB11/T388.1～8－2006《城市夜景照明技术规范》的规定。

3. 2008年北京建设的部分夜景照明工程效果示例

（1）2008年南北中轴线上新增的夜景照明

老北京城的中轴线，从永定门开始到鼓楼、钟楼止。现存的古建筑有：永定门、前门牌楼、箭楼、正阳门、天安门、午门、故宫三大殿等建筑群、景山、鼓楼、钟楼等（其中永定门、前门牌楼是近几年复建的），构成了北京南北中轴线的基本空间形态，是北京古老文明风貌的集中体现。中轴线的核心元素是中国古典建筑、仿古建筑或构筑物，是北京夜景照明体系中反映北京历史文化名城、古都风貌的重要组成。

现在的南北中轴线向北已经扩展到奥运森林公园，向南将要扩展到南苑；中轴线的北端是奥运中心区和奥运森林公园；前门外修复、重建了前门商业街；珠市口和永定门之间修复并建设了独具特色的南中轴路公园等。

在中轴线上的永定门、前门牌楼、箭楼、正阳门、天安门、午门、神武门、景山、鼓楼、钟楼和毛主席纪念堂、人民英雄纪念碑和国旗杆及基座等已经设置了夜景照明设施，运行良好。中轴路夜景照明的整体效果，提升了北京古都风貌的夜间形象，满足了奥运会对北京夜景景观的需求，扩展了北京的旅游资源。

2008年在中轴线上新设置的夜景照明景观简述如下。

1）奥运中心区的夜景照明

奥运中心区以融合中华民族风格的现代建筑为主体，为夜景照明提供了极佳的载体，形成了极具观赏性、充分反映现代化大都市风貌的夜景照明景区。2008年新建的奥运中心区的部分主要夜景照明有：奥运中心区远眺全貌（见图1）、国家游泳中心（水立方）（见图2）、国家体育场（鸟巢）（见图3）的夜景照明。

图1　远眺奥运中心区夜景照明（肖辉乾摄）

图2　国家游泳中心（水立方）夜景照明（张耀根摄影）

图3　国家体育场（鸟巢）夜景照明（肖辉乾摄）

2）故宫（紫禁城）三大殿的夜景照明（照明效果见图4）

故宫（紫禁城）是世界文化遗产、为保证它的绝对安全，夜景照明方案须经照明专家、防火专家、文物专家分别充分论证通过，报请国家文物局批准后方能实施。

1999年国庆50周年时，北京市对故宫的角楼、东华门、西华门、午门和神武门以及故宫（紫禁城）外围城墙设置了夜景照明设施。当时对故宫的三大殿夜景照明方案也进行了论证试验，由于当时的技术手段、器材所限，没有保持故宫（紫禁城）三大殿的历史风貌和绝对安全的条件下能够达到较理想的照明效果的设计方案。经过十年的运行考验，证明故宫（紫禁城）的角楼、东华门、西华门、午门和神武门以及故宫（紫禁城）外围城墙夜景照明设计方案、工程实施、管理维护、运行措施能在保证古建文物的绝对安全的前提下，取得良好的照明效果，即展示了古都风貌又取得了良好的社会经济效益，深受国内外游客的欢迎。

在市政管委的领导下，2006年起照明企业、照明专家在总结北京古建筑夜景照明经验的基础上，应用现代照明设计理念和先进科技手段，经反复调查、研讨、论证和试验，确定故宫（紫禁城）三大殿采用“升降式高杆远程定向投光照明”的设计实施方案，经照明专家、防火专家、文物专家分别论证，国家文物局批准，2008年付诸实施。具有五百多年历史的故宫，是中国古建筑艺术的完美体现。通过在紫禁城内城外墙的东西两侧各设置五组移动式升降平台，夜升昼降，对太和门、太和殿、中和殿、保和殿实施定向投光照明，充分展现故宫建筑的结构、轮廓、色彩等特征，即满足了照明小国的需要，又有效地保障文物的安全和白天的景观效果（见图4）。

图4　故宫（紫禁城）三大殿夜景照明（北京海兰奇力照明公司提供）

3）前门大街夜景照明

2008年修复重建了前门外的老北京商业街，并定为步行街。街区的店门照明和沿街灯饰照明力图体现老北京商业街的商业氛围。街区夜景照明与牌楼和正阳门箭楼的照明基本联成一体，形成了前门大街独特的夜景照明景观。

图5通过牌楼遥望正阳门箭楼的照明效果。

图6通过牌楼遥望前门商业街的照明效果。

（2）奥运中心区周边和四环路上立交桥夜景照明

1）北辰桥、北辰东桥，北辰西桥夜景照明

位于北四环路中部、奥运中心区南侧的北辰桥、北辰东桥、北辰西桥等三座立交桥组成了跨越四环路、进入奥运中心区的通道，分别面对奥运中心大道、鸟巢和水立方，立交桥的夜景与奥运建筑美景交相辉映，浑然一体，美仑美奂。

图 5　牌楼与正阳门箭楼（北京照明学会提供）

图 6　牌楼与前门商业街（北京照明学会提供）

北辰桥坐落在奥运中心区的主轴线南端，其步行桥是奥运中心区的主入口，夜景照明的灯型采用现代工艺手法，其创意以中华民族传统文化符号“龙”为主体，与奥运中心区的“龙形”水系相呼应。北辰桥夜景照明实景照片见图 7。

图 7　北辰桥夜景照明（北京照明学会提供）

北辰东桥与北辰西桥是进入奥运中心区的两条机动车道的节点，分别直对鸟巢和水立方，背景视野宽阔，桥体为通畅的流线造型；夜景设计新颖别致，在桥的扶手灯上增加了一些光影的纹路，整体看去通透、流畅、舒展、大气，是水立方和鸟巢外部造型的一种延伸。北辰西桥、北辰东桥夜景照明实景照片见图 8、图 9。

图 8　北辰西桥夜景照明（深圳高力特公司提供）

图 9　北辰东桥夜景照明（北京平年公司提供）

三座立交桥即是四环路和南北中轴路的重要交通节点，又是进入奥运中心区的门户。夜景照明方式基本相同、色彩和灯具的装饰造型有所区别，即分清主次又协调统一，较好地体现了桥体结构特点和交通要道的要求，是奥运中心区夜景景观照明和中轴线夜景景观照明之间的过渡，起了很好的传承连接作用，提升了奥运中心区南侧区域的夜间景观和环境照明。

2）四环路上从东部城区进入奥运中心区交通要道上的立交桥

惠新西桥照明夜景以“都市印象”为设计理念，与周边环境融为一体，既满足行人照明需求，又完美地展现桥梁建筑的恢宏气势。（夜景照明实景照片见图 10）。

四元桥借鉴古建中“殿”的色彩感觉，中间桥柱选用红色，顶部为暖黄色，整体富丽华美。桥体防撞栏杆上的云纹装饰灯与下檐板的光带形成虚实结合的线条，飘逸灵动，如同朵朵白云飘动（夜景照明实景照片见图 11）。

图 10 惠新西桥夜景照明（北京维特佳公司提供）

图 11 四元桥夜景照明（北京海兰奇力公司提供）

3）北五环横穿奥林匹克森林公园的立交桥

林萃桥、奥林西桥、北辰东路桥、北苑桥四座立交桥坐落在北五环横穿奥林匹克森林公园的路段，是奥运中心区人流汇集与疏散的重要通道。增设了四座桥的夜景照明，照明效果达到简练通透，借势造景，既有效地装饰了奥运中心区的背景环境，又对人流、车流疏散起到有效的导向作用。

（3）皇家园林、古建

除故宫（紫禁城）之外，北京还有众多的皇家园林、王府、庙宇等反映古都风貌的古老建筑，如何在保护古建筑的前提下，充分利用现代照明科技手段，在夜间展示首都北京的古老文明，是北京市政府、照明专家、文物专家共同关心和研究的课题。多年来在国家文物局、北京市政管委、北京市科委、北京市文物局、北京市园林局以及照明工程公司和照明、文物科技工作者的共同努力下取得了很大的成绩。2008 年在颐和园、国子监和孔庙、劳动人民文化宫等处增设了夜景照明设施。

1）颐和园（佛香阁）夜景照明效果（见图 12）

颐和园是现存最完整的皇家园林，照明设计体现了“天人合一”的传统思想和文化内涵，将观赏者融入自然和谐的夜景之中。

在北京市政管委、文物局、园林局的精心组织下，邀请国内外知名照明、园林、文物、防火等多方面专家对颐和园夜景照明的控制规划、详细设计方案做了多次论证；北京市科委邀请天津大学专家对古建彩绘、园林生态环境、动植物生活习性等诸多方面做了较长期的观察、测试、试验和研究分析，总结出皇家园林夜景照明设施的设置规律，在充分保护古建文物、园林生态环境，使整体环境协调，展示皇家园林风采的条件下应采取的相应措施。照明公司运用上述论证、研究后确定的方案和措施实施。使颐和园夜景照明巧妙地运用人造光源，凸显了人与自然和谐共融的皇家园林风格。

图 12 颐和园（佛香阁）照明效果（北京平年照明公司提供）

2）国子监和孔庙的夜景照明

国子监和孔庙是国家重点文物保护单位，有其独特的历史文化内涵。

2008 年配合奥运会的召开，针对国子监和孔庙的历史独特性和独具的建筑风格，夜景照明从体现文化内涵和建筑特色，本着保护文物、保护园区的历史风貌等方面进行了综合考虑，设计了与国子监和孔庙园区特征相吻合的“远距离投光、可升降高杆灯”，“内藏投光灯的庭院灯”等，与孔庙、国子监古典元素相协调的，有创意的照明装置，分别用于国子监和孔庙的不同区域。通过巧妙应用亮度、色度的差异、光影效果，塑造了国子监和孔庙儒雅别致的夜景照明，昭示“静、夜、思”的主题。体现了照明技术和艺术的完美结合。

图 13 是国子监主建筑——辟雍的夜景照明效果照片，应用的照明方法是远距离投光的可升降高杆灯投向辟雍殿体，LED 线性投光灯洗亮汉白玉栏杆。

图 14 是应用“内藏投光灯的庭院灯”的孔庙主建筑大成殿夜景照明效果照片。

图 13 国子监辟雍夜景照明（北京凯振照明公司提供）

图 14 孔庙大成殿夜景照明（北京凯振照明公司提供）

3）劳动人民文化宫的夜景照明

劳动人民文化宫位于天安门东侧，是皇帝祭拜祖先的祭祀场所，中华人民共和国成立后辟为劳动人民开展文化、休闲娱乐活动的公园。2008 年对园内的太庙、绿地、山水、园林以及道路照明做了统一协调设计，增设庭院灯 139 座，草坪灯 121 处，红墙照明灯 111 盏。采用高杆大功率定向远距离投光照明方式，分别将太庙的汉白玉基座、栏杆、大殿以及殿前区分层次照亮。使得这座皇家建筑夜景焕然一新，既表现出古老建筑的肃穆辉煌，又体现出皇家太庙的神秘幽远。

图 15 是劳动人民文化宫中的重要古建筑－太庙的夜景照明照片。

图 15 劳动人民文化宫－太庙夜景照明（北京照明学会提供）

（4）长安街沿线的现代建筑物

长安街及其延长线自国庆 50 周年以来，已形成体现首都现代化大都市特征风貌、具有“庄重、大方、恢弘、亮丽”特色的夜景照明。2007 年底增设了国家大剧院，2008 年增设了国华热电厂烟筒等处夜景照明，改进更新了中央电视塔的夜景照明。

中央电视塔位于长安街西端，紧邻玉渊潭公园和三环路的新兴桥；国华热电厂烟囱位于长安街东端、CBD 区域内，紧邻四环路的四惠桥。两者在长安街的东西两端，遥相呼应。这三处的夜景照明效果简介如下。

1）国家大剧院的夜景照明

国家大剧院的夜景照明设计、实施基本与主体建筑同步进行。照明设施与建筑一体化设计，在半球形外壳上采用“LED 蘑菇灯”、用“满天星”方式布置，与内投光、外投光灯照明等多种照明方式相结合，形成亮丽、独特的国家大剧院夜景景观。在奥运和重大节日、重大庆典活动时其动态照明，烘托了欢乐的节日氛围。

图 16 是国家大剧院在奥运期间夜景照明效果照片之一。

图 17 是国家大剧院在重大节日夜景照明效果照片之一。

图 16 国家大剧院奥运期间照明（肖辉乾摄图）

图 17 国家大剧院重大节日照明（北京照明学会提供）

2）中央电视塔的夜景照明

2008年中央电视塔改进、更新了夜景照明设计方案和照明设施，该塔的球体采用LED装饰灯，塔身采用大功率LED投光灯，平日、节日采用不同形式的静态或舒缓的动态照明方式，重大节日和庆典活动可采用动态、分场次的照明效果附以相应的节日灯饰照明。改进后大大降低了中央电视塔夜景照明的用电量、提升了总体照明效果。

图18是一组平日、节日按规定模式控制塔身LED投光灯、球体LED灯饰的光、色变化，形成不同照明效果的部分照片。

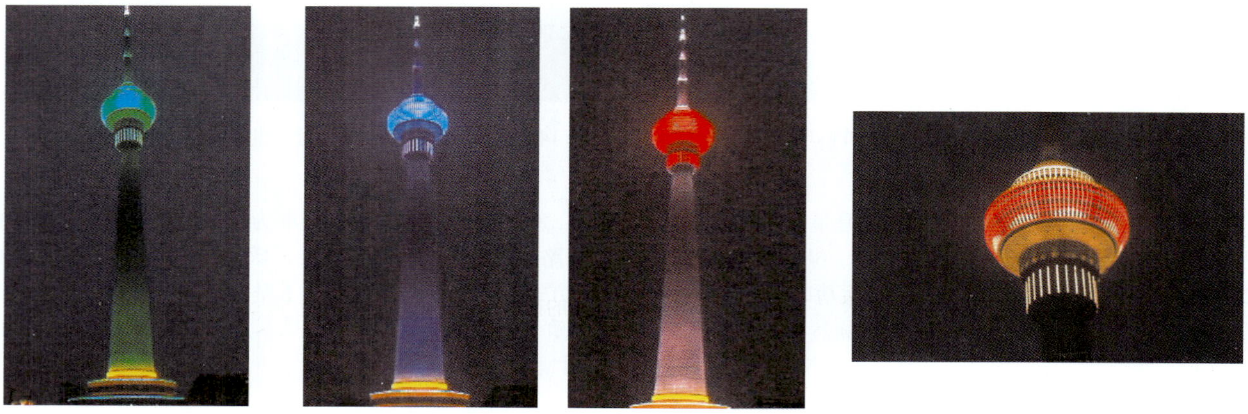

图18 中央电视塔夜景照明的平日、节日效果（北京照明学会提供）

奥运期间，为烘托奥运气氛，除分场次的动态照明效果外，中央电视塔增设了一组大功率投影灯，在塔身上投射出具有奥运题材的图案，与动态照明效果相配合，烘托了浓厚的奥运氛围。图19是利用大功率投影灯，在中央电视塔的塔身上投射出的一组奥运题材图饰的部分照明效果照片。

图19 中央电视塔奥运期间的照明效果（北京照明学会提供）

3）国华热电厂烟囱夜景照明

国华热电厂烟囱高240m，是北京东部地标性建筑，在2008年设置了夜景照明，同时将烟囱整体进行银灰色喷涂处理，使烟囱体在白天同天空基本融为一体而隐型。夜晚利用灯光造型形成亮丽的夜景景观。

国华电力厂烟囱夜景照明工程，在顶部以LED灯作出皇冠造型，夜晚华丽的皇冠悬挂于空中；烟筒的圆柱体用四十八台大功率变色灯投光，变色光柱形成绚烂夺目、五彩斑斓的网状动感虚拟空间；设有大型投影灯和激光灯，将烟囱渲染成色彩缤纷的柱体。工程运用现代照明技术手段，克服高空作业的一系列技术难题，使枯燥的圆柱形工业烟筒变成为观赏性很强的、亮丽的夜景景观。

图20是奥运期间国华热电厂烟囱夜景照明丰富多彩的变化场景中的一部分。

国家大剧院、国华热电厂烟筒、中央电视塔的夜景照明有静态和动态等多种照明模式，平日采用不同的静态照明或舒缓的动态照明，提升了长安街及其延长线夜间照明的总体效果；在奥运期间和重大节日、重大庆典活动时采用动态照明，配以相应的节日灯饰照明，增添了浓厚的节日、庆典的欢乐氛围。

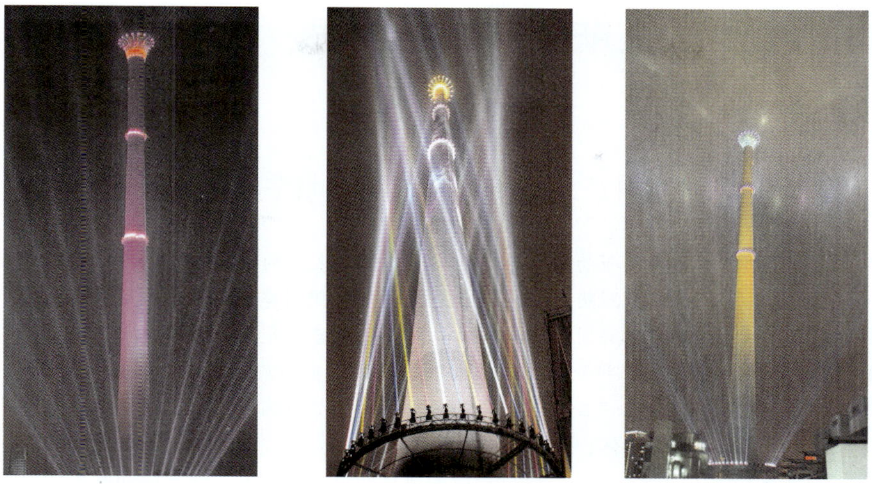

图 20　奥运期间，国华热电厂烟囱丰富多彩变化的部分场景（北京海兰奇力公司提供）

（5）北京市的园林公园

北京市园林公园的夜景照明深受北京市民的喜爱，为市民创造了众多夜间休闲娱乐的场所，近几年北京市的菖蒲河公园、什刹海、景山公园、天坛公园、北海公园、陆续建设了夜景照明。2008 年在颐和园、劳动人民文化宫、龙潭湖公园增设了夜景照明设施。龙潭公园占地 49.2 公顷，是一座融北方古典建筑与现代造园艺术为一体，突出中华民族“龙”文化的新型城市园林。通过对灯光照明系统进行改造，满足了游人白天看景、晚上观灯的要求，使公园成为弘扬传统文化的理想园地。图 21 是龙潭湖公园夜景照明的效果照片。

图 21　龙潭湖公园夜景照明效果（北京凯振照明公司提供）

4. 结束语

北京的夜景照明是在党中央、国务院的关注下，在北京市委、市政府的直接领导下，在社会各界的积极协助下，经北京市照明专家、照明企业多年来的共同努力而取得的，已经形成了具有北京特色的夜景照明体系。

2008 年北京市市政管委夜景照明处采取了多项措施对城市照明实施全面、积极、科学的管理，有效地保证了在奥运会和首都重大庆典活动时不掉链子、不出乱子，安全可靠的运行，使首都的夜景照明大放光彩，充分向世界展示了首都北京的古都风貌和现代风采。

参考资料

[1] 北京市夜景照明管理办法 .

[2] 北京市城市照明专项规划 . 北京清华规划设计研究院照明设计研究所，2006.

[3] DB11/T388.1 ~ 8 – 2006《城市夜景照明技术规范》. 北京地方标准 北京市质量技术监督局，2006.

[4] 王洪钟 . 让首都街夜景照明更加辉煌 [J] . 照明技术与管理，2008 (2) .

[5] 肖辉乾 . 城市夜景照明技术指南 [M] . 北京：中国电力出版社，2004.

上海市城市照明建设与发展（2008－2009）

郝洛西　缪海琳
（同济大学建筑与城市规划学院）

摘要：为实现上海城市夜景照明的科学布局、有序建设和可持续发展，确保城市照明与城市经济发展、市民休闲形成良性互动、和谐统一，全面提升上海的城市照明水平，2008年上海城市照明建设在原有基础上，进一步完善其可持续发展的城市照明体系，在创建自身夜景灯光特色的同时，积极配合世博会的建设开展工作。全市积极配合国家科技部的半导体照明应用试点示范城市建设工作，全面推广半导体照明在城市景观照明中的应用，以豫园和苏州河沿岸的改造为示范点，为世博会的使用打前站。各区县亦积极响应“世博600天”行动计划，努力落实相关建设。

关键词：上海城市照明；世博会；半导体；节能减排

2010年世界博览会，这场人类在经济、文化、科技领域的奥林匹克会的筹办，使上海迎来了以世博为中心的新一轮城市基础设施、场馆建设和改造的高潮。城市照明作为上海城市建设的重要组成部分，在突破提升市容市貌、城市文明程度以及精神面貌等方面都有至关重要的作用。2008年在国家科技部、市科委半导体照明应用试点示范城市建设工作和《迎世博600天行动计划》的推动下，上海城市照明在原有基础上积极配合世博会的建设开展工作，实施推进、狠抓落实，力求在创建自身的夜景灯光特色的同时，进一步完善其可持续发展的城市照明体系。在城市功能照明方面，完成《城市照明规划规范》等相关照明技术规范的编制修订工作，以求建立健全城市照明标准体系，更好地指导城市夜景照明建设工作，同时坚持依托高新技术优化控制、改善管理，以降低电力能源消耗；在城市景观照明方面，围绕世博建设各项工作，逐步进入了可持续发展的新阶段，城市夜景照明的改善初见成效，近期备受关注的《上海市中心城区重点区域景观灯光规划》已获市政府批准，2009年下半年将正式实施。

除上述基础性工作之外，2008年上海依托世博会着重进行了黄浦江及两岸地区景观灯光建设，同时对人民广场及周边、南京路商业街、苏州河沿线、新客站周边等核心、中心区景观照明实施建设与改造，开展了中心城区景观灯光集控互联互通工程。在奥运、国庆、改革开放30周年等重大节日及庆典活动前圆满完成节庆彩灯建设的工作。此外，对两条景观灯光环线也进行综合调整和拾遗补缺，突出其与世博园区的连接。各区县也根据总体规划、区域功能、地理地貌特色进行了相应的照明建设。

总体来说，2008年上海城市照明建设在政府的统一组织、规划、管理下，紧抓世博会筹办这一重要契机，积极推进以“绿色夜景”为上海特色的景观灯光发展布局方案，在积极配合世博园区周边延伸灯光配套工程建设的同时，其可持续发展的城市照明体系已初具成效。

1. 世博会场馆夜景照明

全面建立高效节能的世博园区夜景系统，进行科学的园区光环境规划与设计，是世博会夜景照明建设工作有序进行的保障。目前在展示场地和世博基地上的建筑和交通空间，前期建设中已经综合考虑现代灯具的综合利用、园区光环境、节能、光污染控制等照明技术问题以及会后利用问题。

（1）中国馆室外泛光照明

中国馆以象征中国精神的雕塑造型“东方之冠”为构思主题，其“东方之冠，鼎盛中华，天下粮仓，富庶百姓”的16字设计理念，体现了中国文化的深厚积淀，主色调运用传统、沉稳的“中国红”。造型上国家馆居中升起、层叠出挑，地区馆横向展开、平台舒展，主从配合，空间以南北向主轴统领，形成壮观的城市空间序列，形成独一无二的标志性建筑群体。照明设计通盘考虑，在建筑主体结构部分（层叠出挑的斗冠结构）横梁的下檐口，安装多套集中控制的LED灯槽（3 000 K）对上层横梁底部投光，以求形成中国馆底层最亮、层层衰减的“退晕”效果。设计中尽量隐藏灯具，要求灯具表面涂上与建筑颜色相仿的涂料，以免白天过度破坏建筑主体的外观形象。在灯具的安装和选用上通过调整灯具角度、控制LED光源的投射角度达到减少外溢光、防眩光的目的。此外，对于建筑表面大面积红色高反射率的铝板，夜间照明形成的红光漫反射会影响到地区馆顶部观景平台，造成平台上的物体呈现红色，且显色性差。设计中通过在建筑顶部设置蓝色和绿色光的投光灯，对红光漫反射区进行光谱综合，以求达到最佳的夜间视看效果。

（2）世博轴照明

世博轴及地下综合体工程（简称世博轴）位于浦东世博园核心区，会后将与主题馆、中国馆、演艺中心、世博中心一起被永远保留。届时，“一轴四馆”将共同构成上海未来以国际商贸、文化、科技交流为特色的第三个市级中心，成为都市空间景观和城市交通的主轴。世博轴艺术灯光景观具有强大的场景设计和表演空间，可以根据季节、主题内容和节目内容等变幻不同的艺术灯光场景。具体设计方案中，考虑到世博轴周围环境特点和所处位置的重要性，以及视点对整体效果的要求，在张拉膜和阳光谷灯具安置的位置上和角度的调节上，做了细致可控的安排，在阳光谷节点上布置的LED星光灯以及在顶部布置的太阳能LED星光灯，不仅在近视点能产生精致的艺术效果，在中远视点也能形成极为震撼的艺术形象。作为世博轴核心建筑语言之一的水波状膜，在照明设计中充分应用张拉膜良好的漫反射和透散特性，内侧通过围绕十米平台的张拉膜内桅杆布置全彩全色温LED智能投光灯，均匀打亮中部，外侧则于十米平台两侧外桅杆上布置小功率白光HID投光灯，打亮膜内表面的两侧。中部的LED智能投光灯分布式控制网络给不同的灯光场景奠定了基础，设计效果构成内涵丰富宏大的动感水波，寓示充满活力的世博之轴、城市之轴。

2. 地区建设

（1）普陀区

为认真落实“迎世博600天行动计划”，以提升苏州河沿岸普陀段夜间景观形象为立足点，打造有区域特色的城市景观，2008年普陀区着手区内苏州河水岸相关楼宇及绿地的景观灯光建设工作。截至年底，根据普陀区景观灯光建设的总体规划和苏州河三期整治工程的要求，已完成苏州河普陀段沿岸124幢楼宇景观灯光和7块绿地景观灯光工程建设。整个景观灯光建设区域为苏州河沿岸（昌化路桥至古北路桥）纵深500m范围内的相关楼宇及绿地，共计157幢楼宇、13块绿地。整体设计方案通过专家评审，具体的施工方案亦因地制宜，根据每幢楼宇和每块绿地的实际情况作出了相应的调整。整个施工过程以不破坏建筑及防汛结构、不影响周边居民正常作息为前提。工程中基本采用LED光源，在考虑环境照度的同时进行节能计算，以求用最低的能耗达到最佳的照明景观效果。除苏州河普陀段外，在通盘规划全区道路景观灯光设施的基础上，以节约景观灯光设施配备经费为目的，完成志丹路251套老式景观灯迁移至子长路泾惠路，同时完成武宁路91只景观灯的调整。

（2）杨浦区

2008年杨浦区以奥运期间市容环境保障和推进迎世博市容环境建设和管理600天行动计划为主线，重点展开“1＋3”重点区域的景观灯光建设。“1”是指五角场市级副中心，“3”是指长海路历史风貌保护区、黄兴创意文化体育休闲区、滨江世博水门现代服务业集聚区。主要工作如下：

①继续聚焦五角场市级副中心，在改造相关灯光设施、提升周边楼宇灯光水平的基础上，完善“彩蛋”音乐灯光的演绎性内容和表现形式，同时结合网站宣传扩大影响力，彰显其在五角场环岛区域的地标作用；

②重新打造黄兴路周边建筑的夜景灯光。其中财富大厦等十二座建筑的夜景灯光经过精心设计施工，业已成为一条杨浦夜景灯光景观线；

③更新、管理和改造大连路已建成的楼宇灯光设施，凸现大连路现代服务区的功能；

④强化世博会沿岸楼宇、世博会配套项目（秦皇岛路世博水门、渔人码头、杨树浦路交通枢纽）的景观灯光建设。杨树浦路黄浦江沿岸的中高层建筑都用灯光给予渲染：居民楼以楼顶、阳台、楼梯井道的功能性照明为主。公用建筑则采用楼顶泛光，立面LED模块和内透光的形式进行装饰，以形成独特的天际轮廓线；

⑤大规模改造杨浦大桥的景观灯光。60台电脑变色探照灯，配合冷烟火和音乐，杨浦大桥作为世博浦江游的终点，将演绎一场体现上海喜迎世博、腾飞发展的灯乐秀。

（3）徐汇区

积极推进徐汇区“两线一大道”景观灯光总体方案工程建设，实施中环线、内环高架沿线、滨江大道的景观灯光建设工程，不断提升城区市容景观灯光品质；根据市政府“迎世博架空线入地三年整治行动计划”，落实完成好衡山路景观灯光架空线入地整治任务；完善绿地景观灯光布局，目前，对衡山路、肇嘉浜路等处四块绿地的景观灯光进行改造。用灯具穿插在绿地的小灌木和花草之间，营造城市霓虹景观。

（4）卢湾区

在迎奥运期间，卢湾区对70多幢楼宇的灯光设施进行了维修。新世界商厦的“变色龙”灯光、上海广场“船型”楼顶灯光、金钟广场“八角楼”泛光照明等处相继接入景观灯光集中控制系统，以增强亮灯的整体性。

此外，卢湾区市容局协同相关部门对淮海中路24座设置已有十五年之久的跨街广告和拱架进行拆除，目前新方案尚在酝酿之中，计划2009年亮相。

（5）黄浦区

2008年6月，黄浦区完成八横五纵灯光景观线规划；2008年底，在兼顾“八横五纵”灯光景观线的基础上，完成重点区域（黄浦江沿线、世博园区、人民广场、外滩、南步街、豫园商旅区）的景观灯光布置方案设计。同时配合世博局做好园内的灯光规划、设计及建设工作。具体实施情况如下：

①开展西藏路、延安路沿线楼宇景观灯光建设。西藏路沿线包括10幢大楼及40多幢零星构筑物，延安路沿线则涵盖45处多种类型的楼宇及构筑物，大世界、自然博物馆等优秀历史建筑，港陆广场、海洋大厦等现代商务楼都已进行灯光的丰富完善和节能改造工作；

②加强中山东二路、中山南路沿线（80余幢构筑物）及沿线绿地景观（11 000m^2）的灯光建设，推进世博会滨江景观灯光的延伸；

③建设黄浦公园至南浦大桥、包括世博园区在内的外滩大型艺术灯光表演系统。完善沿线38幢大楼及滨江绿地的照明；

④完成豫园商旅区的灯光改造工程。在灯光改造过程中大规模使用LED替代传统的金卤灯和钠灯，据初步估计，改造后的豫园灯光将至少节能30%；

⑤完善和维护人民广场地区周边大楼的景观灯光。

（6）宝山区

宝山区排定其“六路一桥一区”景观灯光年度建设方案。“六路一桥一区”分为“二纵”、“四横”和一个区域。“二纵”：逸仙路（同济路）和牡丹江路分别以“蓝色钢城之脉”和“金色航线”为设计主题。“四横”：淞滨路、泰和路、宝杨路、友谊路以“和谐之光，点亮滨江之城”为设计主题。“一区”：吴淞客运中心区域，其中吴淞公园广场绿化区域以“城市之光”灯光小品、地埋灯、广场建筑勾勒夜间整体景观。“一桥”：以吴淞大桥及沿江建筑为灯光载体，彰显上海北大门特色。

2008年已完成规划方案设计招标，重点实施“二纵”与“四横”道路交汇处重要灯光节点、楼宇灯光及灯光小品的景观灯光建设任务。

其他区县也进行了整体的灯光改造工程，此处不再赘述。

3. 重大活动

全市配合奥运、国庆、元旦、春节以及改革开放30周年等重大节日及庆典活动，圆满完成了节庆彩灯工作的建设。

国庆期间为保证景观灯光的可持续发展，市容部门首次缩减长假亮灯时间，由以往长假7天缩至5天，并有选择性地亮灯，主要集中在人群较多的旅游景点、大型商业区等，且以特色观赏小品为主，明暗结合，不集中开放，以达到环保节能的效果。

除调整国庆期间景观灯开放的时间和区域外，市容部门强调对景观灯加强节能技术改造，用LED、无极灯等新节能光源逐步替代传统光源，世博会之前将全部更换浦江两岸的景观灯。

4. 半导体照明

2010年世博会将是中国LED照明产业发展的重大契机。世博会的夜景照明设计已初具轮廓，届时LED将广泛应用到通用、景观、信息指示、演出场馆等一系列照明处，世博会将成为全球最大的LED集中应用区域。上海是国内LED产业发展的7处重点地区之一。目前，已初步形成建在浦东张江高科技园区的上海LED工程技术中心与位于普陀区的上海LED应用中心东西呼应的发展格局。

为配合国家科技部开展“半导体照明应用试点示范城市”建设工作，促进绿色节能照明技术开发与推广应用，结合上海世博会建设和上海半导体照明产业发展需要，2008年上海市政府制定了推动半导体照明产业发展、推广半导体照明应用发展的相关政策、措施，具体包括：将半导体照明列为上海“十一五”期间重点发展的十二个战略产品之一，设立半导体照明科技攻专项目，将半导体照明列为“世博科技专项”重点聚焦领域，大力支持LED照明在世博会上广泛应用。

上海市科学技术委员会发布2009半导体照明专项指南。指南中指出，在2009年3月~2010年9月底期间，按照世博会灯光工程规划总体要求，针对世博轴、中国馆、主题馆、世博中心、演艺中心等五个重要场馆，完成半导体照明与显示工程方案设计，研制示范工程所需的半导体照明产品，准时投入运行，稳定可靠；完成半导体照明与显示技术在世博会其他场馆与配套设施的应用开发，包括在世博园区选择道路安装LED白光照明路灯，安装LED广场景观灯，LED显示屏、地坪能够实现交互式或智能控制。园内公共交通安装LED照明灯具的比例不低于30%，采用智能化道路与区位指示系统。

目前半导体照明产业前期主要通过示范手段来推动LED的应用。继2007年真北路立交桥、梅川路休闲街等公共建筑道路景观工程之后，2008年普陀区开工的苏州河沿岸景观亮化工程、区政府机关庭院灯光改造工程和区图书馆新馆室内照明工程等项目中，都大量投资应用LED新型节能技术和产品。

豫园核心地区的灯光整体改造课题——豫园LED（半导体照明）示范点正为2010年中国上海世博会的LED大规模应用打前站。在本次灯光改造过程中，豫园传统的金卤灯、钠灯等传统灯具大量被LED所代替，照明系统经改造后将节能30%以上。

5. 会议

2009上海节能减排科技创新国际论坛，试图通过论坛进行企业高层、中外专家之间的交流与对话，展示和解读国内外最新的节能减排技术和经验，共同商讨金融危机下的企业节能减排对策。

2009年5月5日，SNEC第三届（2009）国际太阳能光伏大会开幕式及主题论坛在上海国际会议中心举行。本次大会主题是“发展新能源，造福全人类”，由11个论坛组成，包括主题论坛、政策及投融资策略论坛、CEO论坛、光伏产业前沿技术论坛、光伏产业前沿技术“行者”论坛、太阳电池技术与构件化建站坛、海峡两岸交流论坛、薄膜电池“新奥”论坛、硅材料论坛、测试技术及标准化论坛以及光伏前沿技术及投资策略论坛，会议为期三天。

2009年3月6日，由中国照明学会主办、中国照明网承办的上海世博会照明规划、照明设计大型演讲论坛，在环境优美的上海五角场华美达大酒店成功举行。本次论坛共吸引了来自上海照明学会、上海世博局相关领导、城市夜景管理部门负责人、照明设计和规划师、照明企业代表等220余人参加。本次演讲论坛主要围绕上海世博会主要展馆的照明规划和设计等问题展开，从学术、创意设计、工程效果实施等方面探讨照明规划、照明设计的最新方案。主办方共邀请了6位负责世博会展馆照明规划设计的专家，他们对世博园展馆的照明规划、设计进行了全方位的解读。

由中国照明学会《照明技术与设计》、中国设计师网照明频道主办的“2009商业照明研讨会”于7月24日在上海长城假日酒店召开。会议特别邀请了华东地区工程设计公司、建筑设计院的设计师近240人前来参加。

2008年11月6日，由上海市经济和信息化委员会与普陀区人民政府联合主办，主题为“LED让城市更精彩”的第三届“上海LED半导体照明创新与应用论坛”在普陀取得圆满成功。市区相关领导、海内外LED知名专家出席了论坛，参加会议的还包括国内外LED企业、中介机构、科研院所、设计机构代表共120余人。

2008年9月10日，上海市照明学会举行成立30周年庆典暨2008年学术年会，同时召开四直辖市和长三角照明科技论坛。来自上海市以及全国各地照明科技工作者200多人出席了庆典活动。

6. 2009年工作计划

2009年上海将继续围绕世博会筹办这条主线，积极配合完成世博园区周边延伸灯光配套工程，进一步完善上海市景观灯光发展布局方案，2009年将基本完成中心城区景观灯光建设，2010年3月底前全面完成。

据新出台的《上海市中心城重点地区景观灯光发展布局方案》显示，上海中心城区景观灯光总体布局概括为“3+2+4”，即3个景观灯光核心区域，2条景观灯光环线和4个城市副中心区的区域景观灯中心。“3”包括人民广场及周边地区、南京路商业街和黄浦江两岸地区，将集中体现并代表上海的景观灯光。“2”包括2条景观灯光环线（小环线、大环线），将使所经各观灯区域既特色鲜明，又相互协调。“4”则包括五角场、花木、徐家汇和真如，重点营造体现各城市副中心特色的区域观灯中心。2009年全市集中建立健全城市照明标准体系，更好地迎接2010年世界博览会的举办。

参考文献

[1]《上海市城市总体规划（1999－2020）》.
[2]《2010上海世博园区夜景照明规划与设计》，上海同济城市规划设计研究院.
[3]《上海市景观灯光发展布局方案》，上海市市容环境卫生管理局.
[4]《上海城市环境（装饰）照明规范》，DB31/T316－2004.
[5]《“十一五”城市绿色照明工程规划纲要》. 中华人民共和国建设部办公厅，2006年.

天津市2008年照明工程及理论成果回顾

马　剑
（天津照明学会）

作为2008年北京奥运会的协办城市，天津市在城市环境建设方面加大了整治力度，先后开展了包括夜景灯光专项建设在内的环境综合整治的“135”工程和城市夜景照明专项规划的编制工作。同时作为照明理论研究的先行者和实践者，天津大学建筑学院建筑技术科学研究所2008年主持并完成了若干国家及省部级的相关研究项目，并取得了丰硕的成果。下面分别介绍天津市在照明工程与照明理论方面的成果。

1. 照明工程建设

2008年，以迎奥运和达沃斯论坛为契机，主要实施了“135”环境综合整治工程，即“一河三区五路”。“一河”为海河沿线；“三区”为小白楼地区、奥体中心地区，天津站地区；“五路”为卫国道十一经路、南京路、卫津路、复康路、解放路。

以“135”为核心，对城市的其他重要地区、节点、路桥水系、建筑绿地分批实施了夜景灯光建设。对海光寺、天塔（八里台）、银河广场、小白楼、体育中心、天津站、思源广场、古文化街、意式风情区等9个重要地区节点进行夜景灯光提升，对属于“135”工程500m范围内可视及建筑、景观进行夜景灯光建设。对24条城市道路进行户外广告清理，使其规范化，具有一定的美观性；并对属于“135”工程500m范围内可视及街道、建筑、景观小品进行夜景照明建设，具体包括友谊北路、马场道、南京路、水上西路、水上北路、水上东路、宾水道、友谊路、南京路（700m）、卫津路、复康路、凌宾路、宾水西道、南门外大街、北门外大街、河北大街、三条石大街、李公祠大街、福安大街、和平路、承德道、海河东路、解放北路、曲阜道。

2008年7月，天津市委市政府提出“大干150天，用5个月的时间，到年底之前高标准完成市重点规划编制任务”的要求。《天津市中心城区城市照明规划（2008～2020）》（简称《规划》）作为其中的一项专项规划，由天津大学建筑学院建筑技术科学研究所作为主要编制单位，历时5个多月编制完成。

该《规划》按照市委市政府的要求，合理配置城市照明资源，填补了天津市城市照明专项规划的空白，完善了城市规划体系；同时体现了城市开放、包容、多元的文化特点；打造大气、洋气、清新、靓丽的城市夜景形象。按照天津市总体规划中对天津“国际港口城市、北方经济中心、生态城市”的定位，《规划》提出了“东北亚不夜城、（中国）北方明珠、绿色照明（示范）城”的城市夜景定位。

总体规划结构是以道路照明为基本骨架，以大中型公共建筑、桥梁等构筑物为景观照明主要载体，以广场、开放性公园等公共空间为节点，以海河、风貌建筑区等为特色，形成点、线、面有机结合的天津市夜间景观。《规划》提出了“一轴三心九点九线”的城市景观照明总体构架，提出了中心城区海河景观照明“鱼骨型”结构，建立了景观照明分区、分类的控制性导则，同时依托监控系统，实现用电量指标控制。

2. 照明理论成果

天津大学建筑学院建筑技术科学研究所和天津照明学会在理论方面进行了大量的科研工作，并承担了数项国家级重要项目。

（1）北京市科委重大社发项目顺利结题

由北京颐和园管理处和天津大学共同承担的《颐和园古典园林夜景照明技术研究及示范》于2008年通过验收，顺利结题。该项目成果在颐和园夜景照明设计理念和工程技术研究方面取得重大突破：首次提出古典园林夜景美学评价体系；首次对中国北方皇家园林古建筑光照影响及其进行研究并取得相应技术数据；首次进行了颐和园夜景照明光生态方面研究并取得了系统成果；提出并确立了古典园林夜景照明评估体系及技术导则；完成了佛香阁景区示范工程。该成果为世界文化遗产保护做出了贡献，也为我国传统园林及古建筑的照明及保护提供具有重要价值的方法、手段和指南。同时，其扩展成果“清代皇家古建筑彩画信息数字化保护与应用系统”获天津市科技进步奖三等奖。

（2）主持国家科技部“十一五”科技支撑计划《居住区与室内光环境优化保障关键技术研究》子课题《居住区光环境评价及检测研究》

该课题通过对居住区光环境的基础资料和现有成果收集，结合现场调研和实验室针对性实验，建成居住区光环境基础数据库和资料库；在此基础上，构建居住区光环境评价体系，研究出相应评价方法和检测方法，并提供相应的检测技术、检测方法和技术导则。同时进行室内光环境评价体系的现场和实验室部分研究工作，为室内光环境评价体系的建立提供数据支持。目前课题进展顺利，相关研究成果丰硕，已在照明工程学报和第十届建筑物理年会上发表了多篇高水平期刊论文。

（3）主持国家自然科学基金《人工光环境中色光情感定量化研究》

在我国现今人工光环境中，色光的使用缺乏理论支持及科学定量的参考依据，具有很大的盲目性和随意性。国内外学者虽已关注此领域，但尚未见到相应深度的定量化研究成果。本项目提出对人工光环境中色光情感做定量化方法性研究，本项目对色光刺激和人的反应均采取定量化描述，实验结果也用量化直观的方式表达，这将会为人工照明设计提供更便捷、更科学、更合理的参考依据；同时基于全数字化、便携实验室的理念研究、整合实验系统，对人工光环境色光情感定量化全面研究提供方法及技术平台。目前课题已顺利通过课题中期审查，发表核心期刊论文多篇，各项研究进展顺利。

（4）主持国家自然科学基金《基于GIS的地域性光气候观测、分析和应用初步研究》

该课题基于地理信息系统技术，对我国地域性的光气候进行观测、分析和应用。目前课题进展顺利。

3. 天津市照明学会顺利实现换届选举

2008年6月，天津市照明学会第八届理事会即换届会议顺利召开。会议经过投票选举并报请天津市科学技术协会批准，产生了新一届理事会。学会新任理事长由天津大学建筑学院建筑技术科学研究所所长、中国照明学会常务理事马剑教授担任，会议同时选举出学会副理事长11人，秘书长及副秘书长4人，理事共计56人。

新一届产生的理事具有年轻化、高学历、多行业融合的特点。

①新一任理事会理事中，具有高级职称的36人，中级职称的17人，高、中级职称人数占理事会人数的95%；

②知识结构较高，大本以上文化程度的占总人数的64%，符合理事会组成要求，也反映了天津市照明学科的水平。

③在年龄构成上，理事平均年龄47.64岁。40岁以上的占总人数的80%，呈现了年轻化的趋势。

④学会理事涉及全市科研、教学、设计、生产、建设、管理、应用的各个方面，体现了跨行业、跨系统、跨学科交融的特点，保持了理事会的稳定性和连续性。

同时按照中国照明学会体制，秉承学会科学发展、服务社会的宗旨，新一届理事会成立了5个工作委员会和13个专业委员会，具体见下表。目前学会成员上下一心，积极做好服务地方科技发展的相关工作。

表1　天津市照明学会第八届理事会推荐名单

一	名誉理事长：王金铎　范世福					
二	名誉副理事长：宋毓德　沈天行（女）					
三	资深专家理事：（以姓氏笔划为序）					
	于培诺	尤大千	孙德秀	吴淑英（女）	李宇英	李心宁
	沈天行（女）	孟庆龙	赵连阁	倪孟麟		
四	理事长：马　剑					
五	常务副理事长：郭源芬					
六	副理事长：（以姓氏笔划为序）					
	王立雄	宋复明	陈大庆	李树华（女）	何秉云（女）	郑和平
	赵宝津	徐万刚	彭　军	温　涛		
七	常务理事：（以姓氏笔划为序）					
	马　剑	王立雄	冯学奎	刘　磊	孙绍国	何秉云（女）
	宋复明	张天浩	张金玉	李树华（女）	陈大庆	郑和平
	侯建成	封润城	洪再生	赵国珠	赵宝津	徐万刚
	袁景玉	郭源芬	黄泽一	彭　军	温　涛	
八	理事：（以姓氏笔划为序）					
	马　剑	马蕙兰（女）	马静波	王立雄	王克俭	王爱英
	王振明	冯学奎	田素英（女）	刘　磊	刘　刚	刘士平
	刘锡庆	孙绍国	毕继泉	肖松山	何秉云（女）	吴炳章
	吴晓娜（女）	宋复明	张　剑	张天浩	张式庄（女）	张明宇
	张明江	张金玉	张金栋	李玲（女）	李盈（女）	李大鹏
	李迎春	李树华（女）	李锦宁（女）	杨铁树	陈大庆	孟繁利
	郑和平	侯建成	封亚光	封润城	洪再生	赵　杰
	赵国珠	赵宝津	饶红星	徐万刚	袁景玉	贾文晓
	郭源芬	高德全	商新建	黄泽一	彭　军	韩林（女）
	温　涛	魏耀林				
九	秘书长：郭源芬（兼）					
十	副秘书长：（以姓氏笔划为序）					
	田素英（女）　何秉云（女）（兼）　吴晓娜（女）　张明宇　袁志霞（女）					

表2　天津市照明学会第八届理事会工作委员会、专业委员会名单

	名称	主任委员	副主任委员
工作委员会	1. 组织工作委员会：	郭源芬	田素英
	2. 学术工作委员会：	马　剑	王立雄
	3. 科普工作委员会：	王立雄	刘　刚
	4. 国际交流工作委员会：	王爱英	张玉芳
	5. 编辑工作委员会：	何秉云	吴晓娜

（续）

	名称	主任委员	副主任委员
专业委员会	1. 视觉与颜色专业委员会：	彭　军	韩　林
	2. 计量与测试专业委员会：	倪孟麟	魏耀林
	3. 室内照明专业委员会：	侯建成	李　玲
	4. 室外照明专业委员会：	李树华	袁景玉
	5. 电光源照明专业委员会：	封润城	刘锡庆
	6. 灯具照明专业委员会：	徐万刚	高德全
	7. 霓虹灯照明专业委员会：	王振明	封亚光
	8. 舞台影视照明专业委员会：	张金玉	刘士平
	9. 交通隧道照明与信号专业委员会：	宋复明	温　涛
	10. 光生物、光化学专业委员会：	张天浩	肖松山
	11. 光伏照明专业委员会：	赵宝津	王克俭
	12. 设计师专业委员会：	马　剑	张明宇 张　剑
	13. 半导体照明专业委员会：	陈大庆	牛萍娟　邵　康

重庆地区中小城市夜景照明规划设计的新思路

严永红
（重庆大学建筑城规学院）

1. 广告照明在规划中的运用

自2001年重庆地区第一个城市夜景照明规划——《南山一棵树视线范围内夜景照明规划》完成以来，重庆地区各区县已陆续编制完成并实施了数个夜景照明规划。在规划实施过程中，我们发现，不少照明规划在进入实施层面后，普遍存在可操作性差的问题，如：

在进行规划时，为使规划效果能够打动甲方，设计方往往采用计算机建模、效果渲染的手法来制作夜景效果图，由于建模耗时、成本高，因此只能考虑照明载体的体量和造型，而无法再深入刻画照明载体立面材质，对载体上已有附属设施如空调、雨棚等也常常忽略。因此，这种干净、漂亮的夜景照明效果图仅仅是一种臆想状态；而进入实施阶段后，才发现规划设计效果图与实际情况差异很大，如果不对建筑立面进行全面的整改，规划方案几乎无法实施。

另一个问题是规划实施的力度和资金问题。在照明规划重点区域，为了防止出现明显的暗区和亮度断裂，常需对一些沿街商住楼进行适度照明；在实施过程中，由于很难完全避免光污染，这样的规划常引起住户的反感和抵制，业主阻挠、干扰施工的情况时有发生。同时，夜景照明运营电费也是长期困饶各级市政管理部门的一大难题。

有没有什么办法可以解决这些问题？自2008年起，通过对以往规划项目的总结，我们开始了一系列尝试。在实践中发现，重庆地区大部分中小城市的主干道两旁或繁华商业区内的建筑以老旧、高层商住楼为主，缺乏值得进行重点照明的高层办公、商业建筑或其他大型地标性公共建筑。但商住楼的一、二层却有大量未经规范的店招，如果能够把这部分店招经过统一规划设计，纳入夜景规划的内容中，利用店招灯光，一可解决重点规划区域亮度断裂问题，二可大大减少照明费用。此外，在一些位置突出的高层商住楼顶部根据需要适当设置一些夜间广告牌，广告位出租的收益由业主和广告建设方共同分享，既不引起业主的反感，又解决了资金投入问题。

基于以上思路，我们在《梁平县城区夜景照明修建性详细规划及广告照明规划设计》、《万州区北滨大道夜景照明修建性详细规划及广告照明规划设计》中在城市夜景照明规划中植入了广告照明规划，利用两者的结合，解决了重庆地区中小城市夜景照明规划中长期存在的可操作性问题。限于篇幅，我们选取了几个具有代表性的建筑或路段进行简要的介绍。

2. 梁平县城区夜景照明修建性详细规划及广告照明规划设计

梁平县地处重庆市东北部，主城区坐落在重庆市区与三峡库区的中枢地段，是重庆市主城区连接三峡库区的陆空要塞。与重庆地区大部分区县相比，梁平县主城区地势相对平坦，路网较规则，建筑以多层商住楼为主，城市休闲气息浓厚。

从建筑形态来看，梁平主城区的建筑有以下特点：一是地标性高层少，建筑以五到八层商住楼为主；二是大部分建筑为上世纪 80 ~ 90 年代间建造的，建筑造型普通，立面材料以各式面砖为主，几乎没有采用大面积玻璃幕墙或实墙面的公共建筑；但新建高层建筑顶部进行了一定的处理；三是沿主要道路两旁建筑二层以下小商铺多，有大量未经规范的店招、小广告牌。

因此，根据建筑立面特点和建筑性质来看，由于缺乏相应的载体，常规的照明手法如内透光、立面泛光等很难作为梁平县城市照明规划的主要照明方式。通过调研我们发现，可将规划的重点放在建筑的顶部和底部，建筑中部依据现状条件进行灵活处理：

（1）建筑顶部照明

由于大部分新建的高层建筑均对建筑顶部楼梯间进行了处理，顶部造型较新颖，是很好的照明载体；此外，对建筑顶部进行各种形式的照明不会对业主产生光干扰，实施阻力小；对于一些顶部未进行艺术处理，但位置突出，应进行重点照明的建筑，根据《重庆市户外广告设置管理工作手册》中要求，对于符合广告设置条件的，考虑一定数量的广告位，以替代顶部照明。

（2）建筑底部照明

除顶部进行重点照明，规划拟利用商住楼二层以下的店照、小广告照明来营造出有特色的城市夜景形象。经重新规范设计后的店招、小广告整洁、艺术性得到了很大提升，且由于全部考虑了夜间照明，人行道功能照明得到了一定的补充，提高了街道照明的安全性。因此，对于它的实施，业主普遍持欢迎态度，无实施阻力。

（3）建筑中部照明

为避免在夜景画面中出现明显的亮度断裂，在一些有条件的建筑楼身上进行了适度的照明，由于大部分建筑表面材质较陈旧，因此，未大量采用表现材料质感的泛光照明，而是选用了设置 LED 壁灯、统一设置阳台灯光等形式（见图 1、图 5）。对于一些立面材料用料较好的，局部采用了投光照明（见图 1、图 4）。

（4）部分实例

图 1 为大河坝路与梁山路交叉口沿街建筑立面照明处理：一层店招照明，二层柱列投光照明，建筑中部 LED 壁灯照明，顶部公益广告照明；其余建筑一层店招照明，中部竖向招牌照明，顶部广告标识照明。

图 1　大河坝路与梁山路交叉口建筑照明

图 2 为机场路建材市场沿街建筑立面照明处理：店招照明与内透光照明。

图 2　机场路建材市场建筑照明

图 3 为机场路建材市场沿街建筑立面照明处理：店招照明、内透光照明和顶部广告标识照明。

图 3　锦绣家园小区沿街建筑照明

图 4 为梁山路与双桂路交叉口沿街建筑立面照明处理：店招照明、建筑中部局部投光照明、顶部广告标识照明。

图 4　梁山路与双桂路交叉口沿街建筑照明

图 5 为中心广场小区建筑立面照明处理：店招照明、阳台统一内透光照明、顶部重点泛光照明和局部广告标识照明。

图 5　中心广场小区建筑照明

3. 万州区北滨大道夜景照明修建性详细规划及广告照明规划设计

万州区地处三峡库区腹心、长江中上游结合部，因“万川毕汇、万商云集”而得名，是重庆主城以外最大的中心城市，也是重庆 40 个区县中人口最多的城市。万州地貌复杂，地形以丘陵、低山为主，区内长江纵贯南北。

万州主城区被长江、苎溪河、龙宝河、五桥河等江河分割为三大片区、七大组团；其中，龙宝片区是主城区的商业中心，为旧城区，是整个万州区最繁华的商业区。此次规划的重点即在于对该片区北滨江大道夜景进行规划并实施，以起到示范作用。

龙宝北滨大道建筑密度大、杂乱，与库区其他区县类似，建筑类型以老旧的多层商住楼为主，但其中也夹杂了一些形态较优美的新建高层公建。建筑依山而建，城市的立体感、层次感十分丰富。浩瀚的江面为夜景画面提供了极佳的倒影，游船则为画面增加了灵动的色彩。

北滨大道的夜景照明应充分体现出该区域的自然特色和历史文化特点，通过北滨路夜景的建设，反映出万州“山水之城、万商之城、移民之城”的特色。因此，北滨路夜景照明的形象定位为：“夜幕下色彩斑斓的现代城市山水画卷。”

“山水画卷”一方面是对万州区自然环境依山傍水的诠释；另一方面也是对有节制、典雅而不失热烈的城市夜景的描述。

“色彩斑斓”既是对万商之城所应具有的浓烈商业氛围的营造，也是对移民之城所应体现出欣欣向荣、多元文化的写照。

从具体的规划手法来看，依照中国传统山水画绘画理念“三远”——平远、高远、深远，对北滨大道夜景照明进行层次处理：对沿江画面进行立面分层，形成有层次、有重点的夜间景观。采用水墨山水画“重点勾画，注重留白”的艺术处理手法：对位置突出、造型好的高层建筑进行重点照明（重点勾画），避免对老旧住宅楼进行照明（夜景画面中的留白处理），为避免亮度断裂，在部分位置重要的建筑顶部设置广告位，以起到画龙点睛的作用。

图 6　万州区龙宝北滨路夜景照明及广告照明规划

4. 结语

通过上述两个中小城市夜景照明规划的编制，我们寻找到一种适合重庆地区经济发展水平、表现力强、投入少、更为节能环保的城市夜景照明新模式。由于察觉到广告、招牌照明对城市夜间照明的贡献，在规划中将原来单一的功能性广告标识照明转化为作用更大的夜景照明，大大减少了单纯进行建筑立面照明所带来的资金、维护及实施压力；同时，通过广告建设方与业主共享广告收益的分配形式，使老百姓能够主动配合城市夜景建设；此外，从艺术效果来看，建筑立面照明与广告、招牌照明的结合，还进一步丰富了城市的夜间层次感，增强了照明的立体感。

第六篇　国际资料篇

SSL 灯具能源之星程序的要求（2007.4）

合格的判据（V1.0）

目　录

SSL 灯具能源之星程序的要求

合格的判据（V 1.0）

2007. 4. 9

全文的评论：

SSL 性能的快速改善将需要 DOE 定期地加以评价和要求判据与技术进步同步，确保判据的时新。DOE 将紧盯 SSL 的发展，在适当的间隔时间里修改标准。DOE 关注所有频繁的改进和无法进展的产品。

本文给出了早期阶段一般照明的 SSL 技术，判据建立了现阶段要求和将来性能目标。现阶段要求（A 类）列出照明应用产品达到的能源性能等于或好于使用在相同应用场所的荧光灯。长期目标是（B 类）：DOE 的目的是想用大约 3 年的时间，期望有很好的进步，能效有实质性的提高，达到更高的性能水平。

下面是用于固态照明（SSL）**能源之星**认证灯具产品的产品判据。为了得到能源之星的认证，一个产品必须满足判据中的全部内容。

范围

对申述范围的看法：本节范围由相关器具制造商提出后修改为是否这些标准应用到装饰灯具。用最新的语言清楚说明本标准倾向于包含装饰灯具，只要该灯具提供足够的一般照明功能。然后，这些灯具作为非装饰灯具必须满足相同的功能要求。标准仅应用于有功率档次的产品而不是用于指示类产品。

能源之星判据覆盖用于一般照明的 SSL 产品要求，包括那些有装饰意义功能的产品。如果一个装饰 SSL 产品视作有不少一般照明作用，它就属于本判据的范围。本判据应用到住宅和商业产品。本判据仅对电功率档次相关的设计产品。还有，不应用到用于指示的 SSL 产品（如交通灯和出口信号灯），也不应用到用于装饰的产品（如各种节日灯）。

通用要求

本判据来源于符合现有的照明工业参考标准和试验过程，和由照明工业组织近来发展的新的或修改标准和试验过程。这些参考标准和试验过程由附录列出。

下列的通用要求均应用到 A 类和 B 类灯。附加的要求：相关色温（CCT）、灯具能效，环带流明密度和最小光输出在下面的 A 和 B 类灯中分别列出。

所有灯具

色度要求上的看法：下面提出的色度要求已经由 ANSI C78 工作组建议，他们修正了现在荧光灯标准用来反映现在（和不远的将来）SSL 技术和颜色认知的能力。在制造过程中整合了 LED 的颜色，这些颜色在置于 1931 年的色度图上时，有着四边形的形状与椭圆对应。下面定义了八个四边形中的六个大体相当于和超过 ANSI 7－级麦克亚当（MacAdam）椭圆（与近期的**能源之星**照明标准一致），但在角上包含了附加的空间。因此，建议的四边形有与荧光灯相同的名义上的 CCT。两个附加的名义上 CCT 是 4 500 K 和 5 700 K，换言之，对 LED 提供的颜色定义将不是由 ANSI 定义的 6 个 CCT。

色度变化要求上的看法：先前版本的标准上参考了一个灵活的色选择，它来自 ANSI 色度说明。该灵活的色选择在本版中已经取消，原因如下：首先，近期**能源之星**中已从原来的 6 个 CCT 增加到 8 个，DOE 相信已经对照明工业终端用户交流颜色提出挑战。包含 CCT 的变化将允许更多的选择。第二，DOE 相信对兴起中的 SSL 工业最好的起步途径是尽可能跟随现有照明的步伐。

待机功耗要求的看法：由 DOE 做试验的一些 SSL 灯具给出了在待机状态下有功耗，这些“看不见”的负载，即使相对较小，但在全寿命内总合起来也会对能源效率产生不小的影响。这个问题存在于使用的电源处于开/关的开关的上端，因此即使灯具不工作仍消耗电力。因此 DOE 规定除非对将人员感知器和光电控制器组合在灯具内的这类灯具外，禁止其他灯具有待机功耗。

对灯具的要求		
相关色温（CCT）	灯具必须有下列注定的 CCT 并处于 7 个色四边形中，见附录	
	名义上的 CCT（K）	CCT（K）
	2 700	2 725 ± 145
	3 000	3 045 ± 175
	3 500	3 465 ± 245
	4 000	3 985 ± 275
	4 500	4 503 ± 243
	5 000	5 028 ± 283
	5 700	5 665 ± 355
	6 500	6 530 ± 510
色空间均匀度	不同方向（即观察角度变化）上的色度变化在 0.004 之内 CIE1976（u' v'）图	
色保持	在全寿命期内产品的色度变化在 CIE1976（u' v'）图中 0.007 以内	
显色指数（CRI）	室内灯具最小的 CRI 为 75	
待机功耗	在不使用时不用电 除外：灯具内集成了人体感应器、运动探测器或光电控制器的不需要满足这个要求	
保证	对灯具、盖罩的修理或失效电器件的替代（包括光源和驱动器）最少要从购买后保证 3 年。对住宅产品，写出的保证必须包括灯具在运输时的包装	
热管理	灯具制造商将按照器件制造商的指引，对热管理确认程序和试验过程	

（1）8 个允许的名义上的 CCT 相当于荧光灯注定的色温：2700K，3000K，3500K，4100K，5000K 和 6500K。

装置/阵列

装置/阵列的要求	
LED 光源的流明衰减（L_{70}）	装置在 35 000 h 的额定流明维持至少为 70% 的初始流明值

户外灯具

户外灯具的要求	
室内自动日光控制	对附着在建筑和那些功率大于 13W 的设计为住宅用的灯具必须包含一个集成的光传感器，自动避免在白天工作。还有，在 24h 内，采用一个人工优先或试验操作，控制必须自动地恢复。

驱动器

功率因数变化的评价：对居室灯具要求的功率因数从 0.9 降到了 0.7，原因是居室灯具功率因数为 0.9 的话存在价格问题。DOE 居室灯具的产品试验和与制造商的讨论结果指出，在居室产品中，0.7 已经可以了。

驱动器要求	
功率因数	对住宅用≥0.7，对商业用≥0.9
最低工作温度	驱动器的最低工作温度为 -20℃或更低
正常工作时灯具内的驱动器和驱动器基座的最大温度	安装后，在同处工作时，不超过驱动制造商推荐的驱动器/驱动器座的温度。 **注意：**UL 给出的是驱动器的安全而不是长寿命，此两者规定的热要求是不同的。所有认证产品希望符合这些要求，包括线、吊装件、近天花的情况、集成电路和非集成电路的封装件等，以及 UL1598（灯具标准）除外的产品

（续）

驱动器要求	
电磁和无线电频率干扰	1　设计为住宅内的驱动器产品应符合 FCC 的消费品要求（FCC47CFR Part15，消费品发射限制）。 2　设计为商业内的驱动器产品应符合 FCC 的非消费品要求（FCC47CFR Part 15，非消费品发射限制）。
噪音	驱动器有 A 声级
瞬变保护	驱动器要符合 IEEE C62.41－1991，A 级工作。 线性瞬变由 7 段 100 kHz 的环波在 2.5 kV 水平下构成。 采用两种输入模式：共模或差模。

包装要求

包装要求	
与控制和应用不兼容的除外	包含的文件必须清楚地陈述任何已知的与光控、调光和时控不兼容的地方。

A 类灯：近期使用

灯具效能的评价：对 SSL 灯具，能源之星判据使用了灯具效能，并建立如下的定义：

灯具能效＝灯具光输出（包括器具效率和热效应）/灯具输入功率

对非 SSL 的住宅灯具（通常称为 RLF）能源之星判据采用系统效能定义为灯——镇流器系统的光输出除以在 25°C 温度环境下的输入功率。对荧光灯也建立了这样的试验过程。然后，该本文件中的程序要求来源于灯具效能，由于有下述原因，替代系统效能：

1. 将 LED 光源和它们的器具分离开来做准确的测量常常是不可能的，最典型的是 LED 被集合在器具中并且拿出来后就要改变光源的性能。

2. 评估 LED 的性能受温度影响太大。LED 装置产生的热可以用外面的散热片带出去，而散热片是整合在灯具中的，将 LED 与散热片分开将明显影响其性能。测量 LED 能效还没有的标准和试验过程。然后，标准化组织正在开发一个用于 LED 灯具光度测量的试验过程，该试验过程近来已有草稿并在 2007 年中定稿（编者按：就是 IESNA 的 LM－79 已于 2008 年 5 月发布）。

3. 灯具能效提供了更现实的能源效率的信息，因为它计入了驱动器、热和器具的损失，因此更好符合购买人希望找到输入功率小而输出光多的产品的需要。

建立近期应用的灯具能效在技术上的评价：各种应用的灯具的能效阈值的决定来源于分析近来市场中荧光灯产品的水平，IESNA 设计了商业用 LED 的指导原则、光度模型和性能特征。A 类产品应用的选择最初是依据以下的参数来定的：

1. 直接光的应用；
2. 相对靠近照明面的光源情况；
3. 相对最现代的照明要求；
4. 在应用中典型器具（用传统光源）的效率是≤60%。

对各种应用最小灯具能效是不同的，它们来自使用的典型荧光灯具。为了建立这些能效需求，下面以荧光灯具为对象建立对比标准。

假设为比较标准的荧光灯具		
应用场所	系统能效/（lm/W）①	器具效率（%）
厨房柜下用灯	58.8	40
在搁板下安装的作业灯	58.8	50
手提台灯/作业灯	58.8	50
嵌入式筒灯	58.8	60
户外廊灯	58.8	40
户外踏步灯	50.0	40
户外步道灯	50.0	50

①在 ASHRAE/IESNA 90.1 照明分委员会中，多数人认为对典型的针型座 CFL 系统的效能是 58.8lm/W，对使用更低功率 CFL 灯具，能效可减低到 50lm/W。

对调低 CRI 的说法：为建立 A 类能效要求，DOE 采用了调整因素处理这个问题。该调整因素与增加能效要求有关（指 CRI 低于 80 的产品）。

嵌入式下射灯改变能效的说法：DOE 将器具效率从 50% 提高到 60%。因为对器具效率 50% 的针型座的 CFL 灯具是个典型，当我们向上调节用于嵌入式下射灯的 CFL 的反射器时，会得到更高的器具效率。使用假定更高的器具效率就会增加灯具效能，对住宅类产品可以从 29lm/W 提高到 35lm/W，对商用产品从 33 到 35lm/W（正像上面所说的那样，对商业下射灯要求的能效变化也会因 CRI 调整因素而变化）。

对加进允许的 CCT 的说法：加进室内住宅应用允许的 CCT 的内容是针对有关潜在客户对高的 CCT 的负面反映而做的。从 CFL 市场中学习到的关键一课就是颜色的质量很重要和最后反映的就是使用者对光源的可接受程度。近来，大多数 LED 的能效与高的 CCT 有关，典型的是 5000K 或更高。标准的住宅照明（白炽灯和荧光灯）的 CCT 是 2700K 到 3000K。为确保使用者对认证产品满意，对厨柜下照灯或居室嵌入下射灯使用高于 3500K 的 CCT 是不能接受的。对可移式台灯/作业灯，可以用更高的 CCT，原因是它有时只起辨认细节的作用。对户外产品在这些场合没有限制。

橱柜下照灯

应用要求	
最小光输出	每英尺长度上灯具至少发出 150lm（初始），由下方程计算需要的光输出： 被测量的器具长度（英尺）×150 = 最小需要的光输出（流明）
需要的环带光通密度	在 0°～60°环带内灯具发出的光通量不超过 75% 的总光通量（初始）
最小灯具能效	24lm/W
允许的相关色温	2700K，3000K，3500K

柜搁板下安装的作业灯

应用要求	
最小光输出	每英尺长度上灯具至少发出 150lm（初始），由下方程计算需要的光输出： 被测量的器具长度（英尺）×150 = 最小需要的光输出（流明）
需要的环带光通密度	在 0°～60°环带内灯具发出的光通量不超过 75% 的总光通量（初始）
最小灯具能效	29lm/W
允许的相关色温	2700K，3000K，3500K，4000K，4500K，5000K

便携式台面作业灯

应用要求	
最小光输出	灯具至少发出 200lm（初始）
需要的环带光通密度	在 0°～60°环带内灯具发出至少总光通的 85% 的（初始）光通量
最小灯具能效	29lm/W
允许的相关色温	2700K，3000K，3500K，4000K，4500K，5000K

嵌入式下射灯

应用要求	
最小光输出	≤10cm（4 吋）：300lm（初始） ＞10cm（4 吋）：500lm（初始）
需要的环带光通密度	在 0°～60°环带内灯具发出至少总光通的 75% 的（初始）光通量

（续）

嵌入式下射灯

应用要求	
最小灯具能效	35lm/W
允许的相关色温	对住宅用 2700K，3000K，3500K 商业用没有规定
减少漏气	对要安装在绝热天花板上的嵌入式下射灯将是 IC 等级的，并通过 ASTME－283 的漏气试验，以证实在压差 75Pa 时每分钟的漏气量小于 2.0 立方尺。灯具必须有一个“气密”的标志或类似说明以表示按照 ASTME238 中规定的在压差 75Pa 时的漏气量小于 2.0 立方尺。

户外墙装门廊灯

应用要求	
最小光输出	灯具最小发出≥150lm 的光通量（初始）
需要的环带光通密度	在 0°～90°环带内灯具发出至少总光通的 85% 的（初始）光通量
最小灯具能效	24lm/W

户外台阶灯

应用要求	
最小光输出	灯具最小发出≥50lm 的光通量（初始）
需要的环带光通密度	在 0°～90°环带内灯具发出至少总光通的 85% 的（初始）光通量
最小灯具能效	20lm/W

户外步道灯

应用要求	
最小光输出	灯具发出≥100lm 的光通量（初始）
需要的环带光通密度	在 0°～90°环带内灯具发出至少总光通的 85% 的（初始）光通量
最小灯具能效	25lm/W

B 类灯：将来性能目标

B 类灯中变化的说明：B 类灯的目标告诉了 DOE 对灯的发展趋向是：将来有实质性的提高功能的要求，鼓励不断地在技术层面上改进及设计采用 SSL 的灯具。B 类灯的应用并不限于 A 类灯，产品在广阔的一般照明中的应用将是没有问题的。

B 类灯的最小灯具效能目标应该是目前使用传统产品中最有效的照明系统。举例来说，最通用的高性能的 T8 荧光灯和电子镇流器结合的系统大约是 100lm/W，这些灯－镇流器系统使用的高质量器具的效率大约是 70%，得到 70lm/W 的灯具能效。

依据现代商用有效的技术，LED 灯具还没有达到 B 类灯的最小灯具能效，但因为 LED 的能效不断提高、LED 容许高的温度、驱动器的效率不断提高和灯具设计的进行，DOE 要参与此项快速成长的工作。

DOE 相信近期一般照明中的不少产品会在该标准有效期过后 3 年内达到灯具能效 70lm/W，之后，产品将按照 B 类的要求在本判据有效期后 3 年被认证。

加入将来眩光要求的说明：DOE 知道在将来把灯具能效设置到高的水平后，进入市场的产品就有高的直接和间接眩光，原因是制造商用最大灯具效率来提高灯具能效。近来的眩光评价，例如：视觉舒适几率（VCP）、统一眩光指数（UGR）、眩光指数（GI）等都来自对特殊应用场合的不舒适的主观报告，有关这方面的响应，DOE 计划安排照明工业来发展/推荐这方面的标定方法，用于 B 类产品从而管理不舒适眩光。

B 类灯是作为 SSL 基础灯具的将来目标而建立的。在本判据的有效期后 3 年内 B 类产品还不能认证。

将来灯具能效目标：	
灯具能效	≥70lm/W
所有其他要求：	
眩光要求	将开发
除了最小光输出和环带流明密度的要求还没有外，所有的其他要求将和A类灯在实施时一样，在B类灯开始实施时执行。	

标准和文件

NVLAP授权的说明： DOE期望关键的标准和试验过程要在2007年中完成，并由相关组织在2007年秋季正式采纳。一旦实验室被认定，他们就要进行新的试验过程。此外，由于认证实验室需要时间，也许近期只有有限的实验室能开展试验工作，DOE正在准备资助NIST从而解决这个问题。然后，为了维持这个程序的时间节点和符合程序的期望者想要的质量和性能，DOE将从生效日起的一年内暂停NVLAP的授权要求，在这个阶段中，DOE将导入一个有挑战性的质量保障程序（QA）以确保新标准和试验产品符合最高的水平。

从本判据有效日起，NVLAP的授权要求将暂停一年。

性能特征	测量方法的相关标准	要求的文件
灯具能效： 光输出 输入功率	IESNA LM－79－XX① ANSI C82.2	
功率因数	ANSI C82.77	实验室试验结果的得到必须使用注定的设备和驱动结合一起，并且用于生产中提供一个来自由NVLAP授权的实验室或它的MRA中的一个人签字的试验报告 **注意：** 这个试验使用由NVLAP授权的实验室或它的MRA中的一个人签字的试验报告，它必须也有一个授权范围，该范围包括该性能特征的测量参考标准方法
流明衰减（L70）	IESNA LM－80－XX①	实验室试验结果的得到必须使用注定的设备和驱动结合一起，并且用于生产中。见下面附加的流明衰减试验认证过程的章节提供一个来自由NVLAP授权的实验室或它的MRA中的一个人签字的试验报告 **注意：** 如果本试验采用的实验室是由NVLAP授权或由它的MRA之一签字，它必须也有一个授权范围，该范围包括该性能特征的测量参考标准方法
显色指数	ANSI C78.377A① IESNA LM－79－XX CIE 13.3－1995 IESNA LM－58	必须使用注定的设备和驱动器结合一起，采用生产中的样品，得到实验室的试验结果，提供一个来自由NVLAP授权的实验室或它的MRA中的一个人签字的试验报告 **注意：** 如果本试验采用的实验室是由NVLAP授权或由它的MRA之一签字，它必须也有一个授权范围，该范围包括该性能特征的测量参考标准方法
色度和相关色温	IESNA LM－79－XX CIE 15：2004 IESNA LM－58 IESNA LM－16	必须使用注定的设备和驱动器结合一起，采用生产中的样品，得到实验室的试验结果，提供一个来自由NVLAP授权的实验室或它的MRA中的一个人签字的试验报告 **注意：** 如果本试验采用的实验室是由NVLAP授权或由它的MRA之一签字，它必须也有一个授权范围，该范围包括该性能特征的测量参考标准方法
色空间均匀度和色维持	IESNA LM－79－XX CIE 15：2004 IESNA LM－58 IESNA LM－16	自验证 **注意：** 必须提供按DOE要求的试验报告
同处的驱动器/驱动器座的温度	同处的驱动器/驱动器座的温度试验	自验证 **注意：** 必须提供按DOE要求的试验报告
噪音	A声级：驱动器不超过24db	自验证 **注意：** 必须提供按DOE要求的试验报告
灯具保证		制造商提供包括包装在内的实际三年保证的复印件
安全 可移式器具 硬线器具	ANSI/UL 153 UL 1598	提供封面来自OSHA的NRTL实验室的安全试验报告或综合陈述

①近期由IESNA/ANSI作业组与DOE能源之星SSL合作开发。

认证过程

允许产品变化方面的说法：DOE 接到许多关于要求方面的看法，就是说所有灯具和所有这些灯具的版本要被试验才能作为**能源之星**认证的条件。DOE 理解所有产品相关试验的时间和费用，据此，DOE 开发了一种产品组认证的方法，就是允许在认证试验的产品和待申请认证产品之间可以有一些有限的变异。

本段中，申请人可将类似产品分组，申请人自定义的产品组和产品的变异在申请时要申明。DOE 将要求和证实在这组中所有的产品基本一样，仅有细微的变化。申请人将从这一组中提供一个灯具做试验。只要该产品通过能源之星试验，全部建议的产品组就被认证而冠以**能源之星**的标志。

然后，这个看似不难的产品认证的后面跟着一个具有挑剔性的质量确保（QA）程序。DOE 将监视包括产品组的试验认证产品在其后市场上它们的表现情况，看它们有没有比试验产品差。如果一个 QA 试验发现一个不符合的产品，其他算在组内的产品将取消认证。如果来自相同申请人在另一产品组中在一个 QA 试验中出现第二个试验失效，那么，申请人可维持使用产品组延缓一年。

该步骤结合了前端申请人的产品组的托管有一个不可妥协的后端 QA 程序。DOE 相信 OA 试验失败的代价足够的高以引导申请人想保留他们产品组的命名。DOE 将鼓励他们来为认证试验产品在一个建议的组中至少符合程序要求进行选择，如果不跟随这个建议，他们要对付产品分开列表（它们的商店和分销商将学习这项内容），他们将为了个别变化的产品带来更多的试验费用。

DOE 有理由相信这个方法在对方需要在可靠的认证试验和申请人可接收的价格中求得折衷。

变化试验过程的说法：有些人也表述了对灯具试验要求的看法，举出增加认证过程的试验时间和费用的例子。LED 技术和用得到的试验过程的现在状况阻止在基本平台（即灯－镇流器或 LED 驱动器）上对 LED 器具的认证。这里有太多的差别：LED 是整合在器具中的而且这个整合实质上与 LED 性能相悖的，进一步说，在开发中的第一个工业标准光电试验过程注定是对试验完整灯具的。在 LED 发展的早期状态，DOE 相信质量和终用户的满意将是认证灯具最好的服务，比它们的平台更重要。DOE 欢迎鼓励和工业界对话是高效的和简化试验过程，而仍然保留必要的光度、电气和色度信息从而确保产品质量和效率。后续应用的这些判据，DOE 将召集一个程序以开发可选择的试验方法，邀请照明制造商、试验室和研究机构参与。

产品的各种变化：

当认识到发生在生产线上重要的元件替代和认识到产品变化的范围会或者不会对产品性能有实质性的影响，这些判据在为认证目的试验产品和作为那些试验的产品认证结果之间允许存在有限的变化。

申请人可以选择认证产品组作为单一的 SKU（一个 SKU，一些变化）或 SKU 家族（多个 SKU，一些变化）。申请人自定义产品组。在那一个选择下，认证的产品必须与试验产品一致，仅仅允许有限的变化。下表综合了允许的变化。

在产品组内的变化	
外壳和框架	不允许
散热器/热管理	不允许
表面处理	允许
反射器/修饰	允许
灯罩/扩散器	允许
光源	允许，或有条件允许
驱动器	允许，或有条件允许

从表中看出，不管对单个 SKU 或 SKU 组，外壳/框架的可变性和散热器/热管理部件的可变性是不允许的。原因是直接影响到 LED 的性能。其余的如表面处理、反射器/变异和罩/扩散器的变化是可以的。针对下面说明的条件，光源和驱动器的变化也是允许的。

在单一申请的产品认证中，某些条件下，可以包括来自多个制造商的多个 LED 装置/阵列和驱动器，但是用于近乎一样灯具的多个 LED 模组/阵列和驱动器必须能得到相同质量和数量的光。多个 LED 装置/阵列和电源的替代件会产生不同的 CCT 、 CRI 、总光通和其他数量和质量的光，就不能包含在一个产品组中。进一步说，所有多个 LED 装置/阵列的替代件必须分别符合在流明衰减章节中选择 1（元器件性能）的要求。

流明衰减的认证

LM－80 试验过程描述对多个 LED 装置/阵列和/或灯具。申请人可以说明符合选择 1（元器件性能）还是选择 2（灯具性能）。

选择 1：元器件性能

元器件性能的选择允许申请人表明流明衰减试验按照 LM－80 试验光源（装置/阵列）进行操作，器件在或者在低于规定温度工作下（只要工作在相同的位置上）。为了能使用元器件性能选择这一条，必须全部满足下面三个条件，只要任何一个条件不满足，元器件性能选择这一条就不能采用，并且申请人必须采用灯具性能选择这一条。

1）在一个器具内使用一个或多个 LED 装置/阵列的话，要按照 LM－80 做试验，并且多个 LED 装置/阵列有的流明维持 L70 在 35 000h 或更多。

2）一个或多个 LED 装置/阵列的制造商要描述或指出一个在 LED 装置/阵列上测量温度点的位置。

3）一个或多个 LED 装置/阵列测量温度点的位置是容易在这里临时附着热电偶做测量。通过临时孔进入的话，在试验时，要保持密封或用相应的软的密封材料再封起来。若满足下列两条，灯具就通过流明衰减要求；

1）同处进行的一个或多个 LED 装置/阵列的温度试验，要处于规定的温度测量点，其值要小于或等于 LM－80 报告上在对应的或更高的驱动电流工作下注定的温度。

2）测量器具内的驱动电流要小于或等于 LM－80 报告在对应的或更高的温度下的电流值。

选择 2：灯具性能

申请人出示符合流明衰减要求是提供了一个 LM－80 的整灯具试验报告，试验报告必须表明流明维持 L70 是在大于或等于 35000h 的。

在同处的驱动器/驱动器座的温度试验

在同处的驱动器/驱动器座的温度试验测量驱动器在同一地点稳态的温度。如果测量的驱动器和驱动器基座温度小于或等于由驱动器制造商保证的温度，灯具就通过本试验。

认证过程

DOE 将分开来开发一个用于描述认证过程要点的文件，包括申请表。

质量确保试验

在单一 SKU 产品组或 SKU 族产品组下，一个产品如果在 QA 试验中出了问题，那么全部产品组就不能通过。如果在一个产品组下，2 个或更多变异的产品认证在 QA 试验中失效，申请人就要列入延期名单。临时列入延期名单的申请人有权将他们的产品组暂时搁起来。他们必须分开认证每一个产品，包括在单一 SKU 中的光源和驱动器。一年以后，再次符合产品组认证条件，申请人不再列在延期名单。如果他的产品组有 2 个或更多的在后续 QA 试验中失效，申请人将回到延缓名单中。

为了限制在 QA 试验中试验失效的几率和随后的悬而未决的产品组认证权利，建议申请人用一个单一申请，试验有最低效率的灯具形式，并且生产中只采用替代器件，这样使功能至少与用于产品认证试验中使用的元器件一样。

DOE 将有另一个文件配合这些判据规定质量认证试验（QA）。

有效期

对 SSL 能源之星程序要求和判据—版本 1.0 的有效期将被确定。然后，直到参考标准和试验过程成为有效前，DOE 将不作判据有效性的规定。因此，DOE 在相关标准没出台前，保留该项权利以延长有效日期。

将来标准的修改

由于 LED 技术的快速发展，DOE 预计定期修改这些判据。LED 的性能和能效的改进，DOE 预计新的应用将加进这个判据中，随着时间和看法的推进，修改将随时通知所有参与者。

附录

定义

A. **A2LA**：American Association for Laboratory Accreditation（美国实验室认定协会）。

B. **ALA**：American Lighting Association（美国照明协会）。

C. **ANSI**：American National Standard Institute（美国国家标准所）。

D. **ASSIST**：Alliance for Solid State Illumination Systems and Technologies（固态照明系统和技术联盟）。

E. **ASTM**：American Society for Testing ofmaterials（美国材料试验协会）。

F. **Automatic daylight shutoff**：（自动日光关闭）一种光电装置，在有日照时，自动使灯具不工作。

G. **CIE**：Commission Internationale de I' Eclairage（又译为：International Commission on Illumination）（国际照明委员会）。

H. **Color appearance（色表）**：光源的实际颜色称为色表，按照 CIE 出版物 N0. 13. 3－1995，用光谱三刺激值来定义（色坐标）。对色坐标靠近黑体轨迹的用相关色温（K 氏温度）可以定义色表。

I. **Color rendition（显色）**：由 LED 发出的光的光谱特性表现出的效果，将光照明物体后显现的色彩称显色。显色指数（CRI）定义按照 CIE No13. 3－1995 推荐出版物，物体在被试照明体和标准照明体照明下的光谱三刺激值之间的比较。

J. **Commercial luminaire（商业灯具）**：一种用 A 类电源供电的灯具。

K. **Correlated Color Temperature（CCT）（相关色温）**：LED 的实际颜色称为色温，按照 IESNA LM－16 推荐的光谱三刺激值来定义。对色坐标靠近黑体轨迹的，使用相关色温，并用开尔文（K）来定义。

L. **CSA**：Canada Standards Association（加拿大标准协会）。

M. **Device（装置）**：LED 整合了外壳，分隔件，内部光学系统，电气连接件和散热器后发出光线。

N. **Driver（驱动器）**：提供给发光二极管必要供电能力用于启动和工作的电路设备。

O. **IEC：International Electrotechnical Commission**（国际电工委员会）。

P. **IESNA：Illumination Engineering Society of North American**（北美照明协会）。

Q. **Initial performanceValues**（初始性能值）：在 100 h 老练后的光度和电气特性。

R. **LED lumen depreciation（L70）**（LED 流明衰减 L70）：由制造商自己声明的一个时间段，该段时间内大部分的 LED 可以保持 70% 的流明。

S. **Luminaire**（灯具）：由一个 LED（组）和驱动（组）一起加上用于分配光线，定位和保护 LED，及将 LED 连接到电源的一个照明单元。

T. **Luminaire Efficacy**（灯具能效）：灯具的光通量除以输入功率。

U. **Lumenmaintainance**（流明维持）：LED 寿命的给定时间段内表示的光通量，用初始光通量的百分数表示。

V. **MacAdam color ellipse**（麦克亚当色椭圆）：色度图上一个椭圆区域，用下列内容确定：质心点，与水平轴的倾斜角度和一个定义好的水平间的变异。该区域定义了对一个目标色温，什么色度坐标可以接受。这些判据的得到是根据 ANSI C78。376－2004 的表 1 和表 2 规定的目标色度（x，y）和倾斜角，使用质心定义了标准化的颜色椭圆，定义了变化量为四级。

W. **Minimum operating temperature**（最小工作温度）：驱动器可靠工作的最小温度。

X. **MRA（Mutual Recognition Arrangement）** 相互认知的排列。

Y. **NVLAP（NationalVoluntary Laboratory Accredition Program）**：国家志愿实验室认证程序。

Z. **Portable luminaire**（可移式灯具）：通过细线，用或不用插头与电源连接的灯具。

AA. Power factor（功率因数）：有功功率除以视在功率（即驱动器输入电压均方值和输入电流均方值的乘积）。

BB. **Rated luminous flux or lumen output**（额定光通量或流明输出）：由制造商声称的初始额定光通量（在 100 h 时测得的）。

CC. **Recessed downlight**（嵌入式下射灯）：通用目的的灯具，用于提供空间的一般和环境照明。灯具嵌入在天花板中，设计为地板和作业面提供照度。灯具整合器具、反射器、装饰环和光源。能源之星 SSL 灯具判据建议嵌入式下射灯分两类：

1）嵌入式下射灯器具—全部灯具要用新结构的或大部分改过后才能替代的。

2）嵌入式下射灯外圈—作为从天花板下面看得见的嵌入式下射灯具的一部分，包括反射器、装饰环、光源和部分必要的连接装饰环到器具腔的部分。装饰件常常可以用于更新原来的嵌入式下射灯的灯腔。

DD. **Residential luminaire**：（住宅灯具）：用 B 类电源工作的灯具。

EE. **UL**：Underwriters Laboratory（保险商试验室）。

参考标准和试验过程

有下划线的标准和试验过程是近来在开发的。

参考标准和试验过程		
组织	使用标准	名称
ANSI	ANSI C82 XXX	Electrionic Drivers for LED Devices，arrays，or system（LED 装置、阵列或系统的电子驱动器）（在进行中）
ANSI	ANSI C78. 377A	Specifications for the Chromaticity of Solid State Lighting Products（固态照明产品色度规定）（在进行中）
ANSI	ANSI C82. 77－2002	Harmonic Emission Limits—Related Power Quality Requirements for Lighting（谐波发射限制－关于照明的电源质量）
ANSI	ANSI/IEEE C62. 41－1991	Recommended Practice for SurgeVoltages in Low－Voltage AC Power Circuits（在低电压 AC 功率源中推荐的浪涌电压的实践）
ANSI/UL	ANSI/UL 153－2005	Portable Electric Luminaires（可移式电气灯具）
ASTM	ASTM E283－2004	Restricted Airmovement（空气流动的限制）
CIE	CIEPub. No. 13. 3－1995	Method ofmeasuring and Specifying Color Rendering of Light Sources（规定的光源显色性测量方法）
FCC	FCC 47 CFR	Electromagnetic Interference（电磁干扰）
IESNA	IESNA LM－16	Correlated Color Temperature（相关色温）

（续）

参考标准和试验过程		
组织	使用标准	名称
IESNA	IESNA LM－58	Color Rendering Index and Correlated Color Temperature（显色指数和相关色温）
IESNA	IESNA LM－79	Approvedmethod for the Electrical and Photometric Testing of Solid－State Lighting Devices（对固态照明设备批准的电气和光度测量方法）
IESNA	IESNALM－80	Lumen Depreciation of LED Light Sources（LED 光源的流明衰减（在进行中））
NFPA	NFPA 70－2005	National Electric Code（国家电气规范）
UL	UL 1012－2005	Power Unites Other Than Class2（非 2 类功率单元）
UL	UL 1310－2005	Class 2 Power Units（2 类功率单元）
UL	UL 1598－2004	Luminaires（灯具）
UL	UL 1838－2002	LowVoltage Landscape Lighting System（低电压景观照明系统）
UL	UL 1994－2005	Luminous Egress Pathmarking System（发光入口走道标志系统）

色度规范和偏差四边形

下面的色度规范由 ANSI 开发，并尽可能与现有的荧光灯标准一致，以反映近期（和远期）状态 SSL 技术和色认知能力。下面定义的八个四边形中有六个与现在的 ANSI 7 级 MacAdam 椭圆（与能源之星照明判据一致）重迭，它们有如能源之星荧光灯上相同的名义上的 CCT。为了适用 SSL，加进了两个 CCT（4500K 和 5700K）。每个四边形由 CCT 的间隔和色度图中离普朗克轨迹的距离来确定。图 1 画出了这些色度四边形和下面的表格表示了它们中心点和四角的坐标（x，y）。

	2700K		3000K		3500K		4000K		4500K		5000K		5700K		6500K	
	x	y	x	y	x	y	x	y	x	y	x	y	x	y	x	y
中心点	0.4578	0.4101	0.4338	0.4030	0.4073	0.3917	0.3818	0.3797	0.3611	0.3658	0.3447	0.3553	0.3287	0.3417	0.3123	0.3282
四边形的偏差	0.4813	0.4319	0.4562	0.4260	0.4299	0.4165	0.4006	0.4044	0.3736	0.3874	0.3551	0.3760	0.3376	0.3616	0.3205	0.3481
	0.4562	0.4260	0.4299	0.4165	0.3996	0.4015	0.3736	0.3874	0.3548	0.3736	0.3376	0.3616	0.3207	0.3462	0.3028	0.3304
	0.4373	0.3893	0.4147	0.3814	0.3889	0.3690	0.3670	0.3578	0.3512	0.3465	0.3366	0.3369	0.3222	0.3243	0.3068	0.3113
	0.4593	0.3944	0.4373	0.3893	0.4147	0.3814	0.3898	0.3716	0.3670	0.3578	0.3515	0.3487	0.3366	0.3369	0.3221	0.3261

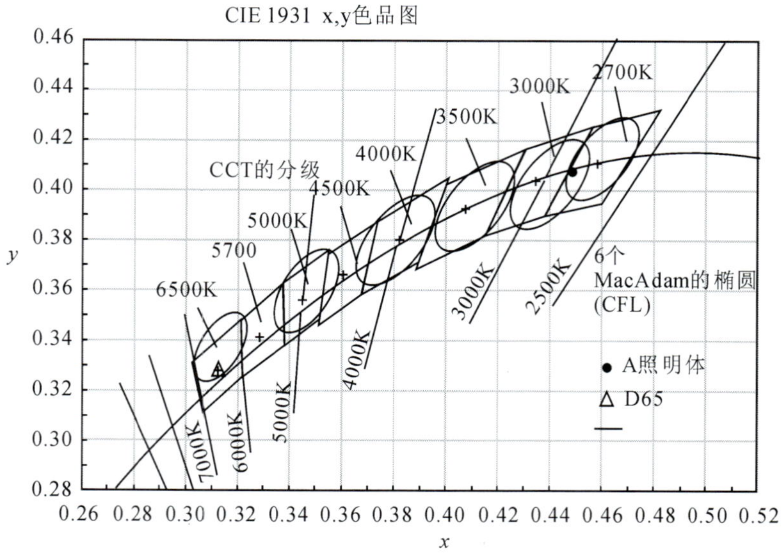

图 1　CIE1931 年的色品图中显示的 8 个 CCT 的四边形

美国能源部对符合能源之星要求的 A 类灯的补充要求（2008.8）

美国能源部在2007年4月公布了符合能源之星A类灯要求的第一版。其中有四只室内灯具，三只室外灯具。近来又公布了符合能源之星要求的A类灯的补充要求，这些灯具主要覆盖了室外的一些灯具和部分室内常用的灯具，现介绍如下。

近期应用A类灯的要求：

表面安装和悬吊安装的下射灯

评论：

现有的判据是针对嵌入式下射灯的，下面给出的表面安装和悬吊安装下射灯的类似的光度要求加到下射灯的判据中。

应用要求	
最小光输出	口径≤4.5吋：345lm（初始）；口径>4.5吋：575lm（初始）。
环带流明密度的要求	灯具在0°～－60°环带内至少发出全部光通量的75%（两边横向对称）
最小能效（lm/W）	35lm/W
可接受的CCT	用于居室产品：2700K，3000K和3500K

户外杆/挑臂安装的区域照明和道路灯具

光均匀性的评论：

仅表示分布光度学测量的光强要求，光通量的值可以通过环带常数（一个三角函数）从光强数值中计算得到。

照度也从光强中导出。余弦定律（另一种修改的照度反平方比定律的表述）说照度＝光强·cosθ/距离^2，即在大的θ角方向上需要更大的光强才能得到在小的θ角上相同的照度，因此，当需要照度均匀的话，关心光强分布比关心光通量更重要。

注意，光通量和光强间是不能直接推算出来的，而环带流明的值必须加起来才能得到100%，就能代表总和，而光强是不受限制的，并在注定的角度上进行测量。光通量和光强的“不相关”特别体现在IESNA的截光灯具的分类上（由IESNA TM－15－07的灯具分类系统）。

应用要求	
最小光输出	灯具发出最小2300lm的光通量（初始）
要求的环带流明密度	灯具在0°～90°区域内发出100%的光通量，其中，最多只能有10%的光通量在80°～90°区域内（两边横向对称配光）
光束均匀度	IES户外灯具分类的Type II/III 最大光强（cd）处于55°～65°区域内（垂直角），该角度处于的水平角要符合IESNA－TM－15中对不同灯具配光的分类定义，而且还有下面的要求： ·在0°～25°范围内有最大光强的10%～35%＊的光强 ·在25°～45°范围内有最大光强的35%～60%＊的光强 ·在65°～75°范围内有最大光强的35%～95%＊的光强 ·在80°～90°范围内的光强≤5%＊的最大光强 IES户外灯具分类的Type IV 最大光强（cd）处于55°～65°区域内（垂直角），并符合下面的要求： ·在0°～40°范围内≤最大光强的50%＊的光强 ·在80°～90°范围内的光强≤5%＊的最大光强 IES户外灯具分类的TypeV 最大光强（cd）处于55°～65°区域内（垂直角），并符合下面的要求： ·在0°～25°范围内有最大光强的10%～35%＊的光强 ·在25°～45°范围内有最大光强的35%～60%＊的光强

（续）

应用要求	
	·在65°～75°范围内有最大光强的35%～95%＊的光强 ·在80°～90°范围内的光强≤5%＊的最大光强 （参考IESNA TM－15－07对灯具光分布的分类）
最小灯具能效	50lm/W

＊所有的误差是±5%。

户外杆/挑臂安装的装饰灯具

应用要求	
最小光输出	灯具至少发出2300lm的光通量（初始）
环带流明密度的要求	灯具在0°～90°环带内至少发出全部光通量的85%（两边横向对称）
最小能效（lm/W）	40lm/W

户外壁装区域照明灯（“贴墙灯”）

应用要求	
最小光输出	灯具至少发出1300lm的光通量（初始）
环带流明密度的要求	灯具在0°～90°环带内至少发出全部光通量的100%，在80°～90°环带内最多只能有全部光通量的10%（两边横向对称）
最小能效（lm/W）	40lm/W

拱照明灯（非对称光分布）

评论：

本栏目中的这个灯属于高性能的建筑灯具利用再反射或再直接的光线给天花板提供间接照明。

本栏目中的这个灯不是那种重点照明供/提供低照明水平（似朦胧）的灯具，这类灯具在应用时并不需要光输出和本项中规定的光学控制。

应用要求	
最小光输出	每英尺灯具至少提供400lm的光通（初始）；用下列方程计算： （测量的灯具长度（英寸）/12）×400＝灯具最小光输出（流明） 注意：方程可用于所有结构的灯具。对矩形几何形状的，“测量灯具长度”是灯具最长的尺寸；对圆形灯是直径；对直线轨道灯是轨道长度
环带流明密度的要求	灯具在100°～150°环带（不对称）内至少发出全部光通量的60%
最小能效（lm/W）	56lm/W
可接受的CCT	2700K，3000K，3500K，4000K，4500K和5000K

圆或方形停车库灯具

应用要求	
最小光输出	灯具至少发出4000lm的光通量（初始）
环带流明密度的要求	灯具在60°～70°环带内发出过半数的光通量（最小是总数的20%），且过半数余下来的光通量（最小是总光通的15%）在70°～80°的环带内（两边横向对称）
最小能效（lm/W）	56lm/W

柱灯

评论：

柱灯的最小的光输出和需要的环带流明密度是在关注眩光的前提下得到的，要提供与现有技术可比较的照度。

特别是需关心的环带流明密度，见下面几个说明：

· 50°～70°环带中的光是照到地面的光；

· 限制 80°～90°环带中的光就是要限止和避免眩光；

· 用柱安装在靠近建筑物（特别是在现实情况下）的地方时，允许 90°～110°环带中有些上射光。

· 超过 110°就要限制光线，避免天空光。

应用要求	
最小光输出	灯具至少发出 500lm 的光通量（初始）
环带流明密度的要求	灯具在下面环带中至少发出大部分光通量 · 在 50°～70°中要 >40% 以上的总光通的光通量 · 在 80°～90°中要 <10% 总光通的光通量 · 在 90°～110°中要 <15% 总光通的光通量 · 大于 110°后没有光
最小能效（lm/W）	26lm/W

圆或方形洗墙灯

应用要求	
最小光输出	灯具至少发出 575lm 的光通量（初始）
环带流明密度的要求	灯具在 20°～40°环带（不对称）内至少发出全部光通量的 50%
最小能效（lm/W）	30lm/W
可接受的 CCT	2700K，3000K，3500K，4000K

有散光器的天花板安装（吸顶灯）的灯具

评论：

本栏目中对现有产品提出一个形式系数和光度分布的范围，没有提出需要的环带流明密度。

应用要求	
最小光输出	灯具至少发出 750lm 的光通量（初始）
最小能效（lm/W）	30lm/W
可接受的 CCT	对居室产品是 2700K，3000K，3500K

单头或多头的面（吸顶）安装的灯具

应用要求	
最小光输出	每个头至少发出 250lm 的光通量（初始）
环带流明密度的要求	灯具在 0°～90°环带（两边横向对称）内至少发出 85% 的光通量
最小能效（lm/W）	30lm/W
可接受的 CCT	对居室产品是 2700K，3000K，3500K

中国
照明
工程
年鉴
(2009)

第七篇　附录

中国照明学会第五届理事会理事名录

本表头以姓氏笔画为序

姓名	职务职称	工作单位	通讯地址	邮编	区号	电话	传真
于　冰	高　工	河南省照明学会	郑州广电南路10号院北云鹤花园5号楼3单元42号	450008	0371	65088055	
于福江	处　长	上海市市容环境卫生管理局	上海市铜仁路331号1408室	200040	021	62899503	62899027
马　剑	教　授	天津大学建筑学院	天津市南开区卫津路92号	300072	022	27892383	27892383
马小庄	高　工	北京松下电工有限公司	北京经济技术开发区同济北路1号	100176	010	67881183	67881177
王大有	高　工	北京照明学会	北京市朝阳区大北窑厂坡村甲3号	100022	010	67736971	67736971
王立雄	研究员	天津大学建筑学院	天津市南开区天津大学建筑学院	300072	022	27404947	27890420
王亚春	副研究员	铁道部产品质量监督检验中心	北京海淀区大柳树路2号标准所	100081	010	51893362	51893194
王建国	工程师	北京松下照明光源有限公司	北京市朝阳区大山子酒仙桥北路9号	100015	010	84563147	64372224
王保国	高　工	中央电视台技术中心制作部	北京海淀区复兴路11号中央电视台技术中心	100045	010	68506225	68508545
王继援	高　工	郑州大学综合设计研究院	郑州市文化路97号郑州大学工学院	450002	0371	63887652	63886357
王琦安	工程师	科技部高新技术发展及产业化司材料处	北京海淀区复兴路乙15号	100862	010	58881575	58881577
王锦燧	研究员	中国轻工业联合会	北京市朝阳区光华路12号1号楼	100020	010	65814260	65812194
孔曙光	副局长	厦门市科技局	厦门市虎园路2号市科技局	361003	0592	2022188	2024555
叶　炜	副研究员	浙江大学信息学院控制系	浙江大学信息学院控制系	310027	0571	85603543	87952829
叶　明	工程师	飞利浦（中国）投资有限公司	北京建外大街8号华润大厦	100005	010	65172288－3500	
冯德仲	教　授	中央戏剧学院	北京市东城区豆角胡同25号	100009	010	64478967	84045216
吕家东	教授级高工	东南大学电光源研究中心	南京四牌楼2号东南大学电光源研究中心	210096	025	83792566	83606108
朱　红	高　工	中国建筑科学研究院建筑物理研究所	北京西城区车公庄大街19号	100044	010	68331344	88386960
朱绍龙	教　授	复旦大学	上海市邯郸路220号复旦大学电光源所	200433	021	65642335	65646818
华树明	高　工	北京电光源研究所	北京市朝阳区大北窑厂坡村甲3号	100022	010	67704230	67704260－11
刘　玮	主任医师	解放军空军总医院	北京市阜成路30号	100036	010	66928074	68485082
刘　虹	副研究员	国家发展改革委员会能源研究所	北京西城区木樨地北里甲11号国宏大厦B－1503	100038	010	63908553	63908568
刘木清	教　授	复旦大学光源与照明工程系	上海市邯郸路220号复旦大学光源与照明工程系	200433	021	55664116	65642771
刘世平	教授级高工	北京电光源研究所	北京市朝阳区光华路12号1号楼419	100020	010	65817525	65812194

（续）

姓名	职务职称	工作单位	通讯地址	邮编	区号	电话	传真
刘伟奇	研究员	中国科学院长春光学精密机械物理研究所	长春市东南湖大路16号	130033	0431	86176588	85601076
刘剑平	高　工	欧司朗（中国）照明有限公司	广东省佛山市工业北路一号	528000	0757	86482935	
刘瑜玲	主任医师	北京大学第三医院眼科中心	北京大学第三医院眼科中心	100083	010	82266699	
刘　慧	副研究员	中国计量科学研究院光学所	北京北三环东路18号	100013	010	64211631－2707	64218651
刘醒明	工程师	佛山电器照明股份有限公司	广东佛山市禅城区汾江北路15号	528000	0757	82966028	82816276
齐晓明	技术总监	飞利照明全球技术发展中心中国园区	上海市田林路888弄9号飞利浦上海创新科技园2号楼	200233	021	24128686	54452828
许世虎	教　授	重庆大学艺术学院	重庆市沙坪坝区重庆大学艺术学院	400044	023	65111943	65111943
孙彦武	总经理	长春为实照明科技有限公司	长春市东南湖大路998号金鼎大厦17层	130022	0431	88602988	88602995
牟同升	副教授	浙江大学三色仪器有限公司	杭州市天目山路88号龙都大厦主楼1109号	310013	0571	89987348	28860610
严永红	教　授	重庆大学建筑城规学院	重庆市沙坪坝区重庆大学B区建筑城规学院	400030	023	65120701	65126335
严盛虎	主任科员	建设部城市建设司市政公用行业监管处	北京市海淀区三里河路九号	100835	010	58933058	58933981
严　慈	高　工	江苏省照明学会	南京市北京西路72号	210024	025	83702877	83244317
杨大林	教授级高工	黑龙江省建设设计研究院	哈尔滨市果戈里大街1号	150001	010	86352246	
杨兆杰	高　工	中国体育国际经济技术合作公司	北京市崇文区体育馆路五号	100763	010	87183080	67151273
李　农	教　授	北京工业大学建筑与城市规划学院	北京市朝阳区平乐园100号	100022	010	67392155	67392155
李运昌	研究员	吉林省建筑设计院有限责任公司	长春市人民大街16333号	130051	0431	82725245	82724566
李志君	高　工	上海亚明灯泡厂有限公司	上海嘉新公路1001号	201801	021	59103793	59103259
李　林	教　授	北京理工大学	北京理工大学信息科学技术学院光电工程系	100081	010	68912567	82952860
杨春宇	教　授	重庆大学	重庆市沙坪坝区重庆大学B区建筑城规学院	400045	023	65126320	65126335
李炳华	教授级高工	中建国际（深圳）设计顾问有限46公司	北京市朝阳区东土城路12号怡和阳光大厦C座	100013	010	84265586	84265500
李铁男	高　工	中标认证中心	北京市海淀区知春路4号	100088	010	58811568	58811569
李铁楠	研究员	中国建筑科学研究院建筑物理研究所	北京西城区车公庄大街19号	100044	010	88386962	88386960
杨　铭	研究员	北京大学医学部天然及仿生药物国家重点实验室	北京大学医学部	100083	010	82805264	82802724
李　毅	高　工	重庆市江北城中央商务区开发投资有限公司	重庆市江北区滨路聚贤岩1号	400024	023	67012580	67012116
吴　玲	研究员	国家半导体照明工程研发及产业联盟	北京市海淀区中关村南大街2号数码大厦B座1002C	100086	010	82512308	82512803
吴恩远	研究员	山东省建筑设计研究院	济南市经四路小纬四路二号	250001	0531	87913022	87913010
何镇男	高　工	广州市设计院	广州市天河体育东路东横街3号	510620	020	87513224	

（续）

姓名	职务职称	工作单位	通讯地址	邮编	区号	电话	传真
汪幼江	高　工	上海同济城市规划设计研究院	上海四平路子388号同济联合广场C－1003室	200092	021	33626016	33626010
邴树奎	高　工	总后建筑设计研究院	北京市太平路22号设计院	100036	010	66887579	66887579
肖　辉	副教授	同济大学电子与信息工程学院	上海市四平路1239号同济大学电子与信息工程学院	200092	021	69589501	69589379
吴初瑜	教授级高工	北京电光源研究所	北京市金台路甜水西园12号304	100026	010	67709368	80545380
吴宝宁	高　工	中国兵器工业集团第205研究所	陕西省西安市123信箱	710065	029	88288297	88288000
汪　猛	教授级高工	北京市建筑设计研究院	北京市西城区南礼士路62号	100045	010	88043669	68011399
沈光地	教　授	北京工业大学	北京市朝阳区平乐园100号北京工业大学电子信息学院	100022	010	67392390	67392390
沈　茹	高　工	南京伊埃尔电气设备有限公司	南京市中山东路218号长安国际中心2706	210002	025	84650157	
宋贤杰	副教授	复旦大学光源与照明工程系	上海市邯郸路220号	200433	021	65642771	65646818
张文才	教授级高工	中国建筑设计研究院	北京车公庄大街19号	100044	010	68302575	68339620
张青文	高　工	重庆大学建筑城规学院	重庆大学建筑城规学院	400045	023	65120704	65126335
张贤庆	副总经理	广东东松三雄电器有限公司	广州市番禺区钟村镇韦涌工业区	511495	020	28660333	28660335
张　昕	讲　师	清华大学建筑学院	北京市海淀区清华大学建筑馆南113室	100084	010	62782206	62770314
张建忠	副研究员	南京东南大学电光源研究中心	南京四牌楼2号东南大学电光源研究中心	210018	025	83792695	83606108
陆　峥	总经理	锐高照明电子（上海）有限公司	上海市江苏路369号兆丰世贸大厦3A	200050	021	52400599	52400230
张保洲	教　授	北京师范大学天文系光电探测研究室	北京师范大学天文系	100875	010	58807832	58807631
张露丽	副局长	沈阳市城市建设管理局	沈阳市沈河区五爱街58号	110015	024	23987010	23987010
陈大华	教　授	复旦大学光源与照明工程系	上海市邯郸路220号复旦大学电光源与照明工程系	200433	021	65102364	65646817
陈大庆	高　工	天津市市容环境服务中心、天津市市容环境信息中心	天津市河西区围堤道107号	300201	022	28455086	28455132
陈　民	高　工	福建源光亚明电器有限公司	福建省南平市长沙高新科技园区	353001	0599	8609001	8609099
陈志明	高　工	浙江省计量科学研究院	杭州天目山路222号2号楼	310013	0571	85127760	85127760
陈国义	教　授	上海戏剧学院舞台美术系	上海市华山路630号	200040	021	62492013	62482646
陈　忠	工程师	深圳市海洋王投资发展有限公司	深圳市南山区南海大道海王大厦A座22楼	518054	0755	26492666	26406711
陈哲艮	研究员	浙江省能源研究所	浙江杭州文二路218号	310012	0571	56788320	88079927
陈家强	总经理	广州市雅江光电设备有限公司	广州市花都区花山镇两龙华桥工业园华辉路18号	510880	020	86947788	86940111
陈超中	教授级高工	上海市照明灯具研究所	上海市苍梧路381号	200233	021	54264512	54264342－3051
陈瑞福	董事长	北京星光影视设备科技股份有限公司	北京南郊西红门星光巷7号	100076	010	60242258	60242355
邵民杰	教授级高工	现代设计集团华东建筑设计研究院有限公司	上海市汉口路151号	200002	021	63217420	63213962

（续）

姓名	职务职称	工作单位	通讯地址	邮编	区号	电话	传真
范世福	教　授	天津大学	天津市南开区卫津路 92 号	300072	022	27401854	
林延东	研究员	中国计量科学研究院光学所	北京北三环东路 18 号	100013	010	64211631－2712	64218651
林昌文	处　长	重庆市市政管理委员会	重庆市渝北区人和黄山大道东段 176 号	401121	023	67886028	67886028
罗　红	高　工	富润成照明系统公司	北京市朝阳区白家庄西里 2 号	100020	010	85952447	85952449
周文龙	总经理	鸿联灯饰有限公司	江苏省常州市横林镇古槐路 132 号	213101	0519	88789999	88781506
屈素辉	高　工	北京电光源研究所	北京市朝阳区大北窑厂坡村甲 3 号	100022	010	67709362	67709369
赵建平	研究员	中国建筑科学研究院建筑物理研究所	北京车公庄大街 19 号	100044	010	88386916	88386960
赵跃进	高　工	中国标准化研究院	北京海淀区知春路 4 号中国标准化研究院	100088	010	58811721	58811714
郝洛西	教　授	上海同济大学建筑与城市规划学院	上海四平路 1239 号	200092	021	65982929	65986707
胡志勇	工程师	吉林国际工程设计有限公司	长春市万宝街 1181 号 5 楼	130021	0551	4390487	
胡威捷	副教授	北京理工大学颜色科学与工程国家专业实验室	北京理工大学 1 院 4 系	100081	010	68912524－17	68912524－11
荣浩磊	高　工	北京清华城市规划设计研究院	北京海淀区清华科技园学研大厦 B405	100084	010	62794246	62771154
钟学周	董事长	广州市九佛电器有限公司	广州市滨江西路 106 号	510235	020	84391688	84391381
侯民贤	副教授	浙江大学信息学院光学工程研究所	浙江大学玉泉校区光电系	310027	0571	87952502	87951617
俞安琪	教授级高工	上海时代之光照明电器检测有限公司	上海市苍梧路 381 号	200233	021	54264512	54264342
黄　慧	总经理	吉林省雷士照明有限公司	长春市经开区武汉路圣德电气公司	130000	0431	84888521	84888162
俞丽华	教　授	同济大学电子与信息工程学院	上海赤峰路 59 弄 6 号 1703 室	200092	021	65979609	65976610
袁　颖	研究员	中国航空工业规划设计研究院	北京德外大街 12 号	100011	010	62038232	62039167
贾建平	处　长	北京市市政管理委员会夜景照明处	北京市西单北大街 80 号	100032	010	66012538	66055961
柴国生	董事长	广东雪莱特光电科技股份有限公司	广东省佛山市南海区狮山科技工业园区 A 区	528225	0757	86695209	86695225
徐长生	研究员	中科建筑设计研究有限责任公司	北京海淀区中关村发育所 1 号楼 1 门 302	100080	010	82318666－159	82319198
徐　华	高　工	清华大学建筑设计研究院	清华大学设计中心楼	100084	010	62788591	62792177
徐国荣	总经理	浙江阳光集团股份有限公司	浙江省上虞市凤山路 485 号	312300	0575	82218580	82215355
徐海松	教　授	浙江大学信息科学与工程学院光电信息工程学系	浙江大学（玉泉校区）信息学院光电系	310027	0571	87952652	87952652
徐　淮	高　工	国务院国资委规划发展局	北京西城三里河二区 2－1009	100045	010	65814260	65812194
殷　慷	副　总	惠州雷士光电科技有限公司	广东惠州汝湖雷士工业园	516021	0752	2786687	
高　飞	副秘书长	中国照明学会	北京市朝阳区光华路 12 号	100020	010	65830997	65812194
高言康	高　工	四川省轻工总会	四川成都市福兴街 30 号四川轻工大厦	610016	028	66974712	86754721
高青春	副总经理	安徽省三色照明股份有限公司	安徽省铜陵市狮子山区曹山路	244031	0562	6821908	6821936

（续）

姓名	职务职称	工作单位	通讯地址	邮编	区号	电话	传真
高　明	经　理	通用电气中国研究开发中心	上海浦东新区张江蔡伦路1800号	201203	021	50504666－1394	50801328
高　炜	副秘书长	四川省照明电器协会、四川省照明学会	四川成都市福兴街30号四川轻工大厦十三楼	610016	028	86754258	86754721
郭　骅	处　长	上海市市容环境卫生管理局	上海市铜仁路331号1506室	200040	021	62899026	62899509
郭晓岩	教授级高工	中国建筑东北设计研究院	沈阳市和平区光荣街65号	110006	024	62123546	23861440
郭源芬	高　工	天津市照明学会	天津市南开区鞍山西道三潭东里7－6－211	300192	022	27427946	27427946
唐永忠	高级经理	湛江通用电气（股份）有限公司	广东湛江市人民大道中71号	524022	0759	2345678－8500	2345688
唐国庆	高级经济师	华刚光电（上海）有限公司	上海市普陀区中江路879号22号楼	200333	021	52831808	52658809
崔一平	教　授	东南大学电子科学与工程学院	南京东南大学电子科学与工程学院	210096	025	83601769－828	83601769
章友俊	高　工	深圳市市政设计研究院有限公司	深圳市笋岗西路3007号市政设计大厦附楼	518029	0755	83265036	83265036
梁志远	总经理	珠江灯光音响实业有限公司	广州市番禺区南村镇兴业大道1582号	511430	020	39952888－8161	34820335
梁国芹	高　工	广州市河东电子有限公司	广州市天河区天河软件园建中路24号	510665	020	85521566	85520532
梁　毅	董事长	北京良业照明工程有限公司	北京市朝阳区八里庄西里100号住邦2000商务中心1号楼B座15层	100025	010	85862288	65880888
程鹏洲	高　工	南京华东电子信息科技股份有限公司	南京市华电路1号华利佳电工照明有限公司	210028	025	85311050－2794	85312086
道德宁	教授级高工	江苏省照明学会	江苏南京中央门外华电一宿舍15－406室	210028	025	83702877	
谢坤元	高　工	沈阳博威照明有限公司	沈阳市铁西区大业路9号2门	110023	024	25293335	25292881
廖　昆	总经理	惠州TCL照明电器有限公司	广东省惠州市仲恺大道三路26号	516006	0752	2609334	2609334
潘文波	总经理	广州光亚法兰克福展览有限公司	广州市天河区龙口西路100号中明大厦15楼	510630	020	87530188	82578955
潘建根	教授级高工	杭州远方光电信息有限公司	杭州市滨江区滨康路669号	310053	0571	86698333	86696445
霍小平	教　授	长安大学建筑学院	陕西省西安市长安中路161号	710061	029	85214257	85214257
戴德慈	研究员	清华大学建筑设计研究院	北京海淀区清华园	100084	010	62789996	62784727
鄧　庆	总经理	北京广灯迪赛照明设备安装工程有限公司	北京东城区东直门外大街48号东方银座C－5D	100027	010	84476968	84476312

中国照明学会第五届理事会各工作委员会、专业委员会成员名单

一、工作委员会

1. 组织工作委员会
主任：徐　淮　副主任：王大有　郭源芬　翁寅福
顾问：王锦燧
委员：于　冰　王孚清　严　慈　李　毅　吴宝宁　沈　茹　陈志明　陈程章　庞蕴繁　高　炜　黄　慧　谢坤元　周洪伟

2. 学术工作委员会
主任：朱绍龙　副主任：柴国生　吴初瑜　刘木清
顾问：王锦燧　甘子光　李广安　张耀根
委员：吕家东　刘　虹　杨　铭　李其瑾　吴晔华　张　昕　林燕丹　屈素辉　胡威捷　荣浩磊　徐海松　道德宁　潘建根　宁　华　周洪伟

3. 科普工作委员会
主任：戴德慈　副主任：王立新　王立雄　荣浩磊　高　飞
秘书：杨大强（兼）　刘　刚（兼）
委员：李铁楠　郝洛西　严永红　刘　虹　任　红　贾京花　姜晓梅　田　燕　安　娜　励嘉宁　曹卫东　安岚坡　杨大强　刘　刚

4. 国际交流工作委员会
主任：崔一平　副主任：刘世平　杨　铭　郝洛西
委员：柴国生　陈大华　侯民贤　胡威捷　李　农　林延东　林燕丹　马　剑　潘建根　屈素辉　荣浩磊　王　磊　徐海松　严永红　张　昕　章海骢　赵建平　赵跃进　胡国华

5. 编辑工作委员会
主任：陈大华　副主任：李景色　李炳华　李　农
顾问：甘子光　肖辉乾　张绍纲　朱绍龙
委员：王锦燧　王素英　马　剑　张耀根　张　华　刘　虹　汪猛　吴晔华　邴树奎　周太明　赵达尊　赵建平　林延东　陈大华　陈白瑶　陈仲林　徐长生　郝洛西　崔一平　荣浩磊　俞丽华　章海骢　袁　樵　屈素辉　戴德兹　萧弘清　松下信夫（日本）　H. J. Schmidt－Clausen（德国）　高　飞

6. 咨询工作委员会
主任：邴树奎　副主任：贾建平　徐　华　汪　猛　廖　辉　肖　辉
顾问：甘子光　王锦燧　俞丽华
委员：丁新亚　马　剑　王根有　王绍红　勾　勇　江　波　闫慧军　李铁楠　李继平　吴一禹　吴恩远　吴晓斌　杜　异　孙晓玲　陈　琪　赵英然　梁　毅　康增全　潘书舟　杨春明　邱佳发　张宏鹏　韩彦明　曹卫东　秦利民　郭　菲　赵宏捷　高　杰

7. 教育与培训工作委员会
主任：赵建平　副主任：李　农　周克明　汪　猛　林燕丹
顾问：甘子光　肖辉乾　林若慈　任元会　周太明
委员：丁　杰　徐　华　马　剑　杨春宇　狄建雄　吕家东　于　冰　刘　刚　张　滨

二、专业委员会

1. 颜色和视觉专业委员会
主任：徐海松 副主任：叶关荣 崔元日 廖宁放
委员：孙秀如 谢兴尧 周丰昆 金远同 应忠明 刘木清 叶 炜
石俊生 马 煜

2. 讲量测试专业委员会
主任：林延东 副主任：曹远生 潘建根
委员：陈昌鸿 方 伟 华树明 牟同升 倪孟麟 裘继红 王钟雯
王朝霞 杨鸿儒 杨晓松 叶 炜 张保洲 张建平 刘 慧

3. 室内照明专业委员会
主任：徐长生 副主任：袁 颖 刘小红 李炳华 叶 明 陈 琪 刘水江
名誉主任：任元会 顾问：张绍纲 詹庆旋 俞丽华 戴德慈 丁 杰 林若慈
委员：严永红 熊 江 李 研 赵英然 杨 萍 徐建兵 郭晓岩
丁宏军 杜 乐 钟景华 衣建全 吴恩远 任建平 刘苏青
王厚刚 陈众励 许延风 易年丰 边莉萍 周名嘉 邵民杰
郑 晖 奚传栋 史 杰 廖 昆 从 军 王继授 王 勇
毛美顺 徐玲献 袁 樵 李 扬 蔡 钧 高 峰 陈和平
陈礼贵 杨大林 丁新亚 刘家英 解 辉 金 海 张 昕
王 磊 郭 栋

4. 交通运输照明和光信号专业委员会
主任：宋贤杰 副主任：李 林 邵运伟 陈正明
委员：黄金鹿 吴文東 王朝霞 陈 忠 俞伟民 周太明 陈文成
冯广根 杨晓松 王军华 汪建平 冯永林 陈洪善 谢俊彦
许抗胜 王伟时 包勇强 李福生

5. 室外照明专业委员会
主任：赵建平 副主任：马 剑 杨春宇 杨兆杰 汪幼江 姚梦明
顾问：肖辉乾 詹庆旋 张绍纲 李景色 沈天行 范世福 陈仲林
委员：张剑霖 李国宾 王迎春 郝洛西 朱 红 孙 兰 熊克苍
郎 凯 胡 桃 何秉云 周 莉 许东亮 荣浩磊 张瑞松
黄秉中 高京泉 姚 萌 姚 凯 杨 波 解全花 胡 华
张明宇 薛继起 刘国贤 张洪志 王书晓

6. 光生物光化学专业委员会
主任：刘 玮 副主任：杨 铭 姚从璞 代彩红 李海涛
名誉主任：郝允祥
委员：张贵民 张光华 于家林 顾 恒 何华强 许家喜 王学民
赖 维 刘瑜玲 徐 良 王炳忠 吴 艳 鲁 慧 陈 周
王 文 于德红 陆光明 黄正梅 刘瑜玲 张应旭 鄂亚平
刘新志 蔡瑞康 刘 立

7. 电光源专业委员会
主任：屈素辉 副主任：诸定昌 刘剑平 李志君 齐晓明 官 勇
顾问：吴初瑜 沈委平 陈大华 道德宁
委员：丁有生 王 戎 王 凯 王大有 王锦高 仇 冰 朱宝荣
朱阜新 华树明 余少涛 何正安 吴永强 陆光明 陆荣树
张迎春 张相民 张恒钦 周 详 赵国松 荆文明 俞安琪
钟振平 施振家 高 明 凌应明 彭本长 程泰松 褚仲铨
翟建跃 潘建根 薛 源 王立洪

8. 灯具专业委员会
主任：陈超中 副主任：李铁楠 钟振平 姚梦明
顾问：章海骢 马小庄
委员：高青春 顾 峰 袁景玉 姚完桥 蔡明诚 杨育亮 梁钰祥
史 杰 林 华 徐向东 李福生 陈 忠 吴国明 陆光明

张利华　解　辉　王邵灵　王　健　甄何平　马　建　桑高元
施晓红

9. 舞台影视照明专业委员会　主任：王保国　副主任：陈国义　吴晔华　劳伟杰　刘运新　梁国芹　李泽青
顾问：张　敏
委员：石亮光　边清勇　于建平　刘长荣　刘同生　冯建国　张　冲
李　建　鲁高潮　高园缘　秘根杰　吴星进　薛建博　朱秋生
陈旭峰　毕根辉　冯德仲　马　路　杰晋林　蔡全永　许　彤
沙晓岚　周正平　甘　渊　闫常青　胡　加　居文胜　谷天江
贾永杰　陈瑞福　詹有根　邓朴琪　何　涛　徐中和　丰　华
梁志远　陈家强　温再林　杨　健　王京池

10. 图像技术专业委员会　主任：胡威捷　副主任：何唯平　杨卫平
委员：刘恩御　傅小兰　卓　力　沈天行　何国兴　徐海松　刘浩学
石俊生　倪孟麟　徐　臻　吕　光　杨　斌　陈　听　贺书芳
万丽芳　孙小斌　赵星星　陈永利　范秋梅

11. 霓虹技术专业委员会　主任：刘世平　副主任：陶永才　华树明　谈德鸿　王振明　周旭　陈绍华
徐松炎　查世翔
委员：于　冰　杨　征　张　晖　郭永先　陈　健　蔡中敏　戴建国
韩起文　陈龙华　陈忠保　李　欣　孔祥彦　侯文钢　谷　峰
顾锦涛　吴松林　褚玉鸣　李其瑾　姜玉民

12. 新能源照明专业委员会　主任：华树明　副主任：吴初瑜　李安定　梁　毅　阮　军　王斯成　樊维亚
王国华　道德宁　陈育明　张玉生　孟昭渊　赵建平
顾问：肖辉乾　赵玉文　吴达成　屈素辉
委员：杨鹏宇　王　健　孙本新　吕玉龙　宋宝山　杨　杰　李中诚
吕大明　薛黎明　杜　方　罗柏令　孟长明　张小华　俞红鹰
查正发　唐传文　贾德琴　曹春峰　潘小平　林清洪　康力更
张　峰　金步平　张青虎　查跃丹　房峰杰　薛钰芝　何文琪
刘志璋　赵　明　柯仲华　许福贵　区志杨　朱传钢　陈文良
章俊国　项　威　田力文

13. 半导体照明技术与应用专业委员会　主任：刘世平　副主任：朱晓东　华树明　阮　军　李泽青　周太明　屈素辉　潘建根
顾问：甘子光　王锦燧　吴　玲　吴恩柏　萧弘清
委员：王国宏　王　健　朱萍娟　史　杰　刘　渊　许　敏　孙建立
牟同升　张青虎　张迎春　杨　军　李　锦　李江海　李春荣
邱佳发　陆　峥　邵运伟　邵嘉平　林开尤　罗　毅　岳存泽
胡爱华　俞志龙　姚增硕　耿　伟　钱公权　钱江涛　徐海松
高　原　章道波　阎　斌　蒋金波　熊克苍

中国照明学会团体会员名单

北京照明学会
天津市照明学会
哈尔滨市照明学会
上海市照明学会
江苏省照明学会
浙江省照明学会
北京师范大学天文系电探测研究室
北京电光源研究所
中国航空工业规划设计研究院
中国建筑科学研究院建筑物理研究所
中国计量科学研究院光学处
中国科学院长春光机研究所科研管理三处
复旦大学电光源研究所
轻工总会电光源材料研究所
东南大学电光源研究中心
浙江大学光辐射测量研究所
广州市设计院
北京星光影视设备科技股份有限公司
上海东升电子股份有限公司
上海亚明灯泡厂有限公司
南京华利佳电工照明有限公司
江苏普罗斯电器有限公司
南京三乐照明有限公司
浙江省兰溪市电光源有限公司
山东永泰照明电器股份有限公司
长春照明学会
松下电工（中国）有限公司
飞利浦亚明照明有限公司
鸿联灯饰有限公司
清华大学建筑设计研究院
晶能荧光材料有限公司
北京希优照明设备有限公司
佛山电器照明股份有限公司
河南省照明学会
北京松下照明光源有限公司
通用电气（中国）研究开发中心有限公司
三铁电气（厦门）实业有限公司
飞利浦照明电子（上海）有限公司
上海华伦灯泡厂
宁波远东照明有限公司
南京照明学会
北京北星光电仪器厂
深圳市中电照明股份有限公司
杭州鸿雁电器公司
上海亚尔光源有限公司
广东雪莱特光电科技股份有限公司
深圳市照明学会
北京绿加力照明有限公司
西安应用光学研究所
上海市照明灯具研究所
有研稀土新材料股份有限公司
河南安彩照明有限公司
南宁市南灯照明电器有限公司
焦作市晟光影视设备有限责任公司
哈尔滨市向东灯具厂
北京爱华新业照明器材有限公司
江苏史福特光电科技有限公司
广州市雅江光电设备有限公司
杭州凤凰照明工程有限公司
广州市河东电子有限公司
北京恩巨科技有限公司
锡山市恒丰电子产品有限公司
国家汽车质量监督检验中心（襄樊）
东莞华明灯具有限公司
安徽省三色照明股份有限公司
北京市飞利浦电子产品服务有限公司
北京市崇正华盛应急设备系统有限公司
北京中贸联国际展览有限公司
深圳市垅运照明电器有限公司
北京培明照明技术有限公司
北京金莱普科技有限公司
环球迈特照明电子有限公司
杭州远方光电信息有限公司
乐清市吉尔照明研究所
青海省建筑勘察设计研究院
浙江阳光集团股份有限公司
广州市番禺区珠江灯光音响实业有限公司
深圳欧陆通电子有限公司
北京良业照明工程有限公司
清华同方人工环境工程公司
临沂市宇航照明电器有限公司
哈尔滨豪克照明有限公司
上海天狼星电器有限公司
广州光亚法兰克福展览有限公司
欧司朗（中国）照明有限公司
飞利浦（中国）投资有限公司
北京平年照明技术有限公司
南京春辉科技实业有限公司

飞利浦灯具（上海）有限公司
顺德市容桂镇松柏电器有限公司
广州日用电器检测所广州电器科学研究院
北京凯振照明设计安装有限公司
福建源光亚明电器有限公司
中国照明学会霓虹专业委员会
北京奥尔环境艺术有限公司
石家庄新光源电器有限公司
顺德市容桂镇格隆电子有限公司
深圳市镭幻激光高技术有限公司
中诚电子照明技术有限公司
深圳名家汇城市照明科技有限公司
北京中电伟力电器有限公司
北京亮宇照明电器有限公司
天津市华彩电子科技有限公司
富桦明电子（北京）有限公司
广东东松三雄电器有限公司
上海广茂达灯光景观工程有限公司
北京国洋照明电器设备有限责任公司
北京雅博石光照明器材有限公司
淄博科明电器有限公司
湖北省一轻工业学校
上海园园航标光源有限公司
北京利亚德电子科技有限公司
深圳市赛为智能工程有限公司
北京世纪竹邦能源技术有限公司
横店得邦电子有限公司
北京广灯迪赛照明设备安装工程有限公司
陕西天和照明设备工程有限公司
泸州市城市环境卫生管理局
湛江通用电气集团有限公司
东莞市三立照明有限公司
东莞市三立照明有限公司
常州市武进阳光塑料电器有限公司
大连美通照明设备有限公司
上海纽福克斯汽车配件公司
湖南天马科技有限公司
苏州市城市照明管理处
北京源光创新照明电器有限公司
威廉士国际有限公司
上海双灯照明电器有限公司
东莞卡斯豪五金制品有限公司
河南江尚广告文化传播有限公司
丹东绿色照明有限公司
佛山市南海区新昇电业制造有限公司
淄博市先广照明有限责任公司
惠州 TCL 照明电器有限公司
宜兴市华源钢杆有限公司
上海莹辉照明科技有限公司
北京亚明电光源发展公司
中标认证中心
北京心愿联诚科技有限责任公司
西安利普建筑配套工程有限公司
广州市齐辉照明贸易有限公司
北京万琦照明工程有限公司
北京易禾永颐环境艺术设计有限公司
宁波帅康灯具股份有限公司
新疆八钢钢结构有限公司
北京光电子技术实验室
长安大学建筑声光研究所
深圳市灯光环境管理中心
天津市大德喷泉科技有限公司
北京清华城市规划设计研究院
青岛市亮化工程有限公司
厦门高格桥梁设计研究中心
广州市锐声灯光音响器材有限公司
美国艾迪照明集团公司上海代表处
深圳市邦力实业有限公司
宁波三杰灯业有限公司
广州市九佛电器有限公司
深圳海川色彩科技有限公司
上海申仕照明灯光设计工程有限公司
郑州墨缘照明工程有限公司
南京工业职业技术学院
沙市大学
深圳市名家汇城市照明研究所
北京卓利照明工程有限责任公司
北京麦行记机电设备有限公司
上海宏源照明电器有限公司
宁波艾梯奇灯具有限公司
宁波勒克斯照明电器有限公司
荆州市大明灯业有限公司
上海惠丰石油化工有限公司
南宁华南亚示照明电器技术有限公司
江苏泗阳县勇仕照明有限公司
青岛新同人电子科技有限公司
北京维特佳照明工程有限公司
宁波赛尔富电子有限公司
广州赛佳声学灯光工程有限公司
北京三似伍酒店设计顾问有限责任公司
东莞市扬光照明工程有限公司
北京时代艺光照明科技有限公司
常州市创格灯光景观工程有限公司
河南省新乡市能达照明工程有限公司
北京市恒智鑫业科技发展有限责任公司
中照全景（北京）照明设计有限公司
品能光电技术（上海）有限公司
上海欧普小泉照明工程有限公司
临海市名佳照明有限公司
深圳市兰金陵照明电器有限公司

陕西玉橄榄城市照明设计工程有限公司
武汉迪斯园林环境艺术设计工程有限公司
江门市奥尔光电科技灯饰厂
北京华北新文行灯饰有限公司
北京工业大学城市照明规划设计研究所
路明科技集团有限公司
北京金辰辉环境艺术有限公司
合肥康士达电气工程技术有限公司
福州元鸿照明工程有限公司
佛山市澳特利灯光有限公司
深圳市赛宾音响灯光视频技术有限公司
河南省丽光广告有限公司
安徽派蒙特城市景观艺术照明科技有限公司
厦门鸿光电子有限公司
杭州中为光电技术有限公司
中山万嘉登照明科技有限公司
广州市风之帆光电科技有限公司
江阴市万事发工贸有限公司
北京东方光大喷泉设备安装集团
锐高照明电子（上海）有限公司
英国莱亭迪赛灯光设计
陕西西大科里奥光电技术有限公司
北京煌家佐龙照明有限公司
青岛澳龙光电科技股份有限公司
武汉伊田照明工程有限公司
广州亮美集光电科技有限公司
宁波安迪光电科技有限公司
甘肃瑞图城市景观照明工程有限公司
上海聚正照明电器有限公司
四川蓝景光电技术有限责任公司
东芝照明（北京）有限公司
江西联创博雅照明股份有限公司
长春为实照明科技有限公司
西蒙电气（中国）有限公司
北京昊朗机电设备有限公司
扬州润扬环境艺术发展有限公司
布蕾德光电（上海）有限公司
江苏大唐科源电气有限公司
北京富能照明器材有限公司
大庆市华隆泰灯饰
宁波凯耀电器制造有限公司
重庆极光电器设备有限公司
北京宏诚恒业照明科技有限公司
蓝格赛－海龙兴电器设备商业有限公司
商安普国际景观艺术（北京）有限公司
飞利浦照明全球技术发展中心
北京凯润景观规划有限公司
广州歌玛器材有限公司
南京号飞照明工程设计有限公司
北京光华丽得科技有限公司
大庆高新城市亮化有限公司
唐山市卫阳电子厂
北京市乐腾科技有限公司
淄博先进照明有限公司
扬州市松佳照明电器有限公司
浙江晨辉照明有限公司
丹阳市金盛道路电力设施制造有限公司
CITELUM（北京）城市照明管理技术管理有限责任公司
北京市计科能源新技术开发公司
北京甲尼国际照明工程有限公司
浙江城建园林设计院有限公司
常州亮化城市照明科技有限公司
金宏泰富（北京）照明工程设计有限公司
吉林省照明学会
杭州恩迪照明科技有限公司
广州市施亮照明科技有限公司
深圳市阳光富源科技有限公司
福州博维斯照明设计有限公司
福州亚大照明工程技术有限公司
福建省福州大学土木建筑设计研究院
四川迅豪建筑智能化工程有限公司
深圳海洋王投资发展有限公司
广州市东亚技术有限公司
宜兴市中昊电光源科技有限公司
上海百朗灯饰有限公司
中山腾龙集团照明事业部
上海美方照明工程有限公司
北京市东方霓虹装饰公司
安徽省六安市灯之都市政工程有限责任公司
香港大观国际设计咨询有限公司北京代表处
北京恒鑫鼎立电子系统集成工程有限公司
郑州恒发音响器材有限公司
厦门市现代半导体照明产业化促进中心
上海科锐光电发展有限公司
深圳市金达照明股份有限公司
紫光捷通科技股份有限公司
深圳市安耐绿色照明科技有限公司
北京欣天和怡机电设备安装工程有限公司
士昌丹达节能照明技术有限公司
常州市凯凯照明电器有限公司
惠州雷士光电科技有限公司
北京明晦中恒照明电器有限公司
天津市武清区光源影视灯具厂
徐州飞亚泛光照明工程有限公司
山东碧陆斯电子有限公司
永林电子（上海）有限公司
北京恒伟宗泰科技发展有限公司
四川照明学会
广州市兆韵通声光科技有限公司
上海大峡谷光电科技有限公司

北京豪尔赛灯饰照明工程有限公司
北京拓普康商贸有限公司
广州合众源建筑技术发展有限公司
浙江通明电器有限公司
北京中海龙电子科技有限公司
四川普瑞照明工程有限公司
上海燕青照明有限公司
深圳晶辰电子科技股份有限公司
英利能源（北京）有限公司
山东方盛照明科技有限公司
常州天天电子科技有限公司
常州市城市照明管理处
立维腾电子（深圳）有限公司
湖南省大林灯饰实业有限公司
北京七色光彩科技有限公司
浙江时能光伏技术有限公司
浙江雄邦电磁灯有限公司
深圳市润泽灯光音响科技发展有限公司
英飞特电子（杭州）有限公司
东莞市永辉照明科技有限公司
北京中科慧宝科技有限公司
北京紫兴离照明科技有限公司
上海事达广告装潢霓虹灯有限责任公司
深圳市俄菲照明有限公司
广东德洛斯照明工业有限公司
北京贝迪克科技发展有限公司
镇江朗瑞照明工程有限公司
深圳市中电能投资管理有限公司
北京华明电光源工业有限责任公司
福建鸿博光电科技有限公司
青岛美奂电子科技有限公司
山东金申乐胜照明工程有限公司
北京欧力普灯光工程设计顾问有限公司
北京久世盛华景观艺术有限公司
北京风光动力科技有限公司
东莞勤上光电股份有限公司
深圳市景瑞德科技有限公司
优创（北京）电子有限公司
佛山市顺德区美的微波电器制造有限公司
宝狮超普节能光源股份有限公司
杭州皓玥科技有限公司
杭州伟阳照明工程有限公司
北京城光日月科技有限公司
浙江和惠照明科技有限公司
秦皇岛叶氏照明工程技术有限公司
湖州翔宇节能照明设备有限公司
广州市毅德智能科技有限公司
陕西新浪电子科技有限公司
北京亮都丽景环境艺术工程有限公司
河南新飞利照明科技有限责任公司
日照国晖电子科技有限公司
上海俪德艾考照明科技有限公司
上海乐望照明科技有限公司
深圳市达特工程技术有限公司
北京新时空照明工程有限公司
上海景喜照明科技有限公司
大连双骥科技发展有限公司
索恩照明（广州）有限公司
浙江珍琪电器工程有限公司
北京东润浩源照明工程设计有限公司
北京爱尔益地照明工程有限公司
光普电子（苏州）有限公司
深圳茂硕电源科技股份有限公司
宿迁市嘉润照明有限公司
锦益光电科技（上海）有限公司
郑州竹林松大电子科技有限公司
中山市鸿宝电业有限公司
上海万轩广告有限公司
深圳豪迈电器有限公司
晋城市七彩装饰工程有限公司
苏州颐达景观照明设计有限公司
苏州耀达照明工程有限公司
江苏兆伏新能源有限公司
西安明源声光电艺术应用工程有限公司
陕西博泽环境科技有限公司
柳州相光科技有限责任公司
北京壹图照明科技发展中心
北京赛恩电气安装工程有限公司
上海能济电气有限公司
北京正阳佳业科技有限公司
大连工业大学光子学研究所
河南三迪照明电器安装工程有限公司
深圳市幻景光电科技有限公司
深圳市恒耀光电科技有限公司
中山威艾斯照明有限公司
珠海华博科技工业有限公司
松下电器研究开发（苏州）有限公司
上海蔡祖泉照明电器有限公司
天津市华津霓虹广告工程公司
上海亿亚电器有限公司
珠海金波科创电子有限公司
北京富彩霓虹灯商社
上海骏昌霓虹光管有限公司
天津市麦特新技术实业有限公司
北京京美联合照明工程有限责任公司
海南城乡亮化装饰工程有限公司
北京上然国际标识制造有限公司
杭州市水平霓虹灯饰设计制作工程有限公司
北京天一印象广告设计制作有限公司
北京宇通盛世照明安装工程有限公司

北京市朝阳区辉映霓虹灯产品设备发展公司
广州信行霓虹器材有限公司
陕西亚彩数码光电科技有限公司
天津创新恒美灯光广告工程有限公司
北京中科帅虹霓虹电器厂
杭州勇电广告材料有限公司
山西会友霓虹照明工程有限公司
北京泛雅宏图广告有限公司
邯郸市零点环境艺术工程有限公司
陕西省安康市锦绣广告有限公司
北京和世纪灯光技术有限责任公司
上海春汇霓虹灯厂
上海仲野智达广告有限公司
上海特灵实业有限公司
宝鸡市狄龙广告装饰工程有限公司
北京紫邦贸易公司照明电器分公司
安徽省富丽皇景观工程有限公司
北京神意宇虹广告有限公司
上海辰恺霓虹灯箱制作有限公司
北京航苑华艺广告制作有限公司
杭州恒达广告设计有限公司
五色领先国际照明工程（北京）有限公司
上海霓虹电器厂卢湾分厂
南昌美霓光环境科技发展有限公司
重庆申光霓虹灯广告装饰有限公司
宁夏华艺霓虹广告有限公司
银川东鹏霓虹广告有限公司
北京勇电欧格霓虹灯饰材料有限公司
吉林市华祺霓虹灯有限责任公司
嵊州市北极星装饰工程有限公司
山东国恺照明工程有限公司
上海事达广告装潢霓虹灯有限责任公司
大连斯特隆企业有限公司
烟台大明霓虹灯饰工程有限公司
北京生光谷照明工程技术有限公司
东莞市忠瑞电子霓虹灯有限公司
晋城市万起广告装饰有限公司
太原市田宇丰软电子科技开发有限公司
山西乐百利特科技有限公司
北京朗明斯克光电科技有限公司
北京世纪虹朗照明科技有限公司
西安绿富春园林建设工程有限公司
佛山南海虹霸电子有限公司
迁安市迁安镇天翼亮化霓虹制作部
日照市金宝来广告标牌装饰工程有限公司
北京银泰美奥美广告设计制作有限公司
晋城市七彩装饰工程有限公司
西安展艺夜景照明装饰工程有限公司
西安红光霓虹灯厂
张家港市杨舍永宏霓虹灯制作部
山东清华康利城市照明研究设计院有限公司

中国照明学会高级会员名单

胡德霞
邴树奎
方谊筠
沈兰荪
李绪展
肖辉乾
马小庄
孙景桂
冯德仲
赵达尊
张　敏
朱正芳
王东华
孙立范
于宝富
金丽萍
霍　焰
曾耀章
王锦燧
张保洲
王建国
詹庆旋
刘世平
王大有
吴正大
丁宗琛
赵建平
张绍纲
李景色
肖友才
陈遐举
李亚璋
屈素辉
廖宁放
胡威捷
陈瑞福
李泽青
赵　铭
朱秋东
侯双庆
刘　玮
杨　铭
杨臣铸

张文才
任元会
甘子光
汪振纯
李恭慰
李铁楠
黄壮波
丁　杰
乔　斐
颜景文
张耀根
林若慈
解景来
许东亮
王素英
华树明
安岚坡
荣浩磊
戴德慈
王保国
李炳华
吴晔华
王京池
路秋生
谷天江
郝允祥
王亚春
陈燕生
林延东
徐　华
梁　毅
王彦智
葛福余
路绍泉
李　农
尹思谨
赵跃进
安连生
王卫东
赵英然
叶　明
周太明
李玉泉

沈育祥
章海骢
陈大华
何鸣皋
俞丽华
孙钧陶
朱绍龙
董健明
陆荣树
姚涵春
陈国义
李国宾
周建国
恽为民
沈季平
徐　臻
唐国庆
肖　辉
罗　红
薛继起
解全花
陈超中
李志君
吕家伟
卫马丁
王立雄
沈天行
马　剑
吴淑英
刘锡庆
张洪群
郭源芬
张柏林
何秉云
王爱英
范世福
倪孟麟
尢大千
杨　龙
禤耀斌
高京泉
柴国生
钟振平

梁国芹
梁志远
冯新三
区锦标
钟信才
庞蕴繁
姜海勇
刘家英
章友俊
曾红卫
严国忠
肖紫强
何镇南
赵　华
吴贵才
陈泽云
邓树兴
杜润祥
张子征
杨东亮
李建华
廖　昆
郑惠玲
徐士斌
杨桂才
薛　源
道德宁
顾　恒
周金清
王钟雯
李先栗
吴曾谟
李广安
崔一平
杨正名
叶幼东
吕家东
许抗胜
杨海峰
周炳发
严　慈
周文龙
李新生

张　涛	冷护基	刘振朝	黄　慧
沈　茹	崔元日	徐　淮	陈　忠
陈志学	刘祥吉	张青文	唐永忠
陈亢利	于　冰	孔曙光	刘剑平
牟同升	王继援	朱　红	刘醒明
赵田冬	王长太	许世虎	杨　宏
邱迦易	祝永朝	刘瑜玲	高言康
潘建根	郑继雨	李　林	王朝霞
陈哲艮	王建华	史宪敏	秦　峰
侯民贤	杨晓松	杨兆杰	顾　衡
叶关荣	丁有生	姚　凯	陈大庆
徐海松	陆　峥	袁　颖	吴理博
徐国荣	李勤忠	刘　慧	李　博
叶　炜	王桂风	吴初瑜	顾之玉
陈志明	王希天	胡　华	翟　宁
陈仲林	曾国枝	张明宇	邵志山
严永红	颜　华	刘　虹	程迎军
刘旭东	李　伟	汪　猛	冯祥芬
杨春宇	何　伟	徐长生	杨慈龙
李　毅	陶玖祥	沈光地	王炳华
郑如彬	李　扬	鄞　庆	高婉莹
张连诚	蒋新华	贾建平	王　晶
高光义	林伟荣	吴　玲	曾清华
杜志伟	陈德嘉	李铁男	陈　杰
郭连渝	潘　钦	严盛虎	戴军历
宋宗明	曲　波	王琦安	朱玲燕
赵　卫	杨　军	张露丽	于　洋
吴宝宁	林燕丹	孙彦武	叶　峰
杨照金	陈　力	李运昌	梁人杰
李兴友	李建兰	邵民杰	李振清
霍小平	吴一禹	于福江	王东宁
李国华	杜　异	郭　骅	洪晓松
金远同	俞红鹰	汪幼江	陈贤哲
谢坤元	张　昕	郝洛西	黄振阳
郭晓岩	胡　加	齐晓明	松下信夫（日）
肖志国	张剑霖	俞安琪	植田庆幸（日）
禹秉熙	顾　杰	刘木清	朱威尔（美）
贲玉洪	易　胜	高　明	
刘伟奇	朱秋生	程鹏洲	
胡志勇	吴星进	吴恩远	
杨大林	陈旭峰	许世虎	
徐殿国	王　涛	林昌文	
刘维邦	李伟杰	钟学周	
常志刚	王斯成	潘文波	
陈　民	陈慧挺	陈家强	
陈元灯	黄炳安	张贤庆	
刘　君	吴蒙友	殷　慷	
丁新亚	熊志强	高　飞	
高青春	张建忠	宋贤杰	

中国照明学会首批高级照明设计师名单

徐　华	汪　猛	赵建平	李　农	崔元日	王大有	李国宾	徐长生	丁　杰	李铁楠
杨春宇	邵民杰	钱观荣	任　红	孙成群	石萍萍	骆　平	贾燕彤	刘世平	孙　兰
李炳华	王立雄	陈众励	钱克文	陈志堂	王　瑾	俞丽华	马　剑	陈　琪	戴德慈
邴树奎	叶　明	姚梦明	林志明	许东亮	汪幼江	严永红	荣浩磊	李泽青	郝洛西
肖　辉	周名嘉	杨大强	屈素辉	谢　庚	庄　钧	张庆贤	朱　红	翁正灵	熊志强
于　冰	廖　昆	董大陆	韩同明	郑艳茹	梅雪皎	尚继英	王　晖	杨　萍	梁国刚
张　野	刘　倩	方　磊	孙牧海	李逢元	关琪珉	王　伟	吴一禹	赵凤元	黄炳安
张子征	甄和平	胡汉星	谢俊彦	杨春丽	杨慈龙	史章意	周晓海	朱　文	蒋　明
严　峰	江　波	洪晓松	张　钊	李奇峰	孙宝莹	李继平	宁　华	朱　悦	倪云茹
刘国贤	高京泉	刘卫中	杨　波	曹卫东	王继援	初醒悟	李　扬	李树华	李　毅
韩起文	杨通途	蒋　瑜	熊一兴	付晓白	韩金兰	袁　樵	孙彦武	侯　建	周　莉
董　青	沈　茹	解全花	金　夫	贾建平					

《中国照明工程年鉴（2009）》编委会委员名录

	姓名	中国照明工程年鉴编委会任职	职称职务	单　位
1	甘子光	委员	名誉理事长	中国照明学会
2	王锦燧	委员	理事长	中国照明学会
3	陈燕生	委员	理事长	中国照明电器协会
4	徐　淮	委员	副理事长兼秘书长	中国照明学会
5	刘世平	委员	副秘书长	中国照明学会
6	马　剑	委员	教授	天津大学建筑学院建筑技术科学研究所
7	刘　虹	委员	副研究员	国家发改委能源所
8	华树明	委员	高　工	国家电光源质量监督检验中心（北京）
9	张绍纲	委员	教授级高工	中国建筑研究院物理研究所
10	张剑霖	委员	总编辑	中国电气与智能建筑杂志社
11	张耀根	委员	教授级高工	中国建筑研究院物理研究所
12	李铁楠	委员	研究员	中国建筑科学研究院建筑物理所光学室
13	杨臣铸	委员	教授级高工	中国计量科学研究院
14	杨春宇	委员	教授	重庆大学建筑城规学院
15	汪　猛	委员	电气总工/教授级高工	北京市建筑设计研究院
16	肖辉乾	委员	教授、总工	北京中国建筑科学研究院物理所
17	邴树奎	委员	高　工	总后建筑设计研究院
18	陈大华	委员	教授	复旦大学光源与照明工程系
19	严永红	委员	教授	重庆大学建筑城规学院
20	姚梦明	委员	照明设计总监	飞利浦（中国）投资有限公司照明部
21	周　链	委员	教授	美国碧谱照明设计有限公司
22	周太明	委员	教授	上海复旦大学电光源研究所
23	屈素辉	委员	高　工	北京电光源研究所
24	林若慈	委员	教授级高工	国家建筑工程质量监督检验中心采光照明工程质检部（中国建筑科学研究物理所）
25	姚仁恭	委员	照明设计师	台湾大公设计顾问事务所
26	赵建平	委员	研究员	中国建筑科学院物理所
27	高　飞	委员	副秘书长/副主编	中国照明学会《照明工程学报》
28	崔一平	委员	教授	东南大学电子工程学院
29	章海骢	委员	教授级高工	上海东升电子股份有限公司
30	李林	委员	博导	北京理工大学
31	潘建根	委员	总经理	杭州远方光电科技有限公司
32	萧弘清		教授	台湾科技大学电机工程系
33	宋福生		教授	台湾区照明灯具输出业同业公会
34	蒋金波	委员	教授	香港理工大学

（续）

	姓名	中国照明工程年鉴编委会任职	职称职务	单 位
35	吴恩柏	委员	教授	香港应用科技研究院
36	杜异	委员	教授	清华大学美院
37	荣浩磊	委员	所长	清华规划院
38	刘木清	委员	教授	复旦大学
39	赵铭	委员	总经理	北京星光影视
40	阮军	委员	主任	半导体联盟
41	戴德慈	委员	教授	清华大学建筑设计研究院
42	郝洛西	委员	教授	同济大学建筑与城规学院
43	丁杰	委员	教授级高工	北京市建筑设计研究院
44	王大有	委员	高工	北京照明学会
45	刘升平	委员	高工	中国照明电器协会
46	吴初瑜	委员	教授级高工	北京电光源研究所
47	李炳华	委员	高 工	中建国际设计顾问公司
48	李景色	委员	教授级高工	中国建筑科学研究院建筑物理研究所
49	杨铭	委员	教授	北大医学部天然仿生药物实验室
50	肖辉	委员	教授	同济大学电子与信息工程学院
51	陈超中	委员	教授级高工	上海市照明灯具研究所
52	徐华	委员	教授级高工	清华大学建筑设计研究院
53	徐长生	委员	高 工	中科建筑设计研究有限责任公司
54	崔一平	委员	教授	东南大学电子科学与工程学院
55	詹庆旋	委员	教授	清华大学建筑学院
56	任元会	委员	教授级高工	中国航空工业规划设计研究院
57	张 敏	委员	高 工	中央电视台
58	俞丽华	委员	教授	同济大学
59	沈天行	委员	教授	天津大学
60	郑建伟	委员	高 工	北京建筑设计院
61	陈家强	特邀编委	高 工	广州市雅江光电设备有限公司
62	林志明	特邀编委	教授	碧谱照明设计（上海）有限公司
63	邱佳发	特邀编委	教授	品能光电技术（上海）有限公司
64	邵运伟	特邀编委	高 工	宁波燎原照明灯具有限公司